Deepen Your Mind

前言

Qt 是軟體開發領域中非常著名的 C++ 視覺化開發平台，能夠為應用程式開發者提供建立藝術級圖形化使用者介面所需的所有功能。它是完全物件導向的，很容易擴充，並且可應用於元件程式設計。相對於 Visual C++，Qt 更易於學習和開發。

本書內容包括 Qt 概述，範本庫、工具類別及控制項，版面配置管理，基本對話方塊，主視窗，圖形與圖片，圖形視圖框架，模型 / 視圖結構，檔案及磁碟處理，網路與通訊，事件處理及實例，多執行緒，資料庫，操作 Office，多國語言國際化，單元測試框架，QML 程式設計基礎，QML 動畫特效，Qt Quick Controls 開發基礎，Qt Quick 3D 開發基礎，Qt 跨平台〔包括 Visual Studio、Android、Python 及 Linux（Ubuntu）等多種主流平台〕開發等。

全書分為以下 7 個部分。

- 第 1 部分為 Qt 6 基礎（第 1 章～第 16 章），在上一版的基礎上基於 Qt 6.0 的全新類別模組和介面，重新實現了所有基礎實例的功能。
- 第 2 部分為 Qt 6 綜合實例（第 17 章～第 19 章），基於新的 Qt 6.0 實現了電子商城系統、簡單文字處理軟體和微信使用者端程式。電子商城系統主要突出 Qt 介面和對常用關聯式資料庫（MySQL）的基本操作；簡單文字處理軟體主要介紹以介面方式建立選單、工具列，系統介紹豐富的文字處理方法；微信使用者端程式主要突出 Qt 網路功能和 XML 操作。
- 第 3 部分為 Qt 擴充應用：OpenCV（第 20 章～第 22 章），介紹了 Qt 設定 OpenCV 和 OpenCV 處理圖片。綜合實例為醫院遠端診斷系統，資料庫採用 MySQL，對患者資訊進行管理。由於 CMake 目前尚不支持編譯 Qt 6.0 的函數庫，故我們仍然沿用 Qt 5 的 OpenCV 函數庫。
- 第 4 部分為 QML 和 Qt Quick 及其應用（第 23 章～第 25 章），包括 QML 及 Qt Quick 的相關內容，當前 Qt 6.0 支援的 Qt Quick Controls 2.5 已將原有的 Qt Quick Controls 及 Qt Quick Controls 2 兩個函數庫整合在一起，使其更適合行動應用程式開發，本書基於新函數庫實現了諸多典型應用實例。

- 第 5 部分為 Qt Quick 3D 開發基礎（第 26 章～第 27 章），這是 Qt 6.0 新推出的功能模組，它極大地增強了 Qt 在三維圖形影像領域的地位，本部分先從基礎的場景、相機、視圖、光源等概念入手，透過小的程式實例系統地介紹 Qt 3D 開發的基礎知識，然後透過一個綜合的「益智積木」學習軟體來演示 Qt 在 3D 開發上的強大功能。
- 第 6 部分是關於 Qt 6 跨平台開發技術的（第 28 章～第 31 章）。跨平台是 Qt 6.0 的優勢特性，本書將 Qt 在 Visual Studio、Android、Python 及 Linux（Ubuntu）等多種主流平台上的設定和開發方法進行了詳盡的介紹和複習，並結合應用實例，可使不同平台的開發者都能快速地上手和涉足 Qt 領域。
- 第 7 部分為附錄，附錄 A 介紹 C++ 相關知識，附錄 B 介紹 Qt 6 程式的簡單偵錯。

透過學習本書，結合實例上機練習，一般能夠在比較短的時間內系統、全面地掌握 Qt 應用技術。由於編者水準有限，錯誤之處在所難免，敬請讀者們批評指正。意見、建議電子郵件：easybooks@163.com。

編者

繁體中文版出版說明

本書作者為中國大陸人士，為確保本書內容和程式執行結果相符，全書之圖例將維持原作之簡體中文介面，請讀者閱讀時對照前後文。

目錄

第 1 部分 Qt 6 基礎

01 Qt 6 概述

02 Qt 6 範本庫、工具類別及控制項

03 Qt 6 版面配置管理

04 Qt 6 基本對話方塊

05 Qt 6 主視窗

06 Qt 6 圖形與圖片

07 Qt 6 圖形視圖框架

08 Qt 6 模型 / 視圖結構

09 Qt 6 檔案及磁碟處理

10 Qt 6 網路與通訊

11 Qt 6 事件處理及實例

12 Qt 6 多執行緒

13 Qt 6 資料庫

14 Qt 6 操作 Office

15 Qt 6 多國語言國際化

16 Qt 6 單元測試框架

第 2 部分
Qt 6 綜合實例

17【綜合實例】：電子商城系統

18【綜合實例】：簡單文字處理軟體

19【綜合實例】：微信使用者端程式

第 3 部分 Qt 擴充應用：OpenCV

20 OpenCV 環境架設

21 OpenCV 處理圖片實例

22 OpenCV【綜合實例】：醫院遠端診斷系統

第 4 部分 QML 和 Qt Quick 及其應用

23 QML 程式設計基礎

24 QML 動畫特效

25 Qt Quick Controls 開發基礎及實例

第 5 部分 Qt Quick 3D 開發基礎

26 Qt Quick 3D 場景、視圖與光源

27 Qt Quick 3D【綜合實例】：益智積木

第 6 部分 Qt 6 跨平台開發基礎

28 Visual Studio 中的 Qt 6 開發

29 Qt 6 中的 Android 開發

30 Qt 6 中的 Python 開發

31 Linux（Ubuntu）上的 Qt 6 開發

第 7 部分 附錄

A C++ 相關知識

B Qt 6 簡單偵錯

第 1 部分

Qt 6 基礎

CHAPTER 01

Qt 6 概述

本章介紹什麼是 Qt，如何安裝 Qt 及其開發環境。透過一個計算圓面積的小實例詳細介紹 Qt 的開發步驟，讓讀者對利用 Qt（Qt Designer）進行 GUI 應用程式開發有一個初步的認識。

1.1 什麼是 Qt

Qt 是一個跨平台的 C++ 圖形化使用者介面應用程式框架。它為應用程式開發者提供建立藝術級圖形化使用者介面所需的所有功能。它是完全物件導向的，很容易擴充，並且允許真正的元件程式設計。

1. Qt 的發展

Qt 最早是在 1991 年由 The Qt Company 開發的，1996 年進入商業領域，成為全世界範圍內數千種成功的應用程式的基礎。它也是目前流行的 Linux 桌面環境 KDE 的基礎，KDE 是 Linux 發行版本主要的標準元件。2008 年，The Qt Company 被諾基亞公司收購，Qt 成為諾基亞旗下的程式語言工具。從 2009 年 5 月發佈的 Qt 4.5 起，諾基亞公司宣佈 Qt 原始程式碼函數庫面向公眾開放，Qt 開發人員可透過為 Qt 及與其相關的專案貢獻程式、翻譯、範例及其他內容，協助引導和塑造 Qt 的未來發展。2011 年，Digia 公司（芬蘭的一家 IT 服務公司）從諾基亞公司收購了 Qt 的商業版權。2012 年 8 月 9 日，作為非核心資產剝離計畫的一部分，諾基亞公司宣佈將 Qt 軟體業務正式出售給 Digia 公司。2013 年 7 月 3 日，Digia 公司 Qt 開發團隊在其官方部落格上宣佈 Qt 5.1 正式版發佈；同年 12 月 11 日，又發佈 Qt 5.2 正式版。2014 年 4 月，跨平台整合式開發環境 Qt Creator 3.1.0 正式發佈；同年 5 月 20 日，配套發佈了 Qt 5.3 正式版。至此，Qt 實現了對於 iOS、Android、WP 等各種平台的全面支持。

The Qt Company 公司成立後，Qt 版本的升級開始加速，相繼推出 Qt 5.4 ～ 5.15，期間，Qt 原生的 QML 程式語言和 Qt Quick 及與之配套的 Qt Quick

Controls 函數庫的功能不斷增強和完善，再加上對很多協力廠商函數庫（如 OpenCV）的支援，使得 Qt 在介面開發及圖形影像處理方面的優勢凸顯。

隨著網際網路進入「雲端」時代及物聯網的興起，2020 年底，經過多年醞釀和孵化，眾所期待的未來導向的生產力平台的 Qt 6.0 終於發佈了。

2. Qt 6 的亮點

（1）Qt 繪製硬體介面。撰寫一次繪製程式，就能部署在任何硬體上。

（2）Qt Quick 3D。整合原 Qt 中 2D 和 3D 功能到同一個技術堆疊上，使用同一套工具就能設計、開發 2D 和 3D 混合效果的使用者介面，實現下一代使用者的新體驗。

（3）Qt Quick Controls 2 桌面樣式。像素級完美、原生外觀的控制項無縫整合入作業系統。

（4）HiDPI 支持。獨立縮放的支持，針對不同的顯示器設定自動縮放 UI。

（5）QProperty 系統。透過 C++ 中的綁定支援提高程式速度，將 QML 最好用部分帶入 Qt，並與 QObject 無縫整合。

（6）併發 API 的改進。多核心 CPU、平行計算、保持使用者介面流暢的同時在後台執行後端邏輯。自動根據硬體進行執行緒數量管理。

（7）網路功能的改進。建立您自己的通訊後端，並將其整合到預設的 Qt 工作流中，自動增加與安全性相關的功能。

（8）更新到 C++17。更新到最新標準，提高程式的可讀性、執行性能和易維護性。

（9）CMake 支持。憑藉業界標準建構系統、豐富的功能集及龐大的生態系統建構 Qt 應用程式。

（10）Qt for Microcontroller Unit（MCU）。輕量級繪製引擎可在具有 2D 硬體加速的低成本硬體上部署基於 QML 的 UI，從而以最小的佔用空間（>80KB 記憶體）實現最佳的圖形性能。

（11）無限的可擴充性。既可在超低成本硬體上部署類似於智慧型手機的使用者介面，也可在超級電腦上部署高級圖形介面。

3. Qt 版本說明

Qt 按照不同的版本發行，分為商業版和開放原始碼版。Qt 商業版為商務軟體提供開發環境，並提供在協定有效期內的免費升級和技術支援服務。而 Qt 開放原始碼版是為了開發自由而設計的開放原始程式軟體，它提供了和商業版同樣的功能，在 GNU 通用公共許可證下，它是免費的。

1.2 Qt 6 的安裝

從 Qt 6 起，官方不再提供碩大的離線完整安裝套件，而是改為提供線上安裝器，由使用者執行安裝器連網選擇自己所需的 Qt 版本和元件下載。而透過線上安裝器安裝 Qt 6 需要透過 Qt 帳號。

1.2.1 下載 Qt 線上安裝器和申請免費帳號

登入 Qt 公司官網，進入首頁，點擊右上角的 Get Started 進入 "Get Qt" 頁，點擊 Download Qt Now ，彈出 Qt 申請免費帳號頁，如圖 1.1 所示。

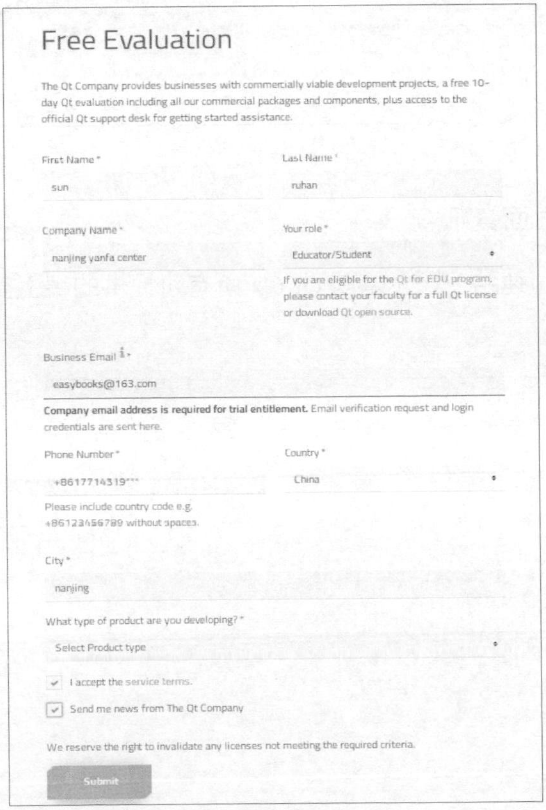

Free Evaluation

The Qt Company provides businesses with commercially viable development projects, a free 10-day Qt evaluation including all our commercial packages and components, plus access to the official Qt support desk for getting started assistance.

First Name * sun
Last Name * ruhan
Company Name * nanjing yanfa center
Your role * Educator/Student
If you are eligible for the Qt for EDU program, please contact your faculty for a full Qt license or download Qt open source.
Business Email * easybooks@163.com
Company email address is required for trial entitlement. Email verification request and login credentials are sent here.
Phone Number * +8617714319***
Country * China
Please include country code e.g. +86123456789 without spaces.
City * nanjing
What type of product are you developing? * Select Product type
I accept the service terms.
Send me news from The Qt Company
We reserve the right to invalidate any licenses not meeting the required criteria.
Submit

圖 1.1 申請免費帳號

根據頁面專案填寫資訊，填寫完成後，點擊 "Submit" 按鈕，如果填寫資訊形式上沒有問題，系統會先向提供的電話（+8617714319***）發 6 位驗證碼簡訊，在隨後出現的驗證對話方塊中輸入該驗證碼，電話驗證完成後，輸入帳戶密碼和再次確認，系統會給提供的電子電子郵件（easybooks@163.com）發送郵件。完成後顯示如圖 1.2 所示。

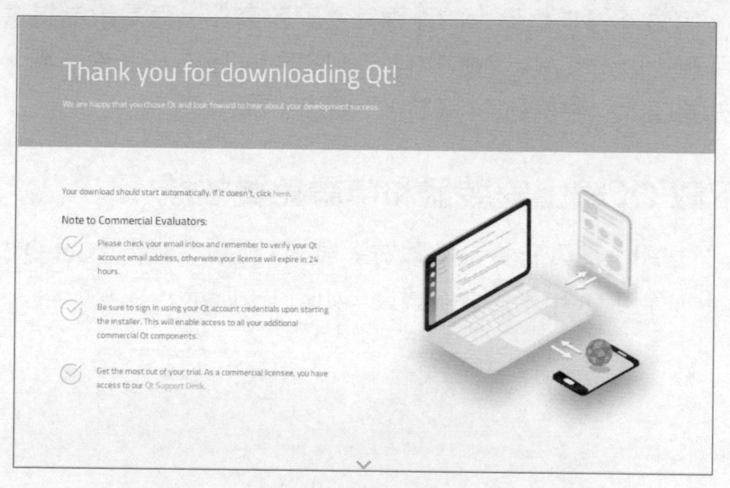

圖 1.2 Qt 提示訊息

該頁面包含兩個方面資訊：

（1）點擊 "here" 超連結，顯示當前 Qt 6.x 所有可提供的線上安裝器，顯示如圖 1.3 所示。

Qt Downloads　　Qt Home　Bug Tracker　Code Review　Planet Qt　Get Qt Extensions

Name	Last modified	Size	Description
Parent Directory		-	
qt-unified-windows-x86-4.0.1-online.exe	2020-12-03 14:05	23M	
qt-unified-windows-x86-4.0.1-1-online.exe	2021-01-27 11:13	23M	
qt-unified-windows-x86-4.0.0-online.exe	2020-11-03 13:34	22M	
qt-unified-mac-x64-4.0.1-online.dmg	2020-12-03 14:05	13M	
qt-unified-mac-x64-4.0.1-1-online.dmg	2021-01-27 11:13	12M	
qt-unified-mac-x64-4.0.0-online.dmg	2020-11-03 13:34	12M	
qt-unified-linux-x64-4.0.1-online.run	2020-12-03 14:05	33M	
qt-unified-linux-x64-4.0.1-1-online.run	2021-01-27 11:13	33M	
qt-unified-linux-x64-4.0.0-online.run	2020-11-03 13:34	30M	

圖 1.3 Qt 6.x 線上安裝器

系統自動辨識當前操作者使用的電腦作業系統，並選擇匹配的 Qt 6.x 版本線上安裝器，請選擇預設的檔案下載程式和預設儲存檔案目錄。使用者進行確認下載。

（2）提示使用者根據 Qt 發送的郵件連結儘快登入驗證，因為該連結有時效，使用後不能再用。進入該連結網頁，如圖 1.4 完成 Qt 帳戶登入。

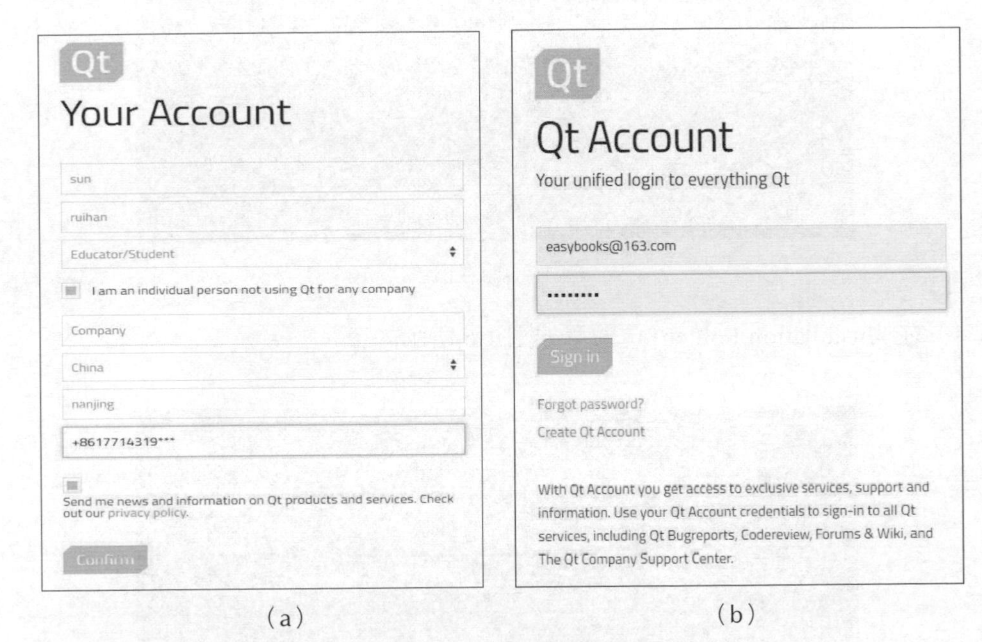

圖 1.4 Qt 帳戶登入

1.2.2 安裝 Qt 6.x

安裝前要保證電腦處於連網狀態。

（1）按兩下之前下載的安裝器檔案，啟動精靈，出現如圖 1.5 所示介面，要求輸入 Qt 帳號（也就是剛剛申請的免費帳號），輸入完點擊 "Next" 按鈕。

（2）在 "Setup-Qt" 頁顯示 "commercial Qt Setup" 過程。安裝器自動獲取 Qt 遠端安裝所需的詮譯資訊，使用者可選擇向 Qt 官方發送（或不發送）有關自己 Qt 的統計資訊。

（3）在 "Contribute to Qt Development" 頁顯示提示訊息。

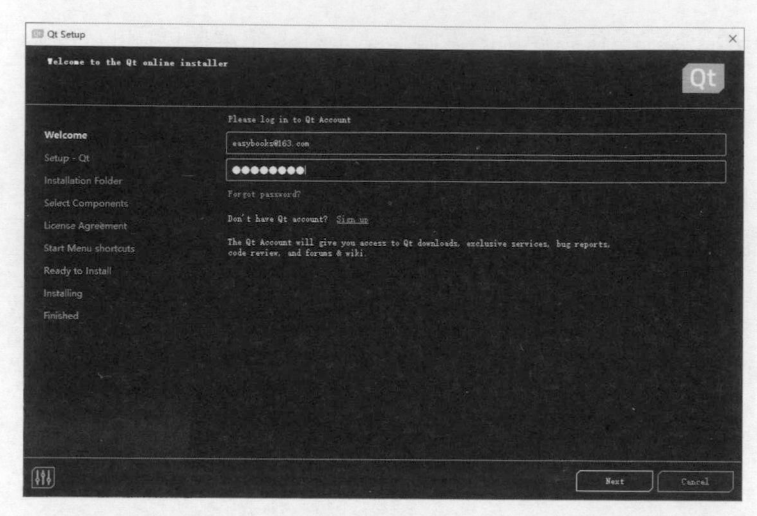

圖 1.5 輸入帳號

（4）在 "Installation Folder" 頁顯示如圖 1.6 所示內容。

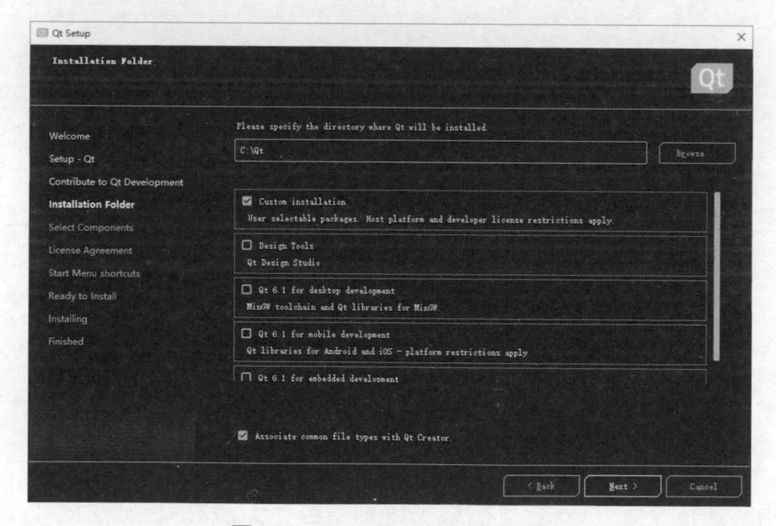

圖 1.6 "Installation Folder" 頁

預設安裝資料夾為 "c:\Qt"，選取 "Custom installation" 核取方塊，使用者選擇 Qt 開發平台。同時可以選擇安裝 Qt 設計工具、桌面開發、行動開發、嵌入式開發等。

選取 "Associate common file types with Qt Creator." 核取方塊，將常用檔案類型與 Qt Creator 連結。點擊 "Next" 按鈕進入下一頁。

（5）在 "Select Components" 頁選擇安裝元件，如圖 1.7 所示。

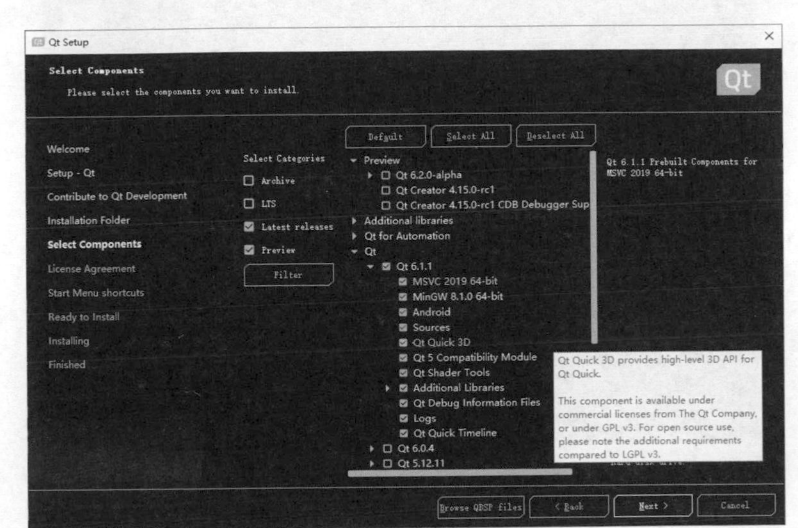

圖 1.7 "Select Components"（選擇元件）頁

安裝 Qt 6，我們選取 Qt 節點下的 "Qt 6.1.1"。

進一步展開 "Qt 6.1.1"，可看到其包含的所有元件，可選擇部分需要的進行安裝：其中，"MSVC 2019 64-bit" 和 "MinGW 8.1.0 64-bit" 是 Qt 的編譯器，至少選擇一個，一般選擇 MinGW 編譯器，而在 Visual Studio 環境（C++）開發 Qt 需要安裝 MSVC 編譯器。用 Qt 開發 AndroidApp 需要安裝 "Android"。獲得 Qt 原始程式，需要選擇 "Sources"。其他元件包括 3D 開發、相容行動開發、Shader 工具、附加函數庫、偵錯資訊檔案、記錄檔、Timeline 元件等。

（6）在 "License Agreement"（授權合約）頁，選中 "I have read and agree to the terms contained in the license agreements."，接受授權合約。

（7）在 "Start Menu Shotcuts" 頁指定 Qt 啟動選單名稱。

（8）在 "Ready to install" 頁顯示需要的磁碟空間。

（9）在 "Installing" 頁，開始線上安裝 Qt 6。安裝的過程透過處理程序進度顯示，安裝速度取決於當前安裝者網路情況和 Qt 檔案伺服器繁忙程度。

安裝完成，如圖 1.8 所示。

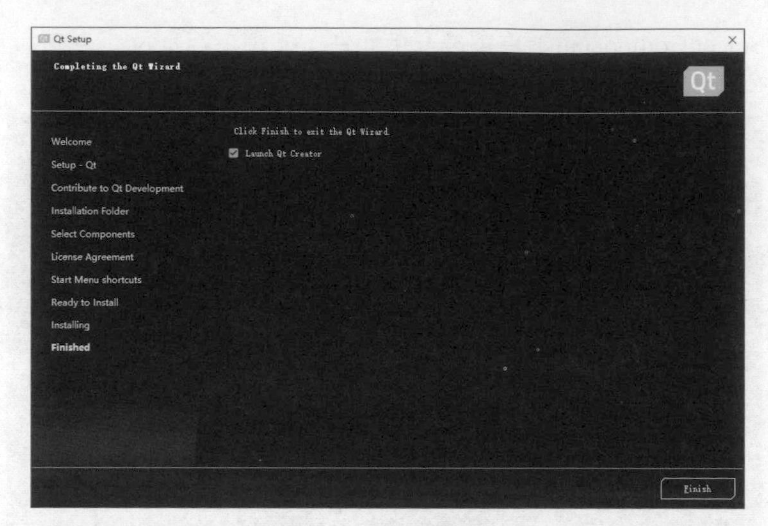

圖 1.8　Qt 6 安裝完成

點擊 "Finish" 按鈕結束安裝。系統會自行啟動 Qt Creator，顯示 Qt Creator 初始介面。

1.2.3 執行 Qt Creator

Qt Creator 執行後，進入初始介面，如圖 1.9 所示。

圖 1.9　Qt Creator 初始介面

在介面中可以看到最左端的一欄按鈕，該欄按鈕功能如下。

- (歡迎)：可以選擇附帶的例子演示，在下一次進入歡迎介面時顯示最近開啟的一些專案，免除再去查詢的麻煩。
- (編輯)：撰寫程式進行程式設計。
- (設計)：設計圖形介面，進行元件屬性設定、訊號和槽設定及版面配置設定等操作。
- (Debug)：可以根據需要偵錯工具，以便追蹤觀察程式的執行情況。
- (專案)：可以完成開發環境的相關設定。
- (說明)：可以輸入關鍵字，查詢相關說明資訊。

左下角的三個按鈕 、 和 分別是「執行」按鈕、「開始偵錯」按鈕和「建構專案」按鈕。顧名思義，這三個按鈕相對應的功能分別為啟動執行、啟動偵錯和建構專案。

1.2.4 Qt 6 開發環境簡介

在 Qt 程式開發過程中，除可以透過手寫程式實現軟體功能外，還可以透過 Qt 的 GUI 介面設計器（Qt Designer）進行介面的繪製和版面配置。該工具提供了 Qt 基本的可繪製視窗元件，如 QWidget、QLabel、QPushButton 和 QVBoxLayout 等。在設計器中用滑鼠直接拖曳這些視窗元件，能夠高效、快速地實現 GUI 介面的設計，介面直觀形象，所見即所得。Qt Designer 介面如圖 1.10 所示。

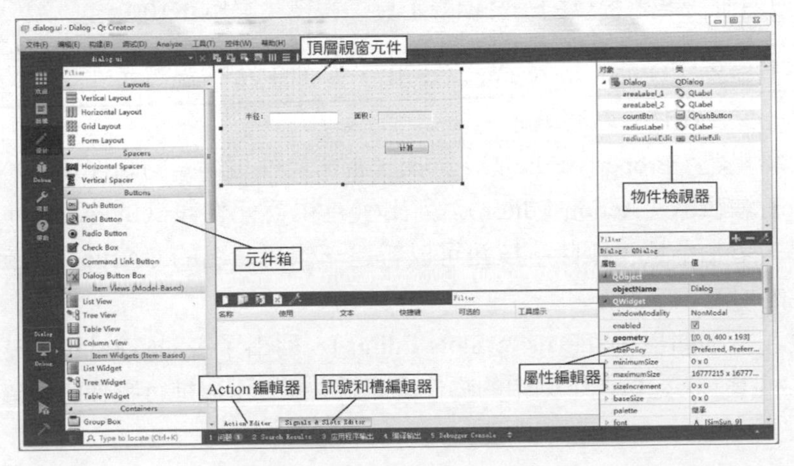

圖 1.10 Qt Designer 介面

進入 Qt Designer 主介面後，看到的 form 部分（見圖 1.11）就是將要設計的頂層視窗元件（頂層視窗元件是其他子視窗元件的載體）。

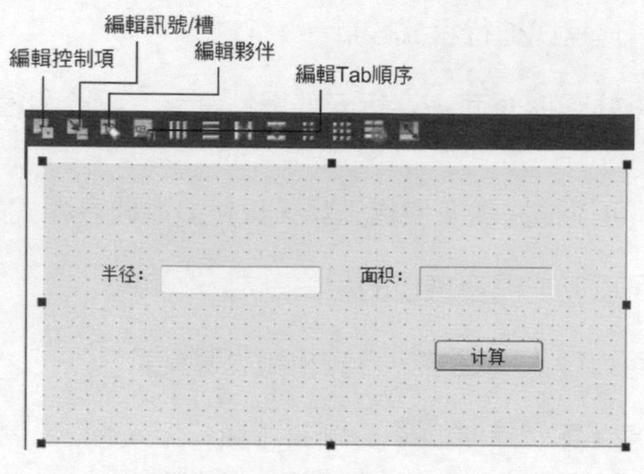

圖 1.11 視窗元件編輯模式

在 Qt Designer 主介面左側的「元件箱」欄中列出了經常使用的 Qt 標準視窗元件，可以直接拖曳對應的視窗元件圖示到頂層視窗元件的介面上。同時，也可以將設計的視窗元件組合（透過版面配置管理器對 Qt 標準視窗元件進行版面配置和組合）或放置其他視窗元件的 Qt 容器類別（見「元件箱」欄中的 "Containers" 組）直接拖曳到「元件箱」欄中，Qt 設計器會自動在「元件箱」欄中生成 "Scratchpad" 組，並生成新的自訂視窗元件。此後，可以像使用 Qt 提供的標準視窗元件一樣使用新建立的視窗元件。

選中 Qt Designer「控制項」→「視圖」中的全部選項，在 Qt Designer 的主介面上可以看到設計器提供的一些編輯工具子視窗（見圖 1.10）。

- 物件檢視器（Object Inspector）：列出了介面中所有視窗元件，以及各視窗元件的父子關係和包容關係。
- 屬性編輯器（Property Editor）：列出了視窗元件可編輯的屬性。
- Action 編輯器（Action Editor）：列出了為視窗元件設計的 QAction 動作，透過「增加」或「刪除」按鈕可以新建一個可命名的 QAction 動作或刪除指定的 QAction 動作。
- 訊號和槽編輯器（Signals & Slots Editor）：列出了在 Qt Designer 中連結的訊號和槽，透過按兩下列中的物件或訊號 / 槽，可以進行物件的選擇和訊號 / 槽的選擇。

此外，透過 Qt Designer 的「編輯」選單，可以開啟 Qt Designer 的四種 GUI 視窗元件編輯模式（見圖 1.11）。

- 控制項編輯模式（Edit Widgets）：可以在 Qt Designer 中增加 GUI 視窗元件並修改它們的屬性和外觀。
- 訊號 / 槽編輯模式（Edit Signals/Slots）：可以在 Qt Designer 中的視窗元件上連結 Qt 已經定義好的訊號和槽。
- 夥伴編輯模式（Edit Buddies）：可以在 Qt Designer 中的視窗元件上建立 QLabel 標籤和其他視窗元件的夥伴關係，即當使用者啟動標籤的快速鍵時，滑鼠 / 鍵盤的焦點會轉移到它的夥伴視窗元件上。Qt 中只有 QLabel 標籤物件才可以有夥伴視窗元件，也只有該 QLabel 物件具有快速鍵（在顯示文字的某個字元前面增加一個首碼 "&"，就可以定義快速鍵）時，夥伴關係才有效。例如：

```
QLineEdit*  ageLineEdit = new QLineEdit(this);
QLabel*  ageLabel = new QLabel("&Age",this);
ageLabel->setBuddy(ageLineEdit);
```

  定義了 ageLabel 標籤的複合鍵為 Alt+A，並將行編輯方塊 ageLineEdit 設為它的夥伴視窗元件。所以當使用者按下複合鍵 Alt+A 時，焦點會跳至行編輯方塊 ageLineEdit 中。

- Tab 順序編輯模式（Edit Tab Order）：可以在 Qt Designer 中的視窗元件上設定 Tab 鍵在視窗元件上的焦點順序。

1.3 Qt 6 開發實例介紹

大致了解開發 Qt 程式的基本流程有助 Qt 開發快速入門。下面以完成計算圓的面積這一簡單例子來介紹 Qt 開發程式的一般流程。

當使用者輸入一個圓的半徑後，可以顯示計算後的圓的面積值。執行效果如圖 1.12 所示。

Qt 中開發應用程式既可以採用設計器（Qt Designer）方式，也可以採用撰寫程式的方式。下面首先採用 Qt 設計器進行 GUI 應用程式開發，讓讀者對 Qt 開發程式的流程有一個初步的認識，然後再採用撰寫程式的方式。

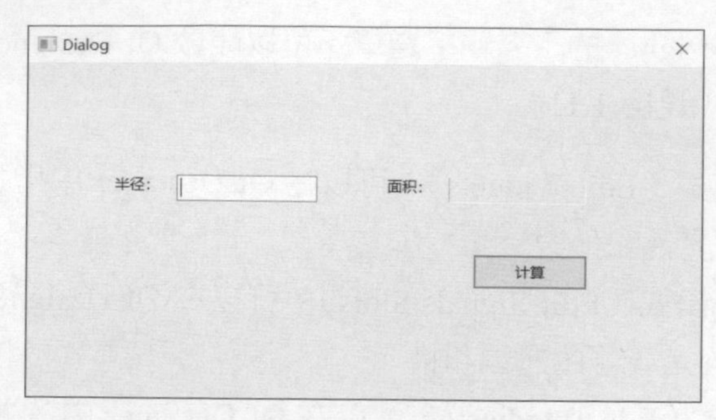

圖 1.12 計算圓的面積實例

1.3.1 設計器（Qt Designer）開發實例

【例】（簡單）（CH101）採用設計器（Qt Designer）實現計算圓的面積，完成如圖 1.12 所示的功能。

首先建立 Qt 專案，接著進行介面設計，然後撰寫對應的計算圓的面積程式。

1. 建立 Qt 專案

建立步驟如下。

（1）執行 Qt Creator，在初始介面左側點擊「專案」按鈕，切換至專案管理介面，如圖 1.13 所示。

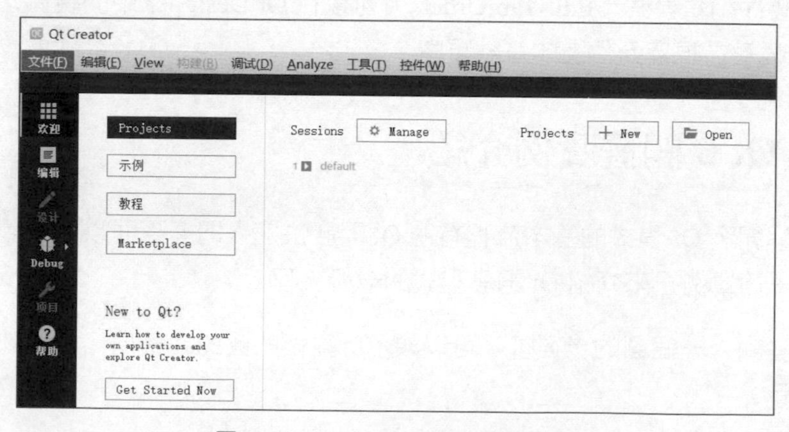

圖 1.13 Qt Creator 專案管理介面

點擊 ＋ New 按鈕，或選擇「檔案」→「新建檔案或專案 ...」命令，建立一個新的專案，出現「新建專案」視窗，如圖 1.14 所示。

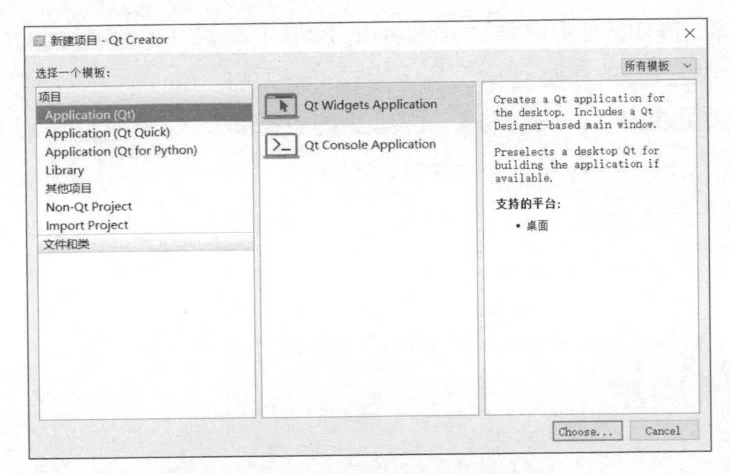

圖 1.14 新建一個桌面專案

(2) 選擇一個專案範本。點擊左側「專案」列表下的 "Application (Qt)" 選項，中間清單選 "Qt Widgets Application" 選項，點擊 "Choose..." 按鈕，進入下一步。

說明：使用者需要建立什麼樣的專案就選擇對應的專案選項。舉例來說，"Qt Console Application" 選項是建立一個基於主控台的專案。這裡因為需要建立一個桌面應用程式，所以選擇 "Qt Widgets Application" 選項。

(3) 選擇儲存專案的路徑並定義自己專案的名字。注意，儲存專案的路徑中不能有中文字元。專案命名沒有大小寫要求，依據個人習慣即可。這裡將專案命名為 Dialog，儲存路徑為 "C:\Qt6\CH1\CH101"，如圖 1.15 所示。點擊「下一步」按鈕。

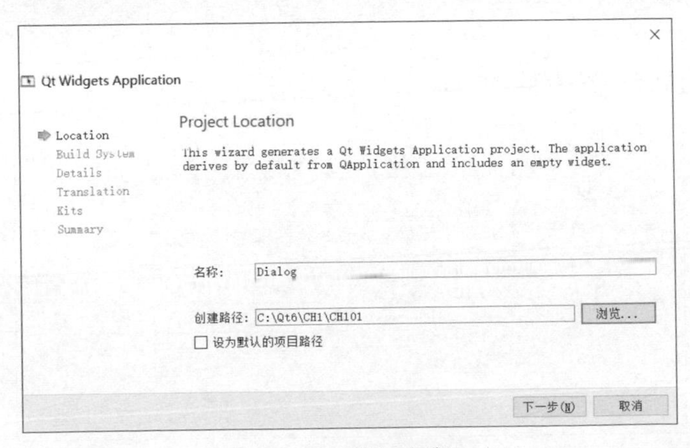

圖 1.15 儲存專案

（4）接下來的介面讓使用者選擇專案的建構（編譯）工具，與 Qt 5 不同的是，Qt 6 能相容支持多種建構工具，除了 Qt 原生的 qmake 外，還增加了對通用標準建構工具 CMake 的支持，這裡我們選擇嘗試使用新支持的 CMake 工具，如圖 1.16 所示。點擊「下一步」按鈕。

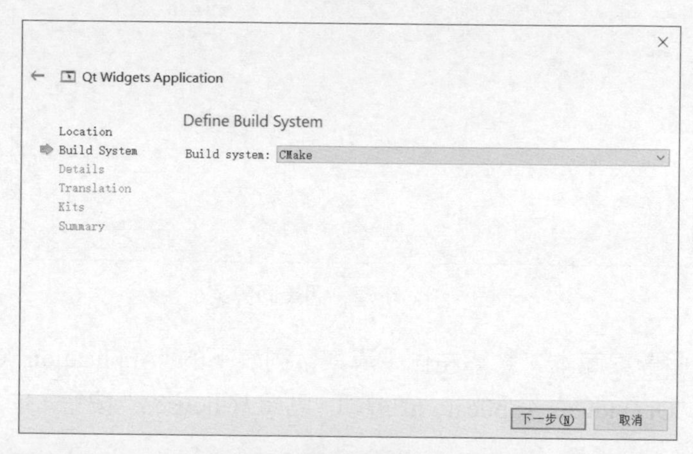

圖 1.16　選擇專案建構工具

（5）根據實際需要，選擇一個「基礎類別」。這裡選擇 QDialog 對話方塊類別作為基礎類別，"Class name"（類別名稱）填寫 "Dialog"，這時 "Header file"（標頭檔）、"Source file"（原始檔案）及 "Form file"（介面檔案）都出現預設的檔案名稱 dialog。注意，對這些檔案名稱都可以根據具體需要進行對應的修改。預設選中 "Generate form"（建立介面）核取方塊，表示需要採用介面設計器來設計介面，如圖 1.17 所示，點擊「下一步」按鈕。

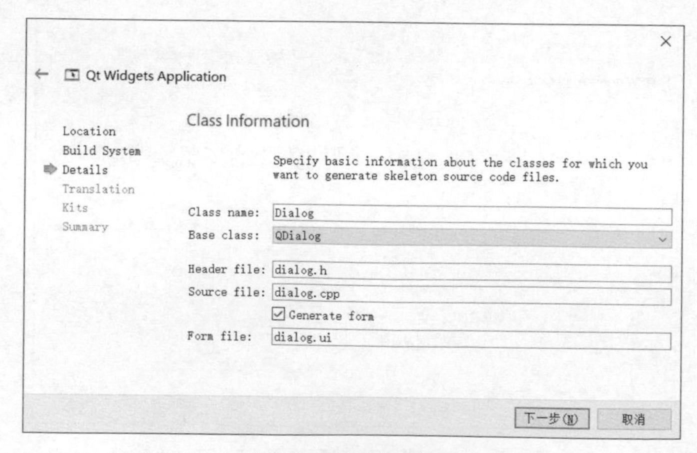

圖 1.17　選擇基礎類別和命名程式檔案

(6) 再次點擊「下一步」按鈕，進入 "Kit Selection"（選擇建構套件）介面，由於之前安裝選擇元件的時候已經指定了使用唯一的編譯器 MinGW，故這裡只有一個選項 "Desktop Qt 6.0.1 MinGW 64-bit"，如圖 1.18 所示，直接點擊「下一步」按鈕進入下一步驟即可。

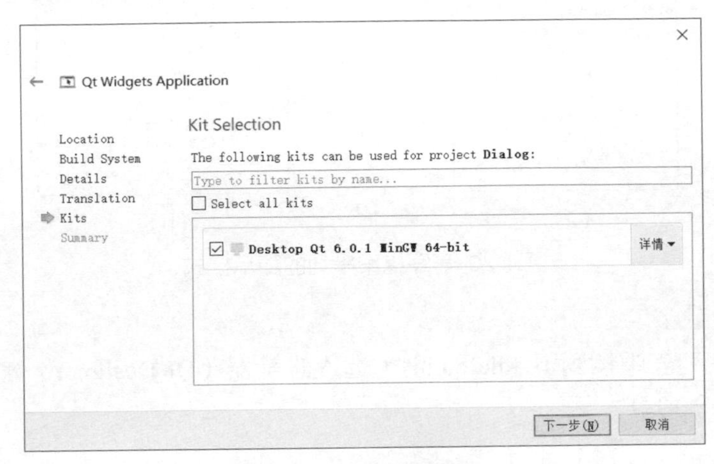

圖 1.18 選擇建構套件

(7) 此時，對應的檔案已經自動載入到專案檔案列表中，如圖 1.19 所示。

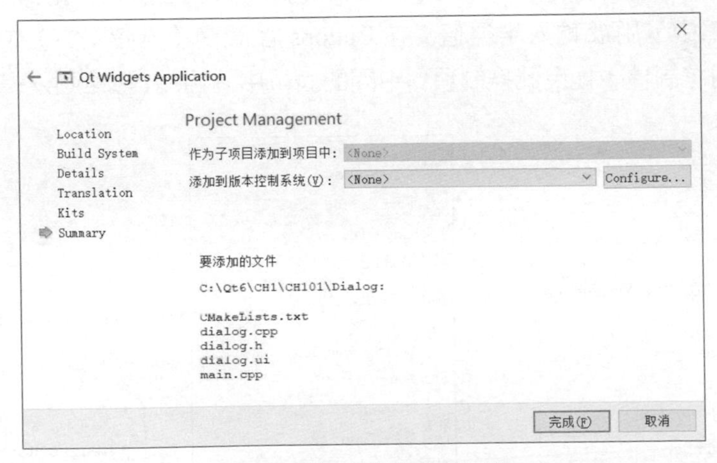

圖 1.19 載入生成檔案列表

點擊「完成」按鈕完成建立，檔案清單中的檔案自動在專案樹形視圖中分類顯示，如圖 1.20（a）所示，各個檔案包含在對應的節點中，點擊節點前的 > 圖示可以顯示該節點下的檔案；而點擊節點前的 ⌄ 圖示則可隱藏該節點下的檔案。點擊上部灰色工具列中的過濾符號 ▼ 後，彈出一個下拉串列，選取「簡化樹形視圖」則切換到簡單的檔案串列樣式，如圖 1.20（b）所示。

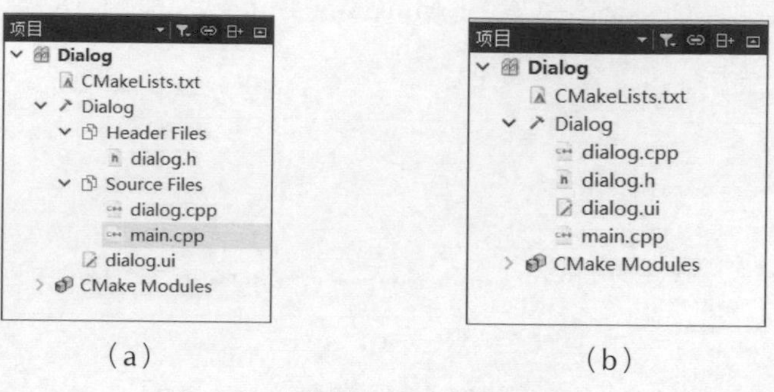

圖 1.20 專案檔案串列的顯示樣式

2. 介面設計

在專案檔案列表中按兩下 "dialog.ui"，進入設計器（Qt Designer）編輯狀態，開始進行介面設計。

拖曳控制項容器欄的滑動桿，在最後的 Display Widgets 容器欄（見圖 1.21）中找到 Label 標籤控制項，拖曳三個此控制項到中間的表單中；同樣，在 Input Widgets 容器欄（見圖 1.22）中找到 Line Edit 編輯方塊控制項，拖曳此控制項到中間的表單中，用於輸入半徑值；在 Buttons 容器欄（見圖 1.23）中找到 Push Button 按鈕控制項，拖曳此控制項到中間的表單中，用於提交回應點擊事件。

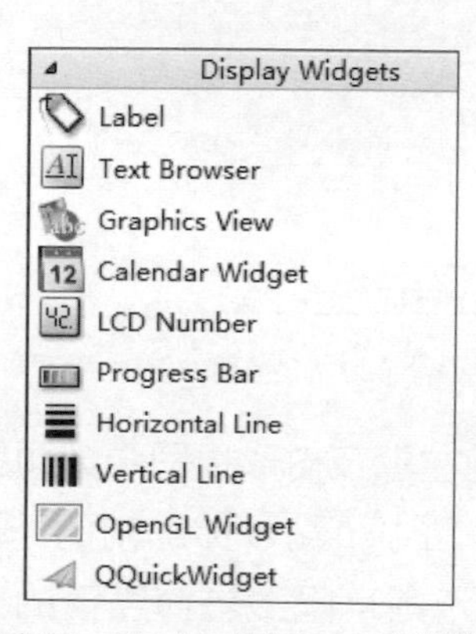

圖 1.21 Display Widgets 容器欄

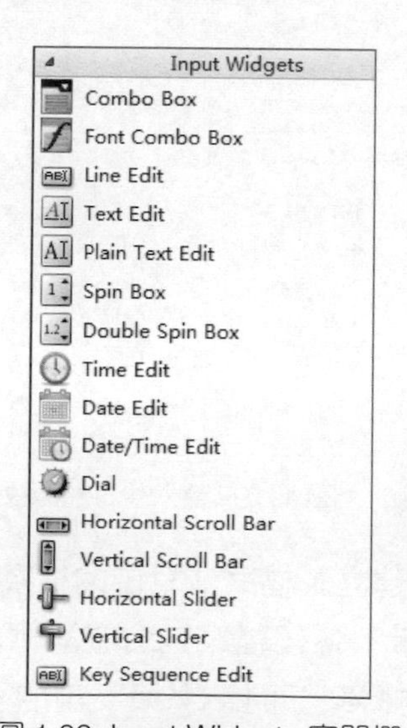

圖 1.22 Input Widgets 容器欄

Buttons
Push Button
Tool Button
Radio Button
Check Box
Command Link Button
Dialog Button Box

圖 1.23 Buttons 容器欄

下面將修改拖曳到表單中的各控制項的屬性，如圖 1.24 所示，物件監視器內容如圖 1.25 所示。

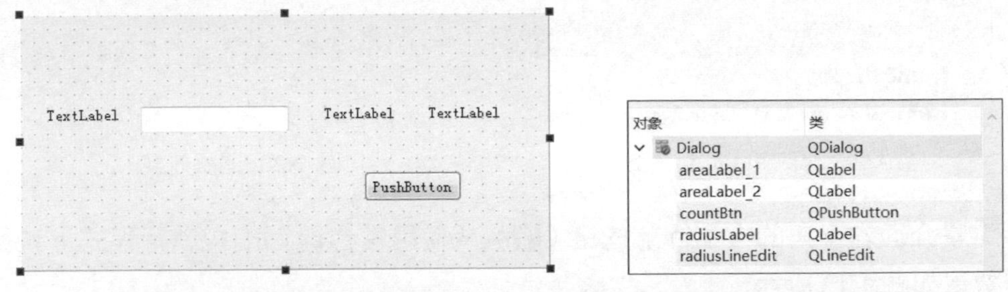

圖 1.24 調整後的版面配置

圖 1.25 物件監視器內容

然後，對各控制項屬性進行修改，內容見表 1.1。其中，修改控制項 Text 值的方法有以下兩種：

表 1.1 控制項的屬性

Class	text	objectName
QLabel	半徑：	radiusLabel
QLineEdit		radiusLineEdit
QLabcl	面積：	areaLabel_1
QLabel		areaLabel_2
QPushButton	計算	countBtn

（1）直接按兩下控制項本身即可修改。

（2）在 Qt Designer 的屬性欄中修改，如修改表示半徑的 Label 標籤屬性，如圖 1.26 所示。

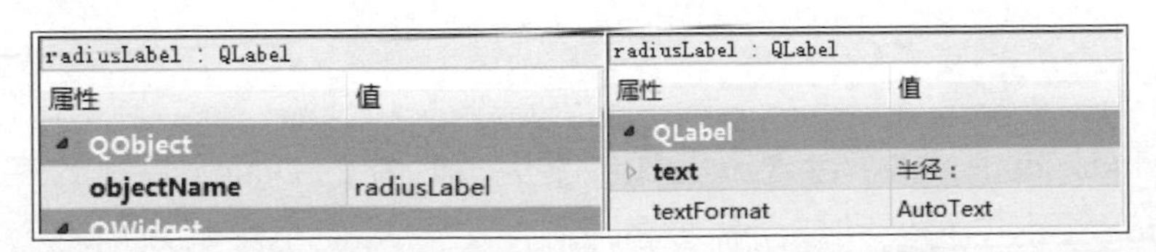

圖 1.26 修改半徑標籤的 objootName 及 lexl 值

修改 areaLabel_2 的 "frameShape" 屬性為 "Panel"；"frameShadow" 屬性為 "Sunken"，如圖 1.27 所示。最終效果如圖 1.28 所示。

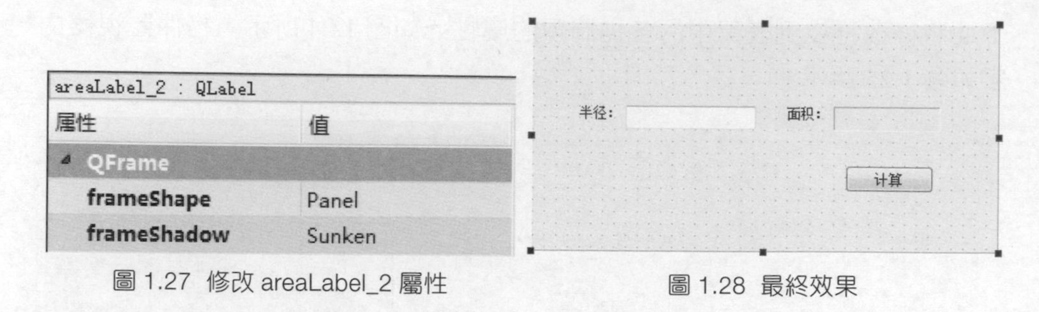

圖 1.27 修改 areaLabel_2 屬性　　　　圖 1.28 最終效果

點擊介面左下角的「執行」按鈕（▶）或使用複合鍵 Ctrl+R 執行程式，執行效果如圖 1.12 所示。

至此，程式的介面設計已經完成。

3. 撰寫對應的計算圓面積程式

首先簡單認識一下 Qt 程式設計環境。找到檔案列表中自動增加的 "main.cpp" 檔案，如圖 1.20 所示。每個專案都有一個執行的入口函數，此檔案中的 main() 函數就是此專案的入口。

下面詳細介紹 main() 函數的相關內容：

```
#include "dialog.h"                              //(a)
#include <QApplication>                          //(b)
int main(int argc, char *argv[])                 //(c)
{
    QApplication a(argc, argv);                  //(d)
    Dialog w;                                    //建立一個對話方塊物件
    w.show();                                    //(e)
    return a.exec();                             //(f)
}
```

其中，

(a) #include "dialog.h"：包含了程式中要完成功能的 Dialog 類別的定義，在 Dialog 類別中封裝完成所需要的功能。注意，使用哪個類別就必須將包含該類別的標頭檔引用過來。舉例來說，若要用到一個按鈕類別時，則必須在此處增加一行程式 "#include <QPushButton>"，這表明包含了按鈕（QPushButton）類別的定義。

(b) #include <QApplication>：Application 類別的定義。在每個 Qt 圖形化應用程式中都必須使用一個 QApplication 物件，它管理了各種各樣的圖形化應用程式的廣泛資源、基本設定、控制流及事件處理等。

(c) int main(int argc, char *argv[])：應用程式的入口，幾乎在所有使用 Qt 的情況下，main() 函數只需要在將控制轉交給 Qt 函數庫之前執行初始化，然後 Qt 函數庫透過事件向程式告知使用者的行為。所有 Qt 程式中都必須有且只有一個 main() 函數。main() 函數有兩個參數，即 argc 和 argv。argc 是命令列變數的數量，argv 是命令列變數的陣列。

(d) QApplication a(argc, argv)：a 是這個程式的 QApplication 物件，在任何 Qt 的視窗系統元件被使用之前都必須建立該物件。它在這裡被建立並且處理這些命令列變數。所有被 Qt 辨識的命令列參數都將從 argv 中被移去（並且 argc 也因此而減少）。

(e) w.show()：當建立一個視窗元件的時候，預設是不可見的，必須呼叫 show() 函數使它變為可見。

(f) return a.exec()：程式進入訊息迴圈，等待可能的輸入進行回應。這裡就是 main() 函數將控制權轉交給 Qt，Qt 完成事件處理工作，當應用程式退出的時候，exec() 函數的值就會傳回。在 exec() 函數中，Qt 接收並處理使用者和系統的事件並且將它們傳遞給適當的視窗元件。

現在，有兩種方式可以完成計算圓面積功能：一是透過觸發按鈕事件完成（方式 1）；二是透過觸發編輯方塊文字改變事件完成（方式 2）。

【方式 1】：在 "Line Edit" 編輯方塊內輸入半徑值，然後點擊「計算」按鈕，則在 areaLabel_2 中顯示對應的圓面積。

操作步驟如下。

（1）在「計算」按鈕上按滑鼠右鍵，在彈出的下拉式功能表中選擇「轉到槽 ...」命令，在「轉到槽」對話方塊中選擇 "QAbstractButton" 的 "clicked()" 訊號，點擊 "OK" 按鈕，如圖 1.29 所示。

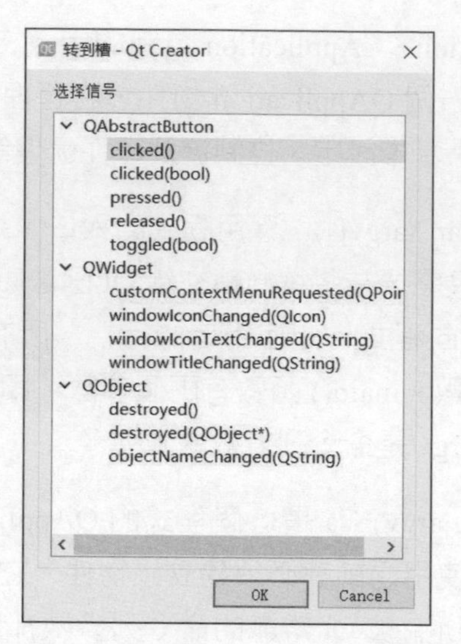

圖 1.29　選擇 "clicked()" 訊號

（2）進入 "dialog.cpp" 檔案中按鈕點擊事件的槽函數 on_countBtn_clicked()，在此函數中增加以下程式：

```
void Dialog:: on_countBtn_clicked()
{
    bool ok;
    QString tempStr;
    QString valueStr = ui->radiusLineEdit->text();
    int valueInt = valueStr.toInt(&ok);
    double area = valueInt * valueInt * PI;        //計算圓的面積
    ui->areaLabel_2->setText(tempStr.setNum(area));
}
```

（3）在 "dialog.cpp" 檔案開始處增加以下敘述：

```
const static double PI = 3.1416;
```

定義全域變數 PI。

說明：

Qt 提供了訊號和槽機制用於完成介面操作的回應，它是實現任意兩個 Qt 物件之間通訊的機制。其中，訊號會在某個特定情況或動作下被觸發，槽則等於接收並處理訊號的函數。舉例來說，若要將一個視窗元件的變化情況通知給另一個視窗元件，則一個視窗元件發送訊號，另一個視窗元件的槽接收此訊號並進行對應的操作，即可實現兩個視窗元件之間的通訊。每個 Qt 物件都包含若干個預先定義的訊號和槽，當某一個特定事件發生時，一個訊號被發送，與訊號相連結的槽則會回應訊號並完成對應的處理。當一個類別被繼承時，該類別的訊號和槽也同時被繼承，也可以根據需要自訂訊號和槽。

實際程式設計時，訊號與槽可以有多種不同的連接方式，例如：

■ 一個訊號與另一個訊號相連，敘述為：

```
connect(Object1,SIGNAL(signal1),Object2,SLOT(signal1));
```

表示 Object1 的訊號 1 發送可以觸發 Object2 的訊號 1 發送。

■ 同一個訊號與多個槽相連，敘述為：

```
connect(Object1,SIGNAL(signal2),Object2,SLOT(slot2));
connect(Object1,SIGNAL(signal2),Object3,SLOT(slot1));
```

■ 同一個槽響應多個訊號，敘述為：

```
connect(Object1,SIGNAL(signal2),Object2,SLOT(slot2));
connect(Object3,SIGNAL(signal2),Object2,SLOT(slot2));
```

但是，最為常用的連接方式還是：

```
connect(Object1,SIGNAL(signal),Object2,SLOT(slot));
```

其中，signal 為物件 Object1 的訊號，slot 為物件 Object2 的槽。

需要連結的訊號和槽的簽名必須是等同的，即訊號的參數類型和個數與接收該訊號的槽的參數類型和個數必須相同。不過，一個槽的參數個數是可以少於訊號的參數個數的，但缺少的參數必須對應訊號的最後一個或幾個參數。

訊號和槽機制減弱了 Qt 物件的耦合度。激發訊號的 Qt 物件無須知道是哪個物件的哪個槽需要接收它發出的訊號，反之，物件的槽也無須知道有哪些訊號連結了自己，而一旦將某個訊號與某個槽建立了連結，Qt 就能夠保證適合的槽函數得到呼叫以完成功能。即使連結的物件在執行時期被刪除，應用程式也不會崩潰。

訊號和槽機制增強了物件間通訊的靈活性，然而這也損失了一些性能，因為它要先定位接收訊號的物件，然後遍歷所有連結（如一個訊號連結多個槽的情況），再編組（marshal）/ 解組（unmarshal）需要傳遞的參數，多執行緒的時候，訊號還可能需要排隊等待。然而，同訊號和槽提供的靈活性和簡便性相比，這點性能損失是值得的。

以上方式 1 將「計算」按鈕發送的點擊訊號 QAbstractButton::clicked() 與對話方塊 QDialog 的 Dialog::on_countBtn_clicked() 槽連結起來，在槽函數中進行圓的面積計算就可以實現用觸發按鈕事件來完成程式功能。

（4）執行程式，在 "Line Edit" 文字標籤內輸入半徑值，點擊「計算」按鈕後，顯示圓面積值。

【方式 2】：在 "Line Edit" 編輯方塊內輸入半徑值，不需要點擊按鈕觸發事件，直接就在 areaLabel_2 中顯示圓的面積。

此種方式是將編輯方塊改變文字內容的訊號 QLineEdit::textChanged(QString) 與對話方塊 QDialog 的 Dialog::on_radiusLineEdit_textChanged(const QString &arg1) 槽連結起來，操作步驟如下。

（1）在 "Line Edit" 編輯方塊上按滑鼠右鍵，在彈出的下拉式功能表中選擇「轉到槽 ...」命令，在「轉到槽」對話方塊中選擇 "QLineEdit" 的 "textChanged (QString)" 訊號，如圖 1.30 所示。

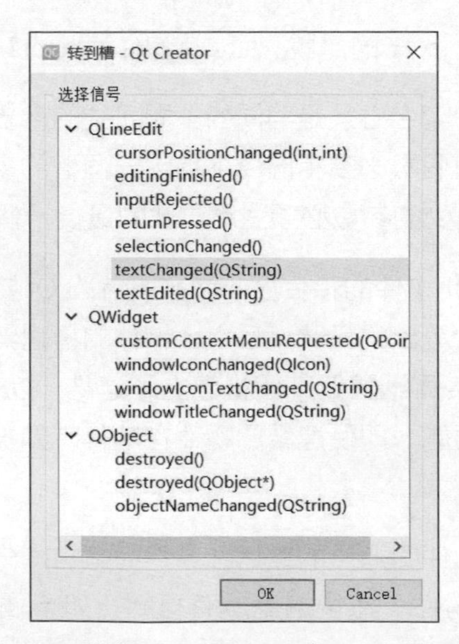

圖 1.30 選擇 "textChanged(QString)" 訊號

（2）點擊 "OK" 按鈕，進入 "dialog.cpp" 檔案中的編輯方塊改變文字內容事件的槽函數 on_radiusLineEdit_textChanged(const QString &arg1) 中，增加以下程式：

```
void Dialog::on_radiusLineEdit_textChanged(const QString &arg1)
{
    bool ok;
    QString tempStr;
    QString valueStr = ui->radiusLineEdit->text();
    int valueInt = valueStr.toInt(&ok);
    double area = valueInt * valueInt * PI;            //計算圓的面積
    ui->areaLabel_2->setText(tempStr.setNum(area));
}
```

（3）執行此程式，在 "Line Edit" 編輯方塊中輸入半徑值後，程式會直接在 areaLabel_2 中顯示圓的面積值。

1.3.2 程式實現開發實例

【例】（簡單）（CH102）採用撰寫程式的方式來實現計算圓的面積的功能。

實現步驟如下。

（1）首先建立一個新專案。建立過程同 1.3.1 節的「1. 建立 Qt 專案」第（1）～（7）步，只是在第（3）步中，專案儲存路徑為 "C:\Qt6\CH1\CH102"；第（4）步建構工具選 qmake；在第（5）步中，取消 "Generate form"（建立介面）核取方塊的選中狀態。

（2）在專案的 dialog.h 中增加以下粗體程式：

```
#include <QLabel>                        //(a)
#include <QLineEdit>                     //(a)
#include <QPushButton>                   //(a)
class Dialog : public QDialog
{
  Q_OBJECT
public:
  Dialog(QWidget *parent = 0);
  ~Dialog();
private:
  QLabel *label1,*label2;                //(b)
```

```
  QLineEdit *lineEdit;                   //(b)
  QPushButton *button;                   //(b)
};
```

其中，

(a) 加入實現 Label、LineEdit、PushButton 控制項的標頭檔。

(b) 定義介面中的 Label、LineEdit、PushButton 控制項物件。label1 標籤物件提示「請輸入圓的半徑」，label2 標籤物件顯示圓面積計算結果，LineEdit 編輯方塊物件用於輸入半徑，PushButton 為「計算」命令按鈕物件。

Q_OBJECT 巨集的作用是啟動 Qt 6 元物件系統的一些特性（如支持訊號和槽等），它必須放置在類別定義的私有區中。

說明：Qt 6 元物件系統提供了物件間的通訊機制（訊號和槽）、執行時期類型資訊和動態屬性系統的支援，是標準 C++ 的擴充，它使 Qt 能夠更進一步地實現 GUI 圖形化使用者介面程式設計。Qt 6 的元物件系統不支援 C++ 範本，儘管範本擴充了標準 C++ 的功能，但是元物件系統提供了範本無法提供的一些特性。Qt 6 元物件系統基於以下三個元件。

① 基礎類別 QObject：任何需要使用元物件系統功能的類別必須繼承自 QObject。

② Q_OBJECT 巨集：這個巨集必須出現在類別的私有宣告區，用於啟動元物件的特性。

③ 元物件編譯器（Meta-Object Compiler，MOC）：為 QObject 子類別實現元物件特性提供必要的程式實現。

注意：在檔案中用到某個類別時，需要此檔案開始部分引用包含該類別的標頭檔。

（3）在 "dialog.cpp" 中增加以下程式：

```
#include <QGridLayout>                                     //(a)
Dialog::Dialog(QWidget *parent)
    : QDialog(parent)
{
    label1 = new QLabel(this);
    label1->setText(tr("請輸入圓的半徑："));
```

```
    lineEdit = new QLineEdit(this);
    label2 = new QLabel(this);
    button = new QPushButton(this);
    button->setText(tr("顯示對應圓的面積"));
    QGridLayout *mainLayout = new QGridLayout(this);    //(b)
    mainLayout->addWidget(label1,0,0);                  //(c)
    mainLayout->addWidget(lineEdit,0,1);                //(c)
    mainLayout->addWidget(label2,1,0);                  //(c)
    mainLayout->addWidget(button,1,1);                  //(c)
    setLayout(mainLayout);                              //(d)
}
```

說明：在設計較複雜的 GUI 使用者介面時，僅透過指定視窗元件的父子關係以期達到載入和排列視窗元件的方法是行不通的，這個時候最好的辦法是使用 Qt 提供的版面配置管理器。上段程式中就運用了版面配置管理器來設計介面。

(a) #include <QGridLayout>：包含實現版面配置管理器的標頭檔。

(b) QGridLayout *mainLayout = new QGridLayout(this)：建立一個網格版面配置管理器物件 mainLayout，並用 this 指出父視窗。

(c) mainLayout->addWidget(…)：分別將控制項物件 label1、lineEdit、label2 和 button 放置在該版面配置管理器中。

(d) setLayout(mainLayout)：將版面配置管理器增加到對應的視窗元件物件中，完整寫法為 QWidget::setLayout(mainLayout)，因為這裡的主視窗就是父視窗，所以直接呼叫 setLayout(mainLayout) 即可。

有關版面配置管理器更多的使用方法請參照本書第 3 章有關版面配置管理器的部分。

介面執行效果如圖 1.31 所示。

圖 1.31 介面執行效果

（4）完成程式功能。

以上第（1）～（3）步只完成了介面設計，下面同樣透過兩種觸發不同控制項事件的方式來完成計算圓面積的功能。

【方式 1】：在 lineEdit 編輯方塊內輸入所需圓的半徑值，點擊「顯示對應圓的面積」按鈕後，在 label2 中顯示圓的面積值。

只須將「顯示對應圓的面積」按鈕發送的點擊訊號 QAbstractButton::clicked() 與對話方塊 QDialog 的 Dialog::showArea() 槽連結起來，步驟如下。

① 開啟 "dialog.h" 檔案，在類別建構函數和控制項成員宣告後，增加以下粗體程式：

```
class Dialog : public QDialog
{
    …
    QPushButton *button;
private slots:
    void showArea();
};
```

② 開啟 "dialog.cpp" 檔案，在建構函數中增加以下粗體程式：

```
Dialog::Dialog(QWidget *parent)
    : QDialog(parent)
{
    …
    mainLayout->addWidget(button,1,1);
    connect(button,SIGNAL(clicked()),this,SLOT(showArea()));
}
```

其中，

SIGNAL() 和 SLOT() 是 Qt 定義的兩個巨集，它們傳回其參數的 C 語言風格的字串（const char*）。因此，下面連結訊號和槽的兩個敘述是等同的：

```
connect(button,SIGNAL(clicked()),this,SLOT(showArea()));
connect(button, "clicked()", this, "showArea()");
```

③ 在 showArea() 中實現顯示圓面積的功能，程式如下：

```
const static double PI = 3.1416;
void Dialog::showArea()
{
    bool ok;
```

```
    QString tempStr;
    QString valueStr = lineEdit->text();
    int valueInt = valueStr.toInt(&ok);
    double area = valueInt * valueInt * PI;
    label2->setText(tempStr.setNum(area));
}
```

④ 執行程式。在 lineEdit 編輯方塊中輸入圓的半徑值，點擊「顯示對應圓的面積」按鈕後，在 label2 中顯示圓的面積值，最終執行結果如圖 1.32 所示。

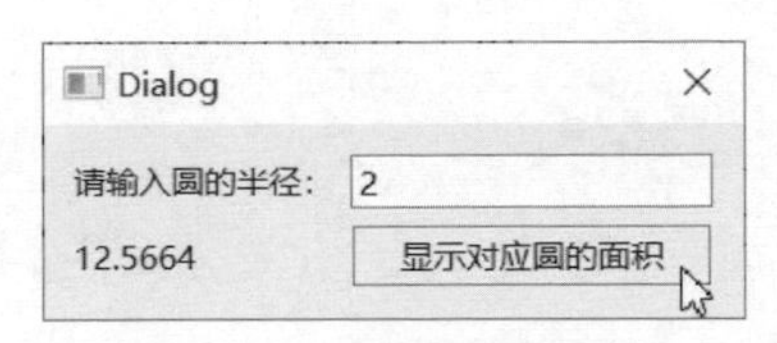

圖 1.32 最終執行結果

【方式 2】：在 lineEdit 編輯方塊中輸入所需圓的半徑值後，不必點擊「顯示對應圓的面積」按鈕，直接在 label2 中顯示圓的面積值。這種情況是將編輯方塊改變文字內容訊號 QLineEdit::textChanged(QString) 與對話方塊 QDialog 的 Dialog::showArea() 槽連結起來，操作步驟同方式 1，只是在第②步中，增加的程式修改為以下粗體敘述：

```
Dialog::Dialog(QWidget *parent)
    : QDialog(parent)
{
    ...
    mainLayout->addWidget(button,1,1);
    connect(lineEdit,SIGNAL(textChanged(QString)),this,SLOT(showAr
ea()));
}
```

重新執行程式，在 lineEdit 編輯方塊中輸入圓的半徑值後，不必點擊「顯示對應圓的面積」按鈕，直接在 label2 中顯示圓的面積值。

到此為止，基本的 Qt 開發步驟已經介紹完畢，在本書以後章節的例子中就不再如此詳細介紹了。

CHAPTER 02

Qt 6 範本庫、工具類別及控制項

本章首先介紹 Qt 字串類別 QString、Qt 容器類別、QVariant 類別及 Qt 常用的演算法和基本正規表示法，然後介紹常用的控制項。

2.1 字串類別

標準 C++ 提供了兩種字串：一種是 C 語言風格的以 "\0" 字元結尾的字元陣列；另一種是字串類別 String。而 Qt 字串類別 QString 的功能更強大，提供了豐富的操作、查詢和轉換等函數。

2.1.1 操作字串

字串有以下幾個操作符號。

(1) QString 提供了一個二元的 "+" 操作符號用於組合兩個字串，並提供了一個 "+=" 操作符號用於將一個字串追加到另一個字串的尾端，例如：

```
QString str1 = "Welcome ";
str1 = str1 + "to you! ";              //str1 = " Welcome to you! "
QString str2 = "Hello, ";
str2 += "World! ";                     //str2 = "Hello,World! "
```

其中，QString str1 = "Welcome " 傳遞給 QString 一個 const char* 類型的 ASCII 字串 "Welcome "，它被解釋為一個典型的以 "\0" 結尾的 C 類型字串。將會導致呼叫 QString 建構函數來初始化一個 QString 字串。其建構函數原型為：

```
QT_ASCII_CAST_WARN_CONSTRUCTOR QString::QString(const char* str)
```

被傳遞的 const char* 類型的指標又將被函數 QString::fromAscii() 轉為 Unicode 編碼。預設情況下，函數 QString::fromAscii() 會將超過 128 的字元作為 Latin-1 進行處理（可以透過呼叫 QTextCodec::setCodecForCString() 函數改變 QString::fromAscii() 函數的處理方式）。

此外，在編譯應用程式時，也可以透過定義 QT_CAST_FROM_ASCII 巨集變數遮罩該建構函數。如果程式設計師要求顯示給使用者的字串都必須經過 QObject::tr() 函數的處理，那麼遮罩 QString 的這個建構函數是非常有用的。

（2）QString::append() 函數具有與 "+=" 操作符號同樣的功能，實現在一個字串的尾端追加另一個字串，例如：

```
QString str1 = "Welcome ";
QString str2 = "to ";
str1.append(str2);              //str1 = " Welcome to"
str1.append("you! ");           //str1 = "Welcome to you! "
```

（3）組合字串的另一個函數是 QString::sprintf()，此函數支援的格式定義符號和 C++ 函數庫中的函數 sprintf() 定義的一樣。例如：

```
QString str;
str.sprintf("%s","Welcome ");                   //str = "Welcome "
str.sprintf("%s","to you! ");                   //str = "to you! "
str.sprintf("%s %s"," Welcome ", "to you! ");//str = " Welcome to you! "
```

（4）Qt 還提供了另一種方便的字串組合方式，使用 QString::arg() 函數，此函數的多載可以處理很多的資料型態。此外，一些多載具有額外的參數對欄位的寬度、數字數或浮點數精度進行控制。一般來說相對於函數 QString::sprintf()，函數 QString::arg() 是一個比較好的解決方案，因為它類型安全、完全支持 Unicode，並且允許改變 "%n" 參數的順序。例如：

```
QString str;
str = QString("%1 was born in %2.").arg("John").arg(1998);
                                //str = "John was born in 1998."
```

其中，"%1" 被替換為 "John"，"%2" 被替換為 "1998"。

（5）QString 也提供了一些其他組合字串的方法，包括以下幾種。

① insert() 函數：在原字串特定的位置插入另一個字串。

② prepend() 函數：在原字串的開頭插入另一個字串。

③ replace() 函數：用指定的字串代替原字串中的某些字元。

（6）很多時候，去掉一個字串兩端的空白（空白字元包括確認字元 "\n"、換行字元 "\r"、定位字元 "\t" 和空格字元 " " 等）非常有用，如獲取使用者輸入的帳號時。

① QString::trimmed() 函數：移除字串兩端的空白字元。

② QString::simplified() 函數：移除字串兩端的空白字元，使用單一空格字元 " " 代替字串中出現的空白字元。

例如：

```
QString str = "  Welcome \t to \n you!      ";
str = str.trimmed();                         //str = "Welcome \t to \n
you!"
```

在上述程式中，如果使用 str = str.simplified()，則 str 的結果是 "Welcome to you!"。

2.1.2 查詢字串資料

查詢字串資料有多種方式，具體如下。

（1）函數 QString::startsWith() 判斷一個字串是否以某個字串開頭。此函數具有兩個參數。第一個參數指定了一個字串，第二個參數指定是否有大小寫區分（預設情況下是有大小寫區分的），例如：

```
QString str = "Welcome to you! ";
str.startsWith("Welcome",Qt::CaseSensitive);   // 傳回 true
str.startsWith("you",Qt::CaseSensitive);       // 傳回 false
```

（2）函數 QString::endsWith() 類似於 QString::startsWith()，此函數判斷一個字串是否以某個字串結尾。

（3）函數 QString::contains() 判斷一個指定的字串是否出現過，例如：

```
QString str = " Welcome to you! ";
str.contains("Welcome",Qt::CaseSensitive);     // 傳回 true
```

（4）比較兩個字串也是經常使用的功能，QString 提供了多種比較手段。

① operator < (const QString&)：比較一個字串是否小於另一個字串。如果是，則傳回 true。

② operator <= (const QString&)：比較一個字串是否小於或等於另一個字串。如果是，則傳回 true。

③ operator == (const QString&)：比較兩個字串是否相等。如果相等，則傳回 true。

④ operator >= (const QString&)：比較一個字串是否大於或等於另一個字串。如果是，則傳回 true。

⑤ localeAwareCompare(const QString&,const QString&)：靜態函數，比較前後兩個字串。如果前面字串小於後面字串，則傳回負整數值；如果等於則傳回 0；如果大於則傳回正整數值。該函數的比較是基於本地（locale）字元集的，而且是平台相關的。一般來說該函數用於向使用者顯示一個有序的字串串列。

⑥ compare(const QString&,const QString&,Qt::CaseSensitivity)：該函數可以指定是否進行大小寫的比較，而大小寫的比較是完全基於字元的 Unicode 編碼值的，而且是非常快的，傳回值類似於 localeAwareCompare() 函數。

2.1.3 字串的轉換

QString 類別提供了豐富的轉換函數，可以將一個字串轉為數值類型或其他的字元編碼集。

（1）QString::toInt() 函數將字串轉為整數數值，類似的函數還有 toDouble()、toFloat()、toLong()、toLongLong() 等。下面舉個例子說明其用法：

```
QString str = "125";                    //初始化一個 "125" 的字串
bool ok;
int hex = str.toInt(&ok,16);            //ok = true, hex = 293
int dec = str.toInt(&ok,10);            //ok = true, dec = 125
```

其中，int hex = str.toInt(&ok,16)：呼叫 QString::toInt() 函數將字串轉為整數數值。函數 QString::toInt() 有兩個參數。第一個參數是一個 bool 類型的指標，用於傳回轉換的狀態，當轉換成功時設定為 true，否則設定為 false。第二個參數指定了轉換的基數。當基數設定為 0 時，將使用 C 語言的轉換方法，即如果字串以 "0x" 開頭，則基數為 16；如果字串以 "0" 開頭，則基數為 8；其他情況下，基數一律是 10。

（2）QString 提供的字元編碼集的轉換函數將傳回一個 const char* 類型版本的 QByteArray，即建構函數 QByteArray(const char*) 建構的 QByteArray 物件。QByteArray 類別具有一個位元組陣列，它既可以儲存原始位元組（raw bytes），也可以儲存傳統的以 "\0" 結尾的 8 位元的字串。在 Qt 中，使用 QByteArray 比使用 const char* 更方便，轉換函數有以下幾種。

① toAscii()：傳回一個 ASCII 編碼的 8 位元字串。

② toLatin1()：傳回一個 Latin-1（ISO8859-1）編碼的 8 位元字串。

③ toUtf8()：傳回一個 UTF-8 編碼的 8 位元字串（UTF-8 是 ASCII 碼的超集合，它支援整個 Unicode 字元集）。

④ toLocal8Bit()：傳回一個系統本地（locale）編碼的 8 位元字串。

下面舉例說明其用法：

```
QString str = " Welcome to you! ";  //初始化一個字串物件
QByteArray ba = str.toAscii();       //(a)
qDebug() << ba;                      //(b)
ba.append("Hello,World! ");          //(c)
qDebug() << ba.data();               //輸出最後結果
```

其中，

(a) QByteArray ba = str.toAscii()：透過 QString::toAscii() 函數，將 Unicode 編碼的字串轉為 ASCII 碼的字串，並儲存在 QByteArray 物件 ba 中。

(b) qDebug() << ba：使用 qDebug() 函數輸出轉換後的字串（qDebug() 支援輸出 Qt 物件）。

(c) ba.append("Hello,World!")：使用 QByteArray::append() 函數追加一個字串。

注意：NULL 字串和空白（empty）字串的區別。

一個 NULL 字串就是使用 QString 的預設建構函數或使用 "(const char*)0" 作為參數的建構函數建立的 QString 字串物件；而一個空白字串是一個大小為 0 的字串。一個 NULL 字串一定是一個空白字串，而一個空白字串未必是一個 NULL 字串。例如：

```
QString().isNull();          //結果為 true
QString().isEmpty();         //結果為 true
QString("").isNull();        //結果為 false
QString("").isEmpty();       //結果為 true
```

2.1.4 字串最佳化

除上述功能外，Qt 字串類別還進行了多方面的最佳化。

1. 隱式共用

隱式共用（implicit sharing）又稱為回寫複製（copy on write）。當兩個物件共用同一份資料時（透過淺拷貝實現資料區塊的共用），如果資料不改變，則不進行資料的複製。而當某個物件需要改變資料時，則執行深拷貝。

程式在處理共用物件時，使用深拷貝和淺拷貝這兩種方法複製物件。所謂深拷貝，就是生成物件的完整複製品；而淺拷貝則是引用複製（如僅複製指向共用資料的指標）。顯然，執行一個深拷貝的代價是比較昂貴的，要佔用更多的記憶體和 CPU 資源；而淺拷貝的效率則很高，它僅需設定一個指向共用資料區塊的指標及修改引用計數的值。

隱式共用可以降低對記憶體和 CPU 資源的使用率，提高程式的執行效率。它使得在函數中（如參數、傳回值）使用值傳遞更有效率。

QString 類別採用隱式共用技術，將深拷貝和淺拷貝有機地結合起來。

下面透過一個例子來具體介紹隱式共用是執行原理的。

```
QString str1 = "data";          //初始化一個內容為 "data" 的字串
QString str2 = str1;            //(a)
str2[3] = 'e';                  //(b)
str2[0] = 'f';                  //(c)
str1 = str2;                    //(d)
```

其中，

(a) QString str2 = str1：將該字串物件 str1 給予值給另一個字串 str2（由 QString 的複製建構函數完成 str2 的初始化），此時 str2 = "data"。在對 str2 給予值的時候，將發生一次淺拷貝，導致兩個 QString 物件都指向同一個資料結構。該資料結構除了儲存字串 "data" 外，還儲存了一個引用計數器，以記錄字串資料的引用次數。在這裡，因為 str1 和 str2 指向同一個資料結構，所以計數器的值為 2。

(b) str2[3] = 'e'：對 QString 物件 str2 的修改，將導致一次深拷貝，使得 str2 物件指向一個新的、不同於 str1 所指的資料結構（該資料結構的引用計數為 1，因為只有 str2 指向這個資料結構），同時修改原來的 str1 指向的資料結構，設定它的引用計數為 1（此時，只有 QString 物件 str1 指向該資料結構）。繼而在這個 str2 指向的、新的資料結構上完成資料的修改。引用計數為 1 表示這個資料沒有被共用。此時 str2 = "date", str1 = "data"。

(c) str2[0] = 'f'：進一步對 QString 物件 str2 進行修改，但這個操作不會引起任何形式的複製，因為 str2 指向的資料結構沒有被共用。此時，str2 = "fate", str1 = "data"。

(d) str1 = str2：將 str2 給予值給 str1。此時，str1 將它指向的資料結構的引用計數器的值修改為 0，也就是說，沒有 QString 物件再使用這個資料結構了。因此，str1 指向的資料結構將從記憶體中釋放掉。該操作的結果是，QString 物件 str1 和 str2 都指向字串為 "fate" 的資料結構，該資料結構的引用計數為 2。

Qt 中支援隱式共用的類別還包括：

- 所有的容器類別；
- QByteArray、QBrush、QPen、QPalette、QBitmap、QImage、QPixmap、QCursor、QDir、QFont 和 QVariant 等。

2. 記憶體分配策略

QString 在一個連續的區塊中儲存字串資料。當字串的長度不斷增長時，QString 需要重新分配記憶體空間，以便有足夠的空間儲存增加的字串。QString 使用的記憶體分配策略如下：

- 每次分配 4 個字元空間，直到大小為 20。
- 在 20 ～ 4084 之間，QString 分配的區塊大小以 2 倍的速度增長。
- 從 4084 開始，每次以 2048 個字元大小（4096 位元組，即 4KB）的步進值增長。

下面舉例具體說明 QString 在後台是如何執行的：

```
QString test()
{
  QString str;
  for(int i = 0;i < 9000;++i)
     str.append("a");
  return str;
}
```

首先定義了一個 QString 堆疊物件 str，然後為它追加 9 000 個字元。根據 QString 的記憶體分配策略，這個迴圈操作將導致 14 次記憶體重分配：4、8、16、20、52、116、244、500、1012、2036、4084、6132、8180、10228。最後一次記憶體重分配操作後，QString 物件 str 具有一個 10228 個 Unicode 字元大小的區塊（20456 位元組），其中有 9000 個字元空間被使用（18000 位元組）。

2.2 容器類別

Qt 提供了一組通用的基於範本的容器類別。對比 C++ 的標準範本庫中的容器類別，Qt 的這些容器更輕量、更安全並且更容易使用。此外，Qt 的容器類別在速度、記憶體消耗和內聯（inline）程式等方面進行了最佳化（較少的內聯程式將縮減可執行程式的大小）。

儲存在 Qt 容器中的資料必須是可給予值的資料型態，也就是說，這種資料型態必須提供一個預設的建構函數（不需要參數的建構函數）、一個複製建構函數和一個給予值操作運算子。

這樣的資料型態包含了通常使用的大多數資料型態，包括基底資料型態（如 int 和 double 等）和 Qt 的一些資料型態（如 QString、QDate 和 QTime 等）。不過，Qt 的 QObject 及其他的子類別（如 QWidget 和 Qdialog 等）是不能夠儲存在容器中的，例如：

```
QList<QToolBar> list;
```

上述程式是無法編譯成功的，因為這些類別（QObject 及其他的子類別）沒有複製建構函數和給予值操作運算子。

一個可代替的方案是儲存 QObject 及其子類別的指標，例如：

```
QList<QToolBar*> list;
```

Qt 的容器類別是可以巢狀結構的，例如：

```
QHash<QString, QList<double> >
```

其中，QHash 的鍵類型是 QString，它的數值型態是 QList<double>。注意，在最後兩個 ">" 符號之間要保留一個空格，不然 C++ 編譯器會將兩個 ">" 符號解釋為一個 ">>" 符號，導致無法編譯成功器編譯。

Qt 的容器類別為遍歷其中的內容提供了以下兩種方法。

（1）Java 風格的迭代器（Java-style iterators）。

（2）STL 風格的迭代器（STL-style iterators），能夠同 Qt 和 STL 的通用演算法一起使用，並且在效率上也略勝一籌。

下面重點介紹經常使用的 Qt 容器類別。

2.2.1 QList、QLinkedList 和 QVector 類別

經常使用的 Qt 容器類別有 QList、QLinkedList 和 QVector 等。在開發一個較高性能需求的應用程式時，程式設計師會比較關注這些容器類別的執行效率。表 2.1 列出了 QList、QLinkedList 和 QVector 容器的時間複雜度比較。

其中，"Amort.O(1)" 表示，如果僅完成一次操作，可能會有 O(*n*) 行為；但是如果完成多次操作（如 *n* 次），平均結果將是 O(1)。

表 2.1 QList、QLinkedList 和 QVector 容器的時間複雜度比較

容器類別	查找	插入	頭部添加	尾部添加
QList	O(1)	O(*n*)	Amort.O(1)	Amort.O(1)
QLinkedList	O(*n*)	O(1)	O(1)	O(1)
QVector	O(1)	O(*n*)	O(*n*)	Amort.O(1)

1. QList 類別

QList<T> 是迄今為止最常用的容器類別，它儲存給定資料型態 T 的一列數值。繼承自 QList 類別的子類別有 QItemSelection、QQueue、QSignalSpy 及 QStringList 和 QTestEventList。

QList 不僅提供了可以在串列中進行追加的 QList::append() 和 Qlist::prepend() 函數，還提供了在串列中間完成插入操作的 QList::insert() 函數。相對於任何其他的 Qt 容器類別，為了使可執行程式盡可能少，QList 被高度最佳化。

QList<T> 維護了一個指標陣列，該陣列儲存的指標指向 QList<T> 儲存的串列項的內容。因此，QList<T> 提供了基於下標的快速存取。

對於不同的資料型態，QList<T> 採取不同的儲存策略，儲存策略有以下幾種。

（1）如果 T 是一個指標類型或指標大小的基本類型（即該基本類型佔有的位元組數和指標類型佔有的位元組數相同），QList<T> 會將數值直接儲存在它的陣列中。

（2）如果 QList<T> 儲存物件的指標，則該指標指向實際儲存的物件。

下面舉一個例子：

```
#include <QDebug>
int main(int argc,char *argv[])
{
  QList<QString> list;                                    //(a)
  {
     QString str("This is a test string");
     list<<str;                                           //(b)
  }                                                       //(c)
  qDebug()<<list[0]<< "How are you! ";
  return 0;
}
```

其中，

(a) QList<QString> list：宣告了一個 QList<QString> 堆疊物件。

(b) list<<str：透過操作運算子 "<<" 將一個 QString 字串儲存在該串列中。

(c) 程式中使用大括號 "{" 和 "}" 括起來的作用域表明，此時 QList<T> 儲存了物件的複製。

2. QLinkedList 類別

QLinkedList<T> 是一個鏈式串列，它以非連續的區塊儲存資料。

QLinkedList<T> 不能使用下標，只能使用迭代器存取它的資料項目。與 QList 相比，當對一個很大的串列進行插入操作時，QLinkedList 具有更高的效率。

3. QVector 類別

QVector<T> 在相鄰的記憶體中儲存給定資料型態 T 的一組數值。在一個 QVector 的前部或中間位置進行插入操作的速度是很慢的，這是因為這樣的操作將導致記憶體中的大量資料被移動，這是由 QVector 儲存資料的方式決定的。

QVector<T> 既可以使用下標存取資料項目，也可以使用迭代器存取資料項目。繼承自 QVector 類別的子類別有 QPolygon、QPolygonF 和 QStack。

4. Java 風格迭代器遍歷容器

Java 風格的迭代器同 STL 風格的迭代器相比，使用起來更簡單方便，不過這也是以輕微的性能損耗為代價的。對於每一個容器類別，Qt 都提供了兩種類型的 Java 風格迭代器資料型態，即唯讀存取和讀寫存取，見表 2.2。

表 2.2 Java 風格迭代器資料型態的兩種分類

容器類別	唯讀迭代器類別	讀寫迭代器類別
QList<T>,QQueue<T>	QListIterator<T>	QMutableListIterator<T>
QLinkedList<T>	QLinkedListIterator<T>	QMutableLinkedListIterator<T>
QVector<T>,QStack<T>	QVectorIterator<T>	QMutableVectorIterator<T>

Java 風格迭代器的迭代點（Java-style iterators point）位於串列項的中間，而非直接指向某個串列項。因此，它的迭代點或在第一個串列項的前面，或在兩個串列項之間，或在最後一個串列項之後。

下面以 QList 為例，介紹 Java 風格的兩種迭代器的用法。QLinkedList 和 QVector 具有和 QList 相同的遍歷介面，在此不再詳細講解。

（1）QList 唯讀遍歷方法。

【例】（簡單）（CH201）透過主控台程式實現 QList 唯讀遍歷方法。

其具體程式如下：

```
#include <QCoreApplication>
#include <QDebug>                              //(a)
int main(int argc, char *argv[])
{
    QCoreApplication a(argc, argv);            //(b)
    QList<int> list;                           //建立一個 QList<int> 堆疊物件 list
    list<<1<<2<<3<<4<<5;                       //用操作運算子 "<<" 輸入 5 個整數
    QListIterator<int> i(list);                //(c)
    for(;i.hasNext();)                         //(d)
        qDebug()<<i.next();
    return a.exec();
}
```

其中，

(a) 標頭檔 <QDebug> 中已經包含了 QList 的標頭檔。

(b) Qt 的一些類別，如 QString、QList 等，不需要 QCoreApplication 的支援也能夠工作，但是，在使用 Qt 撰寫應用程式時，如果是主控台應用程式，則建議初始化一個 QCoreApplication 物件，Qt 6.0 建立主控台專案時生成的 main.cpp 原始檔案中預設就建立了一個 QCoreApplication 物件；如果是 GUI 圖形化使用者介面程式，則會初始化一個 QApplication 物件。

(c) QListIterator<int> i(list)：以該 list 為參數初始化一個 QListIterator 物件 i。此時，迭代點處在第一個串列項 "1" 的前面（注意，並不是指向該串列項）。

(d) for(;i.hasNext();)：呼叫 QListIterator<T>::hasNext() 函數檢查當前迭代點之後是否有串列項。如果有，則呼叫 QListIterator<T>::next() 函數進行遍歷。next() 函數將跳過下一個串列項（即迭代點將位於第一個串列項和第二個串列項之間），並傳回它跳過的串列項的內容。

最後程式的執行結果為：

```
1
2
3
4
5
```

上例是 QListIterator<T> 對串列進行向後遍歷的函數，而對串列進行向前遍歷的函數有以下幾種：

- QListIterator<T>::toBack()：將迭代點移動到最後一個串列項的後面。
- QListIterator<T>::hasPrevious()：檢查當前迭代點之前是否具有串列項。
- QListIterator<T>::previous()：傳回前一個串列項的內容並將迭代點移動到前一個串列項之前。

除此之外，QListIterator<T> 提供的其他函數還有以下幾種：

- toFront()：移動迭代點到串列的前端（第一個串列項的前面）。
- peekNext()：傳回下一個串列項，但不移動迭代點。
- peekPrevious()：傳回前一個串列項，但不移動迭代點。
- findNext()：從當前迭代點開始向後查詢指定的串列項，如果找到，則傳回 true，此時迭代點位於匹配串列項的後面；如果沒有找到，則傳回 false，此時迭代點位於串列的後端（最後一個串列項的後面）。
- findPrevious()：與 findNext() 類似，不同的是它的方向是向前的，查詢操作完成後的迭代點在匹配項的前面或整個串列的前端。

（2）QListIterator<T> 是唯讀迭代器，它不能完成串列項的插入和刪除操作。讀寫迭代器 QMutableListIterator<T> 除了提供基本的遍歷操作（與 QListIterator 的操作相同）外，還提供了 insert() 插入操作函數、remove() 刪除操作函數和修改資料函數等。

【例】（簡單）（CH202）透過主控台程式實現 QList 讀寫遍歷方法。

具體程式如下：

```
#include <QCoreApplication>
#include <QDebug>
int main(int argc,char *argv[])
{
  QCoreApplication a(argc, argv);
  QList<int> list;                       //建立一個空的串列 list
  QMutableListIterator<int> i(list);     //建立上述串列的讀寫迭代器
  for(int j = 0;j < 10;++j)
     i.insert(j);                        //(a)
  for(i.toFront();i.hasNext();)          //(b)
     qDebug()<<i.next();
  for(i.toBack();i.hasPrevious();)       //(c)
  {
     if(i.previous()%2 == 0)
        i.remove();
     else
          i.setValue(i.peekNext()*10); //(d)
  }
  for(i.toFront();i.hasNext();)          //重新遍歷並輸出串列
        qDebug()<<i.next();
  return a.exec();
}
```

其中，

(a) i.insert(j)：透過 QMutableListIterator<T>::insert() 插入操作，為該串列插入 10 個整數值。

(b) for(i.toFront();i.hasNext();)、qDebug()<<i.next()：將迭代器的迭代點移動到串列的前端，完成對串列的遍歷和輸出。

(c) for(i.toBack();i.hasPrevious();){ … }：移動迭代器的迭代點到串列的後端，對串列進行遍歷。如果前一個串列項的值為偶數，則將該串列項刪除；不然將該串列項的值修改為原來的 10 倍。

(d) i.setValue(i.peekNext()*10)：函數 QMutableListIterator<T>::setValue() 修改遍歷函數 next()、previous()、findNext() 和 findPrevious() 跳過串列項的值，但不會移動迭代點的位置。對於 findNext() 和 findPrevious() 有些特殊：當 findNext()（或 findPrevious()）查詢到串列項的時候，setValue() 將修改匹配的串列項；如果沒有找到，則對 setValue() 的呼叫將不會進行任何修改。

最後編譯、執行此程式，結果如下：

```
0
1
2
3
4
5
6
7
8
9
10
30
50
70
90
```

5. STL 風格迭代器遍歷容器

對於每一個容器類別，Qt 都提供了兩種類型的 STL 風格迭代器資料型態：一種提供唯讀存取；另一種提供讀寫存取。由於唯讀迭代器的執行速度要比讀寫迭代器的執行速度快，所以應盡可能使用唯讀類型的迭代器。STL 風格迭代器的兩種分類見表 2.3。

表 2.3 STL 風格迭代器的兩種分類

容器類別	唯讀迭代器類別	讀寫迭代器類別
QList<T>,QQueue<T>	QList<T>::const_iterator	QList<T>::iterator
QLinkedList<T>	QLinkedList<T>::const_iterator	QLinkedList<T>::iterator
QVector<T>,QStack<T>	QVector<T>::const_iterator	QVector<T>::iterator

STL 風格迭代器的 API 是建立在指標操作基礎上的。舉例來說，"++" 操作運算子移動迭代器到下一個項（item），而 "*" 操作運算子傳回迭代器指向的項。

不同於 Java 風格的迭代器，STL 風格迭代器的迭代點直接指向串列項。

【例】（簡單）（CH203）使用 STL 風格迭代器。

具體程式如下：

```
#include <QCoreApplication>
#include <QDebug>
int main(int argc,char *argv[])
{
  QCoreApplication a(argc, argv);
  QList<int> list;                  //初始化一個空的 QList<int> 串列
  for(int j = 0;j < 10;j++)
     list.insert(list.end(),j);           //(a)
  QList<int>::iterator i;
//初始化一個 QList<int>::iterator 讀寫迭代器
  for(i = list.begin();i != list.end();++i) //(b)
  {
        qDebug()<<(*i);
        *i = (*i)*10;
  }
  //初始化一個 QList<int>:: const_iterator 讀寫迭代器
  QList<int>::const_iterator ci;
  //在主控台輸出串列的所有值
  for(ci = list.constBegin();ci != list.constEnd();++ci)
     qDebug()<<*ci;
  return a.exec();
}
```

其中，

(a) list.insert(list.end(),j)：使用 QList<T>::insert() 函數插入 10 個整數值。此函數有兩個參數：第一個參數是 QList<T>::iterator 類型，表示在該串列項之前插入一個新的串列項（使用 QList<T>::end() 函數傳回的迭代器，表示在串列的最後插入一個串列項）；第二個參數指定了需要插入的值。

(b) for(i = list.begin();i != list.end();++i){ … }：在主控台輸出串列的同時將串列的所有值增大 10 倍。這裡用到兩個函數：QList<T>::begin() 函數傳回指向第一個串列項的迭代器；QList<T>::end() 函數傳回一個容器最後串列項之後的虛擬串列項，為標記無效位置的迭代器，用於判斷是否到達容器的底部。

最後編譯、執行此應用程式，輸出結果如下：

```
0
1
```

```
2
3
4
5
6
7
8
9
0
10
20
30
40
50
60
70
80
90
```

QLinkedList 和 QVector 具有和 QList 相同的遍歷介面，在此不再詳細講解。

2.2.2 QMap 類別和 QHash 類別

QMap 類別和 QHash 類別具有非常類似的功能，它們的差別僅在於：

- QHash 具有比 QMap 更快的查詢速度。
- QHash 以任意的循序儲存資料項目，而 QMap 總是按照鍵 Key 的循序儲存資料。
- QHash 的鍵類型 Key 必須提供 operator==() 和一個全域的 qHash(Key) 函數，而 QMap 的鍵類型 Key 必須提供 operator<() 函數。

二者的時間複雜度比較見表 2.4。

表 2.4 QMap 和 QHash 的時間複雜度比較

容器類別	鍵查找		插入	
	平均	最壞	平均	最壞
QMap	O(log *n*)	O(log *n*)	O(log *n*)	O(log *n*)
QHash	Amort.O(1)	O(*n*)	Amort.O(1)	O(*n*)

其中，"Amort.O(1)" 表示，如果僅完成一次操作，則可能會有 O(*n*) 行為；如果完成多次操作（如 *n* 次），則平均結果將是 O(1)。

1. QMap 類別

QMap<Key,T> 提供了一個從類型為 Key 的鍵到類型為 T 的值的映射。

一般來說 QMap 儲存的資料形式是一個鍵對應一個值，並且按照鍵 Key 的循序儲存資料。為了支援一鍵多值的情況，QMap 提供了 QMap<Key,T>::insertMulti() 和 QMap<Key,T>::values() 函數。儲存一鍵多值的資料時，也可以使用 QMultiMap<Key,T> 容器，它繼承自 QMap。

2. QHash 類別

QHash<Key,T> 具有與 QMap 幾乎完全相同的 API。QHash 維護著一張雜湊表（Hash Table），雜湊表的大小與 QHash 資料項目的數目相對應。

QHash 以任意的順序組織它的資料。當儲存資料的順序無關緊要時，建議使用 QHash 作為存放資料的容器。QHash 也可以儲存一鍵多值形式的資料，它的子類別 QMultiHash<Key,T> 實現了一鍵多值的語義。

3. Java 風格迭代器遍歷容器

對於每一個容器類別，Qt 都提供了兩種類型的 Java 風格迭代器資料型態：一種提供唯讀存取；另一種提供讀寫存取。其分類見表 2.5。

表 2.5 Java 風格迭代器的兩種分類

容器類別	唯讀迭代器類別	讀寫迭代器類別
QMap<Key,T>,QMultiMap<Key,T>	QMapIterator<Key,T>	QMutableMapIterator<Key,T>
QHash<Key,T>,QMultiHash<Key,T>	QHashIterator<Key,T>	QMutableHashIterator<Key,T>

【例】（簡單）（CH204）在 QMap 中的插入、遍歷和修改。

具體程式如下：

```
#include <QCoreApplication>
#include <QDebug>
int main(int argc,char *argv[])
{
  QCoreApplication a(argc, argv);
```

```
    QMap<QString,QString> map;                        //建立一個 QMap 堆疊物件
    //向堆疊物件插入<城市,區號>對
    map.insert("beijing","111");
    map.insert("shanghai","021");
    map.insert("nanjing","025");
    QMapIterator<QString,QString> i(map);             //建立一個唯讀迭代器
    for(;i.hasNext();)                                //(a)
    {
        i.next();
        qDebug()<<"  "<<i.key()<<"  "<<i.value();
    }
    QMutableMapIterator<QString,QString> mi(map);
    if(mi.findNext("111"))                            //(b)
        mi.setValue("010");
    QMapIterator<QString,QString> modi(map);
    qDebug()<<"  ";
    for(;modi.hasNext();)                             //再次遍歷並輸出修改後的結果
    {
        modi.next();
        qDebug()<<" "<<modi.key()<<"  "<<modi.value();
    }
    return a.exec();
}
```

其中，

(a) for(;i.hasNext();){i.next();qDebug()<<" "<<i.key()<<" "<<i.value()}：完成對 QMap 的遍歷輸出。在輸出 QMap 的鍵和值時，呼叫的函數是不同的。在輸出鍵的時候，呼叫 QMapIterator<T,T>::key()；而在輸出值的時候呼叫 QMapIterator <T,T>::value()。為相容不同編譯器內部的演算法，保證輸出正確，在呼叫函數前必須先將迭代點移動到下一個位置。

(b) if(mi.findNext("111")) mi.setValue("010")：首先查詢某個＜鍵 , 值＞對，然後修改值。Java 風格的迭代器沒有提供查詢鍵的函數。因此，在本例中透過查詢值的函數 QMutableMapIterator<T,T>::findNext() 來實現查詢和修改。

最後編譯、執行此程式，結果如下：

```
 "beijing"    "111"
 "nanjing"    "025"
 "shanghai"   "021"

"beijing"    "010"
```

```
"nanjing"    "025"
"shanghai"   "021"
```

4. STL 風格迭代器遍歷容器

對於每一個容器類別，Qt 都提供了兩種類型的 STL 風格迭代器資料型態：一種提供唯讀存取；另一種提供讀寫存取。其分類見表 2.6。

表 2.6 STL 風格迭代器的兩種分類

容器類別	唯讀迭代器類別	讀寫迭代器類別
QMap<Key,T>,QMultiMap<Key,T>	QMap<Key,T>::const_iterator	QMap<Key,T>::iterator
QHash<Key,T>,QMultiHash<Key,T>	QHash<Key,T>::const_iterator	QHash<Key,T>::iterator

【例】（簡單）（CH205）功能與使用 Java 風格迭代器的例子大致相同。不同的是，這裡透過查詢鍵來實現值的修改。

具體程式如下：

```
#include <QCoreApplication>
#include <QDebug>
int main(int argc,char *argv[])
{
  QCoreApplication a(argc, argv);
  QMap<QString,QString> map;
  map.insert("beijing","111");
  map.insert("shanghai","021");
  map.insert("nanjing","025");
     QMap<QString,QString>::const_iterator i;
  for(i = map.constBegin();i != map.constEnd();++i)
     qDebug()<<"  "<<i.key()<<"  "<<i.value();
  QMap<QString,QString>::iterator mi;
  mi = map.find("beijing");
  if(mi != map.end())
     mi.value() = "010";                          //(a)
  QMap<QString,QString>::const_iterator modi;
  qDebug()<<"  ";
  for(modi = map.constBegin();modi != map.constEnd();++modi)
     qDebug()<<"  "<<modi.key()<<"  "<<modi.value();
  return a.exec();
}
```

其中，

(a) mi.value() = "010"：將新的值直接賦給 QMap<QString,QString>::iterator::value() 傳回的結果，因為該函數傳回的是 < 鍵 , 值 > 對其中值的引用。

最後編譯、執行程式，其輸出的結果與程式 CH204 的完全相同。

2.3 QVariant 類別

QVariant 類別類似於 C++ 的聯合（union）資料型態，它不僅能夠儲存很多 Qt 類型的值，包括 QColor、QBrush、QFont、QPen、QRect、QString 和 QSize 等，也能夠存放 Qt 的容器類型的值。Qt 的很多功能都是建立在 QVariant 基礎上的，如 Qt 的物件屬性及資料庫功能等。

【例】（簡單）（CH206）QVariant 類別的用法。

新建 Qt Widgets Application（詳見 1.3.1 節），專案名稱為 "myVariant"，基礎類別選擇 "QWidget"，類別名稱保持 "Widget" 不變，取消選擇 "Generate form"（建立介面）核取方塊。建好專案後，在 "widget.cpp" 檔案中撰寫程式，具體內容如下：

```
#include "widget.h"
#include <QDebug>
#include <QVariant>
#include <QColor>
Widget::Widget(QWidget *parent)
    : QWidget(parent)
{
    QVariant v(709);                      //(a)
    qDebug()<<v.toInt();                  //(b)
    QVariant w("How are you! ");          //(c)
    qDebug()<<w.toString();               //(d)
    QMap<QString,QVariant>map;            //(e)
    map["int"] = 709;                     //輸入整數型
    map["double"] = 709.709;              //輸入浮點數
    map["string"] = "How are you! ";      //輸入字串
    map["color"] = QColor(255,0,0);       //輸入 QColor 類型的值
    //呼叫對應的轉換函數並輸出
    qDebug()<<map["int"]<< map["int"].toInt();
```

```
    qDebug()<<map["double"]<< map["double"].toDouble();
    qDebug()<<map["string"]<< map["string"].toString();
    qDebug()<<map["color"]<< map["color"].value<QColor>();    //(f)
    QStringList sl;                          //建立一個字串串列
    sl<<"A"<<"B"<<"C"<<"D";
    QVariant slv(sl);                        //將該串列儲存在一個 QVariant 變數中
    if(slv.type() == QVariant::StringList)     //(g)
    {
        QStringList list = slv.toStringList();
        for(int i = 0;i < list.size();++i)
            qDebug()<<list.at(i);          //輸出串列內容
    }
}
Widget::~Widget()
{
}
```

其中，

(a) QVariant v(709)：宣告一個 QVariant 變數 v，並初始化為一個整數。此時，QVariant 變數 v 包含了一個整數變數。

(b) qDebug()<<v.toInt()：呼叫 QVariant::toInt() 函數將 QVariant 變數包含的內容轉為整數並輸出。

(c) QVariant w("How are you! ")：宣告一個 QVariant 變數 w，並初始化為一個字串。

(d) qDebug()<<w.toString()：呼叫 QVariant::toString() 函數將 QVariant 變數包含的內容轉為字串並輸出。

(e) QMap<QString,QVariant>map：宣告一個 QMap 變數 map，使用字串作為鍵，QVariant 變數作為值。

(f) qDebug()<<map["color"]<< map["color"].value<QColor>()：在 QVariant 變數中儲存了一個 QColor 物件，並使用範本 QVariant::value() 還原為 QColor，然後輸出。由於 QVariant 是 QtCore 模組的類別，所以它沒有為 QtGui 模組中的資料型態（如 QColor、QImage 及 QPixmap 等）提供轉換函數，因此需要使用 QVariant::value() 函數或 QVariantValue() 模組函數。

(g) if(slv.type()==QVariant::StringList)：QVariant::type() 函數傳回儲存在 QVariant 變數中的值的資料型態。QVariant::StringList 是 Qt 定義的 QVariant::type 列舉類型的變數，其他常用的列舉類型變數見表 2.7。

表 2.7 Qt 常用的 QVariant::type 列舉類型變數

變數	對應的類型	變數	對應的類型
QVariant::Invalid	無效類型	QVariant::Time	QTime
QVariant::Region	QRegion	QVariant::Line	QLine
QVariant::Bitmap	QBitmap	QVariant::Palette	QPalette
QVariant::Bool	bool	QVariant::List	QList
QVariant::Brush	QBrush	QVariant::SizePolicy	QSizePolicy
QVariant::Size	QSize	QVariant::String	QString
QVariant::Char	QChar	QVariant::Map	QMap
QVariant::Color	QColor	QVariant::StringList	QStringList
QVariant::Cursor	QCursor	QVariant::Point	QPoint
QVariant::Date	QDate	QVariant::Pen	QPen
QVariant::DateTime	QDateTime	QVariant::Pixmap	QPixmap
QVariant::Double	double	QVariant::Rect	QRect
QVariant::Font	QFont	QVariant::Image	QImage
QVariant::Icon	QIcon	QVariant::UserType	使用者自訂類型

最後，執行上述程式的結果如下：

```
709
"How are you! "
QVariant(int,709) 709
QVariant(double,709.709) 709.709
QVariant(QString, "How are you! ") "How are you! "
QVariant(QColor, QColor(ARGB 1, 1, 0, 0)) QColor(ARGB 1, 1, 0, 0)
"A"
"B"
"C"
"D"
```

2.4 演算法及正規表示法

本節首先介紹 Qt 的 <QtAlgorithms> 和 <QtGlobal> 模組中提供的幾種常用演算法，然後介紹基本的正規表示法。

2.4.1 Qt 6 常用演算法

【例】（簡單）（CH207）幾個常用演算法。

```
#include <QCoreApplication>
#include <QDebug>
int main(int argc,char *argv[])
{
  QCoreApplication a0(argc, argv);
  double a = -19.3, b = 9.7;
  double c = qAbs(a);                    //(a)
  double max = qMax(b,c);                //(b)
  int bn = qRound(b);                    //(c)
  int cn = qRound(c);
  qDebug()<<"a ="<<a;
  qDebug()<<"b ="<<b;
  qDebug()<<"c = qAbs(a) = "<<c;
  qDebug()<<"qMax(b,c) = "<<max;
  qDebug()<<"bn = qRound(b) = "<<bn;
  qDebug()<<"cn = qRound(c) = "<<cn;
  qSwap(bn,cn);                     //(d)
  //呼叫 qDebug() 函數輸出所有的計算結果
  qDebug()<<"qSwap(bn,cn):"<<"bn ="<<bn<<" cn ="<<cn;
  return a0.exec();
}
```

其中，

(a) double c = qAbs(a)：函數 qAbs() 傳回 double 型數值 a 的絕對值，並給予值給 c（c = 19.3）。

(b) double max = qMax(b,c)：函數 qMax() 傳回兩個數值中的最大值（max = c = 19.3）。

(c) int bn = qRound(b)：函數 qRound() 傳回與一個浮點數最接近的整數值，即四捨五入傳回一個整數值（bn = 10，cn = 19）。

(d) qSwap(bn,cn)：函數 qSwap() 交換兩數的值。

最後，編譯執行上述程式，輸出結果如下：

```
a = -19.3
b = 9.7
c = qAbs(a) =  19.3
qMax(b,c) =  19.3
bn = qRound(b) =  10
cn = qRound(c) =  19
qSwap(bn,cn): bn = 19  cn = 10
```

2.4.2 基本的正規表示法

使用正規表示法可以方便地完成處理字串的一些操作，如驗證、查詢、替換和分割等。Qt 的 QRegExp 類別是正規表示法的表示類別，它基於 Perl 的正規表示法語言，完全支援 Unicode。

正規表示法由運算式（expressions）、量詞（quantifiers）和斷言（assertions）組成。

（1）最簡單的運算式是一個字元。字元集可以使用運算式如 "[AEIOU]"，表示匹配所有的大寫母音字母；使用 "[^AEIOU]" 則表示匹配所有非母音字母，即子音字母；連續的字元集可以使用運算式如 "[a-z]"，表示匹配所有的小寫英文字母。

（2）量詞說明運算式出現的次數，如 "x[1,2]" 表示 "x" 可以至少有一個，至多兩個。

在電腦語言中，識別字通常要求以字母或底線（也稱底線）開頭，後面可以是字母、數字底線。滿足條件的識別字表示為：

```
" [A-Za-z_]+[A-Za-z_0-9]* "
```

其中，運算式中的 "+" 表示 "[A-Za-z_]" 至少出現一次，可以出現多次；"*" 表示 "[A-Za-z_0-9]" 可以出現零次或多次。

類似的正規表示法的量詞見表 2.8。

表 2.8 正規表示法的量詞

量詞	含義	量詞	含義
E?	匹配 0 次或 1 次	E[*n*,]	至少匹配 *n* 次
E+	匹配 1 次或多次	E[,*m*]	最多匹配 *m* 次
E*	匹配 0 次或多次	E[*n*,*m*]	至少匹配 *n* 次，最多匹配 *m* 次
E[*n*]	匹配 *n* 次		

（3）"^"、"$"、"\b" 都是正規表示法的斷言，正規表示法的斷言見表 2.9。

表 2.9 正規表示法的斷言

符號	含義	符號	含義
^	表示在字串開頭進行匹配	\B	非單字邊界
$	表示在字串結尾進行匹配	(?=E)	表示運算式後緊隨 E 才匹配
\b	單字邊界	(?!E)	表示運算式後不跟隨 E 才匹配

舉例來說，若要只有在 using 後面是 namespace 時才匹配 using，則可以使用 "using(?=E\s+ namespace)"（此處 "?=E" 後的 "\s" 表示匹配一個空白字元，下同）。

如果使用 "using(?!E\s+namespace)"，則表示只有在 using 後面不是 namespace 時才匹配 using。

如果使用 "using\s+namespace"，則匹配為 using namespace。

2.5 控制項

本節簡單介紹幾個常用的控制項，以便對 Qt 的控制項有一個初步認識，其具體的用法在本書後面章節用到的時候再詳細介紹。

2.5.1 按鈕組（Buttons）

按鈕組（Buttons）如圖 2.1 所示。

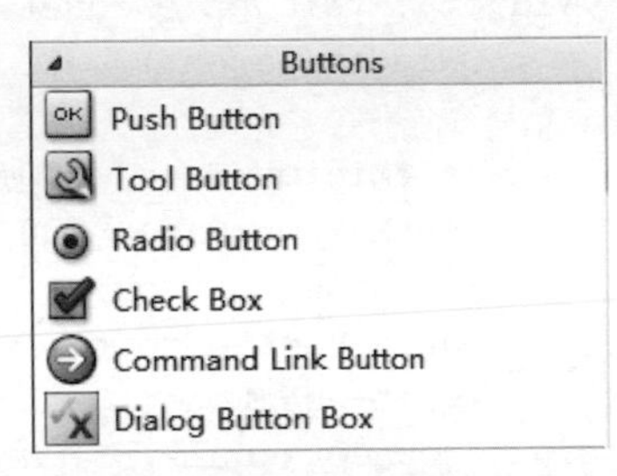

圖 2.1 按鈕組（Buttons）

組中各個按鈕的名稱依次解釋如下。

- Push Button：按鈕。
- Tool Button：工具按鈕。
- Radio Button：選項按鈕。
- Check Box：核取方塊。
- Command Link Button：命令連結按鈕。
- Dialog Button Box：對話方塊按鈕盒。

【例】（簡單）（CH208）以 QPushButton 為例演示按鈕的用法。

（1）新建 Qt Widgets Application（詳見 1.3.1 節），專案名為 "PushButtonTest"，

基礎類別選擇 "QWidget" 選項，類別名稱命名為 "MyWidget"，取消 "Generate form"（建立介面）核取方塊的選中狀態。

（2）在標頭檔 "mywidget.h" 中的具體程式如下：

```
#ifndef MYWIDGET_H
#define MYWIDGET_H

#include <QWidget>

class MyWidget : public QWidget
{
    Q_OBJECT

public:
    MyWidget(QWidget *parent = 0);
    ~MyWidget();
};

#endif // MYWIDGET_H
```

（3）在原始檔案 "mywidget.cpp" 中的具體程式如下：

```
#include "mywidget.h"
#include <qapplication.h>
#include <qpushbutton.h>
#include <qfont.h>
MyWidget::MyWidget(QWidget *parent)
    : QWidget(parent)
{
       setMinimumSize( 200, 120 );
       setMaximumSize( 200, 120 );
       QPushButton *quit = new QPushButton( "Quit", this);
       quit->setGeometry( 62, 40, 75, 30 );
       quit->setFont( QFont( "Times", 18, QFont::Bold ) );
       connect( quit, SIGNAL(clicked()), qApp, SLOT(quit()) );
}
MyWidget::~MyWidget()
{
}
```

（4）在原始檔案 "main.cpp" 中的具體程式如下：

```
#include "mywidget.h"
#include <QApplication>
```

```
int main(int argc, char *argv[])
{
    QApplication a(argc, argv);
    MyWidget w;
    w.setGeometry( 100, 100, 200, 120 );
    w.show();
    return a.exec();
}
```

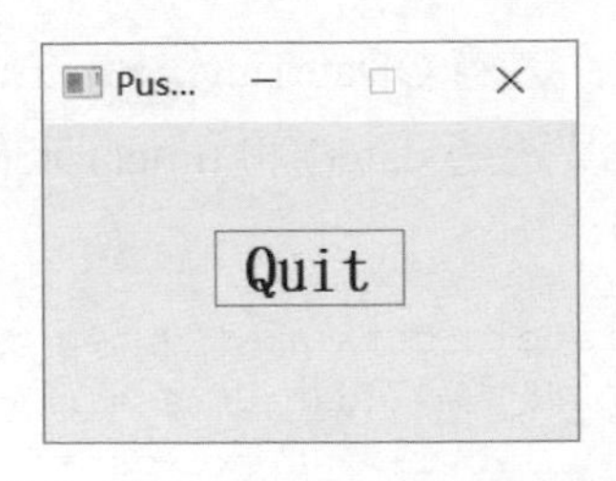

圖 2.2 QPushButton 實例執行結果

（5）執行結果如圖 2.2 所示。

2.5.2 輸入元件組（Input Widgets）

輸入元件組（Input Widgets）如圖 2.3 所示，組中各個元件的名稱依次解釋如下。

- Combo Box：下拉式串列方塊。
- Font Combo Box：字型下拉式串列方塊。
- Line Edit：行編輯方塊。
- Text Edit：文字編輯方塊。
- Plain Text Edit：純文字編輯方塊。
- Spin Box：數字顯示框（自旋盒）。
- Double Spin Box：雙自旋盒。
- Time Edit：時間編輯器。
- Date Edit：日期編輯器。
- Date/Time Edit：日期 / 時間編輯器。
- Dial：撥號器。
- Horizontal Scroll Bar：橫向捲軸。
- Vertical Scroll Bar：垂直捲軸。
- Horizontal Slider：橫向滑動桿。
- Vertical Slider：垂直滑動桿。
- Key Sequence Edit：按鍵序列編輯方塊。

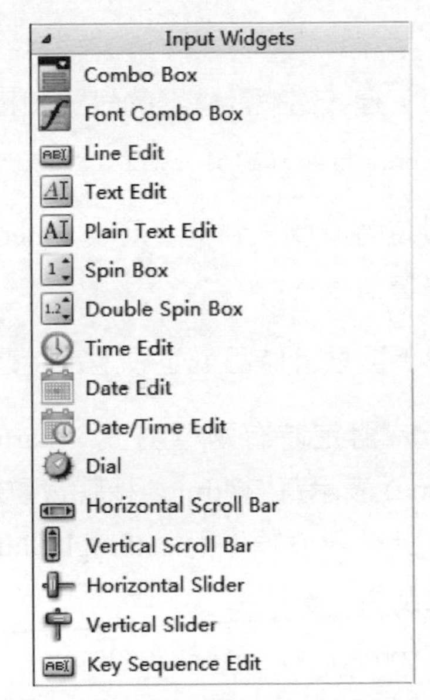

圖 2.3 輸入元件組（Input Widgets）

這裡簡單介紹與日期時間定時相關的元件類別。

1. QDateTime 類別

Date/Time Edit 對應於 QDateTime 類別，在 Qt 6 中可以使用它來獲得系統時間。透過 QDateTime::currentDateTime() 來獲取本地系統的時間和日期資訊。可以透過 date() 和 time() 來傳回 datetime 中的日期和時間部分，典型程式如下：

```
QLabel *datalabel = new QLabel();
QDateTime *datatime = new QDateTime(QDateTime::currentDateTime());
datalabel->setText(datatime->date().toString());
datalabel->show();
```

2. QTimer 類別

計時器（QTimer）的使用非常簡單，只需要以下幾個步驟就可以完成計時器的應用。

（1）新建一個計時器。

```
QTimer *time_clock = new QTimer(parent);
```

（2）連接這個計時器的訊號和槽，利用計時器的 timeout()。

```
connect(time_clock,SIGNAL(timeout()),this,SLOT(slottimedone()));
```

即定時時間一到就會發送 timeout() 訊號，從而觸發 slottimedone() 槽去完成某件事情。

（3）開啟計時器，並設定定時週期。

計時器定時有兩種方式：start(int time) 和 setSingleShot(true)。其中，start(int time) 表示每隔 "time" 秒就會重新啟動計時器，可以重複觸發定時，利用 stop() 將計時器關掉；而 setSingleShot(true) 則是僅啟動計時器一次。專案中常用的是前者，例如：

```
time_clock->start(2000);
```

2.5.3 顯示控制組（Display Widgets）

顯示控制組（Display Widgets）如圖 2.4 所示。

組中各個控制項的名稱依次解釋如下。

- Label：標籤。
- Text Browser：文字瀏覽器。

圖 2.4 顯示控制組（Display Widgets）

- Graphics View：圖形視圖。
- Calendar Widget：日曆。
- LCD Number：液晶數字。
- Progress Bar：進度指示器。
- Horizontal Line：水平線。
- Vertical Line：垂直線。
- OpenGL Widget：開放式圖形函數庫工具。
- QQuickWidget：嵌入 QML 工具。

下面介紹其中幾個控制項。

1. Graphics View

Graphics View 對應於 QGraphicsView 類別，提供了 Qt 6 的圖形視圖框架，其具體用法將在本書第 7 章詳細介紹。

2. Text Browser

Text Browser 對應於 QTextBrowser 類別，它繼承自 QTextEdit，是唯讀的，對裡面的內容並不能進行更改，但是相對於 QTextEdit 來講，它多了連結文字的作用。QTextBrowser 的屬性有以下幾個：

```
modified : const bool              //透過布林值來說明其內容是否被修改
openExternalLinks : bool
openLinks : bool
readOnly : const bool
searchPaths : QStringList
source : QUrl
undoRedoEnabled : const bool
```

透過以上的屬性設定，可以設定 QTextBrowser 是否允許外部連結、是否為唯讀屬性、外部連結的路徑及連結的內容、是否可以進行撤銷等操作。

QTextBrowser 還提供了幾種比較有用的槽（SLOTS），有：

```
virtual void backward()
virtual void forward()
virtual void home()
```

可以透過連結這幾個槽來達到人們常說的「翻頁」效果。

3. QQuickWidget

這是 Qt 5.3 發佈的元件，傳統 QWidget 程式可以用它來嵌入 QML 程式，為 Qt 開發者將桌面應用遷移到 Qt Quick 提供了方便。其典型用法為：

```
QQuickWidget *view = new QQuickWidget;
view->setSource(QUrl::fromLocalFile("my.qml"));
view->show();
```

其中，"my.qml" 是使用者自己撰寫的 QML 元件檔案名稱，QML 程式設計將在本書第 23 章詳細介紹。

2.5.4 空間間隔組（Spacers）

空間間隔組（Spacers）如圖 2.5 所示。

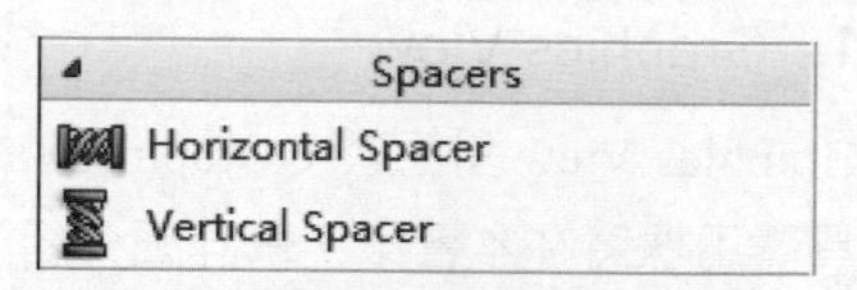

圖 2.5 空間間隔組（Spacers）

組中各個控制項的名稱依次解釋如下。

- Horizontal Spacer：水平間隔。
- Vertical Spacer：垂直間隔。

具體應用見 2.5.9 節中的綜合例子。

2.5.5 版面配置管理組（Layouts）

版面配置管理組（Layouts）如圖 2.6 所示。

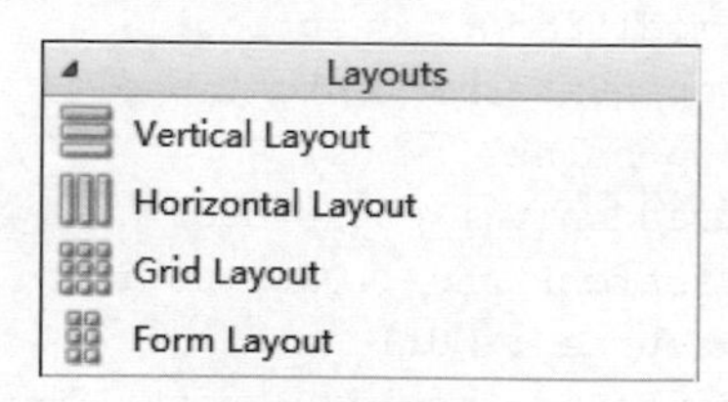

圖 2.6 版面配置管理組（Layouts）

組中各個控制項的名稱依次解釋如下。

- Vertical Layout：垂直版面配置。
- Horizontal Layout：橫向（水平）版面配置。
- Grid Layout：網格版面配置。
- Form Layout：表單版面配置。

2.5.6 容器組（Containers）

容器組（Containers）如圖 2.7 所示。

組中各個控制項的名稱依次解釋如下。

- Group Box：組框。
- Scroll Area：捲動區域。
- Tool Box：工具箱。
- Tab Widget：標籤小元件。
- Stacked Widget：堆疊元件。
- Frame：框架。
- Widget：元件。
- MDI Area：MDI 區域。
- Dock Widget：停靠表單元件。
- QAxWidget：封裝 Flash 的 ActiveX 控制項。

圖 2.7 容器組（Containers）

下面介紹 Widget 及對應 QWidget 類別的用法。

1. Widget 元件

Widget 是使用 Qt 撰寫的圖形化使用者介面（GUI）應用程式的基本生成區塊，可以放置在現有的使用者介面中或作為單獨的視窗顯示。每個 GUI 元件，如按鈕、標籤或文字編輯方塊，都是一個 Widget。

（1）QWidget 類別

QWidget 是所有 Qt GUI 介面類別的基礎類別，它接收滑鼠、鍵盤及其他視窗事件，並在顯示器上繪製自己。每種類型的 Widget 都是由 QWidget 的特殊子類別實現的，而 QWidget 自身又是 QObject 的子類別。QWidget 不是一個抽象類別，它可用作其他 Widget 的容器，並很容易作為子類別來建立訂製 Widget。它經常用於建立放置其他 Widget 的視窗。

至於 QObject，可使用父物件建立 Widget 以表明其所屬關係，這樣可以確保刪除不再使用的物件。使用 Widget，這些父子關係就有了更多的意義，每個子類別都顯示在其父級所擁有的螢幕區域內。也就是說，當刪除視窗時，其包含的所有 Widget 也都被自動刪除了。

透過傳入 QWidget 建構函數的參數（或呼叫 QWidget::setWindowFlags() 和 QWidget::setParent() 函數）可以指定一個視窗元件的標識（window flags）和父視窗元件。

視窗元件的標識定義了視窗元件的視窗類型和視窗提示（hint）。視窗類型指定了視窗元件的視窗系統內容（window-system properties），一個視窗元件只有一種視窗類型；視窗提示則定義了頂層視窗的外觀，一個視窗可以有多個提示（提示能夠進行逐位元或操作）。

沒有父視窗元件的 Widget 物件是一個視窗，視窗通常具有一個邊框（frame）和一個標題列。QMainWindow 和所有的 QDialog 對話方塊子類別都是經常使用的視窗類型，而子視窗元件通常處在父視窗元件的內部，沒有視窗邊框和標題列。

（2）QWidget 建構函數

QWidget 視窗元件的建構函數為：

```
QWidget(QWidget *parent = 0,Qt::WindowFlags f = 0)
```

其中，參數 parent 指定了視窗元件的父視窗元件，如果 parent = 0（預設值），則新建的視窗元件將是一個視窗；不然新建的視窗元件是 parent 的子視窗元件（是否為一個視窗還需要由第二個參數決定）。如果新視窗元件不是一個視窗，則它將出現在父視窗元件的介面內部。參數 f 指定了新視窗元件的視窗標識，預設值是 0，即 Qt::Widget。

（3）QWidget 視窗類型

QWidget 定義的視窗類型為 Qt::WindowFlags 列舉類型，有以下這些類型。

- Qt::Widget：QWidget 建構函數的預設值，如果新的視窗元件沒有父視窗元件，則它是一個獨立的視窗，否則就是一個子視窗元件。
- Qt::Window：無論是否有父視窗元件，新視窗元件都是一個視窗，通常有一個視窗邊框和一個標題列。
- Qt::Dialog：新視窗元件是一個對話方塊，它是 QDialog 建構函數的預設值。
- Qt::Sheet：新視窗元件是一個 Macintosh 表單（sheet）。
- Qt::Drawer：新視窗元件是一個 Macintosh 抽屜（drawer）。
- Qt::Popup：新視窗元件是一個彈出式頂層視窗。
- Qt::Tool：新視窗元件是一個工具（tool）視窗，它通常是一個用於顯示工具按鈕的小視窗。如果一個工具視窗有父視窗元件，則它將顯示在父視窗元件的上面，不然將相當於使用了 Qt::WindowStaysOnTopHint 提示。

- Qt::ToolTip：新視窗元件是一個提示視窗，沒有標題列和視窗邊框。
- Qt::SplashScreen：新視窗元件是一個歡迎視窗（splash screen），它是 QSplashScreen 建構函數的預設值。
- Qt::Desktop：新視窗元件是桌面，它是 QDesktopWidget 建構函數的預設值。
- Qt::SubWindow：新視窗元件是一個子視窗，而無論該視窗元件是否有父視窗元件。此外，Qt 還定義了一些控制視窗外觀的視窗提示（這些視窗提示僅對頂層視窗有效）。
- Qt::MSWindowsFiredSizeDialogHint：為 Windows 系統上的視窗裝飾一個窄的對話方塊邊框，通常這個提示用於固定大小的對話方塊。
- Qt::MSWindowsOwnDC：為 Windows 系統上的視窗增加自身的顯示上下文（display context）選單。
- Qt::X11BypassWindowManagerHint：完全忽視視窗管理器，它的作用是產生一個根本不被管理的無視窗邊框的視窗（此時，使用者無法使用鍵盤進行輸入，除非手動呼叫 QWidget::activateWindow() 函數）。
- Qt::FramelessWindowHint：產生一個無視窗邊框的視窗，此時使用者無法移動該視窗和改變它的大小。
- Qt::CustomizeWindowHint：關閉預設的視窗標題提示。
- Qt::WindowTitleHint：為視窗裝飾一個標題列。
- Qt::WindowSystemMenuHint：為視窗增加一個視窗系統選單，並盡可能地增加一個關閉按鈕。
- Qt::WindowMinimizeButtonHint：為視窗增加一個「最小化」按鈕。
- Qt::WindowMaximizeButtonHint：為視窗增加一個「最大化」按鈕。
- Qt::WindowMinMaxButtonsHint：為視窗增加一個「最小化」按鈕和一個「最大化」按鈕。
- Qt::WindowContextHelpButtonHint：為視窗增加一個「上下文說明」按鈕。
- Qt::WindowStaysOnTopHint：告知視窗系統，該視窗應該停留在所有其他視窗的上面。
- Qt::WindowType_Mask：一個用於提取視窗標識中的視窗類型部分的遮罩。

列舉類型 Qt::WindowFlags 低位元的 1 個位元組用於定義視窗元件的視窗類型，0x00000000 ～ 0x00000012 共定義了 11 個視窗類型。上面羅列的視窗類型的可用性還依賴於視窗管理器是否支援它們。

(4) 視窗提示

Qt::WindowFlags 的高位元的位元組定義了視窗提示，視窗提示能夠進行位元或操作，例如：

```
Qt:: WindowContextHelpButtonHint | Qt:: WindowMaximizeButtonHint
```

當 Qt:: WindowFlags 的視窗提示部分全部為 0 時，視窗提示不起作用。當有一個視窗提示被應用時，若要其他的視窗提示起作用，則必須使用位元或操作（如果視窗系統支援這些視窗提示的話）。例如：

```
Qt:: WindowFlags  flags = Qt:: Window;
widget->setWindowFlags(flags);
```

Widget 視窗元件是一個視窗，它有一般視窗的外觀（有視窗邊框、標題列、「最小化」按鈕、「最大化」按鈕和「關閉」按鈕等），此時視窗提示不起作用。例如：

```
flags |= Qt:: WindowTitleHint;
widget->setWindowFlags(flags);
```

上述程式的執行，將使視窗提示發揮作用。在 Windows 系統中，Widget 視窗元件是一個視窗，它僅有標題列，沒有「最小化」按鈕、「最大化」按鈕和「關閉」按鈕等。而 X11 視窗管理器忽略了視窗提示 Qt::WindowTitleHint，舉例來說，在紅旗 Linux 工作站和 SUSE 系統上，上述程式並不起作用。

在 Windows 系統中，如果需要增加一個「最小化」按鈕，則必須重新設定視窗元件的視窗標識（在紅旗 Linux 工作站和 SUSE 系統上，下面的視窗提示也被忽略了），具體如下：

```
flags |= Qt:: WindowMinimizeButtonHint;
widget->setWindowFlags(flags);
```

如果要取消設定的視窗 0 提示，使用以下敘述：

```
flags  &= Qt:: WindowType_Mask;
widget->setWindowFlags(flags);
```

2. 建立視窗

如果 Widget 未使用父級進行建立，則在顯示時視為視窗或頂層 Widget。由於頂層 Widget 沒有父級物件類別來確保在其不再使用時刪除，所以需要開發人員在應用程式中對其進行追蹤。

舉例來說，使用 QWidget 建立和顯示具有預設大小的視窗：

```
QWidget *window = new QWidget();
window->resize(320, 240);
window->show();
QPushButton *button = new QPushButton(tr("Press me"), window);  //(a)
button->move(100, 100);
button->show();
```

其中，

(a) QPushButton *button = new QPushButton(tr("Press me"), window)：透過將 window 作為父級傳遞給其建構元來在視窗增加子 Widget:button。在這種情況下，在視窗增加按鈕並將其放置在特定位置。該按鈕現在為視窗的子項，並在刪除視窗時被同時刪除。請注意，隱藏或關閉視窗不會自動刪除該按鈕。

3. 使用版面配置

一般來說子 Widget 是透過使用版面配置物件（而非透過指定位置和大小）在視窗中進行排列的，在此，建構一個並排排列的標籤和行編輯方塊 Widget：

```
QLabel *label = new QLabel(tr("Name:"));
QLineEdit *lineEdit = new QLineEdit();
QHBoxLayout *layout = new QHBoxLayout();
layout->addWidget(label);
layout->addWidget(lineEdit);
window->setLayout(layout);
```

建構的版面配置物件管理透過 addWidget() 函數提供 Widget 的位置和大小。版面配置本身是透過呼叫 setLayout() 提供給視窗的。版面配置僅可透過其對所管理的 Widget（或其他版面配置）的顯示效果來展示。

在以上範例中，每個 Widget 的所屬關係並不明顯。由於未使用父級物件建構 Widget 和版面配置，將看到一個空視窗和兩個包含了標籤與行編輯方塊的視窗。如果透過版面配置管理標籤和行編輯方塊，並在視窗中設定版面配置，則兩個 Widget 與版面配置本身就都將成為視窗的子項。

由於 Widget 可包含其他 Widget，所以版面配置可用來提供按不同層次分組的 Widget。這裡，要在顯示查詢結果的表格視圖上方、視窗頂部的行編輯方塊旁，顯示一個標籤：

```
QLabel *queryLabel = new QLabel(tr("Query:"));
QLineEdit *queryEdit = new QLineEdit();
QTableView *resultView = new QTableView();
QHBoxLayout *queryLayout = new QHBoxLayout();
queryLayout->addWidget(queryLabel);
queryLayout->addWidget(queryEdit);
QVBoxLayout *mainLayout = new QVBoxLayout();
mainLayout->addLayout(queryLayout);
mainLayout->addWidget(resultView);
window->setLayout(mainLayout);
```

除 QHBoxLayout 和 QVBoxLayout 外，Qt 還提供了 QGridLayout 和 QFormLayout 類別用於協助實現更複雜的使用者介面。

2.5.7 項目視圖組（Item Views）

項目視圖組（Item Views）如圖 2.8 所示。

組中各個控制項的名稱依次解釋如下。

- List View：串列視圖。
- Tree View：樹狀檢視。
- Table View：表格視圖。
- Column View：列視圖。
- Undo View：撤銷命令視圖。

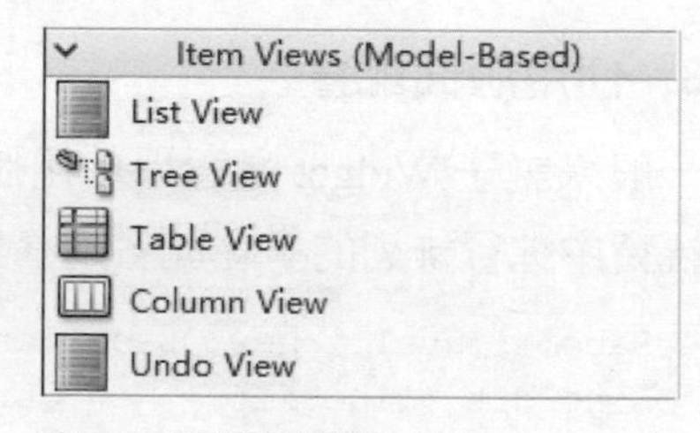

圖 2.8 項目視圖組（Item Views）

下面介紹此處的 Table View 與 2.5.8 節中的 Table Widget 的區別，其具體區別見表 2.10。

表 2.10 QTableView 與 QTableWidget 的具體區別

區別點	QTableView	QTableWidget
繼承關係		QTableWidget 繼承自 QTableView
使用資料模型 setModel	可以使用 setModel 設定資料模型	setModel 是私有函數，不能使用該函數設定資料模型
顯示核取方塊 setCheckState	沒有函數實現核取方塊	QTableWidgetItem 類別中的 setCheckState（Qt::Checked）；可以設定核取方塊
與 QSqlTableModel 綁定	QTableView 能與 QSqlTableModel 綁定	QTableWidget 不能與 QSqlTableModel 綁定

Qt 透過引入模型 / 視圖框架來完成資料與表現的分離，即 InterView 框架，類似於常用的 MVC 設計模式。MVC 設計模式是起源於 Smalltalk 語言的一種與使用者介面相關的設計模式，它包括三個元素：模型（Model）表示資料；視圖（View）是介面；控制器（Controller）定義了使用者在介面上的操作。透過使用 MVC 模式，有效地分離了資料和使用者介面，使得設計更為靈活，更能適應變化。

- 模型：所有的模型都基於 QAbstractItemModel 類別，該類別是抽象基礎類別。
- 視圖：所有的視圖都從抽象基礎類別 QAbstractItemView 繼承。

InterView 框架提供了一些常見的模型類別和視圖類別，如 QStandardItemModel、QstringListModel、QSqlTableModel 和 QColumnView、QHeaderView、QListView、QTableView、QTreeView。其中，QStandardItemModel 是用最簡單的 Grid 方式顯示模型。另外，開發人員還可以自己從 QAbstractListModel、QAbstractProxyModel、QAbstractTableModel 繼承出符合自己要求的模型。具體的用法將在本書第 8 章詳細講解。

相對於使用現有的模型和視圖，Qt 還提供了更為便捷的類別用於處理常見的一些資料模型。它們將模型和視圖合二為一，因此便於處理一些常規的資料型態。使用這些類型雖然簡單方便，但也失去了模型 / 視圖結構的靈活性，因此要根據具體情況來選擇。

QTableWidget 繼承自 QTableView。QSqlTableModel 能夠與 QTableView 綁定，但不能與 QTableWidget 綁定。例如：

```
QSqlTableModel *model = new QSqlTableModel;
model->setTable("employee");
model->setEditStrategy(QSqlTableModel::OnManualSubmit);
model->select();
model->removeColumn(0); //不顯示 ID
model->setHeaderData(0, Qt::Horizontal, tr("Name"));
model->setHeaderData(1, Qt::Horizontal, tr("Salary"));
QTableView *view = new QTableView;
view->setModel(model);
view->show();
```

視圖與模型綁定時，模型必須使用 new 建立，否則視圖不能隨著模型的改變而改變。

下面是錯誤的寫法：

```
QStandardItemModel model(4,2);
model.setHeaderData(0, Qt::Horizontal, tr("Label"));
model.setHeaderData(1, Qt::Horizontal, tr("Quantity"));
ui.tableView->setModel(&model);
for (int row = 0; row < 4; ++row)
{
  for (int column = 0; column < 2; ++column)
  {
     QModelIndex index = model.index(row, column, QModelIndex());
     model.setData(index, QVariant((row + 1) * (column + 1)));
  }
}
```

下面是正確的寫法：

```
QStandardItemModel *model;
model = new QStandardItemModel(4,2);
ui.tableView->setModel(model);
model->setHeaderData(0, Qt::Horizontal, tr("Label"));
model->setHeaderData(1, Qt::Horizontal, tr("Quantity"));
for (int row = 0; row < 4; ++row)
{
  for (int column = 0; column < 2; ++column)
  {
     QModelIndex index = model->index(row, column, QModelIndex());
     model->setData(index, QVariant((row + 1) * (column + 1)));
  }
}
```

2.5.8 項目控制組（Item Widgets）

項目控制組（Item Widgets）如圖 2.9 所示。

組中各個控制項的名稱依次解釋如下。

- List Widget：串列控制項。
- Tree Widget：樹形控制項。
- Table Widget：表控制項。

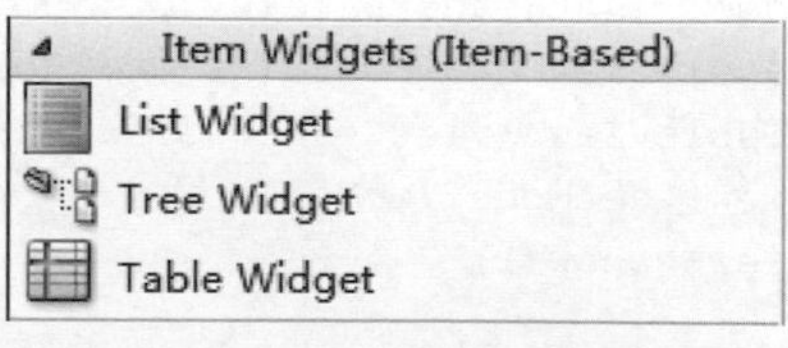

圖 2.9 項目控制組（Item Widgets）

【例】（難度中等）（CH209）建立具有核取方塊的樹形控制項。

在 Qt 中，樹形控制項稱為 QTree Widget，而控制項裡的樹節點稱為 QTreeWidgetItem。這種控制項有時很有用處，舉例來說，利用飛信軟體群發簡訊時，選擇連絡人的介面中就使用了有核取方塊的樹形控制項，如圖 2.10 所示。

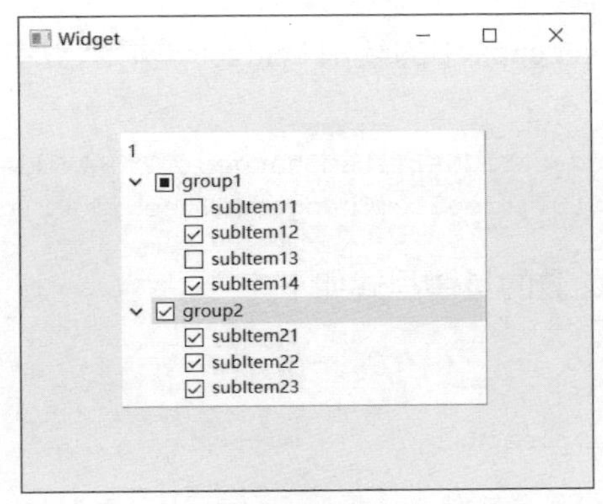

圖 2.10 有核取方塊的樹形控制項（QTreeWidget）

當選中頂層的樹形節點時，子節點全部被選中；當取消選擇頂層樹形節點時，子節點的選中狀態將全部被取消；當選中子節點時，父節點顯示部分選中的狀態。

要實現這種介面其實很簡單。首先在 Qt 的設計器中，拖曳出一個 QTreeWidget，然後在主視窗中撰寫一個函數 init 初始化介面，連接樹形控制項的節點改變訊號 itemChanged（QTreeWidgetItem* item, int column），實現這個訊號的槽函數即可。

具體步驟如下。

（1）新建 Qt Widgets Application（詳見 1.3.1 節），專案名稱為 "TreeWidget"，基礎類別選擇 "QWidget"，類別名稱保持 "Widget" 不變，保持 "Generate form"（建立介面）核取方塊的選中狀態。

（2）按兩下 "widget.ui" 檔案，開啟 Qt 的設計器，拖曳出一個 QTreeWidget 控制項。

（3）在標頭檔 "widget.h" 中增加程式：

```
#include <QTreeWidgetItem>
```

在類別 Widget 宣告中增加程式：

```
public:
    void init();
    void updateParentItem(QTreeWidgetItem* item);
public slots:
    void treeItemChanged(QTreeWidgetItem* item, int column);
```

（4）在原始檔案 "widget.cpp" 中的類別 Widget 建構函數中增加程式：

```
init();
connect(ui->treeWidget,SIGNAL(itemChanged(QTreeWidgetItem*, int)),
            this, SLOT(treeItemChanged(QTreeWidgetItem*, int)));
```

在此檔案中實現各個函數的具體程式如下：

```
void Widget::init()
{
    ui->treeWidget->clear();
    //第一個分組
    QTreeWidgetItem *group1 = new QTreeWidgetItem(ui->treeWidget);
    group1->setText(0, "group1");
    group1->setFlags(Qt::ItemIsUserCheckable|Qt::ItemIsEnabled|Qt::
ItemIsSelectable);
    group1->setCheckState(0, Qt::Unchecked);
    QTreeWidgetItem *subItem11 = new QTreeWidgetItem(group1);
    subItem11->setFlags(Qt::ItemIsUserCheckable|Qt::ItemIsEnabled|Qt::
ItemIsSelectable);
    subItem11->setText(0, "subItem11");
    subItem11->setCheckState(0, Qt::Unchecked);
    QTreeWidgetItem *subItem12 = new QTreeWidgetItem(group1);
    subItem12->setFlags(Qt::ItemIsUserCheckable|Qt::ItemIsEnabled|Qt::
ItemIsSelectable);
    subItem12->setText(0, "subItem12");
    subItem12->setCheckState(0, Qt::Unchecked);
    QTreeWidgetItem *subItem13 = new QTreeWidgetItem(group1);
    subItem13->setFlags(Qt::ItemIsUserCheckable | Qt::ItemIsEnabled |
Qt::ItemIsSelectable);
    subItem13->setText(0, "subItem13");
    subItem13->setCheckState(0, Qt::Unchecked);
    QTreeWidgetItem *subItem14 = new QTreeWidgetItem(group1);
    subItem14->setFlags(Qt::ItemIsUserCheckable | Qt::ItemIsEnabled |
Qt:: ItemIsSelectable);
    subItem14->setText(0, "subItem14");
```

```
    subItem14->setCheckState(0, Qt::Unchecked);
    //第二個分組
    QTreeWidgetItem *group2 = new QTreeWidgetItem(ui->treeWidget);
    group2->setText(0, "group2");
    group2->setFlags(Qt::ItemIsUserCheckable | Qt::ItemIsEnabled |
Qt:: ItemIsSelectable);
    group2->setCheckState(0, Qt::Unchecked);
    QTreeWidgetItem *subItem21 = new QTreeWidgetItem(group2);
    subItem21->setFlags(Qt::ItemIsUserCheckable | Qt::ItemIsEnabled |
Qt:: ItemIsSelectable);
    subItem21->setText(0, "subItem21");
    subItem21->setCheckState(0, Qt::Unchecked);
    QTreeWidgetItem *subItem22 = new QTreeWidgetItem(group2);
    subItem22->setFlags(Qt::ItemIsUserCheckable | Qt::ItemIsEnabled |
Qt:: ItemIsSelectable);
    subItem22->setText(0, "subItem22");
    subItem22->setCheckState(0, Qt::Unchecked);
    QTreeWidgetItem *subItem23 = new QTreeWidgetItem(group2);
    subItem23->setFlags(Qt::ItemIsUserCheckable | Qt::ItemIsEnabled |
Qt:: ItemIsSelectable);
    subItem23->setText(0, "subItem23");
    subItem23->setCheckState(0, Qt::Unchecked);
}
```

函數 treeItemChanged() 的具體實現程式如下：

```
void Widget::treeItemChanged(QTreeWidgetItem* item, int column)
{
    QString itemText = item->text(0);
    //選中時
  if(item->childCount()>0)
  {
        if (Qt::Checked == item->checkState(0))
        {
                QTreeWidgetItem* parent = item;
                int count = parent->childCount();
                if (count > 0)
                {
                        for (int i = 0; i < count; i++)
                        {
                            //子節點也選中
                            item->child(i)->setCheckState(0, Qt::Checked);
                        }
```

```
            }
            else
            {
                //是子節點
                updateParentItem(item);
            }
        }
        else if (Qt::Unchecked == item->checkState(0))
        {
            int count = item->childCount();
            if (count > 0)
            {
                for (int i = 0; i < count; i++)
                {
                  item->child(i)->setCheckState(0, Qt::Unchecked);
                }
            }
            else
            {
                updateParentItem(item);
            }
        }
    }
    else if(item->parent() != NULL)
    {
        updateParentItem(item);
    }
}
```

函數 updateParentItem() 的具體實現程式如下：

```
void Widget::updateParentItem(QTreeWidgetItem* item)
{
    QTreeWidgetItem *parent = item->parent();
    if (parent == NULL)
    {
        return;
    }
    //選中的子節點個數
    int selectedCount = 0;
    int childCount = parent->childCount();
    for (int i = 0; i < childCount; i++)
    {
        QTreeWidgetItem *childItem = parent->child(i);
        if (childItem->checkState(0) == Qt::Checked)
```

```
            {
                selectedCount++;
            }
        }
        if (selectedCount <= 0)
        {
            //未選中狀態
            parent->setCheckState(0, Qt::Unchecked);
        }
        else if (selectedCount > 0 && selectedCount < childCount)
        {
            //部分選中狀態
            parent->setCheckState(0, Qt::PartiallyChecked);
        }
        else if (selectedCount == childCount)
        {
            //選中狀態
            parent->setCheckState(0, Qt::Checked);
        }
    }
```

（5）執行結果如圖 2.10 所示。

2.5.9 多控制項實例

【例】（難度一般）（CH210）將上面介紹的控制項綜合起來使用。

具體步驟如下。

（1）新建 Qt Widgets Application（詳見 1.3.1 節），專案名稱為 "Test"，基礎類別選擇 "QDialog"，類別名稱保持 "Dialog" 不變，保持 "Generate form"（建立介面）核取方塊的選中狀態。

（2）按兩下 "dialog.ui" 檔案，開啟 Qt 的設計器，中間的空白表單為一個 Parent Widget，接著需要建立一些 Child Widget。在左邊的工具箱中找到所需要的 Widget：拖曳出一個 Label、一個 Line Edit（用於輸入文字）、一個 Horizontal Spacer 及兩個 Push Button。現在不需要花太多時間在這些 Widget 的位置編排上，以後可利用 Qt 的 Layout Manage 進行位置的編排。

（3）設定 Widget 的屬性。

- 選擇 Label，確定 objectName 屬性為 "label"，並且設定 text 屬性為 "&Cell Location"。

- 選擇 Line Edit，確定 objectName 屬性為 "lineEdit"。
- 選擇第一個按鈕，將其 objectName 屬性設定為 "okButton"，enabled 屬性設為 "false"，text 屬性設為 "OK"，並將 default 屬性設為 "true"。
- 選擇第二個按鈕，將其 objectName 屬性設為 "cancelButton"，並將 text 屬性設為 "Cancel"。
- 將表單背景的 window Title 屬性設為 "Go To Cell"。

初始的設計效果如圖 2.11 所示。

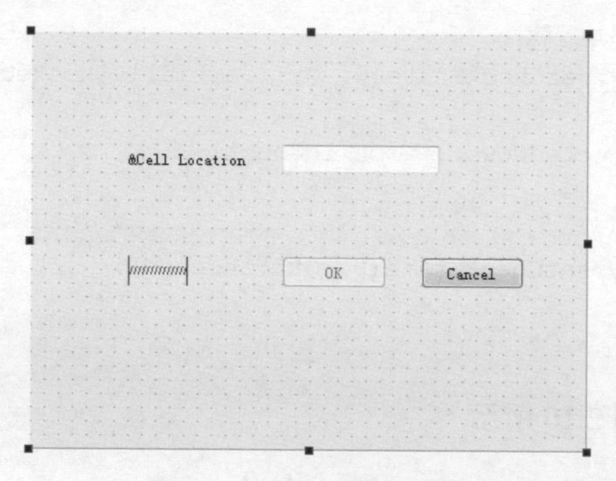

圖 2.11 初始的設計效果

（4）執行專案，此時看到介面中的 label 會顯示一個 "&"。為了解決這個問題，選擇 " 編輯 " → "Edit Buddies"（編輯夥伴）命令，在此模式下，可以設定夥伴。選中 label 並拖曳至 lineEdit，然後放開，此時會有一個紅色箭頭由 label 指向 lineEdit，如圖 2.12 所示。

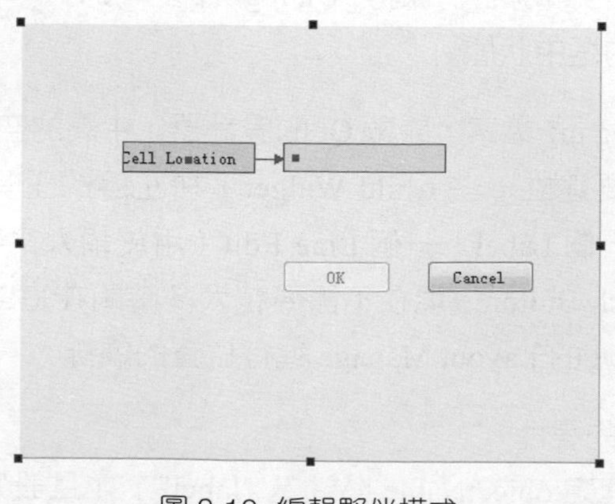

圖 2.12 編輯夥伴模式

再次執行該程式，label 的 "&" 不再出現，如圖 2.13 所示，此時 label 與 lineEdit 這兩個 Widget 就互為夥伴了。選擇「編輯」→ "Edit Widgets"（編輯控制項）命令，即可離開此模式，回到原本的編輯模式。

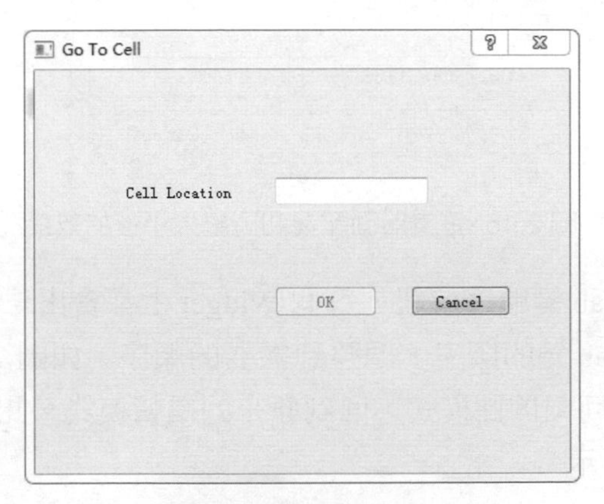

圖 2.13 "&" 消失了

（5）對 Widget 進行位置編排的版面配置（layout）。

- 利用 Ctrl 鍵一次選取多個 Widget，首先選取 label 與 lineEdit；接著點擊上方工具列中的水平版面配置按鈕。
- 同理，首先選取 Spacer 與兩個 Push Button，接著點擊上方工具列中的按鈕即可，水平版面配置後的效果如圖 2.14 所示。

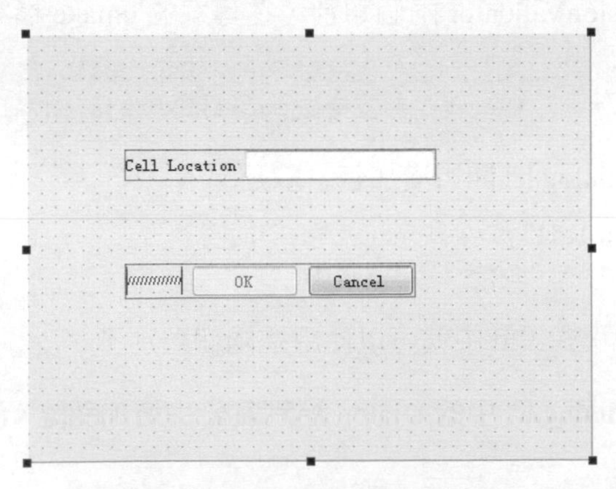

圖 2.14 水平版面配置後的效果

- 選取整數個 form（不選任何項目），點擊上方工具列中的垂直版面配置按鈕。

■ 點擊上方工具列中的調整大小按鈕，整個表單就自動調整為合適的大小。此時，出現紅色的線將各 Widget 框起來，被框起來的 Widget 表示已經被選定為某種版面配置了，如圖 2.15 所示。

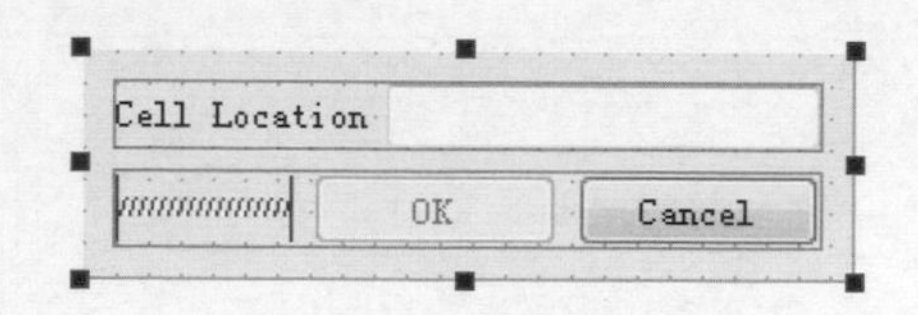

圖 2.15 垂直版面配置和調整大小後的效果

（6）點擊編輯 Tab 鍵順序按鈕，每個 Widget 上都會出現一個方框顯示數字這就是表示按下 Tab 鍵的順序，調整到需要的順序，如圖 2.16 所示。點擊編輯元件按鈕，即可離開此模式，回到原來的編輯模式。此時，執行該程式後的效果如圖 2.17 所示。

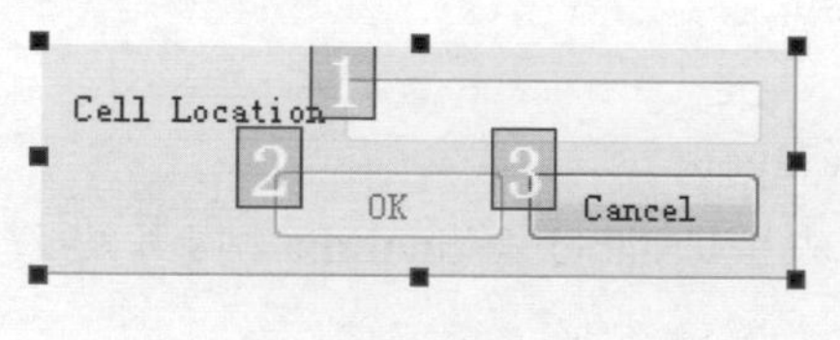

圖 2.16 調整【Tab】鍵的順序

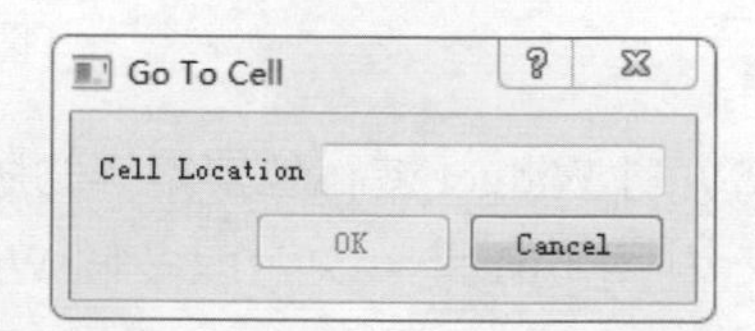

圖 2.17 版面配置後的執行效果

（7）由於本例要使用正規表示法功能，需要用到 Qt 6 的 QRegularExpression 和 QRegularExpressionValidator 兩個類別，在專案的 qmake 檔案 Test.pro 中增加：

```
QT       += core               # 支持 QRegularExpression
QT       += gui                # 支持 QRegularExpressionValidator
```

然後在標頭檔 "dialog.h" 開頭增加包含敘述：

```
#include <QRegularExpression>
#include <QRegularExpressionValidator>
```

這樣，在下面的程式設計中就可以使用這兩個類別了。

（8）在標頭檔 "dialog.h" 中的 Dialog 類別宣告中增加敘述：

```
private slots:
    void on_lineEdit_textChanged();
```

（9）在原始檔案 "dialog.cpp" 中的建構函數中增加程式如下：

```
ui->setupUi(this);                          //(a)
```

```
QRegularExpression regExp("[A-Za-z][1-9][0-9]{0,2}");
  //正規表示法限制輸入字元的範圍
ui->lineEdit->setValidator(new QRegularExpressionValidator(regExp,th
is));                                //(b)
connect(ui->okButton,SIGNAL(clicked()),this,SLOT(accept()));
                                     //(c)
connect(ui->cancelButton,SIGNAL(clicked()),this,SLOT(reject()));
```

其中，

(a) ui->setupUi(this);：在建構函數中使用該敘述進行初始化。在生成介面之後，setupUi() 將根據 naming convention 對 slot 進行連接，即連接 on_objectName_signalName() 與 objectName 中 signalName() 的 signal。在此，setupUi() 會自動建立下列的 signal-slot 連接：

```
connect(ui->lineEdit,SIGNAL(textChanged(QString)),this,
SLOT(on_lineEdit_textChanged()));
```

(b) ui->lineEdit->setValidator(new QRegularExpressionValidator(regExp,this))：使用 QregularExpressionValidator 類別搭配正則標記法 "[A-Za-z][1-9][0-9]{0,2}"。這樣，只允許第一個字元輸入大小寫英文字母，後面接一位非 0 的數字，再接 0～2 位可為 0 的數字。

(c) connect(…)：連接了 "OK" 按鈕至 QDialog 的 accept() 槽函數，以及 "Cancel" 按鈕至 QDialog 的 reject() 槽函數。這兩個槽函數都會關閉 Dialog 視窗，但是 accept() 會設定 Dialog 的結果至 QDialog::Accepted（結果設為 1），而 reject() 則會設定為 QDialog::Rejected（結果設為 0），因此可以根據這個結果來判斷按下的是 "OK" 按鈕還是 "Cancel" 按鈕。

注意：parent-child 機制：當建立一個物件（widget、validator 或其他元件）時，若此物件伴隨著一個 parent，則此 parent 就將此物件加入它的 children list。而當 parent 被消除時，會根據 children list 將這些 child 消除掉。若這些 child 也有其 children，也會連同一起被消除。這個機制大大簡化了記憶體管理，降低了 memory leak 的風險。因此，唯有那些沒有 parent 的物件才使用 delete 消除。對 Widget 來說，parent 有著另外的意義，即 Child Widget 是顯示在 parent 範圍之內的。當消除了 Parent Widget 後，將不只是 child 從記憶體中消失，而是整個表單都會消失。

實現槽函數 on_lineEdit_textChanged()：

```
void Dialog::on_lineEdit_textChanged()
{
    ui->okButton->setEnabled(ui->lineEdit->hasAcceptableInput());
}
```

此槽函數會根據在 lineEdit 中輸入的文字是否有效來啟用或停用 "OK" 按鈕，QLineEdit::has AcceptableInput() 中使用到建構函數中的 validator。

（10）執行此專案。當在 lineEdit 中輸入 A12 後，"OK" 按鈕將自動變為可用狀態，當點擊 "Cancel" 按鈕時則會關閉視窗，如圖 2.18 所示。

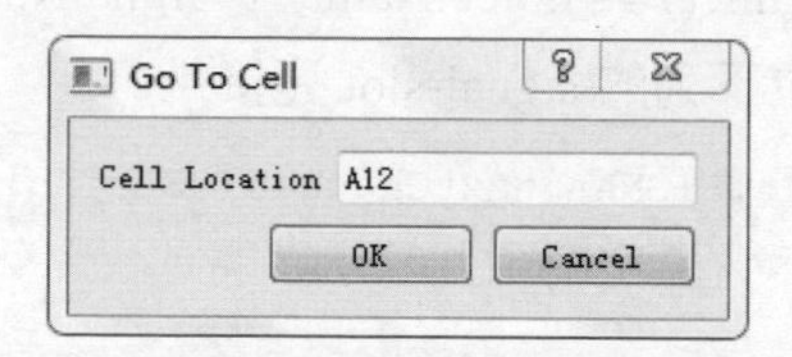

圖 2.18 最終執行效果

CHAPTER 03

Qt 6 版面配置管理

本章簡單介紹版面配置管理的使用方法。首先透過三個小實例分別介紹分割視窗 QSplitter 類別、停靠視窗 QDockWidget 類別及堆疊視窗 QStackedWidget 類別的使用，然後透過一個實例介紹版面配置管理器的使用方法，最後透過一個修改使用者資料綜合實例介紹以上內容的綜合應用。

3.1 分割視窗類別：QSplitter

分割視窗 QSplitter 類別在應用程式中經常用到，它可以靈活分割視窗的版面配置，經常用在類似檔案資源管理器的視窗設計中。

【例】（簡單）（CH301）一個十分簡單的分割視窗功能，整個視窗由三個子視窗組成，各個子視窗之間的大小可隨意拖曳改變，效果如圖 3.1 所示。

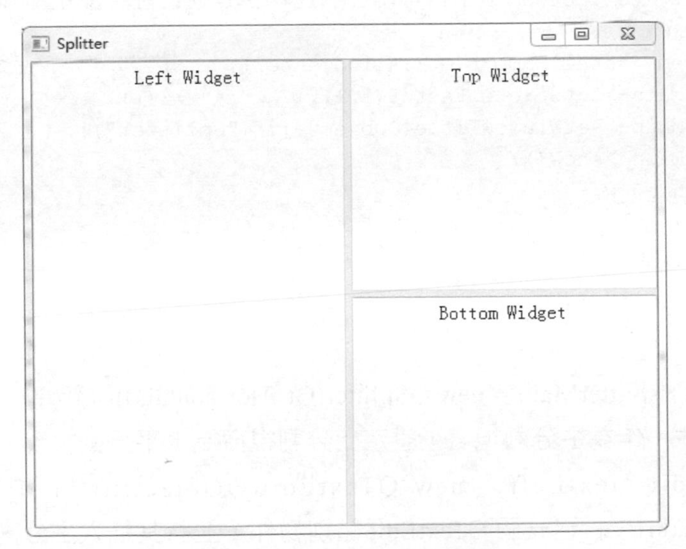

圖 3.1 簡單分割視窗實例效果

本實例採用撰寫程式的方式實現，具體步驟如下。

（1）新建 Qt Widgets Application（詳見 1.3.1 節），專案名稱為 "Splitter"，基礎類別選擇 "QMainWindow"，取消 "Generate form"（建立介面）核取方塊的選中狀態。

（2）在專案的 "main.cpp" 檔案中增加以下程式：

```
int main(int argc, char *argv[])
{
  QApplication a(argc, argv);
  QFont font("ZYSong18030",12);                    //指定顯示字型
  a.setFont(font);
  //主分割視窗
  QSplitter *splitterMain = new QSplitter(Qt::Horizontal,0);
                                                   //(a)
  QTextEdit *textLeft = new QTextEdit(QObject::tr("Left Widget"),
splitterMain);                                     //(b)
  textLeft->setAlignment(Qt::AlignCenter);         //(c)
  //右分割視窗                                     //(d)
  QSplitter *splitterRight = new QSplitter(Qt::Vertical,splitterMain);
  splitterRight->setOpaqueResize(false);           //(e)
  QTextEdit *textUp = new QTextEdit(QObject::tr("Top Widget"),
splitterRight);
  textUp->setAlignment(Qt::AlignCenter);
  QTextEdit *textBottom = new QTextEdit(QObject::tr("Bottom Widget"),
splitterRight);
  textBottom->setAlignment(Qt::AlignCenter);
  splitterMain->setStretchFactor(1,1);             //(f)
  splitterMain->setWindowTitle(QObject::tr("Splitter"));
  splitterMain->show();
  //MainWindow w;
  //w.show();
  return a.exec();
}
```

其中，

(a) QSplitter *splitterMain = new QSplitter(Qt::Horizontal,0)：新建一個 QSplitter 類別物件，作為主分割視窗，設定此分割視窗為水平分割視窗。

(b) QTextEdit *textLeft = new QTextEdit(QObject::tr("Left Widget"), splitterMain)：新建一個 QTextEdit 類別物件，並將其插入主分割視窗中。

(c) textLeft->setAlignment(Qt::AlignCenter)：設定 TextEdit 中文字的對齊方式，常用的對齊方式有以下幾種。

- Qt::AlignLeft：左對齊。
- Qt::AlignRight：右對齊。
- Qt::AlignCenter：文字置中（Qt::AlignHCenter 為水平置中，Qt::AlignVCenter 為垂直置中）。
- Qt::AlignUp：文字與頂端對齊。
- Qt::AlignBottom：文字與底部對齊。

(d) QSplitter *splitterRight = new QSplitter(Qt::Vertical,splitterMain)：新建一個 QSplitter 類別物件，作為右分割視窗，設定此分割視窗為垂直分割視窗，並以主分割視窗為父視窗。

(e) splitterRight->setOpaqueResize(false)：呼叫 setOpaqueResize(bool) 方法用於設定分割視窗的分隔線在拖曳時是否為即時更新顯示，若設為 true 則即時更新顯示，若設為 false 則在拖曳時只顯示一條灰色的粗線條，在拖曳合格並釋放滑鼠後再顯示分隔線。預設設定為 true。

(f) splitterMain->setStretchFactor(1,1)：呼叫 setStretchFactor() 方法用於設定可伸縮控制項，它的第 1 個參數用於指定設定的控制項序號，控制項序號按插入的先後次序從 0 起依次編號；第 2 個參數為大於 0 的值，表示此控制項為可伸縮控制項。此實例中設定右部分分割視窗為可伸縮控制項，當整個對話方塊的寬度發生改變時，左部的檔案編輯方塊寬度保持不變，右部的分割視窗寬度隨整個對話方塊大小的改變進行調整。

（3）在 "main.cpp" 檔案的開始部分加入以下頭檔案：

```
#include<QSplitter>
#include<QTextEdit>
```

（4）執行程式，顯示效果如圖 3.1 所示。

3.2 停靠視窗類別：QDockWidget

停靠視窗 QDockWidget 類別也是應用程式中經常用到的，設定停靠視窗的一般流程如下。

（1）建立一個 QDockWidget 物件的停靠表單。

（2）設定此停靠表單的屬性，通常呼叫 setFeatures() 及 setAllowedAreas() 兩種方法。

（3）新建一個要插入停靠表單的控制項，常用的有 QListWidget 和 QTextEdit。

（4）將控制項插入停靠表單，呼叫 QDockWidget 的 setWidget() 方法。

（5）使用 addDockWidget() 方法在 MainWindow 中加入此停靠表單。

【例】（簡單）（CH302）停靠視窗 QDockWidget 類別的使用：視窗 1 只可在主視窗的左邊和右邊停靠；視窗 2 只可在浮動和右部停靠兩種狀態間切換，並且不可移動；視窗 3 不可移動，在左邊顯示垂直的標籤欄。效果如圖 3.2 所示。

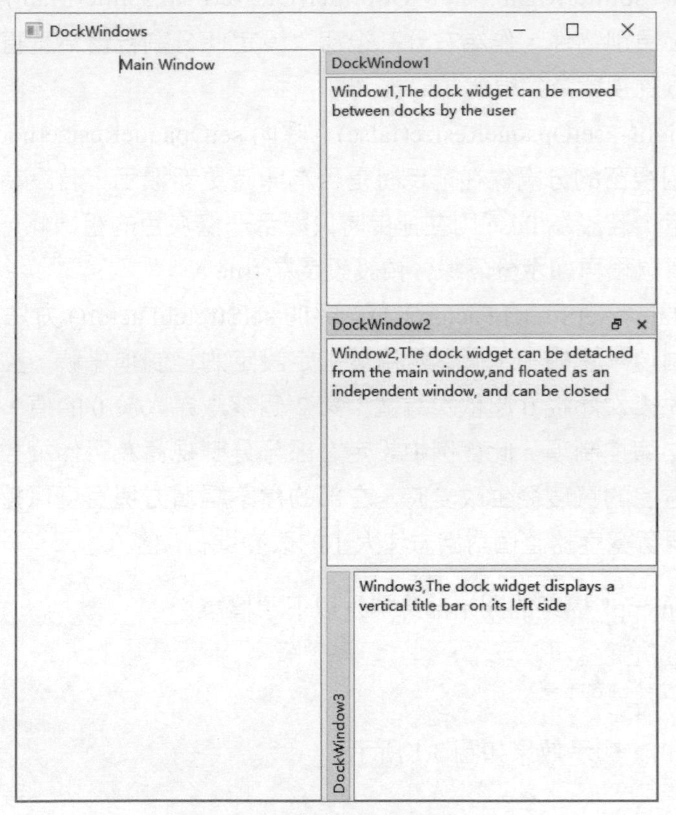

圖 3.2 簡單停靠視窗實例效果

本實例是採用撰寫程式的方式實現的，具體步驟如下。

（1）新建 Qt Widgets Application（詳見 1.3.1 節），專案名稱為 "DockWindows"，基礎類別選擇 "QMainWindow"，類別名稱命名為 "DockWindows"，取消 "Generate form"（建立介面）核取方塊的選中狀態。

QMainWindow 主視窗的使用將在本書第 5 章中詳細介紹。

（2）DockWindows 類別中只有一個建構函數的宣告，位於 "dockwindows.h" 檔案中，程式如下：

```
class DockWindows : public QMainWindow
{
    Q_OBJECT
public:
    DockWindows(QWidget *parent = 0);
    ~DockWindows();
};
```

（3）開啟 "dockwindows.cpp" 檔案，DockWindows 類別建構函數實現視窗的初始化及功能實現，具體程式如下：

```
DockWindows::DockWindows(QWidget *parent) : QMainWindow(parent)
{
  setWindowTitle(tr("DockWindows"));       //設定主視窗的標題列文字
  QTextEdit *te = new QTextEdit(this);  //定義一個 QTextEdit 物件作為主視窗
  te->setText(tr("Main Window"));
  te->setAlignment(Qt::AlignCenter);
  setCentralWidget(te);                   //將此編輯方塊設為主視窗的中央表單
  //停靠視窗 1
  QDockWidget *dock = new QDockWidget(tr("DockWindow1"),this);
  //可移動
  dock->setFeatures(QDockWidget::DockWidgetMovable); //(a)
  dock->setAllowedAreas(Qt::LeftDockWidgetArea|Qt::RightDockWidgetAr
ea);                                      //(b)
  QTextEdit *te1 = new QTextEdit();
  te1->setText(tr("Window1,The dock widget can be moved between docks
by the user" ""));
  dock->setWidget(te1);
  addDockWidget(Qt::RightDockWidgetArea,dock);
  //停靠視窗 2
  dock = new QDockWidget(tr("DockWindow2"),this);
  dock->setFeatures(QDockWidget::DockWidgetClosable|QDockWidget::DockWi
dgetFloatable);                           //可關閉、可浮動
  QTextEdit *te2 = new QTextEdit();
  te2->setText(tr("Window2,The dock widget can be detached from
the main window,""and floated as an independent window, and can be
closed"));
  dock->setWidget(te2);
  addDockWidget(Qt::RightDockWidgetArea,dock);
  //停靠視窗 3
  dock = new QDockWidget(tr("DockWindow3"),this);
```

```
  dock->setFeatures(QDockWidget::DockWidgetVerticalTitleBar);
                                                    //帶垂直標籤欄
  QTextEdit *te3 = new QTextEdit();
  te3->setText(tr("Window3,The dock widget displays a vertical title
bar on its left side"));
  dock->setWidget(te3);
  addDockWidget(Qt::RightDockWidgetArea,dock);
}
```

其中，

(a) setFeatures() 方法設定停靠表單的特性，原型如下：

```
void setFeatures(DockWidgetFeatures features)
```

參數 QDockWidget::DockWidgetFeatures 指定停靠表單的特性，包括以下幾種參數。

① QDockWidget::DockWidgetClosable：停靠表單可關閉。
② QDockWidget::DockWidgetMovable：停靠表單可移動。
③ QDockWidget::DockWidgetFloatable：停靠表單可浮動。
④ QDockWidget::DockWidgetVerticalTitleBar：在左邊顯示垂直的標籤欄。
⑤ QDockWidget::NoDockWidgetFeatures：不可移動、不可關閉、不可浮動。

此參數可採用或（|）的方式對停靠表單多個特性進行組合設定。

(b) setAllowedAreas() 方法設定停靠表單可停靠的區域，原型如下：

```
void setAllowedAreas(Qt::DockWidgetAreas  areas)
```

參數 Qt::DockWidgetAreas 指定了停靠表單可停靠的區域，包括以下幾種參數。

① Qt::LeftDockWidgetArea：可在主視窗的左側停靠。
② Qt::RightDockWidgetArea：可在主視窗的右側停靠。
③ Qt::TopDockWidgetArea：可在主視窗的頂端停靠。
④ Qt::BottomDockWidgetArea：可在主視窗的底部停靠。
⑤ Qt::AllDockWidgetArea：可在主視窗任意（以上四個）部位停靠。
⑥ Qt::NoDockWidgetArea：只可停靠在插入處。

各區域也可採用或（|）的方式進行組合設定。

（4）在 "dockwindows.cpp" 檔案的開始部分加入以下頭檔案：

```
#include <QTextEdit>
#include <QDockWidget>
```

（5）執行程式，顯示效果如圖 3.2 所示。

3.3 堆疊表單類別：QStackedWidget

堆疊表單 QStackedWidget 類別也是應用程式中經常用到的。在實際應用中，堆疊表單多與串列方塊 QListWidget 及下拉式選單 QComboBox 配合使用。

【例】（簡單）（CH303）堆疊表單 QStackedWidget 類別的使用，當選擇左側串列方塊中不同的選項時，右側顯示所選的不同的表單。在此使用串列方塊 QListWidget，效果如圖 3.3 所示。

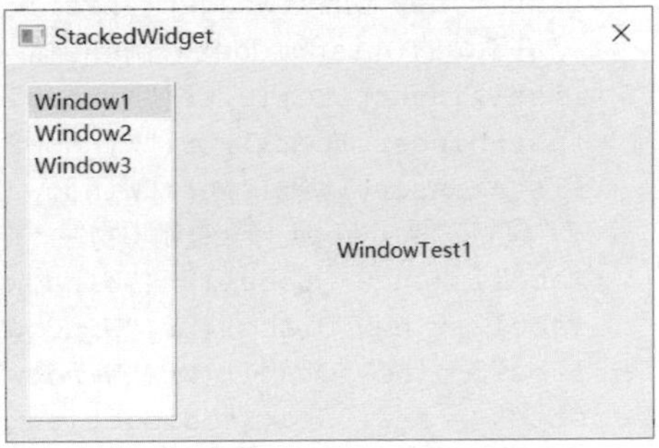

圖 3.3 簡單堆疊表單實例效果

本實例是採用撰寫程式的方式實現的，具體步驟如下：

（1）新建 Qt Widgets Application（詳見 1.3.1 節），專案名稱為 "StackedWidget"，基礎類別選擇 "QDialog"，類別名稱命名為 "StackDlg"，取消 "Generate form"（建立介面）核取方塊的選中狀態。

（2）開啟 "stackdlg.h" 檔案，增加以下粗體程式：

```
class StackDlg : public QDialog
{
  Q_OBJECT
public:
  StackDlg(QWidget *parent = 0);
  ~StackDlg();
private:
  QListWidget *list;
  QStackedWidget *stack;
  QLabel *label1;
  QLabel *label2;
  QLabel *label3;
};
```

在檔案開始部分增加以下標頭檔：

```
#include <QListWidget>
#include <QStackedWidget>
#include <QLabel>
```

（3）開啟 "stackdlg.cpp" 檔案，在停靠表單 StackDlg 類別的建構函數中增加以下程式：

```
StackDlg::StackDlg(QWidget *parent) : QDialog(parent)
{
  setWindowTitle(tr("StackedWidget"));
  list = new QListWidget(this);              //新建一個 QListWidget 控制項物件
  //在新建的 QListWidget 控制項中插入三個項目，作為選擇項
  list->insertItem(0,tr("Window1"));
  list->insertItem(1,tr("Window2"));
  list->insertItem(2,tr("Window3"));
  //建立三個 QLabel 標籤控制項物件，作為堆疊視窗需要顯示的三層表單
  label1 = new QLabel(tr("WindowTest1"));
  label2 = new QLabel(tr("WindowTest2"));
  label3 = new QLabel(tr("WindowTest3"));
  stack = new QStackedWidget(this);
  //新建一個 QStackedWidget 堆疊表單物件
  //將建立的三個 QLabel 標籤控制項依次插入堆疊表單中
  stack->addWidget(label1);
  stack->addWidget(label2);
  stack->addWidget(label3);
  QHBoxLayout *mainLayout = new QHBoxLayout(this);
                                             //對整個對話方塊進行版面配置
  mainLayout->setSpacing(5);                 //設定各個控制項之間的間距為 5
  mainLayout->addWidget(list);
  mainLayout->addWidget(stack,0,Qt::AlignHCenter);
  mainLayout->setStretchFactor(list,1);      //(a)
  mainLayout->setStretchFactor(stack,3);
  connect(list,SIGNAL(currentRowChanged(int)),stack,SLOT(setCurrentInde
x(int)));                                    //(b)
}
```

其中，

(a) mainLayout->setStretchFactor(list,1)：設定可伸縮控制項，第 1 個參數用於指定設定的控制項（序號從 0 起編號），第 2 個參數的值大於 0 則表示此控制項為可伸縮控制項。

(b) connect(list,SIGNAL(currentRowChanged(int)),stack,SLOT(setCurrent

Index(int)))：將 QListWidget 的 currentRowChanged() 訊號與堆疊表單的 setCurrentIndex() 槽函數連接起來，實現按選擇顯示表單。此處的堆疊表單 index 按插入的順序從 0 起依次排序，與 QListWidget 的項目排序相一致。

（4）在 "stackdlg.cpp" 檔案的開始部分加入以下頭檔案：

```
#include <QHBoxLayout>
```

（5）執行程式，顯示效果如圖 3.3 所示。

3.4 基本版面配置類別：QLayout

Qt 提供了 QHBoxLayout 類別、QVBoxLayout 類別及 QGridLayout 類別等基本版面配置管理，分別實現水平版面配置、垂直版面配置和網格版面配置。它們之間的繼承關係如圖 3.4 所示。

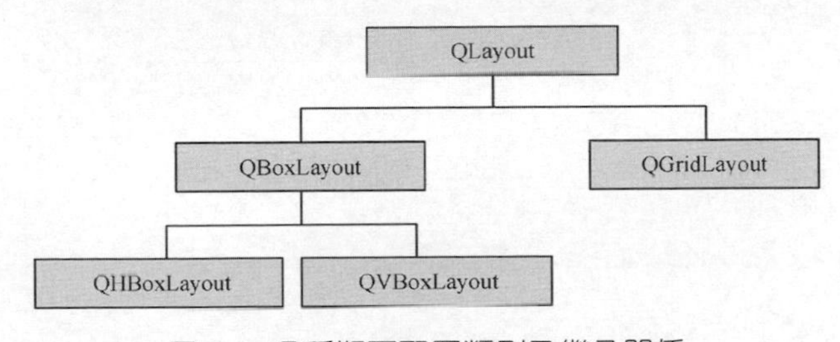

圖 3.4 各種版面配置類別及繼承關係

版面配置中常用的方法有 addWidget() 和 addLayout()。

addWidget() 方法用於加入需要版面配置的控制項，原型如下：

```
void addWidget
(
  QWidget *widget,                    //需要插入的控制項物件
  int  fromRow,                       //插入的行
  int  fromColumn,                    //插入的列
  int  rowSpan,                       //表示佔用的行數
  int  columnSpan,                    //表示佔用的列數
  Qt::Alignment  alignment = 0        //描述各個控制項的對齊方式
)
```

addLayout() 方法用於加入子版面配置，原型如下：

```
void addLayout
(
```

```
    QLayout *layout,                    //表示需要插入的子版面配置物件
    int row,                            //插入的起始行
    int column,                         //插入的起始列
    int rowSpan,                        //表示佔用的行數
    int columnSpan,                     //表示佔用的列數
    Qt::Alignment alignment = 0         //指定對齊方式
)
```

其中各個參數的作用如註釋所示。

【例】（難度一般）（CH304）透過實現一個「使用者基本資料修改」的功能表單來介紹如何使用基本版面配置管理，如 QHBoxLayout 類別、QVBoxLayout 類別及 QGridLayout 類別，效果如圖 3.5 所示。

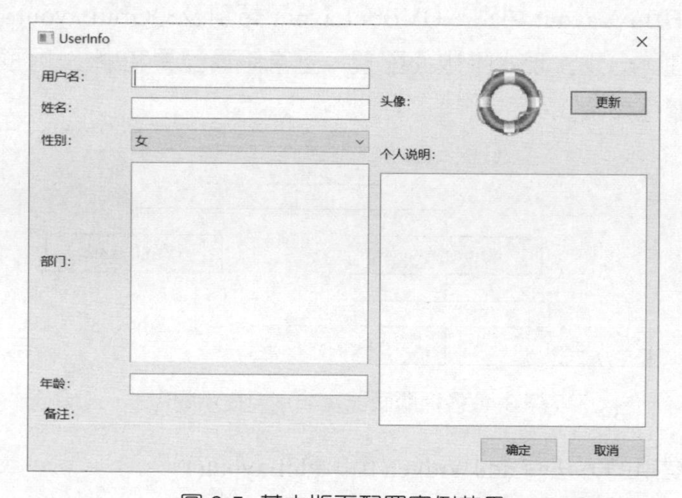

圖 3.5 基本版面配置實例效果

本實例共用到四個版面配置管理器，分別是 LeftLayout、RightLayout、BottomLayout 和 MainLayout，其版面配置框架如圖 3.6 所示。

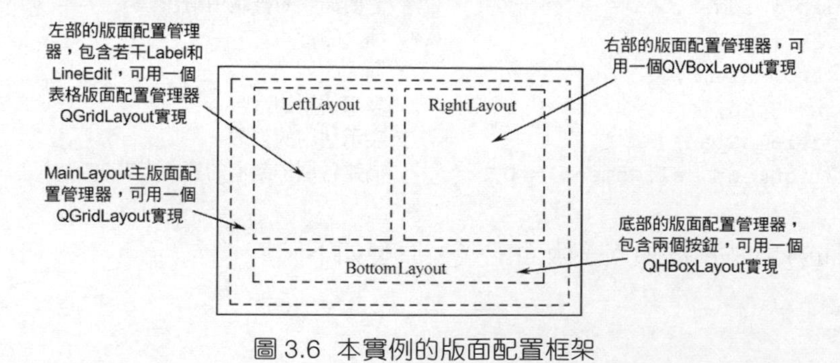

圖 3.6 本實例的版面配置框架

本實例是採用撰寫程式的方式實現的，具體步驟如下。

（1）新建 Qt Widgets Application（詳見 1.3.1 節），專案名稱為 "UserInfo"，基礎類別選擇 "QDialog"，取消 "Generate form"（建立介面）核取方塊的選中狀態。

（2）開啟 "dialog.h" 標頭檔，在標頭檔中宣告對話方塊中的各個控制項。增加以下程式：

```
class Dialog : public QDialog
{
    Q_OBJECT
public:
    Dialog(QWidget *parent = 0);
    ~Dialog();
private:
    //左側
    QLabel *UserNameLabel;
    QLabel *NameLabel;
    QLabel *SexLabel;
    QLabel *DepartmentLabel;
    QLabel *AgeLabel;
    QLabel *OtherLabel;
    QLineEdit *UserNameLineEdit;
    QLineEdit *NameLineEdit;
    QComboBox *SexComboBox;
    QTextEdit *DepartmentTextEdit;
    QLineEdit *AgeLineEdit;
    QGridLayout *LeftLayout;
    //右側
    QLabel *HeadLabel;            //右上角部分
    QLabel *HeadIconLabel;
    QPushButton *UpdateHeadBtn;
    QHBoxLayout *TopRightLayout;
    QLabel *IntroductionLabel;
    QTextEdit *IntroductionTextEdit;
    QVBoxLayout *RightLayout;
    //底部
    QPushButton *OkBtn;
    QPushButton *CancelBtn;
    QHBoxLayout *BottomLayout;
};
```

增加以下頭檔案：

```
#include <QLabel>
#include <QLineEdit>
#include <QComboBox>
#include <QTextEdit>
#include <QGridLayout>
```

（3）開啟 "dialog.cpp" 檔案，在類別 Dialog 的建構函數中增加以下程式：

```
Dialog::Dialog(QWidget *parent) : QDialog(parent)
{
    setWindowTitle(tr("UserInfo"));
    /************** 左側 ******************************/
    UserNameLabel = new QLabel(tr("使用者名稱："));
    UserNameLineEdit = new QLineEdit;
    NameLabel = new QLabel(tr("姓名："));
    NameLineEdit = new QLineEdit;
    SexLabel = new QLabel(tr("性別："));
    SexComboBox = new QComboBox;
    SexComboBox->addItem(tr("女"));
    SexComboBox->addItem(tr("男"));
    DepartmentLabel = new QLabel(tr("部門："));
    DepartmentTextEdit = new QTextEdit;
    AgeLabel = new QLabel(tr("年齡："));
    AgeLineEdit = new QLineEdit;
    OtherLabel = new QLabel(tr("備註："));
    OtherLabel->setFrameStyle(QFrame::Panel|QFrame::Sunken); //(a)
    LeftLayout = new QGridLayout();                           //(b)
  //向版面配置中加入需要版面配置的控制項
    LeftLayout->addWidget(UserNameLabel,0,0);              //使用者名稱
    LeftLayout->addWidget(UserNameLineEdit,0,1);
    LeftLayout->addWidget(NameLabel,1,0);                  //姓名
    LeftLayout->addWidget(NameLineEdit,1,1);
    LeftLayout->addWidget(SexLabel,2,0);                   //性別
    LeftLayout->addWidget(SexComboBox,2,1);
    LeftLayout->addWidget(DepartmentLabel,3,0);            //部門
    LeftLayout->addWidget(DepartmentTextEdit,3,1);
    LeftLayout->addWidget(AgeLabel,4,0);                   //年齡
    LeftLayout->addWidget(AgeLineEdit,4,1);
    LeftLayout->addWidget(OtherLabel,5,0,1,2);             //其他
    LeftLayout->setColumnStretch(0,1);                    //(c)
    LeftLayout->setColumnStretch(1,3);
    /********* 右側 *********/
    HeadLabel = new QLabel(tr("圖示: "));                 //右上角部分
```

```
    HeadIconLabel = new QLabel;
    QPixmap icon("312.png");
    HeadIconLabel->setPixmap(icon);
    HeadIconLabel->resize(icon.width(),icon.height());
    UpdateHeadBtn = new QPushButton(tr("更新"));
  //完成右上側圖示選擇區的版面配置
    TopRightLayout = new QHBoxLayout();
    TopRightLayout->setSpacing(20);          //設定各個控制項之間的間距為 20
    TopRightLayout->addWidget(HeadLabel);
    TopRightLayout->addWidget(HeadIconLabel);
    TopRightLayout->addWidget(UpdateHeadBtn);
    IntroductionLabel = new QLabel(tr("個人說明:"));    //右下角部分
    IntroductionTextEdit = new QTextEdit;
  //完成右側的版面配置
    RightLayout = new QVBoxLayout();
    RightLayout->addLayout(TopRightLayout);
    RightLayout->addWidget(IntroductionLabel);
    RightLayout->addWidget(IntroductionTextEdit);
    /*--------------------- 底部 --------------------*/
    OkBtn = new QPushButton(tr("確定"));
    CancelBtn = new QPushButton(tr("取消"));
    //完成下方兩個按鈕的版面配置
    BottomLayout = new QHBoxLayout();
    BottomLayout->addStretch();                              //(d)
    BottomLayout->addWidget(OkBtn);
    BottomLayout->addWidget(CancelBtn);
    /*-----------------------------------------------*/
    QGridLayout *mainLayout = new QGridLayout(this);         //(e)
    mainLayout->setSpacing(10);
    mainLayout->addLayout(LeftLayout,0,0);
    mainLayout->addLayout(RightLayout,0,1);
    mainLayout->addLayout(BottomLayout,1,0,1,2);
    mainLayout->setSizeConstraint(QLayout::SetFixedSize); //(f)
}
```

其中，

(a) OtherLabel->setFrameStyle(QFrame::Panel|QFrame::Sunken)：設定控制項的風格。setFrameStyle() 是 QFrame 的方法，參數以或（|）的方式設定控制項的面板風格，由形狀（QFrame::Shape）和陰影（QFrame::shadow）兩項配合設定。其中，形狀包括六種，分別是 NoFrame、Panel、Box、HLine、VLine 及 WinPanel；陰影包括三種，分別是 Plain、Raised 和 Sunken。

(b) LeftLayout = new QGridLayout()：左部版面配置，由於此版面配置管理器

不是主版面配置管理器，所以不用指定父視窗。

(c) LeftLayout->setColumnStretch(0,1)、LeftLayout->setColumnStretch(1,3)：設定兩列分別佔用空間的比例，本例設定為 1：3。即使對話方塊框架大小改變了，兩列之間的寬度比依然保持不變。

(d) ButtomLayout->addStretch()：在按鈕之前插入一個預留位置，使兩個按鈕能夠靠右對齊，並且在整個對話方塊的大小發生改變時，保證按鈕的大小不發生變化。

(e) QGridLayout *mainLayout = new QGridLayout(this)：實現主版面配置，指定父視窗 this，也可呼叫 this->setLayout(mainLayout) 實現。

(f) mainLayout->setSizeConstraint(QLayout::SetFixedSize)：設定最最佳化顯示，並且讓使用者無法改變對話方塊的大小。所謂最最佳化顯示，即控制項都按其 sizeHint() 的大小顯示。

（4）在 "dialog.cpp" 檔案的開始部分加入以下頭檔案：

```
#include <QLabel>
#include <QLineEdit>
#include <QComboBox>
#include <QPushButton>
#include <QFrame>
#include <QGridLayout>
#include <QPixmap>
#include <QHBoxLayout>
```

（5）選擇「建構」→「建構專案 "UserInfo"」命令，為了能夠在介面上顯示圖示圖片，請將事先準備好的圖片 312.png 複製到 C:\Qt6\CH3\CH304\build-UserInfo-Desktop_Qt_6_0_1_MinGW_64_bit-Debug 目錄下，再重新建構專案。

執行程式，顯示效果如圖 3.5 所示。

此實例是透過撰寫程式實現的，當然也可以採用 Qt Designer 來版面配置。

注意：QHBoxLayout 預設採取的是以自左向右的方式順序排列插入控制項或子版面配置，也可透過呼叫 setDirection() 方法設定排列的順序（如 layout->setDirection (QBoxLayout:: RightToLeft)）。QVBoxLayout 預設採取的是以從上往下的方式順序排列插入控制項或子版面配置，也可透過呼叫 setDirection() 方法設定排列的順序。

3.5【綜合實例】：修改使用者資料表單

【例】（難度中等）（CH305）透過實現修改使用者資料表單這一綜合實例，介紹如何使用版面配置方法實現一個複雜的視窗版面配置，以及分割視窗和堆疊表單的應用，效果如圖 3.7 所示。

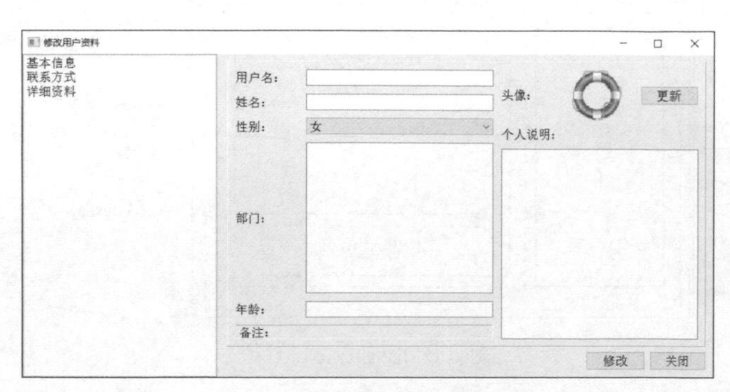

（a）「基本資訊」頁面

（b）「聯繫方式」頁面

（c）「詳細資料」頁面

圖 3.7 修改使用者資料表單實例效果

最外層是一個分割視窗 QSplitter，分割視窗的左側是一個 QListWidget，右側是一個 QVBoxLayout 版面配置，此版面配置包括一個堆疊表單 QStackWidget 和一個按鈕版面配置。在此堆疊表單 QStackWidget 中又包含三個表單，每個表單採用基本版面配置方式進行版面配置管理，如圖 3.8 所示。

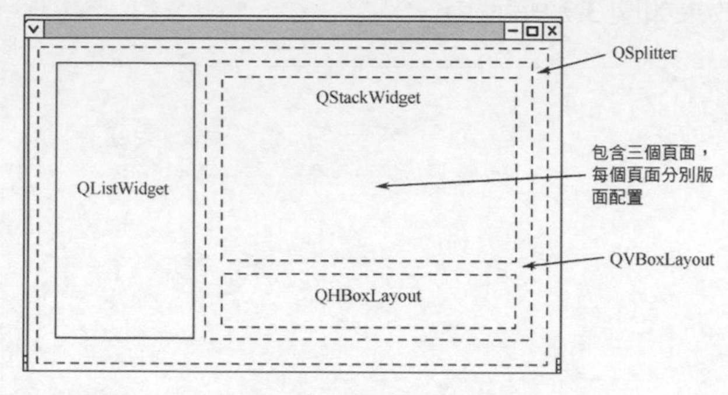

圖 3.8 版面配置框架

3.5.1 導覽頁實現

導覽頁的實現步驟如下。

(1) 新建 Qt Widgets Application（詳見 1.3.1 節），專案名稱為 "Example"，基礎類別選擇 "QDialog"，類別名稱命名為 "Content"，取消 "Generate form"（建立介面）核取方塊的選中狀態。

(2) 在如圖 3.8 所示的版面配置框架中，框架左側的頁面（導覽頁）就用 Content 類別來實現。

開啟 "content.h" 標頭檔，修改 Content 類別繼承自 QFrame 類別，類別宣告中包含自訂的三個頁面類別物件、兩個按鈕物件及一個堆疊表單物件，增加以下程式：

```
//增加的標頭檔
#include <QStackedWidget>
#include <QPushButton>
#include "baseinfo.h"
#include "contact.h"
#include "detail.h"
class Content : public QFrame
{
  Q_OBJECT
```

```
public:
  Content(QWidget *parent = 0);
  ~Content();
  QStackedWidget *stack;
  QPushButton *AmendBtn;
  QPushButton *CloseBtn;
  BaseInfo  *baseInfo;
  Contact *contact;
  Detail *detail;
};
```

（3）開啟 "content.cpp" 檔案，增加以下程式：

```
Content::Content(QWidget *parent) : QFrame(parent)
{
     stack = new QStackedWidget(this);    //建立一個 QStackedWiget 物件
  //對堆疊視窗的顯示風格進行設定
     stack->setFrameStyle(QFrame::Panel|QFrame::Raised);
  /* 插入三個頁面 */                       //(a)
     baseInfo = new BaseInfo();
     contact = new Contact();
     detail = new Detail();
     stack->addWidget(baseInfo);
     stack->addWidget(contact);
     stack->addWidget(detail);
  /* 建立兩個按鈕 */                       //(b)
     AmendBtn = new QPushButton(tr("修改"));
     CloseBtn = new QPushButton(tr("關閉"));
     QHBoxLayout *BtnLayout = new QHBoxLayout;
     BtnLayout->addStretch(1);
     BtnLayout->addWidget(AmendBtn);
     BtnLayout->addWidget(CloseBtn);
  /* 進行整體版面配置 */
     QVBoxLayout *RightLayout = new QVBoxLayout(this);
     RightLayout->setSpacing(6);
     RightLayout->addWidget(stack);
     RightLayout->addLayout(BtnLayout);
}
```

其中，

(a) baseInfo = new BaseInfo() 至 stack->addWidget(detail)：這段程式是在堆疊視窗中順序插入「基本資訊」、「聯繫方式」及「詳細資料」三個頁面。其中，BaseInfo 類別的具體完成程式參照 3.4 節，後兩個與此類似。

(b) AmendBtn = new QPushButton(tr(" 修改 ")) 至 BtnLayout->addWidget(CloseBtn)：這段程式用於建立兩個按鈕，並利用 QHBoxLayout 對其進行版面配置。

3.5.2「基本資訊」頁設計

第一個「基本資訊」頁面的設計步驟如下。

（1）增加顯示基本資訊頁面的函數所在的原始檔案。

在 "Example" 專案名稱上點擊滑鼠右鍵，在彈出的快顯功能表中選擇 "Add New..." 選單項，在彈出的如圖 3.9 所示的對話方塊中選擇 "C++ Class" 選項，點擊 "Choose..." 按鈕。

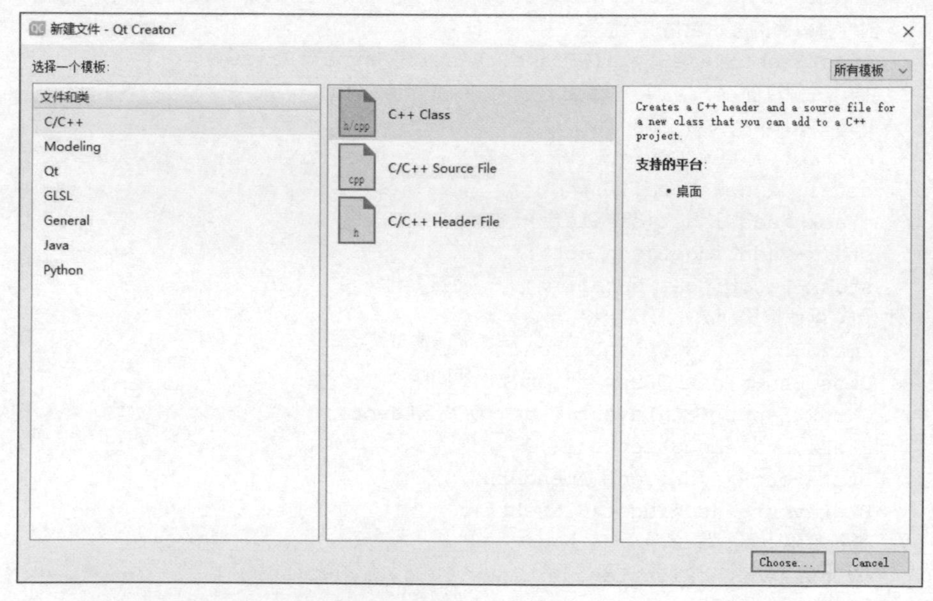

圖 3.9 增加「C++ 類別」

（2）彈出如圖 3.10 所示的對話方塊，在 "Class name" 欄輸入類別的名稱 "BaseInfo"，在 "Base class" 欄的下拉串列中選擇基礎類別名稱 "QWidget"。點擊「下一步」按鈕，再點擊「完成」按鈕，增加 "baseinfo.h" 標頭檔和 "baseinfo.cpp" 原始檔案。

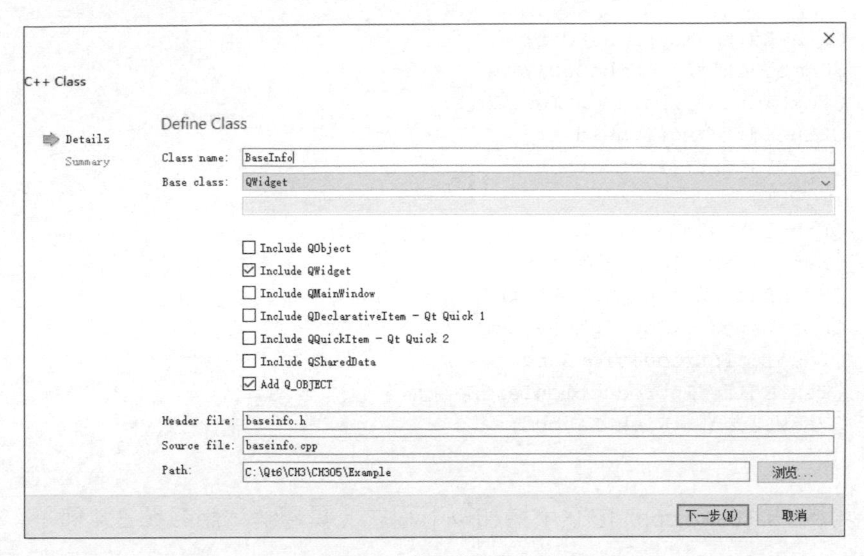

圖 3.10 輸入類別名稱

（3）開啟 "baseinfo.h" 標頭檔，增加的程式以下（具體解釋請參照 3.4 節）：

```
//增加的標頭檔
#include <QLabel>
#include <QLineEdit>
#include <QComboBox>
#include <QTextEdit>
#include <QGridLayout>
#include <QPushButton>
class BaseInfo : public QWidget
{
    Q_OBJECT
public:
    explicit BaseInfo(QWidget *parent = 0);
signals:

public slots:
private:
    //左側
    QLabel *UserNameLabel;
    QLabel *NameLabel;
    QLabel *SexLabel;
    QLabel *DepartmentLabel;
    QLabel *AgeLabel;
    QLabel *OtherLabel;
    QLineEdit *UserNameLineEdit;
```

```
    QLineEdit *NameLineEdit;
    QComboBox *SexComboBox;
    QTextEdit *DepartmentTextEdit;
    QLineEdit *AgeLineEdit;
    QGridLayout *LeftLayout;
    //右側
    QLabel *HeadLabel;              //右上角部分
    QLabel *HeadIconLabel;
    QPushButton *UpdateHeadBtn;
    QHBoxLayout *TopRightLayout;
    QLabel *IntroductionLabel;
    QTextEdit *IntroductionTextEdit;
    QVBoxLayout *RightLayout;
};
```

（4）開啟 "baseinfo.cpp" 檔案，增加以下程式（具體解釋請參照 3.4 節）：

```
#include "baseinfo.h"
BaseInfo::BaseInfo(QWidget *parent) : QWidget(parent)
{
    /**** 左側 ****/
    UserNameLabel = new QLabel(tr("使用者名稱："));
    UserNameLineEdit = new QLineEdit;
    NameLabel = new QLabel(tr("姓名："));
    NameLineEdit = new QLineEdit;
    SexLabel = new QLabel(tr("性別："));
    SexComboBox = new QComboBox;
    SexComboBox->addItem(tr("女"));
    SexComboBox->addItem(tr("男"));
    DepartmentLabel = new QLabel(tr("部門："));
    DepartmentTextEdit = new QTextEdit;
    AgeLabel = new QLabel(tr("年齡："));
    AgeLineEdit = new QLineEdit;
    OtherLabel = new QLabel(tr("備註："));
    OtherLabel->setFrameStyle(QFrame::Panel|QFrame::Sunken);
    LeftLayout = new QGridLayout();
    LeftLayout->addWidget(UserNameLabel,0,0);
    LeftLayout->addWidget(UserNameLineEdit,0,1);
    LeftLayout->addWidget(NameLabel,1,0);
    LeftLayout->addWidget(NameLineEdit,1,1);
    LeftLayout->addWidget(SexLabel,2,0);
    LeftLayout->addWidget(SexComboBox,2,1);
    LeftLayout->addWidget(DepartmentLabel,3,0);
    LeftLayout->addWidget(DepartmentTextEdit,3,1);
    LeftLayout->addWidget(AgeLabel,4,0);
```

```
    LeftLayout->addWidget(AgeLineEdit,4,1);
    LeftLayout->addWidget(OtherLabel,5,0,1,2);
    LeftLayout->setColumnStretch(0,1);
    LeftLayout->setColumnStretch(1,3);
    /**** 右側 ****/
    HeadLabel = new QLabel(tr("圖示："));                    // 右上角部分
    HeadIconLabel = new QLabel;
    QPixmap icon("312.png");
    HeadIconLabel->setPixmap(icon);
    HeadIconLabel->resize(icon.width(),icon.height());
    UpdateHeadBtn = new QPushButton(tr("更新"));
    TopRightLayout = new QHBoxLayout();
    TopRightLayout->setSpacing(20);
    TopRightLayout->addWidget(HeadLabel);
    TopRightLayout->addWidget(HeadIconLabel);
    TopRightLayout->addWidget(UpdateHeadBtn);
    IntroductionLabel = new QLabel(tr("個人說明："));    // 右下角部分
    IntroductionTextEdit = new QTextEdit;
    RightLayout = new QVBoxLayout();
    RightLayout->addLayout(TopRightLayout);
    RightLayout->addWidget(IntroductionLabel);
    RightLayout->addWidget(IntroductionTextEdit);
    /*************************************/
    QGridLayout *mainLayout = new QGridLayout(this);
    mainLayout->setSpacing(10);
    mainLayout->addLayout(LeftLayout,0,0);
    mainLayout->addLayout(RightLayout,0,1);
    mainLayout->setSizeConstraint(QLayout::SetFixedSize);
}
```

3.5.3 「聯繫方式」頁設計

第二個「聯繫方式」頁面的設計步驟如下。

(1) 增加顯示聯繫方式頁面的函數所在的原始檔案。

在 "Example" 專案名稱上點擊滑鼠右鍵，在彈出的快顯功能表中選擇 "Add New..." 選單項，在彈出的對話方塊中選擇 "C++ Class" 選項。點擊 "Choose..." 按鈕，彈出對話方塊，在 "Class name" 欄輸入類別的名稱 "Contact"，在 "Base class" 欄的下拉串列中選擇基礎類別名稱 "QWidget"。

(2) 點擊「下一步」按鈕，再點擊「完成」按鈕，增加 "contact.h" 標頭檔和 "contact.cpp" 原始檔案。

（3）開啟 "contact.h" 標頭檔，增加以下程式：

```
//增加的標頭檔
#include <QLabel>
#include <QGridLayout>
#include <QLineEdit>
#include <QCheckBox>
class Contact : public QWidget
{
    Q_OBJECT
public:
    explicit Contact(QWidget *parent = 0);
signals:

public slots:
private:
    QLabel *EmailLabel;
    QLineEdit *EmailLineEdit;
    QLabel *AddrLabel;
    QLineEdit *AddrLineEdit;
    QLabel *CodeLabel;
    QLineEdit *CodeLineEdit;
    QLabel *MobiTelLabel;
    QLineEdit *MobiTelLineEdit;
    QCheckBox *MobiTelCheckBook;
    QLabel *ProTelLabel;
    QLineEdit *ProTelLineEdit;
    QGridLayout *mainLayout;
};
```

（4）開啟 "contact.cpp" 檔案，增加以下程式：

```
Contact::Contact(QWidget *parent) : QWidget(parent)
{
    EmailLabel = new QLabel(tr("電子郵件："));
    EmailLineEdit = new QLineEdit;
    AddrLabel = new QLabel(tr("聯繫地址："));
    AddrLineEdit = new QLineEdit;
    CodeLabel = new QLabel(tr("郵遞區號："));
    CodeLineEdit = new QLineEdit;
    MobiTelLabel = new QLabel(tr("行動電話："));
    MobiTelLineEdit = new QLineEdit;
    MobiTelCheckBook = new QCheckBox(tr("接收留言"));
    ProTelLabel = new QLabel(tr("辦公電話："));
    ProTelLineEdit = new QLineEdit;
```

```
    mainLayout = new QGridLayout(this);
    mainLayout->setSpacing(10);
    mainLayout->addWidget(EmailLabel,0,0);
    mainLayout->addWidget(EmailLineEdit,0,1);
    mainLayout->addWidget(AddrLabel,1,0);
    mainLayout->addWidget(AddrLineEdit,1,1);
    mainLayout->addWidget(CodeLabel,2,0);
    mainLayout->addWidget(CodeLineEdit,2,1);
    mainLayout->addWidget(MobiTelLabel,3,0);
    mainLayout->addWidget(MobiTelLineEdit,3,1);
    mainLayout->addWidget(MobiTelCheckBook,3,2);
    mainLayout->addWidget(ProTelLabel,4,0);
    mainLayout->addWidget(ProTelLineEdit,4,1);
    mainLayout->setSizeConstraint(QLayout::SetFixedSize);
}
```

3.5.4 「詳細資料」頁設計

第三個「詳細資料」頁面的設計步驟如下。

(1) 增加顯示詳細資料頁面的函數所在的原始檔案。

在 "Example" 專案名稱上點擊滑鼠右鍵，在彈出的快顯功能表中選擇 "Add New..." 選單項，在彈出的對話方塊中選擇 "C++ Class" 選項，點擊 "Choose..." 按鈕，彈出對話方塊，在 "Class name" 欄輸入類別的名稱 "Detail"，在 "Base class" 欄的下拉串列中選擇基礎類別名稱 "QWidget"。

(2) 點擊「下一步」按鈕，再點擊「完成」按鈕，增加 "detail.h" 標頭檔和 "detail.cpp" 原始檔案。

(3) 開啟 "detail.h" 標頭檔，增加以下程式：

```
//增加的標頭檔
#include <QLabel>
#include <QComboBox>
#include <QLineEdit>
#include <QTextEdit>
#include <QGridLayout>
class Detail : public QWidget
{
  Q_OBJECT
public:
  explicit Detail(QWidget *parent = 0);
signals:
```

```
public slots:
private:
  QLabel *NationalLabel;
  QComboBox *NationalComboBox;
  QLabel *ProvinceLabel;
  QComboBox *ProvinceComboBox;
  QLabel *CityLabel;
  QLineEdit *CityLineEdit;
  QLabel *IntroductLabel;
  QTextEdit *IntroductTextEdit;
  QGridLayout *mainLayout;
};
```

（4）開啟 "detail.cpp" 檔案，增加以下程式：

```
Detail::Detail(QWidget *parent) : QWidget(parent)
{
  NationalLabel = new QLabel(tr("國家 / 地址："));
  NationalComboBox = new QComboBox;
  NationalComboBox->insertItem(0,tr("中國"));
  NationalComboBox->insertItem(1,tr("美國"));
  NationalComboBox->insertItem(2,tr("英國"));
  ProvinceLabel = new QLabel(tr("省份："));
  ProvinceComboBox = new QComboBox;
  ProvinceComboBox->insertItem(0,tr("江蘇省"));
  ProvinceComboBox->insertItem(1,tr("山東省"));
  ProvinceComboBox->insertItem(2,tr("浙江省"));
  CityLabel = new QLabel(tr("城市："));
  CityLineEdit = new QLineEdit;
  IntroductLabel = new QLabel(tr("個人說明："));
  IntroductTextEdit = new QTextEdit;
  mainLayout = new QGridLayout(this);
  mainLayout->setSpacing(10);
  mainLayout->addWidget(NationalLabel,0,0);
  mainLayout->addWidget(NationalComboBox,0,1);
  mainLayout->addWidget(ProvinceLabel,1,0);
  mainLayout->addWidget(ProvinceComboBox,1,1);
  mainLayout->addWidget(CityLabel,2,0);
  mainLayout->addWidget(CityLineEdit,2,1);
  mainLayout->addWidget(IntroductLabel,3,0);
  mainLayout->addWidget(IntroductTextEdit,3,1);
}
```

3.5.5 撰寫主函數

下面撰寫該專案的主函數，所在的檔案為 "main.cpp"，開啟檔案撰寫以下程式：

```
#include "content.h"
#include <QApplication>
#include <QSplitter>
#include <QListWidget>
int main(int argc, char *argv[])
{
    QApplication a(argc, argv);
    QFont font("AR PL KaitiM GB",12); //設定整個程式採用的字型與字型大小
    a.setFont(font);
    //新建一個水平分割視窗物件，作為主版面配置框
    QSplitter *splitterMain = new QSplitter(Qt::Horizontal,0);
    splitterMain->setOpaqueResize(true);
    QListWidget *list = new QListWidget(splitterMain); //(a)
    list->insertItem(0,QObject::tr("基本資訊"));
    list->insertItem(1,QObject::tr("聯繫方式"));
    list->insertItem(2,QObject::tr("詳細資料"));
    Content *content = new Content(splitterMain);       //(b)
    QObject::connect(list,SIGNAL(currentRowChanged(int)),content->stack,
    SLOT(setCurrentIndex(int)));                         //(c)
    //設定主版面配置框即水平分割視窗的標題
    splitterMain->setWindowTitle(QObject::tr("修改使用者資料"));
    //設定主版面配置框即水平分割視窗的最小尺寸
    splitterMain->setMinimumSize(splitterMain->minimumSize());
    //設定主版面配置框即水平分割視窗的最大尺寸
    splitterMain->setMaximumSize(splitterMain->maximumSize());
    splitterMain->show();           //顯示主版面配置框，其上面的控制項一同顯示
    //Content w;
    //w.show();
    return a.exec();
}
```

其中，

(a) QListWidget *list = new QListWidget(splitterMain)：在新建的水平分割窗的左側視窗中插入一個 QListWidget 作為項目選擇框，並在此依次插入「基本資訊」、「聯繫方式」及「詳細資料」項目。

(b) Content *content = new Content(splitterMain)：在新建的水平分割窗的右側視窗中插入 Content 類別物件。

(c) QObject::connect(list,SIGNAL(currentRowChanged(int)),content->stack,SLOT(setCurrent Index(int)))：連接串列方塊的 currentRowChanged() 訊號與堆疊視窗的 setCurrentIndex() 槽函數。

選擇「建構」→「建構專案 "Example"」選單項，與上例一樣，為了能夠在介面上顯示圖示圖片，將事先準備好的圖片 312.png 複製到 "C:\Qt6\CH3\CH305\build-Example-Desktop_Qt_6_0_1_ MinGW_64_bit-Debug" 目錄下。

編譯此程式，然後執行，效果如圖 3.7 所示。

要達到同樣的顯示效果，有多種可能的版面配置方案，在實際應用中，應根據具體情況進行選擇，使用最方便、合理的版面配置方式。

注意：一般來說 QgridLayout 就能夠完成 QHBoxLayout 與 QVBoxLayout 的功能，但若只是實現簡單的水平或垂直的排列，則使用後兩個更方便，而 QGridLayout 適合較為方正整齊的介面版面配置。

CHAPTER 04

Qt 6 基本對話方塊

本章透過一個實例詳細介紹標準基本對話方塊的使用方法，首先介紹標準檔案對話方塊（QFileDialog）、標準顏色對話方塊（QColorDialog）、標準字型對話方塊（QFontDialog）、標準輸入對話方塊（QInputDialog）及標準訊息方塊（QMessageBox），執行效果如圖 4.1 所示。

圖 4.1　標準基本對話方塊實例執行效果

本章後面將介紹 QToolBox 類別的使用、進度指示器的用法、QPalette 類別的用法、QTime 類別的用法、mousePressEvent/mouseMoveEvent 類別的用法、可擴充對話方塊的基本實現方法、不規則表單的實現及程式啟動畫面（QSplashScreen）的使用。

按如圖 4.1 所示依次執行以下操作。

（1）點擊「檔案標準對話方塊實例」按鈕，彈出 "open file dialog" 對話方塊（檔案選擇），如圖 4.2 所示。選中的檔案名稱所在目錄路徑將顯示在圖 4.1 中該按鈕右側的標籤中。

圖 4.2　「檔案選擇」對話方塊（open file dialog）

（2）點擊「顏色標準對話方塊實例」按鈕，彈出 "Select Color"（顏色選擇）對話方塊，如圖 4.3 所示。選中的顏色將顯示在圖 4.1 中該按鈕右側的標籤中。

（3）點擊「字型標準對話方塊實例」按鈕，彈出 "Select Font"（字型選擇）對話方塊，如圖 4.4 所示。選中的字型將應用於如圖 4.1 所示中該按鈕右側顯示的文字。

圖 4.3 "Select Color"（顏色選擇）對話方塊　圖 4.4 "Select Font"（字型選擇）對話方塊

（4）標準輸入對話方塊包括：標準字串輸入對話方塊、標準項目選擇對話方塊、標準 int 類型輸入對話方塊和標準 double 類型輸入對話方塊。

點擊「標準輸入對話方塊實例」按鈕，彈出「標準輸入對話方塊實例」介面，如圖 4.5（a）所示。在「標準輸入對話方塊實例」介面中，若呼叫「修改姓名」輸入框，則為一個 QLineEdit，如圖 4.5（b）所示；若呼叫「修改性別」串列方塊，則為一個 QComboBox，如圖 4.5（c）所示；若呼叫「修改年齡」（int 類型）或「修改成績」（double 類型）輸入框，則為一個 QSpinBox，如圖 4.5（d）和圖 4.5（e）所示。每種標準輸入對話方塊都包括一個 "OK"（確定輸入）按鈕和一個 "Cancel"（取消輸入）按鈕。

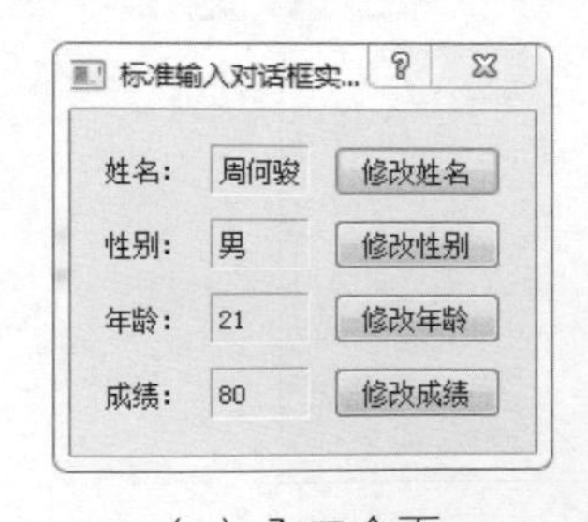

（a）入口介面

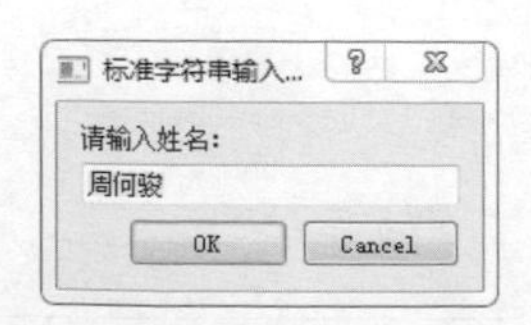

（b）「修改姓名」介面

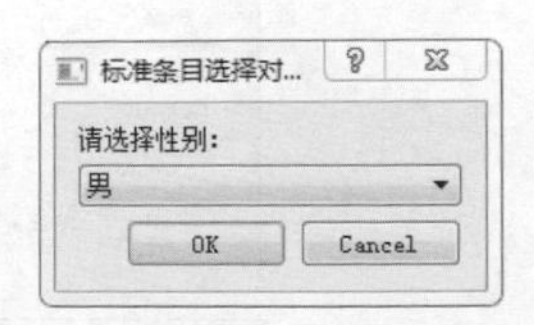

（c）「修改性別」介面

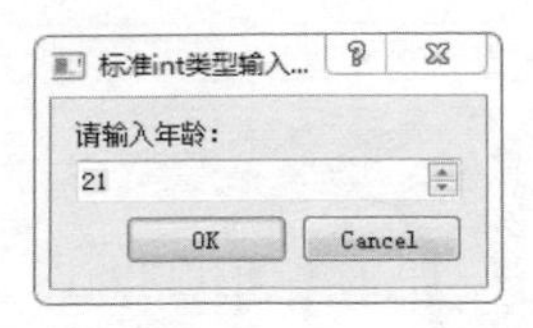

（d）「修改年齡」介面

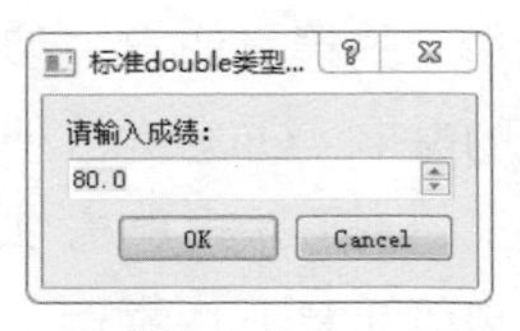

（e）「修改成績」介面

圖 4.5「標準輸入對話方塊實例」介面

（5）點擊「標準訊息方塊實例」按鈕，彈出「標準訊息方塊實例」介面，如圖 4.6（a）所示。「標準訊息方塊實例」介面包括 Question 訊息方塊，如圖 4.6（b）所示；Information 訊息方塊，如圖 4.6（c）所示；Warning 訊息方塊，如圖 4.6（d）所示；Critical 訊息方塊，如圖 4.6（e）所示；About 訊息方塊，如圖 4.6（f）所示；About Qt 訊息方塊，如圖 4.6（g）所示。

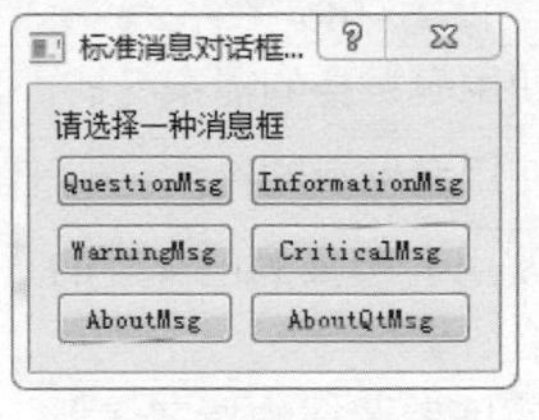

（a）入口介面

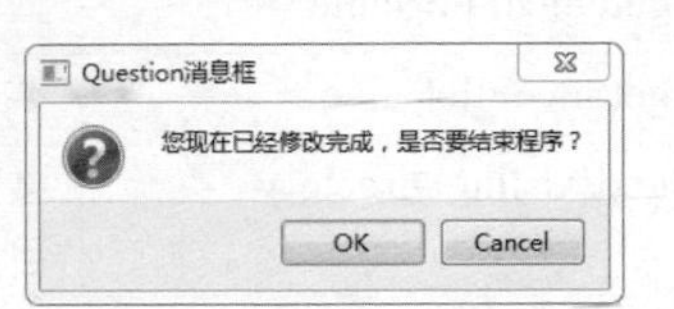

（b）Question 訊息方塊

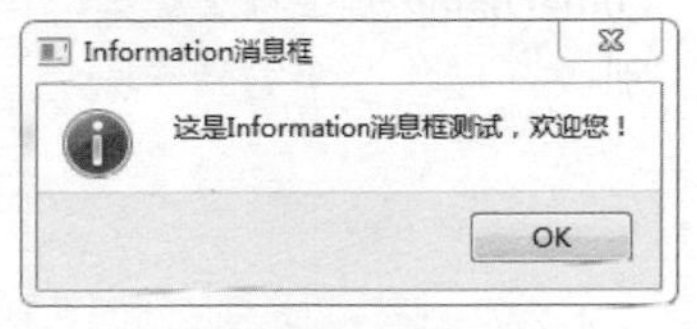

（c）Information 訊息方塊

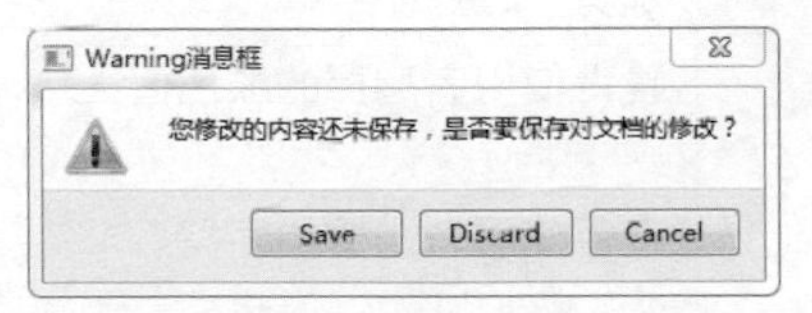

（d）Warning 訊息方塊

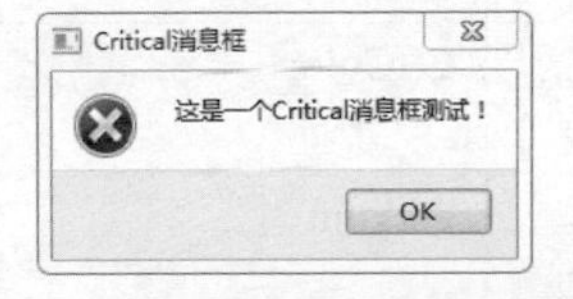

（e）Critical 訊息方塊

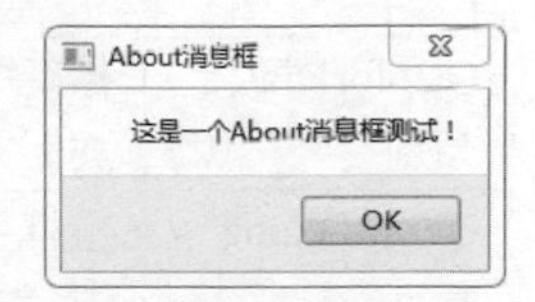

（f）About 訊息方塊

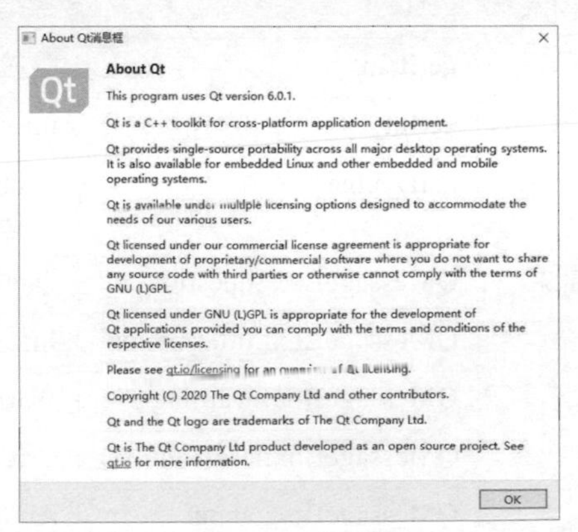

（g）About Qt 訊息方塊

圖 4.6 「標準訊息方塊實例」介面

（6）如果以上所有的標準訊息方塊都不能滿足開發的需求，Qt 還允許使用者使用 Custom（自訂）訊息方塊。點擊「使用者自訂訊息方塊實例」按鈕，彈出「使用者自訂訊息方塊」介面，如圖 4.7 所示。

圖 4.7 「使用者自訂訊息方塊」介面

各種標準基本對話方塊透過呼叫各自不同的靜態函數來完成其功能，具體說明見表 4.1。

表 4.1 標準基本對話方塊所需的靜態函數

相關類別	類別說明	靜態函數	函數說明
QFileDialog 類別	標準檔案對話方塊	getOpenFileName	獲得使用者選擇的檔案名稱
		getSaveFileName	獲得使用者儲存的檔案名稱
		getExistingDirectory	獲得使用者選擇的已存在的目錄名
		getOpenFileNames	獲得使用者選擇的檔案名稱列表
QColorDialog 類別	標準顏色對話方塊	getColor	獲得使用者選擇的顏色值
QFontDialog 類別	標準字型對話方塊	getFont	獲得使用者選擇的字型
QInputDialog 類別	標準輸入對話方塊	getText	標準字串輸入對話方塊
		getItem	下拉表項目輸入框
		getInt	int 類型態資料輸入對話方塊
		getDouble	double 類型態資料輸入對話方塊
QMessageBox 類別	標準訊息方塊	QMessageBox::question	Question 訊息方塊
		QMessageBox::information	Information 訊息方塊
		QMessageBox::warning	Warning 訊息方塊
		QMessageBox::critical	Critical 訊息方塊
		QMessageBox::about	About 訊息方塊
		QMessageBox::aboutQt	About Qt 訊息方塊

【例】（難度一般）（CH401）完成如圖 4.1 所示的介面顯示。

新建 Qt Widgets Application，專案名為 "DialogExample"，基礎類別選擇 "QDialog"，類別名稱保持 "Dialog" 不變，取消 "Generate form"（建立介面）核取方塊的選中狀態。

為了能夠顯示該專案的對話方塊標題，在 "dialog.cpp" 檔案中的 Dialog 建構函數中增加以下敘述：

```
setWindowTitle(tr("各種標準對話方塊的實例"));
```

下面從 4.1 ～ 4.6 節的例子都是在這同一個專案中開發的，增加程式的順序是依次進行的。以下所有程式中凡在用到某個 Qt 類別庫時，都要將該類別所在的函數庫檔案包含進專案中，不再重複說明。

4.1 標準檔案對話方塊類別

4.1.1 函數說明

QFileDialog 類別的幾個靜態函數見表 4.1，使用者透過這些函數可以很方便地訂製自己的檔案對話方塊。其中，getOpenFileName() 靜態函數傳回使用者選擇的檔案名稱。但是，當使用者選擇檔案時，若選擇「取消」（Cancel），則傳回一個空白字串。在此僅詳細說明 getOpenFileName() 靜態函數中各個參數的作用，其他檔案對話方塊類別中相關的靜態函數的參數有與其類似之處。

其函數形式如下：

```
QString QFileDialog::getOpenFileName
(
  QWidget* parent = 0,                    //標準檔案對話方塊的父視窗
  const QString & caption = QString(), //標準檔案對話方塊的標題名稱
  const QString & dir = QString(),     //(a)
  const QString & filter = QString(),  //(b)
  QString * selectedFilter = 0,           //使用者選擇的篩檢程式透過此參數傳回
  Options options = 0    //選擇顯示檔案名稱的格式，預設是同時顯示目錄與檔案名稱
)
```

其中，

(a) const QString & dir = QString()：指定了預設的目錄，若此參數帶有檔案名稱，則檔案將是預設選中的檔案。

(b) const QString & filter = QString()：此參數對檔案類型進行過濾，只有與篩檢程式匹配的檔案類型才顯示，可以同時指定多種過濾方式供使用者選擇，多種篩檢程式之間用 ";;" 隔開。

4.1.2 建立步驟

下面是建立一個標準檔案對話方塊的詳細步驟。

（1）在 "dialog.h" 中，增加 private 成員變數如下：

```
QPushButton *fileBtn;
QLineEdit *fileLineEdit;
QGridLayout *mainLayout;
```

（2）增加槽函數：

```
private slots:
  void showFile();
```

在開始部分增加標頭檔：

```
#include <QLineEdit>
#include <QGridLayout>
```

（3）在 "dialog.cpp" 檔案的建構函數中增加以下程式：

```
fileBtn = new QPushButton;                          //各個控制項物件的初始化
fileBtn->setText(tr("檔案標準對話方塊實例"));
fileLineEdit = new QLineEdit;                       //用來顯示選擇的檔案名稱
```

增加版面配置管理：

```
mainLayout = new QGridLayout(this);                 //版面配置設計
mainLayout->addWidget(fileBtn,0,0);
mainLayout->addWidget(fileLineEdit,0,1);
```

最後增加訊號 / 槽連結：

```
connect(fileBtn,SIGNAL(clicked()),this,SLOT(showFile()));
```

其中，槽函數 showFile() 的具體實現程式如下：

```
void Dialog::showFile()
{
    QString s = QFileDialog::getOpenFileName(this,"open file dialog","/",
                    "C++ files(*.cpp);;C files(*.c);;Head files(*.h)");
```

```
    fileLineEdit->setText(s);
}
```

在 "dialog.cpp" 檔案的開始部分增加標頭檔：

```
#include <QGridLayout>
#include <QFileDialog>
#include <QPushButton>
```

(4) 執行該程式後，點擊「檔案標準對話方塊實例」按鈕後彈出對話方塊如圖 4.2 所示。選擇某個檔案，點擊「開啟」按鈕，此檔案名稱及其所在目錄將顯示在 Dialog 對話方塊右邊的標籤中。

4.2 標準顏色對話方塊類別

4.2.1 函數說明

getColor() 函數是標準顏色對話方塊 QColorDialog 類別的靜態函數，該函數傳回使用者選擇的顏色值。下面是 getColor() 函數形式：

```
QColor getColor
(
  const QColor& initial = Qt::white,      //(a)
  QWidget* parent = 0                     //標準顏色對話方塊的父視窗
);
```

其中，

(a) const QColor& initial = Qt::white：指定了預設選中的顏色，預設為白色。透過 QColor::isValid() 函數可以判斷使用者選擇的顏色是否有效，但是當使用者選擇檔案時，如果選擇「取消」(Cancel)，則 QColor::isValid() 函數將傳回 false。

4.2.2 建立步驟

下面是建立一個標準顏色對話方塊的詳細步驟。

(1) 在 "dialog.h" 中，增加 private 成員變數如下：

```
QPushButton *colorBtn;
QFrame *colorFrame;
```

（2）增加槽函數：

```
void showColor();
```

（3）在 "dialog.cpp" 檔案的建構函數中增加以下程式：

```
colorBtn = new QPushButton;                    // 建立各個控制項的物件
colorBtn->setText(tr("顏色標準對話方塊實例"));
colorFrame = new QFrame;
colorFrame->setFrameShape(QFrame::Box);
colorFrame->setAutoFillBackground(true);
```

其中，QFrame 類別的物件 colorFrame 用於根據使用者選擇的不同顏色更新不同的背景。

在版面配置管理中增加程式：

```
mainLayout->addWidget(colorBtn,1,0);           // 版面配置設計
mainLayout->addWidget(colorFrame,1,1);
```

最後增加訊號 / 槽連結：

```
connect(colorBtn,SIGNAL(clicked()),this,SLOT(showColor()));
```

其中，槽函數 showColor() 的實現程式如下：

```
void Dialog::showColor()
{
    QColor c = QColorDialog::getColor(Qt::blue);
    if(c.isValid())
    {
        colorFrame->setPalette(QPalette(c));
    }
}
```

（4）在檔案的開始部分增加標頭檔：

```
#include <QColorDialog>
```

（5）執行該程式後，點擊「顏色標準對話方塊實例」按鈕後顯示的介面如圖 4.3 所示。選擇某個顏色，點擊 "OK" 按鈕，選擇的顏色將顯示在 Dialog 對話方塊右邊的標籤中。

4.3 標準字型對話方塊類別

4.3.1 函數說明

getFont() 函數是標準字型對話方塊 QFontDialog 類別的靜態函數，該函數傳回使用者所選擇的字型，下面是 getFont() 函數形式：

```
QFont getFont
(
  bool *ok,                    //(a)
  QWidget* parent = 0          // 標準字型對話方塊的父視窗
);
```

其中，

(a) bool *ok：若使用者點擊 "OK" 按鈕，則該參數 *ok 將設為 true，函數傳回使用者所選擇的字型；不然將設為 false，此時函數傳回預設字型。

4.3.2 建立步驟

下面是建立標準字型對話方塊的詳細步驟。

（1）在 "dialog.h" 中，增加 private 成員變數如下：

```
QPushButton *fontBtn;
QLineEdit *fontLineEdit;
```

（2）增加槽函數：

```
void showFont();
```

（3）在 "dialog.cpp" 檔案的建構函數中增加以下程式：

```
fontBtn = new QPushButton;                          // 建立控制項的物件
fontBtn->setText(tr(" 字型標準對話方塊實例 "));
fontLineEdit = new QLineEdit;                       // 顯示更改的字串
fontLineEdit->setText(tr("Welcome!"));
```

增加版面配置管理：

```
mainLayout->addWidget(fontBtn,2,0);                 // 版面配置設計
mainLayout->addWidget(fontLineEdit,2,1);
```

最後增加訊號 / 槽連結：

```
connect(fontBtn,SIGNAL(clicked()),this,SLOT(showFont()));
```

其中，槽函數 showFont() 的實現程式如下：

```
void Dialog::showFont()
{
    bool ok;
    QFont f = QFontDialog::getFont(&ok);
    if (ok)
    {
        fontLineEdit->setFont(f);
    }
}
```

（4）在檔案的開始部分增加標頭檔：

```
#include <QFontDialog>
```

（5）執行該程式後，點擊「字型標準對話方塊實例」按鈕後顯示的介面如圖 4.4 所示。選擇某個字型，點擊 "OK" 按鈕，文字將應用選擇的字型格式更新顯示在 Dialog 對話方塊右邊的標籤中。

4.4 標準輸入對話方塊類別

標準輸入對話方塊提供四種資料型態的輸入，包括字串、下拉式選單的項目、int 資料型態和 double 資料型態。下面的例子演示了各種標準輸入框的使用方法，首先完成介面的設計。具體操作步驟如下。

（1）在 "DialogExample" 專案名稱上點擊滑鼠右鍵，在彈出的快顯功能表中選擇 "Add New..." 選項，在彈出的對話方塊中選擇 "C++ Class" 選項，點擊 "Choose..." 按鈕，在彈出的對話方塊的 "Class name" 欄輸入類別的名稱 "InputDlg"，在 "Base class" 欄輸入基礎類別名稱 "QDialog"（需要由使用者手動輸入）。

（2）點擊「下一步」按鈕，再點擊「完成」按鈕，在該專案中就增加了 "inputdlg.h" 標頭檔和 "inputdlg.cpp" 原始檔案。

（3）開啟 "inputdlg.h" 標頭檔，完成所需要的各種控制項的建立和各種功能的槽函數宣告，具體程式如下：

```
//增加的標頭檔
#include <QLabel>
#include <QPushButton>
```

```
#include <QGridLayout>
#include <QDialog>
class InputDlg : public QDialog
{
    Q_OBJECT
public:
    InputDlg(QWidget* parent = 0);
private slots:
    void ChangeName();
    void ChangeSex();
    void ChangeAge();
    void ChangeScore();
private:
    QLabel *nameLabel1;
    QLabel *sexLabel1;
    QLabel *ageLabel1;
    QLabel *scoreLabel1;
    QLabel *nameLabel2;
    QLabel *sexLabel2;
    QLabel *ageLabel2;
    QLabel *scoreLabel2;
    QPushButton *nameBtn;
    QPushButton *sexBtn;
    QPushButton *ageBtn;
    QPushButton *scoreBtn;
    QGridLayout *mainLayout;
};
```

（4）開啟 "inputdlg.cpp" 原始檔案，完成所需要的各種控制項的建立和槽函數的實現，具體程式如下：

```
InputDlg::InputDlg(QWidget* parent):QDialog(parent)
{
    setWindowTitle(tr("標準輸入對話方塊實例"));
    nameLabel1 = new QLabel;
    nameLabel1->setText(tr("姓名："));
    nameLabel2 = new QLabel;
    nameLabel2->setText(tr("周何駿"));                    //姓名的初值
    nameLabel2->setFrameStyle(QFrame::Panel|QFrame::Sunken);
    nameBtn = new QPushButton;
    nameBtn->setText(tr("修改姓名"));
    sexLabel1 = new QLabel;
    sexLabel1->setText(tr("性別："));
    sexLabel2 = new QLabel;
```

```
    sexLabel2->setText(tr("男"));                          // 性別的初值
    sexLabel2->setFrameStyle(QFrame::Panel|QFrame::Sunken);
    sexBtn = new QPushButton;
    sexBtn->setText(tr("修改性別"));
    ageLabel1 = new QLabel;
    ageLabel1->setText(tr("年齡："));
    ageLabel2 = new QLabel;
    ageLabel2->setText(tr("21"));                          // 年齡的初值
    ageLabel2->setFrameStyle(QFrame::Panel|QFrame::Sunken);
    ageBtn = new QPushButton;
    ageBtn->setText(tr("修改年齡"));
    scoreLabel1 = new QLabel;
    scoreLabel1->setText(tr("成績："));
    scoreLabel2 = new QLabel;
    scoreLabel2->setText(tr("80"));                        // 成績的初值
    scoreLabel2->setFrameStyle(QFrame::Panel|QFrame::Sunken);
    scoreBtn = new QPushButton;
    scoreBtn->setText(tr("修改成績"));
    mainLayout = new QGridLayout(this);
    mainLayout->addWidget(nameLabel1,0,0);
    mainLayout->addWidget(nameLabel2,0,1);
    mainLayout->addWidget(nameBtn,0,2);
    mainLayout->addWidget(sexLabel1,1,0);
    mainLayout->addWidget(sexLabel2,1,1);
    mainLayout->addWidget(sexBtn,1,2);
    mainLayout->addWidget(ageLabel1,2,0);
    mainLayout->addWidget(ageLabel2,2,1);
    mainLayout->addWidget(ageBtn,2,2);
    mainLayout->addWidget(scoreLabel1,3,0);
    mainLayout->addWidget(scoreLabel2,3,1);
    mainLayout->addWidget(scoreBtn,3,2);
    mainLayout->setSpacing(10);
    connect(nameBtn,SIGNAL(clicked()),this,SLOT(ChangeName()));
    connect(sexBtn,SIGNAL(clicked()),this,SLOT(ChangeSex()));
    connect(ageBtn,SIGNAL(clicked()),this,SLOT(ChangeAge()));
    connect(scoreBtn,SIGNAL(clicked()),this,SLOT(ChangeScore()));
}
void InputDlg::ChangeName()
{
}
void InputDlg::ChangeSex()
{
}
void InputDlg::ChangeAge()
```

```
{
}
void InputDlg::ChangeScore()
{
}
```

下面是完成主對話方塊的操作過程。

（1）在 "dialog.h" 中，增加標頭檔：

```
#include "inputdlg.h"
```

增加 private 成員變數：

```
QPushButton *inputBtn;
```

增加實現標準輸入對話方塊實例的 InputDlg 類別：

```
InputDlg *inputDlg;
```

（2）增加槽函數：

```
void showInputDlg();
```

（3）在 "dialog.cpp" 檔案的建構函數中增加以下程式：

```
inputBtn = new QPushButton;                          //建立控制項的物件
inputBtn->setText(tr("標準輸入對話方塊實例"));
```

增加版面配置管理：

```
mainLayout->addWidget(inputBtn,3,0);                 //版面配置設計
```

最後增加訊號 / 槽連結：

```
connect(inputBtn,SIGNAL(clicked()),this,SLOT(showInputDlg()));
```

其中，槽函數 showInputDlg() 的實現程式如下：

```
void Dialog::showInputDlg()
{
    inputDlg = new InputDlg(this);
    inputDlg->show();
}
```

（4）執行該程式後，點擊「標準輸入對話方塊實例」按鈕後顯示的介面如圖 4.5（a）所示。

4.4.1 標準字串輸入對話方塊

標準字串輸入對話方塊透過 QInputDialog 類別的靜態函數 getText() 完成，getText() 函數形式如下：

```
QString getText
(
  QWidget* parent,                  // 標準輸入對話方塊的父視窗
  const QString& title,             // 標準輸入對話方塊的標題名稱
  const QString& label,             // 標準輸入對話方塊的標籤提示
  QLineEdit::EchoMode mode = QLineEdit::Normal,
              // 指定標準輸入對話方塊中 QLineEdit 控制項的輸入模式
  const QString& text = QString(),
// 標準字串輸入對話方塊彈出時 QLineEdit 控制項中預設出現的文字
  bool* ok = 0,                     //(a)
  Qt::WindowFlags flags=0           // 指明標準輸入對話方塊的表單標識
);
```

其中，

(a) bool* ok = 0：指示標準輸入對話方塊的哪個按鈕被觸發，若為 true，則表示使用者點擊了 "OK"（確定）按鈕；若為 false，則表示使用者點擊了 "Cancle"（取消）按鈕。

接著上述的程式，完成 "inputdlg.cpp" 檔案中的槽函數 ChangeName() 的實現。具體程式如下：

```
void InputDlg::ChangeName()
{
    bool ok;
    QString text = QInputDialog::getText(this,tr("標準字串輸入對話方塊"),
tr("請輸入姓名："), QLineEdit::Normal,nameLabel2->text(),&ok);
    if (ok && !text.isEmpty())
       nameLabel2->setText(text);
}
```

在 "inputdlg.cpp" 檔案的開始部分增加標頭檔：

```
#include <QInputDialog>
```

再次執行程式，點擊「修改姓名」按鈕後出現對話方塊，可以在該對話方塊內修改姓名，如圖 4.5（b）所示。

4.4.2 標準項目選擇對話方塊

標準項目選擇對話方塊是透過 QInputDialog 類別的靜態函數 getItem() 來完成的，getItem() 函數形式如下：

```
QString getItem
(
  QWidget* parent,              //標準輸入對話方塊的父視窗
  const QString& title,         //標準輸入對話方塊的標題名稱
  const QString& label,         //標準輸入對話方塊的標籤提示
  const QStringList& items,     //(a)
  int current = 0,              //(b)
  bool editable = true,         //指定 QComboBox 控制項中顯示的文字是否可編輯
  bool* ok = 0,                 //(c)
  Qt::WindowFlags flags = 0     //指明標準輸入對話方塊的表單標識
);
```

其中，

(a) const QStringList& items：指定標準輸入對話方塊中 QComboBox 控制項顯示的可選項目為一個 QStringList 物件。

(b) int current = 0：標準項目選擇對話方塊彈出時 QComboBox 控制項中預設顯示的項目序號。

(c) bool* ok = 0：指示標準輸入對話方塊的哪個按鈕被觸發，若 ok 為 true，則表示使用者點擊了 "OK"（確定）按鈕；若 ok 為 false，則表示使用者點擊了 "Cancle"（取消）按鈕。

同上，接著上述的程式，完成 "inputdlg.cpp" 檔案中的槽函數 ChangeSex() 的實現。具體程式如下：

```
void InputDlg::ChangeSex()
{
    QStringList SexItems;
    SexItems << tr("男") << tr("女");
    bool ok;
    QString SexItem = QInputDialog::getItem(this, tr("標準項目選擇對話方
塊"),
          tr("請選擇性別："), SexItems, 0, false, &ok);
  if (ok && !SexItem.isEmpty())
      sexLabel2->setText(SexItem);
}
```

再次執行程式，點擊「修改性別」按鈕後出現對話方塊，可以在該對話方塊內選擇性別，如圖 4.5（c）所示。

4.4.3 標準 int 類型輸入對話方塊

標準 int 類型輸入對話方塊是透過 QInputDialog 類別的靜態函數 getInt() 來完成的，getInt() 函數形式如下：

```
int getInt
(
  QWidget* parent,           //標準輸入對話方塊的父視窗
  const QString& title,      //標準輸入對話方塊的標題名稱
  const QString& label,      //標準輸入對話方塊的標籤提示
  int value = 0,            //指定標準輸入對話方塊中 QSpinBox 控制項的預設顯示值
  int min = -2147483647,     //指定 QSpinBox 控制項的數值範圍
  int max = 2147483647,
  int step = 1,              //指定 QSpinBox 控制項的步進值
  bool* ok = 0,              //(a)
  Qt::WindowFlags flags = 0//指明標準輸入對話方塊的視窗標識
);
```

其中，

(a) bool* ok = 0：用於指示標準輸入對話方塊的哪個按鈕被觸發。若 ok 為 true，則表示使用者點擊了 "OK"（確定）按鈕；若 ok 為 false，則表示使用者點擊了 "Cancel"（取消）按鈕。

同上，接著上述的程式，完成 "inputdlg.cpp" 檔案中的槽函數 ChangeAge() 的實現。具體程式如下：

```
void InputDlg::ChangeAge()
{
    bool ok;
    int age = QInputDialog::getInt(this, tr("標準 int 類型輸入對話方塊"),
        tr("請輸入年齡："), ageLabel2->text().toInt(&ok), 0, 100, 1, &ok);
    if (ok)
       ageLabel2->setText(QString(tr("%1")).arg(age));
}
```

再次執行程式，點擊「修改年齡」按鈕後出現對話方塊，可以在該對話方塊內修改年齡，如圖 4.5（d）所示。

4.4.4 標準 double 類型輸入對話方塊

標準 double 類型輸入對話方塊是透過 QInputDialog 類別的靜態函數 getDouble() 來完成的，getDouble() 函數形式如下：

```
double getDouble
(
  QWidget* parent,          //標準輸入對話方塊的父視窗
  const QString& title,     //標準輸入對話方塊的標題名稱
  const QString& label,     //標準輸入對話方塊的標籤提示
  double value = 0,        //指定標準輸入對話方塊中 QSpinBox 控制項預設的顯示值
  double min = -2147483647, //指定 QSpinBox 控制項的數值範圍
  double max = 2147483647,
  int decimals = 1,         //指定 QSpinBox 控制項的小數位數
  bool* ok = 0,             //(a)
  Qt::WindowFlags flags = 0//指明標準輸入對話方塊的視窗標識
);
```

其中，

(a) bool* ok = 0：用於指示標準輸入對話方塊的哪個按鈕被觸發，若 ok 為 true，則表示使用者點擊了 "OK"（確定）按鈕；若 ok 為 false，則表示使用者點擊了 "Cancel"（取消）按鈕。

同上，接著上述的程式，完成 "inputdlg.cpp" 檔案中槽函數 ChangeScore() 的實現。具體程式如下：

```
void InputDlg::ChangeScore()
{
     bool ok;
     double score = QInputDialog::getDouble(this, tr("標準 double 類型輸入
對話方塊"),tr("請輸入成績："),scoreLabel2->text().toDouble(&ok), 0, 100,
1, &ok);
     if (ok)
  scoreLabel2->setText(QString(tr("%1")).arg(score));
}
```

再次執行程式，點擊「修改成績」按鈕後出現對話方塊，可以在該對話方塊內修改成績，如圖 4.5（e）所示。

4.5 訊息方塊類別

在實際的程式開發中，經常會用到各種各樣的訊息方塊來提供給使用者一些提示或提醒，Qt 提供了 QMessageBox 類別用於實現此項功能。

常用的訊息方塊包括 Question 訊息方塊、Information 訊息方塊、Warning 訊息方塊、Critical 訊息方塊、About（關於）訊息方塊、About Qt 訊息方塊及 Custom（自訂）訊息方塊。其中，Question 訊息方塊、Information 訊息方塊、Warning 訊息方塊和 Critical 訊息方塊的用法大同小異。這些訊息方塊通常都包含提供給使用者一些提醒或一些簡單詢問用的圖示、一筆提示訊息及若干個按鈕。Question 訊息方塊為正常的操作提供一個簡單的詢問；Information 訊息方塊為正常的操作提供一個提示；Warning 訊息方塊提醒使用者發生了一個錯誤；Critical 訊息方塊警告使用者發生了一個嚴重錯誤。

下面的例子演示了各種訊息方塊的使用。首先完成介面的設計，具體實現步驟如下。

（1）增加顯示標準訊息方塊介面的函數所在的原始檔案。
在 "DialogExample" 專案名稱上點擊滑鼠右鍵，在彈出的快顯功能表中選擇 "Add New..." 選項，在彈出的對話方塊中選擇 "C++ Class" 選項，點擊 "Choose..." 按鈕，在彈出的對話方塊的 "Class name" 欄輸入類別的名稱 "MsgBoxDlg"，在 "Base class" 欄下拉串列中選擇基礎類別名稱 "QDialog"。

（2）點擊「下一步」按鈕，再點擊「完成」按鈕，在該專案中就增加了 "msgboxdlg.h" 標頭檔和 "msgboxdlg.cpp" 原始檔案。

（3）開啟 "msgboxdlg.h" 標頭檔，完成所需要的各種控制項的建立和槽函數的宣告，具體程式如下：

```
// 增加的標頭檔
#include <QLabel>
#include <QPushButton>
#include <QGridLayout>
#include <QDialog>
class MsgBoxDlg : public QDialog
{
    Q_OBJECT
```

```
public:
    MsgBoxDlg(QWidget* parent = 0);
private slots:
    void showQuestionMsg();
    void showInformationMsg();
    void showWarningMsg();
    void showCriticalMsg();
    void showAboutMsg();
    void showAboutQtMsg();
private:
    QLabel *label;
    QPushButton *questionBtn;
    QPushButton *informationBtn;
    QPushButton *warningBtn;
    QPushButton *criticalBtn;
    QPushButton *aboutBtn;
    QPushButton *aboutQtBtn;
    QGridLayout *mainLayout;
};
```

（4）開啟 "msgboxdlg.cpp" 原始檔案，完成所需要的各種控制項的建立和槽函數的實現，具體程式如下：

```
MsgBoxDlg::MsgBoxDlg(QWidget *parent):QDialog(parent)
{
    setWindowTitle(tr("標準訊息方塊實例"));        //設定對話方塊的標題
    label = new QLabel;
    label->setText(tr("請選擇一種訊息方塊"));
    questionBtn = new QPushButton;
    questionBtn->setText(tr("QuestionMsg"));
    informationBtn = new QPushButton;
    informationBtn->setText(tr("InformationMsg"));
    warningBtn = new QPushButton;
    warningBtn->setText(tr("WarningMsg"));
    criticalBtn = new QPushButton;
    criticalBtn->setText(tr("CriticalMsg"));
    aboutBtn = new QPushButton;
    aboutBtn->setText(tr("AboutMsg"));
    aboutQtBtn = new QPushButton;
    aboutQtBtn->setText(tr("AboutQtMsg"));
    //版面配置
    mainLayout = new QGridLayout(this);
    mainLayout->addWidget(label,0,0,1,2);
    mainLayout->addWidget(questionBtn,1,0);
```

```
    mainLayout->addWidget(informationBtn,1,1);
    mainLayout->addWidget(warningBtn,2,0);
    mainLayout->addWidget(criticalBtn,2,1);
    mainLayout->addWidget(aboutBtn,3,0);
    mainLayout->addWidget(aboutQtBtn,3,1);
    //訊號 / 槽連結
  connect(questionBtn,SIGNAL(clicked()),this,SLOT(showQuestionMsg()));
  connect(informationBtn,SIGNAL(clicked()),this,SLOT(showInformationM
sg()));
  connect(warningBtn,SIGNAL(clicked()),this,SLOT(showWarningMsg()));
  connect(criticalBtn,SIGNAL(clicked()),this,SLOT(showCriticalMsg()));
  connect(aboutBtn,SIGNAL(clicked()),this,SLOT(showAboutMsg()));
  connect(aboutQtBtn,SIGNAL(clicked()),this,SLOT(showAboutQtMsg()));
}
void MsgBoxDlg::showQuestionMsg()
{
}
void MsgBoxDlg::showInformationMsg()
{
}
void MsgBoxDlg::showWarningMsg()
{
}
void MsgBoxDlg::showCriticalMsg()
{
}
void MsgBoxDlg::showAboutMsg()
{
}
void MsgBoxDlg::showAboutQtMsg()
{
}
```

下面是完成主對話方塊的操作過程。

（1）在 "dialog.h" 中，增加標頭檔：

```
#include "msgboxdlg.h"
```

增加 private 成員變數如下：

```
QPushButton  *MsgBtn;
```

增加實現各種訊息方塊實例的 MsgBoxDlg 類別：

```
MsgBoxDlg *msgDlg;
```

（2）增加槽函數：

```
void showMsgDlg();
```

（3）在 "dialog.cpp" 檔案的建構函數中增加以下程式：

```
MsgBtn = new QPushButton;                                    //建立控制項物件
MsgBtn->setText(tr("標準訊息方塊實例"));
```

增加版面配置管理：

```
mainLayout->addWidget(MsgBtn,3,1);
```

最後增加訊號 / 槽連結：

```
connect(MsgBtn,SIGNAL(clicked()),this,SLOT(showMsgDlg()));
```

其中，槽函數 showMsgDlg() 的實現程式如下：

```
void Dialog::showMsgDlg()
{
    msgDlg = new MsgBoxDlg();
    msgDlg->show();
}
```

（4）執行該程式後，點擊「標準訊息方塊實例」按鈕後，顯示效果如圖 4.6（a）所示。

4.5.1 Question 訊息方塊

Question 訊息方塊使用 QMessageBox::question() 函數實現，該函數形式如下：

```
StandardButton QMessageBox::question
(
  QWidget* parent,                              //訊息方塊的父視窗指標
  const QString& title,                         //訊息方塊的標題列
  const QString& text,                          //訊息方塊的文字提示訊息
  StandardButtons buttons = Ok,                 //(a)
  StandardButton defaultButton = NoButton//(b)
);
```

其中，

(a) StandardButtons buttons = Ok：填寫希望在訊息方塊中出現的按鈕，可根據需要在標準按鈕中選擇，用 "|" 連寫，預設為 QMessageBox::Ok。QMessageBox 類別提供了許多標準按鈕，如 QMessageBox::Ok、QMessage

Box::Close、QMessageBox::Discard 等。雖然在此可以選擇，但並不是隨意選擇的，應注意按常規成對出現。舉例來說，通常 Save 與 Discard 成對出現，而 Abort、Retry、Ignore 則一起出現。

(b) StandardButton defaultButton = NoButton：預設按鈕，即訊息方塊出現時，焦點預設處於哪個按鈕上。

實現檔案 "msgboxdlg.cpp" 中的槽函數 showQuestionMsg()，具體程式如下：

```
void MsgBoxDlg::showQuestionMsg()
{
    label->setText(tr("Question Message Box"));
    switch(QMessageBox::question(this,tr("Question 訊息方塊 "),
         tr(" 您現在已經修改完成，是否要結束程式？ "),
         QMessageBox::Ok|QMessageBox::Cancel,QMessageBox::Ok))
    {
       case QMessageBox::Ok:
            label->setText("Question button/Ok");
            break;
       case QMessageBox::Cancel:
            label->setText("Question button/Cancel");
            break;
       default:
            break;
    }
    return;
}
```

在 "msgboxdlg.cpp" 的開始部分增加標頭檔：

```
#include <QMessageBox>
```

執行程式，點擊 "QuestionMsg" 按鈕後，顯示效果如圖 4.6（b）所示。

4.5.2 Information 訊息方塊

Information 訊息方塊使用 QMessageBox::information() 函數實現，該函數形式如下：

```
StandardButton QMessageBox::information
(
  QWidget* parent,                          // 訊息方塊的父視窗指標
  const QString& title,                     // 訊息方塊的標題列
  const QString& text,                      // 訊息方塊的文字提示訊息
```

```
  StandardButtons buttons = Ok,           //同 Question 訊息方塊的註釋內容
  StandardButton defaultButton = NoButton //同 Question 訊息方塊的註釋內容
);
```

完成檔案 "msgboxdlg.cpp" 中的槽函數 showInformationMsg()，具體程式如下：

```
void MsgBoxDlg::showInformationMsg()
{
    label->setText(tr("Information Message Box"));
    QMessageBox::information(this,tr("Information 訊息方塊 "),
                             tr(" 這是 Information 訊息方塊測試，歡迎您！ "));
    return;
}
```

執行程式，點擊 "InformationMsg" 按鈕後，顯示效果如圖 4.6（c）所示。

4.5.3 Warning 訊息方塊

Warning 訊息方塊使用 QMessageBox::warning() 函數實現，該函數形式如下：

```
StandardButton QMessageBox::warning
(
  QWidget* parent,                        //訊息方塊的父視窗指標
  const QString& title,                   //訊息方塊的標題列
  const QString& text,                    //訊息方塊的文字提示訊息
  StandardButtons buttons = Ok,           //同 Question 訊息方塊的註釋內容
  StandardButton defaultButton = NoButton //同 Question 訊息方塊的註釋內容
);
```

實現檔案 "msgboxdlg.cpp" 中的槽函數 showWarningMsg()，具體程式如下：

```
void MsgBoxDlg::showWarningMsg()
{
    label->setText(tr("Warning Message Box"));
    switch(QMessageBox::warning(this,tr("Warning 訊息方塊 "),
          tr(" 您修改的內容還未儲存，是否要儲存對文件的修改？ "),
          QMessageBox::Save|QMessageBox::Discard|QMessageBox::Cancel,
          QMessageBox::Save))
    {
        case QMessageBox::Save:
             label->setText(tr("Warning button/Save"));
             break;
        case QMessageBox::Discard:
             label->setText(tr("Warning button/Discard"));
             break;
        case QMessageBox::Cancel:
```

```
            label->setText(tr("Warning button/Cancel"));
            break;
        default:
            break;
    }
    return;
}
```

執行程式，點擊 "WarningMsg" 按鈕後，顯示效果如圖 4.6（d）所示。

4.5.4 Critical 訊息方塊

Critical 訊息方塊使用 QMessageBox::critical() 函數實現，該函數形式如下：

```
StandardButton QMessageBox::critical
(
  QWidget* parent,                              //訊息方塊的父視窗指標
  const QString& title,                         //訊息方塊的標題列
  const QString& text,                          //訊息方塊的文字提示訊息
  StandardButtons buttons = Ok,                 //同 Question 訊息方塊的註釋內容
  StandardButton defaultButton = NoButton //同 Question 訊息方塊的註釋內容
);
```

實現檔案 "msgboxdlg.cpp" 中的槽函數 showCriticalMsg()，具體程式如下：

```
void MsgBoxDlg::showCriticalMsg()
{
  label->setText(tr("Critical Message Box"));
  QMessageBox::critical(this,tr("Critical 訊息方塊"),tr("這是一個 Critical
訊息方塊測試！"));
  return;
}
```

執行程式，點擊 "CriticalMsg" 按鈕後，顯示效果如圖 4.6（e）所示。

4.5.5 About 訊息方塊

About 訊息方塊使用 QMessageBox::about() 函數實現，該函數形式如下：

```
void QMessageBox::about
(
  QWidget* parent,                        //訊息方塊的父視窗指標
  const QString& title,                   //訊息方塊的標題列
  const QString& text                     //訊息方塊的文字提示訊息
);
```

實現檔案 "msgboxdlg.cpp" 中的槽函數 showAboutMsg()，具體程式如下：

```
void MsgBoxDlg::showAboutMsg()
{
  label->setText(tr("About Message Box"));
  QMessageBox::about(this,tr("About 訊息方塊 "),tr(" 這是一個 About 訊息方塊測
試！ "));
  return;
}
```

執行程式，點擊 "AboutMsg" 按鈕後，顯示效果如圖 4.6（f）所示。

4.5.6 About Qt 訊息方塊

About Qt 訊息方塊使用 QMessageBox:: aboutQt() 函數實現，該函數形式如下：

```
void QMessageBox::aboutQt
(
  QWidget* parent,                          //訊息方塊的父視窗指標
  const QString& title = QString()          //訊息方塊的標題列
);
```

實現檔案 "msgboxdlg.cpp" 中的槽函數 showAboutQtMsg()，具體程式如下：

```
void MsgBoxDlg::showAboutQtMsg()
{
    label->setText(tr("About Qt Message Box"));
    QMessageBox::aboutQt(this,tr("About Qt 訊息方塊 "));
    return;
}
```

執行程式，點擊 "AboutQtMsg" 按鈕後，顯示效果如圖 4.6（g）所示。

4.6 自訂訊息方塊

當以上所有訊息方塊都不能滿足開發的需求時，Qt 還允許自訂（Custom）訊息方塊。對訊息方塊的圖示、按鈕和內容等都可根據需要進行設定。下面介紹自訂訊息方塊的具體建立方法。

（1）在 "dialog.h" 中增加 private 成員變數：

```
QPushButton *CustomBtn;
QLabel *label;
```

（2）增加槽函數：

```
void showCustomDlg();
```

（3）在 "dialog.cpp" 的建構函數中增加以下程式：

```
CustomBtn = new QPushButton;
CustomBtn->setText(tr("使用者自訂訊息方塊實例"));
label = new QLabel;
label->setFrameStyle(QFrame::Panel|QFrame::Sunken);
```

增加版面配置管理：

```
mainLayout->addWidget(CustomBtn,4,0);
mainLayout->addWidget(label,4,1);
```

在 Dialog 建構函數的最後增加訊號 / 槽連結程式：

```
connect(CustomBtn,SIGNAL(clicked()),this,SLOT(showCustomDlg()));
```

其中，"dialog.cpp" 檔案中的槽函數 showCustomDlg() 實現的具體程式如下：

```
void Dialog::showCustomDlg()
{
  label->setText(tr("Custom Message Box"));
  QMessageBox customMsgBox;
  customMsgBox.setWindowTitle(tr("使用者自訂訊息方塊"));//設定訊息方塊的標題
     QPushButton *yesBtn = customMsgBox.addButton(tr("Yes"),QMessageB
ox:: ActionRole);                                              //(a)
     QPushButton *noBtn = customMsgBox.addButton(tr("No"),QMessageBox::
ActionRole);
     QPushButton *cancelBtn = customMsgBox.
addButton(QMessageBox::Cancel);                                //(b)
     customMsgBox.setText(tr("這是一個使用者自訂訊息方塊！")); //(c)
     customMsgBox.setIconPixmap(QPixmap("Qt.png"));  //(d)
     customMsgBox.exec();                                      //顯示此自訂訊息方塊
     if(customMsgBox.clickedButton() == yesBtn)
           label->setText("Custom Message Box/Yes");
     if(customMsgBox.clickedButton() == noBtn)
           label->setText("Custom Message Box/No");
     if(customMsgBox.clickedButton() == cancelBtn)
           label->setText("Custom Message Box/Cancel");
    return;
}
```

在開始部分增加標頭檔：

```
#include <QMessageBox>
```

其中，

(a) QPushButton *yesBtn = customMsgBox.addButton(tr("Yes"),QMessageBox:: ActionRole)：定義訊息方塊所需的按鈕，由於 QMessageBox::standardButtons 只提供了常用的一些按鈕，並不能滿足所有應用的需求，故 QMessageBox 類別提供了一個 addButton() 函數來為訊息方塊增加自訂的按鈕，addButton() 函數的第 1 個參數為按鈕顯示的文字，第 2 個參數為按鈕類型的描述。

(b) QPushButton *cancelBtn = customMsgBox.addButton(QMessageBox::Cancel)：為 addButton() 函數加入一個標準按鈕。訊息方塊將按呼叫 addButton() 函數的先後順序在訊息方塊中由左至右地依次插入按鈕。

(c) customMsgBox.setText(tr(" 這是一個使用者自訂訊息方塊 !"))：設定自訂訊息方塊中顯示的提示訊息內容。

(d) customMsgBox.setIconPixmap(QPixmap("Qt.png"))：設定自訂訊息方塊的圖示。

（4）為了能夠在自訂訊息方塊中顯示 Qt 圖示，請將事先準備好的圖片 Qt.png 複製到 "C:\Qt6\CH4\CH401\build-DialogExample-Desktop_Qt_6_0_1_MinGW_64_bit-Debug" 目錄下。執行該程式，點擊「使用者自訂訊息方塊實例」按鈕後，顯示效果如圖 4.7 所示。

4.7 工具盒類別

工具盒類別又稱為 QToolBox，它提供了一種列狀的層疊表單，而 QToolButton 提供了一種快速存取命令或選擇項的按鈕，通常在工具列中使用。

抽屜效果是軟體介面設計中的一種常用形式，可以以一種動態直觀的方式在大小有限的介面上擴充出更多的功能。

【例】(難度一般)（CH402）透過實現類似 QQ 抽屜效果的實例來介紹 QToolBox 類別的使用，執行效果如圖 4.8 所示。

下面介紹實現的具體步驟。

（1）新建 Qt Widgets Application（詳見 1.3.1 節），專案名稱為 "MyQQExample"，

基礎類別選擇 "QDialog"，取消 "Generate form"（建立介面）核取方塊的選中狀態。

（2）增加顯示介面的函數所在的檔案。

在 "MyQQExample" 專案名稱上點擊滑鼠右鍵，在彈出的快顯功能表中選擇 "Add New..." 選項，在彈出的對話方塊中選擇 "C++ Class" 選項。點擊 "Choose..." 按鈕，在彈出對話方塊的 "Class name" 欄輸入類別的名稱 "Drawer"，"Base class" 欄輸入基礎類別名稱 "QToolBox"（手工增加）。

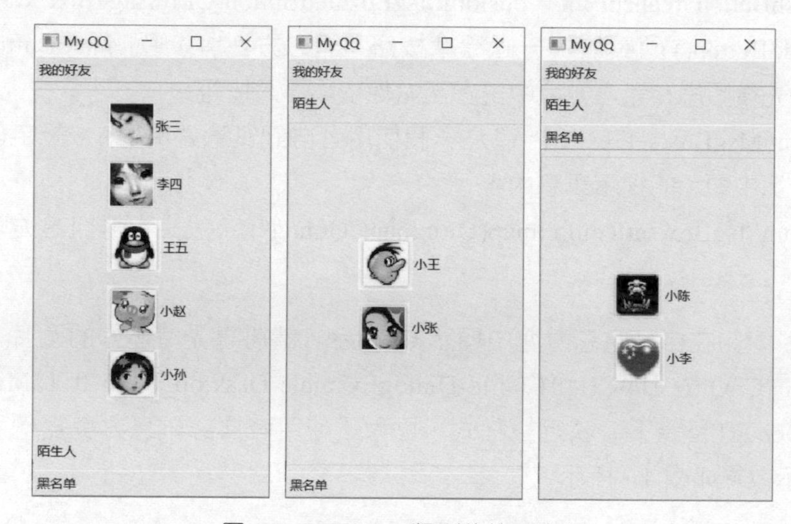

圖 4.8 QToolBox 類別的使用實例

（3）點擊「下一步」按鈕，再點擊「完成」按鈕，增加 "drawer.h" 標頭檔和 "drawer.cpp" 原始檔案。

（4）Drawer 類別繼承自 QToolBox 類別，開啟 "drawer.h" 標頭檔，定義實例中需要用到的各種表單控制項。具體程式如下：

```
#include <QToolBox>
#include <QToolButton>
class Drawer : public QToolBox
{
  Q_OBJECT
public:
  Drawer(QWidget *parent = 0);
private:
  QToolButton *toolBtn1_1;
```

```
    QToolButton *toolBtn1_2;
    QToolButton *toolBtn1_3;
    QToolButton *toolBtn1_4;
    QToolButton *toolBtn1_5;
    QToolButton *toolBtn2_1;
    QToolButton *toolBtn2_2;
    QToolButton *toolBtn3_1;
    QToolButton *toolBtn3_2;
};
```

（5）開啟 "drawer.cpp" 原始檔案，增加以下程式：

```
#include "drawer.h"
#include <QGroupBox>
#include <QVBoxLayout>
Drawer::Drawer(QWidget *parent):QToolBox(parent)
{
    setWindowTitle(tr("My QQ"));                    //設定主資料表單的標題
    toolBtn1_1 = new QToolButton;                              //(a)
    toolBtn1_1->setText(tr("張三"));                           //(b)
    toolBtn1_1->setIcon(QPixmap("11.png"));                   //(c)
    toolBtn1_1->setIconSize(QPixmap("11.png").size());        //(d)
    toolBtn1_1->setAutoRaise(true);                           //(e)
    toolBtn1_1->setToolButtonStyle(Qt::ToolButtonTextBesideIcon);//(f)
    toolBtn1_2 = new QToolButton;
    toolBtn1_2->setText(tr("李四"));
    toolBtn1_2->setIcon(QPixmap("12.png"));
    toolBtn1_2->setIconSize(QPixmap("12.png").size());
    toolBtn1_2->setAutoRaise(true);
    toolBtn1_2->setToolButtonStyle(Qt::ToolButtonTextBesideIcon);
    toolBtn1_3 = new QToolButton;
    toolBtn1_3->setText(tr("王五"));
    toolBtn1_3->setIcon(QPixmap("13.png"));
    toolBtn1_3->setIconSize(QPixmap("13.png").size());
    toolBtn1_3->setAutoRaise(true);
    toolBtn1_3->setToolButtonStyle(Qt::ToolButtonTextBesideIcon);
    toolBtn1_4 = new QToolButton;
    toolBtn1_4->setText(tr("小趙"));
    toolBtn1_4->setIcon(QPixmap("14.png"));
    toolBtn1_4->setIconSize(QPixmap("14.png").size());
    toolBtn1_4->setAutoRaise(true);
    toolBtn1_4->setToolButtonStyle(Qt::ToolButtonTextBesideIcon);
    toolBtn1_5 = new QToolButton;
    toolBtn1_5->setText(tr("小孫"));
    toolBtn1_5->setIcon(QPixmap("155.png"));
```

```
toolBtn1_5->setIconSize(QPixmap("155.png").size());
toolBtn1_5->setAutoRaise(true);
toolBtn1_5->setToolButtonStyle(Qt::ToolButtonTextBesideIcon);
QGroupBox *groupBox1 = new QGroupBox;                          //(g)
QVBoxLayout *layout1 = new QVBoxLayout(groupBox1); //(h)
layout1->setAlignment(Qt::AlignHCenter);   //版面配置中各表單的顯示位置
//加入抽屜內的各個按鈕
layout1->addWidget(toolBtn1_1);
layout1->addWidget(toolBtn1_2);
layout1->addWidget(toolBtn1_3);
layout1->addWidget(toolBtn1_4);
layout1->addWidget(toolBtn1_5);
//插入一個預留位置
layout1->addStretch();                                         //(i)
toolBtn2_1 = new QToolButton;
toolBtn2_1->setText(tr("小王"));
toolBtn2_1->setIcon(QPixmap("21.png"));
toolBtn2_1->setIconSize(QPixmap("21.png").size());
toolBtn2_1->setAutoRaise(true);
toolBtn2_1->setToolButtonStyle(Qt::ToolButtonTextBesideIcon);
toolBtn2_2 = new QToolButton;
toolBtn2_2->setText(tr("小張"));
toolBtn2_2->setIcon(QPixmap("22.png"));
toolBtn2_2->setIconSize(QPixmap("22.png").size());
toolBtn2_2->setAutoRaise(true);
toolBtn2_2->setToolButtonStyle(Qt::ToolButtonTextBesideIcon);
QGroupBox *groupBox2 = new QGroupBox;
QVBoxLayout *layout2 = new QVBoxLayout(groupBox2);
layout2->setAlignment(Qt::AlignHCenter);
layout2->addWidget(toolBtn2_1);
layout2->addWidget(toolBtn2_2);
toolBtn3_1 = new QToolButton;
toolBtn3_1->setText(tr("小陳"));
toolBtn3_1->setIcon(QPixmap("31.png"));
toolBtn3_1->setIconSize(QPixmap("31.png").size());
toolBtn3_1->setAutoRaise(true);
toolBtn3_1->setToolButtonStyle(Qt::ToolButtonTextBesideIcon);
toolBtn3_2 = new QToolButton;
toolBtn3_2->setText(tr("小李"));
toolBtn3_2->setIcon(QPixmap("32.png"));
toolBtn3_2->setIconSize(QPixmap("32.png").size());
toolBtn3_2->setAutoRaise(true);
toolBtn3_2->setToolButtonStyle(Qt::ToolButtonTextBesideIcon);
QGroupBox *groupBox3 = new QGroupBox;
```

```
    QVBoxLayout *layout3 = new QVBoxLayout(groupBox3);
    layout3->setAlignment(Qt::AlignHCenter);
    layout3->addWidget(toolBtn3_1);
    layout3->addWidget(toolBtn3_2);
    //將準備好的抽屜插入 ToolBox 中
    this->addItem((QWidget*)groupBox1,tr("我的好友"));
    this->addItem((QWidget*)groupBox2,tr("陌生人"));
    this->addItem((QWidget*)groupBox3,tr("黑名單"));
}
```

其中，

(a) toolBtn1_1 = new QToolButton：建立一個 QToolButton 類別實例，分別對應於抽屜中的每個按鈕。

(b) toolBtn1_1->setText(tr(" 張三 "))：設定按鈕的文字。

(c) toolBtn1_1->setIcon(QPixmap("11.png"))：設定按鈕的圖示。

(d) toolBtn1_1->setIconSize(QPixmap("11.png").size())：設定按鈕的大小，本例將其設定為與圖示的大小相同。

(e) toolBtn1_1->setAutoRaise(true)：當滑鼠離開時，按鈕自動恢復為彈起狀態。

(f) toolBtn1_1->setToolButtonStyle(Qt::ToolButtonTextBesideIcon)：設定按鈕的 ToolButtonStyle 屬性。

ToolButtonStyle 屬性主要用來描述按鈕的文字和圖示的顯示方式。Qt 定義了五種 ToolButtonStyle 類型，可以根據需要選擇顯示的方式。

- Qt::ToolButtonIconOnly：只顯示圖示。
- Qt::ToolButtonTextOnly：只顯示文字。
- Qt::ToolButtonTextBesideIcon：文字顯示在圖示旁邊。
- Qt::ToolButtonTextUnderIcon：文字顯示在圖示下面。
- Qt::ToolButtonFollowStyle：遵循 Style 標準。

(g) QGroupBox *groupBox1 = new QGroupBox：建立一個 QGroupBox 類別實例，在本例中對應每一個抽屜。QGroupBox *groupBox2 = new QGroupBox、QGroupBox *groupBox3 = new QGroupBox 建立其餘兩欄抽屜。

(h) QVBoxLayout *layout1 = new QVBoxLayout(groupBox1)：建立一個 QVBoxLayout 類別實例，用來設定抽屜內各個按鈕的版面配置。

(i) layout1->addStretch()：在按鈕之後插入一個預留位置，使得所有按鈕能夠靠上對齊，並且在整個抽屜大小發生改變時保證按鈕的大小不發生變化。

（6）在 "drawer.cpp" 檔案的開頭加入以下頭檔案：

```
#include <QGroupBox>
#include <QVBoxLayout>
```

（7）開啟 "main.cpp" 檔案，增加以下程式：

```
#include "dialog.h"
#include <QApplication>
#include "drawer.h"
int main(int argc, char *argv[])
{
    QApplication a(argc, argv);
    Drawer drawer;
    drawer.show();
    return a.exec();
}
```

（8）編譯執行此程式，此時未看到載入的圖片，這是因為圖片放置的路徑不是預設的，只要將需用到的圖片放置到 "C:\Qt6\CH4\CH402\build-MyQQExample-Desktop_Qt_6_0_1_MinGW_64_bit- Debug" 資料夾下即可。最後執行該程式，顯示效果如圖 4.8 所示。

4.8 進度指示器

一般來說在處理長時間任務時需要提供進度指示器用於顯示時間，告訴使用者當前任務的進展情況。進度指示器對話方塊的使用方法有兩種，即模態方式與非模態方式。模態方式的使用比較簡單方便，但必須使用 QApplication::processEvents() 使事件迴圈保持正常進行狀態，以確保應用不會被阻塞。若使用非模態方式，則需要透過 QTime 實現定時設定進度指示器的值。

Qt 提供了兩種顯示進度指示器的方式：一種是 QProgressBar（見圖 4.9），提供了一種橫向或縱向顯示進度的控制項表示法，用來描述任務的完成情況；另一種是 QProgressDialog（見圖 4.10），提供了一種針對慢速過程的進度對話方塊表示法，用於描述任務完成的進度情況。標準的進度指示器對話方塊包括一個進度列、一個 "Cancel"（取消）按鈕及一個標籤。

【例】（簡單）（CH403）實現圖 4.9 和圖 4.10 中的顯示進度指示器。

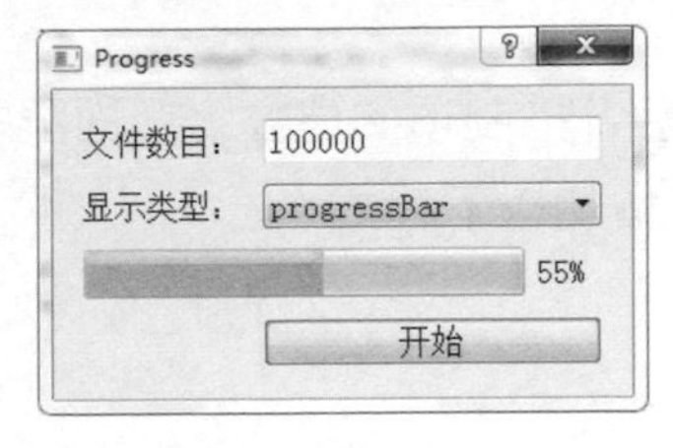

圖 4.9 進度指示器 QProgressBar 的使用實例

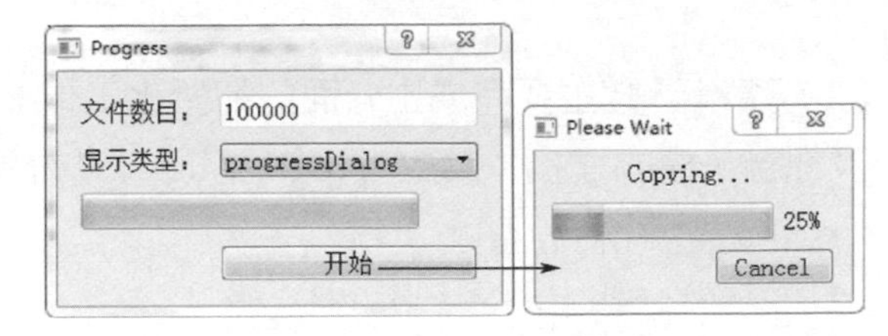

圖 4.10 進度指示器 QProgressDialog 的使用實例

實現步驟如下。

（1）新建 Qt Widgets Application（詳見 1.3.1 節），專案名稱為 "Progress"，類別命名為 "ProgressDlg"，基礎類別選擇 "QDialog"，取消 "Generate form"（建立介面）核取方塊的選中狀態。點擊「下一步」按鈕，最後點擊「完成」按鈕，完成該專案的建立。

（2）ProgressDlg 類別繼承自 QDialog 類別，開啟 "progressdlg.h" 標頭檔，增加以下粗體程式：

```
//增加的標頭檔
#include <QLabel>
#include <QLineEdit>
#include <QProgressBar>
#include <QComboBox>
#include <QPushButton>
#include <QGridLayout>
class ProgressDlg : public QDialog
{
  Q_OBJECT
public:
  ProgressDlg(QWidget *parent = 0);
  ~ProgressDlg();
private slots:
  void startProgress();
private:
  QLabel *FileNum;
  QLineEdit *FileNumLineEdit;
  QLabel *ProgressType;
  QComboBox *comboBox;
  QProgressBar *progressBar;
  QPushButton *startBtn;
```

```
    QGridLayout *mainLayout;
};
```

(3) 建構函數主要完成主介面的初始化工作，包括各控制項的建立、版面配置及訊號 / 槽的連接。開啟 "progressdlg.cpp" 檔案，增加以下程式：

```
#include "progressdlg.h"
#include <QProgressDialog>
#include <QFont>
ProgressDlg::ProgressDlg(QWidget *parent)
    : QDialog(parent)
{
  QFont font("ZYSong18030",12);
  setFont(font);
  setWindowTitle(tr("Progress"));
  FileNum = new QLabel;
     FileNum->setText(tr("檔案數目："));
     FileNumLineEdit = new QLineEdit;
     FileNumLineEdit->setText(tr("100000"));
     ProgressType = new QLabel;
     ProgressType->setText(tr("顯示類型："));
     comboBox = new QComboBox;
     comboBox->addItem(tr("progressBar"));
     comboBox->addItem(tr("progressDialog"));
     progressBar = new QProgressBar;
     startBtn = new QPushButton();
     startBtn->setText(tr("開始"));
     mainLayout = new QGridLayout(this);
     mainLayout->addWidget(FileNum,0,0);
     mainLayout->addWidget(FileNumLineEdit,0,1);
     mainLayout->addWidget(ProgressType,1,0);
     mainLayout->addWidget(comboBox,1,1);
     mainLayout->addWidget(progressBar,2,0,1,2);
     mainLayout->addWidget(startBtn,3,1);
     mainLayout->setSpacing(10);
  connect(startBtn,SIGNAL(clicked()),this,SLOT(startProgress()));
}
```

其中，槽函數 startProgress() 的具體程式如下：

```
void ProgressDlg::startProgress()
{
     bool ok;
     int num = FileNumLineEdit->text().toInt(&ok);    //(a)
```

```
if(comboBox->currentIndex() == 0)        //採用進度指示器的方式顯示進度
{
    progressBar->setRange(0,num);         //(b)
    for(int i = 1;i < num + 1;i++)
    {
    progressBar->setValue(i);             //(c)
  }
}
else if(comboBox->currentIndex() == 1)   //採用進度對話方塊顯示進度
{
  //建立一個進度對話方塊
      QProgressDialog *progressDialog = new QProgressDialog(this);
      QFont font("ZYSong18030",12);
      progressDialog->setFont(font);
      progressDialog->setWindowModality(Qt::WindowModal);   //(d)
      progressDialog->setMinimumDuration(5);                 //(e)
      progressDialog->setWindowTitle(tr("Please Wait"));     //(f)
    progressDialog->setLabelText(tr("Copying…"));            //(g)
      progressDialog->setCancelButtonText(tr("Cancel"));     //(h)
      progressDialog->setRange(0,num);   //設定進度對話方塊的步進範圍
      for(int i = 1;i < num + 1;i++)
      {
    progressDialog->setValue(i);                             //(i)
    if(progressDialog->wasCanceled())                        //(j)
      return;
      }
  }
}
```

其中，

(a) int num = FileNumLineEdit->text().toInt(&ok)：獲取當前需要複製的檔案數目，這裡對應進度指示器的總步進值。

(b) progressBar->setRange(0,num)：設定進度指示器的步進範圍從 0 到需要複製的檔案數目。

(c) progressBar->setValue(i)：模擬每一個檔案的複製過程，進度指示器總的步進值為需要複製的檔案數目。當複製完一個檔案後，步進值增加 1。

(d) progressDialog->setWindowModality(Qt::WindowModal)：設定進度對話方塊採用模態方式進行顯示，即在顯示進度的同時，其他視窗將不回應輸入訊號。

(e) progressDialog->setMinimumDuration(5)：設定進度對話方塊出現需等待的時間，此處設定為 5 秒（s），預設為 4 秒。

(f) progressDialog->setWindowTitle(tr("Please Wait"))：設定進度對話方塊的表單標題。

(g) progressDialog->setLabelText(tr("Copying..."))：設定進度對話方塊的顯示文字資訊。

(h) progressDialog->setCancelButtonText(tr("Cancel"))：設定進度對話方塊的「取消」按鈕的顯示文字。

(i) progressDialog->setValue(i)：模擬每個檔案的複製過程，進度指示器總的步進值為需要複製的檔案數目。當複製完一個檔案後，步進值增加 1。

(j) if(progressDialog->wasCanceled())：檢測「取消」按鈕是否被觸發，若觸發則退出迴圈並關閉進度對話方塊。

（4）執行程式，查看顯示效果。

QProgressBar 類別有以下幾個重要的屬性。

- minimum、maximum：決定進度指示器指示的最小值和最大值。
- format：決定進度指示器顯示文字的格式，可以有三種顯示格式，即 %p%、%v 和 %m。其中，%p% 顯示完成的百分比，這是預設顯示方式；%v 顯示當前的進度值；%m 顯示總的步進值。
- invertedAppearance：可以使進度指示器以反方向顯示進度。

QProgressDialog 類別也有幾個重要的屬性值，決定了進度指示器對話方塊何時出現、出現多長時間。它們分別是 mininum、maximum 和 minimumDuration。其中，mininum 和 maximum 分別表示進度指示器的最小值和最大值，決定了進度指示器的變化範圍；minimumDuration 為進度指示器對話方塊出現前的等待時間。系統根據所需完成的工作量估算一個預計花費的時間，若大於設定的等待時間（minimumDuration），則出現進度指示器對話方塊；若小於設定的等待時間，則不出現進度指示器對話方塊。

進度指示器使用了一個步進值的概念，即一旦設定好進度指示器的最大值和最小值，進度指示器將顯示完成的步進值佔總的步進值的百分比，百分比的計算公式為：

```
百分比 = (value() - minimum()) / (maximum() - minimum())
```

注意：要在 ProgressDlg 的建構函數中的開始處增加以下程式，以便以設定的字型形式顯示。

```
QFont font("ZYSong18030",12);
setFont(font);
setWindowTitle(tr("Progress"));
```

4.9 色票面板與電子鐘

在實際應用中，經常需要改變某個控制項的顏色外觀，如背景、文字顏色等。Qt 提供的 QPalette 類別專門用於管理對話方塊的外觀顯示，它相當於對話方塊或控制項的色票面板，管理著控制項或表單的所有顏色資訊。每個表單或控制項都包含一個 QPalette 物件，在顯示時，按照它的 QPalette 物件中對各部分各狀態下的顏色的描述進行繪製。

此外，Qt 還提供了 QTime 類別用於獲取和顯示系統時間。

4.9.1 QPalette 類別

在本節中詳細介紹 QPalette 類別的使用方法，該類別有兩個基本的概念：一個是 ColorGroup，另一個是 ColorRole。其中，ColorGroup 指的是以下三種不同的狀態。

- QPalette::Active：獲得焦點的狀態。
- QPalette::Inactive：未獲得焦點的狀態。
- QPalette::Disable：不可用狀態。

其中，Active 狀態與 Inactive 狀態在大部分的情況下，顏色顯示是一致的，也可以根據需要設定為不一樣的顏色。

ColorRole 指的是顏色主題，即對表單中不同部位顏色的分類。舉例來說，QPalette::Window 是指背景顏色，QPalette::WindowText 是指前景顏色，等等。

QPalette 類別使用最多、最重要的函數是 setColor() 函數，其原型如下：

```
void QPalette::setColor(ColorGroup group,ColorRole role,const QColor &
color);
```

在對主題顏色進行設定的同時，還區分了狀態，即對某個主題在某個狀態下的顏色進行了設定：

```
void QPalette::setColor(ColorRole role,const QColor & color);
```

只對某個主題的顏色進行設定，並不區分狀態。

QPalette 類同時還提供了 setBrush() 函數，透過筆刷的設定對顯示進行更改，這樣就有可能使用圖片而不僅是單一的顏色來對主題進行填充。Qt 之前的版本中有關背景顏色設定的函數（如 setBackgroundColor()）或前景顏色設定的函數（如 setForegroundColor()）在 Qt 6 中都被廢止，統一由 QPalette 類別進行管理。舉例來說，setBackgroundColor() 函數可由以下敘述代替：

```
xxx->setAutoFillBackground(true);
QPalette p = xxx->palette();
```

注意：如果並不是使用單一的顏色填充背景，也可將 setColor() 函數換為 setBrush() 函數對背景主題進行設定。

```
p.setColor(QPalette::Window,color);//p.setBrush(QPalette::Window,brush);
xxx->setPalette(p);
```

以上程式碼部分要首先呼叫 setAutoFillBackground(true) 設定表單自動填充背景。

【例】（難度一般）（CH404）利用 QPalette 類別改變控制項顏色的方法。本實例實現的表單分為兩部分：左半部分用於對不同主題顏色的選擇，右半部分用於顯示選擇的顏色對表單外觀的改變。執行效果如圖 4.11 所示。

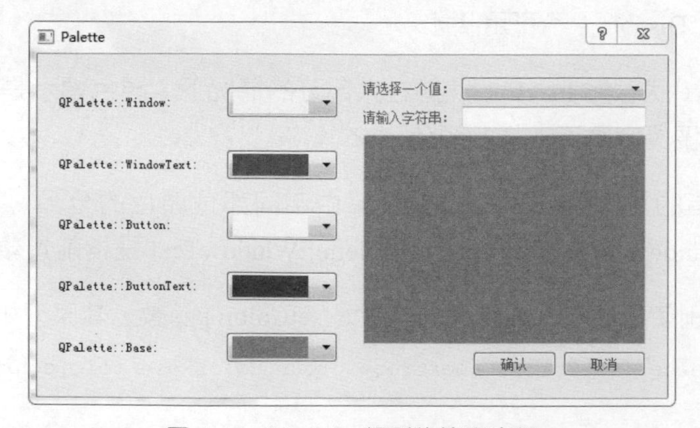

圖 4.11 QPalette 類別的使用實例

實現步驟如下。

(1) 新建 Qt Widgets Application(詳見 1.3.1 節),專案名稱為 "Palette",類別命名為 "Palette",基礎類別選擇 "QDialog",取消 "Generate form"(建立介面)核取方塊的選中狀態。點擊「下一步」按鈕,最後點擊「完成」按鈕,完成該專案的建立。

(2) 定義的 Palette 類別繼承自 QDialog 類別,開啟 "palette.h" 檔案,宣告實例中所用到的函數和控制項,具體程式如下:

```
//增加的標頭檔
#include <QComboBox>
#include <QLabel>
#include <QTextEdit>
#include <QPushButton>
#include <QLineEdit>
class Palette : public QDialog
{
  Q_OBJECT
public:
     Palette(QWidget *parent = 0);
     ~Palette();
     void createCtrlFrame();                 //完成表單左半部分顏色選擇區的建立
     void createContentFrame();              //完成表單右半部分的建立
     void fillColorList(QComboBox *);        //完成向顏色下拉式選單中插入顏色的工作
private slots:
     void ShowWindow();
     void ShowWindowText();
     void ShowButton();
     void ShowButtonText();
     void ShowBase();
private:
     QFrame *ctrlFrame;                      //顏色選擇面板
     QLabel *windowLabel;
     QComboBox *windowComboBox;
     QLabel *windowTextLabel;
     QComboBox *windowTextComboBox;
     QLabel *buttonLabel;
     QComboBox *buttonComboBox;
     QLabel *buttonTextLabel;
     QComboBox *buttonTextComboBox;
     QLabel *baseLabel;
     QComboBox *baseComboBox;
     QFrame *contentFrame;                   //具體顯示面板
```

```
    QLabel *label1;
    QComboBox *comboBox1;
    QLabel *label2;
    QLineEdit *lineEdit2;
    QTextEdit *textEdit;
    QPushButton *OkBtn;
    QPushButton *CancelBtn;
};
```

（3）開啟 "palette.cpp" 檔案，增加以下程式：

```
#include <QHBoxLayout>
#include <QGridLayout>
Palette::Palette(QWidget *parent)
    : QDialog(parent)
{
    createCtrlFrame();
    createContentFrame();
    QHBoxLayout *mainLayout = new QHBoxLayout(this);
    mainLayout->addWidget(ctrlFrame);
    mainLayout->addWidget(contentFrame);
}
```

createCtrlFrame() 函數用於建立顏色選擇區：

```
void Palette::createCtrlFrame()
{
    ctrlFrame = new QFrame;                         //顏色選擇面板
    windowLabel = new QLabel(tr("QPalette::Window: "));
    windowComboBox = new QComboBox;                 //建立一個 QComboBox 物件
    fillColorList(windowComboBox);                  //(a)
  connect(windowComboBox,SIGNAL(activated(int)),this,SLOT(ShowWind
ow()));                                             //(b)
    windowTextLabel = new QLabel(tr("QPalette::WindowText: "));
    windowTextComboBox = new QComboBox;
    fillColorList(windowTextComboBox);
  connect(windowTextComboBox,SIGNAL(activated(int)),this,SLOT(ShowWind
ow Text()));
    buttonLabel = new QLabel(tr("QPalette::Button: "));
    buttonComboBox = new QComboBox;
    fillColorList(buttonComboBox);
  connect(buttonComboBox,SIGNAL(activated(int)),this,SLOT(ShowButton()));
    buttonTextLabel = new QLabel(tr("QPalette::ButtonText: "));
    buttonTextComboBox = new QComboBox;
    fillColorList(buttonTextComboBox);
  connect(buttonTextComboBox,SIGNAL(activated(int)),this,SLOT(ShowButt
```

```
on Text()));
    baseLabel = new QLabel(tr("QPalette::Base: "));
    baseComboBox = new QComboBox;
    fillColorList(baseComboBox);
    connect(baseComboBox,SIGNAL(activated(int)),this,SLOT(ShowBase()));
    QGridLayout *mainLayout = new QGridLayout(ctrlFrame);
    mainLayout->setSpacing(20);
    mainLayout->addWidget(windowLabel,0,0);
    mainLayout->addWidget(windowComboBox,0,1);
    mainLayout->addWidget(windowTextLabel,1,0);
    mainLayout->addWidget(windowTextComboBox,1,1);
    mainLayout->addWidget(buttonLabel,2,0);
    mainLayout->addWidget(buttonComboBox,2,1);
    mainLayout->addWidget(buttonTextLabel,3,0);
    mainLayout->addWidget(buttonTextComboBox,3,1);
    mainLayout->addWidget(baseLabel,4,0);
    mainLayout->addWidget(baseComboBox,4,1);
}
```

其中，

(a) fillColorList(windowComboBox)：向下拉式選單中插入各種不同的顏色選項。

(b) connect(windowComboBox,SIGNAL(activated(int)),this,SLOT(ShowWindow()))：連接下拉式選單的 activated() 訊號與改變背景顏色的槽函數 ShowWindow()。

createContentFrame() 函數用於顯示選擇的顏色對表單外觀的改變，具體程式如下：

```
void Palette::createContentFrame()
{
  contentFrame = new QFrame;                    //具體顯示面板
  label1 = new QLabel(tr("請選擇一個值："));
  comboBox1 = new QComboBox;
  label2 = new QLabel(tr("請輸入字串："));
  lineEdit2 = new QLineEdit;
  textEdit = new QTextEdit;
  QGridLayout *TopLayout = new QGridLayout;
     TopLayout->addWidget(label1,0,0);
     TopLayout->addWidget(comboBox1,0,1);
     TopLayout->addWidget(label2,1,0);
     TopLayout->addWidget(lineEdit2,1,1);
     TopLayout->addWidget(textEdit,2,0,1,2);
```

```
    OkBtn = new QPushButton(tr("確認"));
    CancelBtn = new QPushButton(tr("取消"));
    QHBoxLayout *BottomLayout = new QHBoxLayout;
    BottomLayout->addStretch(1);
    BottomLayout->addWidget(OkBtn);
    BottomLayout->addWidget(CancelBtn);
    QVBoxLayout *mainLayout = new QVBoxLayout(contentFrame);
    mainLayout->addLayout(TopLayout);
    mainLayout->addLayout(BottomLayout);
}
```

ShowWindow() 函數用於回應對背景顏色的選擇：

```
void Palette::ShowWindow()
{
  //獲得當前選擇的顏色值
    QStringList colorList = QColor::colorNames();
    QColor color = QColor(colorList[windowComboBox->currentIndex()]);
    QPalette p = contentFrame->palette();      //(a)
    p.setColor(QPalette::Window,color);        //(b)
  //把修改後的色票面板資訊應用到 contentFrame 表單中，更新顯示
    contentFrame->setPalette(p);
    contentFrame->update();
}
```

其中，

(a) QPalette p = contentFrame->palette()：獲得右部表單 contentFrame 的色票面板資訊。

(b) p.setColor(QPalette::Window,color)：設定 contentFrame 表單的 Window 類別顏色，即背景顏色，setColor() 的第一個參數為設定的顏色主題，第二個參數為具體的顏色值。

ShowWindowText() 函數回應對文字顏色的選擇，即對前景顏色進行設定，具體程式如下：

```
void Palette::ShowWindowText()
{
    QStringList colorList = QColor::colorNames();
    QColor color = colorList[windowTextComboBox->currentIndex()];
    QPalette p = contentFrame->palette();
    p.setColor(QPalette::WindowText,color);
    contentFrame->setPalette(p);
}
```

ShowButton() 函數回應對按鈕背景顏色的選擇：

```
void Palette::ShowButton()
{
    QStringList colorList = QColor::colorNames();
    QColor color = QColor(colorList[buttonComboBox->currentIndex()]);
    QPalette p = contentFrame->palette();
    p.setColor(QPalette::Button,color);
    contentFrame->setPalette(p);
    contentFrame->update();
}
```

ShowButtonText() 函數回應對按鈕上文字顏色的選擇：

```
void Palette::ShowButtonText()
{
    QStringList colorList = QColor::colorNames();
    QColor color = QColor(colorList[buttonTextComboBox->currentIndex()]);
    QPalette p = contentFrame->palette();
    p.setColor(QPalette::ButtonText,color);
    contentFrame->setPalette(p);
}
```

ShowBase() 函數回應對可輸入文字標籤背景顏色的選擇：

```
void Palette::ShowBase()
{
    QStringList colorList = QColor::colorNames();
    QColor color = QColor(colorList[baseComboBox->currentIndex()]);
    QPalette p = contentFrame->palette();
    p.setColor(QPalette::Base,color);
    contentFrame->setPalette(p);
}
```

fillColorList() 函數用於插入顏色：

```
void Palette::fillColorList(QComboBox *comboBox)
{
     QStringList colorList = QColor::colorNames();//(a)
     QString color;                               //(b)
     foreach(color,colorList)                     //對顏色名稱串列進行遍歷
     {
           QPixmap pix(QSize(70,20));             //(c)
           pix.fill(QColor(color));             //為pix填充當前遍歷的顏色
           comboBox->addItem(QIcon(pix),NULL);    //(d)
           comboBox->setIconSize(QSize(70,20));   //(e)
```

```
        comboBox->setSizeAdjustPolicy(QComboBox::AdjustToContents);
                                                            //(f)
    }
}
```

其中，

(a) QStringList colorList = QColor::colorNames()：獲得 Qt 所有內建名稱的顏色名稱串列，傳回的是一個字串串列 colorList。
(b) QString color：新建一個 QString 物件，為迴圈遍歷做準備。
(c) QPixmap pix(QSize(70,20))：新建一個 QPixmap 物件 pix 作為顯示顏色的圖示。
(d) comboBox->addItem(QIcon(pix),NULL)：呼叫 QComboBox 的 addItem() 函數為下拉式選單插入一個項目，並以準備好的 pix 作為插入項目的圖示，名稱設為 NULL，即不顯示顏色的名稱。
(e) comboBox->setIconSize(QSize(70,20))：設定圖示的尺寸，圖示預設尺寸是一個方形，將它設定為與 pix 尺寸相同的長方形。
(f) comboBox->setSizeAdjustPolicy(QComboBox::AdjustToContents)：設定下拉式選單的尺寸調整策略為 AdjustToContents（符合內容的大小）。

（4）執行程式，顯示效果如圖 4.11 所示。

4.9.2 QTime 類別

QTime 類別的 currentTime() 函數用於獲取當前的系統時間；QTime 的 toString() 函數用於將獲取的當前時間轉為字串類型。為了便於顯示，toString() 函數的參數需指定轉換後時間的顯示格式。

- H/h：小時（若使用 H 表示小時，則無論何時都以 24 小時制顯示小時；若使用 h 表示小時，當同時指定 AM/PM 時，採用 12 小時制顯示小時，其他情況下仍採用 24 小時制進行顯示）。
- m：分。
- s：秒。
- AP/A：顯示 AM 或 PM。
- Ap/a：顯示 am 或 pm。

可根據實際顯示需要進行格式設定，例如：

hh:mm:ss A　　22:30:08 PM

H:mm:s a　　10:30:8 pm

QTime 類別的 toString() 函數也可直接利用 Qt::DateFormat 作為參數指定時間顯示的格式，如 Qt::TextDate、Qt::ISODate、Qt::LocaleDate 等。

4.9.3【綜合實例】：電子時鐘

【例】（難度一般）（CH405）透過實現顯示於桌面上並可隨意拖曳至桌面任意位置的電子時鐘綜合實例，實踐 QPalette 類別、QTime 類別和 mousePressEvent/mouseMoveEvent 回應函數的用法。

實現步驟如下。

（1）新建 Qt Widgets Application（詳見 1.3.1 節），專案名稱為 "Clock"，基礎類別選擇 "QDialog"，取消 "Generate form"（建立介面）核取方塊的選中狀態。

（2）增加顯示介面的函數所在的檔案。

在 "Clock" 專案名稱上點擊滑鼠右鍵，在彈出的快顯功能表中選擇 "Add New..." 選項，在彈出的對話方塊中選擇 "C++ Class" 選項，點擊 "Choose..." 按鈕，在彈出的對話方塊的 "Class name" 欄輸入類別的名稱 "DigiClock"，在 "Base class" 欄輸入基礎類別名稱 "QLCDNumber"（手工增加）。

（3）點擊「下一步」按鈕，再點擊「完成」按鈕，增加 "digiclock.h" 標頭檔和 "digiclock.cpp" 原始檔案。

（4）DigiClock 類別繼承自 QLCDNumber 類別，該類別中重定義了滑鼠按下事件和滑鼠移動事件以使電子時鐘可隨意拖曳，同時還定義了相關的槽函數和私有變數。開啟 "digiclock.h" 檔案，增加以下程式：

```
#include <QLCDNumber>
class DigiClock : public QLCDNumber
{
    Q_OBJECT
public:
    DigiClock(QWidget *parent = 0);
    void mousePressEvent(QMouseEvent *);
```

```
    void mouseMoveEvent(QMouseEvent *);
public slots:
    void showTime();                    //顯示當前的時間
private:
    QPoint dragPosition;                //儲存滑鼠點相對電子時鐘表單左上角的偏移值
    bool showColon;                     //用於顯示時間時是否顯示 ":"
};
```

（5）在 DigiClock 的建構函數中，完成外觀的設定及計時器的初始化工作，開啟 "digiclock.cpp" 檔案，增加下列程式：

```
//增加的標頭檔
#include <QTimer>
#include <QTime>
#include <QMouseEvent>
DigiClock::DigiClock(QWidget *parent):QLCDNumber(parent)
{
   /* 設定時鐘背景 */                                  //(a)
   QPalette p = palette();
   p.setColor(QPalette::Window,Qt::blue);
   setPalette(p);
   setWindowFlags(Qt::FramelessWindowHint);  //(b)
   setWindowOpacity(0.5);                    //(c)
   QTimer *timer = new QTimer(this);         //新建一個計時器物件
   connect(timer,SIGNAL(timeout()),this,SLOT(showTime()));
                                             //(d)
   timer->start(1000);                       //(e)
   showTime();                               //初始時間顯示
   resize(150,60);                           //設定電子時鐘顯示的尺寸
   showColon = true;                         //初始化
}
```

其中，

(a) QPalette p = palette()、p.setColor(QPalette::Window,Qt::blue)、setPalette(p)：完成電子時鐘表單背景顏色的設定，此處設定背景顏色為藍色。QPalette 類別的詳細用法參照 4.9.1 節。

(b) setWindowFlags(Qt::FramelessWindowHint)：設定表單的標識，此處設定表單為一個沒有面板邊框和標題列的表單。

(c) setWindowOpacity(0.5)：設定表單的透明度為 0.5，即半透明。但此函數在 X11 系統中並不起作用，當程式在 Windows 系統下編譯執行時期，此函數才起作用，即電子時鐘半透明顯示。

(d) connect(timer,SIGNAL(timeout()),this,SLOT(showTime()))：連接計時器的 timeout() 訊號與顯示時間的槽函數 showTime()。

(e) timer->start(1000)：以 1000 毫秒（ms）為週期啟動計時器。

槽函數 showTime() 完成電子鐘的顯示時間的功能。具體程式如下：

```
void DigiClock::showTime()
{
    QTime time = QTime::currentTime();          //(a)
    QString text = time.toString("hh:mm");      //(b)
    if(showColon)                               //(c)
    {
        text[2] = ':';
        showColon = false;
    }
    else
    {
        text[2] = ' ';
        showColon = true;
    }
    display(text);                              //顯示轉換好的字串時間
}
```

其中，

(a) QTime time = QTime::currentTime()：獲取當前的系統時間，儲存在一個 QTime 物件中。

(b) QString text = time.toString("hh:mm")：把獲取的當前時間轉為字串類型。QTime 類別的詳細介紹參照 4.9.2 節。

(c) showColon：控制電子時鐘「時」與「分」之間表示秒的兩個點的閃顯功能。

（6）透過執行滑鼠按下事件回應函數 mousePressEvent(QMouseEvent*) 和滑鼠移動事件回應函數 mouseMoveEvent(QMouseEvent*) 的重定義，可以實現用滑鼠在桌面上隨意拖曳電子時鐘。

在滑鼠按下回應函數 mousePressEvent(QMouseEvent*) 中，首先判斷按下的鍵是否為滑鼠左鍵。若按下的鍵是滑鼠左鍵，則儲存當前滑鼠點所在的位置相對於表單左上角的偏移值 dragPosition；若按下的鍵是滑鼠右鍵，則退出表單。

在滑鼠移動回應函數 mouseMoveEvent(QMouseEvent*) 中，首先判斷當前滑鼠狀態。呼叫 event->buttons() 傳回滑鼠的狀態，若為左側按鍵，則呼叫 QWidget 的 move() 函數將表單移動至滑鼠當前點。由於 move() 函數的參數指的是表單的左上角的位置，所以要使用滑鼠當前點的位置減去相對表單左上角的偏移值 dragPosition。

以上函數的具體程式如下：

```
void DigiClock::mousePressEvent(QMouseEvent *event)
{
  if(event->button() == Qt::LeftButton)
  {
      dragPosition = event->globalPos()-frameGeometry().topLeft();
            event->accept();
     }
  if(event->button() == Qt::RightButton)
  {
     close();
     }
}
void DigiClock::mouseMoveEvent(QMouseEvent *event)
{
  if(event->buttons()&Qt::LeftButton)
  {
     move(event->globalPos()-dragPosition);
     event->accept();
  }
}
```

（7）在 "main.cpp" 檔案中增加以下程式：

```
#include "digiclock.h"
int main(int argc, char *argv[])
{
    QApplication a(argc, argv);
    DigiClock clock;
    clock.show();
    return a.exec();
}
```

（8）執行程式，顯示效果如圖 4.12 所示。

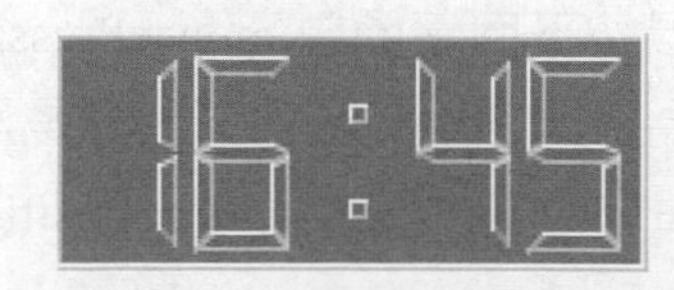

圖 4.12 電子時鐘綜合實例

4.10 可擴充對話方塊

可擴充對話方塊通常用於使用者對介面有不同要求的場合。大部分的情況下，只出現基本對話表單；當供高級使用者使用或需要更多資訊時，可透過某種方式的切換顯示完整對話表單（擴充表單），切換的工作通常由一個按鈕來實現。

可擴充對話方塊的基本實現方法是利用 setSizeConstraint(QLayout::SetFixedSize) 方法使對話方塊尺寸保持相對固定。其中，最關鍵的部分有以下兩點。

- 在整個對話方塊的建構函數中呼叫。

```
layout->setSizeConstraint(QLayout::SetFixedSize);
```

這個設定保證了對話方塊的尺寸保持相對固定，始終保持各個控制群組合的預設尺寸。在擴充部分顯示時，對話方塊尺寸根據需要顯示的控制項被擴充；而在擴充部分隱藏時，對話方塊尺寸又恢復至初始狀態。

- 切換按鈕的實現。整個表單可擴充的工作都是在此按鈕所連接的槽函數中完成的。

【例】（難度一般）（CH406）簡單地填寫資料。大部分的情況下，只需填寫姓名和性別。若有特殊需要，還需填寫更多資訊時，則切換至完整對話表單，執行效果如圖 4.13 所示。

如圖 4.13（b）所示是點擊圖 4.13（a）中的「詳細」按鈕後展開的對話方塊，再次點擊「詳細」按鈕，擴充開的部分又重新隱藏。

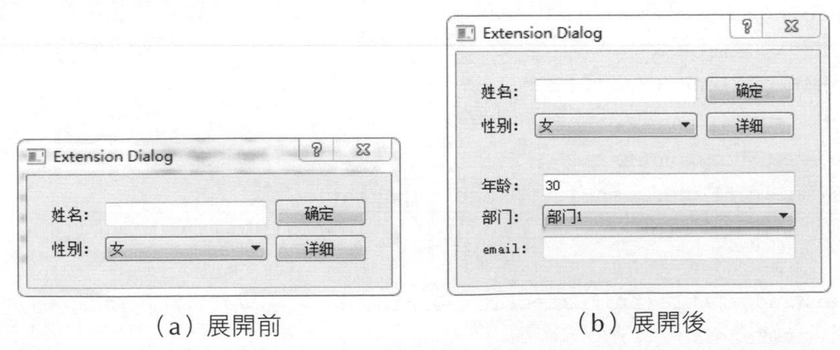

（a）展開前　　（b）展開後

圖 4.13 可擴充對話方塊的使用實例

實現步驟如下。

（1）新建 Qt Widgets Application（詳見 1.3.1 節），專案名稱為 "ExtensionDlg"，類別命名為 "ExtensionDlg"，基礎類別選擇 "QDialog"，取消 "Generate form"（建立介面）核取方塊的選中狀態。點擊「下一步」按鈕，最後點擊「完成」按鈕，完成該專案的建立。

（2）ExtensionDlg 類別繼承自 QDialog，開啟 "extensiondlg.h" 標頭檔，具體程式如下：

```
#include <QDialog>
class ExtensionDlg : public QDialog
{
    Q_OBJECT
public:
    ExtensionDlg(QWidget *parent = 0);
    ~ExtensionDlg();
private slots:
    void showDetailInfo();
private:
    void createBaseInfo();                          //實現基本對話表單部分
    void createDetailInfo();                        //實現擴充表單部分
    QWidget *baseWidget;                            //基本對話表單部分
    QWidget *detailWidget;                          //擴充表單部分
};
```

（3）開啟 "extensiondlg.cpp" 原始檔案，增加以下程式：

```
#include <QVBoxLayout>
#include <QLabel>
#include <QLineEdit>
#include <QComboBox>
#include <QPushButton>
#include <QDialogButtonBox>
#include <QHBoxLayout>
ExtensionDlg::ExtensionDlg(QWidget *parent)
    : QDialog(parent)
{
    setWindowTitle(tr("Extension Dialog"));    //設定對話方塊的標題列資訊
    createBaseInfo();
    createDetailInfo();
    QVBoxLayout *layout = new QVBoxLayout(this);     //版面配置
```

```
    layout->addWidget(baseWidget);
    layout->addWidget(detailWidget);
    layout->setSizeConstraint(QLayout::SetFixedSize);  //(a)
    layout->setSpacing(10);
}
```

其中，

(a) layout->setSizeConstraint(QLayout::SetFixedSize)：設定表單的大小固定，不能利用拖曳改變大小，否當再次點擊「詳細」按鈕時，對話方塊不能恢復到初始狀態。

createBaseInfo() 函數完成基本資訊表單部分的建構，其中，連接實現切換功能的「詳細」按鈕 DetailBtn 的 clicked() 訊號與槽函數 showDetailInfo() 以實現對話方塊的可擴充，其具體實現程式如下：

```
void ExtensionDlg::createBaseInfo()
{
    baseWidget = new QWidget;
    QLabel *nameLabel = new QLabel(tr("姓名："));
    QLineEdit *nameLineEdit = new QLineEdit;
    QLabel *sexLabel = new QLabel(tr("性別："));
    QComboBox *sexComboBox = new  QComboBox;
    sexComboBox->insertItem(0,tr("女"));
    sexComboBox->insertItem(1,tr("男"));
    QGridLayout *LeftLayout = new QGridLayout;
    LeftLayout->addWidget(nameLabel,0,0);
    LeftLayout->addWidget(nameLineEdit,0,1);
    LeftLayout->addWidget(sexLabel);
    LeftLayout->addWidget(sexComboBox);
    QPushButton *OKBtn = new QPushButton(tr("確定"));
    QPushButton *DetailBtn = new QPushButton(tr("詳細"));
    QDialogButtonBox *btnBox = new QDialogButtonBox(Qt::Vertical);
    btnBox->addButton(OKBtn,QDialogButtonBox::ActionRole);
    btnBox->addButton(DetailBtn,QDialogButtonBox::ActionRole);
    QHBoxLayout *mainLayout = new QHBoxLayout(baseWidget);
    mainLayout->addLayout(LeftLayout);
    mainLayout->addWidget(btnBox);
    connect(DetailBtn,SIGNAL(clicked()),this,SLOT(showDetailInfo()));
}
```

createDetailInfo() 函數實現詳細資訊表單部分 detailWidget 的建構，並在函數的最後呼叫 hide() 函數隱藏此部分表單，實現程式如下：

```
void ExtensionDlg::createDetailInfo()
{
    detailWidget = new QWidget;
    QLabel *ageLabel = new QLabel(tr("年齡："));
    QLineEdit *ageLineEdit = new QLineEdit;
    ageLineEdit->setText(tr("30"));
    QLabel *departmentLabel = new QLabel(tr("部門："));
    QComboBox *departmentComBox = new QComboBox;
    departmentComBox->addItem(tr("部門1"));
    departmentComBox->addItem(tr("部門2"));
    departmentComBox->addItem(tr("部門3"));
    departmentComBox->addItem(tr("部門4"));
    QLabel *emailLabel = new QLabel(tr("email："));
    QLineEdit *emailLineEdit = new QLineEdit;
    QGridLayout *mainLayout = new QGridLayout(detailWidget);
    mainLayout->addWidget(ageLabel,0,0);
    mainLayout->addWidget(ageLineEdit,0,1);
    mainLayout->addWidget(departmentLabel,1,0);
    mainLayout->addWidget(departmentComBox,1,1);
    mainLayout->addWidget(emailLabel,2,0);
    mainLayout->addWidget(emailLineEdit,2,1);
    detailWidget->hide();
}
```

showDetailInfo() 函數完成表單擴充切換工作，在使用者點擊 DetailBtn 時呼叫此函數，首先檢測 detailWidget 表單處於何種狀態。若此時是隱藏狀態，則應用 show() 函數顯示 detailWidget 表單，否則呼叫 hide() 函數隱藏 detailWidget 表單。其具體實現程式如下：

```
void ExtensionDlg::showDetailInfo()
{
    if(detailWidget->isHidden())
        detailWidget->show();
    else detailWidget->hide();
}
```

（4）執行程式，顯示效果如圖 4.13 所示。

4.11 不規則表單

常見的表單通常是各種方形的對話方塊，但有時也需要使用非方形的表單，如圓形、橢圓形，甚至是不規則形狀的對話方塊。

利用 setMask() 函數為表單設定遮罩，實現不規則表單。設定遮罩後的表單尺寸仍是原表單大小，只是被遮罩的地方不可見。

【例】（簡單）（CH407）不規則表單的實現方法。具體實現一個蝴蝶圖形外沿形狀的不規則形狀對話方塊，也可以在不規則表單上放置按鈕等控制項，可以透過滑鼠左鍵拖曳表單，點擊滑鼠右鍵關閉表單。執行效果如圖 4.14 所示。

圖 4.14 不規則表單的實現實例

實現步驟如下。

（1）新建 Qt Widgets Application（詳見 1.3.1 節），專案名稱為 "ShapeWidget"，類別名稱命名為 "ShapeWidget"，基礎類別選擇 "QWidget"，取消 "Generate form"（建立介面）核取方塊的選中狀態。點擊「下一步」按鈕，最後點擊「完成」按鈕，完成該專案的建立。

（2）不規則表單類別 ShapeWidget 繼承自 QWidget 類別，為了使不規則表單能夠透過滑鼠隨意拖曳，在該類別中重定義了滑鼠事件函數 mousePressEvent()、mouseMoveEvent() 及重繪函數 paintEvent()。開啟 "shapewidget.h" 標頭檔，增加以下程式：

```
class ShapeWidget : public QWidget
{
  Q_OBJECT
public:
  ShapeWidget(QWidget *parent = 0);
  ~ShapeWidget();
protected:
```

```
    void mousePressEvent(QMouseEvent *);
    void mouseMoveEvent(QMouseEvent *);
    void paintEvent(QPaintEvent *);
private:
  QPoint dragPosition;
};
```

(3) 開啟 "shapewidget.cpp" 檔案，ShapeWidget 的建構函數部分是實現不規則表單的關鍵，增加的具體程式如下：

```
// 增加的標頭檔
#include <QMouseEvent>
#include <QPainter>
#include <QPixmap>
#include <QBitmap>
ShapeWidget::ShapeWidget(QWidget *parent)
    : QWidget(parent)
{
    QPixmap pix;                          // 新建一個 QPixmap 物件
    pix.load("16.png",0,Qt::AvoidDither|Qt::ThresholdDither|Qt::
ThresholdAlphaDither);                    //(a)
    resize(pix.size());                   //(b)
    setMask(QBitmap(pix.mask()));         //(c)
}
```

其中，

(a) pix.load("16.png",0,Qt::AvoidDither|Qt::ThresholdDither|Qt::ThresholdAlphaDither)：呼叫 QPixmap 的 load() 函數為 QPixmap 物件填入影像值。
load() 函數的原型如下：

```
bool QPixmap::load ( const QString & fileName, const char * format =
0, Qt:: ImageConversionFlags flags = Qt::AutoColor )
```

其中，參數 fileName 為圖片檔案名稱；參數 format 表示讀取圖片檔案採用的格式，此處為 0 表示採用預設的格式；參數 flags 表示讀取圖片的方式，由 Qt::ImageConversionFlags 定義，此處設定的標識為避免圖片抖動方式。

(b) resize(pix.size())：重設主資料表單的尺寸為所讀取的圖片的大小。

(c) setMask(QBitmap(pix.mask()))：為呼叫它的控制項增加一個遮罩，遮住所選區域以外的部分使其看起來是透明的，它的參數可為一個 QBitmap 物件或一個 QRegion 物件，此處呼叫 QPixmap 的 mask() 函數用於獲得圖片自身的遮罩，為一個 QBitmap 物件，實例中使用的是 PNG 格式的圖片，它的透明部分實際上是一個遮罩。

（4）使不規則表單能夠回應滑鼠事件、隨意拖曳的函數，是重定義的滑鼠按下回應函數 mousePressEvent(QMouseEvent *)。首先判斷按下的是否為滑鼠左鍵：若是，則儲存當前滑鼠點所在的位置相對於表單左上角的偏移值 dragPosition；若按下的是滑鼠右鍵，則關閉表單。

滑鼠移動回應函數 mouseMoveEvent(QMouseEvent*)，首先判斷當前滑鼠狀態，呼叫 event-> buttons() 傳回滑鼠的狀態，若為左鍵則呼叫 QWidget 的 move() 函數將表單移動至滑鼠當前點。由於 move() 函數的參數指的是表單的左上角的位置，因此要使用滑鼠當前點的位置減去相對表單左上角的偏移值 dragPosition。具體的實現程式如下：

```
void ShapeWidget::mousePressEvent(QMouseEvent *event)
{
  if(event->button() == Qt::LeftButton)
  {
     dragPosition = event->globalPos()-frameGeometry().topLeft();
     event->accept();
  }
  if(event->button() == Qt::RightButton)
  {
     close();
  }
}
void ShapeWidget::mouseMoveEvent(QMouseEvent *event)
{
  if(event->buttons()&Qt::LeftButton)
  {
     move(event->globalPos()-dragPosition);
     event->accept();
  }
}
```

重繪函數 paintEvent() 主要完成在表單上繪製圖片的工作。此處為方便顯示在表單上，所繪製的是用來確定表單外形的 PNG 圖片。具體實現程式如下：

```
void ShapeWidget::paintEvent(QPaintEvent *event)
{
  QPainter painter(this);
  painter.drawPixmap(0,0,QPixmap("16.png"));
}
```

（5）選擇「建構」→「建構專案 "ShapeWidget"」選單項，將事先準備的圖片 16.png 複製到專案 "C:\Qt6\CH4\CH407\build-ShapeWidget-Desktop_Qt_6_0_1_MinGW_64_bit-Debug" 目錄下，重新啟動 Qt 6.0 開發工具後重新建構、執行程式，顯示效果如圖 4.14 所示。

4.12 程式啟動畫面類別：QSplashScreen

多數大型應用程式啟動時都會在程式完全啟動前顯示一個啟動畫面，在程式完全啟動後消失。程式啟動畫面可以顯示相關產品的一些資訊，讓使用者在等待程式啟動的同時了解相關產品的功能，這也是一個宣傳的方式。Qt 中提供的 QSplashScreen 類別實現了在程式啟動過程中顯示啟動畫面的功能。

【例】（簡單）（CH408）程式啟動畫面（QSplashScreen）的使用方法。當執行程式時，在顯示幕的中央出現一個啟動畫面，經過一段時間，在應用程式完成初始化工作後，啟動畫面隱去，出現程式的主視窗介面。

實現步驟如下。

（1）新建 Qt Widgets Application（詳見 1.3.1 節），專案名稱為 "SplashSreen"，類別命名為 "MainWindow"，基礎類別選擇 "QMainWindow"，取消 "Generate form"（建立介面）核取方塊的選中狀態。點擊「下一步」按鈕，最後點擊「完成」按鈕，完成該專案的建立。

（2）主資料表單 MainWindow 類別繼承自 QMainWindow 類別，模擬一個程式的啟動，開啟 "mainwindow.h" 標頭檔，自動生成的程式如下：

```
#ifndef MAINWINDOW_H
#define MAINWINDOW_H
#include <QMainWindow>
class MainWindow : public QMainWindow
{
    Q_OBJECT
public:
    MainWindow(QWidget *parent = 0);
    ~MainWindow();
};
#endif // MAINWINDOW_H
```

（3）開啟 "mainwindow.cpp" 原始檔案，增加以下程式：

```
//增加的標頭檔
#include <QTextEdit>
#include <windows.h>
MainWindow::MainWindow(QWidget *parent)
    : QMainWindow(parent)
{
    setWindowTitle("Splash Example");
    QTextEdit *edit = new QTextEdit;
    edit->setText("Splash Example!");
    setCentralWidget(edit);
    resize(600,450);
    Sleep(1000);                          //(a)
}
```

其中，

(a) Sleep(1000)：由於啟動畫面通常在程式初始化時間較長的情況下出現，為了使程式初始化時間加長以顯示啟動畫面，此處呼叫 Sleep() 函數，使主視窗程式在初始化時休眠幾秒。

（4）啟動畫面主要在 main() 函數中實現，開啟 "main.cpp" 檔案，增加以下粗體程式：

```
#include "mainwindow.h"
#include <QApplication>
#include <QPixmap>
#include <QSplashScreen>
int main(int argc, char *argv[])
{
    QApplication a(argc, argv);           //建立一個 QApplication 物件
    QPixmap pixmap("Qt.png");             //(a)
    QSplashScreen splash(pixmap);         //(b)
    splash.show();                        //顯示此啟動圖片
    a.processEvents();                    //(c)
    MainWindow w;                         //(d)
    w.show();
    splash.finish(&w);                    //(e)
    return a.exec();
}
```

其中，

(a) QPixmap pixmap("Qt.png")：建立一個 QPixmap 物件，設定啟動圖片（這裡設定為 Qt 的圖示 "Qt.png"）。

(b) QSplashScreen splash(pixmap)：利用 QPixmap 物件建立一個 QSplashScreen 物件。

(c) a.processEvents()：使程式在顯示啟動畫面的同時仍能回應滑鼠等其他事件。

(d) MainWindow w、w.show()：正常建立主資料表單物件，並呼叫 show() 函數顯示。

(e) splash.finish(&w)：表示在主資料表單物件初始化完成後，結束啟動畫面。

（5）選擇「建構」→「建構專案 "SplashSreen"」選單項，將事先準備好的圖片 Qt.png 複製到專案 "C:\Qt6\CH4\CH408\build-SplashSreen-Desktop_Qt_6_0_1_MinGW_64_bit-Debug" 目錄下，執行程式，啟動效果如圖 4.15 所示。

圖 4.15　程式啟動效果

注意，圖 4.15 中央的 Qt 圖片首先出現 1 秒（s），然後才彈出 "Splash Example" 視窗。

CHAPTER 05 Qt 6 主視窗

5.1 Qt 6 主視窗組成

5.1.1 基本元素

QMainWindow 是一個提供給使用者主視窗程式的類別，包含一個功能表列（menu bar）、多個工具列（tool bars）、多個錨接元件（dock widgets）、一個狀態列（status bar）及一個中心元件（central widget），是許多應用程式（如文字編輯器、圖片編輯器等）的基礎。本章將對此進行詳細介紹。Qt 6 主視窗介面版面配置如圖 5.1 所示。

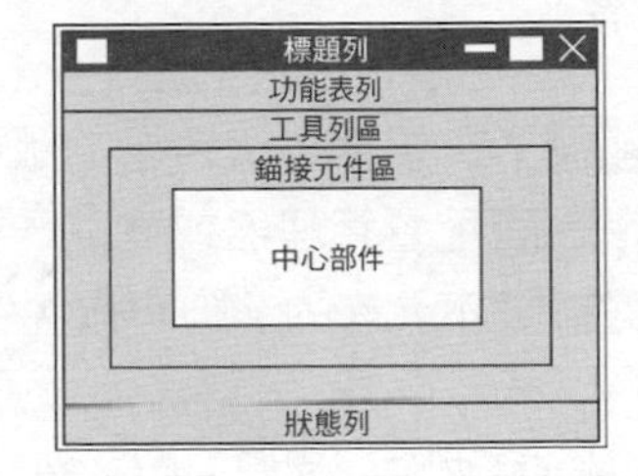

圖 5.1 Qt 6 主視窗介面版面配置

1. 功能表列

選單是一系列命令的串列。為了實現選單、工具列按鈕、鍵盤快速鍵等命令的一致性，Qt 使用動作（Action）來表示這些命令。Qt 的選單就是由一系列的 QAction 動作物件組成的串列，而功能表列則是包容選單的面板，它位於主視窗標題列的下面。一個主視窗只能有一個功能表列。

2. 狀態列

狀態列通常顯示 GUI 應用程式的一些狀態資訊，它位於主視窗的底部。使用者可以在狀態列上增加、使用 Qt 視窗元件。一個主視窗只能有一個狀態列。

3. 工具列

工具列是由一系列的類似於按鈕的動作排列而成的面板，它通常由一些經常使用的命令（動作）組成。工具列位於功能表列的下面、狀態列的上面，可以停靠在主視窗的上、下、左、右四個方向上。一個主視窗可以包含多個工具列。

4. 錨接元件

錨接元件作為一個容器使用，以包容其他視窗元件來實現某些功能。舉例來說，Qt 設計器的屬性編輯器、物件監視器等都是由錨接元件包容其他的 Qt 視窗元件來實現的。它位於工具列區的內部，可以作為一個視窗自由地浮動在主視窗上面，也可以像工具列一樣停靠在主視窗的上、下、左、右四個方向上。一個主視窗可以包含多個錨接元件。

5. 中心元件

中心元件處在錨接元件區的內部、主視窗的中心。一個主視窗只能有一個中心元件。

> **注意**：主視窗具有自己的版面配置管理器，因此在主視窗 QMainWindow 上設定版面配置管理器或建立一個父視窗元件作為 QMainWindow 的版面配置管理器都是不允許的。但可以在主視窗的中心元件上設定管理器。

為了控制主視窗工具列和錨接元件的顯隱，在預設情況下，主視窗 QMainWindow 提供了一個右鍵選單（Context Menu）。一般來說透過在工具列或錨接元件上點擊滑鼠右鍵就可以啟動該右鍵選單，也可以透過函數 QMainWindow::createPopupMenu() 啟動該選單。此外，還可以重寫 QMainWindow::createPopupMenu() 函數，實現自訂的右鍵選單。

5.1.2【綜合實例】：文字編輯器

本章透過完成一個文字編輯器應用實例，介紹 QMainWindow 主視窗的建立流程和各種功能的開發。

（1）檔案操作功能：包括新建一個檔案，利用標準檔案對話方塊 QFileDialog 類別開啟一個已存在的檔案，利用 QFile 和 QTextStream 讀取檔案內容，列印檔案（分文字列印和圖片列印）。透過實例介紹標準列印對話方塊 QPrintDialog 類別的使用方法，以 QPrinter 作為 QPaintDevice 畫圖工具實現圖片列印。

（2）圖片處理中的常用功能：包括圖片的縮放、旋轉、鏡像等座標變換，使用 QMatrix 實現圖片的各種座標變換。

（3）開發文字編輯功能：透過在工具列上設定文字字型、字型大小、粗體、斜體、底線及字型顏色等快捷按鈕的實現，介紹在工具列中嵌入控制項的方法。其中，透過設定字型顏色功能，介紹標準顏色對話方塊 QColorDialog 類別的使用方法。

（4）排版功能：透過選擇某種排序方式實現對文字排序，以及實現文字對齊（包括左對齊、右對齊、置中對齊和兩端對齊）和撤銷、重做的方法。

【例】（難度一般）（CH501）設計介面，效果如圖 5.2 所示。

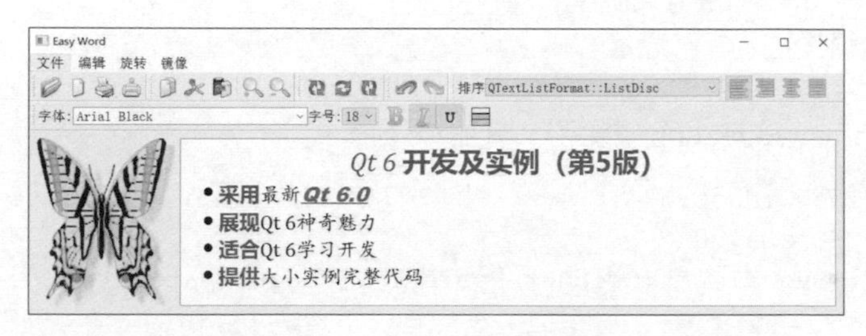

圖 5.2 文字編輯器實例效果

首先建立專案的框架程式，具體步驟如下。

（1）新建 Qt Widgets Application（詳見 1.3.1 節），專案名稱為 "ImageProcessor"，類別命名為 "ImgProcessor"，基礎類別選擇 "QMainWindow"，取消 "Generate form"（建立介面）核取方塊的選中狀態。點擊「下一步」按鈕，最後點擊「完成」按鈕，完成該專案的建立。

（2）增加顯示文字編輯方塊函數所在的原始檔案。

在 "ImageProcessor" 專案名稱上點擊滑鼠右鍵，在彈出的快顯功能表中選擇 "Add New..." 選項，在彈出的對話方塊中選擇 "C++ Class" 選項，點擊 "Choose..." 按鈕，在彈出的對話方塊的 "Class name" 欄輸入類別的名稱 "ShowWidget"，在 "Base class" 欄下拉串列中選擇基礎類別名稱 "QWidget"。

（3）點擊「下一步」按鈕，再點擊「完成」按鈕，增加 "showwidget.h" 標頭檔和 "showwidget.cpp" 原始檔案。

（4）開啟 "showwidget.h" 標頭檔，具體程式如下：

```
#include <QWidget>
#include <QLabel>
#include <QTextEdit>
```

```
#include <QImage>
class ShowWidget : public QWidget
{
    Q_OBJECT
public:
    explicit ShowWidget(QWidget *parent = 0);
    QImage img;
    QLabel *imageLabel;
    QTextEdit *text;
signals:
public slots:
};
```

（5）開啟 "showwidget.cpp" 檔案，增加以下程式：

```
#include "showwidget.h"
#include <QHBoxLayout>
ShowWidget::ShowWidget(QWidget *parent):QWidget(parent)
{
    imageLabel = new QLabel;
    imageLabel->setScaledContents(true);
    text = new QTextEdit;
    QHBoxLayout *mainLayout = new QHBoxLayout(this);
    mainLayout->addWidget(imageLabel);
    mainLayout->addWidget(text);
}
```

（6）主函數 ImgProcessor 類別宣告中的 createActions() 函數用於建立所有的動作、createMenus() 函數用於建立選單、createToolBars() 函數用於建立工具列；接著宣告實現主視窗所需的各個元素，包括選單、工具列及各個動作等；最後宣告用到的槽函數，開啟 "imgprocessor.h" 檔案，增加以下程式：

```
#include <QMainWindow>
#include <QImage>
#include <QLabel>
#include <QMenu>
#include <QMenuBar>
#include <QAction>
#include <QComboBox>
#include <QSpinBox>
#include <QToolBar>
#include <QFontComboBox>
#include <QToolButton>
#include <QTextCharFormat>
```

```
#include "showwidget.h"
class ImgProcessor : public QMainWindow
{
    Q_OBJECT
public:
    ImgProcessor(QWidget *parent = 0);
    ~ImgProcessor();
    void createActions();                                   // 建立動作
    void createMenus();                                     // 建立選單
    void createToolBars();                                  // 建立工具列
    void loadFile(QString filename);
    void mergeFormat(QTextCharFormat);
private:
    QMenu *fileMenu;                                        // 各項功能表列
    QMenu *zoomMenu;
    QMenu *rotateMenu;
    QMenu *mirrorMenu;
    QImage img;
    QString fileName;
    ShowWidget *showWidget;
    QAction *openFileAction;                                // 檔案選單項
    QAction *NewFileAction;
    QAction *PrintTextAction;
    QAction *PrintImageAction;
    QAction *exitAction;
    QAction *copyAction;                                    // 編輯選單項
    QAction *cutAction;
    QAction *pasteAction;
    QAction *aboutAction;
    QAction *zoomInAction;
    QAction *zoomOutAction;
    QAction *rotate90Action;                                // 旋轉選單項
    QAction *rotate180Action;
    QAction *rotate270Action;
    QAction *mirrorVerticalAction;                          // 鏡像選單項
    QAction *mirrorHorizontalAction;
    QAction *undoAction;
    QAction *redoAction;
    QToolBar *fileTool;                                     // 工具列
    QToolBar *zoomTool;
    QToolBar *rotateTool;
    QToolBar *mirrorTool;
    QToolBar *doToolBar;
};
```

（7）下面是主視窗建構函數部分的內容，建構函數主要實現表單的初始化，開啟 "imgprocessor.cpp" 檔案，增加以下程式：

```
ImgProcessor::ImgProcessor(QWidget *parent)
    : QMainWindow(parent)
{
    setWindowTitle(tr("Easy Word"));            //設定表單標題
    showWidget = new ShowWidget(this);          //(a)
    setCentralWidget(showWidget);
    /* 建立動作、選單、工具列的函數 */
    createActions();
    createMenus();
    createToolBars();
    if(img.load("image.png"))
    {
     //在 imageLabel 物件中放置圖片
        showWidget->imageLabel->setPixmap(QPixmap::fromImage(img));
    }
}
```

其中，

(a) showWidget = new ShowWidget(this)、setCentralWidget(showWidget)：建立放置圖片 QLabel 和文字編輯方塊 QTextEdit 的 QWidget 物件 showWidget，並將它設定為中心元件。

至此，本章文字編輯器的專案框架就建好了。

5.1.3 選單與工具列的實現

選單與工具列都與 QAction 類別密切相關，工具列上的功能按鈕與選單中的選項項目相對應，完成相同的功能，使用相同的快速鍵與圖示。QAction 類別提供給使用者了一個統一的命令介面，無論是從選單觸發還是從工具列觸發，或透過快速鍵觸發都呼叫同樣的操作介面，以達到同樣的目的。

1. 動作（Action）的實現

以下是實現基本檔案操作動作（Action）的程式：

```
void ImgProcessor::createActions()
{
    //"開啟"動作
    openFileAction = new QAction(QIcon("open.png"),tr("開啟"),this);
                                                                   //(a)
```

```
    openFileAction->setShortcut(tr("Ctrl+O"));              //(b)
    openFileAction->setStatusTip(tr(" 開啟一個檔案 "));        //(c)
    //" 新建 " 動作
    NewFileAction = new QAction(QIcon("new.png"),tr(" 新建 "),this);
    NewFileAction->setShortcut(tr("Ctrl+N"));
    NewFileAction->setStatusTip(tr(" 新建一個檔案 "));
    //" 退出 " 動作
    exitAction = new QAction(tr(" 退出 "),this);
    exitAction->setShortcut(tr("Ctrl+Q"));
    exitAction->setStatusTip(tr(" 退出程式 "));
    connect(exitAction,SIGNAL(triggered()),this,SLOT(close()));
    //" 複製 " 動作
    copyAction = new QAction(QIcon("copy.png"),tr(" 複製 "),this);
    copyAction->setShortcut(tr("Ctrl+C"));
    copyAction->setStatusTip(tr(" 複製檔案 "));
    connect(copyAction,SIGNAL(triggered()),showWidget->text,SLOT
(copy()));
    //" 剪下 " 動作
    cutAction = new QAction(QIcon("cut.png"),tr(" 剪下 "),this);
    cutAction->setShortcut(tr("Ctrl+X"));
    cutAction->setStatusTip(tr(" 剪下檔案 "));
    connect(cutAction,SIGNAL(triggered()),showWidget->text,SLOT
(cut()));
    //" 貼上 " 動作
    pasteAction = new QAction(QIcon("paste.png"),tr(" 貼上 "),this);
    pasteAction->setShortcut(tr("Ctrl+V"));
    pasteAction->setStatusTip(tr(" 貼上檔案 "));
    connect(pasteAction,SIGNAL(triggered()),showWidget->text,SLOT
(paste()));
    //" 關於 " 動作
    aboutAction = new QAction(tr(" 關於 "),this);
    connect(aboutAction,SIGNAL(triggered()),this,SLOT(QApplication::ab
outQt()));
    …
}
```

其中，

(a) openFileAction = new QAction(QIcon("open.png"),tr(" 開啟 "),this)：在建立「開啟檔案」動作的同時，指定了此動作使用的圖示、名稱及父視窗。

(b) openFileAction->setShortcut(tr("Ctrl+O"))：設定此動作的複合鍵為 Ctrl+O。

(c) openFileAction->setStatusTip(tr(" 開啟一個檔案 "))：設定了狀態列顯示，當滑鼠游標移至此動作對應的選單項目或工具列按鈕上時，在狀態列上顯示「開啟一個檔案」的提示。

在建立動作時，也可不指定圖示。這類動作通常只在選單中出現，而不在工具列上使用。

以下是實現列印文字和圖片、圖片縮放、旋轉和鏡像的動作（Action）的程式（位於 ImgProcessor::createActions() 方法中）：

```
//"列印文字"動作
    PrintTextAction = new QAction(QIcon("printText.png"),tr("列印文字"), this);
    PrintTextAction->setStatusTip(tr("列印一個文字"));
    //"列印圖片"動作
    PrintImageAction = new QAction(QIcon("printImage.png"),tr("列印圖片"), this);
    PrintImageAction->setStatusTip(tr("列印一幅圖片"));
    //"放大"動作
    zoomInAction = new QAction(QIcon("zoomin.png"),tr("放大"),this);
    zoomInAction->setStatusTip(tr("放大一幅圖片"));
    //"縮小"動作
    zoomOutAction = new QAction(QIcon("zoomout.png"),tr("縮小"),this);
    zoomOutAction->setStatusTip(tr("縮小一幅圖片"));
    //實現圖片旋轉的動作（Action）
//旋轉 90°
    rotate90Action = new QAction(QIcon("rotate90.png"),tr("旋轉 90°"),this);
    rotate90Action->setStatusTip(tr("將一幅圖旋轉 90°"));
    //旋轉 180°
    rotate180Action = new QAction(QIcon("rotate180.png"),tr("旋轉 180°"), this);
    rotate180Action->setStatusTip(tr("將一幅圖旋轉 180°"));
    //旋轉 270°
    rotate270Action = new QAction(QIcon("rotate270.png"),tr("旋轉 270°"), this);
    rotate270Action->setStatusTip(tr("將一幅圖旋轉 270°"));
  //實現圖片鏡像的動作（Action）
  //縱向鏡像
    mirrorVerticalAction = new QAction(QIcon("mirrorVertical.png"),tr("縱向鏡像"),this);
    mirrorVerticalAction->setStatusTip(tr("對一幅圖做縱向鏡像"));
    //橫向鏡像
    mirrorHorizontalAction = new QAction(QIcon("mirrorHorizontal.png"),tr("橫向鏡像"),this);
    mirrorHorizontalAction->setStatusTip(tr("對一幅圖做橫向鏡像"));
  //實現撤銷和重做的動作（Action）
  //撤銷和重做
```

```
    undoAction = new QAction(QIcon("undo.png"),"撤銷",this);
    connect(undoAction,SIGNAL(triggered()),showWidget-
>text,SLOT(undo()));
    redoAction = new QAction(QIcon("redo.png"),"重做",this);
    connect(redoAction,SIGNAL(triggered()),showWidget-
>text,SLOT(redo()));
```

2. 選單（Menus）的實現

在實現了各個動作之後，需要將它們透過選單、工具列或快速鍵的方式表現出來，以下是選單的實現函數 createMenus() 程式：

```
void ImgProcessor::createMenus()
{
    //檔案選單
    fileMenu = menuBar()->addMenu(tr("檔案"));          //(a)
    fileMenu->addAction(openFileAction);              //(b)
    fileMenu->addAction(NewFileAction);
    fileMenu->addAction(PrintTextAction);
    fileMenu->addAction(PrintImageAction);
    fileMenu->addSeparator();
    fileMenu->addAction(exitAction);
    //縮放選單
    zoomMenu = menuBar()->addMenu(tr("編輯"));
    zoomMenu->addAction(copyAction);
    zoomMenu->addAction(cutAction);
    zoomMenu->addAction(pasteAction);
    zoomMenu->addAction(aboutAction);
    zoomMenu->addSeparator();
    zoomMenu->addAction(zoomInAction);
    zoomMenu->addAction(zoomOutAction);
    //旋轉選單
    rotateMenu = menuBar()->addMenu(tr("旋轉"));
    rotateMenu->addAction(rotate90Action);
    rotateMenu->addAction(rotate180Action);
    rotateMenu->addAction(rotate270Action);
    //鏡像選單
    mirrorMenu = menuBar()->addMenu(tr("鏡像"));
    mirrorMenu->addAction(mirrorVerticalAction);
    mirrorMenu->addAction(mirrorHorizontalAction);
}
```

其中，在實現檔案選單中，

(a) fileMenu = menuBar()->addMenu(tr("檔案"))：直接呼叫 QMainWindow

的 menuBar() 函數即可得到主視窗的功能表列指標，再呼叫功能表列 QMenuBar 的 addMenu() 函數，即可在功能表列中插入一個新選單 fileMenu，fileMenu 為一個 QMenu 類別物件。

(b) fileMenu->addAction(…)：呼叫 QMenu 的 addAction() 函數在選單中加入「開啟」、「新建」、「列印文字」、「列印圖片」項目。

同理，實現縮放選單、旋轉選單和鏡像選單。

3. 工具列（ToolBars）的實現

接下來實現相對應的工具列 createToolBars()，主視窗的工具列上可以有多個工具列，通常採用一個選單對應一個工具列的方式，也可根據需要進行工具列的劃分。

```
void ImgProcessor::createToolBars()
{
    //檔案工具列
    fileTool = addToolBar("File");                          //(a)
    fileTool->addAction(openFileAction);                    //(b)
    fileTool->addAction(NewFileAction);
    fileTool->addAction(PrintTextAction);
    fileTool->addAction(PrintImageAction);
    //編輯工具列
    zoomTool = addToolBar("Edit");
    zoomTool->addAction(copyAction);
    zoomTool->addAction(cutAction);
    zoomTool->addAction(pasteAction);
    zoomTool->addSeparator();
    zoomTool->addAction(zoomInAction);
    zoomTool->addAction(zoomOutAction);
    //旋轉工具列
    rotateTool = addToolBar("rotate");
    rotateTool->addAction(rotate90Action);
    rotateTool->addAction(rotate180Action);
    rotateTool->addAction(rotate270Action);
    //撤銷和重做工具列
    doToolBar = addToolBar("doEdit");
    doToolBar->addAction(undoAction);
    doToolBar->addAction(redoAction);
}
```

其中，在檔案工具列中，

(a) fileTool = addToolBar("File")：直接呼叫 QMainWindow 的 addToolBar() 函數即可獲得主視窗的工具列物件，每新增一個工具列呼叫一次 addToolBar() 函數，指定不同的名稱，即可在主視窗中新增一個工具列。

(b) fileTool->addAction(…)：呼叫 QToolBar 的 addAction() 函數在工具列中插入屬於本工具列的動作。同理，實現「編輯工具列」、「旋轉工具列」、「撤銷和重做工具列」。工具列的顯示可以由使用者進行選擇，在工具列上點擊滑鼠右鍵將彈出工具列顯示的選擇選單，使用者對需要顯示的工具列進行選擇即可。

工具列是一個可移動的視窗，它可停靠的區域由 QToolBar 的 allowAreas 決定，包括 Qt::LeftToolBarArea、Qt::RightToolBarArea、Qt::TopToolBarArea、Qt::BottomToolBarArea 和 Qt::AllToolBarAreas。預設為 Qt::AllToolBarAreas，啟動後預設出現於主視窗的頂部。可透過呼叫 setAllowedAreas() 函數來指定工具列可停靠的區域，例如：

```
fileTool->setAllowedAreas(Qt::TopToolBarArea|Qt::LeftToolBarArea);
```

此函數限定檔案工具列只可出現在主視窗的頂部或左側。工具列也可透過呼叫 setMovable() 函數設定可行動性，例如：

```
fileTool->setMovable(false);
```

指定檔案工具列不可移動，只出現於主視窗的頂部。

選擇「建構」→「建構專案 "ImageProcessor"」選單項，將程式中用到的圖片儲存到專案 "C:\Qt6\CH5\CH501\build-ImageProcessor-Desktop_Qt_6_0_1_MinGW_64_bit-Debug" 目錄下，執行程式，效果如圖 5.3 所示。

圖 5.3 執行效果

下面 5.2 ～ 5.5 節具體介紹這個文字編輯器的各項功能（即每個槽函數）的實現。

5.2 Qt 6 檔案操作功能

5.2.1 新建檔案

在圖 5.3 中，當點擊「檔案」→「新建」命令時，沒有任何反應。下面將介紹如何實現新建一個空白檔案的功能。

（1）開啟 "imgprocessor.h" 標頭檔，增加 "protected slots:" 變數：

```
protected slots:
    void ShowNewFile();
```

（2）在 createActions() 函數的 "" 新建「動作」最後增加訊號 / 槽連結：

```
connect(NewFileAction,SIGNAL(triggered()),this,SLOT(ShowNewFile()));
```

（3）實現新建檔案功能的函數 ShowNewFile() 如下：

```
void ImgProcessor::ShowNewFile()
{
    ImgProcessor *newImgProcessor = new ImgProcessor;
    newImgProcessor->show();
}
```

（4）執行程式，點擊「檔案」→「新建」命令或點擊工具列上的 按鈕，彈出新的檔案編輯視窗，如圖 5.4 所示。

圖 5.4 新的檔案編輯視窗

5.2.2 開啟檔案

利用標準檔案對話方塊 QFileDialog 開啟一個已經存在的檔案。若當前中央表單中已有開啟的檔案，則在一個新的視窗中開啟選定的檔案；若當前中央表單是空白的，則在當前中央表單中開啟。

（1）在 "imgprocessor.h" 標頭檔中增加 "protected slots:" 變數：

```
void ShowOpenFile();
```

（2）在 createActions() 函數的 "" 開啟「動作」最後增加訊號 / 槽連結：

```
connect(openFileAction,SIGNAL(triggered()),this,SLOT(ShowOpenFile()));
```

（3）實現開啟檔案功能的函數 ShowOpenFile() 如下：

```
void ImgProcessor::ShowOpenFile()
{
    fileName = QFileDialog::getOpenFileName(this);
    if(!fileName.isEmpty())
    {
        if(showWidget->text->document()->isEmpty())
        {
            loadFile(fileName);
        }
        else
        {
            ImgProcessor *newImgProcessor = new ImgProcessor;
            newImgProcessor->show();
            newImgProcessor->loadFile(fileName);
        }
    }
}
```

其中，loadFile() 函數利用 QFile 和 QTextStream 完成具體讀取檔案內容的工作，實現如下：

```
void ImgProcessor::loadFile(QString filename)
{
    printf("file name:%s\n",filename.data());
    QFile file(filename);
    if(file.open(QIODevice::ReadOnly|QIODevice::Text))
    {
        QTextStream textStream(&file);
        while(!textStream.atEnd())
```

```
        {
            showWidget->text->append(textStream.readLine());
            printf("read line\n");
        }
        printf("end\n");
    }
}
```

在此僅詳細說明標準檔案對話方塊 QFileDialog 的 getOpenFileName() 靜態函數各個參數的作用，其他檔案對話方塊類別中相關的靜態函數的參數有與其類似之處。

```
QString QFileDialog::getOpenFileName
(
  QWidget* parent = 0,                          //定義標準檔案對話方塊的父視窗
  const QString & caption = QString(),          //定義標準檔案對話方塊的標題名稱
  const QString & dir = QString(),              //(a)
  const QString & filter = QString(),           //(b)
  QString * selectedFilter = 0,                 //使用者選擇篩檢程式透過此參數傳回
  Options options = 0
);
```

其中，

(a) const QString & dir = QString()：指定了預設的目錄，若此參數帶有檔案名稱，則檔案將是預設選中的檔案。

(b) const QString & filter = QString()：此參數對檔案類型進行過濾，只有與篩檢程式匹配的檔案類型才顯示，可以同時指定多種過濾方式供使用者選擇，多種篩檢程式之間用 ";;" 隔開。

(4) 在該原始檔案的開始部分增加以下頭檔案：

```
#include <QFileDialog>
#include <QFile>
#include <QTextStream>
```

(5) 執行程式，點擊「檔案」→「開啟」命令或點擊工具列上的按鈕，彈出「開啟」對話方塊，如圖 5.5 (a) 所示。選擇某個檔案，點擊「開啟」按鈕，文字編輯方塊中將顯示出該檔案的內容，如圖 5.5 (b) 所示。

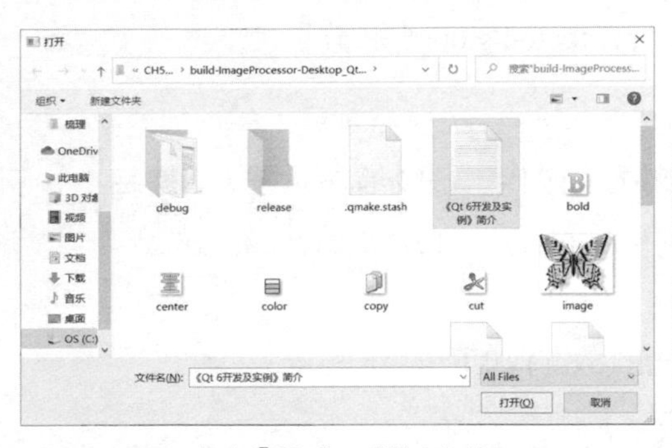

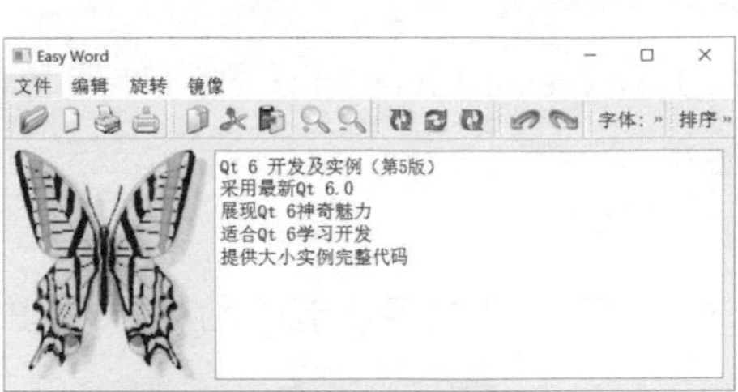

（a）「開啟」對話方塊　　　　　　（b）顯示檔案內容

圖 5.5 「開啟」對話方塊和顯示檔案內容

5.2.3 列印檔案

列印的檔案有文字和影像兩種形式，下面分別加以介紹。

1. 文字列印

列印文字在文字編輯工作中經常使用，下面將介紹如何實現文字列印功能。標準列印對話方塊效果如圖 5.6 所示。

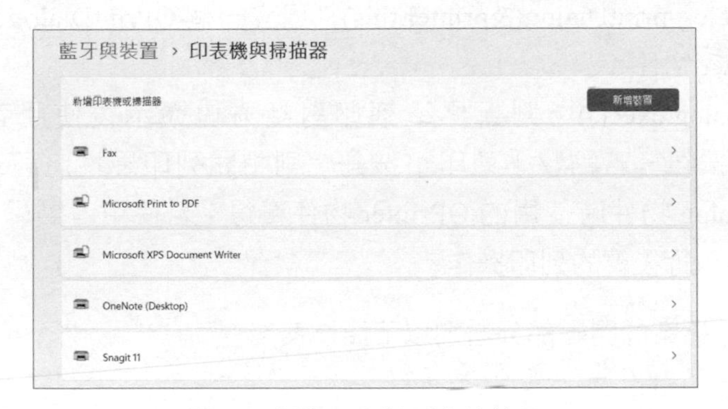

圖 5.6 標準列印對話方塊效果

QPrintDialog 是 Qt 提供的標準列印對話方塊，為印表機的使用提供了一種方便、規範的方法。

如圖 5.6 所示，QPrintDialog 標準列印對話方塊提供了印表機的選擇、設定功能，並允許使用者改變文件有關的設定，如頁面範圍、列印份數等。

具體實現步驟如下。

（1）在 "imgprocessor.h" 標頭檔中增加 "protected slots:" 變數：

```
void ShowPrintText();
```

（2）在 createActions() 函數的 "" 列印文字「動作」最後增加訊號 / 槽連結：

```
connect(PrintTextAction,SIGNAL(triggered()),this,SLOT(ShowPrintTe
xt()));
```

（3）實現列印文字功能的函數 ShowPrintText () 如下：

```
void ImgProcessor::ShowPrintText()
{
    QPrinter printer;                                   //新建一個QPrinter物件
    QPrintDialog printDialog(&printer,this);    //(a)
    if(printDialog.exec())                            //(b)
    {
     //獲得QTextEdit物件的文件
        QTextDocument *doc = showWidget->text->document();
        doc->print(&printer);                         //列印
    }
}
```

其中，

(a) QPrintDialog printDialog(&printer,this)：建立一個 QPrintDialog 物件，參數為 QPrinter 物件。

(b) if(printDialog.exec())：判斷標準列印對話方塊顯示後使用者是否點擊「列印」按鈕。若點擊「列印」按鈕，則相關列印屬性將可以透過建立 QPrintDialog 物件時使用的 QPrinter 物件獲得；若使用者點擊「取消」按鈕，則不執行後續的列印操作。

（4）在該原始檔案的開始部分增加以下頭檔案：

```
#include <QPrintDialog>
#include <QPrinter>
```

注意：Qt 6 中將 QPrinter、QPrintDialog 等類別歸入 printsupport 模組中。如果在專案中引入了上面的兩個標頭檔，則需要在專案檔案（".pro" 檔案）中加入 "QT + = printsupport"，否則編譯會出錯。

（5）執行程式，點擊「檔案」→「列印文字」命令或工具列上的 按鈕，彈出標準列印對話方塊，如圖 5.6 所示。

2. 影像列印

列印影像實際上是在一個 QPaintDevice 中畫圖，與平常在 QWidget、QPixmap 和 QImage 中畫圖相同，都是建立一個 QPainter 物件進行畫圖，只是列印使用的是 QPrinter，QPrinter 本質上也是一個繪圖裝置 QPaintDevice。下面將介紹如何實現影像列印功能。

（1）在 "imgprocessor.h" 標頭檔中增加 "protected slots:" 變數：

```
void ShowPrintImage();
```

（2）在 createActions() 函數的 "" 列印影像「動作」最後增加訊號 / 槽連結：

```
connect(PrintImageAction,SIGNAL(triggered()),this,SLOT(ShowPrintIma
ge()));
```

（3）實現列印影像功能的函數 ShowPrintImage () 如下：

```
void ImgProcessor::ShowPrintImage()
{
    QPrinter printer;                              //新建一個 QPrinter 物件
    QPrintDialog printDialog(&printer,this);       //(a)
    if(printDialog.exec())                         //(b)
    {
        QPainter painter(&printer);                //(c)
        QRect rect = painter.viewport(); //獲得 QPainter 物件的視圖矩形區域
        QSize size = img.size();                   //獲得影像的大小
     /* 按照圖形的比例大小重新設定視圖矩形區域 */
        size.scale(rect.size(),Qt::KeepAspectRatio);
        painter.setViewport(rect.x(),rect.y(),size.width(),size.height());
        painter.setWindow(img.rect());//設定 QPainter 視窗大小為影像的大小
        painter.drawImage(0,0,img);                //列印影像
    }
}
```

其中，

(a) QPrintDialog printDialog(&printer,this)：建立一個 QPrintDialog 物件，參數為 QPrinter 物件。

(b) if(printDialog.exec())：判斷列印對話方塊顯示後使用者是否點擊「列印」按鈕。若點擊「列印」按鈕，則相關列印屬性將可以透過建立 QPrintDialog 物件時使用的 QPrinter 物件獲得；若使用者點擊「取消」按鈕，則不執行後續的列印操作。

(c) QPainter painter(&printer)：建立一個 QPainter 物件，並指定繪圖裝置為一個 QPrinter 物件。

（4）在該原始檔案的開始部分增加以下頭檔案：

```
#include <QPainter>
```

（5）執行程式，點擊「檔案」→「列印影像」命令或點擊工具列上的按鈕，彈出標準列印對話方塊，顯示效果如圖 5.6 所示。

5.3 Qt 6 影像座標變換

Qt 6 的 QTransform 類別提供了世界座標系統的二維轉換功能，可以使表單轉換變形，經常在繪圖程式中使用，還可以實現座標系統的移動、縮放、變形及旋轉功能。

setScaledContents 用來設定該控制項的 scaledContents 屬性，確定是否根據其大小自動調節內容大小，以使內容充滿整個有效區域。若設定值為 true，當顯示圖片時，控制項會根據其大小對圖片進行調節。該屬性預設值為 false。另外，可以透過 hasScaledContents() 來獲取該屬性的值。

5.3.1 縮放功能

下面將介紹如何實現縮放功能，具體步驟如下。

（1）在 "imgprocessor.h" 標頭檔中增加 "protected slots:" 變數：

```
void ShowZoomIn();
```

（2）在 createActions() 函數的 "" 放大「動作」最後增加訊號 / 槽連結：

```
connect(zoomInAction,SIGNAL(triggered()),this,SLOT(ShowZoomIn()));
```

（3）實現圖形放大功能的函數 ShowZoomIn() 如下：

```
void ImgProcessor::ShowZoomIn()
{
    if(img.isNull())                        //有效性判斷
        return;
    QTransform transform;                   //宣告一個 QTransform 類別的實例
    transform.scale(2,2);                   //(a)
```

```
    img = img.transformed(transform);
    //重新設定顯示圖形
    showWidget->imageLabel->setPixmap(QPixmap::fromImage(img));
}
```

其中，

(a) transform.scale(2,2)、img = img.transformed(transform)：按照 2 倍比例對水平和垂直方向進行放大，並將當前顯示的圖形按照座標矩陣進行轉換。

QTransform & QTransform::scale(qreal sx,qreal sy) 函數傳回縮放後的 transform 物件引用，若要實現 2 倍比例的縮小，則將參數 sx 和 sy 改為 0.5 即可。

(4) 在 "imgprocessor.h" 標頭檔中增加 "protected slots:" 變數：

```
void ShowZoomOut();
```

(5) 在 createActions() 函數的 "" 縮小「動作」最後增加訊號 / 槽連結：

```
connect(zoomOutAction,SIGNAL(triggered()),this,SLOT(ShowZoomOut()));
```

(6) 實現圖形縮小功能的函數 ShowZoomOut() 如下：

```
void ImgProcessor::ShowZoomOut()
{
    if(img.isNull())
        return;
    QTransform transform;
    transform.scale(0.5,0.5);          //(a)
    img = img.transformed(transform);
    showWidget->imageLabel->setPixmap(QPixmap::fromImage(img));
}
```

其中，

(a) scale(qreal sx,qreal sy)：此函數的參數是 qreal 類型值。qreal 定義了一種 double 資料型態，該資料型態適用於所有的平台。需要注意的是，對 ARM 系統結構的平台，qreal 是一種 float 類型。在 Qt 6 中還宣告了一些指定位元長度的資料型態，目的是保證程式能夠在 Qt 支援的所有平台上正常執行。舉例來說，qint8 表示一個有號的 8 位元的位元組，qlonglong 表示 long long int 類型，與 qint64 相同。

(7) 執行程式，點擊「編輯」→「放大」命令或點擊工具列上的 按鈕，影像放大效果如圖 5.7 所示。

圖 5.7 影像放大效果

同理，也可以縮小影像，操作與此類似。

5.3.2 旋轉功能

ShowRotate90() 函數實現的是圖形的旋轉，將座標逆時鐘旋轉 90°。具體實現步驟如下。

（1）在 "imgprocessor.h" 標頭檔中增加 "protected slots:" 變數：

```
void ShowRotate90();
```

（2）在 createActions() 函數的「旋轉 90°」最後增加訊號 / 槽連結：

```
connect(rotate90Action,SIGNAL(triggered()),this,SLOT(ShowRotate90()));
```

（3）ShowRotate90() 函數的具體實現程式如下：

```
void ImgProcessor::ShowRotate90()
{
    if(img.isNull())
        return;
    QTransform transform;
    transform.rotate(90);
    img = img.transformed(transform);
    showWidget->imageLabel->setPixmap(QPixmap::fromImage(img));
}
```

同理，下面是實現旋轉 180° 和 270° 的功能。

（4）在 "imgprocessor.h" 標頭檔中增加 "protected slots:" 變數：

```
void ShowRotate180();
void ShowRotate270();
```

（5）在 createActions() 函數的「旋轉 180°」、「旋轉 270°」最後分別增加訊號 /

槽連結：

```
connect(rotate180Action,SIGNAL(triggered()),this,SLOT(ShowRota
te180()));
connect(rotate270Action,SIGNAL(triggered()),this,SLOT(ShowRota
te270()));
```

（6）ShowRotate180()、ShowRotate270() 函數的具體實現程式如下：

```
void ImgProcessor::ShowRotate180()
{
    if(img.isNull())
        return;
    QTransform transform;
    transform.rotate(180);
    img = img.transformed(transform);
    showWidget->imageLabel->setPixmap(QPixmap::fromImage(img));
}
void ImgProcessor::ShowRotate270()
{
    if(img.isNull())
        return;
    QTransform transform;
    transform.rotate(270);
    img = img.transformed(transform);
    showWidget->imageLabel->setPixmap(QPixmap::fromImage(img));
}
```

（7）執行程式，點擊「旋轉」→「旋轉 90°」命令或點擊工具列上的按鈕，影像旋轉 90° 的效果如圖 5.8 所示。

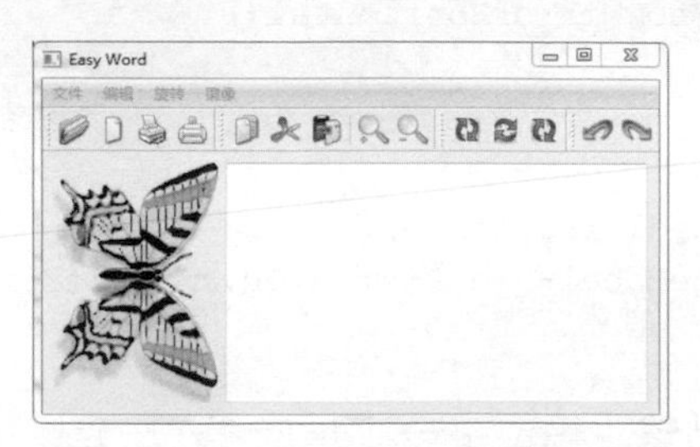

圖 5.8 影像旋轉 90° 的效果

需要注意的是，在視窗設計中，由於座標系的 Y 軸是向下的，所以使用者看到的圖形是順時鐘旋轉 90°，而實際上是逆時鐘旋轉 90°。

同樣，可以選擇對應的命令將影像旋轉 180° 或 270°。

5.3.3 鏡像功能

ShowMirrorVertical() 函數實現的是圖形的縱向鏡像，ShowMirrorHorizontal() 函數實現的則是橫向鏡像。透過 QImage::mirrored(bool horizontal,bool vertical) 實現圖形的鏡像功能，參數 horizontal 和 vertical 分別指定了鏡像的方向。具體實現步驟如下。

（1）在 "imgprocessor.h" 標頭檔中增加 "protected slots:" 變數：

```
void ShowMirrorVertical();
void ShowMirrorHorizontal();
```

（2）在 createActions() 函數的「縱向鏡像」、「橫向鏡像」最後分別增加訊號 / 槽連結：

```
connect(mirrorVerticalAction,SIGNAL(triggered()),this,SLOT(ShowMirrorV
ertical()));
connect(mirrorHorizontalAction,SIGNAL(triggered()),this,SLOT(ShowMirro
rHorizontal()));
```

（3）ShowMirrorVertical ()、ShowMirrorHorizontal () 函數的具體實現程式如下：

```
void ImgProcessor::ShowMirrorVertical()
{
    if(img.isNull())
        return;
    img = img.mirrored(false,true);
    showWidget->imageLabel->setPixmap(QPixmap::fromImage(img));
}
void ImgProcessor::ShowMirrorHorizontal()
{
    if(img.isNull())
        return;
    img = img.mirrored(true,false);
    showWidget->imageLabel->setPixmap(QPixmap::fromImage(img));
}
```

（4）此時執行程式，點擊「鏡像」→「橫向鏡像」命令，蝴蝶翅膀底部的陰影從右邊移到左邊，橫向鏡像效果如圖 5.9 所示。

同理，讀者也可以試著實驗「縱向鏡像」的效果。

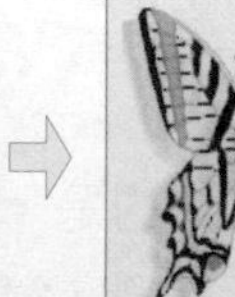
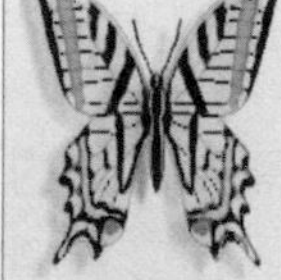

圖 5.9 橫向鏡像效果

5.4 Qt 6 文字編輯功能

在撰寫包含格式設定的文字編輯程式時，經常用到的 Qt 類別有 QTextEdit、QTextDocument、QTextBlock、QTextList、QTextFrame、QTextTable、QTextCharFormat、QTextBlockFormat、QTextListFormat、QTextFrameFormat 和 QTextTableFormat 等。

文字編輯各類之間的劃分與關係如圖 5.10 所示。

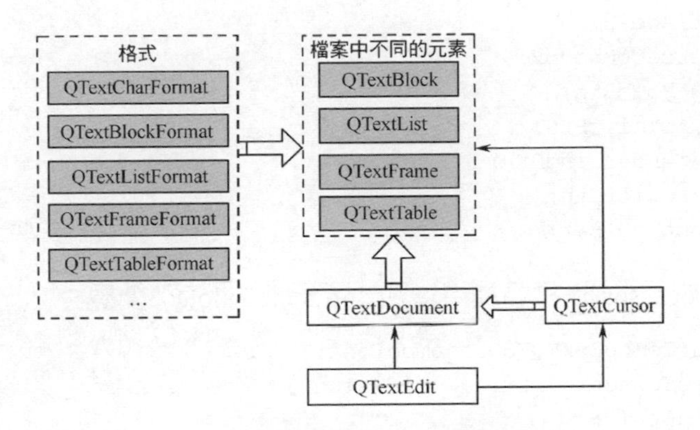

圖 5.10 文字編輯各類之間的劃分與關係

任何一個文字編輯的程式都要用 QTextEdit 作為輸入文字的容器，在它裡面輸入可編輯文字由 QTextDocument 作為載體，而用來表示 QTextDocument 的元素的 QTextBlock、QTextList、QTextFrame 等是 QTextDocument 的不同表現形式，可以表示為字串、段落、串列、表格或圖片等。

每種元素都有自己的格式，這些格式則用 QTextCharFormat、QTextBlockFormat、QTextListFormat、QTextFrameFormat 等類別來描述與實現。舉例來說，QTextBlockFormat 類別對應於 QTextBlock 類別，QTextBlock 類別用於表示一塊文字，通常可以視為一個段落，但它並不僅指段落；QTextBlockFormat 類別則表示這一塊文字的格式，如縮排的值、與四邊的邊距等。

從圖 5.10 中可以看出，用於表示編輯文字中的游標的 QTextCursor 類別是一個非常重要且經常用到的類別，它提供了對 QTextDocument 文件的修改介面，所有對文件格式的修改，說到底都與游標有關。舉例來說，改變字元的格式，實際上指的是改變游標處字元的格式。又舉例來說，改變段落的格式，實際上指的是改變游標所在段落的格式。因此，所有對 QTextDocument 的修改都能夠透過 QTextCursor 類別實現，QTextCursor 類別在文字編輯類別程式中具有重要的作用。

實現文字編輯的具體操作步驟如下。

（1）在 "imgprocessor.h" 標頭檔中增加 "private:" 變數：

```
QLabel *fontLabel1;                                          // 字型設定項目
QFontComboBox *fontComboBox;
QLabel *fontLabel2;
QComboBox *sizeComboBox;
QToolButton *boldBtn;
QToolButton *italicBtn;
QToolButton *underlineBtn;
QToolButton *colorBtn;
QToolBar *fontToolBar;                                       // 字型工具列
```

（2）在 "imgprocessor.h" 標頭檔中增加 "protected slots:" 變數：

```
void ShowFontComboBox(QFont comboFont);
void ShowSizeSpinBox(QString spinValue);
void ShowBoldBtn();
void ShowItalicBtn();
void ShowUnderlineBtn();
void ShowColorBtn();
void ShowCurrentFormatChanged(const QTextCharFormat &fmt);
```

（3）在相對應的建構函數中，在敘述 "setCentralWidget(showWidget);" 與敘述 "createActions();" 之間增加以下程式：

```
ImgProcessor::ImgProcessor(QWidget *parent)
    : QMainWindow(parent)
{
  ...
    setCentralWidget(showWidget);
    // 在工具列上嵌入控制項
    // 設定字型
    fontLabel1 = new QLabel(tr("字型 :"));
    fontComboBox = new QFontComboBox;
    fontComboBox->setFontFilters(QFontComboBox::ScalableFonts);
    fontLabel2 = new QLabel(tr("字型大小 :"));
    sizeComboBox = new QComboBox;
    QFontDatabase db;
```

```
    foreach(int size,db.standardSizes())
        sizeComboBox->addItem(QString::number(size));
    boldBtn = new QToolButton;
    boldBtn->setIcon(QIcon("bold.png"));
    boldBtn->setCheckable(true);
    italicBtn = new QToolButton;
    italicBtn->setIcon(QIcon("italic.png"));
    italicBtn->setCheckable(true);
    underlineBtn = new QToolButton;
    underlineBtn->setIcon(QIcon("underline.png"));
    underlineBtn->setCheckable(true);
    colorBtn = new QToolButton;
    colorBtn->setIcon(QIcon("color.png"));
    colorBtn->setCheckable(true);
  /* 建立動作、選單、工具列的函數 */
    createActions();
    …
}
```

（4）在該建構函數的最後部分增加相關的訊號 / 槽連結：

```
connect(fontComboBox,SIGNAL(currentFontChanged(QFont)),this,SLOT(ShowF
ontComboBox(QFont)));
connect(sizeComboBox,SIGNAL(textActivated(QString)),this,SLOT(ShowSize
SpinBox(QString)));
connect(boldBtn,SIGNAL(clicked()),this,SLOT(ShowBoldBtn()));
connect(italicBtn,SIGNAL(clicked()),this,SLOT(ShowItalicBtn()));
connect(underlineBtn,SIGNAL(clicked()),this,SLOT(ShowUnderlineBtn()));
connect(colorBtn,SIGNAL(clicked()),this,SLOT(ShowColorBtn()));
connect(showWidget->text,SIGNAL(currentCharFormatChanged(con
st QTextCharFormat&)), this,SLOT(ShowCurrentFormatChanged(const
QTextCharFormat&)));
```

（5）在相對應的工具列 createToolBars() 函數中增加以下程式：

```
//字型工具列
fontToolBar = addToolBar("Font");
fontToolBar->addWidget(fontLabel1);
fontToolBar->addWidget(fontComboBox);
fontToolBar->addWidget(fontLabel2);
fontToolBar->addWidget(sizeComboBox);
fontToolBar->addSeparator();
fontToolBar->addWidget(boldBtn);
fontToolBar->addWidget(italicBtn);
fontToolBar->addWidget(underlineBtn);
```

```
fontToolBar->addSeparator();
fontToolBar->addWidget(colorBtn);
```

呼叫 QFontComboBox 的 setFontFilters 介面可過濾只在下拉式選單中顯示某一類字型，預設情況下為 QFontComboBox::AllFonts 列出所有字型。

使用 QFontDatabase 實現在字型大小下拉式選單中填充各種不同的字型大小項目，QFontDatabase 類別用於表示當前系統中所有可用的格式資訊，主要是字型和字型大小。

呼叫 standardSizes() 函數傳回可用標準字型大小的串列，並將它們插入到字型大小下拉式選單中。本實例中只是列出字型大小。

注意：foreach 是 Qt 提供的替代 C++ 中 for 迴圈的關鍵字，它的使用方法如下。foreach(variable,container)：其中，參數 container 表示程式中需要迴圈讀取的串列；參數 variable 用於表示每個元素的變數。例如：

```
foreach(int ,QList<int>)
{
  //process
}
```

迴圈至串列尾結束迴圈。

5.4.1 設定字型

設定選定文字字型的函數 ShowFontComboBox()，程式如下：

```
void ImgProcessor::ShowFontComboBox(QFont comboFont)     //設定字型
{
    QTextCharFormat fmt;          //建立一個 QTextCharFormat 物件
    fmt.setFont(comboFont);       //選擇的字型設定給 QTextCharFormat 物件
    mergeFormat(fmt);             //將新的格式應用到游標選區內的字元
}
```

前面介紹過，所有對於 QTextDocument 進行的修改都透過 QTextCursor 類別來完成，具體程式如下：

```
void ImgProcessor::mergeFormat(QTextCharFormat format)
{
    QTextCursor cursor = showWidget->text->textCursor();// 獲得編輯方塊中
的游標
    if(!cursor.hasSelection())                                //(a)
```

```
        cursor.select(QTextCursor::WordUnderCursor);
    cursor.mergeCharFormat(format);                    //(b)
    showWidget->text->mergeCurrentCharFormat(format);  //(c)
}
```

其中，

(a) if(!cursor.hasSelection())、cursor.select(QTextCursor::WordUnderCursor)：若游標沒有反白選區，則將游標所在處的詞作為選區，由前後空格或","、"." 等標點符號區分詞。

(b) cursor.mergeCharFormat(format)：呼叫 QTextCursor 的 mergeCharFormat() 函數將參數 format 所表示的格式應用到游標所在處的字元上。

(c) showWidget->text->mergeCurrentCharFormat(format)：呼叫 QTextEdit 的 merge CurrentChar Format() 函數將格式應用到選區內的所有字元上。

隨後的其他的格式設定也可採用此種方法。

5.4.2 設定字型大小

設定選定文字字型大小的 ShowSizeSpinBox() 函數，程式如下：

```
void ImgProcessor::ShowSizeSpinBox(QString spinValue)   //設定字型大小
{
    QTextCharFormat fmt;
    fmt.setFontPointSize(spinValue.toFloat());
    showWidget->text->mergeCurrentCharFormat(fmt);
}
```

5.4.3 設定文字粗體

設定選定文字為粗體顯示的 ShowBoldBtn() 函數，程式如下：

```
void ImgProcessor::ShowBoldBtn()                    //設定文字顯示粗體
{
    QTextCharFormat fmt;
    fmt.setFontWeight(boldBtn->isChecked()?QFont::Bold:QFont:: Normal);
    showWidget->text->mergeCurrentCharFormat(fmt);
}
```

其中，呼叫 QTextCharFormat 的 setFontWeight() 函數設定粗細值，若檢測到「粗體」按鈕被按下，則設定字元的 Weight 值為 QFont::Bold，可直接設為 75；反之，則設為 QFont::Normal。文字的粗細值由 QFont::Weight 表示，它是一個整數值，設定值的範圍可為 0 ～ 99，有 5 個預置值，分別為 QFont::Light(25)、QFont::Normal(50)、QFont::DemiBold(63)、QFont::Bold(75) 和 QFont::Black(87)，通常在 QFont::Normal 和 QFont::Bold 之間轉換。

5.4.4 設定文字斜體

設定選定文字為斜體顯示的 ShowItalicBtn() 函數，程式如下：

```
void ImgProcessor::ShowItalicBtn()          //設定文字顯示斜體
{
    QTextCharFormat fmt;
    fmt.setFontItalic(italicBtn->isChecked());
    showWidget->text->mergeCurrentCharFormat(fmt);
}
```

5.4.5 設定文字加底線

在選定文字下方加底線的 ShowUnderlineBtn() 函數，程式如下：

```
void ImgProcessor::ShowUnderlineBtn()       //設定文字加底線
{
    QTextCharFormat fmt;
    fmt.setFontUnderline(underlineBtn->isChecked());
    showWidget->text->mergeCurrentCharFormat(fmt);
}
```

5.4.6 設定文字顏色

設定選定文字顏色的 ShowColorBtn() 函數，程式如下：

```
void ImgProcessor::ShowColorBtn()           //設定文字顏色
{
  QColor color = QColorDialog::getColor(Qt::red,this);  //(a)
  if(color.isValid())
    {
     QTextCharFormat fmt;
          fmt.setForeground(color);
          showWidget->text->mergeCurrentCharFormat(fmt);
    }
}
```

在 "imgprocessor.cpp" 檔案的開頭增加宣告：

```
#include <QColorDialog>
```

```
#include <QColor>
```

其中，

(a) QColor color = QColorDialog::getColor(Qt::red,this)：使用了標準顏色對話方塊的方式，當點擊「顏色」按鈕時，在彈出的標準顏色對話方塊中選擇顏色。

標準顏色對話方塊 QColorDialog 類別的使用：

```
QColor getColor
(
    const QColor& initial = Qt::white,
    QWidget* parent = 0
);
```

第 1 個參數指定了選中的顏色，預設為白色。透過 QColor::isValid() 可以判斷使用者選擇的顏色是否有效，若使用者點擊「取消」（Cancel）按鈕，則 QColor::isValid() 傳回 false。第 2 個參數定義了標準顏色對話方塊的父視窗。

5.4.7 設定字元格式

當游標所在處的字元格式發生變化時呼叫此槽函數，函數根據新的字元格式將工具列上各個格式控制項的顯示更新，程式如下：

```
void ImgProcessor::ShowCurrentFormatChanged(const QTextCharFormat
&fmt)
{
  fontComboBox->setCurrentIndex(fontComboBox->findText(fmt.
fontFamily()));
    sizeComboBox->setCurrentIndex(sizeComboBox-
>findText(QString::number(fmt.fontPointSize())));
    boldBtn->setChecked(fmt.font().bold());
    italicBtn->setChecked(fmt.fontItalic());
    underlineBtn->setChecked(fmt.fontUnderline());
}
```

此時執行程式，可根據需要設定字型的各種形式。

5.5 Qt 6 排版功能

具體實現步驟如下。

（1）在 "imgprocessor.h" 標頭檔中增加 "private:" 變數：

```
QLabel *listLabel;                                  // 排序設定項目
QComboBox *listComboBox;
QActionGroup *actGrp;
QAction *leftAction;
QAction *rightAction;
QAction *centerAction;
QAction *justifyAction;
QToolBar *listToolBar;                                   // 排序工具列
```

（2）在 "imgprocessor.h" 標頭檔中增加 "protected slots:" 變數：

```
void ShowList(int);
void ShowAlignment(QAction *act);
void ShowCursorPositionChanged();
```

（3）在相對應的建構函數中，在敘述 "setCentralWidget(showWidget);" 與敘述 "createActions();" 之間增加以下程式：

```
// 排序
listLabel = new QLabel(tr(" 排序 "));
listComboBox = new QComboBox;
listComboBox->addItem("Standard");
listComboBox->addItem("QTextListFormat::ListDisc");
listComboBox->addItem("QTextListFormat::ListCircle");
listComboBox->addItem("QTextListFormat::ListSquare");
listComboBox->addItem("QTextListFormat::ListDecimal");
listComboBox->addItem("QTextListFormat::ListLowerAlpha");
listComboBox->addItem("QTextListFormat::ListUpperAlpha");
listComboBox->addItem("QTextListFormat::ListLowerRoman");
listComboBox->addItem("QTextListFormat::ListUpperRoman");
```

（4）在建構函數的最後增加相關的訊號 / 槽連結：

```
connect(listComboBox,SIGNAL(activated(int)),this,SLOT(ShowList(int)));
connect(showWidget->text->document(),SIGNAL(undoAvailable(bool)),undoA
ction,SLOT(setEnabled(bool)));
connect(showWidget->text->document(),SIGNAL(redoAvailable(bool)),redoA
ction,SLOT(setEnabled(bool)));
connect(showWidget->text,SIGNAL(cursorPositionChanged()),this,SLOT(Sho
wCursorPositionChanged()));
```

（5）在相對應的工具列 createActions() 函數中增加以下程式：

```
// 排序：左對齊、右對齊、置中和兩端對齊
```

```
actGrp = new QActionGroup(this);
leftAction = new QAction(QIcon("left.png")," 左對齊 ",actGrp);
leftAction->setCheckable(true);
rightAction = new QAction(QIcon("right.png")," 右對齊 ",actGrp);
rightAction->setCheckable(true);
centerAction = new QAction(QIcon("center.png")," 置中 ",actGrp);
centerAction->setCheckable(true);
justifyAction = new QAction(QIcon("justify.png")," 兩端對齊 ",actGrp);
justifyAction->setCheckable(true);
connect(actGrp,SIGNAL(triggered(QAction*)),this,SLOT(ShowAlignment(QAc
tion*)));
```

（6）在相對應的工具列 createToolBars() 函數中增加以下程式：

```
//排序工具列
listToolBar = addToolBar("list");
listToolBar->addWidget(listLabel);
listToolBar->addWidget(listComboBox);
listToolBar->addSeparator();
listToolBar->addActions(actGrp->actions());
```

（7）在 "imgprocessor.cpp" 檔案的開頭增加宣告：

```
#include <QActionGroup>
```

5.5.1 實現段落對齊

完成對按下某個對齊按鈕的回應使用 ShowAlignment() 函數，根據比較判斷觸發的是哪個對齊按鈕，呼叫 QTextEdit 的 setAlignment() 函數可以實現當前段落的對齊調整。具體程式如下：

```
void ImgProcessor::ShowAlignment(QAction *act)
{
    if(act == leftAction)
        showWidget->text->setAlignment(Qt::AlignLeft);
    if(act == rightAction)
        showWidget->text->setAlignment(Qt::AlignRight);
    if(act == centerAction)
        showWidget->text->setAlignment(Qt::AlignCenter);
    if(act == justifyAction)
        showWidget->text->setAlignment(Qt::AlignJustify);
}
```

回應文字中游標位置處發生改變的訊號的 ShowCursorPositionChanged() 函數程式如下：

```
void ImgProcessor::ShowCursorPositionChanged()
{
    if(showWidget->text->alignment() == Qt::AlignLeft)
        leftAction->setChecked(true);
    if(showWidget->text->alignment() == Qt::AlignRight)
        rightAction->setChecked(true);
    if(showWidget->text->alignment() == Qt::AlignCenter)
        centerAction->setChecked(true);
    if(showWidget->text->alignment() == Qt::AlignJustify)
        justifyAction->setChecked(true);
}
```

完成四個對齊按鈕的狀態更新。透過呼叫 QTextEdit 類別的 alignment() 函數獲得當前游標所在處段落的對齊方式，設定對應的對齊按鈕為按下狀態。

5.5.2 實現文字排序

首先，介紹文字排序功能實現的基本流程（見圖 5.11）。

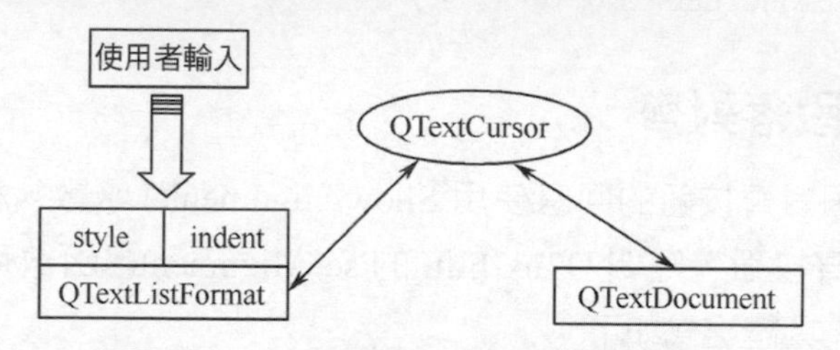

圖 5.11 文字排序功能實現的基本流程

主要用於描述文字排序格式的 QTextListFormat 包含兩個基本的屬性：一個為 QTextListFormat::style，表示文字採用哪種排序方式；另一個為 QTextListFormat::indent，表示排序後的縮排值。因此，若要實現文字排序的功能，則只需設定好 QTextListFormat 的以上兩個屬性，並將整個格式透過 QTextCursor 類別應用到文字中即可。

在通常的文字編輯器中，QTextListFormat 的縮排值 indent 都是預設好的，並不需要由使用者設定。本實例採用在程式中透過獲取當前文字段 QTextBlockFormat 的縮排值來進行對應的計算的方法，以獲得排序文字的縮排值。

實現根據使用者選擇的不同排序方式對文字進行排序的 ShowList() 函數程式如下：

```
void ImgProcessor::ShowList(int index)
{
    // 獲得編輯方塊的 QTextCursor 物件指標
    QTextCursor cursor=showWidget->text->textCursor();
    if(index != 0)
    {
        QTextListFormat::Style style = QTextListFormat::ListDisc;//(a)
        switch(index)                                   //設定 style 屬性值
        {
          default:
          case 1:
             style = QTextListFormat::ListDisc; break;
          case 2:
             style = QTextListFormat::ListCircle; break;
          case 3:
             style = QTextListFormat::ListSquare; break;
          case 4:
             style = QTextListFormat::ListDecimal; break;
          case 5:
             style = QTextListFormat::ListLowerAlpha; break;
          case 6:
             style = QTextListFormat::ListUpperAlpha; break;
          case 7:
             style = QTextListFormat::ListLowerRoman; break;
          case 8:
             style = QTextListFormat::ListUpperRoman; break;
        }
     /* 設定縮排值 */                                  //(b)
        cursor.beginEditBlock();
        QTextBlockFormat blockFmt = cursor.blockFormat();
        QTextListFormat listFmt;
        if(cursor.currentList())
        {
            listFmt = cursor.currentList()->format();
        }
        else
        {
            listFmt.setIndent(blockFmt.indent() + 1);
            blockFmt.setIndent(0);
            cursor.setBlockFormat(blockFmt);
        }
```

```
            listFmt.setStyle(style);
            cursor.createList(listFmt);
            cursor.endEditBlock();
        }
        else
        {
            QTextBlockFormat bfmt;
            bfmt.setObjectIndex(-1);
            cursor.mergeBlockFormat(bfmt);
        }
}
```

其中，

(a) QTextListFormat::Style style = QTextListFormat::ListDisc：從下拉式選單中選擇確定 QTextListFormat 的 style 屬性值。Qt 提供了 8 種文字排序的方式，分別是 QTextListFormat::ListDisc、QTextListFormat::ListCircle、QTextListFormat::ListSquare、QTextListFormat::ListDecimal、QTextListFormat::ListLowerAlpha、QTextListFormat::ListUpperAlpha、QTextListFormat::ListLowerRoman 和 QTextListFormat::ListUpperRoman。

(b) cursor.beginEditBlock();
   …
   cursor.endEditBlock();

此程式碼部分完成 QTextListFormat 的另一個屬性 indent（即縮排值）的設定，並將設定的格式應用到游標所在的文字處。

以 cursor.beginEditBlock() 開始，以 cursor.endEditBlock() 結束，這兩個函數的作用是設定這兩個函數之間的所有操作相當於一個動作。如果需要進行撤銷或恢復，則這兩個函數之間的所有操作將同時被撤銷或恢復，這兩個函數通常成對出現。

設定 QTextListFormat 的縮排值首先透過 QTextCursor 獲得 QTextBlockFormat 物件，由 QTextBlockFormat 獲得段落的縮排值，在此基礎上定義 QTextListFormat 的縮排值，本實例是在段落縮排的基礎上加 1，也可根據需要進行其他設定。

在 "imgprocessor.cpp" 檔案的開頭增加宣告：

```
#include <QTextList>
```

最後，開啟 "main.cpp" 檔案，具體程式（粗體程式是後增加的）如下：

```
#include "imgprocessor.h"
#include <QApplication>
int main(int argc, char *argv[])
{
    QApplication a(argc, argv);
    QFont f("ZYSong18030",12);          //設定顯示的字型格式
    a.setFont(f);
    ImgProcessor w;
    w.show();
    return a.exec();
}
```

這樣修改的目的是訂製程式主介面的顯示字型。

此時執行程式，可實現段落的對齊和文字排序功能，一段文字的排版範例如圖 5.12 所示。本書選擇使用了 "QTextListFormat::ListDisc"（黑色實心小數點）的文字排序方式。

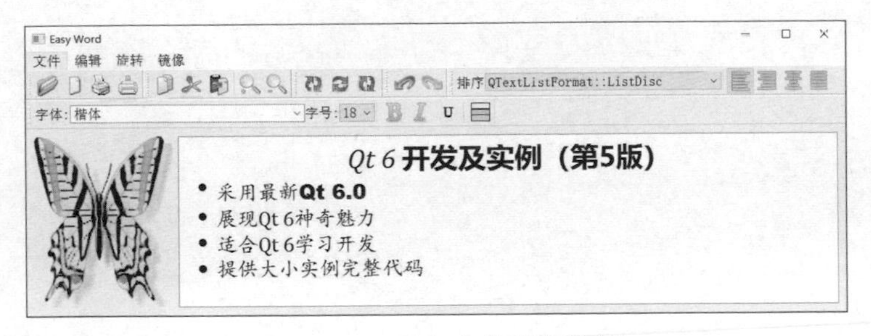

圖 5.12 一段文字的排版範例

當然，讀者也可以嘗試其他幾種方式的排版效果。

CHAPTER

06

Qt 6 圖形與圖片

本章首先介紹 Qt 的位置函數及其使用場合；然後，透過一個簡單繪圖工具實例，介紹如何利用 QPainter 和 QPainterPath 兩種方法繪製各種基礎圖形；最後，透過幾個實例介紹如何利用這些基礎的圖形來繪製更複雜的圖形。

6.1 Qt 6 位置函數

6.1.1 各種位置函數及區別

Qt 提供了很多關於獲取表單位置及顯示區域大小的函數，如 x()、y() 和 pos()、rect()、size()、geometry() 等，統稱為「位置相關函數」或「位置函數」。幾種主要位置函數及其之間的區別如圖 6.1 所示。

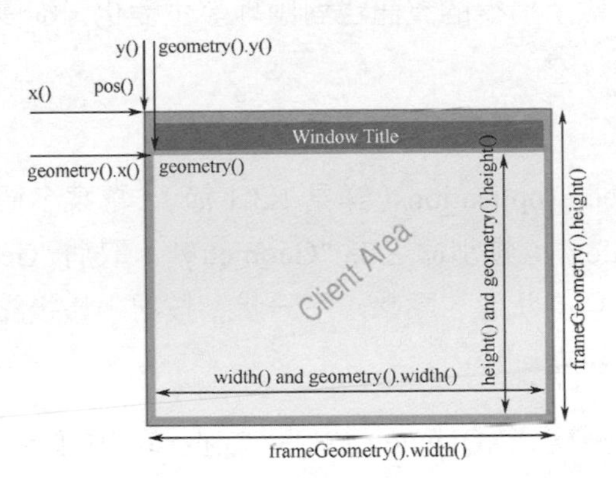

圖 6.1 幾種主要位置函數及其之間的區別

其中，

- x()、y() 和 pos() 函數的作用都是獲得整個表單左上角的座標位置。
- frameGeometry() 函數與 geometry() 函數相對應。frameGeometry() 函數獲得的是整個表單的左上頂點和長、寬值，而 geometry() 函數獲得的是表單內中央區域的左上頂點座標及長、寬值。

- 直接呼叫 width() 和 height() 函數獲得的是中央區域的長、寬值。
- rect()、size() 函數獲得的結果也都是對於表單的中央區域而言的。size() 函數獲得的是表單中央區域的長、寬值。rect() 函數與 geometry() 函數相同，傳回一個 QRect 物件，這兩個函數獲得的長、寬值是相同的，都是表單中央區域的長、寬值，只是左上頂點的座標值不一樣。geometry() 函數獲得的左上頂點座標是相對於父表單而言的座標，而 rect() 函數獲得的左上頂點座標始終為（0,0）。

在實際應用中，需要根據情況使用正確的位置函數以獲得準確的位置尺寸資訊，尤其是在撰寫對位置精度要求較高的程式（如地圖瀏覽程式）時，更應注意函數的選擇，以避免產生不必要的誤差。

6.1.2 位置函數的應用

本節透過一個簡單的例子介紹 QWidget 提供的 x()、y()、frameGeometry、pos()、rect()、size() 和 geometry() 等函數的使用場合。

【例】（難度一般）（CH601）設計介面，當改變對話方塊的大小或移動對話方塊時，呼叫各個函數所獲得的資訊也對應地發生變化，從變化中可得知各函數之間的區別。

具體實現步驟如下。

（1）新建 Qt Widgets Application（詳見 1.3.1 節），專案名稱為 "Geometry"，基礎類別選擇 "QDialog"，類別命名為 "Geometry"，取消 "Generate form"（建立介面）核取方塊的選中狀態。點擊「下一步」按鈕，最後點擊「完成」按鈕，完成該開發專案的建立。

（2）Geometry 類別繼承自 QDialog 類別，在標頭檔中宣告所需的控制項（主要為 QLabel 類別）及所需要的函數。

開啟 "geometry.h" 標頭檔，增加以下程式：

```
//增加的標頭檔
#include <QLabel>
#include <QGridLayout>
class Geometry : public QDialog
{
```

```
    Q_OBJECT
public:
    Geometry(QWidget *parent = 0);
    ~Geometry();
    void updateLabel();
private:
    QLabel *xLabel;
    QLabel *xValueLabel;
    QLabel *yLabel;
    QLabel *yValueLabel;
    QLabel *FrmLabel;
    QLabel *FrmValueLabel;
    QLabel *posLabel;
    QLabel *posValueLabel;
    QLabel *geoLabel;
    QLabel *geoValueLabel;
    QLabel *widthLabel;
    QLabel *widthValueLabel;
    QLabel *heightLabel;
    QLabel *heightValueLabel;
    QLabel *rectLabel;
    QLabel *rectValueLabel;
    QLabel *sizeLabel;
    QLabel *sizeValueLabel;
    QGridLayout *mainLayout;
protected:
    void moveEvent(QMoveEvent *);
    void resizeEvent(QResizeEvent *);
};
```

(3)在建構函數中完成控制項的建立及初始化工作，開啟 "geometry.cpp" 檔案，增加以下程式：

```
Geometry::Geometry(QWidget *parent)
    : QDialog(parent)
{
    setWindowTitle(tr("Geometry"));
    xLabel = new QLabel(tr("x():"));
    xValueLabel = new QLabel;
    yLabel = new QLabel(tr("y():"));
    yValueLabel = new QLabel;
    FrmLabel = new QLabel(tr("Frame:"));
    FrmValueLabel = new QLabel;
    posLabel = new QLabel(tr("pos():"));
```

```
    posValueLabel = new QLabel;
    geoLabel = new QLabel(tr("geometry():"));
    geoValueLabel = new QLabel;
    widthLabel = new QLabel(tr("width():"));
    widthValueLabel = new QLabel;
    heightLabel = new QLabel(tr("height():"));
    heightValueLabel = new QLabel;
    rectLabel = new QLabel(tr("rect():"));
    rectValueLabel = new QLabel;
    sizeLabel = new QLabel(tr("size():"));
    sizeValueLabel = new QLabel;
    mainLayout = new QGridLayout(this);
    mainLayout->addWidget(xLabel,0,0);
    mainLayout->addWidget(xValueLabel,0,1);
    mainLayout->addWidget(yLabel,1,0);
    mainLayout->addWidget(yValueLabel,1,1);
    mainLayout->addWidget(posLabel,2,0);
    mainLayout->addWidget(posValueLabel,2,1);
    mainLayout->addWidget(FrmLabel,3,0);
    mainLayout->addWidget(FrmValueLabel,3,1);
    mainLayout->addWidget(geoLabel,4,0);
    mainLayout->addWidget(geoValueLabel,4,1);
    mainLayout->addWidget(widthLabel,5,0);
    mainLayout->addWidget(widthValueLabel,5,1);
    mainLayout->addWidget(heightLabel,6,0);
    mainLayout->addWidget(heightValueLabel,6,1);
    mainLayout->addWidget(rectLabel,7,0);
    mainLayout->addWidget(rectValueLabel,7,1);
    mainLayout->addWidget(sizeLabel,8,0);
    mainLayout->addWidget(sizeValueLabel,8,1);
    updateLabel();
}
```

updateLabel() 函數完成獲得各位置函數的資訊並顯示功能，具體程式如下：

```
void Geometry::updateLabel()
{
    QString xStr;                       //獲得 x() 函數的結果並顯示
    xValueLabel->setText(xStr.setNum(x()));
    QString yStr;                       //獲得 y() 函數的結果並顯示
    yValueLabel->setText(yStr.setNum(y()));
    QString frameStr;                   //獲得 frameGeometry() 函數的結果並顯示
    QString tempStr1,tempStr2,tempStr3,tempStr4;
    frameStr = tempStr1.setNum(frameGeometry().x())+","+
```

```
        tempStr2.setNum(frameGeometry().y())+","+
        tempStr3.setNum(frameGeometry().width())+","+
        tempStr4.setNum(frameGeometry().height());
    FrmValueLabel->setText(frameStr);
    QString positionStr;                    //獲得 pos() 函數的結果並顯示
    QString tempStr11,tempStr12;
    positionStr = tempStr11.setNum(pos().x())+","+tempStr12.
setNum(pos().y());
    posValueLabel->setText(positionStr);
    QString geoStr;                         //獲得 geometry() 函數的結果並顯示
    QString tempStr21,tempStr22,tempStr23,tempStr24;
    geoStr = tempStr21.setNum(geometry().x())+","+
        tempStr22.setNum(geometry().y())+","+
        tempStr23.setNum(geometry().width())+","+
        tempStr24.setNum(geometry().height());
    geoValueLabel->setText(geoStr);
    QString wStr,hStr;                 //獲得 width()、height() 函數的結果並顯示
    widthValueLabel->setText(wStr.setNum(width()));
    heightValueLabel->setText(hStr.setNum(height()));
    QString rectStr;                   //獲得 rect() 函數的結果並顯示
    QString tempStr31,tempStr32,tempStr33,tempStr34;
    rectStr = tempStr31.setNum(rect().x())+","+
         tempStr32.setNum(rect().y())+","+
         tempStr33.setNum(/*rect().width()*/width())+","+
         tempStr34.setNum(height()/*rect().height()*/);
    rectValueLabel->setText(rectStr);
    QString sizeStr;                   //獲得 size() 函數的結果並顯示
    QString tempStr41,tempStr42;
    sizeStr = tempStr41.setNum(size().width())+","+tempStr42.
setNum(size(). height());
    sizeValueLabel->setText(sizeStr);
}
```

重新定義 QWidget 的 moveEvent() 函數，回應對話方塊的移動事件，使得表單在被移動時能夠同步更新各函數的顯示結果，具體程式如下：

```
void Geometry::moveEvent(QMoveEvent *)
{
    updateLabel();
}
```

重新定義 QWidget 的 resizeEvent() 函數，回應對話方塊的大小調整事件，使得在表單大小發生改變時，也能夠同步更新各函數的顯示結果，具體程式如下：

```
void Geometry::resizeEvent(QResizeEvent *)
{
    updateLabel();
}
```

（4）執行程式，效果如圖 6.2 所示。

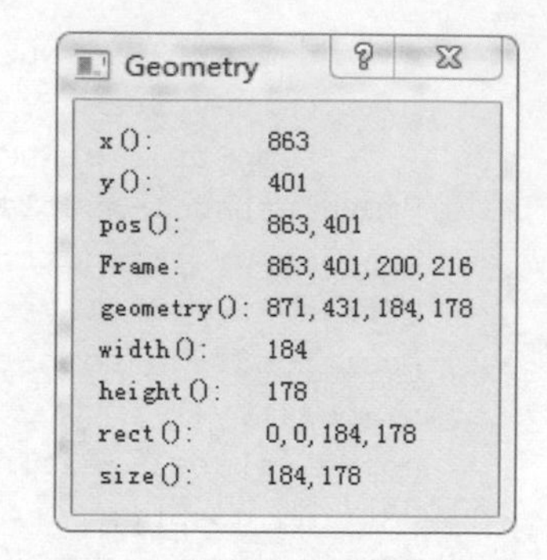

圖 6.2 各位置函數應用舉例

6.2 Qt 6 基礎圖形的繪製

【例】（難度中等）（CH602）設計介面，區分各種形狀及畫筆顏色、畫筆線寬、畫筆風格、畫筆頂帽、畫筆連接點、填充模式、鋪展效果、筆刷顏色、筆刷風格設定等。

6.2.1 繪圖框架設計

利用 QPainter 繪製各種圖形使用的框架的實例如圖 6.3 所示。

此實例的具體實現包含兩個部分的內容：一是用於畫圖的區域 PaintArea 類別，二是主視窗 MainWidget 類別。繪製各種圖形實例的框架如圖 6.4 所示。

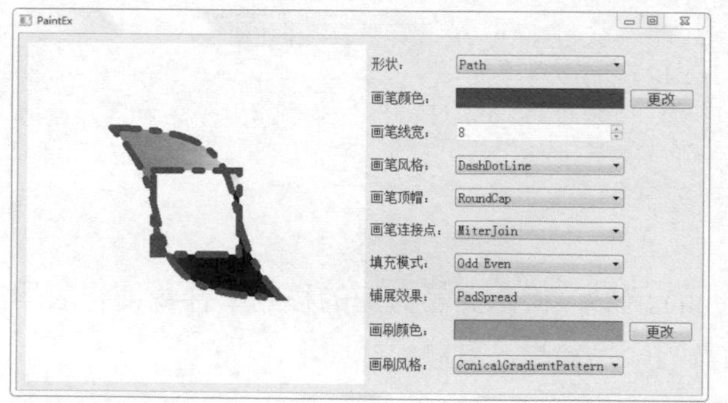

圖 6.3 利用 QPainter 繪製各種圖形使用的框架的實例

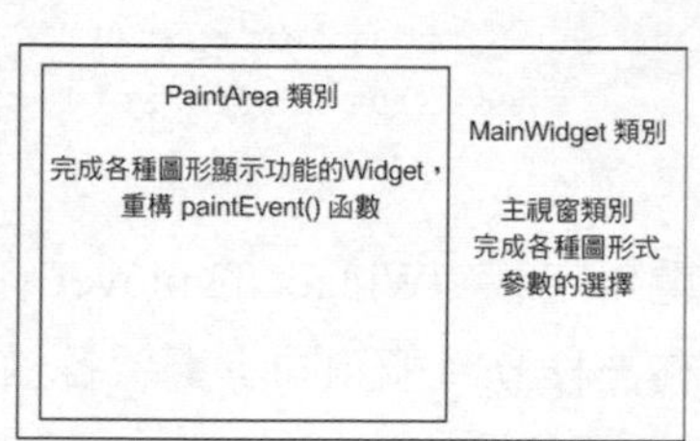

圖 6.4 繪製各種圖形實例的框架

程式中，首先在 PaintArea 類別中完成各種圖形顯示功能的 Widget，重繪 paintEvent() 函數。然後在主視窗 MainWidget 類別中完成各種圖形參數的選擇。

具體實現步驟如下。

（1）新建 Qt Widgets Application（詳見 1.3.1 節），專案名稱為 "PaintEx"，基礎類別選擇 "QWidget"，類別命名為 "MainWidget"，取消 "Generate form"（建立介面）核取方塊的選中狀態。點擊「下一步」按鈕，最後點擊「完成」按鈕，完成該開發專案的建立。

（2）增加實現繪圖區的函數所在的原始檔案。

在 "PaintEx" 專案名稱上點擊滑鼠右鍵，在彈出的快顯功能表中選擇 " 增加新檔案 ..." 選項，在彈出的對話方塊中選擇 "C++ Class" 選項。點擊 "Choose..." 按鈕，在彈出的對話方塊的 "Base class" 欄下拉串列中選擇基礎類別名稱 "QWidget"，在 "Class name" 欄輸入類別的名稱 "PaintArea"。

（3）點擊「下一步」按鈕，再點擊「完成」按鈕，增加檔案 "paintarea.h" 和 "paintarea.cpp"。

6.2.2 繪圖區的實現

PaintArea 類別繼承自 QWidget 類別，在類別宣告中，首先宣告一個列舉型態資料 Shape，列舉了所有本實例可能用到的圖形形狀；其次宣告 setShape() 函數用於設定形狀，setPen() 函數用於設定畫筆，setBrush() 函數用於設定筆刷，setFillRule() 函數用於設定填充模式，以及重繪事件 paintEvent() 函數；最後宣告表示各種屬性的私有變數。

開啟 "paintarea.h" 標頭檔，增加以下程式：

```
#include <QPen>
#include <QBrush>
class PaintArea : public QWidget
{
    Q_OBJECT
public:
    enum Shape{Line,Rectangle,RoundRect,Ellipse,Polygon,Polyline,Point
s,Arc,Path,  Text,Pixmap};
    explicit PaintArea(QWidget *parent = 0);
    void setShape(Shape);
    void setPen(QPen);
    void setBrush(QBrush);
    void setFillRule(Qt::FillRule);
    void paintEvent(QPaintEvent *);
signals:
```

```
public slots:
private:
    Shape shape;
    QPen pen;
    QBrush brush;
    Qt::FillRule fillRule;
};
```

PaintArea 類別的建構函數用於完成初始化工作，設定圖形顯示區域的背景顏色及最小顯示尺寸，具體程式如下：

```
#include "paintarea.h"
#include <QPainter>
#include <QPainterPath>

PaintArea::PaintArea(QWidget *parent):QWidget(parent)
{
    setPalette(QPalette(Qt::white));
    setAutoFillBackground(true);
    setMinimumSize(400,400);
}
```

其中，setPalette(QPalette(Qt::white))、setAutoFillBackground(true) 完成對表單背景顏色的設定，與下面的程式效果一致：

```
QPalette  p = palette();
p.setColor(QPalette::Window,Qt::white);
setPalette(p);
```

setShape() 函數可以設定形狀，setPen() 函數可以設定畫筆，setBrush() 函數可以設定筆刷，setFillRule() 函數可以設定填充模式，具體程式如下：

```
void PaintArea::setShape(Shape s)
{
    shape = s;
    update();
}
void PaintArea::setPen(QPen p)
{
    pen = p;
    update();
}
void PaintArea::setBrush(QBrush b)
{
```

```
    brush = b;
    update();
}
void PaintArea::setFillRule(Qt::FillRule rule)
{
    fillRule = rule;
    update();                              //重畫繪製區表單
}
```

PaintArea 類別的重畫函數程式如下：

```
void PaintArea::paintEvent(QPaintEvent *)
{
    QPainter p(this);                      //新建一個 QPainter 物件
    p.setPen(pen);                         //設定 QPainter 物件的畫筆
    p.setBrush(brush);                     //設定 QPainter 物件的筆刷
    QRect rect(50,100,300,200);            //(a)
    static const QPoint points[4] =        //(b)
    {
        QPoint(150,100),
        QPoint(300,150),
        QPoint(350,250),
        QPoint(100,300)
    };
    int startAngle = 30*16;          //(c)
    int spanAngle = 120*16;
    QPainterPath path;               //新建一個 QPainterPath 物件為畫路徑做準備
    path.addRect(150,150,100,100);
    path.moveTo(100,100);
    path.cubicTo(300,100,200,200,300,300);
    path.cubicTo(100,300,200,200,100,100);
    path.setFillRule(fillRule);
    switch(shape)                                         //(d)
    {
        case Line:                                        //直線
            p.drawLine(rect.topLeft(),rect.bottomRight());break;
        case Rectangle:                                   //長方形
            p.drawRect(rect); break;
        case RoundRect:                                   //圓角方形
            p.drawRoundedRect(rect,4,4);break;
        case Ellipse:                                     //橢圓形
            p.drawEllipse(rect);    break;
        case Polygon:                                     //多邊形
            p.drawPolygon(points,4);  break;
```

```
        case Polyline:                                    // 多邊線
            p.drawPolyline(points,4);break;
        case Points:                                      // 點
            p.drawPoints(points,4);break;
        case Arc:                                         // 弧
            p.drawArc(rect,startAngle,spanAngle);break;
        case Path:                                        // 路徑
            p.drawPath(path);break;
        case Text:                                        // 文字
            p.drawText(rect,Qt::AlignCenter,tr("Hello Qt!"));break;
        case Pixmap:                                      // 圖片
            p.drawPixmap(150,150,QPixmap("butterfly.png")); break;
        default:  break;
    }
}
```

其中，

(a) QRect rect(50,100,300,200)：設定一個方形區域，為畫長方形、圓角方形、橢圓等做準備。

(b) static const QPoint points[4]={ … }：建立一個 QPoint 的陣列，包含四個點，為畫多邊形、多邊線及點做準備。

(c) int startAngle = 30*16、int spanAngle = 120*16：其中，參數 startAngle 表示起始角，為弧形的起始點與圓心之間連線與水平方向的夾角；參數 spanAngle 表示的是跨度角，為弧形起點、終點分別與圓心連線之間的夾角，如圖 6.5 所示。

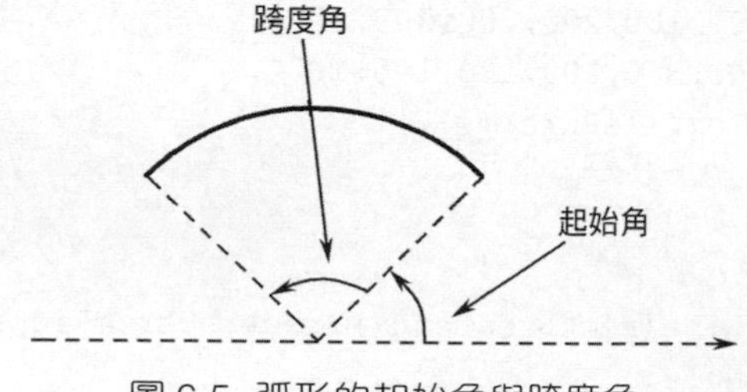

圖 6.5 弧形的起始角與跨度角

> **注意**：用 QPainter 畫弧形所使用的角度值，是以 1/16° 為單位的，在畫弧時即 1° 用 16 表示。

(d) switch(shape){ … }：使用一個 switch() 敘述，對所要畫的形狀做判斷，呼叫 QPainter 的各個 draw() 函數完成圖形的繪製。

(1) 利用 QPainter 繪製圖形（Shape）。

Qt 為開發者提供了豐富的繪製基本圖形的 draw() 函數，如圖 6.6 所示。

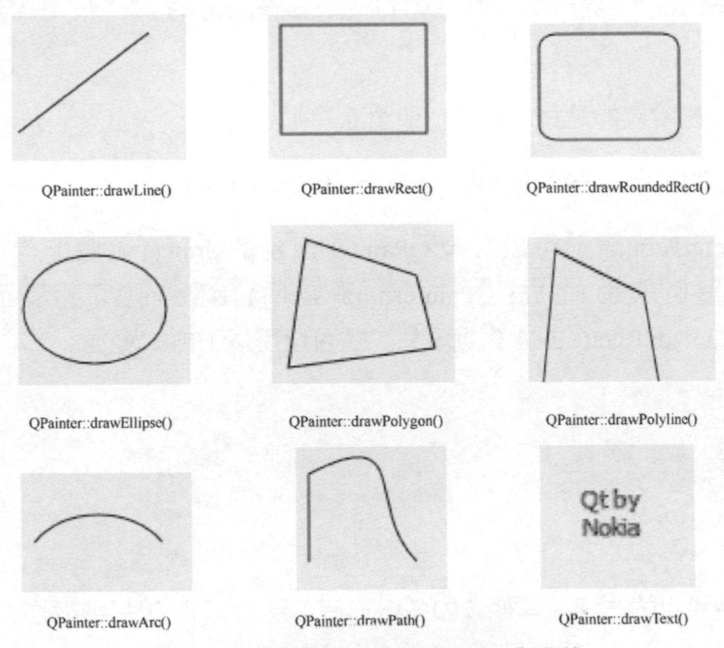

圖 6.6 各種繪製基本圖形的 draw() 函數

除此之外，QPainter 類別還提供了一個 drawPixmap() 函數，可以直接將圖片畫到控制項上。

(2) 利用 QPainterPath 繪製簡單圖形。

QPainterPath 類別為 QPainter 類別提供了一個儲存容器，裡面包含了所要繪製的內容的集合及繪製的順序，如長方形、多邊形、曲線等各種任意圖形。當需要繪製預先儲存在 QPainterPath 物件中的內容時，只需呼叫 QPainter 類別的 drawPath() 函數即可。

QPainterPath 類別提供了許多函數介面，可以很方便地加入一些規則圖形。舉例來說，addRect() 函數加入一個方形，addEllipse() 函數加入一個橢圓形，addText() 函數加入一個字串，addPolygon() 函數加入一個多邊形等。同時，QPainterPath 類別還提供了 addPath() 函數，用於加入另一個 QPainterPath 物件中儲存的內容。

QPainterPath 物件的當前點自動處在上一部分圖形內容的結束點上，若下一部分圖形的起點不在此結束點，則需呼叫 moveTo() 函數將當前點移動到下一部分圖形的起點。

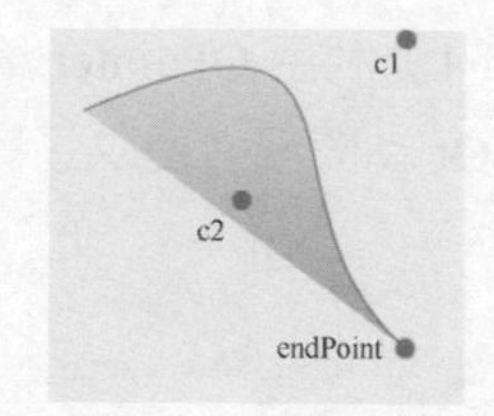

圖 6.7 繪製貝曲線

cubicTo() 函數繪製的是貝　曲線，如圖 6.7 所示。

需要三個參數，分別表示三個點 cubicTo(c1,c2,endPoint)。

利用 QPainterPath 類別可以實現 QPainter 類別的 draw() 函數能夠實現的所有圖形。舉例來說，對於 QPainter::drawRect() 函數，除可用上面介紹的 QPainterPath::addRect() 的方式實現外，還可以用以下方式實現：

```
QPainterPath path;
path.moveTo(0,0);
path.lineTo(200,0);
path.lineTo(200,100);
path.lineTo(0,100);
path.lineTo(0,0);
```

這是一個更通用的方法，其他（如多邊形等）圖形都能夠使用這種方式實現。

至此，一個能夠回應滑鼠事件進行繪圖功能的表單類別 Widget 已實現，接下來的工作是完成在主視窗中應用此表單類別。

6.2.3 主視窗的實現

主視窗類別 MainWidget 繼承自 QWidget 類別，包含完成各種圖形參數選擇的控制區的宣告、一系列設定與畫圖相關參數的槽函數的宣告，以及一個繪圖區 PaintArea 物件的宣告。

開啟 "mainwidget.h" 標頭檔，增加以下程式：

```
#include <QWidget>
#include "paintarea.h"
#include <QLabel>
#include <QComboBox>
#include <QSpinBox>
#include <QPushButton>
#include <QGridLayout>
#include <QGradient>
```

```
class MainWidget : public QWidget
{
    Q_OBJECT
public:
    MainWidget(QWidget *parent = 0);
    ~MainWidget();
private:
    PaintArea *paintArea;
    QLabel *shapeLabel;
    QComboBox *shapeComboBox;
    QLabel *penWidthLabel;
    QSpinBox *penWidthSpinBox;
    QLabel *penColorLabel;
    QFrame *penColorFrame;
    QPushButton *penColorBtn;
    QLabel *penStyleLabel;
    QComboBox *penStyleComboBox;
    QLabel *penCapLabel;
    QComboBox *penCapComboBox;
    QLabel *penJoinLabel;
    QComboBox *penJoinComboBox;
    QLabel *fillRuleLabel;
    QComboBox *fillRuleComboBox;
    QLabel *spreadLabel;
    QComboBox *spreadComboBox;
    QGradient::Spread spread;
    QLabel *brushStyleLabel;
    QComboBox *brushStyleComboBox;
    QLabel *brushColorLabel;
    QFrame *brushColorFrame;
    QPushButton *brushColorBtn;
    QGridLayout *rightLayout;
protected slots:
    void ShowShape(int);
    void ShowPenWidth(int);
    void ShowPenColor();
    void ShowPenStyle(int);
    void ShowPenCap(int);
    void ShowPenJoin(int);
    void ShowSpreadStyle();
    void ShowFillRule();
    void ShowBrushColor();
    void ShowBrush(int);
};
```

MainWidget 類別的建構函數中建立了各參數選擇控制項，開啟 "mainwidget.cpp" 檔案，增加以下程式：

```
#include "mainwidget.h"
#include <QColorDialog>
MainWidget::MainWidget(QWidget *parent)
    : QWidget(parent)
{
    paintArea = new PaintArea;
    shapeLabel = new QLabel(tr("形狀："));          //形狀選擇下拉式選單
    shapeComboBox = new QComboBox;
    shapeComboBox->addItem(tr("Line"),PaintArea::Line);      //(a)
    shapeComboBox->addItem(tr("Rectangle"),PaintArea::Rectangle);
    shapeComboBox->addItem(tr("RoundedRect"),PaintArea::RoundRect);
    shapeComboBox->addItem(tr("Ellipse"),PaintArea::Ellipse);
    shapeComboBox->addItem(tr("Polygon"),PaintArea::Polygon);
    shapeComboBox->addItem(tr("Polyline"),PaintArea::Polyline);
    shapeComboBox->addItem(tr("Points"),PaintArea::Points);
    shapeComboBox->addItem(tr("Arc"),PaintArea::Arc);
    shapeComboBox->addItem(tr("Path"),PaintArea::Path);
    shapeComboBox->addItem(tr("Text"),PaintArea::Text);
    shapeComboBox->addItem(tr("Pixmap"),PaintArea::Pixmap);
    connect(shapeComboBox,SIGNAL(activated(int)),this,SLOT(ShowShape(i
nt)));
    penColorLabel = new QLabel(tr("畫筆顏色："));  //畫筆顏色選擇控制項
    penColorFrame = new QFrame;
    penColorFrame->setFrameStyle(QFrame::Panel|QFrame::Sunken);
    penColorFrame->setAutoFillBackground(true);
    penColorFrame->setPalette(QPalette(Qt::blue));
    penColorBtn = new QPushButton(tr("更改"));
    connect(penColorBtn,SIGNAL(clicked()),this,SLOT(ShowPenColor()));
    penWidthLabel = new QLabel(tr("畫筆線寬："));  //畫筆線寬選擇控制項
    penWidthSpinBox = new QSpinBox;
    penWidthSpinBox->setRange(0,20);
    connect(penWidthSpinBox,SIGNAL(valueChanged(int)),this,SLOT(ShowPe
nWidth (int)));
    penStyleLabel = new QLabel(tr("畫筆風格：")); //畫筆風格選擇下拉式選單
    penStyleComboBox = new QComboBox;
    penStyleComboBox->addItem(tr("SolidLine"),    //(b)
                        static_cast<int>(Qt::SolidLine));
    penStyleComboBox->addItem(tr("DashLine"),
                        static_cast<int>(Qt::DashLine));
    penStyleComboBox->addItem(tr("DotLine"),
                        static_cast<int>(Qt::DotLine));
    penStyleComboBox->addItem(tr("DashDotLine"),
```

```
                    static_cast<int>(Qt::DashDotLine));
    penStyleComboBox->addItem(tr("DashDotDotLine"),
                   static_cast<int>(Qt::DashDotDotLine));
    penStyleComboBox->addItem(tr("CustomDashLine"),
                   static_cast<int>(Qt::CustomDashLine));
    connect(penStyleComboBox,SIGNAL(activated(int)),this,SLOT(ShowPenS
tyle (int)));
    penCapLabel = new QLabel(tr("畫筆頂帽：")); //畫筆頂帽風格選擇下拉式選單
    penCapComboBox = new QComboBox;
    penCapComboBox->addItem(tr("SquareCap"),Qt::SquareCap);  //(c)
    penCapComboBox->addItem(tr("FlatCap"),Qt::FlatCap);
    penCapComboBox->addItem(tr("RoundCap"),Qt::RoundCap);
    connect(penCapComboBox,SIGNAL(activated(int)),this,SLOT(ShowPenCap
(int)));
    penJoinLabel = new QLabel(tr("畫筆連接點：")); //畫筆連接點風格選擇下拉
式選單
    penJoinComboBox = new QComboBox;
    penJoinComboBox->addItem(tr("BevelJoin"),Qt::BevelJoin); //(d)
    penJoinComboBox->addItem(tr("MiterJoin"),Qt::MiterJoin);
    penJoinComboBox->addItem(tr("RoundJoin"),Qt::RoundJoin);
    connect(penJoinComboBox,SIGNAL(activated(int)),this,SLOT(ShowPenJo
in(int)));
    fillRuleLabel = new QLabel(tr("填充模式："));  //填充模式選擇下拉式選單
    fillRuleComboBox = new QComboBox;
    fillRuleComboBox->addItem(tr("Odd Even"),Qt::OddEvenFill); //(e)
    fillRuleComboBox->addItem(tr("Winding"),Qt::WindingFill);
    connect(fillRuleComboBox,SIGNAL(activated(int)),this,SLOT(ShowFill
Rule()));
    spreadLabel = new QLabel(tr("鋪展效果："));    //鋪展效果選擇下拉式選單
    spreadComboBox = new QComboBox;
    spreadComboBox->addItem(tr("PadSpread"),QGradient::PadSpread);
                                                   //(f)
    spreadComboBox->addItem(tr("RepeatSpread"),QGradient::
RepeatSpread);
    spreadComboBox->addItem(tr("ReflectSpread"),QGradient::
ReflectSpread);
    connect(spreadComboBox,SIGNAL(activated(int)),this,SLOT(ShowSpread
Style()));
    brushColorLabel = new QLabel(tr("筆刷顏色：")); //筆刷顏色選擇控制項
    brushColorFrame = new QFrame;
    brushColorFrame->setFrameStyle(QFrame::Panel|QFrame::Sunken);
    brushColorFrame->setAutoFillBackground(true);
    brushColorFrame->setPalette(QPalette(Qt::green));
    brushColorBtn = new QPushButton(tr("更改"));
    connect(brushColorBtn,SIGNAL(clicked()),this,SLOT(ShowBrushCol
```

```
or()));
    brushStyleLabel = new QLabel(tr("筆刷風格：")); // 筆刷風格選擇下拉式選單
    brushStyleComboBox = new QComboBox;
    brushStyleComboBox->addItem(tr("SolidPattern"),      //(g)
                        static_cast<int>(Qt::SolidPattern));
    brushStyleComboBox->addItem(tr("Dense1Pattern"),
                        static_cast<int>(Qt::Dense1Pattern));
    brushStyleComboBox->addItem(tr("Dense2Pattern"),
                        static_cast<int>(Qt::Dense2Pattern));
    brushStyleComboBox->addItem(tr("Dense3Pattern"),
                        static_cast<int>(Qt::Dense3Pattern));
    brushStyleComboBox->addItem(tr("Dense4Pattern"),
                        static_cast<int>(Qt::Dense4Pattern));
    brushStyleComboBox->addItem(tr("Dense5Pattern"),
                        static_cast<int>(Qt::Dense5Pattern));
    brushStyleComboBox->addItem(tr("Dense6Pattern"),
                        static_cast<int>(Qt::Dense6Pattern));
    brushStyleComboBox->addItem(tr("Dense7Pattern"),
                        static_cast<int>(Qt::Dense7Pattern));
    brushStyleComboBox->addItem(tr("HorPattern"),
                        static_cast<int>(Qt::HorPattern));
    brushStyleComboBox->addItem(tr("VerPattern"),
                        static_cast<int>(Qt::VerPattern));
    brushStyleComboBox->addItem(tr("CrossPattern"),
                        static_cast<int>(Qt::CrossPattern));
    brushStyleComboBox->addItem(tr("BDiagPattern"),
                        static_cast<int>(Qt::BDiagPattern));
    brushStyleComboBox->addItem(tr("FDiagPattern"),
                        static_cast<int>(Qt::FDiagPattern));
    brushStyleComboBox->addItem(tr("DiagCrossPattern"),
                        static_cast<int>(Qt:: DiagCrossPattern));
    brushStyleComboBox->addItem(tr("LinearGradientPattern"),
                        static_cast<int>(Qt::LinearGradientPattern));
    brushStyleComboBox->addItem(tr("ConicalGradientPattern"),
                        static_cast<int>(Qt::ConicalGradientPattern));
    brushStyleComboBox->addItem(tr("RadialGradientPattern"),
                        static_cast<int>(Qt::RadialGradientPattern));
    brushStyleComboBox->addItem(tr("TexturePattern"),
                        static_cast<int>(Qt::TexturePattern));
    connect(brushStyleComboBox,SIGNAL(activated(int)),this,SLOT(ShowBr
ush(int)));
    rightLayout = new QGridLayout;          // 主控台的版面配置
    rightLayout->addWidget(shapeLabel,0,0);
    rightLayout->addWidget(shapeComboBox,0,1);
    rightLayout->addWidget(penColorLabel,1,0);
```

```
    rightLayout->addWidget(penColorFrame,1,1);
    rightLayout->addWidget(penColorBtn,1,2);
    rightLayout->addWidget(penWidthLabel,2,0);
    rightLayout->addWidget(penWidthSpinBox,2,1);
    rightLayout->addWidget(penStyleLabel,3,0);
    rightLayout->addWidget(penStyleComboBox,3,1);
    rightLayout->addWidget(penCapLabel,4,0);
    rightLayout->addWidget(penCapComboBox,4,1);
    rightLayout->addWidget(penJoinLabel,5,0);
    rightLayout->addWidget(penJoinComboBox,5,1);
    rightLayout->addWidget(fillRuleLabel,6,0);
    rightLayout->addWidget(fillRuleComboBox,6,1);
    rightLayout->addWidget(spreadLabel,7,0);
    rightLayout->addWidget(spreadComboBox,7,1);
    rightLayout->addWidget(brushColorLabel,8,0);
    rightLayout->addWidget(brushColorFrame,8,1);
    rightLayout->addWidget(brushColorBtn,8,2);
    rightLayout->addWidget(brushStyleLabel,9,0);
    rightLayout->addWidget(brushStyleComboBox,9,1);
    QHBoxLayout *mainLayout = new QHBoxLayout(this); //整體的版面配置
    mainLayout->addWidget(paintArea);
    mainLayout->addLayout(rightLayout);
    mainLayout->setStretchFactor(paintArea,1);
    mainLayout->setStretchFactor(rightLayout,0);
    ShowShape(shapeComboBox->currentIndex());        //顯示預設的圖形
}
```

其中，

(a) shapeComboBox->addItem(tr("Line"),PaintArea::Line)：QComboBox 的 addItem() 函數可以僅插入文字，也可同時插入與文本相對應的具體資料，通常為列舉型態資料，便於後面操作時確定選擇的是哪個資料。

(b) penStyleComboBox->addItem(tr("SolidLine"),static_cast<int>(Qt::SolidLine))：選用不同的參數，對應畫筆的不同風格，如圖 6.8 所示。

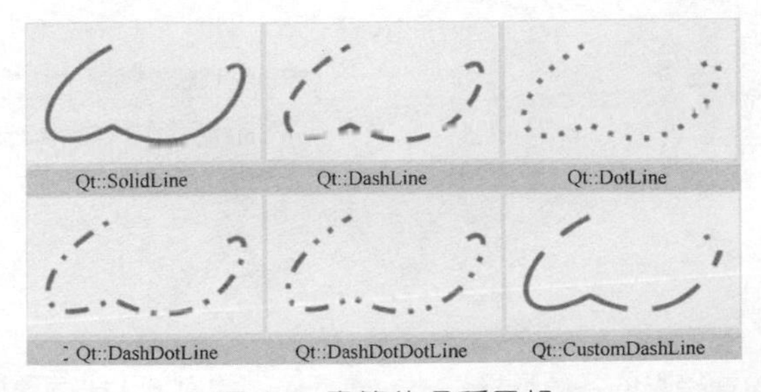

圖 6.8 畫筆的各種風格

(c) penCapComboBox->addItem(tr("SquareCap"),Qt::SquareCap)：選用不同的參數，對應畫筆頂帽的不同風格，如圖 6.9 所示。

圖 6.9 畫筆頂帽的各種風格

其中，Qt::SquareCap 表示在線條的頂點處是方形的，且線條繪製的區域包括了端點，並且再往外延伸半個線寬的長度；Qt::FlatCap 表示在線條的頂點處是方形的，但線條繪製區域不包括端點在內；Qt::RoundCap 表示在線條的頂點處是圓形的，且線條繪製區域包含了端點。

(d) penJoinComboBox->addItem(tr("BevelJoin"),Qt::BevelJoin)：選用不同的參數，對應畫筆連接點的不同風格，如圖 6.10 所示。

其中，Qt::BevelJoin 風格連接點是指兩條線的中心線頂點相匯，相連處依然保留線條各自的方形頂端；Qt::MiterJoin 風格連接點是指兩條線的中心線頂點相匯，相連處線條延長到線的外側匯集至點，形成一個尖頂的連接；Qt::RoundJoin 風格連接點是指兩條線的中心線頂點相匯，相連處以圓弧形連接。

(e) fillRuleComboBox->addItem(tr("Odd Even"),Qt::OddEvenFill)：Qt 為 QPainterPath 類別提供了兩種填充規則，分別是 Qt::OddEvenFill 和 Qt::WindingFill，如圖 6.11 所示。這兩種填充規則在判定圖形中某一點是處於內部還是外部時，判斷依據不同。

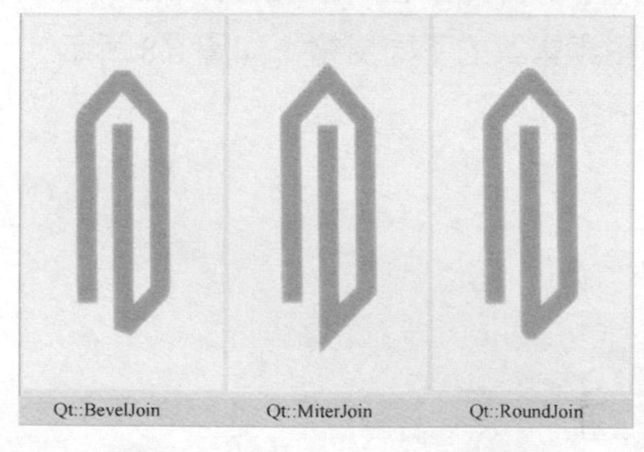

圖 6.10 畫筆連接點的各種風格

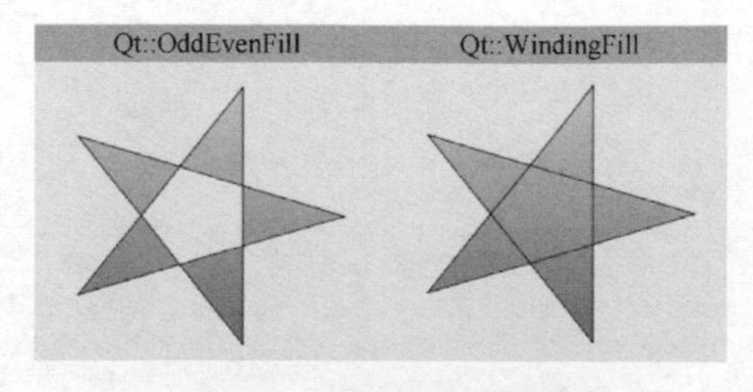

圖 6.11 兩種填充規則

其中，Qt::OddEvenFill 填充規則判斷的依據是從圖形中某一點畫一條水平線到圖形外。若這條水平線與圖形邊線的交點數目為奇數，則說明此點位於圖形的內部；若交點數目為偶數，則此點位於圖形的外部，如圖 6.12 所示。

而 Qt::WindingFill 填充規則的判斷依據則是從圖形中某一點畫一條水平線到圖形外，每個交點外邊線的方向可能向上，也可能向下，將這些交點數累加，方向相反的相互抵消，若最後結果不為 0 則說明此點在圖形內，若最後結果為 0 則說明在圖形外，如圖 6.13 所示。

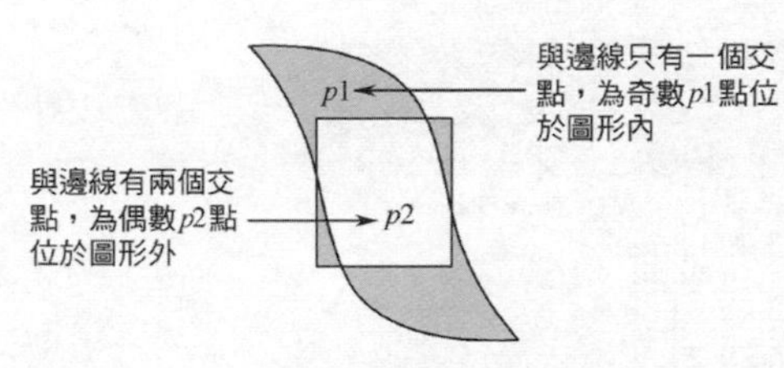

圖 6.12 Qt::OddEvenFill 填充規則的判斷依據

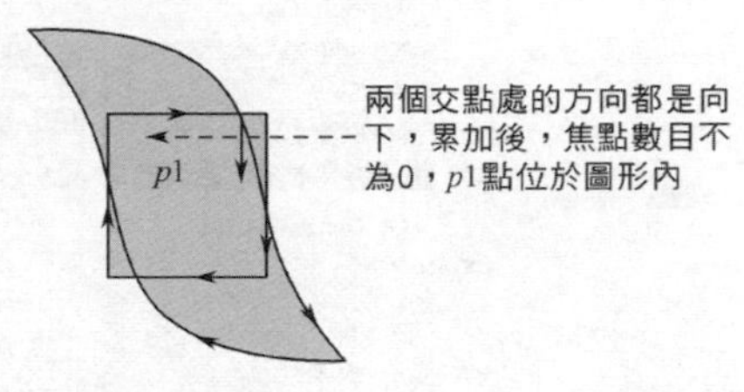

圖 6.13 Qt::WindingFill 填充規則的判斷依據

其中，邊線的方向是由 QPainterPath 建立時根據描述的順序決定的。如果採用 addRect() 或 addPolygon() 等函數加入的圖形，預設是按順時鐘方向。

(f) spreadComboBox->addItem(tr("PadSpread"),QGradient::PadSpread)： 鋪展效果有三種，分別為 QGradient::PadSpread、QGradient::RepeatSpread 和 QGradient:: ReflectSpread。其中，PadSpread 是預設的鋪展效果，也是最常見的鋪展效果，沒有被漸變覆蓋的區域填滿單一的起始顏色或終止顏色；RepeatSpread 效果與 ReflectSpread 效果只對線性漸變和圓形漸變起作用，如圖 6.14 所示。

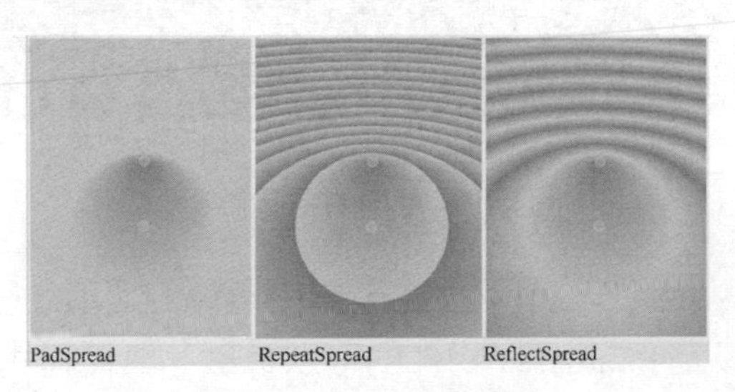

圖 6.14 鋪展效果類型

使用 QGradient 的 setColorAt() 函數設定起止的顏色，其中，第 1 個參數表示所設顏色點的位置，設定值範圍為 0.0 ～ 1.0，0.0 表示起點，1.0 表示終點；

第 2 個參數表示該點的顏色值。除可設定起點和終點的顏色外，如有需要還可設定中間任意位置的顏色，舉例來說，setColorAt (0.3,Qt::white)，設定起、終點之間 1/3 位置的顏色為白色。

(g)brushStyleComboBox->addItem(tr("SolidPattern"),static_cast<int>(Qt::SolidPattern))：選用不同的參數，對應筆刷的不同風格，如圖 6.15 所示。

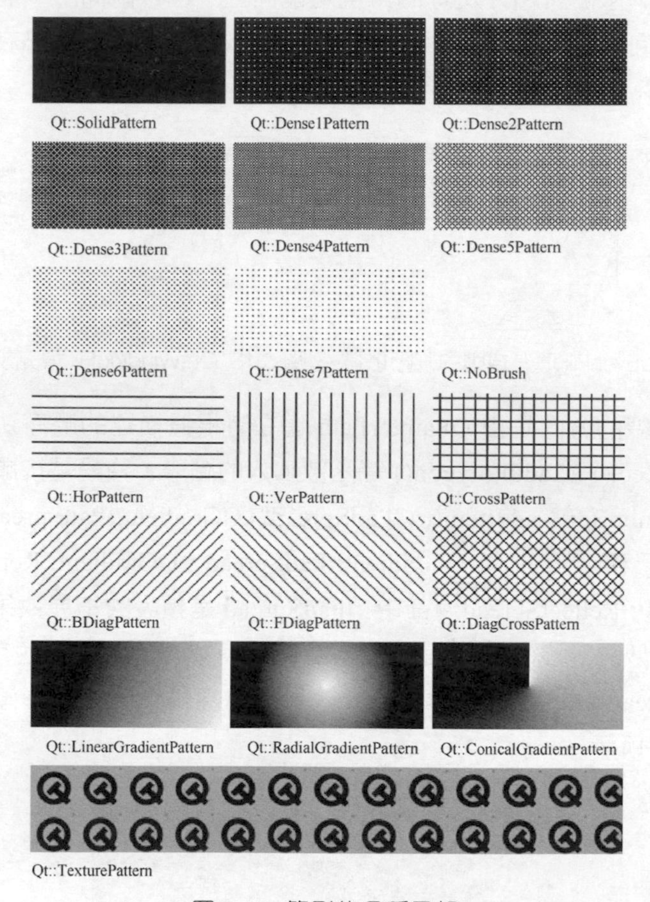

圖 6.15 筆刷的各種風格

ShowShape() 槽函數，根據當前下拉式選單中選擇的選項，呼叫 PaintArea 類別的 setShape() 函數設定 PaintArea 物件的形狀參數，具體程式如下：

```
void MainWidget::ShowShape(int value)
{
    PaintArea::Shape shape = PaintArea::Shape(shapeComboBox-
```

```
>itemData(value, Qt::UserRole).toInt());
    paintArea->setShape(shape);
}
```

其中，QComboBox 類別的 itemData 方法傳回當前顯示的下拉式選單資料，是一個 QVariant 物件，此物件與控制項初始化時插入的列舉型態資料相關，呼叫 QVariant 類別的 toInt() 函數獲得此資料在列舉型態資料集合中的序號。

ShowPenColor() 槽函數，利用標準顏色對話方塊 QColorDialog 獲取所選的顏色，採用 QFrame 和 QPushButton 物件組合完成，QFrame 物件負責顯示當前所選擇的顏色，QPushButton 物件用於觸發標準顏色對話方塊進行顏色的選擇。

在此函數中獲得與畫筆相關的所有屬性值，包括畫筆顏色、畫筆線寬、畫筆風格、畫筆頂帽及畫筆連接點，共同組成 QPen 物件，並呼叫 PaintArea 物件的 setPen() 函數設定 PaintArea 物件的畫筆屬性。其他與畫筆參數相關的回應函數完成的工作與此類似，具體程式如下：

```
void MainWidget::ShowPenColor()
{
    QColor color = QColorDialog::getColor(static_cast<int>(Qt::blue));
    penColorFrame->setPalette(QPalette(color));
    int value = penWidthSpinBox->value();
    Qt::PenStyle style = Qt::PenStyle(penStyleComboBox->itemData(
            penStyleComboBox->currentIndex(),Qt::UserRole).toInt());
    Qt::PenCapStyle cap = Qt::PenCapStyle(penCapComboBox->itemData(
            penCapComboBox->currentIndex(),Qt::UserRole).toInt());
    Qt::PenJoinStyle join = Qt::PenJoinStyle(penJoinComboBox-
>itemData(
penJoinComboBox->currentIndex(),Qt::UserRole).toInt());
    paintArea->setPen(QPen(color,value,style,cap,join));
}
```

ShowPenWidth() 槽函數的具體實現程式如下：

```
void MainWidget::ShowPenWidth(int value)
{
    QColor color = penColorFrame->palette().color(QPalette::Window);
    Qt::PenStyle style = Qt::PenStyle(penStyleComboBox->itemData(
            penStyleComboBox->currentIndex(),Qt::UserRole).toInt());
    Qt::PenCapStyle cap = Qt::PenCapStyle(penCapComboBox->itemData(
            penCapComboBox->currentIndex(),Qt::UserRole).toInt());
    Qt::PenJoinStyle join = Qt::PenJoinStyle(penJoinComboBox-
```

```
>itemData(
penJoinComboBox->currentIndex(),Qt::UserRole).toInt());
    paintArea->setPen(QPen(color,value,style,cap,join));
}
```

ShowPenStyle() 槽函數的具體實現程式如下：

```
void MainWidget::ShowPenStyle(int styleValue)
{
    QColor color = penColorFrame->palette().color(QPalette::Window);
    int value = penWidthSpinBox->value();
    Qt::PenStyle style = Qt::PenStyle(penStyleComboBox->itemData(
            styleValue,Qt::UserRole).toInt());
    Qt::PenCapStyle cap = Qt::PenCapStyle(penCapComboBox->itemData(
            penCapComboBox->currentIndex(),Qt::UserRole).toInt());
    Qt::PenJoinStyle join = Qt::PenJoinStyle(penJoinComboBox->itemData(
            penJoinComboBox->currentIndex(),Qt::UserRole).toInt());
    paintArea->setPen(QPen(color,value,style,cap,join));
}
```

ShowPenCap() 槽函數的具體實現程式如下：

```
void MainWidget::ShowPenCap(int capValue)
{
    QColor color = penColorFrame->palette().color(QPalette::Window);
    int value = penWidthSpinBox->value();
    Qt::PenStyle style = Qt::PenStyle(penStyleComboBox->itemData(
        penStyleComboBox->currentIndex(),Qt::UserRole).toInt());
    Qt::PenCapStyle cap = Qt::PenCapStyle(penCapComboBox->itemData(
        capValue,Qt::UserRole).toInt());
    Qt::PenJoinStyle join = Qt::PenJoinStyle(penJoinComboBox->itemData(
        penJoinComboBox->currentIndex(),Qt::UserRole).toInt());
    paintArea->setPen(QPen(color,value,style,cap,join));
}
```

ShowPenJoin() 槽函數的具體實現程式如下：

```
void MainWidget::ShowPenJoin(int joinValue)
{
    QColor color = penColorFrame->palette().color(QPalette::Window);
    int value = penWidthSpinBox->value();
    Qt::PenStyle style = Qt::PenStyle(penStyleComboBox->itemData(
        penStyleComboBox->currentIndex(),Qt::UserRole).toInt());
    Qt::PenCapStyle cap = Qt::PenCapStyle(penCapComboBox->itemData(
        penCapComboBox->currentIndex(),Qt::UserRole).toInt());
    Qt::PenJoinStyle join = Qt::PenJoinStyle(penJoinComboBox->itemData(
```

```
        joinValue,Qt::UserRole).toInt());
    paintArea->setPen(QPen(color,value,style,cap,join));
}
```

ShowFillRule() 槽函數的具體實現程式如下：

```
void MainWidget::ShowFillRule()
{
    Qt::FillRule rule = Qt::FillRule(fillRuleComboBox->itemData(
    fillRuleComboBox->currentIndex(),Qt::UserRole).toInt());
    paintArea->setFillRule(rule);
}
```

ShowSpreadStyle() 槽函數的具體實現程式如下：

```
void MainWidget::ShowSpreadStyle()
{
    spread = QGradient::Spread(spreadComboBox->itemData(
        spreadComboBox->currentIndex(),Qt::UserRole).toInt());
}
```

ShowBrushColor() 槽函數，與設定畫筆顏色函數類似，但選定顏色後並不直接呼叫 PaintArea 物件的 setBrush() 函數，而是呼叫 ShowBrush() 函數設定顯示區的筆刷屬性，具體實現程式如下：

```
void MainWidget::ShowBrushColor()
{
    QColor color = QColorDialog::getColor(static_cast<int>(Qt:: blue));
    brushColorFrame->setPalette(QPalette(color));
    ShowBrush(brushStyleComboBox->currentIndex());
}
```

ShowBrush() 槽函數的具體實現程式如下：

```
void MainWidget::ShowBrush(int value)
{
    //獲得筆刷的顏色
    QColor color = brushColorFrame->palette().color(QPalette:: Window);
    Qt::BrushStyle style = Qt::BrushStyle(brushStyleComboBox-> itemData(
        value,Qt::UserRole).toInt());                          //(a)
    if(style == Qt::LinearGradientPattern)                     //(b)
    {
        QLinearGradient linearGradient(0,0,400,400);
        linearGradient.setColorAt(0.0,Qt::white);
        linearGradient.setColorAt(0.2,color);
        linearGradient.setColorAt(1.0,Qt::black);
```

```
        linearGradient.setSpread(spread);
        paintArea->setBrush(linearGradient);
    }
    else if(style == Qt::RadialGradientPattern)          //(c)
    {
        QRadialGradient radialGradient(200,200,150,150,100);
        radialGradient.setColorAt(0.0,Qt::white);
        radialGradient.setColorAt(0.2,color);
        radialGradient.setColorAt(1.0,Qt::black);
        radialGradient.setSpread(spread);
        paintArea->setBrush(radialGradient);
    }
    else if(style == Qt::ConicalGradientPattern)         //(d)
    {
        QConicalGradient conicalGradient(200,200,30);
        conicalGradient.setColorAt(0.0,Qt::white);
        conicalGradient.setColorAt(0.2,color);
        conicalGradient.setColorAt(1.0,Qt::black);
        paintArea->setBrush(conicalGradient);
    }
    else if(style == Qt::TexturePattern)
    {
        paintArea->setBrush(QBrush(QPixmap("butterfly.png")));
    }
    else
    {
        paintArea->setBrush(QBrush(color,style));
    }
}
```

其中，

(a) Qt::BrushStyle style = Qt::BrushStyle(brushStyleComboBox->itemData (value, Qt:: UserRole).toInt())：獲得所選的筆刷風格，若選擇的是漸變或紋理圖案，則需要進行一定的處理。

(b) 主視窗的 style 變數值為 Qt::LinearGradientPattern 時，表明選擇的是線形漸變。

QLinearGradient linearGradient(startPoint,endPoint) 建立線形漸變類別物件需要兩個參數，分別表示起止點位置。

(c) 主視窗的 style 變數值為 Qt::RadialGradientPattern 時，表明選擇的是圓形漸變。

QRadialGradiend radialGradient(startPoint,r,endPoint) 建立圓形漸變類別物件需要三個參數，分別表示圓心位置、半徑值和焦點位置。QRadialGradiend radialGradient(startPoint,r,endPoint) 表示以 startPoint 作為圓心和焦點的位置，以 startPoint 和 endPoint 之間的距離 *r* 為半徑，當然圓心和焦點的位置也可以不重合。

(d) 主視窗的 style 變數值為 Qt::ConicalGradientPattern 時，表明選擇的是錐形漸變。

QConicalGradient conicalGradient(startPoint,-(180*angle)/PI) 建立錐形漸變類別物件需要兩個參數，分別是錐形的頂點位置和漸變分界線與水平方向的夾角，如圖 6.16 所示。錐形漸變不需要設定鋪展效果，它的鋪展效果只能是 QGradient::PadSpread。

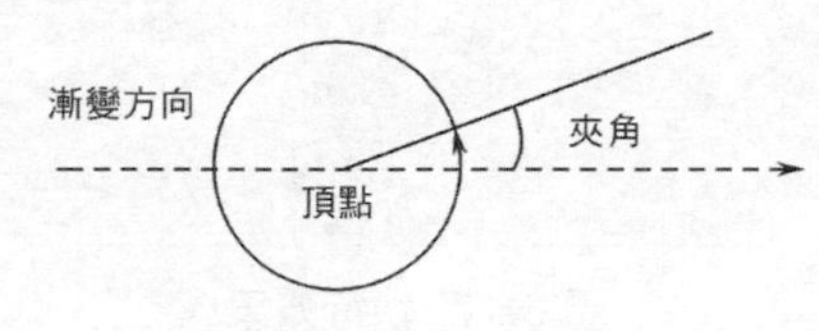

圖 6.16 錐形漸變

> **注意**：錐形漸變的方向預設是逆時鐘方向。

Qt 畫圖的座標系預設以左上角為原點，*x* 軸向右，*y* 軸向下。此座標系可受 QPainter 類別控制，對其進行變形，QPainter 類別提供了對應的變形函數，包括旋轉、縮放、平移和切變。呼叫這些函數時，顯示裝置的座標系會發生對應變形，但繪製內容相對座標系的位置並不會發生改變，因此看起來像是對繪製內容進行了變形，而實質上是座標系的變形。若還需實現更加複雜的變形，則可以採用 QTransform 類別實現。

開啟 "main.cpp" 檔案，增加以下程式：

```
#include "mainwidget.h"
#include <QApplication>
#include <QFont>
int main(int argc, char *argv[])
{
    QApplication a(argc, argv);
    QFont f("ZYSong18030",12);
    a.setFont(f);
    MainWidget w;
```

```
    w.show();
    return a.exec();
}
```

執行程式，效果如圖 6.17 所示。

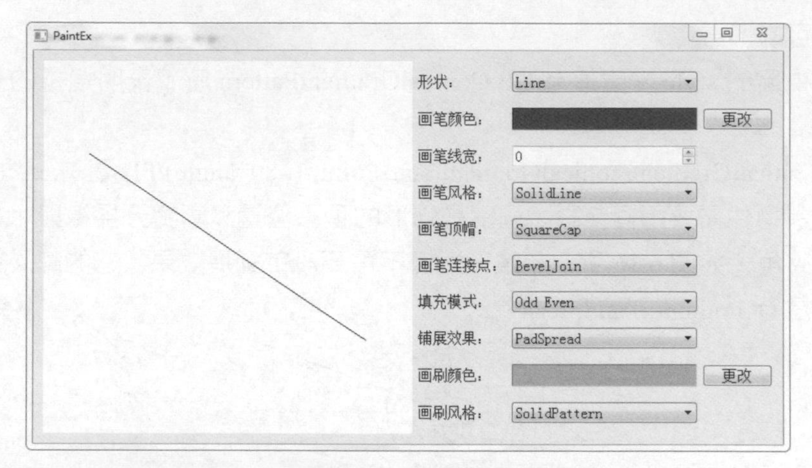

圖 6.17 執行效果

6.3 Qt 6 雙緩衝機制

6.3.1 原理與設計

所謂雙緩衝機制，是指在繪製控制項時，首先將要繪製的內容繪製在一個圖片中，再將圖片一次性地繪製到控制項上。在早期的 Qt 版本中，若直接在控制項上進行繪製工作，則在控制項重繪時會產生閃爍的現象，控制項重繪頻繁時，閃爍尤為明顯。雙緩衝機制可以有效地消除這種閃爍現象。Qt 6 版的 QWidget 控制項已經能夠自動處理閃爍的問題。因此，在控制項上直接繪圖時，不用再操心顯示的閃爍問題，但雙緩衝機制在很多場合仍然有其用武之地。當所需繪製的內容較複雜並需要頻繁更新，或每次只需要更新整個控制項的一小部分時，仍應儘量採用雙緩衝機制。

下面透過一個實例來演示雙緩衝機制。

【例】（難度中等）（CH603）實現一個簡單的繪圖工具，可以選擇線型、線寬、顏色等基本要素，如圖 6.18 所示。QMainWindow 物件作為主視窗，

QToolBar 物件作為工具列，QWidget 物件作為主視窗的中央表單，也就是繪圖區，如圖 6.19 所示。

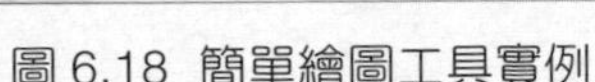

圖 6.18 簡單繪圖工具實例

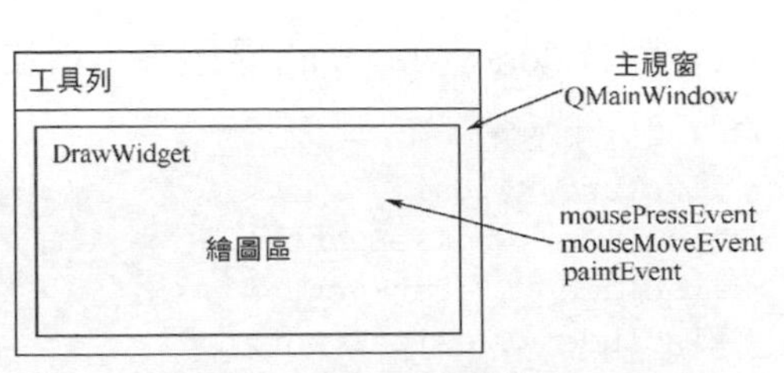

圖 6.19 繪圖工具框架

由於本實例是完成一個透過回應滑鼠事件進行繪圖的功能，而這是在繪圖區表單完成的，所以首先實現此表單 DrawWidget 對滑鼠事件進行重定義；然後實現可以選擇線型、線寬及顏色等基本要素的主視窗。

具體實現步驟如下。

(1) 新建 Qt Widgets Application（詳見 1.3.1 節），專案名稱為 "DrawWidget"，基礎類別選擇 "QMainWindow"，類別命名預設為 "MainWindow"，取消 "Generate form"（建立介面）核取方塊的選中狀態。點擊「下一步」按鈕，最後點擊「完成」按鈕，完成該開發專案的建立。

(2) 增加實現繪圖區的函數所在的原始檔案。

在 "DrawWidget" 專案名稱上點擊滑鼠右鍵，在彈出的快顯功能表中選擇「增加新檔案 ...」選項，在彈出的對話方塊中選擇 "C++ Class" 選項。點擊 "Choose..." 按鈕，在彈出的對話方塊的 "Base class" 欄下拉串列中選擇基礎類別名稱 "QWidget"，在 "Class name" 欄輸入類別的名稱 "DrawWidget"。

(3) 點擊「下一步」按鈕，再點擊「完成」按鈕，增加檔案 "drawwidget.h" 和檔案 "drawwidget.cpp"。

6.3.2 繪圖區的實現

DrawWidget 類別繼承自 QWidget 類別，在類別宣告中對滑鼠事件 mousePressEvent() 和 mouseMoveEvent()、重繪事件 paintEvent()、尺寸變化事件 resizeEvent() 進行了重定義。setStyle()、setWidth() 及 setColor() 函數主要用於為主視窗傳遞各種與繪圖有關的參數。

（1）開啟 "drawwidget.h" 標頭檔，增加的程式如下：

```
//增加的標頭檔
#include <QtGui>
#include <QMouseEvent>
#include <QPaintEvent>
#include <QResizeEvent>
#include <QColor>
#include <QPixmap>
#include <QPoint>
#include <QPainter>
#include <QPalette>
class DrawWidget : public QWidget
{
    Q_OBJECT
public:
    explicit DrawWidget(QWidget *parent = 0);
    void mousePressEvent(QMouseEvent *);
    void mouseMoveEvent(QMouseEvent *);
    void paintEvent(QPaintEvent *);
    void resizeEvent(QResizeEvent *);
signals:
public slots:
    void setStyle(int);
    void setWidth(int);
    void setColor(QColor);
    void clear();
private:
    QPixmap *pix;
    QPoint startPos;
    QPoint endPos;
    int style;
    int weight;
    QColor color;
};
```

(2) 開啟 "drawwidget.cpp" 檔案，DrawWidget 建構函數完成對表單參數及部分功能的初始化工作，具體程式如下：

```
#include "drawwidget.h"
#include <QtGui>
#include <QPen>
DrawWidget::DrawWidget(QWidget *parent) : QWidget(parent)
{
    setAutoFillBackground(true); // 對表單背景顏色的設定
    setPalette(QPalette(Qt::white));
    pix = new QPixmap(size());    // 此 QPixmap 物件用於準備隨時接收繪製的內容
    pix->fill(Qt::white);         // 填充背景顏色為白色
    setMinimumSize(600,400);      // 設定繪製區表單的最小尺寸
}
```

setStyle() 函數接收主視窗傳來的線型風格參數，setWidth() 函數接收主視窗傳來的線寬參數值，setColor() 函數接收主視窗傳來的畫筆顏色值。具體程式如下：

```
void DrawWidget::setStyle(int s)
{
    style = s;
}
void DrawWidget::setWidth(int w)
{
    weight = w;
}
void DrawWidget::setColor(QColor c)
{
    color = c;
}
```

重定義滑鼠按下事件 mousePressEvent()，在按下滑鼠按鍵時，記錄當前的滑鼠位置值 startPos。

```
void DrawWidget::mousePressEvent(QMouseEvent *e)
{
    startPos = e->pos();
}
```

重定義滑鼠移動事件 mouseMoveEvent()，滑鼠移動事件在預設情況下，在滑鼠按鍵被按下的同時拖曳滑鼠時被觸發。

QWidget 的 mouseTracking 屬性指示表單是否追蹤滑鼠，預設為 false（不追蹤），即在至少有一個滑鼠按鍵被按下的前提下移動滑鼠才觸發

mouseMoveEvent() 事件，可以透過 setMouseTracking (bool enable) 方法對該屬性值進行設定。如果設定為追蹤，則無論滑鼠按鍵是否被按下，只要滑鼠移動，就會觸發 mouseMoveEvent() 事件。在此事件處理函數中，完成向 QPixmap 物件中繪圖的工作。具體程式如下：

```
void DrawWidget::mouseMoveEvent(QMouseEvent *e)
{
    QPainter *painter = new QPainter;  // 新建一個 QPainter 物件
    QPen pen;                          // 新建一個 QPen 物件
    pen.setStyle((Qt::PenStyle)style); //(a)
    pen.setWidth(weight);              // 設定畫筆的線寬值
    pen.setColor(color);               // 設定畫筆的顏色
    painter->begin(pix);               //(b)
    painter->setPen(pen);              // 將 QPen 物件應用到繪製物件中
    // 繪製從 startPos 到滑鼠當前位置的直線
    painter->drawLine(startPos,e->pos());
    painter->end();
    startPos = e->pos();               // 更新滑鼠的當前位置，為下次繪製做準備
    update();                          // 重繪繪製區表單
}
```

其中，

(a) pen.setStyle((Qt::PenStyle)style)：設定畫筆的線型，style 表示當前選擇的線型是 Qt::PenStyle 列舉資料中的第幾個元素。

(b) painter->begin(pix)、painter->end()：以 QPixmap 物件為 QPaintDevice 參數繪製。在建構一個 QPainter 物件時，就立即開始對繪畫裝置進行繪製。此建構 QPainter 物件是短時期的，如應定義在 QWidget::paintEvent() 中，並只能呼叫一次。此建構函數呼叫開始於 begin() 函數，並且在 QPainter 的解構函數中自動呼叫 end() 函數。由於當一個 QPainter 物件的初始化失敗時建構函數不能提供回饋資訊，所以在繪製外部設備時應使用 begin() 和 end() 函數，如印表機等外部設備。

下面是使用 begin() 和 end() 函數的例子：

```
void MyWidget::paintEvent(QPaintEvent *)
{
    QPainter p;
    p.begin(this);
    p.drawLine(…);
    p.end();
}
```

類似於下面的形式：

```
void MyWidget::paintEvent(QPaintEvent *)
{
    QPainter p(this);
    p.drawLine(…);
}
```

重繪函數 paintEvent() 完成繪製區表單的更新工作，只需呼叫 drawPixmap() 函數將用於接收圖形繪製的 QPixmap 物件繪製在繪製區表單控制項上即可。具體程式如下：

```
void DrawWidget::paintEvent(QPaintEvent *)
{
    QPainter painter(this);
    painter.drawPixmap(QPoint(0,0),*pix);
}
```

調整繪製區大小函數 resizeEvent()，當表單的大小發生改變時，效果看起來雖然像是繪製區大小改變了，但實際能夠進行繪製的區域仍然沒有改變。因為繪圖的大小並沒有改變，還是原來繪製區視窗的大小，所以在表單尺寸變化時應即時調整用於繪製的 QPixmap 物件的大小。具體程式如下：

```
void DrawWidget::resizeEvent(QResizeEvent *event)
{
    if(height()>pix->height()||width()>pix->width())   //(a)
    {
        QPixmap *newPix = new QPixmap(size()); //建立一個新的QPixmap物件
        newPix->fill(Qt::white); //填充新QPixmap物件newPix的顏色為白色背景
顏色
        QPainter p(newPix);
        p.drawPixmap(QPoint(0,0),*pix);   //在newPix中繪製原pix中的內容
        pix = newPix;           //將newPix給予值給pix作為新的繪製圖形接收物件
    }
    QWidget::resizeEvent(event);     //完成其餘的工作
}
```

其中，

(a) if(height()>pix->height()||width()>pix->width())：判斷改變後的表單長或寬是否大於原表單的長或寬。若大於則進行對應的調整，否則直接呼叫 QWidget 的 resizeEvent() 函數傳回。

clear() 函數完成繪製區的清除工作，只需呼叫一個新的、乾淨的 QPixmap 物件

來代替 pix，並呼叫 update() 函數重繪即可。具體程式如下：

```
void DrawWidget::clear()
{
    QPixmap *clearPix = new QPixmap(size());
    clearPix->fill(Qt::white);
    pix = clearPix;
    update();
}
```

至此，一個能夠回應滑鼠事件進行繪圖功能的表單類別 DrawWidget 已實現，可以進行接下來的工作，即在主視窗中應用此表單類別。

6.3.3 主視窗的實現

主視窗類別 MainWindow 繼承自 QMainWindow 類別，只包含一個工具列和一個中央表單。首先，宣告一個建構函數、一個用於建立工具列的函數 createToolBar()、一個用於進行選擇線型風格的槽函數 ShowStyle() 和一個用於進行顏色選擇的槽函數 ShowColor()。然後，宣告一個 DrawWidget 類別物件作為主視窗的私有變數，以及宣告代表線型風格、線寬選擇、顏色選擇及清除按鈕的私有變數。

（1）開啟 "mainwindow.h" 檔案，增加以下程式：

```
//增加的標頭檔
#include <QToolButton>
#include <QLabel>
#include <QComboBox>
#include <QSpinBox>
#include "drawwidget.h"
class MainWindow : public QMainWindow
{
    Q_OBJECT
public:
    MainWindow(QWidget *parent = 0);
    ~MainWindow();
    void createToolBar();
public slots:
    void ShowStyle();
    void ShowColor();
private:
    DrawWidget *drawWidget;
```

```
    QLabel *styleLabel;
    QComboBox *styleComboBox;
    QLabel *widthLabel;
    QSpinBox *widthSpinBox;
    QToolButton *colorBtn;
    QToolButton *clearBtn;
};
```

（2）開啟 "mainwindow.cpp" 檔案，MainWindow 類別的建構函數完成初始化工作，各個功能見註釋説明，具體程式如下：

```
#include "mainwindow.h"
#include <QToolBar>
#include <QColorDialog>
MainWindow::MainWindow(QWidget *parent)
    : QMainWindow(parent)
{
    drawWidget = new DrawWidget;     //新建一個 DrawWidget 物件
    setCentralWidget(drawWidget);  //新建的 DrawWidget 物件作為主視窗的中央表單
    createToolBar();                 //實現一個工具列
    setMinimumSize(600,400);         //設定主視窗的最小尺寸
    ShowStyle();                     //初始化線型，設定控制項中的當前值作為初值
    drawWidget->setWidth(widthSpinBox->value()); //初始化線寬
    drawWidget->setColor(Qt::black);             //初始化顏色
}
```

createToolBar() 函數完成工具列的建立：

```
void MainWindow::createToolBar()
{
    QToolBar *toolBar = addToolBar("Tool");      //為主視窗新建一個工具列物件
    styleLabel = new QLabel(tr("線型風格："));  //建立線型風格選擇控制項
    styleComboBox = new QComboBox;
    styleComboBox->addItem(tr("SolidLine"),
                    static_cast<int>(Qt::SolidLine));
    styleComboBox->addItem(tr("DashLine"),
                    static_cast<int>(Qt::DashLine));
    styleComboBox->addItem(tr("DotLine"),
                    static_cast<int>(Qt::DotLine));
    styleComboBox->addItem(tr("DashDotLine"),
                    static_cast<int>(Qt::DashDotLine));
    styleComboBox->addItem(tr("DashDotDotLine"),
                    static_cast<int>(Qt::DashDotDotLine));
                                                //連結對應的槽函數
connect(styleComboBox,SIGNAL(activated(int)),this,SLOT(ShowStyle()));
```

```
    widthLabel = new QLabel(tr("線寬："));             //建立線寬選擇控制項
    widthSpinBox = new QSpinBox;
    connect(widthSpinBox,SIGNAL(valueChanged(int)),drawWidget,SLOT
(setWidth(int)));
    colorBtn = new QToolButton;                        //建立顏色選擇控制項
    QPixmap pixmap(20,20);
    pixmap.fill(Qt::black);
    colorBtn->setIcon(QIcon(pixmap));
    connect(colorBtn,SIGNAL(clicked()),this,SLOT(ShowColor()));
    clearBtn = new QToolButton();                      //建立"清除"按鈕
    clearBtn->setText(tr("清除"));
    connect(clearBtn,SIGNAL(clicked()),drawWidget,SLOT(clear()));
    toolBar->addWidget(styleLabel);
    toolBar->addWidget(styleComboBox);
    toolBar->addWidget(widthLabel);
    toolBar->addWidget(widthSpinBox);
    toolBar->addWidget(colorBtn);
    toolBar->addWidget(clearBtn);
}
```

改變線型參數的槽函數 ShowStyle()，透過呼叫 DrawWidget 類別的 setStyle() 函數將當前線型選擇控制項中的線型參數傳給繪製區；設定畫筆顏色的槽函數 ShowColor()，透過呼叫 DrawWidget 類別的 setColor() 函數將使用者在標準顏色對話方塊中選擇的顏色值傳給繪製區。這兩個函數的具體程式如下：

```
void MainWindow::ShowStyle()
{
    drawWidget->setStyle(styleComboBox->itemData(
        styleComboBox->currentIndex(),Qt::UserRole).toInt());
}
void MainWindow::ShowColor()
{
    QColor color = QColorDialog::getColor(static_cast<int> (Qt::black),
this);
  //使用標準顏色對話方塊 QColorDialog 獲得一個顏色值
    if(color.isValid())
    {
     //將新選擇的顏色傳給繪製區，用於改變畫筆的顏色值
        drawWidget->setColor(color);
        QPixmap p(20,20);
        p.fill(color);
        colorBtn->setIcon(QIcon(p));          //更新顏色選擇按鈕上的顏色顯示
    }
}
```

（3）開啟 "main.cpp" 檔案，增加以下程式：

```
#include <QFont>
int main(int argc, char *argv[])
{
    QApplication a(argc, argv);
    QFont font("ZYSong18030",12);
    a.setFont(font);
    MainWindow w;
    w.show();
    return a.exec();
}
```

（4）執行程式，顯示效果如圖 6.18 所示。

6.4 顯示 Qt 6 SVG 格式圖片

SVG 的英文全稱是 Scalable Vector Graphics，即可縮放的向量圖形。它是由 WWW 聯盟（World Wide Web Consortium，W3C）在 2000 年 8 月制定的一種新的二維向量圖形格式，也是規範中的網格向量圖形標準，是一個開放的圖形標準。

SVG 格式的特點如下。

（1）基於 XML。
（2）採用文字來描述物件。
（3）具有互動性和動態性。
（4）完全支持 DOM。

Qt 的 XML 模組支援兩種 XML 解析方法：DOM 和 SAX。其中，DOM 方法將 XML 檔案表示為一棵樹，以便隨機存取其中的節點，但消耗記憶體相對多一些。而 SAX 是一種事件驅動的 XML API，其速度快，但不便於隨機存取任意節點。因此，通常根據實際應用選擇合適的解析方法。這裡只介紹 DOM 的使用方法。

文件物件模型（Document Object Model，DOM）是 W3C 開發的獨立於平台和語言的介面，它可以使程式和指令稿動態地存取和更新 XML 檔案的內容、結構和風格。

DOM 在記憶體中將 XML 檔案表示為一棵樹，使用者透過 API 可以隨意地存取樹的任意節點內容。在 Qt 中，XML 檔案自身用 QDomDocument 表示，所有的節點類別都從 QDomNode 繼承。

SVG 檔案是利用 XML 表示的向量圖形檔案，每種圖形都用 XML 標籤表示。舉例來說，在 SVG 中畫折線的標籤如下：

```
<polyline fill="none" stroke="#888888" stroke-width="2" points="100,
200, 100,100"/>
```

其中，

- polyline：表示繪製折線。
- fill：表示填充。
- stroke：表示畫筆顏色。
- stroke-width：表示畫筆寬度。
- points：表示折線的點。

SVG 是一種向量圖形格式，比 GIF、JPEG 等柵格格式具有許多優勢，如檔案小，對於網路而言，下載速度快；可任意縮放而不會破壞影像的清晰度和細節；影像中的文字獨立於影像，文字保留可編輯和可搜尋的狀態，也沒有字型限制，使用者系統即使沒有安裝某一種字型，也可看到與製作時完全相同的畫面等。正是基於其格式的各種優點及開放性，SVG 獲得了許多組織和知名廠商的支援與認可，因此能夠迅速地開發和推廣應用。

Qt 為 SVG 格式圖片的顯示與生成提供了專門的 QtSvg 模組，此模組中包含了與 SVG 圖片相關的所有類別，主要有 QSvgWidget、QSvgRender 和 QGraphicsSvgItem。

【例】（難度一般）（CH604）透過利用 QSvgWidget 類別和 QSvgRender 類別實現一個 SVG 圖片瀏覽器，顯示以 ".svg" 結尾的檔案以介紹 SVG 格式圖片顯示的方法，如圖 6.20 所示。

此實例由三個層次的表單組成，如圖 6.21 所示。

在完成此功能的程式中使用與 SVG 相關的類別，必須在程式中包含 SVG 相關的標頭檔：

```
#include <QtSvg>
```

圖 6.20 SVG 格式圖片顯示實例

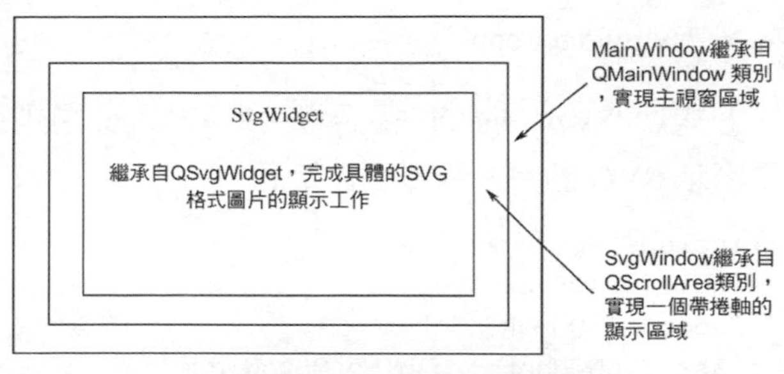

圖 6.21 繪圖工具框架

由於 Qt 預設生成的 Makefile 中只加入了 QtGui、QtCore 模組的函數庫，所以必須在專案檔案 ".pro" 中加入一行程式：

```
QT        += svgwidgets
```

這樣才可在編譯時加入 QtSvg 的函數庫。

具體實現步驟如下。

（1）新建 Qt Widgets Application（詳見 1.3.1 節），專案名稱為 "SVGTest"，基礎類別選擇 "QMainWindow"，類別名稱命名預設為 "MainWindow"，取消 "Generate form"（建立介面）核取方塊的選中狀態。點擊「下一步」按鈕，最後點擊「完成」按鈕，完成該開發專案的建立。

（2）下面增加實現一個帶捲軸顯示區域的函數所在的原始檔案。
在 "SVGTest" 專案名稱上點擊滑鼠右鍵，在彈出的快顯功能表中選擇「增加新檔案 ...」選項，在彈出的對話方塊中選擇 "C++ Class" 選項。點擊 "Choose..." 按鈕，在彈出的對話方塊的 "Base class" 欄輸入基礎類別名稱 "QScrollArea"（手工增加），在 "Class name" 欄輸入類別的名稱 "SvgWindow"。

（3）點擊「下一步」按鈕，再點擊「完成」按鈕，增加檔案 "svgwindow.h" 和檔案 "svgwindow.cpp"。

（4）增加顯示 SVG 圖片的函數所在的原始檔案。
在 "SVGTest" 專案名稱上點擊滑鼠右鍵，在彈出的快顯功能表中選擇「增加新檔案 ...」選項，在彈出的對話方塊中選擇 "C++ Class" 選項。點擊 "Choose..." 按鈕，在彈出的對話方塊的 "Base class" 欄輸入基礎類別名稱 "QSvgWidget"（手工增加），在 "Class name" 欄輸入類別的名稱 "SvgWidget"。

（5）點擊「下一步」按鈕，再點擊「完成」按鈕，增加檔案 "svgwidget.h" 和檔案 "svgwidget.cpp"。

（6）開啟 "svgwidget.h" 標頭檔。SvgWidget 類別繼承自 QSvgWidget 類別，主要顯示 SVG 圖片。具體程式如下：

```
#include <QtSvg>
#include <QSvgWidget>
#include <QSvgRenderer>
class SvgWidget : public QSvgWidget
{
    Q_OBJECT
public:
    SvgWidget(QWidget *parent = 0);
    void wheelEvent(QWheelEvent *);
    //回應滑鼠的滾輪事件，使 SVG 圖片能夠透過滑鼠滾輪的捲動進行縮放
private:
    QSvgRenderer *render;             //用於圖片顯示尺寸的確定
};
```

（7）開啟 "svgwidget.cpp" 檔案，SvgWidget 建構函數獲得本表單的 QSvgRenderer 物件。具體程式如下：

```
SvgWidget::SvgWidget(QWidget *parent):QSvgWidget(parent)
{
    render = renderer();
}
```

以下是滑鼠滾輪的回應事件，使 SVG 圖片能夠透過滑鼠滾輪的捲動進行縮放。具體程式如下：

```
void SvgWidget::wheelEvent(QWheelEvent *e)
{
    const double diff = 0.1;                //(a)
    QSize size = render->defaultSize();     //(b)
    int width = size.width();
    int height = size.height();
    if(e->angleDelta().y() > 0)             //(c)
    {
        //對圖片的長、寬值進行處理，放大一定的比例
        width = int(this->width()+this->width()*diff);
        height = int(this->height()+this->height()*diff);
    }
    else
```

```
    {
    // 對圖片的長、寬值進行處理，縮小一定的比例
        width = int(this->width()-this->width()*diff);
        height = int(this->height()-this->height()*diff);
    }
    resize(width,height);      // 利用新的長、寬值對圖片進行 resize() 操作
}
```

其中，

(a) const double diff = 0.1：diff 的值表示每次滾輪捲動一定的值，圖片大小改變的比例。

(b) QSize size = render->defaultSize()：該行程式及下面兩行程式用於獲取圖片顯示區的尺寸，以便進行下一步的縮放操作。

(c) if(e->angleDelta().y() > 0)： 利用 QWheelEvent 的 angleDelta().y() 函數獲得垂直滑鼠滾輪旋轉的角度，透過此值來判斷滾輪捲動的方向。若 angleDelta().y() 值大於零，表示滾輪向前（遠離使用者的方向）捲動；若小於零則表示滾輪向後（靠近使用者的方向）捲動。

滑鼠捲動事件，滾輪每捲動 1° 相當於移動 8°，而常見的滾輪滑鼠撥動一下捲動的角度為 15°，因此滾輪撥動一下相當於移動了 120(=15*8)°。

（8）SvgWindow 類別繼承自 QScrollArea 類別，是一個帶捲軸的顯示區域。在 SvgWindow 類別實現中包含 SvgWidget 類別的標頭檔。SvgWindow 類別使圖片在放大到超過主視窗大小時，能夠透過拖曳捲軸的方式進行查看。

開啟 "svgwindow.h" 標頭檔，具體程式如下：

```
#include <QScrollArea>
#include "svgwidget.h"
class SvgWindow : public QScrollArea
{
    Q_OBJECT
public:
    SvgWindow(QWidget *parent = 0);
    void setFile(QString);
    void mousePressEvent(QMouseEvent *);
    void mouseMoveEvent(QMouseEvent *);
private:
    SvgWidget *svgWidget;
    QPoint mousePressPos;
```

```
    QPoint scrollBarValuesOnMousePress;
};
```

（9）SvgWindow 類別的建構函數，建構 SvgWidget 物件，並呼叫 QScrollArea 類別的 setWidget() 函數設定捲動區的表單，使 svgWidget 成為 SvgWindow 的子視窗。

開啟 "svgwindow.cpp" 檔案，具體程式如下：

```
SvgWindow::SvgWindow(QWidget *parent):QScrollArea(parent)
{
    svgWidget = new SvgWidget;
    setWidget(svgWidget);
}
```

當主視窗中對檔案進行了選擇或修改時，將呼叫 setFile() 函數設定新的檔案，具體程式如下：

```
void SvgWindow::setFile(QString fileName)
{
    svgWidget->load(fileName);                    //(a)
    QSvgRenderer *render = svgWidget->renderer();
    svgWidget->resize(render->defaultSize());     //(b)
}
```

其中，

(a) svgWidget->load(fileName)：將新的 SVG 檔案載入到 svgWidget 中進行顯示。

(b) svgWidget->resize(render->defaultSize())：使 svgWidget 表單按 SVG 圖片的預設尺寸進行顯示。

當滑鼠鍵被按下時，對 mousePressPos 和 scrollBarValuesOnMousePress 進行初始化，QScrollArea 類別的 horizontalScrollBar() 和 verticalScrollBar() 函數可以分別獲得 svgWindow 的水平捲軸和垂直捲軸。具體程式如下：

```
void SvgWindow::mousePressEvent(QMouseEvent *event)
{
    mousePressPos = event->pos();
    scrollBarValuesOnMousePress.rx() = horizontalScrollBar()->value();
    scrollBarValuesOnMousePress.ry() = verticalScrollBar()->value();
    event->accept();
}
```

當滑鼠鍵被按下並拖曳滑鼠時觸發 mouseMoveEvent() 函數，透過捲軸的位置設定實現圖片拖曳的效果，具體程式如下：

```
void SvgWindow::mouseMoveEvent(QMouseEvent *event)
{
    horizontalScrollBar()->setValue(scrollBarValuesOnMousePress.x()-
event->pos().x()+mousePressPos.x());      //對水平捲軸的新位置進行設定
    verticalScrollBar()->setValue(scrollBarValuesOnMousePress.y()-
event->pos().y()+mousePressPos.y());      //對垂直捲軸的新位置進行設定
    horizontalScrollBar()->update();
    verticalScrollBar()->update();
    event->accept();
}
```

（10）主視窗 MainWindow 繼承自 QMainWindow 類別，包含一個功能表列，其中有一個「檔案」選單筆，包含一個「開啟」選單項。開啟 "mainwindow.h" 標頭檔，具體程式如下：

```
#include <QMainWindow>
#include "svgwindow.h"
class MainWindow : public QMainWindow
{
    Q_OBJECT
public:
    MainWindow(QWidget *parent = 0);
    ~MainWindow();
    void createMenu();
public slots:
    void slotOpenFile();
private:
    SvgWindow *svgWindow;           //用於呼叫相關函數傳遞選擇的檔案名稱
};
```

（11）在 MainWindow 建構函數中，建立一個 SvgWindow 物件作為主視窗的中央表單。開啟 "mainwindow.cpp" 檔案，具體程式如下：

```
MainWindow::MainWindow(QWidget *parent)
    : QMainWindow(parent)
{
    setWindowTitle(tr("SVG Viewer"));
    createMenu();
    svgWindow = new SvgWindow;
    setCentralWidget(svgWindow);
}
```

建立功能表列，具體程式如下：

```
void MainWindow::createMenu()
{
    QMenu *fileMenu = menuBar()->addMenu(tr("檔案"));
    QAction *openAct = new QAction(tr("開啟"),this);
    connect(openAct,SIGNAL(triggered()),this,SLOT(slotOpenFile()));
    fileMenu->addAction(openAct);
}
```

透過標準檔案對話方塊選擇 SVG 檔案，並呼叫 SvgWindow 的 setFile() 函數將選擇的檔案名稱傳遞給 svgWindow 進行顯示，具體程式如下：

```
void MainWindow::slotOpenFile()
{
    QString name = QFileDialog::getOpenFileName(this,"開啟","/","svg
files(*.svg)");
    svgWindow->setFile(name);
}
```

（12）執行程式，開啟一張 SVG 圖片，查看預覽效果，如圖 6.20 所示。

CHAPTER 07

Qt 6 圖形視圖框架

Graphics View（圖形視圖）框架結構取代了之前版本中的 QCanvas 模組，它提供基於像素的模型 / 視圖程式設計，類似於 QtInterView 的模型 / 視圖結構（詳見第 8 章），只是這裡的資料是圖形。

7.1 圖形視圖系統結構（Graphics View）

本節簡介 Graphics View 框架結構的主要特點、三元素及座標系統。

7.1.1 Graphics View 框架結構的主要特點

Graphics View 框架結構的主要特點如下。

（1）在 Graphics View 框架結構中，系統可以利用 Qt 繪圖系統的反鋸齒、OpenGL 工具來改善繪圖性能。

（2）Graphics View 支援事件傳播系統結構，可以使像素在場景（scene）中的互動能力提高 1 倍，像素能夠處理鍵盤事件和滑鼠事件。其中，滑鼠事件包括滑鼠被按下、移動、釋放和按兩下，還可以追蹤滑鼠的移動。

（3）在 Graphics View 框架中，透過二元空間劃分樹（Binary Space Partitioning，BSP）提供快速的像素查詢，這樣就能夠即時地顯示包含上百萬個像素的大場景。

7.1.2 Graphics View 框架結構的三元素

Graphics View 框架結構主要包含三個類別，即場景類別（QGraphicsScene）、視圖類別（QGraphicsView）和圖母類別（QGraphicsItem），統稱為「三元素」。其中，場景類別提供了一個用於管理位於其中的許多像素容器，視圖類別用於顯示場景中的像素，一個場景可以透過多個視圖表現，一個場景包括多個幾何圖形。Graphics View 三元素之間的關係如圖 7.1 所示。

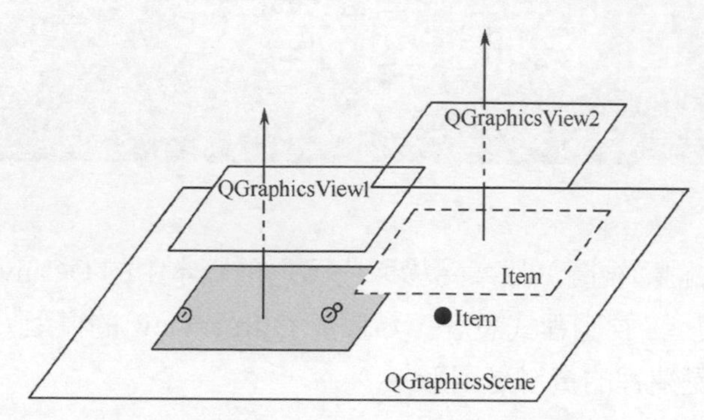

圖 7.1 Graphics View 三元素之間的關係

1. 場景類別：QGraphicsScene 類別

它是一個用於放置像素的容器，本身是不可見的，必須透過與之相連的視圖類別來顯示及與外界進行交互操作。透過 QGraphicsScene::addItem() 可以增加一個像素到場景中。像素可以透過多個函數進行檢索。QGraphicsScene::items() 和一些多載函數可以傳回與點、矩形、多邊形或向量路徑相交的所有像素。QGraphicsScene::itemAt() 傳回指定點的頂層像素。

場景類別主要完成的工作包括提供對它包含的像素的操作介面和傳遞事件、管理各個像素的狀態（如選擇和焦點處理）、提供無變換的繪製功能（如列印）等。

事件傳播系統結構將場景事件發送給像素，同時也管理像素之間的事件傳播。如果場景接收了在某一點的滑鼠點擊事件，場景會將事件傳給這一點的像素。

管理各個像素的狀態（如選擇和焦點處理）。可以透過 QGraphicsScene::setSelectionArea() 函數選擇像素，選擇區域可以是任意的形狀，使用 QPainterPath 表示。若要得到當前選擇的像素串列，則可以使用 QGraphicsScene::selectedItems() 函數。可以透過 QGraphicsScene::setFocusItem() 函數或 QGraphicsScene::setFocus() 函數來設定像素的焦點，獲得當前具有焦點的像素使用 QGraphicsScene::focusItem() 函數。

如果需要將場景內容繪製到特定的繪圖裝置，則可以使用 QGraphicsScene::render() 函數在繪圖裝置上繪製場景。

2. 視圖類別：QGraphicsView 類別

它提供一個可視的視窗，用於顯示場景中的像素。在同一個場景中可以有多個視圖，也可以為相同的資料集提供幾種不同的視圖。

QGraphicsView 是可捲動的視窗元件，可以提供捲軸來瀏覽大的場景。如果需要使用 OpenGL，則可以使用 QGraphicsView::setViewport() 函數將視圖設定為 QGLWidget。

視圖接收鍵盤和滑鼠的輸入事件，並將它們翻譯為場景事件（將座標轉為場景的座標）。使用變換矩陣函數 QGraphicsView::matrix() 可以變換場景的座標，實現場景縮放和旋轉。QGraphicsView 提供 QGraphicsView::mapToScene() 和 QGraphicsView::mapFromScene() 函數用於與場景的座標進行轉換。

3. 圖母類別：QGraphicsItem 類別

它是場景中各個像素的基礎類別，在它的基礎上可以繼承出各種圖母類別，Qt 已經預置的包括直線（QGraphicsLineItem）、橢圓（QGraphicsEllipseItem）、文字像素（QGraphicsTextItem）、矩形（QGraphicsRectItem）等。當然，也可以在 QGraphicsItem 類別的基礎上實現自訂的圖母類別，即使用者可以繼承 QGraphicsItem 實現符合自己需要的像素。

QGraphicsItem 主要有以下功能。

- 處理滑鼠按下、移動、釋放、按兩下、移過、滾輪和右鍵選單事件。
- 處理鍵盤輸入事件。
- 處理拖曳事件。
- 分組。
- 碰撞檢測。

此外，像素有自己的座標系統，也提供場景和像素。像素還可以透過 QGraphicsItem:: matrix() 函數來進行自身的交換，可以包含了像素。

7.1.3 GraphicsView 框架結構的座標系統

Graphics View 座標基於笛卡兒座標系，一個像素的場景具有 x 座標和 y 座標。當使用沒有變換的視圖觀察場景時，場景中的單元對應螢幕上的像素。

三個 Graphics View 基本類別有各自不同的座標系，場景座標、視圖座標和像素座標。Graphics View 提供了三個座標系統之間的轉換函數。在繪製圖形時，GraphicsView 的場景座標對應 QPainter 的邏輯座標、視圖座標和裝置座標。

1. 場景座標

場景座標是所有像素的基礎座標系統。場景座標系統描述了頂層的像素，每個像素都有場景座標和對應的包容框。場景座標的原點在場景中心，座標原點是 *x* 軸正方向向右，*y* 軸正方向向下。

QGraphicsScene 類別的座標系以中心為原點（0,0），如圖 7.2 所示。

2. 視圖座標

視圖座標是視窗元件的座標。視圖座標的單位是像素。QGraphicsView 視圖的左上角是（0,0），*x* 軸正方向向右，*y* 軸正方向向下。所有的滑鼠事件最開始都是使用視圖座標。

QGraphicsView 類別繼承自 QWidget 類別，因此它與其他的 QWidget 類別一樣，以視窗的左上角作為自己座標系的原點，如圖 7.3 所示。

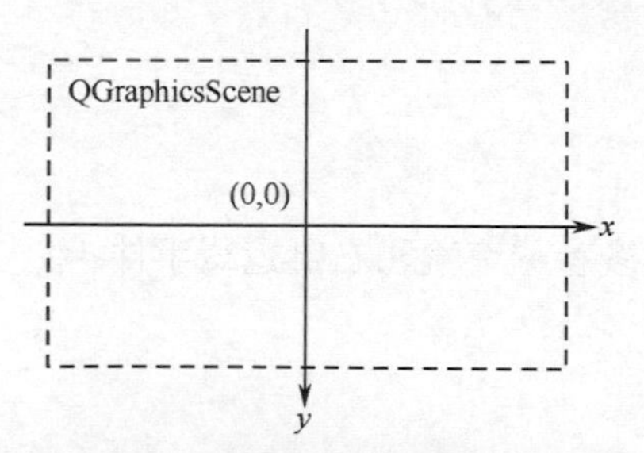

圖 7.2 QGraphicsScene 類別的座標系

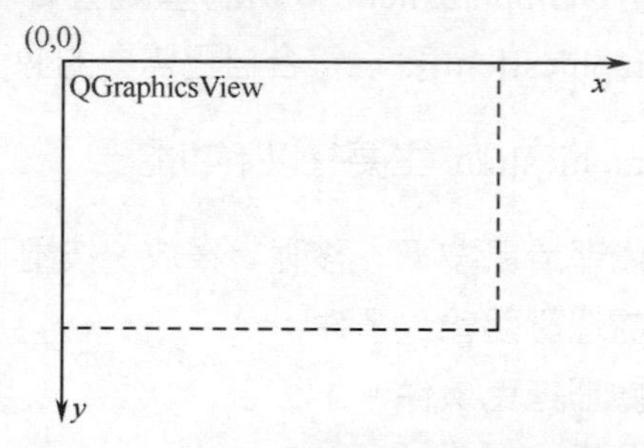

圖 7.3 QGraphicsView 類別的座標系

3. 像素座標

像素使用自己的本地座標，這個座標系統通常以像素中心為原點，這也是所有變換的原點。像素座標方向是 *x* 軸正方向向右，*y* 軸正方向向下。建立像素後，只需注意像素座標就可以了，QGraphicsScene 和 QGraphicsView 會完成所有的變換。

QGraphicsItem 類別的座標系，在呼叫 QGraphicsItem 類別的 paint() 函數重繪

圖元時，則以此座標系為基準，如圖 7.4 所示。

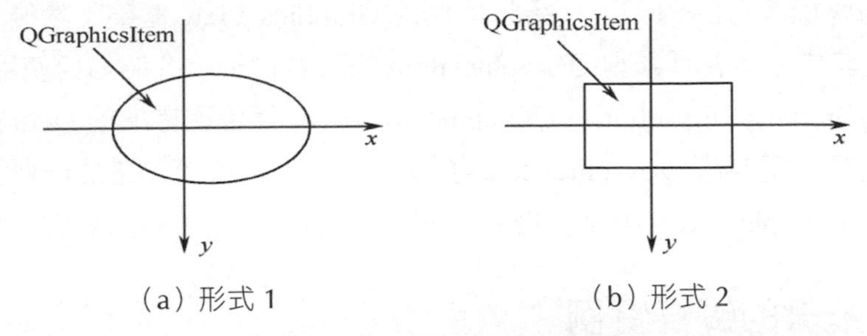

（a）形式 1　　（b）形式 2

圖 7.4 QGraphicsItem 的座標系

根據需要，Qt 提供了這三個座標系之間的互相轉換函數，以及像素與像素之間的轉換函數，若需從 QGraphicsItem 座標系中的某一點座標轉換到場景中的座標，則可呼叫 QGraphicsItem 的 mapToScene() 函數進行映射。而 QGraphicsItem 的 mapToParent() 函數則可將 QGraphicsItem 座標系中的某點座標映射至它的上一級座標系中，有可能是場景座標，也有可能是另一個 QGraphicsItem 座標。

Graphics View 框架提供了多種座標變換函數，見表 7.1。

表 7.1 Graphics View 框架提供的多種座標變換函數

映射函數	轉換類型
QGraphicsView::mapToScene()	從視圖到場景
QGraphicsView::mapFromScene()	從場景到視圖
QGraphicsItem:: mapFromScene()	從場景到像素
QGraphicsItem:: mapToScene()	從像素到場景
QGraphicsItem:: mapToParent()	從子像素到父像素
QGraphicsItem:: mapFromParent()	從父像素到子像素
QGraphicsItem:: mapToItem()	從本像素到其他像素
QGraphicsItem:: mapFromItem()	從其他像素到本像素

7.2 圖形視圖實例

首先，透過實現一個在螢幕上不停地上下飛舞的蝴蝶的例子介紹如何進行自訂 QGraphicsItem，以及如何利用計時器來實現 QGraphicsItem 動畫效果；其次，透過實現一個地圖瀏覽器的基本功能（包括地圖的瀏覽、放大、縮小，以及顯示各點的座標等）的例子，介紹如何使用 Graphics View 框架；然後，透過實現一個在其中顯示各種類型 QGraphicsItem 的表單例子，介紹如何使用 Qt 預先定義如 QGraphicsEllipseItem、QGraphicsRectItem 等各種標準的 QGraphicsItem 類型，以及使用自訂 QGraphicsItem 類型建立像素；最後，透過一個實例介紹如何實現 QGraphicsItem 類別的旋轉、縮放、切變、位移等各種變形操作。

7.2.1 飛舞的蝴蝶實例

透過實現的例子介紹如何進行自訂 QGraphicsItem，以及如何利用計時器來實現 QGraphicsItem 動畫效果。

【例】（難度中等）（CH701）設計介面，一隻蝴蝶在螢幕上不停地上下飛舞。操作步驟如下。

（1）新建 Qt Widgets Application（詳見 1.3.1 節），專案名為 "Butterfly"，基礎類別選擇 "QMainWindow"，類別命名預設為 "MainWindow"，取消 "Generate form"（建立介面）核取方塊的選中狀態。點擊「下一步」按鈕，最後點擊「完成」按鈕，完成該開發專案的建立。

（2）在 "Butterfly" 專案名稱上點擊滑鼠右鍵，在彈出的快顯功能表中選擇「增加新檔案 ...」選項，在彈出的對話方塊中選擇 "C++ Class" 選項。點擊 "Choose..." 按鈕，在彈出的對話方塊的 "Base class" 欄下拉串列中選擇基礎類別名稱 "QObject"，在 "Class name" 欄輸入類別的名稱 "Butterfly"。

（3）點擊「下一步」按鈕，再點擊「完成」按鈕，增加檔案 "butterfly.h" 和 "butterfly.cpp"。

（4）Butterfly 類別繼承自 QObject 類別、QGraphicsItem 類別，在標頭檔 "butterfly.h" 中完成的程式如下：

```
#include <QObject>
#include <QGraphicsItem>
#include <QPainter>
#include <QGraphicsScene>
#include <QGraphicsView>
class Butterfly : public QObject,public QGraphicsItem
{
```

```
    Q_OBJECT
public:
    explicit Butterfly(QObject *parent = 0);
    void timerEvent(QTimerEvent *);          //(a)
    QRectF boundingRect() const;             //(b)
signals:
public slots:
protected:
    void paint(QPainter *painter, const QStyleOptionGraphicsItem
*option, QWidget *widget);                   //重繪函數
private:
    bool up;                                 //(c)
    QPixmap pix_up;                          //用於表示兩幅蝴蝶的圖片
    QPixmap pix_down;
    qreal angle;
};
```

其中，

(a) void timerEvent(QTimerEvent *)：計時器實現動畫的原理是在計時器的 timerEvent() 中對 QGraphicsItem 進行重繪。

(b) QRectF boundingRect() const：為像素限定區域範圍，所有繼承自 QGraphicsItem 的自訂像素都必須實現此函數。

(c) bool up：用於標識蝴蝶翅膀的位置（位於上或下），以便實現動態效果。

（5）在原始檔案 "butterfly. cpp" 中完成的程式如下：

```
#include "butterfly.h"
#include <math.h>
const static double PI=3.1416;
Butterfly::Butterfly(QObject *parent) : QObject(parent)
{
    up = true;                       //給標識蝴蝶翅膀位置的變數賦初值
    pix_up.load("up.png");           //呼叫 QPixmap 的 load() 函數載入所用到的圖片
    pix_down.load("down.png");
    startTimer(100);                 //啟動計時器，並設定時間間隔為 100 毫秒
}
```

boundingRect() 函數為像素限定區域範圍。此範圍是以像素自身的座標系為基礎設定的。具體實現程式如下：

```
QRectF Butterfly::boundingRect() const
{
    qreal adjust = 2;
```

```
    return QRectF(-pix_up.width()/2-adjust,-pix_up.height()/2-adjust,
                  pix_up.width()+adjust*2,pix_up.height()+adjust*2);
}
```

在重畫函數 paint() 中，首先判斷當前已顯示的圖片是 pix_up 還是 pix_down。實現蝴蝶翅膀上下飛舞效果時，若當前顯示的是 pix_up 圖片，則重繪 pix_down 圖片，反之亦然。具體實現程式如下：

```
void Butterfly::paint(QPainter *painter, const QStyleOptionGraphicsItem
*option, QWidget *widget)
{
    if(up)
    {
        painter->drawPixmap(boundingRect().topLeft(),pix_up);
        up =! up;
    }
    else
    {
        painter->drawPixmap(boundingRect().topLeft(),pix_down);
        up =! up;
    }
}
```

計時器的 timerEvent() 函數實現蝴蝶的飛舞，具體實現程式如下：

```
void Butterfly::timerEvent(QTimerEvent *)
{
    //邊界控制
    qreal edgex = scene()->sceneRect().right()+boundingRect().
width()/2;
                                        //限定蝴蝶飛舞的右邊界
    qreal edgetop = scene()->sceneRect().top()+boundingRect().
height()/2;                             //限定蝴蝶飛舞的上邊界
    qreal edgebottom = scene()->sceneRect().bottom()+boundingRect().
 height()/2;                            //限定蝴蝶飛舞的下邊界
    if(pos().x() >= edgex)              //若超過了右邊界，則水平移回左邊界處
        setPos(scene()->sceneRect().left(),pos().y());
    if(pos().y() <= edgetop)            //若超過了上邊界，則垂直移回下邊界處
        setPos(pos().x(),scene()->sceneRect().bottom());
    if(pos().y() >= edgebottom)         //若超過了下邊界，則垂直移回上邊界處
        setPos(pos().x(),scene()->sceneRect().top());
    angle += (rand()%10)/20.0;
    qreal dx = fabs(sin(angle*PI)*10.0);
    qreal dy = (rand()%20)-10.0;
    setPos(mapToParent(dx,dy));         //(a)
}
```

其中，

(a) setPos(mapToParent(dx,dy))：dx、dy 完成蝴蝶隨機飛行的路徑，且 dx、dy 是相對於蝴蝶的座標系而言的，因此應使用 mapToParent() 函數映射為場景的座標。

(6) 完成了蝴蝶像素的實現後，在原始檔案 "main.cpp" 中將它載入到場景中，並連結一個視圖，具體實現程式如下：

```
#include <QApplication>
#include "butterfly.h"
#include <QGraphicsScene>
int main(int argc,char* argv[])
{
    QApplication a(argc,argv);
    QGraphicsScene *scene = new QGraphicsScene;
    scene->setSceneRect(QRectF(-200,-200,400,400));
    Butterfly *butterfly = new Butterfly;
    butterfly->setPos(-100,0);
    scene->addItem(butterfly);
    QGraphicsView *view = new QGraphicsView;
    view->setScene(scene);
    view->resize(400,400);
    view->show();
    return a.exec();
}
```

(7) 執行程式，將程式中用到的圖片儲存到該專案的 "C:\Qt6\CH7\CH701\build-Butterfly- Desktop_Qt_6_0_2_MinGW_64_bit-Debug" 資料夾中，執行效果如圖 7.5 所示。

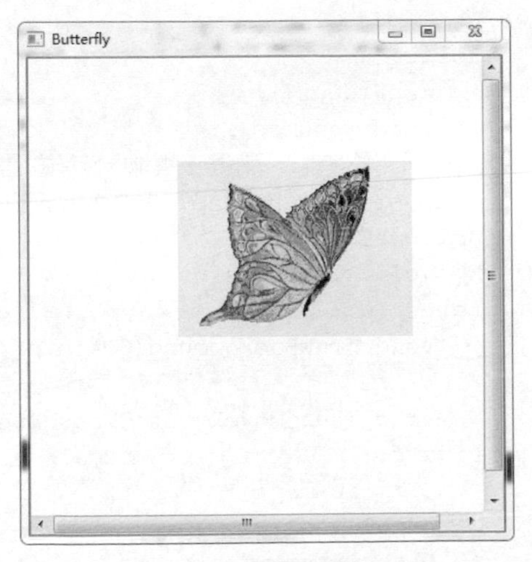

圖 7.5 飛舞的蝴蝶效果

7.2.2 地圖瀏覽器實例

本節透過實現一個地圖瀏覽器的基本功能，介紹如何使用 Graphics View 框架。

【例】（難度中等）（CH702）設計一個地圖瀏覽器，包括地圖的瀏覽、放大、縮小，以及顯示各點的座標等。

操作步驟如下：

（1）新建 Qt Widgets Application（詳見 1.3.1 節），專案名稱為 "MapWidget"，基礎類別選擇 "QMainWindow"，類別命名預設為 "MainWindow"，取消 "Generate form"（建立介面）核取方塊的選中狀態。點擊「下一步」按鈕，最後點擊「完成」按鈕，完成該開發專案的建立。

（2）在 "MapWidget" 專案名稱上點擊滑鼠右鍵，在彈出的快顯功能表中選擇「增加新檔案 ...」選項，在彈出的對話方塊中選擇 "C++ Class" 選項。點擊 "Choose..." 按鈕，在彈出的對話方塊的 "Base class" 欄輸入基礎類別名稱 "QGraphicsView"（手工增加），在 "Class name" 欄輸入類別的名稱 "MapWidget"。

（3）點擊「下一步」按鈕，再點擊「完成」按鈕，增加檔案 "mapwidget.h" 和 "mapwidget.cpp"。

（4）MapWidget 類別繼承自 QGraphicsView 類別，作為地圖瀏覽器的主資料表單。在標頭檔 "mapwidget.h" 中完成的程式如下：

```
#include <QGraphicsView>
#include <QLabel>
#include <QMouseEvent>
class MapWidget : public QGraphicsView
{
    Q_OBJECT
public:
    MapWidget();
    void readMap();                        //讀取地圖資訊
    //用於實現場景座標系與地圖座標之間的映射，以獲得某點的經緯度值
    QPointF mapToMap(QPointF);
public slots:
    void slotZoom(int);
protected:
    void drawBackground(QPainter *painter, const QRectF &rect);
                                           //完成地圖顯示的功能
    void mouseMoveEvent(QMouseEvent *event);
private:
    QPixmap map;
    qreal zoom;
    QLabel *viewCoord;
    QLabel *sceneCoord;
```

```
    QLabel *mapCoord;
    double x1,y1;
    double x2,y2;
};
```

（5）在原始檔案 "mapwidget.cpp" 中完成的程式如下：

```
#include "mapwidget.h"
#include <QSlider>
#include <QGridLayout>
#include <QFile>
#include <QTextStream>
#include <QGraphicsScene>
#include <math.h>
MapWidget::MapWidget()
{
    //讀取地圖資訊
    readMap();                                              //(a)
    zoom = 50;
    int width = map.width();
    int height = map.height();
    QGraphicsScene *scene = new QGraphicsScene(this);   //(b)
    //限定場景的顯示區域為地圖的大小
    scene->setSceneRect(-width/2,-height/2,width,height);
    setScene(scene);
    setCacheMode(CacheBackground);
    //用於地圖縮放的捲軸                                    //(c)
    QSlider *slider = new QSlider;
    slider->setOrientation(Qt::Vertical);
    slider->setRange(1,100);
    slider->setTickInterval(10);
    slider->setValue(50);
    connect(slider,SIGNAL(valueChanged(int)),this,SLOT(slotZoom (int)));
    QLabel *zoominLabel = new QLabel;
    zoominLabel->setScaledContents(true);
    zoominLabel->setPixmap(QPixmap("zoomin.png"));
    QLabel *zoomoutLabel = new QLabel;
    zoomoutLabel->setScaledContents(true);
    zoomoutLabel->setPixmap(QPixmap("zoomout.png"));
    //座標值顯示區
    QLabel *label1 = new QLabel(tr("GraphicsView:"));
    viewCoord = new QLabel;
    QLabel *label2 = new QLabel(tr("GraphicsScene:"));
    sceneCoord = new QLabel;
    QLabel *label3 = new QLabel(tr("map:"));
```

```
    mapCoord = new QLabel;
    //座標顯示區版面配置
    QGridLayout *gridLayout = new QGridLayout;
    gridLayout->addWidget(label1,0,0);
    gridLayout->addWidget(viewCoord,0,1);
    gridLayout->addWidget(label2,1,0);
    gridLayout->addWidget(sceneCoord,1,1);
    gridLayout->addWidget(label3,2,0);
    gridLayout->addWidget(mapCoord,2,1);
    gridLayout->setSizeConstraint(QLayout::SetFixedSize);
    QFrame *coordFrame = new QFrame;
    coordFrame->setLayout(gridLayout);
    //縮放控制子版面配置
    QVBoxLayout *zoomLayout = new QVBoxLayout;
    zoomLayout->addWidget(zoominLabel);
    zoomLayout->addWidget(slider);
    zoomLayout->addWidget(zoomoutLabel);
    //座標顯示區域版面配置
    QVBoxLayout *coordLayout = new QVBoxLayout;
    coordLayout->addWidget(coordFrame);
    coordLayout->addStretch();
    //主版面配置
    QHBoxLayout *mainLayout = new QHBoxLayout;
    mainLayout->addLayout(zoomLayout);
    mainLayout->addLayout(coordLayout);
    mainLayout->addStretch();
    //mainLayout->setMargin(30);
    mainLayout->setSpacing(10);
    setLayout(mainLayout);
    setWindowTitle("Map Widget");
    setMinimumSize(600,400);
}
```

其中，

(a) readMap()：用於讀取描述地圖資訊的檔案（包括地圖名稱及經緯度等資訊）。

(b) QGraphicsScene *scene = new QGraphicsScene(this)：新建一個 QGraphicsScene 物件為主視窗連接一個場景。

(c) 從 "QSlider *slider = new QSlider" 到 "connect(slider,SIGNAL(valueChanged(int)),this, SLOT(slotZoom(int)))" 之間的程式碼部分：新建一個 QSlider 物件作為地圖的縮放控制，設定地圖縮放比例值範圍為 0 ～ 100，當前初值

為 50，並將縮放控制列的 valueChanged() 訊號與地圖縮放 slotZoom() 槽函數相連結。

(6) 新建一個文字檔 "maps.txt"，利用該文字檔描述與地圖相關的資訊，將該檔案儲存在該專案下的 "C:\Qt6\CH7\CH702\build-MapWidget-Desktop_Qt_6_0_2_MinGW_64_bit-Debug" 資料夾中，檔案內容為：

```
China.jpg 114.4665527 35.96022297 119.9597168 31.3911575
```

上述程式依次是地圖的名稱、地圖左上角的經緯度值、地圖右下角的經緯度值。

(7) 開啟 "mapwidget.cpp" 檔案，增加讀取地圖資訊 readMap() 函數的具體實現程式如下：

```
void MapWidget::readMap()                    //讀取地圖資訊
{
    QString mapName;
    QFile mapFile("maps.txt");               //(a)
    int ok = mapFile.open(QIODevice::ReadOnly);//以 " 唯讀 " 方式開啟此檔案
    if(ok)                                   //分別讀取地圖的名稱和四個經緯度資訊
    {
        QTextStream ts(&mapFile);
        if(!ts.atEnd())
        {
            ts>>mapName;
            ts>>x1>>y1>>x2>>y2;
        }
    }
    map.load(mapName);                       //將地圖讀取至私有變數 map 中
}
```

其中，

(a) QFile mapFile("maps.txt")：新建一個 QFile 物件，"maps.txt" 是描述地圖資訊的文字檔。

根據縮放捲軸的當前值，確定縮放的比例，呼叫 scale() 函數實現地圖縮放。完成地圖縮放功能的 slotZoom() 函數的具體實現程式如下：

```
void MapWidget::slotZoom(int value)    //地圖縮放
{
    qreal s;
```

```
    if(value > zoom)                                    //放大
    {
        s = pow(1.01,(value-zoom));
    }
    else                                                //縮小
    {
        s = pow(1/1.01,(zoom-value));
    }
    scale(s,s);
    zoom = value;
}
```

QGraphicsView 類別的 drawBackground() 函數中以地圖圖片重繪場景的背景來實現地圖顯示。具體實現程式如下：

```
void MapWidget::drawBackground(QPainter *painter, const QRectF &rect)
{
    painter->drawPixmap(int(sceneRect().left()),int(sceneRect().
top()), map);
}
```

回應滑鼠移動事件的 mouseMoveEvent() 函數，完成某點在各層座標中的映射及顯示。具體實現程式如下：

```
void MapWidget::mouseMoveEvent(QMouseEvent *event)
{
    //QGraphicsView 座標
    QPoint viewPoint = event->pos();
    viewCoord->setText(QString::number(viewPoint.
x())+","+QString::number (viewPoint.y()));
    //QGraphicsScene 座標
    QPointF scenePoint = mapToScene(viewPoint);
    sceneCoord->setText(QString::number(scenePoint.
x())+","+QString::number (scenePoint.y()));
    //地圖座標（經、緯度值）
    QPointF latLon = mapToMap(scenePoint);
    mapCoord->setText(QString::number(latLon.x())+","+QString::number(
latLon. y()));
}
```

完成從場景座標至地圖座標轉換的 mapToMap() 函數。具體實現程式如下：

```
QPointF MapWidget::mapToMap(QPointF p)
{
    QPointF latLon;
```

```
    qreal w = sceneRect().width();
    qreal h = sceneRect().height();
    qreal lon = y1-((h/2+p.y())*abs(y1-y2)/h);
    qreal lat = x1+((w/2+p.x())*abs(x1-x2)/w);
    latLon.setX(lat);
    latLon.setY(lon);
    return latLon;
}
```

（8）下面是檔案 "main.cpp" 的具體程式：

```
#include <QApplication>
#include "mapwidget.h"
#include <QFont>
int main(int argc, char *argv[])
{
    QApplication a(argc, argv);
    QFont font("ARPL KaitiM GB",12);
    font.setBold(true);
    a.setFont(font);
    MapWidget mapWidget;
    mapWidget.show();
    return a.exec();
}
```

（9）將程式用到的圖片儲存到該專案的 "C:\Qt6\CH7\CH702\build-MapWidget-Desktop_Qt_6_0_2_MinGW_64_bit-Debug" 資料夾中，執行程式。在地圖上拖曳滑鼠，地圖左上部就會動態顯示視圖座標、場景座標和當前經緯度值。

7.2.3 像素建立實例

透過介紹如何使用 Qt 預先定義的各種標準的 QGraphicsItem 類型（如 QGraphicsEllipseItem、QGraphicsRectItem 等），以及自訂的 QGraphicsItem 類型來建立像素。

【例】（難度中等）（CH703）設計表單，顯示各種 QGraphicsItem 類型（包括不停閃爍的圓及來回移動的星星等），如圖 7.6 所示。

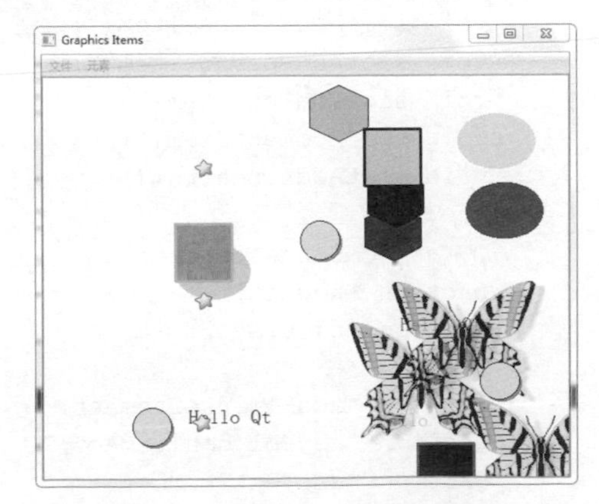

圖 7.6 各種 GraphicsItem 實例

操作步驟如下。

（1）新建 Qt Widgets Application（詳見 1.3.1 節），專案名稱為 "GraphicsItem"，基礎類別選擇 "QMainWindow"，類別命名預設為 "MainWindow"，取消 "Generate form"（建立介面）核取方塊的選中狀態。點擊「下一步」按鈕，最後點擊「完成」按鈕，完成該開發專案的建立。

（2）MainWindow 類別繼承自 QMainWindow 作為主資料表單，包含一個加入像素的各種操作的功能表列，以及一個顯示各種類型像素的 QGraphicsView 作為主資料表單的 centralWidget。"mainwindow.h" 檔案的具體程式實現內容如下：

```
#include <QMainWindow>
#include <QGraphicsScene>
#include <QGraphicsView>
#include <QMenuBar>
#include <QGraphicsEllipseItem>
class MainWindow : public QMainWindow
{
    Q_OBJECT
public:
    MainWindow(QWidget *parent = 0);
    ~MainWindow();
    void initScene();                        // 初始化場景
    void createActions();                    // 建立主資料表單的所有動作
    void createMenus();                      // 建立主資料表單的功能表列
public slots:
    void slotNew();                          // 新建一個顯示表單
    void slotClear();                        // 清除場景中所有的像素
    void slotAddEllipseItem();               // 在場景中加入一個橢圓形像素
    void slotAddPolygonItem();               // 在場景中加入一個多邊形像素
    void slotAddTextItem();                  // 在場景中加入一個文字像素
    void slotAddRectItem();                  // 在場景中加入一個長方形像素
    void slotAddAlphaItem();                 // 在場景中加入一個透明蝴蝶圖片
private:
    QGraphicsScene *scene;
    QAction *newAct;
    QAction *clearAct;
    QAction *exitAct;
    QAction *addEllipseItemAct;
    QAction *addPolygonItemAct;
    QAction *addTextItemAct;
    QAction *addRectItemAct;
```

```
    QAction *addAlphaItemAct;
};
```

（3）"mainwindow.cpp" 檔案中的程式如下：

```
#include "mainwindow.h"
MainWindow::MainWindow(QWidget *parent)
    : QMainWindow(parent)
{
    createActions();                        //建立主資料表單的所有動作
    createMenus();                          //建立主資料表單的功能表列
    scene = new QGraphicsScene;
    scene->setSceneRect(-200,-200,400,400);
    initScene();                            //初始化場景
    QGraphicsView *view = new QGraphicsView;
    view->setScene(scene);
    view->setMinimumSize(400,400);
    view->show();
    setCentralWidget(view);
    resize(550,450);
    setWindowTitle(tr("Graphics Items"));
}
MainWindow::~MainWindow()
{
}
void MainWindow::createActions()            //建立主資料表單的所有動作
{
    newAct = new QAction(tr("新建"),this);
    clearAct = new QAction(tr("清除"),this);
    exitAct = new QAction(tr("退出"),this);
    addEllipseItemAct = new QAction(tr("加入 橢圓"),this);
    addPolygonItemAct = new QAction(tr("加入 多邊形"),this);
    addTextItemAct = new QAction(tr("加入 文字"),this);
    addRectItemAct = new QAction(tr("加入 長方形"),this);
    addAlphaItemAct = new QAction(tr("加入 透明圖片"),this);
    connect(newAct,SIGNAL(triggered()),this,SLOT(slotNew()));
    connect(clearAct,SIGNAL(triggered()),this,SLOT(slotClear()));
    connect(exitAct,SIGNAL(triggered()),this,SLOT(close()));
    connect(addEllipseItemAct,SIGNAL(triggered()),this,SLOT(slotAddEll
ipse Item()));
    connect(addPolygonItemAct,SIGNAL(triggered()),this,SLOT(slotAddPol
ygon Item()));
    connect(addTextItemAct,SIGNAL(triggered()),this,SLOT(slotAddTextIt
em()));
    connect(addRectItemAct,SIGNAL(triggered()),this,SLOT(slotAddRectIt
```

```
em()));
    connect(addAlphaItemAct,SIGNAL(triggered()),this,SLOT(slotAddAlpha
Item()));
}
void MainWindow::createMenus()                    // 建立主資料表單的功能表列
{
    QMenu *fileMenu = menuBar()->addMenu(tr("檔案"));
    fileMenu->addAction(newAct);
    fileMenu->addAction(clearAct);
    fileMenu->addSeparator();
    fileMenu->addAction(exitAct);
    QMenu *itemsMenu = menuBar()->addMenu(tr("元素"));
    itemsMenu->addAction(addEllipseItemAct);
    itemsMenu->addAction(addPolygonItemAct);
    itemsMenu->addAction(addTextItemAct);
    itemsMenu->addAction(addRectItemAct);
    itemsMenu->addAction(addAlphaItemAct);
}
void MainWindow::initScene()                      // 初始化場景
{
    int i;
    for(i = 0;i < 3;i++)
        slotAddEllipseItem();
    for(i = 0;i < 3;i++)
        slotAddPolygonItem();
    for(i = 0;i < 3;i++)
        slotAddTextItem();
    for(i = 0;i < 3;i++)
        slotAddRectItem();
    for(i = 0;i < 3;i++)
        slotAddAlphaItem();
}
void MainWindow::slotNew()                        // 新建一個顯示表單
{
    slotClear();
    initScene();
    MainWindow *newWin = new MainWindow;
    newWin->show();
}
void MainWindow::slotClear()                      // 清除場景中所有的像素
{
    QList<QGraphicsItem*> listItem = scene->items();
    while(!listItem.empty())
    {
```

```
        scene->removeItem(listItem.at(0));
        listItem.removeAt(0);
    }
}
void MainWindow::slotAddEllipseItem()    //在場景中加入一個橢圓形像素
{
    QGraphicsEllipseItem *item = new QGraphicsEllipseItem(Qrec
tF(0,0,80, 60));
    item->setPen(Qt::NoPen);
    item->setBrush(QColor(rand()%256,rand()%256,rand()%256));
    item->setFlag(QGraphicsItem::ItemIsMovable);
    scene->addItem(item);
    item->setPos((rand()%int(scene->sceneRect().width()))-200,
                 (rand()%int(scene->sceneRect().height()))-200);
}
void MainWindow::slotAddPolygonItem()    //在場景中加入一個多邊形像素
{
    QVector<QPoint> v;
    v<<QPoint(30,-15)<<QPoint(0,-30)<<QPoint(-30,-15)
          <<QPoint(-30,15)<<QPoint(0,30)<<QPoint(30,15);
    QGraphicsPolygonItem *item = new QgraphicsPolygonItem(QPolygonF(v)
);
    item->setBrush(QColor(rand()%256,rand()%256,rand()%256));
    item->setFlag(QGraphicsItem::ItemIsMovable);
    scene->addItem(item);
    item->setPos((rand()%int(scene->sceneRect().width()))-200,
                 (rand()%int(scene->sceneRect().height()))-200);
}
void MainWindow::slotAddTextItem()       //在場景中加入一個文字像素
{
    QFont font("Times",16);
    QGraphicsTextItem *item = new QGraphicsTextItem("Hello Qt");
    item->setFont(font);
    item->setFlag(QGraphicsItem::ItemIsMovable);
    item->setDefaultTextColor(QColor(rand()%256,rand()%256,rand
()%256));
    scene->addItem(item);
    item->setPos((rand()%int(scene->sceneRect().width()))-200,
                 (rand()%int(scene->sceneRect().height()))-200);
}
void MainWindow::slotAddRectItem()       //在場景中加入一個長方形像素
{
    QGraphicsRectItem *item = new QGraphicsRectItem(QRectF(0,0, 60,60));
    QPen pen;
```

```
    pen.setWidth(3);
    pen.setColor(QColor(rand()%256,rand()%256,rand()%256));
    item->setPen(pen);
    item->setBrush(QColor(rand()%256,rand()%256,rand()%256));
    item->setFlag(QGraphicsItem::ItemIsMovable);
    scene->addItem(item);
    item->setPos((rand()%int(scene->sceneRect().width()))-200,
                (rand()%int(scene->sceneRect().height()))-200);
}
void MainWindow::slotAddAlphaItem()        //在場景中加入一個透明蝴蝶圖片
{
    QGraphicsPixmapItem *item = scene->addPixmap(QPixmap("image.
png"));
    item->setFlag(QGraphicsItem::ItemIsMovable);
    item->setPos((rand()%int(scene->sceneRect().width()))-200,
                (rand()%int(scene->sceneRect().height()))-200);
}
```

（4）將程式中所用圖片儲存到該專案的 "C:\Qt6\CH7\CH703\build-GraphicsItem-Desktop_Qt_ 6_0_2_MinGW_64_bit-Debug" 資料夾下，此時執行效果如圖 7.7 所示。

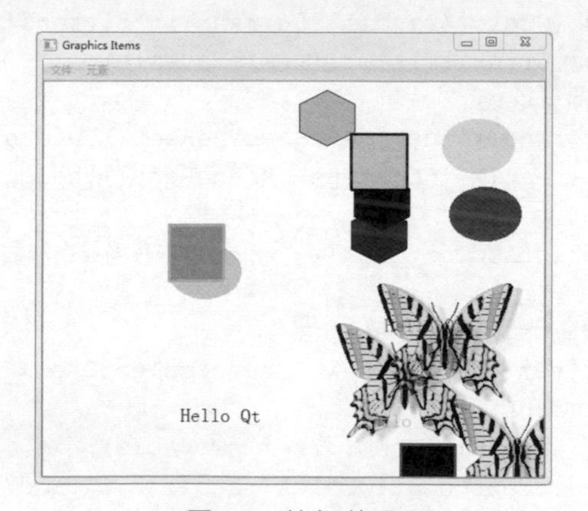

圖 7.7 執行效果

以上完成了主資料表單的顯示工作，下面介紹如何實現圓的閃爍功能。

（1）在 "GraphicsItem" 專案名稱上點擊滑鼠右鍵，在彈出的快顯功能表中選擇「增加新檔案 ...」選項，在彈出的對話方塊中選擇 "C++ Class" 選項。點擊 "Choose..." 按鈕，在彈出的對話方塊的 "Base class" 欄下拉串列中選擇基礎類別名稱 "QObject"，在 "Class name" 欄輸入類別的名稱 "FlashItem"。

FlashItem 類別繼承自 QGraphicsItem 類別和 QObject 類別，閃爍效果是透過利用計時器的 timerEvent() 函數定時重畫圓的顏色來實現的。

（2）點擊「下一步」按鈕，再點擊「完成」按鈕，增加檔案 "flashitem.h" 和檔案 "flashitem.cpp"。

（3）"flashitem.h" 檔案的具體程式如下：

```
#include <QGraphicsItem>
#include <QPainter>
class FlashItem : public QObject,public QGraphicsItem
{
    Q_OBJECT
public:
    explicit FlashItem(QObject *parent = 0);
    QRectF boundingRect() const;
    void paint(QPainter *painter, const QStyleOptionGraphicsItem
*option, QWidget *widget);
    void timerEvent(QTimerEvent *);
private:
    bool flash;
    QTimer *timer;
signals:
public slots:
};
```

（4）"flashitem.cpp" 檔案的具體程式如下：

```
#include "flashitem.h"
FlashItem::FlashItem(QObject *parent) :  QObject(parent)
{
    flash = true;                   //為顏色切換標識賦初值
    setFlag(ItemIsMovable);         //(a)
    startTimer(1000);               //啟動一個計時器，以 1000 毫秒為時間間隔
}
```

其中，

(a) setFlag(ItemIsMovable)：設定像素的屬性，ItemIsMovable 表示此像素是可移動的，可用滑鼠進行拖曳操作。

定義像素邊界的函數 boundingRect()，完成以像素座標系為基礎，增加兩個像素點的容錯工作。具體實現程式如下：

```
QRectF FlashItem::boundingRect() const
```

```
{
    qreal adjust = 2;
    return QRectF(-10-adjust,-10-adjust,43+adjust,43+adjust);
}
```

自訂像素重繪的函數 paint() 的具體實現程式如下：

```
void FlashItem::paint(QPainter *painter, const QStyleOptionGraphicsItem
*option, QWidget *widget)
{
    painter->setPen(Qt::NoPen);           //閃爍像素的陰影區不繪製邊線
    painter->setBrush(Qt::darkGray);      //閃爍像素的陰影區的陰影筆刷顏色為深灰
    painter->drawEllipse(-7,-7,40,40);//繪製陰影區
    painter->setPen(QPen(Qt::black,0));//閃爍區的橢圓邊線顏色為黑色、線寬為 0
    painter->setBrush(flash?(Qt::red):(Qt::yellow));    //(a)
    painter->drawEllipse(-10,-10,40,40);                //(b)
}
```

其中，

(a) painter->setBrush(flash?(Qt::red):(Qt::yellow))：設定閃爍區的橢圓筆刷顏色，根據顏色切換標識 flash 決定在橢圓中填充哪種顏色，顏色在紅色和黃色之間選擇。

(b) painter->drawEllipse(-10,-10,40,40)：繪製與陰影區同樣形狀和大小的橢圓，並錯開一定的距離以實現立體的感覺。

計時器回應函數 timerEvent() 完成顏色切換標識的反置，並在每次反置後呼叫 update() 函數重繪圖元以實現閃爍的效果。具體實現程式如下：

```
void FlashItem::timerEvent(QTimerEvent *)
{
    flash =! flash;
    update();
}
```

（5）在 "mainwindow.h" 檔案中增加程式如下：

```
public slots:
    void slotAddFlashItem();
private:
    QAction *addFlashItemAct;
```

（6）在 "mainwindow.cpp" 檔案中增加程式如下：

```
#include "flashitem.h"
```

其中，在 createActions() 函數中增加程式如下：

```
addFlashItemAct = new QAction(tr("加入閃爍圓"),this);
connect(addFlashItemAct,SIGNAL(triggered()),this,SLOT(slotAddFlashIt
em()));
```

在 createMenus() 函數中增加程式如下：

```
itemsMenu->addAction(addFlashItemAct);
```

在 initScene() 函數中增加程式如下：

```
for(i = 0;i < 3;i++)
        slotAddFlashItem();
```

函數 slotAddFlashItem() 的具體實現程式如下：

```
void MainWindow::slotAddFlashItem()     //在場景中加入一個閃爍像素
{
    FlashItem *item = new FlashItem;
    scene->addItem(item);
    item->setPos((rand()%int(scene->sceneRect().width()))-200,
                 (rand()%int(scene->sceneRect().height()))-200);
}
```

（7）閃爍圓的執行效果如圖 7.8 所示。

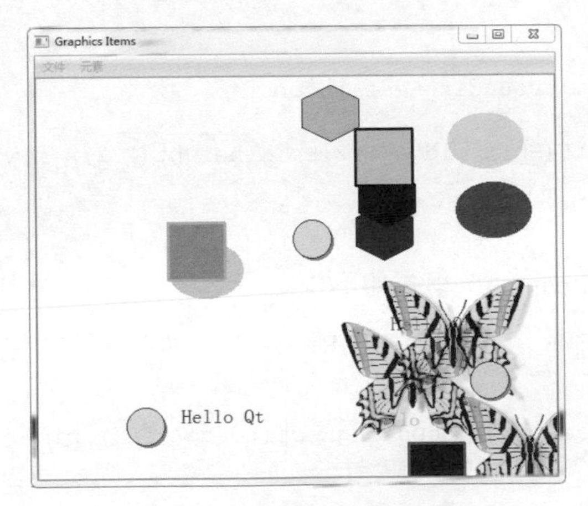

圖 7.8 閃爍圓的執行效果

下面將接著實現星星移動的功能。

（1）在專案中增加一個新的 C++ 類別，類別命名為 "StartItem"，操作步驟同前。StartItem 類別繼承自 QGraphicsItem 類別，實際上是一個圖片像素。

"startitem.h" 檔案的具體程式如下：

```
#include <QGraphicsItem>
#include <QPainter>
class StartItem : public QGraphicsItem
{
public:
    StartItem();
    QRectF boundingRect() const;
    void paint(QPainter *painter, const QStyleOptionGraphicsItem
*option, QWidget *widget);
private:
    QPixmap pix;
};
```

（2）在 StartItem() 建構函數中僅完成讀取圖片資訊的工作。

"startitem.cpp" 檔案中的具體程式如下：

```
#include "startitem.h"
StartItem::StartItem()
{
    pix.load("star.png");
}
```

定義像素的邊界函數 boundingRect()，它是所有自訂像素均必須實現的函數，程式如下：

```
QRectF StartItem::boundingRect() const
{
    return QRectF(-pix.width()/2,-pix.height()/2,pix.width(),pix.
height());
}
```

自訂像素重繪函數 paint()，程式如下：

```
void StartItem::paint(QPainter *painter, const QStyleOptionGraphicsItem
*option,QWidget *widget)
{
    painter->drawPixmap(boundingRect().topLeft(),pix);
}
```

（3）在 "mainwindow.h" 檔案中增加程式如下：

```
public slots:
    void slotAddAnimationItem();
private:
    QAction *addAnimItemAct;
```

（4）在 "mainwindow.cpp" 檔案中增加程式如下：

```
#include "startitem.h"
#include <QGraphicsItemAnimation>
#include <QTimeLine>
```

其中，在 createActions() 函數中增加程式如下：

```
addAnimItemAct = new QAction(tr(" 加入 星星 "),this);
connect(addAnimItemAct,SIGNAL(triggered()),this,SLOT(slotAddAnimationI
tem()));
```

在 createMenus() 函數中增加程式如下：

```
itemsMenu->addAction(addAnimItemAct);
```

在 initScene() 函數中增加程式如下：

```
for(i = 0;i < 3;i++)
    slotAddAnimationItem();
```

實現函數 slotAddAnimationItem() 的具體程式如下：

```
void MainWindow::slotAddAnimationItem()  //在場景中加入一個動畫星星
{
    StartItem *item = new StartItem;
    QGraphicsItemAnimation *anim = new QGraphicsItemAnimation;
    anim->setItem(item);
    QTimeLine *timeLine = new QTimeLine(4000);
    timeLine->setEasingCurve(QEasingCurve::OutSine);
    timeLine->setLoopCount(0);
    anim->setTimeLine(timeLine);
    int y = (rand()%400) - 200;
    for(int i = 0;i < 400;i++)
    {
        anim->setPosAt(i/400.0,QPointF(i-200,y));
    }
    timeLine->start();
    scene->addItem(item);
}
```

有兩種方式可以實現像素的動畫顯示：一種是利用 QGraphicsItemAnimation 類別和 QTimeLine 類別實現；另一種是在圖母類別中利用計時器 QTimer 和像素的重畫函數 paint() 實現。

（5）最終執行效果如圖 7.8 所示，圖中的小星星會不停地左右移動。

7.2.4 像素的旋轉、縮放、切變和位移實例

本節透過實例介紹如何實現像素（QGraphicsItem）的旋轉、縮放、切變、位移等各種變形操作。

【例】（難度中等）（CH704）設計介面，實現蝴蝶的各種變形，如圖 7.9 所示。

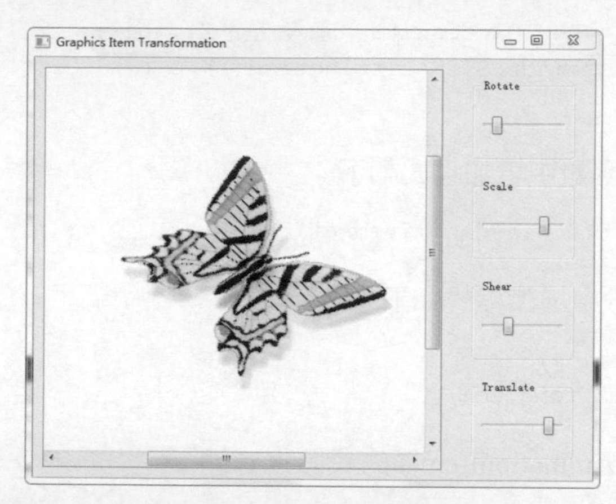

圖 7.9 像素變形實例

（1）新建 Qt Widgets Application（詳見 1.3.1 節），專案名稱為 "ItemWidget"，基礎類別選擇 "QWidget"，類別命名為 "MainWidget"，取消 "Generate form"（建立介面）核取方塊的選中狀態。點擊「下一步」按鈕，最後點擊「完成」按鈕，完成該開發專案的建立。

（2）MainWidget 類別繼承自 QWidget，作為主資料表單類別，用於對像素的顯示，包含一個主控台區及一個顯示區。

"mainwidget.h" 檔案中的程式如下：

```
#include <QWidget>
#include <QGraphicsView>
#include <QGraphicsScene>
#include <QFrame>
class MainWidget : public QWidget
{
    Q_OBJECT
public:
    MainWidget(QWidget *parent = 0);
    ~MainWidget();
```

```
    void createControlFrame();
private:
    int angle;
    qreal scaleValue;
    qreal shearValue;
    qreal translateValue;
    QGraphicsView *view;
    QFrame *ctrlFrame;
};
```

（3）"mainwidget.cpp" 檔案中的具體程式如下：

```
#include "mainwidget.h"
#include <QHBoxLayout>
#include <QVBoxLayout>
#include <QSlider>
#include <QGroupBox>
MainWidget::MainWidget(QWidget *parent)
    : QWidget(parent)
{
    angle = 0;
    scaleValue = 5;
    shearValue = 5;
    translateValue = 50;
    QGraphicsScene *scene = new QGraphicsScene;
    //限定新建 QGraphicsScene 物件的顯示區域
    scene->setSceneRect(-200,-200,400,400);
    view = new QGraphicsView;              //新建一個視圖物件
    view->setScene(scene);                 //將視圖物件與場景相連
    view->setMinimumSize(400,400);         //設定視圖的最小尺寸為（400,400）
    ctrlFrame = new QFrame;
    createControlFrame();                  //新建主資料表單右側的主控台區
    //主視窗版面配置
    QHBoxLayout *mainLayout = new QHBoxLayout;
    mainLayout->setSpacing(20);
    mainLayout->addWidget(view);
    mainLayout->addWidget(ctrlFrame);
    setLayout(mainLayout);
    setWindowTitle(tr("Graphics Item Transformation"));
//設定主資料表單的標題
}
```

右側的主控台區分為旋轉控制區、縮放控制區、切變控制區、位移控制區，每個區均由包含一個 QSlider 物件的 QGroupBox 物件實現，具體實現程式如下：

```
void MainWidget::createControlFrame()
{
    //旋轉控制
    QSlider *rotateSlider = new QSlider;
    rotateSlider->setOrientation(Qt::Horizontal);
    rotateSlider->setRange(0,360);
    QHBoxLayout *rotateLayout = new QHBoxLayout;
    rotateLayout->addWidget(rotateSlider);
    QGroupBox *rotateGroup = new QGroupBox(tr("Rotate"));
    rotateGroup->setLayout(rotateLayout);
    //縮放控制
    QSlider *scaleSlider = new QSlider;
    scaleSlider->setOrientation(Qt::Horizontal);
    scaleSlider->setRange(0,2*scaleValue);
    scaleSlider->setValue(scaleValue);
    QHBoxLayout *scaleLayout = new QHBoxLayout;
    scaleLayout->addWidget(scaleSlider);
    QGroupBox *scaleGroup = new QGroupBox(tr("Scale"));
    scaleGroup->setLayout(scaleLayout);
    //切變控制
    QSlider *shearSlider = new QSlider;
    shearSlider->setOrientation(Qt::Horizontal);
    shearSlider->setRange(0,2*shearValue);
    shearSlider->setValue(shearValue);
    QHBoxLayout *shearLayout = new QHBoxLayout;
    shearLayout->addWidget(shearSlider);
    QGroupBox *shearGroup = new QGroupBox(tr("Shear"));
    shearGroup->setLayout(shearLayout);
    //位移控制
    QSlider *translateSlider = new QSlider;
    translateSlider->setOrientation(Qt::Horizontal);
    translateSlider->setRange(0,2*translateValue);
    translateSlider->setValue(translateValue);
    QHBoxLayout *translateLayout = new QHBoxLayout;
    translateLayout->addWidget(translateSlider);
    QGroupBox *translateGroup = new QGroupBox(tr("Translate"));
    translateGroup->setLayout(translateLayout);
    //主控台版面配置
    QVBoxLayout *frameLayout = new QVBoxLayout;
    frameLayout->setSpacing(20);
    frameLayout->addWidget(rotateGroup);
    frameLayout->addWidget(scaleGroup);
    frameLayout->addWidget(shearGroup);
    frameLayout->addWidget(translateGroup);
```

```
    ctrlFrame->setLayout(frameLayout);
}
```

（4）執行效果如圖 7.10 所示。

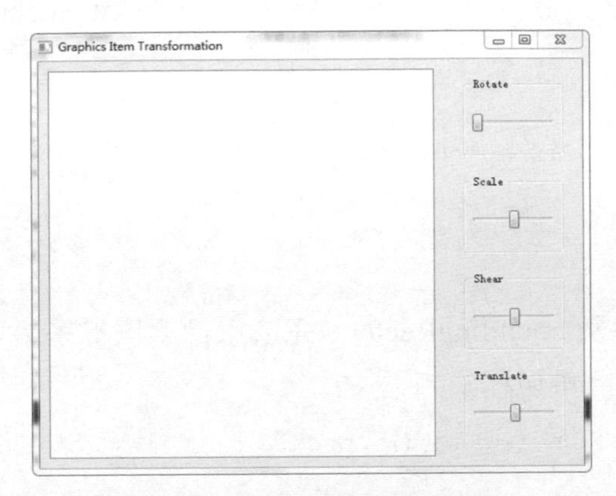

圖 7.10 主資料表單執行效果

上面完成的是主資料表單的功能，下面介紹用於變形顯示像素的製作。

（1）在 "ItemWidget" 專案名稱上點擊滑鼠右鍵，在彈出的快顯功能表中選擇「增加新檔案 ...」選項，在彈出的對話方塊中選擇 "C++ Class" 選項。點擊 "Choose..." 按鈕，在彈出的對話方塊的 "Base class" 欄輸入基礎類別名稱 "QGraphicsItem"（手工增加），在 "Class name" 欄輸入類別的名稱 "PixItem"。

（2）點擊「下一步」按鈕，再點擊「完成」按鈕，增加檔案 "pixitem.h" 和 "pixitem.cpp"。

（3）自訂 PixItem 類別繼承自 QGraphicsItem 類別。

"pixitem.h" 檔案中的具體程式如下：

```
#include <QGraphicsItem>
#include <QPixmap>
#include <QPainter>
class PixItem : public QGraphicsItem
{
public:
    PixItem(QPixmap *pixmap);
    QRectF boundingRect() const;
    void paint(QPainter *painter, const QStyleOptionGraphicsItem
*option, QWidget *widget);
```

```
private:
    QPixmap pix;         //作為像素顯示的圖片
};
```

（4）PixItem 的建構函數只是初始化了變數 pix。"pixitem.cpp" 檔案中的具體內容如下：

```
#include "pixitem.h"
PixItem::PixItem(QPixmap *pixmap)
{
    pix = *pixmap;
}
```

定義像素邊界的函數 boundingRect()，完成以像素座標系為基礎增加兩個像素點容錯的工作。具體實現程式如下：

```
QRectF PixItem::boundingRect() const
{
    return QRectF(-2-pix.width()/2,-2-pix.height()/2,pix.width()+4,
pix. height()+4);
}
```

重畫函數只需用 QPainter 的 drawPixmap() 函數將像素圖片繪出即可。具體程式如下：

```
void PixItem::paint(QPainter *painter, const QStyleOptionGraphicsItem
*option,QWidget *widget)
{
    painter->drawPixmap(-pix.width()/2,-pix.height()/2,pix);
}
```

（5）在 "mainwidget.h" 檔案中增加程式如下：

```
#include "pixitem.h"
private:
PixItem *pixItem;
```

（6）開啟 "mainwidget.cpp" 檔案，在敘述 "scene->setSceneRect(-200,-200,400,400)" 與 "view = new QGraphicsView" 之間增加以下程式：

```
QPixmap *pixmap = new  QPixmap("image.png");
pixItem = new PixItem(pixmap);
scene->addItem(pixItem);
pixItem->setPos(0,0);
```

新建一個自訂像素 PixItem 物件，為它傳入一個圖片用於顯示。將該圖片儲存到專案下的 "C:\Qt6\CH7\CH704\build-ItemWidget-Desktop_Qt_6_0_2_MinGW_

64_bit-Debug" 資料夾中，然後，將此像素物件加入到場景中，並設定此像素在場景中的位置為中心（0,0）。

（7）執行效果如圖 7.11 所示。

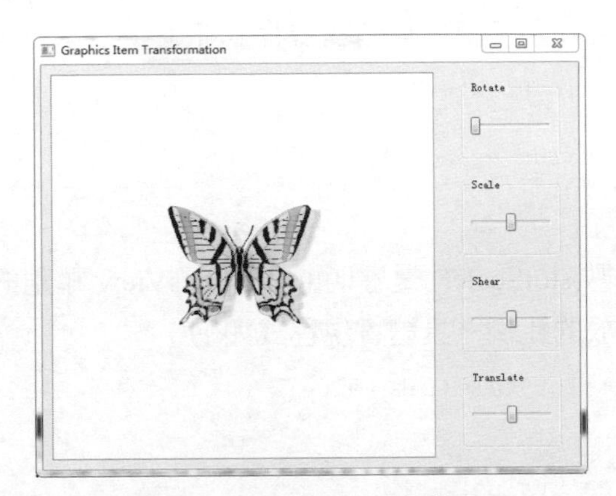

圖 7.11 像素圖片執行效果

上述內容只是完成了像素圖片的載入顯示。下面介紹實現像素各種變形的實際功能。

（1）在 "mainwidget.h" 檔案中增加槽函數宣告如下：

```
public slots:
    void slotRotate(int);
    void slotScale(int);
    void slotShear(int);
    void slotTranslate(int);
```

（2）在 "mainwidget.cpp" 檔案中增加標頭檔：

```
#include <math.h>
```

其中，在 createControlFrame() 函數中的 "QVBoxLayout *frameLayout = new QVBoxLayout" 敘述之前增加以下程式：

```
connect(rotateSlider,SIGNAL(valueChanged(int)),this,SLOT(slotRotate(i
nt)));
connect(scaleSlider,SIGNAL(valueChanged(int)),this,SLOT(slotScale(i
nt)));
connect(shearSlider,SIGNAL(valueChanged(int)),this,SLOT(slotShear(i
nt)));
connect(translateSlider,SIGNAL(valueChanged(int)),this,SLOT(slotTransl
ate(int)));
```

此程式碼部分完成了為每個 QSlider 物件的 valueChanged() 訊號連接一個槽函數，以便完成具體的變形操作。

像素的旋轉功能函數 slotRotate() 是呼叫 QGraphicsView 類別的 rotate() 函數實現的，它的參數為旋轉角度值，具體實現程式如下：

```
void MainWidget::slotRotate(int value)
{
    view->rotate(value - angle);
    angle = value;
}
```

像素的縮放功能函數 slotScale() 是呼叫 QGraphicsView 類別的 scale() 函數實現的，它的參數為縮放的比例，具體實現程式如下：

```
void MainWidget::slotScale(int value)
{
    qreal s;
    if(value > scaleValue)
        s = pow(1.1,(value - scaleValue));
    else
        s = pow(1/1.1,(scaleValue - value));
    view->scale(s,s);
    scaleValue = value;
}
```

像素的切變功能函數 slotShear() 是呼叫 QGraphicsView 類別的 shear() 函數實現的，它的參數為切變的比例，具體實現程式如下：

```
void MainWidget::slotShear(int value)
{
    view->shear((value - shearValue)/10.0,0);
    shearValue = value;
}
```

像素的位移功能函數 slotTranslate() 是呼叫 QGraphicsView 類別的 translate() 函數實現的，它的參數為位移的大小，具體實現程式如下：

```
void MainWidget::slotTranslate(int value)
{
    view->translate(value - translateValue,value - translateValue);
    translateValue = value;
}
```

（3）最終執行效果如圖 7.9 所示，讀者可以試著拖曳滑桿觀看圖形的各種變換效果。

CHAPTER 08

Qt 6 模型 / 視圖結構

MVC 設計模式是起源於 Smalltalk 的一種與使用者介面相關的設計模式。透過使用此模式，可以有效地分離資料和使用者介面。MVC 設計模式包括三個元素：表示資料的模型（Model）、表示使用者介面的視圖（View）和定義了使用者在介面上操作的控制器（Controller）。

與 MVC 設計模式類似，Qt 引入了模型 / 視圖結構用於完成資料與介面的分離，即 InterView 框架。但不同的是，Qt 的 InterView 框架把視圖和控制器元件結合在一起，使得框架更為簡潔。為了靈活地處理使用者輸入，InterView 框架引入了代理（Delegate）。透過使用代理，能夠自訂資料項目（Item）的顯示和編輯方式。

Qt 的模型 / 視圖結構分為三部分：模型（Model）、視圖（View）和代理（Delegate）。其中，模型與資料來源通訊，並為其他元件提供介面；而視圖從模型中獲得用來引用資料項目的模型索引（Model Index）。在視圖中，代理負責繪製資料項目，當編輯項目時，代理和模型直接進行通訊。模型 / 視圖 / 代理之間透過訊號和槽進行通訊，如圖 8.1 所示。它們之間的關係如下。

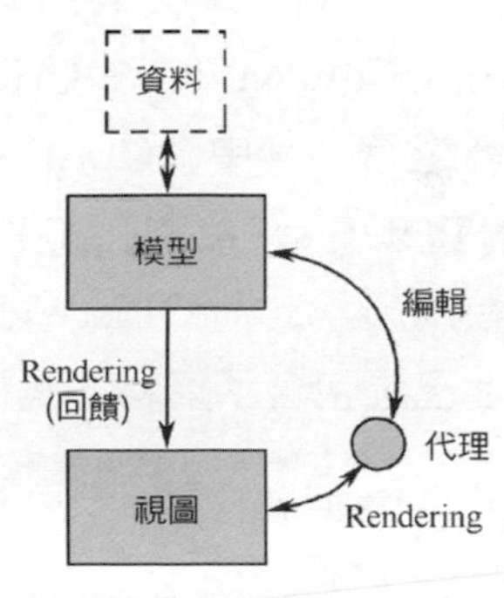

圖 8.1 模型 / 視圖結構

- 資料發生改變時，模型發出訊號通知視圖。
- 使用者對介面操作，視圖發出訊號。
- 代理發出訊號告知模型和視圖編輯器目前的狀態。

8.1 概述

本節簡要地介紹 Qt InterView 框架中模型、視圖和代理的基本概念，並舉出一個簡單的應用範例。

8.1.1 基本概念

1. 模型

InterView 框架中的所有模型都基於抽象基礎類別 QAbstractItemModel，此類由 QProxyModel、QAbstractListModel、QAbstractTableModel、QAbstractProxy Model、QDirModel、QFileSystemModel、QHelpContentModel 和 QStandard ItemModel 類別繼承。其中，QAbstractListModel 類別和 QAbstractTableModel 類別是串列和表格模型的抽象基礎類別，如果需要實現串列或表格模型，則應從這兩個類別繼承。完成 QStringList 儲存的 QStringListModel 類別繼承自 QAbstractListModel 類別；與資料庫有關的 QSqlQueryModel 類別繼承自 QAbstractTableModel 類別；QAbstractProxyModel 類別是代理模型的抽象類別；QDirModel 和 QFileSystemModel 類別是檔案和目錄的儲存模型。對它們的具體用法將在本書後面用到的時候再進行詳細介紹。

2. 視圖

InterView 框架中的所有視圖都基於抽象基礎類別 QAbstractItemView，此類由 QColumnView、QHeaderView、QListView、QTableView 和 QTreeView 類別繼承。其中，QListView 類別由 QUndoView 類別和 QListWidget 類別繼承；QTableView 類別由 QTableWidget 類別繼承；QTreeView 類別由 QTreeWidget 類別繼承。而 QListWidget 類別、QTableWidget 類別和 QTreeWidget 類別實際上已經包含了資料，是模型 / 視圖整合在一起的類別。

3. 代理

InterView 框架中的所有代理都基於抽象基礎類別 QAbstractItemDelegate，此類由 QItemDelegate 和 QStyledItemDelegate 類別繼承。其中，QItemDelegate 類別由表示資料庫中關係代理的 QSqlRelationalDelegate 類別繼承。

8.1.2 模型類別 / 視圖類別

InterView 框架提供了一些可以直接使用的模型類別和視圖類別，如 QStandardItemModel 類別、QFileSystemModel 類別、QStringListModel 類別，以及 QColumnView 類別、QHeaderView 類別、QListView 類別、QTableView 類別和 QTreeView 類別等。

【例】（簡單）（CH801）實現一個簡單的檔案目錄瀏覽器，完成效果如圖 8.2 所示。

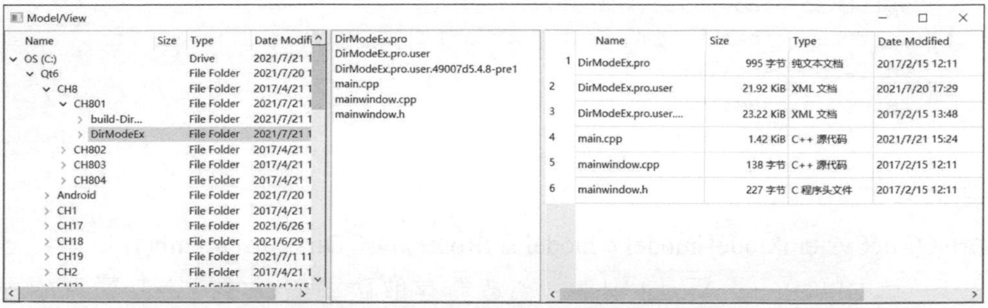

圖 8.2 檔案目錄瀏覽器例子

建立專案 "DirModeEx.pro"，其原始檔案 "main.cpp" 中的具體程式如下：

```
#include <QApplication>
#include <QAbstractItemModel>
#include <QAbstractItemView>
#include <QItemSelectionModel>
#include <QFileSystemModel>
#include <QTreeView>
#include <QListView>
#include <QTableView>
#include <QSplitter>
int main(int argc,char *argv[])
{
    QApplication a(argc,argv);
    QFileSystemModel model;                                    //(a)
    model.setRootPath(QDir::currentPath());                    //(a)
    /* 新建三種不同的 View 物件，以便檔案目錄可以以三種不同的方式顯示 */
    QTreeView tree;
    QListView list;
    QTableView table;
    tree.setModel(&model);                                     //(b)
    list.setModel(&model);
    table.setModel(&model);
    tree.setSelectionMode(QAbstractItemView::MultiSelection);  //(c)
    list.setSelectionModel(tree.selectionModel());             //(d)
    table.setSelectionModel(tree.selectionModel());            //(e)
    QObject::connect(&tree,SIGNAL(doubleClicked(QModelIndex)),&list,
                           SLOT(setRootIndex(QModelIndex)));
    QObject::connect(&tree,SIGNAL(doubleClicked(QModelIndex)),&table,
                           SLOT(setRootIndex(QModelIndex)));  //(f)
```

```
    QSplitter *splitter = new QSplitter;
    splitter->addWidget(&tree);
    splitter->addWidget(&list);
    splitter->addWidget(&table);
    splitter->setWindowTitle(QObject::tr("Model/View"));
    splitter->show();
    return a.exec();
}
```

其中，

(a) QFileSystemModel model、model.setRootPath(QDir::currentPath())：新建一個 QFileSystemModel 物件，為資料存取做準備，並設定其顯示的根路徑為目前的目錄。在 Qt 6 中，用 QFileSystemModel 取代了原 Qt 5 的 QDirModel，QFileSystemModel 相比 QDirModel 的優點在於：

（1）它擁有獨立的執行緒，對於檔案目錄的獲取採用非同步方式，可以避免在目錄下檔案太多的時候 UI 發生卡死現象，同樣如果列舉的目錄來自遠端（比如網路目錄），也可以減少 UI 的阻塞；

（2）QFileSystemModel 內建了 QFileSystemWatcher 對目錄內容的變化進行即時監視，這樣使用者就不用擔心目錄檔案發生變化了，一旦有變化發生，ItemView 自然會收到更新的訊號而同步更新。

QFileSystemModel 與 QDirModel 類別一樣都繼承自 QAbstractItemModel 類別，為存取本地檔案系統提供資料模型。它提供新建、刪除、建立目錄等一系列與檔案操作相關的函數，此處只是用來顯示本地檔案系統。

(b) tree.setModel(&model)：呼叫 setModel() 函數設定 View 物件的 Model 為 QFileSystemModel 物件的 model。

(c) tree.setSelectionMode(QAbstractItemView::MultiSelection)：設定 QTreeView 物件的選擇方式為多選。

QAbstractItemView 提供五種選擇模式，即 QAbstractItemView::SingleSelection、QAbstractItem View::NoSelection、QAbstractItemView::ContiguousSelection、QAbstractItemView:: ExtendedSelection 和 QAbstractItemView::MultiSelection。

(d) list.setSelectionModel(tree.selectionModel())：設定 QListView 物件與 QTreeView 物件使用相同的選擇模式。

(e) table.setSelectionModel(tree.selectionModel())：設定 QTableView 物件與 QTreeView 物件使用相同的選擇模式。

(f) QObject::connect(&tree,SIGNAL(doubleClicked(QModelIndex)),&list,SLOT(setRoot Index(QModelIndex)))、QObject::connect(&tree,SIGNAL(doubleClicked (QModel Index)), &table,SLOT(setRootIndex(QModelIndex)))：為了實現按兩下 QTreeView 物件中的某個目錄時，QListView 物件和 QTableView 物件中顯示此選定目錄下的所有檔案和目錄，需要連接 QTreeView 物件的 doubleClicked() 訊號與 QListView 物件和 QTableView 物件的 setRootIndex() 槽函數。

最後執行效果如圖 8.2 所示。

8.2 模型（Model）

實現自訂模型可以透過 QAbstractItemModel 類別繼承，也可以透過 QAbstractListModel 和 QAbstractTableModel 類別繼承實現串列模型或表格模型。

在資料庫中，通常需要首先將一些重複的文字欄位使用數值程式儲存，然後透過外鍵連結操作來查詢其真實的含義，這一方法是為了避免容錯。

【例】（難度一般）（CH802）透過實現將數值程式轉為文字的模型來介紹如何使用自訂模型。此模型中儲存了不同軍種的各種武器，實現效果如圖 8.3 所示。

圖 8.3 Model 例子

具體操作步驟如下。

（1）ModelEx 類別繼承自 QAbstractTableModel 類別，標頭檔 "modelex.h" 中的具體程式如下：

```
#include <QAbstractTableModel>
#include <QVector>
#include <QMap>
#include <QStringList>
class ModelEx : public QAbstractTableModel
{
public:
    explicit ModelEx(QObject *parent=0);
    //虛擬函數宣告                         //(a)
    virtual int rowCount(const QModelIndex &parent = QModelIndex())
const;
    virtual int columnCount(const QModelIndex &parent = QModelIndex())
const;
    QVariant data(const QModelIndex &index, int role) const;
    QVariant headerData(int section, Qt::Orientation orientation, int
role) const;
signals:

public slots:
private:
    QVector<short> army;
    QVector<short> weaponType;
    QMap<short,QString> armyMap; //使用 QMap 資料結構儲存 " 數值—文字 " 的映射
    QMap<short,QString> weaponTypeMap;
    QStringList  weapon;
    QStringList  header;
    void populateModel();         //完成表格資料的初始化填充
};
```

其中，

(a) rowCount()、columnCount()、data() 和傳回標頭資料的 headerData() 函數是 QAbstract TableModel 類別的純虛擬函數。

（2）原始檔案 "modelex.cpp" 中的具體程式如下：

```
#include "modelex.h"
ModelEx::ModelEx(QObject *parent):QAbstractTableModel(parent)
{
    armyMap[1] = tr("空軍");
    armyMap[2] = tr("海軍");
    armyMap[3] = tr("陸軍");
    armyMap[4] = tr("海軍陸戰隊");
    weaponTypeMap[1] = tr("轟炸機");
    weaponTypeMap[2] = tr("戰鬥機");
```

```
    weaponTypeMap[3] = tr("航空母艦");
    weaponTypeMap[4] = tr("驅逐艦");
    weaponTypeMap[5] = tr("直升機");
    weaponTypeMap[6] = tr("坦克");
    weaponTypeMap[7] = tr("兩栖攻擊艦");
    weaponTypeMap[8] = tr("兩栖戰車");
    populateModel();
}
```

populateModel() 函數的具體實現程式如下：

```
void ModelEx::populateModel()
{
    header<<tr("軍種")<<tr("種類")<<tr("武器");
    army<<1<<2<<3<<4<<2<<4<<3<<1;
    weaponType<<1<<3<<5<<7<<4<<8<<6<<2;
    weapon<<tr("B-2")<<tr("尼米茲級")<<tr("阿帕奇")<<tr("黃蜂級")
          <<tr("阿利伯克級")<<tr("AAAV")<<tr("M1A1")<<tr("F-22");
}
```

columnCount() 函數中，因為模型的列固定為 "3"，所以直接傳回 "3"。

```
int ModelEx::columnCount(const QModelIndex &parent) const
{  return 3;     }
```

rowCount() 函數傳回模型的行數。

```
int ModelEx::rowCount(const QModelIndex &parent) const
{
    return army.size();
}
```

data() 函數傳回指定索引的資料，即將數值映射為文字。

```
QVariant ModelEx::data(const QModelIndex &index, int role) const
{
    if(!index.isValid())
        return QVariant();
    if(role == Qt::DisplayRole)        //(a)
    {
        switch(index.column())
        {
        case 0:
            return armyMap[army[index.row()]];
            break;
        case 1:
```

```
                return weaponTypeMap[weaponType[index.row()]];
                break;
            case 2:
                return weapon[index.row()];
            default:
                return QVariant();
            }
        }
        return QVariant();
}
```

其中，

(a) role == Qt::DisplayRole：模型中的項目能夠有不同的角色，這樣可以在不同的情況下提供不同的資料。舉例來說，Qt::DisplayRole 用來存取視圖中顯示的文字，角色由列舉類 Qt::ItemDataRole 定義。

表 8.1 列出了 Item 主要的角色及其描述。

表 8.1 Item 主要的角色及其描述

常數	描　述
Qt::DisplayRole	顯示文字
Qt::DecorationRole	繪製裝飾資料（通常是圖示）
Qt::EditRole	在編輯器中編輯的資料
Qt::ToolTipRole	工具提示
Qt::StatusTipRole	狀態列提示
Qt::WhatsThisRole	What's This 文字
Qt::SizeHintRole	尺寸提示
Qt::FontRole	預設代理的繪製使用的字型
Qt::TextAlignmentRole	預設代理的對齊方式
Qt::BackgroundRole	預設代理的背景筆刷
Qt::ForegroundRole	預設代理的前景筆刷
Qt::CheckStateRole	預設代理的檢查框狀態
Qt::UserRole	使用者自訂的資料的起始位置

headerData() 函數傳回固定的標頭資料，設定水平標頭的標題，具體程式如下：

```
QVariant ModelEx::headerData(int section, Qt::Orientation orientation,
int role) const
{
```

```
    if(role == Qt::DisplayRole && orientation == Qt::Horizontal)
         return header[section];
    return QAbstractTableModel::headerData(section,orientation,role);
}
```

（3）在原始檔案 "main.cpp" 中，將模型和視圖連結，具體程式如下：

```
#include <QApplication>
#include "modelex.h"
#include <QTableView>
int main(int argc,char *argv[])
{
    QApplication a(argc,argv);
    ModelEx modelEx;
    QTableView view;
    view.setModel(&modelEx);
    view.setWindowTitle(QObject::tr("modelEx"));
    view.resize(400,400);
    view.show();
    return a.exec();
}
```

（4）執行效果如圖 8.3 所示。

8.3 視圖（View）

實現自訂的 View，可繼承自 QAbstractItemView 類別，對所需的純虛擬函數進行重定義與實現，對於 QAbstractItemView 類別中的純虛擬函數，在子類別中必須進行重定義，但不一定要實現，可根據需要選擇實現。

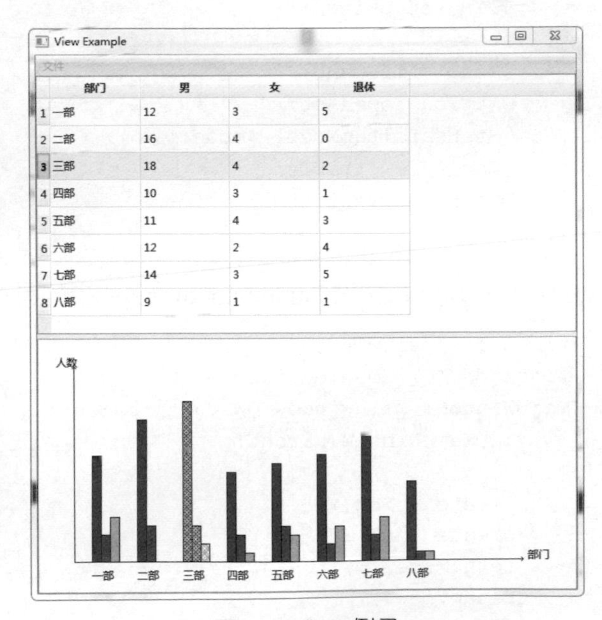

圖 8.4 View 例子

【例】（難度中等）（CH803）透過利用自訂的 View，實現一個對 TableModel 的表格資料進行顯示的柱狀統計圖例子，以此介紹如何應用自訂的 View。實現效果如圖 8.4 所示。

具體實現步驟如下。

（1）完成主資料表單，以便顯示 View 的內容。MainWindow 類別繼承自 QMainWindow 類別，作為主資料表單。以下是標頭檔 "mainwindow.h" 的具體程式：

```
#include <QMainWindow>
#include <QStandardItemModel>
#include <QTableView>
#include <QMenuBar>
#include <QMenu>
#include <QAction>
#include <QSplitter>
class MainWindow : public QMainWindow
{
    Q_OBJECT
public:
    MainWindow(QWidget *parent = 0);
    ~MainWindow();
    void createAction();
    void createMenu();
    void setupModel();
    void setupView();
private:
    QMenu *fileMenu;
    QAction *openAct;
    QStandardItemModel *model;
    QTableView *table;
    QSplitter *splitter;
};
```

（2）下面是原始檔案 "mainwindow.cpp" 中的具體程式：

```
#include "mainwindow.h"
#include <QItemSelectionModel>
MainWindow::MainWindow(QWidget *parent)
    : QMainWindow(parent)
{
    createAction();
    createMenu();
    setupModel();
    setupView();
    setWindowTitle(tr("View Example"));
```

```
    resize(600,600);
}
MainWindow::~MainWindow()
{
}
void MainWindow::createAction()
{
    openAct = new QAction(tr("開啟"),this);
}
void MainWindow::createMenu()
{
    fileMenu = new QMenu(tr("檔案"),this);
    fileMenu->addAction(openAct);
    menuBar()->addMenu(fileMenu);
}
```

setupModel() 函數新建一個 Model，並設定標頭資料，其具體實現程式如下：

```
void MainWindow::setupModel()
{
    model = new QStandardItemModel(4,4,this);
    model->setHeaderData(0,Qt::Horizontal,tr("部門"));
    model->setHeaderData(1,Qt::Horizontal,tr("男"));
    model->setHeaderData(2,Qt::Horizontal,tr("女"));
    model->setHeaderData(3,Qt::Horizontal,tr("退休"));
}
```

setupView() 函數的具體實現程式如下：

```
void MainWindow::setupView()
{
    table = new QTableView;          //新建一個 QTableView 物件
    table->setModel(model);          //為 QTableView 物件設定相同的 Model
    QItemSelectionModel *selectionModel = new
QItemSelectionModel(model);          //(a)
    table->setSelectionModel(selectionModel);
    connect(selectionModel,SIGNAL(selectionChanged(QItemSelection, It
emSelection)),table,SLOT(selectionChanged(QItemSelection,QItemSelecti
on)));                               //(b)
    splitter = new QSplitter;
    splitter->setOrientation(Qt::Vertical);
    splitter->addWidget(table);
    setCentralWidget(splitter);
}
```

其中，

(a) QItemSelectionModel *selectionModel = new QItemSelectionModel(model)：新建一個 QItemSelectionModel 物件作為 QTableView 物件使用的選擇模型。

(b) connect(selectionModel,SIGNAL(selectionChanged(QItemSelection,ItemSelection)),table,SLOT (selectionChanged(QItemSelection,QItemSelection)))：連接選擇模型的 selectionChanged() 訊號與 QTableView 物件的 selectionChanged() 槽函數，以便使自訂的 HistogramView 物件中的選擇變化能夠反映到 QTableView 物件的顯示中。

（3）此時，執行效果如圖 8.5 所示。

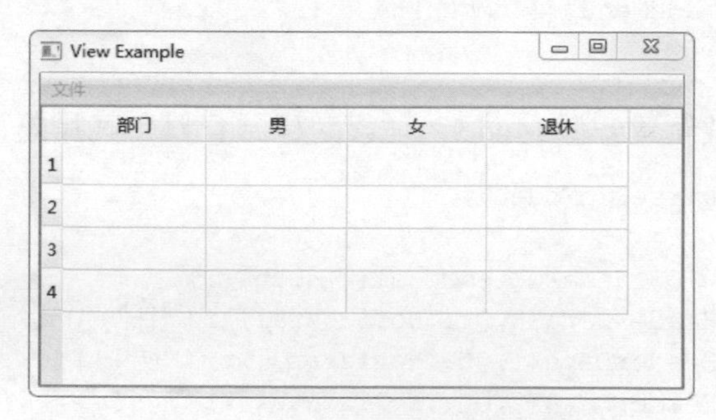

圖 8.5 主資料表單框架執行效果

以上只是實現了簡單的主資料表單框架顯示，還沒有完成事件。具體實現步驟如下。

（1）在標頭檔 "mainwindow.h" 中增加程式如下：

```
public:
    void openFile(QString);
public slots:
    void slotOpen();
```

（2）在原始檔案 mainwindow.cpp 中增加程式如下：

```
#include <QFileDialog>
#include <QFile>
#include <QTextStream>
#include <QStringList>
```

其中，在 createAction() 函數中增加程式如下：

```
connect(openAct,SIGNAL(triggered()),this,SLOT(slotOpen()));
```

slotOpen() 槽函數完成開啟標準檔案對話方塊，具體程式如下：

```
void MainWindow::slotOpen()
{
    QString name;
    name = QFileDialog::getOpenFileName(this," 開啟 ",".","histogram
files (*.txt)");
    if (!name.isEmpty())
          openFile(name);
}
```

openFile() 函數完成開啟所選的檔案內容，其具體實現程式如下：

```
void MainWindow::openFile(QString path)
{
    if (!path.isEmpty())
    {
        QFile file(path);
         if (file.open(QFile::ReadOnly | QFile::Text))
         {
             QTextStream stream(&file);
             QString line;
             model->removeRows(0,model->rowCount(QModelIndex()),
                   QModelIndex());
             int row = 0;
             do
{
                 line = stream.readLine();
                 if (!line.isEmpty())
                 {
                     model->insertRows(row, 1, QModelIndex());
                     QStringList pieces = line.split(",",
Qt::SkipEmptyParts);
                     model->setData(model->index(row, 0, QModelIndex()),
                           pieces.value(0));
                     model->setData(model->index(row, 1, QModelIndex()),
                           pieces.value(1));
                     model->setData(model->index(row, 2, QModelIndex()),
                           pieces.value(2));
                     model->setData(model->index(row,3, QModelIndex()),
                           pieces.value(3));
                     row++;
                 }
             } while (!line.isEmpty());
           file.close();
         }
    }
}
```

新建一個文字檔，命名為 "histogram.txt"，儲存在專案 "C:\Qt6\CH8\CH803" 目錄下，載入檔案資料後的執行效果如圖 8.6 所示。

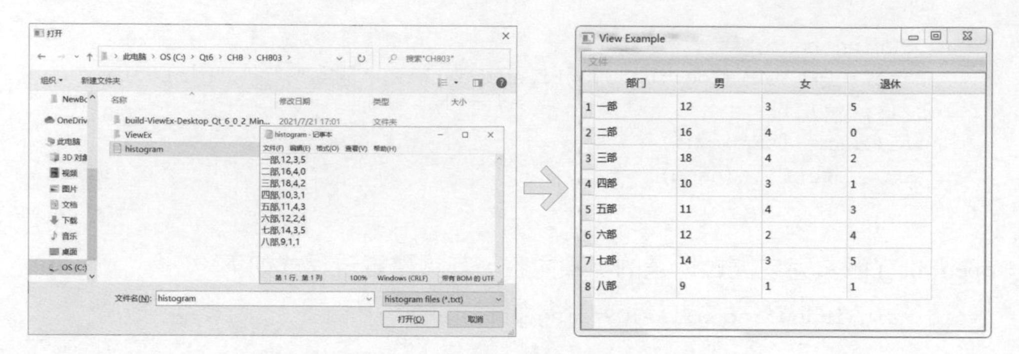

圖 8.6 載入檔案資料後的執行效果

以上完成了表格資料的載入，下面介紹柱狀統計圖的繪製。

具體實現步驟如下。

（1）自訂 HistogramView 類別繼承自 QAbstractItemView 類別，用於對表格資料進行柱狀圖顯示。下面是標頭檔 "histogramview.h" 的具體程式：

```
#include <QAbstractItemView>
#include <QItemSelectionModel>
#include <QRegion>
#include <QMouseEvent>
class HistogramView : public QAbstractItemView
{
    Q_OBJECT
public:
    HistogramView(QWidget *parent = 0);
    //虛擬函數宣告                                          //(a)
    QRect visualRect(const QModelIndex &index)const;
    void scrollTo(const QModelIndex &index,ScrollHint hint =
EnsureVisible);
    QModelIndex indexAt(const QPoint &point)const;          //(b)
    //為 selections 賦初值
    void setSelectionModel(QItemSelectionModel *selectionModel);
    QRegion itemRegion(QModelIndex index);
    void paintEvent(QPaintEvent *);
    void mousePressEvent(QMouseEvent *event);               //(c)
protected slots:
    void selectionChanged(const QItemSelection &selected,
         const QItemSelection &deselected);                 //(d)
```

```
    void dataChanged(const QModelIndex &topLeft,
           const QModelIndex &bottomRight);            //(e)
protected:
    //虛擬函數宣告
    QModelIndex moveCursor(QAbstractItemView::CursorAction
cursorAction,
           Qt::KeyboardModifiers modifiers);
    int horizontalOffset()const;
    int verticalOffset()const;
    bool isIndexHidden(const QModelIndex &index)const;
    void setSelection(const QRect &rect,QItemSelectionModel::
SelectionFlags flags);                                 //(f)
    QRegion visualRegionForSelection(const QItemSelection &selection)
const;
    private:
    QItemSelectionModel *selections;                   //(g)
    QList<QRegion> MRegionList;                        //(h)
    QList<QRegion> FRegionList;
    QList<QRegion> SRegionList;
};
```

其中，

(a) visualRect()、scrollTo()、indexAt()、moveCursor()、horizontalOffset()、verticalOffset()、isIndexHidden()、setSelection() 和 visualRegionForSelection()：QAbstractItemView 類別中的純虛擬函數。這些純虛擬函數不一定都要實現，可以根據需要選擇性地實現，但一定要宣告。

(b) QModelIndex indexAt(const QPoint &point)const：當滑鼠在視圖中點擊或位置發生改變時被觸發，它傳回滑鼠所在點的 QModelIndex 值。若滑鼠處在某個資料項目的區域中，則傳回此資料項目的 Index 值，否則傳回一個空的 Index。

(c) void mousePressEvent(QMouseEvent *event)：柱狀統計圖可以被滑鼠點擊選擇，選中後以不同的方式顯示。

(d) void selectionChanged(const QItemSelection &selected,const QItemSelection &deselected)：當資料項目選擇發生變化時，此槽函數將回應。

(e) void dataChanged(const QModelIndex &topLeft,const QModelIndex &bottomRight)：當模型中的資料發生變更時，此槽函數將回應。

(f) void setSelection(const QRect &rect,QItemSelectionModel::SelectionFlags flags)：將位於 QRect 內的資料項目按照 SelectionFlags（描述被選擇的資

料項目以何種方式進行更新）指定的方式進行更新。QItemSelectionModel 類別提供多種可用的 SelectionFlags，常用的有 QItemSelectionModel::Select、QItemSelectionModel::Current 等。

(g) QItemSelectionModel *selections：用於儲存與視圖選擇項相關的內容。

(h) QList<QRegion> MRegionList：用於儲存其中某一類型柱狀圖的區域範圍，而每個區域是 QList 中的值。

（2）原始檔案 "histogramview.cpp" 的具體程式如下：

```
#include "histogramview.h"
#include <QPainter>
HistogramView::HistogramView(QWidget parent):QAbstractItemView(parent)
{
}
//paintEvent() 函數具體完成柱狀統計圖的繪製工作
void HistogramView::paintEvent(QPaintEvent *)
{
    QPainter painter(viewport());                    //(a)
    painter.setPen(Qt::black);
    int x0 = 40;
    int y0 = 250;
    /* 完成了 x、y 座標軸的繪製，並標注座標軸的變數 */
    //y 座標軸
    painter.drawLine(x0,y0,40,30);
    painter.drawLine(38,32,40,30);
    painter.drawLine(40,30,42,32);
    painter.drawText(20,30,tr("人數"));
    for(int i = 1;i < 5;i++)
    {
        painter.drawLine(-1,-i*50,1,-i*50);
        painter.drawText(-20,-i*50,tr("%1").arg(i*5));
    }
    //x 座標軸
    painter.drawLine(x0,y0,540,250);
    painter.drawLine(538,248,540,250);
    painter.drawLine(540,250,538,252);
    painter.drawText(545,250,tr("部門"));
    int posD = x0 + 20;
    int row;
    for(row = 0;row < model()->rowCount(rootIndex());row++)
    {
        QModelIndex index = model()->index(row,0,rootIndex());
```

```
        QString dep = model()->data(index).toString();
        painter.drawText(posD,y0+20,dep);
        posD += 50;
    }
    /* 完成了表格第 1 列資料的柱狀統計圖的繪製 */
    //男
    int posM = x0 + 20;
    MRegionList.clear();
    for(row = 0;row < model()->rowCount(rootIndex());row++)
    {
        QModelIndex index = model()->index(row,1,rootIndex());
        int male = model()->data(index).toDouble();
        int width = 10;
        if(selections->isSelected(index))                          //(b)
            painter.setBrush(QBrush(Qt::blue,Qt::Dense3Pattern));
        else
            painter.setBrush(Qt::blue);
        painter.drawRect(QRect(posM,y0-male*10,width,male*10)); //(c)
        QRegion regionM(posM,y0-male*10,width,male*10);
     MRegionList.insert(row,regionM);                             //(d)
        posM += 50;
    }
    /* 完成了表格第 2 列資料的柱狀統計圖的繪製 */                //(e)
    //女
    int posF = x0 + 30;
    FRegionList.clear();
    for(row = 0;row < model()->rowCount(rootIndex());row++)
    {
        QModelIndex index = model()->index(row,2,rootIndex());
        int female = model()->data(index).toDouble();
        int width = 10;
        if(selections->isSelected(index))
            painter.setBrush(QBrush(Qt::red,Qt::Dense3Pattern));
        else
            painter.setBrush(Qt::red);
        painter.drawRect(QRect(posF,y0-female*10,width,female*10));
        QRegion regionF(posF,y0-female*10,width,female*10);
     FRegionList.insert(row,regionF);
        posF += 50;
    }
    /* 完成了表格第 3 列資料的柱狀統計圖的繪製 */                //(f)
    //退休
    int posS = x0 + 40;
    SRegionList.clear();
```

```
    for(row = 0;row < model()->rowCount(rootIndex());row++)
    {
        QModelIndex index = model()->index(row,3,rootIndex());
        int retire = model()->data(index).toDouble();
        int width = 10;
        if(selections->isSelected(index))
            painter.setBrush(QBrush(Qt::green,Qt::Dense3Pattern));
        else
            painter.setBrush(Qt::green);
        painter.drawRect(QRect(posS,y0-retire*10,width,retire*10));
        QRegion regionS(posS,y0-retire*10,width,retire*10);
    SRegionList.insert(row,regionS);
        posS += 50;
    }
}
```

其中，

(a) QPainter painter(viewport())：以 viewport() 作為繪圖裝置新建一個 QPainter 物件。

(b) if(selections->isSelected(index)){…} else{…}：使用不同筆刷顏色區別選中與未被選中的資料項目。

(c) painter.drawRect(QRect(posM,y0-male*10,width,male*10))：根據當前資料項目的值按比例繪製一個方形表示此資料項目。

(d) MRegionList.insert(row,regionM)：將此資料所佔據的區域儲存到 MRegionList 串列中，為後面的資料項目選擇做準備。

(e) 從 "int posF = x0 + 30" 敘述到 "posF += 50" 敘述之間的程式碼部分：完成了表格第 2 列資料的柱狀統計圖的繪製。同樣，使用不同的筆刷顏色區別選中與未被選中的資料項目，同時儲存每個資料項目所佔的區域至 FRegionList 串列中。

(f) 從 "int posS = x0 + 40" 敘述到 "posS += 50" 敘述之間的程式碼部分：完成了表格第 3 列資料的柱狀統計圖的繪製。同樣，使用不同的筆刷顏色區別選中與未被選中的資料項目，同時儲存每個資料項目所佔的區域至 SRegionList 串列中。

dataChanged() 函數實現當 Model 中的資料更改時，呼叫繪圖裝置的 update() 函數進行更新，反映資料的變化。具體實現程式如下：

```
void HistogramView::dataChanged(const QModelIndex &topLeft,
       const QModelIndex &bottomRight)
{
    QAbstractItemView::dataChanged(topLeft,bottomRight);
    viewport()->update();
}
```

setSelectionModel() 函數為 selections 賦初值，具體程式如下：

```
void HistogramView::setSelectionModel(QItemSelectionModel
*selectionModel)
{
    selections = selectionModel;
}
```

至此，View 已經能正確顯示表格的統計資料，而且對表格中的某個資料項目進行修改時能夠即時將變化反映在柱狀統計圖中。

（3）下面的工作是完成對選擇項的更新。

selectionChanged() 函數中完成當資料項目發生變化時呼叫 update() 函數，重繪繪圖裝置即可工作。此函數是將其他 View 中的操作引起的資料項目選擇變化反映到自身 View 的顯示中。具體程式如下：

```
void HistogramView::selectionChanged(const QItemSelection &selected,
     const QItemSelection &deselected)
{
    viewport()->update();
}
```

滑鼠按下事件函數 mousePressEvent()，在呼叫 setSelection() 函數時確定滑鼠點擊點是否在某個資料項目的區域內，並設定選擇項。具體程式如下：

```
void HistogramView::mousePressEvent(QMouseEvent *event)
{
    QAbstractItemView::mousePressEvent(event);
    setSelection(QRect(event->pos().x(),event->pos().y(),1,1),QItemSel
ectionModel::SelectCurrent);
}
```

setSelection() 函數的具體程式如下：

```
void HistogramView::setSelection(const QRect &rect,QItemSelectionModel
::SelectionFlags flags)
{
```

```
    int rows = model()->rowCount(rootIndex());        //獲取總行數
    int columns = model()->columnCount(rootIndex());//獲取總列數
    QModelIndex selectedIndex;                        //(a)
    for(int row = 0; row < rows; ++row)               //(b)
    {
        for(int column = 1; column < columns; ++column)
        {
            QModelIndex index = model()->index(row,column,rootIndex());
            QRegion region = itemRegion(index);        //(c)
            if(!region.intersected(rect).isEmpty())
                selectedIndex = index;
        }
    }
    if(selectedIndex.isValid())                       //(d)
        selections->select(selectedIndex,flags);
    else
    {
        QModelIndex noIndex;
        selections->select(noIndex,flags);
    }
}
```

其中，

(a) QModelIndex selectedIndex：用於儲存被選中的資料項目的 Index 值。此處只實現用滑鼠點擊選擇，而沒有實現用滑鼠拖曳框選，因此，滑鼠動作只可能選中一個資料項目。若需實現框選，則可使用 QModelIndexList 來儲存所有被選中的資料項目的 Index 值。

(b) for(int row = 0;row < rows;++row){for(int column = 1;column < columns;++column) {…}}：確定在 rect 中是否含有資料項目。此處採用遍歷的方式將每個資料項目的區域與 rect 區域進行 intersected 操作，獲得兩者之間的交集。若此交集不為空，則說明此資料項目被選中，將它的 Index 值賦給 selectedIndex。

(c) QRegion region = itemRegion(index)：傳回指定 index 的資料項目所佔用的區域。

(d) if(selectedIndex.isValid()){…}else{…}：完成 select() 函數的呼叫，即完成最後對選擇項的設定工作。select() 函數是在實現 setSelection() 函數時必須呼叫的。

indexAt() 函數的具體內容如下：

```
QModelIndex HistogramView::indexAt(const QPoint &point)const
{
    QPoint newPoint(point.x(),point.y());
    QRegion region;
    //男 列
    foreach(region,MRegionList)                        //(a)
    {
        if(region.contains(newPoint))
        {
            int row = MRegionList.indexOf(region);
            QModelIndex index = model()->index(row,1,rootIndex());
            return index;
        }
    }
    //女 列
    foreach(region,FRegionList)                        //(b)
    {
        if(region.contains(newPoint))
        {
            int row = FRegionList.indexOf(region);
            QModelIndex index = model()->index(row,2,rootIndex());
            return index;
        }
    }
    //合計 列
    foreach(region,SRegionList)                        //(c)
    {
        if(region.contains(newPoint))
        {
            int row = SRegionList.indexOf(region);
            QModelIndex index = model()->index(row,3,rootIndex());
            return index;
        }
    }
    return QModelIndex();
}
```

其中，

(a) foreach(region,MRegionList) {…}：檢查當前點是否處於第 1 列（男）資料的區域中。

(b) foreach(region,FRegionList) {…}：檢查當前點是否處於第 2 列（女）資料的區域中。

(c) foreach(region, SRegionList) {…}：檢查當前點是否處於第 3 列（合計）資料的區域中。

由於本例未用到以下函數的功能，所以沒有實現具體內容，但仍然要寫出函數本體的框架，程式如下：

```
QRect HistogramView::visualRect(const QModelIndex &index)const{}
void HistogramView::scrollTo(const QModelIndex &index,ScrollHint){}
QModelIndex HistogramView::moveCursor(QAbstractItemView::CursorAction
cursor Action, Qt::KeyboardModifiers modifiers){}
int HistogramView::horizontalOffset()const{}
int HistogramView::verticalOffset()const{}
bool HistogramView::isIndexHidden(const QModelIndex &index)const{}
QRegion HistogramView::visualRegionForSelection(const QItemSelection &
selection)
const{}
```

itemRegion() 函數的具體程式如下：

```
QRegion HistogramView::itemRegion(QModelIndex index)
{
    QRegion region;
    if(index.column() == 1)       //男
        region = MRegionList[index.row()];
    if(index.column() == 2)       //女
        region = FRegionList[index.row()];
    if(index.column() == 3)       //退休
        region = SRegionList[index.row()];
    return region;
}
```

（4）在標頭檔 "mainwindow.h" 中增加程式如下：

```
#include "histogramview.h"
private:
    HistogramView *histogram;
```

（5）在原始檔案 "mainwindow.cpp" 中增加程式，其中，setupView() 函數的程式修改如下：

```
void MainWindow::setupView()
{
    splitter = new QSplitter;
    splitter->setOrientation(Qt::Vertical);
    histogram = new HistogramView(splitter);
```

```
        // 新建一個 HistogramView 物件
    histogram->setModel(model);    // 為 HistogramView 物件設定相同的 Model
    table = new QTableView;
    table->setModel(model);
    QItemSelectionModel *selectionModel = new
QItemSelectionModel(model);
    table->setSelectionModel(selectionModel);
    histogram->setSelectionModel(selectionModel);    //(a)
    splitter->addWidget(table);
    splitter->addWidget(histogram);
    setCentralWidget(splitter);
connect(selectionModel,SIGNAL(selectionChanged(QItemSelection,QItemSel
ection)),table,SLOT(selectionChanged(QItemSelection,QItemSelection)));
connect(selectionModel,SIGNAL(selectionChanged(QItemSelection,QItemSe
lection)),histogram,SLOT(selectionChanged(QItemSelection,QItemSelecti
on)));                                                      //(b)
}
```

其中，

(a) histogram->setSelectionModel(selectionModel)：新建的 QItemSelectionModel 物件作為 QTableView 物件和 HistogramView 物件使用的選擇模型。

(b) connect(selectionModel,SIGNAL(selectionChanged(QItemSelection,QItemSelection)),histogram,SLOT(selectionChanged(QItemSelection,QItemSelection)))：連接選擇模型的 selection Changed() 訊號與 HistogramView 物件的 selectionChanged() 槽函數，以便使 QTableView 物件中的選擇變化能夠反映到自訂的 HistogramView 物件的顯示中。

（6）執行效果如圖 8.4 所示。

8.4 代理（Delegate）

在表格中嵌入各種不同控制項，透過表格中的控制項對編輯的內容進行限定。大部分的情況下，採用這種在表格中插入控制項的方式，控制項始終顯示。當表格中控制項數目較多時，將影響表格的美觀。此時，可利用 Delegate 的方式實現同樣的效果，控制項只有在需要編輯資料項目時才會顯示，從而解決了所遇到的上述問題。

【例】（難度中等）（CH804）利用 Delegate 設計表格中控制項，如圖 8.7 所示。

Delegate

	姓名	生日	职业	收入
1	Tom	1977-01-05	工人	1500
2	Jack	1978-12-23	医生	3000
3	Alice	1980-04-06	军人	2500
4	John	1983-09-25	律师	5000

圖 8.7 Delegate 例子

實現步驟如下。

（1）首先，載入表格資料，以便後面的操作。原始檔案 "main.cpp" 中的具體程式如下：

```
#include <QApplication>
#include <QStandardItemModel>
#include <QTableView>
#include <QFile>
#include <QTextStream>
int main(int argc,char *argv[])
{
    QApplication a(argc,argv);
    QStandardItemModel model(4,4);
    QTableView tableView;
    tableView.setModel(&model);
    model.setHeaderData(0,Qt::Horizontal,QObject::tr("姓名"));
    model.setHeaderData(1,Qt::Horizontal,QObject::tr("生日"));
    model.setHeaderData(2,Qt::Horizontal,QObject::tr("職業"));
    model.setHeaderData(3,Qt::Horizontal,QObject::tr("收入"));
    QFile file("test.txt");
    if(file.open(QFile::ReadOnly|QFile::Text))
    {
        QTextStream stream(&file);
        QString line;
        model.removeRows(0,model.rowCount(QModelIndex()),QModelIndex());
        int row = 0;
        do{
               line = stream.readLine();
               if(!line.isEmpty())
               {
                   model.insertRows(row,1,QModelIndex());
                   QStringList pieces = line.split(",",
Qt::SkipEmptyParts);
                   model.setData(model.index(row,0,QModelIndex()), pieces
```

```
                    .value(0));
                model.setData(model.index(row,1,QModelIndex()), pieces
                    .value(1));
                model.setData(model.index(row,2,QModelIndex()), pieces
                    .value(2));
                model.setData(model.index(row,3,QModelIndex()), pieces
                    .value(3));
                row++;
            }
        }while(!line.isEmpty());
        file.close();
    }
    tableView.setWindowTitle(QObject::tr("Delegate"));
    tableView.show();
    return app.exec();
}
```

(2) 選擇「建構」→「建構專案 "Date Delegate"」選單項，首先按照如圖 8.8 所示的格式編輯本例所用的資料檔案 "test.txt"，儲存在專案 "C:\Qt6\CH8\CH804\build-Date Delegate-Desktop_Qt_6_0_2_MinGW_64_bit-Debug" 目 錄下，然後執行程式，效果如圖 8.7 所示。

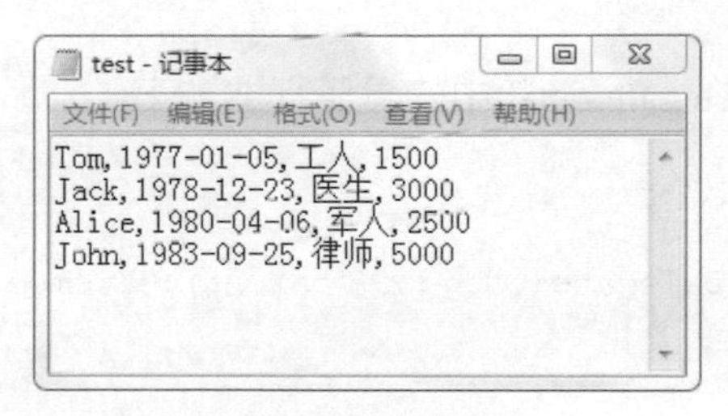

圖 8.8 資料檔案

(3) 在圖 8.7 中，使用手動的方式實現對生日的輸入編輯。下面使用日曆編輯方塊 QDateTimeEdit 控制項實現對生日的編輯，用自訂的 Delegate 來實現。

(4) DateDelegate 繼承自 QItemDelegate 類別。標頭檔 "datedelegate.h" 中的具體程式如下：

```
#include <QItemDelegate>
class DateDelegate : public QItemDelegate
{
   Q_OBJECT
public:
```

```
    DateDelegate(QObject *parent = 0);
    QWidget *createEditor(QWidget *parent, const QStyleOptionViewItem
& option, const QModelIndex &index) const;     //(a)
    void setEditorData(QWidget *editor, const QModelIndex &index)
const;                                         //(b)
    void setModelData(QWidget *editor, QAbstractItemModel *model,
const QModel Index &index) const; //將 Delegate 中對資料的改變更新至 Model 中
    void updateEditorGeometry(QWidget *editor, const
QStyleOptionViewItem & option, const QModelIndex &index) const;
//更新控制項區的顯示
};
```

其中，

(a) QWidget *createEditor(QWidget *parent, const QStyleOptionViewItem &option, const QModelIndex &index) const：完成建立控制項的工作，建立由參數中的 QModelIndex 物件指定的記錄資料的編輯控制項，並對控制項的內容進行限定。

(b) void setEditorData(QWidget *editor, const QModelIndex &index) const：設定控制項顯示的資料，將 Model 中的資料更新至 Delegate 中，相當於一個初始化工作。

（5）原始檔案 "datedelegate.cpp" 中的具體程式如下：

```
#include "datedelegate.h"
#include <QDateTimeEdit>
DateDelegate::DateDelegate(QObject *parent):QItemDelegate(parent)
{
}
```

createEditor() 函數的具體實現程式如下：

```
QWidget *DateDelegate::createEditor(QWidget *parent,const
QStyleOptionView Item &/*option*/,const QModelIndex &/*index*/) const
{
   QDateTimeEdit *editor = new QDateTimeEdit(parent);            //(a)
   editor->setDisplayFormat("yyyy-MM-dd");                        //(b)
   editor->setCalendarPopup(true);                                //(c)
   editor->installEventFilter(const_cast<DateDelegate*>(this)); //(d)
   return editor;
}
```

其中，

(a) QDateTimeEdit *editor = new QDateTimeEdit(parent)：新建一個 QDateTimeEdit 物件作為編輯時的輸入控制項。

(b) editor->setDisplayFormat("yyyy-MM-dd")：設定該 QDateTimeEdit 物件的顯示格式為 yyyy-MM-dd，此為 ISO 標準顯示方式。

日期的顯示格式有多種，可設定為：

```
yy.MM.dd      22.01.01
d.MM.yyyy     1.01.2022
```

其中，y 表示年，M 表示月（必須大寫），d 表示日。

(c) editor->setCalendarPopup(true)：設定日曆選擇的顯示以 Popup 的方式，即下拉式功能表方式顯示。

(d) editor->installEventFilter(const_cast<DateDelegate*>(this))：呼叫 QObject 類別的 installEvent Filter() 函數安裝事件篩檢程式，使 DateDelegate 能夠捕捉 QDateTimeEdit 物件的事件。

setEditorData() 函數的具體程式如下：

```
void DateDelegate::setEditorData(QWidget *editor,
        const QModelIndex &index) const
{
    QString dateStr = index.model()->data(index).toString();      //(a)
    QDate date = QDate::fromString(dateStr,Qt::ISODate);          //(b)
    QDateTimeEdit *edit = static_cast<QDateTimeEdit*>(editor);    //(c)
    edit->setDate(date);                                  // 設定控制項的顯示資料
}
```

其中，

(a) QString dateStr = index.model()->data(index).toString()：獲取指定 index 資料項目的資料。呼叫 QModelIndex 的 model() 函數可獲得提供 index 的 Model 物件，data() 函數傳回的是一個 QVariant 物件，toString() 函數將它轉為一個 QString 類型態資料。

(b) QDate date = QDate::fromString(dateStr,Qt::ISODate)：透過 QDate 的 fromString() 函數將以 QString 類型表示的日期資料轉為 QDate 類型。Qt::ISODate 表示 QDate 類型的日期是以 ISO 格式儲存的，這樣最終轉換獲得的 QDate 資料也是 ISO 格式，使控制項顯示與表格顯示保持一致。

(c) QDateTimeEdit *edit = static_cast<QDateTimeEdit*>(editor)：將 editor 轉為 QDateTimeEdit 物件，以獲得編輯控制項的物件指標。

setModelData() 函數的具體程式如下：

```
void DateDelegate::setModelData(QWidget *editor,QAbstractItemModel
*model, const QModelIndex &index) const
{
    QDateTimeEdit *edit = static_cast<QDateTimeEdit*>(editor);  //(a)
    QDate date = edit->date();                                   //(b)
    model->setData(index,QVariant(date.toString(Qt::ISODate))); //(c)
}
```

其中，

(a) static_cast<QDateTimeEdit*>(editor)：透過緊縮轉換獲得編輯控制項的物件指標。

(b) QDate date = edit->date()：獲得編輯控制項中的資料更新。

(c) model->setData(index,QVariant(date.toString(Qt::ISODate)))：呼叫 setData() 函數將資料修改更新到 Model 中。

updateEditorGeometry() 函數的具體程式如下：

```
void DateDelegate::updateEditorGeometry(QWidget *editor,const
QStyleOptionViewItem &option,const QModelIndex &index) const
{
    editor->setGeometry(option.rect);
}
```

（6）在 "main.cpp" 檔案中增加以下程式：

```
#include "datedelegate.h"
```

在敘述 "tableView.setModel(&model)" 後面增加以下程式：

```
DateDelegate dateDelegate;
tableView.setItemDelegateForColumn(1,&dateDelegate);
```

（7）此時執行程式，按兩下第 1 行第 2 列，將顯示如圖 8.9 所示的日曆編輯方塊控制項。

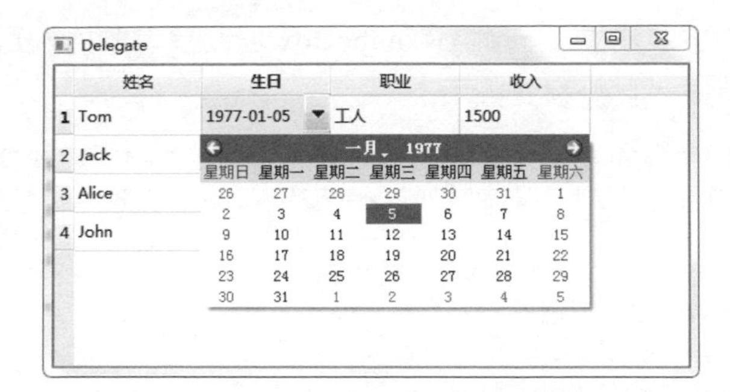

圖 8.9 QDateTimeEdit 控制項的嵌入

下面使用下拉式選單 QComboBox 控制項實現對職業類型的輸入編輯，使用自訂的 Delegate 實現。

（1）ComboDelegate 繼承自 QItemDelegate 類別。

標頭檔 "combodelegate.h" 中的具體程式如下：

```
#include <QItemDelegate>
class ComboDelegate : public QItemDelegate
{
    Q_OBJECT
public:
    ComboDelegate(QObject *parent = 0);
    QWidget *createEditor(QWidget *parent,const QStyleOptionViewItem
&option, constQModelIndex  &index) const;
    void setEditorData(QWidget *editor, const QModelIndex &index)
const;
    void setModelData(QWidget *editor, QAbstractItemModel *model,
const QModel Index &index) const;
    void updateEditorGeometry(QWidget *editor, const
QStyleOptionViewItem &option, const  QModelIndex &index) const;
};
```

ComboDelegatc 的類別宣告與 DateDelegate 類似，需要重定義的函數也一樣。在此不再詳細介紹。

（2）原始檔案 "combodelegate.cpp" 中的具體程式如下：

```
#include "combodelegate.h"
#include <QComboBox>
ComboDelegate::ComboDelegate(QObject *parent):QItemDelegate(parent)
{
}
```

createEditor() 函數中建立了一個 QComboBox 控制項，並插入可顯示的項目，安裝事件篩檢程式。具體程式如下：

```
QWidget *ComboDelegate::createEditor(QWidget *parent,const
QStyleOptionView  Item &/*option*/,const QModelIndex &/*index*/) const
{
    QComboBox *editor = new QComboBox(parent);
    editor->addItem("工人");
    editor->addItem("農民");
    editor->addItem("醫生");
    editor->addItem("律師");
    editor->addItem("軍人");
    editor->installEventFilter(const_cast<ComboDelegate*>(this));
    return editor;
}
```

setEditorData() 函數中更新了 Delegate 控制項中的資料顯示，具體程式如下：

```
void ComboDelegate::setEditorData(QWidget *editor,const QModelIndex
&index) const
{
    QString str = index.model()->data(index).toString();
    QComboBox *box = static_cast<QComboBox*>(editor);
    int i = box->findText(str);
    box->setCurrentIndex(i);
}
```

setModelData() 函數中更新了 Model 中的資料，具體程式如下：

```
void ComboDelegate::setModelData(QWidget *editor, QAbstractItemModel
*model, const QModelIndex &index) const
{
    QComboBox *box = static_cast<QComboBox*>(editor);
    QString str = box->currentText();
    model->setData(index,str);
}
```

updateEditorGeometry() 函數的具體程式如下：

```
void ComboDelegate::updateEditorGeometry(QWidget *editor,
const QStyleOptionViewItem &option, const QModelIndex &/*index*/)
const
{
    editor->setGeometry(option.rect);
}
```

在 "main.cpp" 檔案中增加以下內容：

```
#include "combodelegate.h"
```

在敘述 "tableView.setModel(&model)" 的後面增加以下程式：

```
ComboDelegate comboDelegate;
tableView.setItemDelegateForColumn(2,&comboDelegate);
```

此時執行程式，按兩下第 1 行第 3 列，顯示如圖 8.10 所示的下拉串列。

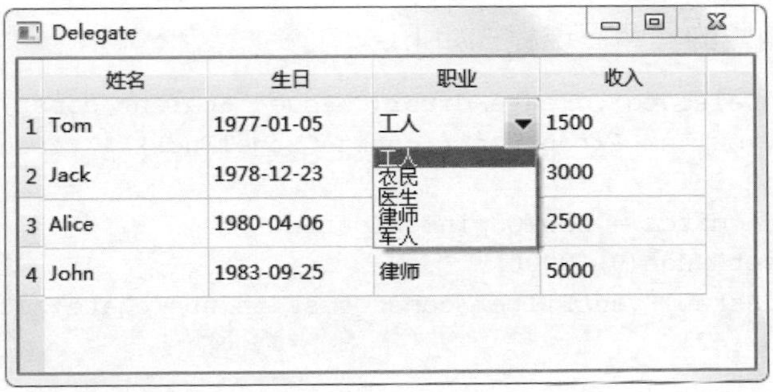

圖 8.10 QComboBox 控制項的嵌入

下面使用 QSpinBox 控制項實現對收入的輸入編輯，呼叫自訂的 Delegate 來實現。

SpinDelegate 類別的實現與 ComboDelegate 類別的實現類似，此處不再詳細講解。

（1）標頭檔 "spindelegate.h" 中的具體程式如下：

```
#include <QItemDelegate>
class SpinDelegate : public QItemDelegate
{
    Q_OBJECT
public:
    SpinDelegate(QObject *parent = 0);
    QWidget *createEditor(QWidget *parent, const QStyleOptionViewItem
&option, const QModelIndex &index) const;
    void setEditorData(QWidget *editor, const QModelIndex &index)
const;
    void setModelData(QWidget *editor, QAbstractItemModel *model,
const QModel Index &index) const;
    void updateEditorGeometry(QWidget *editor, const
```

```
QStyleOptionViewItem &option, const QModelIndex &index) const;
};
```

（2）原始檔案 "spindelegate.cpp" 中的具體程式如下：

```
#include "spindelegate.h"
#include <QSpinBox>
SpinDelegate::SpinDelegate(QObject *parent): QItemDelegate(parent)
{
}
```

createEditor() 函數的具體實現程式如下：

```
QWidget *SpinDelegate::createEditor(QWidget *parent,const
QStyleOptionViewItem &/*option*/,const QModelIndex &/*index*/) const
{
    QSpinBox *editor = new QSpinBox(parent);
    editor->setRange(0,10000);
    editor->installEventFilter(const_cast<SpinDelegate*>(this));
    return editor;
}
```

setEditorData() 函數的具體實現程式如下：

```
void SpinDelegate::setEditorData(QWidget *editor,const QModelIndex
&index) const
{
    int value = index.model()->data(index).toInt();
    QSpinBox *box = static_cast<QSpinBox*>(editor);
    box->setValue(value);
}
```

setModelData() 函數的具體實現程式如下：

```
void SpinDelegate::setModelData(QWidget *editor, QAbstractItemModel
*model,const QModelIndex &index) const
{
    QSpinBox *box = static_cast<QSpinBox*>(editor);
    int value = box->value();
    model->setData(index,value);
}
```

updateEditorGeometry() 函數的具體實現程式如下：

```
void SpinDelegate::updateEditorGeometry(QWidget *editor,
const QStyleOptionViewItem &option, const QModelIndex &/*index*/)
const
```

```
{
    editor->setGeometry(option.rect);
}
```

（3）在 "main.cpp" 檔案中增加程式如下：

```
#include "spindelegate.h"
```

在敘述 "tableView.setModel(&model)" 的後面增加內容如下：

```
SpinDelegate spinDelegate;
tableView.setItemDelegateForColumn(3,&spinDelegate);
```

（4）此時執行程式，按兩下第 1 行第 4 列後的效果如圖 8.11 所示。

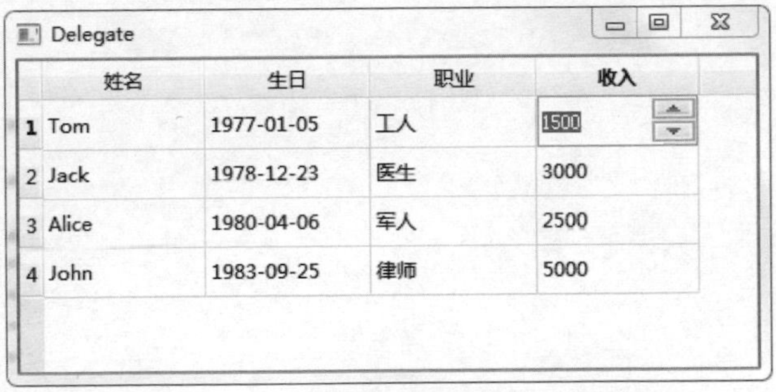

Delegate

	姓名	生日	职业	收入
1	Tom	1977-01-05	工人	1500
2	Jack	1978-12-23	医生	3000
3	Alice	1980-04-06	军人	2500
4	John	1983-09-25	律师	5000

圖 8.11 QSpinBox 控制項的嵌入

Qt 6 檔案及磁碟處理

CHAPTER 09

Qt 提供了 QFile 類別用於進行檔案操作。QFile 類別提供了讀寫檔案的介面，可以讀寫文字檔、二進位檔案和 Qt 的資源檔。

處理文字檔和二進位檔案，可以使用 QTextStream 類別和 QDataStream 類別。處理暫存檔案可以使用 QTemporaryFile，獲取檔案資訊可以使用 QFileInfo，處理目錄可以使用 QDir，監視檔案和目錄變化可以使用 QFileSystemWatcher。

9.1 讀寫文字檔

讀寫文字檔的方法通常有兩種：一種是直接利用傳統的 QFile 類別方法；另一種是利用更為方便的 QTextStream 類別方法。

9.1.1 使用 QFile 類別讀寫文字檔

QFile 類別提供了讀寫檔案的介面。這裡介紹如何使用 QFile 類別讀寫文字檔。

【例】(簡單)（CH901）建立基於主控台的 Qt 專案，使用 QFile 類別讀寫文字檔。

實現步驟如下。

（1）建立一個專案。選擇「檔案」→「新建檔案或專案 ...」選單項，在彈出的對話方塊中選擇「專案」組下的 "Application (Qt)" → "Qt Console Application" 選項，點擊 "Choose..." 按鈕。

（2）在彈出的對話方塊中對該專案進行命名並選擇儲存路徑，這裡將專案命名為 "TextFile"，連續兩次點擊「下一步」按鈕，"Kit Selection" 介面選擇編譯器為 "Desktop Qt 6.0.2 MinGW 64-bit"，點擊「下一步」按鈕，最後點擊「完成」按鈕，完成該檔案讀寫專案的建立。

（3）原始檔案 "main.cpp" 的具體實現程式如下：

```
#include <QCoreApplication>
#include <QFile>
#include <QtDebug>
int main(int argc, char *argv[])
{
    QCoreApplication a(argc, argv);
    QFile file("textFile1.txt");                          //(a)
    if(file.open(QIODevice::ReadOnly))                     //(b)
    {
        char buffer[2048];
        qint64 lineLen = file.readLine(buffer,sizeof(buffer)); //(c)
        if(lineLen != -1)                                  //(d)
        {
            qDebug()<<buffer;
        }
    }
    return a.exec();
}
```

其中，

(a) QFile file("textFile1.txt")：開啟一個檔案有兩種方式。一種方式是在建構函數中指定檔案名稱；另一種方式是使用 setFileName() 函數設定檔案名稱。

(b) if(file.open(QIODevice::ReadOnly))：開啟檔案使用 open() 函數，關閉檔案使用 close() 函數。此處的 open() 函數以唯讀方式開啟檔案。唯讀方式參數為 QIODevice:: ReadOnly，寫入方式參數為 QIODevice::WriteOnly，讀寫方式參數為 QIODevice:: ReadWrite。

(c) qint64 lineLen = file.readLine(buffer,sizeof(buffer))：在 QFile 中可以使用從 QIODevice 中繼承的 readLine() 函數讀取文字檔的一行。

(d) if(lineLen != -1){ qDebug()<<buffer;}：如果讀取成功，則 readLine() 函數傳回實際讀取的位元組數；如果讀取失敗，則傳回 "-1"。

（4）選擇「建構」→ " 建構專案 "TextFile"」選單項，首先編輯本例所用的文字檔 "textFile1.txt"，儲存在專案 "C:\Qt6\CH9\CH901\build-TextFile-Desktop_Qt_6_0_2_MinGW_64_ bit-Debug" 目錄下，然後執行程式，執行結果如圖 9.1 所示。

圖 9.1 使用 QFile 類別讀寫文字檔

其中，顯示的字串 "Welcome to you!" 是文字檔 "textFile1.txt" 中的內容。

9.1.2 使用 QTextStream 類別讀寫文字檔

QTextStream 提供了更為方便的介面來讀寫文字檔，它可以操作 QIODevice、QByteArray 和 QString。使用 QTextStream 的串流操作符號，可以方便地讀寫單字、行和數字為了產生文字，QTextStream 還提供了填充、對齊和數字式化的選項。

【例】(簡單)（CH902）建立基於主控台的 Qt 專案，使用 QTextStream 類別讀寫文字檔。

建立專案的操作步驟與上節的實例類似，不再重複介紹，專案名稱為 "TextFile2"。

（1）原始檔案 "main.cpp" 的具體實現程式如下：

```
#include <QCoreApplication>
#include <QFile>
#include <QTextStream>
int main(int argc, char *argv[])
{
    QCoreApplication a(argc, argv);
    QFile data("data.txt");
    if(data.open(QFile::WriteOnly|QFile::Truncate))  //(a)
    {
        QTextStream out(&data);
        out << "score:" << qSetFieldWidth(10) << Qt::left << 90 <<
Qt::endl;                                              //(b)
    }
    return a.exec();
}
```

其中，

(a) if(data.open(QFile::WriteOnly|QFile::Truncate))：參數 QFile::Truncate 表示將原來檔案中的內容清空。輸出時將格式設為左對齊，佔 10 個字元位置。

(b) out << "score:" << qSetFieldWidth(10) << Qt::left << 90 << Qt::endl：使用者使用格式化函數和串流操作符號設定需要的輸出格式。其中，qSetFieldWidth() 函數是設定欄位寬度的格式化函數。除此之外，QTextStream 還提供了其他一些格式化函數，見表 9.1。

表 9.1 QTextStream 的格式化函數

函數	功能描述
qSetFieldWidth(int width)	設定欄位寬度
qSetPadChar(QChar ch)	設定填補字元
qSetRealNumberPercision(int precision)	設定實數精度

left 操作符號是 QTextStream 定義的類似於 <iostream> 中的串流操作符號。QTextStream 還提供了其他一些串流操作符號，見表 9.2。

表 9.2 QTextStream 的串流操作符號

操作符號	作用描述
bin	設定讀寫的整數為二進位
oct	設定讀寫的整數為八進位
dec	設定讀寫的整數為十進位
hex	設定讀寫的整數為十六進位
showbase	強制顯示進制首碼，如十六進位（0x）、八進位（0）、二進位（0b）
forcesign	強制顯示符號（+，-）
forcepoint	強制顯示小數點
noshowbase	不顯示進制首碼
noforcesign	不顯示符號
uppercasebase	顯示大寫的進制首碼
lowercasebase	顯示小寫的進制首碼
uppercasedigits	用大寫字母表示
lowercasedigits	用小寫字母表示
fixed	用固定小數點表示
scientific	用科學計數法表示
left	左對齊
right	右對齊
center	置中
endl	換行
flush	清除緩衝

> **注意**：在 QTextStream 中使用的預設編碼是 QTextCodec::codecForLocale() 函數傳回的編碼，同時能夠自動檢測 Unicode，也可以使用 QTextStream::setCodec(QTextCodec *codec) 函數設定串流的編碼。

（2）執行此程式後，可以看到在專案的 "C:\Qt6\CH9\CH902\build-TextFile2-Desktop_Qt_6_0_ 2_MinGW_64_bit-Debug" 資料夾下自動建立了一個文字檔 "data.txt"，開啟後看到的內容如圖 9.2 所示。

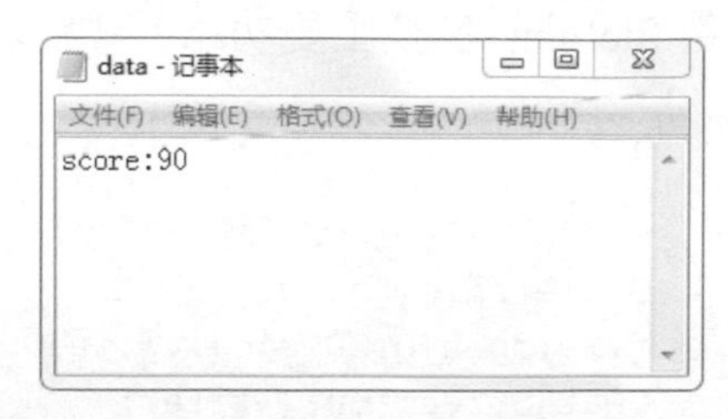

圖 9.2 使用 QTextStream 類別讀寫文字檔

9.2 讀寫二進位檔案

QDataStream 類別提供了將二進位檔案序列化的功能，用於實現 C++ 基底資料型態，如 char、short、int、char * 等的序列化。更複雜的序列化操作則是透過將資料型態分解為基本類型來完成的。

【例】（簡單）（CH903）使用 QDataStream 類別讀寫二進位檔案。

（1）標頭檔 "mainwindow.h" 的具體程式如下：

```
#include <QMainWindow>
class MainWindow : public QMainWindow
{
    Q_OBJECT
public:
    MainWindow(QWidget *parent = 0);
    ~MainWindow();
    void fileFun();
};
```

（2）原始檔案 "mainwindow.cpp" 的具體程式如下：

```
#include "mainwindow.h"
#include <QDebug>
#include <QFile>
#include <QDataStream>
#include <QDate>
MainWindow::MainWindow(QWidget *parent)
```

```
    : QMainWindow(parent)
{
    fileFun();
}
```

函數 fileFun() 完成主要功能，其具體程式如下：

```
void MainWindow::fileFun()
{
    /* 將二進位資料寫到資料流程 */                    //(a)
    QFile file("binary.dat");
    file.open(QIODevice::WriteOnly | QIODevice::Truncate);
    QDataStream out(&file);                          // 將資料序列化
    out << QString(tr("周何駿："));                  // 字串序列化
    out << QDate::fromString("2003/09/25", "yyyy/MM/dd");
    out << (qint32)19;                               // 整數序列化
    file.close();
    /* 從檔案中讀取資料 */                            //(b)
    file.setFileName("binary.dat");
    if(!file.open(QIODevice::ReadOnly))
    {
        qDebug()<< "error!";
        return;
    }
    QDataStream in(&file);                           // 從檔案中讀出資料
    QString name;
    QDate birthday;
    qint32 age;
    in >> name >> birthday >> age;                   // 獲取字串和整數
    qDebug() << name << birthday << age;
    file.close();
}
```

其中，

(a) 從 "QFile file("binary.dat")" 到 "file.close()" 之間的程式碼部分：每一個項目都以定義的二進位格式寫入檔案。Qt 中的很多類型，包括 QBrush、QColor、QDateTime、QFont、QPixmap、QString、QVariant 等都可以寫入資料流程。QDataStream 類別寫入了 name(QString)、birthday(QDate) 和 age(qint32) 這三個資料。注意，在讀取時也要使用相同的類型讀出。

(b) 從 "file.setFileName("binary.dat")" 到 "file.close()" 之間的程式碼部分：QDataStream 類別可以讀取任意的以 QIODevice 為基礎類別的類別生成物件產生的資料，如 QTcpSocket、QUdpSocket、QBuffer、QFile、QProcess

等類別的資料。可以使用 QDataStream 在 QAbstractSocket 一端寫入資料，在另一端使用 QDataStream 讀取資料，這樣就免去了煩瑣的高低位元組轉換工作。如果需要讀取原始資料，則可以使用 readRawdata() 函數讀取資料並儲存到預先定義好的 char* 緩衝區，寫入原始資料使用 writeRawData() 函數。讀寫原始資料需要對資料進行編碼和解碼。

（3）執行結果如圖 9.3 所示。

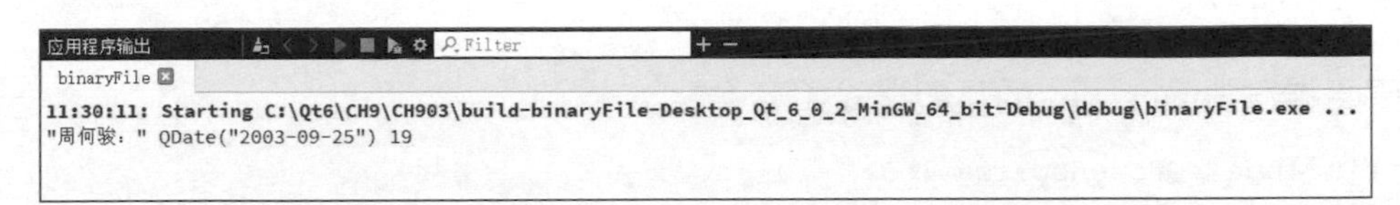

圖 9.3 使用 QDataStream 類別讀寫二進位檔案

9.3 目錄操作與檔案系統

QDir 類別具有存取目錄結構和內容的能力，使用它可以操作目錄、存取目錄或檔案資訊、操作底層檔案系統，而且還可以存取 Qt 的資源檔。

Qt 使用 "/" 作為通用的目錄分隔符號和 URL 路徑分隔符號。如果在程式中使用 "/" 作為目錄分隔符號，Qt 會將其自動轉為符合底層作業系統的分隔符號（如 Linux 使用 "/"，Windows 使用 "\"）。

QDir 可以使用相對路徑或絕對路徑指向一個檔案。isRelative() 和 isAbsolute() 函數可以判斷 QDir 物件使用的是相對路徑還是絕對路徑。如果需要將一個相對路徑轉為絕對路徑，則使用 makeAbsolute() 函數。

目錄的路徑可以透過 path() 函數傳回，透過 setPath() 函數設定新路徑。絕對路徑使用 absolutePath() 函數傳回，目錄名稱可以使用 dirName() 函數獲得，它通常傳回絕對路徑中的最後一個元素，如果 QDir 指向目前的目錄，則傳回 "."。目錄的路徑可以透過 cd() 和 cdUp() 函數改變。可以使用 mkdir() 函數建立目錄，使用 rename() 函數改變目錄名稱。

判斷目錄是否存在可以使用 exists() 函數，目錄的屬性可以使用 isReadable()、isAbsolute()、isRelative() 和 isRoot() 函數來獲取。目錄下有很多項目，包括檔案、目錄和符號連接，總的項目數可以使用 count() 函數來統計。entryList() 函數傳回目錄下所有項目組成的字串鏈結串列。可以使用 remove() 函數刪除檔案，使用 rmdir() 函數刪除目錄。

9.3.1 檔案大小及路徑獲取

【例】（難度一般）（CH904）得到一個檔案的大小和所在的目錄路徑。

建立基於主控台的 Qt 專案 "dirProcess.pro"，前面已介紹過其建立步驟，這裡不再贅述。

原始檔案 "main.cpp" 的具體程式如下：

```
#include <QCoreApplication>
#include <QStringList>
#include <QDir>
#include <QtDebug>
qint64 du(const QString &path)
{
    QDir dir(path);
    qint64 size = 0;
    foreach(QFileInfo fileInfo,dir.entryInfoList(QDir::Files))
    {
        size += fileInfo.size();
    }
    foreach(QString subDir,dir.entryList(QDir::Dirs|QDir::NoDotAndDotD
ot))
    {
        size += du(path+QDir::separator()+subDir);
    }

    char unit = 'B';
    qint64 curSize = size;
    if(curSize > 1024)
    {
        curSize /= 1024;
        unit = 'K';
        if(curSize > 1024)
        {
            curSize /= 1024;
            unit = 'M';
            if(curSize > 1024)
            {
                curSize /= 1024;
                unit = 'G';
```

```
            }
        }
    }
    qDebug()<<curSize<<unit<<"\t"<<qPrintable(path)<<Qt::endl;
    return size;
}
int main(int argc, char *argv[])
{
    QCoreApplication a(argc, argv);
    QStringList args = a.arguments();
    QString path;
    if(args.count() > 1)
    {
        path = args[1];
    }
    else
    {
        path = QDir::currentPath();
    }
    qDebug()<<path<<Qt::endl;
    du(path);
    return a.exec();
}
```

執行結果如圖 9.4 所示。

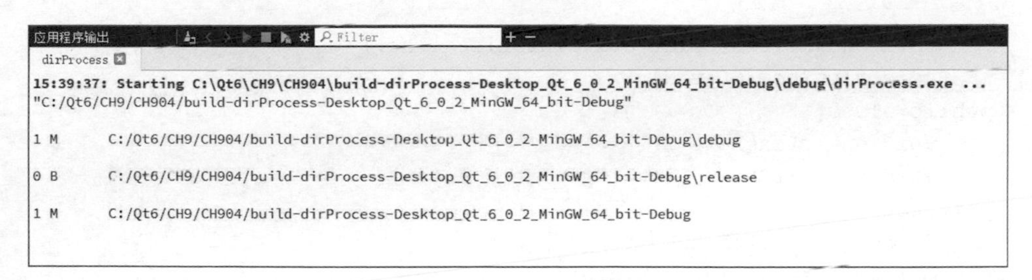

圖 9.4 執行結果

以上輸出結果表示的意思如下。

本例專案編譯後生成的檔案所在的目錄是：

```
C:/Qt6/CH9/CH904/build-dirProcess-Desktop_Qt_6_0_2_MinGW_64_bit-Debug
```

該目錄下 "debug" 資料夾大小為 1MB，release 資料夾大小為 0B（空），編譯生成的整個目錄的總大小為 1MB。

9.3.2 檔案系統瀏覽

檔案系統的瀏覽是目錄操作的常用功能。本節介紹如何使用 QDir 類別顯示檔案系統目錄及用過濾方式顯示檔案串列。

【例】（難度一般）（CH905）檔案系統的瀏覽。

建立專案 "FileView.pro"，具體內容如下。

（1）在標頭檔 "fileview.h" 中，FileView 類別繼承自 QDialog 類別，具體程式如下：

```
#include <QDialog>
#include <QLineEdit>
#include <QListWidget>
#include <QVBoxLayout>
#include <QDir>
#include <QListWidgetItem>
#include <QFileInfoList>
class FileView : public QDialog
{
    Q_OBJECT
public:
    FileView(QWidget *parent = 0);
    ~FileView();

    void showFileInfoList(QFileInfoList list);
    void slotShow(QDir dir);
public slots:
    void enterLineEdit();
    void slotDirShow(QListWidgetItem * item);
private:
    QLineEdit *fileLineEdit;
    QListWidget *fileListWidget;
    QVBoxLayout *mainLayout;
};
```

（2）原始檔案 "fileview.cpp" 的具體程式如下：

```
#include "fileview.h"
#include <QStringList>
#include <QIcon>
FileView::FileView(QWidget *parent)
    : QDialog(parent)
{
```

```
    setWindowTitle(tr("File View"));
    fileLineEdit = new QLineEdit(tr("/"));
    fileListWidget = new QListWidget;
    mainLayout = new QVBoxLayout(this);
    mainLayout->addWidget(fileLineEdit);
    mainLayout->addWidget(fileListWidget);
        connect(fileLineEdit,SIGNAL(returnPressed()),this,SLOT
(enterLineEdit()));
    connect(fileListWidget,SIGNAL(itemDoubleClicked (QListWidgetItem*)),
          this,SLOT(slotDirShow(QListWidgetItem*)));
    QString root = "/";
    QDir rootDir(root);
    QStringList string;
    string << "*";
    QFileInfoList list = rootDir.entryInfoList(string);
    showFileInfoList(list);
}
```

槽函數 enterLineEdit () 與函數 slotShow() 配合實現顯示目錄 dir 下的所有檔案，具體內容如下：

```
void FileView::enterLineEdit()
{
    QDir dir(fileLineEdit->text());
    slotShow(dir);
}
void FileView::slotShow(QDir dir)
{
    QStringList string;
    string<<"*";
    QFileInfoList list = dir.entryInfoList(string,QDir::AllEntries,QD
ir:: DirsFirst);                                              //(a)
    showFileInfoList(list);
}
```

其中，

(a) QFileInfoList list = dir.entryInfoList(string,QDir::AllEntries,QDir::DirsFirst):QDir 的 entry InfoList() 方法是按照某種過濾方式獲得目錄下的檔案串列。其函數原型如下：

```
QFileInfoList  QDir::entryInfoList
(
    const QStringList &nameFilters,
                  //此參數指定了檔案名稱的過濾方式，如"*"".tar.gz"
    Filters filters = NoFilter,
```

```
                         // 此參數指定了檔案屬性的過濾方式，如目錄、檔案、讀寫屬性等
    SortFlags sort = NoSort
                         // 此參數指定了串列的排序情況
)const
```

其中，QDir::Filter 定義了一系列的過濾方式，見表 9.3。

表 9.3 QDir::Filter 定義的過濾方式

過濾方式	作用描述
QDir::Dirs	按照過濾方式列出所有目錄
QDir::AllDirs	列出所有目錄，不考慮過濾方式
QDir::Files	只列出檔案
QDir::Drives	列出磁碟機（UNIX 系統無效）
QDir::NoSymLinks	不列出符號連接（對不支援符號連接的作業系統無效）
QDir::NoDotAndDotDot	不列出 "." 和 ".."
QDir::AllEntries	列出目錄、檔案和磁碟機，相當於 Dirs|Files|Drives
QDir::Readable	列出所有具有「讀取」屬性的檔案和目錄
QDir::Writable	列出所有具有「寫入」屬性的檔案和目錄
QDir::Executable	列出所有具有「執行」屬性的檔案和目錄
QDir::Modified	只列出被修改過的檔案（UNIX 系統無效）
QDir::Hidden	列出隱藏檔案（在 UNIX 系統下，隱藏檔案的檔案名稱以 "." 開始）
QDir::System	列出系統檔案（在 UNIX 系統下指 FIFO、通訊端和裝置檔案）
QDir::CaseSensitive	檔案系統如果區分檔案名稱大小寫，則按大小寫方式進行過濾

QDir::SortFlag 定義了一系列排序方式，見表 9.4。

表 9.4 QDir::SortFlag 定義的排序方式

排序方式	作用描述
QDir::Name	按名稱排序
QDir::Time	按時間排序（修改時間）
QDir::Size	按檔案大小排序
QDir::Type	按檔案類型排序
QDir::Unsorted	不排序
QDir::DirsFirst	目錄優先排序
QDir::DirsLast	目錄最後排序

排序方式	作用描述
QDir::Reversed	反序
QDir::IgnoreCase	忽略大小寫方式排序
QDir::LocaleAware	使用當前本地排序方式進行排序

函數 showFileInfoList() 實現了使用者可以按兩下瀏覽器中顯示的目錄進入下一級目錄，或點擊 ".." 傳回上一級目錄，頂部的編輯方塊顯示當前所在的目錄路徑，串列中顯示該目錄下的所有檔案。其具體程式如下：

```
void FileView::showFileInfoList(QFileInfoList list)
{
    fileListWidget->clear();                          // 首先清空串列控制項
    for(unsigned int i = 0;i < list.count();i++)  //(a)
    {
        QFileInfo tmpFileInfo = list.at(i);
        if(tmpFileInfo.isDir())
        {
            QIcon icon("dir.png");
            QString fileName = tmpFileInfo.fileName();
            QListWidgetItem *tmp = new QListWidgetItem(icon,fileName);
            fileListWidget->addItem(tmp);
        }
        else if(tmpFileInfo.isFile())
        {
            QIcon icon("file.png");
            QString fileName = tmpFileInfo.fileName();
            QListWidgetItem *tmp = new QListWidgetItem(icon,fileName);
            fileListWidget->addItem(tmp);
        }
    }
}
```

其中，

(a) for(unsigned int i = 0;i < list.count();i++){…}：依次從 QFileInfoList 物件中取出所有項，按目錄和檔案兩種方式加入串列控制項中。

槽函數 slotDirShow() 根據使用者的選擇顯示下一級目錄的所有檔案。其具體實現程式如下：

```
void FileView::slotDirShow(QListWidgetItem * item)
{
    QString str = item->text();          // 將下一級的目錄名稱儲存在 str 中
    QDir dir;                            // 定義一個 QDir 物件
```

```
        dir.setPath(fileLineEdit->text());// 設定 QDir 物件的路徑為目前的目錄路徑
        dir.cd(str)                       // 根據下一級目錄名稱重新設定 QDir 物件的路徑
        fileLineEdit->setText(dir.absolutePath()); //(a)
        slotShow(dir);                    // 顯示目前的目錄下的所有檔案
    }
```

其中，

(a) fileLineEdit-> setText(dir.absolutePath())：更新顯示當前的目錄路徑。Qdir 的 absolutePath() 方法用於獲取目錄的絕對路徑，即以 "/" 開頭的路徑名稱，同時忽略多餘的 "." 或 ".." 及多餘的分隔符號。

（3）執行結果如圖 9.5 所示。

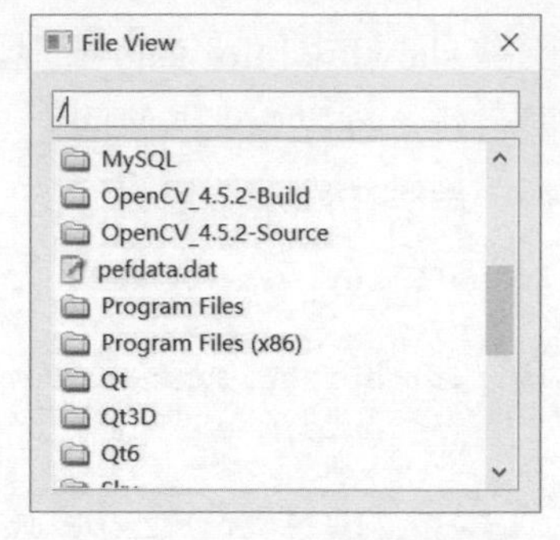

圖 9.5 使用 QDir 類別處理目錄

9.4 獲取檔案資訊

QFileInfo 類別提供了對檔案操作時獲得的檔案相關屬性資訊，包括檔案名稱、檔案大小、建立時間、最後修改時間、最後存取時間及一些檔案是否為目錄、檔案或符號連結和讀寫屬性等。

【例】（簡單）（CH906）利用 QFileInfo 類別獲得檔案資訊，如圖 9.6 所示。

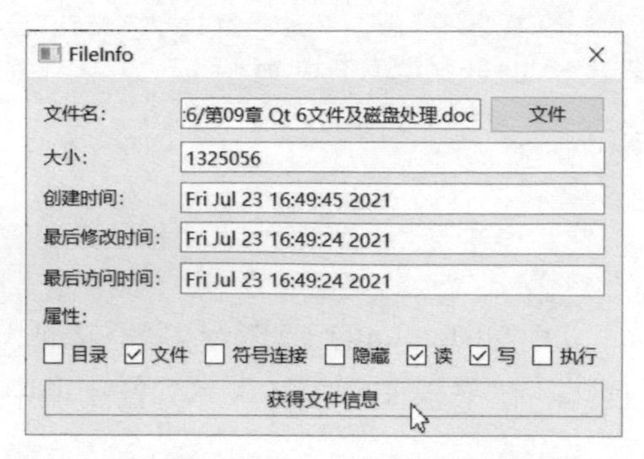

圖 9.6 利用 QFileInfo 類別獲得檔案資訊

專案 "FileInfo.pro" 的具體內容如下。

（1）在標頭檔 "fileinfo.h" 中，FileInfo 類別繼承自 QDialog 類別，此類中宣告了用到的各種相關控制項和函數，其具體內容如下：

```
#include <QDialog>
#include <QLabel>
#include <QLineEdit>
#include <QPushButton>
#include <QCheckBox>
class FileInfo : public QDialog
{
    Q_OBJECT
public:
    FileInfo(QWidget *parent = 0);
    ~FileInfo();
public slots:
    void slotFile();
    void slotGet();
private:
    QLabel *fileNameLabel;
    QLineEdit *fileNameLineEdit;
    QPushButton *fileBtn;
    QLabel *sizeLabel;
    QLineEdit *sizeLineEdit;
    QLabel *createTimeLabel;
    QLineEdit *createTimeLineEdit;
    QLabel *lastModifiedLabel;
    QLineEdit *lastModifiedLineEdit;
    QLabel *lastReadLabel;
    QLineEdit *lastReadLineEdit;
    QLabel *propertyLabel;
    QCheckBox *isDirCheckBox;
    QCheckBox *isFileCheckBox;
    QCheckBox *isSymLinkCheckBox;
    QCheckBox *isHiddenCheckBox;
    QCheckBox *isReadableCheckBox;
    QCheckBox *isWritableCheckBox;
    QCheckBox *isExecutableCheckBox;
    QPushButton *getBtn;
};
```

（2）原始檔案 "fileinfo.cpp" 的具體內容如下：

```
#include "fileinfo.h"
#include <QHBoxLayout>
#include <QVBoxLayout>
#include <QFileDialog>
#include <QDateTime>
FileInfo::FileInfo(QWidget *parent)
```

```
    : QDialog(parent)
{
    fileNameLabel = new QLabel(tr("檔案名稱："));
    fileNameLineEdit = new QLineEdit;
    fileBtn = new QPushButton(tr("檔案"));
    sizeLabel = new QLabel(tr("大小："));
    sizeLineEdit = new QLineEdit;
    createTimeLabel = new QLabel(tr("建立時間："));
    createTimeLineEdit = new QLineEdit;
    lastModifiedLabel = new QLabel(tr("最後修改時間："));
    lastModifiedLineEdit = new QLineEdit;
    lastReadLabel = new QLabel(tr("最後存取時間："));
    lastReadLineEdit = new QLineEdit;
    propertyLabel = new QLabel(tr("屬性："));
    isDirCheckBox = new QCheckBox(tr("目錄"));
    isFileCheckBox = new QCheckBox(tr("檔案"));
    isSymLinkCheckBox = new QCheckBox(tr("符號連接"));
    isHiddenCheckBox = new QCheckBox(tr("隱藏"));
    isReadableCheckBox = new QCheckBox(tr("讀取"));
    isWritableCheckBox = new QCheckBox(tr("寫入"));
    isExecutableCheckBox = new QCheckBox(tr("執行"));
    getBtn = new QPushButton(tr("獲得檔案資訊"));
    QGridLayout *gridLayout = new QGridLayout;
    gridLayout->addWidget(fileNameLabel,0,0);
    gridLayout->addWidget(fileNameLineEdit,0,1);
    gridLayout->addWidget(fileBtn,0,2);
    gridLayout->addWidget(sizeLabel,1,0);
    gridLayout->addWidget(sizeLineEdit,1,1,1,2);
    gridLayout->addWidget(createTimeLabel,2,0);
    gridLayout->addWidget(createTimeLineEdit,2,1,1,2);
    gridLayout->addWidget(lastModifiedLabel,3,0);
    gridLayout->addWidget(lastModifiedLineEdit,3,1,1,2);
    gridLayout->addWidget(lastReadLabel,4,0);
    gridLayout->addWidget(lastReadLineEdit,4,1,1,2);
    QHBoxLayout *layout2 = new QHBoxLayout;
    layout2->addWidget(propertyLabel);
    layout2->addStretch();
    QHBoxLayout *layout3 = new QHBoxLayout;
    layout3->addWidget(isDirCheckBox);
    layout3->addWidget(isFileCheckBox);
    layout3->addWidget(isSymLinkCheckBox);
    layout3->addWidget(isHiddenCheckBox);
```

```
    layout3->addWidget(isReadableCheckBox);
    layout3->addWidget(isWritableCheckBox);
    layout3->addWidget(isExecutableCheckBox);
    QHBoxLayout *layout4 = new QHBoxLayout;
    layout4->addWidget(getBtn);
    QVBoxLayout *mainLayout = new QVBoxLayout(this);
    mainLayout->addLayout(gridLayout);
    mainLayout->addLayout(layout2);
    mainLayout->addLayout(layout3);
    mainLayout->addLayout(layout4);
    connect(fileBtn,SIGNAL(clicked()),this,SLOT(slotFile()));
    connect(getBtn,SIGNAL(clicked()),this,SLOT(slotGet()));
}
```

槽函數 slotFile() 完成透過標準檔案對話方塊獲得所需要檔案的檔案名稱功能，其具體內容如下：

```
void FileInfo::slotFile()
{
    QString fileName = QFileDialog::getOpenFileName(this,"開啟","/",
"files (*)");
    fileNameLineEdit->setText(fileName);
}
```

槽函數 slotGet() 透過 QFileInfo 獲得具體的檔案資訊，其具體內容如下：

```
void FileInfo::slotGet()
{
    QString file = fileNameLineEdit->text();
    QFileInfo info(file);                  //根據輸入參數建立一個 QFileInfo 物件
    qint64 size = info.size();             //獲得 QFileInfo 物件的大小
    QDateTime created = info.birthTime();
                                           //獲得 QFileInfo 物件的建立時間
    QDateTime lastModified = info.lastModified();
                                           //獲得 QFileInfo 物件的最後修改時間
    QDateTime lastRead = info.lastRead();
                                           //獲得 QFileInfo 物件的最後存取時間
    /* 判斷 QFileInfo 物件的檔案類型屬性 */
    bool isDir = info.isDir();                //是否為目錄
    bool isFile = info.isFile();              //是否為檔案
    bool isSymLink = info.isSymLink();        //(a)
    bool isHidden = info.isHidden();          //判斷 QFileInfo 物件的隱藏屬性
    bool isReadable = info.isReadable();      //判斷 QFileInfo 物件的讀取屬性
    bool isWritable = info.isWritable();      //判斷 QFileInfo 物件的寫入屬性
    bool isExecutable = info.isExecutable();
```

```
    //判斷 QFileInfo 物件的可執行屬性
    /* 根據上面得到的結果更新介面顯示 */
    sizeLineEdit->setText(QString::number(size));
    createTimeLineEdit->setText(created.toString());
    lastModifiedLineEdit->setText(lastModified.toString());
    lastReadLineEdit->setText(lastRead.toString());
    isDirCheckBox->setCheckState(isDir?Qt::Checked:Qt::Unchecked);
    isFileCheckBox->setCheckState(isFile?Qt::Checked:Qt::Unchecked);
    isSymLinkCheckBox->setCheckState(isSymLink?Qt::Checked:Qt::Uncheck
ed);
    isHiddenCheckBox->setCheckState(isHidden?Qt::Checked:Qt::Unchecked);
    isReadableCheckBox->setCheckState(isReadable?Qt::Checked:Qt::Unche
cked);
    isWritableCheckBox->setCheckState(isWritable?Qt::Checked:Qt::Unche
cked);
    isExecutableCheckBox->setCheckState(isExecutable?Qt::Checked:Qt::U
nchecked);
}
```

其中，

(a) bool isSymLink = info.isSymLink()：判斷 QFileInfo 物件的檔案類型屬性，此處判斷是否為符號連接。而 symLinkTarget() 方法可進一步獲得符號連接指向的檔案名稱。

注意：

- 檔案的所有權限可以由 owner()、ownerId()、group()、groupId() 等方法獲得。測試一個檔案的許可權可以使用 Permission() 方法。
- 為了提高執行的效率，QFileInfo 可以將檔案資訊進行一次讀取快取，這樣後續的存取就不需要持續存取檔案了。但是，由於檔案在讀取資訊之後可能被其他程式或本程式改變屬性，所以 QFileInfo 透過 refresh() 方法提供了一種可以更新檔案資訊的更新機制，使用者也可以透過 setCaching() 方法關閉這種緩衝功能。
- QFileInfo 可以使用絕對路徑和相對路徑指向同一個檔案。其中，絕對路徑以 "/" 開頭（在 Windows 中以磁碟符號開頭），相對路徑則以目錄名稱或檔案名稱開頭，isRelative() 方法可以用來判斷 QFileInfo 使用的是絕對路徑還是相對路徑。makeAbsolute() 方法可以用來將相對路徑轉化為絕對路徑。

（3）執行結果如圖 9.6 所示。

9.5 監視檔案和目錄變化

在 Qt 中可以使用 QFileSystemWatcher 類別監視檔案和目錄的改變。在使用 addPath() 函數監視指定的檔案和目錄時，如果需要監視多個目錄，可以使用 addPaths() 函數加入監視。若要移除不需要監視的目錄，可以使用 removePath() 和 removePaths() 函數。

當監視的檔案被修改或刪除時，產生一個 fileChanged() 訊號。如果所監視的目錄被改變或刪除，則產生 directoryChanged() 訊號。

【例】(簡單)（CH907）監視指定目錄功能，介紹如何使用 QFileSystemWatcher 類別。

專案 "fileWatcher.pro" 的具體內容如下。

（1）在標頭檔 "watcher.h" 中，Watcher 類別繼承自 QWidget 類別，其具體內容如下：

```
#include <QWidget>
#include <QLabel>
#include <QFileSystemWatcher>
class Watcher : public QWidget
{
    Q_OBJECT
public:
    Watcher(QWidget *parent = 0);
    ~Watcher();
public slots:
    void directoryChanged(QString path);
private:
    QLabel *pathLabel;
    QFileSystemWatcher fsWatcher;
};
```

（2）原始檔案 "watcher.cpp" 的具體內容如下：

```
#include "watcher.h"
#include <QVBoxLayout>
#include <QDir>
#include <QMessageBox>
#include <QApplication>
Watcher::Watcher(QWidget *parent)
    : QWidget(parent)
```

```
{
    QStringList args = qApp->arguments();
    QString path;
    if(args.count() > 1)                                    //(a)
    {
        path = args[1];
    }
    else
    {
        path = QDir::currentPath();
    }
    pathLabel = new QLabel;
    pathLabel->setText(tr("監視的目錄：")+path);
    QVBoxLayout *mainLayout = new QVBoxLayout(this);
    mainLayout->addWidget(pathLabel);
    fsWatcher.addPath(path);
    connect(&fsWatcher,SIGNAL(directoryChanged(QString)),
        this,SLOT(directoryChanged(QString)));          //(b)
}
```

其中，

(a) if(args.count() > 1){…}：讀取命令列指定的目錄作為監視目錄。如果沒有指定，則監視目前的目錄。

(b) connect(&fsWatcher,SIGNAL(directoryChanged(QString)),this,SLOT(directoryChanged (QString)))：將目錄的 directoryChanged() 訊號與回應函數 directoryChanged() 連接。

回應函數 directoryChanged() 使用訊息方塊提示使用者目錄發生了改變，具體實現程式如下：

```
void Watcher::directoryChanged(QString path)
{
    QMessageBox::information(NULL,tr("目錄發生變化"),path);
}
```

(3) 執行結果如圖 9.7 所示。

圖 9.7 監視指定目錄

CHAPTER 10

Qt 6 網路與通訊

在應用程式開發中，網路程式設計非常重要。目前，網際網路通行的 TCP/IP 協定從上往下地分為應用層、傳輸層、網路層和網路介面層這四層。實際撰寫網路應用程式時只使用傳輸層和應用層，所涉及的協定主要包括 UDP、TCP、FTP 和 HTTP 等。

雖然目前主流的作業系統（Windows、Linux 等）都提供了統一的通訊端（Socket）抽象程式設計介面（API），用於撰寫不同層次的網路程式，但是這種方式比較煩瑣，甚至有時需要引用底層作業系統的相關資料結構，而 Qt 提供的網路模組 QtNetwork 圓滿地解決了這一問題。

10.1 獲取本機網路資訊

在網路應用中，經常需要獲取本機的主機名稱、IP 位址和硬體位址等網路資訊。運用 QHostInfo、QNetworkInterface、QNetworkAddressEntry 可獲取本機的網路資訊。

【例】（簡單）（CH1001）獲得本機網路資訊。

實現步驟如下。

（1）標頭檔 "networkinformation.h" 的具體程式如下：

```
#include <QWidget>
#include <QLabel>
#include <QPushButton>
#include <QLineEdit>
#include <QGridLayout>
#include <QMessageBox>
class NetworkInformation : public QWidget
{
    Q_OBJECT
public:
```

```
    NetworkInformation(QWidget *parent = 0);
    ~NetworkInformation();
private:
    QLabel *hostLabel;
    QLineEdit *LineEditLocalHostName;
    QLabel *ipLabel;
    QLineEdit *LineEditAddress;
    QPushButton *detailBtn;
    QGridLayout *mainLayout;
};
```

（2）原始檔案 "networkinformation.cpp" 的具體程式如下：

```
#include "networkinformation.h"
NetworkInformation::NetworkInformation(QWidget *parent)
    : QWidget(parent)
{
    hostLabel = new QLabel(tr("主機名稱："));
    LineEditLocalHostName = new QLineEdit;
    ipLabel = new QLabel(tr("IP 位址："));
    LineEditAddress = new QLineEdit;
    detailBtn = new QPushButton(tr("詳細"));
    mainLayout = new QGridLayout(this);
    mainLayout->addWidget(hostLabel,0,0);
    mainLayout->addWidget(LineEditLocalHostName,0,1);
    mainLayout->addWidget(ipLabel,1,0);
    mainLayout->addWidget(LineEditAddress,1,1);
    mainLayout->addWidget(detailBtn,2,0,1,2);
}
```

此時，執行結果如圖 10.1 所示。

圖 10.1 獲取本機網路資訊介面

以上步驟完成了介面，下面開始真正實現獲取本機網路資訊的內容。

（1）在檔案 "NetworkInformation.pro" 中增加以下程式：

```
QT += network
```

（2）在標頭檔 "networkinformation.h" 中增加以下程式：

```
#include <QHostInfo>
#include <QNetworkInterface>
public:
    void getHostInformation();
public slots:
    void slotDetail();
```

（3）在原始檔案 "networkinformation.cpp" 中增加程式。其中，在建構函數的最後增加：

```
getHostInformation();
connect(detailBtn,SIGNAL(clicked()),this,SLOT(slotDetail()));
```

getHostInformation() 函數用於獲取主機資訊。具體實現程式如下：

```
void NetworkInformation::getHostInformation()
{
    QString localHostName = QHostInfo::localHostName();       //(a)
    LineEditLocalHostName->setText(localHostName);
    QHostInfo hostInfo = QHostInfo::fromName(localHostName); //(b)
  //獲取主機的 IP 位址清單
    QList<QHostAddress> listAddress = hostInfo.addresses();
    if(!listAddress.isEmpty())                                //(c)
    {
        LineEditAddress->setText(listAddress.at(2).toString());
    }
}
```

其中，

(a) QString localHostName = QHostInfo::localHostName()：獲取本機主機名稱。QHostInfo 提供了一系列有關網路資訊的靜態函數，可以根據主機名稱獲取分配的 IP 位址，也可以根據 IP 位址獲取對應的主機名稱。

(b) QHostInfo hostInfo = QHostInfo::fromName(localHostName)：根據主機名稱獲取相關主機資訊，包括 IP 位址等。QHostInfo::fromName() 函數透過主機名稱查詢 IP 位址資訊。

(c) if(!listAddress.isEmpty()){…}：獲取的主機 IP 位址清單可能為空。在不為空的情況下使用第一個 IP 位址。

slotDetail() 函數獲取與網路介面相關的資訊，具體實現程式如下：

```
void NetworkInformation::slotDetail()
{
    QString detail = "";
    QList<QNetworkInterface> list = QNetworkInterface::allInterfaces();
                                                                    //(a)
    for(int i = 0;i < list.count();i++)
    {
        QNetworkInterface interface = list.at(i);
        detail = detail + tr("裝置：") + interface.name() + "\n"; //(b)
        detail = detail + tr("硬體位址：") + interface.hardwareAddress()
+ "\n";                                                             //(c)
        QList<QNetworkAddressEntry> entryList = interface.
addressEntries();                                                   //(d)
        for(int j = 1;j < entryList.count();j++)
        {
            QNetworkAddressEntry entry = entryList.at(j);
            detail = detail + "\t" + tr("IP 位址：") + entry.ip().
toString() + "\n";
            detail = detail + "\t" + tr("子網路遮罩：") + entry.
netmask().toString()  + "\n";
            detail = detail + "\t" + tr("廣播位址：") + entry.
broadcast().toString()  + "\n";
        }
    }
    QMessageBox::information(this,tr("Detail"),detail);
}
```

其中，

(a) QList<QNetworkInterface> list = QNetworkInterface::allInterfaces()：QNetwork Interface 類別提供了一個主機 IP 位址和網路介面的清單。

(b) interface.name()：獲取網路介面的名稱。

(c) interface.hardwareAddress()：獲取網路介面的硬體位址。

(d) interface.addressEntries()：每個網路介面包括 1 個或多個 IP 位址，每個 IP 位址有選擇性地與一個子網路遮罩和（或）一個廣播位址相連結。QNetworkAddressEntry 類別儲存了被網路介面支援的 IP 位址，同時還包括與之相關的子網路遮罩和廣播位址。

（4）執行結果如圖 10.2 所示。

點擊「詳細」按鈕後，彈出如圖 10.3 所示的資訊視窗。

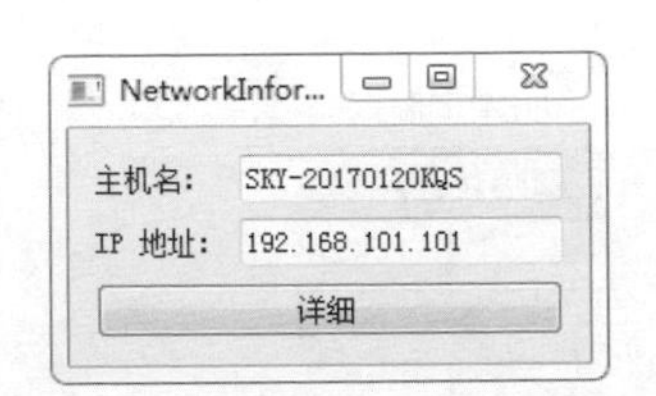

圖 10.2 獲取本機網路資訊

圖 10.3 獲取本機詳細網路資訊

10.2 基於 UDP 的網路廣播程式

使用者資料封包通訊協定（User Data Protocol，UDP）是一種簡單輕量級、不可靠、資料封包、不需連線導向的傳輸層協定，可以應用在可靠性不是十分重要的場合，如簡訊、廣播資訊等。

適合應用 UDP 的情況有以下幾種：

- 網路資料大多為簡訊。
- 擁有大量使用者端。
- 對資料安全性無特殊要求。
- 網路負擔非常重，但對回應速度要求高。

10.2.1 UDP 工作原理

如圖 10.4 所示，UDP 使用者端向 UDP 伺服器發送一定長度的請求封包，封包大小的限制與各系統的協定實現有關，但不得超過其下層 IP 規定的 64KB；UDP 伺服器同樣以封包形式做出回應。如果伺服器未收到此請求，使用者端不會進行重發，因此封包的傳輸是不可靠的。

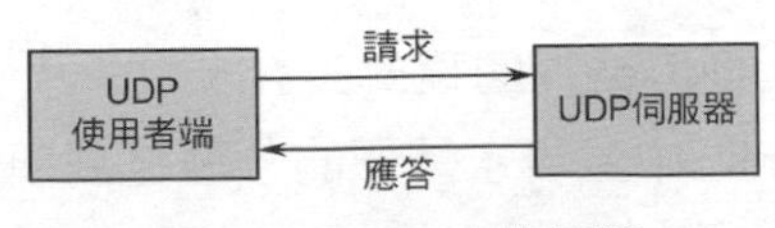

圖 10.4 UDP 工作原理

舉例來說，常用的聊天工具一騰訊 QQ 軟體就是使用 UDP 發送訊息的，因此有時會出現收不到訊息的情況。

10.2.2 UDP 程式設計模型

下面介紹基於 UDP 的經典程式設計模型，UDP 使用者端與伺服器間的互動時序如圖 10.5 所示。

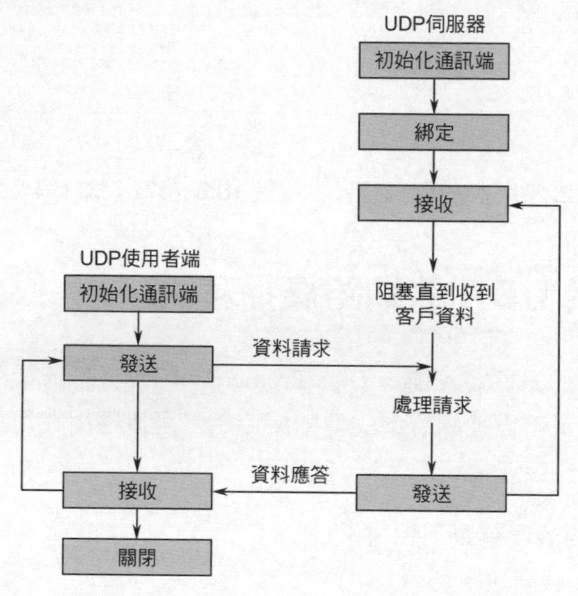

圖 10.5 UDP 使用者端與伺服器間的互動時序

可以看出，在 UDP 方式下，使用者端並不與伺服器建立連接，它只負責呼叫發送函數向伺服器發出資料封包。同理，伺服器也不從使用者端接收連接，只負責呼叫接收函數，等待來自某使用者端的資料到達。

Qt 中透過 QUdpSocket 類別實現 UDP 協定的程式設計。下面透過一個實例，介紹如何實現基於 UDP 的廣播應用，它由 UDP 伺服器和 UDP 使用者端兩部分組成。

10.2.3 UDP 伺服器程式設計實例

【例】（簡單）（CH1002）伺服器端的程式設計。

（1）在標頭檔 "udpserver.h" 中宣告了需要的各種控制項，其具體程式如下：

```
#include <QDialog>
#include <QLabel>
#include <QLineEdit>
#include <QPushButton>
#include <QVBoxLayout>
class UdpServer : public QDialog
{
    Q_OBJECT
public:
    UdpServer(QWidget *parent = 0);
    ~UdpServer();
private:
    QLabel *TimerLabel;
    QLineEdit *TextLineEdit;
    QPushButton *StartBtn;
    QVBoxLayout *mainLayout;
};
```

（2）原始檔案 "udpserver.cpp" 的具體程式如下：

```
#include "udpserver.h"
UdpServer::UdpServer(QWidget *parent)
    : QDialog(parent)
{
    setWindowTitle(tr("UDP Server"));          //設定表單的標題
  /* 初始化各個控制項 */
    TimerLabel = new QLabel(tr("計時器："),this);
    TextLineEdit = new QLineEdit(this);
    StartBtn = new QPushButton(tr("開始"),this);
  /* 設定版面配置 */
    mainLayout = new QVBoxLayout(this);
    mainLayout->addWidget(TimerLabel);
    mainLayout->addWidget(TextLineEdit);
    mainLayout->addWidget(StartBtn);
}
```

（3）伺服器介面如圖 10.6 所示。

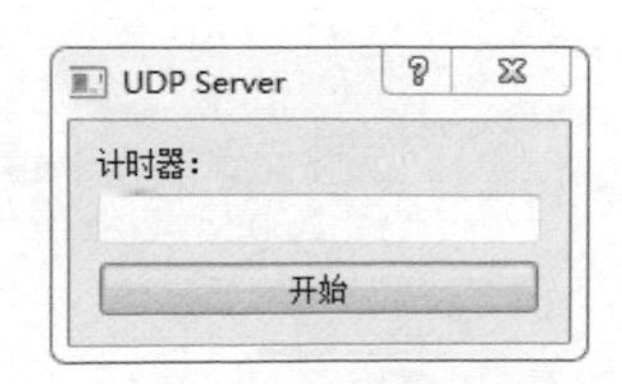

圖 10.6 伺服器介面

以上只是完成了伺服器介面，下面完成它的廣播功能。

具體操作步驟如下。

（1）在 "UdpServer.pro" 中增加以下敘述：

```
QT += network
```

（2）在標頭檔 "udpserver.h" 中增加需要的槽函數，其具體程式如下：

```
#include <QUdpSocket>
#include <QTimer>
public slots:
     void StartBtnClicked();
     void timeout();
private:
  int port;
     bool isStarted;
     QUdpSocket *udpSocket;
     QTimer *timer;
```

（3）在原始檔案 "udpserver.cpp" 中增加宣告：

```
#include <QHostAddress>
```

其中，在建構函數中增加以下程式：

```
connect(StartBtn,SIGNAL(clicked()),this,SLOT(StartBtnClicked()));
port = 5555;     //設定 UDP 的通訊埠編號參數，伺服器定時向此通訊埠發送廣播資訊
isStarted = false;
udpSocket = new QUdpSocket(this);
timer = new QTimer(this);  //建立一個 QUdpSocket
//定時發送廣播資訊
connect(timer,SIGNAL(timeout()),this,SLOT(timeout()));
```

StartBtnClicked() 函數的具體程式如下：

```
void UdpServer::StartBtnClicked()
{
    if(!isStarted)
    {
        StartBtn->setText(tr("停止"));
        timer->start(1000);
        isStarted = true;
    }
    else
    {
        StartBtn->setText(tr("開始"));
        isStarted = false;
        timer->stop();
    }
}
```

timeout() 函數完成了向通訊埠發送廣播資訊的功能，其具體程式如下：

```
void UdpServer::timeout()
{
    QString msg = TextLineEdit->text();
    int length = 0;
    if(msg == "")
    {
       return;
    }
    if((length = udpSocket->writeDatagram(msg.toLatin1(),
    msg.length(),QHostAddress::Broadcast,port)) != msg.length())
    {
        return;
    }
}
```

其中，QHostAddress::Broadcast 指定向廣播位址發送。

10.2.4 UDP 使用者端程式設計實例

【例】(簡單)（CH1003）使用者端的程式設計。

（1）在標頭檔 "udpclient.h" 中宣告了需要的各種控制項，其具體程式如下：

```
#include <QDialog>
#include <QVBoxLayout>
#include <QTextEdit>
#include <QPushButton>
class UdpClient : public QDialog
{
    Q_OBJECT
public:
    UdpClient(QWidget *parent = 0);
    ~UdpClient();
private:
    QTextEdit *ReceiveTextEdit;
    QPushButton *CloseBtn;
    QVBoxLayout *mainLayout;
};
```

（2）原始檔案 "udpclient.cpp" 的具體程式如下：

```
#include "udpclient.h"
UdpClient::UdpClient(QWidget *parent)
    : QDialog(parent)
{
```

```
    setWindowTitle(tr("UDP Client"));      //設定表單的標題
  /* 初始化各個控制項 */
    ReceiveTextEdit = new QTextEdit(this);
    CloseBtn = new QPushButton(tr("Close"),this);
  /* 設定版面配置 */
    mainLayout = new QVBoxLayout(this);
    mainLayout->addWidget(ReceiveTextEdit);
    mainLayout->addWidget(CloseBtn);
}
```

（3）使用者端介面如圖 10.7 所示。

圖 10.7 使用者端介面

以上只是完成了使用者端介面，下面完成它的資料接收和顯示的功能。

操作步驟如下。

（1）在 "UdpClient.pro" 中增加以下敘述：

```
QT += network
```

（2）在標頭檔 "udpclient.h" 中增加以下程式：

```
#include <QUdpSocket>
public slots:
    void CloseBtnClicked();
    void dataReceived();
private:
  int port;
    QUdpSocket *udpSocket;
```

（3）在原始檔案 "udpclient.cpp" 中增加以下宣告：

```
#include <QMessageBox>
#include <QHostAddress>
```

其中，在建構函數中增加的程式如下：

```
connect(CloseBtn,SIGNAL(clicked()),this,SLOT(CloseBtnClicked()));
port = 5555;                        //設定 UDP 的通訊埠編號，指定在此通訊埠上監聽資料
udpSocket = new QUdpSocket(this);       //建立一個 QUdpSocket
connect(udpSocket,SIGNAL(readyRead()),this,SLOT(dataReceived()));//(a)
bool result = udpSocket->bind(port);   //綁定到指定的通訊埠上
if(!result)
{
    QMessageBox::information(this,tr("error"),tr("udp socket create
```

```
error!"));
        return;
    }
```

其中，

(a) connect(udpSocket,SIGNAL(readyRead()),this,SLOT(dataReceived()))：連接 QIODevice 的 readyRead() 訊號。QUdpSocket 也是一個 I/O 裝置，從 QIODevice 繼承而來，當有資料到達 I/O 裝置時，發出 readyRead() 訊號。

CloseBtnClicked() 函數的具體內容如下：

```
void UdpClient::CloseBtnClicked()
{
    close();
}
```

dataReceived() 函數回應 QUdpSocket 的 readyRead() 訊號，一旦 UdpSocket 物件中有資料讀取時，即透過 readDatagram() 方法將資料讀出並顯示。其具體程式如下：

```
void UdpClient::dataReceived()
{
    while(udpSocket->hasPendingDatagrams())             //(a)
    {
        QByteArray datagram;
        datagram.resize(udpSocket->pendingDatagramSize());
        udpSocket->readDatagram(datagram.data(),datagram.size());
                                                    //(b)
        QString msg = datagram.data();
        ReceiveTextEdit->insertPlainText(msg);          //顯示資料內容
    }
}
```

其中，

(a) while(udpSocket->hasPendingDatagrams())：判斷 UdpSocket 中是否有資料封包讀取，hasPendingDatagrams() 方法在至少有一個資料封包讀取時傳回 true，否則傳回 false。

(b) "QByteArray datagram" 到 "udpSocket->readDatagram(datagram.data(), datagram.size())" 這段程式：實現了讀取第一個資料封包，pendingDatagramSize() 可以獲得第一個資料封包的長度。

同時執行 UdpServer 與 UdpClient 專案，首先在伺服器介面的文字標籤中輸入 "hello!"，然後點擊「開始」按鈕，按鈕文字變為「停止」，使用者端就開始不斷地收到 "hello!" 字元訊息並顯示在文字區，當點擊伺服器的「停止」按鈕後，按鈕文字又變回「開始」，使用者端也就停止了字元的顯示，再次點擊伺服器的「開始」按鈕，使用者端又繼續接收並顯示……如此循環往復，效果如圖 10.8 所示。

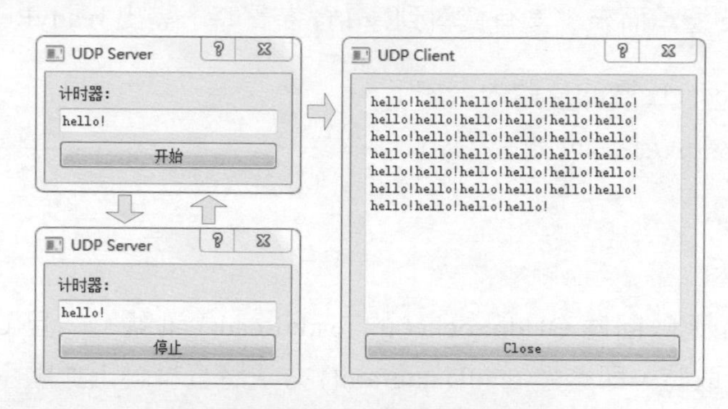

圖 10.8 UDP 收發資料演示

10.3 基於 TCP 的網路聊天室程式

傳輸控制協定（Transmission Control Protocol，TCP）是一種可靠、連線導向、資料流程導向的傳輸協定，許多高層應用協定（包括 HTTP、FTP 等）都是以它為基礎的，TCP 非常適合資料的連續傳輸。

TCP 與 UDP 的差別見表 10.1。

表 10.1 TCP 與 UDP 的差別

比較項	TCP	UDP
是否連接	連線導向	無連接
傳輸可靠性	可靠	不可靠
流量控制	提供	不提供
工作方式	全雙工	可以是全雙工
應用場合	大量資料	少量資料
速度	慢	快

10.3.1 TCP 工作原理

如圖 10.9 所示，TCP 能夠為應用程式提供可靠的通訊連接，使一台電腦發出的位元組流無差錯地送達網路上的其他電腦。因此，對可靠性要求高的資料通信系統往往使用 TCP 傳輸資料，但在正式收發資料前，通訊雙方必須首先建立連接。

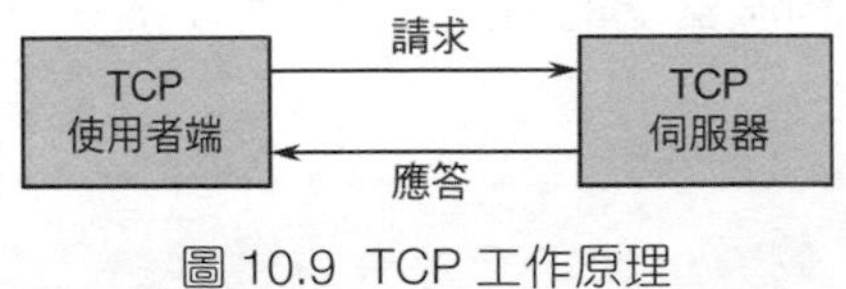

圖 10.9 TCP 工作原理

10.3.2 TCP 程式設計模型

下面介紹基於 TCP 的經典程式設計模型，TCP 使用者端與伺服器間的互動時序如圖 10.10 所示。

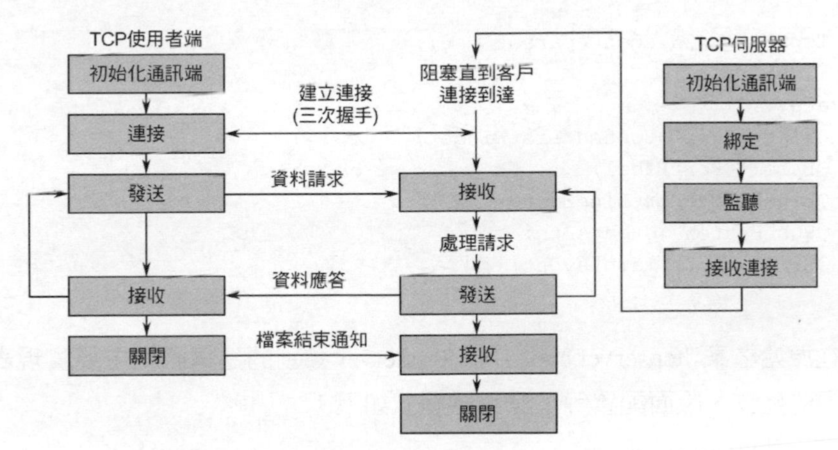

圖 10.10 TCP 使用者端與伺服器間的互動時序

首先啟動伺服器，一段時間後啟動使用者端，它與此伺服器經過三次握手後建立連接。此後的一段時間內，使用者端向伺服器發送一個請求，伺服器處理這個請求，並為使用者端發回一個回應。這個過程一直持續下去，直到使用者端為伺服器發一個檔案結束符號，並關閉使用者端連接，接著伺服器也關閉伺服器端的連接，結束執行或等待一個新的使用者端連接。

Qt 中透過 QTcpSocket 類別和 QTcpServer 類別實現 TCP 的程式設計。下面介紹如何實現一個基於 TCP 的網路聊天室應用，它同樣也由使用者端和伺服器兩部分組成。

10.3.3 TCP 伺服器端程式設計實例

【例】（難度中等）（CH1004）TCP 伺服器端的程式設計。

建立專案 "TcpServer.pro"，檔案程式如下。

（1）標頭檔 "tcpserver.h" 中宣告了需要的各種控制項，TcpServer 類別繼承自 QDialog 類別，實現了伺服器端的對話方塊顯示與控制。其具體程式如下：

```
#include <QDialog>
#include <QListWidget>
#include <QLabel>
#include <QLineEdit>
#include <QPushButton>
#include <QGridLayout>
class TcpServer : public QDialog
{
    Q_OBJECT
public:
    TcpServer(QWidget *parent = 0);
    ~TcpServer();
private:
    QListWidget *ContentListWidget;
    QLabel *PortLabel;
    QLineEdit *PortLineEdit;
    QPushButton *CreateBtn;
    QGridLayout *mainLayout;
};
```

（2）在原始檔案 "tcpserver.cpp" 中，TcpServer 類別的建構函數主要實現表單各控制項的建立、版面配置等，其具體程式如下：

```
#include "tcpserver.h"
TcpServer::TcpServer(QWidget *parent)
    : QDialog(parent)
{
    setWindowTitle(tr("TCP Server"));
    ContentListWidget = new QListWidget;
    PortLabel = new QLabel(tr("通訊埠："));
    PortLineEdit = new QLineEdit;
    CreateBtn = new QPushButton(tr("建立聊天室"));
    mainLayout = new QGridLayout(this);
    mainLayout->addWidget(ContentListWidget,0,0,1,2);
    mainLayout->addWidget(PortLabel,1,0);
    mainLayout->addWidget(PortLineEdit,1,1);
```

```
    mainLayout->addWidget(CreateBtn,2,0,1,2);
}
```

(3) 伺服器端介面如圖 10.11 所示。

圖 10.11 伺服器端介面

以上完成了伺服器端介面的設計，下面將完成聊天室的伺服器端功能。

(1) 在專案檔案 "TcpServer.pro" 中增加以下敘述：

```
QT += network
```

(2) 在專案檔案 "TcpServer.pro" 中增加 C++ 類別檔案 "tcpclientsocket.h" 及 "tcpclientsocket.cpp"。TcpClientSocket 繼承自 QTcpSocket，建立一個 TCP 通訊端，以便在伺服器端實現與使用者端程式的通訊。

標頭檔 "tcpclientsocket.h" 的具體程式如下：

```
#include <QTcpSocket>
#include <QObject>
class TcpClientSocket : public QTcpSocket
{
    Q_OBJECT                    //增加巨集(Q_OBJECT)是為了實現訊號與槽的通訊
public:
    TcpClientSocket(QObject *parent = 0);
signals:
    void updateClients(QString,int);
    void disconnected(int);
protected slots:
    void dataReceived();
    void slotDisconnected();
};
```

(3) 在原始檔案 "tcpclientsocket.cpp" 中，建構函數（TcpClientSocket）的內容（指定了訊號與槽的連接關係）如下：

```
#include "tcpclientsocket.h"
TcpClientSocket::TcpClientSocket(QObject *parent)
{
    connect(this,SIGNAL(readyRead()),this,SLOT(dataReceived())); //(a)
```

```
        connect(this,SIGNAL(disconnected()),this,SLOT(slotDisconnect
ed())); //(b)
}
```

其中，

(a) connect(this,SIGNAL(readyRead()),this,SLOT(dataReceived()))：readyRead() 是 QIODevice 的 signal，由 QTcpSocket 繼承而來。QIODevice 是所有輸入 / 輸出裝置的抽象類別，其中定義了基本的介面，在 Qt 中，QTcpSocket 也被看成一個 QIODevice，readyRead() 訊號在有資料到來時發出。

(b) connect(this,SIGNAL(disconnected()),this,SLOT(slotDisconnected()))：disconnected() 訊號在斷開連接時發出。

在原始檔案 "tcpclientsocket.cpp" 中，dataReceived() 函數的具體程式如下：

```
void TcpClientSocket::dataReceived()
{
    while(bytesAvailable() > 0)
    {
        int length = bytesAvailable();
        char buf[1024];
        read(buf,length);
        QString msg = buf;
        emit updateClients(msg,length);
    }
}
```

其中，當有資料到來時，觸發 dataReceived() 函數，從通訊端中將有效資料取出，然後發出 updateClients() 訊號。updateClients() 訊號是通知伺服器向聊天室內的所有成員廣播資訊。

在原始檔案 "tcpclientsocket.cpp" 中，槽函數 slotDisconnected() 的具體程式如下：

```
void TcpClientSocket::slotDisconnected()
{
    emit disconnected(this->socketDescriptor());
}
```

（4）在專案檔案 "TcpServer.pro" 中增加 C++ 類別檔案 "server.h" 及 "server.cpp"，Server 繼承自 QTcpServer，實現一個 TCP 協定的伺服器。利用 QTcpServer，開發者可以監聽到指定通訊埠的 TCP 連接。其具體程式如下：

```
#include <QTcpServer>
#include <QObject>
#include "tcpclientsocket.h"  //包含 TCP 的通訊端
class Server : public QTcpServer
{
    Q_OBJECT                    //增加巨集 (Q_OBJECT) 是為了實現訊號與槽的通訊
public:
    Server(QObject *parent = 0,int port = 0);
    QList<TcpClientSocket*> tcpClientSocketList;
signals:
    void updateServer(QString,int);
public slots:
    void updateClients(QString,int);
    void slotDisconnected(int);
protected:
    void incomingConnection(int socketDescriptor);
};
```

其中，QList<TcpClientSocket*> tcpClientSocketList 用來儲存與每一個使用者端連接的 TcpClientSocket。

（5）在原始檔案 "server.cpp" 中，建構函數（Server）的具體內容如下：

```
#include "server.h"
Server::Server(QObject *parent,int port):QTcpServer(parent)
{
    listen(QHostAddress::Any,port);
}
```

其中，listen(QHostAddress::Any,port) 在指定的通訊埠對任意位址進行監聽。

QHostAddress 定義了幾種特殊的 IP 位址，如 QHostAddress::Null 表示一個空位址；QHostAddress::LocalHost 表示 IPv4 的本機地址 127.0.0.1；QHostAddress::LocalHostIPv6 表示 IPv6 的本機地址；QHostAddress::Broadcast 表示廣播位址 255.255.255.255；QHostAddress::Any 表示 IPv4 的任意位址 0.0.0.0；QHostAddress::AnyIPv6 表示 IPv6 的任意位址。

在原始檔案 "server.cpp" 中，當出現一個新的連接時，QTcpSever 觸發 IncomingConnection() 函數，參數 socketDescriptor 指定了連接的 Socket 描述符號，其具體程式如下：

```
void Server::incomingConnection(int socketDescriptor)
{
```

```
    TcpClientSocket *tcpClientSocket = new TcpClientSocket(this);//(a)
    connect(tcpClientSocket,SIGNAL(updateClients(QString,int)),
            this,SLOT(updateClients(QString,int)));               //(b)
    connect(tcpClientSocket,SIGNAL(disconnected(int)),this,
            SLOT(slotDisconnected(int)));                         //(c)
    tcpClientSocket->setSocketDescriptor(socketDescriptor);       //(d)
    tcpClientSocketList.append(tcpClientSocket);                  //(e)
}
```

其中，

(a) TcpClientSocket *tcpClientSocket = new TcpClientSocket(this): 建立一個新的 TcpClient Socket 與使用者端通訊。
(b) connect(tcpClientSocket,SIGNAL(updateClients(QString,int)),this,SLOT(upda te Clients (QString,int)))：連接 TcpClientSocket 的 updateClients 訊號。
(c) connect(tcpClientSocket,SIGNAL(disconnected(int)),this,SLOT(slotDisconnect ed(int)))：連接 TcpClientSocket 的 disconnected 訊號。
(d) tcpClientSocket->setSocketDescriptor(socketDescriptor)：將新建立的 TcpClientSocket 的通訊端描述符號指定為參數 socketDescriptor。
(e) tcpClientSocketList.append(tcpClientSocket)：將 tcpClientSocket 加入使用者端通訊端列表以便管理。

在原始檔案 "server.cpp" 中，updateClients() 函數將任意使用者端發來的資訊進行廣播，保證聊天室的所有成員均能看到其他人的發言。其具體程式如下：

```
void Server::updateClients(QString msg,int length)
{
    emit updateServer(msg,length);                          //(a)
    for(int i = 0;i < tcpClientSocketList.count();i++)      //(b)
    {
        QTcpSocket *item = tcpClientSocketList.at(i);
        if(item->write(msg.toLatin1(),length) != length)
        {
            continue;
        }
    }
}
```

其中，

(a) emit updateServer(msg,length)：發出 updateServer 訊號，用來通知伺服器對話方塊更新對應的顯示狀態。

(b) for(int i = 0;i < tcpClientSocketList.count();i++){ …}：實現資訊的廣播，tcpClientSocketList 中儲存了所有與伺服器相連的 TcpClientSocket 物件。

在原始檔案 "server.cpp" 中，slotDisconnected() 函數實現從 tcpClientSocketList 串列中將斷開連接的 TcpClientSocket 物件刪除的功能。其具體程式如下：

```
void Server::slotDisconnected(int descriptor)
{
    for(int i = 0;i < tcpClientSocketList.count();i++)
    {
        QTcpSocket *item = tcpClientSocketList.at(i);
        if(item->socketDescriptor() == descriptor)
        {
            tcpClientSocketList.removeAt(i);
            return;
        }
    }
    return;
}
```

（6）在標頭檔 "tcpserver.h" 中增加以下內容：

```
#include "server.h"
private:
  int port;
    Server *server;
public slots:
    void slotCreateServer();
    void updateServer(QString,int);
```

（7）在原始檔案 "tcpserver.cpp" 中，在建構函數中增加以下程式：

```
port = 8010;
PortLineEdit->setText(QString::number(port));
connect(CreateBtn,SIGNAL(clicked()),this,SLOT(slotCreateServer()));
```

其中，槽函數 slotCreateServer() 用於建立一個 TCP 伺服器，具體內容如下：

```
void TcpServer::slotCreateServer()
{
    server = new Server(this,port);               //建立一個 Server 物件
    connect(server,SIGNAL(updateServer(QString,int)),this,
            SLOT(updateServer(QString,int)));  //(a)
    CreateBtn->setEnabled(false);
}
```

其中，

(a) connect(server,SIGNAL(updateServer(QString,int)),this,SLOT(updateServer(QString,int))): 將 Server 物件的 updateServer() 訊號與對應的槽函數進行連接。

槽函數 updateServer() 用於更新伺服器上的資訊顯示，具體內容如下：

```
void TcpServer::updateServer(QString msg,int length)
{
    ContentListWidget->addItem(msg.left(length));
}
```

（8）此時，專案中增加了很多檔案，檔案中的內容已經被改變，故需要重新在專案檔案 "TcpServer.pro" 中增加：

```
QT += network
```

此時，執行伺服器端專案 "TcpServer"，點擊「建立聊天室」按鈕，便開通了一個 TCP 聊天室的伺服器，如圖 10.12 所示。

圖 10.12 開通 TCP 聊天室的伺服器

10.3.4 TCP 使用者端程式設計實例

【例】（難度中等）（CH1005）TCP 使用者端程式設計。

建立專案 "TcpClient.pro"，檔案程式如下。

（1）在標頭檔 "tcpclient.h" 中，TcpClient 類別繼承自 QDialog 類別，宣告了需要的各種控制項，其具體程式如下：

```
#include <QDialog>
#include <QListWidget>
#include <QLineEdit>
#include <QPushButton>
#include <QLabel>
#include <QGridLayout>
class TcpClient : public QDialog
{
    Q_OBJECT
public:
```

```
    TcpClient(QWidget *parent = 0);
    ~TcpClient();
private:
    QListWidget *contentListWidget;
    QLineEdit *sendLineEdit;
    QPushButton *sendBtn;
    QLabel *userNameLabel;
    QLineEdit *userNameLineEdit;
    QLabel *serverIPLabel;
    QLineEdit *serverIPLineEdit;
    QLabel *portLabel;
    QLineEdit *portLineEdit;
    QPushButton *enterBtn;
    QGridLayout *mainLayout;
};
```

（2）原始檔案 "tcpclient.cpp" 的具體程式如下：

```
#include "tcpclient.h"
TcpClient::TcpClient(QWidget *parent)
    : QDialog(parent,f)
{
    setWindowTitle(tr("TCP Client"));
    contentListWidget = new QListWidget;
    sendLineEdit = new QLineEdit;
    sendBtn = new QPushButton(tr("發送"));
    userNameLabel = new QLabel(tr("使用者名稱："));
    userNameLineEdit = new QLineEdit;
    serverIPLabel = new QLabel(tr("伺服器地址："));
    serverIPLineEdit = new QLineEdit;
    portLabel = new QLabel(tr("通訊埠："));
    portLineEdit = new QLineEdit;
    enterBtn = new QPushButton(tr("進入聊天室"));
    mainLayout = new QGridLayout(this);
    mainLayout->addWidget(contentListWidget,0,0,1,2);
    mainLayout->addWidget(sendLineEdit,1,0);
    mainLayout->addWidget(sendBtn,1,1);
    mainLayout->addWidget(userNameLabel,2,0);
    mainLayout->addWidget(userNameLineEdit,2,1);
    mainLayout->addWidget(serverIPLabel,3,0);
    mainLayout->addWidget(serverIPLineEdit,3,1);
    mainLayout->addWidget(portLabel,4,0);
    mainLayout->addWidget(portLineEdit,4,1);
    mainLayout->addWidget(enterBtn,5,0,1,2);
}
```

(3) 使用者端介面如圖 10.13 所示。

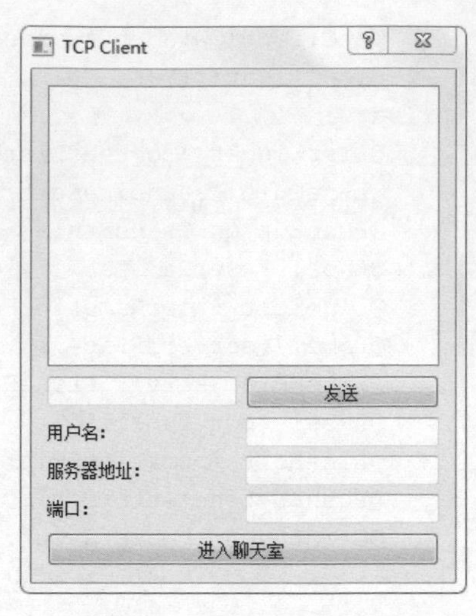

圖 10.13 使用者端介面

以上完成了使用者端介面的設計，下面將完成使用者端的聊天功能。

(1) 在使用者端專案檔案 "TcpClient.pro" 中增加以下敘述：

```
QT += network
```

(2) 在標頭檔 "tcpclient.h" 中增加以下程式：

```
#include <QHostAddress>
#include <QTcpSocket>
private:
  bool status;
     int port;
     QHostAddress *serverIP;
     QString userName;
     QTcpSocket *tcpSocket;
public slots:
     void slotEnter();
     void slotConnected();
     void slotDisconnected();
     void dataReceived();
     void slotSend();
```

(3) 在原始檔案 "tcpclient.cpp" 中增加標頭檔：

```
#include <QMessageBox>
#include <QHostInfo>
```

在其建構函數中增加以下程式：

```
  status = false;
     port = 8010;
     portLineEdit->setText(QString::number(port));
     serverIP = new QHostAddress();
     connect(enterBtn,SIGNAL(clicked()),this,SLOT(slotEnter()));
     connect(sendBtn,SIGNAL(clicked()),this,SLOT(slotSend()));
     sendBtn->setEnabled(false);
```

在以上程式中，槽函數 slotEnter() 實現了進入和離開聊天室的功能。具體程式如下：

```
void TcpClient::slotEnter()
{
    if(!status)                                                 //(a)
    {
    /* 完成輸入合法性檢驗 */
        QString ip = serverIPLineEdit->text();
        if(!serverIP->setAddress(ip))                           //(b)
        {
            QMessageBox::information(this,tr("error"),tr("serv
er ip address error!"));
            return;
        }
        if(userNameLineEdit->text() == "")
        {
            QMessageBox::information(this,tr("error"),tr("User name
error!"));
            return;
        }
        userName = userNameLineEdit->text();
    /* 建立了一個 QTcpSocket 類別物件，並將訊號 / 槽連接起來 */
        tcpSocket = new QTcpSocket(this);
        connect(tcpSocket,SIGNAL(connected()),this,SLOT
(slotConnected()));
        connect(tcpSocket,SIGNAL(disconnected()),this,SL
OT (slotDisconnected()));
        connect(tcpSocket,SIGNAL(readyRead()),this,SLOT
(dataReceived()));
        tcpSocket->connectToHost(*serverIP,port);               //(c)
        status = true;
    }
    else
    {
        int length = 0;
        QString msg = userName + tr(":Leave Chat Room");   //(d)
        if((length = tcpSocket->write(msg.toLatin1(),msg.length())) !=
msg.length())                                                   //(e)
        {
            return;
        }
        tcpSocket->disconnectFromHost();               //(f)
        status = false;                                //將 status 狀態重置
    }
}
```

其中，

(a) if(!status)：status 表示當前的狀態，true 表示已經進入聊天室，false 表示已經離開聊天室。這裡根據 status 的狀態決定是執行「進入」還是「離開」的操作。

(b) if(!serverIP->setAddress(ip))：用來判斷給定的 IP 位址能否被正確解析。

(c) tcpSocket->connectToHost(*serverIP,port)：與 TCP 伺服器端連接，連接成功後發出 connected() 訊號。

(d) QString msg = userName + tr(":Leave Chat Room")：建構一筆離開聊天室的訊息。

(e) if((length = tcpSocket->write(msg.toLatin1(),msg.length())) != msg.length())：通知伺服器端以上建構的訊息。

(f) tcpSocket->disconnectFromHost()：與伺服器斷開連接，斷開連接後發出 disconnected() 訊號。

在原始檔案 "tcpclient.cpp" 中，槽函數 slotConnected() 為 connected() 訊號的回應槽，當與伺服器連接成功後，使用者端建構一筆進入聊天室的訊息，並通知伺服器。其具體程式如下：

```
void TcpClient::slotConnected()
{
    sendBtn->setEnabled(true);
    enterBtn->setText(tr("離開"));
    int length = 0;
    QString msg = userName + tr(":Enter Chat Room");
    if((length = tcpSocket->write(msg.toLatin1(),msg.length())) !=
msg.length())
    {
        return;
    }
}
```

在原始檔案 "tcpclient.cpp" 中，槽函數 slotSend() 的具體程式如下：

```
void TcpClient::slotSend()
{
    if(sendLineEdit->text() == "")
    {
         return;
    }
```

```
    QString msg = userName + ":" + sendLineEdit->text();
    tcpSocket->write(msg.toLatin1(),msg.length());
    sendLineEdit->clear();
}
```

在原始檔案 "tcpclient.cpp" 中，槽函數 slotDisconnected() 的具體內容如下：

```
void TcpClient::slotDisconnected()
{
    sendBtn->setEnabled(false);
    enterBtn->setText(tr("進入聊天室"));
}
```

當有資料到來時，觸發原始檔案 "tcpclient.cpp" 的 dataReceived() 函數，從通訊端中將有效資料取出並顯示，其程式如下：

```
void TcpClient::dataReceived()
{
    while(tcpSocket->bytesAvailable() > 0)
    {
        QByteArray datagram;
        datagram.resize(tcpSocket->bytesAvailable());
        tcpSocket->read(datagram.data(),datagram.size());
        QString msg = datagram.data();
        contentListWidget->addItem(msg.left(datagram.size()));
    }
}
```

（4）此時執行使用者端 TcpClient 專案，結果如圖 10.14 所示。

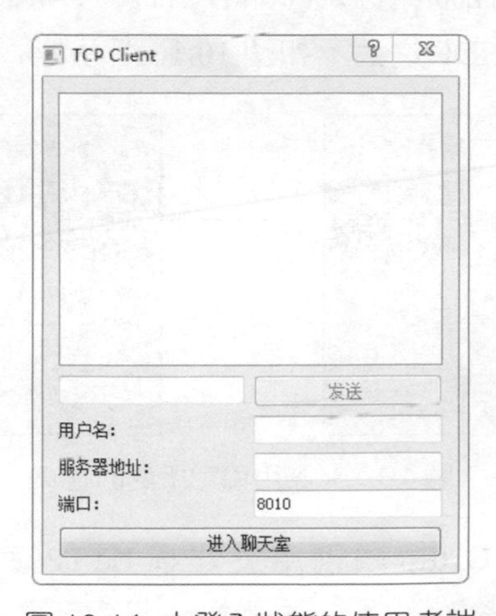

圖 10.14 未登入狀態的使用者端

最後，同時執行伺服器和使用者端程式，執行結果如圖 10.15 所示，這裡演示的是系統中登入了兩個使用者的狀態。

（a）伺服器　（b）使用者端 1　（c）使用者端 2

圖 10.15 登入了兩個使用者的狀態

10.4 Qt 網路應用程式開發初步

前兩節程式設計所使用的 QUdpSocket、QTcpSocket 和 QTcpServer 類別都是網路傳輸層上的類別，它們封裝實現的是底層的網路處理程序通訊（Socket 通訊）的功能。而 Qt 網路應用程式開發則是要在此基礎上進一步實現應用型的協定功能。應用層的網路通訊協定（如 HTTP/FTP/SMTP 等）簡稱為「應用協定」，它們執行在 TCP/UDP 之上，如圖 10.16 所示。

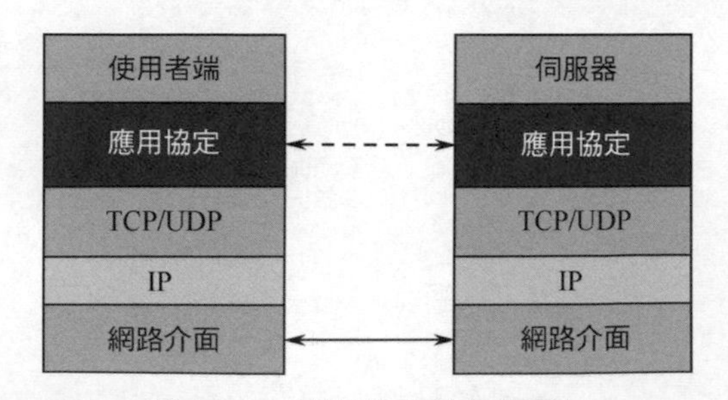

圖 10.16 應用協定所處的層次

Qt 4 以前的版本提供 QHttp 類別用於建構 HTTP 使用者端，提供 QFtp 類別用於開發 FTP 使用者端。從 Qt 5 開始，已經不再分別提供 QHttp 類別、

QFtp 類別，應用層的程式設計使用 QNetworkRequest、QNetworkReply 和 QNetworkAccessManager 這幾個高層次的類別，它們提供更加簡單和強大的介面。

其中，網路請求由 QNetworkRequest 類別來表示，作為與請求有關的資訊的統一容器，在建立請求物件時指定的 URL 決定了請求使用的協定，目前支持 HTTP、FTP 和本地檔案 URLs 的上傳和下載；QNetworkAceessManager 類別用於協調網路操作，每當建立一個請求後，該類別用來排程它，並發送訊號以報告進度；而對於網路請求的應答則使用 QNetworkReply 類別表示，它會在請求被完成排程時由 QNetworkAccessManager 類別建立。

10.4.1 簡單網頁瀏覽器實例

【例】（難度中等）（CH1006）簡單網頁瀏覽器。

操作步驟如下。

新建 Qt Widgets Application 專案，名稱為 "myHTTP"，類別名稱為 "MainWindow"，基礎類別保持 "QMainWindow" 不變。完成後在 "myHTTP.pro" 檔案中增加敘述 "QT += network"，並儲存該檔案。進入設計模式，向介面上拖入一個 Text Browser，進入 "mainwindow.h" 檔案，首先增加類別的前置宣告：

```
class QNetworkReply;
class QNetworkAccessManager;
```

然後增加一個私有物件定義：

```
QNetworkAccessManager *manager;
```

再增加一個私有槽的宣告：

```
private slots:
    void replyFinished(QNetworkReply *);
```

在 "mainwindow.cpp" 檔案中，首先增加標頭檔：

```
#include <QtNetwork>
```

然後在建構函數中增加以下程式：

```
manager = new QNetworkAccessManager(this);
```

```
connect(manager,SIGNAL(finished(QNetworkReply*)),this
    ,SLOT(replyFinished(QNetworkReply*)));
manager->get(QNetworkRequest(QUrl("http://www.baidu.com")));
```

這裡首先建立了一個 QNetworkAccessManager 類別的實例，它用來發送網路請求和接收應答。然後連結了管理器的 finished() 訊號和自訂的槽，每當網路應答結束時都會發送這個訊號。最後使用了 get() 函數來發送一個網路請求，網路請求使用 QNetworkRequest 類別表示，get() 函數傳回一個 QNetworkReply 物件。

下面增加槽的定義：

```
void MainWindow::replyFinished(QNetworkReply *reply)
{
    QString all = reply->readAll();
    ui->textBrowser->setText(all);
    reply->deleteLater();
}
```

因為 QNetworkReply 類別繼承自 QIODevice 類別，所以可以像操作一般的 I/O 裝置一樣操作該類別。這裡使用了 readAll() 函數來讀取所有的應答資料。在完成資料的讀取後，需要使用 deleteLater() 函數刪除 reply 物件。

執行程式，顯示出「百度搜索」首頁，效果如圖 10.17 所示。

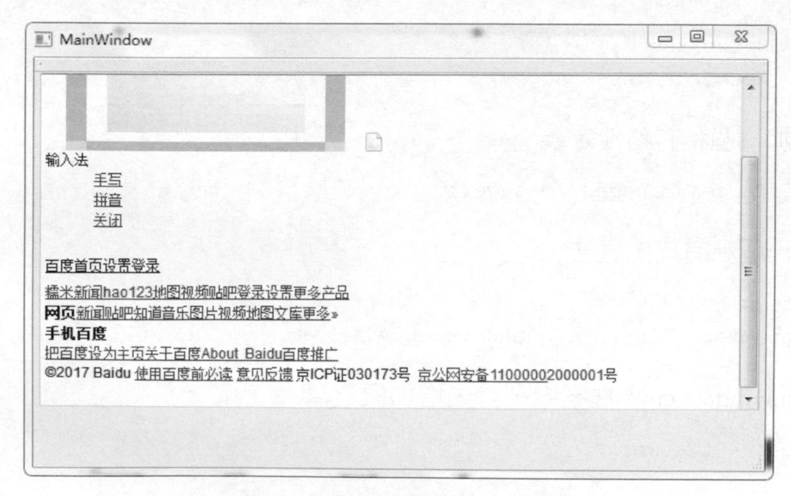

圖 10.17 顯示簡單網頁文字連結

本例只是初步地演示了網頁文字連結的顯示，並未像實用的瀏覽器那樣完整地顯示頁面上的圖片、指令稿特效等。

10.4.2 檔案下載實例

下面在網頁瀏覽實例的基礎上，實現一般分頁檔的下載，並且顯示下載進度。進入設計模式，向介面上拖入 Label、Line Edit、Progress Bar 和 Push Button 等元件，最終效果如圖 10.18 所示。

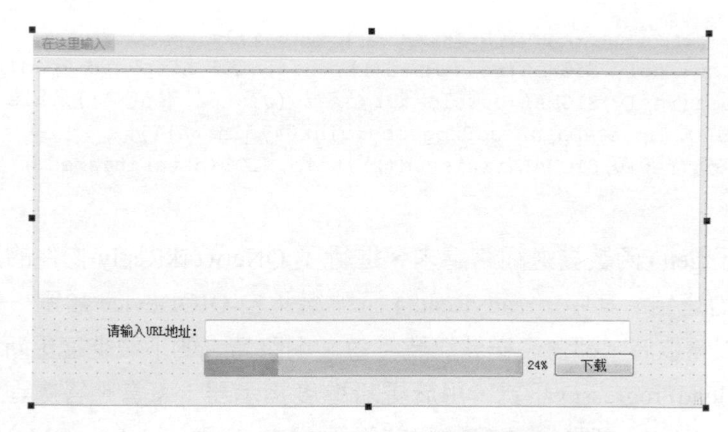

圖 10.18 增加元件後的程式介面

首先，在 "mainwindow.h" 檔案中增加標頭檔和類別的前置宣告：

```
#include <QUrl>
class QFile;
```

其次，增加以下私有槽宣告：

```
void httpFinished();
void httpReadyRead();
void updateDataReadProgress(qint64,qint64);
```

再增加一個 public() 函數宣告：

```
void startRequest(QUrl url);
```

再次，增加幾個私有物件定義：

```
QNetworkReply *reply;
QUrl url;
QFile *file;
```

在 "mainwindow.cpp" 檔案中，在建構函數中增加：

```
ui->progressBar->hide();
```

這裡開始將進度指示器隱藏了，因此在沒有下載檔案時是不顯示進度指示器的。

接下來增加幾個新函數，首先增加網路請求函數：

```
void MainWindow::startRequest(QUrl url)
{
    reply = manager->get(QNetworkRequest(url));
    connect(reply,SIGNAL(readyRead()),this,SLOT(httpReadyRead()));
    connect(reply,SIGNAL(downloadProgress(qint64,qint64)),this
       ,SLOT(updateDataReadProgress(qint64,qint64)));
    connect(reply,SIGNAL(finished()),this,SLOT(httpFinished()));
}
```

這裡使用了 get() 函數發送網路請求，進行了 QNetworkReply 物件的幾個訊號和自訂槽的連結。其中，readyRead() 訊號繼承自 QIODevice 類別，每當有新的資料可以讀取時，都會發送該訊號；每當網路請求的下載進度更新時，都會發送 downloadProgress() 訊號，用於更新進度指示器；每當應答處理結束時，都會發送 finished() 訊號，該訊號與前面程式中 QNetworkAccessManager 類別的 finished() 訊號作用相同，只不過是發送者不同，參數也不同而已。

下面增加幾個槽的定義：

```
void MainWindow::httpReadyRead()
{
    if(file)file->write(reply->readAll());
}
```

這裡首先判斷是否建立了檔案。如果是，則讀取傳回的所有資料，然後寫入檔案中。該檔案是在後面的「下載」按鈕的點擊訊號的槽中建立並開啟的。

```
void MainWindow::updateDataReadProgress(qint64 bytesRead, qint64
totalBytes)
{
    ui->progressBar->setMaximum(totalBytes);
    ui->progressBar->setValue(bytesRead);
}
```

這裡設定了進度指示器的最大值和當前值。

```
void MainWindow::httpFinished()
{
    ui->progressBar->hide();
    file->flush();
    file->close();
    reply->deleteLater();
    reply = 0;
    delete file;
    file = 0;
}
```

當完成下載後，重新隱藏進度指示器，刪除 reply 和 file 物件。

進入設計模式，進入「下載」按鈕的點擊訊號的槽，增加以下程式：

```
void MainWindow::on_pushButton_clicked()
{
    url = ui->lineEdit->text();
    QFileInfo info(url.path());
    QString fileName(info.fileName());
    file = new QFile(fileName);
    if(!file->open(QIODevice::WriteOnly))
    {
        qDebug()<<"file open error";
        delete file;
        file = 0;
        return;
    }
    startRequest(url);
    ui->progressBar->setValue(0);
    ui->progressBar->show();
}
```

這裡使用要下載的檔案名稱建立了本地檔案，使用輸入的 url 進行網路請求，並顯示進度指示器。

現在可以執行程式了，可以輸入一個網路檔案位址，點擊「下載」按鈕將其下載到本地。舉例來說，下載免費軟體「微信 2017 官方電腦版」。

可以使用以下 URL 位址（位址會有變化，讀者請根據實際情況測試程式）：

```
http://sqdownb.onlinedown.net/down/WeChatSetup.zip
```

在下載過程中，進度指示器出現並動態變化，如圖 10.19 所示。下載完成後，可在開發專案所在的 "C:\Qt6\CH10\CH1006\build-myHTTP-Desktop_Qt_6_0_2_MinGW_64_bit-Debug" 資料夾下找到該檔案。

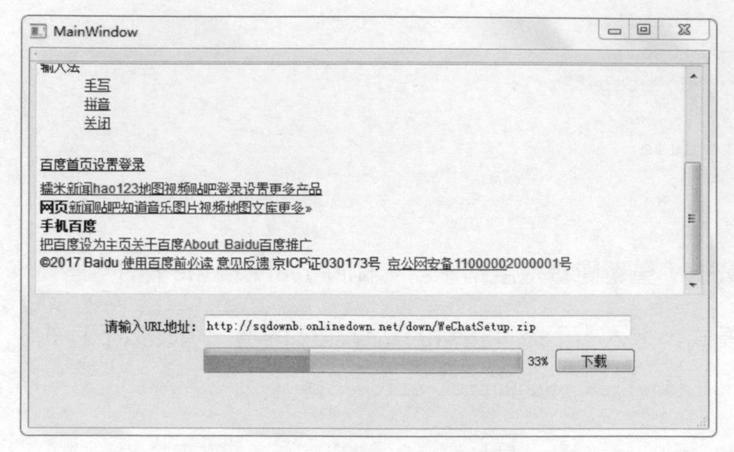

圖 10.19 從網頁上下載檔案

CHAPTER 11

Qt 6 事件處理及實例

本章透過滑鼠事件、鍵盤事件和事件過濾的三個實例介紹事件處理的實現。

11.1 滑鼠事件實例

滑鼠事件包括滑鼠的移動，滑鼠鍵按下、鬆開、點擊、按兩下等。

【例】（簡單）（CH1101）本例將介紹如何獲得和處理滑鼠事件。程式最終演示效果如圖 11.1 所示。

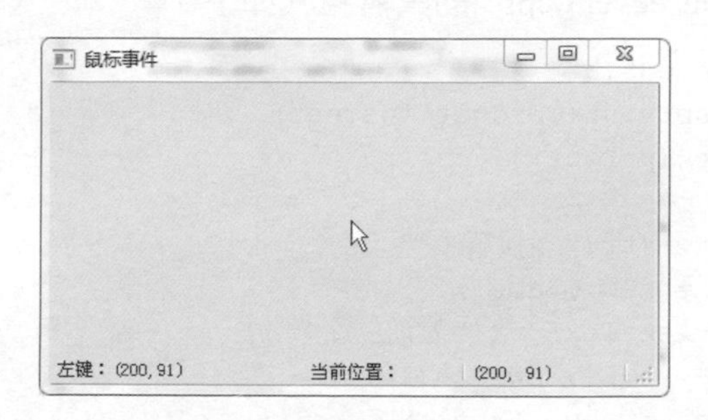

圖 11.1 滑鼠事件實例

當使用者操作滑鼠在特定區域內移動時，狀態列右側會即時地顯示當前滑鼠所在的位置資訊；當使用者按下滑鼠鍵時，狀態列左側會顯示使用者按下的鍵屬性（左鍵、右鍵或中鍵），並顯示按鍵時的滑鼠位置；當使用者鬆開滑鼠鍵時，狀態列左側又會顯示鬆開時的位置資訊。

下面是滑鼠事件實例的具體實現步驟。

（1）在標頭檔 "mouseevent.h" 中，重定義了 QWidget 類別的三個滑鼠事件方法，即 mouseMoveEvent、mousePressEvent 和 mouseReleaseEvent。當有滑鼠事件發生時，就會回應對應的函數，其具體內容如下：

```
#include <QMainWindow>
#include <QLabel>
```

```
#include <QStatusBar>
#include <QMouseEvent>
class MouseEvent : public QMainWindow
{
    Q_OBJECT
public:
    MouseEvent(QWidget *parent = 0);
    ~MouseEvent();
protected:
    void mousePressEvent(QMouseEvent *e);
    void mouseMoveEvent(QMouseEvent *e);
    void mouseReleaseEvent(QMouseEvent *e);
    void mouseDoubleClickEvent(QMouseEvent *e);
private:
    QLabel *statusLabel;
    QLabel *MousePosLabel;
};
```

（2）原始檔案 "mouseevent.cpp" 的具體程式如下：

```
#include "mouseevent.h"
MouseEvent::MouseEvent(QWidget *parent)
    : QMainWindow(parent)
{
    setWindowTitle(tr("滑鼠事件"));                        //設定表單的標題
    statusLabel = new QLabel;                             //(a)
    statusLabel->setText(tr("當前位置："));
    statusLabel->setFixedWidth(100);
    MousePosLabel = new QLabel;                           //(b)
    MousePosLabel->setText(tr(""));
    MousePosLabel->setFixedWidth(100);
    statusBar()->addPermanentWidget(statusLabel);         //(c)
    statusBar()->addPermanentWidget(MousePosLabel);
    this->setMouseTracking(true);                         //(d)
    resize(400,200);
}
```

其中，

(a) statusLabel = new QLabel：建立 QLabel 控制項 statusLabel，用於顯示滑鼠移動時的即時位置。

(b) MousePosLabel = new QLabel：建立 QLabel 控制項 MousePosLabel，用於顯示滑鼠鍵按下或釋放時的位置。

(c) statusBar( )->addPermanentWidget(…)：在 QMainWindow 的狀態列中增加控制項。

(d) this->setMouseTracking(true)：設定表單追蹤滑鼠。setMouseTracking() 函數設定表單是否追蹤滑鼠，預設為 false，不追蹤，在此情況下應至少有一個滑鼠鍵被按下時才響應滑鼠移動事件，在前面的例子中有很多類似的情況，如繪圖程式。在這裡需要即時顯示滑鼠的位置，因此設定為 true，追蹤滑鼠。

mousePressEvent() 函數為滑鼠按下事件回應函數，QMouseEvent 類別的 button() 方法可以獲得發生滑鼠事件的按鍵屬性（左鍵、右鍵、中鍵等）。具體程式如下：

```
void MouseEvent::mousePressEvent(QMouseEvent *e)
{
    QString str = "(" + QString::number(e->x()) + "," +
QString::number(e->y())   + ")";                              //(a)
    if(e->button()== Qt::LeftButton)
    {
        statusBar()->showMessage(tr("左鍵：") + str);
    }
    else if(e->button() == Qt::RightButton)
    {
        statusBar()->showMessage(tr("右鍵：") + str);
    }
    else if(e->button() == Qt::MiddleButton)
    {
        statusBar()->showMessage(tr("中鍵：") + str);
    }
}
```

其中，

(a) QMouseEvent 類別的 x() 和 y() 方法可以獲得滑鼠相對於接收事件的表單位置，globalX() 和 globalY() 方法可以獲得滑鼠相對視窗系統的位置。

mouseMoveEvent() 函數為滑鼠移動事件回應函數，QMouseEvent 類別的 x() 和 y() 方法可以獲得滑鼠的相對位置，即相對於應用程式的位置。具體程式如下：

```
void MouseEvent::mouseMoveEvent(QMouseEvent *e)
{
  MousePosLabel->setText("(" + QString::number(e->x()) + "," +
QString:: number(e->y())  + ")");
}
```

mouseReleaseEvent() 函數為滑鼠鬆開事件回應函數，其具體程式如下：

```
void MouseEvent::mouseReleaseEvent(QMouseEvent *e)
{
    QString str = "(" + QString::number(e->x()) + "," +
QString::number(e->y())  + ")";
    statusBar()->showMessage(tr("釋放在：") + str,3000);
}
```

mouseDoubleClickEvent() 函數為滑鼠按兩下事件回應函數，此處沒有實現具體功能，但仍要寫出函數本體框架：

```
void MouseEvent::mouseDoubleClickEvent(QMouseEvent *e){}
```

（3）執行程式，效果如圖 11.1 所示。

11.2 鍵盤事件實例

在影像處理和遊戲應用程式中，有時需要透過鍵盤控制某個物件的移動，此功能可以透過對鍵盤事件的處理來實現。鍵盤事件的獲取是透過重定義 QWidget 類別的 keyPressEvent() 和 keyReleaseEvent() 來實現的。

【例】（難度一般）（CH1102）下面透過實現鍵盤控制圖示的移動來介紹鍵盤事件的應用，如圖 11.2 所示。

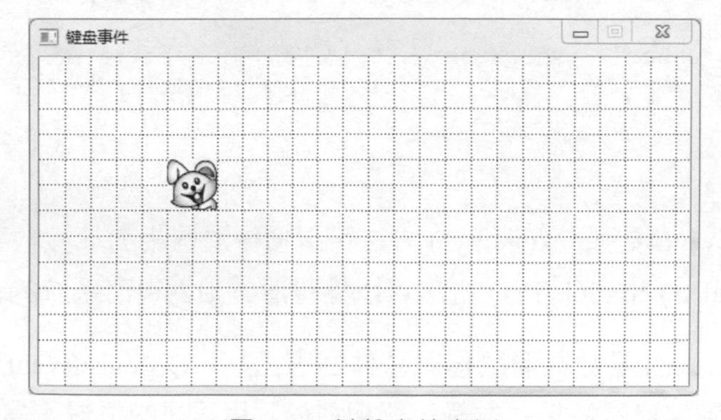

圖 11.2 鍵盤事件實例

透過鍵盤的上、下、左、右方向鍵可以控制圖示的移動，移動的步進值為網格的大小，如果同時按下 Ctrl 鍵，則實現細微移動；若按下 Home 鍵，則游標回到介面的左上頂點；若按下 End 鍵，則游標到達介面的右下頂點。

具體實現步驟如下。

（1）標頭檔 "keyevent.h" 的具體內容如下：

```
#include <QWidget>
#include <QKeyEvent>
#include <QPaintEvent>
class KeyEvent : public QWidget
{
    Q_OBJECT
public:
    KeyEvent(QWidget *parent = 0);
    ~KeyEvent();
    void drawPix();
    void keyPressEvent(QKeyEvent *);
    void paintEvent(QPaintEvent *);
private:
    QPixmap *pix;           //作為一個繪圖裝置，使用雙緩衝機制實現圖形的繪製
    QImage image;           //介面中間的小圖示
  /* 圖示的左上頂點位置 */
    int startX;
    int startY;
  /* 介面的寬度和高度 */
    int width;
    int height;
    int step;               //網格的大小，即移動的步進值
};
```

（2）原始檔案 "keyevent.cpp" 的具體程式如下：

```
#include "keyevent.h"
#include <QPainter>
KeyEvent::KeyEvent(QWidget *parent)
    : QWidget(parent)
{
    setWindowTitle(tr("鍵盤事件"));
    setAutoFillBackground(true);
    QPalette palette = this->palette();
    palette.setColor(QPalette::Window,Qt::white);
    setPalette(palette);
    setMinimumSize(512,256);
    setMaximumSize(512,256);
    width = size().width();
    height = size().height();
    pix = new QPixmap(width,height);
    pix->fill(Qt::white);
```

```
    image.load("../image/image.png");
    startX = 100;
    startY = 100;
    step = 20;
    drawPix();
    resize(512,256);
}
```

（3）在開發專案所在的 "C:\Qt6\CH11\CH1102\KeyEvent" 目錄下新建一個資料夾並命名為 "image"，在資料夾內儲存一個名為 "image.png" 的圖片；在專案中按照以下步驟增加資源檔。

① 在專案名稱 "KeyEvent" 上點擊滑鼠右鍵→ "Add New…" 選單項，在如圖 11.3 所示的對話方塊中點擊 "Qt"（範本）→ "Qt Resource File" → "Choose..." 按鈕。

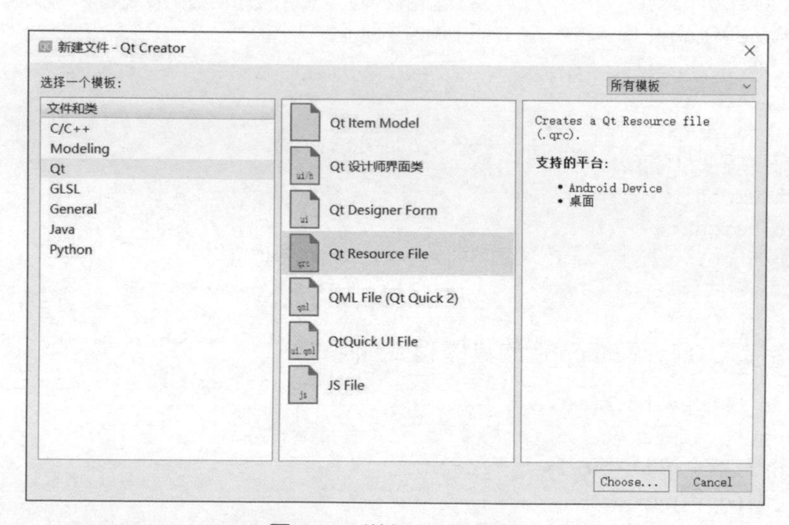

圖 11.3 增加 Qt 資源檔

② 在彈出的對話方塊中選擇資源要存放的路徑，如圖 11.4 所示，在「名稱」欄中填寫資源名稱 "keyevent"。

點擊「下一步」按鈕，點擊「完成」按鈕。此時，專案下自動增加了一個 "keyevent.qrc" 資源檔，如圖 11.5 所示。

③ 滑鼠按滑鼠右鍵資源檔，選擇 "Add Prefix..." 選單項，在彈出的 "Add Prefix" 對話方塊的 "Prefix:" 欄中填寫 "/new/prefix1"，點擊 "OK" 按鈕，此時專案目錄樹右區資源檔下新增了一個 "/new/prefix1" 子目錄項，點擊該區

下方 "Add Files" 按鈕，按照如圖 11.6 所示的步驟操作，在彈出的對話方塊中選擇 "image/image.png" 檔案，點擊「開啟」按鈕，將該圖片增加到專案中。

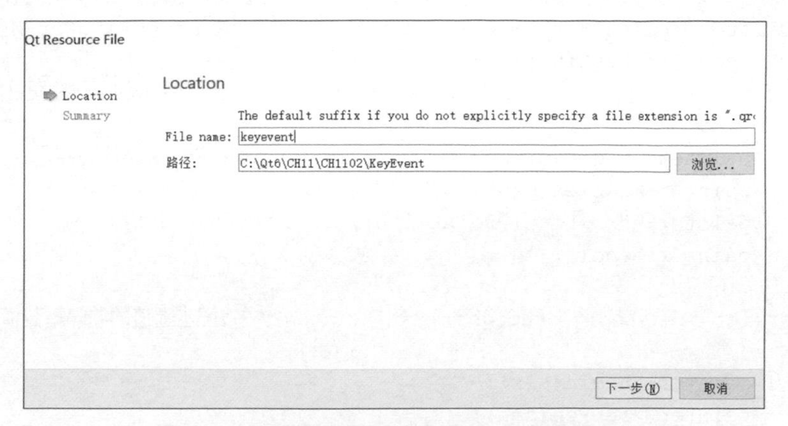

圖 11.4 為資源命名和選擇資源要存放的路徑

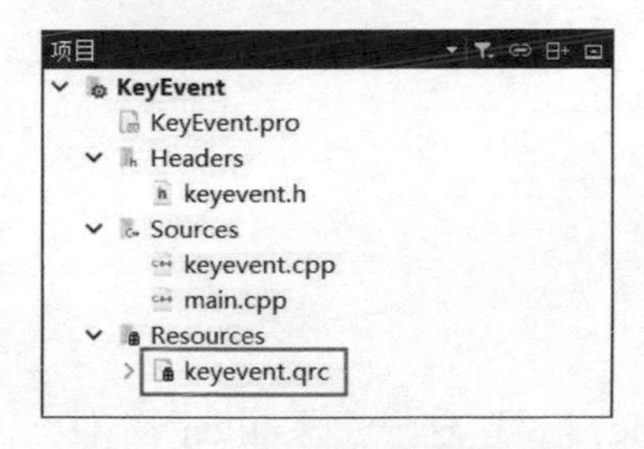

圖 11.5 增加後的專案目錄樹

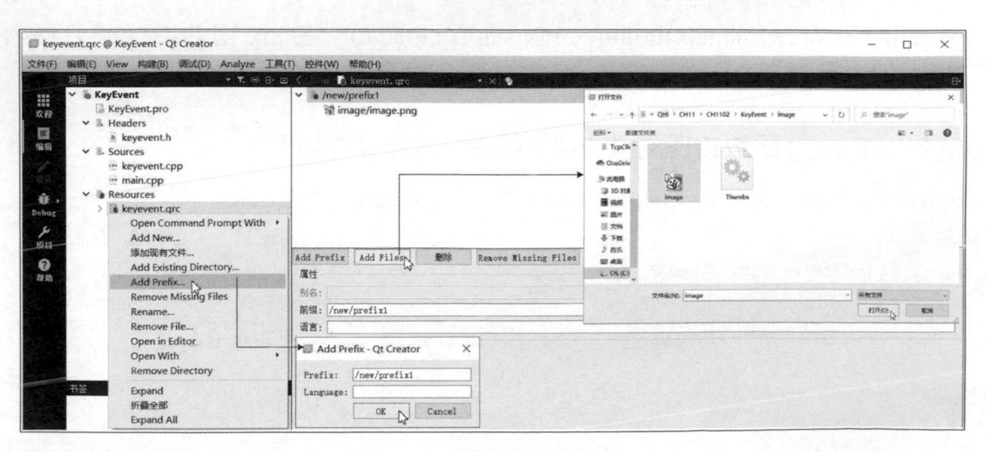

圖 11.6 將資源加入專案

（4）drawPix() 函數實現了在 QPixmap 物件上繪製影像，其具體程式如下：

```
void KeyEvent::drawPix()
{
    pix->fill(Qt::white);                        //重新更新 pix 物件為白色底色
    QPainter *painter = new QPainter;            //建立一個 QPainter 物件
    QPen pen(Qt::DotLine);                       //(a)
    for(int i = step;i < width;i = i + step)//按照步進值的間隔繪製縱向的格線
    {
        painter->begin(pix);                     //指定 pix 為繪圖裝置
        painter->setPen(pen);
        painter->drawLine(QPoint(i,0),QPoint(i,height));
        painter->end();
    }
    for(int j = step;j < height;j = j + step)//按照步進值的間隔繪製橫向的格線
    {
        painter->begin(pix);
        painter->setPen(pen);
        painter->drawLine(QPoint(0,j),QPoint(width,j));
        painter->end();
    }
    painter->begin(pix);
    painter->drawImage(QPoint(startX,startY),image);//(b)
    painter->end();
}
```

其中，

(a) QPen pen(Qt::DotLine)：建立一個 QPen 物件，設定畫筆的線型為 Qt::DotLine，用於繪製網格。

(b) painter->drawImage(QPoint(startX,startY),image)：在 pix 物件中繪製可移動的小圖示。

keyPressEvent() 函數處理鍵盤的按下事件，具體程式如下：

```
void KeyEvent::keyPressEvent(QKeyEvent *event)
{
    if(event->modifiers() == Qt::ControlModifier)    //(a)
    {
        if(event->key() == Qt::Key_Left)             //(b)
        {
            startX = (startX - 1 < 0) ? startX : startX - 1;
        }
        if(event->key() == Qt::Key_Right)            //(c)
```

```
        {
            startX = (startX + 1 + image.width() > width) ? startX :
startX + 1;
        }
        if(event->key() == Qt::Key_Up)                    //(d)
        {
            startY = (startY - 1 < 0) ? startY : startY - 1;
        }
        if(event->key() == Qt::Key_Down)                  //(e)
        {
            startY = (startY + 1 + image.height() > height) ? startY :
startY + 1;
        }
    }
    else                                          //對 Ctrl 鍵沒有按下的處理
    {
    /* 首先調節圖示左上頂點的位置至網格的頂點上 */
        startX = startX - startX % step;
        startY = startY - startY % step;
        if(event->key() == Qt::Key_Left)                  //(f)
        {
            startX = (startX - step < 0) ? startX : startX - step;
        }
        if(event->key() == Qt::Key_Right)                 //(g)
        {
            startX = (startX + step + image.width() > width) ? startX
: startX + step;
        }
        if(event->key() == Qt::Key_Up)                    //(h)
        {
            startY = (startY - step < 0) ? startY : startY - step;
        }
        if(event->key() == Qt::Key_Down)                  //(i)
        {
            startY = (startY + step + image.height() > height) ?
startY : startY + step;
        }
        if(event->key() == Qt::Key_Home)                  //(j)
        {
            startX = 0;
            startY = 0;
        }
        if(event->key() == Qt::Key_End)                   //(k)
        {
            startX = width - image.width();
            startY = height - image.height();
        }
```

```
    }
    drawPix();                              //根據調整後的圖示位置重新在 pix 中繪製影像
    update();                               //觸發介面重畫
}
```

其中，

(a) if(event->modifiers() == Qt::ControlModifier)：判斷修飾鍵 Ctrl 是否按下。Qt::Keyboard　Modifier 定義了一系列修飾鍵，如下所示。
   - Qt::NoModifier：沒有修飾鍵按下。
   - Qt::ShiftModifier：Shift 鍵按下。
   - Qt::ControlModifier：Ctrl 鍵按下。
   - Qt::AltModifier：Alt 鍵按下。
   - Qt::MetaModifier：Meta 鍵按下。
   - Qt::KeypadModifier：小鍵盤按鍵按下。
   - Qt::GroupSwitchModifier：Mode switch 鍵按下。

(b) if(event->key() == Qt::Key_Left)：根據按下的左方向鍵調節圖示的左上頂點的位置，步進值為 1，即細微移動。

(c) if(event->key() == Qt::Key_Right)：根據按下的右方向鍵調節圖示的左上頂點的位置，步進值為 1，即細微移動。

(d) if(event->key() == Qt::Key_Up)：根據按下的上方向鍵調節圖示的左上頂點的位置，步進值為 1，即細微移動。

(e) if(event->key() == Qt::Key_Down)：根據按下的下方向鍵調節圖示的左上頂點的位置，步進值為 1，即細微移動。

(f) if(event->key() == Qt::Key_Left)：根據按下的左方向鍵調節圖示的左上頂點的位置，步進值為網格的大小。

(g) if(event->key() == Qt::Key_Right)：根據按下的右方向鍵調節圖示的左上頂點的位置，步進值為網格的大小。

(h) if(event->key() == Qt::Key_Up)：根據按下的上方向鍵調節圖示的左上頂點的位置，步進值為網格的大小。

(i) if(event->key() == Qt::Key_Down)：根據按下的下方向鍵調節圖示的左上頂點的位置，步進值為網格的大小。

(j) if(event->key() == Qt::Key_Home)：表示如果按下 Home 鍵，則恢復圖示位置為介面的左上頂點。

(k) if(event->key() == Qt::Key_End)：表示如果按下 End 鍵，則將圖示位置設定為介面的右下頂點，這裡注意需要考慮圖示自身的大小。

介面重繪函數 paintEvent()，將 pix 繪製在介面上。其具體程式如下：

```
void KeyEvent::paintEvent(QPaintEvent *)
{
    QPainter painter;
    painter.begin(this);
    painter.drawPixmap(QPoint(0,0),*pix);
    painter.end();
}
```

（5）執行結果如圖 11.2 所示。

11.3 事件過濾實例

Qt 的事件模型中提供的事件篩檢程式功能使得一個 QObject 物件可以監視另一個 QObject 物件中的事件，透過在一個 QObject 物件中安裝事件篩檢程式，可以在事件到達該物件前捕捉事件，從而造成監視該物件事件的作用。

舉例來說，Qt 已經提供了 QPushButton 用於表示一個普通的按鈕類別。如果需要實現一個動態的圖片按鈕，即當滑鼠鍵按下時按鈕圖片發生變化，則需要同時回應滑鼠按下等事件。

【例】（難度一般）（CH1103）透過事件篩檢程式實現動態圖片按鈕效果，如圖 11.7 所示。

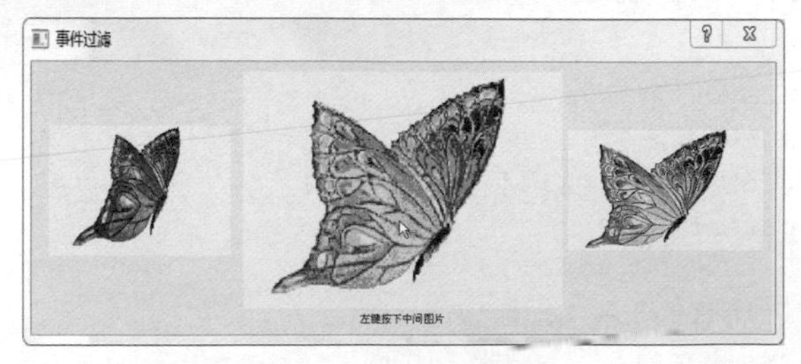

圖 11.7 事件過濾實例

三個圖片分別對應三個 QLabel 物件。當用滑鼠鍵按下某個圖片時，圖片大小會發生變化；而釋放滑鼠鍵時，圖片又恢復初始大小，並且程式將提示當前事件的狀態資訊，如滑鼠鍵類型、被滑鼠鍵按下的圖片序號等。

具體實現步驟如下。

（1）標頭檔 "eventfilter.h" 中宣告了所需的各種控制項及槽函數，其具體程式如下：

```
#include <QDialog>
#include <QLabel>
#include <QImage>
#include <QEvent>
class EventFilter : public QDialog
{
    Q_OBJECT
public:
    EventFilter(QWidget *parent = 0);
    ~EventFilter();
public slots:
    bool eventFilter(QObject *, QEvent *);
private:
    QLabel *label1;
    QLabel *label2;
    QLabel *label3;
    QLabel *stateLabel;
    QImage Image1;
    QImage Image2;
    QImage Image3;
};
```

其中，eventFilter() 函數是 QObject 的事件監視函數。

（2）原始檔案 "eventfilter.cpp" 的具體程式如下：

```
#include "eventfilter.h"
#include <QHBoxLayout>
#include <QVBoxLayout>
#include <QMouseEvent>
EventFilter::EventFilter(QWidget *parent)
    : QDialog(parent)
{
    setWindowTitle(tr("事件過濾"));
    label1 = new QLabel;
    Image1.load("../image/1.png");
    label1->setAlignment(Qt::AlignHCenter|Qt::AlignVCenter);
    label1->setPixmap(QPixmap::fromImage(Image1));
    label2 = new QLabel;
    Image2.load("../image/2.png");
```

```
    label2->setAlignment(Qt::AlignHCenter|Qt::AlignVCenter);
    label2->setPixmap(QPixmap::fromImage(Image2));
    label3 = new QLabel;
    Image3.load("../image/3.png");
    label3->setAlignment(Qt::AlignHCenter|Qt::AlignVCenter);
    label3->setPixmap(QPixmap::fromImage(Image3));
    stateLabel = new QLabel(tr("滑鼠鍵按下標識"));
    stateLabel->setAlignment(Qt::AlignHCenter);
    QHBoxLayout *layout=new QHBoxLayout;
    layout->addWidget(label1);
    layout->addWidget(label2);
    layout->addWidget(label3);
    QVBoxLayout *mainLayout = new QVBoxLayout(this);
    mainLayout->addLayout(layout);
    mainLayout->addWidget(stateLabel);
    label1->installEventFilter(this);
    label2->installEventFilter(this);
    label3->installEventFilter(this);
}
```

其中，installEventFilter() 函數為每一個圖片安裝事件篩檢程式，指定整個表單為監視事件的物件，函數原型如下：

```
void QObject::installEventFilter
(
  QObject * filterObj
)
```

參數 filterObj 是監視事件的物件，此物件可以透過 eventFilter() 函數接收事件。如果某個事件需要被過濾，即停止正常的事件回應，則在 eventFilter() 函數中傳回 true，否則傳回 false。

QObject 的 removeEventFilter() 函數可以解除已安裝的事件篩檢程式。

（3）資源檔的增加如上例演示的步驟，不再贅述。

（4）QObject 的事件監視函數 eventFilter() 的具體實現程式如下：

```
bool EventFilter::eventFilter(QObject *watched, QEvent *event)
{
    if(watched == label1)                    //首先判斷當前發生事件的物件
    {
     //判斷發生的事件類型
        if(event->type() == QEvent::MouseButtonPress)
```

```
        {
        //將事件 event 轉化為滑鼠事件
            QMouseEvent *mouseEvent = (QMouseEvent *)event;
        /* 以下根據滑鼠鍵的類型分別顯示 */
            if(mouseEvent->buttons()&Qt::LeftButton)
            {
                stateLabel->setText(tr("左鍵按下左邊圖片"));
            }
            else if(mouseEvent->buttons()&Qt::MiddleButton)
            {
                stateLabel->setText(tr("中鍵按下左邊圖片"));
            }
            else if(mouseEvent->buttons()&Qt::RightButton)
            {
                stateLabel->setText(tr("右鍵按下左邊圖片"));
            }
        /* 顯示縮小的圖片 */
            QTransform transform;
            transform.scale(1.8,1.8);
            QImage tmpImg = Image1.transformed(transform);
            label1->setPixmap(QPixmap::fromImage(tmpImg));
        }
      /* 滑鼠釋放事件的處理，恢復圖片的大小 */
        if(event->type() == QEvent::MouseButtonRelease)
        {
            stateLabel->setText(tr("滑鼠釋放左邊圖片"));
            label1->setPixmap(QPixmap::fromImage(Image1));
        }
    }
    else if(watched == label2)
    {
        if(event->type() == QEvent::MouseButtonPress)
        {
        //將事件 event 轉化為滑鼠事件
            QMouseEvent *mouseEvent = (QMouseEvent *)event;
        /* 以下根據滑鼠鍵的類型分別顯示 */
            if(mouseEvent->buttons()&Qt::LeftButton)
            {
                stateLabel->setText(tr("左鍵按下中間圖片"));
            }
            else if(mouseEvent->buttons()&Qt::MiddleButton)
            {
                stateLabel->setText(tr("中鍵按下中間圖片"));
            }
```

```
            else if(mouseEvent->buttons()&Qt::RightButton)
            {
                stateLabel->setText(tr("右鍵按下中間圖片"));
            }
        /* 顯示縮小的圖片 */
            QTransform transform;
            transform.scale(1.8,1.8);
            QImage tmpImg = Image2.transformed(transform);
            label2->setPixmap(QPixmap::fromImage(tmpImg));
        }
    /* 滑鼠釋放事件的處理，恢復圖片的大小 */
        if(event->type() == QEvent::MouseButtonRelease)
        {
            stateLabel->setText(tr("滑鼠釋放中間圖片"));
            label2->setPixmap(QPixmap::fromImage(Image2));
        }
    }
    else if(watched == label3)
    {
        if(event->type() == QEvent::MouseButtonPress)
        {
        //將事件 event 轉化為滑鼠事件
            QMouseEvent *mouseEvent = (QMouseEvent *)event;
        /* 以下根據滑鼠鍵的類型分別顯示 */
            if(mouseEvent->buttons()&Qt::LeftButton)
            {
                stateLabel->setText(tr("左鍵按下右邊圖片"));
            }
            else if(mouseEvent->buttons()&Qt::MiddleButton)
            {
                stateLabel->setText(tr("中鍵按下右邊圖片"));
            }
            else if(mouseEvent->buttons()&Qt::RightButton)
            {
                stateLabel->setText(tr("右鍵按下右邊圖片"));
            }
        /* 顯示縮小的圖片 */
            QTransform transform;
            transform.scale(1.8,1.8);
            QImage tmpImg = Image3.transformed(transform);
            label3->setPixmap(QPixmap::fromImage(tmpImg));
        }
    /* 滑鼠釋放事件的處理，恢復圖片的大小 */
        if(event->type() == QEvent::MouseButtonRelease)
```

```
        {
            stateLabel->setText(tr(" 滑鼠釋放右邊圖片 "));
            label3->setPixmap(QPixmap::fromImage(Image3));
        }
    }
  //將事件交給上層對話方塊
    return QDialog::eventFilter(watched,event);
}
```

（5）執行結果如圖 11.7 所示。

CHAPTER

Qt 6 多執行緒 12

大部分的情況下，應用程式都在一個執行緒中執行操作。但是，當呼叫一個耗時操作（舉例來說，大量 I/O 或大量矩陣變換等 CPU 密集操作）時，使用者介面常常會凍結。而使用多執行緒可解決這一問題。

多執行緒具有以下優勢。

（1）提高應用程式的回應速度。這對於開發圖形介面的程式尤為重要，當一個操作耗時很長時，整個系統都會等待這個操作，程式就不能回應鍵盤、滑鼠、選單等的操作，而使用多執行緒技術可將耗時長的操作置於一個新的執行緒，從而避免出現以上問題。

（2）使多 CPU 系統更加有效。當執行緒數不大於 CPU 數目時，作業系統可以排程不同的執行緒執行於不同的 CPU 上。

（3）改善程式結構。一個既長又複雜的處理程序可以考慮分為多個執行緒，成為獨立或半獨立的執行部分，這樣有利於程式的理解和維護。

多執行緒程式具有以下特點。

（1）多執行緒程式的行為無法預期，當多次執行上述程式時，每次的執行結果都可能不同。

（2）多執行緒的執行順序無法保證，它與作業系統的排程策略和執行緒優先順序等因素有關。

（3）多執行緒的切換可能發生在任何時刻、任何地點。

（4）由於多執行緒對程式的敏感度高，因此對程式的細微修改都可能產生意想不到的結果。

基於以上這些特點，為了有效地使用執行緒，開發人員必須對其進行控制。

12.1 多執行緒實例

下面的例子介紹如何實現一個簡單的多執行緒程式。

【例】(難度一般)(CH1201)如圖 12.1 所示，點擊「開始」按鈕將啟動數個工作執行緒(工作執行緒數目由 MAXSIZE 巨集決定)，各個執行緒迴圈列印數字 0~9，直到點擊「停止」按鈕終止所有執行緒為止。

圖 12.1 多執行緒簡單實現介面

具體步驟如下。

(1)在標頭檔 "threaddlg.h" 中宣告用於介面顯示所需的控制項，其具體程式如下：

```
#include <QDialog>
#include <QPushButton>
class ThreadDlg : public QDialog
{
    Q_OBJECT
public:
    ThreadDlg(QWidget *parent = 0);
    ~ThreadDlg();
private:
    QPushButton *startBtn;
    QPushButton *stopBtn;
    QPushButton *quitBtn;
};
```

(2)在原始檔案 "threaddlg.cpp" 的建構函數中，完成各個控制項的初始化工作，其具體程式如下：

```
#include "threaddlg.h"
#include <QHBoxLayout>
ThreadDlg::ThreadDlg(QWidget *parent)
    : QDialog(parent)
{
    setWindowTitle(tr("執行緒"));
    startBtn = new QPushButton(tr("開始"));
    stopBtn = new QPushButton(tr("停止"));
    quitBtn = new QPushButton(tr("退出"));
    QHBoxLayout *mainLayout = new QHBoxLayout(this);
    mainLayout->addWidget(startBtn);
```

```
    mainLayout->addWidget(stopBtn);
    mainLayout->addWidget(quitBtn);
}
```

（3）此時執行程式，介面顯示如圖 12.1 所示。

以上完成了介面的設計，下面的內容是具體的功能實現。

（1）在標頭檔 "workthread.h" 中，工作執行緒 WorkThread 類別繼承自 QThread 類別。重新實現 run() 函數。其具體程式如下：

```
#include <QThread>
class WorkThread : public QThread
{
    Q_OBJECT
public:
    WorkThread();
protected:
    void run();
};
```

（2）在原始檔案 "workthread.cpp" 中增加具體實現程式如下：

```
#include "workthread.h"
#include <QtDebug>
WorkThread::WorkThread()
{
}
```

run() 函數實際上是一個無窮迴圈，它不停地列印數字 0~9。為了顯示效果明顯，程式將每一個數字複列印 8 次。

```
void WorkThread::run()
{
    while(true)
    {
        for(int n = 0;n < 10;n++)
            qDebug()<<n<<n<<n<<n<<n<<n<<n<<n;
    }
}
```

注意：執行緒將因為呼叫 printf() 函數而持有一個控制 I/O 的鎖（lock），多個執行緒同時呼叫 printf() 函數在某些情況下將造成主控台輸出阻塞，而使用 Qt 提供的 qDebug() 函數作為主控台輸出則不會出現上述問題。

(3) 在標頭檔 "threaddlg.h" 中增加以下內容：

```
#include "workthread.h"
#define MAXSIZE 1                                //MAXSIZE 巨集定義了執行緒的數目
public slots:
    void slotStart();                            //槽函數用於啟動執行緒
    void slotStop();                             //槽函數用於終止執行緒
private:
WorkThread *workThread[MAXSIZE];                 //(a)
```

其中，

(a) WorkThread *workThread[MAXSIZE]：指向工作執行緒（WorkThread）的私有指標陣列 workThread，記錄了所啟動的全部執行緒。

(4) 在原始檔案 "threaddlg.cpp" 中增加以下內容。

其中，在建構函數中增加以下程式：

```
connect(startBtn,SIGNAL(clicked()),this,SLOT(slotStart()));
connect(stopBtn,SIGNAL(clicked()),this,SLOT(slotStop()));
connect(quitBtn,SIGNAL(clicked()),this,SLOT(close()));
```

當使用者點擊「開始」按鈕時，將呼叫槽函數 slotStart()。這裡使用兩個迴圈，目的是使新建的執行緒盡可能同時開始執行，其具體實現程式如下：

```
void ThreadDlg::slotStart()
{
    for(int i = 0;i < MAXSIZE;i++)
    {
        workThread[i] = new WorkThread();        //(a)
    }
    for(int i = 0;i < MAXSIZE;i++)
    {
        workThread[i]->start();                  //(b)
    }
    startBtn->setEnabled(false);
    stopBtn->setEnabled(true);
}
```

其中，

(a) workThread[i] = new WorkThread()：建立指定數目的 WorkThread 執行緒，並將 WorkThread 實例的指標儲存在指標陣列 workThread 中。

(b) workThread[i]->start()：呼叫 QThread 基礎類別的 start() 函數，此函數將啟動 run() 函數，從而使執行緒開始真正執行。

當使用者點擊「停止」按鈕時，將呼叫槽函數 slotStop()。其具體實現程式如下：

```
void ThreadDlg::slotStop()
{
    for(int i = 0;i < MAXSIZE;i++)
    {
        workThread[i]->terminate();
        workThread[i]->wait();
    }
    startBtn->setEnabled(true);
    stopBtn->setEnabled(false);
}
```

其中，workThread[i]->terminate()、workThread[i]->wait()：呼叫 QThread 基礎類別的 terminate() 函數，依次終止儲存在 workThread[] 陣列中的 WorkThread 類別實例。但是，terminate() 函數並不會立刻終止這個執行緒，該執行緒何時終止取決於作業系統的排程策略。因此，程式緊接著呼叫了 QThread 基礎類別的 wait() 函數，它使執行緒阻塞等待直到退出或逾時。

(5) 多執行緒簡單實現結果如圖 12.2 所示。

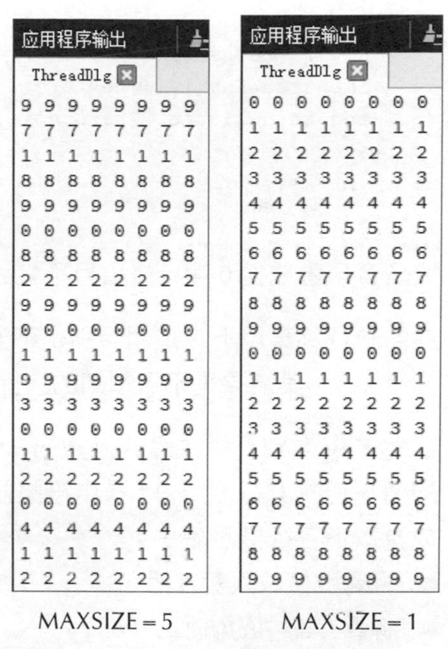

圖 12.2 多執行緒簡單實現結果

第 1 列是啟動 5 個執行緒的執行結果，第 2 列是啟動單一執行緒的執行結果。可以看出，單一執行緒的輸出結果是順序列印的，而多執行緒的輸出結果則是亂數列印的，這正是多執行緒的一大特點。

12.2 多執行緒控制

本節介紹 Qt 執行緒同步、互斥控制的基本方法。執行緒之間存在著互相限制的關係，具體可分為互斥和同步這兩種關係。

實現執行緒的互斥與同步常使用的類別有 QMutex、QMutexLocker、QReadWriteLocker、QReadLocker、QWriteLocker、QSemaphore 和 QWaitCondition。

下面舉一個例子加以說明：

```
class Key
{
public:
    Key() {key = 0;}
    int creatKey() {++key; return key;}
    int value()const {return key;}
private:
    int key;
};
```

這是實現生成從 0 開始遞增且不允許重複的值的 Key 類別。

在多執行緒環境下，這個類別是不安全的，因為存在多個執行緒同時修改私有成員 key，其結果是不可預知的。

雖然 Key 類別產生主鍵的函數 creatKey() 只有一行敘述執行修改成員變數 key 的值，但是 C++ 的 "++" 操作符號並不是原子操作，通常編譯後，它將被展開成為以下三行機器命令：

- 將變數值載入暫存器。
- 將暫存器中的值加 1。
- 將暫存器中的值寫回主記憶體。

假設當前的 key 值為 0，如果執行緒 1 和執行緒 2 同時將 0 值載入暫存器，執行加 1 操作並將加 1 後的值寫回主記憶體，則結果是兩個執行緒的執行結果將互相覆蓋，實際上僅進行了一次加 1 操作，此時的 key 值為 1。

為了保證 Key 類別在多執行緒環境下正確執行，上面的三行機器指令必須串列執行且不允許中途被打斷（原子操作），即執行緒 1 在執行緒 2（或執行緒 2 在執行緒 1）之前完整執行上述三行機器指令。

實際上，私有變數 key 是一個臨界資源（Critical Resource，CR）。臨界資源一次僅允許被一個執行緒使用，它可以是一塊記憶體、一個資料結構、一個檔案或任何其他具有排他性使用的東西。在程式中，通常競爭使用臨界資源。這些必須互斥執行的程式碼部分稱為「臨界區（Critical Section，CS）」。臨界區（程式碼部分）實施對臨界資源的操作，為了阻止問題的產生，一次只能有一個執行緒進入臨界區。通常有相關的機制或方法在程式中加上「進入」或「離開」臨界區等操作。如果一個執行緒已經進入某個臨界區，則另一個執行緒就絕不允許在此刻再進入同一個臨界區。

12.2.1 互斥量

互斥量可透過 QMutex 或 QMutexLocker 類別實現。

1. QMutex 類別

QMutex 類別是對互斥量的處理。它被用來保護一段臨界區程式，即每次只允許一個執行緒存取這段程式。

QMutex 類別的 lock() 函數用於鎖住互斥量。如果互斥量處於解鎖狀態，當前執行緒就會立即抓住並鎖定它，否當前執行緒就會被阻塞，直到持有這個互斥量的執行緒對它解鎖。執行緒呼叫 lock() 函數後就會持有這個互斥量，直到呼叫 unlock() 函數為止。

QMutex 類別還提供了一個 tryLock() 函數。如果互斥量已被鎖定，則立即傳回。

例如：

```
class Key
{
public:
    Key() {key = 0;}
    int creatKey() { mutex.lock();  ++key;  return key;  mutex.
unlock();}
    int value()const { mutex.lock();  return key;  mutex.unlock();}
private:
    int key;
    QMutex mutex;
};
```

在上述的程式碼部分中，雖然 creatKey() 函數中使用 mutex 進行了互斥操作，但是 unlock() 函數卻不得不在 return 之後，從而導致 unlock() 函數永遠無法執行。同樣，value() 函數也存在這個問題。

2. QMutexLocker 類別

Qt 提供的 QMutexLocker 類別可以簡化互斥量的處理，它在建構函數中接收一個 QMutex 物件作為參數並將其鎖定，在解構函數中解鎖這個互斥量，這樣就解決了以上問題。

例如：

```
class Key
{
public:
    Key() {key = 0;}
    int creatKey() { QMutexLocker locker(&mutex);  ++key;  return key;
}
    int value()const { QMutexLocker locker(&mutex);  return key; }
private:
    int key;
    QMutex mutex;
};
```

locker() 函數作為區域變數會在函數退出時結束其作用域，從而自動對互斥量 mutex 解鎖。

在實際應用中，一些互斥量鎖定和解鎖邏輯通常比較複雜，並且容易出錯，而使用 QMutexLocker 類別後，通常只需要這一行敘述，從而大大降低了程式設計的複雜度。

12.2.2 訊號量

訊號量可以視為對互斥量功能的擴充，互斥量只能鎖定一次而訊號量可以獲取多次，它可以用來保護一定數量的同種資源。訊號量的典型用法是控制生產者 / 消費者之間共用的環狀緩衝區。

生產者 / 消費者實例中對同步的需求有兩處：

(1) 如果生產者過快地生產資料，將覆蓋消費者還沒有讀取的資料。

(2) 如果消費者過快地讀取資料，將越過生產者並且讀取到一些過期資料。

針對以上問題，有兩種解決方法：

(1) 首先使生產者填滿整個緩衝區，然後等待消費者讀取整數個緩衝區，這是一種比較笨拙的方法。

（2）使生產者和消費者執行緒同時分別操作緩衝區的不同部分，這是一種比較高效的方法。

【例】（難度一般）（CH1202）基於主控台程式實現。

（1）在原始檔案 "main.cpp" 中增加的具體實現程式如下：

```
#include <QCoreApplication>
#include <QSemaphore>
#include <QThread>
#include <stdio.h>
const int DataSize = 1000;
const int BufferSize = 80;
int buffer[BufferSize];                          //(a)
QSemaphore freeBytes(BufferSize);                //(b)
QSemaphore usedBytes(0);                         //(c)
```

（2）Producer 類別繼承自 QThread 類別，作為生產者類別，其宣告如下：

```
class Producer : public QThread
{
public:
    Producer();
    void run();
};
```

其中，

(a) int buffer[BufferSize]：首先，生產者向 buffer 中寫入資料，直到它到達終點，然後從起點重新開始覆蓋已經存在的資料。消費者讀取前者生產的資料，在此處每個 int 位元組長度都被看成一個資源，實際應用中常會在更大的單位上操作，從而減少使用訊號量帶來的銷耗。

(b) QSemaphore freeBytes(BufferSize)：freeBytes 訊號量控制可被生產者填充的緩衝區部分，被初始化為 BufferSize(80)，表示程式一開始有 BufferSize 個緩衝區單元可被填充。

(c) QSemaphore usedBytes(0)：usedBytes 訊號量控制可被消費者讀取的緩衝區部分，被初始化為 0，表示程式一開始時緩衝區中沒有資料可供讀取。

Producer() 建構函數中沒有實現任何內容：

```
Producer::Producer()
{
}
```

Producer::run() 函數的具體實現程式如下：

```
void Producer::run()
{
    for(int i = 0;i < DataSize;i++)
    {
       freeBytes.acquire();                         //(a)
       buffer[i%BufferSize] = (i%BufferSize);       //(b)
       usedBytes.release();                         //(c)
    }
}
```

其中，

(a) freeBytes.acquire()：生產者執行緒首先獲取一個空閒單元，如果此時緩衝區被消費者尚未讀取的資料填滿，對此函數的呼叫就會阻塞，直到消費者讀取了這些資料為止。

acquire(n) 函數用於獲取 *n* 個資源，當沒有足夠的資源時，呼叫者將被阻塞，直到有足夠的可用資源為止。

除此之外，QSemaphore 類別還提供了一個 tryAcquire(n) 函數，在沒有足夠的資源時，該函數會立即傳回。

(b) buffer[i%BufferSize] = (i%BufferSize)：一旦生產者獲取了某個空閒單元，就使用當前的緩衝區單元序號填寫這個緩衝區單元。

(c) usedBytes.release()：呼叫該函數將可用資源加 1，表示消費者此時可以讀取這個剛剛填寫的單元了。

release(n) 函數用於釋放 *n* 個資源。

（3）Consumer 類別繼承自 QThread 類別，作為消費者類別，其宣告如下：

```
class Consumer : public QThread
{
public:
    Consumer();
    void run();
};
```

Consumer() 建構函數中沒有實現任何內容：

```
Consumer::Consumer()
{
}
```

Consumer::run() 函數的具體實現程式如下：

```
void Consumer::run()
{
    for(int i = 0;i < DataSize;i++)
    {
       usedBytes.acquire();                              //(a)
       fprintf(stderr,"%d",buffer[i%BufferSize]);     //(b)
       if(i%16==0 && i!=0)
       fprintf(stderr,"\n");
       freeBytes.release();                              //(c)
    }
    fprintf(stderr,"\n");
}
```

其中，

(a) usedBytes.acquire()：消費者執行緒首先獲取一個可被讀取的單元，如果緩衝區中沒有包含任何可以讀取的資料，對此函數的呼叫就會阻塞，直到生產者生產了一些資料為止。

(b) fprintf(stderr,"%d",buffer[i%BufferSize])：一旦消費者獲取了這個單元，會將這個單元的內容列印出來。

(c) freeBytes.release()：呼叫該函數使得這個單元變為空閒，以備生產者下次填充。

（4）main() 函數的具體內容如下：

```
int main(int argc, char *argv[])
{
    QCoreApplication a(argc, argv);
    Producer producer;
    Consumer consumer;
  /* 啟動生產者和消費者執行緒 */
    producer.start();
    consumer.start();
  /* 等待生產者和消費者各內部執行完畢後自動退出 */
    producer.wait();
    consumer.wait();
    return a.exec();
}
```

（5）最終執行結果如圖 12.3 所示。

```
6566676869707172737475767778790
12345678910111213141516
17181920212223242526272829303132
33343536373839404142434445464748
49505152535455565758596061626364
6566676869707172737475767778790
12345678910111213141516
17181920212223242526272829303132
33343536373839404142434445464748
49505152535455565758596061626364
6566676869707172737475767778790
12345678910111213141516
17181920212223242526272829303132
33343536373839404142434445464748
49505152535455565758596061626364
6566676869707172737475767778790
12345678910111213141516
17181920212223242526272829303132
33343536373839404142434445464748
49505152535455565758596061626364
6566676869707172737475767778790
12345678910111213141516
17181920212223242526272829303132
33343536373839
```

圖 12.3 使用 QSemaphore 類別實例

12.2.3 執行緒等待與喚醒

對生產者和消費者問題的另一個解決方法是使用 QWaitCondition 類別，允許執行緒在一定條件下喚醒其他執行緒。

【例】（難度一般）（CH1203）使用 QWaitCondition 類別解決生產者和消費者問題。

原始檔案 "main.cpp" 的具體內容如下：

```
#include <QCoreApplication>
#include <QWaitCondition>
#include <QMutex>
#include <QThread>
#include <stdio.h>
const int DataSize = 1000;
const int BufferSize = 80;
int buffer[BufferSize];
QWaitCondition bufferEmpty;
QWaitCondition bufferFull;
QMutex mutex;                                    //(a)
int numUsedBytes = 0;                            //(b)
int rIndex = 0;                                  //(c)
```

其中，

(a) QMutex mutex：使用互斥量保證對執行緒操作的原子性。

(b) int numUsedBytes = 0：變數 numUsedBytes 表示存在多少「可用位元組」。

(c) int rIndex = 0：本例中啟動了兩個消費者執行緒，並且這兩個執行緒讀取同一個緩衝區，為了不重複讀取，設定全域變數 rIndex 用於指示當前所讀取緩衝區位置。

生產者執行緒 Producer 類別繼承自 QThread 類別，其宣告如下：

```
class Producer : public QThread
{
public:
    Producer();
    void run();
};
```

Producer() 建構函數無須實現內容：

```
Producer::Producer()
```

```
{
}
```

Producer::run() 函數的具體內容如下：

```
void Producer::run()
{
    for(int i = 0;i < DataSize;i++)          //(a)
    {
        mutex.lock();
        if(numUsedBytes == BufferSize)       //(b)
            bufferEmpty.wait(&mutex);        //(c)
        buffer[i%BufferSize] = numUsedBytes; //(d)
        ++numUsedBytes;                      //增加 numUsedBytes 變數
        bufferFull.wakeAll();                //(e)
        mutex.unlock();
    }
}
```

其中，

(a) for(int i = 0;i < DataSize;i++) { mutex.lock(); … mutex.unlock();}：for 迴圈中的所有敘述都需要使用互斥量加以保護，以保證其操作的原子性。

(b) if(numUsedBytes == BufferSize)：首先檢查緩衝區是否已被填滿。

(c) bufferEmpty.wait(&mutex)：如果緩衝區已被填滿，則等待「緩衝區有空位」（bufferEmpty 變數）條件成立。wait() 函數將互斥量解鎖並在此等待，其原型如下：

```
bool QWaitCondition::wait
(
  QMutex * mutex,
  unsigned long time = ULONG_MAX
)
```

① 參數 mutex 為一個鎖定的互斥量。如果此參數的互斥量在呼叫時不是鎖定的或出現遞迴鎖定的情況，則 wait() 函數將立刻傳回。

② 參數 time 為等待時間。

呼叫 wait() 函數的執行緒使得作為參數的互斥量在呼叫前首先變為解鎖定狀態，然後自身被阻塞變為等候狀態直到滿足以下條件之一：

- 其他執行緒呼叫了 wakeOne() 或 wakeAll() 函數，這種情況下將傳回 "true" 值。

- 第 2 個參數 time 逾時（以毫秒為單位），該參數預設情況下為 ULONG_MAX，表示永不逾時，這種情況下將傳回 "false" 值。
- wait() 函數傳回前會將互斥量參數重新設定為鎖定狀態，從而保證從鎖定狀態到等候狀態的原子性轉換。

(d) buffer[i%BufferSize] = numUsedBytes：如果緩衝區未被填滿，則向緩衝區中寫入一個整數值。

(e) bufferFull.wakeAll()：最後喚醒等待「緩衝區有可用資料」（bufferEmpty 變數）條件為「真」的執行緒。

wakeOne() 函數在條件滿足時隨機喚醒一個等待中的執行緒，而 wakeAll() 函數則在條件滿足時喚醒所有等待中的執行緒。

消費者執行緒 Consumer 類別繼承自 QThread 類別，其宣告如下：

```
class Consumer : public QThread
{
public:
    Consumer();
    void run();
};
```

Consumer() 建構函數中無須實現內容：

```
Consumer::Consumer()
{
}
```

Consumer::run() 函數的具體內容如下：

```
void Consumer::run()
{
    forever
    {
        mutex.lock();
        if(numUsedBytes == 0)
            bufferFull.wait(&mutex);                    //(a)
        printf("%ul::[%d]=%d\n",currentThreadId(),rIndex,buffer[rInd
ex]);                                                   //(b)
        rIndex = (++rIndex)%BufferSize;                 //將 rIndex 變數迴圈加 1
        --numUsedBytes;                                 //(c)
        bufferEmpty.wakeAll();                          //(d)
        mutex.unlock();
    }
```

```
    printf("\n");
}
```

其中，

(a) bufferFull.wait(&mutex)：當緩衝區中無數據時，等待「緩衝區有可用資料」（bufferFull 變數）條件成立。

(b) printf("%ul::[%d]=%d\n",currentThreadId(),rIndex,buffer[rIndex])：當緩衝區中有可用資料即條件成立時，列印當前執行緒號和 rIndex 變數，以及其指示的當前讀取取資料。這裡為了區分究竟是哪一個消費者執行緒消耗了緩衝區裡的資料，使用了 QThread 類別的 currentThreadId() 靜態函數輸出當前執行緒的 ID。這個 ID 在 X11 環境下是一個 unsigned long 類型的值。

(c) --numUsedBytes：numUsedBytes 變數減 1，即可用的資料減 1。

(d) bufferEmpty.wakeAll()：喚醒等待「緩衝區有空位」（bufferEmpty 變數）條件的生產者執行緒。

main() 函數的具體內容如下：

```
int main(int argc, char *argv[])
{
    QCoreApplication a(argc, argv);
    Producer producer;
    Consumer consumerA;
    Consumer consumerB;
    producer.start();
    consumerA.start();
    consumerB.start();
    producer.wait();
    consumerA.wait();
    consumerB.wait();
    return a.exec();
}
```

其中，consumerA.start()、consumerB.start() 函數啟動了兩個消費者執行緒。

程式最終的執行結果如圖 12.4 所示。

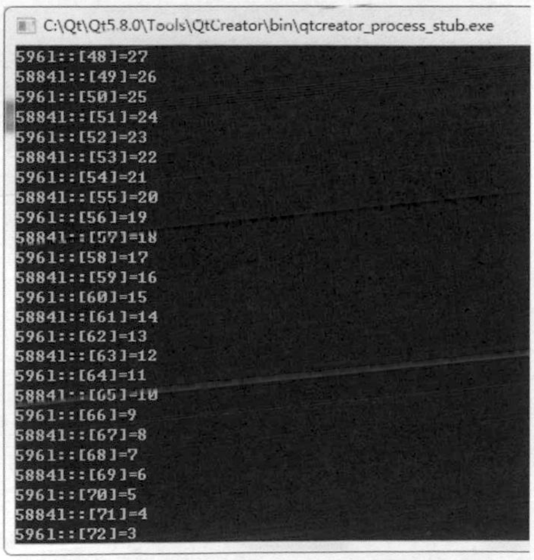

```
C:\Qt\Qt5.8.0\Tools\QtCreator\bin\qtcreator_process_stub.exe
5961::[48]=27
58841::[49]=26
5961::[50]=25
58841::[51]=24
5961::[52]=23
58841::[53]=22
5961::[54]=21
58841::[55]=20
5961::[56]=19
58841::[57]=18
5961::[58]=17
58841::[59]=16
5961::[60]=15
58841::[61]=14
5961::[62]=13
58841::[63]=12
5961::[64]=11
58841::[65]=10
5961::[66]=9
58841::[67]=8
5961::[68]=7
58841::[69]=6
5961::[70]=5
58841::[71]=4
5961::[72]=3
```

圖 12.4 使用 QWaitCondition 類別實例

12.3 多執行緒應用

本節中透過實現一個多執行緒的網路時間伺服器，介紹如何綜合運用多執行緒技術程式設計。每當有客戶請求到達時，伺服器將啟動一個新執行緒為它傳回當前的時間，服務完畢後，這個執行緒將自動退出。同時，使用者介面會顯示當前已接收請求的次數。

12.3.1 伺服器端程式設計實例

【例】（難度中等）（CH1204）伺服器端程式設計。

首先，建立伺服器端專案 "TimeServer"。檔案程式如下。

（1）在標頭檔 "dialog.h" 中，定義伺服器端介面 Dialog 類別繼承自 QDialog 類別，其具體程式如下：

```
#include <QDialog>
#include <QLabel>
#include <QPushButton>
class Dialog : public QDialog
{
    Q_OBJECT
public:
    Dialog(QWidget *parent = 0);
    ~Dialog();
private:
    QLabel *Label1;                    // 此標籤用於顯示監聽通訊埠
    QLabel *Label2;                    // 此標籤用於顯示請求次數
    QPushButton *quitBtn;              // 退出按鈕
};
```

（2）在原始檔案 "dialog.cpp" 中，Dialog 類別的建構函數完成了初始化介面，其具體程式如下：

```
#include "dialog.h"
#include <QHBoxLayout>
#include <QVBoxLayout>
Dialog::Dialog(QWidget *parent)
    : QDialog(parent)
{
    setWindowTitle(tr(" 多執行緒時間伺服器 "));
    Label1 = new QLabel(tr(" 伺服器通訊埠："));
```

```
    Label2 = new QLabel;
    quitBtn = new QPushButton(tr("退出"));
    QHBoxLayout *BtnLayout = new QHBoxLayout;
    BtnLayout->addStretch(1);
    BtnLayout->addWidget(quitBtn);
    BtnLayout->addStretch(1);
    QVBoxLayout *mainLayout = new QVBoxLayout(this);
    mainLayout->addWidget(Label1);
    mainLayout->addWidget(Label2);
    mainLayout->addLayout(BtnLayout);
    connect(quitBtn,SIGNAL(clicked()),this,SLOT(close()));
}
```

（3）此時執行伺服器端專案，介面顯示如圖 12.5 所示。

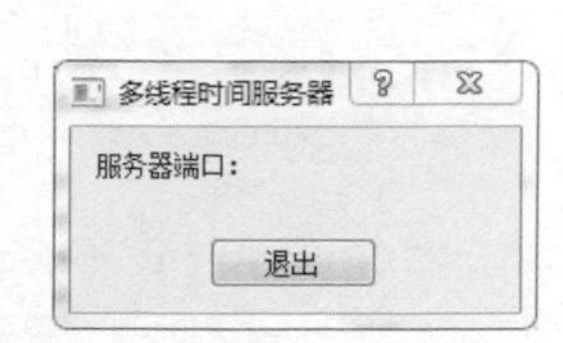

圖 12.5 伺服器端介面

（4）在伺服器端專案中增加 C++ Class 檔案 "timethread.h" 及 "timethread.cpp"。在標頭檔 "timethread.h" 中，工作執行緒 TimeThread 類別繼承自 QThread 類別，實現 TCP 通訊端，其具體程式如下：

```
#include <QThread>
#include <QtNetwork>
#include <QTcpSocket>
class TimeThread : public QThread
{
    Q_OBJECT
public:
    TimeThread(int socketDescriptor,QObject *parent = 0);
    void run();                                          //重寫此虛擬函數
signals:
    void error(QTcpSocket::SocketError socketError);//出錯訊號
private:
    int socketDescriptor;                                //通訊端描述符號
};
```

（5）在原始檔案 "timethread.cpp" 中，TimeThread 類別的建構函數只是初始化了通訊端描述符號，其具體程式如下：

```
#include "timethread.h"
#include <QDateTime>
#include <QByteArray>
#include <QDataStream>
TimeThread::TimeThread(int socketDescriptor,QObject *parent)
    :QThread(parent),socketDescriptor(socketDescriptor)
```

```
{
}
```

TimeThread::run() 函數是工作執行緒（TimeThread）的實質所在，當在 TimeServer::incoming Connection() 函數中呼叫了 thread->start() 函數後，此虛擬函數開始執行，其具體程式如下：

```
void TimeThread::run()
{
    QTcpSocket tcpSocket;                          //建立一個 QTcpSocket 類別
    if(!tcpSocket.setSocketDescriptor(socketDescriptor))  //(a)
    {
        emit error(tcpSocket.error());                    //(b)
        return;
    }
    QByteArray block;
    QDataStream out(&block,QIODevice::WriteOnly);
    out.setVersion(QDataStream::Qt_6_0);
    uint time2u = QDateTime::currentDateTime().toSecsSinceEpoch();
                                                   //(c)
    out<<time2u;
    tcpSocket.write(block);                        //將獲得的當前時間傳回使用者端
    tcpSocket.disconnectFromHost();                //斷開連接
    tcpSocket.waitForDisconnected();               //等待傳回
}
```

其中，

(a) tcpSocket.setSocketDescriptor(socketDescriptor)：將以上建立的 QTcpSocket 類別置以從建構函數中傳入的通訊端描述符號，用於向使用者端傳回伺服器端的當前時間。

(b) emit error(tcpSocket.error())：如果出錯，則發出 error(tcpSocket.error()) 訊號報告錯誤。

(c) uint time2u = QDateTime::currentDateTime().toSecsSinceEpoch()：如果不出錯，則開始獲取當前時間。

此處需要注意的是時間資料的傳輸格式，Qt 雖然可以很方便地透過 QDateTime 類別的靜態函數 currentDateTime() 獲取一個時間物件，但類別結構是無法直接在網路間傳輸的，此時需要將它轉為一個標準的資料型態後再傳輸。而 QDateTime 類別提供了 toSecsSinceEpoch() 函數，這個函數傳回當前自 1970-01-01 00:00:00（UNIX 紀元）經過了多少秒，傳回值為一個 uint 類型，可以將這個值傳輸給使用者端。在使用者端方面，使用 QDateTime 類別的 fromSecsSinceEpoch(uint seconds) 函數將這個時間還原。

（6）在伺服器端專案中增加 C++ Class 檔案 "timeserver.h" 及 "timeserver.cpp"。在標頭檔 "timeserver.h" 中，實現了一個 TCP 伺服器端，TimeServer 類別繼承自 QTcpServer 類別，其具體程式如下：

```
#include <QTcpServer>
class Dialog;                                          //伺服器端的宣告
class TimeServer : public QTcpServer
{
    Q_OBJECT
public:
    TimeServer(QObject *parent = 0);
protected:
    void incomingConnection(int socketDescriptor);   //(a)
private:
    Dialog *dlg;                                       //(b)
};
```

其中，

(a) void incomingConnection(int socketDescriptor)：重寫此虛擬函數。這個函數在 TCP 伺服器端有新的連接時被呼叫，其參數為所接收新連接的通訊端描述符號。

(b) Dialog *dlg：用於記錄建立這個 TCP 伺服器端物件的父類別，這裡是介面指標，透過這個指標將執行緒發出的訊息連結到介面的槽函數中。

（7）在原始檔案 "timeserver.cpp" 中，建構函數只是用傳入的父類別指標 parent 初始化私有變數 dlg，其具體程式如下：

```
#include "timeserver.h"
#include "timethread.h"
#include "dialog.h"
TimeServer::TimeServer(QObject *parent):QTcpServer(parent)
{
    dlg = (Dialog *)parent;
}
```

重寫的虛擬函數 incomingConnection() 的具體程式如下：

```
void TimeServer::incomingConnection(int socketDescriptor)
{
```

```
    TimeThread *thread = new TimeThread(socketDescriptor,0);    //(a)
    connect(thread,SIGNAL(finished()),dlg,SLOT(slotShow()));    //(b)
    connect(thread,SIGNAL(finished()),thread,SLOT(deleteLater()),
            Qt::DirectConnection);                              //(c)
    thread->start();                                            //(d)
}
```

其中，

(a) TimeThread *thread = new TimeThread(socketDescriptor,0)：以傳回的通訊端描述符號 socketDescriptor 建立一個工作執行緒 TimeThread。

(b) connect(thread,SIGNAL(finished()),dlg,SLOT(slotShow()))：將上述建立的執行緒結束訊息函數 finished() 連結到槽函數 slotShow() 用於顯示請求計數。此操作中，因為訊號是跨執行緒的，所以使用了排隊連接方式。

(c) connect(thread,SIGNAL(finished()),thread,SLOT(deleteLater()), Qt::DirectConnection)：將上述建立的執行緒結束訊息函數 finished() 連結到執行緒自身的槽函數 deleteLater() 用於結束執行緒。在此操作中，因為訊號是在同一個執行緒中的，使用了直接連接方式，故最後一個參數可以省略而使用 Qt 的自動連接選擇方式。

另外，由於工作執行緒中存在網路事件，所以不能被外界執行緒銷毀，這裡使用了延遲銷毀函數 deleteLater() 保證由工作執行緒自身銷毀。

(d) thread->start()：啟動上述建立的執行緒。執行此敘述後，工作執行緒（TimeThread）的虛擬函數 run() 開始執行。

（8）在伺服器端介面的標頭檔 "dialog.h" 中增加的具體程式如下：

```
class TimeServer;
public slots:
    void slotShow();                    //此槽函數用於介面上顯示的請求次數
private:
    TimeServer *timeServer;             //TCP 伺服器端 timeServer
    int count;                          //請求次數計數器 count
```

（9）在原始檔案 "dialog.cpp" 中，增加的標頭檔如下：

```
#include <QMessageBox>
#include "timeserver.h"
```

其中，在 Dialog 類別的建構函數中增加的內容，用於啟動伺服器端的網路監聽，其具體實現如下：

```
count = 0;
timeServer = new TimeServer(this);
if(!timeServer->listen())
{
    QMessageBox::critical(this,tr("多執行緒時間伺服器"),
    tr("無法啟動伺服器：%1.").arg(timeServer->errorString()));
    close();
    return;
}
Label1->setText(tr("伺服器通訊埠：%1.").arg(timeServer->serverPort()));
```

在原始檔案 "dialog.cpp" 中，槽函數 slotShow() 的具體內容如下：

```
void Dialog::slotShow()
{
    Label2->setText(tr("第%1次請求完畢。").arg(++count));
}
```

其中，Label2->setText(tr(" 第 %1 次請求完畢。").arg(++count)) 在標籤 Label2 上顯示當前的請求次數，並將請求數計數 count 加 1。注意，槽函數 slotShow() 雖然被多個執行緒啟動，但呼叫入口只有主執行緒的事件迴圈這一個。多個執行緒的啟動訊號最終會在主執行緒的事件迴圈中排隊呼叫此槽函數，從而保證了 count 變數的互斥存取。因此，槽函數 slotShow() 是一個天然的臨界區。

（10）在伺服器端專案檔案 "TimeServer.pro" 中增加以下程式：

```
QT += network
```

（11）最後執行伺服器端專案，結果如圖 12.6 所示。

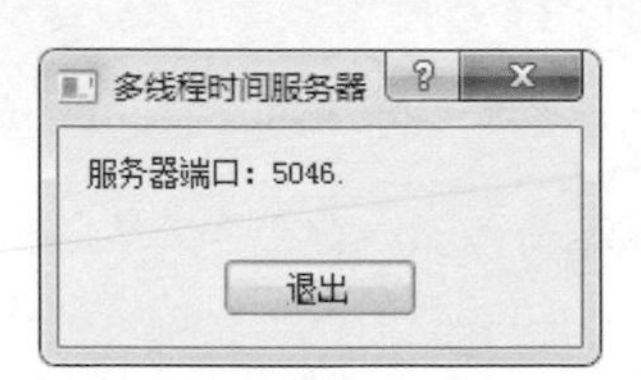

圖 12.6 執行伺服器端專案

12.3.2 使用者端程式設計實例

【例】（難度中等）（CH1205）使用者端程式設計。使用者端介面如圖 12.7 所示。

圖 12.7 使用者端介面

操作步驟如下。

（1）建立使用者端專案 "TimeClient"。在標頭檔 "timeclient.h" 中，定義了使用者端介面類別 TimeClient 繼承自 QDialog 類別，其具體程式如下：

```
#include <QDialog>
#include <QLabel>
#include <QLineEdit>
#include <QPushButton>
#include <QDateTimeEdit>
#include <QTcpSocket>
#include <QAbstractSocket>
class TimeClient : public QDialog
{
    Q_OBJECT
public:
    TimeClient(QWidget *parent = 0);
    ~TimeClient();
public slots:
    void enableGetBtn();
    void getTime();
    void readTime();
    void showError(QAbstractSocket::SocketError socketError);
private:
    QLabel *serverNameLabel;
    QLineEdit *serverNameLineEdit;
    QLabel *portLabel;
    QLineEdit *portLineEdit;
    QDateTimeEdit *dateTimeEdit;
    QLabel *stateLabel;
    QPushButton *getBtn;
    QPushButton *quitBtn;
    uint time2u;
    QTcpSocket *tcpSocket;
};
```

（2）在原始檔案 "timeclient.cpp" 中，TimeClient 類別的建構函數完成了初始化介面，其具體程式如下：

```
#include "timeclient.h"
#include <QHBoxLayout>
#include <QVBoxLayout>
#include <QGridLayout>
#include <QDataStream>
#include <QMessageBox>
TimeClient::TimeClient(QWidget *parent)
    : QDialog(parent)
{
    setWindowTitle(tr("多執行緒時間服務使用者端"));
    serverNameLabel = new QLabel(tr("伺服器名稱："));
    serverNameLineEdit = new QLineEdit("Localhost");
    portLabel = new QLabel(tr("通訊埠："));
    portLineEdit = new QLineEdit;
    QGridLayout *layout = new QGridLayout;
    layout->addWidget(serverNameLabel,0,0);
    layout->addWidget(serverNameLineEdit,0,1);
    layout->addWidget(portLabel,1,0);
    layout->addWidget(portLineEdit,1,1);
    dateTimeEdit = new QDateTimeEdit(this);
    QHBoxLayout *layout1 = new QHBoxLayout;
    layout1->addWidget(dateTimeEdit);
    stateLabel = new QLabel(tr("請首先執行時間伺服器！"));
    QHBoxLayout *layout2 = new QHBoxLayout;
    layout2->addWidget(stateLabel);
    getBtn = new QPushButton(tr("獲取時間"));
    getBtn->setDefault(true);
    getBtn->setEnabled(false);
    quitBtn = new QPushButton(tr("退出"));
    QHBoxLayout *layout3 = new QHBoxLayout;
    layout3->addStretch();
    layout3->addWidget(getBtn);
    layout3->addWidget(quitBtn);
    QVBoxLayout *mainLayout = new QVBoxLayout(this);
    mainLayout->addLayout(layout);
    mainLayout->addLayout(layout1);
    mainLayout->addLayout(layout2);
    mainLayout->addLayout(layout3);
    connect(serverNameLineEdit,SIGNAL(textChanged(QString)),
        this,SLOT(enableGetBtn()));
    connect(portLineEdit,SIGNAL(textChanged(QString)),
```

```
        this,SLOT(enableGetBtn()));
    connect(getBtn,SIGNAL(clicked()),this,SLOT(getTime()));
    connect(quitBtn,SIGNAL(clicked()),this,SLOT(close()));
    tcpSocket = new QTcpSocket(this);
    connect(tcpSocket,SIGNAL(readyRead()),this,SLOT(readTime()));
    connect(tcpSocket,SIGNAL(error(QAbstractSocket::SocketError)),this,
        SLOT(showError(QAbstractSocket::SocketError)));
    portLineEdit->setFocus();
}
```

在原始檔案 "timeclient.cpp" 中，enableGetBtn() 函數的具體程式如下：

```
void TimeClient::enableGetBtn()
{
     getBtn->setEnabled(!serverNameLineEdit->text().isEmpty()&&
          !portLineEdit->text().isEmpty());
}
```

在原始檔案 "timeclient.cpp" 中，getTime() 函數的具體程式如下：

```
void TimeClient::getTime()
{
    getBtn->setEnabled(false);
    time2u = 0;
    tcpSocket->abort();
    tcpSocket->connectToHost(serverNameLineEdit->text(),
        portLineEdit->text().toInt());
}
```

在原始檔案 "timeclient.cpp" 中，readTime () 函數的具體程式如下：

```
void TimeClient::readTime()
{
    QDataStream in(tcpSocket);
    in.setVersion(QDataStream::Qt_6_0);
    if(time2u == 0)
    {
        if(tcpSocket->bytesAvailable()<(int)sizeof(uint))
            return;
        in>>time2u;
    }
    dateTimeEdit->setDateTime(QDateTime::fromTime_t(time2u));
    getBtn->setEnabled(true);
}
```

在原始檔案 "timeclient.cpp" 中，showError() 函數的具體程式如下：

```
void TimeClient::showError(QAbstractSocket::SocketError socketError)
{
    switch (socketError)
    {
    case QAbstractSocket::RemoteHostClosedError:
        break;
    case QAbstractSocket::HostNotFoundError:
        QMessageBox::information(this, tr("時間服務使用者端"),
             tr("主機不可達！"));
        break;
    case QAbstractSocket::ConnectionRefusedError:
        QMessageBox::information(this, tr("時間服務使用者端"),
             tr("連接被拒絕！"));
        break;
    default:
        QMessageBox::information(this, tr("時間服務使用者端"),
              tr("產生以下錯誤：%1.").arg(tcpSocket->errorString()));
    }
    getBtn->setEnabled(true);
}
```

（3）在使用者端專案檔案 "TimeClient.pro" 中，增加以下程式：

```
QT += network
```

（4）執行使用者端專案，顯示介面如圖 12.7 所示。

最後，同時執行伺服器和使用者端程式，點擊使用者端「獲取時間」按鈕，從伺服器上獲得當前的系統時間，如圖 12.8 所示。

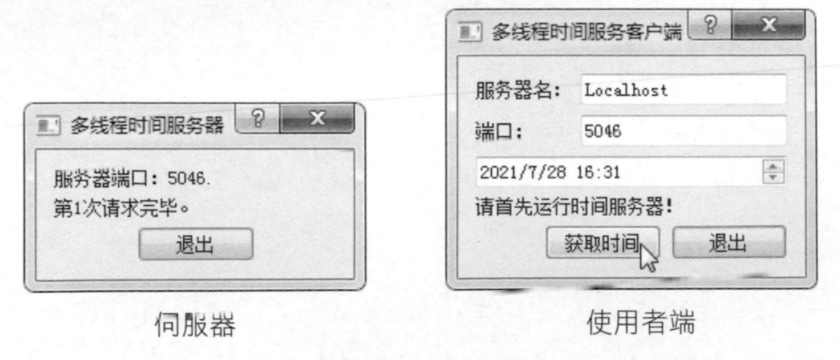

圖 12.8 多執行緒從伺服器上獲取當前的系統時間

Qt 6 資料庫

CHAPTER 13

本章首先複習資料庫的相關基礎，然後介紹在 Qt 中是如何使用資料庫的。

13.1 資料庫基本概念

本節簡介關於資料庫系統的基本概念和術語，以及進行資料庫應用程式開發中常用的資料庫管理系統。

1. 資料和資料庫（DB）

利用電腦進行資料處理，首先需要將資訊以資料形式儲存到電腦中，因為資料是可以被電腦接收和處理的符號。根據所表示的資訊特徵不同，資料有不同的類別，如數字文字、表格、圖形 / 影像和聲音等。

資料庫（DataBase，簡稱 DB），顧名思義，就是存放資料的倉庫，其特點是：資料按照資料模型組織，是高度結構化的，可供多個使用者共用並且具有一定的安全性。

實際開發中使用的資料庫幾乎都是關聯式的。關聯式資料庫是按照二維度資料表結構方式組織的資料集合，二維度資料表由行和列組成，表的行稱為元組，列稱為屬性。對表的操作稱為關係運算，主要的關係運算有投影、選擇和連接等。

2. 資料庫管理系統（DBMS）

資料庫管理系統（DataBase Management System，DBMS），是位於使用者應用程式和作業系統之間的資料庫管理系統軟體，其主要功能是組織、儲存和管理資料，高效率地存取和維護資料，即提供資料定義、資料操縱、資料控制和資料維護等功能。常用的資料庫管理系統有 Oracle、Microsoft SQL Server 和 MySQL 等。

資料庫系統（DataBase System，DBS），是指按照資料庫方式儲存和維護資料，並向應用程式提供資料存取介面的系統。DBS 通常由資料庫、電腦硬體（支援 DB 儲存和存取）、軟體（包括作業系統、DBMS 及應用程式開發支撐軟體）和資料庫管理員（DataBase Administrator，DBA）四個部分組成。其中，DBA 是控制資料整體結構的人，負責資料庫系統的正常執行，承擔建立、監控和維護整個資料庫結構的責任。DBA 必須具有的素質是，熟悉所有資料的性質和用途，充分了解使用者需求，對系統性能非常熟悉。

在實際應用中，資料庫系統通常分為桌面型和網路型兩類。

- 桌面型態資料庫系統是指只在本機執行、不與其他電腦交換資料的系統，常用於小型資訊管理系統，這類資料庫系統的典型代表是 VFP 和 Access。
- 網路型態資料庫系統是指能夠透過電腦網路進行資料共用和交換的系統，常用於建構較複雜的 C/S 結構或 B/S 結構的分散式應用系統，大多數資料庫系統均屬於此類，如 Oracle、Microsoft SQL Server 等。隨著電腦網路的普及，計算模式正迅速從單機遷移到網路計算平台，網路型態資料庫系統的應用將越來越廣泛。

3. 結構化查詢語言（SQL）

結構化查詢語言（Structured Query Language，SQL）是用於關聯式資料庫操作的標準語言，最早由 Boyce 和 Chambedin 在 1974 年提出，稱為 SEQUEL 語言。1976 年，IBM 公司的 San Jose 研究所在研製關聯式資料庫管理系統 System R 時將 SEQUEL 修改為 SEQUEL2，後來簡稱為 SQL。1976 年，SQL 開始在商品化關聯式資料庫管理系統中應用。1982 年，美國國家標準化組織（ANSI）確認 SQL 為資料庫系統的工業標準。1986 年，ANSI 公佈了 SQL 的第一個標準 X3.135-1986。隨後，國際標準組織（ISO）也通過了這個標準，即通常所說的 SQL-86。1987 年，ISO 又將其採納為國際標準。1989 年，ANSI 和 ISO 公佈了經過增補和修改的 SQL-89。1992 年，公佈了 SQL-92（SQL-2），對語言運算式做了較大擴充。1999 年，推出 SQL-99（SQL-3），新增了對物件導向的支持。

目前，許多關聯式資料庫供應商都在自己的資料庫中支援 SQL 語言，如 Access、MySQL、Oracle 和 Microsoft SQL Server 等，其中大部分資料庫遵守的是 SQL-89 標準。

SQL 語言由以下三部分組成。

(1) 資料定義語言(Data Description Language,DDL),用於執行資料庫定義的任務,對資料庫及資料庫中的各種物件進行建立、刪除和修改等操作。資料庫物件主要包括表、預設約束、規則、視圖、觸發器和預存程序等。

(2) 資料操縱語言(Data Manipulation Language,DML),用於操縱資料庫中各種物件,檢索和修改資料。

(3) 資料控制語言(Data Control Language,DCL),用於安全管理,確定哪些使用者可以查看或修改資料庫中的資料。

SQL 語言主體由大約 40 行敘述組成,每行敘述都會對 DBMS 產生特定的動作,如建立新表、檢索資料和更新資料等。SQL 敘述通常由一個描述要產生的動作述詞(Verb)關鍵字開始,如 Create、Select、Update 等。緊隨敘述的是一個或多個子句(Clause),子句進一步指明敘述對資料的作用條件、範圍和方式等。

4. 表和視圖

(1) 表(Table)。

表是關聯式資料庫中最主要的資料庫物件,它是用來儲存和操作資料的一種邏輯結構。表由行和列組成,因此也稱為二維度資料表。

表是在日常工作和生活中經常使用的一種表示資料及其關係的形式,如表 13.1 為一個學生表。

表 13.1 學生表

學號	姓名	專業名	性別	出生時間
170201	王 一	電腦	男	1998/10/01
170202	王 巍	電腦	女	1999/02/08
170302	林 滔	電子工程	男	1998/04/06
170303	江為中	電子工程	男	2001/12/08

每個表都有一個名字,以標識該表。舉例來說,表 13.1 的名字是學生表,它共有五列,每列也都有一個名字,描述學生的某一方面特性。每個表由若干行組成,表的第一行為各列標題,即「專欄資訊」,其餘各行都是資料。舉例來說,表 13.1 分別描述了四位同學的情況。下面是表的定義。

■ 表結構

每個資料庫包含若干個表。每個表具有一定的結構，稱為表的「型」。所謂表型是指組成表的各列的名稱及資料型態，也就是日常表格的「專欄資訊」。

■ 記錄

每個表包含若干行資料，它們是表的「值」，表中的一行稱為一個記錄（Record）。因此，表是記錄的有限集合。

■ 欄位

每個記錄由若干個資料項目組成，將組成記錄的每個資料項目稱為欄位（Field）。欄位包含的屬性有欄位名稱、欄位資料型態、欄位長度及是否為關鍵字等。其中，欄位名稱是欄位的標識，欄位的資料型態可以是多樣的，如整數、實數、字元型、日期型或二進位型等。

舉例來說，在表 13.1 中，表結構為（學號，姓名，專業名稱，性別，出生時間），該表由四筆記錄組成，它們分別是（170201，王一，電腦，男，1998/10/01）、（170202，王巍，電腦，女，1999/02/08）、（170302，林滔，電子工程，男，1998/04/06）和（170303，江為中，電子工程，男，2001/12/08），每筆記錄包含五個欄位。

■ 關鍵字

在學生表中，若不加以限制，則每筆記錄的姓名、專業名稱、性別和出生時間這四個欄位的值都有可能相同，但是學號欄位的值對表中所有記錄來說則一定不同，即透過「學號」欄位可以將表中的不同記錄區分開來。

若表中記錄的某一欄位或欄位組合能夠唯一標識記錄，則稱該欄位或欄位組合為候選關鍵字（Candidate key）。若一個表有多個候選關鍵字，則選定其中一個為主關鍵字（Primary key），也稱為主鍵。當一個表僅有唯一的候選關鍵字時，該候選關鍵字就是主關鍵字，如學生表的主關鍵字為學號。

若某欄位或欄位組合不是資料庫中 A 表的關鍵字，但它是資料庫中另外一個表即 B 表的關鍵字，則稱該欄位或欄位組合為 A 表的外關鍵字（Foreign key）。

舉例來說，設學生資料庫有三個表，即學生表、課程表和學生成績表，其結構分別如下：

學生表（學號，姓名，專業名稱，性別，出生時間）
課程表（課程號，課程名稱，學分）
學生成績表（學號，課程號，分數）
（用底線表示的欄位或欄位組合為關鍵字。）

由此可見，單獨的學號、課程號都不是學生成績表的關鍵字，但它們分別是學生表和課程表的關鍵字，因此它們都是學生成績表的外關鍵字。

外關鍵字表示了表之間的參照完整性約束。舉例來說，在學生資料庫中，在學生成績表中出現的學號必須是在學生表中已出現的；同樣，課程號也必須是在課程表中已出現的。若在學生成績表中出現了一個未在學生表中出現的學號，則會違背參照完整性約束。

（2）視圖（View）。
視圖是從一個或多個表（或視圖）匯出的表。

視圖與表不同，它是一個虛表，即對視圖所對應的資料不進行實際儲存，資料庫中只儲存視圖的定義，對視圖的資料操作時，系統根據視圖的定義操作與視圖相連結的基本表。視圖一經定義後，就可以像表一樣被查詢、修改、刪除和更新。使用視圖具有便於資料共用、簡化使用者許可權管理和遮罩資料庫的複雜性等優點。

舉例來說，對於以上所述學生資料庫，可建立「學生選課」視圖，該視圖包含學號、姓名、課程號、課程名稱、學分和成績欄位。

13.2 常用 SQL 命令

13.2.1 資料查詢

SELECT 查詢是 SQL 語言的核心，其功能強大，與 SQL 子句結合，可完成各類複雜的查詢操作。在資料庫應用中，最常用的操作是查詢，同時查詢還是資料庫的其他操作（如統計、插入、刪除及修改）的基礎。

1. SELECT 敘述

完備的 SELECT 敘述很複雜，其主要的子句如下：

```
SELECT [DISTINCT] [別名.]列名稱或運算式 [AS 列標題]/* 指定要選擇的列及其限定 */
                                        //(a)
FROM   表資料來源                          /* FROM子句，指定表或視圖 */
[ WHERE  條件 ]                           /* WHERE子句，指定查詢準則 */
                                        //(b)
[ GROUP BY 運算式 ]                       /* GROUP BY子句，指定分組運算式 */
[ ORDER BY 運算式 [ ASC | DESC ]]          /* ORDER BY子句，指定排序運算式和順序 */
                                        //(c)
```

其中，SELECT 和 FROM 子句是不可缺少的。

(a) SELECT 子句指出查詢結果中顯示的列名稱，以及列名稱和函數組成的運算式等。可用 DISTINCT 去除重複的記錄行；AS 列標題指定查詢結果顯示的列標題。當要顯示表中所有列時，可用萬用字元 "*" 代替列名稱列表。

(b) WHERE 子句定義了查詢準則。WHERE 子句必須緊接 FROM 子句，其基本格式為：

```
WHERE 條件
```

其中，條件的常用格式為：

```
{ [ NOT ] <述詞> | (<查詢準則> ) }
      [ { AND | OR } [ NOT ] { <述詞> | (<查詢準則>) } ]
} [ ,…n ]
```

在 SQL 中，傳回邏輯值（TRUE 或 FALSE）的運算子或關鍵字都可稱為述詞，這裡的述詞為判定運算，結果為 TRUE、FALSE 或 UNKNOWN，格式為：

```
{ 運算式 { = | < | <= | > | >= | <> | != | !< | !> } 運算式 /* 比較運算 */
| 字串運算式 [ NOT ] LIKE 字串運算式 [ ESCAPE '逸出字元' ]  /* 字串模式匹配 */
  | 運算式 [ NOT ] BETWEEN 運算式1 AND 運算式2           /* 指定範圍 */
  | 運算式 IS [ NOT ] NULL                             /* 是否空值判斷 */
  | 運算式 [ NOT ] IN ( 子查詢 | 運算式 [,…n] )          /* IN子句 */
  | 運算式 { = | < | <= | > | >= | <> | != | !< | !> } { ALL | SOME |
ANY } ( 子查詢 )                                        /* 比較子查詢 */
  | EXIST ( 子查詢 )                                    /* EXIST子查詢 */
}
```

從查詢準則的組成可以看出，查詢準則能夠將多個判定運算的結果透過邏輯運算子組成更為複雜的查詢準則。判定運算包括比較運算、模式匹配、範圍比較、空值比較和子查詢等。

(c) GROUP BY 子句和 ORDER BY 子句分別對查詢結果進行分組和排序。

下面用範例說明使用 SQL 敘述對 Student 資料庫進行的各種查詢。

(1) 查詢 Student 資料庫。

查詢 students 表中每個同學的姓名和總學分：

```
USE Student
SELECT name,totalscore FROM students
```

(2) 查詢表中所有記錄。

查詢 students 表中每個同學的所有資訊：

```
SELECT * FROM students
```

(3) 條件查詢。

查詢 students 表中總學分大於或等於 120 的同學的情況：

```
SELECT * FROM students WHERE totalscore >=  120
```

(4) 多重條件查詢。

查詢 students 表中所在系為「電腦」且總學分大於或等於 120 的同學的情況：

```
SELECT * FROM students WHERE department = '電腦' AND totalscore >= 120
```

(5) 使用 LIKE 述詞進行模式匹配。

查詢 students 表中姓「王」且單名的學生情況：

```
SELECT * FROM students WHERE name LIKE '王_'
```

(6) 用 BETWEEN…AND 指定查詢範圍。

查詢 students 表中不在 1999 年出生的學生情況：

```
SELECT * FROM students
    WHERE birthday NOT BETWEEN '1999-1-1' and '1999-12-31'
```

(7) 空值比較。

查詢總學分尚不確定的學生情況：

```
SELECT * FROM students
  WHERE totalscore IS NULL
```

(8) 自然連接查詢。

查詢電腦系學生姓名及其「C 程式設計」課程的考試分數情況：

```
SLELCT name,grade
    FROM students, courses, grades,
    WHERE department = '電腦' AND  coursename = 'C 程式設計'  AND
      students.studentid = grades.studentid  AND courses.courseid =
      grades.coursesid
```

(9) IN 子查詢。

查詢選修了課程號為 101 的學生情況：

```
SELECT * FROM students
  WHERE studentid IN
      ( SELECT studentid FROM courses WHERE courseid = '101' )
```

在執行包含子查詢的 SELECT 敘述時，系統首先執行子查詢，產生一個結果表，再執行外查詢。本例中，首先執行子查詢：

```
SELECT studentid FROM courses WHERE courseid = '101'
```

得到一個隻含有 studentid 列的結果表，courses 中 courseid 列值為 101 的行在該結果表中都有一行。再執行外查詢，若 students 表中某行的 studentid 列值等於子查詢結果表中的任意一個值，則該行就被選擇到最終的結果表中。

(10) 比較子查詢。

這種子查詢可以認為是 IN 子查詢的擴充，它是運算式的值與子查詢的結果進行比較運算。查詢課程號 206 的成績不低於課程號 101 的最低成績的學生學號：

```
SELECT studentid FROM grades
   WHERE courseid = '206' AND grade !< ANY
       ( SELECT grade FROM grades
             WHERE courseid = '101'
     )
```

(11) EXISTS 子查詢。

EXISTS 述詞用於測試子查詢的結果集是否為空白資料表，若子查詢的結果集不為空，則 EXISTS 傳回 TRUE，否則傳回 FALSE。EXISTS 還可與 NOT 結合使用，即 NOT EXISTS，其傳回值與 EXISTS 剛好相反。

查詢選修 206 號課程的學生姓名：

```
SELECT name FROM students
       WHERE EXISTS
           ( SELECT * FROM grades
                WHERE studentid = students.studentid AND courseid = '206'
     )
```

查詢選修了全部課程（即沒有一門功課不選修）的學生姓名：

```
SELECT name FROM students
   WHERE NOT EXISTS
       ( SELECT * FROM courses
             WHERE NOT EXISTS
                   ( SELECT * FROM grades
                       WHERE studentid = students.studentid
                           AND courseid = courses.courseid
          )
      )
```

（12）查詢結果分組。

將各門課程成績按學號分組：

```
SELECT studentid,grade FROM grades
    GROUP BY studentid
```

（13）查詢結果排序。

將電腦系的學生按出生時間先後排序：

```
SELECT * FROM students
   WHERE department = '電腦'
     ORDER BY birthday
```

2. 常用匯總函數

在對表資料進行檢索時，經常需要對結果進行整理或計算，如在學生成績資料庫中求某門功課的總成績、統計各分數段的人數等。匯總函數用於計算表中的資料，傳回單一計算結果。常用的匯總函數見表 13.2。

表 13.2 常用的匯總函數

函數名稱	說明
AVG	求組中值的平均值
COUNT	求組中項數，傳回 int 類型整數
MAX	求最大值
MIN	求最小值
SUM	傳回運算式中所有值的和
VAR	傳回給定運算式中所有值的統計方差

本例對 students 表執行查詢，使用常用的匯總函數。

（1）求選修課程 101 的學生的平均成績：

```
SELECT AVG(grade) AS '課程 101 平均成績'
    FROM grades
    WHERE courseid = '101'
```

（2）求選修課程 101 的學生的最高分和最低分：

```
SELECT MAX(grade) AS '課程 101 最高分', MIN(grade) AS '課程 101 最低分'
    FROM grades
    WHERE courseid = '101'
```

（3）求學生的總人數：

```
SELECT COUNT(*) AS '學生總數'
     FROM students
```

13.2.2 資料操作

資料更新敘述包括 INSERT、UPDATE 和 DELETE 敘述。

1. 插入資料敘述 INSERT

INSERT 敘述可插入一筆或多筆記錄至一個表中，它有兩種語法形式。

語法 1：

```
INSERT INTO 目標來源 [IN 外部資料庫]（欄位清單）                    //(a)
{DEFAULT VALUES|VALUES(DEFAULT|運算式列表)}                          //(b)
```

語法 2：

```
INSERT INTO 目標來源 [IN 外部資料庫] 欄位清單
{SELECT…|EXECUTE…}
```

其中，

(a) 目標來源：是欲追加記錄的表（Table）或視圖（View）的名稱；外部資料庫：需要同時包含資料庫的路徑和名稱。

(b) 運算式列表：需要插入的欄位值運算式列表，其個數應與記錄的欄位個數一致，若指定要插入值的欄位清單，則應與欄位清單中的欄位個數一致。

使用第 1 種語法將一個記錄或記錄的部分欄位插入表或視圖中；而第 2 種語法的 INSERT 敘述插入來自 SELECT 敘述或來自使用 EXECUTE 敘述執行的預存程序的結果集。

舉例來說，用以下敘述向 students 表插入一筆記錄：

```
INSERT INTO students
    VALUES('170206','羅亮', 0 ,'1/30/1998', 1, 150)
```

2. 刪除資料敘述 DELETE

DELETE 敘述用於從一個或多個表中刪除記錄，語法格式如下：

```
DELETE FROM 表名稱
[WHERE…]
```

舉例來說，用以下敘述從 students 表中刪除姓名為「羅亮」的記錄：

```
DELETE FROM students
    WHERE name = '羅亮'
```

3. 更新資料敘述 UPDATE

UPDATE 敘述用於更新表中的記錄，語法格式如下：

```
UPDATE 表名稱
SET 欄位名稱1 = 運算式1[,欄位名稱2 = 運算式2…]
[FROM 表名稱1|視圖名稱1[,表名稱2|視圖名稱2…]]
[WHERE…]
```

其中，以 SET 子句羅列出所有需要更新的欄位，等號後面的運算式是要更新欄位的新值。

舉例來說，用以下敘述將電腦系學生的總分增加 10：

```
UPDATE students
SET totalscore = totalscore + 10
WHERE department = '電腦'
```

13.3 Qt 操作 SQLite 資料庫及實例

Qt 提供的 QtSql 模組實現了對資料庫的存取，同時提供了一套與平台和具體所用資料庫均無關的呼叫介面。此模組為不同層次的使用者提供了不同的豐富的資料庫操作類別。舉例來說，對於習慣使用 SQL 語法的使用者，QSqlQuery 類別提供了直接執行任意 SQL 敘述並處理傳回結果的方法；而對於習慣使用較高層資料庫介面以避免使用 SQL 敘述的使用者，QSqlTableModel 和 QSqlRelationalTableModel 類別則提供了合適的抽象。

除此之外，此模型還支援常用的資料庫綱要，如主從視圖（master-detail views）和向下鑽取（drill-down）模式。

這個模組由不同 Qt 類別支撐的三部分組成，QtSql 模組層次結構見表 13.3。

表 13.3 QtSql 模組層次結構

層次	描述
驅動層	實現了特定資料庫與 SQL 介面的底層橋接，包括的支援類別有 QSqlDriver、QSqlDriverCreator <T>、QSqlDriverCreatorBase、QSqlDriverPlugin 和 QSqlResult
SQL 介面層	QSqlDatabase 類別提供了資料庫存取、資料庫連接操作，QSqlQuery 類別提供了與資料庫的互動操作，其他支援類別有 QSqlError、QSqlField、QSqlTableModel 和 QSqlRecord
使用者介面層	提供從資料庫資料到用於資料表示的表單的映射，包括的支持類別有 QSqlQueryModel、QSqlTableModel 和 QSqlRelationalTableModel，這些類別均依據 Qt 的模型 / 視圖結構設計

本章透過列舉一些 Qt 資料庫應用的例子詳細介紹 Qt 存取資料庫的方法。

13.3.1 主控台方式操作及實例

專案中通常採用各種資料庫（如 Oracle、SQL Server、MySQL 等）來實現對資料的儲存、檢索等功能。這些資料庫除提供基本的查詢、刪除和增加等功能外，還提供很多高級特性，如觸發器、預存程序、資料備份恢復和全文檢索功能等。但實際上，很多應用僅利用了這些資料庫的基本特性，而且在某些特殊場合的應用中，這些資料庫明顯有些臃腫。

Qt 提供了一種處理程序內資料庫 SQLite。它小巧靈活，無須額外安裝設定且支持大部分 ANSI SQL-92 標準，是一個輕量級的資料庫，概括起來具有以下優點。

（1）SQLite 的設計目的是實現嵌入式 SQL 資料庫引擎，它基於純 C 語言程式，已經應用在非常廣泛的領域內。

（2）SQLite 在需要持久儲存時可以直接讀寫硬碟上的資料檔案，在無須持久儲存時也可以將整個資料庫置於記憶體中，兩者均不需要額外的伺服器端處理程序，即 SQLite 是無須獨立執行的資料庫引擎。

（3） 開放原始程式碼，整套程式少於 3 萬行，有良好的註釋和 90% 以上的測試覆蓋率。
（4） 少於 250KB 的記憶體佔用容量（gcc 編譯情況下）。
（5） 支援視圖、觸發器和事務，支援巢狀結構 SQL 功能。
（6） 提供虛擬機器用於處理 SQL 敘述。
（7） 不需要設定，不需要安裝，也不需要管理員。
（8） 支援大部分 ANSI SQL-92 標準。
（9） 大部分應用的速度比目前常見的使用者端 / 伺服器結構的資料庫快。
（10）程式設計介面簡單好用。

在持久儲存的情況下，一個完整的資料庫對應於磁碟上的檔案，它是一種具備基本資料庫特性的資料檔案，同一個資料檔案可以在不同機器上使用，可以在不同位元組序的機器間自由共用；最大支援 2TB 資料容量，而且性能僅受限於系統的可用記憶體；沒有其他依賴，可以應用於多種作業系統平台。

【例】（難度中等）（CH1301）基於主控台的程式，使用 SQLite 資料庫完成大量資料的增加、刪除、更新和查詢操作並輸出。

操作步驟如下。

（1）在 "QSQLiteEx.pro" 檔案中增加以下敘述：

```
QT += sql
QT += core5compat
```

（2）原始檔案 "main.cpp" 的具體程式如下：

```
#include <QCoreApplication>
#include <QTextCodec>
#include <QSqlDatabase>
#include <QSqlQuery>
#include <QTime>
#include <QSqlError>
#include <QtDebug>
#include <QSqlDriver>
#include <QSqlRecord>
int main(int argc,char * argv[])
{
    QCoreApplication a(argc, argv);
    QTextCodec::setCodecForLocale(QTextCodec::codecForLocale());
                                                    //設定中文顯示
```

```
    QSqlDatabase db = QSqlDatabase::addDatabase("QSQLITE");  //(a)
    db.setHostName("easybook-3313b0");              //設定資料庫主機名稱
    db.setDatabaseName("qtDB.db");                  //(b)
    db.setUserName("zhouhejun");                    //設定資料庫使用者名稱
    db.setPassword("123456");                       //設定資料庫密碼
    db.open();                                      //開啟連接

    //建立資料庫表
    QSqlQuery query;                                //(c)
    bool success = query.exec("create table automobile
                        (id int primary key,
                        attribute varchar,
                        type varchar,
                        kind varchar,
                        nation int,
                        carnumber int,
                        elevaltor int,
                        distance int,
                        oil int,
                        temperature int)");   //(d)
    if(success)
        qDebug()<<QObject::tr("資料庫表建立成功！\n");
    else
        qDebug()<<QObject::tr("資料庫表建立失敗！\n");
    //查詢
    query.exec("select * from automobil");
    QSqlRecord rec = query.record();
    qDebug() << QObject::tr("automobil 表字段數：" )<< rec.count();
    //插入記錄
    QTime t = QTime::currentTime();              //建立一個計時器，統計操作耗時
    query.prepare("insert into automobil
values(?,?,?,?,?,?,?,?,?,?)");                   //(e)
    long records = 100;                          //在表中插入任意的 100 筆記錄
    for(int i = 0;i < records;i++)
    {
        query.bindValue(0,i);                    //(f)
        query.bindValue(1,"四輪");
        query.bindValue(2,"轎車");
        query.bindValue(3,"富康");
        query.bindValue(4,rand()%100);
        query.bindValue(5,rand()%10000);
        query.bindValue(6,rand()%300);
        query.bindValue(7,rand()%200000);
        query.bindValue(8,rand()%52);
```

```
        query.bindValue(9,rand()%100);
        success=query.exec();                   //(g)
        if(!success)
        {
            QSqlError lastError=query.lastError();
            qDebug()<<lastError.driverText()<<QString(QObject::tr("插入
失敗"));
        }
    }
    QTime curtime = QTime::currentTime();
    qDebug()<<QObject::tr("插入 %1 筆記錄，耗時：%2 ms").arg(records).
arg(0 - curtime.msecsTo(t));                    //(h)
    //排序
    t = curtime;                                //重新開始計時
    success = query.exec("select * from automobil order by id desc");
                                                //(i)
    curtime = QTime::currentTime();
    if(success)
        qDebug()<<QObject::tr("排序 %1 筆記錄，耗時：%2 ms").
arg(records).arg(0 - curtime.msecsTo(t));   //輸出操作耗時
    else
        qDebug()<<QObject::tr("排序失敗！");
    //更新記錄
    t = curtime;                                //重新開始計時
    for(int i = 0;i < records;i++)
    {
       query.clear();
       query.prepare(QString("update automobil set attribute=?,type=?,"
                             "kind=?,nation=?,"
                             "carnumber=?,elevaltor=?,"
                             "distance=?,oil=?,"
                             "temperature=? where id=%1").arg(i));
                                                //(j)
       query.bindValue(0,"四輪");
       query.bindValue(1,"轎車");
       query.bindValue(2,"富康");
       query.bindValue(3,rand()%100);
       query.bindValue(4,rand()%10000);
       query.bindValue(5,rand()%300);
       query.bindValue(6,rand()%200000);
       query.bindValue(7,rand()%52);
       query.bindValue(8,rand()%100);
       success = query.exec();
       if(!success)
       {
```

```
            QSqlError lastError = query.lastError();
            qDebug()<<lastError.driverText()<<QString(QObject::tr("更新
失敗"));
        }
    }
    curtime = QTime::currentTime();
    qDebug()<<QObject::tr("更新 %1 筆記錄，耗時：%2 ms").arg(records).
arg(0 - curtime.msecsTo(t));
    //刪除
    t = curtime;                                           //重新開始計時
    query.exec("delete from automobil where id=15");       //(k)
    curtime = QTime::currentTime();
    //輸出操作耗時
    qDebug()<<QObject::tr("刪除一筆記錄，耗時：%1 ms").arg(0 - curtime.
msecsTo(t));
    return 0;
    //return a.exec();
}
```

其中，

(a) QSqlDatabase db = QSqlDatabase::addDatabase("QSQLITE")：以 "QSQLITE" 為資料庫類型，在本處理程序位址空間內建立一個 SQLite 資料庫。此處涉及的基礎知識有以下兩點。

① 在進行資料庫操作之前，必須首先建立與資料庫的連接。資料庫連接由任意字串標識。在沒有指定連接的情況下，QSqlDatabase 可以提供預設連接供 Qt 其他的 SQL 類別使用。建立一筆資料庫連接的程式如下：

```
QSqlDatabase db = QSqlDatabase::addDatabase("QSQLITE");
db.setHostName("easybook-3313b0");      //設定資料庫主機名稱
db.setDatabaseName("qtDB.db");          //設定資料庫名稱
db.setUserName("zhouhejun");            //設定資料庫使用者名稱
db.setPassword("123456");               //設定資料庫密碼
db.open();                              //開啟連接
```

其中，靜態函數 QSqlDatabase::addDatabase() 傳回一筆新建立的資料庫連接，其原型為：

```
QSqlDatabase::addDatabase
(
    const QString &type,
    const QString &connectionName = QLatin1String(defaultConnection)
)
```

- 參數 type 為驅動名稱，本例使用的是 QSQLITE 驅動。
- 參數 connectionName 為連接名稱，預設值為預設連接，本例的連接名為 connect。如果沒有指定此參數，則新建立的資料庫連接將成為本程式的預設連接，並且可以被後續沒有參數的函數 database() 引用。如果指定了此參數（連接名稱），則函數 database（connectionName）將獲取這個指定的資料庫連接。

② QtSql 模組使用驅動外掛程式（driver plugins）與不同的資料庫介面通訊。由於 QtSql 模組的應用程式介面是與具體資料庫無關的，所以所有與資料庫相關的程式均包含在這些驅動外掛程式中。目前，Qt 支援的資料庫驅動外掛程式見表 13.4。由於版權的限制，開放原始碼版 Qt 不提供上述全部驅動，所以設定 Qt 時，可以選擇將 SQL 驅動內建於 Qt 中或編譯成外掛程式。如果 Qt 中支持的驅動不能滿足要求，還可以參照 Qt 的原始程式碼撰寫資料庫驅動。

表 13.4 Qt 支援的資料庫驅動外掛程式

驅動	資料庫管理系統
QDB2	IBM DB2 及其以上版本
QIBASE	Borland InterBase
QMYSQL	MySQL
QOCI	Oracle Call Interface Driver
QODBC	Open Database Connectivity（ODBC）包括 Microsoft SQL Server 和其他 ODBC 相容資料庫
QPSQL	PostgreSQL 版本 6.x 和 7.x
QSQLITE	SQLite 版本 3 及以上版本
QSQLITE2	SQLite 版本 2
QTDS	Sybase Adaptive Server

(b) db.setDatabaseName("qtDB.db")：以上建立的資料庫以 "qtDB.db" 為資料庫名稱。它是 SQLite 在建立記憶體中資料庫時唯一可用的名字。

(c) QSqlQuery query：建立 QSqlQuery 物件。QtSql 模組中的 QSqlQuery 類別提供了一個執行 SQL 敘述的介面，並且可以遍歷執行的傳回結果集。除 QSqlQuery 類別外，Qt 還提供了三種用於存取資料庫的高層類別，即 QSqlQueryModel、QSqlTableModel 和 QSqlRelationTableModel。它們無須使用 SQL 敘述就可以進行資料庫操作，而且可以很容易地將結果在表格中表示出來。存取資料庫的高層類別見表 13.5。

表 13.5 存取資料庫的高層類別

類別名稱	用途
QSqlQueryModel	基於任意 SQL 敘述的唯讀模型
QsqlTableModel	基於單一表的讀寫模型
QSqlRelationalTableModel	QSqlTableModel 的子類別，增加了外鍵支持

這三個類別均從 QAbstractTableModel 類別繼承，在不涉及資料的圖形表示時可以單獨使用以進行資料庫操作，也可以作為資料來源將資料庫內的資料在 QListView 或 QTableView 等基於視圖模式的 Qt 類別中表示出來。使用它們的另一個好處是，程式設計師很容易在程式設計時採用不同的資料來源。舉例來說，假設起初打算使用資料庫儲存資料並使用了 QSqlTableModel 類別，後因需求變化決定改用 XML 檔案儲存資料，程式設計師此時要做的僅是更換資料模型類別。

QSqlRelationalTableModel 類別是對 QSqlTableModel 類別的擴充，它提供了對外鍵的支援。外鍵是一張表中的某個欄位與另一張表中的主鍵間的一一映射。

在此，一旦資料庫連接建立後，就可以使用 QSqlQuery 執行底層資料庫支援的 SQL 敘述，此方法所要做的僅是建立一個 QSqlQuery 物件，然後再呼叫 QSqlQuery::exec() 函數。

(d) bool success = query.exec("create table automobil…")：建立資料庫表 "automobil"，該表具有 10 個欄位。在執行 exec() 函數呼叫後，就可以操作傳回的結果了。

(e) query.prepare("insert into automobil values(?,?,?,?,?,?,?,?,?,?)")：如果要插入多筆記錄，或避免將值轉為字串（即正確地逸出），則可以首先呼叫 prepare() 函數指定一個包含預留位置的 query，然後綁定要插入的值。Qt 對所有資料庫均可以支援 Oracle 類型的預留位置和 ODBC 類型的預留位置。此處使用了 ODBC 類型的定位預留位置。

等值於使用 Oracle 語法的有名預留位置的具體形式如下：

```
query.prepare("insert into automobile(id,attribute,type,kind,nation,
```

```
    carnumber,elevaltor,distance,oil,temperature)
    values(:id, :attribute, :type, :kind, :nation,
    :carnumber,:elevaltor,:distance,:oil,:temperature)");
    long records = 100;
    for(int i = 0;i < records;i++)
    {
        query.bindValue(:id,i);
        query.bindValue(:attribute,"四輪");
        query.bindValue(:type,"轎車");
        query.bindValue(:kind,"富康");
        query.bindValue(:nation,rand()%100);
        query.bindValue(:carnumber,rand()%10000);
        query.bindValue(:elevaltor,rand()%300);
        query.bindValue(:distance,rand()%200000);
        query.bindValue(:oil,rand()%52);
        query.bindValue(:temperature,rand()%100);
}
```

預留位置通常使用包含 non-ASCII 字元或非 non-Latin-1 字元的二進位資料和字串。無論資料庫是否支援 Unicode 編碼，Qt 在後台均使用 Unicode 字元。對於不支援 Unicode 編碼的資料庫，Qt 將進行隱式的字串編碼轉換。

(f) query.bindValue(0,i)：呼叫 bindValue() 或 addBindValue() 函數綁定要插入的值。

(g) success = query.exec()：呼叫 exec() 函數在 query 中插入對應的值，之後，可以繼續呼叫 bindValue() 或 addBindValue() 函數綁定新值，然後再次呼叫 exec() 函數在 query 中插入新值。

(h) qDebug()<<QObject::tr(" 插入 %1 筆記錄，耗時：%2 ms").arg(records).arg(0 - curtime.msecsTo(t))：在表中插入任意的 100 筆記錄，操作成功後輸出操作消耗的時間。

(i) success = query.exec("select * from automobil order by id desc")：按 id 欄位的降冪將查詢表中剛剛插入的 100 筆記錄進行排序。

(j) query.prepare(QString("update automobil set…"))：更新操作與插入操作類似，只是使用的 SQL 敘述不同。

(k) query.exec("delete from automobil where id=15")：執行刪除 id 為 15 的記錄的操作。

（3）執行結果如圖 13.1 所示。

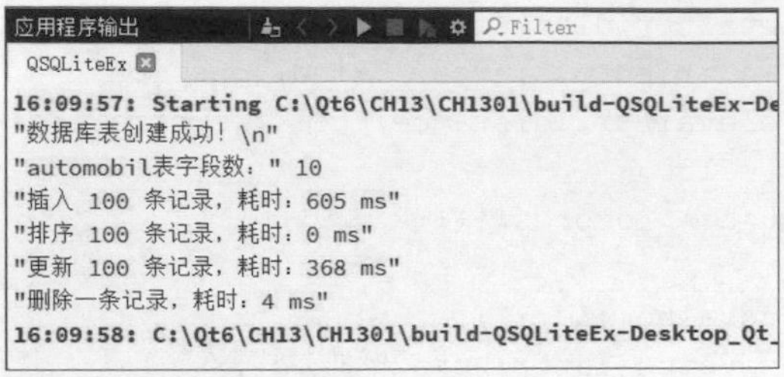

```
应用程序输出
QSQLiteEx
16:09:57: Starting C:\Qt6\CH13\CH1301\build-QSQLiteEx-De
"数据库表创建成功! \n"
"automobil表字段数: " 10
"插入 100 条记录, 耗时: 605 ms"
"排序 100 条记录, 耗时: 0 ms"
"更新 100 条记录, 耗时: 368 ms"
"删除一条记录, 耗时: 4 ms"
16:09:58: C:\Qt6\CH13\CH1301\build-QSQLiteEx-Desktop_Qt_
```

圖 13.1 SQLite 資料庫操作

13.3.2【綜合實例】：操作 SQLite 資料庫和主 / 從視圖操作 XML

【例】（難度中上）（CH1302）以主 / 從視圖的模式展現汽車製造商與生產汽車的關係。當在汽車製造商表中選中某一個製造商時，下面的汽車表中將顯示出該製造商生產的所有產品。當在汽車表中選中某個車型時，右邊的清單將顯示出該車的車型和製造商的詳細資訊，所不同的是，車型的相關資訊儲存在 XML 檔案中。

1. 主介面版面配置

（1）主視窗 MainWindow 類別繼承自 QMainWindow 類別，定義了主顯示介面，標頭檔 "mainwindow.h" 的具體程式如下：

```
#include <QMainWindow>
#include <QGroupBox>
#include <QTableView>
#include <QListWidget>
#include <QLabel>
class MainWindow : public QMainWindow
{
    Q_OBJECT
public:
    MainWindow(QWidget *parent = 0);
    ~MainWindow();
private:
    QGroupBox *createCarGroupBox();
    QGroupBox *createFactoryGroupBox();
    QGroupBox *createDetailsGroupBox();
    void createMenuBar();
    QTableView *carView;                    //(a)
    QTableView *factoryView;                //(b)
```

```
    QListWidget *attribList;                //顯示車型的詳細資訊清單
  /* 宣告相關的資訊標籤 */
    QLabel *profileLabel;
    QLabel *titleLabel;
};
```

其中，

(a) QTableView *carView：顯示汽車的視圖。

QSqlQueryModel、QSqlTableModel 和 QSqlRelationalTableModel 類別均可以作為資料來源在 Qt 的視圖類別中表示，如 QListView、QTableView 和 QTreeView 等視圖類別。其中，QTableView 類別最適合表示二維的 SQL 操作結果。

視圖類別可以顯示一個水平標頭和一個垂直標頭。水平標頭在每列之上顯示一個列名稱，預設情況下，列名稱就是資料庫表的欄位名稱，可以透過 setHeaderData() 函數修改列名稱。垂直標頭在每行的最左側顯示本行的行號。

如果呼叫 QSqlTableModel::insertRows() 函數插入了一行，那麼新插入行的行號將被標以星號（"*"），直到呼叫了 submitAll() 函數進行提交或系統進行了自動提交。如果呼叫 QSqlTableModel::removeRows() 函數刪除了一行，則這一行將被標以驚嘆號（"!"），直到提交。

還可以將同一個資料模型用於多個視圖，一旦使用者透過其中某個視圖編輯了資料模型，其他視圖也會立即隨之得到更新。

(b) QTableView *factoryView：顯示汽車製造商的視圖。

（2）原始檔案 "mainwindow.cpp" 的具體內容如下：

```
#include "mainwindow.h"
#include <QGridLayout>
#include <QAbstractItemView>
#include <QHeaderView>
#include <QAction>
#include <QMenu>
#include <QMenuBar>
MainWindow::MainWindow(QWidget *parent)
    : QMainWindow(parent)
{
    QGroupBox *factory = createFactoryGroupBox();
    QGroupBox *cars = createCarGroupBox();
```

```
    QGroupBox *details = createDetailsGroupBox();
    //版面配置
    QGridLayout *layout = new QGridLayout;
    layout->addWidget(factory, 0, 0);
    layout->addWidget(cars, 1, 0);
    layout->addWidget(details, 0, 1, 2, 1);
    layout->setColumnStretch(1, 1);
    layout->setColumnMinimumWidth(0, 500);
    QWidget *widget = new QWidget;
    widget->setLayout(layout);
    setCentralWidget(widget);
    createMenuBar();
    resize(850, 400);
    setWindowTitle(tr("主從視圖"));
}
```

createFactoryGroupBox() 函數的具體內容如下：

```
QGroupBox* MainWindow::createFactoryGroupBox()
{
    factoryView = new QTableView;
    factoryView->setEditTriggers(QAbstractItemView::NoEditTriggers);
                                                        //(a)
    factoryView->setSortingEnabled(true);
    factoryView->setSelectionBehavior(QAbstractItemView::SelectRows);
    factoryView->setSelectionMode(QAbstractItemView::SingleSelection);
    factoryView->setShowGrid(false);
    factoryView->setAlternatingRowColors(true);
    QGroupBox *box = new QGroupBox(tr("汽車製造商"));
    QGridLayout *layout = new QGridLayout;
    layout->addWidget(factoryView, 0, 0);
    box->setLayout(layout);
    return box;
}
```

其中，

(a) factoryView->setEditTriggers(QAbstractItemView::NoEditTriggers)：對於讀寫的模型類別 QSqlTableModel 和 QSqlRelationalTableModel，視圖允許使用者編輯其中的欄位，也可以透過呼叫此敘述禁止使用者編輯。

createCarGroupBox() 函數的具體程式如下：

```
QGroupBox* MainWindow::createCarGroupBox()
{
```

```
    QGroupBox *box = new QGroupBox(tr("汽車"));
    carView = new QTableView;
    carView->setEditTriggers(QAbstractItemView::NoEditTriggers);
    carView->setSortingEnabled(true);
    carView->setSelectionBehavior(QAbstractItemView::SelectRows);
    carView->setSelectionMode(QAbstractItemView::SingleSelection);
    carView->setShowGrid(false);
    carView->verticalHeader()->hide();
    carView->setAlternatingRowColors(true);
    QVBoxLayout *layout = new QVBoxLayout;
    layout->addWidget(carView, 0);
    box->setLayout(layout);
    return box;
}
```

createDetailsGroupBox() 函數的具體程式如下：

```
QGroupBox* MainWindow::createDetailsGroupBox()
{
    QGroupBox *box = new QGroupBox(tr("詳細資訊"));
    profileLabel = new QLabel;
    profileLabel->setWordWrap(true);
    profileLabel->setAlignment(Qt::AlignBottom);
    titleLabel = new QLabel;
    titleLabel->setWordWrap(true);
    titleLabel->setAlignment(Qt::AlignBottom);
    attribList = new QListWidget;
    QGridLayout *layout = new QGridLayout;
    layout->addWidget(profileLabel, 0, 0, 1, 2);
    layout->addWidget(titleLabel, 1, 0, 1, 2);
    layout->addWidget(attribList, 2, 0, 1, 2);
    layout->setRowStretch(2, 1);
    box->setLayout(layout);
    return box;
}
```

createMenuBar() 函數的具體程式如下：

```
void MainWindow::createMenuBar()
{
    QAction *addAction = new QAction(tr("增加"), this);
    QAction *deleteAction = new QAction(tr("刪除"), this);
    QAction *quitAction = new QAction(tr("退出"), this);
    addAction->setShortcut(tr("Ctrl+A"));
    deleteAction->setShortcut(tr("Ctrl+D"));
```

```
    quitAction->setShortcut(tr("Ctrl+Q"));
    QMenu *fileMenu = menuBar()->addMenu(tr(" 操作選單 "));
    fileMenu->addAction(addAction);
    fileMenu->addAction(deleteAction);
    fileMenu->addSeparator();
    fileMenu->addAction(quitAction);
}
```

（3）執行結果如圖 13.2 所示。

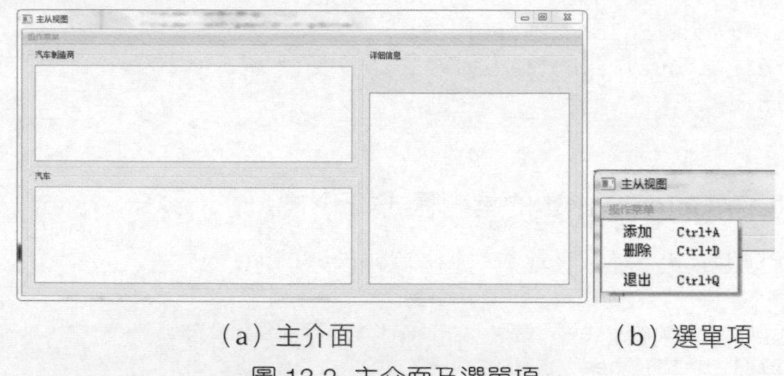

（a）主介面 （b）選單項

圖 13.2 主介面及選單項

2. 連接資料庫

以上完成了主介面的版面配置，下面介紹資料庫連接功能，使用者是在一個對話方塊圖形介面上設定資料庫連接參數資訊的。

（1）按滑鼠右鍵專案名稱，選擇 "Add New..." → "Qt" → "Qt 設計師介面類別 " 選單項，如圖 13.3 所示，點擊 "Choose..." 按鈕。

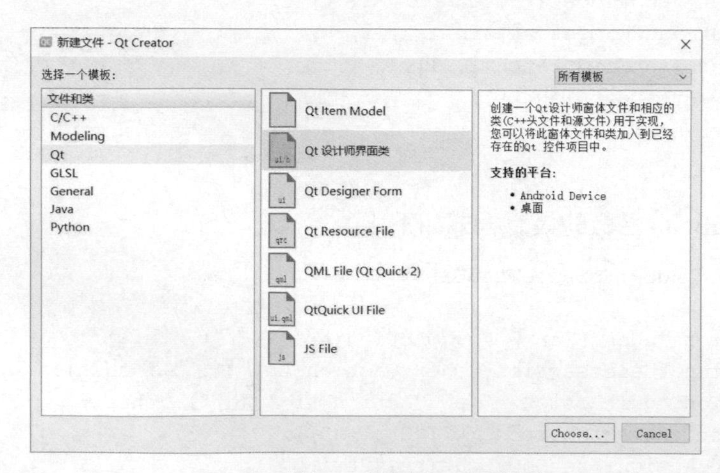

圖 13.3 增加 Qt 設計師介面類別

接下來在如圖 13.4 所示的對話方塊中，選擇 "Dialog without Buttons" 介面範本，點擊「下一步」按鈕。

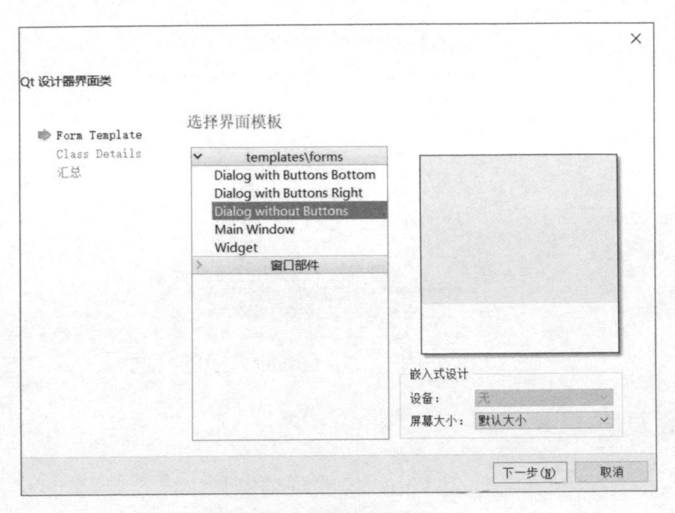

圖 13.4 選擇介面範本

將類別名稱 "Class name" 設定為 "ConnDlg"，在 "Header file" 文字標籤中輸入 "connectdlg.h"；在 "Source file" 文字標籤中輸入 "connectdlg.cpp"；在 "Form file" 文字標籤中輸入 "connectdlg.ui"，如圖 13.5 所示，點擊「下一步」按鈕，點擊「完成」按鈕。

Qt 设计器界面类
选择类名
Form Template
Class Details
汇总
类
Class name: ConnDlg
Header file: connectdlg.h
Source file: connectdlg.cpp
Form file: connectdlg.ui
Path: C:\Qt6\CH13\CH1302\SQLEx
浏览...
下一步(N)
取消

圖 13.5 設定類別名稱及相關程式檔案名稱

開啟 "connectdlg.ui"，點擊 "Form" 的空白處修改 "QDialog" 的 "objectName: QSqlConnectionDialogUi"。最後增加如圖 13.6 所示的控制項。

圖 13.6 使用者設定資料庫連接的介面

各控制項屬性見表 13.6。

表 13.6 各控制項屬性

類	名稱	顯示文字	類別	名字	顯示文字
QLabel	status_label	狀態：	QLineEdit	editDatabase	
QLabel	textLabel2	驅動：	QLineEdit	editUsername	
QLabel	textLabel3	資料庫名稱：	QLineEdit	editPassword	
QLabel	textLabel4	使用者名稱：	QLineEdit	editHostname	
QLabel	textLabel4_2	密碼：	QSpinBox	portSpinBox	
QLabel	textLabel5	主機名稱：	QPushButton	okButton	連接
QLabel	textLabel5_2	通訊埠：	QPushButton	cancelButton	退出
QComboBox	comboDriver		QGroupBox	connGroupBox	資料庫連接設定

注意：增加控制項的順序為首先增加 "GroupBox" 控制項，再增加其他控制項。

增加完控制項之後執行，以便生成 "ui_connectdlg.h" 檔案。

（2）在標頭檔 "connectdlg.h" 中，ConnDlg 類別繼承自 QDialog 類別，主要完成從介面獲取使用者設定的連接參數資訊。ConnDlg 類別的定義中宣告了需要的各種函數，其具體程式如下：

```
#include <QDialog>
#include <QMessageBox>
```

```
#include "ui_connectdlg.h"
class QSqlError;
class ConnDlg: public QDialog
{
       Q_OBJECT
public:
       ConnDlg(QWidget *parent = 0);
       QString driverName() const;
       QString databaseName() const;
       QString userName() const;
       QString password() const;
       QString hostName() const;
       int port() const;
       QSqlError addConnection(const QString &driver, const QString
&dbName, const QString &host,const QString &user, const QString
&passwd, int port = -1);
    void creatDB();
    void addSqliteConnection();
private slots:
      void on_okButton_clicked();
      void on_cancelButton_clicked() { reject(); }
      void driverChanged(const QString &);
private:
      Ui::QSqlConnectionDialogUi ui;
};
```

（3）在原始檔案 "connectdlg.cpp" 中，ConnDlg 類別的建構函數完成了初始化 ui 介面及查詢當前所有可用的 Qt 資料庫驅動，並將其加入 ui 介面的驅動下拉式選單方塊中，以及其他一些功能，其具體程式如下：

```
#include "connectdlg.h"
#include "ui_connectdlg.h"
#include <QSqlDatabase>
#include <QtSql>
ConnDlg::ConnDlg(QWidget *parent)
    : QDialog(parent)
{
     ui.setupUi(this);
     QStringList drivers = QSqlDatabase::drivers();          //(a)
     ui.comboDriver->addItems(drivers);                      //(b)
     connect(ui.comboDriver,SIGNAL(currentIndexChanged( const QString
& )),this, SLOT(driverChanged(const QString &)));            //(c)
  ui.status_label->setText(tr("準備連接資料庫！"));              //(d)
}
```

其中，

(a) QStringList drivers = QSqlDatabase::drivers()：查詢資料庫驅動，以 QStringList 的形式傳回所有可用驅動名稱。

(b) ui.comboDriver->addItems(drivers)：將這些驅動名稱加入 ui 介面的下拉式選單方塊。

(c) connect(ui.comboDriver,SIGNAL(currentIndexChanged(const QString&)), this,SLOT (driverChanged(const QString &)))：連結這個下拉式選單方塊的訊號 current IndexChanged(const QString&) 與槽函數 driverChanged(const QString &)，以便每當使用者在這個下拉式選單方塊中選取了不同的驅動時，槽函數 driverChanged() 都會被呼叫。

(d) ui.status_label->setText(tr(" 準備連接資料庫！ "))：設定當前程式執行狀態。

槽函數 driverChanged() 的具體程式如下：

```
void ConnDlg::driverChanged(const QString &text)
{
  if(text == "QSQLITE")                             //(a)
  {
     ui.editDatabase->setEnabled(false);
     ui.editUsername->setEnabled(false);
     ui.editPassword->setEnabled(false);
     ui.editHostname->setEnabled(false);
     ui.portSpinBox->setEnabled(false);
  }
  else
  {
     ui.editDatabase->setEnabled(true);
     ui.editUsername->setEnabled(true);
     ui.editPassword->setEnabled(true);
     ui.editHostname->setEnabled(true);
     ui.portSpinBox->setEnabled(true);
  }
}
```

其中，

(a) if(text == "QSQLITE"){…}：由於 QSQLITE 資料庫驅動對應的 SQLite 資料庫是一種處理程序內的本地資料庫，不需要資料庫名稱、使用者名稱、密碼、主機名稱和通訊埠等特性，所以當使用者選擇的資料庫驅動是 QSQLITE 時，將禁用以上特性。

driverName() 函數的具體程式如下：

```
QString ConnDlg::driverName() const
{
  return ui.comboDriver->currentText();
}
```

databaseName() 函數的具體程式如下：

```
QString ConnDlg::databaseName() const
{
    return ui.editDatabase->text();
}
```

userName() 函數的具體程式如下：

```
QString ConnDlg::userName() const
{
   return ui.editUsername->text();
}
```

password() 函數的具體程式如下：

```
QString ConnDlg::password() const
{
  return ui.editPassword->text();
}
```

hostName() 函數的具體程式如下：

```
QString ConnDlg::hostName() const
{
  return ui.editHostname->text();
}
```

port() 函數的具體程式如下：

```
int ConnDlg::port() const
{
  return ui.portSpinBox->value();
}
```

當使用者點擊「連接」按鈕時，呼叫 on_okButton_clicked() 函數，其具體實現程式如下：

```
void ConnDlg::on_okButton_clicked()
{
  if(ui.comboDriver->currentText().isEmpty())          //(a)
  {
     ui.status_label->setText(tr("請選擇一個資料庫驅動！"));
```

```
        ui.comboDriver->setFocus();
    }
    else if(ui.comboDriver->currentText() == "QSQLITE")    //(b)
    {
        addSqliteConnection();
        //建立資料庫表，如已存在則無須執行
                creatDB();                                    //(c)
        accept();
        }
    else
    {
        QSqlError err = addConnection(driverName(), databaseName(),
hostName(), userName(), password(), port());                 //(d)
            if(err.type() != QSqlError::NoError)              //(e)
            ui.status_label->setText(err.text());
        else                                                  //(f)
            ui.status_label->setText(tr("連接資料庫成功！"));
        //建立資料庫表，如已存在則無須執行
        accept();
            }
}
```

其中，

(a) if (ui.comboDriver->currentText().isEmpty())：檢查使用者是否選擇了一個資料庫驅動。

(b) if(ui.comboDriver->currentText() == "QSQLITE")：根據驅動類型進行處理。如果是 QSQLITE 驅動，則呼叫 addSqliteConnection() 函數建立一個記憶體中資料庫。

(c) creatDB()：當開啟資料庫連接成功時，程式使用 SQL 敘述建立相關資料表，並插入記錄資訊。

(d) QSqlError err = addConnection(driverName(), databaseName(), hostName(), userName(), password(), port())：如果是其他驅動，則呼叫 addConnection() 函數建立一個其他所選類型態資料庫的連接。

(e) if(err.type() != QSqlError::NoError)ui.status_label->setText(err.text())：在連接出錯時顯示錯誤資訊。使用 QSqlError 類別處理連接錯誤，QSqlError 類別提供與具體資料庫相關的錯誤資訊。

(f) else ui.status_label->setText(tr(" 連接資料庫成功 !"))：當連接沒有錯誤時，在狀態列顯示資料庫連接成功資訊。

addConnection() 函數用來建立一筆資料庫連接，其具體實現內容如下：

```
QSqlError ConnDlg::addConnection(const QString &driver, const QString
&dbName, const QString &host,const QString &user, const QString
&passwd, int port)
{
  QSqlError err;
     QSqlDatabase db = QSqlDatabase::addDatabase(driver);
     db.setDatabaseName(dbName);
     db.setHostName(host);
     db.setPort(port);
     if(!db.open(user, passwd))              //(a)
  {
     err = db.lastError();
     }
     return err;                             // 傳回這個錯誤資訊
}
```

其中，

(a) if (!db.open(user, passwd)) {err = db.lastError() …}：當資料庫開啟失敗時，記錄最後的錯誤，然後引用預設資料庫連接，並刪除剛才開啟失敗的連接。

addSqliteConnection() 函數建立一筆 QSQLITE 資料庫驅動對應的 SQLite 資料庫連接，其具體內容如下：

```
void ConnDlg::addSqliteConnection()
{
  QSqlDatabase db = QSqlDatabase::addDatabase("QSQLITE");
  db.setDatabaseName("databasefile");
  if(!db.open())
  {
     ui.status_label->setText(db.lastError().text());
     return;
  }
  ui.status_label->setText(tr("建立 sqlite 資料庫成功！"));
}
```

ConnDlg::creatDB() 函數建立了相關的兩張資料表，並在其中插入適當資訊。其具體程式如下：

```
void ConnDlg::creatDB()
{
     QSqlQuery query;                         //(a)
     query.exec("create table factory (id int primary key,manufactory
```

```
varchar  (40),address varchar(40))");                    //(b)
    query.exec(QObject::tr("insert into factory values(1, '一汽大眾', '
長春')"));
    query.exec(QObject::tr("insert into factory values(2, '二汽神龍', '
武漢')"));
    query.exec(QObject::tr("insert into factory values(3, '上海大眾', '
上海')"));
    query.exec("create table cars (carid int primary key, name
varchar(50), factoryid int, year int, foreign key(factoryid)
references factory)");                                      //(c)
    query.exec(QObject::tr("insert into cars values(1,'奧迪A6',
1,2005)"));
    query.exec(QObject::tr("insert into cars values(2,'捷達', 1,
1993)"));
    query.exec(QObject::tr("insert into cars values(3,'寶來', 1,
2000)"));
    query.exec(QObject::tr("insert into cars values(4,'畢卡索',2,
1999)"));
    query.exec(QObject::tr("insert into cars values(5,'富康', 2,
2004)"));
    query.exec(QObject::tr("insert into cars values(6,'標緻307',2,
2001)"));
    query.exec(QObject::tr("insert into cars values(7,'桑塔納',3,
1995)"));
    query.exec(QObject::tr("insert into cars values(8,'帕薩特',3,
2000)"));
}
```

其中，

(a) QSqlQuery query：建立 QSqlQuery 物件。一旦資料庫連接建立後，就可以使用 QSqlQuery 物件執行底層資料庫支援的 SQL 敘述，此方法所要做的僅是首先建立一個 QSqlQuery 物件，然後呼叫 QSqlQuery::exec() 函數。

(b) query.exec("create table factory (id int primary key, manufactory varchar(40), address varchar(40))")：此處是將 SQL 敘述作為 QSqlQuery::exec() 的參數，但是它同樣可以直接傳給建構函數，從而使該敘述立即被執行。這兩行程式等值於：

```
QSqlQuery query.exec("create table factory (id int primary key,
manufactory varchar(40), address varchar(40))");
```

(c) "foreign key(factoryid) references factory)"：汽車表 "cars" 中有一個表示生產廠商的欄位 factoryid 指向 factory 的 id 欄位，即 factoryid 是一個外鍵。

一些資料庫不支援外鍵，如果將此敘述去掉，程式仍然可以執行，但資料庫將不強制執行參照完整性。

（4）修改 "main.cpp" 的程式如下：

```
#include "mainwindow.h"
#include <QApplication>
#include <QDialog>
#include "connectdlg.h"
int main(int argc, char *argv[])
{
    QApplication a(argc, argv);
    ConnDlg dialog;
    if(dialog.exec() != QDialog::Accepted)
        return -1;
    dialog.show();
    return a.exec();
}
```

（5）在 "SQLEx.pro" 檔案中增加以下內容：

```
QT += sql
```

圖 13.7 測試資料庫連接

（6）執行程式，出現如圖 13.7 所示的介面。

在「驅動：」欄中選擇 "QSQLITE"，點擊「連接」按鈕，在「狀態：」欄中將顯示「建立 sqlite 資料庫成功！」，這說明之前撰寫的建立及連接資料庫的程式是正確的，接下來實現用主 / 從視圖模式瀏覽資料庫中的資訊。

3. 主 / 從視圖應用

（1）在標頭檔 "mainwindow.h" 中增加以下程式：

```
#include <QFile>
#include <QSqlRelationalTableModel>
#include <QSqlTableModel>
#include <QModelIndex>
#include <QDomNode>
#include <QDomDocument>
public:
  MainWindow(const QString &factoryTable, const QString &carTable,
QFile *carDetails,QWidget *parent = 0);                          //(a)
  ~MainWindow();
private slots:
    void addCar();
```

```
    void changeFactory(QModelIndex index);
    void delCar();
    void showCarDetails(QModelIndex index);
    void showFactorytProfile(QModelIndex index);
private:
    void decreaseCarCount(QModelIndex index);
    void getAttribList(QDomNode car);
    QModelIndex indexOfFactory(const QString &factory);
    void readCarData();
    void removeCarFromDatabase(QModelIndex index);
    void removeCarFromFile(int id);
    QDomDocument carData;
    QFile *file;
    QSqlRelationalTableModel *carModel;
    QSqlTableModel *factoryModel;
```

其中，

(a) MainWindow(const QString &factoryTable, const QString &carTable, QFile *carDetails, QWidget *parent = 0)：建構函數，參數 factoryTable 是需要傳入的汽車製造商表名稱，參數 carTable 是需要傳入的汽車表名稱，參數 carDetails 是需要傳入的讀取 XML 檔案的 QFile 指標。

（2）在原始檔案 "mainwindow.cpp" 中增加以下程式：

```
#include <QMessageBox>
#include <QSqlRecord>
MainWindow::MainWindow(const QString &factoryTable, const QString &car
Table, QFile *carDetails, QWidget *parent) : QMainWindow(parent)
{
    file = carDetails;
    readCarData();                              //(a)
    carModel = new QSqlRelationalTableModel(this);      //(b)
    carModel->setTable(carTable);
    carModel->setRelation(2, QSqlRelation(factoryTable, "id",
"manufactory"));                                        //(c)
    carModel->select();
    factoryModel = new QSqlTableModel(this);        //(d)
    factoryModel->setTable(factoryTable);
    factoryModel->select();
  …
}
```

其中，

(a) readCarData()：將 XML 檔案裡的車型資訊讀取 QDomDocument 類別實例 carData 中，以便後面的操作。

(b) carModel = new QSqlRelationalTableModel(this)：為汽車表 "cars" 建立一個 QSqlRelationalTableModel 模型。

(c) carModel->setRelation(2, QSqlRelation(factoryTable, "id", "manufactory"))：説明上面建立的 QSqlRelationalTableModel 模型的第二個欄位（即汽車表 "cars" 中的 factoryid 欄位）是汽車製造商表 "factory" 中 id 欄位的外鍵，但其顯示為汽車製造商表 "factory" 的 manufactory 欄位，而非 id 欄位。

(d) factoryModel = new QSqlTableModel(this)：為汽車製造商表 "factory" 建立一個 QSqlTableModel 模型。

changeFactory() 函數的具體程式如下：

```
void MainWindow::changeFactory(QModelIndex  index)
{
    QSqlRecord record = factoryModel->record(index.row());//(a)
    QString factoryId = record.value("id").toString();    //(b)
    carModel->setFilter("id = '"+ factoryId +"'") ;       //(c)
    showFactorytProfile(index);                           //(d)
}
```

其中，

(a) QSqlRecord record = factoryModel->record(index.row())：取出使用者選擇的這筆汽車製造商記錄。

(b) QString factoryId = record.value("id").toString()：獲取以上選擇的汽車製造商的主鍵。QSqlRecord::value() 需要指定欄位名稱或欄位索引。

(c) carModel->setFilter("id = '"+ factoryId +"'")：在汽車表模型 "carModel" 中設定篩檢程式，使其只顯示所選汽車製造商的車型。

(d) showFactorytProfile(index)：在「詳細資訊」中顯示所選汽車製造商的資訊。

在「詳細資訊」中顯示所選汽車製造商的資訊函數 showFactorytProfile() 的具體程式如下：

```
void MainWindow::showFactorytProfile(QModelIndex index)
{
    QSqlRecord record = factoryModel->record(index.row());  //(a)
```

```
    QString name = record.value("manufactory").toString(); //(b)
    int count = carModel->rowCount();                      //(c)
    profileLabel->setText(tr("汽車製造商：%1\n 產品數量： %2").arg(name).
arg(count));                                               //(d)
    profileLabel->show();
    titleLabel->hide();
    attribList->hide();
}
```

其中，

(a) QSqlRecord record = factoryModel->record(index.row())：取出使用者選擇的這筆汽車製造商記錄。

(b) QString name = record.value("manufactory").toString()：從汽車製造商模型 "factoryModel" 中獲得製造商的名稱。

(c) int count = carModel->rowCount()：從汽車表模型 "carModel" 中獲得車型數量。

(d) profileLabel->setText(tr(" 汽車製造商 :%1\n 產品數量 :%2").arg(name).arg(count))：在「詳細資訊」的 profileLabel 標籤中顯示這兩部分資訊。

showCarDetails() 函數的具體程式如下：

```
void MainWindow::showCarDetails(QModelIndex index)
{
    QSqlRecord record = carModel->record(index.row());   //(a)
    QString factory = record.value("manufactory").toString();   //(b)
    QString name = record.value("name").toString();      //(c)
    QString year = record.value("year").toString();      //(d)
    QString carId = record.value("carid").toString();    //(e)
    showFactorytProfile(indexOfFactory(factory));        //(f)
    titleLabel->setText(tr("品牌： %1 (%2)").arg(name).arg(year));//(g)
    titleLabel->show();
    QDomNodeList cars = carData.elementsByTagName("car"); //(h)
    for(int i = 0; i < cars.count(); i++)          //找出所有 car 標籤
    {
       QDomNode car = cars.item(i);
          if(car.toElement().attribute("id") == carId)    //(i)
          {
             getAttribList(car.toElement());              //(j)
             break;
          }
    }
```

```
    if(!attribList->count() == 0)
        attribList->show();
}
```

其中，

(a) QSqlRecord record = carModel->record(index.row())：首先從汽車表模型 "carModel" 中獲取所選記錄。
(b) QString factory = record.value("manufactory").toString()：獲得所選記錄的製造商名稱 factory 欄位。
(c) QString name = record.value("name").toString()：獲得所選記錄的車型 name 欄位。
(d) QString year = record.value("year").toString()：獲得所選記錄的生產時間 year 欄位。
(e) QString carId = record.value("carid").toString()：獲得所選記錄的車型主鍵 carId 欄位。
(f) showFactorytProfile(indexOfFactory(factory))：重複顯示製造商資訊。其中，indexOfFactory() 函數透過製造商的名稱進行檢索，並傳回一個匹配的模型索引 QModelIndex，供汽車製造商表模型的其他操作使用。
(g) titleLabel->setText(tr(" 品牌：%1 (%2)").arg(name).arg(year))：在「詳細資訊」的 titleLabel 標籤中顯示該車型的品牌名稱和生產時間。
(h) QDomNodeList cars = carData.elementsByTagName("car") 程式及以下的程式碼部分：記錄了車型資訊的 XML 檔案中搜索匹配的車型，這個 XML 檔案的具體內容詳見 "attribs.xml" 檔案。
(i) if (car.toElement().attribute("id") == carId) {…}：在這些標籤中找出 id 屬性與所選車型主鍵 carId 相同的屬性 id。
(j) getAttribList(car.toElement())：顯示這個匹配的 car 標籤中的相關資訊（如資訊編號 number 和該編號下的資訊內容）。

getAttribList() 函數檢索以上獲得的 car 標籤下的所有子節點，將這些子節點的資訊在「詳細資訊」的 QListWidget 表單中顯示。這些資訊包括資訊編號 number 和該編號下的資訊內容，其具體程式如下：

```
void MainWindow::getAttribList(QDomNode car)
{
    attribList->clear();
```

```
    QDomNodeList attribs = car.childNodes();
    QDomNode node;
    QString attribNumber;
    for (int j = 0; j < attribs.count(); j++)
    {
            node = attribs.item(j);
            attribNumber = node.toElement().attribute("number");
            QListWidgetItem *item = new QListWidgetItem(attribList);
            QString showText(attribNumber + ": " + node.toElement().
text());
            item->setText(tr("%1").arg(showText));
    }
}
```

因為 addCar() 函數在此時還沒有實現具體的功能，所以程式部分暫時為空：

```
void MainWindow::addCar(){}
```

delCar() 函數的具體程式如下：

```
void MainWindow::delCar()
{
    QModelIndexList selection = carView->selectionModel()
->selectedRows(0);
    if (!selection.empty())                                    //(a)
    {
        QModelIndex idIndex = selection.at(0);
        int id = idIndex.data().toInt();
        QString name = idIndex.sibling(idIndex.row(), 1).data().
toString();
        QString factory = idIndex.sibling(idIndex.row(), 2).data().
toString();
        QMessageBox::StandardButton button;
        button = QMessageBox::question(this, tr("刪除汽車記
錄"),QString(tr("確認刪除由'%1'生產的'%2'嗎？").arg(factory).
arg(name)),QMessageBox::Yes | QMessageBox:: No);
                //(b)
        if (button == QMessageBox::Yes)              //得到使用者確認
        {
            removeCarFromFile(id);                   //從 XML 檔案中刪除相關內容
            removeCarFromDatabase(idIndex);      //從資料庫表中刪除相關內容
            decreaseCarCount(indexOfFactory(factory)); //(c)
        }
     else                                                      //(d)
        {
```

```
            QMessageBox::information(this, tr("刪除汽車記錄"),tr("請選擇
要刪除的記錄。"));
        }
    }
}
```

其中，

(a) QModelIndexList selection=carView->selectionModel()->selectedRows(0)、if (!selec tion. empty()) {…}：判斷使用者是否在汽車表中選中了一筆記錄。

(b) button = QMessageBox::question(this, tr(" 刪除汽車記錄 "),Qstring(tr(" 確認刪除由 '%1' 生產的 '%2' 嗎？ ")).arg(factory).arg(name)),QMessageBox::Yes | QMessageBox::No)：如果是，則彈出一個確認對話方塊，提示使用者是否刪除該記錄。

(c) decreaseCarCount(indexOfFactory(factory))：調整汽車製造商表中的內容。

(d) else { QMessageBox::information(this, tr(" 刪除汽車記錄 "),tr(" 請選擇要刪除的記錄。"));}：如果使用者沒有在汽車表中選中記錄，則提示使用者進行選擇。

removeCarFromFile() 函數遍歷 XML 檔案中的所有 car 標籤，首先找出 id 屬性與汽車表中所選記錄主鍵相同的節點，然後將其刪除。其具體程式如下：

```
void MainWindow::removeCarFromFile(int id)
{
    QDomNodeList cars = carData.elementsByTagName("car");
    for(int i = 0; i < cars.count(); i++)
    {
        QDomNode node = cars.item(i);
            if(node.toElement().attribute("id").toInt() == id)
            {
        carData.elementsByTagName("archive").item(0).removeChild(node);
                break;
        }
    }
}
```

removeCarFromDatabase() 函數將汽車表中所選中的行從汽車表模型 "carModel" 中移除，這個模型將自動刪除資料庫表中的對應記錄，其具體程式如下：

```
void MainWindow::removeCarFromDatabase(QModelIndex index)
{
```

```
    carModel->removeRow(index.row());
}
```

刪除了某個汽車製造商的全部產品後，需要刪除這個汽車製造商，decreaseCarCount() 函數實現了此功能，其具體程式如下：

```
void MainWindow::decreaseCarCount(QModelIndex index)
{
    int row = index.row();
        int count = carModel->rowCount();           //(a)
    if(count == 0)                                 //(b)
            factoryModel->removeRow(row);
}
```

其中，

(a) int count = carModel->rowCount()：汽車表中的目前記錄數。

(b) if (count == 0) factoryModel->removeRow(row)：判斷這個記錄數，如果為 0，則從汽車製造商表中刪除對應的製造商。

readCarData() 函數的具體程式如下：

```
void MainWindow::readCarData()
{
    if(!file->open(QIODevice::ReadOnly))
            return;
    if(!carData.setContent(file))
    {
        file->close();
            return;
    }
    file->close();
}
```

其中，在 QGroupBox* MainWindow::createFactoryGroupBox() 函數的 "factory View-> setAlternating RowColors(true)" 和 "QGroupBox *box = new QGroupBox (tr(" 汽車製造商 "))" 敘述之間增加以下程式：

```
factoryView->setModel(factoryModel);
connect(factoryView, SIGNAL(clicked (QModelIndex )), this,
SLOT(changeFactory (QModelIndex )));
```

當使用者選擇了汽車製造商表中的某一行時，槽函數 changeFactory() 被呼叫。

其中，在 QGroupBox* MainWindow::createCarGroupBox() 函數的 "carView->set Alternating RowColors(true)" 和 "QVBoxLayout *layout = new QVBoxLayout" 敘述之間增加以下程式：

```
carView->setModel(carModel);
connect(carView, SIGNAL(clicked(QModelIndex)), this,
SLOT(showCarDetails (QModelIndex)));
connect(carView, SIGNAL(activated(QModelIndex)), this,
SLOT(showCarDetails (QModelIndex)));
```

當使用者選擇了汽車表中的某一行時，槽函數 showCarDetails() 被呼叫。

其中，在 void MainWindow::createMenuBar() 函數的最後增加以下程式：

```
connect(addAction, SIGNAL(triggered(bool)), this, SLOT(addCar()));
connect(deleteAction, SIGNAL(triggered(bool)), this, SLOT(delCar()));
connect(quitAction, SIGNAL(triggered(bool)), this, SLOT(close()));
```

當使用者在選單中選擇了增加操作 addAction 時，槽函數 addCar() 被呼叫；當使用者在選單中選擇了刪除操作 deleteAction 時，槽函數 delCar() 被呼叫；當使用者在選單中選擇了退出操作 quitAction 時，槽函數 close() 被呼叫。

indexOfFactory() 函數透過製造商的名稱進行檢索，並傳回一個匹配的模型索引 QModelIndex，供汽車製造商表模型的其他操作使用，其具體程式如下：

```
QModelIndex MainWindow::indexOfFactory(const QString &factory)
{
    for(int i = 0; i < factoryModel->rowCount(); i++)
    {
         QSqlRecord record =  factoryModel->record(i);
         if(record.value("manufactory") == factory)
              return factoryModel->index(i, 1);
    }
    return QModelIndex();
}
```

（3）原始檔案 "main.cpp" 的具體程式如下：

```
#include <QDialog>
#include <QFile>
#include "connectdlg.h"
int main(int argc, char *argv[])
{
   QApplication a(argc, argv);
```

```
        //MainWindow w;
        //w.show();
        ConnDlg dialog;
        if(dialog.exec() != QDialog::Accepted)
            return -1;
    QFile *carDetails = new QFile("attribs.xml");
        MainWindow window("factory", "cars", carDetails);
        window.show();
        return a.exec();
}
```

(4) 新建一個 XML 檔案，將該檔案存放在該專案的目錄下，以下是 "attribs.xml" 檔案的詳細內容：

```
<?xml version="1.0" encoding="UTF-8"?>
    <archive>
        <car id="1" >
            <attrib number="01" >排氣量:2393ml</attrib>
            <attrib number="02" >價格:43.26 萬元</attrib>
            <attrib number="03" >排放:歐 4</attrib>
            <attrib number="04" >油耗:7.0l(90km/h) 8.3l(120km/h)
</attrib>
            <attrib number="05" >功率:130/6000</attrib>
        </car>
        <car id="2" >
            <attrib number="01" >排氣量:1600ml</attrib>
            <attrib number="02" >價格:8.98 萬元</attrib>
            <attrib number="03" >排放:歐 3</attrib>
            <attrib number="04" >油耗:6.1l(90km/h)</attrib>
            <attrib number="05" >功率:68/5800</attrib>
        </car>
        <car id="3" >
            <attrib number="01" >排氣量:1600ml</attrib>
            <attrib number="02" >價格:11.25 萬元</attrib>
            <attrib number="03" >排放:歐 3 帶 OBD</attrib>
            <attrib number="04" >油耗:6.0l(90km/h)8.1l(120km/h)
</attrib>
            <attrib number="05" >功率:74/6000</attrib>
        </car>
        <car id="4" >
            <attrib number="01" >排氣量:1997ml</attrib>
            <attrib number="02" >價格:15.38 萬元</attrib>
            <attrib number="03" >排放:歐 3 帶 OBD</attrib>
            <attrib number="04" >油耗:6.8l(90km/h)</attrib>
```

```
        <attrib number="05" >功率:99/6000</attrib>
    </car>
    <car id="5" >
        <attrib number="01" >排氣量:1600ml</attrib>
        <attrib number="02" >價格:6.58 萬元</attrib>
        <attrib number="03" >排放:歐 3</attrib>
        <attrib number="04" >油耗:6.5l(90km/h)</attrib>
        <attrib number="05" >功率:65/5600</attrib>
    </car>
    <car id="6" >
        <attrib number="01" >排氣量:1997ml</attrib>
        <attrib number="02" >價格:16.08 萬元</attrib>
        <attrib number="03" >排放:歐 4</attrib>
        <attrib number="04" >油耗:7.0l(90km/h)</attrib>
        <attrib number="05" >功率:108/6000</attrib>
    </car>
    <car id="7" >
        <attrib number="01" >排氣量:1781ml</attrib>
        <attrib number="02" >價格:7.98 萬元</attrib>
        <attrib number="03" >排放:國 3</attrib>
        <attrib number="04" >油耗:≤7.2l(90km/h)</attrib>
        <attrib number="05" >功率:70/5200</attrib>
    </car>
    <car id="8" >
        <attrib number="01" >排氣量:1984ml</attrib>
        <attrib number="02" >價格:19.58 萬元</attrib>
        <attrib number="03" >排放:歐 4</attrib>
        <attrib number="04" >油耗:7.1l(90km/h)</attrib>
        <attrib number="05" >功率:85/5400</attrib>
    </car>
</archive>
```

(5) 在 "SQLEx.pro" 檔案中增加以下內容：

```
QT += xml
```

(6) 執行程式，「驅動」選擇 "QSQLITE"，點擊「連接」按鈕，彈出如圖 13.8 所示的主介面。

當使用者在「操作選單」中選擇「刪除」子功能表時，彈出如圖 13.9 所示的「刪除汽車記錄」對話方塊。

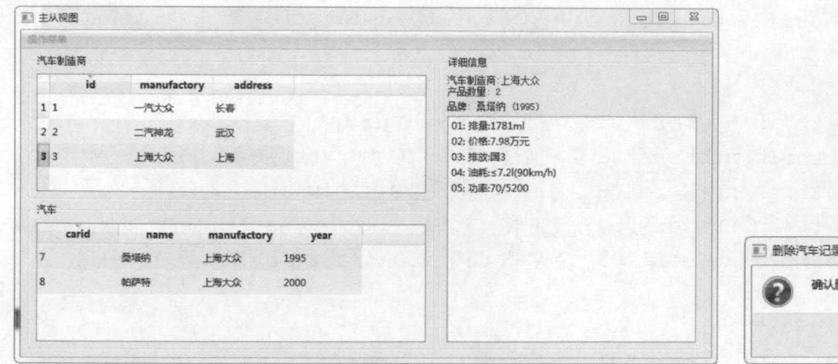

圖 13.8 主介面顯示的內容

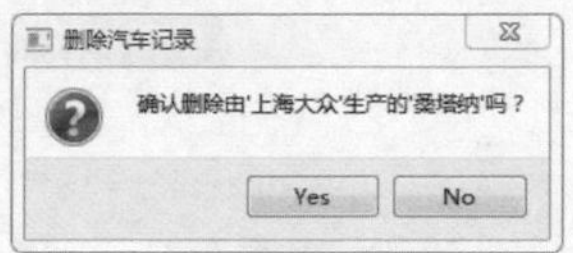

圖 13.9 「刪除汽車記錄」對話方塊

4. 增加記錄功能

以上完成了除「增加記錄」功能外的所有功能實現工作。下面詳細介紹「增加記錄」功能的實現。

（1）Dialog 類別繼承自 QDialog 類別，該類別定義了「增加產品」對話方塊的介面及完成將新加入的記錄分別插入汽車製造商表和汽車表，並且將詳細的車型資訊寫入 XML 檔案中的功能，其標頭檔 "editdialog.h" 的具體程式如下：

```
#include <QtGui>
#include <QtSql>
#include <QtXml>
#include "ui_connectdlg.h"
#include <QtWidgets/QDialogButtonBox>
class Dialog : public QDialog
{
  Q_OBJECT
public:
    Dialog(QSqlRelationalTableModel *cars, QSqlTableModel *factory,
QDomDocument details, QFile *output, QWidget *parent = 0);
private slots:
    void revert();
    void submit();
private:
    int addNewCar(const QString &name, int factoryId);
    int addNewFactory(const QString &factory,const QString &address);
    void addAttribs(int carId, QStringList attribs);
    QDialogButtonBox *createButtons();
    QGroupBox *createInputWidgets();
    int findFactoryId(const QString &factory);
```

```
    int generateCarId();
    int generateFactoryId();
    QSqlRelationalTableModel *carModel;
  QSqlTableModel *factoryModel;
    QDomDocument carDetails;
    QFile *outputFile;
    QLineEdit *factoryEditor;
  QLineEdit *addressEditor;
    QLineEdit *carEditor;
    QSpinBox *yearEditor;
    QLineEdit *attribEditor;
};
```

（2）原始檔案 "editdialog.cpp" 的具體程式如下：

```
#include "editdialog.h"
#include <QMessageBox>
int uniqueCarId;
int uniqueFactoryId;
Dialog::Dialog(QSqlRelationalTableModel *cars, QSqlTableModel *factory,
QDomDocument details,QFile *output, QWidget *parent) : QDialog(parent)
                                                      //(a)
{
    carModel = cars;                                  //(b)
  factoryModel = factory;
    carDetails = details;
    outputFile = output;
    QGroupBox *inputWidgetBox = createInputWidgets();
    QDialogButtonBox *buttonBox = createButtons();
  //介面版面配置
  QVBoxLayout *layout = new QVBoxLayout;
  layout->addWidget(inputWidgetBox);
  layout->addWidget(buttonBox);
  setLayout(layout);
  setWindowTitle(tr("增加產品"));
}
```

其中，

(a) Dialog::Dialog(QSqlRelationalTableModel *cars, QSqlTableModel *factory, QDomDocument details,QFile *output, QWidget *parent)：Dialog 類別的建構函數需要傳入汽車表模型（cars）參數、汽車製造商表模型（factory）參數、解析 XML 檔案的 QDomDocument 類別物件（details）參數、讀寫 XML 檔案的 QFile 指標（output）參數。

(b) carModel = cars、factoryModel = factory、carDetails = details、outputFile = output：將這些參數儲存在 Dialog 類別的私有變數中。

Dialog::submit() 函數的具體程式如下：

```
void Dialog::submit()
{
    QString factory = factoryEditor->text();            //(a)
    QString address = addressEditor->text();            //(b)
    QString name = carEditor->text();                   //(c)
    if (factory.isEmpty() || address.isEmpty()||name.isEmpty())
  {
       QString message(tr("請輸入廠名稱、廠址和商品名稱！"));
       QMessageBox::information(this, tr("增加產品"), message);
    }                                                   //(d)
   else                                                 //(e)
   {
          int factoryId = findFactoryId(factory);
      if(factoryId == -1)                               //(f)
      {
             factoryId = addNewFactory(factory,address);
      }
          int carId = addNewCar(name, factoryId);       //(g)
          QStringList attribs;
          attribs = attribEditor->text().split(";", Qt::SkipEmptyParts);
                                                        //(h)
       addAttribs(carId, attribs);                      //(i)
          accept();
    }
}
```

其中，

(a) QString factory = factoryEditor->text()：從介面獲取使用者輸入的製造商名稱 factory。

(b) QString address = addressEditor->text()：從介面獲取使用者輸入的廠址 address。

(c) QString name = carEditor->text()：從介面獲取使用者輸入的車型名稱 name。

(d) if (factory.isEmpty() || address.isEmpty()||name.isEmpty())

{

QString message(tr(" 請輸入廠名稱、廠址和商品名稱！"));

    QMessageBox::information(this, tr(" 增加產品 "), message);

}：如果這三個值中的任意一個為空，則以提示框的形式要求使用者重新輸入。

(e) else { int factoryId = findFactoryId(factory);…}：如果這三個值都不為空，則首先呼叫 findFactoryId() 函數在汽車製造商表中查詢輸入的製造商 factory 的主鍵 factoryId。

(f) if(factoryId == -1){factoryId = addNewFactory(factory,address);}：如果該主鍵為 "-1" 表明輸入的製造商不存在，則需要呼叫 addNewFactory() 函數插入一筆新記錄。

(g) int carId = addNewCar(name, factoryId)：如果製造商存在，則呼叫 addNewCar() 函數在汽車表中插入一筆新記錄。

(h) attribs = attribEditor->text().split(";", Qt::SkipEmptyParts)：從 attribEditor 編輯方塊中分離出「分號」間隔的各個屬性，將它們儲存在 QStringList 列表的 attribs 中。

(i) addAttribs(carId, attribs)：將輸入的車型資訊寫入 XML 檔案中。

findFactoryId() 函數的具體程式如下：

```
int Dialog::findFactoryId(const QString &factory)
{
    int row = 0;
     while (row < factoryModel->rowCount())
   {
       QSqlRecord record = factoryModel->record(row);     //(a)
          if(record.value("manufactory") == factory)       //(b)
         return record.value("id").toInt();               //(c)
           else
         row++;
     }
    return -1;                              //如果未查詢到則傳回 "-1"
}
```

其中，

(a) QSqlRecord record = factoryModel->record(row)：檢索製造商模型 factoryModel 中的全部記錄。

(b) if (record.value("manufactory") == factory)：找出與製造商參數匹配的記錄。

(c) return record.value("id").toInt()：將該記錄的主鍵傳回。

addNewFactory () 函數的具體程式如下：

```
int Dialog::addNewFactory(const QString &factory,const QString
&address)
{
   QSqlRecord record;
    int id = generateFactoryId();            // 生成一個汽車製造商表的主鍵值
  /* 在汽車製造商表中插入一筆新記錄，廠名稱和地址由參數傳入 */
     QSqlField f1("id", QVariant::Int);
     QSqlField f2("manufactory", QVariant::String);
     QSqlField f3("address", QVariant::String);
    f1.setValue(QVariant(id));
    f2.setValue(QVariant(factory));
    f3.setValue(QVariant(address));
    record.append(f1);
    record.append(f2);
    record.append(f3);
    factoryModel->insertRecord(-1, record);
    return id;                               // 傳回新記錄的主鍵值
}
```

addNewCar() 函數與 addNewFactory() 函數的操作類似，其具體程式如下：

```
int Dialog::addNewCar(const QString &name, int factoryId)
{
    int id = generateCarId();                // 生成一個汽車表的主鍵值
    QSqlRecord record;
  /* 在汽車表中插入一筆新記錄 */
    QSqlField f1("carid", QVariant::Int);
    QSqlField f2("name", QVariant::String);
    QSqlField f3("factoryid", QVariant::Int);
    QSqlField f4("year", QVariant::Int);
    f1.setValue(QVariant(id));
    f2.setValue(QVariant(name));
    f3.setValue(QVariant(factoryId));
    f4.setValue(QVariant(yearEditor->value()));
    record.append(f1);
    record.append(f2);
    record.append(f3);
    record.append(f4);
    carModel->insertRecord(-1, record);
    return id;                               // 傳回這筆新記錄的主鍵值
}
```

addAttribs() 函數實現了將輸入的車型資訊寫入 XML 檔案的功能，其具體程式如下：

```
void Dialog::addAttribs(int carId, QStringList attribs)
{
   /* 建立一個 car 標籤 */
      QDomElement carNode = carDetails.createElement("car");
      carNode.setAttribute("id", carId);           //(a)
      for(int i = 0; i < attribs.count(); i++)     //(b)
      {
          QString attribNumber = QString::number(i+1);
           if(i < 10)
               attribNumber.prepend("0");
           QDomText textNode = carDetails.createTextNode(attribs.at(i));
           QDomElement attribNode = carDetails.createElement("attrib");
           attribNode.setAttribute("number", attribNumber);
           attribNode.appendChild(textNode);
           carNode.appendChild(attribNode);
      }
      QDomNodeList archive = carDetails.elementsByTagName("archive");
      archive.item(0).appendChild(carNode);
      if(!outputFile->open(QIODevice::WriteOnly)) //(c)
      {
          return;
      }
      else
      {
           QTextStream stream(outputFile);
           archive.item(0).save(stream, 4);
           outputFile->close();
      }
}
```

其中，

(a) carNode.setAttribute("id", carId)：將 id 屬性設定為傳入的車型主鍵 carId。

(b) for (int i = 0; i < attribs.count(); i++) {…}：將每一筆資訊作為子節點插入。

(c) if (!outputFile->open(QIODevice::WriteOnly)) {… } else {…}：透過輸出檔案指標 outputFilc 將修改後的檔案寫回磁碟。

revert() 函數實現了撤銷使用者在介面中的輸入資訊功能，其具體程式如下：

```
void Dialog::revert()
{
     factoryEditor->clear();
     addressEditor->clear();
```

```
        carEditor->clear();
        yearEditor->setValue(QDate::currentDate().year());
        attribEditor->clear();
    }
```

createInputWidgets() 函數實現了輸入介面的完成，其具體程式如下：

```
QGroupBox *Dialog::createInputWidgets()
{
    QGroupBox *box = new QGroupBox(tr("增加產品"));
    QLabel *factoryLabel = new QLabel(tr("製造商:"));
    QLabel *addressLabel = new QLabel(tr("廠址:"));
    QLabel *carLabel = new QLabel(tr("品牌:"));
    QLabel *yearLabel = new QLabel(tr("上市時間:"));
    QLabel *attribLabel = new QLabel(tr("產品屬性 (由分號;隔開):"));
    factoryEditor = new QLineEdit;
    carEditor = new QLineEdit;
  addressEditor = new QLineEdit;
    yearEditor = new QSpinBox;
    yearEditor->setMinimum(1900);
    yearEditor->setMaximum(QDate::currentDate().year());
    yearEditor->setValue(yearEditor->maximum());
    yearEditor->setReadOnly(false);
    attribEditor = new QLineEdit;
    QGridLayout *layout = new QGridLayout;
    layout->addWidget(factoryLabel, 0, 0);
    layout->addWidget(factoryEditor, 0, 1);
    layout->addWidget(addressLabel, 1, 0);
    layout->addWidget(addressEditor, 1, 1);
    layout->addWidget(carLabel, 2, 0);
    layout->addWidget(carEditor, 2, 1);
    layout->addWidget(yearLabel, 3, 0);
    layout->addWidget(yearEditor, 3, 1);
    layout->addWidget(attribLabel, 4, 0, 1, 2);
    layout->addWidget(attribEditor, 5, 0, 1, 2);
    box->setLayout(layout);
    return box;
}
```

createButtons() 函數完成了按鈕的組合功能，其具體程式如下：

```
QDialogButtonBox *Dialog::createButtons()
{
    QPushButton *closeButton = new QPushButton(tr("關閉"));
    QPushButton *revertButton = new QPushButton(tr("撤銷"));
```

```
    QPushButton *submitButton = new QPushButton(tr("提交"));
    closeButton->setDefault(true);
    connect(closeButton, SIGNAL(clicked()), this, SLOT(close()));
    connect(revertButton, SIGNAL(clicked()), this, SLOT(revert()));
    connect(submitButton, SIGNAL(clicked()), this, SLOT(submit()));
                                                      //(a)
    QDialogButtonBox *buttonBox = new QDialogButtonBox;
    buttonBox->addButton(submitButton, QDialogButtonBox::ResetRole);
    buttonBox->addButton(revertButton, QDialogButtonBox::ResetRole);
    buttonBox->addButton(closeButton, QDialogButtonBox::RejectRole);
    return buttonBox;
}
```

其中，

(a) connect(submitButton, SIGNAL(clicked()), this, SLOT(submit()))：當使用者點擊「提交」按鈕時，槽函數 submit() 被呼叫。

generateFactoryId() 函數將全域變數 uniqueFactoryId 以順序加 1 的方式生成一個不重複的主鍵值，並將其傳回供增加操作使用，其具體程式如下：

```
int Dialog::generateFactoryId()
{
    uniqueFactoryId += 1;
    return uniqueFactoryId;
}
```

generateCarId() 函數將全域變數 uniqueCarId 以順序加 1 的方式生成一個不重複的主鍵值，並將其傳回供增加操作使用，其具體內容如下：

```
int Dialog::generateCarId()
{
    uniqueCarId += 1;
    return uniqueCarId;
}
```

（3）在原始檔案 "mainwindow.cpp" 中增加的程式如下：

```
#include "editdialog.h"
extern int uniqueCarId;
extern int uniqueFactoryId;
```

在 MainWindow 建構函數中的 "QGroupBox *details = createDetailsGroupBox()" 和 "QGridLayout *layout = new QGridLayout" 敘述之間增加以下程式：

```
uniqueCarId = carModel->rowCount();              //(a)
uniqueFactoryId = factoryModel->rowCount();      //(b)
```

其中，uniqueCarId 用於記錄汽車表 "cars" 的主鍵；uniqueFactoryId 用於記錄汽車製造商表 "factory" 的主鍵。

(a) uniqueCarId = carModel->rowCount()：設定全域變數 uniqueCarId 為汽車模型的記錄行數，作為這個模型的主鍵。

(b) uniqueFactoryId = factoryModel->rowCount()：設定全域變數 uniqueFactoryId 為汽車製造商模型的記錄行數，作為這個模型的主鍵。

MainWindow::addCar() 函數啟動了一個增加記錄的對話方塊，具體增加操作由該對話方塊完成，增加完成後進行顯示，其具體實現內容如下：

```
void MainWindow::addCar()
{
    Dialog *dialog = new Dialog(carModel, factoryModel, carData, file,
this);
    int accepted = dialog->exec();
    if(accepted == 1)
    {
         int lastRow = carModel->rowCount() -1;
         carView->selectRow(lastRow);
         carView->scrollToBottom();
         showCarDetails(carModel->index(lastRow, 0));
    }
}
```

（4）當使用者選擇「增加」選單時，彈出如圖 13.10 所示的「增加產品」對話方塊，在其中輸入新增加的汽車品牌資訊。

操作之後，在主介面中就立即能夠看到新加入的汽車品牌的記錄資訊，如圖 13.11 所示。

圖 13.10 「增加產品」對話方塊

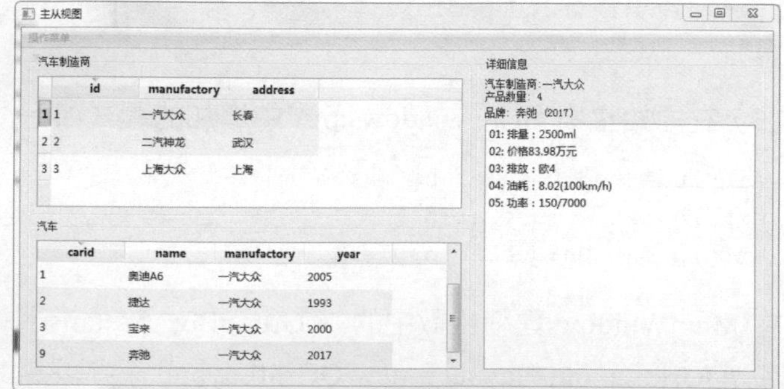

圖 13.11 增加新記錄成功

13.4 Qt 操作流行關聯式資料庫及實例

除了 Qt 附帶的 SQLite，Qt 還對當前流行的關聯式資料庫如 MySQL、PostgreSQL、DB2、Oracle 等提供了支援。下面以最常用的 MySQL 為例，演示 Qt 對其存取和操作的方法。

【例】（難度中等）（CH1303）在 MySQL 資料庫中建立一個商品資訊資料庫，以 Qt 存取 MySQL 讀取其中的商品資訊和圖片，並在介面上顯示出來，如圖 13.12 所示。

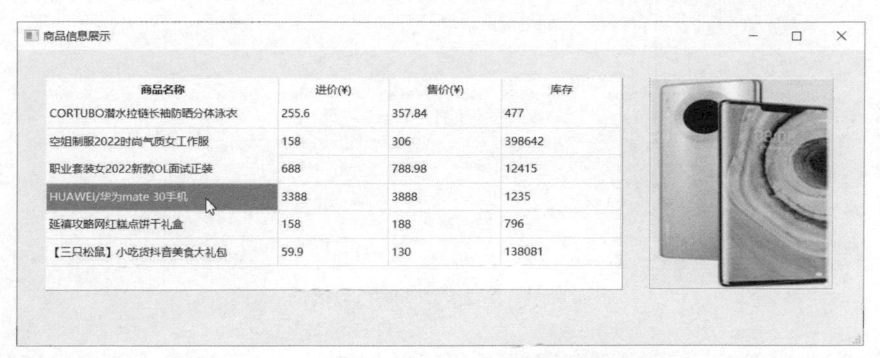

商品名称	进价(¥)	售价(¥)	库存
CORTUBO潜水拉链长袖防晒分体泳衣	255.6	357.84	477
空姐制服2022时尚气质女工作服	158	306	398642
职业套装女2022新款OL面试正装	688	788.98	12415
HUAWEI/华为mate 30手机	3388	3888	1235
延禧攻略网红糕点饼干礼盒	158	188	796
【三只松鼠】小吃货抖音美食大礼包	59.9	130	138081

圖 13.12 Qt 存取 MySQL 讀取和顯示商品資訊

實現步驟如下。

1. 建立和設定專案

（1）建立 Qt 桌面應用程式專案，專案名稱為 "MySQLEx"。

（2）在 "MySQLEx.pro" 檔案中增加以下敘述：

```
QT += sql
```

2. 編譯 MySQL 驅動

自從 Oracle 收購 MySQL 後對其進行了商業化，如今的 MySQL 已經不能算是一個完全開放原始碼的資料庫了，而 Qt 官方則一直嚴格秉持著開放原始碼理念，故 Qt 6 取消了對 MySQL 資料庫的預設支援，Qt 環境中不再內建 MySQL 的驅動（QMYSQL），使用者若是還想使用 Qt 連接操作 MySQL，只能用 Qt 的原始程式專案自行編譯生成 MySQL 的驅動 DLL 函數庫，然後引入開發環境使用，過程比較麻煩，下面介紹具體操作步驟。

（1）首先開啟 MySQL 安裝目錄下的 "lib" 資料夾（筆者的是 "C:\MySQL\lib"），看到裡面有兩個檔案 "libmysql.dll" 和 "libmysql.lib"，將它們複製到 Qt 的 MinGW 編譯器的 "bin" 目錄（筆者的是 "C:\Qt\6.0.2\mingw81_64\bin"）下，如圖 13.13 所示。

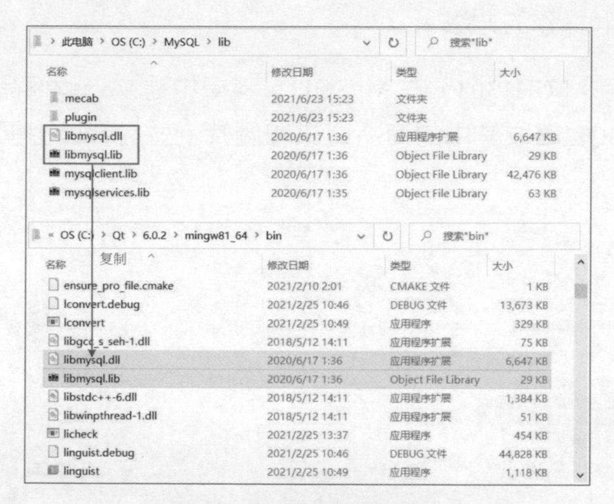

圖 13.13 複製函數庫檔案

（2）找到 Qt 安裝目錄下原始程式碼目錄中的 "mysql" 資料夾（筆者的路徑是 "C:\Qt\6.0.2\Src\qtbase\src\plugins\sqldrivers\mysql"，讀者請根據自己安裝的實際路徑尋找），進入此資料夾，可見其中有一個名為 "mysql.pro" 的 Qt 開發專案設定檔，如圖 13.14 所示。

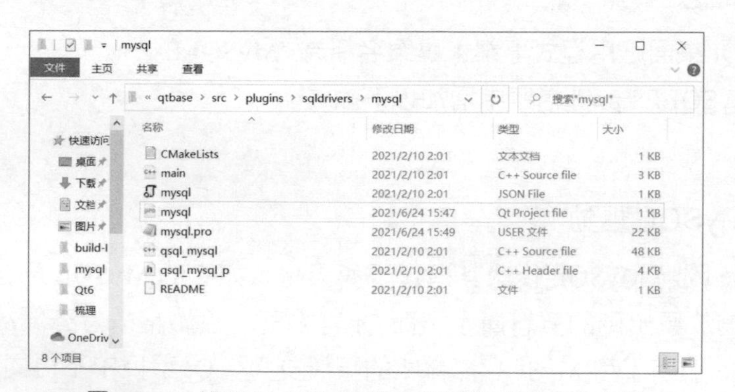

圖 13.14 找到 MySQL 驅動的原始程式專案設定檔

用 Windows 記事本開啟 "mysql.pro" 檔案，修改其內容以下（粗體處為需要修改增加的地方）：

```
TARGET = qsqlmysql

# 增加 MySQL 的 include 路徑
INCLUDEPATH += "C:\MySQL\include"
# 增加 MySQL 的 libmysql.lib 路徑，為驅動的生成提供 lib 檔案
LIBS += "C:\MySQL\lib\libmysql.lib"

HEADERS += $$PWD/qsql_mysql_p.h
SOURCES += $$PWD/qsql_mysql.cpp $$PWD/main.cpp

#註釋起來這行敘述
#QMAKE_USE += mysql

OTHER_FILES += mysql.json

PLUGIN_CLASS_NAME = QMYSQLDriverPlugin
include(../qsqldriverbase.pri)

# 生成 dll 驅動檔案的目標位址，這裡將位址設定在 mysql 下的 lib 資料夾中
DESTDIR = C:\Qt\6.0.2\Src\qtbase\src\plugins\sqldrivers\mysql\lib
```

以上設定的這幾個路徑請讀者根據自己電腦上安裝 MySQL 及 Qt 的實際情況填寫。

（3）啟動 Qt Creator，定位到 "mysql" 資料夾下，開啟 "mysql.pro" 對應的 Qt 專案，執行此專案，系統會彈出訊息方塊提示有一些建構錯誤，點擊 "Yes" 按鈕忽略，如圖 13.15 所示。

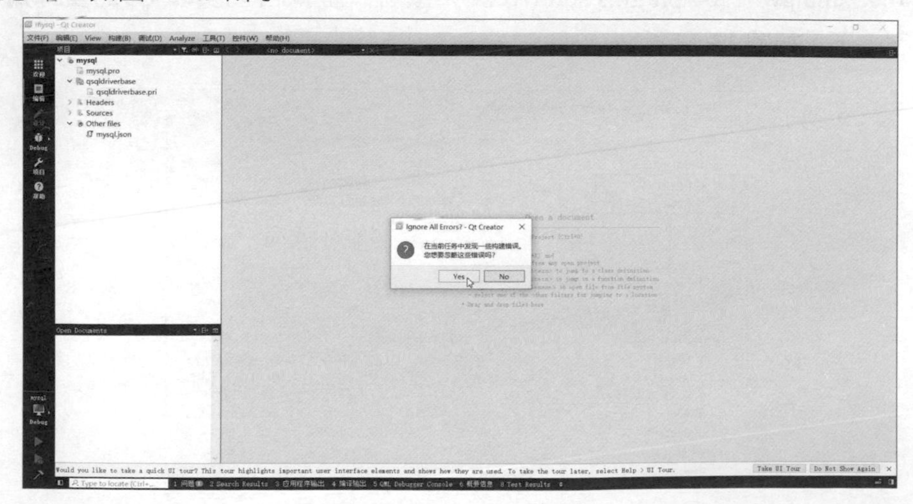

圖 13.15 忽略建構錯誤

（4）開啟 "mysql" 資料夾，可看到其中多了個 "lib" 子資料夾，進入可看到編譯生成的 3 個檔案，如圖 13.16 所示。

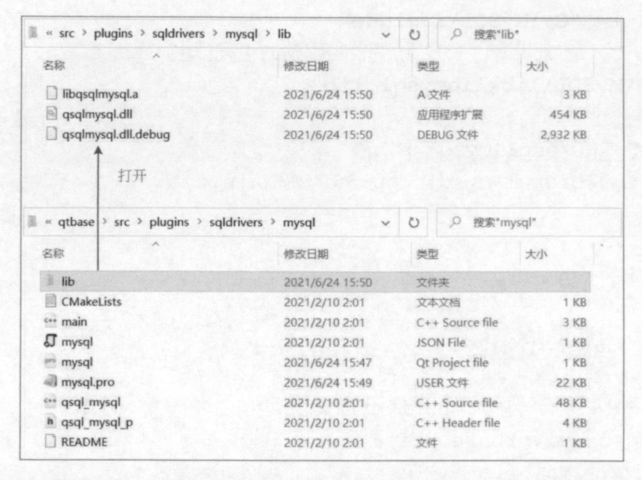

圖 13.16 編譯生成的 "lib" 資料夾及其中的 3 個檔案

其中，"qsqlmysql.dll" 和 "qsqlmysql.dll.debug" 即是我們需要的 Qt 環境 MySQL 資料庫的驅動。

（5）複製 MySQL 驅動到 Qt 的 "sqldrivers" 資料夾中。

選中上面生成的 "qsqlmysql.dll" 和 "qsqlmysql.dll.debug" 驅動檔案並複製，然後將其貼上到 Qt 安裝目錄下的 "sqldrivers" 資料夾（筆者的路徑為 "C:\Qt\6.0.2\mingw81_64\plugins\sqldrivers"，讀者請根據自己安裝 Qt 的實際路徑複製）下，如圖 13.17 所示。

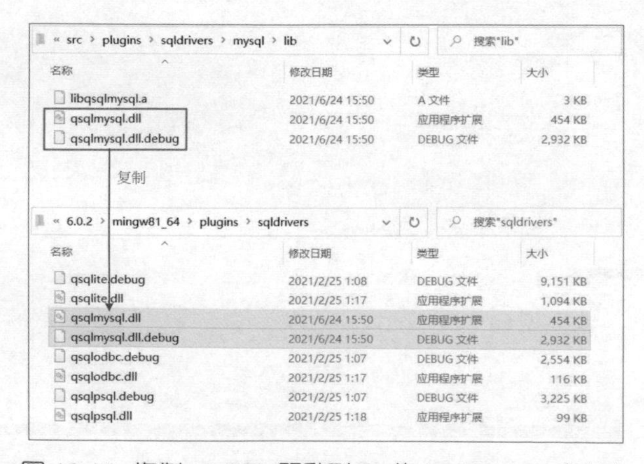

圖 13.17 複製 MySQL 驅動到 Qt 的 "sqldrivers" 資料夾

這樣，我們就成功地給 Qt 環境增加了 MySQL 驅動，後面程式設計中就可以使用這個驅動存取 MySQL 資料庫了。為方便讀者，我們在本書原始程式資源中也會提供編譯好的 MySQL 驅動檔案。

注意：以上編譯 MySQL 驅動的操作要求 Qt 編譯器的位數要與 MySQL 的相同（比如都是 64 位元或都是 32 位元）。

3. 資料庫準備

（1）設計資料庫和表。

存放商品資訊的資料庫名為 "netshop"，為簡單起見，資料庫中只有一個 commodity 表（商品表），表結構如表 13.7 所示。

表 13.7 commodity 表結構

列名	類型	長度	允許空值	說明
CommodityID	int	6	否	商品編號，主鍵，自動遞增
Name	char	32	否	商品名稱
Picture	blob	預設	是	商品圖片
InputPrice	decimal	6，2 位小數	否	商品購入價格（進價）
OutputPrice	decimal	6，2 位小數	否	商品售出價格（單價）
Amount	int	6	否	商品庫存量，無號，預設 0

執行以下敘述建立資料庫和表：

```
CREATE DATABASE IF NOT EXISTS netshop
  DEFAULT CHARACTER SET = gbk
  DEFAULT COLLATE = gbk_chinese_ci
  ENCRYPTION = 'N';

USE netshop;
CREATE TABLE commodity
(
  CommodityID int(6)    NOT NULL PRIMARY KEY AUTO_INCREMENT, /* 商品編號 */
  Name       char(32)   NOT NULL,                           /* 商品名稱 */
  Picture    blob,                                          /* 商品圖片 */
  InputPrice decimal(6,2)  NOT NULL,                        /* 商品購入價格（進價）*/
  OutputPrice decimal(6,2) NOT NULL,                        /* 商品售出價格（單價）*/
  Amount     int(6)        UNSIGNED DEFAULT 0               /* 商品庫存量 */
);
```

（2）輸入資料。

由於商品資料中含有圖片，需要在 MySQL 的設定檔 "my.ini" 中設定圖片存放路徑：

```
secure_file_priv=C:\MySQL\pic
```

重新啟動 MySQL 服務。

然後在該路徑下預先準備要用的各個商品的圖片（注意圖片檔案大小不能超過 64KB），如圖 13.18 所示。

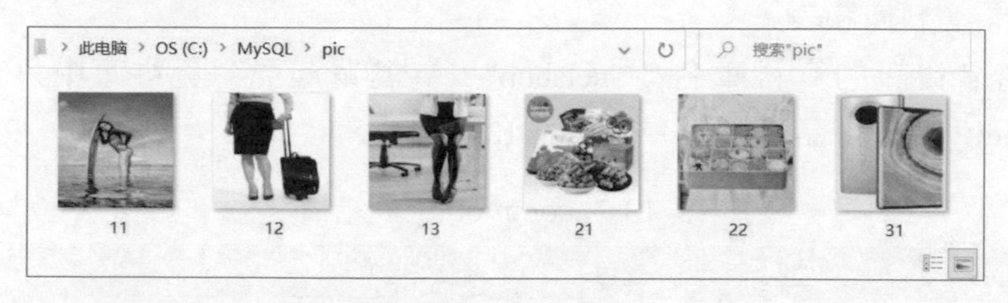

圖 13.18 準備商品圖片

接著向資料庫表中輸入商品樣本記錄，並建立一個商品表上的視圖，依次執行敘述如下：

```
INSERT INTO commodity  VALUES(1, 'CORTUBO 潛水拉鍊長袖防曬分體泳衣', LOAD_
FILE('C:/MySQL/pic/11.jpg'), 255.60, 357.84, 477);
INSERT INTO commodity  VALUES(2, '空姐制服 2022 時尚氣質女工作服', LOAD_
FILE('C:/MySQL/pic/12.jpg'), 158.00, 306.00, 398642);
INSERT INTO commodity  VALUES(3, '職業套裝女 2022 新款 OL 面試正裝', LOAD_
FILE('C:/MySQL/pic/13.jpg'), 688.00, 788.98, 12415);
INSERT INTO commodity  VALUES(4, 'HUAWEI/ 華為 mate 30 手機', LOAD_
FILE('C:/MySQL/pic/31.jpg'), 3388.00, 3888.00, 1235);
INSERT INTO commodity  VALUES(5, '延禧攻略網紅糕點餅乾禮盒', LOAD_
FILE('C:/MySQL/pic/22.jpg'), 158.00, 188.00, 796);
INSERT INTO commodity  VALUES(6, '【三隻松鼠】小吃貨抖音美食大禮包', LOAD_
FILE('C:/MySQL/pic/21.jpg'), 59.90, 130.00, 138081);
CREATE VIEW commodity_inf AS SELECT Name AS '商品名稱', InputPrice AS '
進價 (¥)', OutputPrice AS '售價 (¥)', Amount AS '庫存' FROM commodity;
```

4. 介面設計

程式的介面非常簡單，使用一個 QTableView 控制項（左）作為載入商品資訊的資料網格；一個 QLabel 控制項（右）作為商品圖片顯示框，如圖 13.19 所示。

圖 13.19 程式介面設計

這兩個控制項的一些關鍵屬性設定見表 13.8。

表 13.8 介面控制項的關鍵屬性

控制項	名稱	屬性	設定
QTableView	commodityTableView	horizontalHeaderVisible	選取
		horizontalHeaderDefaultSectionSize	120
		horizontalHeaderMinimumSectionSize	25
		horizontalHeaderStretchLastSection	選取
		verticalHeaderVisible	取消選取
QLabel	newPictureLabel	geometry	寬度 201, 高度 231;
		frameShape	Box
		frameShadow	Sunken
		text	空
		scaledContents	選取

5. 實現功能

(1) main.cpp。

它是整個程式的主開機檔案，程式如下：

```
#include "mainwindow.h"

#include <QApplication>
#include <QProcess>                                  //Qt 處理程序模組

int main(int argc, char *argv[])
{
    QApplication a(argc, argv);
    if(!createMySqlConn())                           //(a)
    {
```

```
            //若初次嘗試連接不成功，就轉而用程式方式啟動 MySQL 服務處理程序
            QProcess process;
            process.start("C:/MySQL/bin/mysqld.exe");
            //第二次嘗試連接
            if(!createMySqlConn()) return 1;
        }
        MainWindow w;
        w.show();                                    //啟動主資料表單
        return a.exec();
    }
```

其中，

(a) if(!createMySqlConn())：createMySqlConn() 是我們撰寫的連接後台資料庫的方法，它傳回 true 表示連接成功，傳回 false 表示失敗。程式在開始啟動時就透過執行該方法來檢查資料庫連接是否就緒。若連接不成功，系統則透過啟動 MySQL 服務處理程序的方式再嘗試一次；若依舊連接不成功，則提示連接失敗，交由使用者檢查排除故障。

(2) mainwindow.h。

它是程式標頭檔，包含程式中用到的各個全域變數的定義、方法宣告，完整的程式如下：

```
#ifndef MAINWINDOW_H
#define MAINWINDOW_H

#include <QMainWindow>
#include <QSqlDatabase>                          //MySQL 資料庫類別
#include <QSqlTableModel>                        //MySQL 表模型函數庫
#include <QMessageBox>

QT_BEGIN_NAMESPACE
namespace Ui { class MainWindow; }
QT_END_NAMESPACE

class MainWindow : public QMainWindow
{
    Q_OBJECT

public:
    MainWindow(QWidget *parent = nullptr);
    ~MainWindow();
    void initMainWindow();                       //介面初始化方法
```

```
    void onTableSelectChange(int row);        //資料網格選中項目與商品圖片對應

private slots:
    void on_commodityTableView_clicked(const QModelIndex &index);
                                              //商品資訊資料網格點擊事件槽
private:
    Ui::MainWindow *ui;
    QSqlTableModel *commodity_model;          //存取資料庫商品資訊視圖的模型
};

/** 存取 MySQL 資料庫的靜態方法 */
static bool createMySqlConn()
{
    QSqlDatabase sqldb = QSqlDatabase::addDatabase("QMYSQL");
    sqldb.setHostName("localhost");           //本地機器
    sqldb.setDatabaseName("netshop");         //資料庫名稱
    sqldb.setUserName("root");                //使用者名稱
    sqldb.setPassword("123456");              //登入密碼
    if (!sqldb.open()) {
        QMessageBox::critical(0, QObject::tr("後台資料庫連接失敗"), "無法
建立連接！請檢查排除故障後重新啟動程式。", QMessageBox::Cancel);
        return false;
    }
    return true;
}
#endif // MAINWINDOW_H
```

上述連接資料庫的 createMySqlConn() 方法就是剛剛在前面主開機檔案 "main.cpp" 中一開始所執行的。

(3) mainwindow.cpp。

它是本程式的主體原始檔案，程式如下：

```
#include "mainwindow.h"
#include "ui_mainwindow.h"

MainWindow::MainWindow(QWidget *parent)
    : QMainWindow(parent)
    , ui(new Ui::MainWindow)
{
    ui->setupUi(this);
    initMainWindow();                         //執行初始化方法
}
```

```
MainWindow::~MainWindow()
{
    delete ui;
}

void MainWindow::initMainWindow()
{
    commodity_model = new QSqlTableModel(this);// 建立模型
    commodity_model->setTable("commodity_inf");// 設定模型態資料為商品資訊視圖
    commodity_model->select();
    ui->commodityTableView->setModel(commodity_model);
    // 載入到介面資料網格中
    ui->commodityTableView->setColumnWidth(0,250); // 設定第1列(商品名
稱)寬度
}

void MainWindow::onTableSelectChange(int row)
{
  // 當使用者變更選擇商品資訊資料網格中的項目時執行對應的圖片切換
    int r = 1;                              // 預設索引為 1
    if(row != 0) r = ui->commodityTableView->currentIndex().row();
    QPixmap photo;
    QModelIndex index;
    QSqlQueryModel *pictureModel = new QSqlQueryModel(this);
                                            // 商品圖片模型態資料
    index = commodity_model->index(r, 0);   // 獲取商品名稱(用於檢索圖片)
    QString name = commodity_model->data(index).toString();
    pictureModel->setQuery("select Picture from commodity where
Name='" + name + "'");
    index = pictureModel->index(0, 0);
    photo.loadFromData(pictureModel->data(index).toByteArray(),
"JPG");
    ui->newPictureLabel->setPixmap(photo);  // 載入圖片
}

void MainWindow::on_commodityTableView_clicked(const QModelIndex
&index)
{
    onTableSelectChange(1);    // 在選擇資料網格中不同的商品項目時執行圖片切換
}
```

Qt 6 操作 Office

CHAPTER 14

與其他高階語言平台一樣，Qt 也提供了存取 Office 文件的功能，可實現對 Mircosoft Office 套件（包括 Excel、Word 等）的存取和靈活操作。本書使用 Windows 7 作業系統下的 Office 2010 來演示各實例。

14.1 Qt 操作 Office 的基本方式

Qt 可在程式中直接操作讀寫 Office 中的資料，也可以透過控制項將 Office 文件中的資料顯示在應用程式圖形介面上供使用者預覽。在開始做實例之前，先介紹這兩種操作方式通行的程式設計步驟。

14.1.1 QAxObject 物件存取

QAxObject 是 Qt 提供給程式設計師從程式中存取 Office 的物件類別，其本質上是一個微軟作業系統導向的 COM 介面，它操作 Excel 和 Word 的基本流程分別如圖 14.1 和圖 14.2 所示。QAxObject 將所有 Office 的工作表、表格、文件等都作為其子物件，程式設計師透過呼叫 querySubObject() 這個統一的方法來獲取各個子物件的實例，再用 dynamicCall() 方法執行各物件上的具體操作。

1. 操作 Excel 的基本流程

從圖 14.1 可看出 Qt 操作 Excel 的基本流程。

圖 14.1 Qt 操作 Excel 的基本流程

（1）啟動 Excel 處理程序、獲取 Excel 工作表集。

建立 Excel 處理程序使用以下敘述：

```
QAxObject *myexcel = new QAxObject("Excel.Application");
```

其中，myexcel 為處理程序的實例物件名稱，該名稱由使用者自己定義，整個程式中引用一致即可。

透過處理程序獲取 Excel 工作表集，敘述為：

```
QAxObject *myworks = myexcel->querySubObject("WorkBooks");
```

其中，myworks 是工作表集的引用，使用者可根據需要定義其名稱，同樣，在程式中也要求引用一致。

有了 Excel 處理程序和工作表集的引用，就可以使用它們對 Excel 進行一系列文件等級的操作，例如：

```
myworks->dynamicCall("Add");                          // 增加一個工作表
myexcel->querySubObject("ActiveWorkBook");            // 獲取當前活動的工作表
```

（2）獲取試算表集。

每個 Excel 工作表中都可以包含若干試算表（Sheet），透過開啟的當前工作表獲取其所有試算表的程式敘述為：

```
QAxObject *mysheets = workbook->querySubObject("Sheets");
```

其中，workbook 也是一個 QAxObject 物件，引用的是當前正在操作的活動工作表。

同理，在獲取了試算表集後，就可以像操作工作表文件那樣，對其中的表格執行各種操作，例如：

```
mysheets->dynamicCall("Add");                      // 增加一個表格
workbook->querySubObject("ActiveSheet");           // 獲取工作表中當前活動表格
sheet->setProperty("Name", 字串);                  // 給表格命名
```

其中，sheet 也是個 QAxObject 物件，代表當前所操作的表格。

（3）操作儲存格及其資料。

對 Excel 的操作最終要落實到對某個試算表儲存格中資料資訊的讀寫上，在 Qt 中的 Excel 儲存格同樣是作為 QAxObject 物件來看待的，對它的操作透過其所在表格的 QAxObject 物件控制碼執行，如下：

```
QAxObject *cell = sheet->querySubObject("Range(QVariant, QVariant)", 儲
存格編號);
cell->dynamicCall("SetValue(const QVariant&)", QVariant(字串));
```

這樣，就實現了對 Excel 各個等級物件的靈活操作和使用。

為避免資源無謂消耗和程式鎖死，通常在程式設計結束時還必須透過敘述釋放該 Excel 處理程序所佔據的系統資源，如下：

```
workbook->dynamicCall("Close()");                //關閉工作表
myexcel->dynamicCall("Quit()");                  //退出處理程序
```

2. 操作 Word 的基本流程

從圖 14.2 可看出 Qt 操作 Word 的基本流程。

圖 14.2 Qt 操作 Word 的基本流程

(1) 啟動 Word 處理程序、獲取 Word 文件集。

建立 Word 處理程序使用以下敘述：

```
QAxObject *myword = new QAxObject("Word.Application");
```

其中，myword 為處理程序的實例物件名稱，該名稱由使用者自己定義，整個程式中引用一致即可。

透過處理程序獲取 Word 文件集，敘述為：

```
QAxObject *mydocs = myword->querySubObject("Documents");
```

其中，mydocs 是文件集的引用，使用者可根據需要定義其名稱，同樣，在程式中也要求引用一致。

有了 Word 處理程序和文件集的引用，就可以使用它們對 Word 文件執行操作，例如：

```
mydocs->dynamicCall("Add(void)");                //增加一個新文件
myword->querySubObject("ActiveDocument");        //獲取當前開啟的活動文件
```

（2）獲取和操作當前選中的段落。

一個 Word 文件由若干文字段落組成，透過文件控制碼可對當前選中的段落執行特定的操作，如下：

```
QAxObject *paragraph = myword->querySubObject("Selection");
```

其中，paragraph 是一個 QAxObject 物件，引用的是當前所選中將要對其執行操作的段落文字。

下面舉兩個操作 Word 文件段落的敘述的例子：

```
paragraph->dynamicCall("TypeText(const QString&)", 字串);  //寫入文字字串
paragraph = document->querySubObject("Range()");           //獲取文字
QString str = paragraph->property("Text").toString();      //讀出文字字串
```

其中，document 是一個表示當前活動文件的 QAxObject 物件。

同樣，在使用完 Word 文件之後也要進行釋放資源和關閉處理程序的善後處理，如下：

```
document->dynamicCall("Close()");                          //關閉文件
myword->dynamicCall("Quit()");                             //退出處理程序
```

從以上介紹可以看出，Qt 對 Excel 和 Word 的操作有很多相通的地方，讀者可以將兩者放在一起比照學習以加深理解。

14.1.2 AxWidget 介面顯示

除用程式碼中的 QAxObject 物件直接操作 Office 外，Qt 還支援使用者在應用程式介面上即時地顯示和預覽 Office 文件的內容，這透過 Qt 中的 QAxWidget 物件來實現。它的機制是：將桌面程式介面上的某個 Qt 控制項重定義包裝為專用於顯示 Office 文件的 QAxWidget 物件實例，該實例與使用者程式中所啟動的特定 Office 處理程序相連結，就具備了顯示外部文件的增強功能，本質上就是用 Qt 的元件呼叫外部的 Microsoft Office 元件，實際在後台執行功能的仍然是 Microsoft Office 的 COM 元件。舉例來說，將一個 Qt 的標籤（QLabel）控制項綁定到 Excel 處理程序來顯示表格的程式碼如下：

```
QAxWidget * mywidget = new QAxWidget("Excel.Application", ui->標籤控制項名稱);
mywidget->dynamicCall("SetVisible(bool Visible)", "false");
                                                 //隱藏不顯示 Office 表單
```

```
mywidget->setProperty("DisplayAlerts", false); //遮罩Office的警告訊息方塊
mywidget->setGeometry(ui->標籤控制項名稱->geometry().x(), ui->標籤控制項名
稱->geometry().y(), 寬度, 高度);                  //設定顯示區尺寸
mywidget->setControl(Excel檔案名稱);              //指定要開啟的檔案名稱
mywidget->show();                                 //顯示內容
```

一個 Office 表格在 Qt 介面上的典型顯示效果如圖 14.3 所示。

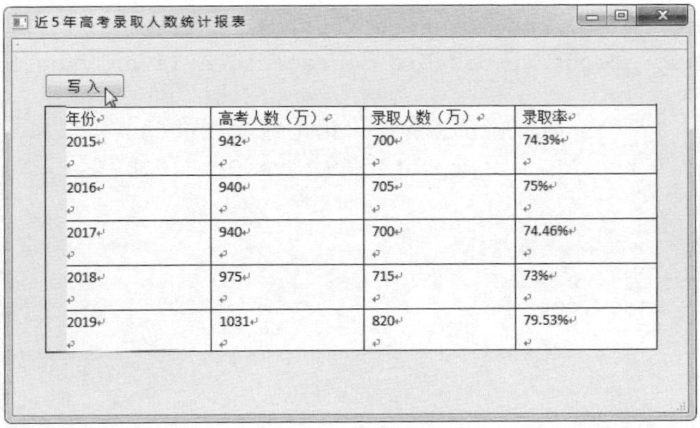

近5年高考录取人数统计报表

写入

年份	高考人数（万）	录取人数（万）	录取率
2015	942	700	74.3%
2016	940	705	75%
2017	940	700	74.46%
2018	975	715	73%
2019	1031	820	79.53%

圖 14.3 一個 Officc 表格在 Qt 介面上的典型顯示效果

下面還會介紹更多的實例應用。

14.1.3 專案設定

為了能在 Qt 專案中使用 QAxObject 和 QAxWidget 物件，對於每個需要操作 Office 的 Qt 程式專案都要進行設定，在專案的 .pro 檔案中增加敘述（粗體處），例如：

```
#-------------------------------------------------
#
# Project created by QtCreator 建立日期時間
#
#-------------------------------------------------

QT       += core gui

greaterThan(QT_MAJOR_VERSION, 4): QT += widgets

TARGET = 專案名稱
TEMPLATE = app

# The following define makes your compiler emit warnings if you use
```

```
# any feature of Qt which has been marked as deprecated (the exact
warnings
# depend on your compiler). Please consult the documentation of the
# deprecated API in order to know how to port your code away from it.
DEFINES += QT_DEPRECATED_WARNINGS

# You can also make your code fail to compile if you use deprecated
APIs.
# In order to do so, uncomment the following line.
# You can also select to disable deprecated APIs only up to a certain
version of Qt.
# DEFINES += QT_DISABLE_DEPRECATED_BEFORE=0x060000
# disables all the APIs deprecated before Qt 6.0.0

SOURCES += \
        main.cpp \
        mainwindow.cpp

HEADERS += \
        mainwindow.h

FORMS += \
        mainwindow.ui
QT += axcontainer
```

這樣設定後，就可以使用上面介紹的 QAxObject、QAxWidget 及其全部介面方法了。

14.2 Qt 對 Office 的基本讀寫

Excel 軟體具有完整的試算表處理和計算功能，可在表格特定行列的儲存格上定義公式，對其中的資料進行批次運算處理，用 Qt 操作 Excel 可輔助執行大量原始資料的計算功能，巧妙地借助儲存格的運算功能就能極大地減輕 Qt 程式本身的計算負擔。Word 是最為常用的辦公軟體，很多日常工作資料都是以 Word 文件格式儲存的。用 Qt 既可以對 Word 中的文字也可以對表格中的資訊進行讀寫。

【例】（簡單）（CH1401）下面透過一個實例演示 Qt 對 Excel 和 Word 的基本讀寫入操作。

14.2.1 程式介面

建立一個 Qt 桌面應用程式專案，專案名稱為 "OfficeHello"，為了方便對比 Qt 對兩種不同類型文件的操作，設計程式介面，Qt 對 Office 基本讀寫程式介面如圖 14.4 所示。

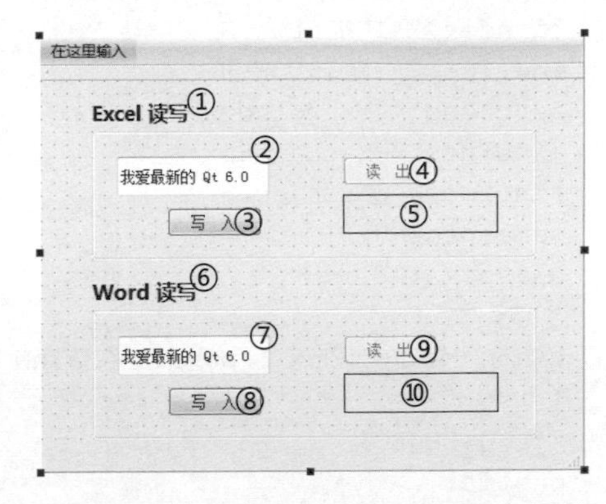

圖 14.4 Qt 對 Office 基本讀寫程式介面

分別用兩個群組方塊（QGroupBox）演示對相同文字內容的讀寫功能。介面上各控制項都用數字號①，②，③，…標注，其名稱、類型及屬性設定見表 14.1。

表 14.1 介面上各控制項的名稱、類型及屬性

序號	名稱	類型	屬性設定
①	label	QLabel	text: Excel 讀寫； font: 微軟雅黑 ,12
②	InExcelLineEdit	QLineEdit	text: 我愛最新的 Qt 6.0
③	writeExcelPushButton	QPushButton	text: 寫 入
④	readExcelPushButton	QPushButton	text: 讀 出； enabled: 取消選取
⑤	OutExcelLabel	QLabel	frameShape: Panel; frameShadow: Plain
⑥	label_2	QLabel	text: Word 讀寫； font: 微軟雅黑 ,12
⑦	InWordLineEdit	QLineEdit	text: 我愛最新的 Qt 6.0
⑧	writeWordPushButton	QPushButton	text: 寫 入
⑨	readWordPushButton	QPushButton	text: 讀 出； enabled: 取消選取
⑩	OutWordLabel	QLabel	frameShape: Panel; frameShadow: Plain

14.2.2 全域變數及方法

為了提高程式碼的使用效率，通常建議將程式中公用的 Office 物件的控制碼宣告為全域變數，定義在專案 .h 標頭檔中。

"mainwindow.h" 標頭檔的程式如下：

```
#ifndef MAINWINDOW_H
#define MAINWINDOW_H
#include <QMainWindow>
#include <QMessageBox>
#include <QAxObject>                                    // 存取 Office 物件類別
namespace Ui {
class MainWindow;
}
class MainWindow : public QMainWindow
{
    Q_OBJECT
public:
    explicit MainWindow(QWidget *parent = 0);
    ~MainWindow();
private slots:
    void on_writeExcelPushButton_clicked();         // 寫入 Excel 按鈕點擊事件槽
    void on_readExcelPushButton_clicked();          // 讀取 Excel 按鈕點擊事件槽
    void on_writeWordPushButton_clicked();          // 寫入 Word 按鈕點擊事件槽
    void on_readWordPushButton_clicked();           // 讀取 Word 按鈕點擊事件槽
private:
    Ui::MainWindow *ui;
    QAxObject *myexcel;                             //Excel 應用程式指標
    QAxObject *myworks;                             // 工作表集指標
    QAxObject *workbook;                            // 工作表指標
    QAxObject *mysheets;                            // 試算表集指標
    //
    QAxObject *myword;                              //Word 應用程式指標
    QAxObject *mydocs;                              // 文件集指標
    QAxObject *document;                            // 文件指標
    QAxObject *paragraph;                           // 文字段指標
};
#endif // MAINWINDOW_H
```

後面實現具體讀寫功能的程式皆在 "mainwindow.cpp" 原始檔案中。

14.2.3 對 Excel 的讀寫

對於對試算表的基本讀寫，介紹下列幾點：

（1）在建構方法中增加以下程式：

```
MainWindow::MainWindow(QWidget *parent) :
    QMainWindow(parent),
```

```
    ui(new Ui::MainWindow)
{
    ui->setupUi(this);
    myexcel = new QAxObject("Excel.Application");
    myworks = myexcel->querySubObject("WorkBooks"); // 獲取工作表集
    myworks->dynamicCall("Add");                    // 增加工作表
    workbook = myexcel->querySubObject("ActiveWorkBook");
                                                    // 獲取當前活動工作表
    mysheets = workbook->querySubObject("Sheets");  // 獲取試算表集
}
```

（2）寫入 Excel 的事件方法程式：

```
void MainWindow::on_writeExcelPushButton_clicked()
{
    mysheets->dynamicCall("Add");                   // 增加一個表
    QAxObject *sheet = workbook->querySubObject("ActiveSheet");
                                                    // 指向當前活動表格
    sheet->setProperty("Name", " 我愛 Qt");         // 給表格命名
    QAxObject *cell = sheet->querySubObject("Range(QVariant,
QVariant)", "C3");                                  // 指向 C3 儲存格
    QString inStr = ui->InExcelLineEdit->text();
    cell->dynamicCall("SetValue(const QVariant&)", QVariant(inStr));
                                                    // 向儲存格寫入內容
    sheet = mysheets->querySubObject("Item(int)", 2); // 指向第二個表格
    sheet->setProperty("Name", "Hello Qt");
    cell = sheet->querySubObject("Range(QVariant, QVariant)", "B5");
    cell->dynamicCall("SetValue(const QVariant&)", QVariant("Hello!I
love Qt."));
    workbook->dynamicCall("SaveAs(const QString&)", "D:\\Qt\\Office\\
我愛 Qt6.xls");                                     // 儲存 Excel
    workbook->dynamicCall("Close()");
    myexcel->dynamicCall("Quit()");
    QMessageBox::information(this, tr(" 完畢 "), tr("Excel 工作表已儲存。
"));
    ui->writeExcelPushButton->setEnabled(false);
    ui->readExcelPushButton->setEnabled(true);
}
```

（3）讀取 Excel 的事件方法程式：

```
void MainWindow::on_readExcelPushButton_clicked()
{
    myexcel = new QAxObject("Excel.Application");
    myworks = myexcel->querySubObject("WorkBooks");
```

```
    myworks->dynamicCall("Open(const QString&)", "D:\\Qt\\Office\\我愛Qt6.xls");                                    //開啟 Excel
    workbook = myexcel->querySubObject("ActiveWorkBook");
    mysheets = workbook->querySubObject("WorkSheets");
    QAxObject *sheet = workbook->querySubObject("Sheets(int)", 1);
    QAxObject *cell = sheet->querySubObject("Range(QVariant, QVariant)", "C3");
    QString outStr = cell->dynamicCall("Value2()").toString();
                                                    //讀出 C3 儲存格內容
    ui->OutExcelLabel->setText(outStr);
    sheet = workbook->querySubObject("Sheets(int)", 2); //定位到第二張表
    cell = sheet->querySubObject("Range(QVariant, QVariant)", "B5");
    outStr = cell->dynamicCall("Value2()").toString();//讀出 B5 儲存格內容
    workbook->dynamicCall("Close()");
    myexcel->dynamicCall("Quit()");
    QMessageBox::information(this, tr("訊息"), outStr);
    ui->writeExcelPushButton->setEnabled(true);
    ui->readExcelPushButton->setEnabled(false);
}
```

（4）執行效果。

程式執行後，點擊「寫入」按鈕，彈出訊息方塊提示 Excel 工作表已儲存，即說明介面文字標籤裡的文字「我愛最新的 Qt 6.0」已成功寫入 Excel 表格，為試驗英文敘述的讀寫，程式在後台還往 Excel 另一張表中寫入了一句 "Hello!I love Qt."。寫入完成後，原「寫入」按鈕變為不可用，「讀出」按鈕變為可用。

點擊「讀出」按鈕，標籤框中會輸出剛剛寫入儲存的 Excel 儲存格內容（「我愛最新的 Qt 6.0」），同時彈出訊息方塊顯示另一句英文文字 "Hello!I love Qt."，如圖 14.5 所示。

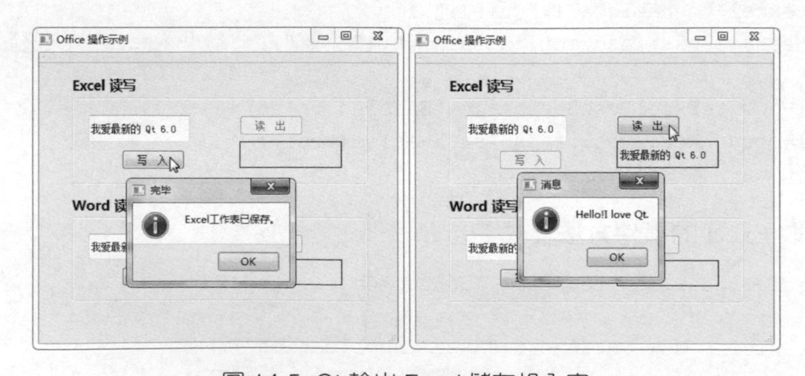

圖 14.5 Qt 輸出 Excel 儲存格內容

該程式在電腦 "D:\Qt\Office\" 路徑下生成了一個名為「我愛 Qt6.xls」的 Excel 檔案，開啟後可看到之前 Qt 寫入 Excel 表格的內容，如圖 14.6 所示。

圖 14.6 Qt 寫入 Excel 表格的內容

14.2.4 對 Word 的讀寫

對於 Word 文件進行最簡單的讀寫入操作，介紹下列幾點：

（1）在建構方法中增加程式如下：

```
MainWindow::MainWindow(QWidget *parent) :
    QMainWindow(parent),
    ui(new Ui::MainWindow)
{
    ui->setupUi(this);
    …
    myword = new QAxObject("Word.Application");
    mydocs = myword->querySubObject("Documents");           // 獲取文件集
    mydocs->dynamicCall("Add(void)");                       // 增加一個文件
    document = myword->querySubObject("ActiveDocument");// 指向當前活動文件
    paragraph = myword->querySubObject("Selection");     // 指向當前選中文字
}
```

（2）寫入 Word 的事件方法程式：

```
void MainWindow::on_writeWordPushButton_clicked()
{
    QString inStr = ui->InWordLineEdit->text();
    paragraph->dynamicCall("TypeText(const QString&)", inStr);
                                        // 寫入從介面文字標籤獲取的文字
    paragraph->dynamicCall("TypeText(const QVariant&)",QVariant("\
nHello!I love Qt."));                                    // 寫入指定的文字
    document->dynamicCall("SaveAs(const QString&)","D:\\Qt\\Office\\ 我
愛 Qt6.doc");                                            // 儲存文件
```

```
    delete paragraph;
    paragraph = nullptr;
    document->dynamicCall("Close()");
    myword->dynamicCall("Quit()");
    QMessageBox::information(this, tr("完畢"), tr("Word 文件已儲存。"));
    ui->writeWordPushButton->setEnabled(false);
    ui->readWordPushButton->setEnabled(true);
}
```

(3) 讀取 Word 的事件方法程式：

```
void MainWindow::on_readWordPushButton_clicked()
{
    myword = new QAxObject("Word.Application");
    mydocs = myword->querySubObject("Documents");          //獲取文件集
    mydocs->dynamicCall("Open(const QString&)","D:\\Qt\\Office\\我愛
Qt6.doc");                                                  //開啟文件
    document = myword->querySubObject("ActiveDocument");   //指向活動文件
    paragraph = document->querySubObject("Range()");       //指向當前文字
    QString outStr = paragraph->property("Text").toString(); //讀出文字
    ui->OutWordLabel->setText(outStr.split("H").at(0));
    paragraph = document->querySubObject("Range(QVariant, QVariant)",
14, 30);                                                    //(a)
    outStr = paragraph->property("Text").toString();
    delete paragraph;
    paragraph = nullptr;
    document->dynamicCall("Close()");
    myword->dynamicCall("Quit()");
    QmessageBox::information(this, tr("訊息"), outStr);
    ui->writeWordPushButton->setEnabled(true);
    ui->readWordPushButton->setEnabled(false);
}
```

其中，

(a) ui->OutWordLabel->setText(outStr.split("H").at(0));paragraph = document->querySubObject ("Range(QVariant, QVariant)", 14, 30)：由於 Word 文件中共有兩行文本，而 Qt 一次性讀出的是所有文字（並不自動分行分段），為了能分行輸出，我們運用了 split() 方法分隔以及索引截取字串的程式設計技術。

(4) 執行效果。

與上面 Excel 讀寫入操作類同，執行程式的輸出效果如圖 14.7 所示。

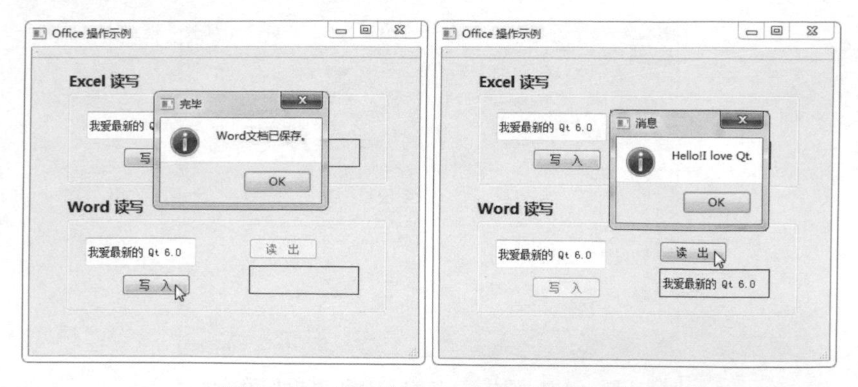

圖 14.7 Qt 輸出 Word 文件的段落文字

該程式在電腦 "D:\Qt\Office\" 路徑下生成了一個名為「我愛 Qt6.doc」的 Word 文件，開啟後可看到之前 Qt 寫入 Word 文件中的文字，如圖 14.8 所示。

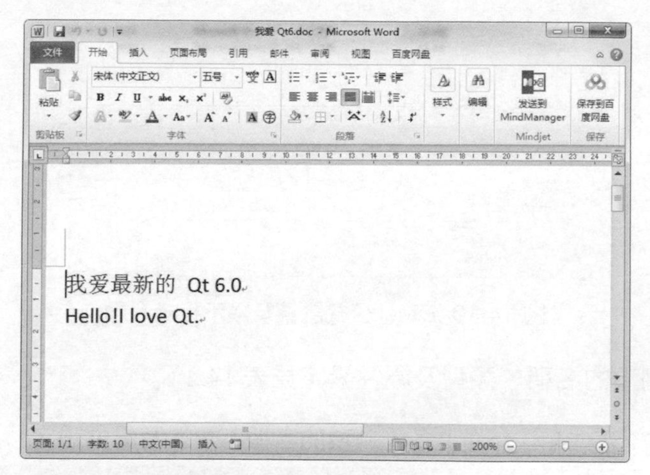

圖 14.8 Qt 寫入 Word 文件中的內容

14.3 Qt 操作 Excel 實例：計算學測錄取率

【例】（難度中等）（CH1402）在 "D:\Qt\Office\" 下建立一個 Excel 表格檔案，名為 "Gaokao.xlsx"，在其中預先輸入 2015—2019 年學測人數、錄取人數和錄取率，如圖 14.9 所示。

建立 Qt 桌面應用程式專案，專案名稱為 "ExcelReadtable"。

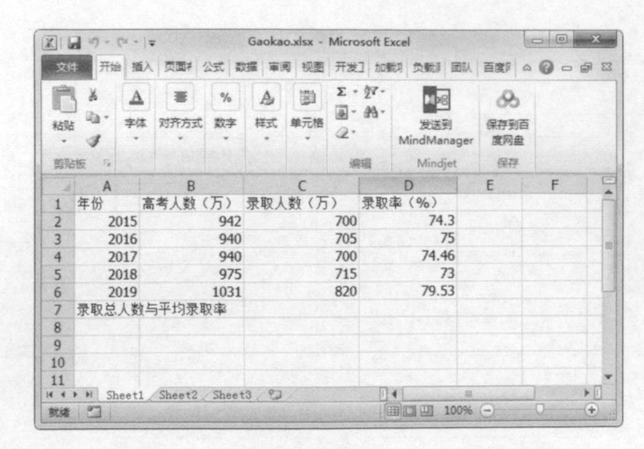

圖 14.9 預先建立的 Excel 表格檔案

14.3.1 程式介面

設計程式介面，Excel 公式計算及顯示程式介面如圖 14.10 所示。

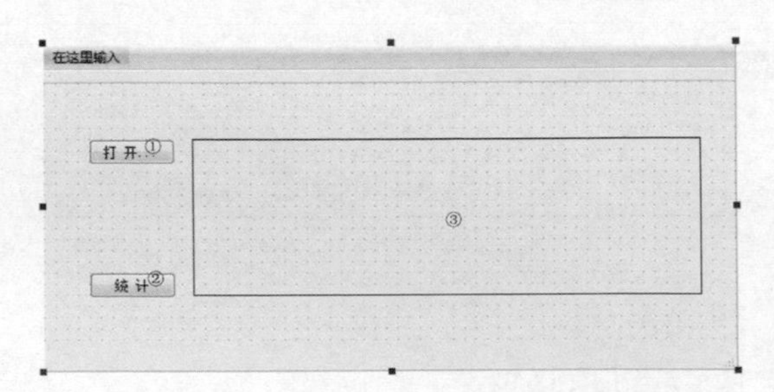

圖 14.10 Excel 公式計算及顯示程式介面

介面上各控制項的名稱、類型及屬性設定見表 14.2。

表 14.2 介面上各控制項的名稱、類型及屬性設定

序號	名稱	類型	屬性設定
①	openPushButton	QPushButton	text: 打 開 ...
②	countPushButton	QPushButton	text: 統 計
③	viewLabel	QLabel	frameShape: Box; frameShadow: Plain

14.3.2 全域變數及方法

"mainwindow.h" 標頭檔的程式如下：

```
#ifndef MAINWINDOW_H
#define MAINWINDOW_H
```

```
#include <QMainWindow>
#include <QMessageBox>
#include <QAxObject>                                   //存取 Office 物件類別
#include <QAxWidget>                                   //介面顯示 Office 物件
#include <QFileDialog>
namespace Ui {
class MainWindow;
}
class MainWindow : public QMainWindow
{
    Q_OBJECT
public:
    explicit MainWindow(QWidget *parent = 0);
    ~MainWindow();
    void closeExcel();
private slots:
    void on_openPushButton_clicked();     //"開啟…"按鈕點擊訊號槽
    void view_Excel(QString& filename);   //預覽顯示 Excel
    void on_countPushButton_clicked();    //"統計"按鈕點擊訊號槽
private:
    Ui::MainWindow *ui;
    QAxObject *myexcel;                        //Excel 應用程式指標
    QAxObject *myworks;                        //工作表集指標
    QAxObject *workbook;                       //工作表指標
    QAxObject *mysheets;                       //試算表集指標
    QAxWidget *mywidget;                       //介面 Excel 元件
};
#endif // MAINWINDOW_H
```

14.3.3 功能實現

實現具體功能的程式皆在 "mainwindow.cpp" 原始檔案中，如下：

```
#include "mainwindow.h"
#include "ui_mainwindow.h"
MainWindow::MainWindow(QWidget *parent) :
    QMainWindow(parent),
    ui(new Ui::MainWindow)
{
    ui->setupUi(this);
}
MainWindow::~MainWindow()
{
    delete ui;
}
```

```
void MainWindow::on_openPushButton_clicked()
{
    QFileDialog fdialog;                                    //開啟檔案對話方塊
    fdialog.setFileMode(QFileDialog::ExistingFile);
    fdialog.setViewMode(QFileDialog::Detail);
    fdialog.setOption(QFileDialog::ReadOnly, true);
    fdialog.setDirectory(QString("D:/Qt/Office"));
    fdialog.setNameFilter(QString("所有檔案(*.*);;Microsoft Excel 工作表
(*.xlsx);; Microsoft Excel 97-2003 工作表(*.xls)"));      //(a)
    if (fdialog.exec())
    {
        QstringList files = fdialog.selectedFiles();
        for (auto fname:files)
        {
            if (fname.endsWith(".xlsx")||fname.endsWith(".xls"))
                                                            //本例相容兩種 Excel
            {
                this->view_Excel(fname);                    //在介面上顯示 Excel 表格
            } else {
                QmessageBox::information(this,tr("提示"),tr("你選擇的不
是 Excel 檔案！"));
            }
        }
    }
}

void MainWindow::view_Excel(Qstring& filename)
{
    mywidget = new QAxWidget("Excel.Application", ui->viewLabel); //(b)
    mywidget->dynamicCall("SetVisible(bool Visible) ", "false");
    mywidget->setProperty("DisplayAlerts", false);                  //(c)
    mywidget->setGeometry(ui->viewLabel->geometry().x() - 130, ui-
>viewLabel-> geometry().y() - 50, 450, 200);    //設定顯示尺寸
    mywidget->setControl(filename);
    mywidget->show();                                       //顯示 Excel 表格
}

void MainWindow::closeExcel()                               //(d)
{
    if (this->mywidget)
    {
        mywidget->close();
        mywidget->clear();
        delete mywidget;
        mywidget = nullptr;
```

```
    }
}

void MainWindow::on_countPushButton_clicked()      //統計功能實現
{
    myexcel = new QAxObject("Excel.Application");
    myworks = myexcel->querySubObject("WorkBooks");
    myworks->dynamicCall("Open(const Qstring&)", "D:\\Qt\\Office\\
Gaokao. xlsx");
    workbook = myexcel->querySubObject("ActiveWorkBook");
    mysheets = workbook->querySubObject("Sheets");
    QAxObject *sheet = mysheets->querySubObject("Item(int) ", 1);
    QAxObject *cell = sheet->querySubObject("Range(Qvariant, Qvariant)
", "C7");                                        //定位至第一張表的 C7 儲存格
    cell->dynamicCall("SetValue(const Qvariant&)",
Qvariant("=sum(C2:C6) "));                       //呼叫 Excel 內建的公式計算功能
    cell = sheet->querySubObject("Range(Qvariant, Qvariant) ", "D7");
    cell->dynamicCall("SetValue(const Qvariant&)",
Qvariant("=average(D2: D6) "));                  //儲存格 D7 存放平均錄取率值
    workbook->dynamicCall("SaveAs(const Qstring&)","D:\\Qt\\Office\\
Gaokao.xlsx");
    workbook->dynamicCall("Close()");
    myexcel->dynamicCall("Quit()");
    delete myexcel;
    myexcel = nullptr;
    QmessageBox::information(this, tr("完畢"), tr("統計完成！"));
    closeExcel();
    Qstring fname = "D:\\Qt\\Office\\Gaokao.xlsx";
    view_Excel(fname);                           //統計完即時瀏覽更新介面顯示
}
```

其中，

(a) fdialog.setNameFilter(QString("所有檔案 (*.*);;Microsoft Excel 工作表 (*.xlsx);;Microsoft Excel 97-2003 工作表 (*.xls)"))：這裡利用檔案對話方塊的過濾機制，篩選出目錄下 Excel 類型的檔案，這麼做可避免因使用者誤操作開啟其他不相容類型的檔案而導致程式崩潰。

(b) mywidget = new QAxWidget("Excel.Application", ui->viewLabel)： 用 QAxWidget 將 Excel 應用套裝程式裝為 Qt 介面上的視覺化元件。

(c) mywidget->setProperty("DisplayAlerts", false)：將 Excel 軟體自身的一些警告訊息提醒機制封禁，可以避免後台 Excel 處理程序打擾前台 Qt 應用程式的執行。

(d) void MainWindow::closeExcel()：這個方法的幾行敘述是對 Excel 元件處理程序的善後處理，在關閉 Excel 後必須即時清除後台處理程序並將 Qt 介面上的 Excel 處理程序元件指標清空，請讀者注意這幾行敘述的執行順序（必須嚴格按順序寫入），否則將出現程式關閉後其操作過的 Excel 文件無法再次開啟的問題。

14.3.4 執行演示

執行程式，按以下步驟操作。

（1）選擇開啟要計算的檔案。

點擊介面上的「開啟 ...」按鈕，彈出「開啟」對話方塊，選中先前建立好的 "Gaokao.xlsx" 檔案，如圖 14.11 所示。

（2）開啟檔案之後，其中的 Excel 表格會在 Qt 程式介面上顯示，如圖 14.12 所示。

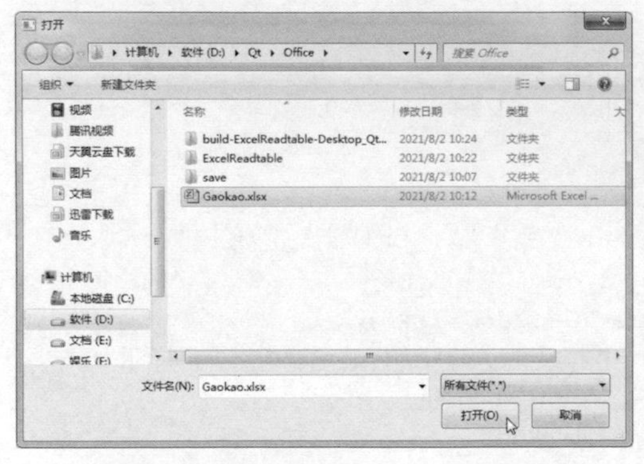

圖 14.11 選中 "Gaokao.xlsx" 檔案

圖 14.12 Excel 表格在 Qt 介面上顯示

（3）統計錄取總人數與平均錄取率。

點擊左下方「統計」按鈕，稍候片刻，程式自動計算出 5 年學測錄取總人數及平均錄取率，並更新於 Qt 程式介面上，如圖 14.13 所示。

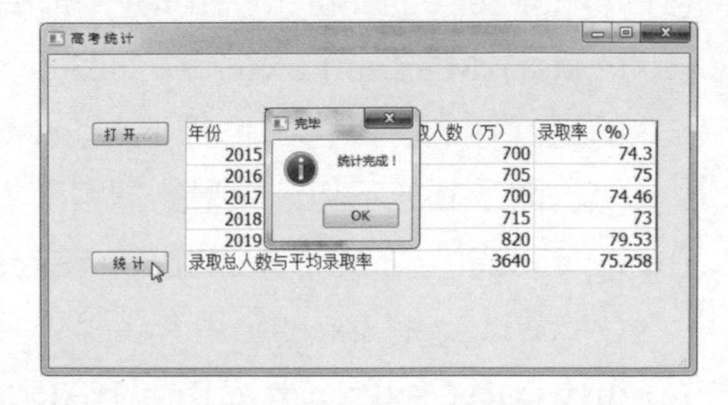

圖 14.13 統計錄取總人數與平均錄取率

開啟 "D:\Qt\Office\Gaokao.xlsx" 檔案，用 Excel 啟用公式（=SUM(C2:C6)、=AVERAGE(D2:D6)）計算後同樣可看到計算好的錄取總人數及平均錄取率，與 Qt 程式計算的結果完全一致，如圖 14.14 所示。

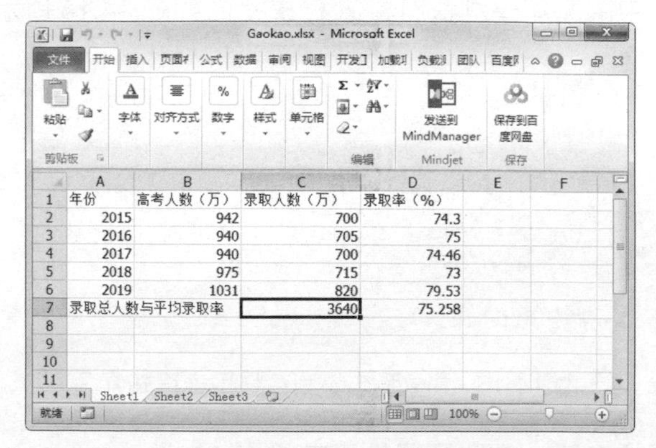

年份	高考人数（万）	录取人数（万）	录取率（%）
2015	942	700	74.3
2016	940	705	75
2017	940	700	74.46
2018	975	715	73
2019	1031	820	79.53
录取总人数与平均录取率		3640	75.258

圖 14.14 Excel 公式自動算出的錄取總人數及平均錄取率

14.4 Qt 操作 Word 實例

14.4.1 讀取 Word 表格資料：中國歷年學測資料檢索

【例】（難度中等）（CH1403）Qt 不僅讀取取 Word 中的文字，還能對存有大量資訊的表格資料進行讀取和查詢。事先從網上下載「1977—2019 歷年全國學測人數和錄取率統計 .docx」資料表，存放在 "D:\Qt\Office\" 下待用，如圖 14.15 所示。

1977-2019 历年全国高考人数和录取率统计

时间(年)	参加高考人数(万人)	录取人数(万人)	录取率(%)
1977	570	27	5%
1978	610	40.2	7%
1979	468	28	6%
1980	333	28	8%
1981	259	28	11%
1982	187	32	17%
1983	167	39	23%
1984	164	48	29%
1985	176	62	35%

圖 14.15 含資料表的 Word 文件

建立 Qt 桌面應用程式專案，專案名稱為 "WordReadtable"。

1. 程式介面

設計程式介面，中國歷年學測資料檢索程式介面如圖 14.16 所示。

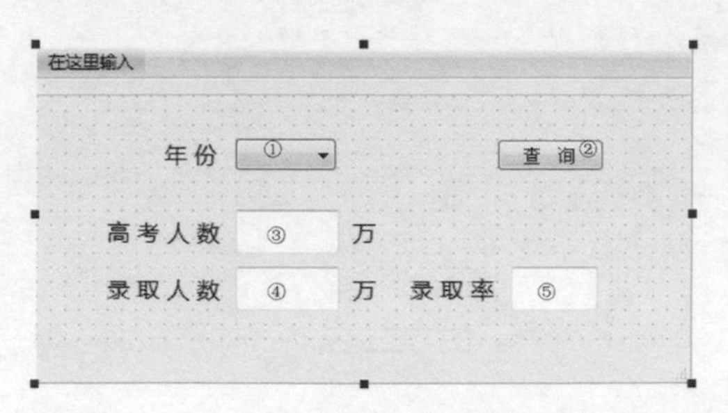

圖 14.16 中國歷年學測資料檢索程式介面

介面上各控制項的名稱、類型及屬性設定見表 14.3。

表 14.3 介面上各控制項的名稱、類型及屬性設定

序號	名稱	類型	屬性設定
①	yearComboBox	QComboBox	font: 微軟雅黑，9
②	queryPushButton	QPushButton	text: 查 詢
③	totalLineEdit	QLineEdit	font: 微軟雅黑，10; alignment: 水平的，AlignRight
④	admitLineEdit	QLineEdit	font: 微軟雅黑，10; alignment: 水平的，AlignRight
⑤	rateLineEdit	QLineEdit	font: 微軟雅黑，10; alignment: 水平的，AlignHCenter

2. 全域變數及方法

"mainwindow.h" 標頭檔的程式如下：

```
#ifndef MAINWINDOW_H
#define MAINWINDOW_H
#include <QMainWindow>
#include <QMessageBox>
#include <QAxObject>
namespace Ui {
class MainWindow;
}
```

```
class MainWindow : public QMainWindow
{
    Q_OBJECT
public:
    explicit MainWindow(QWidget *parent = 0);
    ~MainWindow();
private slots:
    void on_queryPushButton_clicked();
private:
    Ui::MainWindow *ui;
    QAxObject *myword;                 //Word 應用程式指標
    QAxObject *mydocs;                 // 文件集指標
    QAxObject *document;               // 文件指標
    QAxObject *mytable;                // 文件中的表指標
};
#endif // MAINWINDOW_H
```

3. 功能實現

實現具體功能的程式皆在 "mainwindow.cpp" 原始檔案中，如下：

```
#include "mainwindow.h"
#include "ui_mainwindow.h"
MainWindow::MainWindow(QWidget *parent) :
    QMainWindow(parent),
    ui(new Ui::MainWindow)
{
    ui->setupUi(this);
    myword = new QAxObject("Word.Application");   // 建立 Word 應用程式物件
    mydocs = myword->querySubObject("Documents"); // 獲取文件集
    mydocs->dynamicCall("Open(const QString&)", "D:\\Qt\\Office\\1977—
2019 歷年全國學測人數和錄取率統計 .docx");                    // 開啟文件
    document = myword->querySubObject("ActiveDocument");  // 當前活動文件
    mytable = document->querySubObject("Tables(int)", 1); // 第一張表
    int rows = mytable->querySubObject("Rows")->dynamicCall("Count").
toInt();                                           // 獲取表格總行數
    for(int i = 2; i < rows + 1; i++)
    {
        QAxObject *headcol = mytable->querySubObject("Cell(int,int)",
i, 0);                                             // 讀取第一列年份資訊
        if (headcol == NULL) continue;
        QString yearStr = headcol->querySubObject("Range")-
>property("Text"). toString();
        ui->yearComboBox->addItem(yearStr);        // 載入介面上的年份清單
```

```
        if (i == rows) ui->yearComboBox->setCurrentText(yearStr);
                                                  //預設顯示最近年份 (2019)
    }
}

MainWindow::~MainWindow()
{
    delete ui;
}

void MainWindow::on_queryPushButton_clicked()
{
    int rows = mytable->querySubObject("Rows")->dynamicCall("Count").
toInt();
    for(int i = 2; i < rows + 1; i++)
    {
        QAxObject *headcol = mytable->querySubObject("Cell(int,int)",
i, 0);
        if (headcol == NULL) continue;
        QString yearStr = headcol->querySubObject("Range")-
>property("Text"). toString();
        if (ui->yearComboBox->currentText() == yearStr)//以年份為關鍵字檢索
        {
            QAxObject *infocol = mytable->querySubObject("Cell(int,i
nt)", i, 2);
            QString totalStr = infocol->querySubObject("Range")->
property ("Text"). toString();                      //讀取當年學測人數
            ui->totalLineEdit->setText(totalStr);
            infocol = mytable->querySubObject("Cell(int,int)", i, 3);
            QString admitStr = infocol->querySubObject("Range")->
property ("Text"). toString();                      //讀取錄取人數
            ui->admitLineEdit->setText(admitStr);
            infocol = mytable->querySubObject("Cell(int,int)", i, 4);
            QString rateStr = infocol->querySubObject("Range")-
>property ("Text"). toString();                     //讀取錄取率
            ui->rateLineEdit->setText(rateStr);
            break;
        }
    }
}
```

上面的程式完整地演示了對 Word 中表格遍歷、讀取指定行和列資訊的通行方式，請讀者務必熟練掌握。

4. 執行效果

執行程式，從下拉選單中選擇年份後，點擊「查詢」按鈕，程式會在 Word 文件的表格中讀取該年高考生總人數、錄取人數和錄取率資料，並顯示在介面上對應的欄裡，如圖 14.17 所示。

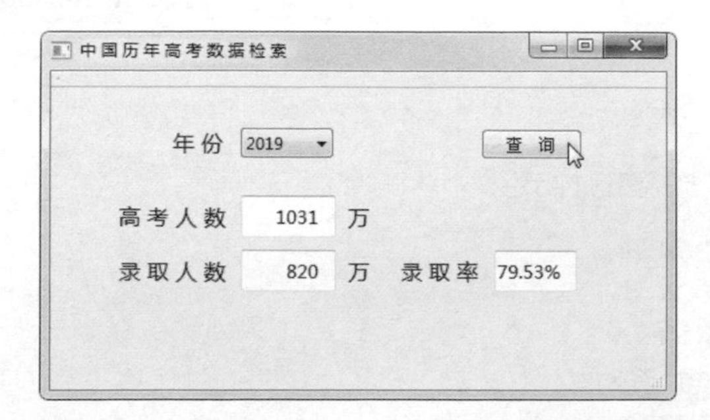

圖 14.17 Qt 檢索 Word 文件的表格中的資料

14.4.2 向文件輸出表格：輸出 5 年學測資訊統計表

【例】（較難）（CH1404）除查詢 Word 表格的資料外，Qt 也可向 Word 文件輸出表格。下面這個例子就演示了該過程。

建立 Qt 桌面應用程式專案，專案名稱為 "WordWritetable"。

1. 程式介面

設計程式介面，向 Word 輸出表格及顯示程式介面如圖 14.18 所示。

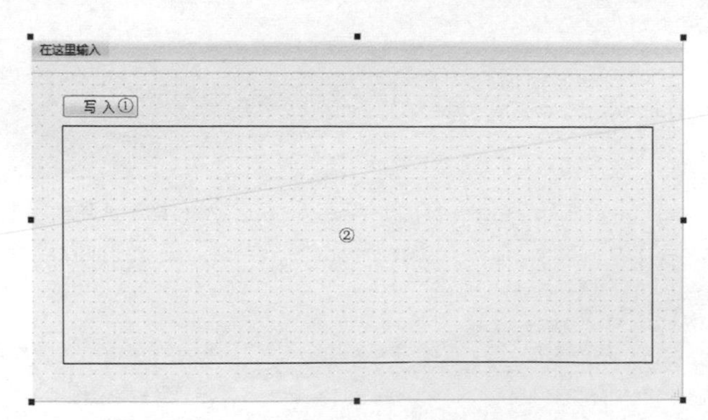

圖 14.18 向 Word 輸出表格及顯示程式介面

介面上各控制項的名稱、類型及屬性設定見表 14.4。

表 14.4 介面上各控制項的名稱、類型及屬性設定

序號	名稱	類型	屬性設定
①	writeTablePushButton	QPushButton	text: 寫入
②	viewLabel	QLabel	frameShape: Box; frameShadow: Plain

2. 全域變數及方法

"mainwindow.h" 標頭檔的程式如下：

```
#ifndef MAINWINDOW_H
#define MAINWINDOW_H
#include <QMainWindow>
#include <QMessageBox>
#include <QAxObject>
#include <QAxWidget>
namespace Ui {
class MainWindow;
}
typedef struct record
{
    QString year;                                  //年份
    QString total;                                 //學測人數
    QString admit;                                 //錄取人數
    QString rate;                                  //錄取率
} Record;
class MainWindow : public QMainWindow
{
    Q_OBJECT
public:
    explicit MainWindow(QWidget *parent = 0);
    ~MainWindow();
private slots:
    void on_writeTablePushButton_clicked(); //"寫入"按鈕點擊事件槽
    void view_Word(QString& filename);      //在Qt介面預覽Word表格
private:
    Ui::MainWindow *ui;
    QAxObject *myword;                             //Word應用程式指標
    QAxObject *mydocs;                             //文件集指標
    QAxObject *document;                           //文件指標
    QAxObject *mytable;                            //Word中表格指標
    QList<Record> myrecord;                        //表格記錄清單
    QAxWidget *mywidget;                           //Qt介面上的Word視覺化元件
```

```
};
#endif // MAINWINDOW_H
```

3. 功能實現

實現具體功能的程式皆在 "mainwindow.cpp" 原始檔案中，如下：

```
#include "mainwindow.h"
#include "ui_mainwindow.h"
MainWindow::MainWindow(QWidget *parent) :
    QMainWindow(parent),
    ui(new Ui::MainWindow)
{
    ui->setupUi(this);
    myword = new QAxObject("Word.Application");   // 建立 Word 應用程式物件
    mydocs = myword->querySubObject("Documents"); // 獲取文件集
    mydocs->dynamicCall("Open(const QString&)", "D:\\Qt\\Office\\1977—
2019 歷年全國學測人數和錄取率統計 .docx");                // 開啟放原始碼文件
    document = myword->querySubObject("ActiveDocument");
    mytable = document->querySubObject("Tables(int)", 1);// 定位至第一張表
    int rows = mytable->querySubObject("Rows")->dynamicCall("Count").
toInt();                                              // 獲取表格總行數
    for (int i = rows - 4; i < rows + 1; i++)
    {
        Record oneRec;                                // 表格記錄結構
        QAxObject *infocol = mytable->querySubObject("Cell(int,int)",
i, 1);
        QString year = infocol->querySubObject("Range")-
>property("Text"). toString();
        oneRec.year = year;                           // 獲取年份
        infocol = mytable->querySubObject("Cell(int,int)", i, 2);
        QString total = infocol->querySubObject("Range")-
>property("Text"). toString();
        oneRec.total = total;                         // 獲取學測人數
        infocol = mytable->querySubObject("Cell(int,int)", i, 3);
        QString admit = infocol->querySubObject("Range")-
>property("Text"). toString();
        oneRec.admit = admit;                         // 獲取錄取人數
        infocol = mytable->querySubObject("Cell(int,int)", i, 4);
        QString rate = infocol->querySubObject("Range")-
>property("Text"). toString();
        oneRec.rate = rate;                           // 獲取錄取率
        myrecord.append(oneRec);                      // 增加進記錄清單
    }
    delete mytable;
```

```
    mytable = nullptr;
    document->dynamicCall("Close()");
    myword->dynamicCall("Quit()");
}

MainWindow::~MainWindow()
{
    delete ui;
}

void MainWindow::on_writeTablePushButton_clicked()
{
    myword = new QAxObject("Word.Application");   //建立 Word 應用程式物件
    mydocs = myword->querySubObject("Documents"); //獲取文件集
    mydocs->dynamicCall("Add(void)");              //新建一個文件
    document = myword->querySubObject("ActiveDocument");
    QAxObject *tables = document->querySubObject("Tables"); //表格集指標
    QAxObject *paragraph = myword->querySubObject("Selection");
                                                   //文字段指標
    paragraph->dynamicCall("TypeText(const QString&)", "2015—2019 年學
測人數和錄取率");                                    //先輸出表格標題
    QAxObject *range = paragraph->querySubObject("Range");
    QVariantList paras;
    paras.append(range->asVariant());
    paras.append(6);                               //建立表格為 6 行
    paras.append(4);                               //建立表格為 4 列
    tables->querySubObject("Add(QAxObject*, int, int, QVariant&,
QVariant&)", paras);
    mytable = paragraph->querySubObject("Tables(int)", 1);
    mytable->setProperty("Style", "網格型");        //設定表格為帶網格邊框
    QAxObject *Borders = mytable->querySubObject("Borders");
    Borders->setProperty("InsideLineStyle", 1);
    Borders->setProperty("OutsideLineStyle", 1);
    QAxObject *cell;                               //儲存格物件指標
  /**迴圈控制輸出表格內容*/
    for (int i = 0; i < 6; i++)
    {
        if (i == 0)
        {
            for (int j = 0; j < 4; j++)
            {
                cell = mytable->querySubObject("Cell(int,int)", (i +
1), (j + 1))-> querySubObject("Range");
                switch (j) {
                    case 0: cell->setProperty("Text", "年份"); break;
```

```
                    case 1: cell->setProperty("Text", "學測人數（萬）");
break;
                    case 2: cell->setProperty("Text", "錄取人數（萬）");
break;
                    case 3: cell->setProperty("Text", "錄取率"); break;
                    default: break;
                }
            }
            continue;
        }
        for (int j = 0; j < 4; j++)
        {
            cell = mytable->querySubObject("Cell(int,int)", (i + 1),
(j + 1))-> querySubObject("Range");
            switch (j) {
                case 0: cell->setProperty("Text", myrecord[i-1].year);
break;
                case 1: cell->setProperty("Text", myrecord[i-1].total);
break;
                case 2: cell->setProperty("Text", myrecord[i-1].admit);
break;
                case 3: cell->setProperty("Text", myrecord[i-1].rate);
break;
                default: break;
            }
        }
    }
    document->dynamicCall("SaveAs(const QString&)", "D:\\Qt\\
Office\\2015～2019年全國學測錄取人數統計.doc");   //儲存表格
    QMessageBox::information(this, tr("完畢"), tr("表格已輸出至Word文
件。"));
    delete mytable;
    mytable = nullptr;
    delete paragraph;
    paragraph = nullptr;
    document->dynamicCall("Close()");
    myword->dynamicCall("Quit()");
    QString fname = "D:\\Qt\\Office\\2015～2019年全國學測錄取人數統計.doc";
    view_Word(fname);                                //在Qt介面上預覽
}

void MainWindow::view_Word(QString& filename)
{
    mywidget = new QAxWidget("Word.Application", ui->viewLabel);
    mywidget->dynamicCall("SetVisible(bool Visible)", "false");
    mywidget->setProperty("DisplayAlerts", false);
    mywidget->setGeometry(ui->viewLabel->geometry().x() - 10, ui->
```

```
viewLabel-> geometry().y() - 70, 550, 250);
    mywidget->setControl(filename);
    mywidget->show();
}
```

4. 執行效果

執行程式，點擊「寫入」按鈕，彈出訊息方塊提示表格已輸出至 Word 文件，點擊 "OK" 按鈕，介面上會顯示出 Word 文件中的表格，如圖 14.19 所示。

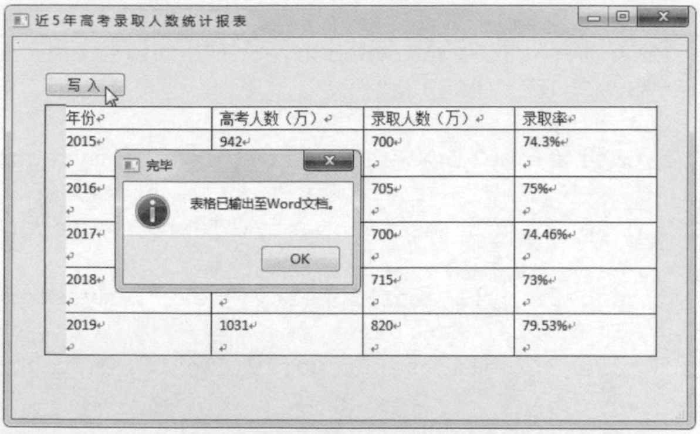

圖 14.19 Qt 往 Word 文件中寫入表格並顯示在介面上

程式執行後在 "D:\Qt\Office\" 路徑下生成 Word 文件「2015 ～ 2019 年全國學測錄取人數統計 .doc」，開啟後可看到 Qt 在其中寫入的表格，如圖 14.20 所示。

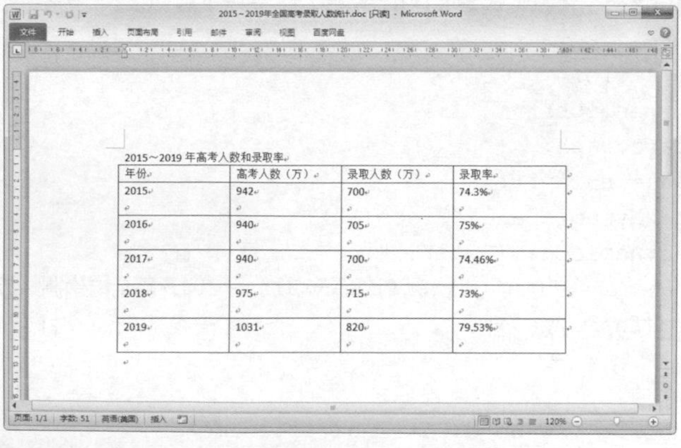

圖 14.20 Qt 往 Word 文件中寫入的表格

以上系統地介紹了 Qt 對 Excel 和 Word 的操作，讀者在工作中可以靈活使用這些方法來操作 Office，高效率地完成文件的製作。

Qt 6 多國語言國際化

CHAPTER 15

本章討論 Qt 函數庫對國際化的支持。Qt 目前的版本對國際化的支持已經相當完善。在文字顯示上，Qt 使用 Unicode 作為內部編碼，可以同時支援多種編碼。為 Qt 增加一種編碼的支持也比較方便，只要增加該編碼和 Unicode 的轉換編碼即可。Qt 目前支援 ISO 標準編碼 ISO 8859-1、ISO 8859-2、ISO 8859-3、ISO 8859-4、ISO 8859-5、ISO 8859-7、ISO 8859-9 和 ISO 8859-15，中文 GBK/Big5，日文 eucJP/JIS/ShiftJIS，韓文 eucKR，俄文 KOI8-R，當然也可以直接使用 UTF8 編碼。

Qt 使用了自己定義的 Locale 機制，在編碼支持和資訊檔案（Message File）的翻譯上彌補了目前 UNIX 上所普遍採用 Locale 和 gettext 的不足之處。Qt 的這種機制可以使 Qt 的同一元件（QWidget）上同時顯示不同編碼的文字，如 Qt 的標籤上可以同時使用中文簡體文字和中文繁體文字。

在文字輸入時，Qt 採用了 XIM（X Input Method）標準協定，可以直接使用 XIM 輸入伺服器。

15.1 基本概念

Qt 提供了一種國際化方案，而非採用 INI 設定檔的方式。Qt 中的國際化方法與 GNU gettext 類似，它提供了 tr() 函數與 gettext() 函數對應，而翻譯後的資源檔則以 ".qm" 命名，且其國際化的機制與它的元物件系統密切相關。

15.1.1 國際化支持的實現

在支持國際化的過程中，通常在 Qt 中利用 QString、QTranslator 等類別和 tr() 函數能夠很方便地加入國際化支援，具體工作如下。

（1）使用 QString 物件表示所有使用者可見的文字。由於 QString 內部使用 Unicode 編碼實現，所以它可以用於表示所有需要向使用者呈現的文字。當然，對於僅程式設計師可見的文字並不需要都變為 QString 物件，可利用 Qt 提供的 QCString 或原始的 "char *"。

（2）使用 tr() 函數獲取所有需要翻譯的文字。在 Qt 的翻譯機制下，QObject::tr() 函數可以幫助程式設計師取得翻譯之後的文字。對於從 QObject 繼承而來的類別，QObject::tr() 函數最終由 QMetaObject::tr() 實現。在某些時候，如果無法使用 QObject::tr() 函數，則可以直接呼叫 QCoreApplication:: translate() 取得翻譯之後的字串。

（3）使用 QString::arg() 方法組織動態文字。有些時候，一段文字需要由一些靜態文字和動態變數組合起來，如常見的情況 "printf("The value of i is: %d", i)"。對於這種動態文字的翻譯，由於語言習慣的問題，如果簡單地採用這種連接字串的方法，可能會帶來一些問題，以下面的字串用於表示任務的完成情況：

```
QString m = tr("Mission status: " )+ x + tr("of ") + y +tr("are
completed");
```

其中，*x* 和 *y* 是動態的變數，三個字串被 *x* 和 *y* 分隔開，它們能夠被極佳地編譯，因為 "x of y" 是英文中分數的表示方法，如 4 of 5 是分數 4/5，在不同的語言中，分子和分母的位置可能是顛倒的，在這種情況下，數字和 5 的位置在翻譯時無法被正確地放置。由此可見，孤立地翻譯被分隔開的字串是不行的，改進的辦法是使用 QString:: arg() 方法：

```
QString m = tr("Mission status: %1 of %2 are completed").arg(x).
arg(y);
```

這樣，翻譯工作者可以將整個字串進行翻譯，並將參數 %1 和 %2 放到正確的位置。

（4）利用 QTranslator::load() 和 QCoreApplication::installTranslator() 函數讀取對應的翻譯之後的資源檔。翻譯工作者將提供包含翻譯之後的字串的資源檔 "*.qm"，程式設計師還需要做的是定義 QTranslator 物件，並使用 load() 函數讀取對應的 ".qm" 檔案，利用 QCoreApplication:: installTranslator() 函數安裝 QTranslator 物件。

15.1.2 翻譯工作："*.qm" 檔案的生成

對於翻譯工作者，主要是利用 Qt 提供的工具 lupdate、linguist 和 lrelease（它們都可以在 Qt 安裝目錄的 "bin" 資料夾下找到）協助翻譯工作並生成最後需要的 ".qm" 檔案，它包括以下內容。

（1）利用 lupdate 工具從原始程式碼中掃描並提取需要翻譯的字串，生成 ".ts" 檔案。類似編譯時用到的 qmake，執行 lupdate 時也需要指定一個 ".pro" 的檔案，可以單獨建立這個 ".pro" 檔案，也可以利用編譯時用到的 ".pro" 檔案，只需定義好變數 TRANSLATIONS 即可。

（2）利用 linguist 工具來協助完成翻譯工作，即開啟前面用 lupdate 生成的 ".ts" 檔案，對其中的字串逐筆進行翻譯並儲存。由於 ".ts" 檔案採用了 XML 格式，所以也可以使用其他編輯器來開啟 ".ts" 檔案並翻譯。

（3）利用 lrelease 工具處理翻譯好的 ".ts" 檔案，生成格式更為緊湊的 ".qm" 檔案。這便是翻譯工作者最終需要提供的資源檔，它所佔的空間比 ".ts" 檔案小，但基本不具有可讀性，只有 QTranslator 能夠正確地辨識它。

15.2 語言國際化應用實例

15.2.1 簡單測試

【例】（簡單）（CH1501）多國語言國際化。

操作步驟如下。

（1）新建一個桌面應用程式專案，專案名稱為 "TestHello"，在 UI 介面上增加兩個按鈕，並分別將文字修改為 "hello"、"china"，如圖 15.1 所示。

（2）修改 "TestHello.pro" 檔案，增加以下程式：

```
TRANSLATIONS = TestHello.ts
```

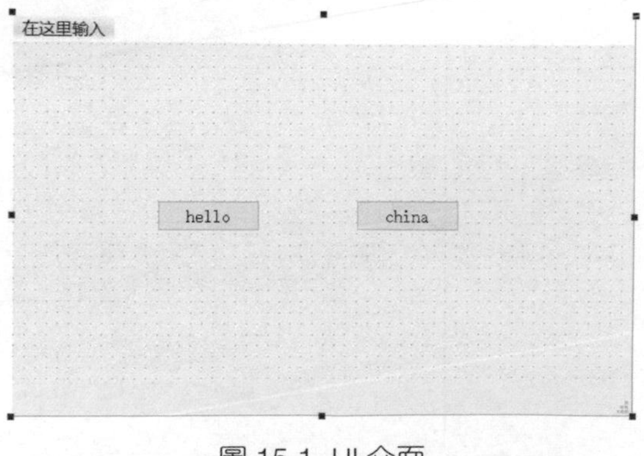

圖 15.1 UI 介面

(3) 編譯(建構專案)。記住，一定要先編譯，如果沒有編譯就進行下面的步驟，則生成的 ".ts" 檔案只是一個僅有標題列的框架。

(4) 編譯完成後，進入 Windows 開始選單的 Qt 程式組中，選擇 "Qt 6.0.2 (MinGW 8.1.0 64-bit)" 選單項，開啟 Qt 的命令列視窗，進入 "TestHello" 專案目錄，執行命令：

```
lupdate TestHello.pro
```

在專案目錄下生成了一個 ".ts" 檔案，如果沒有編譯，則提示 "Found 1 source text"。若已經編譯，則提示 "Found 3 source text(s)"，如圖 15.2 所示。

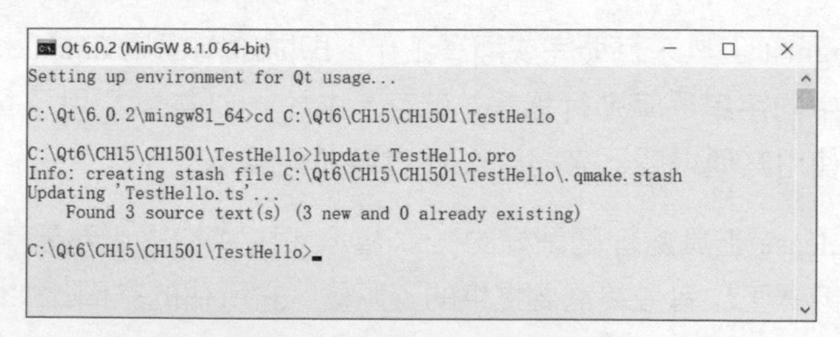

圖 15.2 執行 lupdate 命令

(5) 在 Windows 開始選單的 Qt 程式組中選擇 "Linguist 6.0.2 (MinGW 8.1.0 64-bit)" 選單項，執行 Qt 附帶的 linguist(Qt 語言家)工具，其主介面如圖 15.3 所示。

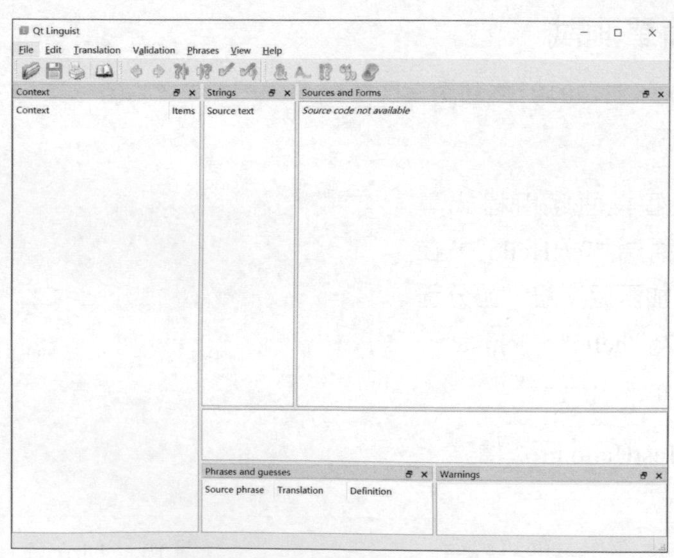

圖 15.3 「Qt 語言家」主介面

在主介面上選擇 "File" → "Open..." 選單項，選擇 "TestHello.ts" 檔案，點擊「開啟」按鈕，根據需要設定來源語言和目的語言，此處為預設狀態：來源語言為 Any Country（任意國家）語言，目的語言為 China 的 Chinese，如圖 15.4 所示。

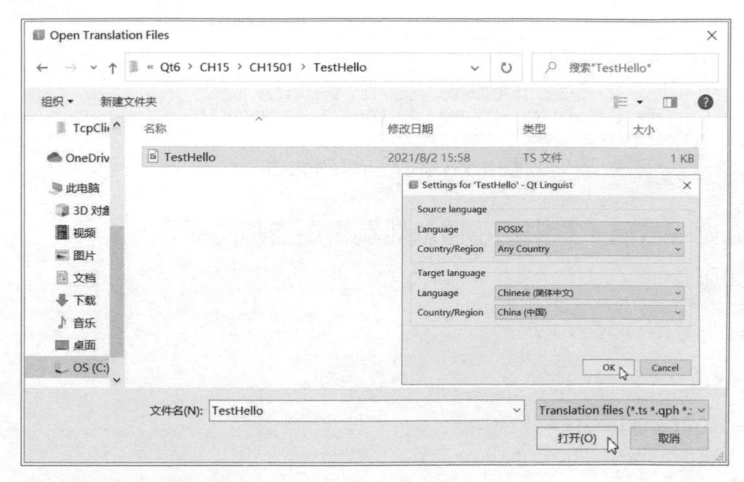

圖 15.4 設定來源語言和目的語言

（6）在第二欄中選擇要翻譯的字串，在下面兩行中輸入對應的翻譯文字，點擊上面的 按鈕，如圖 15.5 所示。

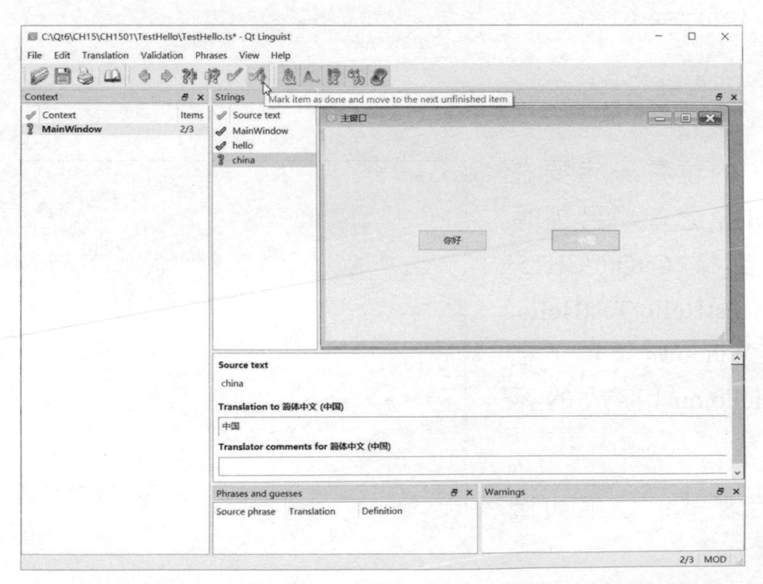

圖 15.5 翻譯軟體介面上的文字

當翻譯全部完成（這裡，"MainWindow" 譯為「主視窗」; "hello" 譯為「你好」; "China" 譯為「中國」）後，儲存退出。

（7）在 Qt 的命令列視窗中輸入 "lrelease TestHello.pro"，生成 "TestHello.qm" 檔案，如圖 15.6 所示。

```
C:\Qt6\CH15\CH1501\TestHello>lrelease TestHello.pro
Info: creating stash file C:\Qt6\CH15\CH1501\TestHello\.qmake.stash
Updating 'C:/Qt6/CH15/CH1501/TestHello/TestHello.qm'...
    Generated 3 translation(s) (3 finished and 0 unfinished)
```

圖 15.6 執行 lrelease 命令

（8）修改原始程式碼，其中，粗體敘述為需要增加的部分。

具體程式如下：

```
#include "mainwindow.h"

#include <QApplication>
#include <QTranslator>
int main(int argc, char *argv[])
{
    QApplication a(argc, argv);
    QTranslator *translator = new QTranslator;
    translator->load("C:/Qt6/CH15/CH1501/TestHello/TestHello.qm");
    a.installTranslator(translator);
    MainWindow w;
    w.show();
    return a.exec();
}
```

注意增加的位置一定要在 MainWindow 之前，另外還要注意目錄 "C:/Qt6/CH15/CH1501/ TestHello/TestHello.qm"（為 Windows 環境下檔案 "TestHello.qm" 存放的絕對路徑）。

（9）執行程式，效果如圖 15.7 所示。

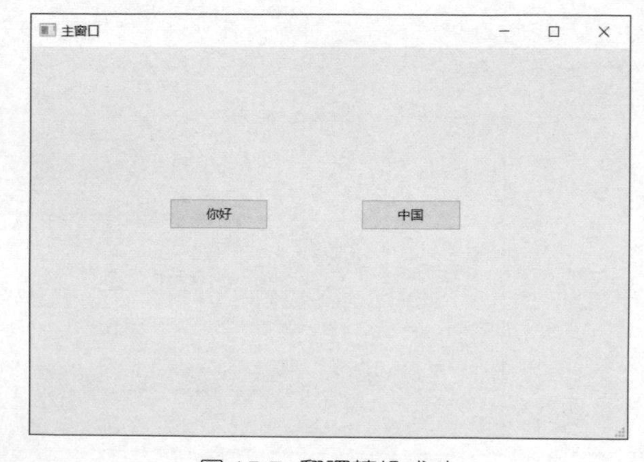

圖 15.7 翻譯轉換成功

可以看到，此時表單的標題和按鈕文字都變為中文，說明翻譯轉換成功！

15.2.2 選擇語言翻譯文字

【例】(簡單)（CH1502）用一個下拉式功能表來選擇語言，其下方的標籤顯示對應不同語言版本的文字。

操作步驟如下。

（1）新建一個桌面應用程式專案，專案名稱為 "LangSwitch"。在 "Class Information"（類別資訊）介面上，"Class name"（類別名稱）欄填寫 "LangSwitch"，"Base class"（基礎類別）選擇 "QWidget"，取消 "Generate form"（建立介面）核取方塊的選中狀態，如圖 15.8 所示。

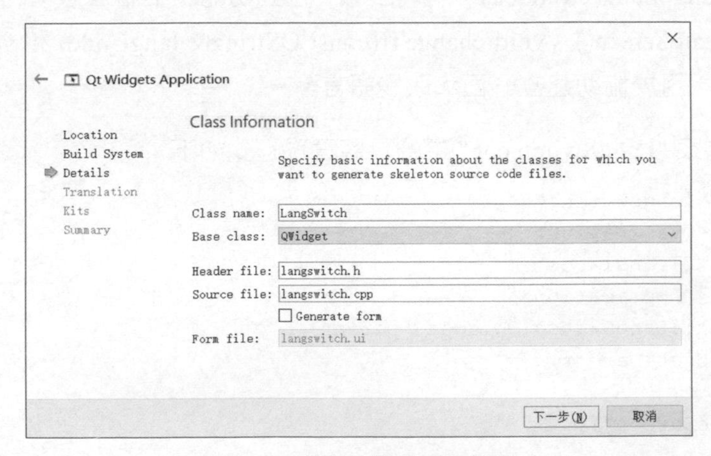

圖 15.8 專案的類別資訊設定

（2）在標頭檔 "LangSwitch.h" 中定義 LangSwitch 類別及其介面元素。

```
#ifndef LANGSWITCH_H
#define LANGSWITCH_H

#include <QWidget>
#include <QComboBox>
#include <QLabel>

class LangSwitch : public QWidget
{
    Q_OBJECT

public:
```

```
    LangSwitch(QWidget *parent = nullptr);
    ~LangSwitch();
private slots:
    void changeLang(int index);                    //(a)
private:
    void createScreen();                           //(b)
    void changeTr(const QString& langCode);        //(b)
    void refreshLabel();                           //(b)
    QComboBox* combo;                              //介面中可以看見的下拉式功能表
    QLabel* label;                                 //介面中可以看見的標籤
};
#endif // LANGSWITCH_H
```

其中，

(a) void changeLang(int index)：用於回應下拉式功能表中語言選項的改變。

(b) void createScreen()、void changeTr(const QString& langCode) 和 void refreshLabel()：用於協助建立介面和改變語言。

（3）原始檔案 "LangSwitch.cpp" 中的具體實現程式如下：

```
#include "langswitch.h"
#include <QVBoxLayout>
#include <QTranslator>
#include <QApplication>
LangSwitch::LangSwitch(QWidget *parent)
    : QWidget(parent)
{
    createScreen();
}

LangSwitch::~LangSwitch()
{
}
```

createScreen() 函數用於建立基本的介面，其具體實現程式如下：

```
void LangSwitch::createScreen()
{
    combo = new QComboBox;
    combo->addItem("English", "en");                    //(a)
    combo->addItem("Chinese", "zh");                    //(a)
    combo->addItem("Latin", "la");                      //(a)
    label = new QLabel;
    refreshLabel();                                     //設定標籤的內容
```

```
    QVBoxLayout* layout = new QVBoxLayout;
    layout->addWidget(combo, 1);
    layout->addWidget(label, 5);
    setLayout(layout);
    connect(combo, SIGNAL(currentIndexChanged(int)), this,
SLOT(changeLang(int)));                                   //(b)
}
```

其中，

(a) combo->addItem("English", "en")、combo->addItem("Chinese", "zh") 和 combo-> addItem("Latin", "la")：將三個語言選項（英文、中文和拉丁文）增加到下拉式功能表中，並設定三個選項的值分別為 "en"、"zh"、"la"（這是 ISO 標準中語言的簡寫形式）。

(b) changeLang(int)：改變語言。

refreshLabel() 函數的具體實現如下：

```
void LangSwitch::refreshLabel()
{
    label->setText(tr("TXT_HELLO_WORLD", "Hello World")); //(a)
}
```

其中，

(a) label->setText(tr("TXT_HELLO_WORLD", "Hello World"))：tr() 函數前一個參數是提取翻譯串時用到的 ID，後一個則起提供註釋的作用，並且在找不到翻譯串時，註釋串會被採用。舉例來説，語言設定為中文時，如果以 TXT_HELLO_WORLD 為 ID 的串在對應的 ".qm" 檔案中找不到翻譯後的字串，則將採用後一個參數，即顯示為英文。

changeLang() 函數改變語言的具體程式如下：

```
void LangSwitch::changeLang(int index)
{
    QString langCode = combo->itemData(index).toString(); //(a)
    changeTr(langCode);                              //讀取對應的 .qm 檔案
    refreshLabel();                                  //更新標籤上的文字
}
```

其中，

(a) QString langCode = combo->itemData(index).toString()：從所選的選單項中取得對應語言的值（"en"、"zh"、"la"）。

changeTr() 函數讀取對應的 ".qm" 檔案，並呼叫 installTranslator() 方法安裝 QTranslator 物件，其具體實現程式如下：

```
void LangSwitch::changeTr(const QString& langCode)
{
    static QTranslator* translator;                          //(a)
    if (translator != NULL)
    {
        qApp->removeTranslator(translator);
        delete translator;
        translator = NULL;
    }
    translator = new QTranslator;
    QString qmFilename = "lang_" + langCode;                 //(b)
    if (translator->load(QString("C:/Qt6/CH15/CH1502/LangSwitch/") +
qmFilename))
    {
        qApp->installTranslator(translator);
    }
}
```

其中，

(a) static QTranslator* translator：由於需要動態改變語言，所以如果已經安裝了 QTranslator 物件，則首先需要呼叫 removeTranslator() 函數移除原來的 QTranslator 物件，再安裝新的物件。因此，定義了一個 static 的 QTranslator 物件以方便移除和重新安裝。

(b) QString qmFilename = "lang_" + langCode：將 ".qm" 檔案的路徑設定在專案 "C:\Qt6\ CH15\CH1502\LangSwitch" 路徑下，分別命名為 "lang_en.qm"、"lang_zh.qm" 和 "lang_la.qm"。

（4）提取需要翻譯的字串並翻譯，生成 ".qm" 檔案（這個工作通常由專門的工作群組負責），具體操作如下。

① 修改 "LangSwitch.pro" 檔案，即在後面加上 TRANSLATIONS 的定義（粗體部分程式）。修改完的 "LangSwitch.pro" 檔案的具體內容如下：

```
QT       += core gui

greaterThan(QT_MAJOR_VERSION, 4): QT += widgets

CONFIG += c++11

# You can make your code fail to compile if it uses deprecated APIs.
```

```
# In order to do so, uncomment the following line.
#DEFINES += QT_DISABLE_DEPRECATED_BEFORE=0x060000    # disables all
the APIs deprecated before Qt 6.0.0

SOURCES += \
    main.cpp \
    langswitch.cpp

HEADERS += \
    langswitch.h

TRANSLATIONS = lang_en.ts \
               lang_zh.ts \
               lang_la.ts

# Default rules for deployment.
qnx: target.path = /tmp/$${TARGET}/bin
else: unix:!android: target.path = /opt/$${TARGET}/bin
!isEmpty(target.path): INSTALLS += target
```

此時，編譯專案，執行結果如圖 15.9 所示。

② 開啟 Qt 的命令列視窗，用 lupdate 工具提取需要翻譯的字串，執行 lupdate 命令，結果如圖 15.10 所示。

圖 15.9 編譯初始介面

```
C:\Qt6\CH15\CH1502\LangSwitch>lupdate LangSwitch.pro
Info: creating stash file C:\Qt6\CH15\CH1502\LangSwitch\.qmake.stash
Updating 'lang_en.ts'...
    Found 1 source text(s) (1 new and 0 already existing)
Updating 'lang_zh.ts'...
    Found 1 source text(s) (1 new and 0 already existing)
Updating 'lang_la.ts'...
    Found 1 source text(s) (1 new and 0 already existing)
```

圖 15.10 執行 lupdate 命令

此時，獲得了 "lang_en.ts"、"lang_zh.ts" 和 "lang_la.ts" 共三個檔案。但是，因為 ID 為 TXT_HELLO_WORLD 的字串尚未被翻譯，所以需要完成以下工作。

(a) 用 linguist 工具翻譯這幾個 ".ts" 檔案。

直接用 Qt 的 linguist 工具開啟需要翻譯的 ".ts" 檔案（三個檔案同時選中開啟），就可以進行字串的翻譯，這裡三個版本的字串分別譯為 "Hello World"（English）、「你好，世界」（Chinese）和 "Orbis, te saluto"（Latin），翻譯完成後儲存退出，如圖 15.11 所示。

(b) 生成各個 ".ts" 檔案對應的 ".qm" 檔案。這個工作可以利用 lrelease 工具來完成，其用法與 lupdate 工具相同，只是改用命令 "lrelease LangSwitch.pro"，執行 lrelease 命令如圖 15.12 所示。

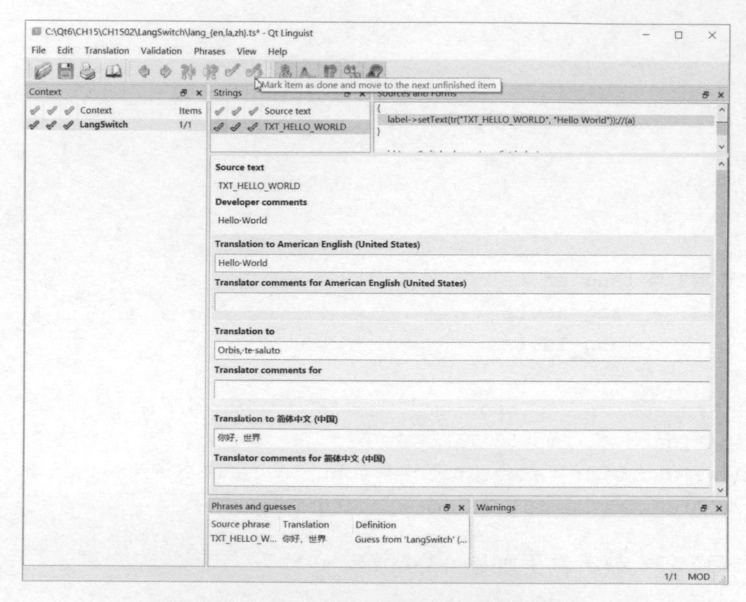

圖 15.11 用 Qt 的 linguist 工具翻譯字串

```
C:\Qt6\CH15\CH1502\LangSwitch>lrelease LangSwitch.pro
Info: creating stash file C:\Qt6\CH15\CH1502\LangSwitch\.qmake.stash
Updating 'C:/Qt6/CH15/CH1502/LangSwitch/lang_en.qm'...
    Generated 1 translation(s) (1 finished and 0 unfinished)
Updating 'C:/Qt6/CH15/CH1502/LangSwitch/lang_zh.qm'...
    Generated 1 translation(s) (1 finished and 0 unfinished)
Updating 'C:/Qt6/CH15/CH1502/LangSwitch/lang_la.qm'...
    Generated 1 translation(s) (1 finished and 0 unfinished)
```

圖 15.12 執行 lrelease 命令

上述所有準備工作完成後，便可執行程式，不同版本語言的介面如圖 15.13 所示。

（a）英文介面　（b）中文介面　（c）拉丁文介面

圖 15.13 翻譯後不同版本語言的介面

需要說明一下：本例用訊號機制切換語言，但通常在實際應用中，一個系統對語言的處理是採用廣播事件而非簡單發送訊號的方式。

CHAPTER 16

Qt 6 單元測試框架

16.1 QTestLib 框架

Trolltech 公司提供的 QTestLib 是一種針對基於 Qt 撰寫的程式或函數庫的單元測試工具。QTestLib 提供了單元測試框架的基本功能，並提供了針對 GUI 測試的擴充功能。QTestLib 的特性，見表 16.1。設計 QTestLib 的目的是簡化 Qt 程式或函數庫的單元測試工作。

表 16.1 QTestLib 的特性

特性	詳細描述
輕量級	QTestLib 只包含 6000 行程式和 60 個匯出符號
自包含	對於非 GUI 測試，QTestLib 只需要 Qt 核心函數庫的幾個符號
快速測試	QTestLib 不需要特殊的測試執行程式，不需要為測試而進行特殊的註冊
資料驅動測試	一個測試程式可以在不同的測試資料集上執行多次
基本的 GUI 測試	QTestLib 提供了模擬滑鼠和鍵盤事件的功能
IDE 友善	QTestLib 的輸出資訊可以被 Visual Studio 和 KDevelop 解析
執行緒安全	錯誤報告是執行緒安全的、原子性的
類型安全	對範本進行了擴充使用，以防止由隱式類型轉換引起的錯誤
易擴充	使用者自訂類型可以容易地加入測試資料和測試輸出中

建立一個測試的步驟是，首先繼承 QObject 類別並增加私有的槽。每個私有的槽就是一個測試函數，然後使用 QTest::qExec() 執行測試物件中的所有測試函數。

16.2 簡單的 Qt 單元測試

下面透過一個簡單的例子說明如何進行 Qt 的單元測試。

【例】(簡單)(CH1601)首先實現計算圓面積的類別，然後撰寫程式檢查該類別是否完成了對應的功能。

(1)建立 Qt 單元測試框架，步驟如下。

① 在 Qt Creator 中選擇主選單「檔案」→「新建檔案或專案 ...」選單項，出現如圖 16.1 所示的對話方塊，選擇「其他專案」→ "Auto Test Project" 選項，點擊 "Choose..." 按鈕。

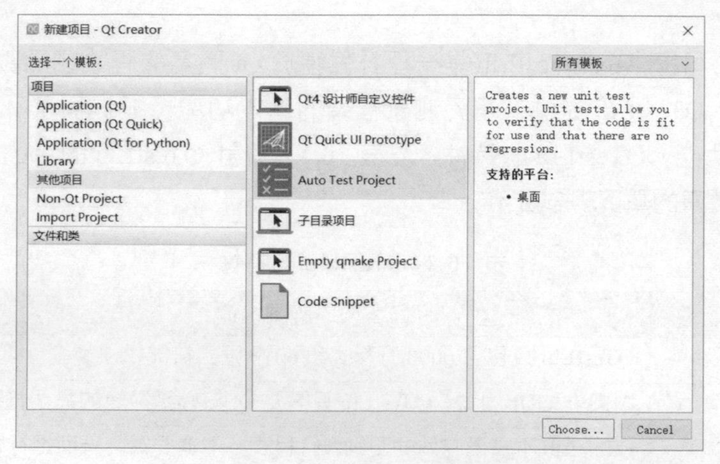

圖 16.1　建立 Qt 單元測試框架

② 在接下來的 "Project Location" 介面為測試專案命名，「名稱」填寫為 "AreaTest"，點擊「下一步」按鈕，如圖 16.2 所示。

圖 16.2　為測試專案命名

③ 出現 "Project and Test Information" 介面，選擇專案需要包含的模組及設定將要建立的測試類別的基本資訊。這裡在 "Test framework" 欄選 "Qt Test"（也就是 QTestLib 框架所在的模組）；在 "Test case name" 欄填寫 "TestArea"（測試類別名稱），如圖 16.3 所示，點擊「下一步」按鈕。

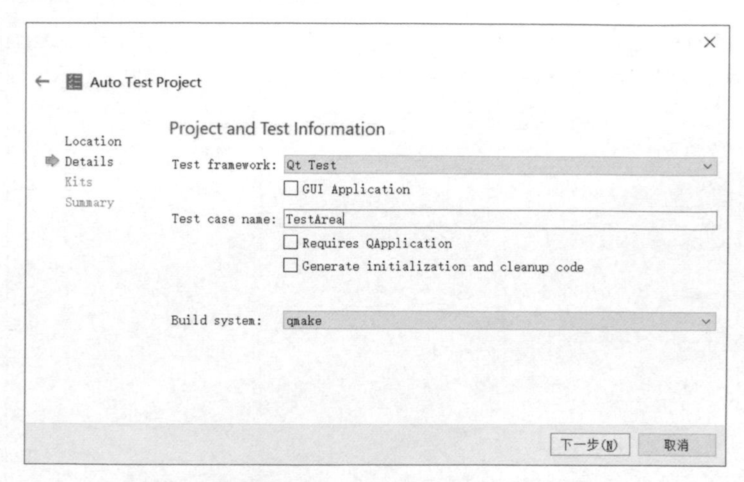

圖 16.3 選擇測試框架模組及命名測試類別

④ 在 "Kit Selection" 介面選擇編譯器元件為 "Desktop Qt 6.0.2 MinGW 64-bit"，點擊「下一步」按鈕，如圖 16.4 所示。

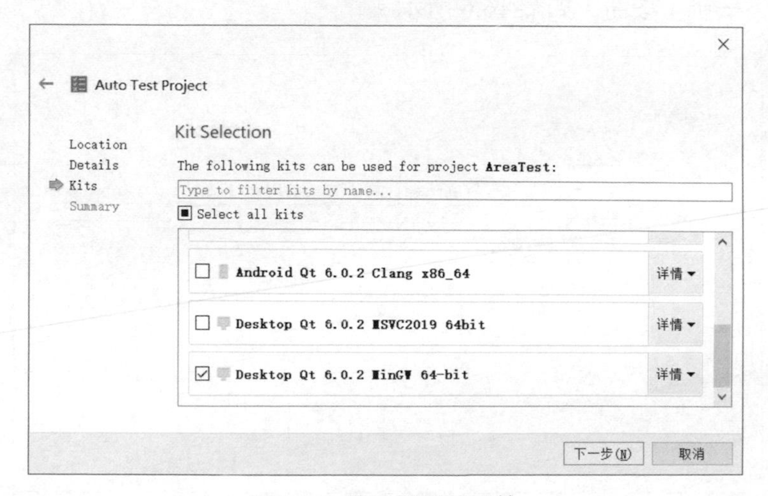

圖 16.4 選擇編譯器元件

最後的介面點擊「完成」按鈕。

（2）計算圓面積類別的具體實現步驟如下。

① 在專案名稱上點擊滑鼠右鍵，選擇 "Add New..." 選項，在如圖 16.5 所示的「新建檔案」對話方塊中，選擇新建 "C/C++ Header File"，點擊 "Choose..." 按鈕。

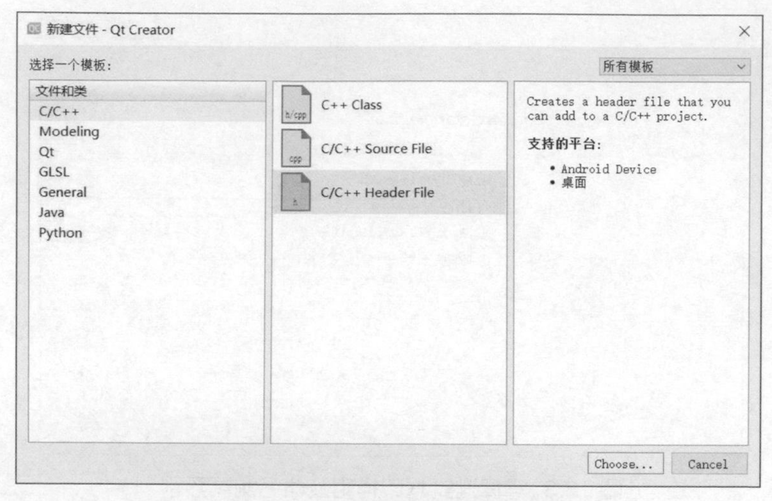

圖 16.5 「新建檔案」對話方塊

② 在接下來 "Location" 介面上的 "File name" 欄填寫入檔案名稱為 "area"，點擊「下一步」按鈕，如圖 16.6 所示。

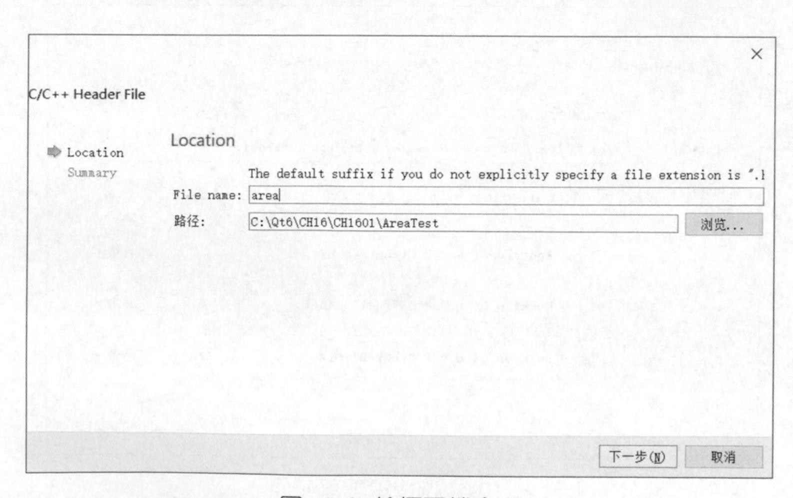

圖 16.6 給標頭檔命名

最後的介面中點擊「完成」按鈕。

③ 此時，專案中增加了標頭檔 "area.h"，開啟撰寫（修改）其程式如下：

```
#ifndef AREA_H
#define AREA_H
#include <QObject>

class Area:public QObject
{
    Q_OBJECT

public:
    Area(){}
    ~Area(){}
    Area(const Area &area)
    {
        m_r = area.m_r;
    }
    Area(int r)
    {
        m_r = r;
    }
    double CountArea()
    {
        return  3.14 * m_r * m_r;
    }
private:
    double m_r;
};
#endif // AREA_H
```

其中，CountArea() 函數完成了計算圓面積的功能。

(3) 測試程式所在的原始檔案是 "tst_testarea.cpp"，開啟撰寫（修改）其程式如下：

```
#include <QtTest>
#include <QString>
#include "area.h"

// add necessary includes here

class TestArea : public QObject
{
    Q_OBJECT

public:
    TestArea();
    ~TestArea();
```

```
private slots:
    void test_case1();                                    //(a)

};

TestArea::TestArea()
{

}

TestArea::~TestArea()
{

}

void TestArea::test_case1()
{
    Area area(1);
    QVERIFY(qAbs(area.CountArea()-3.14)<0.0000001);     //(b)
    QVERIFY2(true, "Failure");
}

QTEST_APPLESS_MAIN(TestArea)                              //(c)

#include "tst_testarea.moc"
```

其中，

(a) test_case1() 函數是測試函數，初始化物件的半徑為 1。

(b) QVERIFY(qAbs(area.CountArea()-3.14)<0.0000001)：使用 QVERIFY() 巨集判斷半徑為 1 的面積是否為 3.14。由於浮點數不能直接比較，所以設定值為給定值和實際值的絕對值，只要這兩者之差小於 0.0000001，就認為結果是正確的。

QVERIFY() 巨集用於檢查運算式是否為真，如果運算式為真，則程式繼續執行；否則測試失敗，程式執行終止。如果需要在測試失敗的時候輸出資訊，則使用 QVERIFY2() 巨集，用法如下：

```
QVERIFY2(condition,message);
```

QVERIFY2() 巨集在 "condition" 條件驗證失敗時，輸出資訊 "message"。

(c) QTEST_APPLESS_MAIN(TestArea)：QTEST_APPLESS_MAIN() 巨集實現 main() 函數，並初始化 QApplication 物件和測試類別，按照測試函數的執行循序執行所有的測試。

簡單 Qt 單元測試輸出結果如圖 16.7 所示。

```
应用程序输出
AreaTest
08:48:01: Starting C:\Qt6\CH16\CH1601\build-AreaTest-Desktop_Qt_6_0_2_MinGW_64_bit-Debug\debug\AreaTest.exe ...
********* Start testing of TestArea *********
Config: Using QtTest library 6.0.2, Qt 6.0.2 (x86_64-little_endian-llp64 shared (dynamic) release build; by GCC 8.1.0), windows 10
PASS   : TestArea::initTestCase()
PASS   : TestArea::test_case1()
PASS   : TestArea::cleanupTestCase()
Totals: 3 passed, 0 failed, 0 skipped, 0 blacklisted, 3ms
********* Finished testing of TestArea *********
08:48:01: C:\Qt6\CH16\CH1601\build-AreaTest-Desktop_Qt_6_0_2_MinGW_64_bit-Debug\debug\AreaTest.exe exited with code 0
```

圖 16.7 簡單 Qt 單元測試輸出結果

注意：在測試類別中，有四個私有槽函數是預先定義用於初始化和結束清理工作的，而非測試函數。舉例來說，

- initTestCase()：在第一個測試函數執行前被呼叫。
- cleanupTestCase()：在最後一個測試函數執行後被呼叫。
- init()：在每個測試函數執行前被呼叫。
- cleanup()：在每個測試函數執行後被呼叫。

如果 initTestCase() 函數執行失敗，則將沒有測試函數執行。如果 init() 函數執行失敗，則緊隨其後的測試函數不會被執行，將直接執行下一個測試函數。

16.3 資料驅動測試

在實際測試中，需要對多種邊界資料進行測試，並逐項初始化，逐項完成測試。此時，可以使用 QTest::addColumn() 函數建立要測試的資料列，使用 QTest::newRow() 函數增加資料行。下面透過兩個實例來介紹具體的用法。

【例】（簡單）（CH1602）測試字串轉為全小寫字元的功能。

（1）建立單元測試框架（操作方法同前），具體設定如下。

專案名稱：TestQString。

測試類別名稱：TestQString。

生成原始檔案：tst_testqstring.cpp。

（2）原始檔案 "tst_testqstring.cpp" 的具體程式如下：

```
#include <QtTest>
#include <QString>
```

```
// add necessary includes here

class TestQString : public QObject
{
    Q_OBJECT

public:
    TestQString();
    ~TestQString();

private slots:
    // 每個 private slot 都是一個被 QTest::qExec() 自動呼叫的測試函數
    void testToLower();                                        //(a)
    void testToLower_data();                                   //(b)

};

TestQString::TestQString()
{

}

TestQString::~TestQString()
{

}

void TestQString::testToLower()
{
    // 獲取測試資料
    QFETCH(QString,string);
    QFETCH(QString,result);
    // 如果兩個參數不同，則其值會分別顯示出來
    QCOMPARE(string.toLower(),result);                         //(c)
    QVERIFY2(true, "Failure");
}

void TestQString::testToLower_data()
{
    // 增加測試列
    QTest::addColumn<QString>("string");
    QTest::addColumn<QString>("result");
    // 增加測試資料
    QTest::newRow("lower")<<"hello"<<"hello";
    QTest::newRow("mixed")<<"heLLO"<<"hello";
    QTest::newRow("upper")<<"HELLO"<<"hello";
}
```

```
// 生成能夠獨立執行的測試程式
QTEST_APPLESS_MAIN(TestQString)

#include "tst_testqstring.moc"
```

其中，

(a) void testToLower()：每個 private slot 都是一個被 QTest::qExec() 自動呼叫的測試函數。

(b) void testToLower_data()：用於提供測試資料。初始化資料的函數名稱和測試函數名稱一樣，但增加了尾碼 "_data()"。

(c) QCOMPARE(string.toLower(),result)：QCOMPARE（actual,expected）巨集使用「等號」操作符號比較實際值（actual）和期望值（expected）。如果兩個值相等，則程式繼續執行；如果兩個值不相等，則產生一個錯誤，且程式不再繼續執行。

（3）測試結果如圖 16.8 所示。

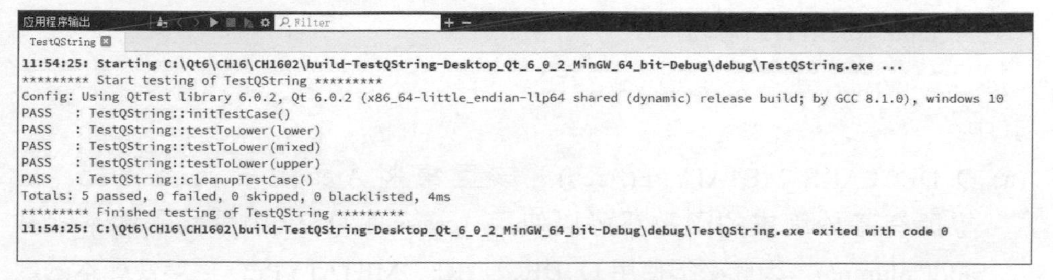

圖 16.8 字串轉換測試結果

【例】（簡單）（CH1603）測試計算圓面積的功能。

（1）建立單元測試框架（操作方法同前），具體設定如下。

專案名稱：AreaTest2。

測試類別名稱：TestArea。

生成原始檔案：tst_testarea.cpp。

（2）新建 C++ 標頭檔 "area.h"，其具體程式如下：

```
#ifndef AREA_H
#define AREA_H
#include <QtCore>
#include <QObject>
```

```
class Area:public QObject
{
    Q_OBJECT

public:
    Area(){}
    ~Area(){}
    Area(const Area &area)
    {
        m_r = area.m_r;
    }
    Area(int r)
    {
        m_r = r;
    }
    double CountArea()
    {
        return  3.14 * m_r * m_r;
    }
private:
    double m_r;
};
Q_DECLARE_METATYPE(Area)                        //(a)
#endif // AREA_H
```

其中，

(a) Q_DECLARE_METATYPE(Area)：該巨集將 Area 定義為元類型，這樣所有基於範本的函數都可以使用 Area。而 QTest 中用到了範本函數 addColumn()，因此必須使用 Q_DECLARE_ METATYPE() 巨集使範本函數可以辨識 Area 類別。

（3）在原始檔案 "tst_testarea.cpp" 中完成測試工作，其具體實現程式如下：

```
#include <QtTest>
#include <QString>
#include "area.h"

// add necessary includes here

class TestArea : public QObject
{
    Q_OBJECT

public:
    TestArea();
    ~TestArea();
```

```
private slots:
    void toArea();                          // 測試函數名稱 toArea()
    void toArea_data();                     // 初始化資料的函數 toArea_data()
};

TestArea::TestArea()
{

}

TestArea::~TestArea()
{

}

void TestArea::toArea()
{
    // 獲取測試資料
    QFETCH(Area,area);                              //(a)
    QFETCH(double,r);
    QVERIFY(qAbs(area.CountArea()-r)<0.0000001);  //(b)
    QVERIFY2(true, "Failure");
}

void TestArea::toArea_data()
{
    // 定義測試資料列
    QTest::addColumn<Area>("area");                 //(c)
    QTest::addColumn<double>("r");                  //(d)
    // 建立測試資料
    QTest::newRow("1")<<Area(1)<<3.14;              //(e)
    QTest::newRow("2")<<Area(2)<<12.56;
    QTest::newRow("3")<<Area(3)<<28.26;
}

QTEST_APPLESS_MAIN(TestArea)

#include "tst_testarea.moc"
```

其中，

(a) QFETCH(Area,area)：透過 QFETCH() 巨集獲取所有資料。

(b) QVERIFY(qAbs(area.CountArea()-r)<0.0000001)：QVERIFY() 巨集將根據資料的多少決定函數執行多少次。

(c) QTest::addColumn<Area>("area")：此處建立了兩列資料，area 列為 Area 物件。

(d) QTest::addColumn<double>("r")：r 列是對應的 Area 物件中計算圓面積半徑的期望值。

(e) QTest::newRow("1")<<Area(1)<<3.14：測試資料透過 QTest::newRow() 函數加入。

（4）測試結果如圖 16.9 所示。

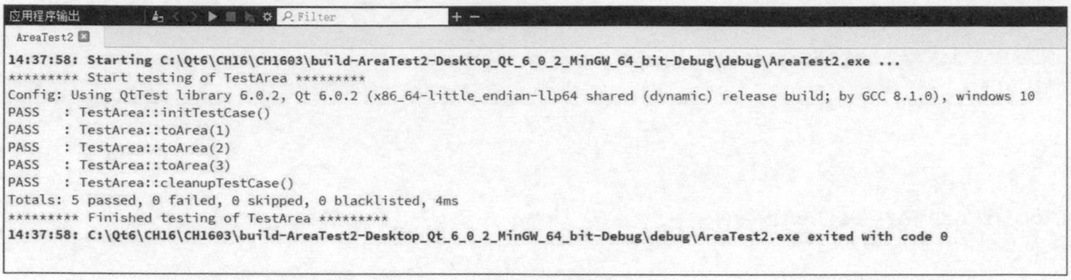

```
应用程序输出
AreaTest2
14:37:58: Starting C:\Qt6\CH16\CH1603\build-AreaTest2-Desktop_Qt_6_0_2_MinGW_64_bit-Debug\debug\AreaTest2.exe ...
********* Start testing of TestArea *********
Config: Using QtTest library 6.0.2, Qt 6.0.2 (x86_64-little_endian-llp64 shared (dynamic) release build; by GCC 8.1.0), windows 10
PASS   : TestArea::initTestCase()
PASS   : TestArea::toArea(1)
PASS   : TestArea::toArea(2)
PASS   : TestArea::toArea(3)
PASS   : TestArea::cleanupTestCase()
Totals: 5 passed, 0 failed, 0 skipped, 0 blacklisted, 4ms
********* Finished testing of TestArea *********
14:37:58: C:\Qt6\CH16\CH1603\build-AreaTest2-Desktop_Qt_6_0_2_MinGW_64_bit-Debug\debug\AreaTest2.exe exited with code 0
```

圖 16.9 計算圓面積測試結果

16.4 簡單性能測試

【例】（簡單）（CH1604）撰寫性能測試程式。

（1）建立單元測試框架（操作方法同前），具體設定如下。

專案名稱：TestQString2。

測試類別名稱：TestQString2。

生成原始檔案：tst_testqstring2.cpp。

（2）原始檔案 "tst_testqstring2.cpp" 的具體程式如下：

```
#include <QtTest>
#include <QString>

// add necessary includes here

class TestQString2 : public QObject
{
    Q_OBJECT

public:
    TestQString2();
    ~TestQString2();
```

```
private slots:
    void testBenchmark();
};

TestQString2::TestQString2()
{

}

TestQString2::~TestQString2()
{

}

void TestQString2::testBenchmark()
{
    QString str("heLLO");
    //用於測試性能的程式
    QBENCHMARK
    {
        str.toLower();
    }
    QVERIFY2(true, "Failure");
}

QTEST_APPLESS_MAIN(TestQString2)

#include "tst_testqstring2.moc"
```

（3）測試結果如圖 16.10 所示。

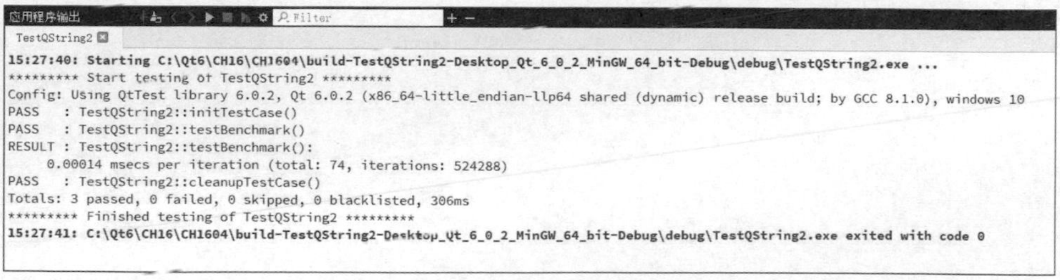

```
应用程序输出                Filter
TestQString2
15:27:40: Starting C:\Qt6\CH16\CH1604\build-TestQString2-Desktop_Qt_6_0_2_MinGW_64_bit-Debug\debug\TestQString2.exe ...
********* Start testing of TestQString2 *********
Config: Using QtTest library 6.0.2, Qt 6.0.2 (x86_64-little_endian-llp64 shared (dynamic) release build; by GCC 8.1.0), windows 10
PASS   : TestQString2::initTestCase()
PASS   : TestQString2::testBenchmark()
RESULT : TestQString2::testBenchmark():
     0.00014 msecs per iteration (total: 74, iterations: 524288)
PASS   : TestQString2::cleanupTestCase()
Totals: 3 passed, 0 failed, 0 skipped, 0 blacklisted, 306ms
********* Finished testing of TestQString2 *********
15:27:41: C:\Qt6\CH16\CH1604\build-TestQString2-Desktop_Qt_6_0_2_MinGW_64_bit-Debug\debug\TestQString2.exe exited with code 0
```

圖 16.10 簡單性能測試結果

其中，0.00014 msecs per iteration (total: 74, iterations: 524288)：其含義是測試程式執行了 524288 次，總時間為 74 毫秒（ms），每次執行的平均時間為 0.00014 毫秒（ms）。

第 2 部分

Qt 6 綜合實例

【綜合實例】：電子商城系統

CHAPTER 17

在網際網路極為發達的今天，網上購物已經成為人們生活中不可或缺的部分。在每個實用的網上購物電子商務 B2C（商家對消費者）網站都需要一個完整的商品管理系統作為支撐。本章完成開發一個「電子商城系統」的實例（CH17），主要運用 Qt 對 MySQL 資料庫的操作技術，並且綜合運用本書前面各章所介紹的知識，包括 Qt 介面設計版面配置、圖片讀寫入操作和自訂視圖，這是進階學習 Qt 的很好的實踐案例。

17.1 商品管理系統功能需求

電子商城商品管理系統的主要功能如下：

（1）管理員密碼登入，密碼採用 MD5 加密演算法封裝驗證。

（2）瀏覽庫存商品資訊，採用 Qt 資料網格控制項實現。

（3）商品入庫和清倉，用表單輸入商品資訊（可指定商品類別、進價、售價、入庫數量等，還可上傳商品樣照）。

（4）預售訂單功能。選擇指定數量的庫存商品出售，系統自動計算出應付款總金額並顯示銷售清單，使用者一次可預售多種商品，然後統一下訂單。

17.1.1 登入功能

初始啟動程式，顯示登入介面（見圖 17.1）。

輸入管理員帳號及密碼，點擊「登入」按鈕執行驗證，密碼用 Qt 內建的 MD5 演算法做加密處理後先存於 MySQL 資料庫中，若驗證不通過則彈出警告提示框。

圖 17.1 登入介面

17.1.2 新品入庫功能

在「新品入庫」頁上可看到全部庫存的商品資訊（商品名稱、進價、售價和庫存量），使用者可輸入（或選擇）新品資訊，將其輸入系統中；也可選擇資料庫中已有的商品執行清倉操作，如圖 17.2 所示。

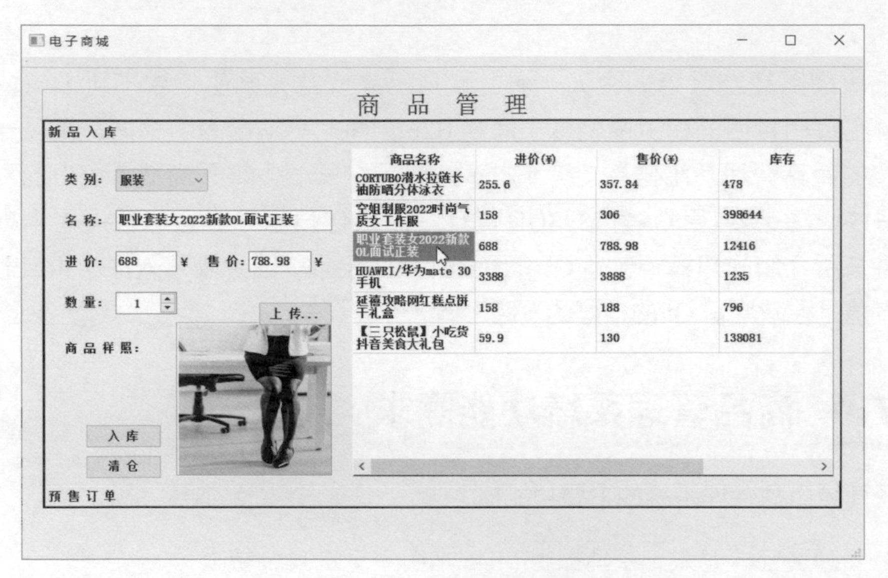

圖 17.2 「新品入庫」頁

選中右邊網格列表中的某商品，於左邊表單中顯示該商品的各項資訊，使用者可透過修改數量後點擊「入庫」按鈕以增加該商品的庫存量，也可直接點擊「清倉」按鈕將此商品的資訊從系統中清除。

17.1.3 預售訂單功能

在「預售訂單」頁上，使用者從左邊表單下拉選單中選擇要預售的商品類別和名稱，表單會自動聯動顯示出該商品的單價、庫存、照片，並根據使用者所指定的售出數量算出總價，如圖 17.3 所示。

使用者點擊「出售」按鈕售出該商品，可以在右邊空白區域查看銷售清單，在先後售出多種商品後可點擊「下單」按鈕生成訂單。

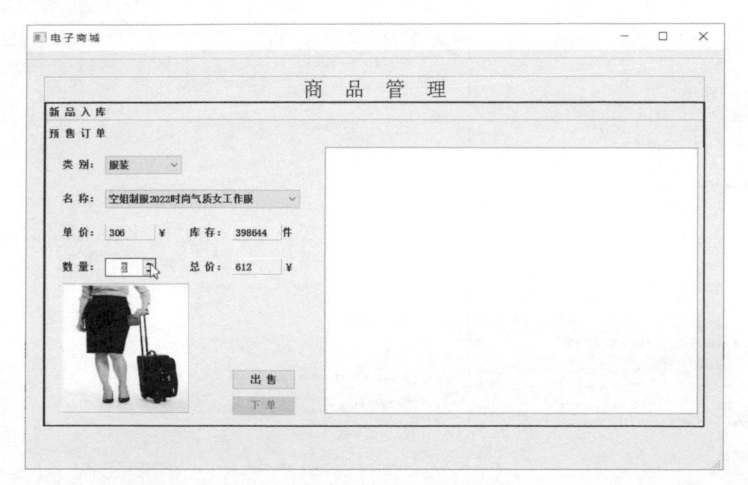

圖 17.3 「預售訂單」頁

17.2 專案開發準備

因本實例的程式執行必須依賴後台的 MySQL 資料庫，故在正式進入開發前先要對開發專案和 Qt 環境進行一些設定，使其能支持 MySQL，另外還要預先建立起所要用的資料庫及表、輸入測試資料。

17.2.1 專案設定

（1）建立 Qt 桌面應用程式專案，專案名稱為 "eMarket"。建立完成在 Qt Creator 開發環境中點擊左側欄的 按鈕切換至專案設定模式，如圖 17.4 所示。

圖中這個頁面用來設定專案建構時所生成的 "debug" 目錄路徑。預設情況下，Qt 為了使最終編譯生成的專案目錄體積盡可能縮小以節省空間，會將生成的 "debug" 資料夾及其中的內容全部置於專案目錄的外部，但這麼做也給使用者管理帶來了一定的麻煩，因此，這裡還是要將 "debug" 資料夾移至專案目錄內。設定方法是：在 "General" 欄下取消選取 "Shadow build" 項。

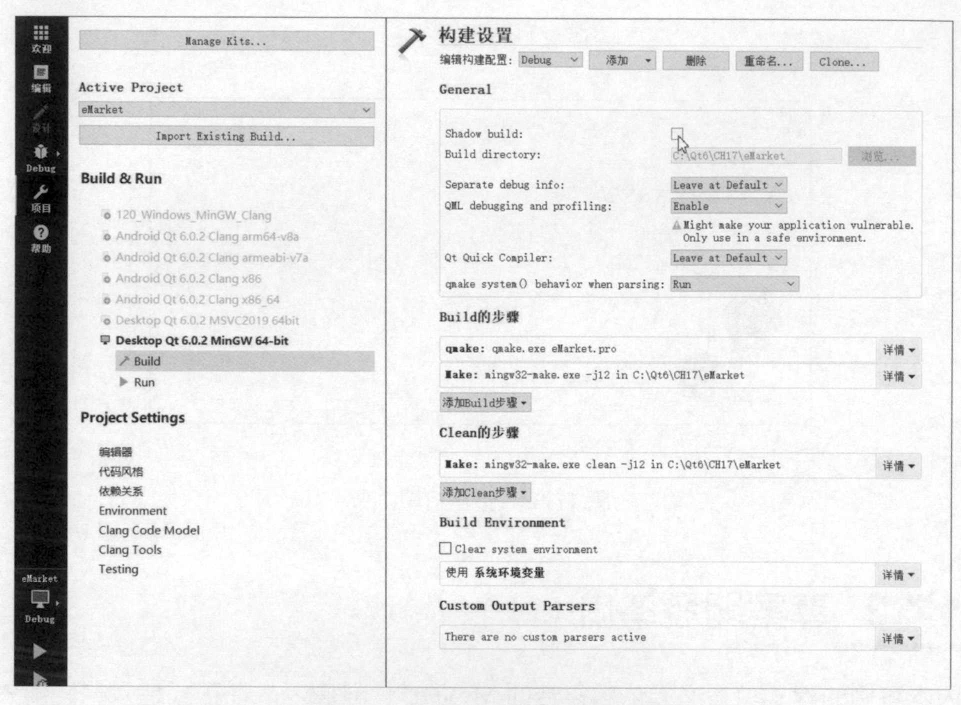

圖 17.4 專案建構目錄路徑設定

（2）修改專案的 .pro 設定檔，在其中增加設定專案。

設定檔 "eMarket.pro" 內容以下（粗體處為需要修改增加的地方）：

```
#-------------------------------------------------
#
# Project created by QtCreator 2018-11-16T08:56:40
#
#-------------------------------------------------

QT       += core gui
QT       += sql

greaterThan(QT_MAJOR_VERSION, 4): QT += widgets

TARGET = eMarket
TEMPLATE = app

# The following define makes your compiler emit warnings if you use
# any feature of Qt which has been marked as deprecated (the exact
warnings
```

```
# depend on your compiler). Please consult the documentation of the
# deprecated API in order to know how to port your code away from it.
DEFINES += QT_DEPRECATED_WARNINGS

# You can also make your code fail to compile if you use deprecated
APIs.
# In order to do so, uncomment the following line.
# You can also select to disable deprecated APIs only up to a certain
version of Qt.
# DEFINES += QT_DISABLE_DEPRECATED_BEFORE=0x060000
# disables all the APIs deprecated before Qt 6.0.0

SOURCES += \
        main.cpp \
        mainwindow.cpp \
    logindialog.cpp

HEADERS += \
        mainwindow.h \
    logindialog.h

FORMS += \
        mainwindow.ui \
    logindialog.ui
```

其中，"QT += sql" 敘述就是設定使該程式能使用 SQL 敘述存取後台的資料庫。

17.2.2 編譯 MySQL 驅動

自從 Oracle 收購 MySQL 後對其進行了商業化，如今的 MySQL 已經不能算是一個完全開放原始碼的資料庫了，而 Qt 官方則一直嚴格秉持著開放原始碼理念，故 Qt 6 取消了對 MySQL 資料庫的預設支援，Qt 環境中不再內建 MySQL 的驅動（QMYSQL），使用者若是還想使用 Qt 連接操作 MySQL，只能用 Qt 的原始程式專案自行編譯生成 MySQL 的驅動 DLL 函數庫，然後引入開發環境使用，過程比較麻煩，下面介紹具體操作步驟。

(1) 首先開啟 MySQL 安裝目錄下的 "lib" 資料夾（筆者的是 "C:\MySQL\lib"），看到裡面有兩個檔案 "libmysql.dll" 和 "libmysql.lib"，將它們複製到 Qt 的 MinGW 編譯器的 "bin" 目錄（筆者的是 "C:\Qt\6.0.2\mingw81_64\bin"）下，如圖 17.5 所示。

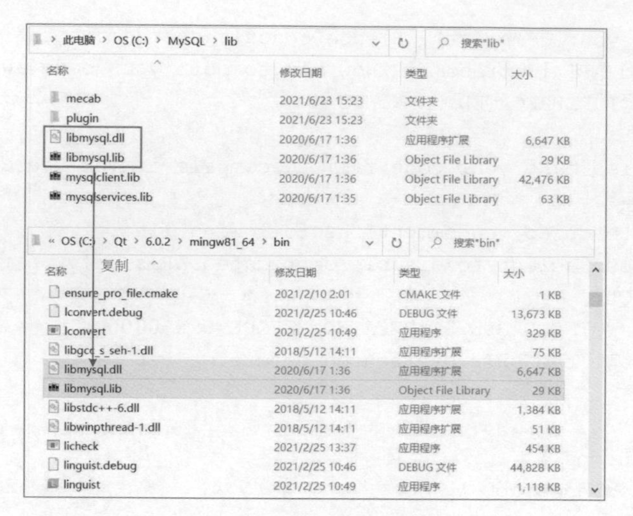

圖 17.5 複製函數庫檔案

（2）找到 Qt 安裝目錄下原始程式碼目錄中的 "mysql" 資料夾（筆者的路徑是 "C:\Qt\6.0.2\Src\ qtbase\src\plugins\sqldrivers\mysql"，讀者請根據自己安裝的實際路徑尋找），進入此資料夾，可見其中有一個名為 "mysql.pro" 的 Qt 開發專案設定檔，如圖 17.6 所示。

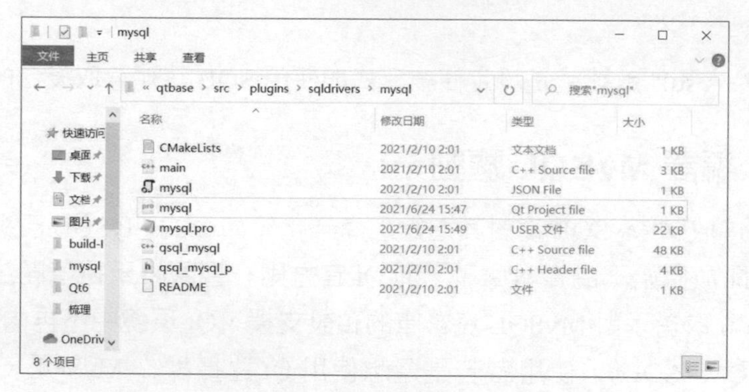

圖 17.6 找到 MySQL 驅動的原始程式專案設定檔

以 Windows 記事本開啟 "mysql.pro" 檔案，修改其內容以下（粗體處為需要修改增加的地方）：

```
TARGET = qsqlmysql

# 增加 MySQL 的 include 路徑
INCLUDEPATH += "C:\MySQL\include"
# 增加 MySQL 的 libmysql.lib 路徑，為驅動的生成提供 lib 檔案
```

```
LIBS += "C:\MySQL\lib\libmysql.lib"

HEADERS += $$PWD/qsql_mysql_p.h
SOURCES += $$PWD/qsql_mysql.cpp $$PWD/main.cpp

# 註釋起來這行敘述
#QMAKE_USE += mysql

OTHER_FILES += mysql.json

PLUGIN_CLASS_NAME = QMYSQLDriverPlugin
include(../qsqldriverbase.pri)

# 生成 dll 驅動檔案的目標位址，這裡將位址設定在 mysql 下的 lib 資料夾中
DESTDIR = C:\Qt\6.0.2\Src\qtbase\src\plugins\sqldrivers\mysql\lib
```

以上設定的這幾個路徑請讀者根據自己電腦上安裝 MySQL 及 Qt 的實際情況填寫。

（3）啟動 Qt Creator，定位到 "mysql" 資料夾下，開啟 "mysql.pro" 對應的 Qt 專案，執行此專案，系統會彈出訊息方塊提示有一些建構錯誤，點擊 "Yes" 按鈕忽略，如圖 17.7 所示。

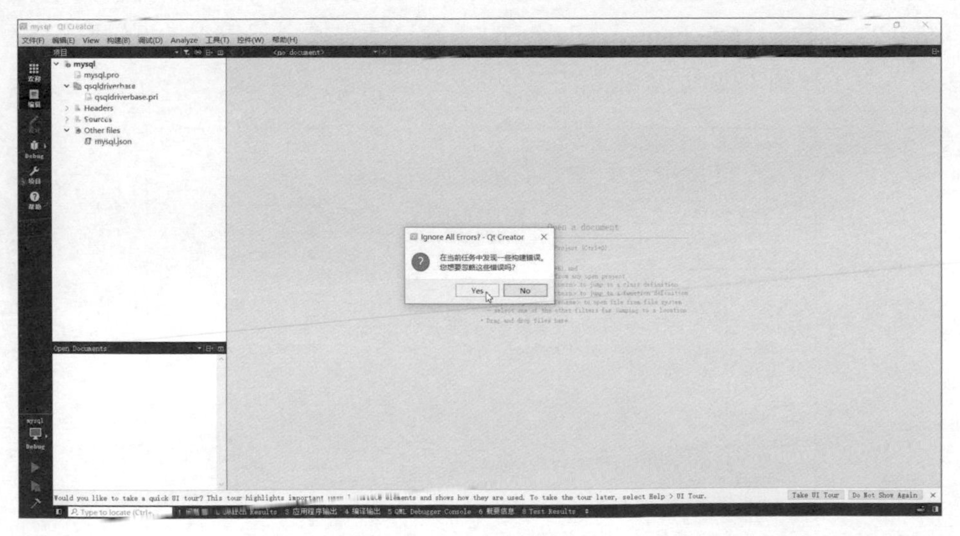

圖 17.7 忽略建構錯誤

（4）開啟 "mysql" 資料夾，可看到其中多了個 "lib" 子資料夾，進入可看到編譯生成的 3 個檔案，如圖 17.8 所示。

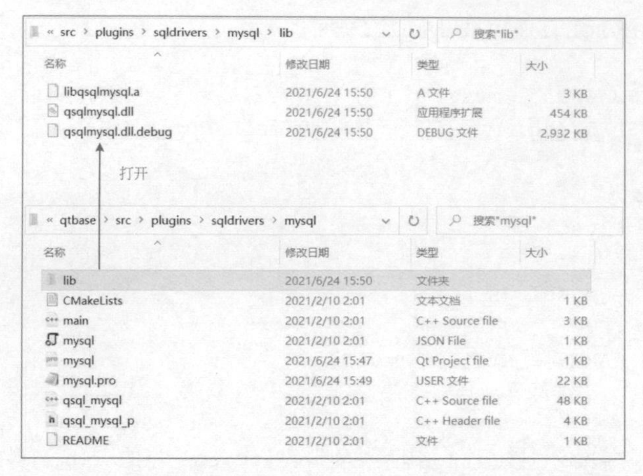

圖 17.8 編譯生成的 "lib" 資料夾及其中的 3 個檔案

其中，"qsqlmysql.dll" 和 "qsqlmysql.dll.debug" 即是我們需要的 Qt 環境 MySQL 資料庫的驅動。

（5）複製 MySQL 驅動到 Qt 的 "sqldrivers" 資料夾中。

選中上面生成的 "qsqlmysql.dll" 和 "qsqlmysql.dll.debug" 驅動檔案並複製，然後將其貼上到 Qt 安裝目錄下的 "sqldrivers" 資料夾（筆者的路徑為 "C:\Qt\6.0.2\mingw81_64\plugins\ sqldrivers"，讀者請根據自己安裝 Qt 的實際路徑複製）下，如圖 17.9 所示。

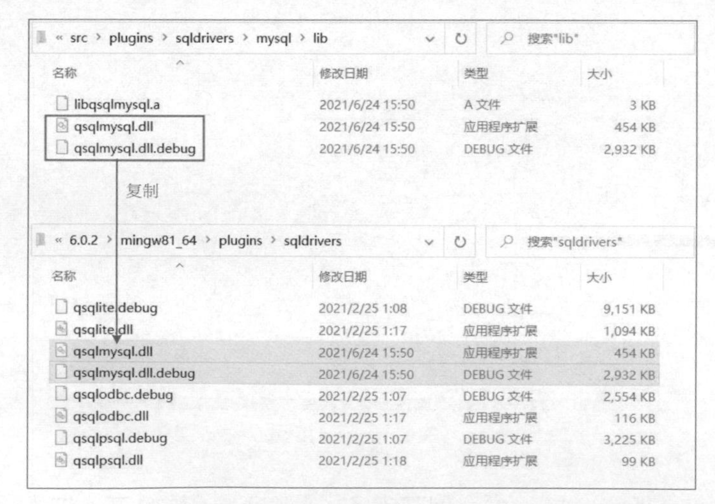

圖 17.9 複製 MySQL 驅動到 Qt 的 "sqldrivers" 資料夾

這樣，我們就成功地給 Qt 環境增加了 MySQL 驅動，後面程式設計中就可以使用這個驅動存取 MySQL 資料庫了。為方便讀者，我們在本書原始程式資源中也會提供編譯好的 MySQL 驅動檔案。

注意：以上編譯 MySQL 驅動的操作要求 Qt 編譯器的位數要與 MySQL 的相同（比如都是 64 位元或都是 32 位元）。

17.2.3 資料庫準備

1. 建立資料庫

在 MySQL 中建立資料庫，名稱為 "emarket"，其中建立 5 個表，分別為 category 表（商品類別表）、commodity 表（商品表）、member 表（會員表）、orders 表（訂單表）和 orderitems 表（訂單項表）。

2. 設計表

（1）表結構設計。

對以上建好的各表設計其表結構欄位屬性如下。

category 表設計見表 17.1。

表 17.1 category 表設計

列名	類型	長度	允許空值	說明
CategoryID	int	6	否	商品類別編號，主鍵，自動遞增
Name	char	16	否	商品類別名稱

commodity 表設計見表 17.2。

表 17.2 commodity 表設計

列名	類型	長度	允許空值	說明
CommodityID	int	6	否	商品編號，主鍵，自動遞增
CategoryID	int	6	否	商品類別編號
Name	char	32	否	商品名稱
Picture	blob	預設	是	商品圖片
InputPrice	decimal	6，2 位小數	否	商品購入價格（進價）
OutputPrice	decimal	6，2 位小數	否	商品售出價格（單價）
Amount	int	6	否	商品庫存量

member 表設計見表 17.3。

表 17.3 member 表設計

列名	類型	長度	允許空值	說明
MemberID	char	16	否	會員帳號，主鍵
PassWord	char	50	否	登入密碼（以 MD5 加密儲存）
Name	varchar	32	否	會員名
Sex	bit	1	否	性別：1 表示男，0 表示女，預設 1
Email	varchar	32	是	電子電子郵件
Address	varchar	128	是	聯繫地址
Phone	char	16	是	聯繫電話
RegisterDate	date	預設	否	註冊日期

orders 表設計見表 17.4。

表 17.4 orders 表設計

列名	類型	長度	允許空值	說明
OrderID	int	6	否	訂單編號，主鍵，自動遞增
MemberID	char	16	否	會員帳號
PaySum	decimal	6，2 位小數	是	付款總金額
PayWay	varchar	32	是	付款方式
OTime	datetime	預設	是	下單日期時間

orderitems 表設計見表 17.5。

表 17.5 orderitems 表設計

列名	類型	長度	允許空值	說明
OrderID	int	6	否	訂單編號，主鍵
CommodityID	int	6	否	商品編號，主鍵
Count	int	11	否	數量
Affirm	bit	1	否	是否確認：0 沒有確認，1 確認，預設 0
SendGoods	bit	1	否	是否發貨：0 沒有發貨，1 發貨，預設 0

（2）外鍵連結。

設計好表結構之後，為表之間建立外鍵連結。本例要在 commodity、orders 和 orderitems 表上建立 4 個外鍵連結。

① commodity 表。

外鍵 CategoryID 引用 category 表主鍵，在 Navicat Premium 資料庫視覺化工具的 commodity 表設計視窗中選擇「外鍵」標籤，如圖 17.10 所示設定即可。

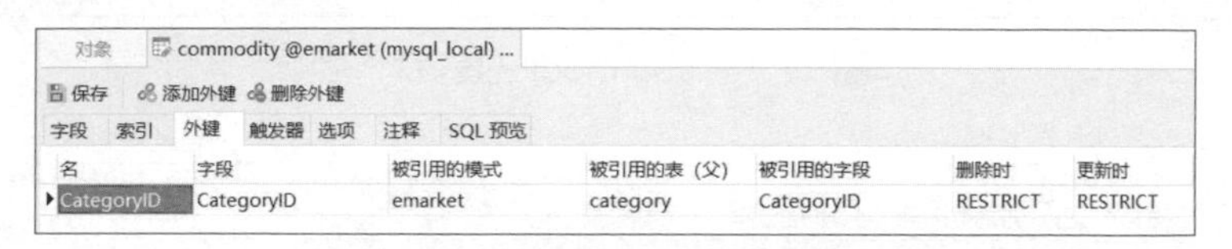

圖 17.10 外鍵 CategoryID 的設定

② orders 表。

外鍵 MemberID 引用 member 表主鍵，在 orders 表設計視窗中選擇「外鍵」標籤，按如圖 17.11 所示進行設定即可。

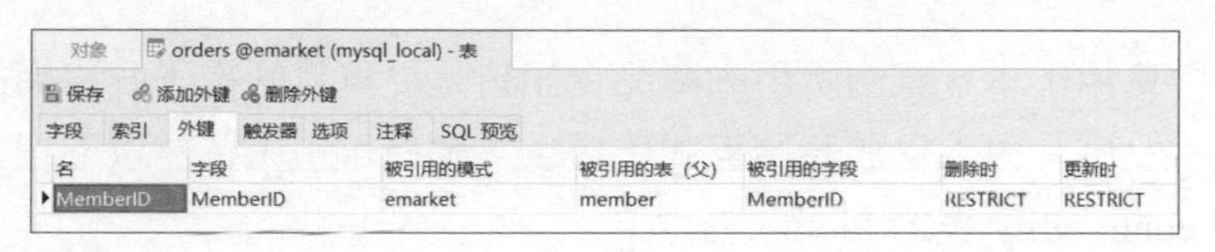

圖 17.11 外鍵 MemberID 的設定

③ orderitems 表。

在該表上要設定兩個外鍵：OrderID 引用 orders 表的主鍵 OrderID，CommodityID 引用 commodity 表的主鍵 CommodityID。在 orderitems 表設計視窗中選擇「外鍵」標籤，按如圖 17.12 所示進行設定即可。

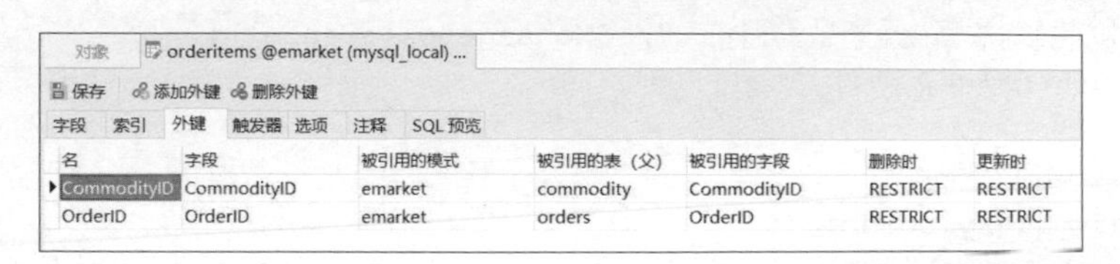

圖 17.12 orderitems 表上兩個外鍵的設定

（3）資料輸入。

設計好表及其連結之後，往各表中預先輸入一些資料記錄以供後面測試運行程式之用，如圖 17.13 ～圖 17.15 所示。

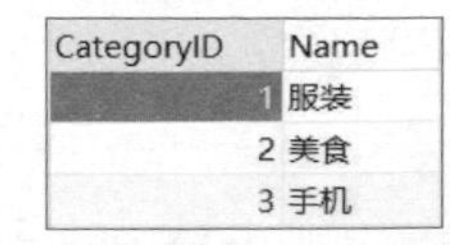

CategoryID	Name
1	服装
2	美食
3	手机

圖 17.13 category 表資料

CommodityID	CategoryID	Name	Picture	InputPrice	OutputPrice	Amount
1	1	CORTUBO潜水拉链长袖防晒分体泳衣	(BLOB) 53.46 KB	255.60	357.84	478
2	1	空姐制服2022时尚气质女工作服	(BLOB) 32.32 KB	158.00	306.00	398644
3	1	职业套装女2022新款OL面试正装	(BLOB) 32.99 KB	688.00	788.98	12416
4	3	HUAWEI/华为mate 30手机	(BLOB) 11.88 KB	3388.00	3888.00	1235
5	2	延禧攻略网红糕点饼干礼盒	(BLOB) 45.10 KB	158.00	188.00	796
6	2	【三只松鼠】小吃货抖音美食大礼包	(BLOB) 52.93 KB	59.90	130.00	138081

圖 17.14 commodity 表資料

MemberID	PassWord	Name	Sex	Email	Address	Phone	RegisterDate
b02020622	e10adc3949ba59abbe56e057f20f883e	周何駿	1	(Null)	(Null)	(Null)	2021-06-23

圖 17.15 member 表資料

其中，member 表 PassWord 欄位密碼儲存的是 MD5 加密字串 e10adc3949ba59abbe56e057 f20f883e，對應明文為 123456，讀者在試運行程式時可暫且先用這個密碼登入測試。

為表現實際應用，本章實例所用的商品資訊皆是從真實的電子商務網站選取，各商品的樣品圖片由本書隨原始程式碼提供，讀者可預先撰寫以下程式將其輸入資料庫 commodity 表的 Picture 欄位：

```
QSqlDatabase sqldb = QSqlDatabase::addDatabase("QMYSQL");
sqldb.setHostName("localhost");
sqldb.setDatabaseName("emarket");                    // 資料庫名稱
sqldb.setUserName("root");                           // 資料庫使用者名稱
sqldb.setPassword("123456");                         // 登入密碼
if (!sqldb.open()) {
    QMessageBox::critical(0, QObject::tr("後台資料庫連接失敗"), "無法建立
連接！請檢查排除故障後重新啟動程式。", QMessageBox::Cancel);
    return false;
}
// 向資料庫中插入照片
QSqlQuery query(sqldb);
QString photoPath = "D:\\Qt\\imgproc\\21.jpg"; // 照片容量不能大於 60KB
QFile photoFile(photoPath);
if (photoFile.exists())
{
    // 存入資料庫
    QByteArray picdata;
    photoFile.open(QIODevice::ReadOnly);
    picdata = photoFile.readAll();
    photoFile.close();
    QVariant var(picdata);
    QString sqlstr = "update commodity set Picture=? where
```

```
CommodityID=6";
    query.prepare(sqlstr);
    query.addBindValue(var);
    if(!query.exec())
    {
        QMessageBox::information(0, QObject::tr("提示"), "照片寫入失敗");
    } else{
        QMessageBox::information(0, QObject::tr("提示"), "照片已寫入資料
庫");
    }
}
sqldb.close();
```

3. 建立視圖

根據應用需要，本例要建立一個視圖 commodity_inf，用於顯示商品的基本資訊（商品名稱、進價、售價和庫存），用 Navicat Premium 資料庫視覺化工具建立視圖的操作如下。

（1）展開資料庫節點，按滑鼠右鍵「視圖」→點擊「新建視圖」選項，在右邊出現的編輯視窗工具列上點擊「視圖建立工具」按鈕，如圖 17.16 所示，可開啟 MySQL 的視圖建立工具。

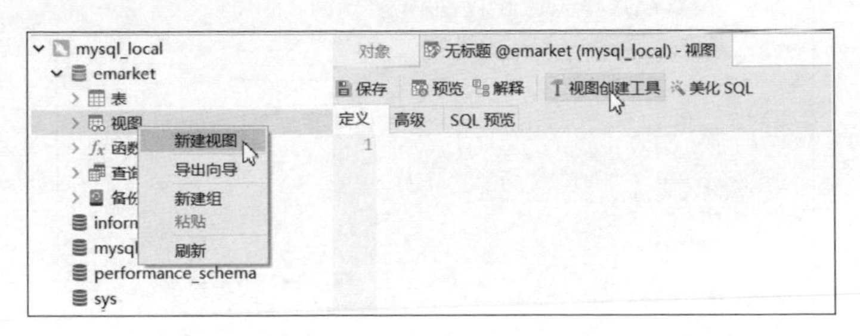

圖 17.16 開啟 MySQL 的視圖建立工具

（2）在開啟的「視圖建立工具」視窗中，選中要在其上建立視圖的表（commodity），選擇視圖所包含的列，下方輸出視窗中會自動生成建立視圖的 SQL 敘述，使用者可用滑鼠點擊對其進行設計，將視圖各列重新命名為中文以增強可讀性，如圖 17.17 所示。完成後點擊視窗右下角「建構並執行」按鈕，生成視圖。

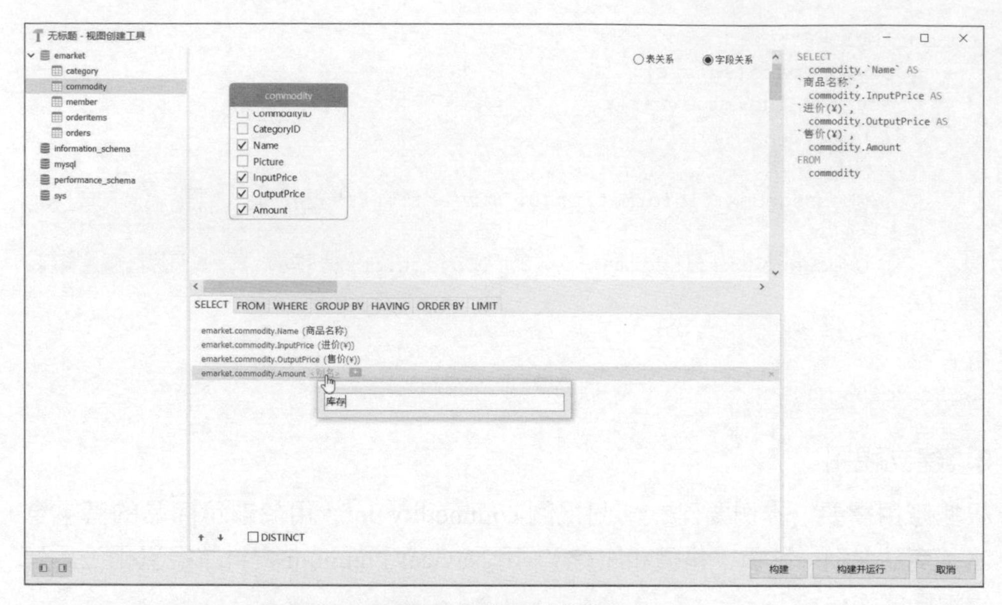

圖 17.17 設計檢視

（3）回到編輯視窗可預覽生成的視圖內容，如圖 17.18 所示，點擊左上角「儲存」按鈕以名稱 "commodity_inf" 儲存即可。

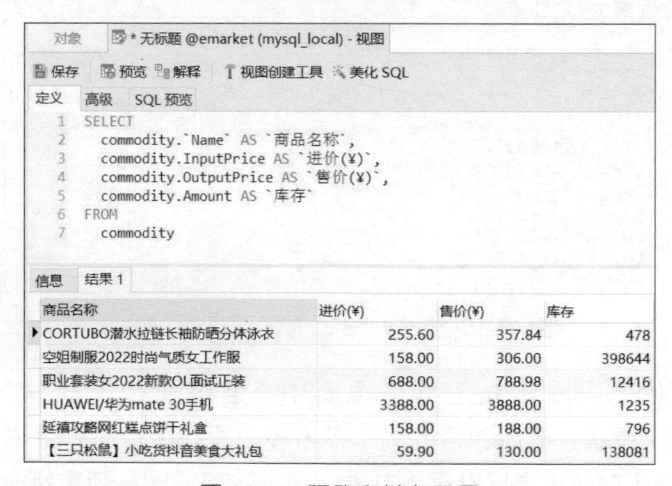

圖 17.18 預覽和儲存視圖

有了這個視圖，就可以在程式中透過模型載入商品的基本資訊顯示於介面上，而遮罩掉無關的資訊項，非常方便。

這樣，系統執行所依賴的後台資料庫就全部建立起來了。

17.3 商品管理系統介面設計

17.3.1 整體設計

在開發環境專案目錄樹狀視圖中，按兩下 "mainwindow.ui" 切換至視覺化介面設計模式，如圖 17.19 所示，在其上拖曳設計出商品管理系統的整個圖形介面。

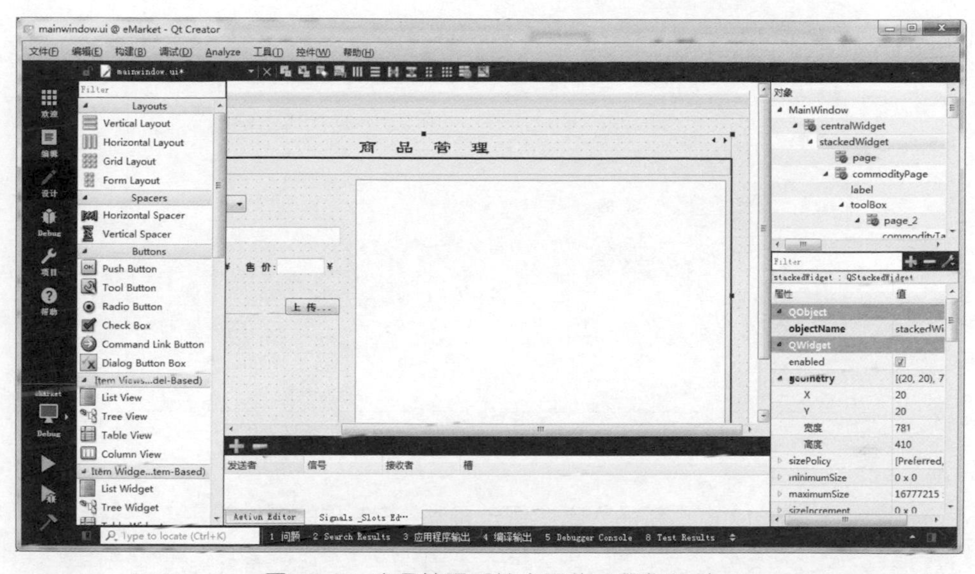

圖 17.19 商品管理系統介面的視覺化設計

為了使商品管理系統介面的功能更集中專一，我們將 Qt 的 Stacked Widget 控制項與 Tool Box 控制項結合起來使用，在一個統一的「商品管理」框中沿縱向佈置「新品入庫」和「預售訂單」兩個頁，分別對應系統功能需求中的這兩大模組。其中，Stacked Widget 控制項的尺寸設為 781 像素 ×410 像素，在 currentIndex=1 的頁上版面配置；Tool Box 控制項的尺寸設為 781 像素 ×381 像素，其 font 字型設為「幼圓，9，粗體」，frameShape 屬性為 WinPanel；頂端標籤（QLabel）尺寸為 781 像素 ×31 像素，顯示文字為「商品管理」，其 font 字型設為「隸書，18」，alignment 屬性「水平的」為 AlignHCenter（置中），控制標籤外觀的 frameShape 屬性設為 Box、frameShadow 屬性設為 Sunken。完成以上設定後，就可以達到與圖 17.19 一樣的外觀效果了。

下面再分頁面羅列出兩個功能介面上各控制項的具體設定情況。為方便讀者試做，對介面上所有的控制項都進行了①，②，③，…的數字別碼（見圖 17.20 和圖 17.21），並將它們的類型、名稱及關鍵屬性列於表中，讀者可對照下面的圖和表自己進行程式介面的製作。

17.3.2 「新品入庫」頁

「新品入庫」頁介面設計效果如圖 17.20 所示。「新品入庫」頁介面上各控制項的屬性設定見表 17.6。

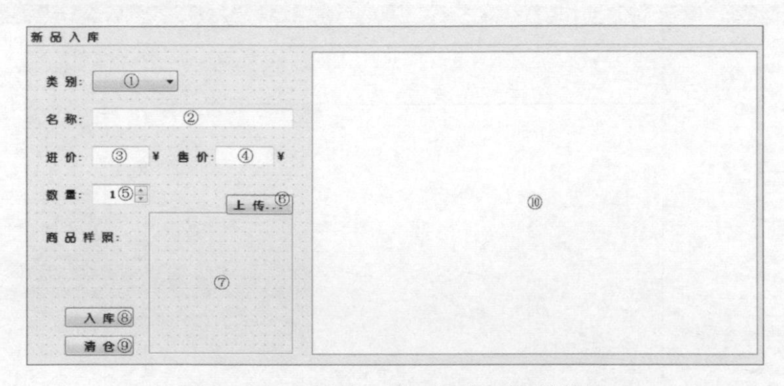

圖 17.20 「新品入庫」頁介面設計效果

表 17.6 「新品入庫」頁介面上各控制項的屬性設定

序號	名稱	類型	屬性設定
①	newCategoryComboBox	QComboBox	—
②	newNameLineEdit	QLineEdit	—
③	newInputPriceLineEdit	QLineEdit	—
④	newOutputPriceLineEdit	QLineEdit	—
⑤	newCountSpinBox	QSpinBox	alignment：水平的，AlignHCenter； value：1
⑥	newUploadPushButton	QPushButton	text：上 傳 ...
⑦	newPictureLabel	QLabel	geometry：寬度 151，高度 151； frameShape：Box； frameShadow：Sunken； text：空； scaledContents：選取
⑧	newPutinStorePushButton	QPushButton	text：入 庫

序號	名稱	類型	屬性設定
⑨	newClearancePushButton	QPushButton	text：清 倉
⑩	commodityTableView	QTableView	horizontalHeaderVisible：選取； horizontalHeaderDefaultSectionSize：120； horizontalHeaderMinimumSectionSize：25； horizontalHeaderStretchLastSection：選取； verticalHeaderVisible：取消選取

17.3.3 「預售訂單」頁

「預售訂單」頁介面設計效果如圖 17.21 所示。「預售訂單」頁介面上各個控制項的屬性設定見表 17.7。

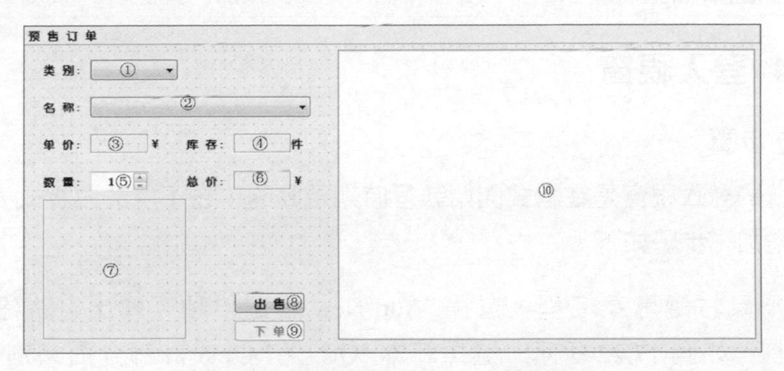

圖 17.21「預售訂單」頁介面設計效果

表 17.7「預售訂單」頁介面上各控制項的屬性設定

序號	名稱	類型	屬性設定
①	preCategoryComboBox	QComboBox	—
②	preNameComboBox	QComboBox	—
③	preOutputPriceLabel	QLabel	frameShape：Box； frameShadow：Sunken； text：空
④	preAmountLabel	QLabel	frameShape：Box； frameShadow：Sunken； text：空

序號	名稱	類型	屬性設定
⑤	preCountSpinBox	QSpinBox	alignment：水平的，AlignHCenter； value：1
⑥	preTotalLabel	QLabel	frameShape：Box； frameShadow：Sunken； text：空
⑦	prePictureLabel	QLabel	geometry：寬度 151，高度 151； frameShape：Box； frameShadow：Sunken； text：空； scaledContents：選取
⑧	preSellPushButton	QPushButton	text：出 售
⑨	prePlaceOrderPushButton	QPushButton	enabled：取消選取； text：下 單
⑩	sellListWidget	QListWidget	geometry：寬度 441，高度 311

17.3.4 登入視窗

1. 建立步驟

本例系統的登入視窗是在程式開始執行時期啟動的，它不屬於主程式表單，需要單獨增加，步驟如下。

（1）按滑鼠右鍵專案名稱，選擇 "Add New..." 選單項，彈出「新建檔案」對話方塊，如圖 17.22 所示，選擇範本 "Qt" →「Qt 設計師介面類別」，點擊 "Choose..." 按鈕。

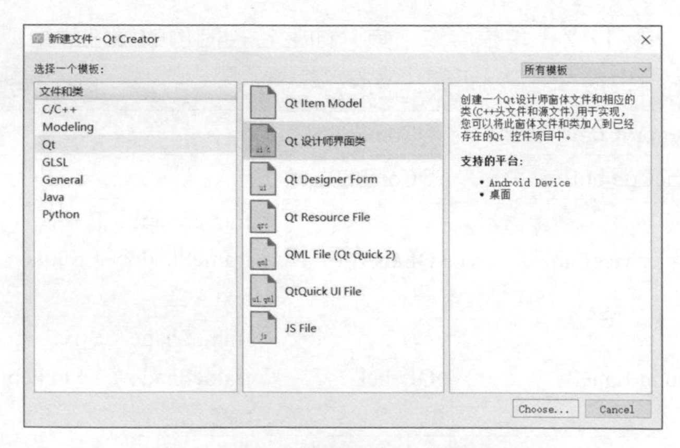

圖 17.22 「新建檔案」對話方塊

（2）在「Qt 設計器介面類別」對話方塊中，選擇介面範本為 "Dialog without Buttons"，如圖 17.23 所示，點擊「下一步」按鈕。

Qt 设计器界面类
Form Template
Class Details
汇总
选择界面模板
templates\forms
Dialog with Buttons Bottom
Dialog with Buttons Right
Dialog without Buttons
Main Window
Widget
窗口部件
嵌入式设计
设备:
无
屏幕大小:
默认大小
下一步(N)
取消

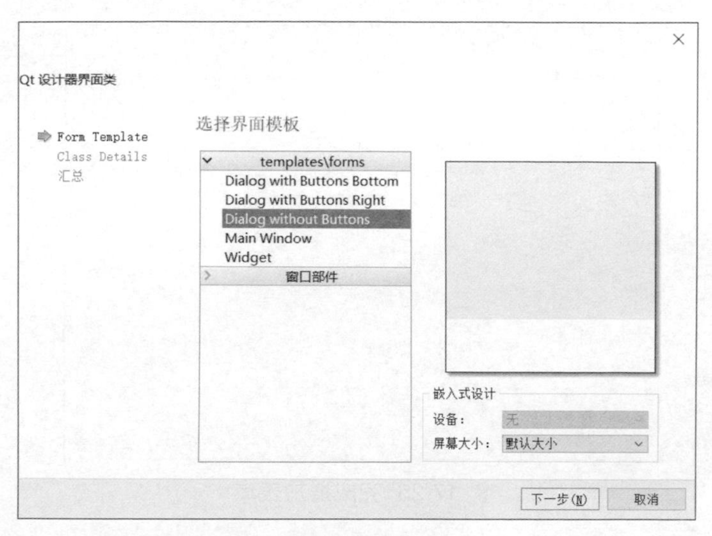

圖 17.23 選擇介面範本

（3）在導覽頁上，將登入視窗所對應的類別命名為 "LoginDialog"，如圖 17.24 所示，點擊「下一步」按鈕。

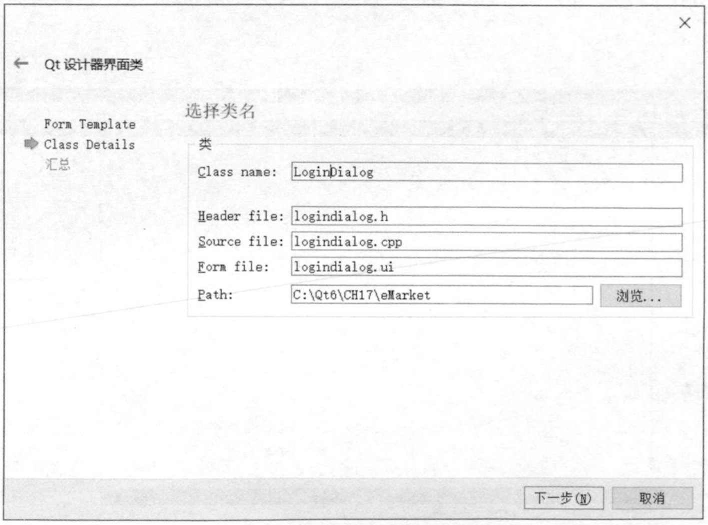

Qt 设计器界面类
Form Template
Class Details
汇总
选择类名
类
Class name: LoginDialog
Header file: logindialog.h
Source file: logindialog.cpp
Form file: logindialog.ui
Path: C:\Qt6\CH17\eMarket
浏览...
下一步(N)
取消

圖 17.24 命名表單類別

(4) 在「專案管理」頁可看到即將增加到專案中的原始檔案名稱，確認無誤後，點擊「完成」按鈕，如圖 17.25 所示。

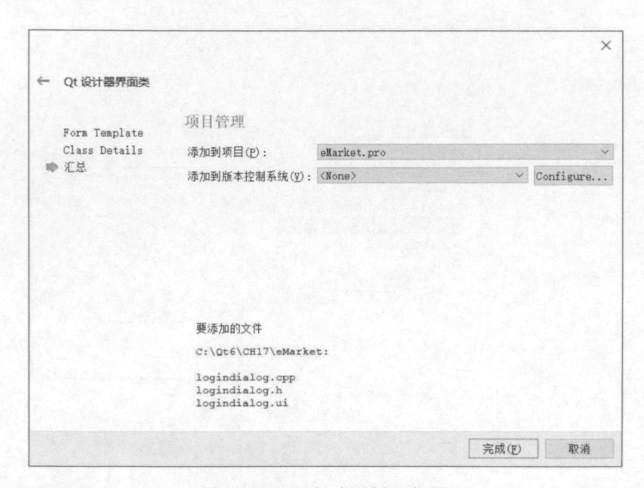

圖 17.25 完成增加表單

2. 視窗設計

新增加的登入視窗可以像程式主資料表單一樣在視覺化設計器中進行設計，我們在其中拖入若干控制項，最終效果如圖 17.26 所示，為便於指示，我們對這些控制項也加了①、②、③，…數字標注。登入視窗介面上各控制項的屬性設定見表 17.8。

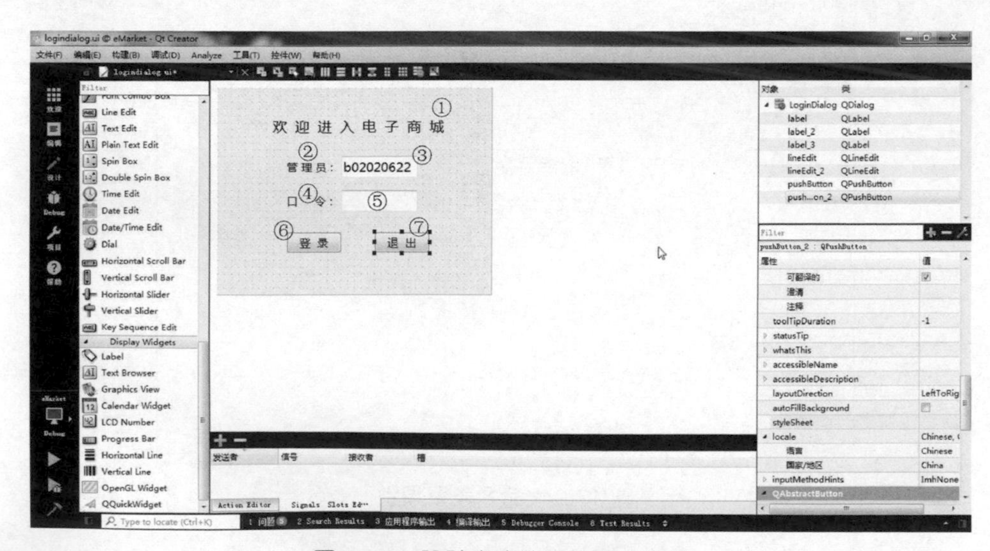

圖 17.26 設計完成的登入視窗效果

表 17.8 登入視窗介面上各控制項的屬性設定

序號	名稱	類型	屬性設定
①	label_3	QLabel	text：歡 迎 進 入 電 子 商 城； font：微軟雅黑，16； alignment：水平的，AlignHCenter
②	label	QLabel	text：管 理 員：； font：微軟雅黑，12
③	adminLineEdit	QLineEdit	font：微軟雅黑，14； text：b02020622
④	label_2	QLabel	text：口　令：； font：微軟雅黑，12
⑤	pwdLineEdit	QLineEdit	font：微軟雅黑，14； text：空； echoMode：Password
⑥	loginPushButton	QPushButton	font：微軟雅黑，12； text：登 錄
⑦	exitPushButton	QPushButton	font：微軟雅黑，12； text：退 出

至此，這個商品管理系統的介面全部設計完成。

17.4 商品管理系統功能實現

17.4.1 登入功能實現

登入功能實現在 "logindialog.h" 標頭檔和 "logindialog.cpp" 原始檔案中。

首先，在 "logindialog.h" 標頭檔中宣告變數和方法，完整程式如下：

```
#ifndef LOGINDIALOG_H
#define LOGINDIALOG_H

#include <QDialog>
#include <QSqlQuery>                    // 查詢 MySQL 的函數庫
#include <QMessageBox>
#include <QCryptographicHash>           // 包含 MD5 演算法函數庫

namespace Ui {
class LoginDialog;
}
```

```
class LoginDialog : public QDialog
{
    Q_OBJECT

public:
    explicit LoginDialog(QWidget *parent = 0);
    ~LoginDialog();
    QString strToMd5(QString str);             //將密碼字串轉為 MD5 加密

private slots:
    void on_loginPushButton_clicked();         //" 登入 " 按鈕點擊事件槽

    void on_exitPushButton_clicked();          //" 退出 " 按鈕點擊事件槽

private:
    Ui::LoginDialog *ui;
};

#endif // LOGINDIALOG_H
```

然後，在 "logindialog.cpp" 原始檔案中實現登入驗證功能，完整程式如下：

```
#include "logindialog.h"
#include "ui_logindialog.h"

LoginDialog::LoginDialog(QWidget *parent) :
    QDialog(parent),
    ui(new Ui::LoginDialog)
{
    ui->setupUi(this);
    setFixedSize(400, 300);                    //登入對話方塊固定大小
    ui->pwdLineEdit->setFocus();               //密碼框置焦點
}

LoginDialog::~LoginDialog()
{
    delete ui;
}

void LoginDialog::on_loginPushButton_clicked()
{
    if (!ui->pwdLineEdit->text().isEmpty())
    {
        QSqlQuery query;
        query.exec("select PassWord from member where MemberID='" +
```

```
ui-> adminLineEdit->text() + "'");          // 從資料庫中查詢出密碼密碼欄位
        query.next();
        QString pwdMd5 = strToMd5(ui->pwdLineEdit->text());  //(a)
        if (query.value(0).toString() == pwdMd5)
        {
            QDialog::accept();            // 驗證通過
        } else {
            QMessageBox::warning(this, tr("密碼錯誤"), tr("請輸入正確的密
碼！"), QMessageBox::Ok);
            ui->pwdLineEdit->clear();
            ui->pwdLineEdit->setFocus();
        }
    } else {
        ui->pwdLineEdit->setFocus();
    }
}

void LoginDialog::on_exitPushButton_clicked()
{
    QDialog::reject();                         // 退出登入框
}

QString LoginDialog::strToMd5(QString str)
{
    QString strMd5;
    QByteArray qba;
    qba = QCryptographicHash::hash(str.toLatin1(),
QCryptographicHash::Md5);
                                      //(b)
    strMd5.append(qba.toHex());
    return strMd5;
}
```

其中，

(a) Qstring pwdMd5 = strToMd5(ui->pwdLineEdit->text())：由於從資料庫中查出的密碼字串是經過 MD5 加密的，故這裡需要先使用自訂的 MD5 轉換函數 strToMd5() 將使用者輸入的密碼字串轉為 MD5 加密串後，再與從資料庫中查出的內容比較以驗證。

(b) qba = QCryptographicHash::hash(str.toLatin1(), QCryptographicHash::Md5)：Qt 6 提供了 QCryptographicHash 類別，該類別實現了生成密碼雜湊的方法，可用於生成二進位或文字資料的加密雜湊值。該類別目前支持 MD4、

MD5、SHA-1、SHA-224、SHA-256、SHA-384 和 SHA-512 等多種加密演算法。

17.4.2 主體程式框架

驗證通過後就可以登入進商品管理系統，它的主體程式包括三個檔案："main.cpp"、"mainwindow.h" 和 "mainwindow.cpp"。

（1）main.cpp。

它是整個系統的主開機檔案，程式如下：

```
#include "mainwindow.h"
#include "logindialog.h"
#include <QApplication>
#include <QProcess>                                  //Qt 處理程序模組

int main(int argc, char *argv[])
{
    QApplication a(argc, argv);
    if(!createMySqlConn())                           //(a)
    {
        //若初次嘗試連接不成功，就用程式方式啟動 MySQL 服務處理程序
        QProcess process;
        process.start("C:/MySQL/bin/mysqld.exe");
        //第二次嘗試連接
        if(!createMySqlConn()) return 1;
    }
    LoginDialog logindlg;                            //登入對話方塊類別
    if(logindlg.exec() == QDialog::Accepted)         //(b)
    {
        MainWindow w;
        w.show();                                    //啟動主資料表單
        return a.exec();
    } else {
        return 0;
    }
}
```

其中，

(a) if(!createMySqlConn())：createMySqlConn() 是我們撰寫的連接後台資料庫的方法，它傳回 true 表示連接成功，傳回 false 表示失敗。程式在開始啟動時就透過執行該方法來檢查資料庫連接是否就緒。若連接不成功，系統則

透過啟動 MySQL 服務處理程序的方式再嘗試一次；若依舊連接不成功，則提示連接失敗，交由使用者檢查排除故障。

(b) if (logindlg.exec() == QDialog::Accepted)：之前在登入對話方塊的實現中，若使用者通過了密碼驗證則執行對話方塊類別的 QDialog::accept() 方法，在這裡判斷對話方塊類別的傳回結果，即 "QDialog::Accepted" 表示驗證通過。

（2）mainwindow.h。

它是程式標頭檔，包含程式中用到的各個全域變數的定義、方法宣告，完整的程式如下：

```
#ifndef MAINWINDOW_H
#define MAINWINDOW_H

#include <QMainWindow>
#include <QMessageBox>
#include <QFileDialog>
#include <QBuffer>
#include <QSqlDatabase>                         //MySQL 資料庫類別
#include <QSqlTableModel>                       //MySQL 表模型函數庫
#include <QSqlQuery>                            //MySQL 查詢類別庫
#include <QTime>
#include <QPixmap>                              //影像處理類別庫

namespace Ui {
class MainWindow;
}

class MainWindow : public QMainWindow
{
    Q_OBJECT

public:
    explicit MainWindow(QWidget *parent = 0);
    ~MainWindow();
    void initMainWindow();                      //介面初始化方法
    void onTableSelectChange(int row);          //商品資訊資料網格與表單聯動
    void showCommodityPhoto();                  //顯示商品樣照
    void loadPreCommodity();                    //載入 "預售訂單" 頁商品名稱清單
    void onPreNameComboBoxChange();             //"預售訂單" 頁商品名稱與表單聯動

private slots:
```

```
    void on_commodityTableView_clicked(const QModelIndex &index);
                                                      //商品資訊資料網格點擊事件槽
    void on_preCategoryComboBox_currentIndexChanged(int index);
                                                      //類別與商品名稱列表聯動資訊槽
    void on_preNameComboBox_currentIndexChanged(int index);
                                                         //改選商品名稱資訊槽
    void on_preCountSpinBox_valueChanged(int arg1);
                                                         //售出商品數改變資訊槽
    void on_preSellPushButton_clicked();             //"出售"按鈕點擊事件

    void on_prePlaceOrderPushButton_clicked(); //"下單"按鈕點擊事件

    void on_newUploadPushButton_clicked();       //"上傳…"按鈕點擊事件槽

    void on_newPutinStorePushButton_clicked(); //"入庫"按鈕點擊事件槽

    void on_newClearancePushButton_clicked();  //"清倉"按鈕點擊事件槽

private:
    Ui::MainWindow *ui;
    QImage myPicImg;                           //儲存商品樣照(介面顯示)
    QSqlTableModel *commodity_model;           //存取資料庫商品資訊視圖的模型
    QString myMemberID;                        //會員帳號
    bool myOrdered;                            //是否正在購買(訂單已寫入資料庫)
    int myOrderID;                             //訂單編號
    float myPaySum;                            //當前訂單累計需要付款的總金額
};

/** 存取 MySQL 資料庫的靜態方法 */
static bool createMySqlConn()
{
    QSqlDatabase sqldb = QSqlDatabase::addDatabase("QMYSQL");
    sqldb.setHostName("localhost");        //本地機器
    sqldb.setDatabaseName("emarket");      //資料庫名稱
    sqldb.setUserName("root");             //使用者名稱
    sqldb.setPassword("123456");           //登入密碼
    if (!sqldb.open()) {
        QMessageBox::critical(0, QObject::tr("後台資料庫連接失敗"), "無法
建立連接!請檢查排除故障後重新啟動程式。", QMessageBox::Cancel);
        return false;
    }
    return true;
}

#endif // MAINWINDOW_H
```

上述連接資料庫的 createMySqlConn() 方法就是在前面主開機檔案 "main.cpp" 中一開始所執行的。

（3）mainwindow.cpp。

它是本程式的主體原始檔案，其中包含各方法功能的具體實現程式，框架如下：

```
#include "mainwindow.h"
#include "ui_mainwindow.h"

MainWindow::MainWindow(QWidget *parent) :
    QMainWindow(parent),
    ui(new Ui::MainWindow)
{
    ui->setupUi(this);
    initMainWindow();                    //執行初始化方法
}

MainWindow::~MainWindow()
{
    delete ui;
}

void MainWindow::initMainWindow()
{
  //用初始化方法對系統主資料表單進行初始化
  …
}

void MainWindow::onTableSelectChange(int row)
{
  //當使用者變更選擇商品資訊資料網格中的專案時執行對應的表單更新
  …
}

void MainWindow::showCommodityPhoto()
{
  //顯示商品樣照
  …
}

void MainWindow::loadPreCommodity()
{
  //"預售訂單"頁載入顯示商品資訊
  …
}
```

```
void MainWindow::onPreNameComboBoxChange()
{
  //在"預售訂單"頁改選商品名稱時聯動顯示該商品的各資訊項
  …
}

void MainWindow::on_commodityTableView_clicked(const QModelIndex
&index)
{
    onTableSelectChange(1);          //在選擇資料網格中不同的商品項目時執行
}

void MainWindow::on_preCategoryComboBox_currentIndexChanged(int index)
{
    loadPreCommodity();              //下拉選單改變類別時載入對應類別下的商品
}

void MainWindow::on_preNameComboBox_currentIndexChanged(int index)
{
    onPreNameComboBoxChange();       //選擇不同商品名稱聯動顯示該商品各資訊項
}

void MainWindow::on_preCountSpinBox_valueChanged(int arg1)
{
  //修改出售商品數量時對應計算總價
    ui->preTotalLabel->setText(QString::number(ui-
>preOutputPriceLabel-> text().toFloat() * arg1));
}

void MainWindow::on_preSellPushButton_clicked()
{
  //"出售"按鈕點擊事件程序程式
  …
}

void MainWindow::on_prePlaceOrderPushButton_clicked()
{
  //"下單"按鈕點擊事件程序程式
  …
}

void MainWindow::on_newUploadPushButton_clicked()
{
  //"上傳…"按鈕點擊事件程序程式
  …
}

void MainWindow::on_newPutinStorePushButton_clicked()
```

```
{
  //" 入庫 " 按鈕點擊事件程序程式
  ...
}

void MainWindow::on_newClearancePushButton_clicked()
{
  //" 清倉 " 按鈕點擊事件程序程式
  ...
}
```

從以上程式框架可看到整個程式的運作機制，一目了然。下面分別介紹各功能模組方法的具體實現。

17.4.3 介面初始化功能實現

啟動程式時，首先需要對介面顯示的資訊進行初始化，在表單的建構方法 MainWindow:: MainWindow(QWidget *parent) 中執行我們定義的初始化主資料表單方法 initMainWindow()，該方法的具體實現程式如下：

```
void MainWindow::initMainWindow()
{
    ui->stackedWidget->setCurrentIndex(1);      //置於商品管理首頁
    ui->toolBox->setCurrentIndex(0);            //" 新品入庫 " 頁顯示在前面
    QSqlQueryModel *categoryModel = new QSqlQueryModel(this);
                                                //商品類別模型態資料
    categoryModel->setQuery("select Name from category");
    ui->newCategoryComboBox->setModel(categoryModel);
                                    //商品類別列表載入（" 新品入庫 " 頁）
    commodity_model = new QSqlTableModel(this);   //商品資訊視圖
    commodity_model->setTable("commodity_inf");
    commodity_model->select();
    ui->commodityTableView->setModel(commodity_model);
                                    //庫存商品記錄資料網格資訊載入（" 新品入庫 " 頁）
    ui->preCategoryComboBox->setModel(categoryModel);
                                    //商品類別清單載入（" 預售訂單 " 頁）
    loadPreCommodity();                         //在 " 預售訂單 " 頁載入商品資訊
    myMemberID = "b02020622";
    myOrdered = false;                          //當前尚未有人購物
    myOrderID = 0;
    myPaySum = 0;                               //當前訂單累計需要付款總金額
    QListWidgetItem *title = new QListWidgetItem;
    title->setText(QString("當 前 訂 單【 編號 %1 】").arg(myOrderID));
    title->setTextAlignment(Qt::AlignCenter);
}
```

本系統預設顯示在前面的是「新品入庫」頁，但是對於「預售訂單」頁也同樣會初始化其內容。上段程式中使用了 loadPreCommodity() 方法在「預售訂單」頁載入商品資訊，該方法的實現程式如下：

```
void MainWindow::loadPreCommodity()
{
    QSqlQueryModel *commodityNameModel = new QSqlQueryModel(this);
                                              //商品名稱模型態資料
    commodityNameModel->setQuery(QString("select Name from commodity
where CategoryID =(select CategoryID from category where Name='%1')").
arg(ui-> preCategoryComboBox-> currentText()));
    ui->preNameComboBox->setModel(commodityNameModel);
                                              //商品名稱清單載入（"預售訂單"頁）
    onPreNameComboBoxChange();
}
```

這個方法只是在「預售訂單」頁載入了商品名稱的清單，為了能對應顯示出當前選中商品的其他資訊項，在最後又呼叫了 onPreNameComboBoxChange() 方法，其實現程式如下：

```
void MainWindow::onPreNameComboBoxChange()
{
    QSqlQueryModel *preCommodityModel = new QSqlQueryModel(this);
                                                          //商品表模型態資料
    QString name = ui->preNameComboBox->currentText();//當前選中的商品名稱
    preCommodityModel->setQuery("select OutputPrice, Amount, Picture
from commodity where Name='" + name + "'");    //從資料庫中查出單價、庫存、
照片等資訊
    QModelIndex index;
    index = preCommodityModel->index(0, 0);              //單價
    ui->preOutputPriceLabel->setText(preCommodityModel->data(index).
toString());
    index = preCommodityModel->index(0, 1);              //庫存
    ui->preAmountLabel->setText(preCommodityModel->data(index).
toString());
    ui->preCountSpinBox->setMaximum(ui->preAmountLabel->text().
toInt());
    //下面開始獲取和展示照片
    QPixmap photo;
    index = preCommodityModel->index(0, 2);
    photo.loadFromData(preCommodityModel->data(index).toByteArray(),
"JPG");
    ui->prePictureLabel->setPixmap(photo);
    //計算總價
```

```
    ui->preTotalLabel->setText(QString::number(ui-
>preOutputPriceLabel-> text().toFloat() * ui->preCountSpinBox-
>value()));
}
```

這樣做之後，一開始啟動程式直接切換至「預售訂單」頁，就可以看到某個預設顯示的商品資訊，如圖 17.27 所示。

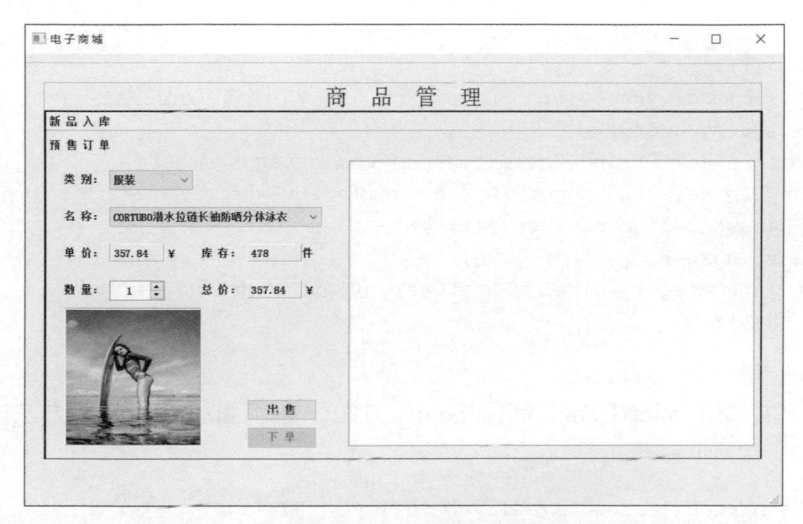

圖 17.27 「預售訂單」頁預設顯示某商品的資訊

在第一個「新品入庫」頁中，預設透過視圖 commodity_inf 載入了一個庫存所有商品資訊的資料網格清單，該網格控制項支援使用者選擇記錄並與左側的表單聯動，透過網格控制項的點擊事件程序實現：

```
void MainWindow::on_commodityTableView_clicked(const QModelIndex
&index)
{
    onTableSelectChange(1);
}
```

該事件程序向 onTableSelectChange() 方法傳入一個參數（為當前選中的記錄項的索引），再由該方法實際執行表單資訊的更新，onTableSelectChange() 方法的程式如下：

```
void MainWindow::onTableSelectChange(int row)
{
    int r = 1;                                          //預設索引為 1
    if(row != 0) r = ui->commodityTableView->currentIndex().row();
```

```
    QModelIndex index;
    index = commodity_model->index(r, 0);           // 名稱
    ui->newNameLineEdit->setText(commodity_model->data(index).
toString());
    index = commodity_model->index(r, 1);           // 進價
    ui->newInputPriceLineEdit->setText(commodity_model->data(index).
toString());
    index = commodity_model->index(r, 2);           // 售價
    ui->newOutputPriceLineEdit->setText(commodity_model->data(index).
toString());
    showCommodityPhoto();                           // 商品樣照
    QSqlQuery query;
    query.exec(QString("select Name from category where
CategoryID=(select CategoryID from commodity where Name='%1')").
arg(ui->newNameLineEdit->text()));
    query.next();
    ui->newCategoryComboBox->setCurrentText(query.value(0).
toString());                                        // 實現類別聯動
}
```

以上程式中使用 showCommodityPhoto() 方法來顯示商品樣照，該方法的程式如下：

```
void MainWindow::showCommodityPhoto()
{
    QPixmap photo;
    QModelIndex index;
    QSqlQueryModel *pictureModel = new QSqlQueryModel(this);
                                                    // 商品樣照模型態資料
    QString name = ui->newNameLineEdit->text();
    pictureModel->setQuery("select Picture from commodity where
Name='" + name + "'");
    index = pictureModel->index(0, 0);
    photo.loadFromData(pictureModel->data(index).toByteArray(),
"JPG");//(a)
    ui->newPictureLabel->setPixmap(photo);
}
```

其中，

(a) photo.loadFromData(pictureModel->data(index).toByteArray(), "JPG")： 這裡將從 MySQL 資料庫中讀取的位元組陣列類型的照片資料載入為 Qt 的 QPixmap 物件，再將其設為介面上標籤的屬性即可在介面上顯出資料庫圖片類型欄位的內容。這是一個通用的方法，請讀者務必掌握。

17.4.4 新品入庫功能實現

1. 入庫操作

本系統的第一個「新品入庫」頁是供商品倉儲管理員登記輸入新進商品資訊的，在左側表單中填好（選擇）新品資訊後，點擊「入庫」按鈕就可以將一件新的商品增加進 MySQL 資料庫中。「入庫」按鈕的點擊事件程序程式如下：

```
void MainWindow::on_newPutinStorePushButton_clicked()
{
    QSqlQuery query;
    query.exec(QString("select CategoryID from category where
Name='%1'").arg(ui->newCategoryComboBox->currentText()));   //(a)
    query.next();
    int categoryid = query.value(0).toInt();           //將要入庫的商品類別
    QString name = ui->newNameLineEdit->text();   //商品名稱
    float inputprice = ui->newInputPriceLineEdit->text().toFloat();
     //進價
    float outputprice = ui->newOutputPriceLineEdit->text().toFloat();
     //售價
    int count = ui->newCountSpinBox->value();       //入庫量
    query.exec(QString("insert into commodity(CategoryID, Name,
Picture, InputPrice,
OutputPrice, Amount) values(%1, '%2', NULL, %3, %4, %5)").
arg(categoryid).arg(name).
arg(inputprice).arg(outputprice).arg(count));      //(b)
    //插入照片
    QByteArray picdata;
    QBuffer buffer(&picdata);
    buffer.open(QIODevice::WriteOnly);
    myPicImg.save(&buffer, "JPG");                     //(c)
    QVariant var(picdata);
    QString sqlstr = "update commodity set Picture=? where Name='" +
name + "'";
    query.prepare(sqlstr);
    query.addBindValue(var);                           //(d)
    if(!query.exec())
    {
        QMessageBox::information(0, QObject::tr("提示"), "照片寫入失敗");
    }
    //更新網格資訊
    commodity_model->setTable("commodity_inf");
    commodity_model->select();
```

```
    ui->commodityTableView->setModel(commodity_model);
                                              //更新資料網格（"新品入庫"頁）
}
```

其中，

(a) query.exec(QString("select CategoryID from category where Name='%1'").arg(ui-> newCategoryComboBox-> currentText()))：入庫新品的類別由管理員在介面「類別」清單中選擇，為簡單起見，本例所有商品的類別是固定的，預先輸入資料庫，暫不支援增加新類別。

(b) query.exec(QString("insert into commodity(CategoryID, Name, Picture, InputPrice, OutputPrice, Amount) values(%1, '%2', NULL, %3, %4, %5)").arg(categoryid).arg(name).arg (inputprice).arg(outputprice).arg(count))：這是 Qt 向 MySQL 資料庫執行插入操作 SQL 敘述的典型寫法，用 "%" 表示待定參數；以 ".arg" 傳遞參數值，一筆 SQL 敘述可支援多個 ".arg" 傳參方法，請讀者注意掌握這種書寫格式。

(c) myPicImg.save(&buffer, "JPG")：這裡使用一個 QImage 物件來儲存要寫入資料庫的照片資料，它透過 save() 方法從 QBuffer 類型的快取中載入照片資料，這也是 Qt 儲存圖片資料的通行方式。

(d) query.addBindValue(var)：這裡用 SQL 查詢類別物件的 addBindValue() 方法綁定照片資料作為參數傳給 SQL 敘述中 "?" 之處，這是 Qt 操作 MySQL 含參數 SQL 敘述的另一種形式，也是通用的形式。

2. 選樣照

使用者可從介面上傳預先準備好的商品樣照輸入資料庫，上傳樣照通過點擊「上傳 ...」按鈕實現，其事件程式為：

```
void MainWindow::on_newUploadPushButton_clicked()
{
    QString picturename = QFileDialog::getOpenFileName(this, "選擇商品圖
片", ".", "Image File(*.png *.jpg *.jpeg *.bmp)");
    if (picturename.isEmpty()) return;
    myPicImg.load(picturename);
    ui->newPictureLabel->setPixmap(QPixmap::fromImage(myPicImg));
}
```

這裡透過 fromImage() 方法載入圖片並在介面標籤上顯示出來。

3. 清倉操作

清倉是入庫的逆操作，當某件商品已售罄或不再需要時，可直接點擊「清倉」按鈕將其資訊記錄從資料庫中刪除，此按鈕的事件程式為：

```
void MainWindow::on_newClearancePushButton_clicked()
{
    QSqlQuery query;
    query.exec(QString("delete from commodity where Name='%1'").
arg(ui->new NameLineEdit->text()));          //刪除商品記錄
    //更新介面
    ui->newNameLineEdit->setText("");
    ui->newInputPriceLineEdit->setText("");
    ui->newOutputPriceLineEdit->setText("");
    ui->newCountSpinBox->setValue(1);
    ui->newPictureLabel->clear();
    commodity_model->setTable("commodity_inf");
    commodity_model->select();
    ui->commodityTableView->setModel(commodity_model);
                                             //更新資料網格（"新品入庫"頁）
}
```

這個操作實質上就是執行一個資料庫 DELETE 刪除 SQL 敘述，很簡單，重點在更新介面清除表單中該商品的資訊，使之與資料庫實際狀態一致即可。

17.4.5 預售訂單功能實現

1. 商品出售

使用者可以選擇不同類別的不同商品，指定數量後出售。這裡的「出售」準確地說只是預售，在未下單之前，使用者還可以增加新的商品進訂單。「出售」按鈕的點擊事件程序程式如下：

```
void MainWindow::on_preSellPushButton_clicked()
{
    QSqlQuery query;
    if (!myOrdered)                              //(a)
    {
        query.exec(QString("insert into orders(MemberID, PaySum,
PayWay, OTime) values('%1', NULL, NULL, NULL)").arg(myMemberID));
        myOrdered = true;
        query.exec(QString("select OrderID from orders where OTime IS
NULL"));                                         //(b)
```

```
        query.next();
        myOrderID = query.value(0).toInt();
    }
    //下面開始預售
    query.exec(QString("select CommodityID from commodity where 
Name='%1'"). arg(ui->preNameComboBox->currentText()));
    query.next();
    int commodityid = query.value(0).toInt();              //本次預售商品編號
    int count = ui->preCountSpinBox->value();              //預售量
    int amount = ui->preCountSpinBox->maximum() - count; //剩餘庫存量
    QSqlDatabase::database().transaction();               //開始一個事務
    bool insOk = query.exec(QString("insert into orderitems(OrderID, 
CommodityID, Count) values(%1, %2, %3)").arg(myOrderID).
arg(commodityid).arg(count));                              //新增訂單項
    bool uptOk = query.exec(QString("update commodity set Amount=%1 
where CommodityID =%2").arg(amount).arg(commodityid)); //更新庫存
    if (insOk && uptOk)
    {
        QSqlDatabase::database().commit();
        onPreNameComboBoxChange();
        //顯示預售清單
        QString curtime = QTime::currentTime().toString("hh:mm:ss");
        QString curname = ui->preNameComboBox->currentText();
        QString curcount = QString::number(count, 10);
        QString curoutprice = ui->preOutputPriceLabel->text();
        QString curtotal = ui->preTotalLabel->text();
        myPaySum += curtotal.toFloat();
        QString sell_record = curtime + " " + "售出：" + curname + "\r\
n
              數量：" + curcount + "；單價：" + curoutprice + "¥；總價：" 
+ curtotal + "¥";
        QListWidgetItem *split = new QListWidgetItem;
        split->setText("——.——.——.——.——.——.——.——.——.——
.——.——.——.——.——");
        split->setTextAlignment(Qt::AlignCenter);
        ui->sellListWidget->addItem(split);
        ui->sellListWidget->addItem(sell_record);
        ui->prePlaceOrderPushButton->setEnabled(true);
        QMessageBox::information(0, QObject::tr("提示"), "已加入訂單！");
    } else {
        QSqlDatabase::database().rollback();
    }
}
```

其中，

(a) if (!myOrdered)：本系統用一個全域變數 myOrdered 標識當前使用者是否處於出售（已開始購買商品但尚未最後下單）狀態，當使用者第一次執行「出售」操作時，系統會向資料庫中寫入一筆訂單資訊並自動生成訂單號（欄位自動增加機制），此時將 myOrdered 置為 true 表示使用者處於出售狀態，只有在最後執行了下單操作後才會又將 myOrdered 置回 false。

(b) query.exec(QString("select OrderID from orders where OTime IS NULL"))：只有執行過下單操作的訂單才會在資料庫中記錄下單時間，並且程式邏輯只允許在完成當前訂單下單之後才能開始一個新訂單，因此，在任一時刻資料庫中都至多只會有一個訂單的下單時間欄位為空，可以根據這一欄位是否為空來檢索出當前訂單的訂單號。

2. 下訂單

點擊「下單」按鈕來完成一個訂單，其事件程序程式如下：

```
void MainWindow::on_prePlaceOrderPushButton_clicked()
{
    QSqlQuery query;
    QString otime = QDateTime::currentDateTime().toString("yyyy-MM-dd
hh:mm:ss");
    QSqlDatabase::database().transaction();          //開始一個事務
    bool ordOk = query.exec(QString("update orders set PaySum=%1,
OTime='%2' where OrderID=%3").arg(myPaySum).arg(otime).
arg(myOrderID));    //下訂單
    bool uptOk = query.exec(QString("update orderitems set Affirm=1,
SendGoods=1 where OrderID=%1").arg(myOrderID));      //確認發貨
    if (ordOk && uptOk)
    {
        QSqlDatabase::database().commit();           //(a)
        ui->prePlaceOrderPushButton->setEnabled(false);
        //顯示下單記錄
        QString order_record = "日 期：" + otime + "\r\n訂 單 號：" +
QString(" %1 ").arg(myOrderID) + "\r\n應付款總額：" + QString(" %1¥").
arg(myPaySum) + "\r\n下 單 成 功！";
        QListWidgetItem *split = new QListWidgetItem;
        split->setTe
xt("***.***.***.***.***.***.***.***.***.***.***.***.***.
***.***.***.***.***");
        split->setTextAlignment(Qt::AlignCenter);
        ui->sellListWidget->addItem(split);
        ui->sellListWidget->addItem(order_record);
```

```
            myPaySum = 0;
            QMessageBox::information(0, QObject::tr("提示"), "下單成功！");
            commodity_model->setTable("commodity_inf");
            commodity_model->select();
            ui->commodityTableView->setModel(commodity_model);
                                                //更新資料網格（"新品入庫"頁）
        } else {
            QsqlDatabase::database().rollback();
        }
    }
```

其中，

(a) QSqlDatabase::database().commit()：由於下單的一系列操作是一個完整不可分割的集合（原子操作），為保證資料庫中資料的完整一致性，只有在所有操作都成功完成的前提下才允許將修改提交到資料庫，這裡採用了 MySQL 的事務操作技術來保證一致性。

17.5 商品管理系統執行演示

最後，完整地執行這個系統，以便讀者對其功能和使用方法有個清晰的理解。

17.5.1 登入電子商城

啟動程式，首先出現的是如圖 17.28 所示的登入介面。

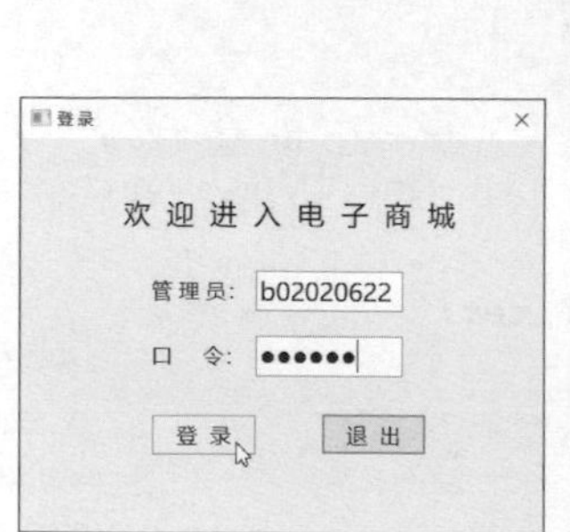

圖 17.28 登入介面

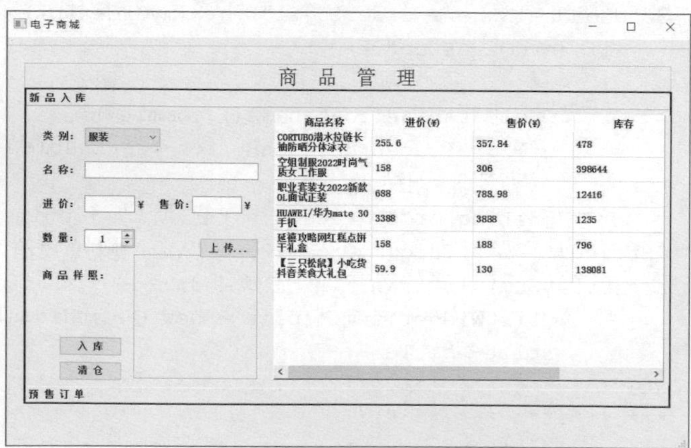

圖 17.29 商品管理系統主介面

為方便讀者試運行，我們在資料庫中已經預先建立了一個管理員的使用者名稱 "b02020622"，輸入密碼（"123456"）後點擊「登入」按鈕，出現商品管理系統主介面，如圖 17.29 所示。

17.5.2 新品入庫和清倉

在左側表單中選擇類別和填寫事先準備好的某件商品的資訊，並點擊「上傳...」按鈕選擇其樣品照片，點擊「入庫」按鈕就能將該商品的記錄增加到資料庫中，並可從右邊資料網格列表中看到新加入的商品，如圖 17.30 所示。

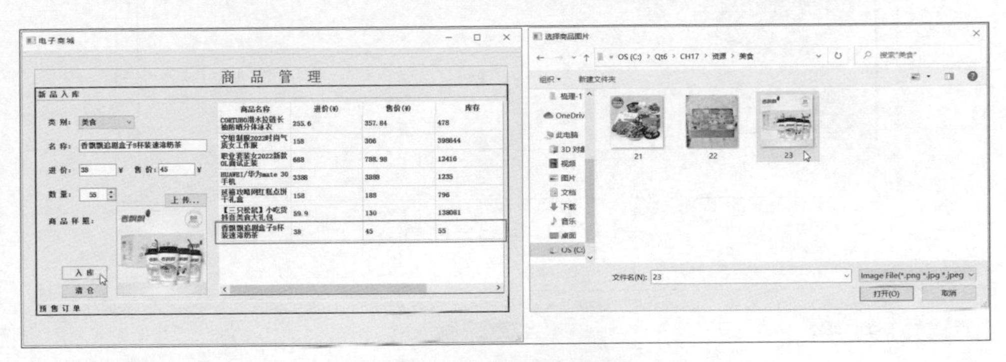

圖 17.30 入庫新商品

如果不想要某商品的資訊了，從右邊網格列表中選中該商品，使其資訊置於表單中，再點擊「清倉」按鈕就可將之刪除，同樣也可以從網格列表中看到該商品被刪除了。

17.5.3 預售下訂單

1. 預售一件商品

切換到「預售訂單」頁，從左側表單中選擇一款商品後，點擊「出售」按鈕，右邊區域會顯示一筆銷售記錄（包括售出時間、商品名稱、數量、單價和總價等資訊），並彈出訊息方塊提示該商品已加入訂單，如圖 17.31 所示。

此時，資料庫 orders 表（訂單表）中生成一筆訂單記錄，由於使用者尚未正式下單，該記錄僅填寫了 OrderID（訂單編號）和 MemberID（會員帳號）兩項資訊，其他如 PaySum（付款總金額）、OTime（下單日期時間）等項均為空；orderitems 表（訂單項表）中生成了預售商品的記錄；commodity 表（商品表）中對應該商品的 Amount（商品庫存量）減去預售數量，如圖 17.32 所示。

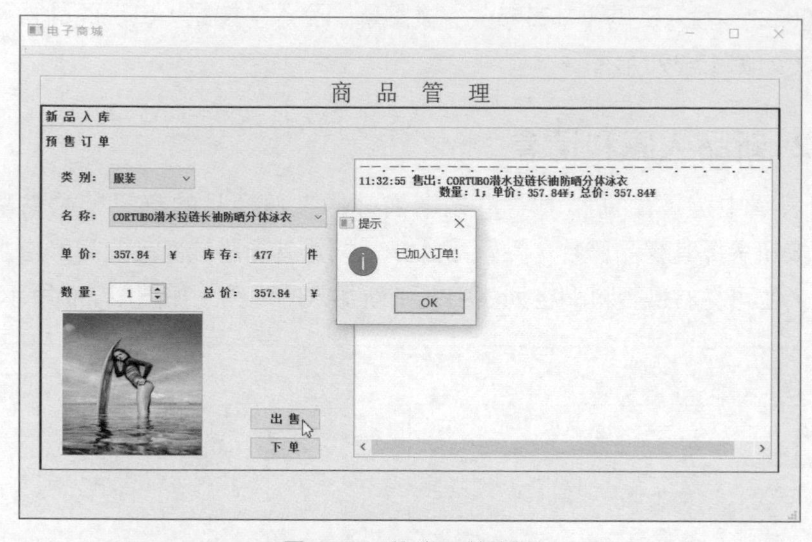

圖 17.31 售出一件商品

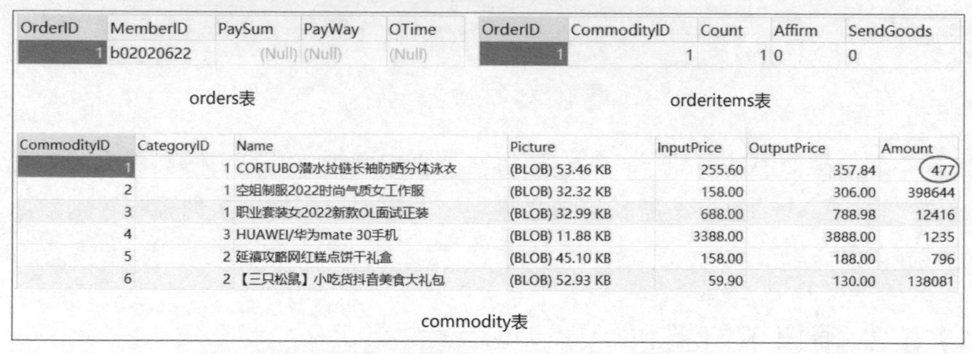

OrderID	MemberID	PaySum	PayWay	OTime
1	b02020622	(Null)	(Null)	(Null)

orders表

OrderID	CommodityID	Count	Affirm	SendGoods
1	1	1	0	0

orderitems表

CommodityID	CategoryID	Name	Picture	InputPrice	OutputPrice	Amount
1	1	CORTUBO潜水拉链长袖防晒分体泳衣	(BLOB) 53.46 KB	255.60	357.84	477
2	1	空姐制服2022时尚气质女工作服	(BLOB) 32.32 KB	158.00	306.00	398644
3	1	职业套装女2022新款OL面试正装	(BLOB) 32.99 KB	688.00	788.98	12416
4	3	HUAWEI/华为mate 30手机	(BLOB) 11.88 KB	3388.00	3888.00	1235
5	2	延禧攻略网红糕点饼干礼盒	(BLOB) 45.10 KB	158.00	188.00	796
6	2	【三只松鼠】小吃货抖音美食大礼包	(BLOB) 52.93 KB	59.90	130.00	138081

commodity表

圖 17.32 預售後資料庫中各表狀態的變化

2. 預售多件商品

預售商品後「下單」按鈕變為可用，使用者可隨時點擊執行下單操作，也可以繼續出售其他商品，並且在每次出售時還可指定該商品的出售數量，系統會自動算出總價，並將完整的銷售記錄增加在右邊區域，如圖 17.33 所示。

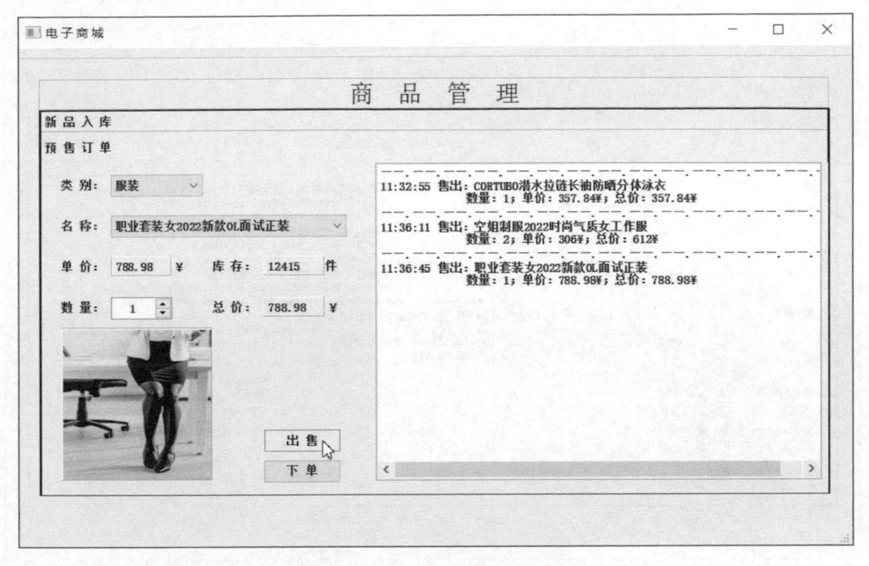

圖 17.33 售出多件商品

每件售出的商品都會在 orderitems 表中產生訂單項記錄，對應地，commodity 表中的商品庫存量也會有變化，如圖 17.34 所示。

OrderID	CommodityID	Count	Affirm	SendGoods
1	1	1	0	0
1	2	2	0	0
1	3	1	0	0

orderitems表

CommodityID	CategoryID	Name	Picture	InputPrice	OutputPrice	Amount
1	1	CORTUBO潜水拉链长袖防晒分体泳衣	(BLOB) 53.46 KB	255.60	357.84	477
2	1	空姐制服2022时尚气质女工作服	(BLOB) 32.32 KB	158.00	306.00	398642
3	1	职业套装女2022新款OL面试正装	(BLOB) 32.99 KB	688.00	788.98	12415
4	3	HUAWEI/华为mate 30手机	(BLOB) 11.88 KB	3388.00	3888.00	1235
5	2	延禧攻略网红糕点饼干礼盒	(BLOB) 45.10 KB	158.00	188.00	796
6	2	【三只松鼠】小吃货抖音美食大礼包	(BLOB) 52.93 KB	59.90	130.00	138081

commodity表

圖 17.34 預售多件商品產生的訂單項記錄及庫存變化

3. 下單

出售完成後，點擊「下單」按鈕生成訂單並寫入 MySQL 資料庫，系統彈出「下單成功！」訊息提示，並在右區顯示出訂單資訊，包括下單日期、訂單號和應付款總額，其中應付款總額是此單所有銷售記錄的總價，如圖 17.35 所示。

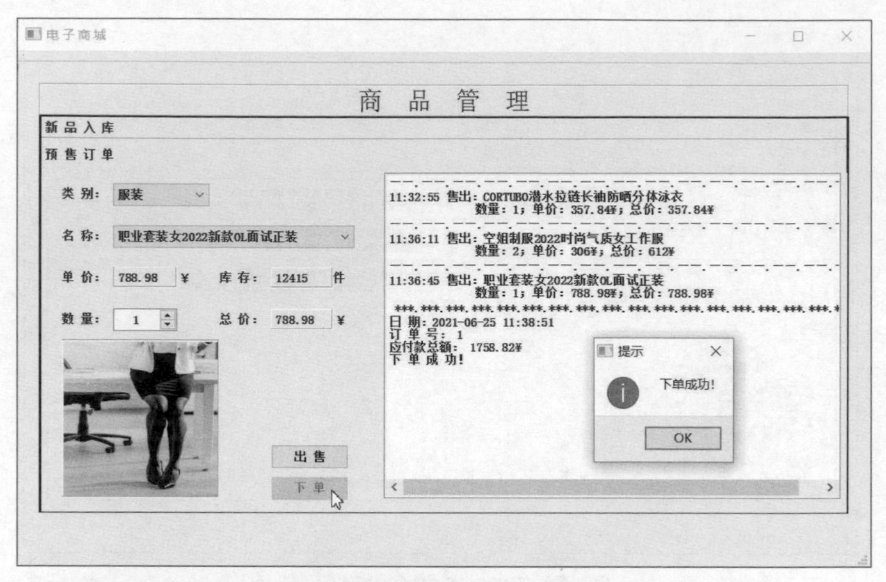

圖 17.35 下單操作及結果

下單操作成功後，資料庫中訂單的資訊被程式填寫完善，且訂單項表中對應這個訂單的商品記錄狀態也發生了改變，如圖 17.36 所示。

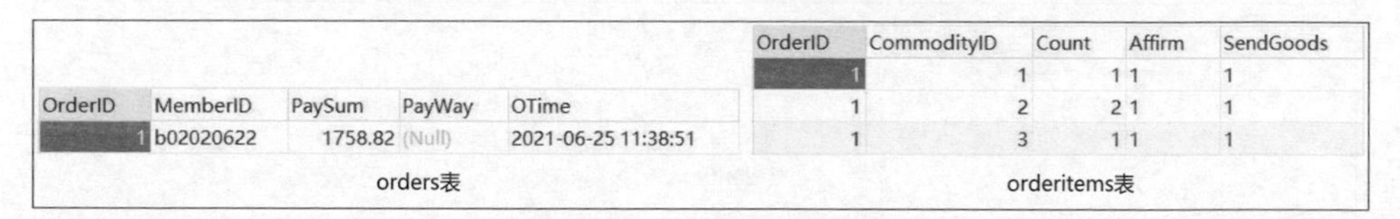

OrderID	MemberID	PaySum	PayWay	OTime
1	b02020622	1758.82	(Null)	2021-06-25 11:38:51

orders表

OrderID	CommodityID	Count	Affirm	SendGoods
1	1	1	1	1
1	2	2	1	1
1	3	1	1	1

orderitems表

圖 17.36 下單操作後資料庫記錄狀態的變化

至此，這個電子商城商品管理系統開發完成，讀者還可以對其進行完善，加入更多實用的功能。

【綜合實例】：簡單文字處理軟體

CHAPTER 18

微軟公司的 Office Word 軟體是一個通用的功能強大的文字處理軟體。本章採用 Qt 6 開發一個類似 Word 的簡單文字處理軟體（CH18），用該軟體同樣可以編輯出精美的文件。

18.1 核心功能介面演示

本軟體為多文件型程式，介面是標準的 Windows 主從視窗（包括主選單、工具列、文件顯示區及狀態列），並提供多文檔子視窗的管理能力。

Qt 版 MyWord 文字處理軟體的執行介面如圖 18.1 所示。

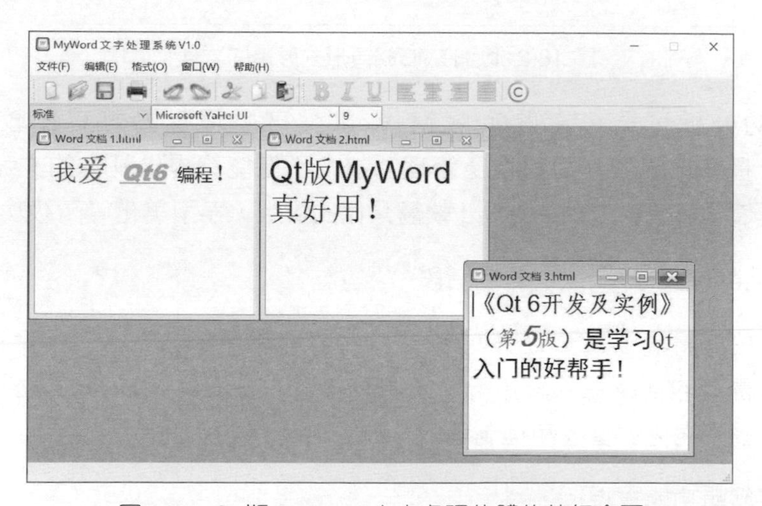

圖 18.1 Qt 版 MyWord 文字處理軟體的執行介面

執行程式後會出現主介面，頂端的功能表列包括「檔案」、「編輯」、「格式」、「視窗」、「說明」五個主選單。

功能表列下面是工具列，包含了系統常用的功能按鈕。工具列有四個工具列，分別將一組相關功能按鈕或控制群組織在一起。

工具列的第一行有三個工具列：第一個工具列包括新建、開啟、儲存、列印等文件管理功能；第二個工具列包括撤銷、重做、剪下、複製和貼上這些最基本的文字編輯功能；第三個工具列是各種較高級的文字字型格式設定按鈕，包括粗體、傾斜、加底線，還包括段落對齊及文字顏色設定等。

在工具列的第二行的工具列中有三個組合選擇框控制項，用於為文件增加段落標誌和編號，以及選擇特殊字型和更改字型大小。利用該工具列可以完成更複雜的文件排版和字型美化工作。

此外，在圖 18.1 中還舉出了使用該軟體製作出的三個文件範例。用 Qt 版 MyWord 文字處理軟體製作出的文件統一以 HTML 格式存檔，可使用 Web 瀏覽器開啟觀看效果，如圖 18.2 所示。

圖 18.2 以 HTML 網頁形式展示的文件

從上面的分析可見，這個 Qt 版 MyWord 文字處理軟體擁有比較完整的 Windows 標準化圖形介面和視窗管理系統，不僅能夠提供基本的文字編輯功能，還具備了與微軟公司的 Word 軟體類似的排版、字型美化等高級功能。

該軟體的開發主要分為以下三個階段。

（1）介面設計開發。

介面設計開發包括選單系統設計、工具列設計、多表單 MDI 程式框架的建立及多個文檔子視窗的管理和控制等。

（2）文字編輯功能實現。

文字編輯功能實現主要包括文件的建立、開啟和儲存，文字的剪下、複製和貼上，操作撤銷與恢復等這些最基本的文件編輯功能。

（3）排版美化功能實現。

排版美化功能實現包括字型選擇，字形、字型大小和文字顏色的設定，文件段落標誌和編號的增加，段落對齊方式設定等高級功能實現。

18.2 介面設計與開發

新建 Qt 桌面應用程式專案，專案名稱為 "MyWord"，設定專案將 "debug" 目錄生成在專案目錄內（於「建構設定」頁 "General" 欄下取消選取 "Shadow build" 項），詳細操作見第 17 章。

18.2.1 選單系統設計

本程式作為一個實用的文件文字處理軟體，擁有比較完整的選單系統，其結構較為複雜，有必要花費一定的精力來專門設計。我們使用 Qt Creator 的介面設計器來製作本例的選單系統。

MyWord 的選單系統包括主選單、選單項和子功能表三級。

1. 選單設計基本操作

下面先在 Qt 的介面設計模式中演示選單設計的基本操作。

按兩下項目樹的 "mainwindow.ui" 檔案切換至 Qt 圖形介面設計模式，如圖 18.3 所示。

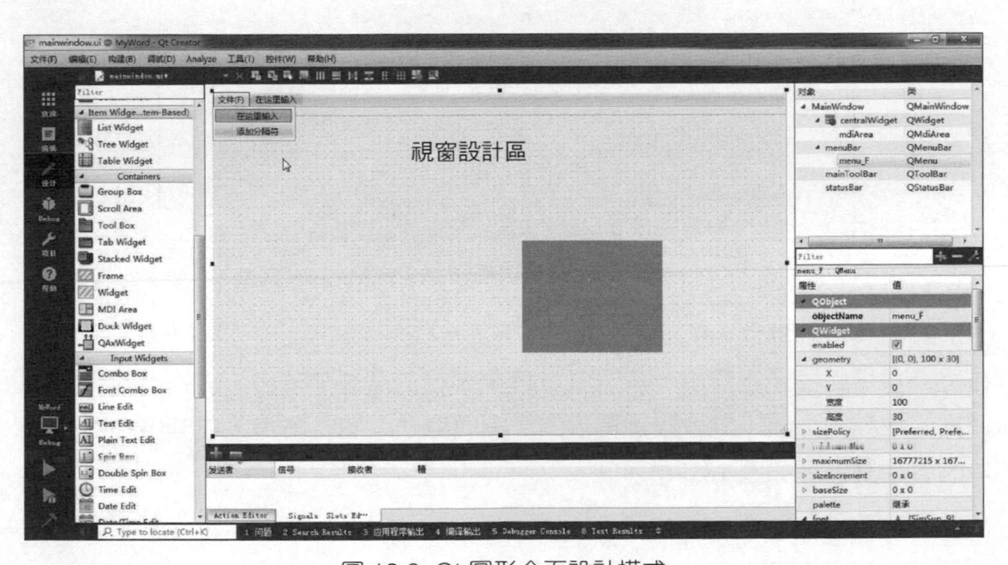

圖 18.3 Qt 圖形介面設計模式

（1）選單的建立。

在圖 18.3 的表單設計區左上角有一個「在這裡輸入」文字標籤，用滑鼠按兩下可輸入文字，舉例來說，我們輸入「檔案 (F)」後確認（一定要確認！），就在介面上建立了一個名為「檔案」的視窗主選單，而此時「在這裡輸入」標籤又分別出現在「檔案」選單的右側和下方；分別在其上按兩下輸入自訂的文字，又可以以同樣的方式建立第二個主選單和「檔案」主選單下的選單項；當然也可以隨時按兩下「增加分隔符號」標籤在任意選單項之間引入分隔線。

（2）選單項編輯器（Action Editor）。

用第（1）步的方法在「檔案」主選單下建立一個「新建」選單項，表單設計區下方就會出現選單項編輯器子視窗，如圖 18.4 所示，在其中可看到新增加的「新建」選單項的項目。

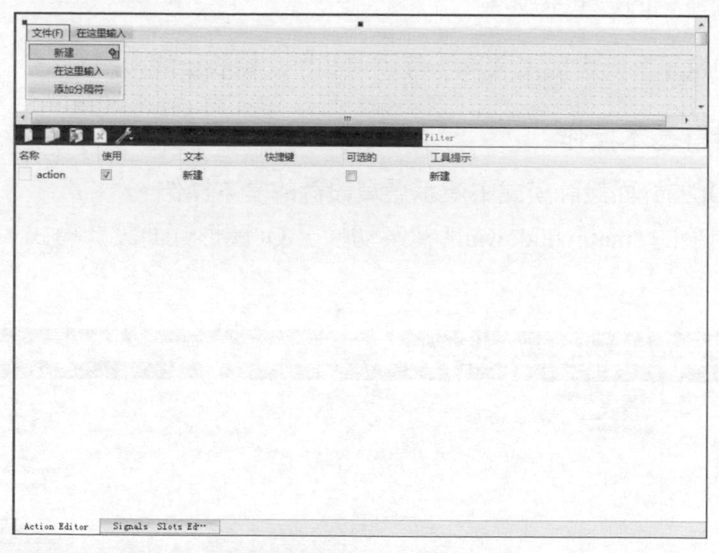

圖 18.4 選單項編輯器子視窗

（3）編輯選單項屬性。

在選單項編輯器子視窗中，按滑鼠右鍵要編輯的選單項項目，從彈出的選單中選擇「編輯 ...」項，開啟該選單項的「編輯動作」對話方塊，在其中編輯選單項的各項屬性，如圖 18.5 所示。

這裡，我們編輯剛剛增加的「新建」選單項的屬性，「文字」欄是選單項顯示在使用者介面上的文字標籤，設為「新建 (&N)」;「物件名稱」欄是該選單項在程式碼中的引用物件名稱，設為 "newAction"；"ToolTip" 欄填寫選單項的工具按鈕提示文字，設為「新建」，後面執行程式時將滑鼠放在該選單項對應的工具列的「新建」按鈕上，就會彈出「新建」提示文字；"Checkable" 選項用於設定程式執行時期選單項前圖示的狀態是否可選；"Shortcut" 欄填寫選單項所對應的快速鍵，這裡設為 "Ctrl+N"，執行時期會顯示於選單項右邊。

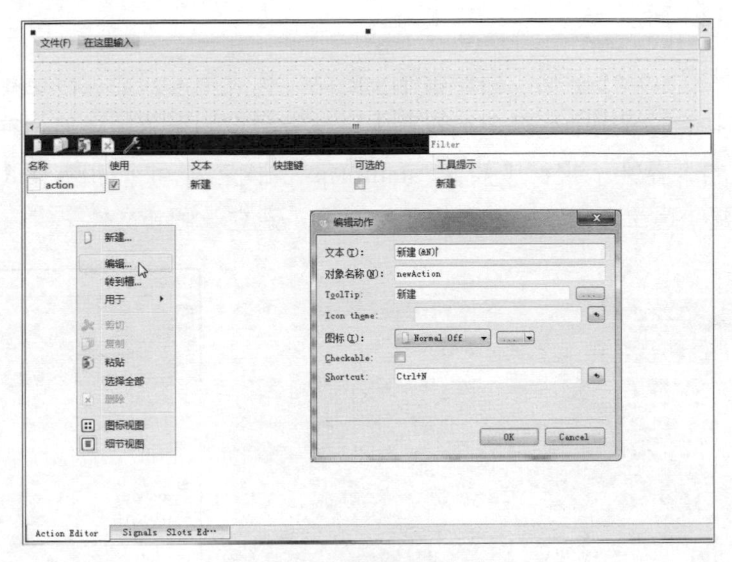

圖 18.5 編輯選單項屬性

(4) 設定選單項圖示。

選單項圖示執行時期顯示在其文字標籤之前（與工具列對應按鈕的圖示一致），用於表示該選單項所具備的功能。設定選單項圖示的方法是：點擊「編輯動作」對話方塊的「圖示」欄右側的 [...▾] 按鈕右端的下拉箭頭，在彈出的列表中選擇「選擇檔案 ...」項，彈出「選擇一個像素映射」對話方塊，選擇事先準備好的圖片資源開啟即可，如圖 18.6 所示。

圖 18.6 設定選單項圖示

（5）設定選單項狀態提示。

選單項狀態提示指執行時期顯示在應用程式底部狀態列上的提示文字，當使用者將滑鼠指標置於該選單項上時就會顯示出來，向使用者説明此選單項的功能，如圖 18.7 所示。

選單項狀態提示無法透過「編輯動作」對話方塊設定，只能在該選單項的「屬性」視窗中設定，選中選單項編輯器中要進行設定的選單項項目，在表單設計區右下方的「屬性」視窗中設定 "statusTip" 的內容即可，如圖 18.8 所示，這裡為「新建」選單項設定的狀態提示文字為「建立一個新文件」。

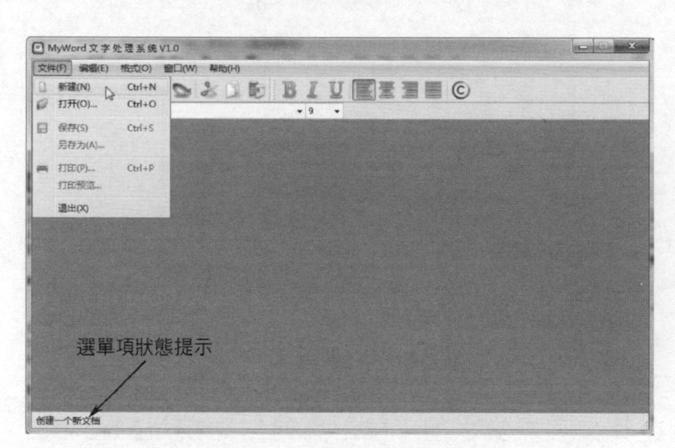

圖 18.7 選單項狀態提示

Filter
newAction : QAction

屬性	值
Selected On	
text	新建(&N)
iconText	新建(N)
可翻译的	☑
澄清	
注释	
toolTip	新建
statusTip	创建一个新文档
whatsThis	
font	A [SimSun, 9]
字体族	04b_21
点大小	9
粗体	☐
斜体	☐

圖 18.8 設定選單項狀態提示

2. 系統選單

下面使用上述基本操作方法來設計本例軟體系統的全部選單。其中，對於各選單項所用的圖示，讀者可以自己上網搜集，或直接使用本書專案原始程式碼中 "\CH18\MyWord\images" 目錄下提供的資源。

（1）「檔案」主選單。

「檔案」主選單各功能項的設計見表 18.1。

表 18.1 「檔案」主選單各功能項的設計

名稱	物件名稱	組合鍵	圖標	狀態提示文字
新建 (N)	newAction	Ctrl+N		建立一個新文件
開啟 (O)⋯	openAction	Ctrl+O		開啟已存在的文件

名稱	物件名稱	組合鍵	圖標	狀態提示文字
儲存 (S)	saveAction	Ctrl+S		將當前文件存檔
另存為 (A)…	saveAsAction			以一個新名字儲存文件
列印 (P)…	printAction	Ctrl+P		列印輸出文件
預覽列印…	printPreviewAction			預覽列印效果
退出 (X)	exitAction			退出應用程式

「檔案」主選單的執行顯示效果如圖 18.9 所示。

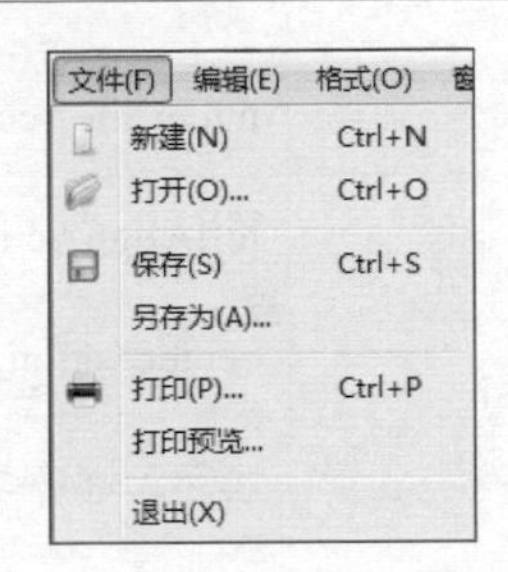

圖 18.9 「檔案」主選單

(2)「編輯」主選單。

「編輯」主選單各功能項的設計見表 18.2。

表 18.2 「編輯」主選單各功能項的設計

名稱	物件名稱	組合鍵	圖標	狀態提示文字
撤銷 (U)	undoAction	Ctrl+Z		撤銷當前操作
重做 (R)	redoAction	Ctrl+Y		恢復之前操作
剪下 (T)	cutAction	Ctrl+X		從文件中裁剪所選內容，並將其放入剪貼簿
複製 (C)	copyAction	Ctrl+C		複製所選內容，並將其放入剪貼簿
貼上 (P)	pastcAction	Ctrl+V		將剪貼簿的內容貼上到文件

「編輯」主選單的執行顯示效果如圖 18.10 所示。

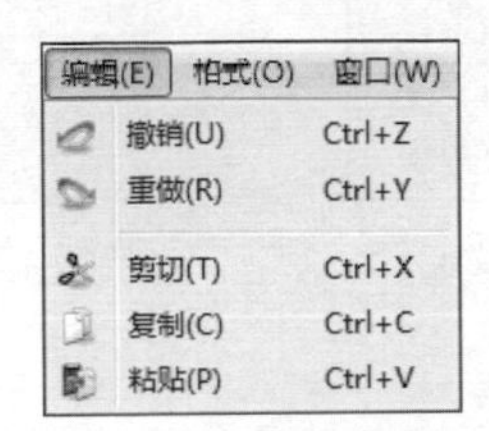

圖 18.10 「編輯」主選單

(3)「格式」主選單。

「格式」主選單各功能項的設計見表 18.3。

表 18.3「格式」主選單各功能項的設計

名稱	物件名稱	子選單項	組合鍵	圖標	狀態提示文字
字型 (D)	boldAction	粗體 (B)	Ctrl+B		將所選文字粗體
	italicAction	傾斜 (I)	Ctrl+I		將所選文字用斜體顯示
	underlineAction	底線 (U)	Ctrl+U		為所選文字加底線
段落	leftAlignAction	左對齊 (L)	Ctrl+L		將文字左對齊
	centerAction	置中 (E)	Ctrl+E		將文字置中對齊
	rightAlignAction	右對齊 (R)	Ctrl+R		將文字右對齊
	justifyAction	兩端對齊 (J)	Ctrl+J		將文字左右兩端同時對齊，並根據需要調整字間距
顏色 (C)…	colorAction				設定文字顏色

「格式」主選單的執行顯示效果如圖 18.11 所示，其下的「字型」和「段落」選單項的各子功能表皆是可選選單項，將它們的 "Checkable" 屬性都置為 true(選取)，執行時期，選中選單項的圖示的四周會出現邊框，如圖 18.12 所示。「段落」選單項下的各子功能表都是互斥的，同一時刻只能有一個選單項處於選中狀態(圖示四周有邊框)，只要將這些子功能表項加入同一個動作組即可達到這種效果，後面透過程式設計來實現這個功能。

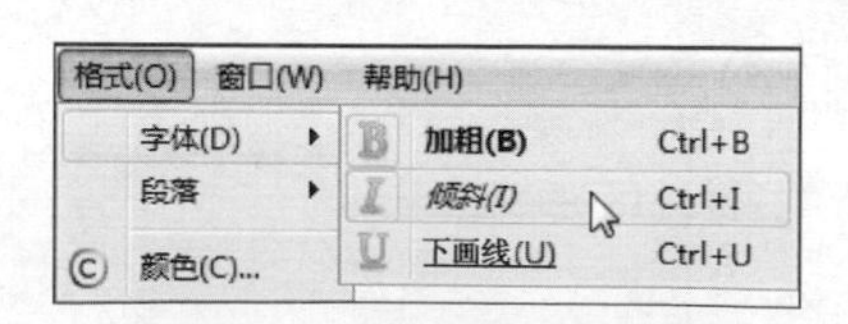

圖 18.11 「格式」主選單

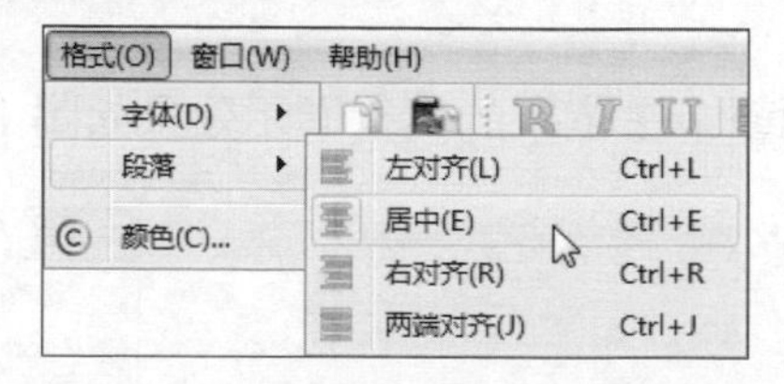

圖 18.12「段落」子功能表動作組

(4)「視窗」主選單。

「視窗」主選單各功能項的設計見表 18.4。

表 18.4「視窗」主選單各功能項的設計

名稱	物件名稱	組合鍵	狀態提示文字
關閉 (O)	closeAction	—	關閉活動文檔子視窗
關閉所有 (A)	closeAllAction	—	關閉所有子視窗
延展 (T)	tileAction	—	平鋪子視窗
層疊 (C)	cascadeAction	—	層疊子視窗
下一個 (X)	nextAction	Ctrl+Tab	移動焦點到下一個子視窗
前一個 (V)	previousAction	Ctrl+Shift+Tab	移動焦點到前一個子視窗

「視窗」主選單的執行顯示效果如圖 18.13 所示。

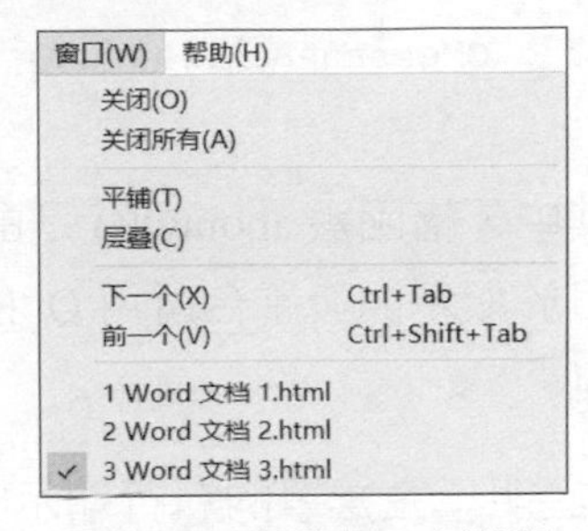

圖 18.13 「視窗」主選單

(5)「說明」主選單。

「說明」主選單各功能項的設計見表 18.5。

表 18.5 「說明」主選單各功能項的設計

名稱	物件名稱	組合鍵	狀態提示文字
關於 (A)	aboutAction	—	關於 MyWord V1.0 的內容
關於 Qt 6(Q)	aboutQtAction	—	關於 Qt 6 類別庫的最新資訊

這個選單結構很簡單，在增加完其中的兩個選單項後，就可以直接撰寫程式來實現它們的功能，方法是按滑鼠右鍵選單項編輯器中的對應項目，從彈出的選單中選擇「轉到槽」項，在「轉到槽」對話方塊中選擇訊號 "triggered()"，點擊 "OK" 按鈕即可進入該選單項動作程式編輯區，如圖 18.14 所示。

圖 18.14 綁定槽訊號

撰寫「關於 (A)」選單項的程式如下：

```
void MainWindow::on_aboutAction_triggered()
{
    QMessageBox::about(this, tr("關於"), tr("這是一個基於 Qt6 實現的文字處
理軟體\r\n具備類似微軟 Office Word 的功能。"));
}
```

撰寫「關於 Qt 6(Q)」選單項的程式如下：

```
void MainWindow::on_aboutQtAction_triggered()
{
    QMessageBox::aboutQt(NULL, "關於 Qt 6");
}
```

其中，槽函數 aboutQt() 是由 QMessageBox 類別提供的標準訊息方塊函數，專用於顯示開發平台所用 Qt 的版本資訊，程式設計時直接綁定到選單項動作即可。

「說明」主選單的執行顯示效果如圖 18.15 所示，選擇「說明」→「關於」選單項，彈出如圖 18.16 所示的「關於」訊息方塊，顯示關於 MyWord 軟體的簡介資訊。

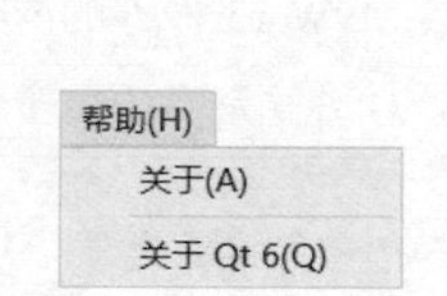

圖 18.15 「說明」主選單

圖 18.16「關於」訊息方塊

選擇「說明」→「關於 Qt 6」選單項，彈出如圖 18.17 所示的訊息方塊，顯示 MyWord 軟體所基於 Qt 的版本資訊。

經過以上設計，在此時的軟體專案介面設計模式下，可從選單項編輯器中看到 MyWord 系統中全部的選單及子功能表項目，並可隨時對它們中任一個的任意屬性進行設定更改，如圖 18.18 所示。

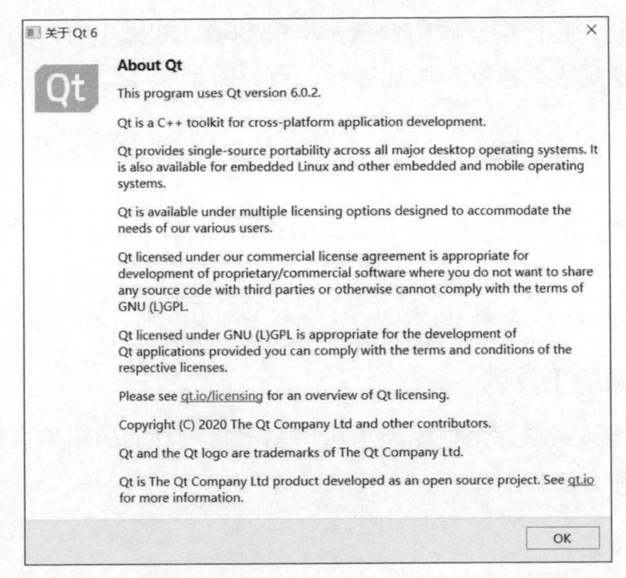

圖 18.17 顯示 MyWord 軟體所基於 Qt 的版本資訊

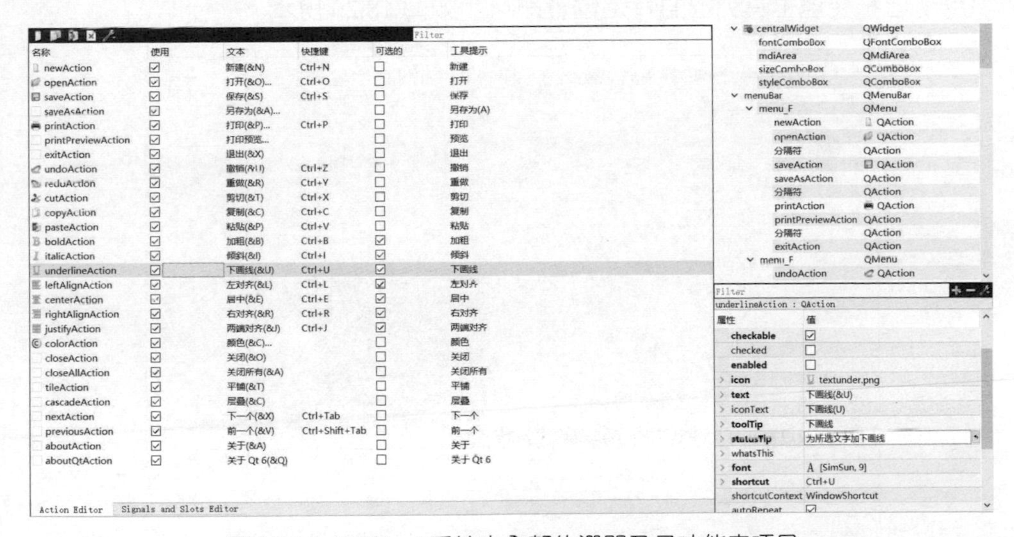

圖 18.18 MyWord 系統中全部的選單及子功能表項目

至此，本軟體的選單系統設計完畢。

18.2.2 工具列設計

本系統的工具列共有四個工具列，其中三個工具列分別對應「檔案」「編輯」「格式」主選單的功能，如圖 18.19（a）～圖 18.19（c）所示；最後一個工具列為組合選擇欄，它提供三個組合選擇框控制項，如圖 18.19（d）所示，實現使用者給文字選擇段落標誌、增加編號、更改字型和字型大小等高級功能。

圖 18.19 工具列上的四個工具列

1. 與選單對應的工具列

當工具列的功能與選單完全對應時，可借助已經設計的選單項直接生成其上的工具按鈕，操作方法如下。

（1）增加工具按鈕。

對於與某個選單項功能完全相同的按鈕，只要從選單項編輯器中將對應的選單項用滑鼠拖曳至工具列上的特定位置即可，如圖 18.20 所示。

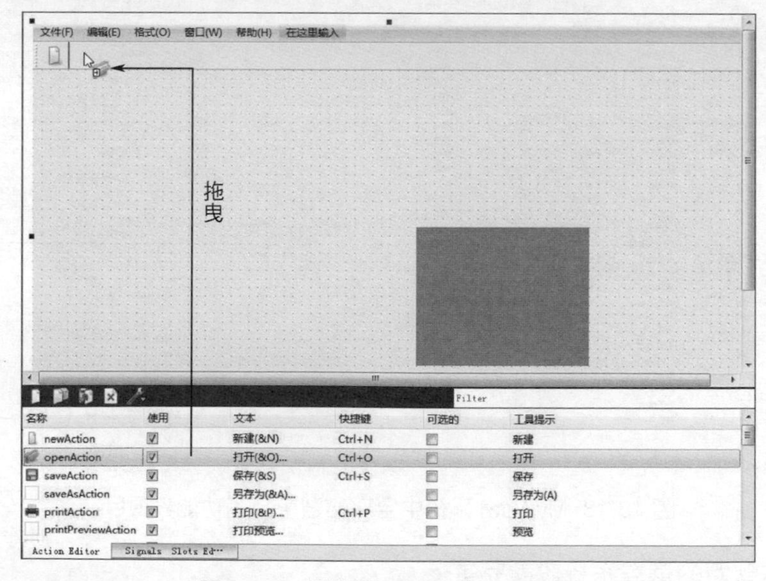

圖 18.20 拖曳選單項生成工具按鈕

圖 18.20 中演示了依次將「檔案」主選單下的「新建」「開啟」選單項拖曳至工具列上生成工具按鈕的操作，生成的按鈕與原選單項具有一樣的圖示、狀態提示文字及功能。

(2) 按鈕分隔。

與選單的設計類似，也可按照選單項功能的組織結構在對應的工具按鈕間插入分隔線，方法是按滑鼠右鍵工具列選擇「增加分隔符號」項，如圖 18.21 所示。

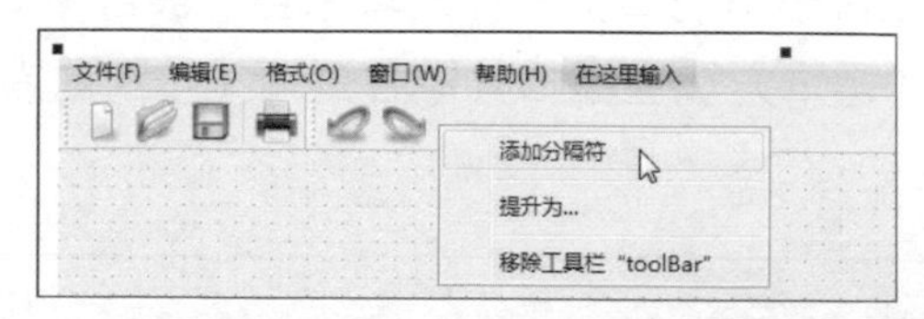

圖 18.21 在工具按鈕間增加分隔線

(3) 增加工具列。

在 Qt 系統的介面設計模式下預設在頂端有一個工具列，本例軟體因為有多個工具列，故需要使用者自己增加。很簡單，只要在介面設計模式表單上按滑鼠右鍵，選擇「增加工具列」項即可在表單上增加一個新工具列，然後用同樣的方法往其中拖曳選單項來生成工具按鈕，如圖 18.22 所示。

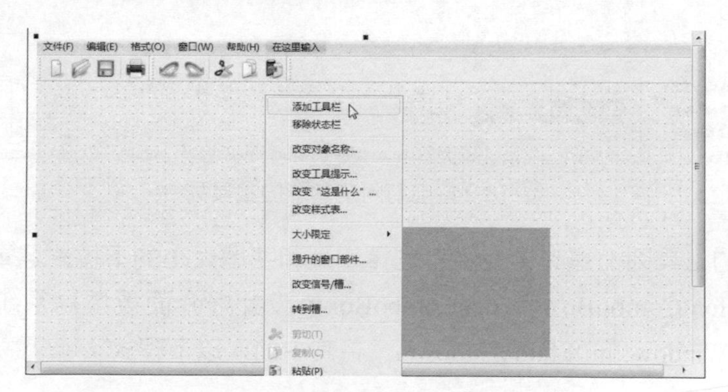

圖 18.22 增加工具列

本例將與選單功能對應的三個工具列放置在介面頂部同一行上，完成的效果如圖 18.23 所示。

圖 18.23 與選單功能對應的三個工具列

軟體執行時期，使用者還可以根據需要手動調整這幾個工具列的版面配置位置。

2. 附加功能的工具列

本例為實現對文件的高級編輯功能，設計了一個附加功能的工具列，其上是由多個下拉選單組成的組合選擇欄。此工具列由於不對應選單項功能，所以只能由使用者從控制項工具箱中選擇拖曳控制項來自訂設計。圖 18.24 演示了往表單上拖入一個下拉式選單方塊並編輯其中各選項（按滑鼠右鍵後選擇「編輯專案 ...」項）的操作。

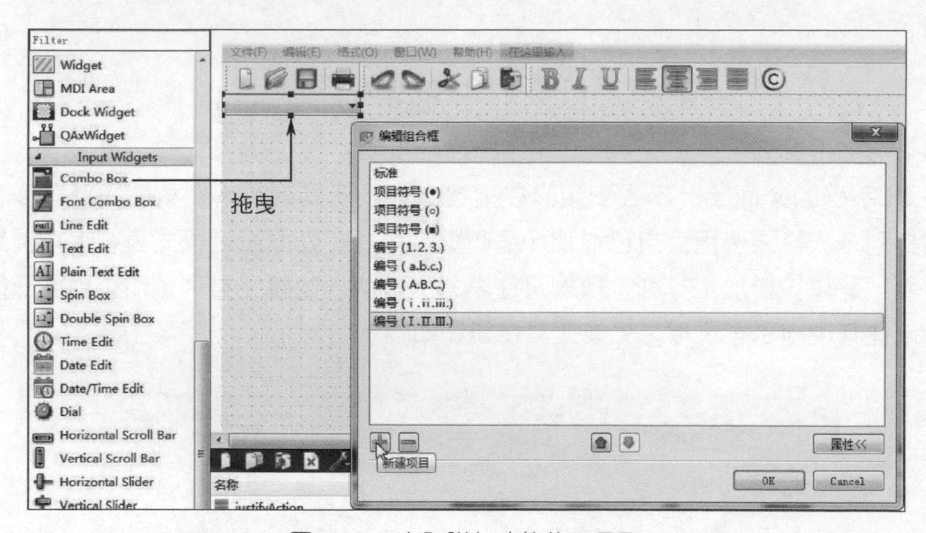

圖 18.24 自訂附加功能的工具列

附加功能的工具列上還有供使用者選擇字型和字型大小的下拉式選單方塊，分別命名為 fontComboBox 和 sizeComboBox，設計好介面後撰寫系統的初始化函數 MainWindow::initMainWindow()，在其中加入以下程式：

```
    QFontDatabase fontdb;
    foreach(int fontsize, fontdb.standardSizes()) ui->sizeComboBox-
>addItem(QString
::number(fontsize));
    ui->sizeComboBox->setCurrentIndex(ui->sizeComboBox->
findText(QString::number (QApplication::font().pointSize())));
```

這段程式的作用是載入系統標準字型大小集，只要在主資料表單建構函數中執行 initMainWindow()，就可以在啟動程式時看到下拉式選單方塊中已經載入了作業系統內建支援的一些標準字型及字型大小選項。

最終完成的工具列和主選單的執行效果如圖 18.25 所示。

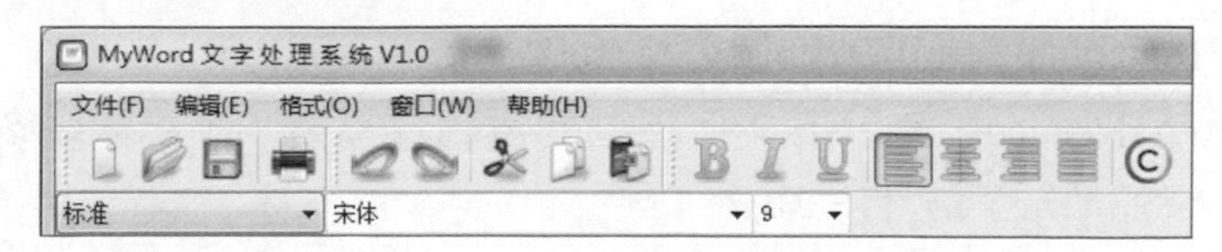

圖 18.25 工具列與主選單的執行效果

工具列上的這些圖示在對應選單項前也會顯示出來。

18.2.3 建立 MDI 程式框架

本軟體以 QMainWindow 類別為主視窗，以 QMdiArea 類別為多文件區域，以 QTextEdit 類別為子視窗元件，從而實現一個 MDI 多表單應用程式框架。

1. 建立多文件區域

首先在 Qt 介面設計模式的工具箱中找到實現多文件區域的元件 "MDI Area"（這個元件對應的正是 QMdiArea 類別），如圖 18.26 所示，將其拖曳至表單，設定其物件名稱為 "mdiArea"，寬度、高度都要與已經設計好的主資料表單介面匹配（剛好填充滿除選單工具列和狀態列外的全部表單區域）。

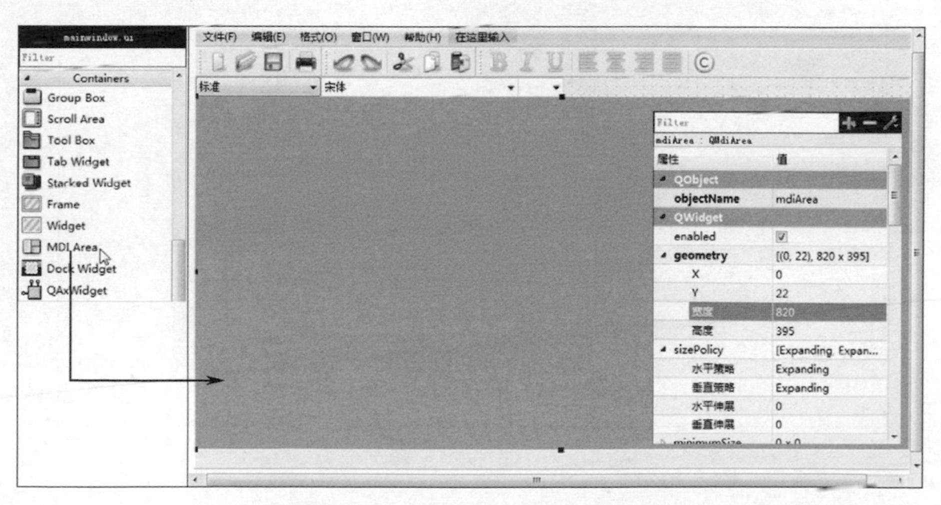

圖 18.26 增加並設定 "MDI Area" 元件

在原始檔案 "mainwindow.cpp" 的系統初始化方法 initMainWindow() 中撰寫以下兩行程式：

```
ui->mdiArea->setHorizontalScrollBarPolicy(Qt::ScrollBarAsNeeded);
ui->mdiArea->setVerticalScrollBarPolicy(Qt::ScrollBarAsNeeded);
```

其中，setHorizontalScrollBarPolicy 和 setVerticalScrollBarPolicy 均設定為 Qt::ScrollBarAsNeeded，表示多文件區域的捲軸在需要（子視窗較多以致不能在主區域內全部顯示）時才出現。

2. 建立子視窗類別

為了實現多文件操作和管理，需要向多文件區域中增加子視窗，而為了能更進一步地操作子視窗，必須子類別化其中心元件。由於子視窗的中心元件使用了 QTextEdit 類別，所以要實現自己的類別，就必須繼承自 QTextEdit。

建立子視窗類別的操作如下。

（1）按滑鼠右鍵專案，選擇 "Add New..." 項，在彈出的「新建檔案」對話方塊中選擇範本為 "C/C++" → "C++ Class"，點擊 "Choose…" 按鈕，如圖 18.27 所示。

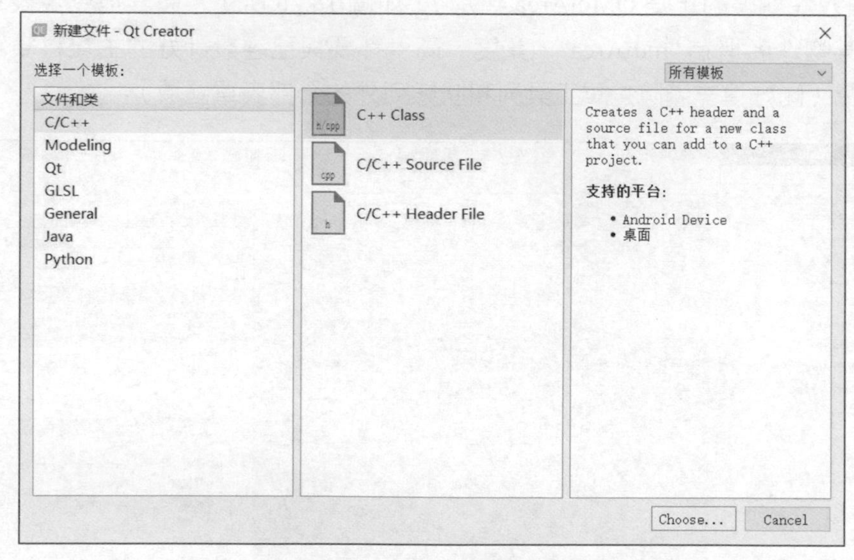

圖 18.27 增加 C++ 類別樣板

（2）在彈出的 "C++ Class" 自訂類別細節對話方塊中，將新類別命名為 "MyChildWnd"，基礎類別命名為 "QTextEdit"，選取 "Include QWidget" 核取方塊，如圖 18.28 所示，然後點擊「下一步」按鈕直到完成。

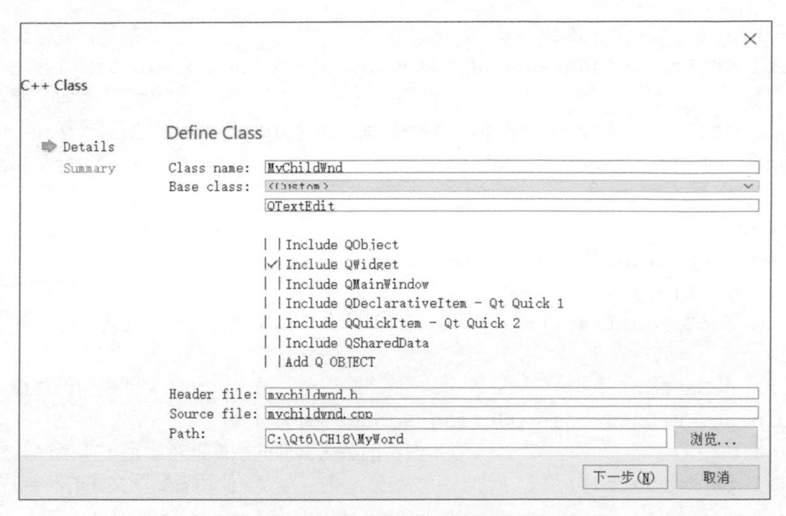

圖 18.28 自訂子視窗類別的細節

完成後在 "mychildwnd.h" 標頭檔中增加以下程式：

```
#ifndef MYCHILDWND_H
#define MYCHILDWND_H

#include <QWidget>
#include <QTextEdit>
#include <QFileInfo>
#include <QTextCodec>
#include <QFileDialog>
#include <QTextDocumentWriter>
#include <QMessageBox>
#include <QCloseEvent>
#include <QtWidgets>
#include <QPrinter>

class MyChildWnd : public QTextEdit
{
    Q_OBJECT
public:
    MyChildWnd();
    QString myCurDocPath;                       //當前文件路徑全名
    void newDoc();                              //新建文件
    QString getCurDocName();                    //從路徑中提取文件名稱
    bool loadDoc(const QString &docName);       //載入文件內容
    bool saveDoc();                             //儲存檔案
    bool saveAsDoc();                           //另存為
```

```
    bool saveDocOpt(QString docName);                  //具體執行儲存操作
    void setFormatOnSelectedWord(const QTextCharFormat &fmt);
                                                       //設定字型與字型大小
    void setAlignOfDocumentText(int aligntype);        //設定對齊樣式
    void setParaStyle(int pstyle);                     //設定段落標誌和編號

protected:
    void closeEvent(QCloseEvent *event);
private slots:
    void docBeModified();        //文件被修改(尚未儲存)時,在視窗標題列顯示 * 號
private:
    bool beSaved;                                      //文件是否已存檔
    void setCurDoc(const QString &docName);
                                 //對當前載入文件的狀態進行設定,並儲存其路徑全名
    bool promptSave();                           //使用者關閉文件的時候提示儲存
};

#endif // MYCHILDWND_H
```

在以上程式中，首先在標頭檔中宣告了四個方法和兩個變數（粗體程式）。變數 myCurDocPath 用於儲存當前文件，包含路徑的全名，beSaved 則用作文件是否已存檔的標識。除此之外，標頭檔中其他方法是在開發後面的功能時用到的，因本節重點介紹的只是如何建立一個最基本的 MDI 框架，故這裡暫不考慮文件載入、儲存、另存為等其他功能的邏輯（在後面的開發中會逐步增加），但為方便讀者試做，這裡提前將所有方法都完整地列出來。

3. 建立一個新文件

建立文件使用的是 newDoc() 方法，它的功能邏輯如下：

（1）設定視窗編號。

（2）儲存文件路徑（給 myCurDocPath 給予值）。

（3）設定子視窗標題。

（4）將文件內容改變訊號 contentsChanged() 連結至 docBeModified() 槽函數，用於顯示文件被修改的狀態標識。

在 "mychildwnd.cpp" 檔案中實現 newDoc() 方法，程式如下：

```
#include "mychildwnd.h"

MyChildWnd::MyChildWnd()
```

```
{
    setAttribute(Qt::WA_DeleteOnClose);   // 子視窗關閉時銷毀該類別的物件實例
    beSaved = false;                      // 初始文件尚未儲存
}

void MyChildWnd::newDoc()
{
    // 設定視窗編號
    static int wndSeqNum = 1;
    // 將當前開啟的文件命名為 "Word 文件 編號 " 的形式，編號在使用一次後自動增加 1
    myCurDocPath = tr("Word 文件 %1").arg(wndSeqNum++);
    // 設定視窗標題，文件被改動後在其名稱後面顯示 "*" 號標識
    setWindowTitle(myCurDocPath + "[*]" + tr(" - MyWord"));
    // 文件被改動時發送 contentsChanged() 訊號，執行自訂 docBeModified() 槽函數
    connect(document(),SIGNAL(contentsChanged()),this,SLOT(docBeModifi
ed()));
}
```

以上程式中在設定視窗標題時增加了 "[*]" 字元，它可以保證編輯器內容被修改後，在文件標題列顯示出 "*" 號標識。

下面是 docBeModified() 槽的定義：

```
void MyChildWnd::docBeModified()
{
    setWindowModified(document()->isModified());  // 判斷文件內容是否被修改
}
```

判斷文件的內容是否被修改過，可透過 QTextDocument 類別的 isModified() 方法獲知，這裡先用 QTextEdit 類別的 document() 方法來獲取它的 QTextDocument 物件，然後用 setWindowModified() 方法設定視窗的修改狀態標識 "*"，如果參數為 true，則在標題中設定了 "[*]" 號的地方顯出 "*" 號，表示文件已被修改。

設定文檔子視窗標題透過 getCurDocName() 方法，定義如下：

```
QString MyChildWnd::getCurDocName()
{
    return QFileInfo(myCurDocPath).fileName();
}
```

其中，fileName() 方法能夠修改檔案名稱較短的絕對路徑，如此提取出的檔案

名稱作為標題顯得更加清晰、友善。此處用到的 QFileInfo 類別在本書第 9 章 9.4 節中介紹過。

18.2.4 子視窗管理

多文件編輯軟體應能提供比較完整的子視窗管理能力，而 Qt 的多文件區域 "MDI Area" 元件已經實現了這些功能，本例就是在此基礎上開發的。

1. 新建子視窗

剛才在建立 MDI 程式框架時已增加建立了代表子視窗的 MyChildWnd 類別，它繼承自 QTextEdit 類別，現在就可以使用它來建立文件的子視窗。

在 "mainwindow.h" 標頭檔中增加 MyChildWnd 類別的宣告：

```
class MyChildWnd;
```

然後宣告公有方法 docNew()：

```
public:
    explicit MainWindow(QWidget *parent = 0);
    ~MainWindow();
    void initMainWindow();                    // 初始化
    void docNew();                            // 新建文件
```

該方法用於新建一個文件的子視窗，其方法區塊實現寫在 "mainwindow.cpp" 原始檔案中，如下：

```
void MainWindow::docNew()
{
    MyChildWnd *childWnd = new MyChildWnd;      // 建立 MyChildWnd 元件
  // 向多文件區域增加子視窗，childWnd 為中心元件
    ui->mdiArea->addSubWindow(childWnd);
    // 根據 QTextEdit 類別是否可以複製訊號，設定剪下、複製動作是否可用
    connect(childWnd, SIGNAL(copyAvailable(bool)),ui-
>cutAction,SLOT(setEnabled (bool)));
    connect(childWnd,SIGNAL(copyAvailable(bool)),ui-
>copyAction,SLOT(setEnabled (bool)));
    childWnd->newDoc();
    childWnd->show();
    // 使 " 格式 " 主選單下各選單項及其對應的工具按鈕變為可用
    formatEnabled();
}
```

在這個方法中首先建立了 MyChildWnd 元件，將它作為子視窗的中心元件增加進多文件區域；緊接著連結編輯器的訊號和選單動作，讓它們可以隨文件的改變而改變狀態；然後呼叫 formatEnabled() 使「格式」主選單下的各選單項及其對應的工具按鈕變為可用。

formatEnabled() 是主視窗的私有方法，其實現如下：

```
void MainWindow::formatEnabled()
{
    ui->boldAction->setEnabled(true);
    ui->italicAction->setEnabled(true);
    ui->underlineAction->setEnabled(true);
    ui->leftAlignAction->setEnabled(true);
    ui->centerAction->setEnabled(true);
    ui->rightAlignAction->setEnabled(true);
    ui->justifyAction->setEnabled(true);
    ui->colorAction->setEnabled(true);
}
```

給「新建」選單項增加槽函數：

```
void MainWindow::on_newAction_triggered()
{
    docNew();
}
```

執行程式，選擇「檔案」→「新建」選單項或點擊工具列的 按鈕，出現 "Word 文件 1" 子視窗，如圖 18.29 所示。

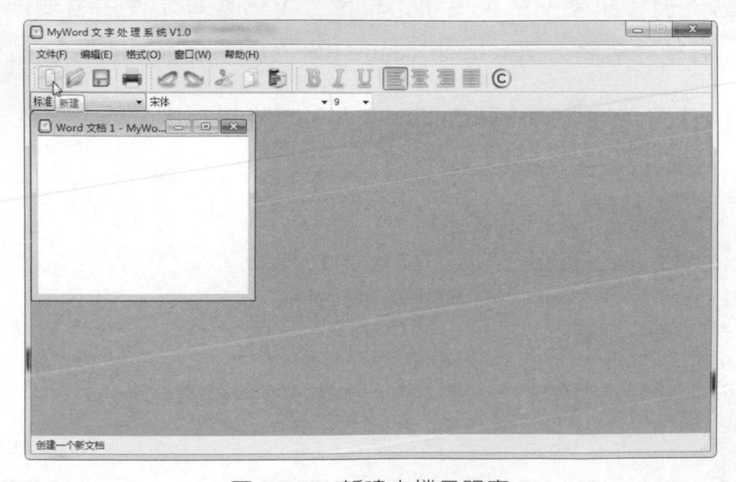

圖 18.29 新建文檔子視窗

編輯此文件並選中一些字元，可以看到動作狀態的變化。但是，因為現在還沒有實現這些動作的功能，所以它們並不可用。

2. 更新系統選單

在 "mainwindow.h" 標頭檔中增加宣告：

```
class QMdiSubWindow;
```

同時增加私有槽：

```
private slots:
  …
    void refreshMenus();                    //更新選單的槽函數
```

然後增加私有方法：

```
private:
    Ui::MainWindow *ui;
    void formatEnabled();                   //使 " 格式 " 主選單及其工具按鈕可用
    MyChildWnd *activateChildWnd();         //活動文檔子視窗
```

在主資料表單初始化方法 initMainWindow() 中增加以下程式：

```
    refreshMenus();
    //當有活動文檔子視窗時更新選單
    connect(ui->mdiArea, SIGNAL(subWindowActivated(QMdiSubWindow*)),
this, SLOT (refreshMenus()));
```

其中，connect 敘述連結表示當有活動文件的子視窗時更新選單。它將多文件區域的活動子視窗訊號連結至更新選單槽上，這樣每當使用者變換當前文件時，都會自動執行更新方法 refreshMenus() 來更新系統選單的狀態。

refreshMenus() 方法的程式（在 "mainwindow.cpp" 檔案中）如下：

```
void MainWindow::refreshMenus()
{
    //至少有一個文檔子視窗開啟的情況
    bool hasChild = (activateChildWnd() != 0);
    ui->saveAction->setEnabled(hasChild);
    ui->saveAsAction->setEnabled(hasChild);
    ui->printAction->setEnabled(hasChild);
    ui->printPreviewAction->setEnabled(hasChild);
    ui->pasteAction->setEnabled(hasChild);
    ui->closeAction->setEnabled(hasChild);
    ui->closeAllAction->setEnabled(hasChild);
```

```
    ui->tileAction->setEnabled(hasChild);
    ui->cascadeAction->setEnabled(hasChild);
    ui->nextAction->setEnabled(hasChild);
    ui->previousAction->setEnabled(hasChild);
    // 文件已開啟並且其中有內容被選中的情況
    bool hasSelect = (activateChildWnd() && activateChildWnd()-
>textCursor(). hasSelection());
    ui->cutAction->setEnabled(hasSelect);
    ui->copyAction->setEnabled(hasSelect);
    ui->boldAction->setEnabled(hasSelect);
    ui->italicAction->setEnabled(hasSelect);
    ui->underlineAction->setEnabled(hasSelect);
    ui->leftAlignAction->setEnabled(hasSelect);
    ui->centerAction->setEnabled(hasSelect);
    ui->rightAlignAction->setEnabled(hasSelect);
    ui->justifyAction->setEnabled(hasSelect);
    ui->colorAction->setEnabled(hasSelect);
}
```

在此方法中根據是否有活動子視窗（開啟的文件）來設定各選單項對應的動作是否可用。而判斷是否有活動子視窗用 activateChildWnd() 方法，程式如下：

```
MyChildWnd *MainWindow::activateChildWnd()
{
    // 若有使用中的文件視窗則將其內的中心元件轉為 MyChildWnd 類型；若沒有則直接傳回 0
    if(QMdiSubWindow *actSubWnd = ui->mdiArea->activeSubWindow())
        return qobject_cast<MyChildWnd *>(actSubWnd->widget());
    else
        return 0;
}
```

這個方法中首先使用多文件區域類別的 activeSubWindow() 方法來獲得區域中的活動子視窗，然後使用 qobject_cast 函數進行類型轉換，它是 QObject 類別中的函數，能將 object 物件指標轉為 T 類型的物件指標，這裡則是將使用中視窗的中心元件 QWidget 類型指標轉為 MyChildWnd 類型指標。這裡的 T 類型必須直接或間接繼承自 QObject 類別，而且在其定義中要有 Q_OBJECT 巨集變數。

3. 增加子視窗列表

下面為「視窗」主選單開發在其下顯示文檔子視窗清單的功能。使用 Qt 提供的訊號映射器（QSignalMapper）類別，它可以實現對多個相同元件的相同訊號進行映射，為其增加字串或數值參數，然後發送出去。

首先，在 "mainwindow.h" 標頭檔中增加該類別的宣告：

```
class QSignalMapper;
```

然後，增加私有物件指標：

```
private:
    Ui::MainWindow *ui;
  …
    QSignalMapper *myWndMapper;     //子視窗訊號映射器
```

這裡實際上就是定義了一個訊號映射器。

再增加私有槽宣告：

```
private slots:
  …
    void addSubWndListMenu();        //往 " 視窗 " 主選單下增加子視窗選單項列表
```

下面在 "mainwindow.cpp" 檔案中增加程式。

首先，在系統初始化方法 initMainWindow() 中增加以下程式：

```
    //增加子視窗選單項列表
    myWndMapper = new QSignalMapper(this);      //建立訊號映射器
    connect(myWndMapper, SIGNAL(mapped(QWidget*)), this,
SLOT(setActiveSubWindow (QWidget*)));
    addSubWndListMenu();
    connect(ui->menu_W, SIGNAL(aboutToShow()), this,
SLOT(addSubWndListMenu()));
```

上段程式首先建立了訊號映射器，並且將它的 mapped() 訊號連結到設定使用中視窗槽上，然後增加子視窗選單項，同時將選單項將要顯示的訊號連結到更新後的選單槽上。

增加子視窗選單項清單的槽函數 addSubWndListMenu() 的實現程式如下：

```
void MainWindow::addSubWndListMenu()
{
    //首先清空原 " 視窗 " 主選單，然後再增加各選單項
    ui->menu_W->clear();
    ui->menu_W->addAction(ui->closeAction);
    ui->menu_W->addAction(ui->closeAllAction);
    ui->menu_W->addSeparator();
```

```
    ui->menu_W->addAction(ui->tileAction);
    ui->menu_W->addAction(ui->cascadeAction);
    ui->menu_W->addSeparator();
    ui->menu_W->addAction(ui->nextAction);
    ui->menu_W->addAction(ui->previousAction);
    QList<QMdiSubWindow *> wnds = ui->mdiArea->subWindowList();
    if (!wnds.isEmpty()) ui->menu_W->addSeparator();
    //如果有活動子視窗，則顯示分隔線
    //遍歷各子視窗，顯示所有當前已開啟的文檔子視窗項
    for(int i = 0; i < wnds.size(); ++i)
    {
        MyChildWnd *childwnd = qobject_cast<MyChildWnd *>(wnds.at(i)->
widget());
        QString menuitem_text;
        if(i < 9)
        {
            menuitem_text = tr("&%1 %2").arg(i+1).arg(childwnd->
getCurDocName());
        } else {
            menuitem_text = tr("%1 %2").arg(i+1).arg(childwnd->
getCurDocName());
        }
        //增加子視窗選單項，設定其可選
        QAction *menuitem_act = ui->menu_W->addAction(menuitem_text);
        menuitem_act->setCheckable(true);
        //將當前活動的子視窗設為選取狀態
        menuitem_act->setChecked(childwnd == activateChildWnd());
        //連結選單項的觸發訊號到訊號映射器的map()槽，該槽會發送mapped()訊號
        connect(menuitem_act, SIGNAL(triggered()), myWndMapper,
SLOT(map()));
        //將選單項與對應的視窗元件進行映射，在發送mapped()訊號時就會以這個視窗元
件為參數
        myWndMapper->setMapping(menuitem_act, wnds.at(i));
    }
    formatEnabled();                    //使"字型"選單下的功能可用
}
```

該函數先清空了「視窗」主選單下的全部選單項，然後動態增加。它遍歷了多文件區域的所有子視窗，並以它們各自的文件標題為文字建立了選單項，一起增加到「視窗」主選單中。首先將動作的觸發訊號連結到訊號映射器的 map() 槽上，然後設定了動作與其對應的子視窗之間的映射。這樣當觸發選單時就會執行 map() 函數，而它又將發送 mapped() 訊號，該 mapped() 函數以子

視窗元件作為參數，由於在系統初始化 initMainWindow() 方法中已經設定了這個訊號與 setActiveSubWindow() 函數的連結，故最終會透過執行這個函數來設定使用者所選的文檔子視窗為使用中視窗。

這時執行程式，新建 4 個文件，「視窗」主選單下的顯示效果如圖 18.30 所示。

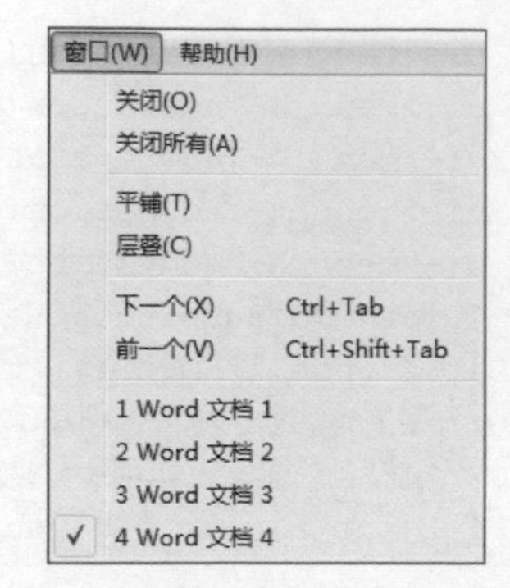

圖 18.30「視窗」主選單下的顯示效果

4. 視窗控制

對各文件的子視窗實行控制，可以透過多文件區域元件 QMdiArea 所提供的一整套子視窗控制方法，將它們各自連結至對應功能選單項的觸發訊號槽，只須簡單地呼叫即可，實現起來非常方便，下面舉出程式：

```
void MainWindow::on_closeAction_triggered()
{
  //對應"視窗"→"關閉"選單項
    ui->mdiArea->closeActiveSubWindow();          //關閉視窗
}

void MainWindow::on_closeAllAction_triggered()
{
  //對應"視窗"→"關閉所有"選單項
    ui->mdiArea->closeAllSubWindows();            //關閉所有視窗
}

void MainWindow::on_tileAction_triggered()
{
  //對應"視窗"→"延展"選單項
    ui->mdiArea->tileSubWindows();                //延展所有視窗
}

void MainWindow::on_cascadeAction_triggered()
{
  //對應"視窗"→"層疊"選單項
    ui->mdiArea->cascadeSubWindows();             //層疊所有視窗
}

void MainWindow::on_nextAction_triggered()
{
```

```
  // 對應 " 視窗 " → " 下一個 " 選單項
    ui->mdiArea->activateNextSubWindow();       // 焦點移至下一個視窗
}

void MainWindow::on_previousAction_triggered()
{
  // 對應 " 視窗 " → " 前一個 " 選單項
    ui->mdiArea->activatePreviousSubWindow();  // 焦點移至前一個視窗
}
```

以上粗體程式的方法都是 Qt 的 QMdiArea 多文件區域元件內建的方法。

5. 視窗關閉

在 "mainwindow.h" 標頭檔中宣告：

```
protected:
    void closeEvent(QCloseEvent *event);
```

在 "mainwindow.cpp" 檔案中撰寫關閉事件程式：

```
void MainWindow::closeEvent(QCloseEvent *event)
{
    ui->mdiArea->closeAllSubWindows();
    if (ui->mdiArea->currentSubWindow())
    {
        event->ignore();
    } else {
        event->accept();
    }
}
```

這樣，在圖 18.30 中選擇「視窗」→「關閉」選單項，將關閉當前的活動文件（此處為 "Word 文件 4"）的子視窗；若選擇「視窗」→「關閉所有」選單項，則會關閉全部 4 個文件的子視窗。

18.2.5 介面生成試運行

經過前文說明的諸多設計，這個 Qt 版 MyWord 軟體的介面部分已經開發完畢，可以單獨執行了。啟動程式，顯示 MyWord 軟體的主介面，此時，雖然很多選單項及工具按鈕的功能尚未開發，但已經可以支援新建空白文件、關閉文件，並可將多個文件的視窗延展或層疊顯示，如圖 18.31 所示。

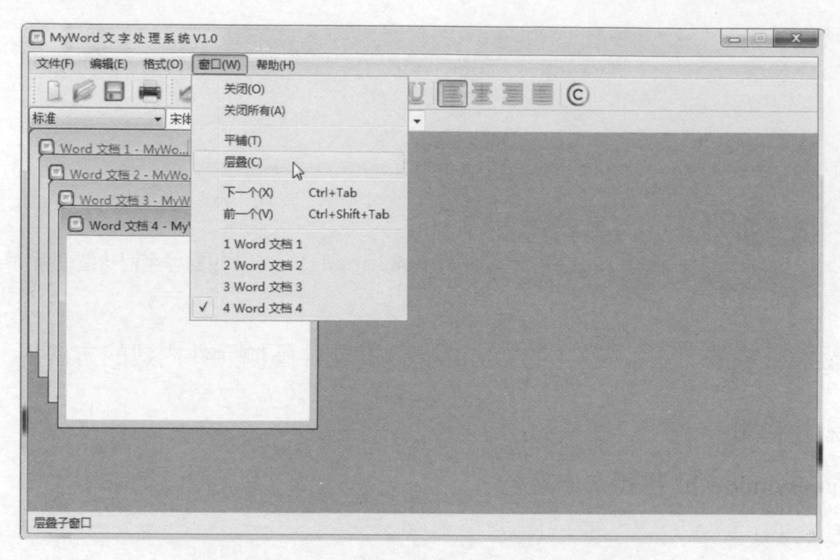

圖 18.31　MyWord 軟體的主介面功能展示

18.3　基本編輯功能實現

開發好 MyWord 軟體的主介面後，就可以向系統中增加各種各樣的功能。本節首先實現基本編輯功能，包括文件的「開啟」、「儲存」、「另存為」，文字的「剪下」、「複製」、「貼上」，以及操作的「撤銷」和「恢復」等功能。

18.3.1　開啟文件

實現開啟文件功能需要在子視窗類別 MyChildWnd 中定義載入文件操作。

1. 載入步驟

載入一個文件的基本步驟如下。

（1）開啟指定的檔案，讀取檔案內容到編輯器。

（2）獲取檔案路徑名稱，並據此進行文件視窗狀態的設定（透過 setCurDoc() 方法）。

（3）將文件內容改變訊號連結至顯示文件修改狀態標識槽 docBeModified()。

本例的載入操作透過撰寫 loadDoc() 方法實現。

2. 功能實現

在 "mychildwnd.h" 標頭檔中增加宣告：

```
public:
  ...
    bool loadDoc(const QString &docName);      //載入文件內容
```

loadDoc() 方法的程式如下：

```
bool MyChildWnd::loadDoc(const QString &docName)
{
    if(!docName.isEmpty())
    {
        if(!QFile::exists(docName))return false;
        QFile doc(docName);
        if(!doc.open(QFile::ReadOnly))return false;
        QByteArray text = doc.readAll();
        QTextCodec *text_codec = Qt::codecForHtml(text);
        QString str = text_codec->toUnicode(text);
        if(Qt::mightBeRichText(str))
        {
            this->setHtml(str);
        } else {
            str = QString::fromLocal8Bit(text);
            this->setPlainText(str);
        }
        setCurDoc(docName);
        connect(document(),SIGNAL(contentsChanged()),this,SLOT(docBeMo
dified()));
        return true;
    }
}
```

其中，在開啟檔案操作中使用了 QFile 類別物件，它與 QByteArray 類別配合使用，不僅可以開啟指定的檔案，而且能夠方便地進行檔案的讀取與寫入操作。

以上程式在讀取檔案完成後接著呼叫 setCurDoc() 方法設定文件視窗狀態，下面是該方法的方法區塊：

```
void MyChildWnd::setCurDoc(const QString &docName)
{
    myCurDocPath = QFileInfo(docName).canonicalFilePath();
```

```
    beSaved = true;                                 // 文件已經被儲存過
    document()->setModified(false);                 // 文件未被改動
    setWindowModified(false);                       // 視窗不顯示被改動標識
    setWindowTitle(getCurDocName() + "[*]");        // 設定文件名為子視窗標題
}
```

其中，canonicalFilePath() 可以除去路徑中的符號連結（如 "." 和 ".." 等），它將所載入文件的路徑儲存到全域變數 myCurDocPath 中，然後進行一些狀態的設定。

3. 功能呼叫

在 "mainwindow.h" 標頭檔中宣告公有方法：

```
public:
    explicit MainWindow(QWidget *parent = 0);
  …
    void docOpen();                      // 開啟文件
```

實現該方法的程式如下：

```
void MainWindow::docOpen()
{
    QString docName = QFileDialog::getOpenFileName(this, tr(" 開啟 "),
QString(),
 tr("HTML 文件 (*.htm *.html);;所有檔案 (*.*)"));
    if (!docName.isEmpty())
    {
        QMdiSubWindow *exist = findChildWnd(docName);
        if (exist)
        {
            ui->mdiArea->setActiveSubWindow(exist);
            return;
        }
        MyChildWnd *childwnd = new MyChildWnd;
        ui->mdiArea->addSubWindow(childwnd);
        connect(childwnd, SIGNAL(copyAvailable(bool)), ui->cutAction,
SLOT (setEnabled(bool)));
        connect(childwnd, SIGNAL(copyAvailable(bool)), ui-
>copyAction,SLOT (setEnabled(bool)));
        if (childwnd->loadDoc(docName))
        {
            statusBar()->showMessage(tr(" 文件已開啟 "), 2000);
            childwnd->show();
```

```
            formatEnabled();            // 使 " 字型 " 選單下的功能可用
        } else {
            childwnd->close();
        }
    }
}
```

程式遍歷了多文件區域中的所有子視窗來判斷文件是否已經被開啟，若發現該文件已經被開啟，則直接設定它的子視窗為使用中視窗；否則先載入要開啟的文件，然後增加新的子視窗。

這個遍歷查詢過程用到一個 findChildWnd() 方法，在 "mainwindow.h" 標頭檔中有它的宣告：

```
private:
    Ui::MainWindow *ui;
  …
    QMdiSubWindow *findChildWnd(const QString &docName);
                                                // 查詢特定的文檔子視窗
```

其實現程式如下：

```
QMdiSubWindow *MainWindow::findChildWnd(const QString &docName)
{
    QString canonicalFilePath = QFileInfo(docName).canonicalFilePath();
    foreach(QMdiSubWindow *wnd, ui->mdiArea->subWindowList())
    {
        MyChildWnd *childwnd = qobject_cast<MyChildWnd *>(wnd->
widget());
        if(childwnd->myCurDocPath == canonicalFilePath) return wnd;
    }
    return 0;
}
```

其中，使用了 forcach 敘述來遍歷整個多文件區域。

給「開啟」選單項增加槽函數：

```
void MainWindow::on_openAction_triggered()
{
    docOpen();
}
```

下面測試開啟文件功能。

首先利用記事本編輯內容「我愛 Qt 6 程式設計！」，以檔案名稱 "Word 文件

1.html"（選 ANSI 編碼）儲存到某個目錄下，然後執行程式，選擇「檔案」→「開啟」選單項，或點擊工具列的 按鈕，找到事先存檔的檔案開啟，可以看到編輯的檔案內容，如圖 18.32 所示。

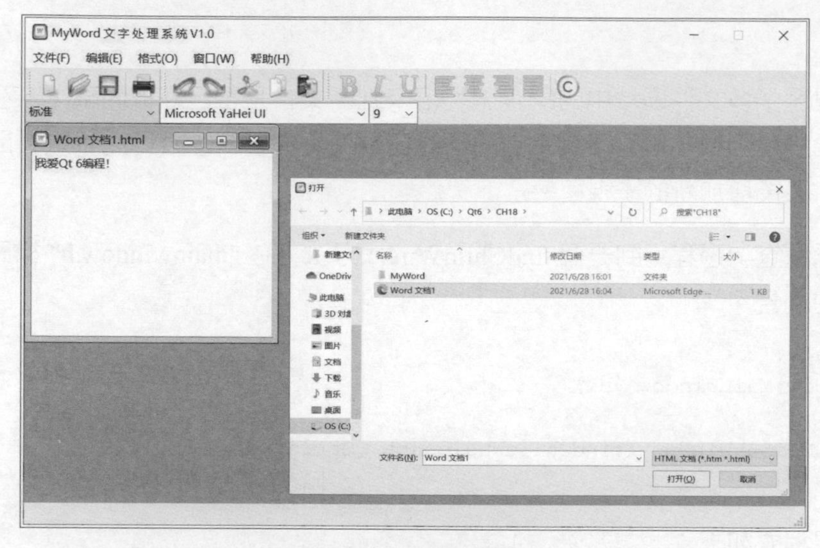

圖 18.32 開啟文件功能演示

18.3.2 儲存文件

儲存文件功能分為「儲存」(saveDoc())和「另存為」(saveAsDoc())兩種操作，這兩種操作都需要在子視窗類別 MyChildWnd 中定義。

1. 儲存步驟

儲存一個文件的基本步驟如下。

（1）如果文件沒有被儲存過（用 beSaved 判斷），則執行「另存為」操作 saveAsDoc()，該操作的邏輯：

① 從對話方塊獲取文件路徑。

② 若路徑不為空，則執行儲存操作 saveDocOpt()。

（2）否則直接執行 saveDocOpt() 來儲存文件，該方法的執行邏輯：

① 開啟指定的檔案。

② 將編輯器的文件內容寫入其中。

③ 設定文件狀態（用 setCurDoc() 方法）。

2. 功能實現

在 "mychildwnd.h" 標頭檔中增加宣告：

```
public:
    MyChildWnd();
  …
    bool saveDoc();                          //儲存檔案
    bool saveAsDoc();                        //另存為
    bool saveDocOpt(QString docName);        //具體執行儲存操作
```

下面是「儲存」操作的程式：

```
bool MyChildWnd::saveDoc()
{
    if(!beSaved) return saveAsDoc();
    else return saveDocOpt(myCurDocPath);
}
```

這裡首先使用 beSaved 判斷文件是否被儲存過。如果沒有，則要先進行「另存為」操作；否則直接寫入檔案即可。

下面是「另存為」方法的定義：

```
bool MyChildWnd::saveAsDoc()
{
    QString docName = QFileDialog::getSaveFileName(this, tr("另存為"),
myCurDoc Path, tr("HTML 文件 (*.htm *.html);;所有檔案 (*.*)"));
    if(docName.isEmpty()) return false;
    else return saveDocOpt(docName);
}
```

「另存為」功能先透過「檔案」對話方塊獲取文件將要儲存的路徑，路徑不為空才會進行檔案的寫入操作，它由 saveDocOpt() 方法實現：

```
bool MyChildWnd::saveDocOpt(QString docName)
{
    if(!(docName.endsWith(".htm", Qt::CaseInsensitive) || docName.
endsWith  (".html", Qt::CaseInsensitive)))
    {
        docName += ".html";            // 預設儲存為 HTML 文件
    }
    QTextDocumentWriter writer(docName);
    bool success = writer.write(this->document());
    if (success) setCurDoc(docName);
    return success;
}
```

這裡為了能支持後面的文件排版美化設定字型、字型大小等高級功能，特將檔案預設儲存為 HTML 格式，以網頁的形式展示。

3. 功能呼叫

在 "mainwindow.h" 標頭檔中宣告公有方法：

```
public:
    explicit MainWindow(QWidget *parent = 0);
    ~MainWindow();
  ...
    void docSave();                    //儲存文件
    void docSaveAs();                  //文件另存為
```

因為「儲存」和「另存為」功能在 MyChildWnd 類別中已經實現了，所以這裡只需要呼叫對應的方法即可，程式如下：

```
void MainWindow::docSave()
{
    if(activateChildWnd() && activateChildWnd()->saveDoc())
        statusBar()->showMessage(tr("儲存成功"), 2000);
}
void MainWindow::docSaveAs()
{
    if(activateChildWnd() && activateChildWnd()->saveAsDoc())
        statusBar()->showMessage(tr("儲存成功"), 2000);
}
```

分別給「儲存」、「另存為」選單項增加槽函數：

```
void MainWindow::on_saveAction_triggered()
{
    docSave();
}

void MainWindow::on_saveAsAction_triggered()
{
    docSaveAs();
}
```

4. 儲存提醒

本軟體還特別設計了儲存提醒功能，能在使用者關閉文件時主動提醒使用者即時儲存，這需要設計重寫系統 closeEvent 事件的邏輯策略，另外還專門定義了一個 promptSave() 方法來實現此功能。

在 "mychildwnd.h" 標頭檔中增加宣告：

```
private:
  ...
    bool promptSave();          //使用者關閉文件時提示儲存
```

promptSave() 方法的實現程式如下：

```
bool MyChildWnd::promptSave()
{
    if(!document()->isModified()) return true;
    QMessageBox::StandardButton result;
    result = QMessageBox::warning(this, tr("MyWord"), tr("文件
'%1'已被更改，儲存嗎？").arg(getCurDocName()), QMessageBox::Save |
QMessageBox::Discard | QMessageBox:: Cancel);
    if(result == QMessageBox::Save) return saveDoc();
    else if (result == QMessageBox::Cancel) return false;
    return true;
}
```

該方法先判斷文件是否被修改過，如果是，則彈出對話方塊，提醒使用者儲存，或也可以取消「關閉」操作。如果使用者選擇儲存則傳回儲存 saveDoc() 的結果；如果取消則傳回 false，否則直接傳回 true。

重寫系統「關閉」操作 closeEvent() 的邏輯：

① 如果 promptSave() 方法傳回值為真則關閉視窗。

② 如果 promptSave() 方法傳回值為假則忽略此事件。

重寫的 closeEvent() 程式如下：

```
void MyChildWnd::closeEvent(QCloseEvent *event)
{
    if(promptSave())
    {
        event->accept();
    } else {
        event->ignore();
    }
}
```

執行程式，新建一個文件，編輯內容「Qt 版 MyWord 真好用！」，選擇「視窗」→「關閉」選單項，彈出如圖 18.33（a）所示的提示框，點擊 "Save" 按鈕，彈出如圖 18.33（b）所示的「另存為」對話方塊，將文件改名為 "Word 文件 2" 後儲存。

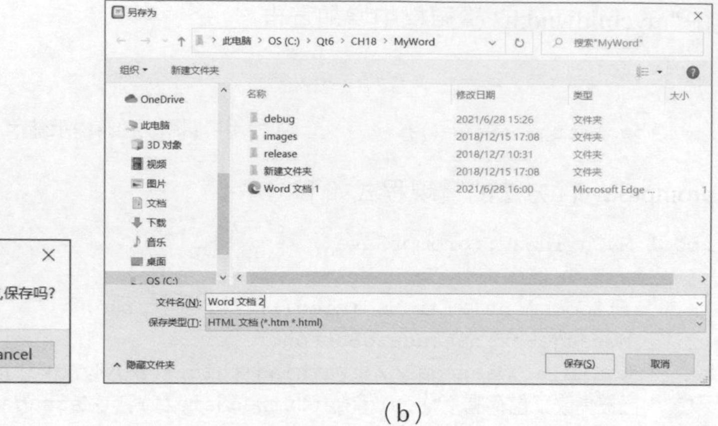

(a)　　　　　　　　　　　(b)

圖 18.33 文件儲存提醒功能演示

當然，編輯完文件後，點擊工具列的按鈕或選擇「檔案」→「儲存」、「另存為」選單項也都可以將文件存檔。

18.3.3 文件操作

最基本的文件操作包括「撤銷」「重做」「剪下」「複製」「貼上」，這些功能函數都由 QTextEdit 類別提供。因為 MyChildWnd 類別繼承自該類別，所以可以直接使用。

1. 撤銷與重做

分別給「編輯」→「撤銷」「重做」這兩個選單項增加槽函數：

```
void MainWindow::on_undoAction_triggered()
{
    docUndo();              // 文件撤銷方法
}

void MainWindow::on_redoAction_triggered()
{
    docRedo();              // 文件重做方法
}
```

其中，文件撤銷和重做方法將在後面舉出定義。

2. 剪下、複製和貼上

下面給「編輯」→「剪下」「複製」「貼上」幾個選單項增加槽函數：

```
void MainWindow::on_cutAction_triggered()
{
    docCut();          //剪下方法
}

void MainWindow::on_copyAction_triggered()
{
    docCopy();         //複製方法
}

void MainWindow::on_pasteAction_triggered()
{
    docPaste();        //貼上方法
}
```

在 "mainwindow.h" 標頭檔中宣告公有方法：

```
public:
    explicit MainWindow(QWidget *parent = 0);
    ~MainWindow();
  ...
    void docUndo();      //撤銷
    void docRedo();      //重做
    void docCut();       //剪下
    void docCopy();      //複製
    void docPaste();     //貼上
```

由於文件的以上基本操作功能在 MyChildWnd 類別的父類別 QTextEdit 中都已經實現了，所以這裡只要在其中簡單地呼叫對應的方法即可，程式如下：

```
void MainWindow::docUndo()
{
    if(activateChildWnd()) activateChildWnd()->undo();     //撤銷
}

void MainWindow::docRedo()
{
    if(activateChildWnd()) activateChildWnd()->redo();     //重做
}

void MainWindow::docCut()
{
    if(activateChildWnd()) activateChildWnd()->cut();      //剪下
}

void MainWindow::docCopy()
{
    if(activateChildWnd()) activateChildWnd()->copy();     //複製
```

```
}

void MainWindow::docPaste()
{
    if(activateChildWnd()) activateChildWnd()->paste();    //貼上
}
```

讀者可以自己執行程式，開啟本章前面建立的 "Word 文件 1" 和 "Word 文件 2"，並中的文字內容執行上述操作，查看實際效果。

18.4 文件排版美化功能實現

現在，這個 Qt 版 MyWord 軟體已具備了基本的文字編輯能力，在功能上類似於 Windows 的記事本。本節將對它做進一步的擴充，增加文件排版，字型、字型大小、顏色設定等高級美化功能，使它在功能上更接近 Office Word 軟體。

18.4.1 字型格式設定

基本設定包括粗體、傾斜和加底線。

1. 子視窗的操作

子視窗透過 setFormatOnSelectedWord() 方法操作設定字型格式。

在 "mychildwnd.h" 標頭檔中宣告：

```
public:
  ...
    void setFormatOnSelectedWord(const QTextCharFormat &fmt);
```

在 "mychildwnd.cpp" 檔案中撰寫其程式：

```
void MyChildWnd::setFormatOnSelectedWord(const QTextCharFormat &fmt)
{
    QTextCursor tcursor = this->textCursor();
    if(!tcursor.hasSelection()) tcursor.select(QTextCursor::WordUnderC
ursor);
    tcursor.mergeCharFormat(fmt);
    this->mergeCurrentCharFormat(fmt);
}
```

上段程式呼叫了 QTextCursor 的 mergeCharFormat() 方法，將參數 fmt 所表示的格式應用在游標所選的字元上。

2. 格式功能呼叫

為「格式」→「字型」→「粗體」「傾斜」「底線」三個子選單項增加槽函數：

```
void MainWindow::on_boldAction_triggered()
{
    textBold();
}

void MainWindow::on_italicAction_triggered()
{
    textItalic();
}

void MainWindow::on_underlineAction_triggered()
{
    textUnderline();
}
```

在 "mainwindow.h" 標頭檔中宣告公有方法：

```
public:
    explicit MainWindow(QWidget *parent = 0);
  ...
    void textBold();                    //粗體
    void textItalic();                  //傾斜
    void textUnderline();               //加底線
```

在 "mainwindow.cpp" 檔案中實現它們的程式如下：

```
void MainWindow::textBold()
{
    QTextCharFormat fmt;
    fmt.setFontWeight(ui->boldAction->isChecked() ? QFont::Bold :
QFont:: Normal);
    if(activateChildWnd()) activateChildWnd()->
setFormatOnSelectedWord(fmt);
}

void MainWindow::textItalic()
{
    QTextCharFormat fmt;
    fmt.setFontItalic(ui->italicAction->isChecked());
    if(activateChildWnd()) activateChildWnd()->
setFormatOnSelectedWord(fmt);
}

void MainWindow::textUnderline()
{
```

```
    QTextCharFormat fmt;
    fmt.setFontUnderline(ui->underlineAction->isChecked());
    if(activateChildWnd()) activateChildWnd()->
setFormatOnSelectedWord(fmt);
}
```

3. 字型、字型大小選擇功能

要使程式支援從下拉式選單方塊中選擇字型、字型大小，需要為字型和字型大小下拉式選單方塊增加槽函數，操作方法是：按滑鼠右鍵設計強制回應視窗介面上的字型下拉式選單方塊，選擇「轉到槽 ...」項，在彈出的對話方塊中選擇訊號類型為 "currentFontChanged(QFont)" 即可，如圖 18.34 所示。字型大小下拉式選單方塊所用的訊號類型是 "textActivated(QString)"，增加操作類同。

圖 18.34 給下拉式選單方塊增加訊號槽

撰寫兩個下拉式選單方塊的槽函數程式：

```
void MainWindow::on_fontComboBox_currentFontChanged(const QFont &f)
{
    textFamily(f);                  //設定字型
}

void MainWindow::on_sizeComboBox_textActivated(const QString &ps)
{
    textSize(ps);                   //設定字型大小
}
```

在 "mainwindow.h" 標頭檔中宣告公共方法：

```
public:
```

```
    explicit MainWindow(QWidget *parent = 0);
  …
    void textFamily(QFont f);                          //字型
    void textSize(const QString &ps);                  //字型大小
```

在 "mainwindow.cpp" 檔案中實現它們的程式如下：

```
void MainWindow::textFamily(QFont f)
{
    QTextCharFormat fmt;
    fmt.setFont(f);
    if(activateChildWnd()) activateChildWnd()-
>setFormatOnSelectedWord(fmt);
}

void MainWindow::textSize(const QString &ps)
{
    qreal pointSize = ps.toFloat();
    if (ps.toFloat() > 0)
    {
        QTextCharFormat fmt;
        fmt.setFontPointSize(pointSize);
        if(activateChildWnd())activateChildWnd()-
>setFormatOnSelectedWord(fmt);
    }
}
```

執行程式，開啟 "Word 文件 1"，選中當中的文字 "Qt 6"，選擇字型類型為 "Arial Black"，字型大小為 20、傾斜、加底線，效果如圖 18.35 所示。

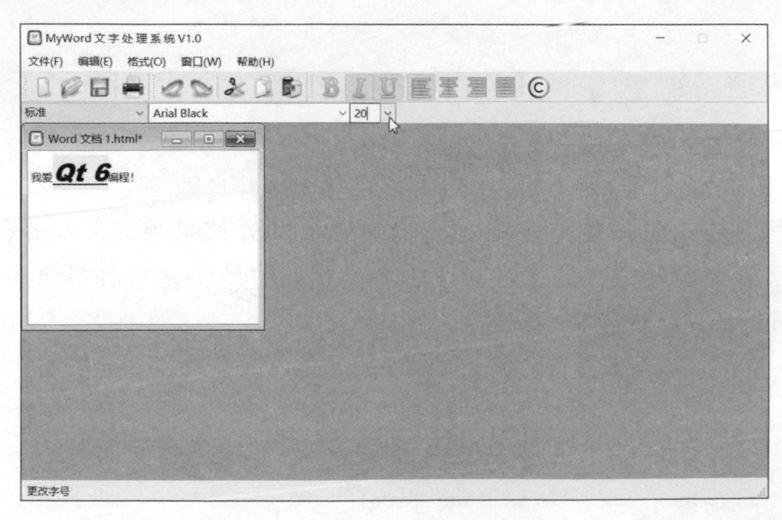

圖 18.35 設定字型格式功能演示

18.4.2 段落對齊設定

為保證「格式」→「段落」下各子功能表項的互斥可選性，在系統初始化方法 initMainWindow() 中增加以下程式：

```
//將"段落"選單下各功能項加入同一個選單項組，程式執行的任一時刻使用者能且只能選中其中一項
    QActionGroup *alignGroup = new QActionGroup(this);
    alignGroup->addAction(ui->leftAlignAction);
    alignGroup->addAction(ui->centerAction);
    alignGroup->addAction(ui->rightAlignAction);
    alignGroup->addAction(ui->justifyAction);
    ui->leftAlignAction->setChecked(true);
```

然後，為各子功能表項增加槽函數：

```
void MainWindow::on_leftAlignAction_triggered()
{
    textAlign(ui->leftAlignAction);          //左對齊
}

void MainWindow::on_centerAction_triggered()
{
    textAlign(ui->centerAction);             //置中對齊
}

void MainWindow::on_rightAlignAction_triggered()
{
    textAlign(ui->rightAlignAction);            //右對齊
}

void MainWindow::on_justifyAction_triggered()
{
    textAlign(ui->justifyAction);               //兩端對齊
}
```

在上面程式中，各子功能表項的槽函數無一例外都是呼叫名為 textAlign() 的方法來設定對齊方式的。該方法的方法區塊位於主資料表單原始程式碼 "mainwindow.cpp" 檔案中，如下：

```
void MainWindow::textAlign(QAction *act)
{
    if(activateChildWnd())
    {
        if(act == ui->leftAlignAction)
        activateChildWnd()->setAlignOfDocumentText(1);
```

```
    else if(act == ui->centerAction)
   activateChildWnd()->setAlignOfDocumentText(2);
    else if(act == ui->rightAlignAction)
   activateChildWnd()->setAlignOfDocumentText(3);
    else if(act == ui->justifyAction)
   activateChildWnd()->setAlignOfDocumentText(4);
  }
}
```

此處使用整數數字 1、2、3、4 分別代表左對齊、置中、右對齊、兩端對齊，它們的含義由子視窗類別的 setAlignOfDocumentText() 方法加以選擇判斷。

在 "mychildwnd.h" 標頭檔中宣告公有方法：

```
public:
  …
    void setAlignOfDocumentText(int aligntype);      //設定對齊樣式
```

在 "mychildwnd.cpp" 檔案中撰寫其程式：

```
void MyChildWnd::setAlignOfDocumentText(int aligntype)
{
    if(aligntype == 1)this->setAlignment(Qt::AlignLeft |
Qt::AlignAbsolute);
    else if(aligntype == 2)this->setAlignment(Qt::AlignHCenter);
    else if(aligntype == 3)this->setAlignment(Qt::AlignRight |
Qt::AlignAbsolute);
    else if(aligntype == 4) this->setAlignment(Qt::AlignJustify);
}
```

執行程式，將 "Word 文件 1" 子視窗最大化，點擊 （置中）按鈕，文字變為置中顯示，如圖 18.36 所示。

圖 18.36 設定段落對齊功能演示

18.4.3 顏色設定

為「格式」→「顏色」選單項增加槽函數：

```
void MainWindow::on_colorAction_triggered()
{
    textColor();
}
```

在 "mainwindow.h" 標頭檔中宣告公有方法：

```
public:
    explicit MainWindow(QWidget *parent = 0);
  ...
    void textColor();         //設定顏色
```

在 "mainwindow.cpp" 檔案中實現它的程式如下：

```
void MainWindow::textColor()
{
    if(activateChildWnd())
    {
        QColor color = QColorDialog::getColor(activateChildWnd()->
textColor(), this);
        if(!color.isValid()) return;
        QTextCharFormat fmt;
        fmt.setForeground(color);
        activateChildWnd()->setFormatOnSelectedWord(fmt);
        QPixmap pix(16, 16);
        pix.fill(color);
        ui->colorAction->setIcon(pix);
    }
}
```

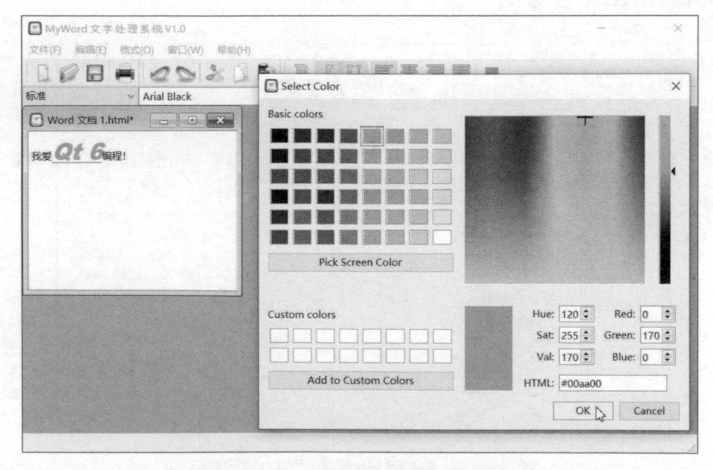

圖 18.37 顏色設定功能演示

執行程式，開啟 "Word 文件 1"，選中文字 "Qt 6"，選擇「格式」→「顏色」選單項，彈出如圖 18.37 所示的 "Select Color" 對話方塊，在其中可以設定文字顏色。

18.4.4 項目符號、編號

1. 在子視窗中設定專案符號、編號

在 "mychildwnd.h" 標頭檔中宣告公有方法：

```
public:
  ...
    void setParaStyle(int pstyle);                          //設定專案符號、編號
```

在 "mychildwnd.cpp" 檔案中撰寫其程式：

```
void MyChildWnd::setParaStyle(int pstyle)
{
    QTextCursor tcursor = this->textCursor();
    if (pstyle != 0)
    {
        QTextListFormat::Style sname = QTextListFormat::ListDisc;
        switch (pstyle)
        {
            default:
            case 1:
                sname = QTextListFormat::ListDisc;          //實心圓符號
                break;
            case 2:
                sname = QTextListFormat::ListCircle;        //空心圓符號
                break;
            case 3:
                sname = QTextListFormat::ListSquare;        //方形符號
                break;
            case 4:
                sname = QTextListFormat::ListDecimal;       //十進位編號
                break;
            case 5:
                sname = QTextListFormat::ListLowerAlpha;    //小寫字母編號
                break;
            case 6:
                sname = QTextListFormat::ListUpperAlpha;    //大寫字母編號
                break;
```

```
            case 7:
                sname = QTextListFormat::ListLowerRoman;// 小寫羅馬數字編號
                break;
            case 8:
                sname = QTextListFormat::ListUpperRoman;// 大寫羅馬數字編號
                break;
        }
        tcursor.beginEditBlock();
        QTextBlockFormat tBlockFmt = tcursor.blockFormat();
        QTextListFormat tListFmt;
        if(tcursor.currentList())
        {
            tListFmt = tcursor.currentList()->format();
        } else {
            tListFmt.setIndent(tBlockFmt.indent() + 1);
            tBlockFmt.setIndent(0);
            tcursor.setBlockFormat(tBlockFmt);
        }
        tListFmt.setStyle(sname);
        tcursor.createList(tListFmt);
        tcursor.endEditBlock();
    } else {
        QTextBlockFormat tbfmt;
        tbfmt.setObjectIndex(-1);
        tcursor.mergeBlockFormat(tbfmt);                // 合併格式
    }
}
```

其中，QTextListFormat 是專用於描述項目符號和編號格式的 Qt 類別，它支援各種常用的項目符號和編號格式，如實心圓、空心圓、方形、大小寫字母、羅馬數字等。

2. 主視窗功能呼叫

要在主視窗中使用項目符號和編號設定功能，還要為其下拉式選單方塊增加槽函數，操作是：按滑鼠右鍵設計強制回應視窗介面上的設定專案符號和編號的下拉式選單方塊，選擇「轉到槽 ...」項，在彈出的對話方塊中選擇訊號類型為 "activated(int)" 即可，如圖 18.38 所示。

圖 18.38 給項目符號和編號下拉式選單方塊增加訊號槽

槽函數程式為

```
void MainWindow::on_styleComboBox_activated(int index)
{
    paraStyle(index);
}
```

在 "mainwindow.h" 標頭檔中宣告公有方法：

```
public:
    explicit MainWindow(QWidget *parent = 0);
  ...
  void paraStyle(int sidx);                    //項目符號和編號
```

在 "mainwindow.cpp" 檔案中實現它的功能：

```
void MainWindow::paraStyle(int sidx)
{
    if (activateChildWnd()) activateChildWnd()->setParaStyle(sidx);
}
```

這裡直接呼叫 MyChildWnd 類別的 setParaStyle() 方法實現增加項目符號和編號的功能。

執行程式，新建「文件 1」，在裡面編輯幾段文字，並增加項目符號和編號，效果如圖 18.39 所示。

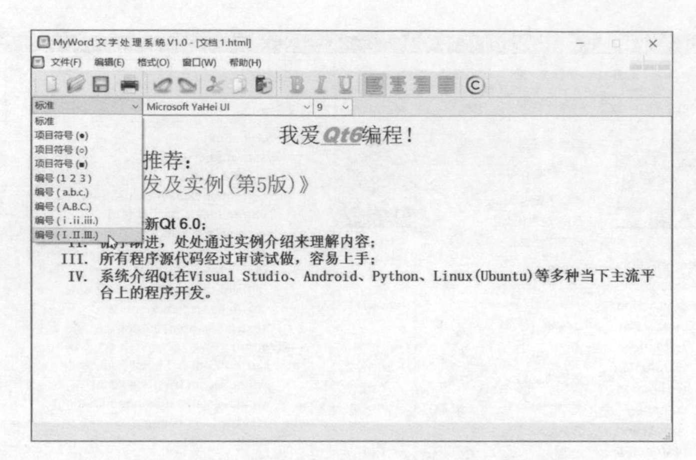

圖 18.39 增加項目符號、編號功能演示

編輯完成後儲存檔案。

18.4.5 文件列印與預覽

1. 增加列印模組支援

Qt 6 將使用列印相關的類別單獨放到了 QtPrintSupport 模組中，因此需要在專案設定檔 "MyWord.pro" 中增加支持：

```
#-------------------------------------------------
#
# Project created by QtCreator 2018-12-07T10:30:12
#
#-------------------------------------------------

QT       += core gui

greaterThan(QT_MAJOR_VERSION, 4): QT += widgets
qtHaveModule(printsupport): QT += printsupport
TARGET = MyWord
TEMPLATE = app

# The following define makes your compiler emit warnings if you use
# any feature of Qt which has been marked as deprecated (the exact
warnings
# depend on your compiler). Please consult the documentation of the
# deprecated API in order to know how to port your code away from it.
DEFINES += QT_DEPRECATED_WARNINGS
```

```
# You can also make your code fail to compile if you use deprecated
APIs.
# In order to do so, uncomment the following line.
# You can also select to disable deprecated APIs only up to a certain
version of Qt.
# DEFINES += QT_DISABLE_DEPRECATED_BEFORE=0x060000
# disables all the APIs  deprecated before Qt 6.0.0

SOURCES += \
        main.cpp \
        mainwindow.cpp \
    mychildwnd.cpp

HEADERS += \
        mainwindow.h \
    mychildwnd.h

FORMS += \
        mainwindow.ui
```

還要在 "mainwindow.h" 中包含標頭檔：

```
#include <QPrintDialog>
#include <QPrinter>
#include <QPrintPreviewDialog>
```

在 "mychildwnd.h" 中也要包含標頭檔：

```
#include <QPrinter>
```

2. 實現列印及預覽功能

為「檔案」→「列印」「預覽列印」選單項增加槽函數：

```
void MainWindow::on_printAction_triggered()
{
    docPrint();                    //列印功能
}

void MainWindow::on_printPreviewAction_triggered()
{
    docPrintPreview();             //預覽列印功能
}
```

在 "mainwindow.h" 標頭檔中宣告公有方法：

```
public:
    explicit MainWindow(QWidget *parent = 0);
```

```
...
    void docPrint();
    void docPrintPreview();
    void printPreview(QPrinter *);
```

最後，在 "mainwindow.cpp" 檔案中實現以上各方法的程式如下：

```
void MainWindow::docPrint()
{
    QPrinter pter(QPrinter::HighResolution);
    QPrintDialog *pdlg = new QPrintDialog(&pter, this);
    if(activateChildWnd()->textCursor().hasSelection())
     pdlg->setOption(QAbstractPrintDialog::PrintSelection,true);
    pdlg->setWindowTitle(tr("列印文件"));
    if(pdlg->exec() == QDialog::Accepted)
        activateChildWnd()->print(&pter);
    delete pdlg;
}

void MainWindow::docPrintPreview()
{
    QPrinter pter(QPrinter::HighResolution);
    QPrintPreviewDialog pview(&pter, this);
    connect(&pview, SIGNAL(paintRequested(QPrinter*)),
SLOT(printPreview (QPrinter*)));
    pview.exec();
}

void MainWindow::printPreview(QPrinter *pter)
{
    activateChildWnd()->print(pter);
}
```

執行程式，開啟「文件 1」，選擇「檔案」→「列印」選單項，彈出「列印」對話方塊。選擇「檔案」→「預覽列印」選單項，在彈出的 "Print Preview" 對話方塊中可看到「文件 1」列印的整體效果。

至此，該 MyWord 文字處理軟體開發完畢！讀者還可以試著進一步擴充，增加更多功能（如影像、藝術字、特殊符號、公式等的處理）。透過這一章，讀者不僅要學習 Qt 各基本基礎知識的實際應用，更要掌握開發大型綜合軟體的方法。

【綜合實例】：微信使用者端程式

CHAPTER 19

在當前的行動網際網路時代，微信已經成為人們生活中不可或缺的通訊交流工具，除手機端 APP 外，微信同時也有能執行於電腦上的使用者端版本（見圖 19.1）。本章將採用 Qt 6 來開發一個類似微信使用者端的網路聊天程式（CH19），利用這個軟體可以在區域網中不同主機使用者間進行聊天階段和傳輸檔案。

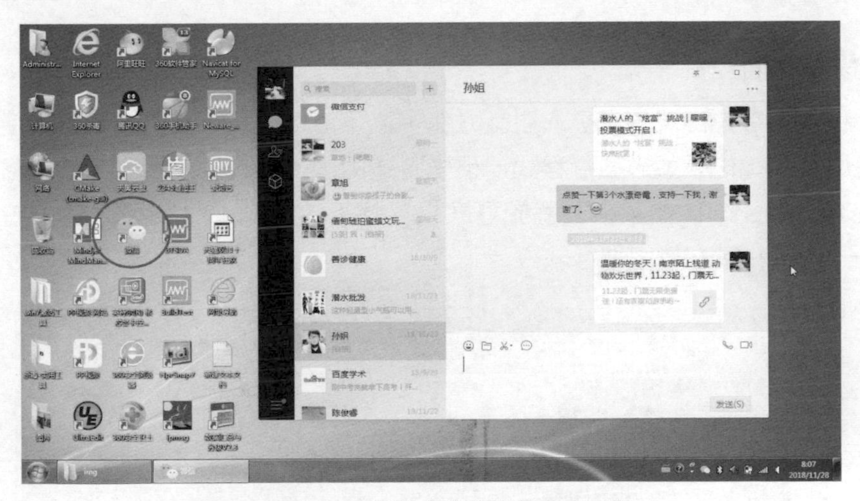

圖 19.1　執行於電腦上的微信使用者端版本

19.1 介面設計與開發

19.1.1 核心功能介面演示

本程式完全模仿真實的微信使用者端介面，包括登入對話方塊和聊天視窗兩部分。Qt 版微信使用者端的演示效果如圖 19.2 所示，介面設計中所用到的背景圖片隨本書原始程式碼提供，讀者可從網上免費下載用於試做。

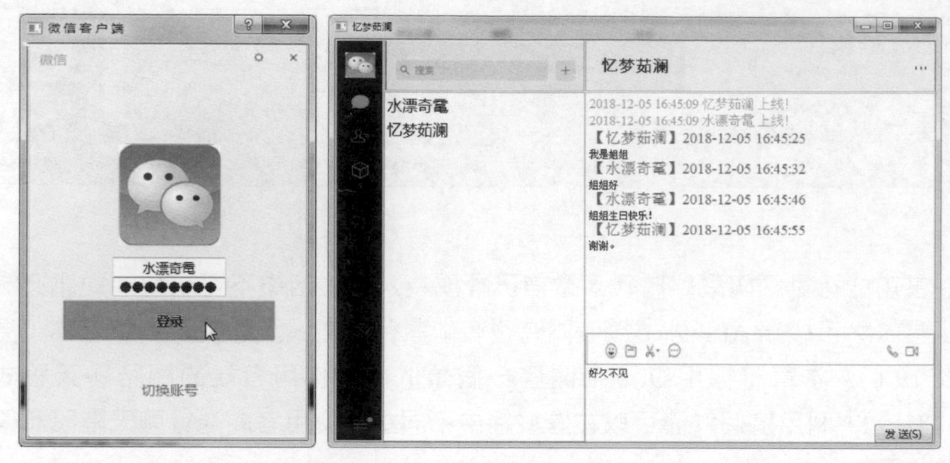

圖 19.2 Qt 版微信使用者端的演示效果

1. 登入介面

執行程式後首先出現的是登入對話方塊，為了簡單起見，我們在本例中使用兩個使用者的微信帳號來執行程式，預先將這兩個使用者的使用者名稱和密碼儲存於 "userlog.xml" 檔案中並置於專案根目錄下，如圖 19.3 所示，登入時透過 Qt 程式讀取 XML 檔案進行驗證。

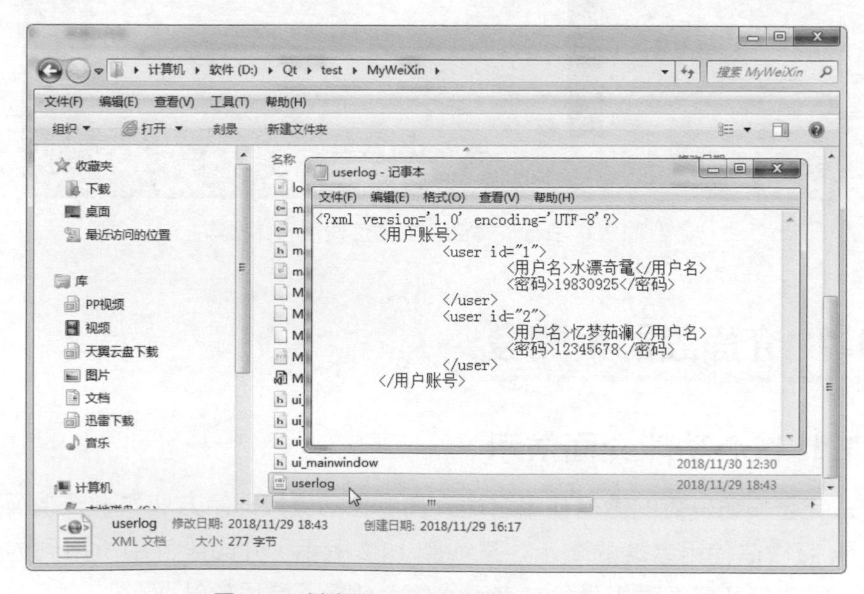

圖 19.3 儲存使用者帳號資訊的 XML 檔案

2. 聊天視窗介面

聊天視窗完全仿照真的微信聊天視窗設計，使用微信介面畫面作為背景，以標籤（QLabel）版面配置呈現。

① 介面左邊是一個 QTableWidget 控制項，用來顯示登入的使用者清單。
② 右上部是一個 QTextBrowser 控制項，主要用來顯示使用者的聊天記錄。
③ 右下部是一個 QTextEdit 控制項，用來輸入要發送的聊天文字資訊。
④ 右區兩個主要控制項之間的一行分隔工具列用微信截圖作為背景，其上隱藏（透過選取其 "flat" 屬性）放置了一個用於開機檔案傳輸功能的按鈕。

3. 發送檔案伺服器

使用者之間傳輸檔案時，發送方（伺服器）介面如圖 19.4 所示。

圖 19.4 傳輸檔案時的發送方（伺服器）介面

該介面顯示出正在發送的檔案名稱、檔案大小、已傳送的位元組數，並用進度指示器控制項即時地顯示傳輸進度。

4. 接收檔案使用者端

使用者之間傳輸檔案時，接收方（使用者端）介面如圖 19.5 所示。

圖 19.5 傳輸檔案時的接收方（使用者端）介面

該介面顯示出正在接收的檔案名稱、檔案大小、已收下的位元組數，進度指示器控制項顯示接收進度，在其右端還即時地顯示出檔案傳輸的速率。

5. 專案建立及設定

（1）建立 Qt 桌面應用程式專案，專案名稱為 "MyWeiXin"，設定專案將 "debug" 目錄生成在專案目錄內（於「建構設定」頁 "General" 欄下取消選取 "Shadow build" 項），詳細操作見第 17 章。

（2）為使程式支援網路通訊協定及 XML 檔案讀寫，需要修改專案設定檔 "MyWeiXin.pro" 以下（粗體處為需要增加的敘述）：

```
#-------------------------------------------------
#
# Project created by QtCreator 2018-11-28T08:43:24
#
#-------------------------------------------------

QT       += core gui
QT       += network
QT       += xml
QMAKE_CXXFLAGS += -fpermissive

greaterThan(QT_MAJOR_VERSION, 4): QT += widgets

TARGET = MyWeiXin
TEMPLATE = app

# The following define makes your compiler emit warnings if you use
# any feature of Qt which has been marked as deprecated (the exact
warnings
# depend on your compiler). Please consult the documentation of the
# deprecated API in order to know how to port your code away from
it.DEFINES
+= QT_DEPRECATED_WARNINGS

# You can also make your code fail to compile if you use deprecated
APIs.
# In order to do so, uncomment the following line.
# You can also select to disable deprecated APIs only up to a certain
version of Qt.
#DEFINES += QT_DISABLE_DEPRECATED_BEFORE=0x060000
# disables all the APIs deprecated before Qt 6.0.0
…
```

19.1.2 登入對話方塊設計

在專案中增加新的 Qt 設計師介面類別，介面範本選擇 "Dialog without Buttons"，類別名稱更改為 "LoginDialog"，完成後在開啟的 "logindialog.ui" 中設計微信使用者端的登入對話方塊介面（見圖 19.6），其上各控制項的屬性設定見表 19.1。

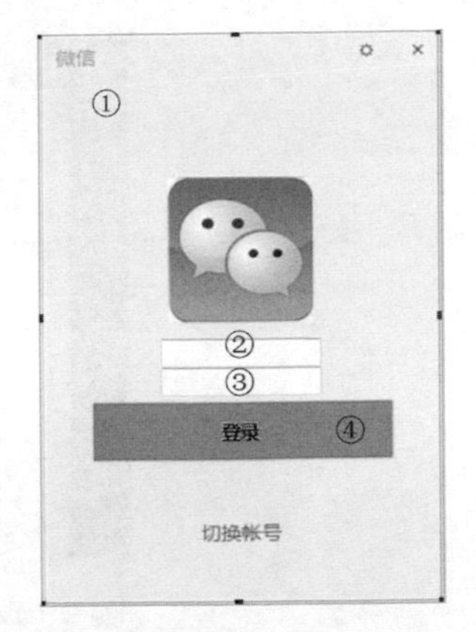

圖 19.6 微信使用者端登入對話方塊介面

表 19.1 登入對話方塊介面上各控制項的屬性設定

序號	名稱	類型	屬性設定
①	label	QLabel	geometry：X 0，Y 0，寬度 280，高度 400； frameShape：AlignLeft，AlignVCenter； frameShadow：Sunken； text：空； pixmap：login.jpg
②	usrLineEdit	QLineEdit	geometry：X 85，Y 215，寬度 113，高度 20； font：微軟雅黑，10； alignment：水平的，AlignHCenter
③	pwdLineEdit	QLineEdit	geometry：X 85，Y 235，寬度 113，高度 20； echoMode：Password； alignment：水平的，AlignHCenter
④	loginPushButton	QPushButton	geometry：X 36，Y 258，寬度 212，高度 43； font：微軟雅黑，10； text：登入； flat：選取

19.1.3 聊天視窗設計

微信使用者端聊天視窗介面的設計效果如圖 19.7 所示，該介面上各控制項的屬性設定見表 19.2。

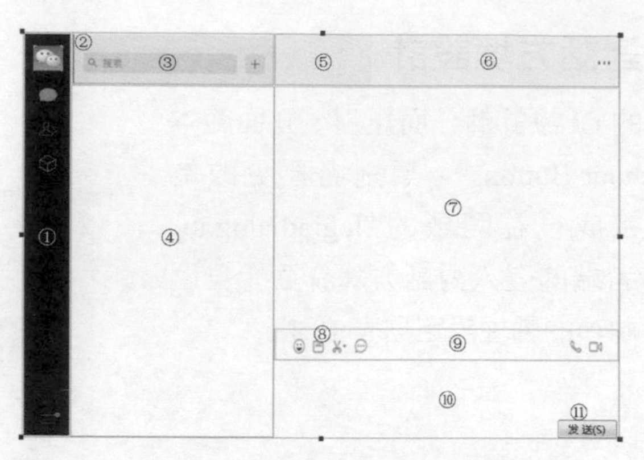

圖 19.7 微信使用者端聊天視窗介面的設計效果

表 19.2 聊天視窗介面上各控制項的屬性設定

序號	名稱	類型	屬性設定
①	label	QLabel	geometry：X 0，Y 0，寬度 60，高度 500； frameShape：Box； frameShadow：Sunken； text：空； pixmap：bar.jpg
②	label_2	QLabel	geometry：X 60，Y 0，寬度 250，高度 65； frameShape：Box； frameShadow：Sunken； text：空； pixmap：search.jpg
③	searchPushButton	QPushButton	geometry：X 74，Y 25，寬度 191，高度 26； text：空； flat：選取
④	userListTableWidget	QTableWidget	geometry：X 60，Y 65， 寬 度 250， 高 度 435； font：微軟雅黑，14； selectionMode：SingleSelection； selectionBehavior：SelectRows； showGrid：取消選取； horizontalHeaderVisible：取消選取； horizontalHeaderDefaultSectionSize：250； verticalHeaderVisible：取消選取

序號	名稱	類型	屬性設定
⑤	userLabel	QLabel	geometry：X 311，Y 1，寬度 121，高度 62； font：04b_21，16； frameShape：NoFrame； frameShadow：Plain； text：空； alignment：水平的，AlignHCenter
⑥	label_3	QLabel	geometry：X 310，Y 0，寬度 432，高度 65； frameShape：Box； frameShadow：Sunken； text：空； pixmap：title.jpg
⑦	chatTextBrowser	QTextBrowser	geometry：X 310，Y 65，寬度 431，高度 300；
⑧	transPushButton	QPushButton	geometry：X 350，Y 375，寬度 31，高度 23； text：空； flat：選取
⑨	label_5	QLabel	geometry：X 310，Y 365，寬度 432，高度 40； frameShape：Box； frameShadow：Sunken； text：空； pixmap：tool.jpg
⑩	chatTextEdit	QTextEdit	geometry：X 310，Y 403，寬度 431，高度 97；
	sendPushButton	QPushButton	geometry：X 665，Y 476，寬度 75，高度 25； font：微軟雅黑，10； text：發送 (S)

19.1.4 檔案傳輸伺服器介面設計

在專案中增加新的 Qt 設計師介面類別，介面範本選擇 "Dialog without Buttons"，類別名稱更改為 "FileSrvDlg"，完成後在開啟的 "filesrvdlg.ui" 中設計檔案傳輸伺服器介面（見圖 19.8），其上各控制項的屬性設定見表 19.3。

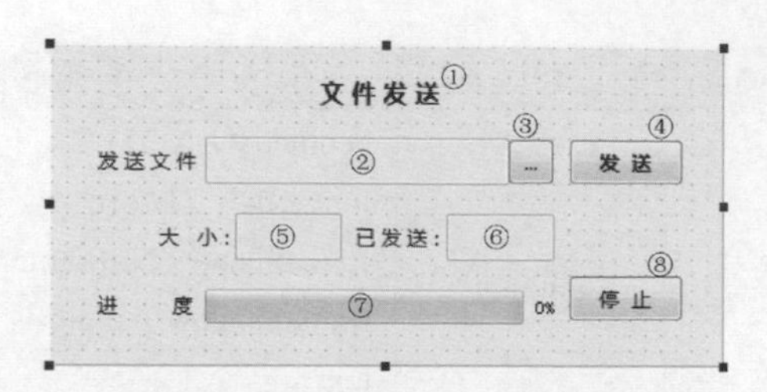

圖 19.8 檔案傳輸伺服器介面

表 19.3 伺服器介面上各控制項的屬性設定

序號	名稱	類型	屬性設定
①	label	QLabel	geometry：X 170，Y 15， 寬度 91， 高度 31； font：微軟雅黑，12，粗體； text：檔案 發 送； alignment：水平的，AlignHCenter
②	sfileNameLineEdit	QLineEdit	enabled：取消選取； geometry：X 100，Y 60，寬度 201，高度 31； font：微軟雅黑，10； alignment：水平的，AlignHCenter； readOnly：選取
③	openFilePushButton	QPushButton	font：微軟雅黑，10； text：...
④	sendFilePushButton	QPushButton	font：微軟雅黑，10； text：發 送
⑤	sfileSizeLineEdit	QLineEdit	enabled：取消選取； geometry：X 120，Y 110，寬度 71，高度 31； font：微軟雅黑，10； alignment：水平的，AlignHCenter； readOnly：選取
⑥	sendSizeLineEdit	QLineEdit	enabled：取消選取； geometry：X 260，Y 110，寬度 71，高度 31； font：微軟雅黑，10； alignment：水平的，AlignHCenter； readOnly：選取

序號	名稱	類型	屬性設定
⑦	sendProgressBar	QProgressBar	value：0
⑧	srvClosePushButton	QPushButton	font：微軟雅黑，10； text：停 止

19.1.5 檔案傳輸使用者端介面設計

在專案中增加新的 Qt 設計師介面類別，介面範本選擇 "Dialog without Buttons"，類別名稱更改為 "FileCntDlg"。完成後，在開啟的 "filecntdlg.ui" 中設計檔案傳輸使用者端介面如圖 19.9 所示，其上各控制項的屬性設定見表 19.4。

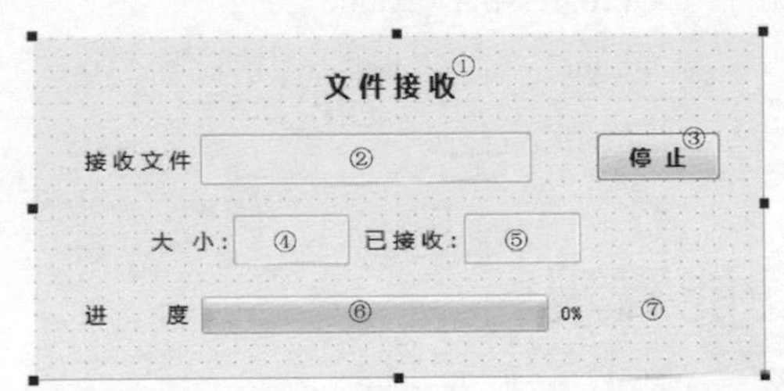

圖 19.9 檔案傳輸使用者端介面設計效果

表 19.4 使用者端介面上各控制項的屬性設定

序號	名稱	類型	屬性設定
①	label	QLabel	geometry：X 170，Y 15，寬度 91，高度 31； font：微軟雅黑，12，粗體； text：檔案 接 收； alignment：水平的，AlignHCentcr
②	rfileNameLineEdit	QLineEdit	enabled：取消選取； geometry：X 100，Y 60，寬度 201，高度 31； font：微軟雅黑，10； alignment：水平的，AlignHCenter； readOnly：選取
③	cntClosePushButton	QPushButton	font：微軟雅黑，10； text：停 止

序號	名稱	類型	屬性設定
④	rfileSizeLineEdit	QLineEdit	enabled：取消選取； geometry：X 120，Y 110，寬度 71，高度 31； font：微軟雅黑，10； alignment：水平的，AlignHCenter； readOnly：選取
⑤	recvSizeLineEdit	QLineEdit	enabled：取消選取； geometry：X 260，Y 110，寬度 71，高度 31； font：微軟雅黑，10； alignment：水平的，AlignHCenter； readOnly：選取
⑥	recvProgressBar	QProgressBar	value：0
⑦	rateLabel	QLabel	font：微軟雅黑，10； text：空

19.2 登入功能實現

開發好軟體的全部介面後，首先要實現的是使用者登入功能。

1. 宣告變數和方法

進入 "logindialog.h" 標頭檔，在其中增加變數和方法宣告，程式如下：

```
#ifndef LOGINDIALOG_H
#define LOGINDIALOG_H

#include <QDialog>
#include "mainwindow.h"
#include <QFile>
#include "qdom.h"                          // 用於操作 XML 中 DOM 物件的函數庫

namespace Ui {
class LoginDialog;
}

class LoginDialog : public QDialog
{
    Q_OBJECT

public:
```

```
    explicit LoginDialog(QWidget *parent = 0);
    ~LoginDialog();

private slots:
    void on_loginPushButton_clicked();    //" 登入 " 按鈕的點擊事件方法
    void showWeiChatWindow();            // 根據驗證的結果決定是否顯示聊天視窗

private:
    Ui::LoginDialog *ui;
    MainWindow *weiChatWindow;           // 指向聊天視窗的指標
    QDomDocument mydoc;                  // 全域變數用於獲取 XML 中的 DOM 物件
};

#endif // LOGINDIALOG_H
```

2. 實現登入驗證功能

在 "logindialog.cpp" 原始檔案中實現登入驗證功能，程式如下：

```
#include "logindialog.h"
#include "ui_logindialog.h"

LoginDialog::LoginDialog(QWidget *parent) :QDialog(parent),
    ui(new Ui::LoginDialog)
{
    ui->setupUi(this);
    ui->pwdLineEdit->setFocus();         // 輸入焦點初始置於密碼框
}

LoginDialog::~LoginDialog()
{
    delete ui;
}

void LoginDialog::on_loginPushButton_clicked()
{
    showWeiChatWindow();                 // 呼叫驗證顯示聊天視窗的方法
}

/**---------- 實現登入驗證功能 ----------*/
void LoginDialog::showWeiChatWindow()
{
    QFile file("userlog.xml");           // 建立 XML 檔案物件
    file.open(QIODevice::ReadOnly);
    mydoc.setContent(&file);// 將 XML 物件賦給 QdomDocument 類型的 Qt 文件控制碼
```

```
    file.close();
    QDomElement root = mydoc.documentElement();// 獲取 XML 檔案的 DOM 根項目
    if(root.hasChildNodes())
    {
        QDomNodeList userList = root.childNodes();// 獲取根項目的全部子節點
        bool exist = false;                        // 指示使用者是否存在
        for(int i = 0; i < userList.count(); i++)
        {
            QDomNode user = userList.at(i);// 根據當前索引 i 獲取使用者節點元素
            QDomNodeList record = user.childNodes();
            // 該使用者的全部屬性元素
            // 解析出使用者名稱及密碼
            QString uname = record.at(0).toElement().text();
            QString pword = record.at(1).toElement().text();
            if(uname == ui->usrLineEdit->text())
            {
                exist = true;                      // 使用者存在
                if(!(pword == ui->pwdLineEdit->text()))
                {
                    QMessageBox::warning(0, QObject::tr("提示"), "密碼
錯!請重新輸入。");
                    ui->pwdLineEdit->clear();
                    ui->pwdLineEdit->setFocus();
                    return;
                }
            }
        }
        if(!exist)
        {
            QMessageBox::warning(0, QObject::tr("提示"), "此使用者不存
在!請重新輸入。");
            ui->usrLineEdit->clear();
            ui->pwdLineEdit->clear();
            ui->usrLineEdit->setFocus();
            return;
        }
        // 使用者存在且密碼驗證通過
        weiChatWindow = new MainWindow(0);
        weiChatWindow->setWindowTitle(ui->usrLineEdit->text());
        weiChatWindow->show();                     // 顯示聊天視窗
    }
}
```

為了能由登入對話方塊來啟動聊天視窗，還必須在專案的主啟動原始檔案 "main.cpp" 中修改程式如下：

```
#include "mainwindow.h"
#include <QApplication>
#include "logindialog.h"

int main(int argc, char *argv[])
{
    QApplication a(argc, argv);
    LoginDialog logindlg;
    logindlg.show();                    // 程式啟動初始顯示的是登入對話方塊
    // 註釋起來下面兩行
    //MainWindow w;
    //w.show();

    return a.exec();
}
```

讀者可以先來執行這個程式，出現登入介面，故意輸入不存在的使用者名稱或輸錯密碼，分別彈出警告提示訊息方塊（見圖 19.10）。

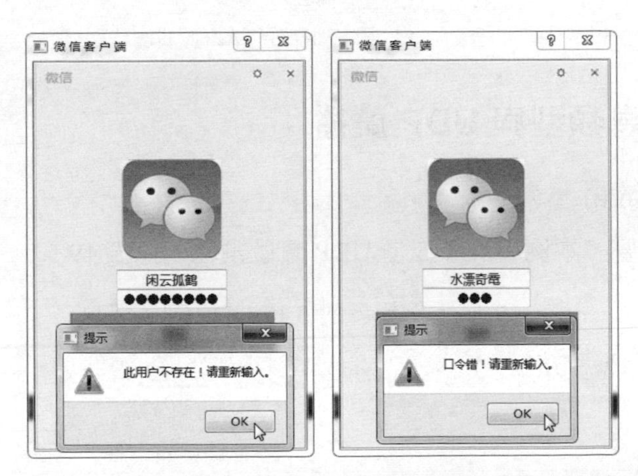

圖 19.10 登入驗證不通過時彈出的警告提示訊息方塊

19.3 基本聊天階段功能實現

下面實現系統的基本聊天階段功能。

19.3.1 基本原理

如果要進行聊天，首先要獲取所有登入使用者的資訊，這個功能是透過在每個使用者執行該程式上線時發送廣播實現的，如圖 19.11 所示。不僅使用者上線時要進行廣播，而且在使用者離線、發送聊天資訊時都使用 UDP 廣播來告知所有其他使用者。在這個過程中，系統所有使用者的地位都是「平等」的，每個使用者聊天視窗處理程序稱為一個端點（Peer）。這裡的每個使用者聊天視窗既可能作為伺服器，又可能作為使用者端，因此可以將它看成點對點（Peer to Peer，P2P）系統，真實的網路應用大多正是這樣的 P2P 系統。

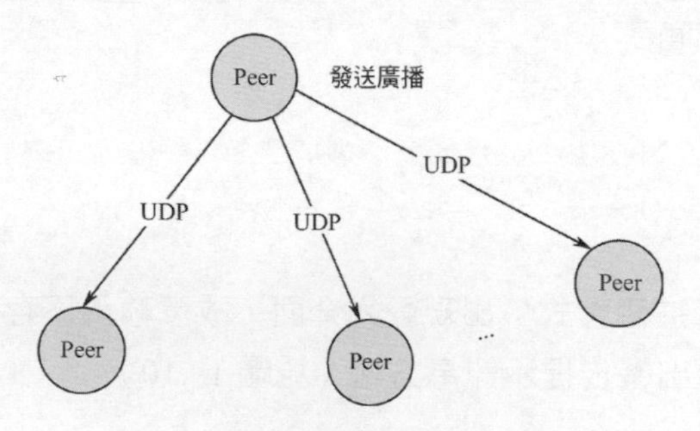

圖 19.11 聊天階段的基本原理

19.3.2 訊息類型與 UDP 廣播

1. 訊息類型設計

根據應用的需要，本例設計了 5 種 UDP 廣播訊息，見表 19.5。

表 19.5 本例設計的 5 種 UDP 廣播訊息

訊 息 類 型	用　途
ChatMsg	聊天內容
OnLine	使用者上線
OffLine	使用者離線
SfileName	要傳輸的檔案名稱
RefFile	拒收文件

在 "mainwindow.h" 標頭檔中定義一個列舉變數 ChatMsgType，用於區分不同的廣播訊息類型，定義如下：

```
enum ChatMsgType { ChatMsg, OnLine, OffLine, SfileName, RefFile };
```

2. 宣告變數、方法和標頭檔

首先在 "mainwindow.h" 標頭檔中宣告變數和方法，完成後的內容如下：

```
#ifndef MAINWINDOW_H
#define MAINWINDOW_H

#include <QMainWindow>
#include <QMessageBox>
#include <QUdpSocket>                    //使用 UDPSocket 埠的類別庫
#include <QNetworkInterface>             //網路（IP 位址）介面類別庫
#include <QDateTime>                     //時間日期函數庫
#include <QFile>                         //系統檔案類別庫
#include <QFileDialog>                   //檔案對話方塊函數庫
#include "qdom.h"

class FileSrvDlg;

namespace Ui {
class MainWindow;
}

enum ChatMsgType { ChatMsg, OnLine, OffLine, SfileName, RefFile };
                                         //定義 5 種 UDP 訊息類型
class MainWindow : public QMainWindow
{
    Q_OBJECT

public:
    explicit MainWindow(QWidget *parent = 0);
    ~MainWindow();
    void initMainWindow();                           //視窗初始化方法
    void onLine(QString name, QString time);         //新使用者上線方法
    void offLine(QString name, QString time);        //使用者離線方法
    void sendChatMsg(ChatMsgType msgType, QString rmtName = "");
                                                     //發送 UDP 訊息
    QString getLocHostIp();                          //獲取本端的 IP 位址
    QString getLocChatMsg();                         //獲取本端的聊天資訊內容
    void recvFileName(QString name, QString hostip, QString rmtname,
QString filename);

protected:
    void closeEvent(QCloseEvent *event);//重寫關閉視窗方法以便發送通知離線訊息
private slots:
    void on_sendPushButton_clicked();   //"發送" 按鈕的點擊事件方法
```

```
    void recvAndProcessChatMsg();                 //接收並處理 UDP 資料封包

    void on_searchPushButton_clicked();           //搜索線上所有使用者

    void getSfileName(QString);

    void on_transPushButton_clicked();

private:
    Ui::MainWindow *ui;
    QString myname = "";                          //本端當前的使用者名稱
    QUdpSocket *myUdpSocket;                      //UDPSocket 埠指標
    qint16 myUdpPort;                             //UDP 通訊埠編號
    QDomDocument myDoc;
    QString myFileName;
    FileSrvDlg *myfsrv;
};

#endif // MAINWINDOW_H
```

3. 發送 UDP 廣播

在 "mainwindow.cpp" 檔案的 MainWindow 建構方法中增加以下程式：

```
MainWindow::MainWindow(QWidget *parent) :
    QMainWindow(parent),
    ui(new Ui::MainWindow)
{
    ui->setupUi(this);
    initMainWindow();
}
```

initMainWindow() 方法的具體程式為：

```
void MainWindow::initMainWindow()
{
    myUdpSocket = new QUdpSocket(this);
    myUdpPort = 23232;
    myUdpSocket->bind(myUdpPort, QUdpSocket::ShareAddress|QUdpSocket::
Reuse AddressHint);
    connect(myUdpSocket, SIGNAL(readyRead()), this,
SLOT(recvAndProcessChatMsg ()));
    myfsrv = new FileSrvDlg(this);
    connect(myfsrv, SIGNAL(sendFileName(QString)), this,
SLOT(getSfileName (QString)));
}
```

這裡建立了 UDP 通訊端並進行了初始化，通訊埠預設為 23232，使用 connect 敘述將其與 recvAndProcessChatMsg() 槽函數綁定，隨時接收來自其他使用者的 UDP 廣播訊息。

使用者登入上線以後，透過手動點擊左邊使用者列表上方的 按鈕更新使用者清單，實則就是發出廣播資料封包，其事件方法內容為：

```
void MainWindow::on_searchPushButton_clicked()
{
    myname = this->windowTitle();
    ui->userLabel->setText(myname);
    sendChatMsg(OnLine);
}
```

可見，發送 UDP 廣播是透過呼叫 sendChatMsg 方法實現的，該方法專門用於發送各類 UDP 廣播資料封包，其具體實現如下：

```
void MainWindow::sendChatMsg(ChatMsgType msgType, QString rmtName)
{
    QByteArray qba;
    QDataStream write(&qba, QIODevice::WriteOnly);
    QString locHostIp = getLocHostIp();
    QString locChatMsg = getLocChatMsg();
    write << msgType << myname;                      //(a)
    switch (msgType)
    {
    case ChatMsg:                                    //(b)
        write << locHostIp << locChatMsg;
        break;
    case OnLine:                                     //(c)
        write << locHostIp;
        break;
    case OffLine:                                    //(d)
        break;
    case SfileName:                                  //(e)
        write << locHostIp << rmtName << myFileName;
        break;
    case RefFile:
        write << locHostIp << rmtName;
        break;
    }
    myUdpSocket->writeDatagram(qba, qba.length(),
QHostAddress::Broadcast, myUdpPort);                 //(f)
}
```

其中，

(a) write << msgType << myname：向要發送的資料中寫入訊息類型 msgType、使用者名稱，使用者名稱透過預先定義的全域變數 myname 獲得，該變數值最初在登入啟動聊天視窗時由登入對話方塊給予值給聊天視窗標題文字（this->windowTitle()），在使用者點擊搜索線上使用者時再賦給全域變數 myname，該聊天視窗對應的使用者線上時，全域變數 myname 始終有效。

(b) case ChatMsg: write << locHostIp << locChatMsg：對於普通的聊天內容訊息 ChatMsg，向要發送的資料中寫入本機端的 IP 位址和使用者輸入的聊天資訊文字這兩項內容。

(c) case OnLine: write << locHostIp：對於新使用者上線，只是簡單地向資料中寫入 IP 位址即可。

(d) case OffLine：對於使用者離線則不需要進行任何操作。

(e) case SfileName:; case RefFile:：傳輸檔案前發送檔案名稱和對方拒收文件的操作。

(f) myUdpSocket->writeDatagram(qba,qba.length(),QHostAddress::Broadcast,myUdpPort)：完成對訊息的處理後，使用 Socket 埠的 writeDatagram() 函數廣播出去。

4. 接收 UDP 訊息

聊天視窗程式同時還要接收網路上由其他端點 UDP 廣播發來的訊息，這個功能是透過 recvAndProcessChatMsg() 槽函數實現的，程式如下：

```
void MainWindow::recvAndProcessChatMsg()
{
    while (myUdpSocket->hasPendingDatagrams())              //(a)
    {
        QByteArray qba;
        qba.resize(myUdpSocket->pendingDatagramSize());     //(b)
        myUdpSocket->readDatagram(qba.data(), qba.size());
        QDataStream read(&qba, QIODevice::ReadOnly);
        int msgType;
        read >> msgType;                                    //(c)
        QString name, hostip, chatmsg, rname, fname;
        QString curtime = QDateTime::currentDateTime().toString("yyyy-
MM-dd hh: mm:ss");
        switch (msgType)
```

```
    {
    case ChatMsg: {
        read >> name >> hostip >> chatmsg;          //(d)
        ui->chatTextBrowser->setTextColor(Qt::darkGreen);
        ui->chatTextBrowser->setCurrentFont(QFont("Times New
Roman", 14));
        ui->chatTextBrowser->append("【" + name + "】" + curtime);
        ui->chatTextBrowser->append(chatmsg);
        break;
    }
    case OnLine:                                     //(e)
        read >> name >> hostip;
        onLine(name, curtime);
        break;
    case OffLine:                                    //(f)
        read >> name;
        offLine(name, curtime);
        break;
    case SfileName:
        read >> name >> hostip >> rname >> fname;
        recvFileName(name, hostip, rname, fname);
        break;
    case RefFile:
        read >> name >> hostip >> rname;
        if(myname == rname) myfsrv->cntRefused();
        break;
    }
  }
}
```

其中，

(a) while (myUdpSocket->hasPendingDatagrams())：接收函數首先呼叫 QUdpSocket 類別的成員函數 hasPendingDatagrams() 以判斷是否有可供讀取的資料。

(b) qba.resize(myUdpSocket->pendingDatagramSize())：如果有可供讀取的資料，則透過 pendingDatagramSize() 函數獲取當前可供讀取的 UDP 資料封包大小，並據此分配接收緩衝區 qba，最後使用 QUdpSocket 類別的成員函數 readDatagram 讀取對應的資料。

(c) read >> msgType：這裡首先獲取訊息的類型，下面的程式對不同訊息類型進行了不同的處理。

(d) case ChatMsg:read >> name >> hostip >> chatmsg：如果是普通的聊天訊息 ChatMsg，那麼就獲取其中的使用者名稱、主機 IP 和聊天內容資訊，然後將使用者名稱、當前時間和聊天內容顯示在介面右區上部的資訊瀏覽器中，當前時間就是系統當前的日期時間資訊，用 QDateTime::currentDateTime() 函數獲得。

(e) case OnLine: read >> name >> hostip; onLine(name, curtime)：如果是新使用者上線，那麼就獲取其中的使用者名稱和 IP 位址資訊，然後使用 onLine() 函數進行新使用者登入的處理。

(f) case OffLine: read >> name; offLine(name, curtime)：如果是使用者離線，那麼只要獲取其中的使用者名稱，然後使用 offLine() 函數進行處理即可。

19.3.3 階段過程的處理

從上面內容可見，在根據 UDP 訊息類型處理階段的過程中用到幾個功能函數，下面分別加以介紹。

1. onLine() 函數

該函數用來處理新使用者上線，程式如下：

```
void MainWindow::onLine(QString name, QString time)
{
    bool notExist = ui->userListTableWidget->findItems(name,
Qt::MatchExactly). isEmpty();
    if(notExist)
    {
        QTableWidgetItem *newuser = new QTableWidgetItem(name);
        ui->userListTableWidget->insertRow(0);
        ui->userListTableWidget->setItem(0, 0, newuser);
        ui->chatTextBrowser->setTextColor(Qt::gray);
        ui->chatTextBrowser->setCurrentFont(QFont("Times New Roman",
12));
        ui->chatTextBrowser->append(tr("%1 %2 上線！").arg(time).
arg(name));
        sendChatMsg(OnLine);
    }
}
```

這裡首先使用使用者名稱 name 來判斷該使用者是否已上線（在使用者列表中），如果沒有則向介面左邊使用者清單中增加該使用者的網名，並在資訊瀏覽器裡顯示該使用者上線的提示訊息。

注意：該函數的最後再次呼叫了 sendChatMsg() 函數來發送新使用者上線訊息，這是因為已經線上的各使用者的端點也要告知新上線的使用者端點它們自己的資訊，若不這樣做，則在新上線使用者聊天視窗的使用者清單中無法顯示其他已經線上的使用者。

2. offLine() 函數

該函數用來處理使用者離線事件，程式如下：

```
void MainWindow::offLine(QString name, QString time)
{
    int row = ui->userListTableWidget->findItems(name,
Qt::MatchExactly).first ()->row();
    ui->userListTableWidget->removeRow(row);
    ui->chatTextBrowser->setTextColor(Qt::gray);
    ui->chatTextBrowser->setCurrentFont(QFont("Times New Roman", 12));
    ui->chatTextBrowser->append(tr("%1 %2 離線！ ").arg(time).
arg(name));
}
```

這裡主要的功能是首先在使用者列表中將離線的使用者名稱移除，然後也要在資訊瀏覽器裡進行提示。

在任何一個使用者關閉其聊天視窗時，系統都會自動發出離線訊息，透過觸發表單的 closeEvent 事件實現，為此需要重寫系統中該事件的處理方法如下：

```
void MainWindow::closeEvent(QCloseEvent *event)
{
    sendChatMsg(OffLine);
}
```

3. getLocHostIp() 函數

該函數用來獲取本地機器主機 IP 位址的函數，程式如下：

```
QString MainWindow::getLocHostIp()
{
    QList<QHostAddress> addrlist = QNetworkInterface::allAddresses();
    foreach (QHostAddress addr, addrlist)
    {
        if(addr.protocol() == QAbstractSocket::IPv4Protocol) return
```

```
addr.toString();
    }
    return 0;
}
```

發送訊息資料包中需要填寫的使用者名稱直接從全域變數 myname 得到。

4. getLocChatMsg() 函數

getLocChatMsg() 函數用來獲取本地使用者輸入的聊天訊息並進行一些設定，定義如下：

```
QString MainWindow::getLocChatMsg()
{
    QString chatmsg = ui->chatTextEdit->toHtml();
    ui->chatTextEdit->clear();
    ui->chatTextEdit->setFocus();
    return chatmsg;
}
```

這裡首先從介面的聊天資訊文字編輯器中獲取了使用者輸入的內容，然後將文字編輯器的內容清空並置焦點，以便使用者接著輸入新內容。

聊天內容的「發送」按鈕的點擊訊號 clicked() 事件程序為：

```
void MainWindow::on_sendPushButton_clicked()
{
    sendChatMsg(ChatMsg);
}
```

此處，簡單呼叫了 sendChatMsg() 函數來發送訊息。

19.3.4 聊天程式試運行

接下來執行程式，出現登入介面，先後輸入預先儲存在 "userlog.xml" 檔案中的使用者帳號開啟兩個使用者的聊天視窗，在各自的輸入欄中輸入一些資訊內容並點擊「發送」按鈕，如圖 19.12 所示。

讀者也可以在同一個區域網段的不同電腦上同時執行該程式的多個聊天視窗，看能否正常聊天。

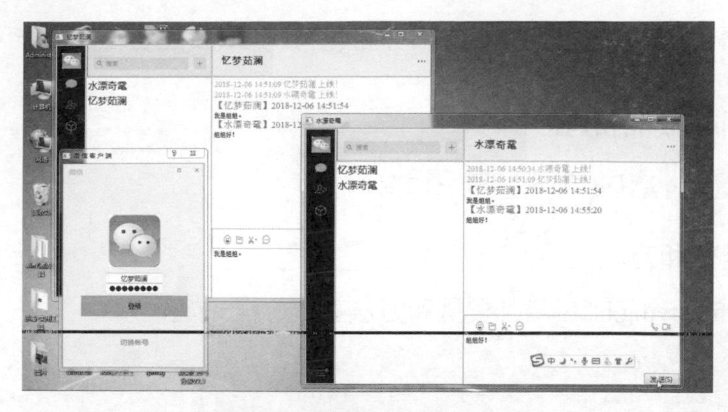

圖 19.12 聊天程式試運行

19.4 檔案傳輸功能實現

現在，這個 Qt 版的微信使用者端軟體已具備了基本的聊天階段功能。一般來說真實的微信還提供使用者線上發送和接收檔案的功能，本節就來實現這個功能。

19.4.1 基本原理

與聊天階段不同，檔案的傳輸採用 TCP 來實現，以 C/S（使用者端 / 伺服器）方式執行。傳輸檔案時，使用者聊天視窗處理程序視不同角色分別扮演伺服器（Server）和使用者端（Client）。伺服器是發送方，使用者端則是接收方，如圖 19.13 所示，伺服器在發送檔案前首先用 UDP 封包傳送即將發出的檔案名稱，若使用者端使用者拒絕接收該檔案，也用 UDP 傳回拒收訊息。只有使用者端「同意」接收該檔案，伺服器才會建立一個 TCP 連接向使用者端傳輸檔案。

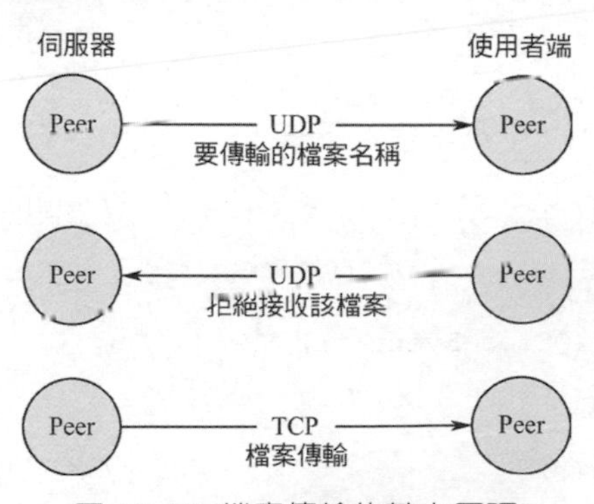

圖 19.13 檔案傳輸的基本原理

本例建立兩個新的類別分別實現 TCP 伺服器和 TCP 使用者端的功能。

19.4.2 伺服器開發

伺服器對應 FileSrvDlg 類別，實現過程如下。

1. 宣告變數和方法

在標頭檔 "filesrvdlg.h" 中增加變數和方法宣告，程式如下：

```
#ifndef FILESRVDLG_H
#define FILESRVDLG_H

#include <QDialog>
#include <QMessageBox>
#include <QFile>
#include <QFileDialog>
#include <QTime>
#include <QTcpServer>                                   //TCP 伺服器類別庫
#include <QTcpSocket>                                   //TCPSocket 埠類別庫

class QFile;
class QTcpServer;                                       //(a)
class QTcpSocket;

namespace Ui {
class FileSrvDlg;
}

class FileSrvDlg : public QDialog
{
    Q_OBJECT

public:
    explicit FileSrvDlg(QWidget *parent = 0);
    ~FileSrvDlg();
    void cntRefused();                                  //被使用者端拒絕後的處理方法

protected:
    void closeEvent(QCloseEvent *);

private slots:
    void sndChatMsg();                                  //發送訊息方法
```

```
    void refreshProgress(qint64 bynum);       // 更新伺服器進度指示器方法

    void on_openFilePushButton_clicked();    // 開啟選擇要傳輸的檔案

    void on_sendFilePushButton_clicked();    //" 發送 " 按鈕點擊事件方法

    void on_srvClosePushButton_clicked();    //" 停止 " 按鈕點擊事件方法

private:
    Ui::FileSrvDlg *ui;
    QTcpServer *myTcpSrv;                    //TCP 伺服器物件指標
    QTcpSocket *mySrvSocket;                 //TCP 服務 Socket 埠指標
    qint16 mySrvPort;

    QFile *myLocPathFile;                    // 檔案物件指標
    QString myPathFile;                      // 含路徑的本地待發送檔案名稱
    QString myFileName;                      // 檔案名稱（去掉路徑部分）

    qint64 myTotalBytes;                     // 總共要發送的位元組數
    qint64 mySendBytes;                      // 已發送的位元組數
    qint64 myBytesTobeSend;                  // 剩餘位元組數
    qint64 myPayloadSize;                    // 有效酬載
    QByteArray myOutputBlock;                // 快取一次發送的資料
    QTime mytime;
signals:
    void sendFileName(QString name);
};

#endif // FILESRVDLG_H
```

其中，

(a) class QTcpServer：在 TCP 伺服器類別中，要建立一個發送對話方塊以供使用者選擇檔案發送，這裡是透過新建立的 QTcpServer 物件實現的。

2. 伺服器初始化

在原始檔案 "filesrvdlg.cpp" 的 FileSrvDlg 類別建構函數中增加以下程式（程式碼部分中粗體的敘述）：

```
FileSrvDlg::FileSrvDlg(QWidget *parent) :
    QDialog(parent),
    ui(new Ui::FileSrvDlg)
{
```

```
    ui->setupUi(this);
    myTcpSrv = new QTcpServer(this);
    mySrvPort = 5555;
    connect(myTcpSrv, SIGNAL(newConnection()), this,
SLOT(sndChatMsg()));
    myTcpSrv->close();
    myTotalBytes = 0;
    mySendBytes = 0;
    myBytesTobeSend = 0;
    myPayloadSize = 64 * 1024;
    ui->sendProgressBar->reset();
    ui->openFilePushButton->setEnabled(true);
    ui->sendFilePushButton->setEnabled(false);
}
```

這裡首先建立 QTcpServer 物件並進行訊號和槽的連結，然後對發送端傳輸中用到的一系列參數變數進行了初始化，接著設定了介面上各按鈕的初始狀態。

3. 發送資料

發送資料由 sndChatMsg() 槽函數完成，其實現程式如下：

```
void FileSrvDlg::sndChatMsg()
{
    ui->sendFilePushButton->setEnabled(false);
    mySrvSocket = myTcpSrv->nextPendingConnection();
    connect(mySrvSocket, SIGNAL(bytesWritten(qint64)), this,
SLOT(refreshProgress (qint64)));
    myLocPathFile = new QFile(myPathFile);
    myLocPathFile->open((QFile::ReadOnly));                    //(a)
    myTotalBytes = myLocPathFile->size();                       //(b)
    QDataStream sendOut(&myOutputBlock, QIODevice::WriteOnly); //(c)
    sendOut.setVersion(QDataStream::Qt_6_0);
    mytime = QTime::currentTime();                              //(d)
    QString curFile = myPathFile.right(myPathFile.size() - myPathFile.
lastIndexOf ('/') - 1);                                         //(e)
    sendOut << qint64(0) << qint64(0) << curFile;              //(f)
    myTotalBytes += myOutputBlock.size();
    sendOut.device()->seek(0);                                  //(g)
    sendOut << myTotalBytes << qint64((myOutputBlock.size() -
sizeof(qint64) * 2));                                           //(h)
    myBytesTobeSend = myTotalBytes - mySrvSocket-
>write(myOutputBlock);                                          //(i)
    myOutputBlock.resize(0);                                    //(j)
}
```

一旦連接建立成功，則該函數首先向使用者端發送一個檔案表頭結構。

其中，

(a) myLocPathFile->open((QFile::ReadOnly))：首先以唯讀方式開啟選中的檔案。

(b) myTotalBytes = myLocPathFile->size()：透過 QFile 類別的 size() 函數獲取待發送檔案的大小，並將該值暫存於 myTotalBytes 變數中。

(c) QDataStream sendOut(&myOutputBlock, QIODevice::WriteOnly)：將發送快取 myOutputBlock 封裝在一個 QDataStream 類型的變數中，這樣做可以很方便地透過多載的 "<<" 操作符號填寫入檔案表頭結構。

(d) mytime = QTime::currentTime()：啟動計時獲取當前系統時間，mytime 是一個 QTime 物件。

(e) QString curFile = myPathFile.right(myPathFile.size() - myPathFile.lastIndexOf('/') - 1：這裡透過 QString 類別的 right() 函數去掉檔案名稱的路徑部分，僅將檔案名稱部分儲存在 curFile 變數中。

(f) sendOut << qint64(0) << qint64(0) << curFile：建構一個臨時的檔案表頭，將該值追加到 myTotalBytes 欄位，從而完成實際需傳送的位元組數的記錄。

(g) sendOut.device()->seek(0)：讀寫入操作定位到從檔案表頭開始。

(h) sendOut << myTotalBytes << qint64((myOutputBlock.size() - sizeof(qint64) * 2))：填寫實際的總長度和檔案長度。

(i) myBytesTobeSend = myTotalBytes - mySrvSocket->write(myOutputBlock)：將該檔案頭髮出，同時修改待傳送的位元組數 myBytesTobeSend。

(j) myOutputBlock.resize(0)：清空發送快取以備下次使用。

注意：不能錯誤地透過 QString::size() 函數獲取檔案名稱的大小，該函數傳回的是 QString 類型檔案名稱所包含的位元組數，而非實際所佔儲存空間的大小，由於位元組編碼和 QString 類別儲存管理的原因，二者往往並不相等。

4. 更新進度指示器

介面上進度指示器的動態顯示是在更新進度指示器的 refreshProgress 方法中實

現的，程式如下：

```
void FileSrvDlg::refreshProgress(qint64 bynum)
{
    qApp->processEvents();                    //(a)
    mySendBytes += (int)bynum;
    if(myBytesTobeSend > 0)
    {
        myOutputBlock=myLocPathFile->read(qMin(myBytesTobeSend,
myPayloadSize));
        myBytesTobeSend -= (int)mySrvSocket->write(myOutputBlock);
        myOutputBlock.resize(0);
    } else {
        myLocPathFile->close();
    }
    ui->sendProgressBar->setMaximum(myTotalBytes);
    ui->sendProgressBar->setValue(mySendBytes);
    ui->sfileSizeLineEdit->setText(tr("%1").arg(myTotalBytes/(1024 *
1024)) + " MB");                                   // 填寫入檔案總大小欄
    ui->sendSizeLineEdit->setText(tr("%1").arg(mySendBytes/
(1024*1024))+"MB");                                // 填寫已發送欄
    if(mySendBytes == myTotalBytes)
    {
        myLocPathFile->close();
        myTcpSrv->close();
        QMessageBox::information(0, QObject::tr("完畢"), "檔案傳輸完成！
");
    }
}
```

其中，

(a) qApp->processEvents() 函數：用於在傳輸大檔案時使介面不會凍結。

除更新進度指示器外，此方法還負責在介面上的兩欄裡填寫並顯示檔案總大小及已發送檔案大小。

5. 伺服器介面按鈕的槽函數

下面從設計模式分別進入 "..."（開啟）按鈕、「發送」按鈕和「停止」按鈕的點擊訊號對應的槽，撰寫程式。

（1）"..."（開啟）按鈕的點擊訊號槽：

```
void FileSrvDlg::on_openFilePushButton_clicked()
```

```
{
    myPathFile = QFileDialog::getOpenFileName(this);
    if(!myPathFile.isEmpty())
    {
        myFileName = myPathFile.right(myPathFile.size() - myPathFile.
lastIndexOf ('/') - 1);
        ui->sfileNameLineEdit->setText(tr("%1").arg(myFileName));
        ui->sendFilePushButton->setEnabled(true);
        ui->openFilePushButton->setEnabled(false);
    }
}
```

這裡，點擊 "..."（開啟）按鈕後彈出一個「開啟」對話方塊，選擇完要發送的檔案後點擊「開啟」按鈕，待發送的檔案名稱就顯示到介面上的「發送檔案」欄裡，右側的「發送」按鈕變為可用。

(2)「發送」按鈕的點擊訊號槽程式如下：

```
void FileSrvDlg::on_sendFilePushButton_clicked()
{
    if(!myTcpSrv->listen(QHostAddress::Any, mySrvPort))    // 開始監聽
    {
        QMessageBox::warning(0, QObject::tr("異常"), "開啟 TCP 通訊埠出錯
，請檢查網路連接！");
        close();
        return;
    }
    emit sendFileName(myFileName);
}
```

這裡，首先在點擊「發送」按鈕後將伺服器設定為監聽狀態，然後發送 sendFileName () 訊號，在主介面類別中將連結該訊號並使用 UDP 廣播將檔案名稱發送給接收端。

(3)「停止」按鈕的點擊訊號槽程式如下：

```
void FileSrvDlg::on_srvClosePushButton_clicked()
{
    if(myTcpSrv->isListening())
    {
        myTcpSrv->close();
        myLocPathFile->close();
        mySrvSocket->abort();
    }
```

```
    close();
}
```

點擊「停止」按鈕後，首先關閉的是伺服器，然後是開啟的檔案控制代碼，接著是網路連接 Socket 埠，最後才關閉伺服器介面，讀者要注意這個順序。

為了防止使用者突然直接關閉伺服器介面，需要重寫系統關閉事件的處理函數，在其中用程式執行「停止」按鈕的點擊事件以對系統進行善後處理，如下：

```
void FileSrvDlg::closeEvent(QCloseEvent *)
{
    on_srvClosePushButton_clicked();
}
```

如果接收端拒收該檔案，則直接關閉伺服器，透過 cntRefused() 方法實現，其程式如下：

```
void FileSrvDlg::cntRefused()
{
    myTcpSrv->close();
    QMessageBox::warning(0, QObject::tr("提示"), "對方拒絕接收！");
}
```

該方法在主介面類別收到接收端發來的拒收文件的 UDP 訊息時被呼叫。

19.4.3 使用者端開發

使用者端對應 FileCntDlg 類別，實現過程如下。

1. 宣告變數和方法

在標頭檔 "filecntdlg.h" 中增加變數和方法宣告，程式如下：

```
#ifndef FILECNTDLG_H
#define FILECNTDLG_H

#include <QDialog>
#include <QFile>
#include <QTime>
#include <QTcpSocket>                         //TCPSocket 埠類別庫
#include <QHostAddress>                       // 網路 IP 網路址類別庫

class QTcpSocket;                             // 使用者端通訊端類別
```

```
namespace Ui {
class FileCntDlg;
}

class FileCntDlg : public QDialog
{
    Q_OBJECT

public:
    explicit FileCntDlg(QWidget *parent = 0);
    ~FileCntDlg();
    void getSrvAddr(QHostAddress saddr);     // 獲取伺服器(發送端)IP
    void getLocPath(QString lpath);          // 獲取本地檔案儲存路徑

protected:
    void closeEvent(QCloseEvent *);

private slots:
    void createConnToSrv();                  // 連接到伺服器

    void readChatMsg();                      // 讀取伺服器發來的檔案資料

    void on_cntClosePushButton_clicked();    //" 停止 " 按鈕的點擊事件程序

private:
    Ui::FileCntDlg *ui;
    QTcpSocket *myCntSocket;                 // 使用者端通訊端指標
    QHostAddress mySrvAddr;                  // 伺服器地址
    qint16 mySrvPort;                        // 伺服器通訊埠

    qint64 myTotalBytes;                     // 總共要接收的位元組數
    qint64 myRcvedBytes;                     // 已接收的位元組數
    QByteArray myInputBlock;                 // 快取一次收下的資料
    quint16 myBlockSize;                     // 快取區段大小

    QFile *myLocPathFile;                    // 待收文件物件指標
    QString myFileName;                      // 待收檔案名稱
    qint64 myFileNameSize;                   // 檔案名稱大小

    QTime mytime;
};

#endif // FILECNTDLG_H
```

2. 使用者端初始化

在原始檔案 "filecntdlg.cpp" 的 FileCntDlg 類別建構函數中增加以下程式（程式碼部分中粗體的敘述）：

```
FileCntDlg::FileCntDlg(QWidget *parent) :
    QDialog(parent),
    ui(new Ui::FileCntDlg)
{
    ui->setupUi(this);
    myCntSocket = new QTcpSocket(this);
    mySrvPort = 5555;
    connect(myCntSocket, SIGNAL(readyRead()), this, SLOT(readChatMsg()));
    myFileNameSize = 0;
    myTotalBytes = 0;
    myRcvedBytes = 0;
}
```

這裡首先建立了 QTcpSocket 物件 myCntSocket，然後連結了訊號和槽，並對使用者端接收時用到的一系列參數變數進行了初始化。

3. 與伺服器連接

使用者端透過 createConnToSrv() 方法連接伺服器，該方法之前在 "filecntdlg.h" 標頭檔中已經宣告過，下面增加它的定義：

```
void FileCntDlg::createConnToSrv()
{
    myBlockSize = 0;
    myCntSocket->abort();
    myCntSocket->connectToHost(mySrvAddr, mySrvPort);
    mytime = QTime::currentTime();
}
```

採用 readChatMsg() 槽函數接收伺服器傳來的檔案資料，程式如下：

```
void FileCntDlg::readChatMsg()
{
    QDataStream in(myCntSocket);
    in.setVersion(QDataStream::Qt_6_0);
    QTime curtime = QTime::currentTime();
    float usedTime = 0 - curtime.msecsTo(mytime);
    mytime = curtime;
    if (myRcvedBytes <= sizeof(qint64)*2)
    {
```

```
        if((myCntSocket->bytesAvailable() >= sizeof(qint64)*2) &&
(myFileNameSize == 0))
        {
            in >> myTotalBytes >> myFileNameSize;
            myRcvedBytes += sizeof(qint64)*2;
        }
        if((myCntSocket->bytesAvailable() >= myFileNameSize) &&
(myFileNameSize != 0))
        {
            in >> myFileName;
            myRcvedBytes += myFileNameSize;
            myLocPathFile->open(QFile::WriteOnly);
            ui->rfileNameLineEdit->setText(myFileName);
        } else {
            return;
        }
    }
    if(myRcvedBytes < myTotalBytes)
    {
        myRcvedBytes += myCntSocket->bytesAvailable();
        myInputBlock = myCntSocket->readAll();
        myLocPathFile->write(myInputBlock);
        myInputBlock.resize(0);
    }
    ui->recvProgressBar->setMaximum(myTotalBytes);
    ui->recvProgressBar->setValue(myRcvedBytes);
    double transpeed = myRcvedBytes / usedTime;
    ui->rfileSizeLineEdit->setText(tr("%1").arg(myTotalBytes / (1024 *
1024)) + " MB");                                    //填寫入檔案大小欄
    ui->recvSizeLineEdit->setText(tr("%1").arg(myRcvedBytes / (1024 *
1024)) + " MB");                                    //填寫已接收欄
    ui->rateLabel->setText(tr("%1").arg(transpeed * 1000 / (1024 *
1024), 0, 'f', 2) + " MB/秒");                      //計算並顯示傳輸速率
    if(myRcvedBytes == myTotalBytes)
    {
        myLocPathFile->close();
        myCntSocket->close();
        ui->rateLabel->setText("接收完畢!");
    }
}
```

4. 使用者端介面按鈕的槽函數

使用者端介面相對簡單，只有一個「停止」按鈕，其點擊訊號槽程式為：

```
void FileCntDlg::on_cntClosePushButton_clicked()
{
    myCntSocket->abort();
    myLocPathFile->close();
    close();
}
```

同樣，為了防止使用者突然直接關閉使用者端，也要重寫系統關閉事件函數，呼叫執行「停止」按鈕的點擊事件進行善後處理，如下：

```
void FileCntDlg::closeEvent(QCloseEvent *)
{
    on_cntClosePushButton_clicked();
}
```

19.4.4 主介面的控制

下面透過往主介面中增加程式來控制檔案的發送和接收，這些程式中的一些在之前的主介面程式開發中已經完整地舉出過，這裡單獨摘要出來加以進一步解釋說明，以便讀者更進一步地理解。

1. 類別、變數和方法宣告

首先在 "mainwindow.h" 標頭檔中增加伺服器類別的前置宣告：

```
class FileSrvDlg;
```

然後增加一個 public 方法宣告：

```
void recvFileName(QString name, QString hostip, QString rmtname,
QString filename);
```

該方法用於在收到檔案名稱 UDP 訊息時判斷是否要接收該檔案。

在 private 變數和物件中定義：

```
private:
  ...
    QString myFileName;
    FileSrvDlg *myfsrv;
```

再增加一個私有槽宣告：

```
private slots:
  ...
    void getSfileName(QString);
```

它用來獲取伺服器類別 sendFileName() 訊號發送過來的檔案名稱。

2. 建立伺服器物件

在主介面建構函數初始化 initMainWindow() 中增加以下程式：

```
void MainWindow::initMainWindow()
{
  ...
    myfsrv = new FileSrvDlg(this);
    connect(myfsrv, SIGNAL(sendFileName(QString)), this,
SLOT(getSfileName (QString)));
}
```

這裡先建立了伺服器類別物件，並且連結了其中的 sendFileName() 訊號，與此訊號連結的 getSfileName() 槽的程式如下：

```
void MainWindow::getSfileName(QString fname)
{
    myFileName = fname;
    int row = ui->userListTableWidget->currentRow();
    QString rmtName = ui->userListTableWidget->item(row, 0)->text();
    sendChatMsg(SfileName, rmtName);
}
```

這裡首先獲取了檔案名稱，然後發送 SfileName 類型的 UDP 廣播，sendChatMsg 方法所攜帶的第二個參數 rmtName 來自所選中介面清單中的某個使用者，用以指明該檔案要發送給誰。

3. 主介面按鈕的槽函數

主介面右區中間的分隔工具列上隱藏著一個 🗀 按鈕，它就是「傳輸檔案」的功能按鈕，其點擊事件程序程式如下：

```
void MainWindow::on_transPushButton_clicked()
{
    if(ui->userListTableWidget->selectedItems().isEmpty())
    {
        QMessageBox::warning(0, tr("選擇好友"), tr("請先選擇檔案接收方！
"), QMessage Box::Ok);
        return;
    }
    myfsrv->show();
}
```

這裡必須首先由發送方在使用者列表中選擇一個使用者用於接收檔案，然後才彈出「發送檔案」對話方塊。

原 sendChatMsg() 中的 case SfileName 和 RefFile 處的程式為：

```
case SfileName:
    write << locHostIp << rmtName << myFileName;
    break;
case RefFile:
    write << locHostIp << rmtName;
    break;
```

可見，發送方在其 UDP 訊息中，除舉出本地主機的 IP 位址外，也要指明接收端使用者的姓名，寫入變數 rmtName 中一起發出，這樣才能確保檔案接收者的唯一性。

而負責接收處理 UDP 訊息的槽 recvAndProcessChatMsg() 中的 case SfileName 和 RefFile 處的程式為：

```
case SfileName:
    read >> name >> hostip >> rname >> fname;
    recvFileName(name, hostip, rname, fname);
    break;
case RefFile:
    read >> name >> hostip >> rname;
    if (myname == rname) myfsrv->cntRefused();
    break;
```

當收到發送過來的檔案名稱訊息時，使用了 recvFileName() 方法判斷是否要接收該檔案。下面舉出 recvFileName() 方法的實現程式：

```
void MainWindow::recvFileName(QString name, QString hostip, QString
rmtname, QString filename)
{
    if(myname == rmtname)
    {
        int result = QMessageBox::information(this, tr("收到檔案"),
tr("好友 %1 給您發檔案：\r\n%2，是否接收？").arg(name).arg(filename),
QMessageBox::Yes, QMessage Box::No);
        if(result == QMessageBox::Yes)
        {
            QString fname = QFileDialog::getSaveFileName(0, tr("保 存
"), filename);
```

```
            if(!fname.isEmpty())
            {
                FileCntDlg *fcnt = new FileCntDlg(this);
                fcnt->getLocPath(fname);
                fcnt->getSrvAddr(QHostAddress(hostip));
                fcnt->show();
            }
        } else {
            sendChatMsg(RefFile, name);
        }
    }
}
```

可見，只有在 "myname == rmtname" 即本端使用者名稱與收到伺服器發送端指明的接收方使用者名稱相等時，才需要接收該檔案。此時會彈出一個提示框讓使用者決定是否要接收該檔案，一旦使用者端使用者確定收下此檔案，就會進一步建立一個 TCPSocket 埠物件來接收檔案傳輸；反之，若使用者拒收，則發送拒絕訊息的 UDP 廣播。

因為要在主介面類別中彈出「儲存」對話方塊來選擇接收檔案的儲存路徑，所以還要在使用者端類別中提供方法來獲取該路徑，這是由 getLocPath() 方法完成的，其程式如下：

```
void FileCntDlg::getLocPath(QString lpath)
{
    myLocPathFile = new QFile(lpath);
}
```

另外，還要從主介面類別中獲取發送端的 IP 位址，這是由 getSrvAddr() 方法實現的，程式如下：

```
void FileCntDlg::getSrvAddr(QHostAddress saddr)
{
    mySrvAddr = saddr;
    createConnToSrv();
}
```

19.4.5 檔案傳輸試驗

下面執行程式演示檔案傳輸操作的完整流程。

（1）在主介面使用者清單中首先選中要為其發送檔案的使用者，如圖 19.14 所示，然後點擊 ▭（傳輸檔案）按鈕開啟「發送檔案」對話方塊。

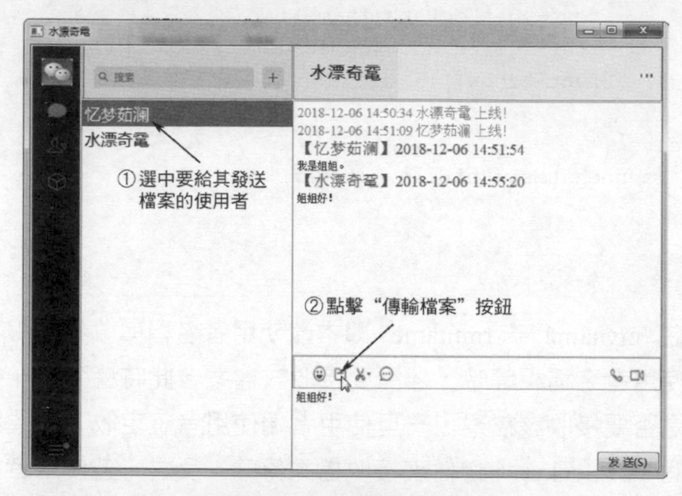

圖 19.14 傳輸檔案操作

（2）「發送檔案」對話方塊如圖 19.15 所示。在該對話方塊中，使用者應首先從本地機器上選擇要傳輸的檔案，然後點擊「發送」按鈕。

圖 19.15 「發送檔案」對話方塊

（3）這時，程式會使用 UDP 廣播將檔案名稱先發給接收端，接收端在收到發送檔案的 UDP 訊息時，會先彈出一個提示框，如圖 19.16 所示，詢問使用者是否接收這個檔案。

如果使用者同意接收，點擊 "Yes" 按鈕則在接收端先建立一個 TCP 使用者端，然後雙方就建立了一個 TCP 連接開始檔案的傳輸；如果拒絕接收該檔案，則使用者端也會使用 UDP 廣播將拒收訊息傳回給發送端，一旦發送端收到該訊息就取消檔案的傳輸。

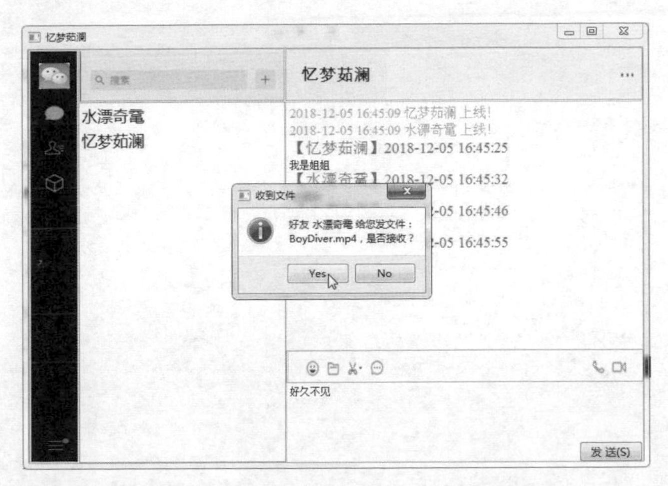

圖 19.16 提示框詢問使用者是否接收檔案

（4）當開啟檔案並點擊「發送」按鈕後，伺服器隨即進入監聽狀態並使用 UDP 廣播將要傳輸的檔案名稱發送給接收端。如果接收端拒收該檔案，則關閉伺服器，否則進行正常的 TCP 資料傳輸。接收端完整收下檔案後，彈出訊息方塊提示檔案接收完成，如圖 19.17 所示。

圖 19.17 檔案接收完成

讀者可以按照以上步驟執行程式試驗檔案的傳輸。

至此，這個 Qt 版的微信使用者端開發完畢！讀者可以執行程式進行各種操作。如果有由多台計算機組成的區域網，且它們都位於同一個網段，則可以在多個電腦上同時執行該程式，測試真實網路環境下聊天和傳輸檔案的實際效果。

第 3 部分

Qt 擴充應用：OpenCV

CHAPTER 20

OpenCV 環境架設

本章我們採用 Qt 5.11.1 處理圖片和視訊。 OpenCV 中很多高級功能如人臉辨識等皆包含在 Contrib 擴充模組中，需要將 Contrib 與 OpenCV 一起聯合編譯，這 2 個版本都是最新的 3.4.3 版。下面介紹整個環境的架設過程。

20.1 安裝 CMake

CMake 是用於編譯的基本工具，上網下載獲得的安裝套件檔案名為 "cmake-3.12.3-win64-x64. msi"，按兩下啟動安裝精靈，如圖 20.1 所示。

圖 20.1 CMake 安裝精靈

點擊 "Next" 按鈕，在如圖 20.2 所示的左邊頁面中選取 "I accept the terms in the License Agreement" 核取方塊接受授權合約，在右邊頁面中選中 "Add CMake to the system PATH for all users" 選項按鈕增加系統路徑變數。

在右邊頁面中也可以同時選取 "Create CMake Desktop Icon" 核取方塊，以便在安裝完成後在桌面上建立 CMake 的捷徑圖示。

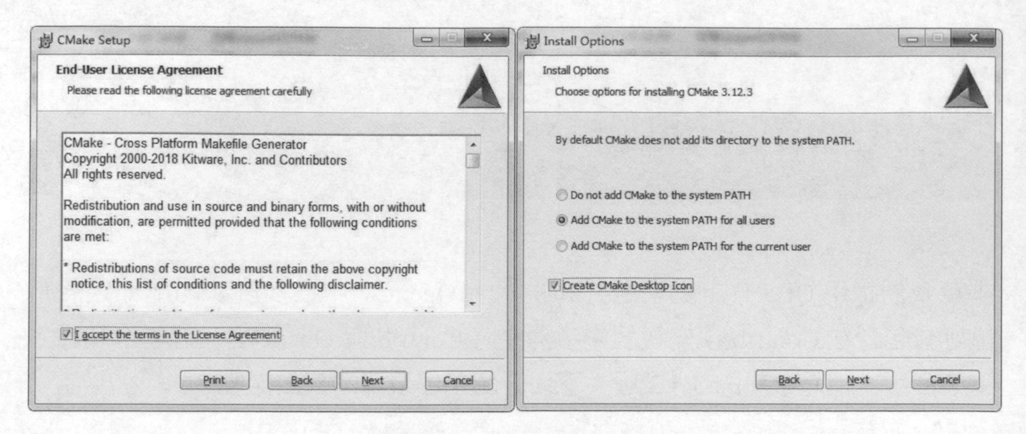

圖 20.2 安裝過程中的設定

接下去的安裝過程很簡單，跟著精靈的指引往下操作即可，直到完成安裝為止。

20.2 增加系統環境變數

進入 Windows 系統環境變數設定對話方塊，如圖 20.3 所示。可以看到，由於剛才的設定，CMake 已經自動將其安裝路徑 "C:\Program Files\CMake\bin" 寫入環境變數 Path 中。

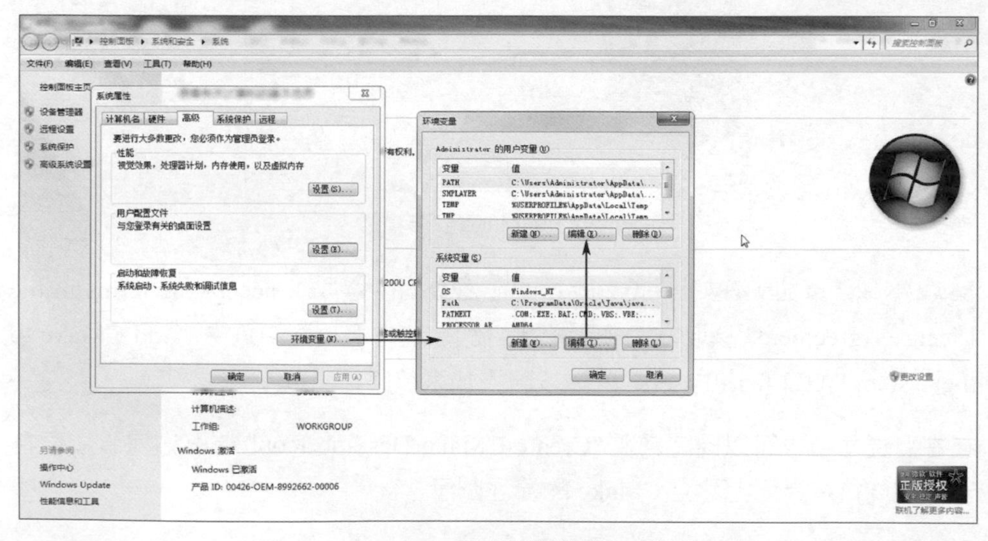

圖 20.3 Windows 系統環境變數設定對話方塊

在環境變數 Path 的編輯方塊中，進一步增加 Qt 相關的路徑變數，即在尾端增加以下字串：

```
;C:\Qt\Qt5.11.1\5.11.1\mingw53_32\bin;C:\Qt\Qt5.11.1\5.11.1\
mingw53_32\lib;C:\Qt\Qt5.11.1\Tools\mingw530_32\bin
```

這樣設定後，系統就能同時辨識到 Qt 與 CMake 兩者所在的路徑。

20.3 下載 OpenCV

在官網下載 OpenCV，如圖 20.4 所示。這裡，我們選擇 OpenCV 3.4.3 版（因 4.0.0 版是測試版，故尚不穩定），點擊 "Sources" 超連結下載其原始程式碼的壓縮檔，得到 "opencv-3.4.3.zip"。

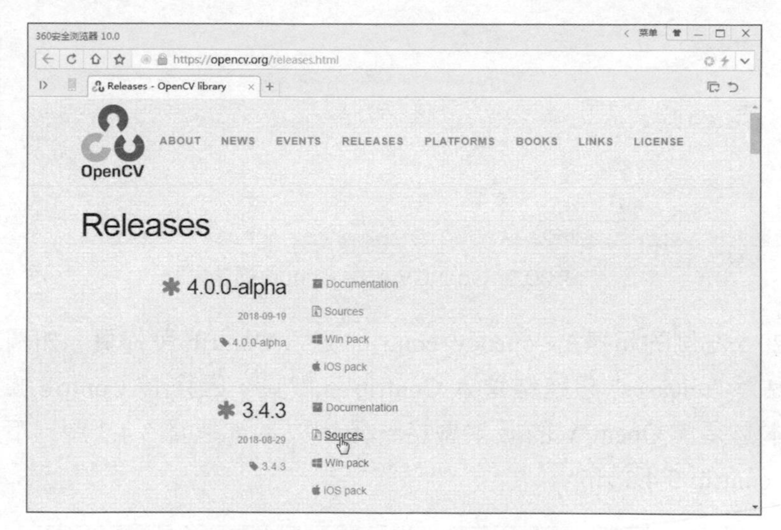

圖 20.4 下載 OpenCV 3.4.3 版

20.4 下載 Contrib

OpenCV 官方將已經穩定成熟的功能放在 OpenCV 套件裡發佈，而正在發展中尚未成熟的技術則統一置於 Contrib 擴充模組中。大部分的情況下，下載的 OpenCV 中不包含 Contrib 擴充函數庫的內容，如果只是進行一般的圖片、視訊處理，則僅使用 OpenCV 就足夠了。但是，OpenCV 中預設不包含 SIFT、

SURF 等先進的影像特徵檢測技術，另外一些高級功能（如人臉辨識等）都在 Contrib 擴充函數庫中，若欲充分發揮 OpenCV 的強大功能，則必須將其與 Contrib 擴充函數庫放在一起聯合編譯使用。

從 OpenCV 標準 Github 網站（見圖 20.5）下載 Contrib。

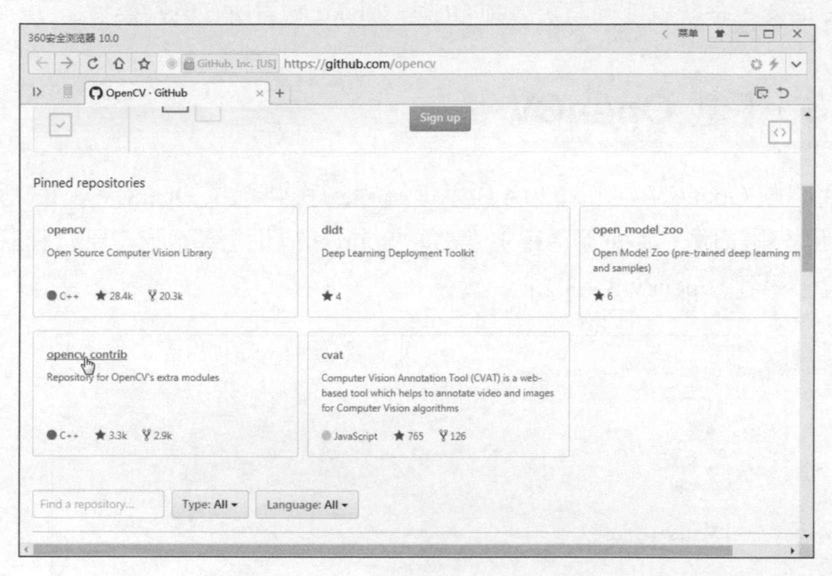

圖 20.5 OpenCV 標準 Github 網站

點擊圖 20.5 左側的超連結 "opencv_contrib" 進入 Contrib 發佈頁，如圖 20.6 所示，再點擊 "releases" 超連結進入 Contrib 下載頁，因選擇 Contrib 擴充函數庫的版本必須與 OpenCV 的版本嚴格一致，故本書選擇 3.4.3 版，下載得到 "opencv_contrib-3.4.3.zip"。

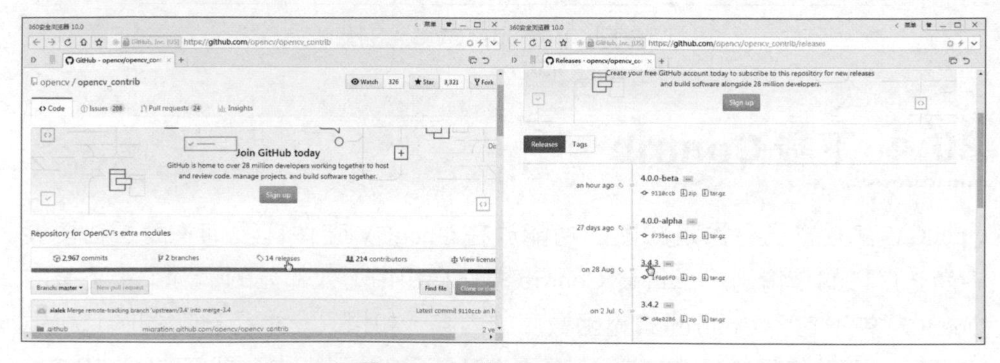

圖 20.6 下載 Contrib 3.4.3

20.5 編譯前準備

我們使用 CMake 將 OpenCV 及其對應的 Contrib 聯合編譯為可供使用的 Qt 函數庫，在執行編譯之前，還要做以下準備工作。

1. 準備目錄

（1）在 D 磁碟根目錄下新建 "OpenCV_3.4.3-Source" 資料夾，將下載得到的 OpenCV 函數庫的 "opencv-3.4.3.zip" 套件解壓，將得到的所有檔案複製到該資料夾中。

（2）在 D 磁碟根目錄下新建 "Contrib_3.4.3-Source" 資料夾，將下載得到的 Contrib 擴充函數庫的 "opencv_contrib-3.4.3.zip" 套件解壓，將得到的所有檔案複製到該資料夾中。

（3）在 D 磁碟根目錄下再新建一個 "OpenCV_3.4.3-Build" 資料夾，用於存放編譯後生成的檔案和函數庫。

經過以上 3 個步驟，得到電腦 D 磁碟下的目錄結構，如圖 20.7 所示。

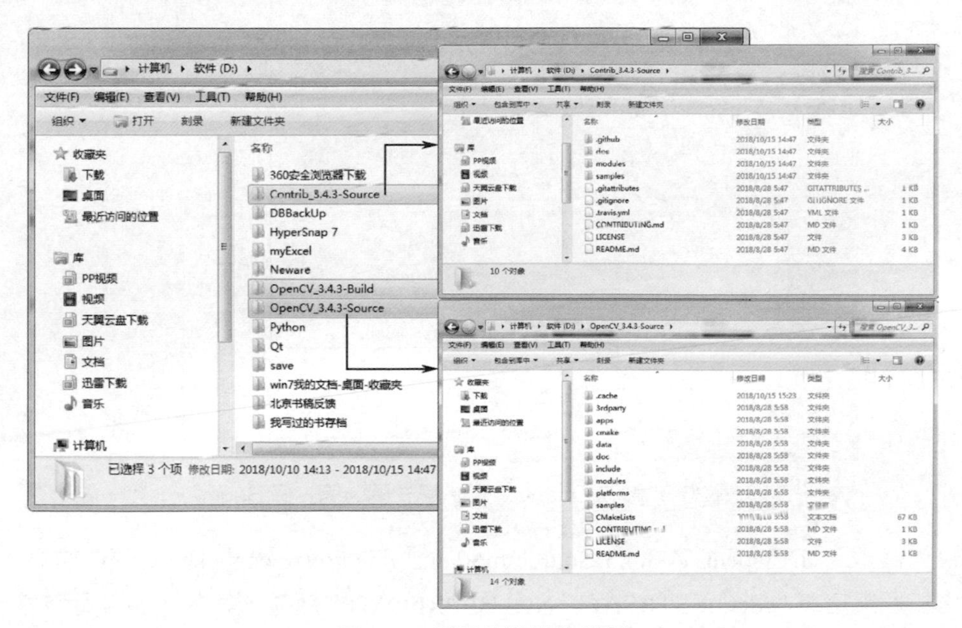

圖 20.7 編譯前準備的目錄

2. 改動原始檔案

新版的 OpenCV 原始程式碼與編譯器之間存在某些不相容之處，現根據筆者編譯過程中遇到的問題及解決成果，將所有這些 Bug 悉數列出來，請讀者仔細地對照如下所述的各處，逐一對 OpenCV 函數庫的原始檔案進行修改，以保證後面的編譯過程能順利進行。

（1）修改："D:\OpenCV_3.4.3-Source\3rdparty\protobuf\src\google\protobuf\stubs\io_win32.cc" 檔案，將 "nullptr" 改為 "NULL"，如圖 20.8 所示。

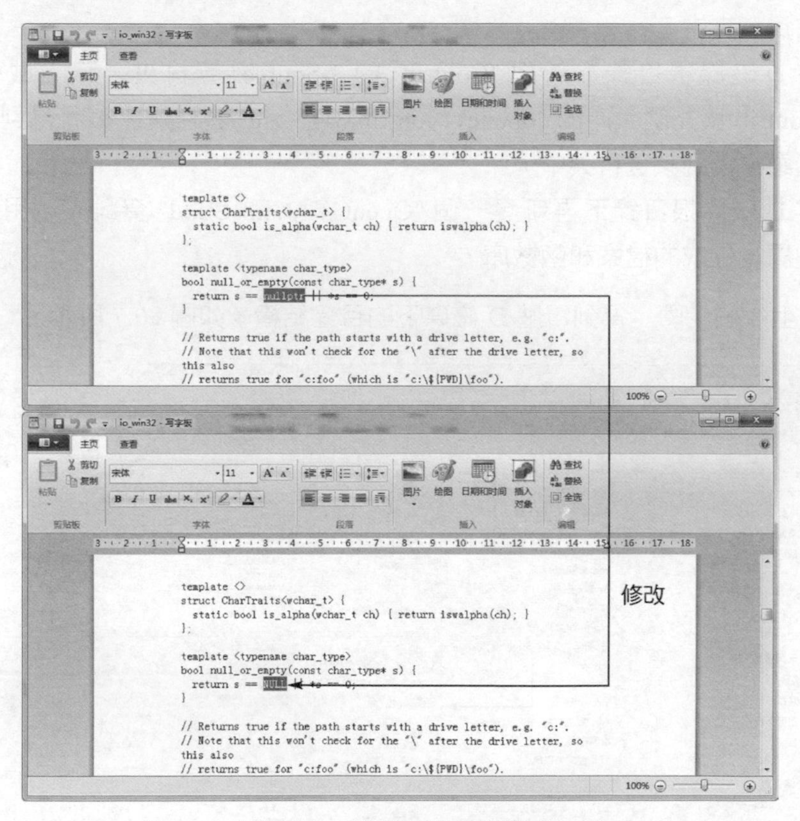

圖 20.8 修改 OpenCV 原始程式碼的第一個 Bug

（2）修改："D:\OpenCV_3.4.3-Source\modules\videoio\src\cap_dshow.cpp" 檔案，增加巨集定義 "#define STRSAFE_NO_DEPRECATE" 敘述，如圖 20.9 所示。

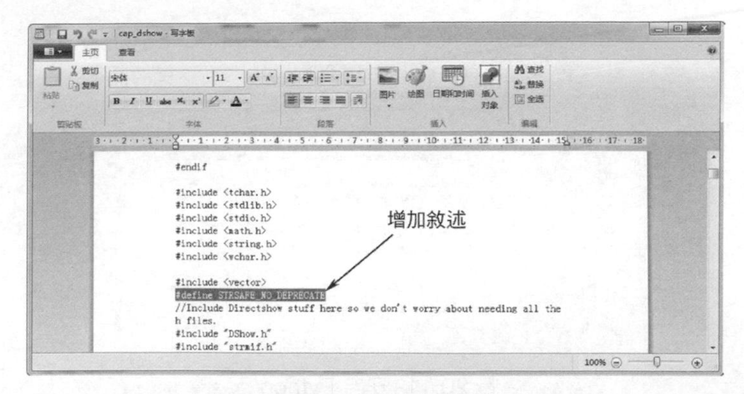

圖 20.9 修改 OpenCV 原始程式碼的第二個 Bug

（3）修改："D:\OpenCV_3.4.3-Source\modules\photo\test\test_hdr.cpp" 檔案，增加標頭檔包含 "#include <ctime>" 和 "#include <cstdlib>"，如圖 20.10 所示。

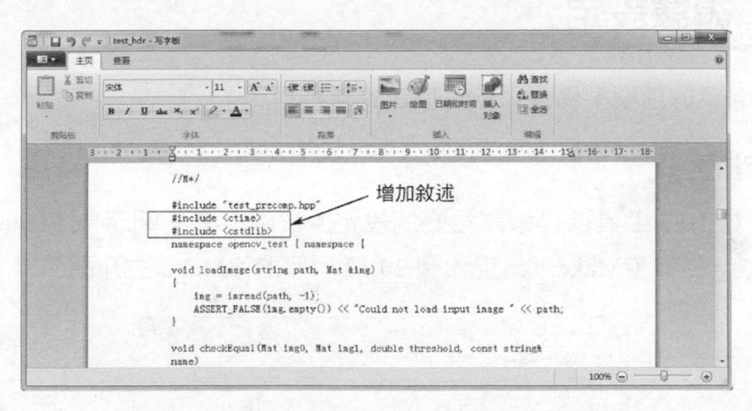

圖 20.10 修改 OpenCV 原始程式碼的第三個 Bug

> **注意**：請讀者嚴格按照圖 20.8 ～圖 20.10 的指導，準確定位到圖中指示處進行修改，不能有絲毫偏差，否則在後面編譯時就會碰到各種各樣棘手的錯誤異常，使編譯過程無法順利透過，切記！

3. 安裝 Python

由於 OpenCV 函數庫的某些功能模組的執行還依賴於 Python 平台，故編譯前還要在自己的電腦作業系統中安裝 Python 語言，本書安裝的是 64 位元 Python 3.7，從 Python 官網下載獲得安裝套件 "python-3.7.0-amd64.exe"，按兩下啟動安裝精靈，如圖 20.11 所示。

圖 20.11 安裝 Python

點擊 "Install Now" 選項，按照精靈的指引往下操作，採用預設設定安裝即可。

20.6 編譯設定

經過以上各步的前期準備後，就可以正式開始編譯了。

1. 設定路徑

首先開啟 CMake 工具進行編譯相關的設定。按兩下桌面圖示 "CMake (cmake-gui)" ( )，啟動 CMake，出現如圖 20.12 所示的 CMake 主介面。

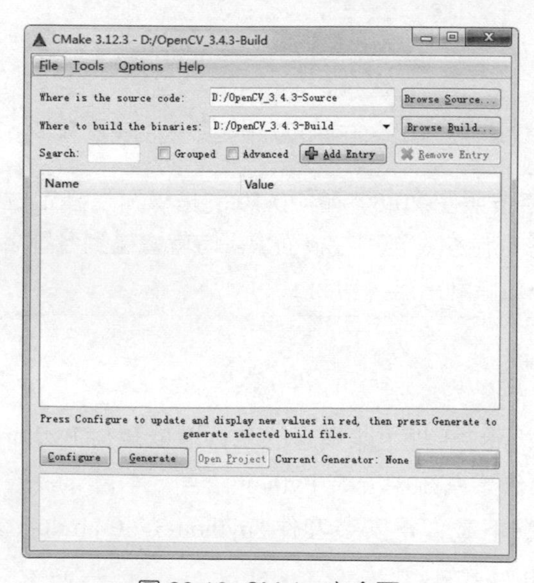

圖 20.12 CMake 主介面

點擊右上角的 "Browse Source... " 按鈕，選擇待編譯的原始程式碼路徑為 "D:/OpenCV_3.4.3- Source"（即之前在準備目錄時存放 OpenCV 函數庫原始程式碼的資料夾）；點擊 "Browse Build... " 按鈕，選擇編譯生成二進位函數庫檔案的存放路徑為 "D:/OpenCV_3.4.3-Build"（即在準備目錄時新建的目的檔案夾）。

2. 選擇編譯器

設定好路徑後，點擊左下角的 "Configure" 按鈕，彈出如圖 20.13 所示的視窗。

選中 "Specify native compilers" 選項按鈕表示由使用者來指定本地編譯器，然後從下拉選單中選擇所用的編譯器為 Qt 附帶的 "MinGW Makefiles"。

點擊 "Next" 按鈕，在彈出的如圖 20.14 所示的介面上要求使用者指定編譯器所對應的 C/C++ 編譯器路徑，這裡選擇 C 編譯器的路徑為 "C:\Qt\Qt5.11.1\Tools\mingw530_32\bin\ gcc.exe"；選擇 C++ 編譯器的路徑為 "C:\Qt\Qt5.11.1\Tools\mingw530_32\bin\g++.exe"。

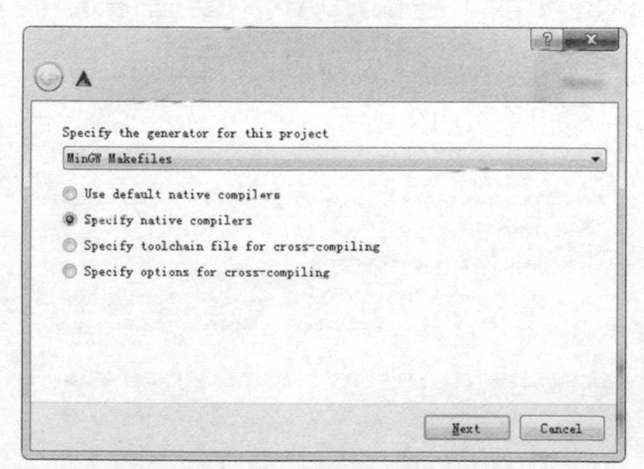

圖 20.13 指定所用的編譯器

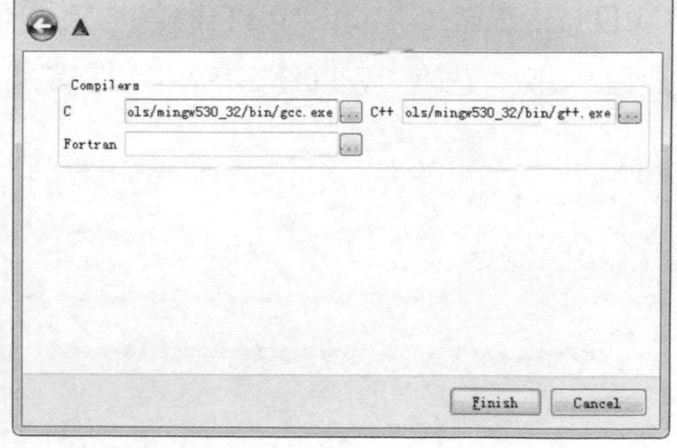

圖 20.14 指定編譯器所在的路徑

點擊 "Finish" 按鈕回到 CMake 主介面，此時主介面上的 "Configure" 按鈕變為 "Stop" 按鈕，右邊進度指示器顯示進度，同時下方輸出一系列資訊，表示編譯器設定正在進行中，如圖 20.15 所示。

隨後，在主介面中央生成了一系列紅色加亮選項列的清單，同時下方資訊欄中輸出 "Configuring done"，表示編譯器設定完成，如圖 20.16 所示。

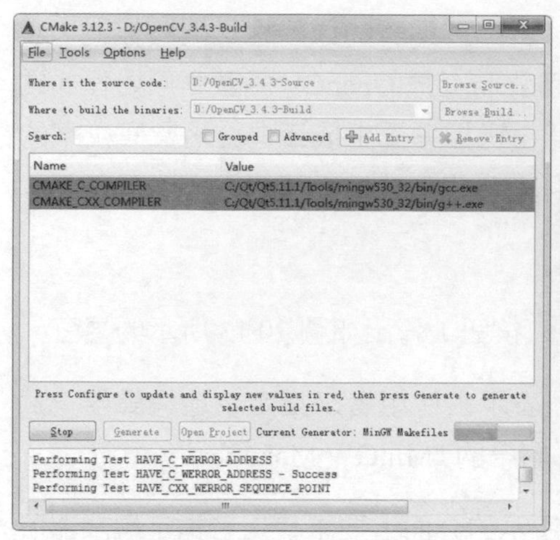

圖 20.15 編譯器設定正在進行中

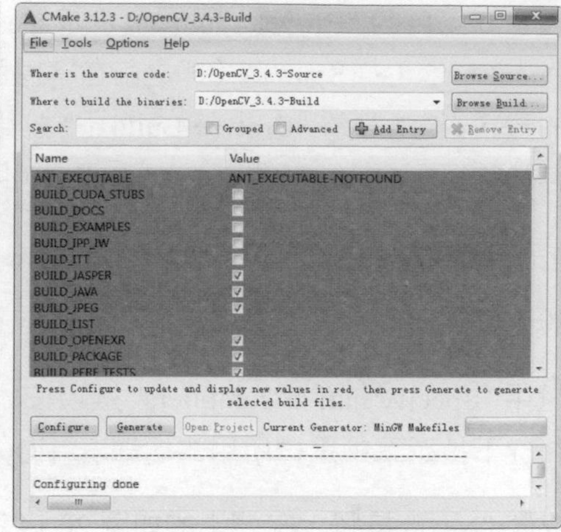

圖 20.16 編譯器設定完成

3. 設定編譯選項

這些紅色加亮的選項並非都是必須編譯的功能，在圖 20.16 中要確保選中 "WITH_OPENGL" 和 "WITH_QT" 這兩個編譯選項，如圖 20.17 所示。同時，要確保取消選取 "WITH_MSMF" 編譯選項，如圖 20.18 所示。

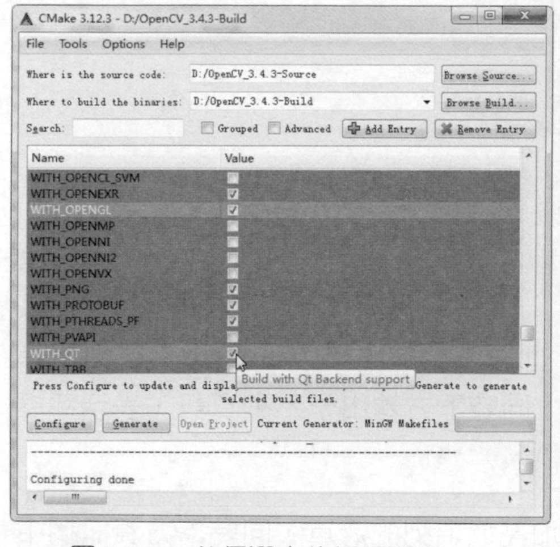

圖 20.17 必須選中的編譯選項

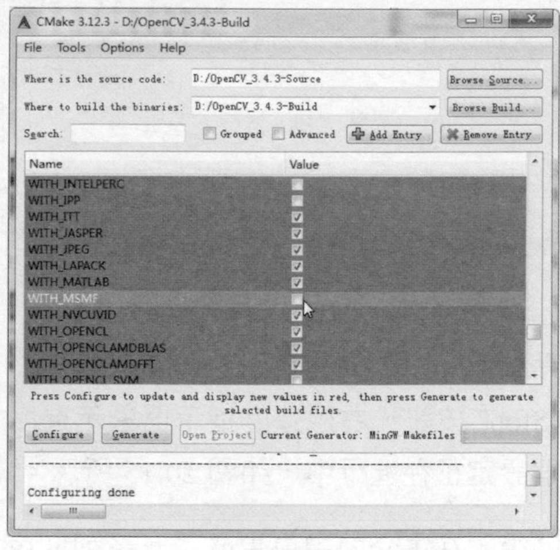

圖 20.18 必須取消的編譯選項

另外，為了將 Contrib 擴充函數庫與 OpenCV 無縫整合，還需要設定 OpenCV 的外接模組路徑，如圖 20.19 所示，從許多的紅色加亮選項列中找到一

個名為 "OPENCV_EXTRA_MODULES_ PATH" 的選項，設定其值為 "D:/Contrib_3.4.3-Source/modules"（即之前在準備時存放 Contrib 原始檔案目錄下的 "modules" 子目錄）。

設定完成後，再次點擊 "Configure" 按鈕，介面上的紅色加亮的選項全部消失，同時在下方資訊欄中輸出 "Generating done"，表示編譯選項全部設定完成，如圖 20.20 所示。

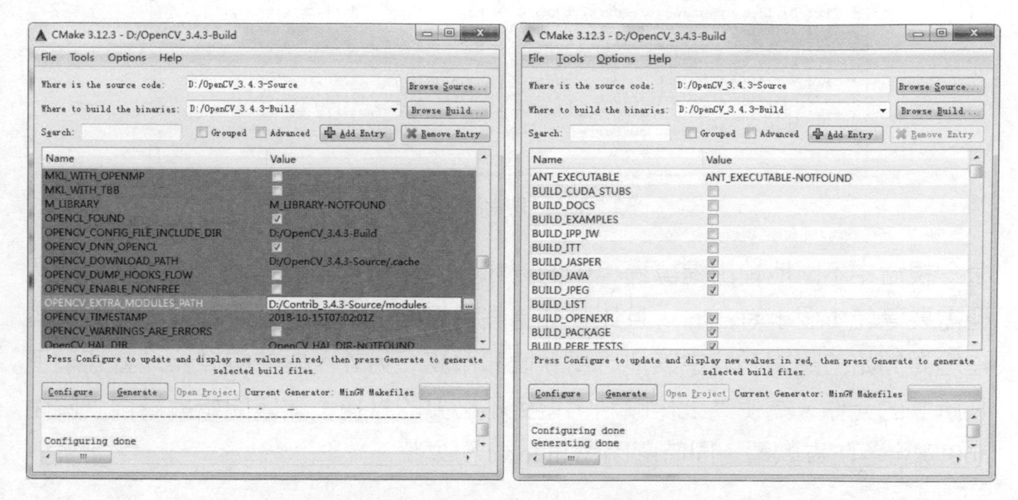

圖 20.19 設定 OpenCV 的外接模組路徑　　圖 20.20 編譯選項設定完成

提示：如果此時 CMake 主介面上仍存在紅色加亮的選項，則表示設定過程中發生異常。解決辦法是，再次點擊 "Configure" 按鈕重新進行設定，直到所有的紅色加亮的選項完全消失為止。

20.7 開始編譯

所有的設定項目都完成後，就可以開始編譯了。開啟 Windows 命令列，進入到事先建好的編譯生成目標目錄 "D:\OpenCV_3.4.3-Build" 下，輸入編譯命令：

```
mingw32-make
```

啟動編譯過程，如圖 20.21 所示。

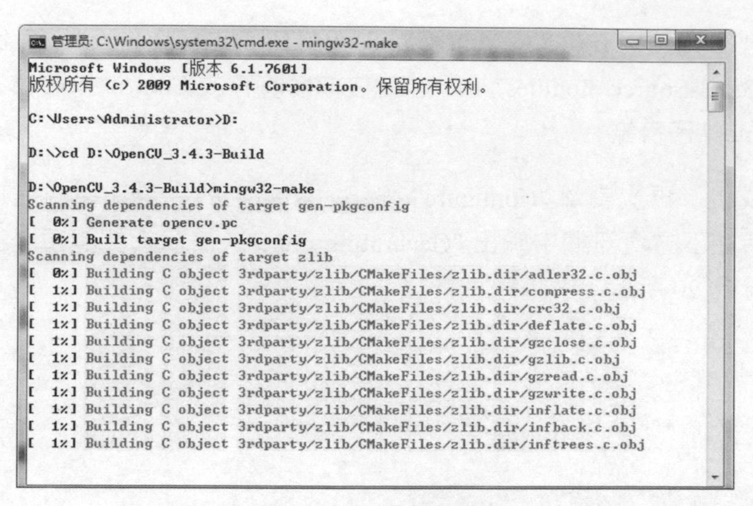

圖 20.21 啟動編譯過程

命令視窗中不斷地輸出編譯過程中的資訊，同時顯示編譯的進度。這個編譯過程需要等待 1 個小時左右，且比較耗電腦記憶體。為加快編譯進度，建議讀者在編譯開始前關閉系統中其他應用軟體和服務。另外，由於編譯器還會連網下載所需的元件，為使其工作順利，避免不必要的打擾，建議開始編譯前就關閉 360 安全等防毒軟體，同時關閉 Windows 防火牆。

在進度顯示 100% 時，出現 "Built target opencv_version_win32" 資訊，表示編譯成功，如圖 20.22 所示。

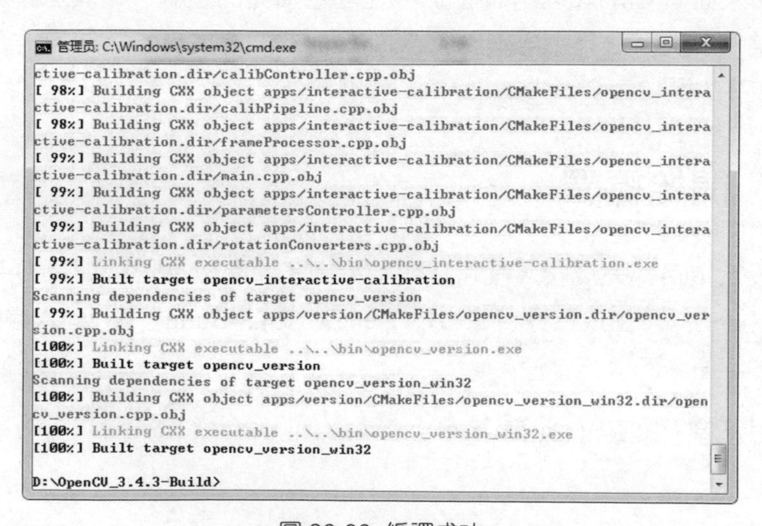

圖 20.22 編譯成功

20.8 安裝 OpenCV 函數庫

編譯完成的 OpenCV 函數庫必須在安裝後才能使用，在命令列中輸入：

```
mingw32-make install
```

安裝 OpenCV 函數庫，如圖 20.23 所示。

```
管理员: C:\Windows\system32\cmd.exe - mingw32-make install

D:\>cd D:\OpenCV_3.4.3-Build

D:\OpenCV_3.4.3-Build>mingw32-make install
[  0%] Built target gen-pkgconfig
[  2%] Built target zlib
[  6%] Built target libjpeg-turbo
[  9%] Built target libtiff
[ 17%] Built target libwebp
[ 19%] Built target libjasper
[ 20%] Built target libpng
[ 25%] Built target IlmImf
[ 30%] Built target libprotobuf
[ 30%] Built target opencv_core_pch_dephelp
[ 30%] Built target pch_Generate_opencv_core
[ 36%] Built target opencv_core
[ 36%] Built target opencv_ts_pch_dephelp
[ 36%] Built target pch_Generate_opencv_ts
[ 36%] Built target opencv_imgproc_pch_dephelp
[ 36%] Built target pch_Generate_opencv_imgproc
[ 40%] Built target opencv_imgproc
[ 40%] Built target opencv_imgcodecs_pch_dephelp
[ 40%] Built target pch_Generate_opencv_imgcodecs
[ 42%] Built target opencv_imgcodecs
```

圖 20.23 安裝 OpenCV 函數庫

命令視窗中輸出安裝過程及進度，安裝過程比編譯過程要快得多，很快就能安裝好。

此時，開啟 "D:\OpenCV_3.4.3-Build" 資料夾，可以發現其下已經編譯生成了很多檔案，如圖 20.24 所示。

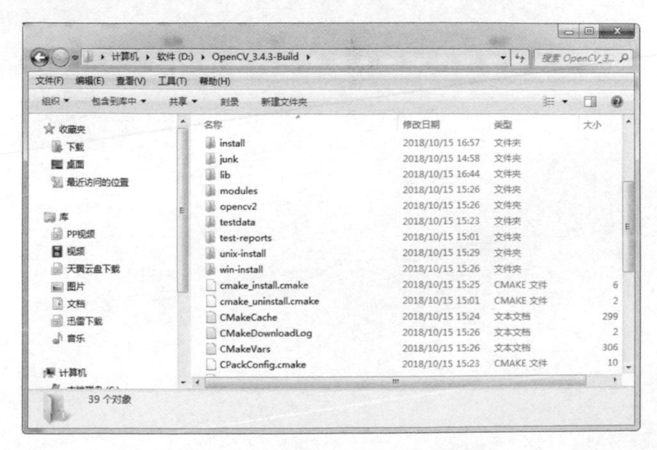

圖 20.24 編譯生成了很多檔案

其中有一個名為 "install" 的子目錄，進入其中即 "D:\OpenCV_3.4.3-Build\install\x86\mingw\ bin" 資料夾中的所有檔案就是編譯安裝好的 OpenCV 函數庫檔案，將它們複製到 Qt 專案的 "Debug" 目錄下就可以使用了。最終得到的 OpenCV 函數庫如圖 20.25 所示。

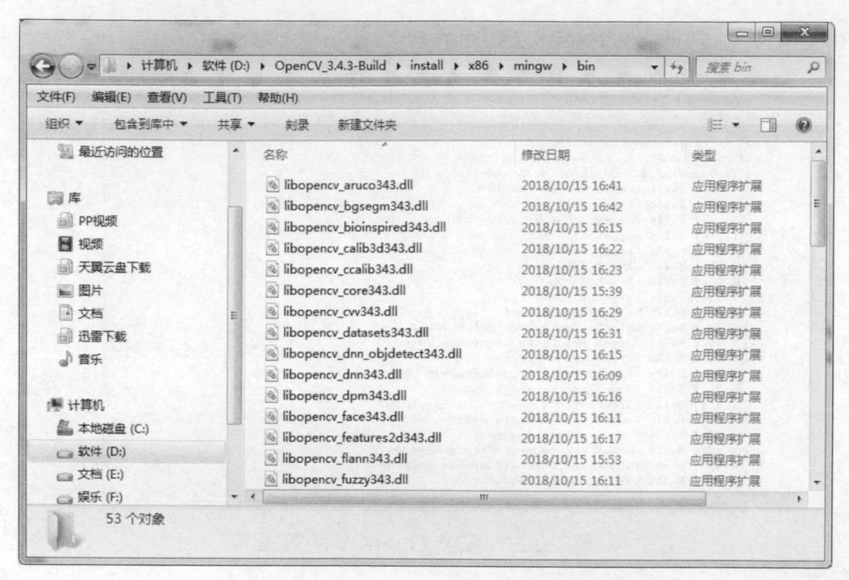

圖 20.25 最終得到的 OpenCV 函數庫

CHAPTER 21

OpenCV 處理圖片實例

用 OpenCV（含 Contrib）擴充函數庫實現 Qt 的各類圖片處理功能。

為了能在 Qt 專案中使用 OpenCV（含 Contrib）擴充函數庫，對於本章的每個程式專案都要進行設定，設定方式完全相同。

（1）將預先編譯好的 "D:\OpenCV_3.4.3-Build\install\x86\mingw\bin" 下的所有檔案複製到 Qt 專案的 "Debug" 目錄下。

（2）在專案的 .pro 檔案中增加敘述（粗體處）：

```
#-------------------------------------------------
#
# Project created by QtCreator 建立日期時間
#
#-------------------------------------------------

QT       += core gui

greaterThan(QT_MAJOR_VERSION, 4): QT += widgets

TARGET = 專案名稱
TEMPLATE = app

# The following define makes your compiler emit warnings if you use
# any feature of Qt which has been marked as deprecated (the exact
warnings
# depend on your compiler). Please consult the documentation of the
# deprecated API in order to know how to port your code away from it.
DEFINES += QT_DEPRECATED_WARNINGS

# You can also make your code fail to compile if you use deprecated
APIs.
# In order to do so, uncomment the following line.
# You can also select to disable deprecated APIs only up to a certain
version of Qt.
# DEFINES += QT_DISABLE_DEPRECATED_BEFORE=0x060000
# disables all the APIs deprecated before Qt 6.0.0
```

```
SOURCES += \
        main.cpp \
        mainwindow.cpp

HEADERS += \
        mainwindow.h

FORMS += \
        mainwindow.ui
INCLUDEPATH += D:\OpenCV_3.4.3-Build\install\include
LIBS += D:\OpenCV_3.4.3-Build\install\x86\mingw\bin\libopencv_*.dll
```

經過這樣設定以後，就可以使用 OpenCV（含 Contrib）擴充函數庫來處理圖片了。

21.1 圖片美化實例

使用 OpenCV 函數庫的增強與濾波功能對圖片進行調節、修正，達到美化的目的。

21.1.1 圖片增強實例

【例】（難度一般）（CH2101）休閒潛水作為一項新興的運動，近年來越來越普及，普通人借助水肺潛水裝備可輕鬆地潛入海底，在美麗的珊瑚叢中與各種海洋動物零距離地接觸，用攝像機記錄下這一刻無疑是美好的，但由於海水對光線的色散和吸收效應，在水下拍出的圖片往往色彩上都較為暗淡，且清晰度也不盡如人意。女潛水夫與海星的圖片如圖 21.1 所示。下面用 OpenCV 函數庫來對這張圖片的對比度及亮度進行調整，達到增強顯示的效果。

圖 21.1 女潛水夫與海星的圖片

1. 程式介面

建立一個 Qt 桌面應用程式專案，專案名稱為 "OpencvEnhance"，設計程式介面如圖 21.2 所示。

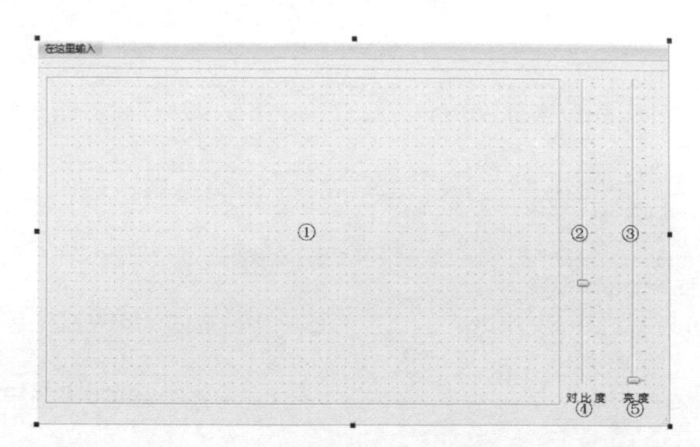

圖 21.2 用 OpenCV 對圖片進行增強處理的程式介面

該程式介面上的各控制項都用數字號①，②，③，…標注，其名稱、類型及屬性設定見表 21.1。

表 21.1 程式介面上各控制項的名稱、類型及屬性設定

序號	名稱	類型	屬性設定
①	viewLabel	QLabel	geometry：寬度 600，高度 386； frameShape：Box； frameShadow：Sunken； text：空
②	contrastVerticalSlider	QSlider	maximum：100； value：33； tickPosition：TicksBelow； tickInterval：5
③	brightnessVerticalSlider	QSlider	maximum：100； tickPosition：TicksBelow； tickInterval：5
④	label_2	QLabel	font：微軟雅黑，10； text：對 比 度； alignment：水平的，AlignHCenter
⑤	label_3	QLabel	font：微軟雅黑，10； text：亮 度； alignment：水平的，AlignHCenter

2. 全域變數及方法

為了提高程式碼的使用效率，通常建議將程式中公用的圖片物件的控制碼宣告為全域變數，通用的方法宣告為公有（public）方法，定義在專案 .h 標頭檔中。

"mainwindow.h" 標頭檔的程式如下：

```
#ifndef MAINWINDOW_H
#define MAINWINDOW_H

#include <QMainWindow>
#include "opencv2/opencv.hpp"                    //OpenCV 檔案包含

using namespace cv;                              //OpenCV 命名空間

namespace Ui {
class MainWindow;
}

class MainWindow : public QMainWindow
{
    Q_OBJECT

public:
    explicit MainWindow(QWidget *parent = 0);
    ~MainWindow();
  //公有方法                                              //(a)
    void initMainWindow();                              //介面初始化
    void imgProc(float contrast, int brightness);       //處理圖片
    void imgShow();                                     //顯示圖片

private slots:
    void on_contrastVerticalSlider_sliderMoved(int position);
//對比度滑桿滑動槽

    void on_contrastVerticalSlider_valueChanged(int value);
//對比度滑桿值改變槽

    void on_brightnessVerticalSlider_sliderMoved(int position);
//亮度滑桿滑動槽

    void on_brightnessVerticalSlider_valueChanged(int value);
//亮度滑桿值改變槽
```

```
private:
    Ui::MainWindow *ui;
  //全域變數                          //(b)
    Mat myImg;                        //快取圖片（供程式碼引用和處理）
    QImage myQImg;                    //儲存圖片（可轉為檔案存檔或顯示）
};

#endif // MAINWINDOW_H
```

其中，

(a) 公有方法：為了使所開發的圖片處理常式結構明晰，本章所有的程式實例都遵循同一套標準的開發模式和結構，在標頭檔中定義 3 個公有方法：initMainWindow()、imgProc() 和 imgShow()，分別負責初始化介面、處理和顯示圖片。每個實例的不同之處僅在於初始化介面所做的具體工作不同、處理圖片用到的類別和演算法不同，而這些差異均被封裝於 3 個簡單的方法之中。採用這樣的設計的目的是：為讀者提供學習便利性，使每個實例程式都有完全相同的邏輯結構，讀者可以集中精力於學習各種實際的圖片處理技術，也方便比較各類圖片處理類別和演算法的異同之處。

(b) 全域變數：本章每個實例都會使用兩個通用的全域變數，myImg 是 Mat 點陣類型的，以像素形式快取圖片，用於程式碼中的引用和處理；myQImg 是 Qt 傳統的 QImage 類型，只用於圖片的顯示和存檔，而不用於處理操作。

下面實現具體功能的程式皆位於 "mainwindow.cpp" 原始檔案中。

3. 初始化顯示

首先在 Qt 介面上顯示待處理的圖片，在建構方法中增加以下程式：

```
MainWindow::MainWindow(QWidget *parent):
    QMainWindow(parent),
    ui(new Ui::MainWindow)
{
    ui->setupUi(this);
    initMainWindow();                              //呼叫初始化介面方法
}
```

初始化方法 initMainWindow() 的程式為：

```
void MainWindow::initMainWindow()
{
    //QString imgPath = "D:\\Qt\\imgproc\\girldiver.jpg";
    //路徑中不能含中文字元
    QString imgPath = "girldiver.jpg"; //本地路徑（圖片直接存放在專案目錄下）
    Mat imgData = imread(imgPath.toLatin1().data());  //讀取圖片資料
    cvtColor(imgData, imgData, COLOR_BGR2RGB);         //圖片格式轉換
  myImg = imgData;
        //(a)
    myQImg=QImage((const unsigned char*)(imgData.data), imgData.cols,
imgData. rows, QImage::Format_RGB888);
    imgShow();                                          //(b)
}
```

其中，

(a) myImg = imgData：賦給 myImg 全域變數待處理。在後面會看到，本章的所有實例對於圖片處理過程的每一步改變所產生的中間結果圖片都會隨時儲存更新到 Mat 類型的全域變數 myImg 中，這樣程式在進行圖片處理時只要存取 myImg 中的資料即可，非常方便。

(b) imgShow()：呼叫顯示圖片的公有方法，該方法中只有一句：

```
void MainWindow::imgShow()
{
    ui->viewLabel->setPixmap(QPixmap::fromImage(myQImg.scaled(ui->
viewLabel-> size(), Qt::KeepAspectRatio)));          //在 Qt 介面上顯示圖片
}
```

即透過 fromImage() 方法獲取到 QImage 物件的 QPixmap 類型態資料，再給予值給介面標籤的對應屬性，即可用於顯示圖片。

4. 增強處理功能

增強處理功能寫在 imgProc() 方法中，該方法接收 2 個參數，分別表示圖片對比度和亮度係數，實現程式為：

```
void MainWindow::imgProc(float con, int bri)
{
    Mat imgSrc = myImg;
    Mat imgDst = Mat::zeros(imgSrc.size(),imgSrc.type());
    //初始生成空的零像素陣列
    imgSrc.convertTo(imgDst, -1, con, bri);             //(a)
```

```
    myQImg = QImage((const unsigned char*)(imgDst.data), imgDst.cols,
imgDst. rows, QImage::Format_RGB888);
    imgShow();
}
```

其中，

(a) imgSrc.convertTo(imgDst, -1, con, bri)：OpenCV 增強圖片使用的是點運算元，即用常數對每個像素點執行乘法和加法的複合運算，公式如下：

$$g(i,j) = \alpha f(i,j) + \beta$$

式中，$f(i,j)$ 代表一個原圖的像素點；α 是增益參數，控制圖片對比度；β 是偏置參數，控制圖片亮度；而 $g(i,j)$ 則表示經處理後的對應像素點。本例中這兩個參數分別對應程式中的變數 *con* 和 *bri*，執行時將它們的值傳入 OpenCV 的 convertTo() 方法，在其內部就會對圖片上的每個點均運用上式的演算法進行處理變換。

除直接使用 OpenCV 函數庫的像素轉換函數 convertTo() 外，因 Qt 處理圖片還可以透過程式設計對單一像素分別進行，故上面的程式段也可以改寫為：

```
void MainWindow::imgProc(float con, int bri)
{
    Mat imgSrc = myImg;
    Mat imgDst = Mat::zeros(imgSrc.size(), imgSrc.type());
    //執行運算 imgDst(i, j) = con * imgSrc(i, j) + bri
    for( int i = 0; i < imgSrc.rows; i++)
    {
        for( int j = 0; j < imgSrc.cols; j++)
        {
            for(int c = 0; c < 3; c++)
            {
                imgDst.at<Vec3b>(i, j)[c] = saturate_cast<uchar>(con
* (imgSrc. at< Vec3b> (i, j)[c]) + bri);
//(a)
            }
        }
    }
    myQImg = QImage((const unsigned char*)(imgDst.data), imgDst.cols,
imgDst. rows, QImage::Format_RGB888);
    imgShow();
}
```

其中，

(a) imgDst.at<Vec3b>(i, j)[c] = saturate_cast<uchar>(con * (imgSrc.at<Vec3b>(i, j)[c]) + bri)：為了能夠存取圖片中的每個像素，我們使用語法 "imgDst.at<Vec3b>(i, j)[c]"，其中，i 是像素所在的行，j 是像素所在的列，c 是 RGB 標準像素三個色彩通道之一。由於演算法運算結果可能超出像素標準的設定值範圍，也可能是非整數，所以要用 saturate_cast 對結果再進行一次轉換，以確保它為有效的值。

為使介面上的滑桿回應使用者操作，當使用者滑動或點擊滑桿時能即時地調整畫面像素強度，還要撰寫事件程序程式如下：

```
void MainWindow::on_contrastVerticalSlider_sliderMoved(int position)
{
    imgProc(position / 33.3, 0);
}

void MainWindow::on_contrastVerticalSlider_valueChanged(int value)
{
    imgProc(value / 33.3, 0);
}

void MainWindow::on_brightnessVerticalSlider_sliderMoved(int position)
{
    imgProc(1.0, position);
}

void MainWindow::on_brightnessVerticalSlider_valueChanged(int value)
{
    imgProc(1.0, value);
}
```

5. 執行效果

程式執行後，介面上顯示一幅「女潛水夫與海星」的原始圖片，如圖 21.3 所示。使用者可用滑鼠滑動滑桿或直接點擊滑桿上的任意位置來調整圖片的對比度和亮度，直到出現令人滿意的效果為止，如圖 21.4 所示。

對比度增加後，可以看出作為畫面主體的人和海星都從背景中很明顯地區分出來，成為整個圖片的主角。與未經任何處理的原始圖片比照，發現圖片上無論是女潛水夫身穿的潛水服、海星身上的花紋，還是背景海水及珊瑚的顏色都更加豐富絢麗，整個畫面呈現出美輪美奐的藝術視覺效果。

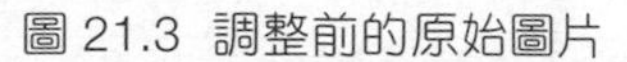
圖 21.3 調整前的原始圖片

圖 21.4 調整後的增強效果

21.1.2 平滑濾波實例

【例】(難度中等)(CH2102)現有一幅女潛水夫與熱帶魚的圖片，可見圖片背景裡摻雜很多氣泡，像一個個白色的斑點(見圖 21.5)，使整個背景的色彩顯得不夠純。現用 OpenCV 函數庫來對圖片進行平滑處理，去除這些氣泡斑點。

圖 21.5 背景裡摻雜氣泡斑點的原圖

1. 程式介面

建立一個 Qt 桌面應用程式專案，專案名稱為 "OpencvFilter"，設計程式介面如圖 21.6 所示。

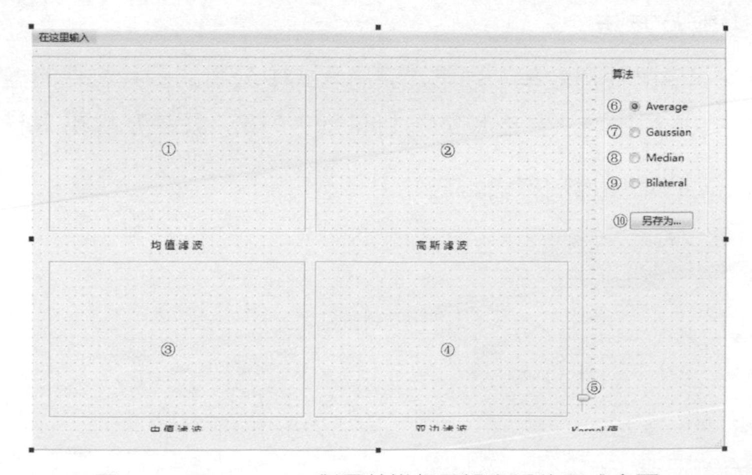

圖 21.6 用 OpenCV 對圖片進行平滑處理的程式介面

該程式介面上的各控制項都用數字號①，②，③，…標注，其名稱、類型及屬性設定見表 21.2。

表 21.2 程式介面上各控制項的名稱、類型及屬性設定

序號	名稱	類型	屬性設定
①	blurViewLabel	QLabel	geometry：寬度 300，高度 186； frameShape：Box； frameShadow：Sunken； text：空
②	gaussianViewLabel	QLabel	同 ①
③	medianViewLabel	QLabel	同 ①
④	bilateralViewLabel	QLabel	同 ①
⑤	kernelVerticalSlider	QSlider	maximum：33； value：1； tickPosition：TicksBelow； tickInterval：1
⑥	blurRadioButton	QRadioButton	text：Average； checked：選取
⑦	gaussianRadioButton	QRadioButton	text：Gaussian
⑧	medianRadioButton	QRadioButton	text：Median
⑨	bilateralRadioButton	QRadioButton	text：Bilateral
⑩	saveAsPushButton	QPushButton	text：另存為 ...

2. 全域變數及方法

為了提高程式碼的使用效率，通常建議將程式中公用的圖片物件的控制碼宣告為全域變數，通用的方法宣告為公有（public）方法，定義在專案 .h 標頭檔中。

"mainwindow.h" 標頭檔的程式如下：

```
#ifndef MAINWINDOW_H
#define MAINWINDOW_H

#include <QMainWindow>
#include "opencv2/opencv.hpp"                  //OpenCV 檔案包含
#include <QFileDialog>                         // 檔案對話方塊
#include <QScreen>                             //Qt 抓圖函數庫
using namespace cv;                            //OpenCV 命名空間
namespace Ui {
```

```
class MainWindow;
}

class MainWindow : public QMainWindow
{
    Q_OBJECT

public:
    explicit MainWindow(QWidget *parent = 0);
    ~MainWindow();
    void initMainWindow();                        //介面初始化
    void imgProc(int kernel);                     //處理圖片
    void imgShow();                               //顯示圖片

private slots:
    void on_kernelVerticalSlider_sliderMoved(int position);//kernel 值滑
桿滑動槽

    void on_kernelVerticalSlider_valueChanged(int value);//kernel 值滑桿
值改變槽

    void on_saveAsPushButton_clicked();       //"另存為…"按鈕點擊槽

private:
    Ui::MainWindow *ui;
    Mat myImg;                                   //快取圖片(供程式碼引用和處理)
    QImage myBlurQImg;                           //儲存平均值濾波圖片
    QImage myGaussianQImg;                       //儲存高斯濾波圖片
    QImage myMedianQImg;                         //儲存中值濾波圖片
    QImage myBilateralQImg;                      //儲存雙邊濾波圖片
};

#endif // MAINWINDOW_H
```

後面實現具體功能的程式皆位於 "mainwindow.cpp" 原始檔案中。

3. 初始化顯示

首先在 Qt 介面上顯示待處理的圖片，在建構方法中增加以下程式：

```
MainWindow::MainWindow(QWidget *parent):
    QMainWindow(parent),
    ui(new Ui::MainWindow)
{
    ui->setupUi(this);
    initMainWindow();
}
```

初始化方法 initMainWindow() 的程式為：

```
void MainWindow::initMainWindow()
{
    QString imgPath = "ladydiver.jpg";              //路徑中不能含中文字元
    Mat imgData = imread(imgPath.toLatin1().data());//讀取圖片資料
    cvtColor(imgData, imgData, COLOR_BGR2RGB);        //圖片格式轉換
    myImg = imgData;
    myBlurQImg = QImage((const unsigned char*)(imgData.data), imgData.
cols, imgData.rows, QImage::Format_RGB888);
    myGaussianQImg = myBlurQImg;
    myMedianQImg = myBlurQImg;
    myBilateralQImg = myBlurQImg;                    //(a)
    imgShow();
}
```

其中，

(a) ... myBilateralQImg = myBlurQImg：由於本例要將 4 種不同濾波演算法處理的結果圖片同時展現在同一個介面上，故這裡用 4 個 QImage 類型的全域變數分別儲存處理結果。對應地，顯示圖片的 imgShow() 方法中也有 4 句，初始時在介面上顯示 4 張一模一樣的原圖，以便後面比較呈現 4 種不同濾波演算法的不同效果：

```
void MainWindow::imgShow()
{
    ui->blurViewLabel->setPixmap(QPixmap::fromImage(myBlurQImg.
scaled(ui-> blurViewLabel->size(), Qt::KeepAspectRatio)));
//顯示平均值濾波圖
    ui->gaussianViewLabel->setPixmap(QPixmap::fromImage(myGaussianQI
mg.scaled (ui->gaussianViewLabel->size(), Qt::KeepAspectRatio)));
//顯示高斯濾波圖
    ui->medianViewLabel->setPixmap(QPixmap::fromImage(myMedianQImg.
scaled (ui->medianViewLabel->size(), Qt::KeepAspectRatio)));        //
顯示中值濾波圖
    ui->bilateralViewLabel->setPixmap(QPixmap::fromImage(myBilateralQI
mg. scaled(ui->bilateralViewLabel->size(), Qt::KeepAspectRatio)));   //
顯示雙邊濾波圖
}
```

4. 平滑濾波功能

平滑濾波功能寫在 imgProc() 方法中，該方法接收 1 個參數，表示演算法所用到的矩陣核心加權係數，實現程式為：

```
void MainWindow::imgProc(int ker)
{
    Mat imgSrc = myImg;
    //必須分別定義 imgDst1 ～ imgDst4 來執行演算法（不能公用同一個變數），否則記憶體
會崩潰
    Mat imgDst1 = imgSrc.clone();
    for (int i = 1; i < ker; i = i + 2) blur(imgSrc, imgDst1, Size(i,
i), Point(-1, -1));                                          //平均值濾波
    myBlurQImg = QImage((const unsigned char*)(imgDst1.data), imgDst1.
cols, imgDst1.rows, QImage::Format_RGB888);
    Mat imgDst2 = imgSrc.clone();
    for(int i=1; i<ker; i=i+2) GaussianBlur(imgSrc, imgDst2,
Size(i,i), 0, 0);                                            //高斯濾波
    myGaussianQImg = QImage((const unsigned char*)(imgDst2.data),
imgDst2.cols, imgDst2.rows, QImage::Format_RGB888);
    Mat imgDst3 = imgSrc.clone();
    for(int i=1; i<ker; i=i+2) medianBlur(imgSrc,imgDst3,i); //中值濾波
    myMedianQImg = QImage((const unsigned char*)(imgDst3.data),
imgDst3.cols, imgDst3.rows, QImage::Format_RGB888);
    Mat imgDst4 = imgSrc.clone();
    for(int i=1; i<ker; i=i+2) bilateralFilter(imgSrc, imgDst4, i,i*2,
i / 2);                                                      //雙邊濾波
    myBilateralQImg = QImage((const unsigned char*)(imgDst4.data),
imgDst4.cols, imgDst4.rows, QImage::Format_RGB888);
    imgShow();
}
```

為使介面上的滑桿回應使用者操作，當使用者滑動或點擊滑桿能即時地呈現以不同核心加權係數運算處理出的圖片效果，還要撰寫事件程序程式如下：

```
void MainWindow::on_kernelVerticalSlider_sliderMoved(int position)
{
    imgProc(position);
}

void MainWindow::on_kernelVerticalSlider_valueChanged(int value)
{
    imgProc(value);
}
```

程式支援使用者選擇指定不同演算法處理得到的結果圖片存檔，撰寫「另存為 ...」按鈕的事件程序程式如下：

```
void MainWindow::on_saveAsPushButton_clicked()
```

```
{
    QString filename = QFileDialog::getSaveFileName(this, tr("儲存圖片
"), "ladydiver_processed", tr("圖片檔案(*.png *.jpg *.jpeg *.bmp)"));
//選擇路徑
    QScreen *screen = QGuiApplication::primaryScreen();
    if(ui->blurRadioButton->isChecked()) screen->grabWindow(ui-
>blurViewLabel
->winId()).save(filename);                              //(a)
    if(ui->gaussianRadioButton->isChecked()) screen->grabWindow(ui-
>Gaussian
ViewLabel->winId()).save(filename);
    if(ui->medianRadioButton->isChecked()) screen->grabWindow(ui-
>medianViewLabel
->winId()).save(filename);
    if(ui->bilateralRadioButton->isChecked()) screen->grabWindow(ui->
bilateralViewLabel->winId()).save(filename);
}
```

其中，

(a) if(ui->blurRadioButton->isChecked())screen->grabWindow(ui->blurViewLabel-> winId()). save(filename)：這裡用到了 Qt 的抓圖函數程式庫 QScreen，呼叫其 grabWindow 可以將螢幕上表單中指定的介面區域存成一個 QPixmap 格式的圖片，再將 QPixmap 存成檔案就很容易了。

5. 執行效果

（1）程式執行後，介面上初始顯示 4 幅完全一樣的原始圖片，如圖 21.7 所示。

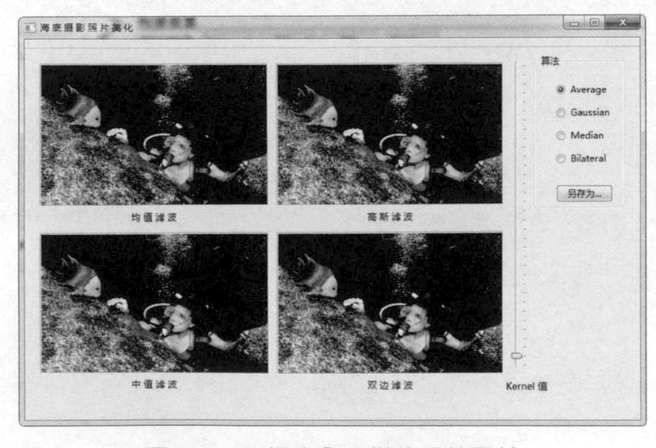

圖 21.7 4 幅完全一樣的原始圖片

（2）用滑鼠拖曳或點擊滑桿以改變演算法的核心加權係數，介面上即時動態地呈現用 4 種不同類型的濾波演算法對圖片處理的結果，如圖 21.8 所示。

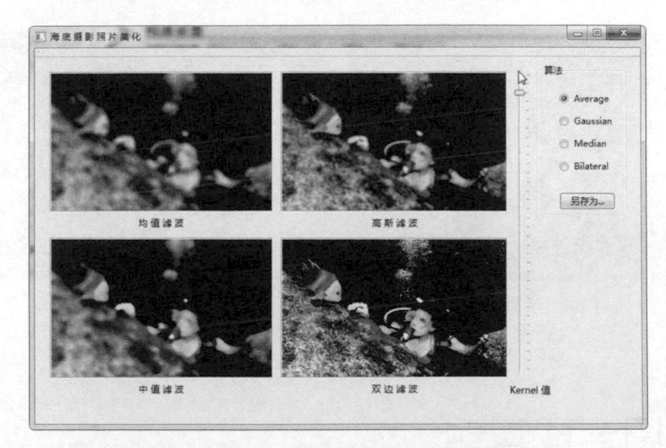

圖 21.8 動態地呈現 4 種不同類型的濾波演算法對圖片處理的結果

可以很明顯地發現：用平均值濾波和中值濾波演算法處理後的圖片都比較模糊，其中中值濾波的結果由於太過模糊甚至都已經完全失真了！而用另外兩種演算法處理的結果則要好得多，尤其是雙邊濾波，由於該演算法結合了高斯濾波等多種演算法的優點，故所得到的圖片在最大限度地去除雜訊的基礎上又盡可能地保留了原圖的清晰度。

（3）綜上結果分析，我們選擇將用雙邊濾波演算法處理的結果存檔。在圖 21.9 左邊的介面右上方「演算法」框裡選中最下面的 "Bilateral"（雙邊濾波）選項按鈕，點擊「另存為 ...」按鈕，彈出圖 21.9 右邊的「儲存圖片」對話方塊。

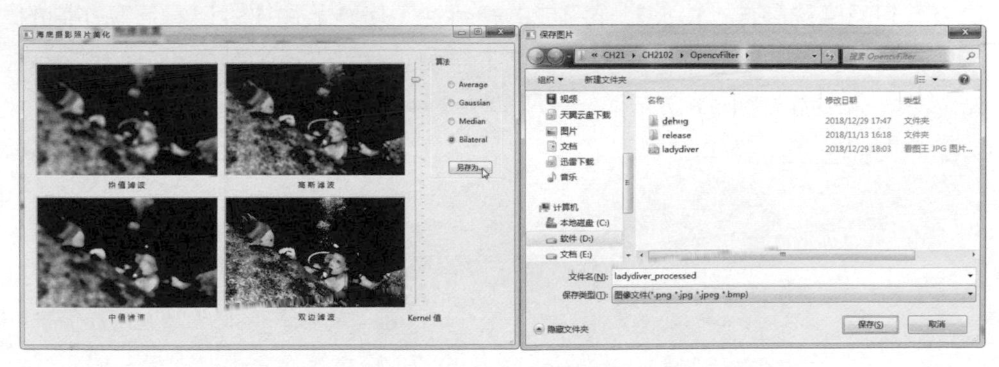

圖 21.9 儲存用雙邊濾波演算法處理的結果

給圖片命名、選擇存檔路徑後點擊「儲存」按鈕即可。

最後，開啟已存檔的處理後的圖片與原圖做比較，如圖 21.10 所示。很明顯，背景裡摻雜的那些氣泡斑點已經少了很多。

（a）濾波前

（b）濾波后

圖 21.10 平滑濾波處理前後的效果比較

21.2 多圖合成實例

在實際應用中，為了某種需要，常將多張圖合成為一張圖，OpenCV 函數庫也實現了這類功能。

【例】（難度中等）（CH2103）藝術體操（Rhythmic Gymnastics）是一項藝術性很強的女子競技體育項目，起源於 19 世紀末 20 世紀初的歐洲，是奧運會、亞運會的重要比賽項目。參賽者一般在音樂的伴奏下手持彩色繩帶或球圈，做出一系列富有藝術性的舞蹈、跳躍、平衡、波浪形及高難度技巧動作。這個項目對女孩子柔韌性要求極高，運動員從四五歲就開始艱苦的訓練，她們以超常的毅力和意志力將人體的柔軟度發展到極限，在賽場上常常能夠做出種種在常人看來不可思議的動作，由於動作組成的複雜性，使觀眾往往難以看清動作間的銜接過渡方式。一名藝術體操女孩表演下腰倒立劈叉夾球的動作可分解為兩個階段來完成，如圖 21.11 所示。

第一階段
下腰手撐地、單腿朝天蹬

第二階段
倒立做塌腰頂、雙腿呈豎叉打開

圖 21.11 藝術體操女孩表演下腰倒立劈叉夾球的動作（分解動作）

該動作極佳地展示了女性身體的陰柔之美，為了表現兩個階段的連貫性，下面透過 OpenCV 的多圖合成技術將兩張圖合成為一張圖。

21.2.1 程式介面

建立一個 Qt 桌面應用程式專案，專案名稱為 "OpencvBlend"，設計程式介面如圖 21.12 所示。

圖 21.12 用 OpenCV 對多圖進行合成的程式介面

該程式介面上各控制項都用數字號①、②標注，其名稱、類型及屬性設定見表 21.3。

表 21.3 程式介面上各控制項的名稱、類型及屬性設定

序號	名稱	類型	屬性設定
①	viewLabel	QLabel	geometry：寬度 540，高度 414； frameShape：Box； frameShadow：Sunken； text：空
②	verticalSlider	QSlider	maximum：100； value：0； tickPosition：TicksBelow； tickInterval：5

21.2.2 全域變數及方法

為了提高程式碼的使用效率，通常建議將程式中公用的圖片物件的控制碼宣告為全域變數，通用的方法宣告為公有（public）方法，定義在專案 .h 標頭檔中。

"mainwindow.h" 標頭檔的程式如下：

```
#ifndef MAINWINDOW_H
#define MAINWINDOW_H

#include <QMainWindow>
#include "opencv2/opencv.hpp"                          //OpenCV 檔案包含

using namespace cv;                                    //OpenCV 命名空間
namespace Ui {
class MainWindow;
}

class MainWindow : public QMainWindow
{
    Q_OBJECT

public:
    explicit MainWindow(QWidget *parent = 0);
    ~MainWindow();
    void initMainWindow();                             // 介面初始化
    void imgProc(float alpha);                         // 處理圖片
    void imgShow();                                    // 顯示圖片

private slots:
    void on_verticalSlider_sliderMoved(int position);  // 滑桿移動訊號槽

    void on_verticalSlider_valueChanged(int value);    // 滑桿值改變訊號槽

private:
    Ui::MainWindow *ui;
    Mat myImg;                                    // 快取圖片（供程式碼引用和處理）
    QImage myQImg;                                // 儲存圖片（可轉為檔案存檔或顯示）
};

#endif // MAINWINDOW_H
```

後面實現具體功能的程式皆位於 "mainwindow.cpp" 原始檔案中。

21.2.3 初始化顯示

首先在 Qt 介面上顯示待處理的圖片，在建構方法中增加以下程式：

```
MainWindow::MainWindow(QWidget *parent) :
    QMainWindow(parent),
    ui(new Ui::MainWindow)
```

```
{
    ui->setupUi(this);
    initMainWindow();
}
```

初始化方法 initMainWindow() 的程式為：

```
void MainWindow::initMainWindow()
{
    QString imgPath = "shape01.jpg";    //本地路徑（圖片直接存放在專案目錄下）
    Mat imgData = imread(imgPath.toLatin1().data());    //讀取圖片資料
    cvtColor(imgData, imgData, COLOR_BGR2RGB);           //圖片格式轉換
    myImg = imgData;
    myQImg = QImage((const unsigned char*)(imgData.data), imgData.
cols, imgData. rows, QImage::Format_RGB888);
    imgShow();                                           //顯示圖片
}
```

顯示圖片的 imgShow() 方法中只有一句：

```
void MainWindow::imgShow()
{
    ui->viewLabel->setPixmap(QPixmap::fromImage(myQImg.scaled(ui-
>viewLabel-> size(), Qt::KeepAspectRatio)));      //在 Qt 介面上顯示圖片
}
```

21.2.4 功能實現

圖片合成處理功能寫在 imgProc() 方法中，該方法接收 1 個透明度參數 a，實現程式為：

```
void MainWindow::imgProc(float alp)
{
    Mat imgSrc1 = myImg;
    QString imgPath = "shape02.jpg";                   //路徑中不能含中文字元
    Mat imgSrc2 = imread(imgPath.toLatin1().data());//讀取圖片資料
    cvtColor(imgSrc2, imgSrc2, COLOR_BGR2RGB);        //圖片格式轉換
    Mat imgDst;
    addWeighted(imgSrc2,alp,imgSrc1,1-alp,0,imgDst); //(a)
    myQImg=QImage((const unsigned char*)(imgDst.data),imgDst.
cols,imgDst.rows,
QImage::Format_RGB888);
    imgShow();                                         //顯示圖片
}
```

其中，

(a) addWeighted(imgSrc2, alp, imgSrc1, 1 - alp, 0, imgDst)：OpenCV 用 addWeighted() 方法實現將兩張圖按照不同的透明度進行疊加，程式寫法為：

```
addWeighted(原圖2, α, 原圖1, 1-α, 0, 合成圖);
```

其中，a 為透明度參數，值在 0 ～ 1.0 之間，addWeighted() 方法根據給定的兩張原圖及 α 值，用插值演算法合成一張新圖，運算公式為：

合成圖像素值 = 原圖 1 像素值 ×(1-α)+ 原圖 2 像素值 ×a

特別是，當 α =0 時，合成圖就等於原圖 1；當 α =1 時，合成圖等於原圖 2。

為使介面上的滑桿回應使用者操作，當使用者滑動或點擊滑桿時能即時地調整透明度 α 值，還要撰寫事件程序程式如下：

```
void MainWindow::on_verticalSlider_sliderMoved(int position)
{
    imgProc(position / 100.0);
}

void MainWindow::on_verticalSlider_valueChanged(int value)
{
    imgProc(value / 100.0);
}
```

21.2.5 執行效果

程式執行後，介面初始顯示的是藝術體操女孩做下腰手撐地、單腿朝天蹬（原圖 1）的動作，如圖 21.13 所示。

圖 21.13 初始顯示原圖 1

用滑鼠向上拖曳滑桿可看到背景中逐漸顯現女孩做倒立開叉的動作，形體動作合成如圖 21.14 所示。

直到滑桿移至最頂端完全顯示出最終的倒立做塌腰頂、雙腿呈豎叉開啟（原圖 2）的動作，如圖 21.15 所示。

圖 21.14 形體動作合成

圖 21.15 最終顯示原圖 2 的動作

兩張圖合成的過程在向觀眾優雅地展示藝體女孩柔美身形的同時，也能讓人很清楚地看出這一複雜、高難度形體動作的基本組成方式。

21.3 圖片旋轉縮放實例

用 OpenCV 函數庫還可實現將圖片旋轉任意角度，以及放大、縮小功能。

【例】（難度一般）（CH2104）現有一張著名風景區長白山天池的圖片（見圖 21.16），本例應用 OpenCV 函數庫來實現對這張圖片的任意旋轉、縮放功能。

圖 21.16 長白山天池

21.3.1 程式介面

建立一個 Qt 桌面應用程式專案，專案名稱為 "OpencvScaleRotate"，設計程式介面如圖 21.17 所示。

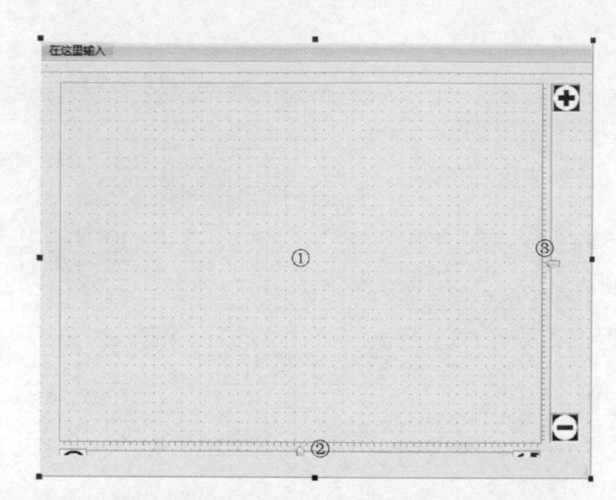

圖 21.17 用 OpenCV 對圖片進行旋轉、縮放的程式介面

該程式介面上各控制項都用數字號①、②、③標注，其名稱、類型及屬性設定見表 21.4。

表 21.4 程式介面上各控制項的名稱、類型及屬性設定

序號	名稱	類型	屬性設定
①	viewLabel	QLabel	geometry：寬度 512，高度 384； frameShape：Box； frameShadow：Sunken； text：空
②	rotateHorizontalSlider	QLabel	maximum：720； value：360； orientation：Horizontal； tickPosition：TicksAbove； tickInterval：10
③	scaleVerticalSlider	QSlider	maximum：200； value：100； orientation：Vertical； tickPosition：TicksLeft； tickInterval：3

21.3.2 全域變數及方法

為了提高程式碼的使用效率，通常建議將程式中公用的圖片物件的控制碼宣告為全域變數，通用的方法宣告為公有（public）方法，定義在專案 .h 標頭檔中。

"mainwindow.h" 標頭檔，程式如下：

```
#ifndef MAINWINDOW_H
#define MAINWINDOW_H

#include <QMainWindow>
#include "opencv2/opencv.hpp"                              //OpenCV 檔案包含

using namespace cv;                                        //OpenCV 命名空間
namespace Ui {
class MainWindow;
}

class MainWindow : public QMainWindow
{
    Q_OBJECT

public:
    explicit MainWindow(QWidget *parent = 0);
    ~MainWindow();
    void initMainWindow();                                 // 介面初始化
    void imgProc(float angle, float scale);                // 處理圖片
    void imgShow();                                        // 顯示圖片

private slots:
    void on_rotateHorizontalSlider_sliderMoved(int position);
// 旋轉滑桿拖曳槽

    void on_rotateHorizontalSlider_valueChanged(int value);
// 旋轉滑桿值改變槽

    void on_scaleVerticalSlider_sliderMoved(int position);// 縮放滑桿拖曳槽

    void on_scaleVerticalSlider_valueChanged(int value); // 縮放滑桿值改變槽

private:
    Ui::MainWindow *ui;
    Mat myImg;                                 // 快取圖片（供程式碼引用和處理）
    QImage myQImg;                             // 儲存圖片（可轉為檔案存檔或顯示）
```

```
};

#endif // MAINWINDOW_H
```

後面實現具體功能的程式皆位於 "mainwindow.cpp" 原始檔案中。

21.3.3 初始化顯示

首先在 Qt 介面上顯示待處理的圖片，在建構方法中增加以下程式：

```
MainWindow::MainWindow(QWidget *parent) :
    QMainWindow(parent),
    ui(new Ui::MainWindow)
{
    ui->setupUi(this);
    initMainWindow();
}
```

初始化方法 initMainWindow() 的程式為：

```
void MainWindow::initMainWindow()
{
    QString imgPath = "lake.jpg";       // 本地路徑(將圖片直接存放在專案目錄下)
    Mat imgData = imread(imgPath.toLatin1().data());    // 讀取圖片資料
    cvtColor(imgData, imgData, COLOR_BGR2RGB);          // 圖片格式轉換
    myImg = imgData;
    myQImg = QImage((const unsigned char*)(imgData.data), imgData.
cols, imgData. rows, QImage::Format_RGB888);
    imgShow();                                          // 顯示圖片
}
```

顯示圖片的 imgShow() 方法中只有一句：

```
void MainWindow::imgShow()
{
    ui->viewLabel->setPixmap(QPixmap::fromImage(myQImg.scaled(ui-
>viewLabel-> size(), Qt::KeepAspectRatio)));        // 在 Qt 介面上顯示圖片
}
```

21.3.4 功能實現

圖片旋轉和縮放處理功能寫在 imgProc() 方法中，該方法接收 2 個參數，皆為單精度實數，ang 表示旋轉角度（正為順時鐘、負為逆時鐘），sca 表示縮放率（大於 1 為放大、小於 1 為縮小），實現程式為：

```
void MainWindow::imgProc(float ang, float sca)
{
    Point2f srcMatrix[3];
    Point2f dstMatrix[3];
    Mat imgRot(2, 3, CV_32FC1);
    Mat imgSrc = myImg;
    Mat imgDst;
    Point centerPoint = Point(imgSrc.cols / 2, imgSrc.rows / 2);
                                            //計算原圖片的中心點
    imgRot = getRotationMatrix2D(centerPoint, ang, sca);  //(a)
                                            //根據角度和縮放參數求得旋轉矩陣
    warpAffine(imgSrc, imgDst, imgRot, imgSrc.size());    //執行旋轉操作
    myQImg=QImage((const unsigned char*)(imgDst.data),imgDst.
cols,imgDst.rows,
QImage::Format_RGB888);
    imgShow();
}
```

其中，

(a) imgRot = getRotationMatrix2D(centerPoint, ang, sca)：OpenCV 內部用仿射變換演算法來實現圖片的旋轉縮放。它需要 3 個參數：① 旋轉圖片所要圍繞的中心；② 旋轉的角度，在 OpenCV 中逆時鐘角度為正值，反之為負值；③ 縮放因數（可選），在本例中分別對應 centerPoint、ang 和 sca 參數值。任何一個仿射變換都能表示為向量乘以一個矩陣（線性變換）再加上另一個向量（平移），研究表明，不論是對圖片的旋轉還是縮放操作，本質上都是對其每個像素施加了某種線性變換，如果不考慮平移，實際上也就是一個仿射變換。因此，變換的關鍵在於求出變換矩陣，這個矩陣實際上代表了變換前後兩張圖片之間的關係。這裡用 OpenCV 的 getRotationMatrix2D() 方法來獲得旋轉矩陣，然後透過 warpAffine() 方法將所獲得的矩陣用到對圖片的旋轉縮放操作中。

最後，為使介面上的滑桿回應使用者操作，還要撰寫事件程序程式如下：

```
void MainWindow::on_rotateHorizontalSlider_sliderMoved(int position)
{
    imgProc(float(position-360), ui->scaleVerticalSlider->value() /
100.0);
}
```

```
void MainWindow::on_rotateHorizontalSlider_valueChanged(int value)
{
    imgProc(float(value-360), ui->scaleVerticalSlider->value() /
100.0);
}

void MainWindow::on_scaleVerticalSlider_sliderMoved(int position)
{
    imgProc(float(ui->rotateHorizontalSlider->value()-360),
position/100.0);
}

void MainWindow::on_scaleVerticalSlider_valueChanged(int value)
{
    imgProc(float(ui->rotateHorizontalSlider->value()-360), value /
100.0);
}
```

這樣，當使用者滑動或點擊滑桿就能即時地根據滑桿當前所指的參數來變換圖片。

21.3.5 執行效果

執行程式，介面上顯示出長白山天池初始圖片，如圖 21.18 所示。

圖 21.18 長白山天池初始圖片

用滑鼠拖曳右側滑桿，可將圖片放大或縮小，如圖 21.19 所示。

接著，用滑鼠拖曳下方滑桿，可對圖片做任意方向和角度的旋轉，如圖 21.20 所示。

圖 21.19 圖片縮放

圖 21.20 圖片旋轉

21.4 圖片智慧辨識實例

除基本的圖片處理功能外，OpenCV 還是一個強大的電腦視覺函數庫，基於各種人工智慧演算法及電腦視覺技術的最新成就，可以做到精準地辨識、定位出畫面中特定的物體和人臉各器官的位置。本節以兩個實例展示這些功能的基本使用方法。

21.4.1 尋找匹配物體實例

【例】（較難）（CH2105）現有一張小美人魚公主動漫圖片（見圖 21.21），我們想讓電腦從這張圖片中找出一條小魚（見圖 21.22），並標示出它的位置。

圖 21.21 小美人魚公主動漫圖片

圖 21.22 要找的小魚

1. 程式介面

建立一個 Qt 桌面應用程式專案，專案名稱為 "OpencvObjMatch"，設計程式介面如圖 21.23 所示。

圖 21.23 用 OpenCV 尋找匹配物體的程式介面

該程式介面上各控制項都用數字號①、②標注，其名稱、類型及屬性設定見表 21.5。

表 21.5 程式介面上各控制項的名稱、類型及屬性設定

序號	名稱	類型	屬性設定
①	viewLabel	QLabel	geometry：寬度 512，高度 320； frameShape：Box； frameShadow：Sunken； text：空
②	matchPushButton	QPushButton	font：微軟雅黑，10； text：開 始 尋 找

2. 全域變數及方法

為了提高程式碼的使用效率，通常建議將程式中公用的圖片物件的控制碼宣告為全域變數，通用的方法宣告為公有（public）方法，定義在專案 .h 標頭檔中。

"mainwindow.h" 標頭檔，程式如下：

```
#ifndef MAINWINDOW_H
```

```
#define MAINWINDOW_H

#include <QMainWindow>
#include "opencv2/opencv.hpp"                //OpenCV 檔案包含

using namespace cv;                          //OpenCV 命名空間
namespace Ui {
class MainWindow;
}

class MainWindow : public QMainWindow
{
    Q_OBJECT

public:
    explicit MainWindow(QWidget *parent = 0);
    ~MainWindow();
    void initMainWindow();                   // 介面初始化
    void imgProc();                          // 處理圖片
    void imgShow();                          // 顯示圖片

private slots:
    void on_matchPushButton_clicked();       //" 開始尋找 " 按鈕點擊事件槽

private:
    Ui::MainWindow *ui;
    Mat myImg;                               // 快取圖片（供程式碼引用和處理）
    QImage myQImg;                           // 儲存圖片（可轉為檔案存檔或顯示）
};

#endif // MAINWINDOW_H
```

後面實現具體功能的程式皆位於 "mainwindow.cpp" 原始檔案中。

3. 初始化顯示

首先在 Qt 介面上顯示要從中匹配物體的圖片，在建構方法中增加以下程式：

```
MainWindow::MainWindow(QWidget *parent) :
    QMainWindow(parent),
    ui(new Ui::MainWindow)
{
    ui->setupUi(this);
    initMainWindow();
}
```

初始化方法 initMainWindow() 的程式為：

```
void MainWindow::initMainWindow()
{
    QString imgPath = "mermaid.jpg";  //本地路徑（將圖片直接存放在專案目錄下）
    Mat imgData = imread(imgPath.toLatin1().data());    //讀取圖片資料
    cvtColor(imgData, imgData, COLOR_BGR2RGB);          //圖片格式轉換
    myImg = imgData;
    myQImg = QImage((const unsigned char*)(imgData.data), imgData.
cols, imgData. rows, QImage::Format_RGB888);
    imgShow();                                          //顯示圖片
}
```

顯示圖片的 imgShow() 方法中只有一句：

```
void MainWindow::imgShow()
{
    ui->viewLabel->setPixmap(QPixmap::fromImage(myQImg.scaled(ui->
viewLabel-> size(), Qt::KeepAspectRatio)));          //在 Qt 介面上顯示圖片
}
```

4. 功能實現

尋找匹配物體的功能寫在 imgProc() 方法中，本例採用相關匹配演算法 CV_TM_CCOEFF 來匹配尋找畫面中的一條小魚，實現程式為：

```
void MainWindow::imgProc()
{
    int METHOD = CV_TM_CCOEFF;          //(a)
    Mat imgSrc = myImg;                 //將被顯示的原圖
    QString imgPath = "fish.jpg";       //待匹配的子圖(為原圖上截取下的一部分)
    Mat imgTmp = imread(imgPath.toLatin1().data());  //讀取圖片資料
    cvtColor(imgTmp, imgTmp, COLOR_BGR2RGB);         //圖片格式轉換
    Mat imgRes;
    Mat imgDisplay;
    imgSrc.copyTo(imgDisplay);
    int rescols = imgSrc.cols - imgTmp.cols + 1;
    int resrows = imgSrc.rows - imgTmp.rows + 1;
    imgRes.create(rescols, resrows, CV_32FC1);        //建立輸出結果的矩陣
    matchTemplate(imgSrc, imgTmp, imgRes, METHOD);   //進行匹配
    normalize(imgRes, imgRes, 0, 1, NORM_MINMAX, -1, Mat()); //進行標準化
    double minVal;
    double maxVal;
    Point minLoc;
    Point maxLoc;
    Point matchLoc;
```

```
    minMaxLoc(imgRes, & minVal, & maxVal, & minLoc, & maxLoc, Mat());
                                          //透過函數 minMaxLoc 定位最匹配的位置
    //對於方法 SQDIFF 和 SQDIFF_NORMED, 數值越小匹配結果越好；而對於其他方法，
數值越大，匹配結果越好
    if (METHOD == CV_TM_SQDIFF || METHOD == CV_TM_SQDIFF_NORMED)
matchLoc = minLoc;
    else matchLoc = maxLoc;
    rectangle(imgDisplay, matchLoc, Point(matchLoc.x + imgTmp.cols,
matchLoc.y + imgTmp.rows), Scalar::all(0), 2, 8, 0);
    rectangle(imgRes, matchLoc, Point(matchLoc.x + imgTmp.cols,
matchLoc.y + imgTmp.rows), Scalar::all(0), 2, 8, 0);
    myQImg = QImage((const unsigned char*)(imgDisplay.data),
imgDisplay.cols, imgDisplay.rows, QImage::Format_RGB888);
    imgShow();                            //顯示圖片
}
```

其中，

(a) int METHOD = CV_TM_CCOEFF：OpenCV 透過函數 matchTemplate 實現了範本匹配演算法，它共支援三大類 6 種不同演算法。

（1）CV_TM_SQDIFF（方差匹配）、CV_TM_SQDIFF_NORMED（標準方差匹配）

這類方法採用原圖與待匹配子圖像素的平方差來進行累加求和，計算所得數值越小，説明匹配度越高。

（2）CV_TM_CCORR（乘數匹配）、CV_TM_CCORR_NORMED（標準乘數匹配）

這類方法採用原圖與待匹配子圖對應像素的乘積進行累加求和，與第一類方法相反，數值越大表示匹配度越高。

（3）CV_TM_CCOEFF（相關匹配）、CV_TM_CCOEFF_NORMED（標準相關匹配）

這類方法把原圖像素對其平均值的相對值與待匹配子圖像素對其平均值的相對值進行比較，計算數值越接近 1，表示匹配度越高。

通常來説，從匹配準確度上看，相關匹配要優於乘數匹配，乘數匹配則優於方差匹配，但這種準確度的提高是以增加計算複雜度和犧牲時間效率為代價的。如果所用電腦處理器速度較慢，則只能用比較簡單的方差匹配演算法；當所用裝置處理器性能很好時，優先使用較複雜的相關匹配演算法，可以保證辨識準確無誤。本例使用的是準確度最佳的 CV_TM_CCOEFF 相關匹配演算法。

最後使介面上的按鈕回應使用者操作，在其點擊事件程序中呼叫上面的處理方法：

```
void MainWindow::on_matchPushButton_clicked()
{
    imgProc();
}
```

5. 執行結果

程式執行後，介面上初始顯示小美人魚公主圖片，點擊「開始尋找」按鈕，程式執行完匹配演算法就會在圖片上繪框標示出這條小魚所在的位置，如圖 21.24 所示。

圖 21.24 找到這條小魚並用框標示出來

21.4.2 人臉辨識實例

【例】（較難）（CH2106）OpenCV 還有一個廣泛的用途就是辨識人臉，由於它的內部整合了最新的圖片視覺智慧辨識技術，故辨識率可以做到非常精準。本例我們用一張女模的圖片（見圖 21.25）作為程式辨識的物件。

圖 21.25 女模的圖片

1. 載入視覺辨識分類器

建立一個 Qt 桌面應用程式專案，專案名稱為 "OpencvFace"，在做人臉辨識功能之前需要將 OpenCV 函數庫內建的電腦視覺辨識分類器檔案複製到專案目錄下，這些檔案位於 OpenCV 的安裝資料夾，路徑為 "D:\OpenCV_3.4.3-Build\install\etc\haarcascades"，如圖 21.26 所示。

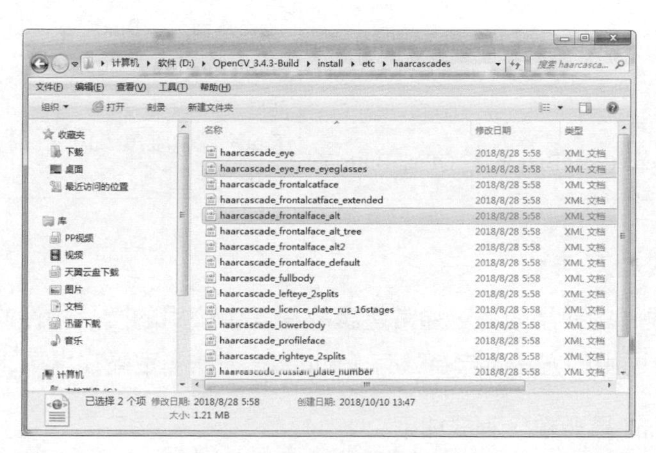

圖 21.26 OpenCV 函數庫內建的電腦視覺辨識分類器檔案

本例選用其中的 "haarcascade_eye_tree_eyeglasses.xml"（用於人雙眼位置辨識）和 "haarcascade_frontalface_alt.xml"（用於人正臉辨識）這兩個檔案。當然，有興趣的使用者也可以自己寫程式測試其他一些類型的分類器。從分類器的檔案名稱就可以大致猜出它的功能，有的單獨用於辨識左眼或右眼，還有的用於辨識身體的上半身、下半身等。

2. 程式介面

設計程式介面如圖 21.27 所示。

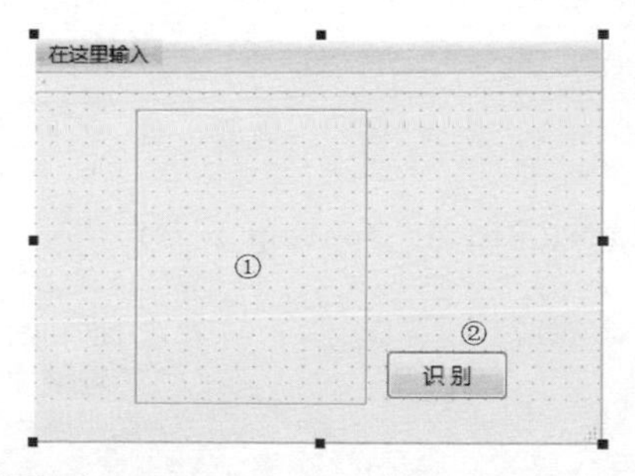

圖 21.27 OpenCV 人臉辨識程式介面

該程式介面上各控制項都用數字號①、②標注，其名稱、類型及屬性設定列於表 21.6。

表 21.6 程式介面上各控制項的名稱、類型及屬性設定

序號	名稱	類型	屬性設定
①	viewLabel	QLabel	geometry：寬度 140，高度 185； frameShape：Box； frameShadow：Sunken； text：空
②	detectPushButton	QPushButton	font：微軟雅黑，10； text：識 別

3. 全域變數及方法

為了提高程式碼的使用效率，通常建議將程式中公用的圖片物件的控制碼宣告為全域變數，通用的方法宣告為公有（public）方法，定義在專案 .h 標頭檔中。

"mainwindow.h" 標頭檔，程式如下：

```
#ifndef MAINWINDOW_H
#define MAINWINDOW_H

#include <QMainWindow>
#include "opencv2/opencv.hpp"                    //OpenCV 檔案包含
#include <vector>                                // 包含向量類別動態陣列功能
using namespace cv;                              //OpenCV 命名空間
using namespace std;                             // 使用 vector 必須宣告該名稱空間
namespace Ui {
class MainWindow;
}

class MainWindow : public QMainWindow
{
    Q_OBJECT

public:
    explicit MainWindow(QWidget *parent = 0);
    ~MainWindow();
    void initMainWindow();                       // 介面初始化
    void imgProc();                              // 處理圖片
    void imgShow();                              // 顯示圖片
```

```
private slots:
    void on_detectPushButton_clicked();  //" 辨識 " 按鈕點擊事件槽

private:
    Ui::MainWindow *ui;
    Mat myImg;                                    // 快取圖片（供程式碼引用和處理）
    QImage myQImg;                                // 儲存圖片（可轉為檔案存檔或顯示）
};

#endif // MAINWINDOW_H
```

後面實現具體功能的程式皆位於 "mainwindow.cpp" 原始檔案中。

4. 初始化顯示

首先在 Qt 介面上顯示待處理的圖片，在建構方法中增加程式如下：

```
MainWindow::MainWindow(QWidget *parent) :
    QMainWindow(parent),
    ui(new Ui::MainWindow)
{
    ui->setupUi(this);
    initMainWindow();
}
```

初始化方法 initMainWindow() 的程式為：

```
void MainWindow::initMainWindow()
{
    QString imgPath = "baby.jpg";        // 本地路徑(將圖片直接存放在專案目錄下）
    Mat imgData = imread(imgPath.toLatin1().data()); // 讀取圖片資料
    cvtColor(imgData, imgData, COLOR_BGR2RGB); // 圖片格式轉換 ( 避免圖片顏色
失真 )
    myImg = imgData;
    myQImg=QImage((const unsigned char*)(imgData.data),imgData.cols,
imgData. rows,QImage::Format_RGB888);
    imgShow();                                        // 顯示圖片
}
```

顯示圖片的 imgShow() 方法中只有一句：

```
void MainWindow::imgShow()
{
    ui->viewLabel->setPixmap(QPixmap::fromImage(myQImg.scaled(ui-
>viewLabel-> size(), Qt::KeepAspectRatio)));   // 在 Qt 介面上顯示圖片
}
```

5. 檢測辨識功能

檢測辨識功能寫在 imgProc() 方法中，實現程式為：

```
void MainWindow::imgProc()
{
    CascadeClassifier face_detector;              //定義人臉辨識分類器類別
    CascadeClassifier eyes_detector;              //定義人眼辨識分類器類別
    string fDetectorPath = "haarcascade_frontalface_alt.xml";
    face_detector.load(fDetectorPath);
    string eDetectorPath = "haarcascade_eye_tree_eyeglasses.xml";
    eyes_detector.load(eDetectorPath);            //(a)
    vector<Rect> faces;
    Mat imgSrc = myImg;
    Mat imgGray;
    cvtColor(imgSrc, imgGray, CV_RGB2GRAY);
    equalizeHist(imgGray, imgGray);
    face_detector.detectMultiScale(imgGray, faces, 1.1, 2, 0 | CV_
HAAR_ SCALE_ IMAGE, Size(30, 30));               //多尺寸檢測人臉
    for (int i = 0; i < faces.size(); i++)
    {
        Point center(faces[i].x + faces[i].width * 0.5, faces[i].y +
faces[i]. height * 0.5);
        ellipse(imgSrc, center, Size(faces[i].width * 0.5, faces[i].
height * 0.5),
0, 0, 360, Scalar(255, 0, 255), 4, 8, 0);
        Mat faceROI = imgGray(faces[i]);
        vector<Rect> eyes;
        eyes_detector.detectMultiScale(faceROI, eyes, 1.1, 2, 0 | CV_
HAAR_SCALE_ IMAGE, Size(30, 30));             //再在每張人臉上檢測雙眼
        for (int j = 0; j < eyes.size(); j++)
        {
            Point center(faces[i].x + eyes[j].x + eyes[j].width * 0.5,
faces[i].y + eyes[j].y + eyes[j].height * 0.5);
            int radius = cvRound((eyes[j].width + eyes[i].height) * 0.25);
            circle(imgSrc, center, radius, Scalar(255, 0, 0), 4, 8, 0);
        }
    }
    Mat imgDst = imgSrc;
    myQImg = QImage((const unsigned char*)(imgDst.data), imgDst.cols,
imgDst. rows, QImage::Format_RGB888);
    imgShow();
}
```

其中，

(a) eyes_detector.load(eDetectorPath)：load() 方法用於載入一個 XML 分類器檔案，OpenCV 既支援 Haar 特徵演算法也支援 LBP 特徵演算法的分類器。關於各種人臉檢測辨識的智慧演算法，有興趣的讀者可以查閱相關的電腦視覺類別刊物和論文，本書就不再細說了。

最後撰寫「辨識」按鈕的點擊事件程序，在其中呼叫人臉辨識的處理方法：

```
void MainWindow::on_matchPushButton_clicked()
{
    imgProc();
}
```

6. 執行效果

程式執行後，在介面上顯示女模的圖片，點擊「辨識」按鈕，程式執行完分類器演算法自動辨識出圖片上的人臉，用粉色圓圈圈出；並且進一步辨別出她的雙眼所在的位置，用紅色圓圈圈出，如圖 21.28 所示。

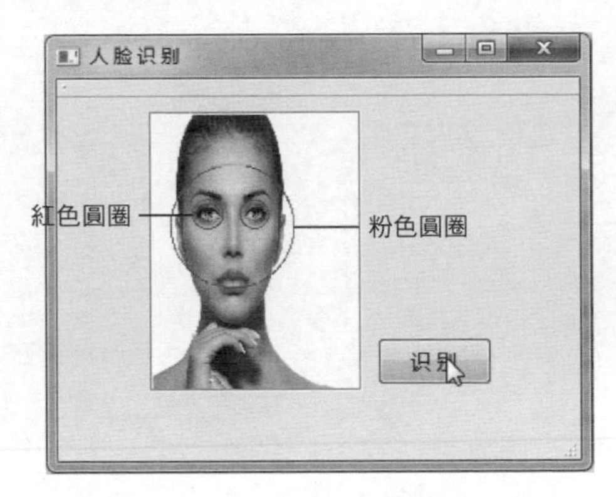

圖 21.28 辨識出人臉及眼睛的位置

OpenCV 還有很多十分奇妙的功能，限於篇幅，本書不再展開，有興趣的讀者可以結合官方文件自己去嘗試。

OpenCV【綜合實例】：醫院遠端診斷系統

CHAPTER 22

本章透過開發南京市鼓樓醫院遠端診斷系統來綜合應用 OpenCV 擴充函數庫的功能，對應本書實例 CH22。

22.1 遠端診斷系統功能需求

系統功能主要包括：

（1）南京全市各分區醫院診療點科室管理。

（2）CT 影像的遠端處理及診斷。

（3）患者建檔資訊標籤表單。

（4）後台患者資訊資料庫瀏覽。

22.1.1 診療點科室管理

診療點科室管理功能顯示效果如圖 22.1 所示。

診療點科室管理功能用樹狀視圖實現，根節點是「鼓樓醫院」，下面各子節點是南京市各郊區縣，下面各分支節點則是分區醫院的各科室。

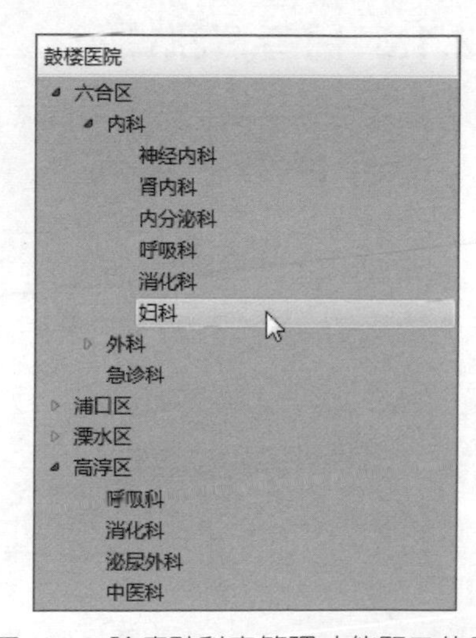

圖 22.1 診療點科室管理功能顯示效果

22.1.2 CT 影像顯示和處理

CT 影像的遠端處理及診斷如圖 22.2 所示，圖中央顯示一幅高畫質 CT 相片，右上角有年月日及時間顯示。

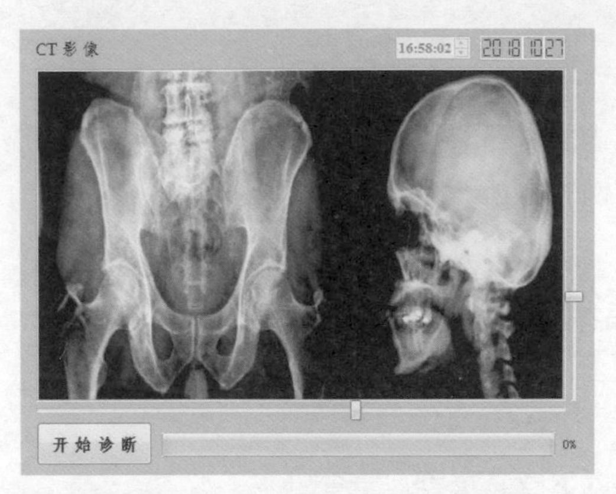

圖 22.2 CT 影像的遠端處理及診斷

點擊「開始診斷」按鈕，選擇載入患者的 CT 相片，用 OpenCV+Contrib 擴充函數庫對 CT 相片執行處理，辨識出異常病灶區域並標示出來，舉出診斷結果。

22.1.3 患者資訊標籤

以表單形式顯示患者的基本建檔資訊，如圖 22.3 所示，包括「資訊」和「病歷」兩個標籤。

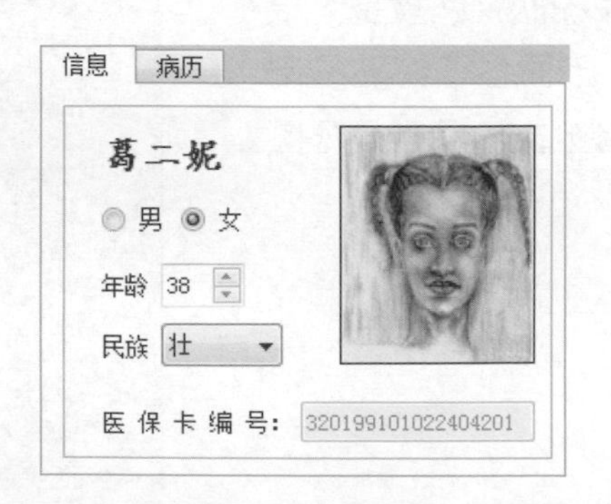

圖 22.3 患者的基本建檔資訊的表單形式

患者照片預先儲存在後台資料庫中，需要時讀出顯示。

22.1.4 後台資料庫瀏覽

患者的全部資訊儲存於後台資料庫 MySQL 中，在一個基本表上建立了兩個視圖，分別用於顯示基本資訊和詳細資訊病歷，資訊在介面上以 Qt 的資料網格表控制項展示，如圖 22.4 所示。

	社会保障号码	患者	性别	民族	出生日期	住址
1	320199101011806212	赵国庆	男	汉	1976/12/5	南京市溧水区永阳镇
2	320199101022404201	葛二妮	女	壮	1980/6/21	南京市高淳区淳溪镇
3	320199101025607101	张老三	男	回	1958/7/15	南京市高淳区淳溪镇
4	320199101025703205	李大力	男	汉	1968/8/24	南京市六合区竹镇镇
5	320199101025707206	王桂花	女	汉	1970/3/12	南京市六合区竹镇镇

圖 22.4 在資料庫中瀏覽患者資訊

選擇其中的行，左邊標籤表單中的患者資訊也會同步更新顯示。

22.1.5 介面的整體效果

最終顯示出的介面的整體效果如圖 22.5 所示。

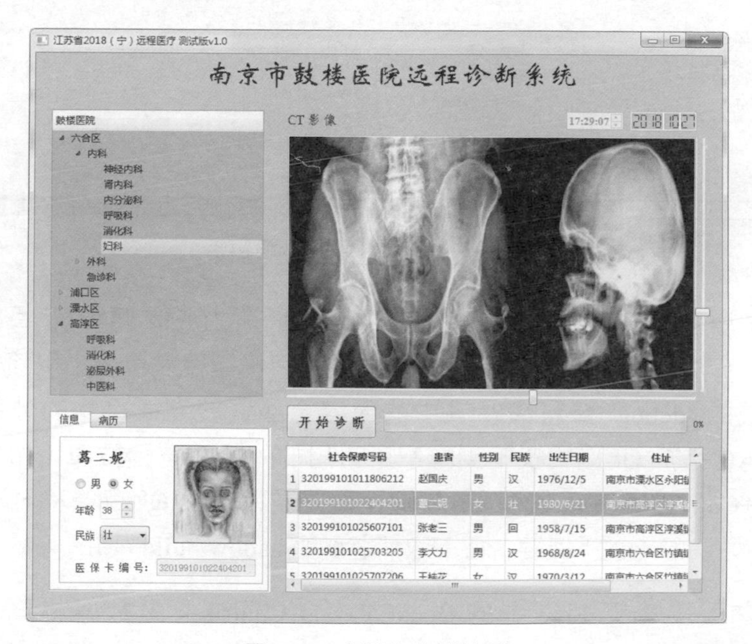

圖 22.5 介面的整體效果

這是一個十分完善、實用的自動化遠端醫療應用系統。

22.2 Qt 開發專案建立與設定

要使所建立的 Qt 專案支援資料庫及 OpenCV，需要對開發專案進行一系列設定，步驟如下。

（1）建立 Qt 桌面應用程式專案，專案名稱為 "Telemedicine"。建立完成後，在 Qt Creator 開發環境中點擊左側欄的 按鈕切換至專案設定模式，如圖 22.6 所示。

圖 22.6 專案建立目錄路徑設定

如圖 22.6 所示的這個頁面用於設定專案建立時所生成的 "debug" 目錄路徑。預設情況下，Qt 為了使最終編譯生成的專案目錄體積盡可能小以節省空間，會將生成的 "debug" 資料夾及其中的內容全部置於專案目錄的外部，但這麼做可能會造成 Qt 程式找不到專案所引用的外部擴充函數庫（如本例用的 OpenCV+Contrib 擴充函數庫），故這裡還是要將 "debug" 目錄移至專案目錄內，設定方法是：在「概要」欄下取消選取 "Shadow build" 項即可。

（2）將之前編譯安裝得到的 OpenCV（含 Contrib）函數庫檔案，即 "D:\OpenCV_3.4.3-Build\install\ x86\mingw\bin" 下的全部檔案複製到專案的 "debug" 目錄，如圖 22.7 所示。

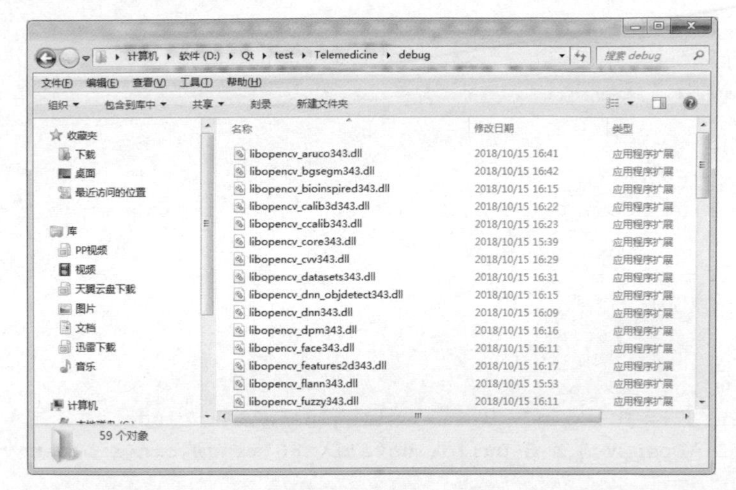

圖 22.7 將 OpenCV 函數庫檔案複製到專案目錄

這樣，Qt 應用程式在執行時期就能正確地找到 OpenCV 函數庫了。

（3）修改專案的 .pro 設定檔，在其中增加設定項目。

設定檔 "Telemedicine.pro" 內容以下（粗體處為需要修改增加的地方）：

```
#-------------------------------------------------
#
# Project created by QtCreator 2018-10-18T11:23:29
#
#-------------------------------------------------

QT       += core gui
QT       += sql

greaterThan(QT_MAJOR_VERSION, 4): QT += widgets

TARGET = Telemedicine
TEMPLATE = app

# The following define makes your compiler emit warnings if you use
# any feature of Qt which has been marked as deprecated (the exact
warnings
# depend on your compiler). Please consult the documentation of the
# deprecated API in order to know how to port your code away from it.
DEFINES += QT_DEPRECATED_WARNINGS

# You can also make your code fail to compile if you use deprecated
APIs.
# In order to do so, uncomment the following line.
# You can also select to disable deprecated APIs only up to a certain
```

```
version of Qt.
# DEFINES += QT_DISABLE_DEPRECATED_BEFORE=0x060000
# disables all the APIs deprecated before Qt 6.0.0

SOURCES += \
        main.cpp \
        mainwindow.cpp

HEADERS += \
        mainwindow.h

FORMS += \
        mainwindow.ui
INCLUDEPATH += D:\OpenCV_3.4.3-Build\install\include
LIBS += D:\OpenCV_3.4.3-Build\install\x86\mingw\bin\libopencv_*.dll
```

其中，QT   += sql 設定使程式能使用 SQL 敘述存取後台資料庫，而最後增加的兩行則幫助程式定位到 OpenCV+Contrib 擴充函數庫所在的目錄。

22.3 遠端診療系統介面設計

在開發環境專案目錄樹狀視圖中，按兩下 "mainwindow.ui" 切換至遠端診療系統視覺化介面設計模式，如圖 22.8 所示，在其上拖曳設計出遠端診療系統的整個圖形介面。

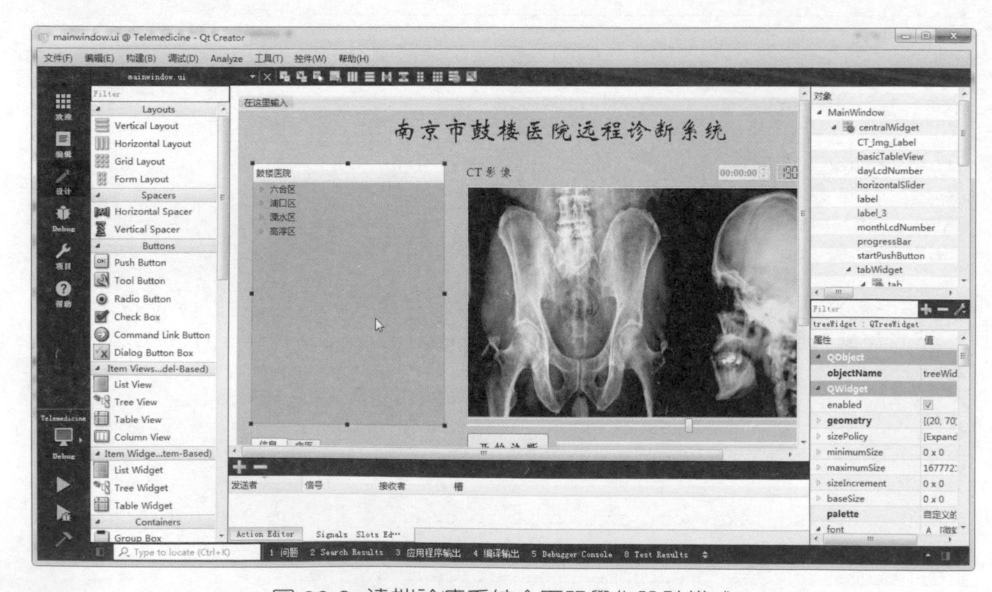

圖 22.8 遠端診療系統介面視覺化設計模式

為方便讀者試做，我們對介面上所有的控制項都進行了①，②，③，…的數字別碼（見圖 22.9），並將它們的名稱、類型及屬性設定列於表 22.1 中，讀者可對照下面的圖和表自己進行程式介面的製作及設定。

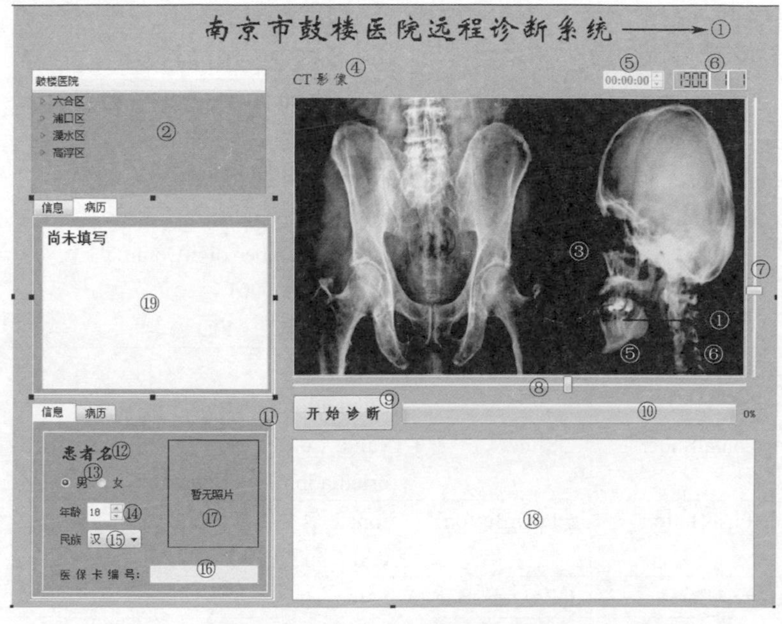

圖 22.9 介面上控制項的數字別碼

表 22.1 介面上各控制項的名稱、類型及屬性設定

序號	名稱	類型	屬性設定
①	label	QLabel	text：南京市鼓樓醫院遠端診斷系統； font：華文新魏，26； alignment：水平的，AlignHCenter
②	treeWidget	QTreeWidget	palette：改變色票面板 Base 設為天藍色
③	CT_Img_Label	QLabel	frameShape：Box； frameShadow：Sunken； pixmap：CT.jpg； scaledContents：選取； alignment：水平的，AlignHCenter
④	label_3	QLabel	text：CT 影 像； font：華文仿宋，12

序號	名稱	類型	屬性設定
⑤	timeEdit	QTimeEdit	enabled：取消選取； font：Times New Roman，10； alignment：水平的，AlignHCenter； readOnly：選取； displayFormat:HH:mm:ss； time：0:00:00
⑥	yearLcdNumber; monthLcdNumber; dayLcdNumber	QLCDNumber	yearLcdNumber(digitCount:4； value:1900.000000)； monthLcdNumber/ dayLcdNumber(digitCount:2； value:1.000000)； segmentStyle：Flat
⑦	verticalSlider	QSlider	value：30； orientation：Vertical
⑧	horizontalSlider	QSlider	value：60； orientation：Horizontal
⑨	startPushButton	QPushButton	font：華文仿宋，12； text：開 始 診 斷
⑩	progressBar	QProgressBar	value：0
	tabWidget	QTabWidget	palette：改變色票面板 Base 設為天藍色； currentIndex：0
	nameLabel	QLabel	font：華文楷體，14； text：患者名
	maleRadioButton; femaleRadioButton	QRadioButton	maleRadioButton(text：男；checked：選取)； femaleRadioButton(text：女；checked：取消選取)
	ageSpinBox	QSpinBox	value：18
	ethniComboBox	QComboBox	currentText：漢
	ssnLineEdit	QLineEdit	enabled：取消選取； text：空； readOnly：選取
	photoLabel	QLabel	frameShape：Panel； frameShadow：Plain； text：暫無照片； scaledContents：選取； alignment：水平的，AlignHCenter

序號	名稱	類型	屬性設定
	basicTableView	QTableView	—
	caseTextEdit	QTextEdit	palette：改變色票面板 Base 設為白色； html：尚未填寫

介面上用於管理各地區診療點科室的樹狀視圖用一個 Qt 的 QtreeWidget 控制項來實現，其中各項目是在介面設計階段就編輯訂製好的，訂製方法如下。

(1) 設計模式下在表單上按滑鼠右鍵樹狀視圖控制項，選擇「編輯項目」，彈出如圖 22.10 所示的 " 編輯樹視窗元件」對話方塊，在「列」標籤中點擊左下角的「新建項目」(➕) 按鈕增加一列，文字編輯為「鼓樓醫院」，本例的樹狀視圖增加一列即可。

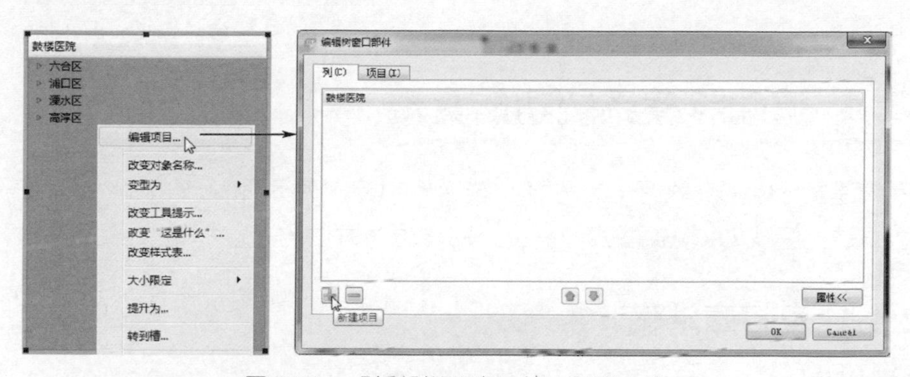

圖 22.10 「編輯樹視窗元件」對話方塊

(2) 切換到「項目」標籤，通過點擊「新建項目」(➕) 和「刪除項目」(➖) 按鈕在「鼓樓醫院」列下增加或移除子節點，通過點擊「新建子項目」(↳) 按鈕建立編輯下一級子節點，如圖 22.11 所示。

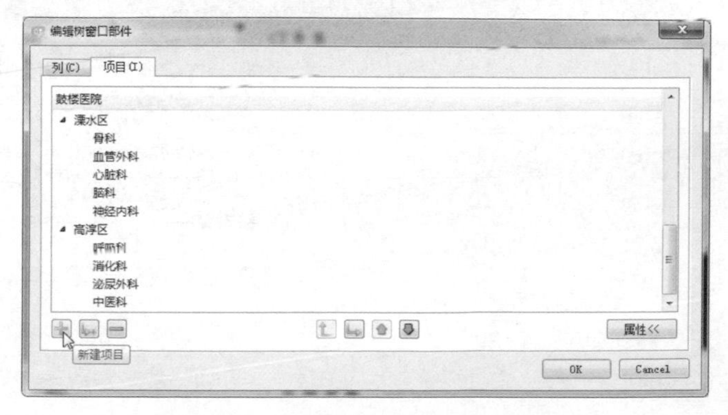

圖 22.11 編輯樹狀視圖中的各節點

最終編輯完成的樹狀視圖如圖 22.12 所示。

至此，程式介面設計完成。

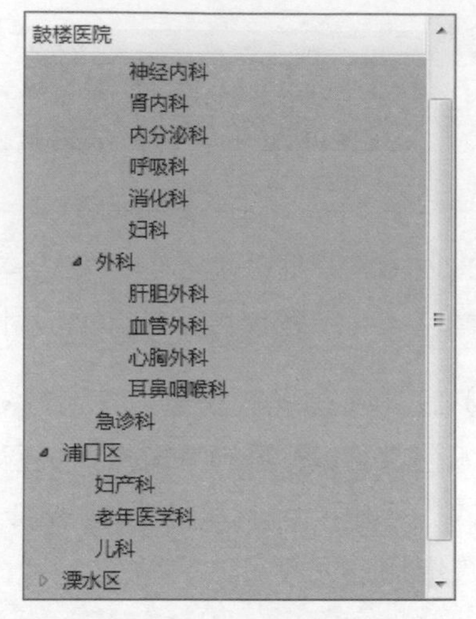

圖 22.12 最終編輯完成的樹狀視圖

22.4 遠端診療系統功能實現

本系統基於 MySQL 執行，首先建立後台資料庫、輸入測試資料；然後定義各功能方法，完成 Qt 程式框架；最後分別實現各方法的功能模組。

22.4.1 資料庫準備

1. 設計表

在 MySQL 中建立資料庫，名稱為 "patient"，其中建立一個表 user_profile。遠端診斷系統資料庫表設計見表 22.2。

表 22.2 遠端診斷系統資料庫表設計

列名	類型	長度	允許空值	說明
ssn	char	18	否	社會保障號碼，主鍵
name	char	8	否	患者姓名
sex	char	2	否	性別，預設為「男」
ethnic	char	10	否	民族，預設為「漢」
birth	date	預設	否	出生日期
address	varchar	50	是	住址，預設為 NULL
casehistory	varchar	500	是	病歷，預設為 NULL
picture	blob	預設	是	照片，預設為 NULL

設計好表之後，往表中預先輸入一些資料供後面測試運行程式用，如圖 22.13 所示。

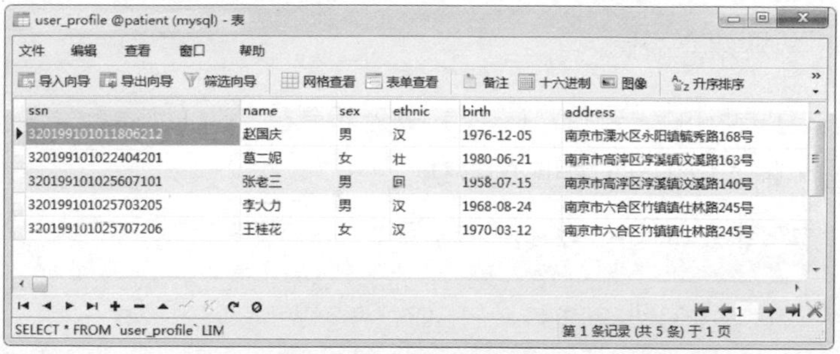

user_profile @patient (mysql) - 表
文件 编辑 查看 窗口 帮助
导入向导 导出向导 筛选向导 网格查看 表单查看 备注 十六进制 图像 升序排序
ssn name sex ethnic birth address
320199101011806212 赵国庆 男 汉 1976-12-05 南京市溧水区永阳镇毓秀路168号
320199101022404201 葛二妮 女 壮 1980-06-21 南京市高淳区淳溪镇汶溪路163号
320199101025607101 张老三 男 回 1958-07-15 南京市高淳区淳溪镇汶溪路140号
320199101025703205 李大力 男 汉 1968-08-24 南京市六合区竹镇镇仕林路245号
320199101025707206 王桂花 女 汉 1970-03-12 南京市六合区竹镇镇仕林路245号
SELECT * FROM `user_profile` LIM
第 1 条记录 (共 5 条) 于 1 页

圖 22.13 供測試運行程式用的資料

這樣，系統執行所依賴的後台資料庫就建好了。

2. 建立視圖

根據應用需要，本例要建立兩個視圖（basic_inf 和 details_inf），分別用於顯示患者的基本資訊（社會保障號碼、姓名、性別、民族、出生日期和住址）和詳細資訊（病歷和照片），採用以下兩種方式建立視圖。

（1）Navicat for MySQL 附帶視圖編輯功能。

展開資料庫節點，按滑鼠右鍵「視圖」→選擇「新建視圖」，開啟 MySQL 的視圖建立工具，如圖 22.14 所示。

无标题 @patient (mysql) - 视图 *
文件(F) 编辑(E) 格式(O) 查看(V) 窗口(W) 帮助(H)
新建 载入 保存 另存为 预览 解释
视图创建工具 定义 高级 SQL 预览
patient
user_profile
bookstore
boxdb
groupdb
groupsavedb
information_schema
mydata
myperson
mysql
nanchangdb
nanchangtwodb
nctwosavedb
pclabel
performance_schema
sakila
test
world
SELECT <Distinct> <func> user_profile.ssn AS 社会保障号码,
<func> user_profile.name AS 患者,
<func> user_profile.sex AS 性别,
<func> user_profile.ethnic AS 民族,
<func> user_profile.birth AS 出生日期,
<func> user_profile.address AS 住址
FROM user_profile
WHERE
查询时间: 0.000s

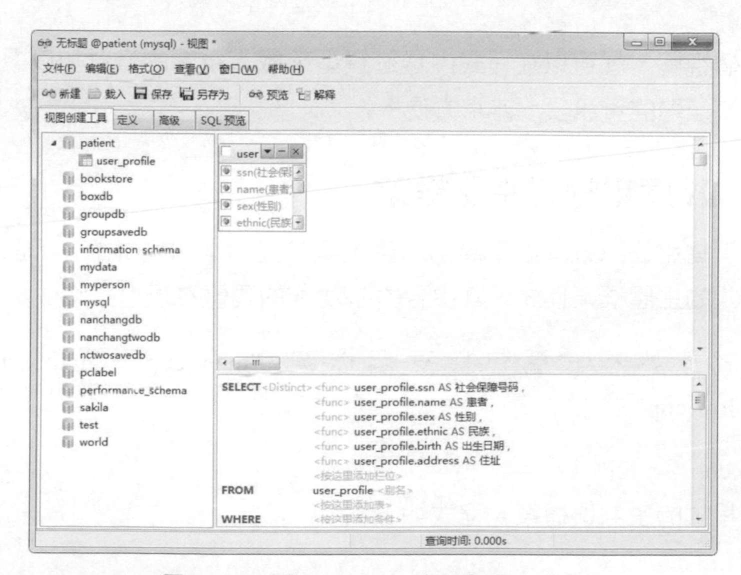

圖 22.14 開啟 MySQL 的視圖建立工具

選中要在其上建立視圖的表（user_profile），選擇視圖所包含的列，下方輸出視窗中會自動生成建立視圖的 SQL 敘述，完成後儲存即可。

（2）用 SQL 敘述建立視圖。

點擊 Navicat 工具列的「查詢」（查询）→「新建查詢」（新建查询）按鈕，開啟查詢編輯器，輸入以下建立視圖的敘述：

```
CREATE VIEW details_inf(姓名,病歷,照片)
  AS
    select name,casehistory,picture from user_profile
```

然後點擊左上角工具列的「執行」按鈕（▷运行）執行，如圖 22.15 所示。

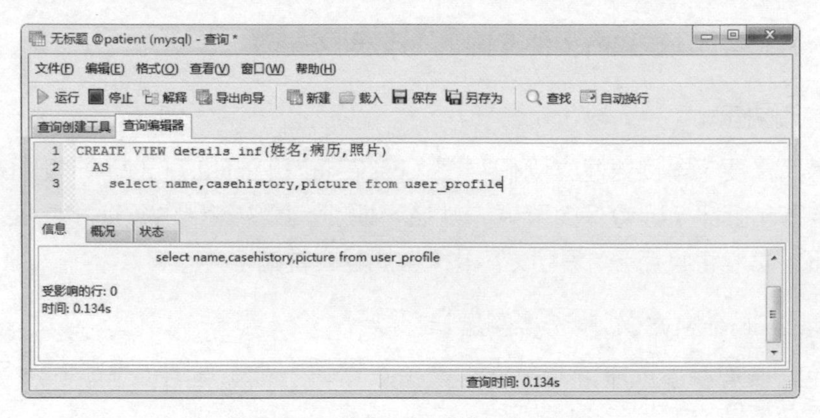

圖 22.15 執行 SQL 敘述建立視圖

有了這兩個視圖，就可以在程式中透過模型來載入視圖的資料加以顯示，同時自動遮罩掉無關的資訊項，非常方便。

22.4.2 Qt 應用程式主體框架

為了讓讀者對整個系統有個整體的印象，便於理解本例程式碼，下面先舉出整個應用程式的主體框架程式，其中各方法功能的具體實現程式將依次舉出。

本例程式原始程式碼包括三個檔案："main.cpp"、"mainwindow.h"、"mainwindow.cpp"。

（1）main.cpp。

這是整個程式的主開機檔案，程式如下：

```
#include "mainwindow.h"
#include <QApplication>
#include <QProcess>                                 //使用 Qt 的處理程序模組

int main(int argc, char *argv[])
{
    QApplication a(argc, argv);
    if(!createMySqlConn())
    {
        //若初次嘗試連接不成功，就轉而用程式方式啟動 MySQL 服務處理程序
        QProcess process;
        process.start("C:/Program Files/MySQL/MySQL Server 5.6/bin/
mysqld. exe");
        //第二次嘗試連接
        if(!createMySqlConn()) return 1;
    }
    MainWindow w;                               //建立主資料表單
    w.show();                                   //顯示主資料表單

    return a.exec();
}
```

其中，createMySqlConn() 是我們撰寫的連接後台資料庫的方法，它傳回 true 表示連接成功，否則表示失敗。程式在開始啟動時就透過執行這一方法來檢查資料庫連接是否就緒。若連接不成功，則系統會透過啟動 MySQL 服務處理程序的方式再嘗試一次，若依舊連不上，則提示連接失敗，交由使用者檢查排除故障。

(2) mainwindow.h。

程式標頭檔，包含程式中用到的各個全域變數的定義、方法宣告，程式如下：

```
#ifndef MAINWINDOW_H
#define MAINWINDOW_H

#include <QMainWindow>
#include <QMessageBox>
#include <QFileDialog>                              //開啟檔案對話方塊模組
#include <QBuffer>                                  //記憶體模組
#include <vector>                                   //包含向量類別動態陣列功能
#include "opencv2/opencv.hpp"                       //OpenCV 函數庫檔案包含
#include "opencv2/highgui/highgui.hpp"              //OpenCV 的高層 GUI 和媒體 I/O
#include "opencv2/imgproc/imgproc.hpp"              //OpenCV 影像處理
```

```
#include <QSqlDatabase>                    //資料庫存取
#include <QSqlTableModel>                  //資料庫表模型
#include <QSqlQuery>                       //資料庫查詢模組
#include <QTimer>                          //計時器模組

using namespace cv;                        //OpenCV命名空間
using namespace std;                       //使用vector必須宣告名稱空間

namespace Ui {
class MainWindow;
}

class MainWindow : public QMainWindow
{
    Q_OBJECT

public:
    explicit MainWindow(QWidget *parent = 0);  //主資料表單建構方法
    ~MainWindow();
    void initMainWindow();                 //初始化主資料表單
    void ctImgRead();                      //讀取CT相片
    void ctImgProc();                      //CT相片處理
    void ctImgSave();                      //結果相片（標示病灶）儲存
    void ctImgShow();                      //CT相片顯示
    void ctImgHoughCircles();              //用霍夫圓演算法處理CT相片
    void onTableSelectChange(int row);     //改變資料網格選項聯動表單
    void showUserPhoto();                  //載入顯示患者照片

private slots:
    void on_startPushButton_clicked();     //"開始診斷"按鈕點擊槽函數

    void on_basicTableView_clicked(const QModelIndex &index);
                                           //資料網格變更選項槽函數
    void on_tabWidget_tabBarClicked(int index);    //表單切換標籤槽函數

    void onTimeOut();                      //計時器事件槽函數

private:
    Ui::MainWindow *ui;                 //圖形介面元素的引用控制碼
    Mat myCtImg;                        //快取CT相片（供程式中的方法隨時引用）
    Mat myCtGrayImg;                    //快取CT灰階圖（供程式演算法處理用）
    QImage myCtQImage;                  //儲存CT相片（轉為檔案存檔存檔）
    QSqlTableModel *model;              //存取資料庫視圖資訊的模型
    QSqlTableModel *model_d;  //存取資料庫附加詳細資訊（病歷、照片）視圖的模型
```

```
    QTimer *myTimer;            // 獲取當前系統時間（精確到秒）
};

/** 連接 MySQL 資料庫的靜態方法 */
static bool createMySqlConn()
{
    QSqlDatabase sqldb = QSqlDatabase::addDatabase("QMYSQL");// 增加資料庫
    sqldb.setHostName("localhost");                // 主機名稱
    sqldb.setDatabaseName("patient");              // 資料庫名稱
    sqldb.setUserName("root");                     // 資料庫使用者名稱
    sqldb.setPassword("123456");                   // 登入密碼
    if (!sqldb.open()) {
        QMessageBox::critical(0, QObject::tr("後台資料庫連接失敗"), "無法
建立連接！請檢查排除故障後重新啟動程式。", QMessageBox::Cancel);
        return false;
    }
    QMessageBox::information(0, QObject::tr("後台資料庫已啟動、正在執行……
"), "資料庫連接成功！即將啟動應用程式。");
    // 向資料庫中插入照片
    /*
    QSqlQuery query(sqldb);                        // 建立 SQL 查詢
    QString photoPath = "D:\\Qt\\test\\趙國慶.jpg"; // 照片路徑
    QFile photoFile(photoPath);                    // 照片檔案物件
    if (photoFile.exists())                        // 如果存在照片
    {
        // 存入資料庫
        QByteArray picdata;                        // 位元組陣列儲存照片資料
        photoFile.open(QIODevice::ReadOnly);       // 以唯讀方式開啟照片檔案
        picdata = photoFile.readAll();             // 照片資料讀取位元組陣列
        photoFile.close();
        QVariant var(picdata);                     // 照片資料封載入變數
        QString sqlstr = "update user_profile set picture=? where
name='趙國慶'";
        query.prepare(sqlstr);                     // 準備插入照片的 SQL 敘述
        query.addBindValue(var);                   // 填入照片資料參數
        if(!query.exec())                          // 執行插入操作
        {
            QmessageBox::information(0, Qobject::tr("提示"), "照片寫入失
敗");
        } else{
            QmessageBox::information(0, Qobject::tr("提示"), "照片已寫入
資料庫");
        }
    }
```

```
    */
    sqldb.close();
    return true;
}

#endif // MAINWINDOW_H
```

在上面連接資料庫的 createMySqlConn() 方法中，有一段將患者照片插入資料庫的程式，這是為了往 MySQL 中預先存入一些患者照片以便在執行程式時顯示，讀者可以先執行這段程式將照片存入資料庫，在後面正式執行系統時再將插入照片的程式碼部分註釋起來就可以了。

（3）mainwindow.cpp。

本程式的主體原始檔案中包含各方法功能的具體實現程式，框架如下：

```
#include "mainwindow.h"
#include "ui_mainwindow.h"

MainWindow::MainWindow(QWidget *parent) :
    QMainWindow(parent),
    ui(new Ui::MainWindow)
{
    // 初始化載入功能
  ...
}

MainWindow::~MainWindow()
{
    delete ui;
}

void MainWindow::initMainWindow()
{
  // 初始化表單中要顯示的 CT 相片及系統當前日期時間
  ...
}

void MainWindow::onTableSelectChange(int row)
{
  // 當使用者選擇網格中的患者記錄時，實現表單資訊的聯動功能
  ...
}

void MainWindow::showUserPhoto()
{
```

```
    // 查詢和顯示當前患者的對應照片
    …
}

void MainWindow::onTimeOut()
{
    // 每秒觸發一次時間顯示更新
    …
}

void MainWindow::ctImgRead()
{
    // 讀取和顯示 CT 相片
    …
}

void MainWindow::ctImgProc()
{
    //CT 相片處理功能
    …
}

void MainWindow::ctImgSave()
{
    // 處理後的 CT 相片儲存
    …
}

void MainWindow::ctImgShow()
{
    // 在介面上顯示 CT 相片
    …
}

void MainWindow::ctImgHoughCircles()
{
    // 執行霍夫圓演算法對 CT 相片進行處理功能
    …
}

void MainWindow::on_startPushButton_clicked()
{
    //" 開始診斷 " 按鈕的事件方法
    …
}

void MainWindow::on_basicTableView_clicked(const QModelIndex &index)
{
```

```
    onTableSelectChange(1);           //資料網格選擇的行變更時執行方法
}

void MainWindow::on_tabWidget_tabBarClicked(int index)
{
  //病歷內容的填寫和聯動顯示
  …
}
```

從以上程式框架可看到整個程式的運作流程，一目了然。下面再分別介紹各功能模組方法的具體實現。

22.4.3 介面初始化功能實現

啟動程式時，首先要對介面顯示的資訊進行初始化，包括顯示初始的 CT 相片及介面上日期時間的即時更新。

在表單的建構方法 MainWindow::MainWindow(QWidget *parent) 中是系統的以下初始化程式：

```
MainWindow::MainWindow(QWidget *parent) :
    QMainWindow(parent),
    ui(new Ui::MainWindow)
{
    ui->setupUi(this);
    initMainWindow();
    //基本資訊視圖
    model = new QSqlTableModel(this);        //(a)
    model->setTable("basic_inf");
    model->select();
    //附加詳細資訊視圖
    model_d = new QSqlTableModel(this);
    model_d->setTable("details_inf");
    model_d->select();
    //資料網格資訊載入
    ui->basicTableView->setModel(model);
    //初始化表單患者資訊
    onTableSelectChange(0);                  //(b)
}
```

其中，

(a) model = new QSqlTableModel(this)：主程式中使用模型機制來存取資料庫視圖資訊，用標頭檔中定義好的模型物件指標（QSqlTableModel *）model

執行操作，透過其 "->setTable(" 視圖名稱 ")" 指明要存取的視圖名稱，"->select()" 載入視圖資料，載入完成後就可以在後面整個程式中隨時存取到模型中的資料資訊。

(b) onTableSelectChange(0)：該方法在資料網格選擇的行變更時觸發執行，它有一個參數，用於指定要顯示的行，初始預設置為 0 表示顯示第一行；若為 1 則表示動態獲取顯示當前選中的行。

上段程式中的 MainWindow::initMainWindow() 方法用於具體執行初始化表單中要顯示的 CT 相片及系統當前日期時間的功能，程式如下：

```
void MainWindow::initMainWindow()
{
    QString ctImgPath = "D:\\Qt\\test\\Tumor.jpg";
                             // 路徑中不能含中文字元，且影像大小 1000*500
    //QString ctImgPath = "D:\\Qt\\test\\CT.jpg";
    Mat ctImg = imread(ctImgPath.toLatin1().data()); // 讀取 CT 相片資料
    cvtColor(ctImg, ctImg, COLOR_BGR2RGB);          //(a)
    myCtImg = ctImg;                                //(b)
    myCtQImage = QImage((const unsigned char*)(ctImg.data), ctImg.
cols, ctImg. rows, QImage::Format_RGB888);
    ctImgShow();                                    //(c)
    //時間日期更新
    QDate date = QDate::currentDate();              // 獲取當前日期
    int year = date.year();
    ui->yearLcdNumber->display(year);               // 顯示年份
    int month = date.month();
    ui->monthLcdNumber->display(month);             // 顯示月份
    int day = date.day();
    ui->dayLcdNumber->display(day);                 // 顯示日期
    myTimer = new QTimer();                         // 建立一個 QTimer 物件
    myTimer->setInterval(1000);// 設定計時器每隔多少毫秒發送一個 timeout() 訊號
    myTimer->start();                               // 啟動計時器
  // 綁定訊息槽函數
    connect(myTimer, SIGNAL(timeout()), this, SLOT(onTimeOut()));//(d)
}
```

其中，

(a) cvtColor(ctImg, ctImg, COLOR_BGR2RGB)：由於 OpenCV 函數庫所支持的影像格式與 Qt 的影像格式存在差異，所以必須使用 cvtColor() 函數對影像格式進行轉換，才能使其在 Qt 程式介面上正常顯示。

(b) myCtImg = ctImg; myCtQImage = Qimage(...)：OpenCV 所處理的影像必須是 Mat 類型的快取像素形式，才能被程式中的方法隨時呼叫處理；而 Qt 用於儲存的影像則必須統一轉為 QImage 類型，故本例程式中對影像進行每一步處理後，都將其分別以這兩種不同形式給予值給兩個變數暫存，以便隨時供處理或存檔用。在 Qt 中，QImage 類型的影像還可供介面顯示用。

(c) ctImgShow()：顯示 CT 相片的敘述封裝於方法 ctImgShow() 內，在整個程式範圍內通用，其中僅有一筆關鍵敘述，如下：

```
void MainWindow::ctImgShow()
{
   ui->CT_Img_Label->setPixmap(QPixmap::fromImage(myCtQImage. Scaled
(ui->CT_ Img_ Label-> size(), Qt::KeepAspectRatio))); //在QT介面上顯示
CT相片
}
```

(d) connect(myTimer, SIGNAL(timeout()), this, SLOT(onTimeOut()))：onTimeOut() 方法是觸發時間顯示更新事件訊息所要執行的方法，內容為：

```
void MainWindow::onTimeOut()
{
    QTime time = QTime::currentTime();          //獲取當前系統時間
    ui->timeEdit->setTime(time);                //設定時間框裡顯示的值
}
```

22.4.4 診斷功能實現

介面上的「開始診斷」按鈕實現診斷功能，其事件程式如下：

```
void MainWindow::on_startPushButton_clicked()
{
    ctImgRead();                                //開啟和讀取患者的CT相片
    QTime time;
    time.start();
    ui->progressBar->setMaximum(0);             //(a)
    ui->progressBar->setMinimum(0);
    while (time.elapsed() < 5000)               //等待時間為5秒
    {
        QCoreApplication::processEvents();      //處理事件以保持介面更新
    }
    ui->progressBar->setMaximum(100);
    ui->progressBar->setMinimum(0);
    ctImgProc();                                //處理CT相片
    ui->progressBar->setValue(0);
```

```
    ctImgSave();                                        //儲存結果相片
}
```

其中，

(a) ui->progressBar->setMaximum(0); ui->progressBar->setMinimum(0)：將進度指示器的最大、最小值皆設為 0，在執行時期造成進度指示器反覆迴圈播放的等待效果，增強使用者使用體驗。

從上段程式可見，診斷功能分為讀取 CT 相片、分析 CT 相片進行診斷、儲存診斷結果這三個主要階段，下面分別看其實現的細節。

1. 讀取 CT 相片

ctImgRead() 方法為醫生提供選擇所要分析的患者 CT 相片且讀取顯示的功能，實現程式如下：

```
void MainWindow::ctImgRead()
{
    QString ctImgName = QFileDialog::getOpenFileName(this, "載入 CT 相片
", ".", "Image File(*.png *.jpg *.jpeg *.bmp)"); //開啟圖片檔案對話方塊
    if(ctImgName.isEmpty()) return;
    Mat ctRgbImg, ctGrayImg;
    Mat ctImg = imread(ctImgName.toLatin1().data());//讀取 CT 相片資料
    cvtColor(ctImg, ctRgbImg, COLOR_BGR2RGB);           //格式轉為 RGB
    cvtColor(ctRgbImg, ctGrayImg, CV_RGB2GRAY);         //格式轉為灰階圖
    myCtImg = ctRgbImg;
    myCtGrayImg = ctGrayImg;
    myCtQImage = QImage((const unsigned char*)(ctRgbImg.data),
ctRgbImg.cols, ctRgbImg.rows, QImage::Format_RGB888);
    ctImgShow();
}
```

將彩色 CT 相片轉為黑白的灰階圖是為了單一化影像的色彩通道，以便於下面用特定的演算法對影像像素進行分析處理。

2. 分析 CT 相片進行診斷

用 OpenCV 函數庫對開啟的 CT 相片進行處理，執行 ctImgProc() 方法，程式如下：

```
void MainWindow::ctImgProc()
{
```

```
    QTime time;
    time.start();
    ui->progressBar->setValue(19);          // 進度指示器控制功能
    while(time.elapsed() < 2000) { QCoreApplication::processEvents();
}
    ctImgHoughCircles();                    // 霍夫圓演算法處理
    while (time.elapsed() < 2000) { QCoreApplication::processEvents();
}
    ui->progressBar->setValue(ui->progressBar->value() + 20);
    ctImgShow();                            // 顯示處理後的 CT 相片
    while(time.elapsed() < 2000) { QCoreApplication::processEvents();
}
    ui->progressBar->setValue(ui->progressBar->maximum());
    QMessageBox::information(this, tr("完畢"), tr("子宮內壁見橢球形陰影，
疑似子宮肌瘤"));                              // 訊息方塊出診斷結果
}
```

其中的 ctImgHoughCircles() 方法以 Contrib 擴充函數庫中的霍夫圓演算法檢測和定位病灶所在之處，實現程式如下：

```
void MainWindow::ctImgHoughCircles()
{
    Mat ctGrayImg = myCtGrayImg.clone(); // 獲取灰階圖
    Mat ctColorImg;
    cvtColor(ctGrayImg, ctColorImg, CV_GRAY2BGR);
    GaussianBlur(ctGrayImg, ctGrayImg, Size(9, 9), 2, 2);// 先對影像做高斯
平滑處理
    vector<Vec3f> h_circles;                // 用向量陣列儲存病灶區圓圈
    HoughCircles(ctGrayImg, h_circles, CV_HOUGH_GRADIENT, 2,
ctGrayImg.rows/8, 200, 100);                            //(a)
    int processValue = 45;
    ui->progressBar->setValue(processValue);
    QTime time;
    time.start();
    while (time.elapsed() < 2000) { QCoreApplication::processEvents();
}
    for(size_t i = 0; i < h_circles.size(); i++)
    {
        Point center(cvRound(h_circles[i][0]), cvRound(h_circles[i]
[1]));
        int h_radius = cvRound(h_circles[i][2]);
        circle(ctColorImg, center, h_radius, Scalar(238, 0, 238), 3,
8, 0);                                   // 以粉色圓圈圈出 CT 相片上的病灶區
        circle(ctColorImg, center, 3, Scalar(238, 0, 0), -1, 8, 0);
                                         // 以鮮紅小數點標出病灶區的中心所在之處
```

```
        processValue += 1;
        ui->progressBar->setValue(processValue);
    }
    myCtImg = ctColorImg;
    myCtQImage = QImage((const unsigned char*)(myCtImg.data), myCtImg.
cols, myCtImg.rows, QImage::Format_RGB888);
}
```

其中，

(a) HoughCircles(ctGrayImg, h_circles, CV_HOUGH_GRADIENT, 2, ctGrayImg.rows/8, 200, 100)：在 OpenCV 的 Contrib 擴充函數庫中執行霍夫圓演算法的函數，霍夫圓演算法是一種用於檢測影像中圓形區域的演算法。OpenCV 函數庫內部實現的是一個比標準霍夫圓變換更為靈活的檢測演算法一霍夫梯度法。它的原理依據是：圓心一定是在圓的每個點的模向量上，這些圓的點的模向量的交點就是圓心。霍夫梯度法的第一步是找到這些圓心，將三維的累加平面轉化為二維累加平面；第二步則根據所有候選中心的邊緣非 0 像素對其的支持程度來確定圓的半徑。此法最早在 Illingworth 的論文 *The Adaptive Hough Transform* 中提出，有興趣的讀者請上網檢索，本書不再細說。對 HoughCircles 函數的幾個主要參數的簡要説明如下。

- src_gray：內容為 ctGrayImg，表示待處理的灰階圖。
- circles：為 h_circles，表示每個檢測到的圓。
- CV_HOUGH_GRADIENT：指定檢測方法，為霍夫梯度法。
- dp：值為 2，累加器影像的反比解析度。
- min_dist：這裡是 ctGrayImg.rows/8，為檢測到圓心之間的最小距離。
- param_1：值為 200，Canny 邊緣函數的高設定值。
- param_2：值為 100，圓心檢測設定值。

3. 儲存診斷結果

將診斷結果儲存在指定的目錄下，用 ctImgSave() 方法實現，程式如下：

```
void MainWindow::ctImgSave()
{
    QFile image("D:\\Qt\\imgproc\\Tumor_1.jpg"); //指定儲存路徑及檔案名稱
    if (!image.open(QIODevice::ReadWrite)) return;
    QByteArray qba;                                  //快取的位元組陣列
    QBuffer buf(&qba);                               //快取區
```

```
    buf.open(QIODevice::WriteOnly);                  //以寫入方式開啟快取區
    myCtQImage.save(&buf, "JPG");                     //以 JPG 格式寫入快取
    image.write(qba);                                 //將快取資料寫入影像檔
}
```

22.4.5 患者資訊表單

本系統以標籤表單的形式顯示每個患者的基本資訊及詳細資訊，並實現與資料網格記錄的聯動顯示。

1. 顯示表單資訊

當使用者選擇資料網格中某患者的記錄項目時，執行 onTableSelectChange() 方法，在表單中顯示該患者的資訊，實現程式如下：

```
void MainWindow::on_basicTableView_clicked(const QModelIndex &index)
{
    onTableSelectChange(1);
}
```

參數（1）表示獲取當前選中的項目行索引。

onTableSelectChange() 方法的實現程式如下：

```
void MainWindow::onTableSelectChange(int row)
{
    int r = 1;                                      //預設顯示第一行
    if(row !=0)r=ui->basicTableView->currentIndex().row();//獲取當前行索引
    QModelIndex index;
    index = model->index(r, 1);                                       //姓名
    ui->nameLabel->setText(model->data(index).toString());
    index = model->index(r, 2);                                       //性別
    QString sex = model->data(index).toString();
    (sex.compare("男")==0)?ui->maleRadioButton->setChecked(true): ui->
femaleRadioButton->setChecked(true);
    index = model->index(r, 4);                                       //出生日期
    QDate date;
    int now = date.currentDate().year();
    int bir = model->data(index).toDate().year();
    ui->ageSpinBox->setValue(now - bir);                              //計算年齡
    index = model->index(r, 3);                                       //民族
    QString ethnic = model->data(index).toString();
    ui->ethniComboBox->setCurrentText(ethnic);
    index = model->index(r, 0);                                       //健保卡編號
```

```
    QString ssn = model->data(index).toString();
    ui->ssnLineEdit->setText(ssn);
    showUserPhoto();                                    //照片
}
```

初始化載入表單時也會自動執行一次該方法，參數為 0 預設顯示的是第一筆記錄。

2. 顯示照片

showUserPhoto() 方法顯示患者照片，實現程式如下：

```
void MainWindow::showUserPhoto()
{
    QPixmap photo;
    QModelIndex index;
    for(int i = 0; i < model_d->rowCount(); i++)
    {
        index = model_d->index(i, 0);
        QString current_name = model_d->data(index).toString();
        if(current_name.compare(ui->nameLabel->text()) == 0)
        {
            index = model_d->index(i, 2);
            break;
        }
    }
    photo.loadFromData(model_d->data(index).toByteArray(), "JPG");
    ui->photoLabel->setPixmap(photo);
}
```

以上程式將表單介面文字標籤上顯示的患者姓名與資料庫視圖模型中的姓名欄位一一比對，比中的為該患者的資訊項目，將其照片資料載入進來顯示即可。

3. 病歷聯動填寫

當切換到「病歷」標籤時，聯動填寫並顯示該患者的詳細病歷資訊，該功能的實現程式如下：

```
void MainWindow::on_tabWidget_tabBarClicked(int index)
{
    //填寫病歷
    if(index == 1)
    {
        QModelIndex index;
        for(int i = 0; i < model_d->rowCount(); i++)
        {
            index = model_d->index(i, 0);
```

```
                QString current_name = model_d->data(index).toString();
                if(current_name.compare(ui->nameLabel->text()) == 0)
                {
                    index = model_d->index(i, 1);
                    break;
                }
            }
            ui->caseTextEdit->setText(model_d->data(index).toString());
            ui->caseTextEdit->setFont(QFont("楷體", 12));// 設定字型、字型大小
        }
    }
```

病歷內容的讀取、顯示原理與照片類同，也是採用逐一比對的方法定位並取出模型視圖中對應患者的病歷資訊。

22.5 遠端診療系統執行演示

最後，完整地執行這個系統，以便讀者對其功能和使用方法有清晰的理解。

22.5.1 啟動、連接資料庫

執行程式，首先出現訊息方塊，提示後台資料庫已啟動，點擊 "OK" 按鈕啟動資料庫，如圖 22.16 所示。

接下來出現的是系統主介面，初始顯示一張預設的 CT 相片，如圖 22.17 所示。

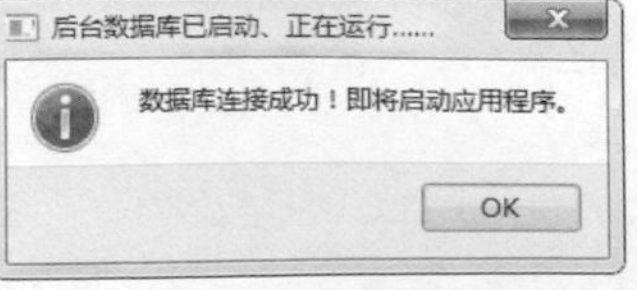

圖 22.16 啟動資料庫

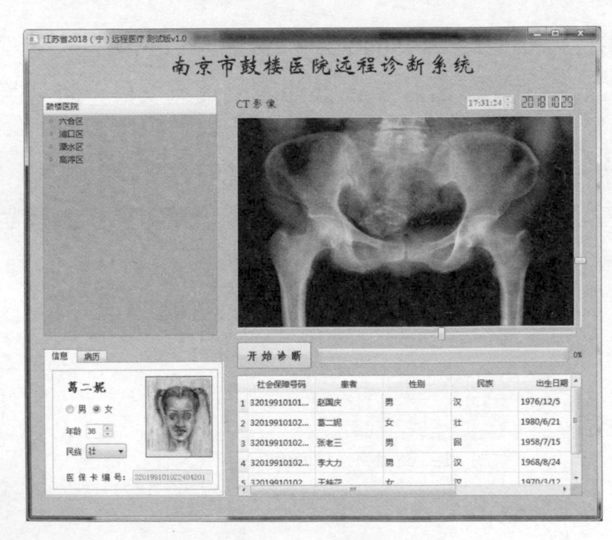

圖 22.17 系統主介面

22.5.2 執行診斷分析

點擊「開始診斷」按鈕，選擇一張 CT 相片並開啟，如圖 22.18 所示。

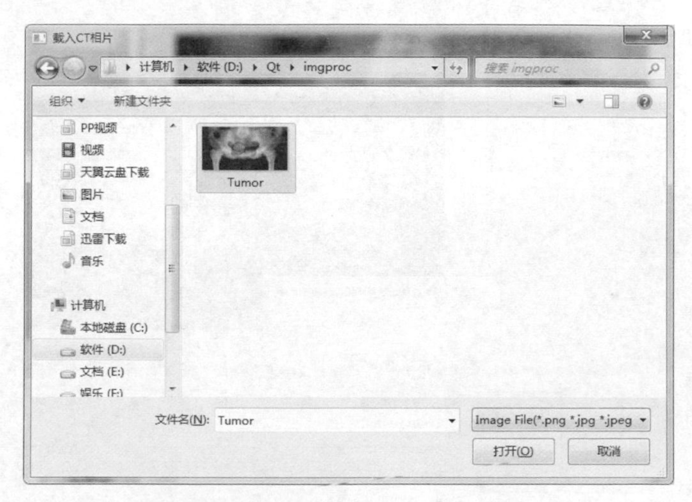

圖 22.18 選擇一張 CT 相片並開啟

在診斷分析進行中，進度指示器顯示分析的進度，如圖 22.19 所示。

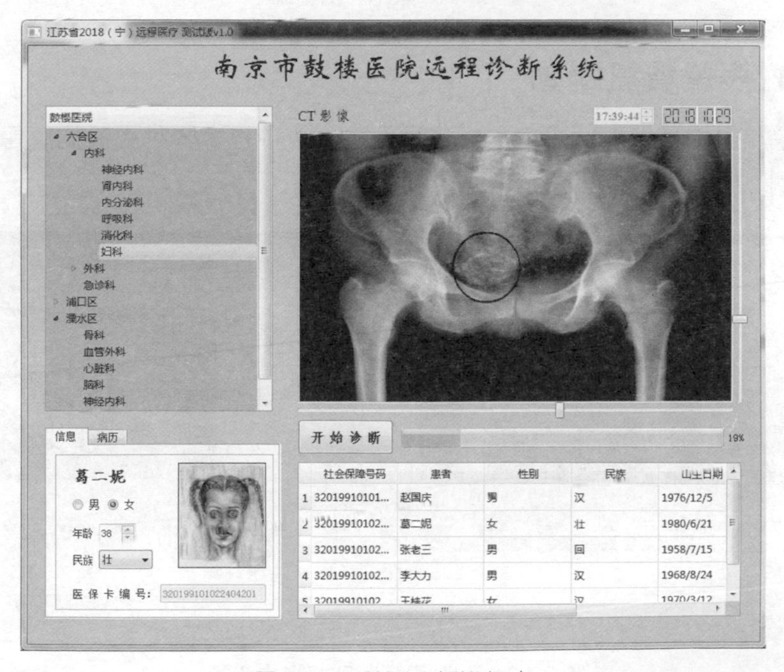

圖 22.19 診斷分析進行中

診斷結束，程式圈出病灶區，並用訊息方塊顯示診斷結果，如圖 22.20 所示。

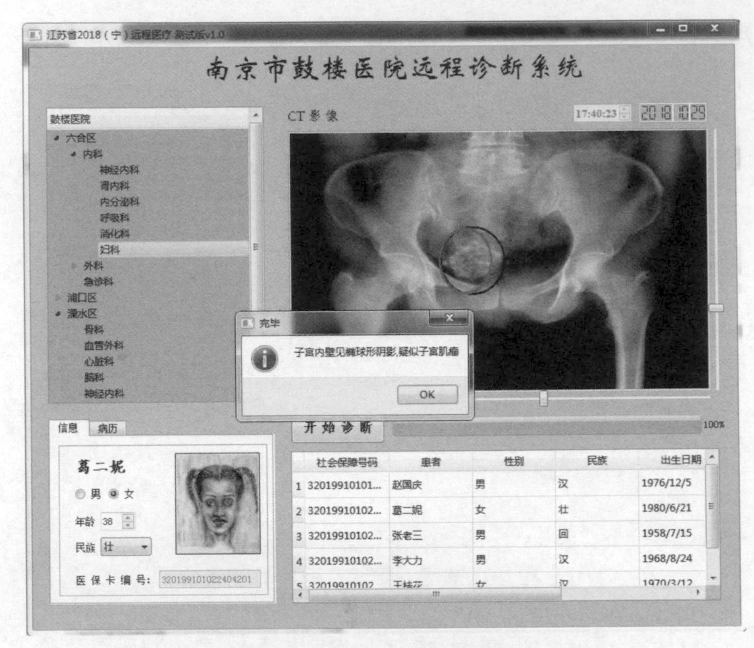

圖 22.20 顯示診斷結果

22.5.3 表單資訊聯動

在資料網格表中選擇不同患者的記錄項目，表單中也會聯動更新對應患者的資訊，如圖 22.21 所示。

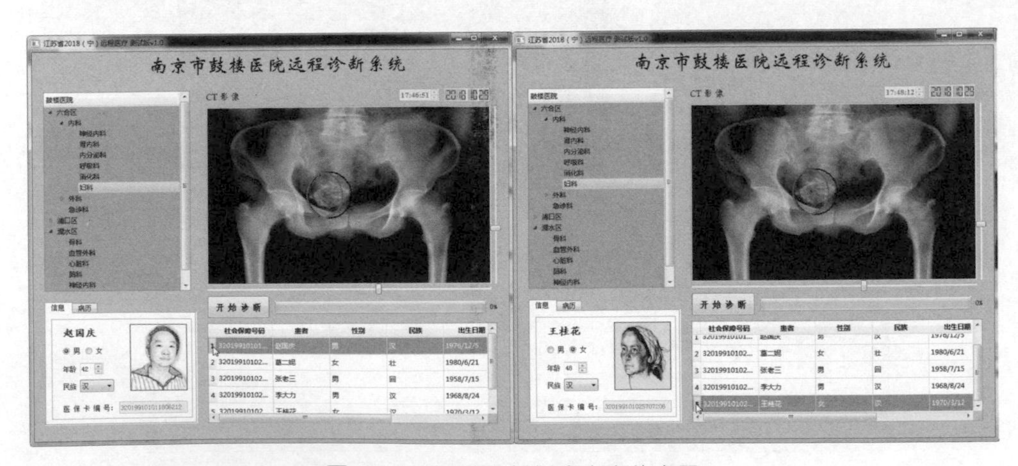

圖 22.21 聯動更新對應患者的資訊

22.5.4 查看病歷

切換到「病歷」標籤，可查看到該名患者的詳細病歷資訊，如圖 22.22 所示。

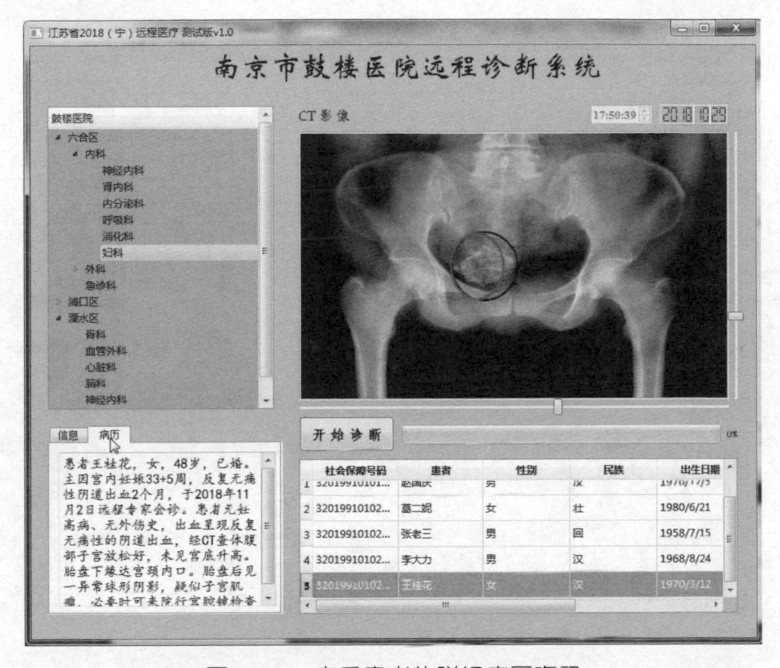

圖 22.22 查看患者的詳細病歷資訊

至此，完成了用 Qt 開發的、使用 OpenCV+Contrib 影像處理函數庫、以 MySQL 為後台資料庫的遠端醫療診斷系統，讀者還可以對其進行完善，加入更多實用的功能。

第 4 部分

QML 和 Qt Quick 及其應用

CHAPTER 23 QML 程式設計基礎

23.1 QML 概述

QML（Qt Meta Language，Qt 元語言）是一個用來描述應用程式介面的宣告式指令碼語言，自 Qt 4.7 引入。QML 具有良好的易讀性，它以視覺化元件及其互動和相互連結的方式來描述介面，使元件能在動態行為中互相連接，並支援在一個使用者介面上很方便地重複使用和訂製元件。

Qt Quick 是 Qt 為 QML 提供的一套類別庫，由 QML 標準類型和功能組成，包括視覺化類型、互動類型、動畫類型、模型和視圖、粒子系統和繪製效果等，在程式設計時只需要一筆 import 敘述，程式設計師就能夠存取這些功能。使用 Qt Quick，設計和開發人員能很容易地用 QML 建構出高品質、流暢的 UI 介面，從而開發出具有視覺吸引力的應用程式。目前，QML 已經和 C++ 並列 Qt 的首選程式語言，Qt 6.0 支援 Qt Quick 2.15。

QML 是透過 Qt QML 引擎在程式執行時期解析並執行的。Qt 6.0 更高性能的編譯器通道表示使用 QML 撰寫的程式啟動時及執行時期速度更快、效率更高。QML 新、舊編譯器通道如圖 23.1 所示。

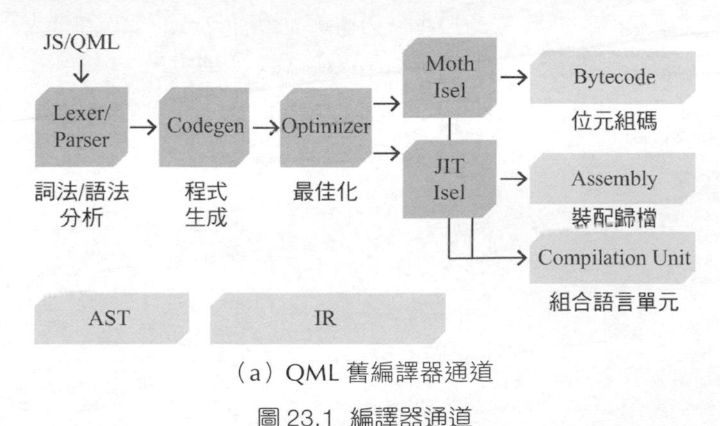

（a）QML 舊編譯器通道

圖 23.1 編譯器通道

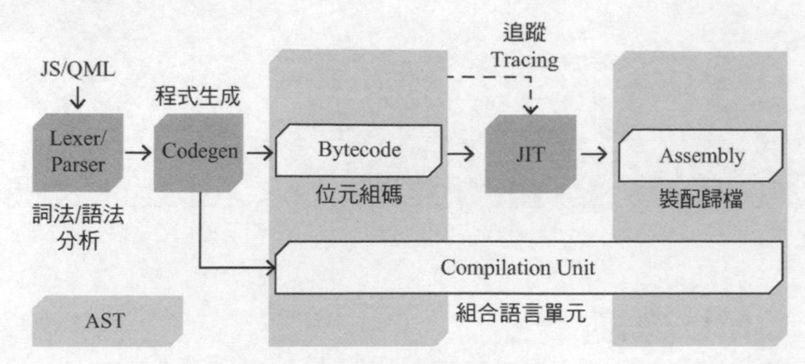

（b）QML 新編譯器通道

圖 23.1　編譯器通道（續）

23.1.1 第一個 QML 程式

【例】（簡單）（CH2301）這裡先從一個最簡單的 QML 程式入手，介紹 QML 的基本概念。

1. 建立 QML 專案

建立 QML 專案的步驟如下。

（1）啟動 Qt Creator，點擊主選單「檔案」→「新建檔案或專案…」項，彈出 "New File or Project" 對話方塊，如圖 23.2 所示，選擇專案 "Application (Qt Quick)" 下的 "Qt Quick Application- Empty" 範本。

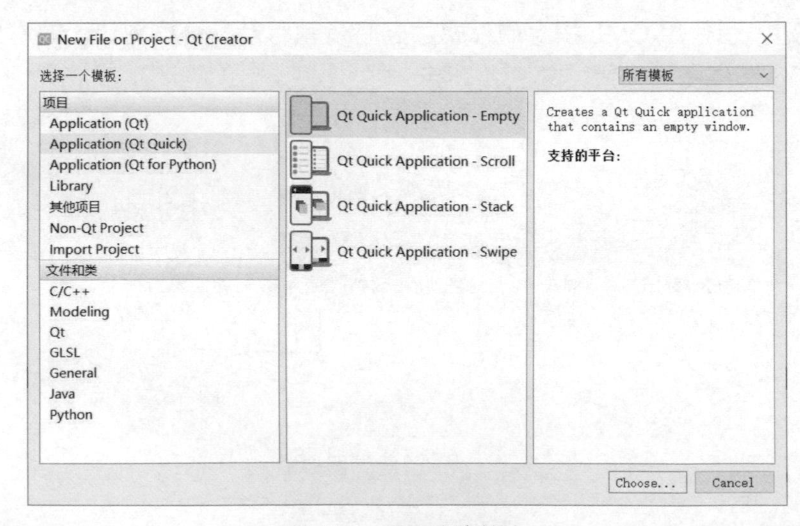

圖 23.2　選擇專案範本

(2) 點擊 "Choose…" 按鈕，在 "Qt Quick Application" 對話方塊的 "Project Location" 頁輸入專案名稱 "QmlDemo"，並選擇儲存專案的路徑，如圖 23.3 所示。

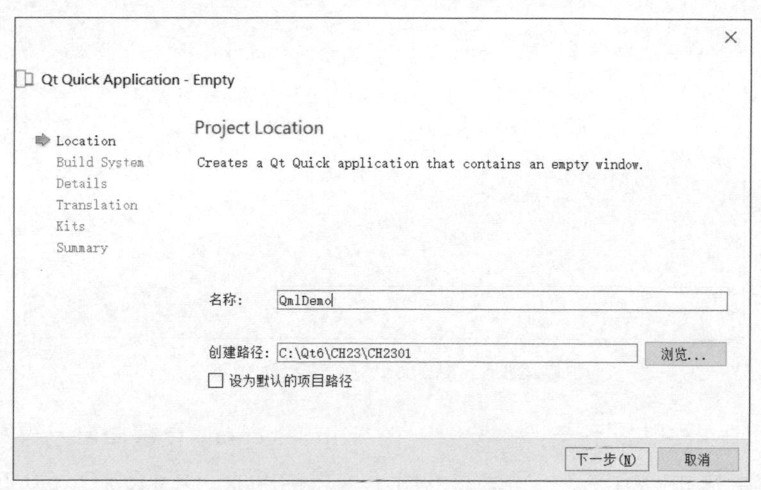

圖 23.3 命名和儲存專案

(3) 點擊「下一步」按鈕，在 "Define Build System" 頁選擇編譯器為 "qmake"，如圖 23.4 所示。

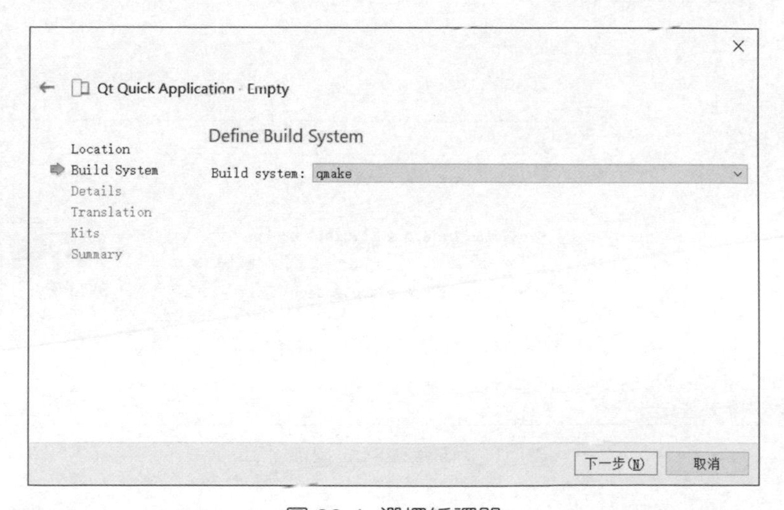

圖 23.4 選擇編譯器

(4) 點擊「下一步」按鈕，在 "Define Project Details" 頁選擇最低適應的 Qt 版本為 "Qt 5.15"，如圖 23.5 所示。

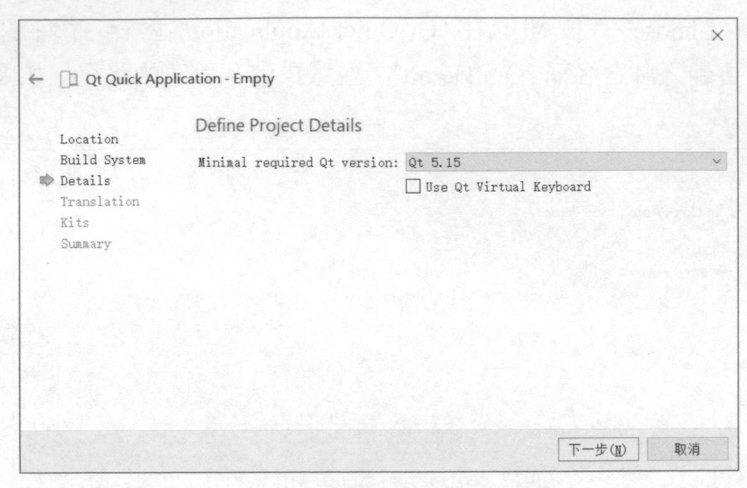

圖 23.5 選擇最低適應的 Qt 版本

（5）連續兩次點擊「下一步」按鈕，在 "Kit Selection" 頁選擇自己專案的建構套件（編譯器和偵錯器），如圖 23.6 所示，這裡選取 "Desktop Qt 6.0.2 MinGW 64-bit"，點擊「下一步」按鈕。

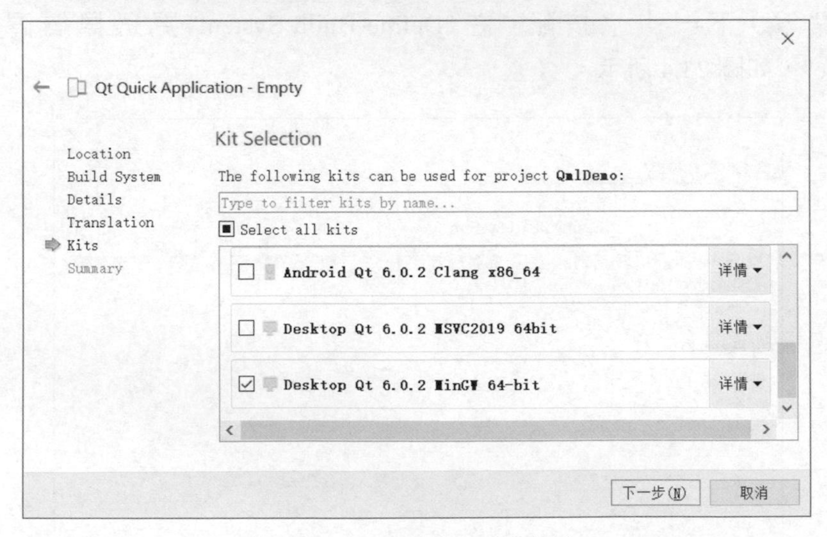

圖 23.6 選擇專案的建構套件

（6）在 "Project Management" 頁上自動整理出要增加到該專案的檔案，如圖 23.7 所示，點擊「完成」按鈕完成 QML 專案的建立。

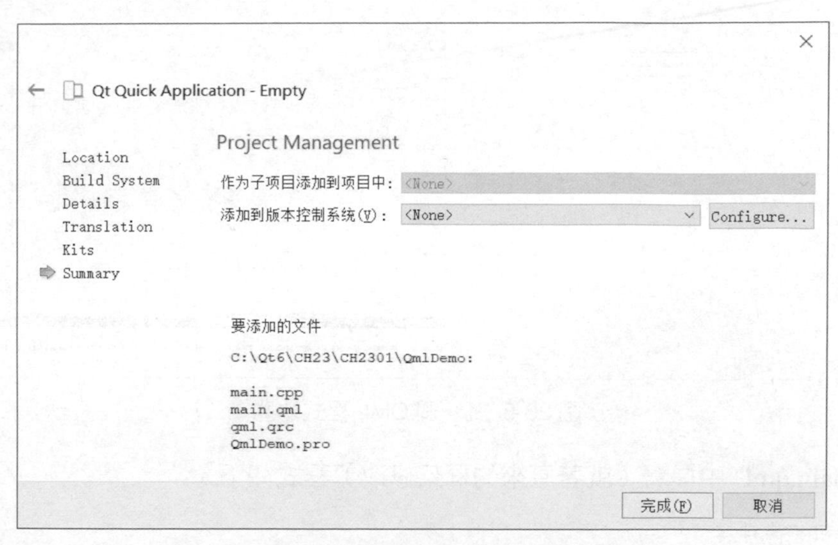

圖 23.7 自動整理出要增加到該專案的檔案

此時，系統自動生成了一個空的 QML 表單程式框架，位於專案啟動的主程式檔案 "main.qml" 中，如下：

```
import QtQuick 2.15
import QtQuick.Window 2.15

Window {
    width: 640
    height: 480
    visible: true
    title: qsTr("Hello World")
}
```

點擊 ▶ 按鈕執行專案，彈出空白的 "Hello World" 視窗。

2. 撰寫 QML 程式

初始建立的 QML 專案沒有任何內容，需要使用者撰寫 QML 程式來實現功能。下面來實現以下簡單的功能：

在視窗的上部放一個文字輸入框（預設顯示 "Enter some text..."），在框中輸入 "Hello World!" 後用滑鼠點擊該框外視窗內的任意位置，於開發環境底部「應用程式輸出」子視窗中輸出一行文字「qml: Clicked on background. Text: "Hello World!"」，整個過程如圖 23.8 所示。

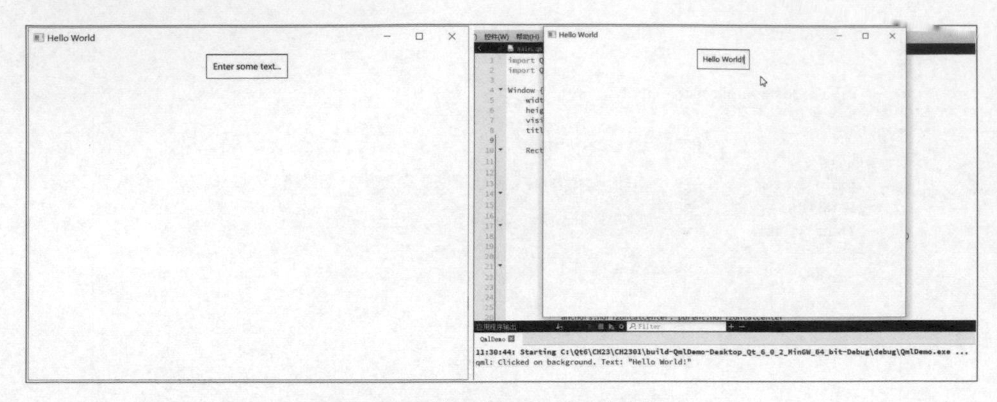

圖 23.8 第一個 QML 程式功能

在 "main.qml" 中撰寫（就著原來的框架修改）程式如下：

```
/* import部分 */
import QtQuick 2.15
import QtQuick.Window 2.15

/* 物件宣告部分 */
Window {
    width: 640
    height: 480
    visible: true
    title: qsTr("Hello World")

    Rectangle {
        width: 360
        height: 360
        anchors.fill: parent
        MouseArea {
            id: mouseArea
            anchors.fill: parent
            onClicked: {
                console.log(qsTr('Clicked on background. Text: "' +
textEdit.text+ '"'))
            }
        }
        TextEdit {
            id: textEdit
            text: qsTr("Enter some text…")
            verticalAlignment: Text.AlignVCenter
            anchors.top: parent.top
            anchors.horizontalCenter: parent.horizontalCenter
```

```
            anchors.topMargin: 20
            Rectangle {
                anchors.fill: parent
                anchors.margins: -10
                color: "transparent"
                border.width: 1
            }
        }
    }
}
```

23.1.2 QML 文件組成

QML 程式的原始檔案又叫「QML 文件」，以 .qml 為檔案名稱尾碼，舉例來說，上面專案的 "main.qml" 就是一個 QML 文件。每個 QML 文件都由兩部分組成：import 和物件宣告。

1. import 部分

此部分匯入需要使用的 Qt Quick 函數庫，這些函數庫由 Qt 6 提供，包含了使用者介面最通用的類別和功能，如本程式 "main.qml" 檔案開頭的兩句：

```
import QtQuick 2.15                           //匯入 Qt Quick 2.15 函數庫
import QtQuick.Window 2.15                    //匯入 Qt Quick 表單函數庫
```

匯入這些函數庫後，使用者就可以在自己撰寫的程式中存取 Qt Quick 所有的 QML 類型、介面和功能。

2. 物件宣告

這是一個 QML 程式碼的主體部分，它以層次化的結構定義了可視場景中將要顯示的元素，如矩形、影像、文字及獲取使用者輸入的物件……它們都是 Qt Quick 為使用者介面開發提供的基本組件。舉例來說，"main.qml" 的物件宣告部分：

```
Window {                                 //根物件
    width: 640
    height: 480
    visible: true
    title: qsTr("Hello World")

    Rectangle {                          //物件
```

```
        ...
    }
}
```

QML 規定了一個 Window 物件作為根物件，程式中宣告的其他所有物件都必須位於根物件的內部。

3. 物件和屬性

物件可以巢狀結構，即一個 QML 物件可以沒有、也可以有一個或多個子物件，如上面 Window 中宣告的 Rectangle（矩形）物件就有兩個子物件（MouseArea 和 TextEdit），而子物件 TextEdit 本身又擁有一個子物件 Rectangle，如下：

```
Rectangle {                                 // 物件：Rectangle
  ...
    MouseArea {                             // 子物件 1：MouseArea
    ...
    }
    TextEdit {                              // 子物件 2：TextEdit
    ...
        Rectangle {                         // 子物件 2 的子物件：Rectangle
        ...
        }
    }
}
```

物件由它們的類型指定，以大寫字母開頭，後面跟一對大括號 {}，{} 之中是該物件的屬性，屬性以鍵值對「屬性名稱 : 值」的形式舉出，比如在程式中：

```
Rectangle {
    width: 360                              // 屬性（寬度）
    height: 360                             // 屬性（高度）
  ...
}
```

定義了一個寬度和高度都是 360 像素的矩形。QML 允許將多個屬性寫在一行，但它們之間必須用分號隔開，所以以上程式也可以寫為：

```
Rectangle {
    width: 360;height: 360                 // 屬性（寬度和高度）
  ...
}
```

物件 MouseArea 是可以回應滑鼠事件的區域：

```
MouseArea {
    id: mouseArea
    anchors.fill: parent
    onClicked: {
        console.log(qsTr('Clicked on background. Text: "' + textEdit.
text + '"'))
    }
}
```

作為子物件，它可以使用 parent 關鍵字存取其父物件 Rectangle。其屬性 anchors.fill 造成版面配置作用，它會使 MouseArea 充滿一個物件的內部，這裡設值為 parent 表示 MouseArea 充滿整個矩形，即整個視窗內部都是滑鼠回應區。

TextEdit 是一個文字編輯物件：

```
TextEdit {
    id: textEdit
    text: qsTr("Enter some text…")
    verticalAlignment: Text.AlignVCenter
    anchors.top: parent.top
    anchors.horizontalCenter: parent.horizontalCenter
    anchors.topMargin: 20
    Rectangle {
        anchors.fill: parent
        anchors.margins: -10
        color: "transparent"
        border.width: 1
    }
}
```

屬性 text 是其預設要輸出顯示的文字（Enter some text...），屬性 anchors.top、anchors.horizontal Center 和 anchors.topMargin 都是版面配置用的，這裡設為使 TextEdit 處於矩形視窗的上部水平置中的位置，距視窗頂部有 20 個像素的邊距。

QML 文件中的各種物件及其子物件以這種層次結構組織在一起，共同描述一個可顯示的使用者介面。

4. 物件識別碼

每個物件都可以指定一個唯一的 id 值，這樣便可以在其他物件中辨識並引用該物件。例如在本例程式中：

```
MouseArea {
    id: mouseArea
  ...
}
```

就給 MouseArea 指定了 id 為 mouseArea。可以在一個物件所在的 QML 文件中的任何地方，透過使用該物件的 id 來引用該物件。因此，id 值在一個 QML 文件中必須是唯一的。對一個 QML 物件而言，id 值是一個特殊的值，不要把它看成一個普通的屬性，舉例來說，無法使用 mouseArea.id 來進行存取。一旦一個物件被建立，它的 id 就無法被改變了。

注意：id 必須以小寫字母或底線開頭，並且不能使用除字母、數字底線外的字元。

5. 註釋

QML 文件的註釋同 C/C++、JavaScript 程式的註釋一樣：

（1）單行註釋使用 "//" 開始，在行的尾端結束。

（2）多行註釋使用 "/*" 開始，使用 "*/" 結尾。

因具體寫法在前面程式中都舉出過，故這裡不再贅述。

23.2 QML 可視元素

QML 語言使用可視元素（Visual Elements）來描述圖形化使用者介面，每個可視元素都是一個物件，具有幾何座標，在螢幕上佔據一塊顯示區域。Qt Quick 預先定義了一些基本的可視元素，使用者程式設計可直接使用它們來建立程式介面。

23.2.1 Rectangle（矩形）元素

Qt Quick 提供了 Rectangle 類型來繪製矩形，矩形可以使用純色或漸變色來填充，可以為它增加邊框並指定顏色和寬度，還可以設定透明度、可見性、旋轉和縮放等效果。

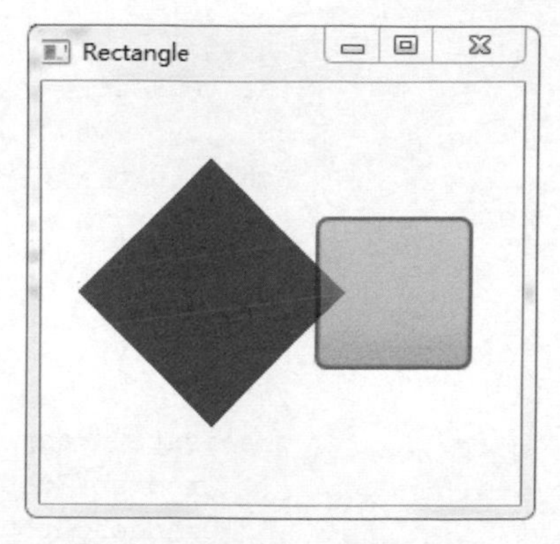

圖 23.9 Rectangle 執行效果

【例】(簡單)(CH2302)在視窗中繪製矩形，執行效果如圖 23.9 所示。

具體實現步驟如下。

(1) 新建 QML 應用程式，專案名稱為 "Rectangle"。

(2) 在 "main.qml" 檔案中撰寫程式如下：

```
import QtQuick 2.15
import QtQuick.Window 2.15

Window {
    width: 250
    height: 220
    visible: true
    title: qsTr("Rectangle")

    Rectangle {
        width: 360
        height: 360
        anchors.fill: parent
        MouseArea {
            id: mouseArea
            anchors.fill: parent
            onClicked: {
                topRect.visible = !topRect.visible  //(a)
            }
        }
        /* 增加定義兩個 Rectangle 物件 */
        Rectangle {
            rotation: 45                        // 旋轉 45°
            x: 40                               //x 方向的座標
            y: 60                               //y 方向的座標
            width: 100                          // 矩形寬度
            height: 100                         // 矩形高度
            color: "red"                        // 以純色（紅色）填充
        }
```

```
        Rectangle {
            id: topRect                                 //id 識別字
            opacity: 0.6                                // 設定透明度為 60%
            scale: 0.8                                  // 縮小為原尺寸的 80%
            x: 135
            y: 60
            width: 100
            height: 100
            radius: 8                                   // 繪製圓角矩形
            gradient: Gradient {                            //(b)
                GradientStop { position: 0.0; color: "aqua" }
                GradientStop { position: 1.0; color: "teal" }
            }
            border { width: 3; color: "blue" } // 為矩形增加一個 3 像素寬的藍
色邊框
        }
    }
}
```

其中，

(a) topRect.visible = !topRect.visible：控制矩形物件的可見性。用矩形物件的識別字 topRect 存取其 visible 屬性以達到控制可見性的目的。在程式執行中，點擊表單內任意位置，矩形 topRect 將時隱時現。

(b) gradient: Gradient {…}：以垂直方向的漸變色填充矩形，gradient 屬性要求一個 Gradient 物件，該物件需要一個 GradientStop 的清單。可以這樣理解漸變：漸變指定在某個位置上必須是某種顏色，這期間的過渡色則由計算而得。GradientStop 物件就是用於這種指定的，它需要兩個屬性：position 和 color。前者是一個 0.0 ～ 1.0 的浮點數，説明 y 軸方向的位置，例如元素的頂部是 0.0，底部是 1.0，介於頂部和底部之間的位置可以用這樣一個浮點數表示，也就是一個比例；後者是這個位置的顏色值，例如上面的 "GradientStop { position: 1.0; color: "teal" }" 説明在從上往下到矩形底部位置範圍內都是藍綠色。

23.2.2 Image（影像）元素

Qt Quick 提供了 Image 類型來顯示影像，Image 類型有一個 source 屬性。該屬性的值可以是遠端或本地 URL，也可以是嵌入已編譯的資源檔中的影像檔 URL。

【例】（簡單）（CH2303）將一張較大的風景圖片適當地縮小後顯示在表單中，執行效果如圖 23.10 所示。

圖 23.10 Image 執行效果

具體實現步驟如下。

（1）新建 QML 應用程式，專案名稱為 "Image"。

（2）在開發專案目錄中建一個 images 資料夾，其中放入一張圖片，該圖片是用數位相機拍攝（尺寸為 980 像素 ×751 像素）的，檔案名稱為 "tianchi.jpg"（長白山天池）。

（3）按滑鼠右鍵項目視圖 "Resources" → "qml.qrc" 下的 "/" 節點，選擇「增加現有檔案…」項，從彈出的對話方塊中選擇事先準備的 "tianchi.jpg" 檔案並開啟，如圖 23.11 所示，將其載入到專案中。

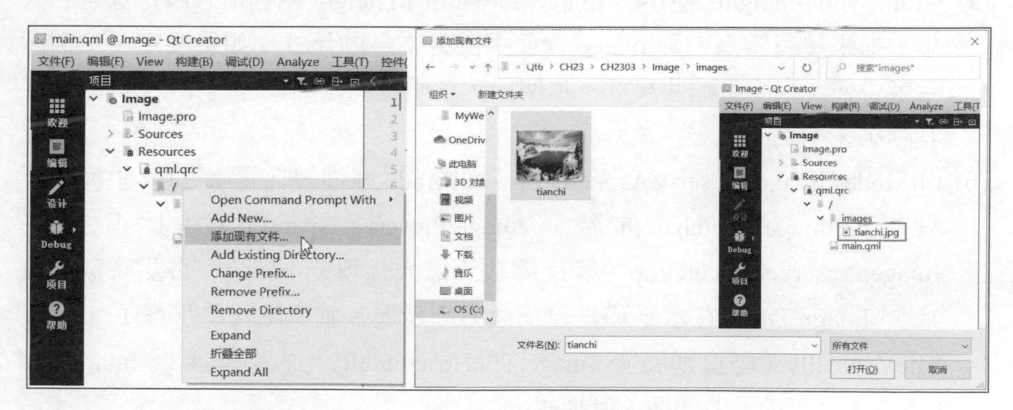

圖 23.11 載入圖片資源

（4）開啟 "main.qml" 檔案，撰寫程式如下：

```
import QtQuick 2.15
import QtQuick.Window 2.15

Window {
    width: 285
    height: 225
    visible: true
    title: qsTr("Image")

    Rectangle {
```

```
        width: 360
        height: 360
        anchors.fill: parent
        Image {
            //圖片在視窗中的位置座標
            x: 20
            y: 20
            //寬和高均為原圖的1/4
            width: 980/4;height: 751/4          //(a)
            source: "images/tianchi.jpg"        //圖片路徑URL
            fillMode: Image.PreserveAspectCrop  //(b)
            clip: true                        //避免所要繪製的圖片超出元素範圍
        }
    }
}
```

其中，

(a) width: 980/4;height: 751/4：Image 的 width 和 height 屬性用來設定像素的大小，如果沒有設定，則 Image 會使用圖片本身的尺寸；如果設定了，則圖片就會伸展來適應這個尺寸。本例設定它們均為原圖尺寸的 1/4，為的是使其縮小後不變形。

(b) fillMode: Image.PreserveAspectCrop：fillMode 屬性設定圖片的填充模式，它支援 Image.Stretch（伸展）、Image.PreserveAspectFit（等比縮放）、Image.PreserveAspectCrop（等比縮放，最大化填充 Image，必要時裁剪圖片）、Image.Tile（在水平和垂直兩個方向延展，就像貼瓷磚那樣）、Image.TileVertically（垂直延展）、Image.TileHorizontally（水平延展）、Image.Pad（保持圖片原樣不做變換）等模式。

23.2.3 Text（文字）元素

為了用 QML 顯示文字，要使用 Text 元素，它提供了很多屬性，包括顏色、字型、字型大小、粗體和傾斜等，這些屬性可以被設定應用於整塊文字段，獲得想要的文字效果。Text 元素還支援豐富文字顯示、文字樣式設計，以及長文字省略和換行等功能。

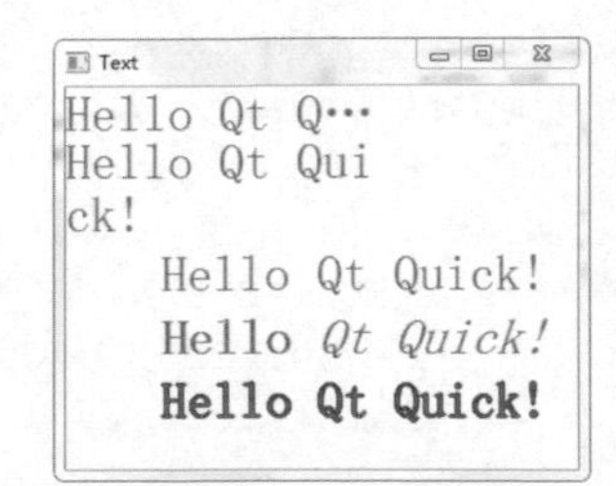

圖 23.12 Text 執行效果

【例】（簡單）（CH2304）各種典型文字效果的演示，執行效果如圖 23.12 所示。

具體實現步驟如下。

（1）新建 QML 應用程式，專案名稱為 "Text"。

（2）開啟 "main.qml" 檔案，撰寫程式如下：

```
import QtQuick 2.15
import QtQuick.Window 2.15

Window {
    width: 320
    height: 240
    visible: true
    title: qsTr("Text")

    Rectangle {
        width: 360
        height: 360
        anchors.fill: parent

        Text {                                          // 普通純文字
            x:60
            y:100
            color:"green"                               // 設定顏色
            font.family: "Helvetica"                    // 設定字型
            font.pointSize: 24                          // 設定字型大小
            text: "Hello Qt Quick!"                     // 輸出文字內容
        }
        Text {                                          // 豐富文字
            x:60
            y:140
            color:"green"
            font.family: "Helvetica"
            font.pointSize: 24
            text: "<b>Hello</b> <i>Qt Quick!</i>"    //(a)
        }
        Text {                                          // 帶樣式的文字
            x:60
            y:180
            color:"green"
            font.family: "Helvetica"
            font.pointSize: 24
            style: Text.Outline;styleColor:"blue" //(b)
            text: "Hello Qt Quick!"
        }
        Text {                                          // 帶省略的文字
```

```
            width:200                                 //限制文字寬度
            color:"green"
            font.family: "Helvetica"
            font.pointSize: 24
            horizontalAlignment:Text.AlignLeft        //在視窗中左對齊
            verticalAlignment:Text.AlignTop           //在視窗中頂端對齊
            elide:Text.ElideRight                     //(c)
            text: "Hello Qt Quick!"
        }
        Text {                                        //換行的文字
            width:200                                 //限制文字寬度
            y:30
            color:"green"
            font.family: "Helvetica"
            font.pointSize: 24
            horizontalAlignment:Text.AlignLeft
            wrapMode:Text.WrapAnywhere                //(d)
            text: "Hello Qt Quick!"
        }
    }
}
```

其中，

(a) text: "<b>Hello</b> <i>Qt Quick!</i>"：Text 元素支援用 HTML 類型標記定義豐富文字，它有一個 textFormat 屬性，預設值為 Text.RichText（輸出豐富文字）；若顯性地指定為 Text.PlainText，則會輸出純文字（連同 HTML 標記一起作為字元輸出）。

(b) style: Text.Outline;styleColor:"blue"：style 屬性設定文字的樣式，支援的文字樣式有 Text.Normal、Text.Outline、Text.Raised 和 Text.Sunken；styleColor 屬性設定樣式的顏色，這裡是藍色。

(c) elide:Text.ElideRight：設定省略文字的部分內容來適合 Text 的寬度，若沒有對 Text 明確設定 width 值，則 elide 屬性將不起作用。elide 可取的值有 Text.ElideNone（預設，不省略）、Text.ElideLeft（從左邊省略）、Text.ElideMiddle（從中間省略）和 Text.ElideRight（從右邊省略）。

(d) wrapMode:Text.WrapAnywhere：如果不希望使用 elide 省略顯示方式，還可以透過 wrapMode 屬性指定換行模式，本例中設為 Text.WrapAnywhere，即只要達到邊界（哪怕在一個單字的中間）都會進行換行；若不想這麼做，可設為 Text.WordWrap 只在單字邊界換行。

23.2.4 自訂元素（元件）

前面簡單地介紹了幾種 QML 的基本元素。在實際應用中，使用者可以由這些基本元素再加以組合，自訂出一個較複雜的元素，以方便重用，這種自訂的組合元素也被稱為元件。QML 提供了很多方法來建立元件，其中最常用的是基於檔案的元件，它將 QML 元素放置在一個單獨的檔案中，然後給該檔案一個名字，便於使用者日後透過這個名字來使用這個元件。

【例】（難度一般）（CH2305）自訂建立一個 Button 元件並在主視窗中使用它，執行效果如圖 23.13 所示。

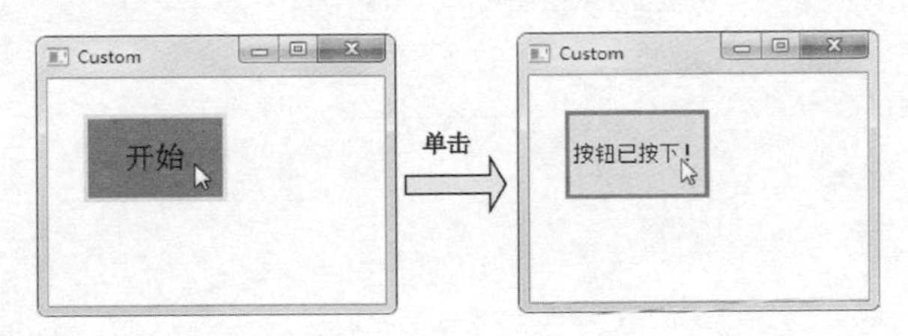

圖 23.13 自訂 Button 元件的執行效果

具體實現步驟如下。

（1）新建 QML 應用程式，專案名稱為 "Custom"。

（2）按滑鼠右鍵項目視圖 "Resources" → "qml.qrc" 下的 "/" 節點，選擇 "Add New…" 項，彈出「新建檔案」對話方塊，如圖 23.14 所示，選擇檔案和類別 "Qt" 下的 "QML File(Qt Quick 2)" 範本。

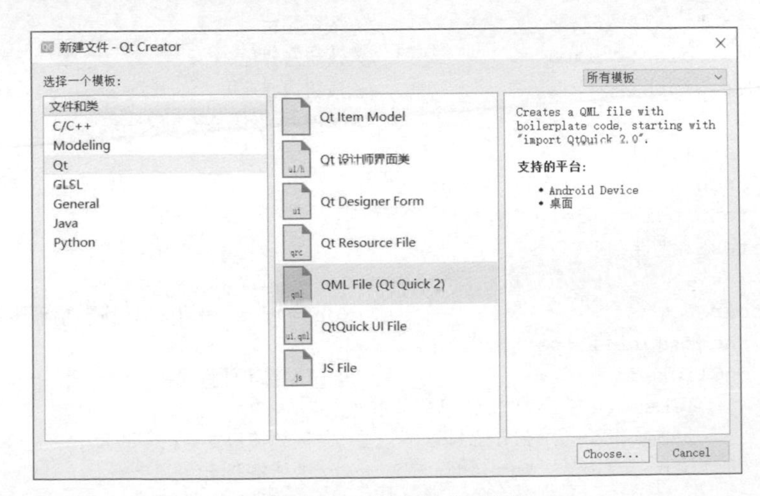

圖 23.14 新建 QML 檔案

(3)點擊 "Choose…" 按鈕,在 "Location" 頁輸入檔案名稱 "Button",並選擇儲存路徑(本專案檔案夾下),如圖 23.15 所示。

點擊「下一步」按鈕,點擊「完成」按鈕,就在專案中增加了一個 "Button.qml" 檔案。

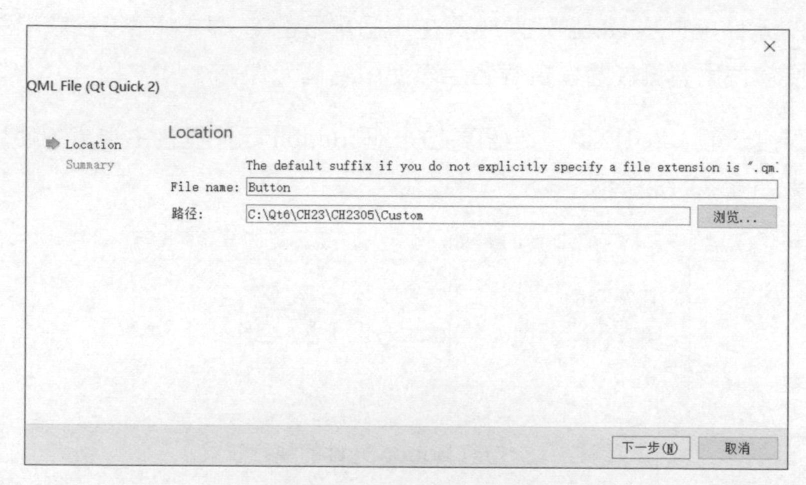

圖 23.15 命名元件並儲存

(4)開啟 "Button.qml" 檔案,撰寫程式如下:

```
import QtQuick 2.0
Rectangle {                              //將 Rectangle 自訂成按鈕
    id:btn
    width: 100;height: 62                //按鈕的尺寸
    color: "teal"                        //按鈕顏色
    border.color: "aqua"                 //按鈕邊界色
    border.width: 3                      //按鈕邊界寬度
    Text {                               //Text 元素作為按鈕文字
        id: label
        anchors.centerIn: parent
        font.pointSize: 16
        text: "開始"
    }
    MouseArea {                          //MouseArea 物件作為按鈕點擊事件回應區
        anchors.fill: parent
        onClicked: {                     //回應點擊事件程式
            label.text = "按鈕已按下!"
            label.font.pointSize = 11 //改變按鈕文字和字型大小
            btn.color = "aqua"           //改變按鈕顏色
            btn.border.color = "teal" //改變按鈕邊界色
```

```
        }
    }
}
```

該檔案將一個普通的矩形元素「改造」成按鈕，並封裝了按鈕的文字、顏色、邊界等屬性，同時定義了它在回應使用者點擊時的行為。

（5）開啟 "main.qml" 檔案，撰寫程式如下：

```
import QtQuick 2.15
import QtQuick.Window 2.15

Window {
    width: 320
    height: 240
    visible: true
    title: qsTr("Custom")

    Rectangle {
        width: 360
        height: 360
        anchors.fill: parent

        Button {                        //重複使用 Button 元件
            x: 25; y: 25
        }
    }
}
```

可見，由於已經撰寫好了 "Button.qml" 檔案，此處可以像用 QML 基本元素一樣直接使用這個元件。

23.3 QML 元素版面配置

QML 程式設計中可以使用 x、y 屬性手動版面配置元素，但這些屬性是與元素父物件左上角位置緊密相關的，不容易確定各子元素間的相對位置。為此，QML 提供了定位器和錨點來簡化元素的版面配置。

23.3.1 Positioner（定位器）

定位器是 QML 中專用於定位的一類元素，主要有 Row、Column、Grid 和 Flow 等，它們都包含在 QtQuick 模組中。

1. 行列、網格定位

【例】(簡單)(CH2306)行列和網格定位分別使用 Row、Column 和 Grid 元素，執行效果如圖 23.16 所示。

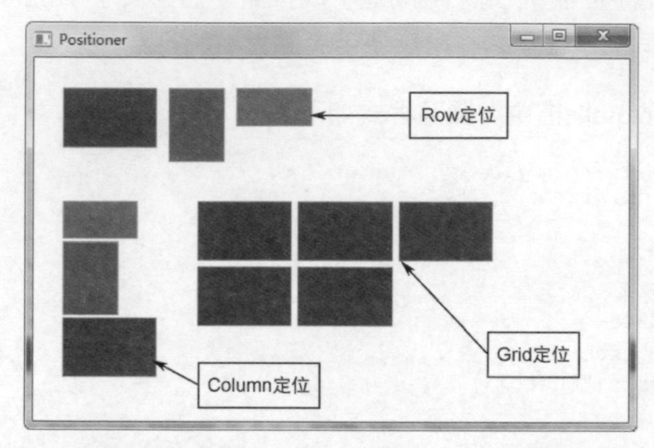

圖 23.16 Row、Column 和 Grid 執行效果

具體實現步驟如下。

(1)新建 QML 應用程式，專案名稱為 "Positioner"。

(2)按 23.2.4 節介紹的方法定義紅、綠、藍三個矩形元件，程式分別如下：

```
/* 紅色矩形，原始檔案 RedRectangle.qml */
import QtQuick 2.0
Rectangle {
    width: 64                                  // 寬度
    height: 32                                 // 高度
    color: "red"                               // 顏色
    border.color: Qt.lighter(color)            // 邊框色設定比填充色淺(預設是 50%)
}
/* 綠色矩形，原始檔案 GreenRectangle.qml */
import QtQuick 2.0
Rectangle {
    width: 48
    height: 62
    color: "green"
    border.color: Qt.lighter(color)
}
/* 藍色矩形，原始檔案 BlueRectangle.qml */
import QtQuick 2.0
Rectangle {
```

```
    width: 80
    height: 50
    color: "blue"
    border.color: Qt.lighter(color)
}
```

(3) 開啟 "main.qml" 檔案，撰寫程式如下：

```
import QtQuick 2.15
import QtQuick.Window 2.15

Window {
    width: 420
    height: 280
    visible: true
    title: qsTr("Positioner")

    Rectangle {
        width: 420
        height: 280
        anchors.fill: parent

        Row {                                   //(a)
            x:25
            y:25
            spacing: 10                         // 元素間距為 10 像素
            layoutDirection:Qt.RightToLeft      // 元素從右向左排列
            // 以下增加被 Row 定位的元素成員
            RedRectangle { }
            GreenRectangle { }
            BlueRectangle { }
        }
        Column {                                //(b)
            x:25
            y:120
            spacing: 2
            // 以下增加被 Column 定位的元素成員
            RedRectangle { }
            GreenRectangle { }
            BlueRectangle { }
        }
        Grid {                                  //(c)
            x:140
            y:120
```

```
            columns: 3                      //每行 3 個元素
            spacing: 5
            //以下增加被 Grid 定位的元素成員
            BlueRectangle { }
            BlueRectangle { }
            BlueRectangle { }
            BlueRectangle { }
            BlueRectangle { }
        }
    }
}
```

其中，

(a) Row {⋯}：Row 將被其定位的元素成員都放置在一行的位置，所有元素之間的間距相等（由 spacing 屬性設定），頂端保持對齊。layoutDirection 屬性設定元素的排列順序，參數為 Qt.LeftToRight（預設，從左向右）、Qt.RightToLeft（從右向左）。

(b) Column {⋯}：Column 將元素成員按照加入的順序從上到下在同一列排列出來，同樣由 spacing 屬性指定元素間距，所有元素靠左對齊。

(c) Grid {⋯}：Grid 將其元素成員排列為一個網格，預設從左向右排列，每行 4 個元素。可透過設定 rows 和 columns 屬性來自訂行和列的數值，如果二者有一個不顯性設定，則另一個會根據元素成員的總數計算出來。舉例來說，本例中的 columns 設定為 3，一共放入 5 個藍色矩形，行數就會自動計算為 2。

2. 流定位（Flow）

【例】（簡單）（CH2306 續）流定位使用 Flow 元素，執行效果如圖 23.17 所示。

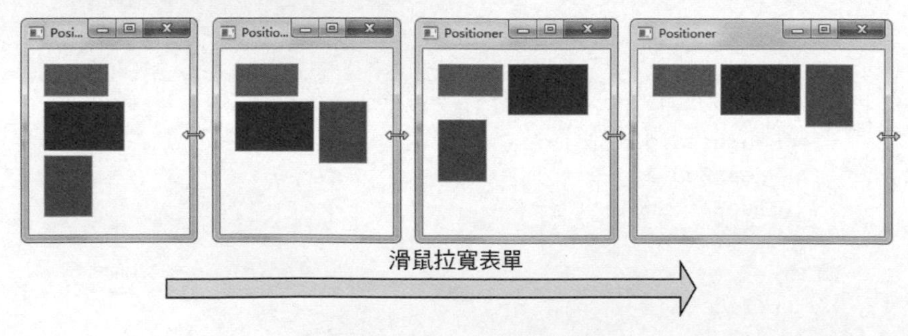

圖 23.17 Flow 執行效果

具體實現步驟如下。

（1）仍然使用上例的專案 "Positioner"，在其基礎上修改。

（2）開啟 "main.qml" 檔案，修改程式如下：

```
import QtQuick 2.15
import QtQuick.Window 2.15

Window {
    width: 150
    height: 200
    visible: true
    title: qsTr("Positioner")

    Rectangle {
        width: 150                          //(a)
        height: 200                         //(a)
        anchors.fill: parent

        Flow {                              //(b)
            anchors.fill: parent
            anchors.margins: 15             //元素與視窗左上角邊距為 15 像素
            spacing: 5
            //以下增加被 Flow 定位的元素成員
            RedRectangle { }
            BlueRectangle { }
            GreenRectangle { }
        }
    }
}
```

其中，

(a) width: 150、height: 200：為了令 Flow 正確工作並演示出其實用效果，需要指定元素顯示區的寬度和高度。

(b) Flow {…}：顧名思義，Flow 會將其元素成員以流的形式顯示出來，它既可以從左向右橫向版面配置，也可以從上向下縱向版面配置，或反之。但與 Row、Column 等定位器不同的是，增加到 Flow 裡的元素，會根據顯示區（表單）尺寸變化動態地調整其版面配置。以本程式為例，初始執行時期，因表單狹窄，無法橫向編排元素，故三個矩形都縱向排列，在用滑鼠將表單拉寬的過程中，其中矩形由縱排逐漸轉變成橫排顯示。

3. 重複器（Repeater）

重複器用於建立大量相似的元素成員，常與其他定位器結合起來使用。

【例】（簡單）（CH2307）Repeater 結合 Grid 來排列一組矩形元素，執行效果如圖 23.18 所示。

圖 23.18 Repeater 結合 Grid 執行效果

具體實現步驟如下。

（1）新建 QML 應用程式，專案名稱為 "Repeater"。

（2）開啟 "main.qml" 檔案，撰寫程式如下：

```
import QtQuick 2.15
import QtQuick.Window 2.15

Window {
    width: 300
    height: 250
    visible: true
    title: qsTr("Repeater")

    Rectangle {
        width: 360
        height: 360
        anchors.fill: parent

        Grid {                                  //Grid 定位器
            x:25;y:25
            spacing: 4
            //用重複器為 Grid 增加元素成員
            Repeater {                          //(a)
                model: 16                       //要建立元素成員的個數
                Rectangle {                     //成員皆為矩形元素
                    width: 48; height: 48
                    color:"aqua"
                    Text {                              //顯示矩形編號
                        anchors.centerIn: parent
                        color: "black"
                        font.pointSize: 20
                        text: index                     //(b)
                    }
                }
            }
```

```
        }
    }
}
```

其中，

(a) Repeater {…}：重複器，作為 Grid 的資料提供者，它可以建立任何 QML 基本的可視元素。因 Repeater 會按照其 model 屬性定義的個數迴圈生成子元素，故上面程式重複生成 16 個 Rectangle。

(b) text: index：Repeater 會為每個子元素注入一個 index 屬性，作為當前的迴圈索引（本例中是 0 ～ 15）。因可以在子元素定義中直接使用這個屬性，故這裡用它給 Text 的 text 屬性給予值。

23.3.2 Anchor（錨）

除前面介紹的 Row、Column 和 Grid 等外，QML 還提供了一種使用 Anchor（錨）來進行元素版面配置的方法。每個元素都可被認為有一組無形的「錨線」：left、horizontalCenter、right、top、verticalCenter 和 bottom，如圖 23.19 所示，Text 元素還有一個 baseline 錨線（對於沒有文字的元素，它與 top 相同）。

這些錨線分別對應元素中的 anchors.left、anchors.horizontalCenter 等屬性，所有的可視元素都可以使用錨來版面配置。錨系統還允許為一個元素的錨指定邊距（margin）和偏移（offset）。邊距指定了元素錨到外邊界的空間量，而偏移允許使用中心錨線來定位。一個元素可以透過 leftMargin、rightMargin、topMargin 和 bottomMargin 來獨立地指定錨邊距，如圖 23.20 所示，也可以使用 anchor.margins 來為所有的 4 個錨指定相同的邊距。

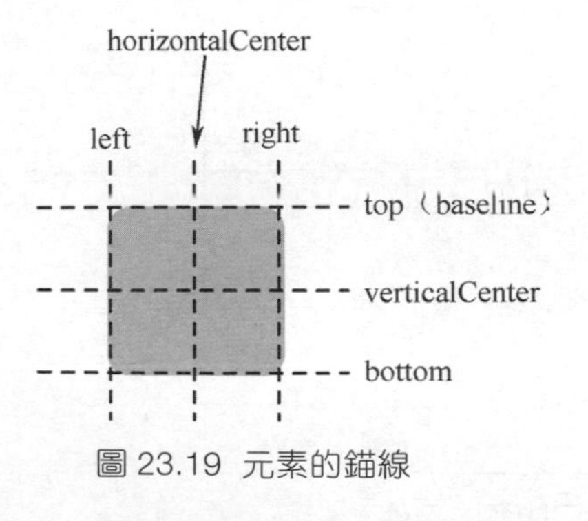

圖 23.19 元素的錨線

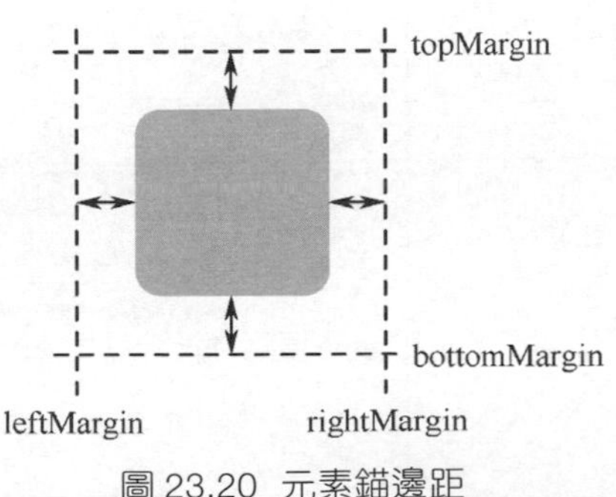

圖 23.20 元素錨邊距

錨偏移使用 horizontalCenterOffset、verticalCenterOffset 和 baselineOffset 來指定。程式設計中還經常用 anchors.fill 將一個元素充滿另一個元素，這等值於使用了 4 個直接的錨。但要注意，只能在父子或兄弟元素之間使用錨，而且基於錨的版面配置不能與絕對的位置定義（如直接設定 x 和 y 屬性值）混合使用，否則會出現不確定的結果。

【例】（難度一般）（CH2308）使用 Anchor 版面配置一組矩形元素，並測試錨的特性，版面配置執行效果如圖 23.21 所示。

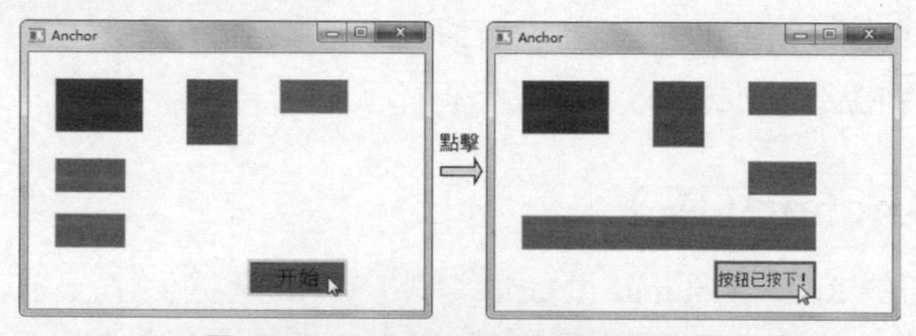

圖 23.21　Anchor 版面配置執行效果

具體實現步驟如下。

（1）新建 QML 應用程式，專案名稱為 "Anchor"。

（2）本專案需要重複使用之前已開發的元件。將前面實例 CH2305 和 CH2306 中的原始檔案 "Button.qml"、"RedRectangle.qml"、"GreenRectangle.qml" 及 "BlueRectangle.qml" 複製到本專案目錄下。按滑鼠右鍵項目視圖 "Resources" → "qml.qrc" 下的 "/" 節點，選擇「增加現有檔案…」項，彈出「增加現有檔案」對話方塊，如圖 23.22 所示，選中上述幾個 .qml 檔案，點擊「開啟」按鈕將它們增加到當前專案中。

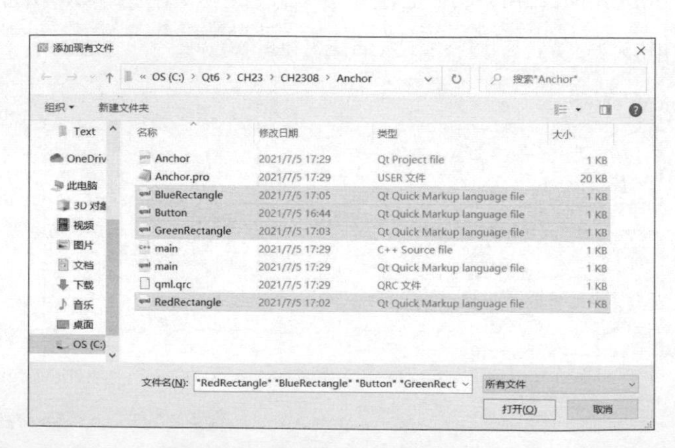

圖 23.22　重複使用已開發的元件

（3）開啟 "main.qml" 檔案，撰寫程式如下：

```
import QtQuick 2.15
import QtQuick.Window 2.15

Window {
    width: 320
    height: 240
    visible: true
    title: qsTr("Anchor")

    Rectangle {
        id: windowRect
        /* 定義屬性別名 */                          //(a)
        property alias chgRect1: changingRect1
          //矩形 changingRect1 屬性別名
        property alias chgRect2: changingRect2
          //矩形 changingRect2 屬性別名
        property alias rRect: redRect         //紅矩形 redRect 屬性別名
        width: 360
        height: 360
        anchors.fill: parent

        /* 使用 Anchor 對三個矩形元素進行橫向版面配置 */    //(b)
        BlueRectangle {                         //藍矩形
            id:blueRect
            anchors.left: parent.left         //與視窗左錨線錨定
            anchors.top: parent.top           //與視窗頂錨線錨定
            anchors.leftMargin: 25            //左錨邊距（與視窗左邊距）
            anchors.topMargin: 25             //頂錨邊距（與視窗頂邊距）
        }
        GreenRectangle {                        //綠矩形
            id:greenRect
            anchors.left: blueRect.right      //綠矩形左錨線與藍矩形的右錨線錨定
            anchors.top: blueRect.top         //綠矩形頂錨線與藍矩形的頂錨線錨定
            anchors.leftMargin: 40            //左錨邊距（與藍矩形的間距）
        }
        RedRectangle {                          //紅矩形
            id:redRect
            anchors.left: greenRect.right //紅矩形左錨線與綠矩形的右錨線錨定
            anchors.top: greenRect.top        //紅矩形頂錨線與綠矩形的頂錨線錨定
            anchors.leftMargin: 40            //左錨邊距（與綠矩形的間距）
        }

    /* 對比測試 Anchor 的性質 */                     //(c)
```

```
        RedRectangle {
            id:changingRect1
            anchors.left: parent.left
             //矩形 changingRect1 初始與表單左錨線錨定
            anchors.top: blueRect.bottom
            anchors.leftMargin: 25
            anchors.topMargin: 25
        }
        RedRectangle {
            id:changingRect2
            anchors.left: parent.left
             //changingRect2 與 changingRect1 左對齊
            anchors.top: changingRect1.bottom
            anchors.leftMargin: 25
            anchors.topMargin: 20
        }

        /* 重複使用按鈕 */
        Button {
            width:95;height:35                //(d)
            anchors.right: redRect.right
            anchors.top: changingRect2.bottom
            anchors.topMargin: 10
        }
    }
}
```

其中，

(a) /* 定義屬性別名 */：這裡定義矩形 changingRect1、changingRect2 及 redRect 的別名，目的是在按鈕元件的原始檔案（外部 QML 文件）中能存取這幾個元素，以便測試它們的錨定特性。

(b) /* 使用 Anchor 對三個矩形元素進行橫向版面配置 */：這段程式使用已定義的三個現成矩形元素，透過分別設定 anchors.left、anchors.top、anchors.leftMargin、anchors.topMargin 等錨屬性，對它們進行從左到右的版面配置，這與之前介紹的 Row 的版面配置作用一樣。讀者還可以修改其他錨屬性以嘗試更多的版面配置效果。

(c) /* 對比測試 Anchor 的性質 */：錨屬性還可以在程式執行中透過程式設定來動態地改變，為了對比，本例設計使用兩個相同的紅矩形，初始它們都與表單左錨線錨定（對齊），然後改變右錨屬性來觀察它們的行為。

(d) width:95;height:35：按鈕元件原定義尺寸為 "width: 100;height: 62"，重複使用時可以重新定義它的尺寸屬性以使程式介面更美觀。新屬性值會「覆蓋」原來的屬性值，就像物件導向的「繼承」一樣提高了靈活性。

（4）開啟 "Button.qml" 檔案，修改程式如下：

```
import QtQuick 2.0

Rectangle {                          // 將 Rectangle 自訂成按鈕
    id:btn
    width: 100;height: 62            // 按鈕的尺寸
    color: "teal"                    // 按鈕顏色
    border.color: "aqua"             // 按鈕邊界色
    border.width: 3                  // 按鈕邊界寬度
    Text {                           //Text 元素作為按鈕文字
        id: label
        anchors.centerIn: parent
        font.pointSize: 16
        text: " 開始 "
    }
    MouseArea {                      //MouseArea 物件作為按鈕點擊事件回應區
        anchors.fill: parent
        onClicked: {
            label.text = " 按鈕已按下！ ";
            label.font.pointSize = 11;
            btn.color = "aqua";
            btn.border.color = "teal";
            /* 改變 changingRect1 的右錨屬性 */        //(a)
            windowRect.chgRect1.anchors.left = undefined;
            windowRect.chgRect1.anchors.right = windowRect.rRect.right;
            /* 改變 changingRect2 的右錨屬性 */        //(b)
            windowRect.chgRect2.anchors.right = windowRect.rRect.right;
            windowRect.chgRect2.anchors.left = undefined;
        }
    }
}
```

其中，

(a) /* 改變 changingRect1 的右錨屬性 */：這裡用 "windowRect.chgRect1.anchors.left = undefined" 先解除其左錨屬性的定義，然後再定義右錨屬性，執行後，該矩形便會移動到與 redRect（第一行最右邊的紅矩形）右對齊。

(b) /* 改變 changingRect2 的右錨屬性 */：這裡先用 "windowRect.chgRect2.

anchors.right = windowRect.rRect.right" 指定右錨屬性，由於此時元素的左錨屬性尚未解除，執行後，矩形位置並不會移動，而是寬度自動「拉長」到與 redRect 右對齊，之後即使再解除左錨屬性也無濟於事，故使用者在程式設計改變版面配置時，一定要先將元素的舊錨解除，新設定的錨才能生效！

23.4 QML 事件處理

在以前講解 Qt 6 程式設計時就提到了對事件的處理，如對滑鼠事件、鍵盤事件等的處理。在 QML 程式設計中同樣需要對滑鼠、鍵盤等事件進行處理。因為 QML 程式更多的是用於實現觸控式使用者介面，所以更多的是對滑鼠（在觸控螢幕裝置上可能是手指）點擊的處理。

23.4.1 滑鼠事件

與以前的視窗元件不同，在 QML 中如果一個元素想要處理滑鼠事件，則要在其上放置一個 MouseArea 元素，也就是說，使用者只能在 MouseArea 確定的範圍內進行滑鼠的動作。

【例】（難度一般）（CH2309）使用 MouseArea 接受和回應滑鼠點擊、拖曳等事件，執行效果如圖 23.23 所示。

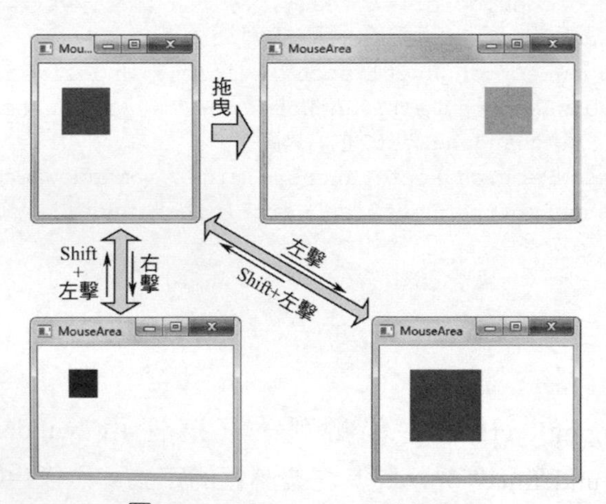

圖 23.23 MouseArea 執行效果

具體實現步驟如下。

（1）新建 QML 應用程式，專案名稱為 "MouseArea"。

（2）按滑鼠右鍵項目視圖 "Resources" → "qml.qrc" 下的 "/" 節點，選擇 "Add New…" 項，新建 "Rect.qml" 檔案，撰寫程式如下：

```
import QtQuick 2.0

Rectangle {                              // 定義一個矩形元素
    width: 50; height: 50                // 寬和高都是 50
    color: "teal"                        // 初始為藍綠色
    MouseArea {                          // 定義 MouseArea 元素處理滑鼠事件
        anchors.fill: parent             // 事件回應區充滿整個矩形
       /* 拖曳屬性設定 */                 //(a)
        drag.target: parent
        drag.axis: Drag.XAxis
        drag.minimumX: 0
        drag.maximumX: 360 - parent.width
        acceptedButtons:  Qt.LeftButton|Qt.RightButton //(b)
        onClicked: {                 // 處理滑鼠事件的程式
            if(mouse.button === Qt.RightButton) {         //(c)
                /* 設定矩形為藍色並縮小尺寸 */
                parent.color = "blue";
                parent.width -= 5;
                parent.height -= 5;
            }else if((mouse.button === Qt.LeftButton)&&(mouse.
modifiers & Qt. ShiftModifier)) {                          //(d)
                 /* 把矩形重新設為藍綠色並恢復原來的大小 */
                parent.color = "teal";
                parent.width = 50;
                parent.height = 50;
            }else {
                 /* 設定矩形為綠色並增大尺寸 */
                parent.color = "green";
                parent.width += 5;
                parent.height += 5;
            }
        }
    }
}
```

其中，

(a) /* 拖曳屬性設定 */：MouseArea 中的 drag 分組屬性提供了一個使元素可被拖曳的簡便方法。drag.target 屬性用來指定被拖曳的元素的 id（這裡為

parent 表示被拖曳的就是所在元素本身）；drag.active 屬性獲取元素當前是否正在被拖曳的資訊；drag.axis 屬性用來指定拖曳的方向，可以是水平方向（Drag.XAxis）、垂直方向（Drag.YAxis）或兩個方向都可以（Drag.XandYAxis）；drag.minimumX 和 drag.maximumX 限制了元素在指定方向上被拖曳的範圍。

(b) acceptedButtons: Qt.LeftButton|Qt.RightButton：MouseArea 所能接受的滑鼠按鍵，可取的值有 Qt.LeftButton（滑鼠左鍵）、Qt.RightButton（滑鼠右鍵）和 Qt.MiddleButton（滑鼠中鍵）。

(c) mouse.button：為 MouseArea 訊號中所包含的滑鼠事件參數，其中 mouse 為滑鼠事件物件，可以透過它的 x 和 y 屬性獲取滑鼠當前的位置；透過 button 屬性獲取按下的按鍵。

(d) mouse.modifiers & Qt.ShiftModifier：透過 modifiers 屬性可以獲取按下的鍵盤修飾符號，modifiers 的值由多個按鍵進行位元組合而成，在使用時需要將 modifiers 與這些特殊的按鍵進行逐位元元與來判斷按鍵，常用的按鍵有 Qt.NoModifier（沒有修飾鍵）、Qt.ShiftModifier（一個 Shift 鍵）、Qt.ControlModifier（一個 Ctrl 鍵）、Qt.AltModifier（一個 Alt 鍵）。

（3）開啟 "main.qml" 檔案，撰寫程式如下：

```
import QtQuick 2.15
import QtQuick.Window 2.15

Window {
    width: 390
    height: 100
    visible: true
    title: qsTr("MouseArea")

    Rectangle {
        width: 360
        height: 360
        anchors.fill: parent

        Rect {                                  // 重複使用定義好的矩形元素
            x:25;y:25                           // 初始座標
            opacity:(360.0 - x)/360             // 透明度設定
        }
    }
}
```

這樣就可以用滑鼠水平地拖曳這個矩形，並且在拖曳過程中，矩形的透明度是隨 x 座標位置的改變而不斷變化的。

23.4.2 鍵盤事件

當一個按鍵被按下或釋放時，會產生一個鍵盤事件，並將其傳遞給獲得了焦點的 QML 元素。在 QML 中，Keys 屬性提供了基本的鍵盤事件處理器，所有可視元素都可以透過它來進行按鍵處理。

【例】(難度一般)(CH2310) 利用鍵盤事件處理製作一個模擬桌面應用圖示選擇程式，執行效果如圖 23.24 所示，按 Tab 鍵切換選項，當前選中的圖示以彩色放大顯示，還可以用←、↑、↓、→方向鍵移動圖示位置。

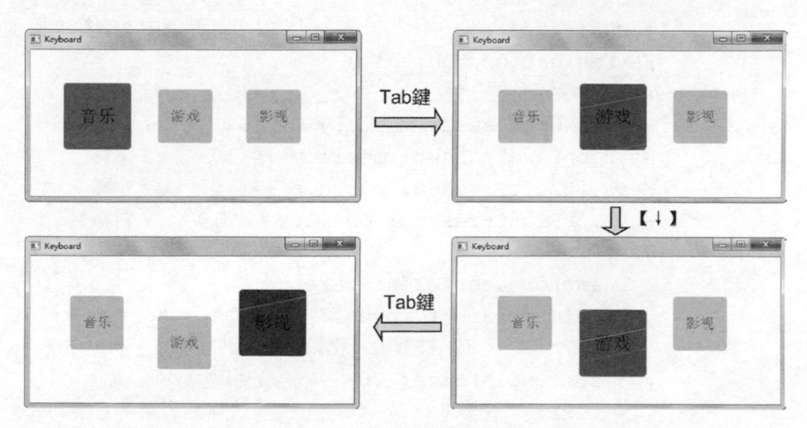

圖 23.24 按鍵選擇圖示執行效果

具體實現步驟如下。

(1) 新建 QML 應用程式，專案名稱為 "Keyboard"。

(2) 開啟 "main.qml" 檔案，撰寫程式如下：

```
import QtQuick 2.15
import QtQuick.Window 2.15

Window {
    width: 450
    height: 240
    visible: true
    title: qsTr("Keyboard")
```

```
Rectangle {
    width: 360
    height: 360
    anchors.fill: parent

    Row {                                   //所有圖示成一行橫向排列
        x:50;y:50
        spacing:30
        Rectangle {                         //第一個矩形元素（"音樂"圖示）
            id: music
            width: 100; height: 100
            radius: 6
            color: focus ? "red" : "lightgray"
                            //被選中（獲得焦點）時顯示紅色，否則變灰
            scale: focus ? 1 : 0.8          //被選中（獲得焦點）時圖示變大
            focus: true                     //初始時選中"音樂"圖示
            KeyNavigation.tab: play         //(a)
            /* 移動圖示位置 */                //(b)
            Keys.onUpPressed: music.y -= 10        //上移
            Keys.onDownPressed: music.y += 10      //下移
            Keys.onLeftPressed: music.x -= 10      //左移
            Keys.onRightPressed: music.x += 10     //右移
            Text {                          //圖示上顯示的文字
                anchors.centerIn: parent
                color: parent.focus ? "black" : "gray"
                            //被選中（獲得焦點）時顯黑字，否則變灰
                font.pointSize: 20          //字型大小
                text: "音樂"                 //文字內容為"音樂"
            }
        }
        Rectangle {                         //第二個矩形元素（"遊戲"圖示）
            id: play
            width: 100; height: 100
            radius: 6
            color: focus ? "green" : "lightgray"
            scale: focus ? 1 : 0.8
            KeyNavigation.tab: movie        //焦點轉移到"影視"圖示
            Keys.onUpPressed: play.y -= 10
            Keys.onDownPressed: play.y += 10
            Keys.onLeftPressed: play.x -= 10
            Keys.onRightPressed: play.x += 10
            Text {
                anchors.centerIn: parent
                color: parent.focus ? "black" : "gray"
```

```
                font.pointSize: 20
                text: "遊戲"
            }
        }
        Rectangle {                              //第三個矩形元素（"影視"圖示）
            id: movie
            width: 100; height: 100
            radius: 6
            color: focus ? "blue" : "lightgray"
            scale: focus ? 1 : 0.8
            KeyNavigation.tab: music    //焦點轉移到"音樂"圖示
            Keys.onUpPressed: movie.y -= 10
            Keys.onDownPressed: movie.y += 10
            Keys.onLeftPressed: movie.x -= 10
            Keys.onRightPressed: movie.x += 10
            Text {
                anchors.centerIn: parent
                color: parent.focus ? "black" : "gray"
                font.pointSize: 20
                text: "影視"
            }
        }
    }
  }
}
```

其中，

(a) KeyNavigation.tab: play：QML 中的 KeyNavigation 元素是一個附加屬性，可以用來實現使用方向鍵或 Tab 鍵來進行元素的導覽。它的子屬性有 backtab、down、left、priority、right、tab 和 up 等，本例用其 tab 屬性設定焦點轉移次序，"KeyNavigation.tab: play" 表示按下 Tab 鍵焦點轉移到 id 為 "play" 的元素（「遊戲」圖示）。

(b) /* 移動圖示位置 */：這裡使用 Keys 屬性來進行按下方向鍵後的事件處理，它也是一個附加屬性，對 QML 所有的基本可視元素均有效。Keys 屬性一般與 focus 屬性配合使用，只有當 focus 值為 true 時，它才起作用，由 Keys 屬性獲取對應鍵盤事件的類型，進而決定所要執行的操作。本例中的 Keys.onUpPressed 表示方向鍵↑被按下的事件，對應地執行該元素 y 座標 -10（上移）操作，其餘方向的操作與之類同。

23.4.3 輸入控制項與焦點

QML 用於接收鍵盤輸入的有兩個元素：TextInput 和 TextEdit。TextInput 是單行文字輸入框，支援驗證器、輸入遮罩和顯示模式等，與 QLineEdit 不同，QML 的文字輸入元素只有一個閃動的游標和使用者輸入的文字，沒有邊框等可視元素。因此，為了能夠讓使用者意識到這是一個可輸入元素，通常需要一些視覺化修飾，比如繪製一個矩形框，但更好的辦法是建立一個元件，元件被定義好後可在程式設計中作為「輸入控制項」直接使用，效果與視覺化設計的文字標籤一樣。

【例】（難度中等）（CH2311）用 QML 輸入元素訂製文字標籤，可用 Tab 鍵控制其焦點轉移，執行效果如圖 23.25 所示。

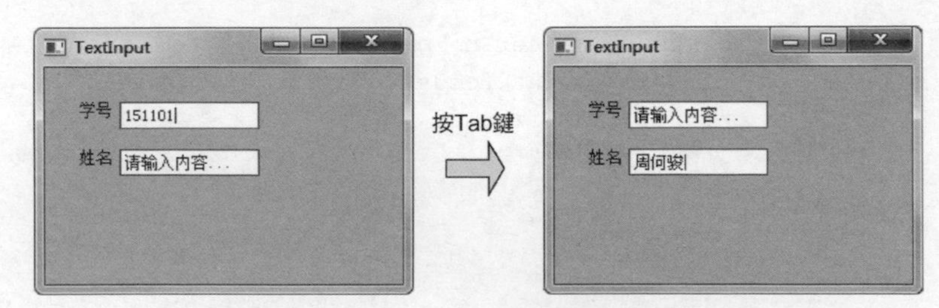

圖 23.25　輸入文字標籤焦點切換執行效果

具體實現步驟如下。

（1）新建 QML 應用程式，專案名稱為 "TextInput"。

（2）按滑鼠右鍵項目視圖 "Resources" → "qml.qrc" 下的 "/" 節點，選擇 "Add New…" 項，新建 "TextBox.qml" 檔案，撰寫程式如下：

```
import QtQuick 2.0

FocusScope {                                        //(a)
    property alias label: label.text                //(b)
    property alias text: input.text                 //(c)
    Row {                                           //(d)
        spacing: 5
        Text {                                      // 輸入提示文字
            id: label
            text: "標籤"
        }
```

```
        Rectangle{                                //(e)
            width: 100
            height: 20
            color: "white"                        //白底色
            border.color: "gray"                  //灰色邊框
            TextInput {                           //(f)
                id: input
                anchors.fill: parent              //充滿矩形
                anchors.margins: 4
                focus: true                       //捕捉焦點
                text: "請輸入內容…"                  //初始文字
            }
        }
    }
}
```

其中，

(a) FocusScope {…}：將自訂的元件置於 FocusScope 元素中是為了能有效地控制焦點。因 TextInput 是作為 Rectangle 的子元素定義的，在程式執行時期，Rectangle 不會主動將焦點轉發給 TextInput，故輸入框無法自動獲得焦點。為解決這一問題，QML 專門提供了 FocusScope，因它在接收到焦點時，會將焦點交給最後一個設定了 focus:true 的子物件，故應用中將 TextInput 的 focus 屬性設為 true 以捕捉焦點，這樣文字標籤的焦點就不會再被其父元素 Rectangle 奪去了。

(b) property alias label：label.text：定義 Text 元素的 text 屬性的別名，是為了在程式設計時引用該別名修改文字標籤前的提示文字，訂製出「學號」「姓名」等對應不同輸入項的文字標籤，增強通用性。

(c) property alias text：input.text：為了讓外界可以直接設定 TextInput 的 text 屬性，給這個屬性也宣告了一個別名。從封裝的角度而言，這是一個很好的設計，它巧妙地將 TextInput 的其他屬性設定的細節全部封裝於元件中，只曝露出允許使用者修改的 text 屬性，透過它獲取使用者介面上輸入的內容，提高了安全性。

(d) Row {…}：用 Row 定位器設計出這個複合元件的外觀，它由 Text 和 Rectangle 兩個元素行版面配置排列組合而成，兩者頂端對齊，相距 spacing 為 5。

(e) Rectangle{…}：矩形元素作為 TextInput 的父元素，是專用於呈現輸入框可視外觀的，QML 本身提供的 TextInput 只有游標和文字內容而無邊框，將矩形設為白色灰邊框，對 TextInput 進行視覺化修飾。

(f) TextInput：這才是真正實現該元件核心功能的元素，將其定義為矩形的子元素並且充滿整個 Rectangle，就可以呈現出與文字標籤一樣的可視效果。

(3) 開啟 "main.qml" 檔案，撰寫程式如下：

```
import QtQuick 2.15
import QtQuick.Window 2.15

Window {
    width: 280
    height: 120
    visible: true
    title: qsTr("TextInput")

    Rectangle {
        width: 360
        height: 360
        color: "lightgray"                  // 背景設為亮灰色為突出文字標籤效果
        anchors.fill: parent

        /* 以下直接使用定義好的複合元件，生成所需文字標籤控制項 */
        TextBox {                           //" 學號 " 文字標籤
            id: tBx1
            x:25; y:25
            focus: true                     // 初始焦點之所在
            label: " 學號 "                 // 設定提示標籤文字為 " 學號 "
            text: focus ? "" : " 請輸入內容…"
             // 獲得焦點則清空提示文字，由使用者輸入內容
            KeyNavigation.tab: tBx2         // 按 Tab 鍵焦點轉移至 " 姓名 " 文字標籤
        }
        TextBox {                           //" 姓名 " 文字標籤
            id: tBx2
            x:25; y:60
            label: " 姓名 "
            text: focus ? "" : " 請輸入內容…"
            KeyNavigation.tab: tBx1         // 按 Tab 鍵焦點又回到 " 學號 " 文字標籤
        }
    }
}
```

TextEdit 與 TextInput 非常類似，唯一的區別是：TextEdit 是多行的文字編輯元

件。與 TextInput 一樣，它也沒有一個視覺化的顯示，所以使用者在使用時也要像上述步驟一樣將它訂製成一個複合元件，然後使用。這些內容與前面程式幾乎一樣，不再贅述。

23.5 QML 整合 JavaScript

JavaScript 程式可以被很容易地整合進 QML，來提供使用者介面（UI）邏輯、必要的控制及其他用途。QML 整合 JavaScript 有兩種方式：一種是直接在 QML 程式中寫 JavaScript 函數，然後呼叫；另一種是把 JavaScript 程式寫在外部檔案中，需要時用 import 敘述匯入 .qml 原始檔案中使用。

23.5.1 呼叫 JavaScript 函數

【例】（難度一般）（CH2312）撰寫 JavaScript 函數實現圖形的旋轉，每點擊一次滑鼠，矩形就轉動一個隨機的角度，執行效果如圖 23.26 所示。

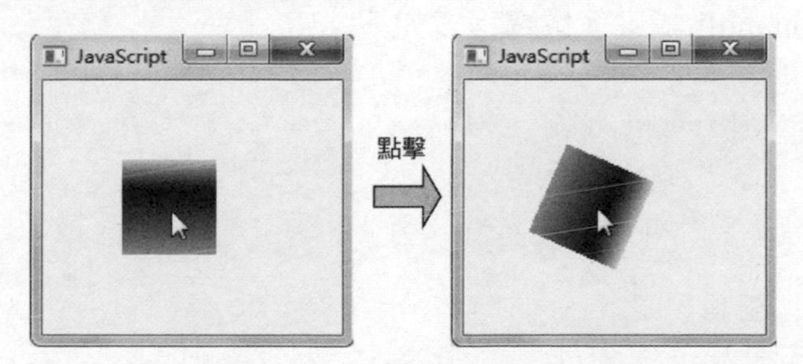

圖 23.26 用 JavaScript 函數實現圖形旋轉的執行效果

具體實現步驟如下。

（1）新建 QML 應用程式，專案名稱為 "JavaScript"。

（2）按滑鼠右鍵項目視圖 "Resources" → "qml.qrc" 下的 "/" 節點，選擇 "Add New…" 項，新建 "RotateRect.qml" 檔案，撰寫程式如下：

```
import QtQuick 2.0

Rectangle {
    id: rect
    width: 60
    height: 60
```

```
    gradient: Gradient {                   // 以黃藍青漸變色填充，增強旋轉視覺效果
        GradientStop { position: 0.0; color: "yellow" }
        GradientStop { position: 0.33; color: "blue" }
        GradientStop { position: 1.0; color: "aqua" }
    }
    function getRandomNumber() {           // 定義 JavaScript 函數
        return Math.random() * 360; // 隨機旋轉的角度值
    }
    Behavior on rotation {                 // 行為動畫（詳見第 24 章）
        RotationAnimation {
            direction: RotationAnimation.Clockwise
        }
    }
    MouseArea {
        anchors.fill: parent               // 矩形內部區域都接受滑鼠點擊
        onClicked: rect.rotation = getRandomNumber();
                                           // 在點擊事件程式中呼叫 JavaScript 函數
    }
}
```

（3）開啟 "main.qml" 檔案，撰寫程式如下：

```
import QtQuick 2.15
import QtQuick.Window 2.15

Window {
    width: 160
    height: 160
    visible: true
    title: qsTr("JavaScript")

    Rectangle {
        width: 360
        height: 360
        anchors.fill: parent

        TextEdit {
            id: textEdit
            visible: false
        }
        RotateRect {                       // 直接使用 RotateRect 元件
            x:50;y:50
        }
    }
}
```

23.5.2 匯入 JS 檔案

【例】（難度一般）（CH2313）往 QML 原始檔案中匯入外部 JS 檔案來實現圖形旋轉，執行效果同前圖 23.26。

具體實現步驟如下。

（1）新建 QML 應用程式，專案名稱為 "JSFile"。

（2）按滑鼠右鍵項目視圖 "Resources" → "qml.qrc" 下的 "/" 節點，選擇 "Add New…" 項，彈出「新建檔案」對話方塊，如圖 23.27 所示，選擇檔案和類別 "Qt" 下的 "JS File" 範本。

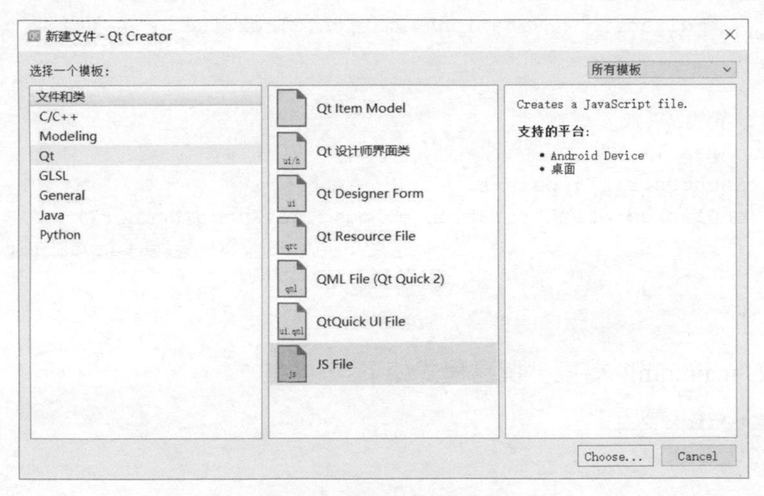

圖 23.27 新建 JS 檔案

（3）點擊 "Choose…" 按鈕，在 "Location" 頁輸入檔案名稱 "myscript" 並選擇儲存路徑（本專案檔案夾下）。連續點擊「下一步」按鈕，最後點擊「完成」按鈕，就在專案中增加了一個 .js 檔案。

（4）在 "myscript.js" 中撰寫程式如下：

```
function getRandomNumber() {                //定義 JavaScript 函數
    return Math.random() * 360;             //隨機旋轉的角度值
}
```

（5）按滑鼠右鍵項目視圖 "Resources" → "qml.qrc" 下的 "/" 節點，選擇 "Add New…" 項，新建 "RotateRect.qml" 檔案，撰寫程式如下：

```
import QtQuick 2.0
import "myscript.js" as Logic    //匯入 JS 檔案

Rectangle {
    id: rect
    width: 60
    height: 60
    gradient: Gradient {            //漸變色增強旋轉的視覺效果
        GradientStop { position: 0.0; color: "yellow" }
        GradientStop { position: 0.33; color: "blue" }
        GradientStop { position: 1.0; color: "aqua" }
    }
    Behavior on rotation {          //行為動畫
        RotationAnimation {
            direction: RotationAnimation.Clockwise
        }
    }

    MouseArea {
        anchors.fill: parent
        onClicked: rect.rotation = Logic.getRandomNumber();
                                    //使用匯入 JS 檔案中定義的 JavaScript 函數
    }
}
```

（6）開啟 "main.qml" 檔案，撰寫程式如下：

```
import QtQuick 2.15
import QtQuick.Window 2.15

Window {
    width: 160
    height: 160
    visible: true
    title: qsTr("JSFile")

    Rectangle {
        width: 360
        height: 360
        anchors.fill: parent

        TextEdit {
            id: textEdit
            visible: false
```

```
        }
        RotateRect {                    //使用 RotateRect 元件
            x:50;y:50
        }
    }
}
```

當撰寫好一個 JS 檔案後，其中定義的函數就可以在任何 .qml 檔案中使用，只需在開頭用一句 import 匯入該 JS 檔案即可，而在 QML 文件中無須再寫 JavaScript 函數，這樣就將 QML 的程式與 JavaScript 程式隔離開來。

在開發介面複雜、規模較大的 QML 程式時，一般都會將 JavaScript 函數寫在獨立的 JS 檔案中，再在元件的 .qml 原始檔案中 import（匯入）使用這些函數以完成特定的功能邏輯，最後直接在主資料表單 UI 介面上版面配置這些元件即可。讀者在程式設計時應當有意識地採用這種方式，才能開發出結構清晰、易於維護的 QML 應用程式。

CHAPTER 24

QML 動畫特效

24.1 QML 動畫元素

在 QML 中，可以在物件的屬性值上應用動畫物件隨時間逐漸改變它們來建立動畫。動畫物件是用一組 QML 內建的動畫元素建立的，可以根據屬性的類型及是否需要一個或多個動畫而有選擇地使用這些動畫元素來為多種類型的屬性值產生動畫。所有的動畫元素都繼承自 Animation 元素，儘管它本身無法直接建立物件，但卻為其他各種動畫元素提供了通用的屬性和方法。舉例來說，用 running 屬性和 start()、stop() 方法控制動畫的開始和停止，用 loops 屬性設定動畫迴圈次數等。

24.1.1 PropertyAnimation 元素

PropertyAnimation（屬性動畫元素）是用來為屬性提供動畫的最基本的動畫元素，它直接繼承自 Animation 元素，可以用來為 real、int、color、rect、point、size 和 vector3d 等屬性設定動畫。動畫元素可以透過不同的方式來使用，取決於所需要的應用場景。一般的使用方式有以下幾種：

- 作為屬性值的來源。可以立即為一個指定的屬性使用動畫。
- 在訊號處理器中建立。當接收到一個訊號（如滑鼠點擊事件）時觸發動畫。
- 作為獨立動畫元素。像一個普通 QML 物件一樣地被建立，不需要綁定到任何特定的物件和屬性。
- 在屬性值改變的行為中建立。當一個屬性值改變時觸發動畫，這種動畫又叫「行為動畫」。

【例】（簡單）（CH2401）程式設計演示動畫元素多種不同的使用方式，執行效果如圖 24.1 所示，圖中以點畫線箭頭標示出各圖形的運動軌跡。其中，「屬性值來源」矩形：始終在循環往復地移動；「訊號處理」矩形：每點擊一次會往返運動 3 次；「獨立元素」矩形：每點擊一次移動一次；任意時刻在視窗內的其他位置點擊滑鼠，「改變行為」矩形都會跟隨滑鼠移動。

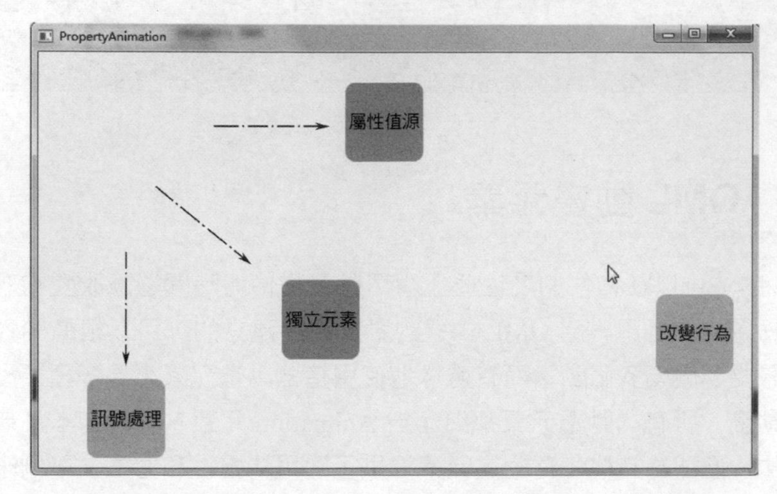

圖 24.1 PropertyAnimation 多種不同的使用方式執行效果

實現步驟如下。

（1）新建 QML 應用程式，專案名稱為 "PropertyAnimation"。

（2）定義 4 個矩形元件，程式分別如下：

```
/*" 屬性值來源 " 矩形，原始檔案 Rect1.qml */
import QtQuick 2.0
Rectangle {
    width: 80
    height: 80
    color: "orange"
    radius: 10
    Text {
        anchors.centerIn: parent
        font.pointSize: 12
        text: " 屬性值來源 "
    }
    PropertyAnimation on x {                    //(a)
        from: 50                                //起點
        to: 500                                 //終點
        duration: 30000                         //運動時間為 30 秒
        loops: Animation.Infinite               //無限迴圈
        easing.type: Easing.OutBounce           //(b)
    }
}
```

```
/*" 訊號處理 " 矩形，原始檔案 Rect2.qml */
import QtQuick 2.0
Rectangle {
    id: rect2
    width: 80
    height: 80
    color: "lightgreen"
    radius: 10
    Text {
        anchors.centerIn: parent
        font.pointSize: 12
        text: " 訊號處理 "
    }
    MouseArea {
        anchors.fill: parent
        onClicked: PropertyAnimation {    //(c)
            target: rect2              // 動畫應用於標識 rect2 的矩形（目標物件）
            property: "y"                  //y 軸方向的動畫
            from: 30                       // 起點
            to: 300                        // 終點
            duration: 3000                 // 運動時間為 3 秒
            loops: 3                       // 運動 3 個週期
            easing.type: Easing.Linear     // 勻速線性運動
        }
    }
}
/*" 獨立元素 " 矩形，原始檔案 Rect3.qml */
import QtQuick 2.0
Rectangle {
    id: rect3
    width: 80
    height: 80
    color: "aqua"
    radius: 10
    Text {
        anchors.centerIn: parent
        font.pointSize: 12
        text: " 獨立元素 "
    }
    PropertyAnimation {                    //(d)
        id: animation                      // 獨立動畫識別字
        target: rect3
        properties: "x,y"                  // 同時在 x、y 軸兩個方向上運動
        duration: 1000                     // 運動時間為 1 秒
```

```
        easing.type: Easing.InOutBack     //運動到半程增加過衝，然後減少
    }
    MouseArea {
        anchors.fill: parent
        onClicked: {
            animation.from = 20           //起點
            animation.to = 200            //終點
            animation.running = true      //開啟動畫
        }
    }
}
/*"改變行為"矩形，原始檔案 Rect4.qml */
import QtQuick 2.0
Rectangle {
    width: 80
    height: 80
    color: "lightblue"
    radius: 10
    Text {
        anchors.centerIn: parent
        font.pointSize: 12
        text: "改變行為"
    }
    Behavior on x {                       //(e)
        PropertyAnimation {
            duration: 1000                //運動時間為 1 秒
            easing.type: Easing.InQuart   //加速運動
        }
    }
    Behavior on y {                       //應用到 y 軸方向的運動行為
        PropertyAnimation {
            duration: 1000
            easing.type: Easing.InQuart
        }
    }
}
```

其中，

(a) PropertyAnimation on x {…}：一個動畫被應用為屬性值來源，要使用「動畫元素 on 屬性」語法，本例 Rect1 的運動就使用了這個方法。這裡在 Rect1 的 x 屬性上應用了 PropertyAnimation 來使它從起始值（50）在 30000 毫秒中使用動畫變化到 500。Rect1 一旦載入完成就會開啟該動畫，

PropertyAnimation 的 loops 屬性指定為 Animation.Infinite，表明該動畫是無限迴圈的。指定一個動畫作為屬性值來源，在一個物件載入完成後立即就對一個屬性使用動畫變化到一個指定的值的情況是非常有用的。

(b) easing.type: Easing.OutBounce：對於任何基於 PropertyAnimation 的動畫都可以透過設定 easing 屬性來控制在屬性值動畫中使用的緩和曲線。它們可以影響這些屬性值的動畫效果，提供反彈、加速和減速等視覺效果。這裡透過使用 Easing.OutBounce 建立了一個動畫到達目標值時的反彈效果。在本例程式中，還演示了其他幾種（勻速、加速、半程加速過衝後減速）效果。更多類型的特效，請讀者參考 QML 官方文件，這裡就不再細說了。

(c) onClicked: PropertyAnimation {…}：可以在一個訊號處理器中建立一個動畫，並在接收到訊號時觸發。這裡當 MouseArea 被點擊時則觸發 PropertyAnimation，在 3000 毫秒內使用動畫將 y 座標由 30 改變為 300，並往返重複運動 3 次。因為動畫沒有綁定到一個特定的物件或屬性，所以必須指定 target 和 property（或 properties）屬性的值。

(d) PropertyAnimation {…}：這是一個獨立的動畫元素，它像普通 QML 元素一樣被建立，並不綁定到任何物件或屬性上。一個獨立的動畫元素預設是沒有執行的，必須使用 running 屬性或 start() 和 stop() 方法來明確地執行它。因為動畫沒有綁定到一個特定的物件或屬性上，所以也必須定義 target 和 property（或 properties）屬性。獨立動畫在不是對某個單一物件屬性應用動畫而且需要明確控制動畫的開始和停止時刻的情況下是非常有用的。

(e) Behavior on x {PropertyAnimation {...}}：定義 x 屬性上的行為動畫。經常在一個特定的屬性值改變時要應用一個動畫，在這種情況下，可以使用一個 Behavior 為一個屬性改變指定一個預設的動畫。這裡，Rectangle 擁有一個 Behavior 物件應用到了它的 x 和 y 屬性上。每當這些屬性改變（這裡是在視窗中點擊，將當前滑鼠位置給予值給矩形 x、y 座標）時，Behavior 中的 PropertyAnimation 物件就會應用到這些屬性上，從而使 Rectangle 使用動畫效果移動到滑鼠點擊的位置上。行為動畫是在每次回應一個屬性值的變化時觸發的，對這些屬性的任何改變都會觸發它們的動畫，如果 x 或 y 還綁定到了其他屬性上，那麼這些屬性改變時也都會觸發動畫。

注意：這裡，PropertyAnimation 的 from 和 to 屬性是不需要指定的，因為已經提供了這些值，分別是 Rectangle 的當前值和 onClicked 處理器中設定的新值（接下來會舉出程式）。

（3）開啟 "main.qml" 檔案，撰寫程式如下：

```
import QtQuick 2.15
import QtQuick.Window 2.15

Window {
    width: 640
    height: 480
    visible: true
    title: qsTr("PropertyAnimation")

    Rectangle {
        width: 360
        height: 360
        anchors.fill: parent
        MouseArea {
            id: mouseArea
            anchors.fill: parent
            onClicked: {
                /* 將滑鼠點擊位置的 x、y 座標值設為矩形 Rect4 的新座標 */
                rect4.x = mouseArea.mouseX;
                rect4.y = mouseArea.mouseY;
            }
        }
        TextEdit {
            id: textEdit
            visible: false
        }
        Column {                                    // 初始時以列版面配置排列各矩形
            x:50; y:30
            spacing: 5
            Rect1 { }                               //" 屬性值來源 " 矩形
            Rect2 { }                               //" 訊號處理 " 矩形
            Rect3 { }                               //" 獨立元素 " 矩形
            Rect4 {id: rect4 }                      //" 改變行為 " 矩形
        }
    }
}
```

24.1.2 其他動畫元素

在 QML 中，其他的動畫元素大多重繼承自 PropertyAnimation，主要有 NumberAnimation、ColorAnimation、RotationAnimation 和 Vector3dAnimation 等。其中，NumberAnimation 為實數和整數等數值類別屬性提供了更高效的實現；Vector3dAnimation 為向量 3D 提供了更高效的支援；而 ColorAnimation 和 RotationAnimation 則分別為顏色和旋轉動畫提供了特定的支援。

【例】（簡單）（CH2402）程式設計演示其他各種動畫元素的應用，執行效果如圖 24.2 所示，其中虛線箭頭標示出在程式執行中圖形運動變化的軌跡。

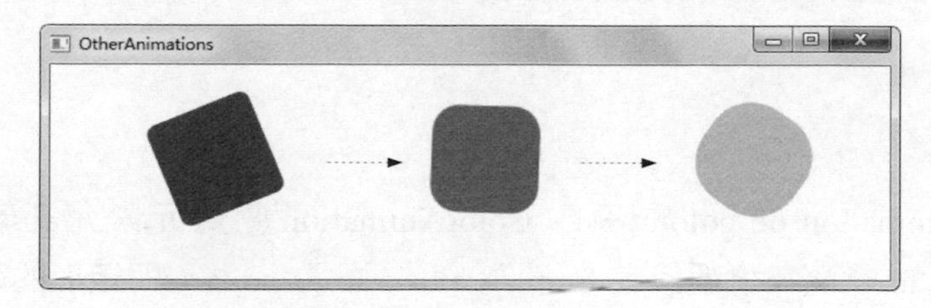

圖 24.2 其他各種動畫元素的應用的執行效果

實現步驟如下。

（1）新建 QML 應用程式，專案名稱為 "OtherAnimations"。

（2）按滑鼠右鍵項目視圖 "Resources" → "qml.qrc" 下的 "/" 節點，選擇 "Add New…" 項，新建 "CircleRect.qml" 檔案，撰寫程式如下：

```
import QtQuick 2.0
Rectangle {
    width: 80
    height: 80
    ColorAnimation on color {                    //(a)
        from: "blue"
        to: "aqua"
        duration: 10000
        loops: Animation.Infinite
    }
    RotationAnimation on rotation {              //(b)
        from: 0
        to: 360
        duration: 10000
        direction: RotationAnimation.Clockwise
        loops: Animation.Infinite
```

```
    }
    NumberAnimation on radius {                    //(c)
        from: 0
        to: 40
        duration: 10000
        loops: Animation.Infinite
    }
    PropertyAnimation on x {
        from: 50
        to: 500
        duration: 10000
        loops: Animation.Infinite
        easing.type: Easing.InOutQuad              //先加速，後減速
    }
}
```

其中，

(a) ColorAnimation on color {…}：ColorAnimation 動畫元素允許顏色值設定 from 和 to 屬性，這裡設定 from 為 blue，to 為 aqua，即矩形的顏色從藍色逐漸變化為水綠色。

(b) RotationAnimation on rotation {…}：RotationAnimation 動畫元素允許設定圖形旋轉的方向，本例透過指定 from 和 to 屬性，使矩形旋轉 360°。設 direction 屬性為 RotationAnimation. Clockwise 表示順時鐘方向旋轉；如果設為 RotationAnimation.Counterclockwise，表示逆時鐘方向旋轉。

(c) NumberAnimation on radius {…}：NumberAnimation 動畫元素是專門應用於數數值型態的值改變的屬性動畫元素，本例用它來改變矩形的圓角半徑值。因矩形長寬均為 80，將圓角半徑設為 40 可使矩形呈現為圓形，故 radius 屬性值從 0 變化到 40 的動畫效果是：矩形的四個棱角逐漸磨圓最終徹底成為一個圓形。

（3）開啟 "main.qml" 檔案，撰寫程式如下：

```
import QtQuick 2.15
import QtQuick.Window 2.15

Window {
    width: 640
    height: 150
    visible: true
    title: qsTr("OtherAnimations")
```

```
    Rectangle {
        width: 360
        height: 360
        anchors.fill: parent

        CircleRect {  //使用元件
            x:50; y:30
        }
    }
}
```

執行程式後可看到一個藍色的矩形沿水平方向捲動，其棱角越來越圓，直到成為一個標準的圓形，同時顏色也在漸變中。

ColorAnimation、RotationAnimation、NumberAnimation 等動畫元素與 Property Animation 一樣，也都可被運用作為「屬性值來源」「訊號處理」「獨立元素」「改變行為」的動畫。

24.1.3 Animator 元素

Animator 是一類特殊的動畫元素，它能直接作用於 Qt Quick 的場景圖形（scene graph）系統，這使得基於 Animator 元素的動畫即使在 UI 介面執行緒阻塞的情況下仍然能透過場景圖形系統的繪製執行緒來工作，故比傳統的基於物件和屬性的 Animation 元素能帶來更佳的使用者視覺體驗。

【例】（難度一般）（CH2403）用 Animator 實現一個矩形從視窗左上角旋轉著進入螢幕，執行效果如圖 24.3 所示。

實現步驟如下。

（1）新建 QML 應用程式，專案名稱為 "Animator"。

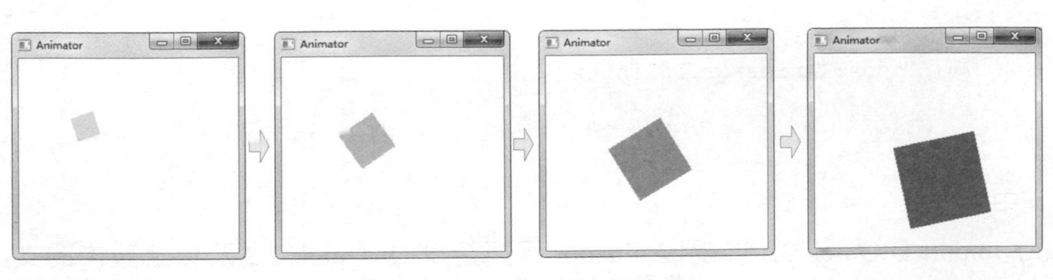

圖 24.3 Animator 執行效果

（2）按滑鼠右鍵項目視圖 "Resources" → "qml.qrc" 下的 "/" 節點，選擇 "Add New…" 項，新建 "AnimatorRect.qml" 檔案，撰寫程式如下：

```
import QtQuick 2.15                                  //(a)
Rectangle {
    width: 100
    height: 100
    color: "green"
    XAnimator on x {                                 //(b)
        from: 10;
        to: 100;
        duration: 7000
        loops: Animator.Infinite
    }
    YAnimator on y {                                 //(c)
        from: 10;
        to: 100;
        duration: 7000
        loops: Animator.Infinite
    }
    ScaleAnimator on scale {                         //(d)
        from: 0.1;
        to: 1;
        duration: 7000
        loops: Animator.Infinite
    }
    RotationAnimator on rotation {                   //(e)
        from: 0;
        to: 360;
        duration:7000
        loops: Animator.Infinite
    }
    OpacityAnimator on opacity {                     //(f)
        from: 0;
        to: 1;
        duration: 7000
        loops: Animator.Infinite
    }
}
```

其中，

(a) import QtQuick 2.15：因 Animator 需要至少 Qt Quick 2.2 及以上版本的支持，而使用者自訂 .qml 檔案預設匯入的是 Qt Quick 2.0，故這裡要對匯入

庫的版本編號進行修改，本例使用最新的 Qt Quick 2.15。

(b) XAnimator on x {…}：XAnimator 類型產生使元素在水平方向移動的動畫，作用於 x 屬性，類同於 "PropertyAnimation on x {...}"。

(c) YAnimator on y {…}：YAnimator 類型產生使元素在垂直方向運動的動畫，作用於 y 屬性，類同於 "PropertyAnimation on y {...}"。

(d) ScaleAnimator on scale {…}：ScaleAnimator 類型改變一個元素的尺寸因數，產生使元素尺寸縮放的動畫。

(e) RotationAnimator on rotation {…}：RotationAnimator 類型改變元素的角度，產生使圖形旋轉的動畫，作用於 rotation 屬性，類同於 RotationAnimation 元素的功能。

(f) OpacityAnimator on opacity {…}：OpacityAnimator 類型改變元素的透明度，產生圖形顯隱效果，作用於 opacity 屬性。

（3）開啟 "main.qml" 檔案，撰寫程式如下：

```
import QtQuick 2.15
import QtQuick.Window 2.15

Window {
    width: 320
    height: 240
    visible: true
    title: qsTr("Animator")

    Rectangle {
        width: 360
        height: 360
        anchors.fill: parent

        AnimatorRect { }    //使用元件
    }
}
```

24.2 動畫流 UI 介面

對 QML 的動畫元素適當加以組織和運用，就能十分容易地建立出具有動畫效果的流 UI 介面（Fluid UIs）。所謂「流 UI 介面」指的是其上 UI 元件能以動畫的形態做連續變化，而非突然顯示、隱藏或跳出來。Qt Quick 提供了多種建立動畫流 UI 介面的簡便方法，主要有使用狀態切換機制、設計組合動畫等，下面分別舉例介紹。

24.2.1 狀態和切換

Qt Quick 允許使用者在 State 物件中宣告各種不同的 UI 狀態。這些狀態由來自基礎狀態的屬性改變（PropertyChanges 元素）群組成，是使用者群組織 UI 介面邏輯的一種有效方式。切換是一種與元素相連結的物件，它定義了當該元素的狀態改變時，其屬性將以怎樣的動畫方式呈現。

【例】（難度中等）（CH2404）用狀態切換機制實現文字的動態增強顯示，執行效果如圖 24.4 所示，其中被滑鼠選中的單字會以藝術字放大，而釋放滑鼠後又恢復原狀。

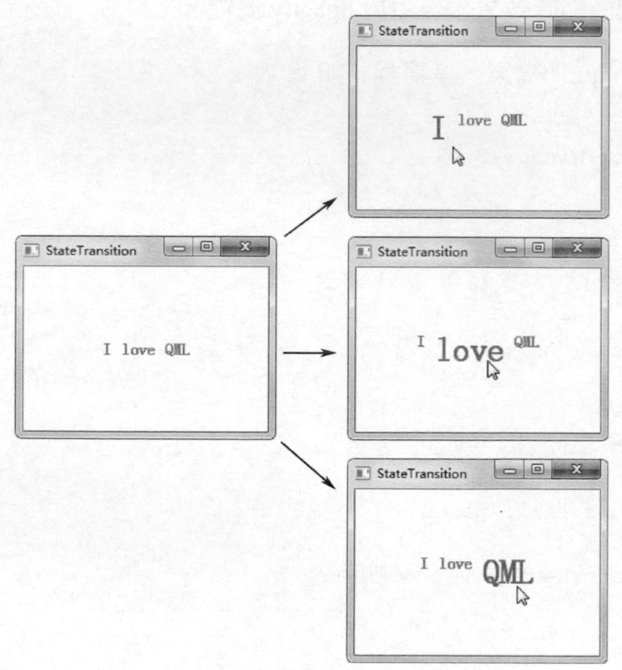

圖 24.4 狀態切換執行效果

實現步驟如下。

（1）新建 QML 應用程式，專案名稱為 "StateTransition"。

（2）按滑鼠右鍵項目視圖 "Resources" → "qml.qrc" 下的 "/" 節點，選擇 "Add New…" 項，新建 "StateText.qml" 檔案，撰寫程式如下：

```
import QtQuick 2.0
Text {                                  //這是一個具有狀態改變能力的 Text 元素
    id: stext
    color: "grey"                       //初始文字顯示為灰色
    font.family: "Helvetica"            //字型
    font.pointSize: 12                  //初始字型大小為 12
    font.bold: true                     //粗體
    MouseArea {                         //能接受滑鼠點擊
        id: mArea
        anchors.fill: parent
    }
    states: [                           //(a)
        State {                         //(b)
            name: "highlight"           //(c)
            when: mArea.pressed         //(d)
            PropertyChanges {           //(e)
                target: stext
                color: "red"            //單字變紅
                font.pointSize: 25      //字型大小放大
                style: Text.Raised      //以藝術字呈現
                styleColor: "red"
            }
        }
    ]
    transitions: [                      //(f)
        Transition {
            PropertyAnimation {
                duration: 1000
            }
        }
    ]
}
```

其中，

(a) states: […]：states 屬性包含了該元素所有狀態的清單，要建立一個狀態，就向 states 中增加一個 State 物件。如果元素只有一個狀態，也可省略方括號 "[ ]"。

(b) State {…}：狀態物件，它定義了在該狀態中要進行的所有改變，可以指定被改變的屬性或建立 PropertyChanges 元素，也可以修改其他物件的屬性（不僅是擁有該狀態的物件）。State 不僅限於對屬性值進行修改，它還可以：

- 使用 StateChangeScript 執行一些指令稿。
- 使用 PropertyChanges 為一個物件重寫現有的訊號處理器。
- 使用 PropertyChanges 為一個元素重定義父元素。
- 使用 AnchorChanges 修改錨的值。

(c) name: "highlight"：狀態名稱，每個狀態物件都有一個在本元素中唯一的名稱，預設狀態的狀態名稱為空白字串。要改變一個元素的當前狀態，可以將其 state 屬性設定為要改變到的狀態的名稱。

(d) when: mArea.pressed：when 屬性設定了當滑鼠被按下時從預設狀態進入該狀態，釋放滑鼠則傳回預設狀態。所有的 QML 可視元素都有一個預設狀態，在預設狀態下包含了該元素所有的初始化屬性值（如本例為 Text 元素最初設定的屬性值），一個元素可以為其 state 屬性指定一個空白字串來明確地將其狀態設定為預設狀態。舉例來說，這裡如果不使用 when 屬性，程式也可以寫為：

```
…
Text {
    id: stext
  …
    MouseArea {
        id: mArea
        anchors.fill: parent
        onPressed: stext.state = "highlight"   // 按下滑鼠，狀態切換為
"highlight"
        onReleased: stext.state = ""          // 釋放滑鼠回到預設（初始）狀態
    }
    states: [
        State {
            name: "highlight"                 // 狀態名稱
            PropertyChanges {
          …
            }
        }
    ]
  …
}
```

很明顯，使用 when 屬性比使用訊號處理器來分配狀態更加簡單，更符合 QML 宣告式語言的風格。因此，建議在這種情況下使用 when 屬性來控制狀態的切換。

(e) PropertyChanges {…}：在使用者定義的狀態下一般使用 PropertyChanges（屬性改變）元素來舉出狀態切換時物件的各屬性分別要變到的目標值，其中指明 target 屬性為 stext，即對 Text 元素本身應用屬性改變的動畫。

(f) transitions: [Transition {…}]：元素在不同的狀態間改變時使用切換（transitions）來實現動畫效果，切換用來設定當狀態改變時的動畫。要建立一個切換，需要定義一個 Transition 物件，然後將其增加到元素的 transitions 屬性。在本例中，當 Text 元素變到 "highlight" 狀態時，Transition 將被觸發，切換的 PropertyAnimation 將使用動畫將 Text 元素的屬性改變到它們的目標值。注意：這裡並沒有為 PropertyAnimation 再設定任何 from 和 to 屬性的值，因為在狀態改變的開始之前和結束之後，切換都會自動設定這些值。

（3）開啟 "main.qml" 檔案，撰寫程式如下：

```
import QtQuick 2.15
import QtQuick.Window 2.15

Window {
    width: 320
    height: 240
    visible: true
    title: qsTr("StateTransition")

    Rectangle {
        width: 360
        height: 360
        anchors.fill: parent

        Row {
            anchors.centerIn: parent
            spacing: 10
            StateText { text: "I" }         // 使用元件，要自訂其文字屬性
            StateText { text: "love" }
            StateText { text: "QML"  }
        }
    }
}
```

24.2.2 設計組合動畫

多個單一的動畫可組合成一個複合動畫，這可以使用 ParallelAnimation 或 SequentialAnimation 動畫組元素來實現。在 ParallelAnimation 中的動畫會同時（平行）執行，而在 SequentialAnimation 中的動畫則會一個接一個（串列）地執行。要想執行複雜的動畫，可以在一個動畫組中進行設計。

【例】（難度中等）（CH2405）用組合動畫實現照片的動態顯示，執行效果如圖 24.5 所示。在圖中點擊灰色矩形區後，矩形開始沿水平方向做往返移動，與此同時，有一張照片從上方旋轉著「掉落」下來。

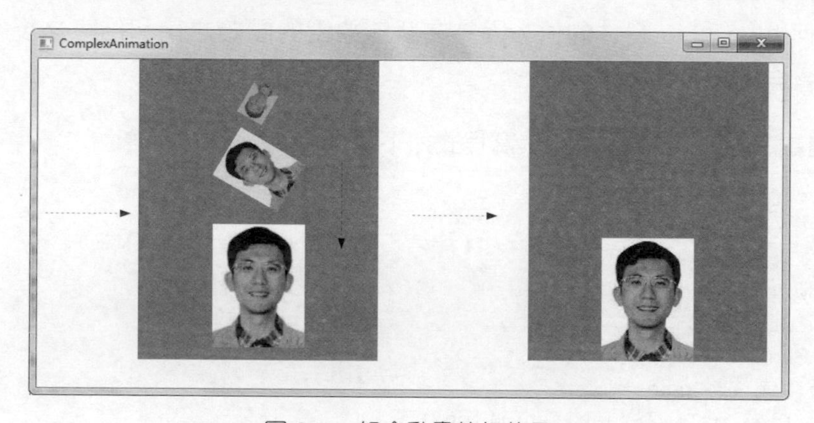

圖 24.5 組合動畫執行效果

實現步驟如下。

（1）新建 QML 應用程式，專案名稱為 "ComplexAnimation"。

（2）在開發專案目錄中建一個 images 資料夾，其中放入一張照片 "zhou.jpg"。按滑鼠右鍵項目視圖 "Resources" → "qml.qrc" 下的 "/" 節點，選擇「增加現有檔案…」項，從彈出的對話方塊中選擇該照片並開啟，將其載入到項目中。

（3）按滑鼠右鍵項目視圖 "Resources" → "qml.qrc" 下的 "/" 節點，選擇 "Add New…" 項，新建 "CAnimateObj.qml" 檔案，撰寫程式如下：

```
import QtQuick 2.15                    //使用最新 QtQuick 2.15 支援 Animator 元素
Rectangle {                            //水平往返移動的矩形背景區
    id: rect
    width: 240
    height: 300
```

```
    color: "grey"
    SequentialAnimation on x {                        //(a)
        id: rectAnim
        running: false                                // 初始時關閉動畫
        loops: Animation.Infinite
     /* 實現往返運動 */
        NumberAnimation { from: 0; to: 500; duration: 8000; easing.
type: Easing. InOutQuad }
        NumberAnimation { from: 500; to: 0; duration: 8000; easing.
type: Easing. InOutQuad }
        PauseAnimation { duration: 1000 }             // 在動畫中間進行暫停
    }
    Image {                                           // 影影像元素素顯示照片
        id: img
        source: "images/zhou.jpg"
        anchors.horizontalCenter: parent.horizontalCenter
                                                      // 照片沿垂直中線下落
        y: 0                                          // 初始時位於頂端
        scale: 0.1                                    // 大小為原尺寸的 1/10
        opacity: 0                                    // 初始透明度為 0（不可見）
        rotation: 45                                  // 初始放置的角度
    }
    SequentialAnimation {                             //(b)
        id: imgAnim
        loops: Animation.Infinite
        ParallelAnimation {                           //(c)
            ScaleAnimator { target: img; to: 1; duration: 1500 }
            OpacityAnimator { target: img; to: 1; duration: 2000 }
            RotationAnimator { target: img; to: 360; duration: 1500 }
            NumberAnimation {
                target: img
                property: "y"
                to: rect.height - img.height    // 運動到矩形區的底部
                easing.type: Easing.OutBounce
                                           // 為造成照片落地後又 " 彈起 " 的效果
                duration: 5000
            }
        }
        PauseAnimation { duration: 2000 }
        ParallelAnimation {                           // 重回初始狀態
            NumberAnimation {
                target: img
                property: "y"
                to: 0
```

```
                easing.type: Easing.OutQuad
                duration: 1000
            }
            OpacityAnimator { target: img; to: 0; duration: 1000 }
        }
    }
    MouseArea {
        anchors.fill: parent
        onClicked: {
            rectAnim.running = true        //開啟水平方向（矩形往返）動畫
            imgAnim.running = true         //開啟垂直方向（照片掉落）動畫
        }
    }
}
```

其中，

(a) SequentialAnimation on x {…}：建立了 SequentialAnimation 來串列地執行 3 個動畫：NumberAnimation（右移）、NumberAnimation（左移）和 PauseAnimation（停頓）。這裡的 SequentialAnimation 作為屬性值來源動畫應用在 Rectangle 的 x 屬性上，動畫預設會在程式執行後自動執行，為便於控制，將其 running 屬性設為 false 改為手動開啟動畫。因為 SequentialAnimation 是應用在 x 屬性上的，所以在組中的獨立動畫也都會自動應用在 x 屬性上。

(b) SequentialAnimation {…}：因這個 SequentialAnimation 並未定義在任何屬性上，故其中的各子動畫元素必須以 target 和 property 分別指明要應用到的目標元素和屬性，也可以使用 Animator 動畫（在這種情況下只須舉出應用的目標元素即可）。動畫組可以巢狀結構，本例就是一個典型的巢狀結構動畫，這個串列動畫由兩個 ParallelAnimation 動畫及它們之間的 PauseAnimation 組成。

(c) ParallelAnimation {…}：平行動畫組，其中各子動畫元素同時執行，本例包含 4 個獨立的子動畫，即 ScaleAnimator（使照片尺寸變大）、OpacityAnimator（照片由隱到顯）、RotationAnimator（照片旋轉角度）、NumberAnimation（照片位置從上往下）……它們平行地執行，於是產生出照片旋轉著下落的視覺效果。

（4）開啟 "main.qml" 檔案，撰寫程式如下：

```
import QtQuick 2.15
import QtQuick.Window 2.15

Window {
    width: 660
    height: 330
    visible: true
    title: qsTr("ComplexAnimation")

    Rectangle {
        width: 360
        height: 360
        anchors.fill: parent

        CAnimateObj { }          //使用元件
    }
}
```

一旦獨立的動畫被放入 SequentialAnimation 或 ParallelAnimation 中，它們就不能再獨立開啟或停止。串列和平行動畫都必須作為一個組進行開啟和停止。

24.3 影像特效

24.3.1 3D 旋轉

QML 不僅可以顯示靜態影像，而且支援 GIF 格式動態影像顯示，還可實現影像在三維空間的立體旋轉功能。

【例】（難度一般）（CH2406）實現 GIF 影像的立體旋轉，執行效果如圖 24.6 所示，兩隻蜜蜂在花冠上翩翩起舞，同時整個影像沿豎直軸緩慢地轉動。

圖 24.6 影像 3D 旋轉執行效果

實現步驟如下。

（1）新建 QML 應用程式，專案名稱為 "Graph3DRotate"。

（2）在開發專案目錄中建一個 images 資料夾，其中放入一幅影像 "bee.gif"。按滑鼠右鍵項目視圖 "Resources" → "qml.qrc" 下的 "/" 節點，選擇「增加現有檔案…」項，從彈出的對話方塊中選擇該影像並開啟，將其載入到專案中。

（3）按滑鼠右鍵項目視圖 "Resources" → "qml.qrc" 下的 "/" 節點，選擇 "Add New…" 項，新建 "MyGraph.qml" 檔案，撰寫程式如下：

```
import QtQuick 2.0
Rectangle {                                     // 矩形作為影像顯示區
   /* 矩形寬度、高度皆與影像尺寸吻合 */
    width: animg.width
    height: animg.height
    transform: Rotation {                       //(a)
     /* 設定影像原點 */
        origin.x: animg.width/2
        origin.y: animg.height/2
        axis {
            x: 0
            y: 1                                // 繞 y 軸轉動
            z: 0
        }
        NumberAnimation on angle {              // 定義角度 angle 上的動畫
            from: 0
            to: 360
            duration: 20000
            loops: Animation.Infinite
        }
    }
    AnimatedImage {                             //(b)
        id: animg
        source: "images/bee.gif"                // 影像路徑
    }
}
```

其中，

(a) transform: Rotation {…}：transform 屬性，需要指定一個 Transform 類型元素的清單。在 QML 中可用的 Transform 類型有 3 個：Rotation、Scale 和 Translate，分別用來進行旋轉、縮放和平移。這些元素還可以透過專門的屬性來進行更加高級的變換設定。其中，Rotation 提供了座標軸和原點屬性，座標軸有 axis.x、axis.y 和 axis.z，分別代表 x 軸、y 軸和 z 軸，因此可以實現 3D 效果。原點由 origin.x 和 origin.y 來指定。對於典型的 3D 旋轉，既要指定原點，也要指定座標軸。圖 24.7 為旋轉座標示意圖，使用 angle 屬性指定順時鐘旋轉的角度。

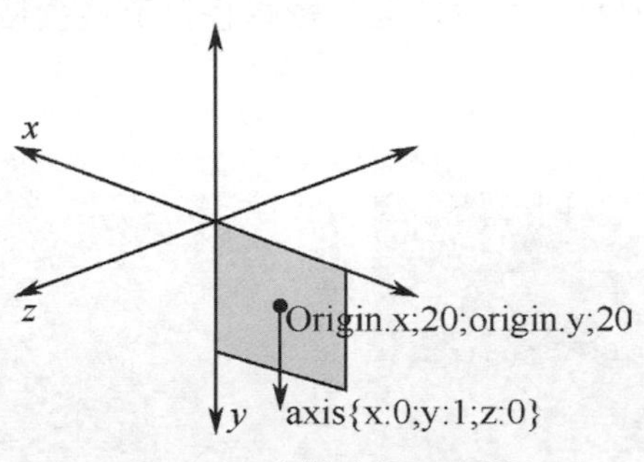

圖 24.7 旋轉座標示意圖

(b) AnimatedImage {…}：AnimatedImage 擴充了 Image 元素的功能，可以用來播放包含一系列幀的影像動畫，如 GIF 檔案。當前幀和動畫總長度等資訊可以使用 currentFrame 和 frameCount 屬性來獲取，還可以透過改變 playing 和 paused 屬性的值來開始、暫停和停止動畫。

（4）開啟 "main.qml" 檔案，撰寫程式如下：

```
import QtQuick 2.15
import QtQuick.Window 2.15

Window {
    width: 420
    height: 320
    visible: true
    title: qsTr("Graph3DRotate")

    Rectangle {
        width: 360
        height: 360
        anchors.fill: parent

        MyGraph { }             // 使用元件
    }
}
```

24.3.2 色彩處理

QML 使用專門的特效元素來實現影像亮度、對比度、色彩飽和度等特殊處理，這些特效元素也像基本的 QML 元素一樣可以以 UI 元件的形式增加到 Qt Quick 使用者介面上。

【例】（難度一般）（CH2407）實現點擊影像使其亮度變暗，且對比度增強，執行效果如圖 24.8 所示。

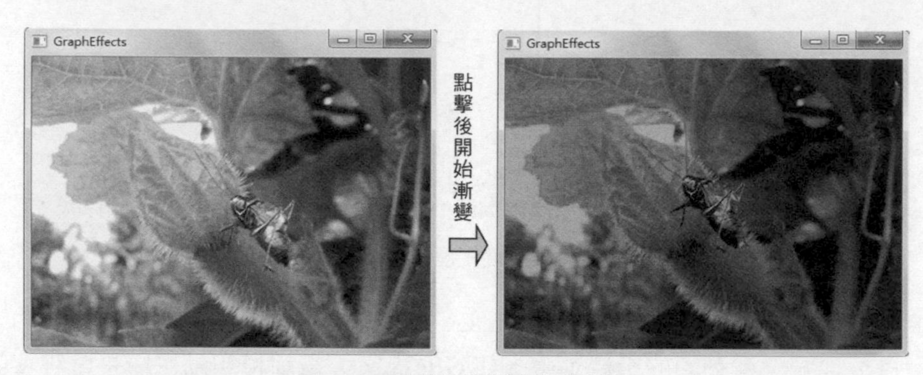

圖 24.8 影像色彩變化執行效果

實現步驟如下。

（1）新建 QML 應用程式，專案名稱為 "GraphEffects"。

（2）在開發專案目錄中建一個 images 資料夾，其中放入一幅影像 "insect.gif"。按滑鼠右鍵項目視圖「資源」→ "qml.qrc" 下的 "/" 節點，選擇「增加現有檔案…」項，從彈出的對話方塊中選擇該影像並開啟，將其載入到專案中。

（3）按滑鼠右鍵項目視圖「資源」→ "qml.qrc" 下的 "/" 節點，選擇「增加新檔案…」項，新建 "MyGraph.qml" 檔案，撰寫程式如下：

```
import QtQuick 2.0
import QtGraphicalEffects 1.0            //(a)
Rectangle {                              //矩形作為影像顯示區
    width: animg.width
    height: animg.height
    AnimatedImage {                      //顯示 GIF 影影像元素素
        id: animg
        source: "images/insect.gif"      //影像路徑
    }
```

```
    BrightnessContrast {                //(b)
        id: bright
        anchors.fill: animg
        source: animg
    }
    SequentialAnimation {               //定義串列組合動畫
        id: imgAnim
        NumberAnimation {               //用動畫調整亮度
            target: bright
            property: "brightness"      //(c)
            to: -0.5                    //變暗
            duration: 3000
        }
        NumberAnimation {               //用動畫設定對比度
            target: bright
            property: "contrast"        //(d)
            to: 0.25                    //對比度增強
            duration: 2000
        }
    }
    MouseArea {
        anchors.fill: parent
        onClicked: {
            imgAnim.running = true      //點擊影像開啟動畫
        }
    }
}
```

其中，

(a) import QtGraphicalEffects 1.0：QML 的圖形特效元素類型都包含在 QtGraphicalEffects 函數庫中，程式設計時需要使用該模組處理影像，都要在 QML 文件開頭寫上這一句宣告，以匯入特效元素函數庫。

(b) BrightnessContrast {…}：BrightnessContrast 是一個特效元素，功能是設定來源元素的亮度和對比度。它有一個屬性 source 指明了其來源元素，來源元素一般都是一個 Image 或 AnimatedImage 類型的影像。

(c) property: "brightness"：brightness 是 BrightnessContrast 元素的屬性，用於設定來源元素的亮度，由最暗到最亮對應的設定值範圍為 -1.0 ～ 1.0，預設值為 0.0（對應影像的本來亮度）。本例用動畫漸變到目標值 -0.5，在視覺上呈現較暗的效果。

(d) property: "contrast"：contrast 也是 BrightnessContrast 元素的屬性，用於設定來源元素的對比度，由最弱到最強對應的設定值範圍為 -1.0 ～ 1.0，預設值為 0.0（對應影像本來的對比度）。0.0 ～ -1.0 的對比度是線性遞減的，而 0.0 ～ 1.0 的對比度則呈非線性增強，且越接近 1.0，增加曲線越陡峭，以致達到很高的對比效果。本例用動畫將對比度逐漸調節到 0.25，視覺上能十分清晰地顯示出花蕾上的昆蟲。

（4）開啟 "MainForm.ui.qml" 檔案，修改程式如下：

```
...
Rectangle {
  ...
    MouseArea {
        id: mouseArea
        anchors.fill: parent
    }
    MyGraph { }                         // 使用元件
}
```

QML 的 QtGraphicalEffects 函數庫還可以實現影像由彩色變黑白、加陰影、模糊處理等各種特效。限於篇幅，本書不再細說，有興趣的讀者請參考 Qt 官方網站提供的文件。

24.4 餅狀選單

Qt 5.5（Qt Quick Extras 1.4）的擴充函數庫中新增了一種選單，這種選單上的按鈕呈現餅狀排列，使用者可用手指滑動選擇按鈕。這種選單常見於播放機應用。

【例】（難度一般）（CH2408）用 PieMenu 實現餅狀選單，在介面文字標籤上按滑鼠右鍵滑鼠出現餅狀選單，選擇對應的選單項，應用程式輸出視窗顯示對應的動作，如圖 24.9 所示。

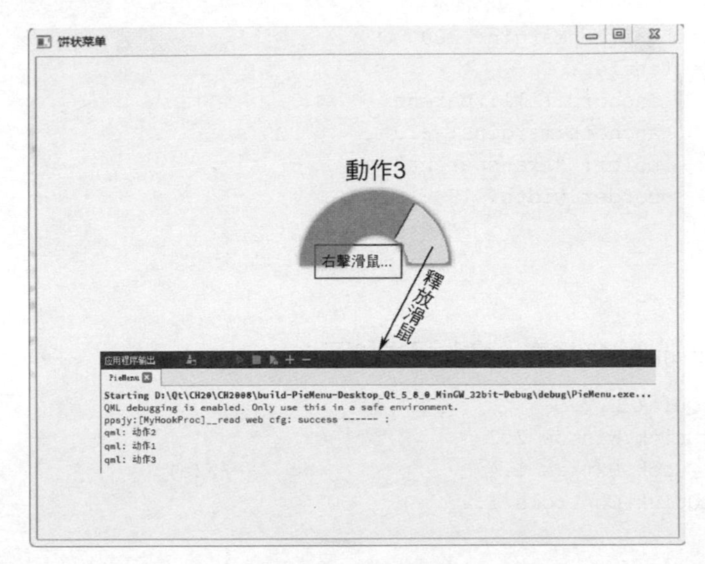

圖 24.9 餅狀選單

實現步驟如下。

(1) 新建 QML 應用程式，專案名稱為 "PieMenu"。

(2) 開啟 "MainForm.ui.qml" 檔案，修改程式如下：

```
import QtQuick 2.7

Rectangle {
    property alias mouseArea: mouseArea
    property alias textEdit: textEdit

    width: 360
    height: 360

    MouseArea {
        id: mouseArea
        anchors.fill: parent
        acceptedButtons: Qt.RightButton   //設定文字區按滑鼠右鍵滑鼠觸發
    }

    TextEdit {
        id: textEdit
        text: qsTr("按滑鼠右鍵滑鼠…")
        verticalAlignment: Text.AlignVCenter
        anchors.top: parent.top
        anchors.horizontalCenter: parent.horizontalCenter
```

```
        anchors.topMargin: 200
        Rectangle {
            anchors.fill: parent
            anchors.margins: -10
            color: "transparent"
            border.width: 1
        }
    }
}
```

(3) 開啟 "main.qml" 檔案，修改程式如下：

```
import QtQuick 2.7
import QtQuick.Window 2.2
import QtQuick.Extras 1.4                          //(a)
import QtQuick.Controls 1.4

Window {
    visible: true
    width: 640
    height: 480
    title: qsTr("餅狀選單")

    MainForm {
        anchors.fill: parent
        mouseArea.onClicked: {
            pieMenu.popup(mouseArea.mouseX, mouseArea.mouseY)
                                                   //(b)
        }
    }

    PieMenu {                                      //(c)
        id: pieMenu
        triggerMode: TriggerMode.TriggerOnRelease   //(d)
        MenuItem {                                 //選單項 1
            text: "動作 1"
            onTriggered: print("動作 1")
        }
        MenuItem {                                 //選單項 2
            text: "動作 2"
            onTriggered: print("動作 2")
        }
        MenuItem {                                 //選單項 3
            text: "動作 3"
```

```
            onTriggered: print(" 動作 3")
        }
    }
}
```

其中，

(a) import QtQuick.Extras 1.4：因 PieMenu 元件是在 Qt 5.5 的 QtQuick.Extras 1.4 擴充函數庫中引入的，故這裡必須匯入該函數庫。

(b) pieMenu.popup(mouseArea.mouseX, mouseArea.mouseY)：設定選單出現的位置為滑鼠在文字區按滑鼠右鍵處的座標（由文字區控制項的 mouseX/mouseY 屬性確定）。

(c) PieMenu {...}：這是 Qt 5.5 新引入的選單元素，它就是餅狀選單，外形呈拱橋狀弧形，每個選單項距離中心都是等距的，使用者以滑鼠滑動方式選取選單項，當前被選中的選單項所在弧形段會改變顏色，同時在弧形頂端顯示當前選中選單項的標題文字，效果如圖 24.9 所示。

(d) triggerMode: TriggerMode.TriggerOnRelease：設定確定功能表選項的事件觸發模式為釋放模式，即使用者釋放滑鼠時的選項為最終確定的選項。

注意：由於新版 Qt 6.0 移除了原 Qt 5 的一些功能模組而尚未推出新的替代者（官方計畫將它們改進完善後在未來的某個版本中再增加回來），其中就包括了實例 CH2407 所用 QtGraphicalEffects 函數庫和實例 CH2408 所用 QtQuick.Extras 1.4 擴充函數庫，故這兩個實例我們依舊使用上一版 Qt 5 及其開發環境來程式設計開發，待未來 Qt 後續版本能夠支援這兩個函數庫（或推出了其替代者）的時候，再移植到更新的 Qt 平台。

Qt Quick Controls 開發基礎及實例

CHAPTER 25

25.1 Qt Quick Controls 概述

Qt Quick Controls 是 Qt 5.1 開始就引入的 QML 模組，它提供了大量類似 Qt Widgets 的可重用的 UI 元件，如按鈕、選單、對話方塊和視圖等，這些元件能在不同的平台（如 Windows、Mac OS X 和 Linux）上模仿對應的本地行為。在 Qt Quick 開發中，因 Qt Quick Controls 可以幫助使用者建立桌面應用程式所應具備的完整圖形介面，故它的出現也使 QML 在企業應用程式開發中佔據了一席之地。自 Qt 6.0 起，支持 Qt Quick Controls 2.5，它將已有的 Qt Quick Controls 及 Qt Quick Controls 2 兩個函數庫進行了統一整合，同時還引入一些新元件替換原有元件，使其更適合跨平台 GUI 應用程式及行動應用程式開發的需要。本章先以多個桌面程式實例系統地介紹 Qt Quick Controls 的基礎知識及主要元件的使用，在後續跨平台開發相關的章節再介紹它在行動平台上的具體應用。

25.1.1 第一個 Qt Quick Controls 程式

【例】（簡單）（CH2501）嘗試開發第一個 Qt Quick Controls 程式，執行介面如圖 25.1 所示。

圖 25.1 第一個 Qt Quick Controls 程式執行介面

可以直接在 QML 應用程式中透過匯入庫來開發 Qt Quick Controls 程式，步驟如下。

(1) 建立 QML 專案，選擇專案 "Application (Qt Quick)" 下的 "Qt Quick Application - Empty" 範本，具體操作詳見前 QML 程式設計基礎章。專案名稱為 "QControlDemo"。

(2) 開啟專案主程式檔案 "main.qml"，撰寫程式如下：

```
/* import部分 */
import QtQuick 2.15
import QtQuick.Controls 2.5                  //匯入Qt Quick Controls函數庫
import QtQuick.Layouts 1.3                   //匯入Qt Quick版面配置函數庫

/* 物件宣告 */
ApplicationWindow {                          //主應用視窗
    width: 320
    height: 240
    visible: true
    title: qsTr("Hello World")

    Item {                                   //QML通用的根項目
        width: 320
        height: 240
        anchors.fill: parent

        ColumnLayout {                       //列版面配置
            anchors.horizontalCenter: parent.horizontalCenter
                                             //在視窗中置中
            anchors.topMargin: 80            //距頂部80像素
            anchors.top: parent.top          //頂端對齊

            RowLayout {                      //行版面配置
                TextField {                  //輸入文字標籤控制項
                    id: textField1
                    placeholderText: qsTr("請輸入…")
                }

                Button {                     //按鈕控制項
                    id: button1
                    text: qsTr("點 我")
                    implicitWidth: 50 //寬度（若未指定則自我調整按鈕文字寬）
                    onClicked: {
```

```
                        textField2.text = "Hello " + textField1.text +
" ! ";
                    }
                }
            }

            TextField {                      // 顯示文字標籤控制項
                id: textField2
                implicitWidth: 145           // 寬度(若未指定則自我調整文字內容長度)
            }
        }
    }
}
```

可見，作為一個規範的 QML 文件，Qt Quick Controls 程式也是由 import 和物件宣告兩部分組成的。開頭的 import 部分必須匯入 Qt Quick Controls 函數庫（這裡是最新的 2.5 版），通常因為還需要安排各個元件在 GUI 介面上的位置，還要同時匯入 Qt Quick 版面配置函數庫。唯一與普通 QML 程式不同之處在於：Qt Quick Controls 程式的根物件是 ApplicationWindow（主應用視窗）而非 Window，一般在設計桌面應用程式介面時，都會將所有的介面元件囊括在一個 QML 通用根項目 Item 內部。

（3）點擊 ▶ 按鈕執行專案，在上面一行文字標籤內輸入「美好的世界」，點擊「點我」按鈕，下一行文字標籤顯示「Hello 美好的世界！」，如圖 25.1 所示。

25.1.2 更換介面主題樣式

Qt Quick Controls 支援多種類型的介面主題樣式：Default（預設）、Material（質感）、Universal（普通）、Fusion（融合）和 Imagine（想像），可透過設定 qtquickcontrols2 檔案來更換樣式類型。

（1）在開發專案目錄中建立 "qtquickcontrols2.conf" 設定檔。

（2）按滑鼠右鍵項目視圖 "Resources" → "qml.qrc" 下的 "/" 節點，選擇「增加現有檔案…」項，從彈出的對話方塊中選擇該檔案並開啟，將其載入到專案中。

（3）開啟 "qtquickcontrols2.conf" 檔案，撰寫內容如下：

```
; This file can be edited to change the style of the application
; Read "Qt Quick Controls 2 Configuration File" for details:
```

```
; https://doc.qt.io/qt/qtquickcontrols2-configuration.html

[Controls]
Style=Default

[Material]
Theme=Light
;Accent=BlueGrey
;Primary=BlueGray
;Foreground=Brown
;Background=Grey
```

其中，透過修改粗體處的設定來指定介面主題的樣式類型。將其改為 Material，執行程式，看到 Material 樣式介面如圖 25.2 所示；若改為 Imagine，則呈現的效果如圖 25.3 所示。

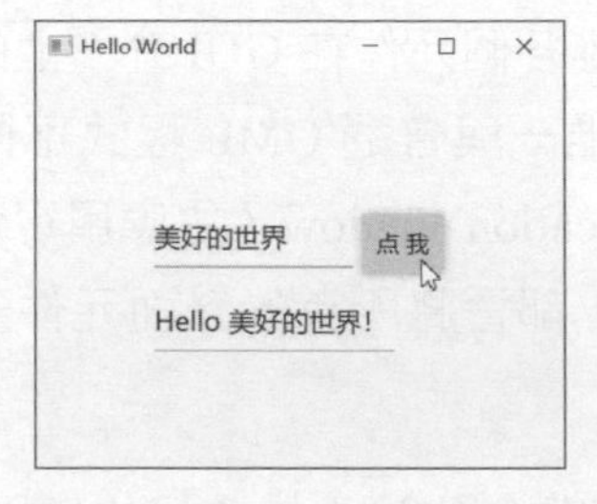

圖 25.2 Material 樣式介面

圖 25.3 Imagine 樣式介面

從 Qt 5 到 Qt 6，Qt Quick Controls 移除了原有的一些類別庫和功能（旨在對其改進後在未來的 Qt 版本中再重新引入），同時用新的類別取代了原 Qt 5 中一些元件類別。針對此情況，本章接下來的實例，我們儘量用 Qt 6 中的新元件改造並重新實現原版程式的功能；而對於 Qt 6 中尚未推出替代類別（Qt 5 原類別已移除）的實例，則仍然是基於 Qt 5 開發，請大家轉到原 Qt 5 下試做和執行。

25.2 Qt Quick 控制項

25.2.1 概述

Qt Quick Controls 模組提供一個控制項的集合供使用者開發圖形化介面使用，所有的 Qt Quick 控制項、可視外觀效果和功能描述見表 25.1。

表 25.1 Qt Quick 控制項

控制項	名稱	可視外觀效果	功能描述
Button	命令按鈕	提交	點擊執行操作
CheckBox	核取方塊	☑旅游 ☑游泳 ☐篮球	可同時選中多個選項
ComboBox	下拉式選單方塊	计算机	提供下拉選單選項
GroupBox	組框	性别 ◉男 ○女	用於定義控制組的容器
Label	標籤	姓名	介面文字提示
RadioButton	選項按鈕	◉男 ○女	點擊選中，通常分組使用，只能選其中一個選項
TextArea	文字區	学生个人资料...	用於顯示多行可編輯的格式化文字
TextField	文字標籤	请输入...	可供輸入（顯示）一行純文字
BusyIndicator	忙指示器		用以表明程式正在執行某項操作（如載入圖片），請使用者耐心等待
Tumbler	翻選框	7月 23 1999 8月 24 2000 9月 25 2001 10月 26 2002 11月 27 2003	提供滾輪條給使用者上下翻動以選擇合適的值
ProgressBar	進度指示器		動態顯示程式執行進度
Slider	滑動桿		提供水平或垂直方向的滑動桿，滑鼠滑動可設定參數
SpinBox	數值旋轉框	25	點擊上下箭頭可設定數值參數
Switch	開關		控制某項功能的開啟 / 關閉，常見於行動智慧型手機的應用介面

25.2.2 基本控制項

在表 25.1 所列的全部控制項中，有一些是基本控制項，如命令按鈕、文字標籤、標籤、選項按鈕、下拉式選單方塊和核取方塊等。它們通常用於顯示程式介面、接受使用者的輸入和選擇，是最常用的控制項。

【例】(難度中等)(CH2502)用基本控制項製作「學生資訊表單」，輸入(選擇)學生各項資訊後點擊「提交」按鈕，在文字區顯示出該學生的資訊，執行效果如圖 25.4 所示。

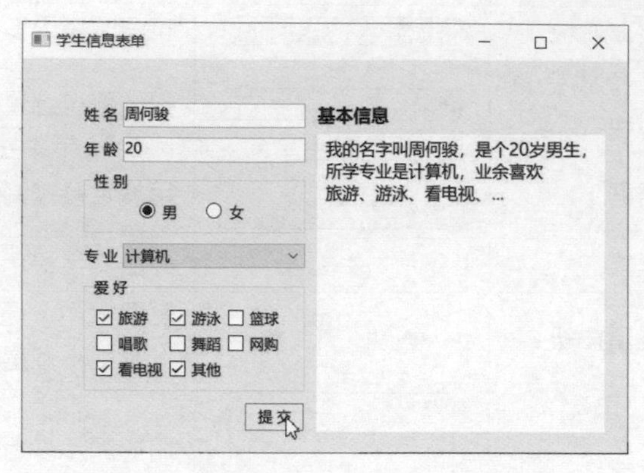

圖 25.4「學生資訊表單」的執行效果

實現步驟如下。

(1) 建立 QML 專案，選擇專案 "Application (Qt Quick)" 下的 "Qt Quick Application - Empty" 範本。專案名稱為 "StuForm"。

(2) 開啟專案主程式檔案 "main.qml"，撰寫程式如下：

```
import QtQuick 2.15
import QtQuick.Controls 2.5            //匯入 Qt Quick Controls 函數庫
import QtQuick.Layouts 1.3             //匯入 Qt Quick 版面配置函數庫

ApplicationWindow {                    //主應用視窗
    width: 500
    height: 320
    visible: true
    title: qsTr("學生資訊表單")

    Item {                             //QML 通用的根項目
        width: 640
        height: 480
        anchors.fill: parent

        RowLayout {                    //行版面配置
            x: 50; y: 35
            spacing: 10
            ColumnLayout {             //列版面配置
```

```
spacing: 8
RowLayout {
    spacing: 0
    Label {                         /* 標籤 */
        text: "姓 名 "
    }
    TextField {                     /* 文字標籤 */
        id: name
        implicitWidth: 150
        placeholderText: qsTr("請輸入…")  //(a)
        focus: true
    }
}
RowLayout {
    spacing: 0
    Label {
        text: "年 齡 "
    }
    TextField {
        id: age
        implicitWidth: 150
        validator: IntValidator {bottom: 16; top: 26;}
                                    //(b)
    }
}
GroupBox {                          /* 組框 */
    id: group1
    title: qsTr("性 別")
    Layout.fillWidth: true          //(c)
    RowLayout {
        RadioButton {               /* 選項按鈕 */
            id: maleRBtn
            text: qsTr("男")
            checked: true
            Layout.minimumWidth: 85
                                //設定控制項所佔最小寬度為 65
            anchors.horizontalCenter: parent.
horizontalCenter
        }
        RadioButton {
            id: femaleRBtn
            text: qsTr("女")
            Layout.minimumWidth: 65
            //設定控制項所佔最小寬度為 65
```

```
            }
        }
    }
    RowLayout {
        spacing: 0
        Label {
            text: "專 業 "
        }
        ComboBox {                        /* 下拉式選單方塊 */
            id: speCBox
            Layout.fillWidth: true
            currentIndex: 0               // 初始選中項(電腦)索引為 0
            model: ListModel {            //(d)
                ListElement { text: "電腦" }
                ListElement { text: "通訊工程" }
                ListElement { text: "資訊網路" }
            }
            width: 200
        }
    }
    GroupBox {
        id: group2
        title: qsTr("愛 好")
        Layout.fillWidth: true
        GridLayout {                      // 網格版面配置
            id: hobbyGrid
            columns: 3
            CheckBox {                    /* 核取方塊 */
                text: qsTr("旅遊")
                checked: true             // 預設選中
            }
            CheckBox {
                text: qsTr("游泳")
                checked: true
            }
            CheckBox {
                text: qsTr("籃球")
            }
            CheckBox {
                text: qsTr("唱歌")
            }
            CheckBox {
                text: qsTr("舞蹈")
            }
```

```
                    CheckBox {
                        text: qsTr("網購")
                    }
                    CheckBox {
                        text: qsTr("看電視")
                        checked: true
                    }
                    CheckBox {
                        text: qsTr("其他")
                        checked: true
                    }
                }
            }
            Button {                             /* 命令按鈕 */
                id: submit
                anchors.right: group2.right//與"愛好"組框的右邊框錨定
                implicitWidth: 50
                text: "提 交"
                onClicked: {                      //點擊"提交"按鈕執行的程式
                  var hobbyText = ""; //變數用於存放學生興趣愛好內容
                  for(var i = 0; i < 7; i++) {
                                                  //遍歷"愛好"組框中的核取方塊
                      /* 生成學生興趣愛好文字 */
                    hobbyText += hobbyGrid.children[i].checked
? (hobbyGrid. children[i].text + "、") : "";   //(e)
                  }
                  if(hobbyGrid.children[7].checked) {
                                   //若"其他"核取方塊選中
                    hobbyText += "…";
                  }
                  var sexText = maleRBtn.checked ? "男":"女";
                  /* 最終生成的完整學生資訊 */
                  stuInfo.text = "我的名字叫" + name.text + "，
是個" + age.text + "歲" + sexText + "生，\r\n所學專業是" + speCBox.
currentText + "，業餘喜歡\r\n" + hobbyText;
                }
            }
        }

        ColumnLayout {
            Layout.alignment: Qt.AlignTop
                                        //使"基本資訊"文字區與表單頂端對齊
            Label {
                text: "基本資訊"
```

```
                    font.pixelSize: 15
                    font.bold: true
                }
                TextArea {
                    id: stuInfo
                    Layout.fillHeight: true     // 將文字區伸展至與表單等高
                    implicitWidth: 240
                    text: "學生個人資料…"         // 初始文字
                    font.pixelSize: 14
                }
            }
        }
    }
}
```

其中，

(a) placeholderText: qsTr(" 請輸入 ...")：placeholderText 是文字標籤控制項的屬性，它設定當文字標籤內容為空時其中所要顯示的文字（多為提示性的文字），用於引導使用者輸入。

(b) validator: IntValidator {bottom: 16; top: 26;}：validator 屬性是在文字標籤控制項上設一個驗證器，只有當使用者的輸入符合驗證要求時才能被文字標籤接受。目前，Qt Quick 支持的驗證器有 IntValidator（整數驗證器）、DoubleValidator（雙精度浮點驗證器）和 RegExpValidator（正規表示法驗證器）三種。這裡使用整數驗證器，限定了文字標籤只能輸入 16 ～ 26（學生年齡段）之間的整數值。

(c) Layout.fillWidth: true：在 Qt Quick 中另有一套獨立於 QML 的版面配置系統（Qt Quick 版面配置），其所用的元素 RowLayout、ColumnLayout 和 GridLayout 類同於 QML 的 Row、Column 和 Grid 定位器，所在函數庫是 QtQuick.Layouts，但它比傳統 QML 定位器的功能更加強大，本例程式就充分使用了這套全新的版面配置系統。該系統的 Layout 元素提供了很多「依附屬性」，其作用等於 QML 的 Anchor（錨）。這裡 Layout.fillWidth 設為 true 使「性別」組框在允許的約束範圍內盡可能寬。此外，Layout 還有其他一些常用屬性，如 fillHeight、minimumWidth/maximumWidth、minimumHeight/maximumHeight、alignment 等，它們的具體應用請參考 Qt 6 官方文件，此處不再細說。

(d) model: ListModel {…}：往下拉式選單方塊下拉選單中增加項有兩種方式。第一種是本例採用的為其 model 屬性指派一個 ListModel 物件，其每個 ListElement 子元素代表一個清單項；第二種是直接將一個字串清單給予值給 model 屬性。因此，本例的程式也寫入為：

```
ComboBox {
  ...
    model: [ "電腦", "通訊工程", "資訊網路" ]
    width: 200
}
```

(e) hobbyText += hobbyGrid.children[i].checked ? (hobbyGrid.children[i].text + "、") : ""：這裡使用了條件運算子判斷每個核取方塊的狀態，若選中，則將其文字增加到 hobbyText 變數中。之前在設計介面的時候，將核取方塊都置於 GridLayout 元素中，此處就可以透過其 "id.children[i]" 的方式來引用存取其中的每一個核取方塊控制項。

25.2.3 高級控制項

Qt Quick 的控制項函數庫一直都在被不斷地開發、擴充和完善，除基本控制項外，還在增加新的控制項類型，尤其是一些高級控制項做得很有特色，它們極大地豐富了 Qt Quick Controls 程式的介面功能。

【例】（較難）（CH2503）用高級控制項製作一個有趣的小程式，介面如圖 25.5 所示。

圖 25.5 高級控制項製作的程式介面

程式執行後，表單上顯出一幅唯美的海底小美人魚照片。使用者可用滑鼠滑動左下方滑動桿來調整畫面尺寸，當畫面縮小到一定程度後，介面上會出現一個「忙等待」的動畫圖示，如圖 25.6 所示；還可以透過日期翻選框設定小美人魚的生日，點擊 "OK" 按鈕，程式同步計算並顯示出她的芳齡，如圖 25.7 所示。

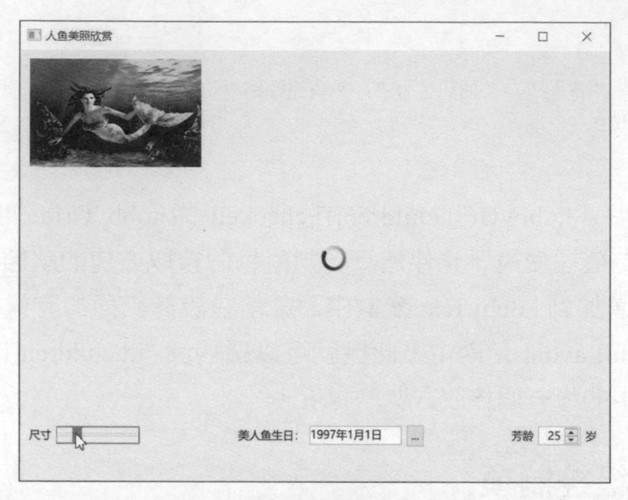

圖 25.6 改變尺寸

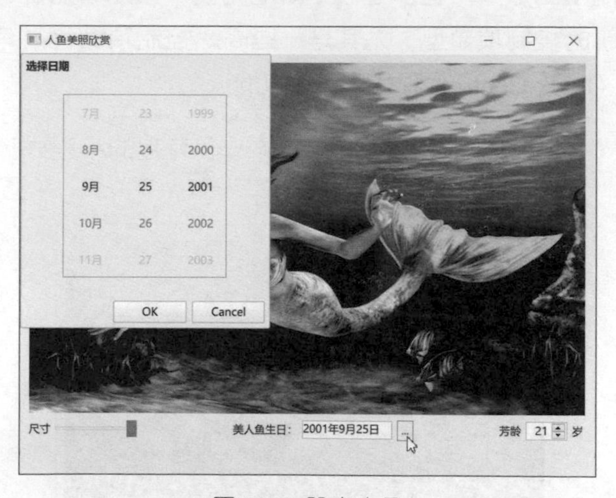

圖 25.7 設定生日

實現步驟如下。

（1）建立 QML 專案，選擇專案 "Application (Qt Quick)" 下的 "Qt Quick Application - Empty" 範本。專案名稱為 "Mermaid"。

（2）在開發專案目錄中建一個 "images" 資料夾，其中放入一張圖片，檔案名稱為 "Mermaid.jpg"。

（3）按滑鼠右鍵項目視圖 "Resources" → "qml.qrc" 下的 "/" 節點，選擇「增加現有檔案…」項，從彈出的對話方塊中選擇該圖片開啟，將其載入到專案中。

（4）開啟專案主程式檔案 "main.qml"，撰寫程式如下：

```
import QtQuick 2.15
import QtQuick.Controls 2.5                //匯入 Qt Quick Controls 函數庫
import QtQuick.Layouts 1.3                 //匯入 Qt Quick 版面配置函數庫

ApplicationWindow {                        //主應用視窗
    width: 635
    height: 460
    visible: true
    title: qsTr("人魚美照欣賞")

    Item {                                 //QML 通用的根項目
        width: 635
        height: 460
        anchors.fill: parent
        Image {                            //影影像元素素（顯示小美人魚照片）
            id: img                        //影像標識
            x: 10; y: 10
            width: 614.4
            height: 384
            source: "images/Mermaid.jpg"
            fillMode: Image.Stretch        //必須設為"伸展"模式才能調整尺寸
            clip: true
        }
        BusyIndicator {                    //(a)
            x: 317.2; y: 202
            running: img.width < 614.4*0.4 //當畫面寬度縮為原來的 0.4 時執行
        }
        RowLayout {                        //行版面配置
            anchors.left: img.left         //與畫面左錨定
            y: 399
            spacing: 5
            Label {
                text: "尺寸"
            }
            Slider {                       /* 滑動桿 */
```

```
            from: 0.1                           // 最小值
            to: 1.0                             // 最大值
            stepSize: 0.1                       // 步進值
            value: 1.0                          // 初值
            onValueChanged: {                   // 滑動滑動桿所要執行的程式
                var scale = value;              // 變數獲取縮放比率
                img.width = 614.4*scale;        // 寬度縮放
                img.height = 384*scale;         // 高度縮放
            }
        }
        Label {
            text: "小美人魚生日："
            leftPadding: 100
        }
        TextField {                     // 文字標籤用於顯示使用者選擇的日期
            id: date
            implicitWidth: 100
            text: "1997年1月1日"
            onTextChanged: {
                age.value = 2022 - year.model[year.currentIndex]
            }                                   // 同步計算芳齡
        }
        Button {
            text: qsTr("…")
            implicitWidth: 20
            onClicked: dateDialog.open()        // 開啟日期選擇對話方塊
        }
        Label {
            text: "芳齡"
            leftPadding: 90
        }
        SpinBox {                               // (b)
            id: age
            value: 25                           // 當前值
            from: 18                            // 最小值
            to: 25                              // 最大值
            implicitWidth: 45                   // 寬度
        }
        Label {
            text: "歲"
        }
    }
}
```

```
    Dialog {                              /* 日期選擇對話方塊 */
        id: dateDialog
        title: "選擇日期"
        width: 275
        height: 300
        standardButtons: Dialog.Ok | Dialog.Cancel
        onAccepted: {
            date.text = year.model[year.currentIndex] + "年" + month.
model [month.currentIndex] + day.model[day.currentIndex] + "日"
        }                                 //(c)

        Frame {                           //(d)
            anchors.centerIn: parent
            Row {                         //(d)
                Tumbler {                 //(d) 翻選月份
                    id: month
                    model: ["1月", "2月", "3月", "4月", "5月", "6月
", "7月", "8月", "9月", "10月", "11月", "12月"]
                }
                Tumbler {                 //(d) 翻選日
                    id: day
                    model: [1, 2, 3, 4, 5, 6, 7, 8, 9, 10, 11, 12, 13,
14, 15, 16, 17, 18, 19, 20, 21, 22, 23, 24, 25, 26, 27, 28, 29, 30,
31]
                }
                Tumbler {                 //(d) 翻選年
                    id: year
                    model: ["1997", "1998", "1999", "2000", "2001",
"2002", "2003", "2004"]
                }
            }
        }
    }
}
```

其中，

(a) BusyIndicator {…}：忙指示器是 Qt Quick 中一個很特別的控制項，自 Qt 5.2 引入，它的外觀是一個動態旋轉的圓圈（ ），類似於網頁載入時的頁面效果。當應用程式正在載入某些內容或 UI 被阻塞等待某個資源變為可用時，要使用 BusyIndicator 提示使用者耐心等待。最典型的應用就是在介面載入比較大的圖片時，例如：

```
BusyIndicator {
    running: img.status === Image.Loading
}
```

就本例來說，由於圖片載入過程很快，無法有效地展示 BusyIndicator，故程式中改為將圖片尺寸縮至一定程度時應用 BusyIndicator。

(b) SpinBox {⋯}：數值旋轉框是一個右側帶有上下箭頭按鈕的文字標籤，它允許使用者通過點擊箭頭按鈕或按鍵盤的↑、↓鍵來選取一個數值。預設情況下，SpinBox 提供 0 ～ 99 區間內的離散數值，步進值為 1（即每點擊一次右箭頭，數值就增或減 1）。from/to 屬性設定 SpinBox 中允許的數值範圍，本例設定小美人魚的年齡在 18 ～ 25 歲之間，一旦超出範圍，SpinBox 會強制約束使用者的輸入。

(c) date.text = year.model[year.currentIndex] + " 年 " + month.model [month.currentIndex] + day.model[day.currentIndex] + " 日 "：這裡透過模型（model）的索引（currentIndex）得到使用者當前選中項對應的年月日值，再組合成一個完整的日期。

(d) Frame { ...Row { Tumbler {⋯} ... } }：Tumbler 控制項最先是由 Qt 5.5 的 QtQuick.Extras 1.4 函數庫引入的，當前 Qt Quick Controls 2.5 保留了這個控制項，並在某些方面進行了升級完善。Tumbler 是一種介面翻選框控制項，在 Qt 6 中一般與 Frame、Row 元素配合使用，每個 Tumbler 元素在介面上都呈現出一種滾輪條的效果，供使用者上下翻動以選擇合適的值。

25.2.4 樣式訂製

Qt Quick 2.1（Qt 5.1）引入一個 Qt Quick Controls Styles 子模組，它幾乎為每個 Qt Quick 控制項都提供了一個對應的樣式類別，以 *Style（其中 "*" 是原控制項的類別名稱）命名，允許使用者自訂 Qt Quick 控制項的樣式。

凡是對應有樣式類別的 Qt Quick 控制項都可以由使用者自訂其外觀，表 25.2 舉出了各 Qt Quick 控制項所對應的樣式類別。

表 25.2 Qt Quick 控制項的樣式類別

控制項	名稱	對應樣式類別
Button	命令按鈕	ButtonStyle
CheckBox	核取方塊	CheckBoxStyle

控制項	名稱	對應樣式類別
ComboBox	下拉式選單方塊	ComboBoxStyle
RadioButton	選項按鈕	RadioButtonStyle
TextArea	文字區	TextAreaStyle
TextField	文字標籤	TextFieldStyle
BusyIndicator	忙指示器	BusyIndicatorStyle
ProgressBar	進度指示器	ProgressBarStyle
Slider	滑動桿	SliderStyle
SpinBox	數值旋轉框	SpinBoxStyle
Switch	開關	SwitchStyle

訂製控制項的樣式有以下兩種方法。

(1) 使用樣式屬性。

所有可訂製的 Qt Quick 控制項都有一個 style 屬性，將其值設為該控制項對應的樣式類別，然後在樣式類別中定義樣式，程式形如：

```
Control {                            // 控制項名稱
  …                                  // 其他屬性及值
     style: ControlStyle {           // 樣式屬性
         …                           // 自訂樣式的程式
     }
  …
}
```

其中，Control 代表控制項名稱，可以是任何具體的 Qt Quick 控制項類別名稱，如 Button、TextField、Slider 等；ControlStyle 則是該控制項對應的樣式類別名稱，詳見上表 25.2。

(2) 定義樣式代理。

樣式代理是一種由使用者定義的屬性類別元件，其程式形如：

```
property Component delegateName: ControlStyle {   // 樣式代理
  …                                              // 自訂樣式的程式
}
```

其中，delegateName 為樣式代理的名稱，經這樣定義了之後，就可以在控制項程式中直接引用該名稱來指定控制項的樣式，如下：

```
Control {                                    // 控制項名稱
  …
    style: delegateName                      // 透過樣式代理名稱指定樣式
  …
}
```

這種方法的好處：如果有多個控制項具有相同的樣式，那麼只需在樣式代理中定義一次，就可以在各個需要該樣式的控制項中直接引用，提高了程式的重複使用性。但要注意，引用該樣式的控制項類型必須與代理所定義的樣式類別 ControlStyle 相匹配。

從 Qt 6 開始，官方暫時從 Qt 中移除了樣式功能模組，故 Qt 6 中樣式類別無法使用，下面的實例仍然基於 Qt 5 開發樣式功能。

【例】（較難）（CH2504）用上述兩種方法分別訂製幾種控制項的樣式，介面對比如圖 25.8 所示，其中左邊一列為控制項的標準外觀，中間為用樣式屬性直接定義的外觀，右邊則是應用了樣式代理後的效果。

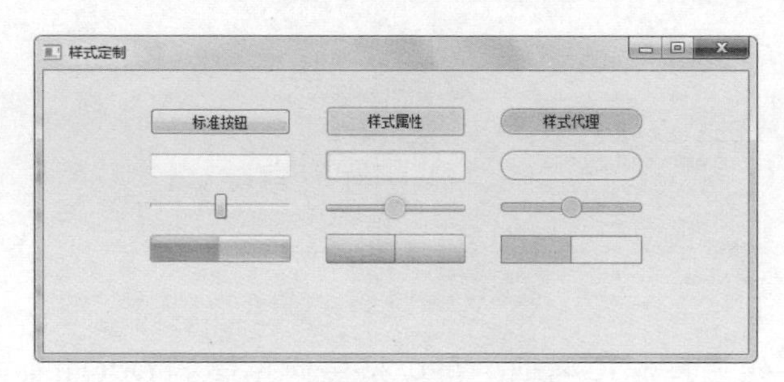

圖 25.8 控制項樣式訂製

實現步驟如下。

（1）啟動 Qt 5 開發環境的 Qt Creator，點擊主選單「檔案」→「新建檔案或專案…」項，彈出「新建專案」對話方塊，選擇專案 "Application" 下的 "Qt Quick Controls Application" 範本，如圖 25.9 所示。

（2）點擊 "Choose…" 按鈕，在 "Qt Quick Controls Application" 對話方塊的 "Project Location" 頁輸入專案名稱 "Styles"，並選擇儲存專案的路徑。

（3）點擊「下一步」按鈕，在 "Define Project Details" 頁選擇 "Qt 5.7"，如圖 25.10 所示。

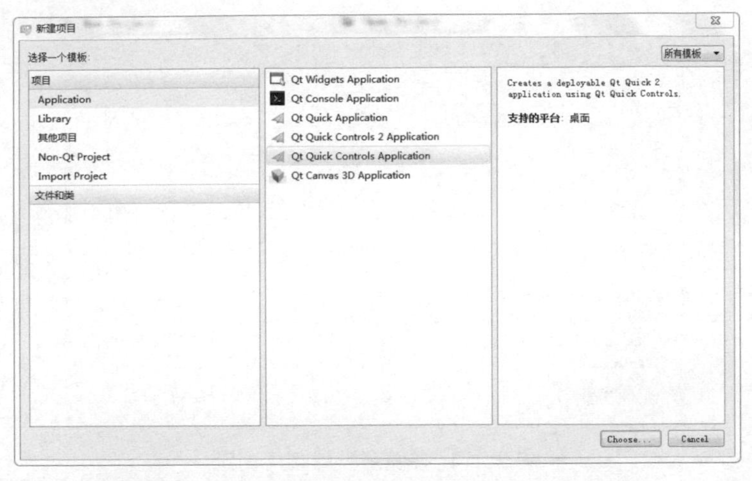

圖 25.9 選擇 "Qt Quick Controls Application" 範本

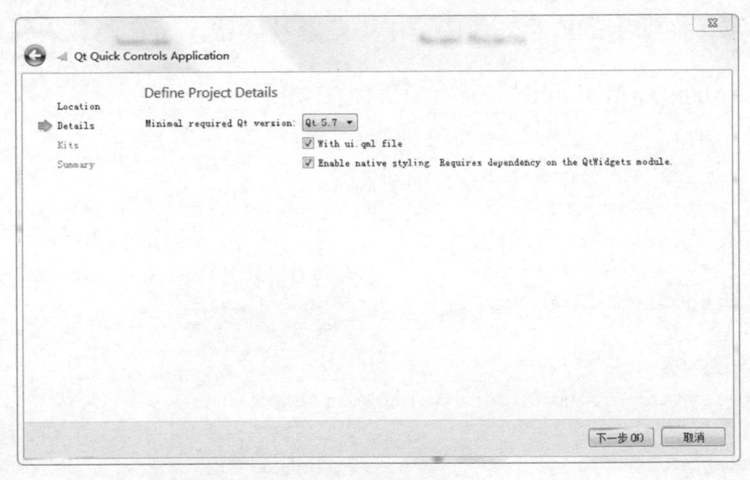

圖 25.10 選擇最低適應的 "Qt 5.7" 版本

（4）點擊「下一步」按鈕，在 "Kit Selection" 頁，系統預設已指定程式的編譯器和偵錯器，直接點擊「下一步」按鈕，接下來的「專案管理」頁自動整理出要增加到該專案的檔案，點擊「完成」按鈕，完成 Qt Quick Controls 應用程式的建立。

（5）在開發專案目錄中建一個 "images" 資料夾，其中放入一些圖片作為訂製控制項的資源，如圖 25.11 所示。

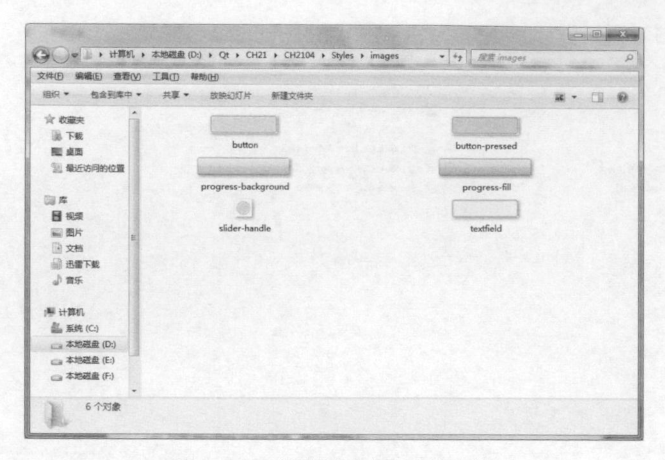

圖 25.11　準備訂製用圖片資源

（6）按滑鼠右鍵項目視圖「資源」→ "qml.qrc" 下的 "/" 節點，選擇「增加現有檔案…」項，從彈出的對話方塊中選中這些圖片開啟，將它們載入到專案中。

（7）開啟 "MainForm.ui.qml" 檔案，撰寫程式如下：

```
import QtQuick 2.7
import QtQuick.Controls 1.5
import QtQuick.Layouts 1.3
import QtQuick.Controls.Styles 1.3 // 匯入 Qt Quick 控制項樣式庫
Item {                                //QML 通用的根項目
    id: window
    width: 600
    height: 240
    property int columnWidth: window.width/5
                                      // 公共屬性 columnWidth 用於設定控制項列寬
    GridLayout {                      // 網格版面配置
        rowSpacing: 12                // 行距
        columnSpacing: 30             // 列距
        anchors.top: parent.top       // 與主資料表單頂端對齊
        anchors.horizontalCenter: parent.horizontalCenter
                                      // 在主資料表單置中
        anchors.margins: 30           // 錨距為 30
        Button {                      /* 標準 Button 控制項 */
            text: " 標準按鈕 "
            implicitWidth: columnWidth    //(a)
        }
        Button {                      /* 設定樣式屬性的 Button 控制項 */
            text: " 樣式屬性 "
            style: ButtonStyle {    // 樣式屬性
```

```
            background: BorderImage {       //(b)
                source: control.pressed ? "images/button-pressed.
png": "images/button.png"
                border.left: 4 ; border.right:4; border.top: 4;
border.bottom: 4
            }
        }
        implicitWidth: columnWidth
    }
    Button {                           /* 應用樣式代理的 Button 控制項 */
        text: "樣式代理"
        style: buttonStyle             //buttonStyle 為樣式代理名稱
        implicitWidth: columnWidth
    }
    TextField {                        /* 標準 TextField 控制項 */
        Layout.row: 1                  // 指定在 GridLayout 中行號為 1（第 2 行）
        implicitWidth: columnWidth
    }
    TextField {                        /* 設定樣式屬性的 TextField 控制項 */
        style: TextFieldStyle {            // 樣式屬性
            background: BorderImage { // 設定背景圖片為 textfield.png
                source: "images/textfield.png"
                border.left: 4; border.right: 4; border.top: 4;
border.bottom: 4
            }
        }
        implicitWidth: columnWidth
    }
    TextField {                        /* 應用樣式代理的 TextField 控制項 */
        style: textFieldStyle          //textFieldStyle 為樣式代理名稱
        implicitWidth: columnWidth
    }
    Slider {                           /* 標準 Slider 控制項 */
        id: slider1
        Layout.row: 2                  // 指定在 GridLayout 中行號為 2（第 3 行）
        value: 0.5                     // 初值
        implicitWidth: columnWidth
    }
    Slider {                           /* 設定樣式屬性的 Slider 控制項 */
        id: slider2
        value: 0.5
        implicitWidth: columnWidth
        style: SliderStyle {               // 樣式屬性
            groove: BorderImage {      //(c)
```

```
                height: 6
                border.top: 1
                border.bottom: 1
                source: "images/progress-background.png"
                border.left: 6
                border.right: 6
                BorderImage {
                    anchors.verticalCenter: parent.verticalCenter
                    source: "images/progress-fill.png"
                    border.left: 5 ; border.top: 1
                    border.right: 5 ; border.bottom: 1
                    width: styleData.handlePosition
                          // 寬度至搖桿（滑動桿）的位置
                    height: parent.height
                }
            }
            handle: Item {       //(d)
                width: 13
                height: 13
                Image {
                    anchors.centerIn: parent
                    source: "images/slider-handle.png"
                }
            }
        }
    }
    Slider {                        /* 應用樣式代理的 Slider 控制項 */
        id: slider3
        value: 0.5
        implicitWidth: columnWidth
        style: sliderStyle          //sliderStyle 為樣式代理名稱
    }
    ProgressBar {                   /* 標準 ProgressBar 控制項 */
        Layout.row: 3               // 指定在 GridLayout 中行號為 3（第 4 行）
        value: slider1.value        // 進度值設為與滑動桿同步
        implicitWidth: columnWidth
    }
  /* 以下兩個為應用不同樣式代理的 ProgressBar 控制項 */
    ProgressBar {
        value: slider2.value
        implicitWidth: columnWidth
        style: progressBarStyle      // 應用樣式代理 progressBarStyle
    }
    ProgressBar {
```

```
            value: slider3.value
            implicitWidth: columnWidth
            style: progressBarStyle2     // 應用樣式代理 progressBarStyle2
        }
    }
    /* 以下為定義各樣式代理的程式 */
    property Component buttonStyle: ButtonStyle {
                                  /* Button 控制項所使用的樣式代理 */
        background: Rectangle {             // 按鈕背景為矩形
            implicitHcight: 22
            implicitWidth: columnWidth
      // 按鈕被按下或獲得焦點時變色
            color: control.pressed ? "darkGray" : control.activeFocus
? "#cdd" : "#ccc"
            antialiasing: true              // 平滑邊緣反鋸齒
            border.color: "gray"            // 灰色邊框
            radius: height/2                // 圓角形
            Rectangle {               // 該矩形為按鈕自然狀態（未被按下）的背景
                anchors.fill: parent
                anchors.margins: 1
                color: "transparent"        // 透明色
                antialiasing: true
                visible: !control.pressed   // 在按鈕未被按下時可見
                border.color: "#aaffffff"
                radius: height/2
            }
        }
    }
    property Component textFieldStyle: TextFieldStyle {
                                         /* TextField 控制項所使用的樣式代理 */
        background: Rectangle {             // 文字標籤背景為矩形
            implicitWidth: columnWidth
            color: "#f0f0f0"
            antialiasing: true
            border.color: "gray"
            radius: height/2
            Rectangle {
                anchors.fill: parent
                anchors.margins: 1
                color: "transparent"
                antialiasing: true
                border.color: "#aaffffff"
                radius: height/2
            }
        }
```

```
    }
    property Component sliderStyle: SliderStyle {
                                        /* Slider 控制項所使用的樣式代理 */
        handle: Rectangle {                    // 定義矩形作為滑動桿
            width: 18
            height: 18
            color: control.pressed ? "darkGray" : "lightGray"
                                               // 按下時灰階改變
            border.color: "gray"
            antialiasing: true
            radius: height/2                   // 滑動桿呈圓形
            Rectangle {
                anchors.fill: parent
                anchors.margins: 1
                color: "transparent"
                antialiasing: true
                border.color: "#eee"
                radius: height/2
            }
        }
        groove: Rectangle {                    // 定義滑動桿的橫槽
            height: 8
            implicitWidth: columnWidth
            implicitHeight: 22
            antialiasing: true
            color: "#ccc"
            border.color: "#777"
            radius: height/2           // 使得滑動桿橫槽兩端有弧度（外觀顯平滑）
            Rectangle {
                anchors.fill: parent
                anchors.margins: 1
                color: "transparent"
                antialiasing: true
                border.color: "#66ffffff"
                radius: height/2
            }
        }
    }
    property Component progressBarStyle: ProgressBarStyle {
                                   /* ProgressBar 控制項使用的樣式代理 1 */
        background: BorderImage {        // 樣式背景圖片
            source: "images/progress-background.png"
            border.left: 2 ; border.right: 2 ; border.top: 2 ; border.
bottom: 2
```

```
        }
        progress: Item {                        //(e)
            clip: true
            BorderImage {
                anchors.fill: parent
                anchors.rightMargin: (control.value < control.
maximumValue)? -4:0
                source: "images/progress-fill.png"
                border.left: 10 ; border.right: 10
                Rectangle {
                    width: 1
                    color: "#a70"
                    opacity: 0.8
                    anchors.top: parent.top
                    anchors.bottom: parent.bottom
                    anchors.bottomMargin: 1
                    anchors.right: parent.right
                    visible: control.value < control.maximumValue
                                    // 進度值未到頭時始終可見
                    anchors.rightMargin: -parent.anchors.rightMargin
                                    // 兩者錨定互補達到進度效果
                }
            }
        }
    }
    property Component progressBarStyle2: ProgressBarStyle {
                                    /* ProgressBar 控制項使用的樣式代理 2 */
        background: Rectangle {
            implicitWidth: columnWidth
            implicitHeight: 24
            color: "#f0f0f0"
            border.color: "gray"
        }
        progress: Rectangle {
            color: "#ccc"
            border.color: "gray"
            Rectangle {
                color: "transparent"
                border.color: "#44ffffff"
                anchors.fill: parent
                anchors.margins: 1
            }
        }
    }
}
```

其中，

(a) implicitWidth: columnWidth：QML 根項目 Item 有一個 implicitWidth 屬性，它設定了物件的隱式寬度，當物件的 width 值未指明時就以這個隱式寬度作為其實際的寬度。所有 QML 可視元素及 Qt Quick 控制項都繼承了 implicitWidth 屬性，本例用它保證了各控制項的寬度始終都維持在 columnWidth（主視窗寬度的 1/5），並隨著視窗大小的改變自動調節尺寸。

(b) background: BorderImage {…}：設定控制項所用的背景圖，圖片來源即之前載入專案中的資源。這裡用條件運算子設定當按鈕按下時，背景顯示 "button-pressed.png"（一個深灰色矩形）；而未按下時則顯示 "button.png"（顏色較淺的矩形），由此就實現了點擊時按鈕顏色的變化。

(c) groove: BorderImage {…}：groove 設定滑動桿橫槽的外觀，這裡外層 BorderImage 所用圖片為 "progress-background.png" 是橫槽的本來外觀，而內層 BorderImage 子元素則採用 "progress-fill.png" 設定了橙黃色充滿狀態的外觀，其寬度與滑動桿所在位置一致。

(d) handle: Item {…}：handle 定義了滑動桿的樣子，這裡採用圖片 "slider-handle.png" 展示滑動桿的外觀。

(e) progress: Item {…}：progress 設定進度指示器的外觀，用 "progress-fill.png" 訂製進度指示器已填充部分，又定義了一個 Rectangle 子元素來顯示其未充滿的部分，透過與父元素 BorderImage 的錨定和可見性控制巧妙地呈現進度指示器的外觀。

（8）開啟 "main.qml" 檔案，修改程式如下：

```
...
ApplicationWindow {
    title: qsTr("樣式訂製")
    width: 600
    height: 240
    visible: true
    MainForm {
        anchors.fill: parent
    }
}
```

Qt Quick 控制項的訂製效果千變萬化，更多控制項的樣式及訂製方法請參考 Qt 5 官方文件。建議讀者在學習中多實踐，逐步提高自己的 UI 設計水準。

25.3 Qt Quick 對話方塊

Qt Quick 對話方塊是自 Qt 5.1 開始逐步增加的功能模組。目前，Qt Quick 所能提供的對話方塊類型有 Dialog（封裝了標準按鈕的通用 Qt Quick 對話方塊）、FileDialog（供使用者從本地檔案系統中選擇檔案的對話方塊）、FontDialog（供使用者選擇字型的對話方塊）、ColorDialog（供使用者選取顏色的對話方塊）和 MessageDialog（顯示彈出訊息的對話方塊）。

本節透過一個實例介紹幾種對話方塊的使用方法。由於 Qt 6 移除了對話方塊模組，故本例依然使用 Qt 5 的平台開發。

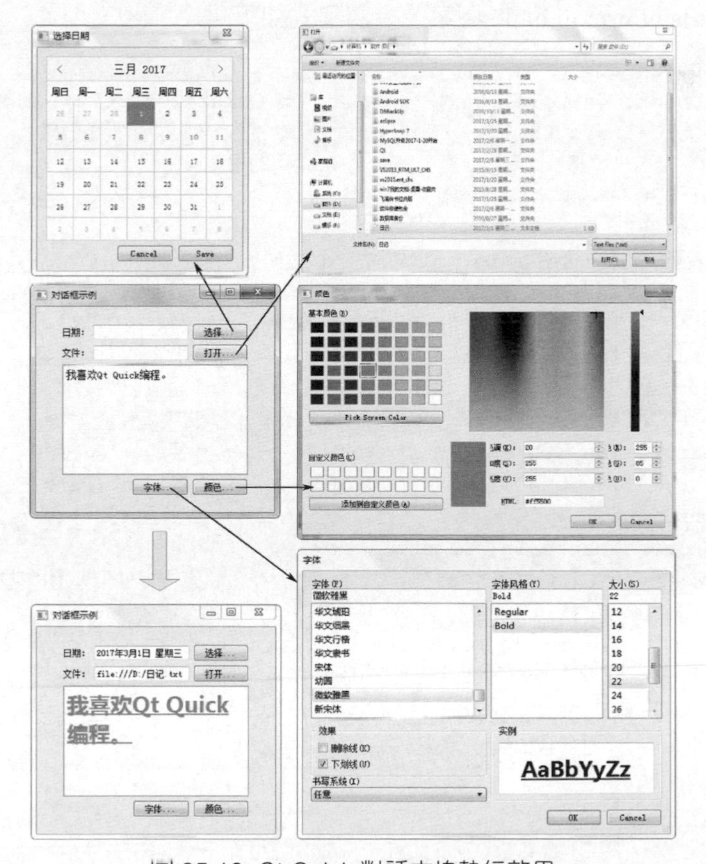

圖 25.12 Qt Quick 對話方塊執行效果

【例】（難度中等）（CH2505）演示幾種 Qt Quick 對話方塊的用法，執行效果如圖 25.12 所示。點擊「選擇 ...」按鈕彈出「選擇日期」對話方塊，選擇某個

日期後點擊 "Save" 按鈕，該日期自動填入「日期：」欄；點擊「開啟 ...」按鈕，從彈出的「開啟」對話方塊中選擇某個目錄下的檔案並開啟，該檔案名稱及路徑字串被填入「檔案：」欄；點擊「字型 ...」按鈕，在彈出的「字型」對話方塊中可設定文字區內容的字型樣式；點擊「顏色 ...」按鈕，在彈出的「顏色」對話方塊中可設定文字區文字的顏色。

實現步驟如下。

（1）用 Qt 5 開發環境的 Qt Creator 建立 Qt Quick Controls 應用程式，專案名稱為 "Dialogs"。

（2）開啟 "MainForm.ui.qml" 檔案，撰寫程式如下：

```
import QtQuick 2.7
import QtQuick.Controls 1.5       //匯入Qt Quick Controls 1.5函數庫
import QtQuick.Layouts 1.3        //匯入Qt Quick版面配置函數庫
Item {                            //QML通用的根項目
    width: 320
    height: 280
    /* 定義屬性別名，為在main.qml中引用各個控制項 */
    property alias date: date                  //"日期"文字標籤
    property alias btnSelect: btnSelect        //"選擇…"按鈕
    property alias file: file                  //"檔案"文字標籤
    property alias btnOpen: btnOpen            //"開啟…"按鈕
    property alias content: content            //文字區
    property alias btnFont: btnFont            //"字型…"按鈕
    property alias btnColor: btnColor          //"顏色…"按鈕
    ColumnLayout {                             //列版面配置
        anchors.centerIn: parent
        RowLayout {                            //該行提供日期選擇功能
            Label {
                text: "日期："
            }
            TextField {
                id: date
            }
            Button {
                id: btnSelect
                text: qsTr("選擇… ")
            }
        }
        RowLayout {                          //該行提供檔案選擇功能
```

```
            Label {
                text: "檔案："
            }
            TextField {
                id: file
            }
            Button {
                id: btnOpen
                text: qsTr("開啟… ")
            }
        }
        TextArea {                                    // 文字區
            id: content
            Layout.fillWidth: true                    // 將文字區伸展至與上兩欄等寬
            text: "我喜歡 Qt Quick 程式設計。"         // 文字內容
            font.pixelSize: 14
        }
        RowLayout {                                   // 該行提供字型、顏色選擇功能
            Layout.alignment: Qt.AlignRight           // 右對齊
            Button {
                id: btnFont
                text: qsTr("字型… ")
            }
            Button {
                id: btnColor
                text: qsTr("顏色… ")
            }
        }
    }
}
```

（3）開啟 "main.qml" 檔案，修改程式如下：

```
import QtQuick 2.7
import QtQuick.Controls 1.5                          // 匯入 Qt Quick Controls
1.5 函數庫
import QtQuick.Dialogs 1.2                           // 匯入 Qt Quick 對話方塊函數庫
ApplicationWindow {                                  // 主應用視窗
    title: qsTr("對話方塊範例")
    width: 320
    height: 280
    visible: true
    MainForm {                                       // 主資料表單
        id: main                                     // 表單標識
        anchors.fill: parent
```

```
        btnSelect.onClicked: dateDialog.open() // 開啟 " 選擇日期 " 對話方塊
        btnOpen.onClicked: fileDialog.open()   // 開啟標準檔案對話方塊
        btnFont.onClicked: fontDialog.open()   // 開啟標準字型對話方塊
        btnColor.onClicked: colorDialog.open() // 開啟標準顏色對話方塊
    }
    Dialog {                                   //(a)
        id: dateDialog
        title: " 選擇日期 "
        width: 275
        height: 300
        standardButtons: StandardButton.Save | StandardButton.Cancel
                                               //(b)
        onAccepted: main.date.text = calendar.selectedDate.
toLocaleDateString()                           //(c)
        Calendar {                             // 日曆控制項
            id: calendar
      // 按兩下日曆就等於點擊 "Save" 按鈕
            onDoubleClicked: dateDialog.click(StandardButton.Save)
        }
    }
    FileDialog {                               // 檔案標準對話方塊
        id: fileDialog
        title: " 開啟 "
        nameFilters: ["Text files (*.txt)", "Image files (*.jpg
*.png)", "All files (*)" ]                                //(d)
        onAccepted: main.file.text = fileDialog.fileUrl   //(e)
    }
    FontDialog {                               // 字型標準對話方塊
        id: fontDialog
        title: " 字型 "
        font: Qt.font({ family: " 宋體 ", pointSize: 12, weight: Font.
Normal })                                      // 初始預設選中的字型
        modality: Qt.WindowModal               //(f)
        onAccepted: main.content.font = fontDialog.font
                                               // 設定字型
    }
    ColorDialog {                              // 顏色標準對話方塊
        id: colorDialog
        title: " 顏色 "
        modality: Qt.WindowModal
        onAccepted: main.content.textColor = colorDialog.color
                                               // 設定文字色彩
    }
}
```

其中，

(a) Dialog {…}：這是 Qt 5.3 引入的類型，是 Qt Quick 提供給使用者自訂的通用對話方塊元件。它包含一組為特定平台訂製的標準按鈕且允許使用者往對話表單中放置任何內容，其預設屬性 contentItem 是使用者放置的元素（其中還可包含多層子元素），對話方塊會自動調整大小以適應這些內容元素和標準按鈕，例如：

```
Dialog {
  …
    contentItem: Rectangle {
        color: "lightskyblue"
        implicitWidth: 400
        implicitHeight: 100
        Text {
            text: "你好，藍天！"
            color: "navy"
            anchors.centerIn: parent
        }
    }
}
```

就在對話方塊中放了一個天藍色矩形，其中顯示文字。本例則放了一個日曆控制項取代預設的 contentItem。

(b) standardButtons: StandardButton.Save | StandardButton.Cancel：對話方塊底部有一組標準按鈕，每個按鈕都有一個特定「角色」決定了它被按下時將發出何種訊號。使用者可透過設定 standardButtons 屬性為一些常數字標識的邏輯組合來控制所要使用的按鈕。這些預先定義常數及對應的標準按鈕、按鈕角色見表 25.3。

表 25.3 對話方塊預先定義常數及對應的標準按鈕

常數	對應按鈕	角色
StandardButton.Ok	"OK"（確定）	Accept
StandardButton.Open	"Open"（開啟）	Accept
StandardButton.Save	"Save"（儲存）	Accept
StandardButton.Cancel	"Cancel"（取消）	Reject
StandardButton.Close	"Close"（關閉）	Reject
StandardButton.Discard	"Discard" 或 "Don' t Save"（拋棄或不儲存，平台相關）	Destructive

常數	對應按鈕	角色
StandardButton.Apply	"Apply"（應用）	Apply
StandardButton.Reset	"Reset"（重置）	Reset
StandardButton.RestoreDefaults	"Restore Defaults"（恢復出廠設定）	Reset
StandardButton.Help	"Help"（說明）	Help
StandardButton.SaveAll	"Save All"（儲存所有）	Accept
StandardButton.Yes	"Yes"（是）	Yes
StandardButton.YesToAll	"Yes to All"（全部選是）	Yes
StandardButton.No	"No"（否）	No
StandardButton.NoToAll	"No to All"（全部選否）	No
StandardButton.Abort	"Abort"（中止）	Reject
StandardButton.Retry	"Retry"（重試）	Accept
StandardButton.Ignore	"Ignore"（忽略）	Accept

(c) onAccepted: …：onAccepted 定義了對話方塊在接收到 accepted() 訊號時要執行的程式，accepted() 訊號是當使用者按下具有 Accept 角色的標準按鈕（如 "OK"、"Open"、"Save"、"Save All"、"Retry"、"Ignore"）時所發出的訊號。

(d) nameFilters: […]：檔案名稱篩檢程式。它由一系列字串組成，每個字串可以是一個由空格分隔的篩檢程式串列，篩檢程式可包含 "?" 和 "*" 萬用字元。篩檢程式串列可用 "[ ]" 括起來，並附帶對每種篩檢程式提供一個文字描述。例如本例定義的篩檢程式串列：

```
[ "Text files (*.txt)", "Image files (*.jpg *.png)", "All files (*)" ]
```

所對應的介面外觀如下：

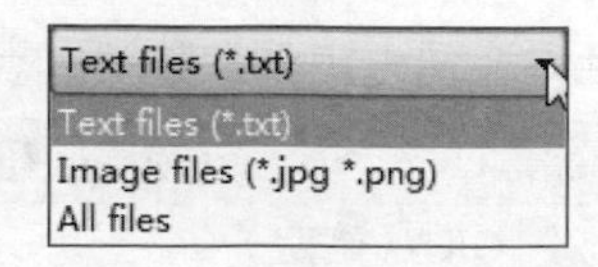

選擇其中對應的清單項即可指定過濾出想要顯示的檔案類型，但不可過濾掉目錄和資料夾。

(e) main.file.text = fileDialog.fileUrl：其中的 fileUrl 是使用者所選擇檔案的路徑，該屬性只能儲存一個特定檔案的路徑。若要同時儲存多個檔案路徑，可改用 fileUrls 屬性，它能存放使用者所選的全部檔案路徑的清單。另外，可用 folder 屬性指定使用者開啟檔案標準對話方塊時所在的預設當前資料夾。

(f) modality: Qt.WindowModal：設定該對話方塊為強制回應對話方塊。強制回應對話方塊是指在得到事件回應之前，阻止使用者切換到其他表單的對話方塊。本例的「字型」和「顏色」對話方塊均設為強制回應對話方塊，即在使用者尚未選擇字型和顏色或點擊 "Cancel" 按鈕取消之前，是無法切換回主資料表單中進行其他操作的。modality 屬性設定值 Qt.NonModal 為非強制回應對話方塊。

25.4 Qt Quick 選項標籤

自 Qt Quick Controls 2 開始使用 TabBar/TabButton 組合的選項標籤取代 Qt Quick Controls 1 中 TabView/Tab 組合的導覽視圖功能。Qt 6 沿用了這種選項標籤，通常用來幫助使用者在特定的介面版面配置中管理和表現其他元件。本節透過一個實例來形象地展示它的應用。

【例】（較難）（CH2506）用選項標籤結合多種視圖組合展示「文藝復興三傑」的代表作，介面如圖 25.13 所示。

圖 25.13 Qt Quick 選項標籤應用

程式整個表單介面分左、中、右三個區域。左區舉出作品及藝術家的資訊清單；中區由多個選項頁組成的相框展示整體作品；右區的圖片框則帶有捲軸，使用者可滑動以進一步觀賞作品的某個細節部分。使用者可以用兩種方式更改視圖以欣賞不同作者的作品：一種是用滑鼠點選左區不同的清單項；另一種就是切換中區相框頂部的選項標籤，操作如圖 25.14 所示。無論採取哪種方式，中、右兩個區域的視圖都會同步變化。

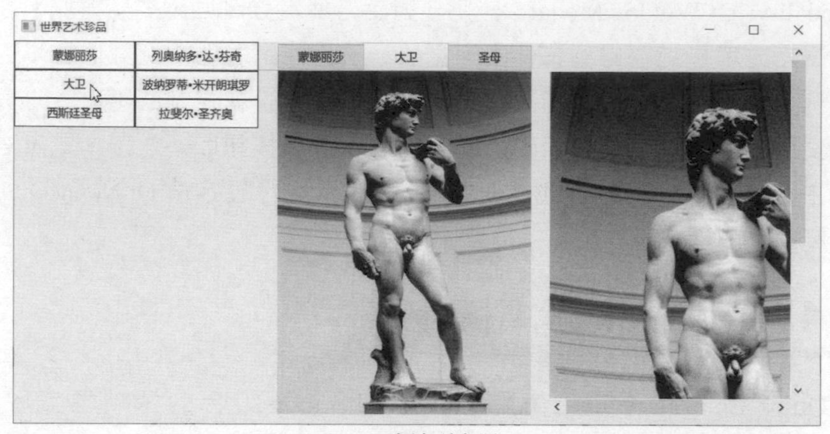

点选列表项

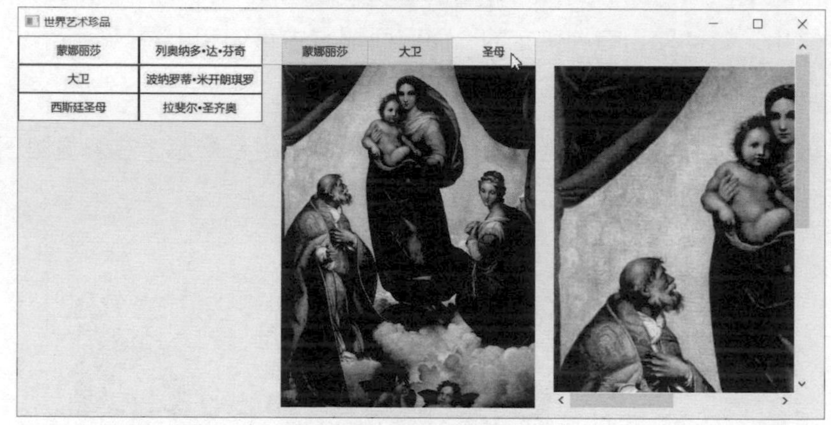

切换选项标签

圖 25.14 更改視圖內容

本實例採用 Qt 6 平台開發。

實現步驟如下。

（1）建立 QML 專案，選擇專案 "Application (Qt Quick)" 下的 "Qt Quick Application - Empty" 範本。專案名稱為 "View"。

（2）在開發專案目錄中建一個 "images" 資料夾，其中放入三張圖片作為本專案的資源，如圖 25.15 所示。

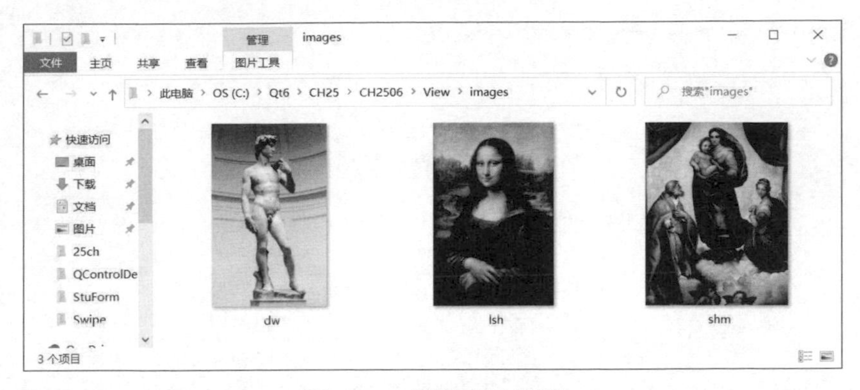

圖 25.15 準備圖片資源

（3）按滑鼠右鍵項目視圖 "Resources" → "qml.qrc" 下的 "/" 節點，選擇「增加現有檔案…」項，從彈出的對話方塊中選中這些圖片並開啟，將它們載入到專案中。

（4）開啟專案主程式檔案 "main.qml"，撰寫程式如下：

```
import QtQuick 2.15
import QtQuick.Controls 2.5              //匯入 Qt Quick Controls 函數庫
import QtQuick.Layouts 1.3               //匯入 Qt Quick 版面配置函數庫
import Qt.labs.qmlmodels 1.0             //包含 TableModel 的函數庫

ApplicationWindow {                      //主應用視窗
    width: 855
    height: 400
    visible: true
    title: qsTr("世界藝術珍品")

    Item {                               //QML 通用的根項目
        width: 855
        height: 400
        anchors.fill: parent

        TableView {                      /* 左區的 TableView（列表）視圖 */
            anchors.fill: parent
            model: TableModel {          //(a)
                TableModelColumn {
                    display: "名稱"
                }
                TableModelColumn {
                    display: "作者"
```

```
            }
            rows: [
                {
                    "名稱": "蒙娜麗莎",
                    "作者": "列奧納多·達·芬奇"
                },
                {
                    "名稱": "大衛",
                    "作者": "波納羅蒂·米開朗琪羅"
                },
                {
                    "名稱": "西斯廷聖母",
                    "作者": "拉斐爾·聖齊奧"
                }
            ]
        }
        delegate: Rectangle {
            implicitWidth: 130
            implicitHeight: 30
            border.width: 1
            Text {
                id: tabText
                text: display
                anchors.centerIn: parent
            }
            MouseArea {                  //(b)
                anchors.fill: parent
                onClicked: {             //(b)
                    if(tabText.text === "蒙娜麗莎") setImgLsh()
                    if(tabText.text === "大衛") setImgDw()
                    if(tabText.text === "西斯廷聖母") setImgShm()
                }
            }
        }
    }

    TabBar {                             //(c)
        id: tabBar
        leftPadding: 280
        contentWidth: 270
        contentHeight: 30
        TabButton {                      //(c)
            text: qsTr("蒙娜麗莎")
            onClicked: {                 //(c)
```

```
            setImgLsh()             //顯示"蒙娜麗莎"作品
        }
    }
    TabButton {
        text: qsTr("大衛")
        onClicked: {
            setImgDw()              //顯示"大衛"作品
        }
    }
    TabButton {
        text: qsTr("聖母")
        onClicked: {
            setImgShm()             //顯示"聖母"作品
        }
    }
}

Image {                             //選項標籤頁要顯示的影影像元素素
    id: img
    x: 280; y: 30
    width: 270
    height: 360
    source: "images/lsh.jpg"        //影像路徑(預設是"蒙娜麗莎")
}

StackLayout {
    currentIndex: tabBar.currentIndex  //(d)
    Item { }
    Item { }
    Item { }
}

ScrollView {                        //(e)
    x: 570
    width: 270
    height: 390
    topPadding: 30
    Image {
        id: scrolimg
        source: "images/lsh.jpg"
    }
}
}
```

```
  /* 切換設定視圖同步的函數 */
    function setImgLsh() {                    //顯示"蒙娜麗莎"作品
        img.source = "images/lsh.jpg"
        scrolimg.source = "images/lsh.jpg"
        tabBar.currentIndex = 0
    }

    function setImgDw() {                     //顯示"大衛"作品
        img.source = "images/dw.jpg"
        scrolimg.source = "images/dw.jpg"
        tabBar.currentIndex = 1
    }

    function setImgShm() {                    //顯示"聖母"作品
        img.source = "images/shm.jpg"
        scrolimg.source = "images/shm.jpg"
        tabBar.currentIndex = 2
    }
}
```

其中，

(a) model: TableModel { TableModelColumn { display: "..." }... rows: [...] }：Qt 6 的 TableView 元件與 Qt 5 中的用法有所不同，它是以 TableModelColumn 元素取代原 Qt 5 的 TableViewColumn 來代表格視圖中的「列」，用 display 屬性定義列名稱，再由 rows 屬性陣列提供資料內容。

(b) MouseArea {... onClicked: {...} }： 與 Qt 5 不 同，Qt 6 的 TableView 無 onClicked 屬性，無法直接回應使用者的點擊操作，故這裡採用在覆蓋其儲存格的矩形（Rectangle）元素中定義滑鼠回應區 MouseArea 的方式來達成同樣的目的。

(c) TabBar { ...TabButton { text:... onClicked: {...} }... }：Qt 6（Qt Quick Controls 2.5）的 TabBar/TabButton 組合所實現的選項標籤中只能放置標籤文字（text 屬性指定）的內容，而不能同時囊括選項頁上的介面元素（如 Image），選項頁的內容必須定義於 TabBar 之外，在 TabButton 中以事件動作（onClicked）去操作外部元素，實現選項頁的切換，這一點是與 Qt 5 的 TabView/Tab 組合根本不同的地方。

(d) currentIndex: tabBar.currentIndex：將 TabBar 當前選項標籤的索引 currentIndex 賦給 StackLayout 的 currentIndex 屬性，實現標籤選擇功能。

(e) ScrollView {…}：顧名思義，ScrollView 視圖提供一個帶水平和垂直捲軸（效果與平台相關）的內容框架為使用者顯示比較大的介面元素（如圖片、網頁等）。一個 ScrollView 視圖僅能包含一個內容子元素，且該元素預設是充滿整個視圖區的。

25.5 Qt Quick 擴充函數庫元件實例

在 Qt 發佈 5.5 版時，官方推出了 Qt Quick 擴充函數庫，在 Qt Quick Controls 中增加了幾個高級元件，本節舉例介紹它們。

由於 Qt 6 暫不支援該擴充函數庫，故下面的幾個例子仍然基於 Qt 5 開發。

【例】（難度一般）（CH2507）用 CircularGauge 實現汽車時速表，按 Space（空格）鍵模擬踩油門加速，汽車時速表介面如圖 25.16 所示。

圖 25.16 汽車時速表介面

實現步驟如下。

（1）用 Qt 5 開發環境的 Qt Creator 建立 Qt Quick Controls 應用程式，專案名稱為 "CircularGauge"。

（2）開啟 "main.qml" 檔案，修改程式如下：

```
import QtQuick 2.5
import QtQuick.Controls 1.4
```

```
import QtQuick.Dialogs 1.2
import QtQuick.Extras 1.4                                       //(a)

ApplicationWindow {                                             //主應用視窗
    visible: true
    width: 320
    height: 240
    title: qsTr("汽車時速表")
    MainForm {
        anchors.fill: parent
        CircularGauge {                                         //(b)
            value: accelerating ? maximumValue : 0              //判斷是否加速
            anchors.centerIn: parent

            property bool accelerating: false

            Keys.onSpacePressed: accelerating = true            //(c)
            Keys.onReleased: {
                if (event.key === Qt.Key_Space) {
                    accelerating = false;
                    event.accepted = true;
                }
            }

            Component.onCompleted: forceActiveFocus()

            Behavior on value {                                 //(d)
                NumberAnimation {
                    duration: 1000
                }
            }
        }
    }
}
```

其中，

(a) import QtQuick.Extras 1.4：因 CircularGauge 元件是在 Qt 5.5 的 QtQuick.Extras 1.4 擴充函數庫中引入的，故這裡必須匯入該函數庫。

(b) CircularGauge {...}：CircularGauge 是一個類似機器儀表板的控制項，用指標指示讀數，常用於汽車速度或氣壓值等的顯示。可以透過 minimumValue 和 maximumValue 屬性來設定表盤的最大和最小值，也可以透過

CircularGaugeStyle 的 minimumValueAngle 和 maximumValueAngle 屬性來設定最大和最小角度值。

(c) Keys.onSpacePressed: accelerating = true：本例透過 accelerating 屬性變數指示是否處於加速狀態，當使用者按下 Space（空格）鍵時，該變數置為 true，表示汽車進入加速狀態。

(d) Behavior on value {...}：用 CircularGauge 控制項 value 屬性上的行為動畫來表現汽車加速的過程：只要使用者按住 Space 鍵不放，就一直處於加速（儀表指標讀數不斷增大）中，直到使用者鬆開 Space 鍵，指標才又緩緩回落到 0 刻度。如果已經加速到最大值，即使鬆開 Space 鍵，指標也無法回落到 0 刻度，必須再按一次 Space 鍵才能將速度歸零（模擬 車）。儀表對使用者按鍵的反應延遲時間為 1000ms。

【例】（簡單）（CH2508）用 Gauge 實現溫度計，點擊「升溫」「降溫」按鈕實現溫度讀數的升降，溫度計介面如圖 25.17 所示。

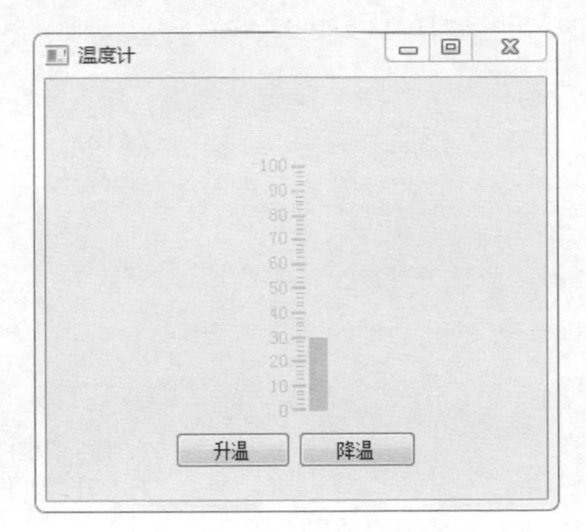

圖 25.17 溫度計介面

實現步驟如下。

（1）用 Qt 5 開發環境的 Qt Creator 建立 Qt Quick Controls 應用程式，專案名稱為 "Gauge"。

（2）開啟 "MainForm.ui.qml" 檔案，撰寫程式如下：

```
import QtQuick 2.5
import QtQuick.Controls 1.4
```

```
import QtQuick.Layouts 1.2
import QtQuick.Extras 1.4                          //匯入擴充函數庫

Item {
    width: 320
    height: 270

    property alias button1: button1
    property alias button2: button2
    property alias thermometer: thermometer //溫度計控制項的屬性別名

    ColumnLayout {                                 //縱向版面配置
        anchors.centerIn: parent

        Gauge {                                    //(a)
            id: thermometer
            minimumValue: 0
            value: 30                              //初始溫度為 30℃
            maximumValue: 100
            anchors.centerIn: parent
        }

        Label {                                    //(b)
            height: 15
        }

        Label {
            height: 15
        }

        RowLayout {                                //橫向版面配置
            Button {                               //"升溫"按鈕
                id: button1
                text: qsTr("升溫")
            }

            Button {                               //"降溫"按鈕
                id: button2
                text: qsTr("降溫")
            }
        }
    }
}
```

其中，

(a) Gauge {...}：Gauge 控制項常用於指示一定範圍的值，透過 minimumValue 和 maximumValue 屬性來設定其所能指示的最小和最大值，在應用中一般作為測量儀器來使用，也可以把它作為進度指示器控制項的增強版，用於指示數值化的進度值。

(b) Label {...}：這裡用兩個 Label 元素是為了將溫度計與其下方的兩個按鈕隔開一定的距離，使版面配置更美觀些。

（3）開啟 "main.qml" 檔案，修改程式如下：

```
import QtQuick 2.5
import QtQuick.Controls 1.4
import QtQuick.Dialogs 1.2

ApplicationWindow {                                              // 主應用視窗
    visible: true
    width: 320
    height: 270
    title: qsTr(" 溫度計 ")
    MainForm {
        anchors.fill: parent
        button1.onClicked: thermometer.value += 5   // 溫度增加
        button2.onClicked: thermometer.value -= 5   // 溫度降低
    }
}
```

第 5 部分

Qt Quick 3D 開發基礎

Qt Quick 3D 場景、視圖與光源

CHAPTER 26

Qt Quick 3D 是 Qt 官方為使用者使用 Qt Quick 建立 3D 內容或 UI 介面而提供的高級 API。在 Qt 5 及早前的 Qt 版本中，要開發 3D 功能只能使用基於 OpenGL 的 Qt3D 模組，但 Qt3D 與 Qt Quick 的結合並不緊密，且其多個版本之間的相容性也不是很好。為克服 Qt3D 的缺陷，自 Qt 5.15 開始引入了全新的 Qt Quick 3D，Qt 6 又對其進行了完善，提供對現有 Qt Quick 場景圖（Scenegraph）的擴充以及與之配套的繪製器，將其與 Qt Quick 深度整合，同時支援 2D 與 3D 混合顯示的功能。

本章我們先來介紹 Qt Quick 3D 程式設計的基礎知識，然後透過實例說明場景、相機、光源等基本概念，並演示多種不同視圖與光源的應用。

26.1 Qt Quick 3D 程式設計基礎

26.1.1 Qt Quick 3D 座標系統

Qt Quick 3D 函數庫所定義的座標系統具有以下特徵：

（1）是一個三維空間直角座標系。
（2）x 軸在螢幕內正方向向右。
（3）y 軸在螢幕內正方向向上。
（4）z 軸垂直於螢幕且正方向指向使用者。
（5）繞任一座標軸轉動時，若令軸的正方向指向使用者，則逆時鐘轉角為正，順時鐘轉角為負。

上述特徵標示於圖 26.1 中。

使用者在程式設計時以此為依據即可準確地控制畫面中 3D 物體的位置和方向。

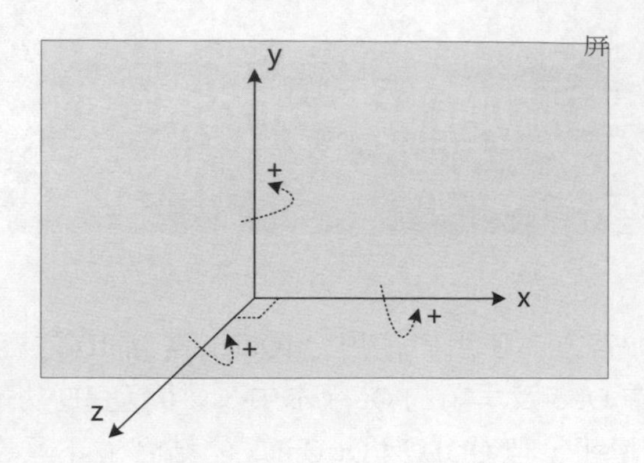

圖 26.1 Qt Quick 3D 座標系統

26.1.2 Qt Quick 3D 函數庫的引入

要在 Qt Quick 開發中使用 3D 功能，就必須往專案中匯入支持 Qt Quick 3D 的函數庫。

(1) 在專案的專案 (.pro) 檔案中增加敘述 (粗體處):

```
QT += quick

CONFIG += c++11
QT += quick quick3d
# You can make your code fail to compile if it uses deprecated APIs.
# In order to do so, uncomment the following line.
#DEFINES += QT_DISABLE_DEPRECATED_BEFORE=0x060000    # disables all
the APIs deprecated before Qt 6.0.0

SOURCES += \
        main.cpp

RESOURCES += qml.qrc

# Additional import path used to resolve QML modules in Qt Creator's
code model
QML_IMPORT_PATH =

# Additional import path used to resolve QML modules just for Qt Quick
Designer
QML_DESIGNER_IMPORT_PATH =

# Default rules for deployment.
```

```
qnx: target.path = /tmp/$${TARGET}/bin
else: unix:!android: target.path = /opt/$${TARGET}/bin
!isEmpty(target.path): INSTALLS += target
```

（2）在項目的主 C++ 檔案 "main.cpp" 中增加敘述（粗體處）：

```
#include <QGuiApplication>
#include <QQmlApplicationEngine>
#include <QtQuick3D/qquick3d.h>

int main(int argc, char *argv[])
{
#if QT_VERSION < QT_VERSION_CHECK(6, 0, 0)
    QCoreApplication::setAttribute(Qt::AA_EnableHighDpiScaling);
#endif

    QGuiApplication app(argc, argv);

    QSurfaceFormat::setDefaultFormat(QQuick3D::idealSurfaceFormat());
    qputenv("QT_QUICK_CONTROLS_STYLE", "Basic");

    QQmlApplicationEngine engine;
    const QUrl url(QStringLiteral("qrc:/main.qml"));
    QObject::connect(&engine, &QQmlApplicationEngine::objectCreated,
                     &app, [url](QObject *obj, const QUrl &objUrl) {
        if (!obj && url == objUrl)
            QCoreApplication::exit(-1);
    }, Qt::QueuedConnection);
    engine.load(url);

    return app.exec();
}
```

（3）最後，在主程式檔案 "main.qml" 的開頭增加匯入敘述：

```
import QtQuick3D
```

26.1.3 Qt Quick 3D 程式結構

1. 基本概念

（1）場景。

場景（Scene）也就是容納所有 3D 物體的空間，在 Qt Quick 3D 中，場景使用 View3D 物件來進行繪製，它能夠為要繪製的 3D 內容提供 2D 表面。

（2）模型。

模型（Model）也就是要放入場景中的三維物體，可以是標準的形狀（立方體、球體、圓柱體和椎體），也可以使用協力廠商 3D 軟體製作好的模型檔案（.mesh）作為資源匯入場景。

（3）節點。

節點（Node）是一種複合物件，它可以將一個或多個模型包裝起來，按層次結構組織成一個物件樹，再整體載入到場景中顯示。實際程式設計中也可以用它來包裝一些非 3D 模型的程式物件（如功能函數等），以便在主程式中引用。

（4）照相機。

照相機（Camera）好比是觀察場景的眼睛，在 Qt Quick 3D 程式的場景中必須至少放置一個照相機，可根據應用需要變換照相機的位置和角度，使用者在執行程式時所看到的三維場景物體也就是從照相機角度觀察到的內容。

（5）光源。

Qt Quick 3D 提供多種不同類型的光源，有平行光、點光源、探照燈等，使用不同光源可呈現不一樣的光影效果。當然，也可以不使用任何光源，但這時候一定要將場景環境設定為採用自然光，否則無法看到物體。

（6）Qt Quick 3D 程式。

為了能使 3D 功能與傳統的 Qt Quick 緊密整合，Qt 官方在開發 Qt Quick 3D 時並未使用任何新的外部引擎，而是直接在原 Qt Quick 程式場景圖（Scenegraph）的基礎上擴充實現了 3D 功能，這就使得 Qt Quick 3D 程式與原 2D 的 Qt Quick 程式在程式的組成結構上是完全相容的，即實現平面 2D 功能的程式不用做任何變動，原來的 2D 元件和版面配置在 3D 場景中仍然可以使用，只須將新加入的 3D 模型載入增加進來，不同的只是 3D 內容都統一放在一個名為 View3D 的根項目內。

實際程式設計時，按照 3D 內容的載入方式，Qt Quick 3D 程式又可分為兩種基本的結構類型，下面分別介紹這兩類結構程式的程式框架。

2. 結構一：場景中直接定義 3D 模型

將 3D 模型直接定義在 View3D 內，程式易讀、形象直觀，基本程式框架如下：

```
…
import QtQuick3D                                    //匯入 Qt Quick 3D 函數庫

Window {
    …
    //2D 內容定義區

    View3D {                                        //3D 場景根項目
        …

        environment: SceneEnvironment {             //場景環境設定
            …
        }

        XXXCamera {                                 //照相機
            …
        }
        …
        Model {                                     //3D 模型一
            …
        }
        Model {                                     //3D 模型二
            …
        }
        …
        Node {                                      //節點
            Model {                                 //節點中的 3D 模型
                …
            }
            …
        }
        …
    }

    Node {                                          //節點(外部)
        …
    }
}
```

說明：

(1) 2D 內容定義區：可以寫任何原 Qt Quick 程式的內容，支援所有 2D 的 Qt Quick 元件，這段程式不一定非要寫在程式開頭，可以集中書寫，也可以分散定義，只要是位於 View3D 元素外部的任何位置皆可（但為了便於維護，建議還是集中書寫在特定位置）。通常這個區域的程式碼部分用來實現 3D 場景的主控台，其上可以版面配置放置各種按鈕、選項按鈕、核取方塊、滑桿等。

（2）模型 Model：也就是要顯示在場景裡的 3D 物體，它們羅列定義於 View3D 內，可以是一個或多個，也可以將多個 Model 先包裝在一個節點中再與其他的 Model 並列放入場景。Model 之間的先後順序並無特別規定，開發者可以視程式易讀性及功能模組化的需要自己安排 Model 的定義順序，而執行時期 Model 的實際呈現位置和姿態是由其內部屬性設定的。

（3）外部 Node：外部節點一般用來包裝一些在 View3D 中需要引用而又非 3D 模型的物件，比如自訂函數。與 2D 內容定義區一樣，它們的書寫位置也沒有明確的規定，只要在 View3D 元素外部即可，但通常將它們集中定義在主程式尾端，便於統一管理。

3. 結構二：模型包裝在 Node 中匯入場景

還有一種程式結構是將所有模型預先統一包裝在一個節點內部，按層次組織好，再匯入 View3D 中，這種情況模型的定義就是在 View3D 外部，基本程式框架如下：

```
…
import QtQuick3D                                  //匯入 Qt Quick 3D 函數庫

Window {
    …
    Node {
        id: myScene
        …
        XXXCamera {                               //照相機
          id: myCamera
          …
        }
        …
        Model {                                   //3D 模型一
          …
        }
        Model {                                   //3D 模型二
          …
        }
        …
        Node {                                    //節點
            Model {                               //節點中的 3D 模型
              …
            }
          …
        }
```

```
        …
    }

    View3D {
        …
        importScene: myScene                          // 載入模型
        camera: myCamera                              // 指明場景所用的相機
        environment: SceneEnvironment {               // 場景環境設定
            …
        }
    }
}
```

説明：

(1) Node 內部既可以定義 Model，也可以巢狀結構定義新的 Node，這樣就組成了一個樹狀的層次結構，可以描述較為複雜的 3D 模型體。

(2) 這種結構的程式，相機也可定義於 Node 內，但必須在 View3D 中以 camera 屬性引用 id 來指明場景所用的相機。

(3) 在 View3D 中，用 importScene 屬性引用外部 Node 的 id 來載入模型。

26.2 場景中相機位置的變化

【例】(難度一般)(CH2601) 用上面介紹的程式結構一在 3D 場景中放置物體，然後向各個方向變換相機的位置和角度，看看有什麼效果。程式執行介面如圖 26.2 所示。

圖 26.2 程式執行介面

26.2.1 建立專案及匯入資源

從上圖可見場景是一個一望無際的原野，其中有一個置於橢圓砧板上的茶壺。作為背景的原野用的是 Qt 官方發佈的資源 field.hdr；茶壺也是用的官方提供的現成模型 teapot.mesh；而墊在下面的砧板則是 Qt Quick 3D 本身內建的標準幾何體（圓柱體 Cylinder）。原野和茶壺都需要作為資源匯入 Qt 專案，建立專案及匯入資源的操作步驟如下。

1. 建立 Qt Quick 3D 專案

Qt Quick 3D 專案相容傳統 Qt Quick 專案，即其專案類型實際也就是 Qt Quick 的。

（1）執行 Qt Creator，在歡迎介面左側點 "Projects" 按鈕，切換至專案管理介面，點擊其上 + New 按鈕，或選擇主選單「檔案」→「新建檔案或專案 ...」項建立一個新的專案，出現「新建專案」視窗，如圖 26.3 所示。

（2）在左側「選擇一個範本」下的「專案」列表中點選 "Application (Qt Quick)" 專案，中間列表中點選 "Qt Quick Application-Empty" 選項，點擊 "Choose..." 按鈕，進入下一步。

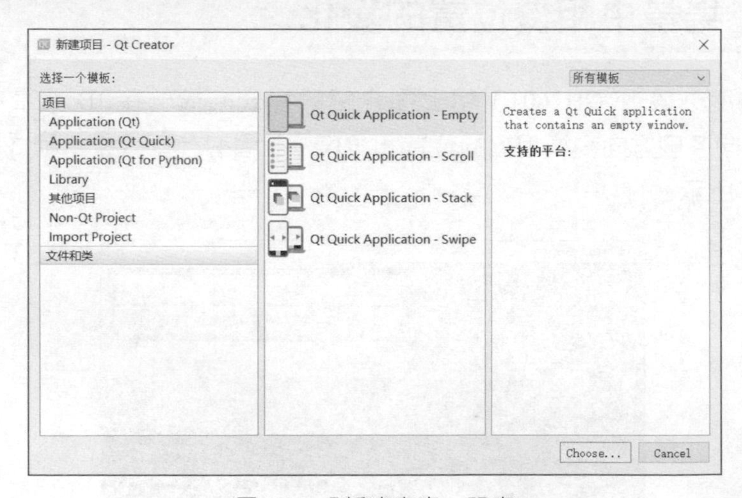

圖 26.3「新建專案」視窗

（3）在 "Project Location" 介面選擇儲存專案的路徑並定義自己專案的名字。這裡將專案命名為 "Q3DScene"，儲存路徑為 "C:\Qt6\Q3D"，如圖 26.4 所示。

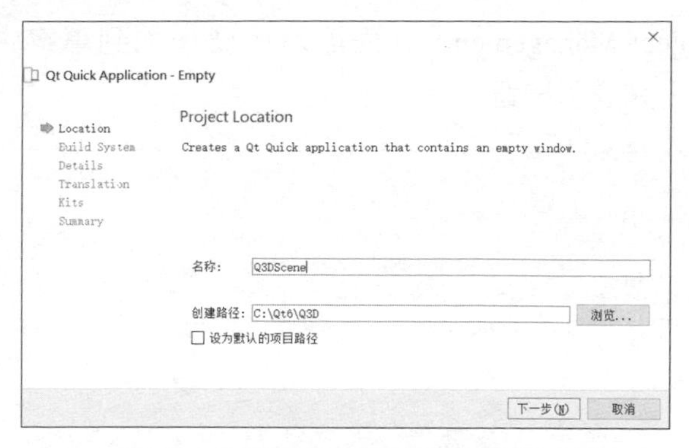

圖 26.4 專案命名和選擇儲存路徑

(4) 連續兩次點擊「下一步」按鈕，在 "Define Project Details" 介面選擇最低需求的 Qt 版本為 "Qt 5.15"，如圖 26.5 所示。

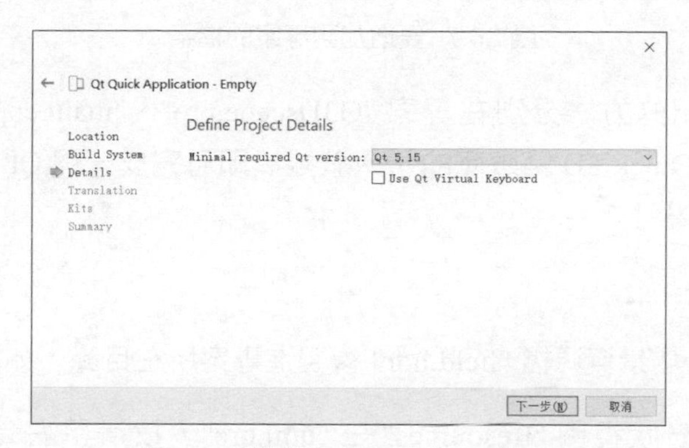

圖 26.5 選擇最低需求的 Qt 版本

(5) 連續兩次點擊「下一步」按鈕，在 "Kit Selection" 介面選取專案所用編譯器為 MinGW 類型，如圖 26.6 所示。點擊「下一步」按鈕。

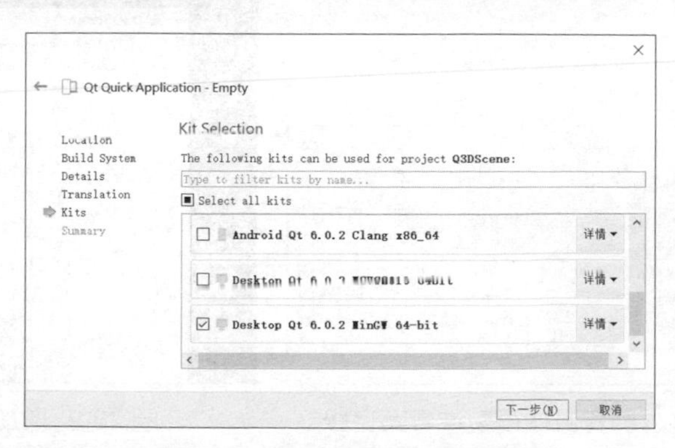

圖 26.6 選擇專案所用編譯器

（6）最後的 "Project Management" 介面顯示了要增加到專案中的檔案，如圖 26.7 所示。點擊「完成」按鈕。

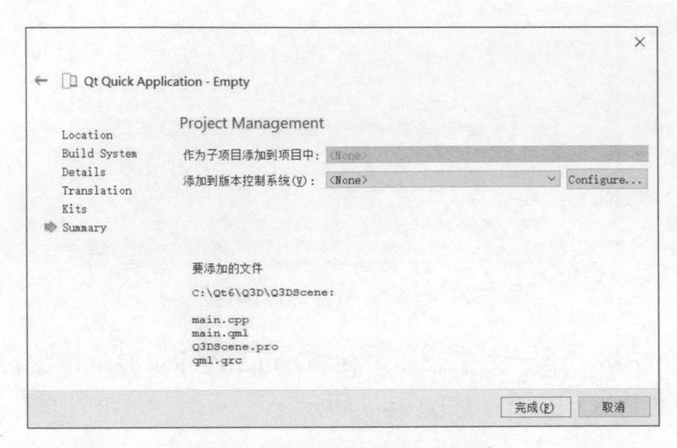

圖 26.7 要增加到專案的檔案

（7）用前面介紹的方法分別在專案 "Q3Dscene.pro"、"main.cpp"、"main.qml" 檔案中增加 Qt Quick 3D 函數庫的引入敘述，即可完成一個 Qt Quick 3D 專案的建立。

2. 匯入資源

（1）將要匯入的場景資源檔 "field.hdr" 複製進專案所在目錄，如圖 26.8 所示。

（2）展開專案樹狀視圖 "Resources" → "qml.qrc"，按滑鼠右鍵其下的 "/" 節點，彈出選單選「增加現有檔案 ...」項，如圖 26.9 所示。

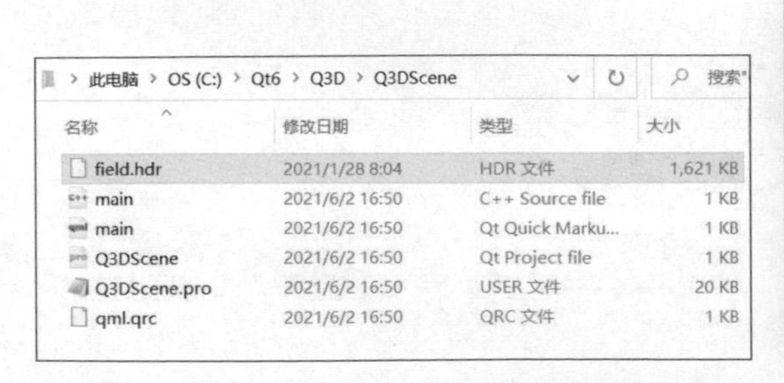

圖 26.8 將要匯入的資源檔複製進專案目錄

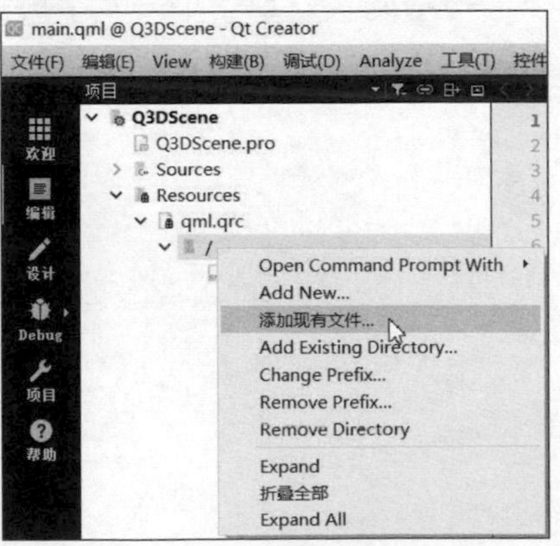

圖 26.9 增加現有檔案

(3) 出現「增加現有檔案」對話方塊，定位到專案目錄下選中檔案 "field.hdr"，點擊「開啟」按鈕就可以將場景資源檔載入到專案中，此時從 Qt 開發環境的專案樹狀視圖中可看到新增加進來的資源檔，如圖 26.10 所示。

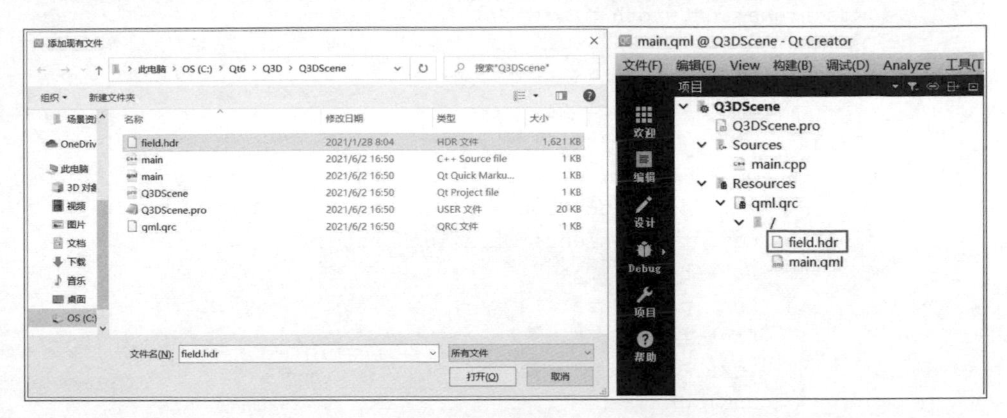

圖 26.10 增加成功

以同樣的方法操作，可將本例要用的另一個資源檔 "teapot.mesh"（茶壺模型）增加到專案中。

26.2.2 撰寫程式

開啟專案的主程式檔案 "main.qml"，撰寫程式如下：

```
import QtQuick 2.15
import QtQuick.Window 2.15
import QtQuick.Controls                              //(a)
import QtQuick.Layouts                               //(a)
import QtQuick3D

Window {
    width: 790
    height: 500
    visible: true
    title: qsTr("場景中相機位置的變化")

    Rectangle {
        anchors.fill: panelArea
        anchors.margins: -10
        color: "#6b7080"
        border.color: "#202020"
    }
```

```
RowLayout {                                    //(b)
    id: panelArea
    anchors.top: parent.top
    anchors.right: parent.right                //錨定在視窗的右上部
    width: parent.width / 2 + 20
    height: 85
    anchors.margins: 20

    ColumnLayout {                             //(b)
        Button {
            id: forewardButton
            Layout.alignment: Qt.AlignHCenter
            font.bold: true
            font.pointSize: 14
            font.family: "宋體"
            text: "前  進"
            onClicked: {
                posMover.foreward()
            }
        }
        Button {                               //(b)
            id: backwardButton
            Layout.alignment: Qt.AlignHCenter
            font.bold: true
            font.pointSize: 14
            font.family: "宋體"
            text: "後  退"
            onClicked: {
                posMover.backward()
            }
        }
    }

    ColumnLayout {
        anchors.leftMargin: 20
        RoundButton {                          //(b)
            id: leftshiftButton
            Layout.alignment: Qt.AlignHCenter
            font.bold: true
            font.pointSize: 14
            font.family: "宋體"
            text: "  左 移  "
            onClicked: {
                posMover.leftshift()
```

```
            }
        }
        RoundButton {
            id: leftturnButton
            Layout.alignment: Qt.AlignHCenter
            font.bold: true
            font.pointSize: 14
            font.family: "宋體"
            text: "  左 轉  "
            onClicked: {
                posMover.leftturn()
            }
        }
    }

    ColumnLayout {
        anchors.leftMargin: 8
        RoundButton {
            id: rightshiftButton
            Layout.alignment: Qt.AlignHCenter
            font.bold: true
            font.pointSize: 14
            font.family: "宋體"
            text: "  右 移  "
            onClicked: {
                posMover.rightshift()
            }
        }
        RoundButton {
            id: rightturnButton
            Layout.alignment: Qt.AlignHCenter
            font.bold: true
            font.pointSize: 14
            font.family: "宋體"
            text: "  右 轉  "
            onClicked: {
                posMover.rightturn()
            }
        }
    }

    ColumnLayout {
        anchors.leftMargin: 20
        Button {
```

```
                id: upmoveButton
                Layout.alignment: Qt.AlignHCenter
                font.bold: true
                font.pointSize: 14
                font.family: "宋體"
                text: "上  升"
                onClicked: {
                    posMover.upmove()
                }
            }
            Button {
                id: downmoveButton
                Layout.alignment: Qt.AlignHCenter
                font.bold: true
                font.pointSize: 14
                font.family: "宋體"
                text: "下  降"
                onClicked: {
                    posMover.downmove()
                }
            }
        }
    }

    View3D {
        id: v3d
        anchors.fill: parent
        renderMode: View3D.Underlay                 //設定場景的繪製模式

        environment: SceneEnvironment {
            backgroundMode: SceneEnvironment.SkyBox //(c)
            probeExposure: 2                        //設定曝光量
            lightProbe: Texture {                   //設定背景材質
                source: "field.hdr"                 //背景為一幅原野
            }
        }

        property real pos_x: 0                      //相機的 x 座標
        property real pos_y: 180                    //相機的 y 座標
        property real pos_z: 350                    //相機的 z 座標
        property real angles_y: 0                   //相機沿 y 軸轉過的角度
        PerspectiveCamera {                         //透視投影相機
            fieldOfView: 124                        //鏡頭角度（廣角視野寬闊）
            position: Qt.vector3d(v3d.pos_x, v3d.pos_y, v3d.pos_z) //(d)
```

```
        eulerRotation: Qt.vector3d(0, v3d.angles_y, 0) //(e)
    }

    property real globalRotation: 0
    NumberAnimation on globalRotation {                    //(f)
        from: 0
        to: 360
        duration: 2000
        loops: Animation.Infinite
    }

    property real radius: 0         // 茶壺繞軸的旋轉半徑(為 0 表示自轉)
    Node {
        eulerRotation.y: v3d.globalRotation                //(f)
        Model {
            source: "teapot.mesh"
            position: Qt.vector3d(0, 0, 0)
            rotation: Quaternion.fromEulerAngles(0, 0, 0)
            scale: Qt.vector3d(50, 50, 50)                 //(g)
            x: v3d.radius
            materials: [                                   //(h)
                DefaultMaterial {
                    diffuseColor: "cyan"
                }
            ]
        }
    }

    Model {
        source: "#Cylinder"                                // 圓柱體
        position: Qt.vector3d(0, -10, 0)
        scale: Qt.vector3d(8, 0.3, 2)                      //(i)
        materials: [
            DefaultMaterial {
                diffuseColor: "yellow"
            }
        ]
    }
}

Node {                                                     //(j)
    id: posMover
    function foreward() {
        v3d.pos_z -= 10;                                   // 前進
```

```
        }

        function backward() {
            v3d.pos_z += 10;                  // 後退
        }

        function leftshift() {
            v3d.pos_x -= 10;                  // 左移
        }

        function rightshift() {
            v3d.pos_x += 10;                  // 右移
        }

        function leftturn() {
            v3d.angles_y += 10;               // 左轉
        }

        function rightturn() {
            v3d.angles_y -= 10;               // 右轉
        }

        function downmove() {
            v3d.pos_y -= 10;                  // 下降
        }

        function upmove() {
            v3d.pos_y += 10;                  // 上升
        }
    }
}
```

其中，

(a) import QtQuick.Controls、import QtQuick.Layouts：通常開發 Qt Quick 3D 程式，除了匯入 3D 函數庫 QtQuick3D 外，一般也要匯入這兩個函數庫，它們實際是 2D 的 Qt Quick 函數庫，分別用來實現各種控制項和版面配置，由於 3D 場景的物體需要一個能對它們操作的主控台，這兩個函數庫可以實現面板上各種必要的元件和版面配置。

(b) RowLayout { ... ColumnLayout { Button { ... } Button { ... } } ColumnLayout { RoundButton { ... } RoundButton { ... } } ... }：這裡用 RowLayout 和 Column Layout 兩個版面配置元素巢狀結構實現場景的主控台，為使介面不至於單

調，我們使用了 Button 和 RoundButton（圓形按鈕）兩種不同外形的按鈕控制項，它們除了形狀差異，使用方法是完全一樣的。最終實現的面板錨定在視窗的右上部，效果如圖 26.11 所示。

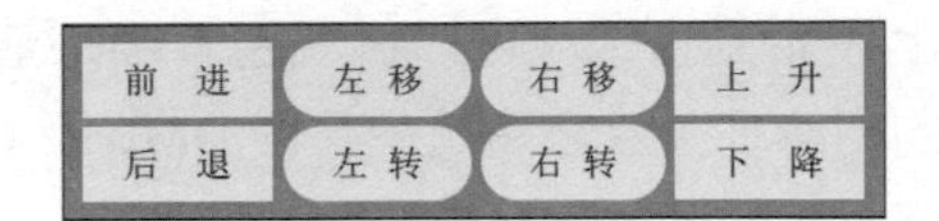

圖 26.11 最終實現的面板效果

(c) backgroundMode: SceneEnvironment.SkyBox：由於本例程式未定義和使用任何光源，所以這裡需要將場景的背景模式設為 SkyBox，它是一種環境自然光，即不來自任何特定光源的背景光。只有設定了背景光，執行程式時我們才能看到場景中的三維物體。

(d) position: Qt.vector3d(v3d.pos_x, v3d.pos_y, v3d.pos_z)：position 屬性設定相機在場景中的三維座標。我們定義了 pos_x、pos_y、pos_z 三個變數分別表示空間三個方向的位置座標，用 Qt 的向量函數 vector3d() 給 position 屬性給予值，也可以分別獨立地給座標系各個方向的座標值屬性給予值。舉例來說，這個敘述也可以分開寫成以下 3 行敘述：

```
position.x: v3d.pos_x
position.y: v3d.pos_y
position.z: v3d.pos_z
```

或直接寫成：

```
x: v3d.pos_x
y: v3d.pos_y
z: v3d.pos_z
```

效果是等值的。

對於角度、物體尺寸等三維空間相關的向量，在 Qt Quick 3D 中也都可以用類似的方式設定值。

(e) eulerRotation: Qt.vector3d(0, v3d.angles_y, 0)：eulerRotation 屬性是三維場景中相機的尤拉轉角，這個角度的正方向定義與本章開頭介紹的 Qt Quick 3D 座標系統中角度方向的定義完全一致。為簡單起見，本例我們僅開發了相機繞垂直（y）軸轉動的功能，此句用的是向量函數給予值，也可以單獨對 y 角分量設定值，寫成：

```
eulerRotation.y: v3d.angles_y
```

(f) NumberAnimation on globalRotation { ... }、eulerRotation.y: v3d.globalRotation：這裡將茶壺包裝在節點中，再在其 eulerRotation 屬性繞 y 軸的轉角分量上設定動畫，就可以實現場景中茶壺旋轉效果。由於 Qt Quick 3D 與 2D 的相容性，原來適用於平面 QML 及 Qt Quick 程式的所有動畫類型也同樣適用於三維場景中的物體。

(g) scale: Qt.vector3d(50, 50, 50)：scale 屬性工作表示模型物體在空間中的尺寸，由於是三維空間，沿 x、y、z 三個方向的尺寸對應有 3 個分量，改變某個分量的數值，就可以將物體在該分量所表示的方向上拉長或壓縮。圖 26.12 展示了幾種不同尺寸分量設定下茶壺所呈現的形態，由此可以看出 scale 屬性各分量的作用。與 position、eulerRotation 屬性一樣，scale 屬性也可以單獨對其各個分量給予值，寫成以下形式：

```
scale.x: 50
scale.y: 50
scale.z: 50
```

Qt.vector3d(**100**, 50, 50)

Qt.vector3d(50, 50, **100**)

Qt.vector3d(50, **100**, 50)

Qt.vector3d(50, **20**, 50)

圖 26.12 幾種不同尺寸分量設定下茶壺所呈現的形態

(h) materials: [...]：定義 3D 物體的材質，本例茶壺的材質使用預設（DefaultMaterial），顏色（diffuseColor）設為青色（cyan），有關材質我們在下一章還會專門介紹。

(i) scale: Qt.vector3d(8, 0.3, 2)：墊在茶壺下面的砧板我們使用標準圓柱體實現，將圓柱 scale 屬性在縱向（y 軸）的分量壓縮為 0.3，即可呈現出一個扁平橢圓形砧板的外觀。

(j) Node { id: posMover function foreward() { ... } ... }：這個節點位於 View3D 根項目的外部，它並不是 3D 場景的組成部分，而是專用來封裝各種功能函數的，透過 id（posMover）提供給面板上的按鈕呼叫，實現對場景的控制功能。需要特別指出的是：這些函數（前進、後退、左移、右移⋯）都是針對照相機（而非模型物體）的操作，當點擊面板上的「前進」按鈕，也就是將相機鏡頭往前靠近物體（z 座標值減小），可看到場景中物體變大，反之變小；而點擊「左移」按鈕時，實際是將照相機的位置往左移動，這時候看到的場景物體則是向相反方向（右）移動的。

26.2.3 執行效果

執行本例程式，點擊面板上的按鈕從不同的位置和角度觀察茶壺。圖 26.13 演示了幾種不同控制狀態下所看到的場景效果，大家可對照本章開頭介紹的 Qt Quick 3D 座標系統加以理解。

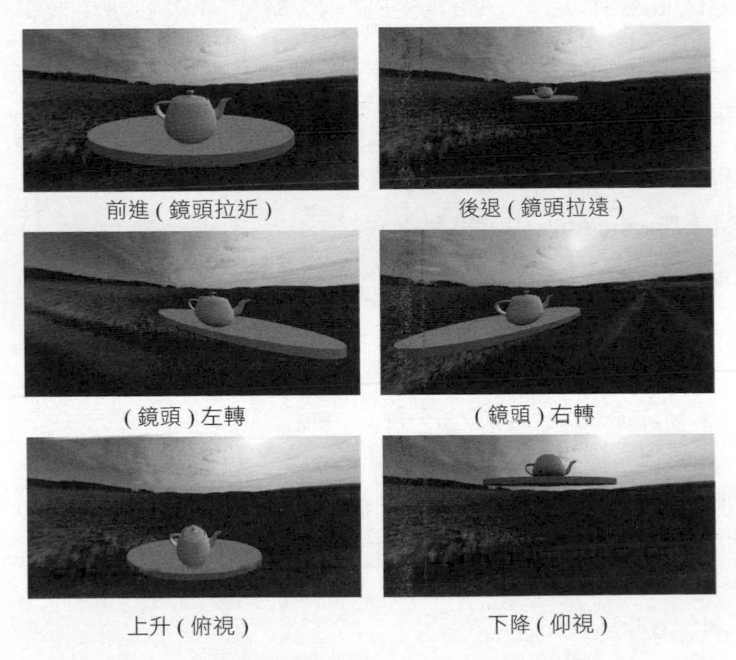

前進 (鏡頭拉近)　　後退 (鏡頭拉遠)

(鏡頭) 左轉　　(鏡頭) 右轉

上升 (俯視)　　下降 (仰視)

圖 26.13 幾種不同控制狀態下所看到的場景效果

26.3 Node 包裝模型的載入

【例】(簡單)(CH2602)用前面介紹的程式結構二將茶壺、砧板等物體先包裝在 Node 節點內，再一起載入進場景。場景背景是個車庫，同樣用的是 Qt 官方發佈的資源 "garage.hdr"。程式執行介面如圖 26.14 所示。

圖 26.14 程式執行介面

具體實現步驟如下。

(1)建立 Qt Quick 3D 專案，操作方法同前(略)，專案名稱為 "Q3DNode"。

(2)匯入資源。將場景資源檔 "garage.hdr" 及茶壺模型資源檔 "teapot.mesh" 增加到專案中，操作方法同前(略)。

(3)撰寫程式

在主程式檔案 "main.qml" 中，撰寫程式如下：

```
import QtQuick 2.15
import QtQuick.Window 2.15
import QtQuick3D                                    //匯入 Qt Quick 3D 函數庫

Window {
    width: 640
    height: 360
    visible: true
    title: qsTr("Node 包裝模型的載入")

    Node {                                          //用於包裝模型的 Node
        id: myScene

        property real globalRotation: 0
```

```
NumberAnimation on globalRotation {
    from: 0
    to: 360
    duration: 2000
    loops: Animation.Infinite
}

property real radius: 0          // 茶壺繞軸的旋轉半徑（為 0 表示自轉）
Node {
    eulerRotation.y: myScene.globalRotation
    Model {                      // 茶壺模型
        source: "teapot.mesh"
        position: Qt.vector3d(0, 0, 0)
        rotation: Quaternion.fromEulerAngles(0, 0, 0)
        scale: Qt.vector3d(50, 50, 50)
        x: myScene.radius
        materials: [
            DefaultMaterial {
                diffuseColor: "cyan"
            }
        ]
    }
}

Model {                          // 砧板模型
    source: "#Cylinder"
    position: Qt.vector3d(0, -10, 0)
    scale: Qt.vector3d(8, 0.1, 2)
    materials: [
        DefaultMaterial {
            diffuseColor: "yellow"
        }
    ]
}

property real pos_x: 0
property real pos_y: 180
property real pos_z: 230
property real angles_y: 0
PerspectiveCamera {              // 位於節點內的照相機
    id: myCamera
    fieldOfView: 124
    position: Qt.vector3d(myScene.pos_x, myScene.pos_y,
myScene.pos_z)
```

```
            eulerRotation: Qt.vector3d(0, myScene.angles_y, 0)
        }
    }

    View3D {
        id: v3d
        anchors.fill: parent
        importScene: myScene                          // 載入模型
        camera: myCamera                              // 指明場景所用的相機
        environment: SceneEnvironment {
            backgroundMode: SceneEnvironment.SkyBox
            probeExposure: 2
            lightProbe: Texture {
                source: "garage.hdr"                  // 背景為一車庫
            }
        }
    }
}
```

這個程式很簡單，此處不再 明。請大家對照前述 Qt Quick 3D 程式結構二加以理解。同樣地，也可以在這種結構的程式中開發前後左右上下變換相機位置和角度的控制功能。

26.4 視圖與光源

26.4.1 基本概念

1. 視圖

在機械製圖中，將物體按正投影法向投影面投射時所得到的投影稱為「視圖」。而在 Qt Quick 3D 中，視圖指的是採用正投影相機（Orthographic Camera）從不同角度所看到的場景內容。與機械製圖領域一樣，常用的視圖有以下 3 種。

（1）主視圖：相機正對螢幕（迎著 z 軸正方向）所看到的內容。
（2）左視圖：相機在螢幕內從左往右（沿 x 軸正方向）所看到的內容。
（3）頂視圖：相機在螢幕內從上往下（迎著 y 軸正方向）所看到的內容。

這 3 種視圖的相機觀察方位如圖 26.15 所示。

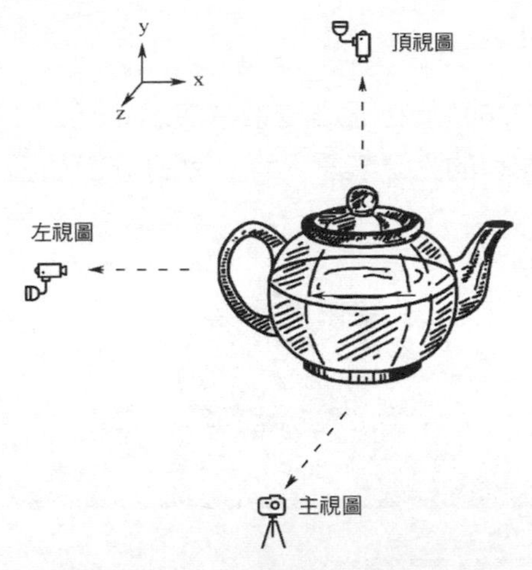

圖 26.15 各視圖的相機觀察方位

2. 光源

任何視圖都只有在光源的照射下才可見其中的物體，除環境自然光外，Qt Quick 3D 還支持多種不同性質的光源，主要有以下幾種。

（1）平行光（DirectionalLight）：這是模擬的太陽光，它的光束從無窮遠處平行照射到物體上，物體影子明暗較穩定、長短則取決於光束的角度。

（2）點光源（PointLight）：這種光線是從鄰近處的某個點輻射出來的，物體影子的狀態（明暗、長短）由光源點所在的高度決定。

（3）探照燈（SpotLight）：為一個集中投射到物體上的光柱。是否能看到陰影及影子狀態主要看光錐的大小範圍。

下圖 26.16 繪出了這幾種光源的形態。

圖 26.16 幾種光源的形態

26.4.2 程式框架

【例】（難度中等）（CH2603）在三維場景中演示茶壺的 3 個視圖，對每個視圖又可以使用多種不同類型的光源查看。程式執行介面如圖 26.17 所示。

圖 26.17 程式執行介面

主場景中是一個置於砧板上的茶壺，左下角主控台上的按鈕供使用者點擊操作，選擇所要呈現的視圖及使用的光源。

具體實現步驟如下。

（1）建立 Qt Quick 3D 專案，操作方法同前（略），專案名稱為 "Q3DView"。

（2）匯入資源。將茶壺模型資源檔 "teapot.mesh" 增加到專案中，操作方法同前（略）。

（3）撰寫程式

本例程式的功能比較龐雜，為有助讀者理清程式結構和實現機制，這裡先舉出程式整體的框架，稍後再詳細說明。

全部程式碼都位於 "main.qml" 中，框架如下：

```
import QtQuick 2.15
import QtQuick.Window 2.15
import QtQuick.Controls                          //匯入 Qt Quick 控制項函數庫
import QtQuick.Layouts                           //匯入 Qt Quick 版面配置函數庫
import QtQuick3D                                 //匯入 Qt Quick 3D 函數庫
```

```
Window {
    width: 700
    height: 480
    visible: true
    title: qsTr("視圖與光源")

    Node {                                    //包裝所有物件的根節點
        id: myScene

        //(1)模型定義區
        Model {                               //茶壺
          source: "teapot.mesh"
          …
        }

        Model {                               //砧板
          source: "#Cube"
          …
        }

        //(2)相機定義區
        OrthographicCamera {                  //主視圖相機
          id: myCameraFront
          …
        }

        OrthographicCamera {                  //左視圖相機
          id: myCameraLeft
          …
        }

        OrthographicCamera {                  //頂視圖相機
          id: myCameraTop
          …
        }

        //(3)光源定義區
        DirectionalLight {                    //平行光
          id: direLight
          …
        }

        PointLight {                          //點光源
          id: pointLight
          …
        }

        SpotLight {                           //探照燈
```

```
            id: spotLight
            …
        }

        SequentialAnimation {                   // 探照燈動畫
            …
        }
    }

    View3D {                                    //3D 場景根項目
        id: v3d
        anchors.fill: parent
        importScene: myScene                    // 載入 Node 包裝的模型
        camera: myCameraFront                   // 初始使用主視圖相機
    }

    //（4）主控台區
    Rectangle {
        anchors.fill: panelArea
        anchors.margins: -10
        color: "#6b7080"
        border.color: "#202020"
    }

    RowLayout {
        id: panelArea
        …
    }

    //（5）功能節點區
    Node {                                      // 視圖控制節點
        id: viewer
        …
    }

    Node {                                      // 光源控制節點
        id: light
        …
    }
}
```

說明：

（1）本程式將場景中的所有物件都統一包裝在一個 Node 內，定義在程式開頭。按物件類型的不同，我們又可將 Node 的程式人為分成 3 個部分：模型定義區、相機定義區、光源定義區。所有物件都以 id 在程式中引用來對其進行控制切換。

（2）主控台區以 Qt Quick 的 2D 版面配置方法集中放置程式介面上的控制按鈕。

（3）所有的功能函數都封裝在 3D 場景外部的 Node 節點中，位於程式最後的「功能節點區」。按所控制物件類型的不同，分別歸入兩個節點：凡是對視圖進行控制的函數置於節點 viewer 中，而對光源控制的函數則置於節點 light 中。

26.4.3 場景中的模型

本例場景中的模型體包括一個茶壺及其下的砧板，定義在根節點 Node 內的「模型定義區」，程式如下：

```
Model {                                      //茶壺
    source: "teapot.mesh"
    y: -100
    eulerRotation.y: -45
    scale: Qt.vector3d(50, 50, 50)
    materials: [
        PrincipledMaterial {                 //(a)
            baseColor: "red"
            metalness: 0.0
            roughness: 0.1
            opacity: 1.0
        }
    ]
}

Model {                                      //砧板
    source: "#Cube"                          //(b)
    y: -104
    scale: Qt.vector3d(8, 6, 0.1)            //(b)
    eulerRotation.x: -90
    materials: [
        DefaultMaterial {
            diffuseColor: Qt.rgba(0.8, 0.8, 0.8, 1.0)
        }
    ]
}
```

其中，

(a) PrincipledMaterial { ... }：為了能更進一步地呈現不同視圖和光源的應用效果，我們對茶壺使用了規範材質（PrincipledMaterial），它是由 Qt 的規範著色器繪製的，其優點是只須使用者提供少量參數即可繪製出一個具有藝術質感的物理表面，且所有參數值都規格化在 0 ～ 1 之間。本例設定了茶壺表面的底色（baseColor）、金屬度（metalness）、粗糙度（roughness）、透明度（opacity）這四項參數，更多參數的作用和繪製效果請參看 Qt Quick 3D 的官方文件。

(b) source: "#Cube"、scale: Qt.vector3d(8, 6, 0.1)："Cube" 是 Qt Quick 3D 函數庫內建的標準立方體，透過調整 scale 屬性的各個分量可使其呈現出扁平砧板的形態。

26.4.4 視圖及切換

本例的視圖採用 Qt Quick 3D 的正投影相機（OrthographicCamera）實現，在根節點 Node 內的「相機定義區」分別定義 3 個位於不同方位和角度的相機來呈現 3 種基本的視圖。

1. 主視圖

主視圖相機架設在場景平面外，面對著螢幕（處於 z 軸正向某點），定義程式為：

```
OrthographicCamera {
    id: myCameraFront
    z: 600
    eulerRotation.x: -15
}
```

這裡設 "eulerRotation.x: -15" 將相機鏡頭稍向下放低一點（繞 x 軸前轉 15 度），呈略微俯視，可使畫面看起來更美觀些。

2. 左視圖

左視圖相機架設在場景平面內，處於 x 軸負向某點，定義程式為：

```
OrthographicCamera {
    id: myCameraLeft
    x: -600
    eulerRotation.y: -90
}
```

這裡設 "eulerRotation.y: -90" 是因為：僅將相機放在 "x:-600" 處是沒用的，還必須將鏡頭右轉（順時鐘繞 y 軸）90 度才能實現側視。

3. 頂視圖

頂視圖相機也是架設在場景平面內，處於 y 軸正向某點，定義程式為：

```
OrthographicCamera {
    id: myCameraTop
    y: 600
    eulerRotation.x: -90
}
```

這裡設 "eulerRotation.x: -90" 是因為：僅將相機放在 "y:600" 處是沒用的，還必須將鏡頭向下（順時鐘繞 x 軸）90 度才能實現俯視。

4. 視圖的切換

在定義好以上 3 個視圖的相機後，只要在程式執行時期控制將特定視圖的相機給予值給場景根項目 View3D 的 camera 屬性，即可實現不同視圖的切換。視圖切換功能函數封裝於外部節點 viewer，程式寫在程式最後的「功能節點區」，如下：

```
Node {
    id: viewer
    function showfrontview() {
        v3d.camera = myCameraFront          // 呈現主視圖
    }

    function showleftview() {
        v3d.camera = myCameraLeft           // 呈現左視圖
    }

    function showtopview() {
        v3d.camera = myCameraTop            // 呈現頂視圖
    }
}
```

最後執行程式，所看到的 3 個視圖的畫面效果如圖 26.18 所示。

圖 26.18 3 個視圖的畫面效果

26.4.5 光源控制

Qt Quick 3D 針對每一種光源都有其對應的物件元素，設定元素屬性可調整光源的顯示效果。本例用到的 3 種光源都寫在根節點 Node 內的「光源定義區」。

1. 平行光

平行光用 DirectionalLight 元素實現，定義程式為：

```
DirectionalLight {
    id: direLight
    visible: false
    ambientColor: Qt.rgba(0.5, 0.5, 0.5, 1.0)        //(a)
    shadowMapQuality: Light.ShadowMapQualityHigh     //(b)
    castsShadow: true                                //是否顯示物體的影子
    brightness: 1.0                                  //光強度
    rotation: Quaternion.fromEulerAngles(-30, -135, 0)    //(c)
    SequentialAnimation on rotation {
        loops: Animation.Infinite
        QuaternionAnimation {                                 //軌跡動畫
            to: Quaternion.fromEulerAngles(-30, -135, 0)  //(c)
            duration: 1000
            easing.type: Easing.InOutQuad
        }
        QuaternionAnimation {
            to: Quaternion.fromEulerAngles(-90, -135, 0)  //(c)
            duration: 5000
            easing.type: Easing.InOutQuad
        }
    }
}
```

其中，

(a) ambientColor: Qt.rgba(0.5, 0.5, 0.5, 1.0)：ambientColor 屬性設定的是環境光的顏色而非光源本身光的顏色，若要設定光源光的顏色，用 color 屬性，例如：

```
color: "blue"                    //把光源光設為藍色
```

讀者可試著結合這兩個屬性設計出自己想要的光彩效果。

(b) shadowMapQuality: Light.ShadowMapQualityHigh：ShadowMap（陰影圖）是一種基於影像空間的陰影實現方法，shadowMapQuality 屬性用於設定陰影的繪製品質，預設為低解析度（Light.ShadowMapQualityLow），這種情

況下陰影邊緣容易出現鋸齒而模糊不清，但繪製器佔用系統資源少，繪製速度快。由於本例我們旨在專門演示光源的應用，為了能夠看清在不同種類光源作用下物體影子的狀態變化，陰影的清晰度非常重要，故要設為高解析度（Light.ShadowMapQualityHigh）。

(c) rotation: Quaternion.fromEulerAngles(-30, -135, 0)、to: Quaternion.fromEulerAngles (-30, -135, 0)、to: Quaternion.fromEulerAngles(-90, -135, 0)：fromEulerAngles() 方法設定光源的角度：第 1 個參數是將光源升起；第 2 個參數是將光源沿逆時鐘轉過角度；第 3 個參數不起作用，光源初始時正對物體入螢幕照射。在角度 rotation 屬性上定義動畫，透過改變第 1 個參數值來調整光源所在的高度，可看到茶壺影子伸長和縮短，如圖 26.19 所示。

fromEulerAngles(**-30**, -135, 0)

fromEulerAngles(**-90**, -135, 0)

圖 26.19 茶壺影子長短的變化

2. 點光源

點光源用 PointLight 元素實現，定義程式為：

```
PointLight {
    id: pointLight
    visible: false
    ambientColor: Qt.rgba(0.5, 0.5, 0.5, 1.0)
    position: Qt.vector3d(-150, 300, -150)
    shadowMapFar: 500
    shadowMapQuality: Light.ShadowMapQualityHigh
    castsShadow: true
    brightness: 30.0
    SequentialAnimation on y {
        loops: Animation.Infinite
        NumberAnimation {
```

```
            to: 300
            duration: 1000
            easing.type: Easing.InOutQuad
        }
        NumberAnimation {
            to: 500
            duration: 5000
            easing.type: Easing.InOutQuad
        }
    }
}
```

與平行光不同，點光源只能使用 position 屬性工作表示方位，我們以其 y 方向的座標分量設定高度，透過設定在 y 座標上的動畫調整光源高度。

3. 探照燈

探照燈用 SpotLight 元素實現，定義程式為：

```
SpotLight {
    id: spotLight
    visible: false
    ambientColor: Qt.rgba(0.5, 0.5, 0.5, 1.0)
    position: Qt.vector3d(0, 150, 0)
    eulerRotation.x: -30
    eulerRotation.y: 45
    shadowMapFar: 300           // 當數值從很大減小到 300 時，物體影子逐漸清晰
    shadowMapQuality: Light.ShadowMapQualityHigh
    castsShadow: true
    brightness: 30
    coneAngle: 10               // 光錐錐角
    innerConeAngle: 5
}
```

探照燈的動畫比較複雜，我們在外部專門定義了一個動畫序列，其中每個元素的作用目標（target）都設為探照燈的 id，程式如下：

```
SequentialAnimation {
    id: mySpotAnim
    loops: Animation.Infinite
    running: true
    PropertyAnimation {             // 光源高度動畫
        target: spotLight
        property: "eulerRotation.x"
```

```
        from: -30
        to: -90
        duration: 1000
    }
    PropertyAnimation {             //光錐尺寸動畫
        target: spotLight
        property: "coneAngle"
        from: 10
        to: 80
        duration: 5000
    }
    PropertyAnimation {
        target: spotLight
        property: "coneAngle"
        to: 10
        duration: 500
    }
}
```

從上面程式可見，探照燈的動畫由兩部分複合而成：一個作用於 eulerRotation.x（尤拉轉角的 x 分量），它的作用與平行光的類似，決定了光源的高度；另一個作用於 coneAngle（光錐錐角），它的數值決定了探照燈光柱的口徑大小。這個動畫序列所呈現的效果是：先將探照燈位置升高至垂直往下投射的角度，然後逐漸擴大光柱口徑，直到完全籠罩住茶壺，如圖 26.20 所示。

圖 26.20 探照燈動畫效果

4. 光源的控制

對光源的控制透過其 visible 屬性，為 "true" 開啟對應的光源，否則隱藏光源。光源控制功能函數封裝於外部節點 light，程式寫在程式最後的「功能節點區」，如下：

```
Node {
    id: light
    function opendirelight() {
        direLight.visible = true                    //開啟平行光
        pointLight.visible = false
        spotLight.visible = false
    }

    function openpointlight() {
        direLight.visible = false
        pointLight.visible = true                   //開啟點光源
        spotLight.visible = false
    }

    function openspotlight() {
        direLight.visible = false
        pointLight.visible = false
        spotLight.visible = true                    //開啟探照燈
    }
}
```

26.4.6 面板設計

程式介面上的主控台與本章第一個實例一樣，也採用 RowLayout/ColumnLayout 版面配置元素巢狀結構及 Button 和 RoundButton 兩種按鈕組合設計而成，在每個按鈕的 onClicked 事件中呼叫對應功能節點內的函數。

面板的設計程式寫在程式的「主控台區」，如下：

```
RowLayout {
    id: panelArea
    anchors.bottom: parent.bottom
    anchors.left: parent.left
    width: parent.width / 3 - 10
    height: 130
    anchors.margins: 20
```

```
ColumnLayout {
    id: buttonGroup1
    anchors.leftMargin: 8
    RoundButton {
        id: frontviewButton
        Layout.alignment: Qt.AlignHCenter
        font.bold: true
        font.pointSize: 14
        font.family: "宋體"
        text: "  主視圖  "
        onClicked: {
            viewer.showfrontview()
        }
    }
    RoundButton {
        id: leftviewButton
        Layout.alignment: Qt.AlignHCenter
        font.bold: true
        font.pointSize: 14
        font.family: "宋體"
        text: "  左視圖  "
        onClicked: {
            viewer.showleftview()
        }
    }
    RoundButton {
        id: topviewButton
        Layout.alignment: Qt.AlignHCenter
        font.bold: true
        font.pointSize: 14
        font.family: "宋體"
        text: "  頂視圖  "
        onClicked: {
            viewer.showtopview()
        }
    }
}

ColumnLayout {
    id: buttonGroup2
    anchors.leftMargin: 20
    Button {
        id: direlightButton
        Layout.alignment: Qt.AlignHCenter
```

```
            font.bold: true
            font.pointSize: 14
            font.family: "宋體"
            text: "平行光"
            onClicked: {
                light.opendirelight()
            }
        }
        Button {
            id: pointlightButton
            Layout.alignment: Qt.AlignHCenter
            font.bold: true
            font.pointSize: 14
            font.family: "宋體"
            text: "點光源"
            onClicked: {
                light.openpointlight()
            }
        }
        Button {
            id: spotlightButton
            Layout.alignment: Qt.AlignHCenter
            font.bold: true
            font.pointSize: 14
            font.family: "宋體"
            text: "探照燈"
            onClicked: {
                light.openspotlight()
            }
        }
    }
}
```

Qt Quick 3D【綜合實例】：益智積木

CHAPTER 27

本章我們綜合運用 Qt Quick 3D 的功能，來開發一個「益智積木」學習軟體（CH27），其介面如圖 27.1 所示，使用者可選擇不同形狀的標準幾何體增加到場景中，透過滑動滑桿調整物體在各個方向上的尺度，更換不同的表面材質，並且可以給場景中的物體增加編號和編輯文字……使用該軟體可以在電腦上模擬用積木架設一個三維空間中漂亮的組合體（如城堡、橋樑、汽車等），有利於鍛煉兒童的空間想像力和動手能力、開發智力，是寶寶早教的好幫手！

圖 27.1「益智積木」軟體

27.1「益智積木」軟體結構設計

27.1.1 匯入資源

建立 Qt Quick 3D 專案，操作方法見上一章（略），專案名稱為 "EasyBricks"。用上一章介紹的方法分別在專案 "EasyBricks.pro"、"main.cpp"、"main.qml" 三個檔案中增加 Qt Quick 3D 函數庫的引入敘述，完成專案的建立。

由於 Qt Quick 3D 要顯示材質只能使用有風景背景的場景，所以在建立好專案後還要將場景背景及材質資源匯入到專案中，步驟如下。

（1）在專案目錄 "EasyBricks" 下建立一個名為 "maps" 的資料夾，將場景背景資源檔 "OpenfootageNET_lowerAustria01-1024.hdr"（原野，Qt Quick 官方提供）複製進該資料夾，如圖 27.2 所示。

圖 27.2 建立資料夾存放場景背景資源檔

（2）將材質資源檔 "material_metallic.frag"（鋁合金，Qt Quick 官方提供）複製進專案目錄。

（3）按滑鼠右鍵 "EasyBricks" 專案樹的 "Resources" 節點，從彈出選單中選 "Add New..." 項，出現「新建檔案」對話方塊，如圖 27.3 所示。

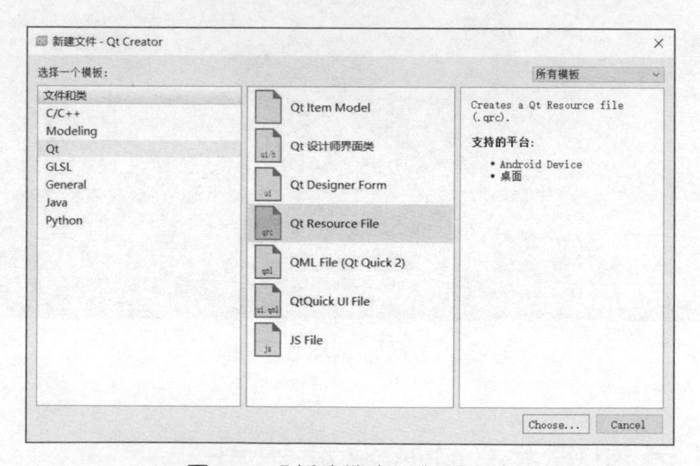

圖 27.3「新建檔案」對話方塊

在「選擇一個範本」下「檔案和類別」列表中選中 "Qt" → "Qt Resource File"（建立一個 Qt 專案資源檔），點擊右下角 "Choose..." 按鈕。

（4）在接下來的 "Location" 介面為檔案命名為 "materials"，路徑保持預設（也就是 "EasyBricks" 專案目錄），點擊「下一步」按鈕，如圖 27.4 所示。

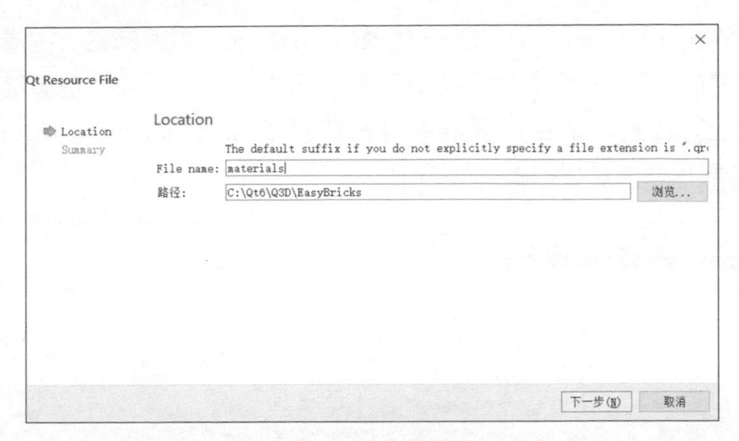

圖 27.4 為專案資源檔命名

(5) 最後的 "Project Management" 介面顯示將要建立的檔案名稱為 "materials.qrc"，點擊「完成」按鈕執行建立。

(6) 完成後可見專案樹的 "Resources" 節點下多了個 "materials.qrc" 檔案，按滑鼠右鍵，彈出選單中選 "Add Existing Directory..." 項，出現 "Add Existing Directory" 對話方塊，展開專案樹狀視圖，選取前面建立的 "maps" 資料夾（其下的 "OpenfootageNET_lowerAustria01-1024.hdr" 也會自動選取上），點擊 "OK" 按鈕，操作過程如圖 27.5 所示。

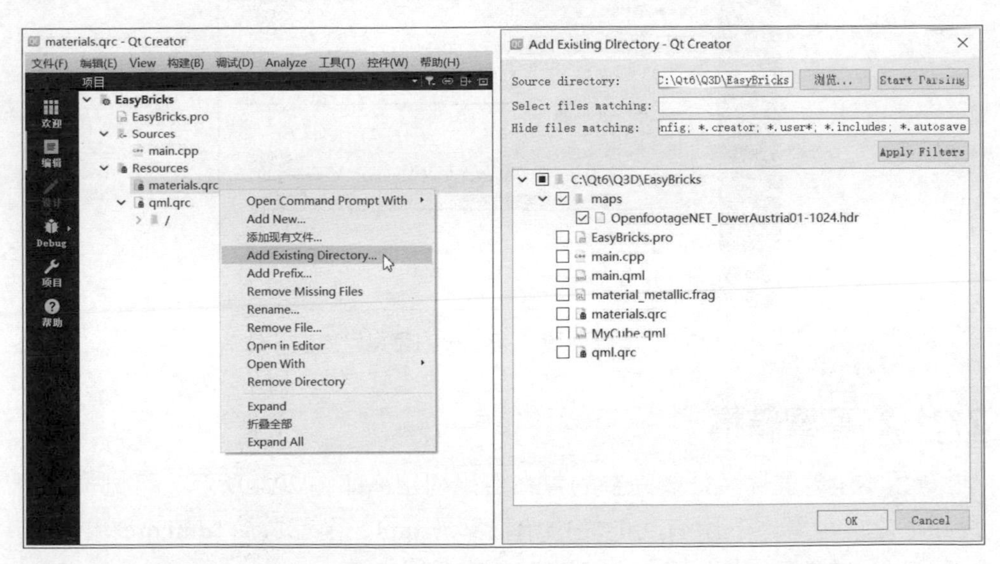

圖 27.5 將場景背景資源檔及其所在資料夾（目錄）增加進專案

（7）展開專案樹 "Resources" 節點下的 "materials.qrc" 檔案節點，按滑鼠右鍵其下級 "/" 節點，彈出選單中選「增加現有檔案 ...」項，出現「增加現有檔案」對話方塊，定位到專案目錄下選中材質資源檔 "material_metallic.frag"，點擊「開啟」按鈕，操作過程如圖 27.6 所示。

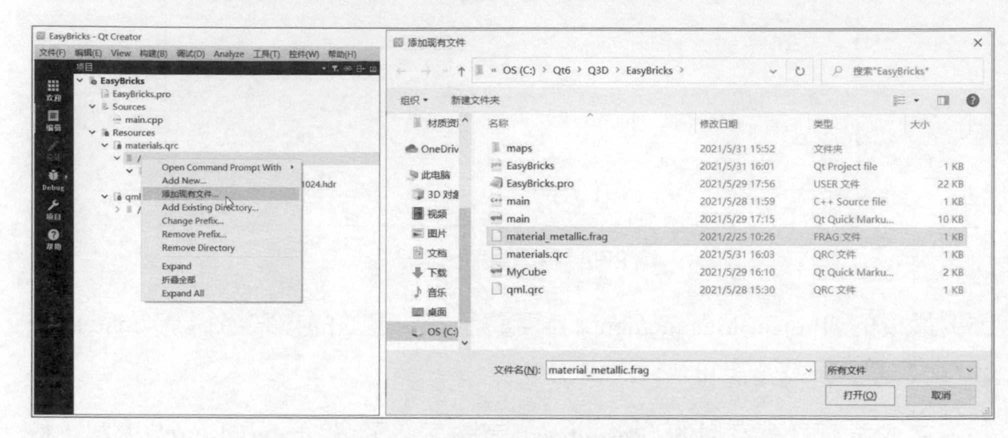

圖 27.6 將材質資源檔增加進專案

（8）匯入資源完成後的專案目錄樹如圖 27.7 所示。

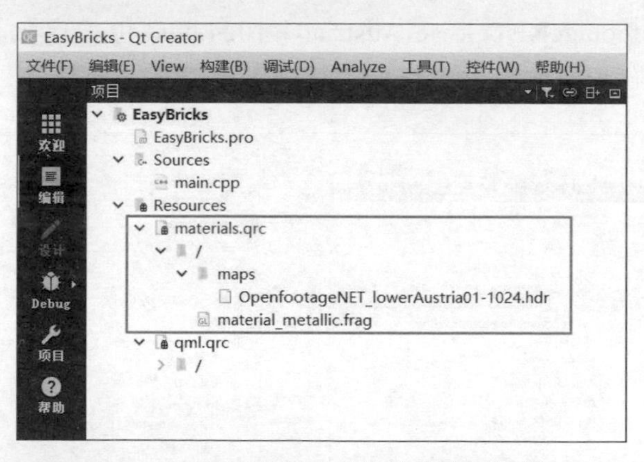

圖 27.7 匯入資源完成後的專案目錄樹

27.1.2 專案結構

「益智積木」軟體開發好後完整的專案目錄樹結構如圖 27.8 所示，可見，除了資源檔之外，專案的所有功能性原始檔案（.qml）全都位於 "qml.qrc" 檔案節點下級 "/" 節點下，按它們的作用不同，可分為三類：

（1）主程式檔案 "main.qml"。

建立專案時預設就生成了這個檔案，整個「益智積木」軟體的程式框架和大部分程式都寫在這個原始檔案裡。

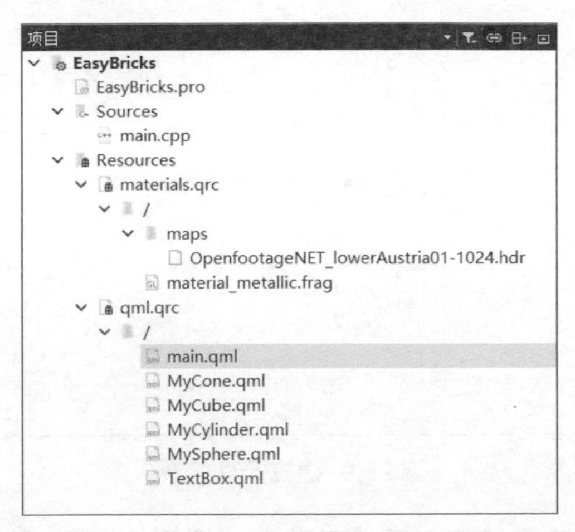

圖 27.8「益智積木」軟體完整的專案目錄樹結構

（2）形狀元件檔案。

包括 "MyCone.qml"（錐體）、"MyCube.qml"（立方體）、"MyCylinder.qml"（圓柱體）、"MySphere.qml"（球體），它們都是 Qt Quick 3D 內部支援的標準幾何體。將它們分別定義為一個個 .qml 檔案形式的元件，在執行程式需要用到的時候才動態地增加進場景，而非從一開始就固定佈置在場景中，這樣不僅可大幅節省主程式的程式量，同時也使程式功能更加靈活，是 Qt 下 3D 軟體開發通行的方式。

（3）文字元件檔案。

"TextBox.qml" 是我們自訂的元件，用於實現程式控制面板上的文字輸入框。

建立元件檔案的操作方法是：按滑鼠右鍵 "qml.qrc" 檔案節點下級的 "/" 節點，彈出選單中選 "Add New..." 項，出現「新建檔案」對話方塊，在「選擇一個範本」下「檔案和類別」列表中選中 "Qt" → "QML File (Qt Quick 2)"，點擊右下角 "Choose..." 按鈕，接下來按精靈介面的提示操作即可，如圖 27.9 所示。

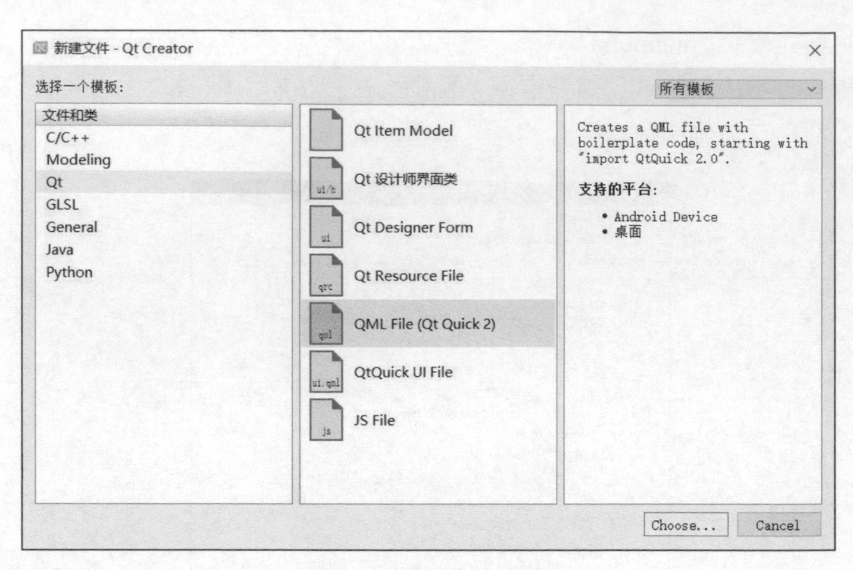

圖 27.9 建立元件檔案

為方便管理專案，建議讀者一開始只建立一個元件檔案（如立方體 "MyCube.qml"）用於偵錯主程式，待主程式功能完善後再逐一增加建立其他幾何體的元件檔案。

這裡先舉出立方體元件 "MyCube.qml" 的實現程式，如下：

```
import QtQuick 2.0
import QtQuick3D 1.15                          //匯入 Qt Quick 3D 函數庫

Node {
    id: cubeRoot
    //模型沿 3 個座標方向的尺寸                  //(a)
    property real scale_x: 1.0
    property real scale_y: 1.0
    property real scale_z: 1.0

    Model {
        id: cubeModel
        objectName: "立方體"
        source: "#Cube"
        pickable: true                         //可選
        property bool isPicked: false          //初始未選中
     //模型相對於 3 個座標軸的角度                //(b)
        property real angles_x: 15
```

```
        property real angles_y: -20
        property real angles_z: 0

        readonly property real modelSize: scale_y * 100
        property var moves: []
        readonly property int maxMoves: 10
        x: 0
        y: modelSize / 2
        z: 400

        scale: Qt.vector3d(scale_x, scale_y, scale_z)  //(a)
        rotation: Quaternion.fromEulerAngles(angles_x, angles_y,
angles_z)                                        //(b)

        materials: DefaultMaterial {
            diffuseColor: "#17a81a"
            specularAmount: 0.25                 // 表面反射強度
            specularRoughness: 0.2               // 表面粗糙度
        }
    }
}
```

其中，

(a) property real scale_x: 1.0、property real scale_y: 1.0、property real scale_z: 1.0、scale: Qt.vector3d(scale_x, scalc_y, scale_z)：這幾個屬性必須要定義在 Model 外面（即直接位於 Node 中），這樣建立元件物件時才能夠接受外部初始化的尺寸參數。

(b) property real anglcs_x: 15、property real angles_y: -20、property real angles_z: 0、rotation: Quaternion.fromEulerAngles(angles_x, angles_y, angles_z)：這幾個屬性決定模型體在場景中的角度姿態，執行時期可由外部主程式動態給予值，實現對物體三維角度的任意調整。

其他幾個模型元件的程式將在本章最後舉出。

27.1.3 程式框架

本軟體功能多、程式量大，為便於讀者理清結構，先舉出程式整體的框架程式，後續各節再分別展開來介紹。

「益智積木」軟體程式的主體框架位於 "main.qml" 中，如下：

```
import QtQuick 2.12
import QtQuick.Window 2.12
import QtQuick.Controls                              //匯入 Qt Quick 控制項函數庫
import QtQuick.Layouts                               //匯入 Qt Quick 版面配置函數庫
import QtQuick3D                                     //匯入 Qt Quick 3D 函數庫

Window {
    width: 1200
    height: 700
    visible: true
    title: qsTr("益 智 積 木 V1.0")
    color: "black"

    View3D {                                         //3D 場景根項目
        id: view3D
        anchors.fill: parent

        environment: SceneEnvironment {
            backgroundMode: SceneEnvironment.SkyBox
            probeExposure: 2
            lightProbe: Texture {
                source: "maps/OpenfootageNET_lowerAustria01-1024.hdr"
            }                                        // 場景背景
        }

        camera: camera

        PerspectiveCamera {                          //相機
            id: camera
            position: Qt.vector3d(0, 200, 800);
        }

        PointLight {                                 //光源
            x: 400
            y: 1200
            z: 1600
            castsShadow: true
            shadowMapQuality: Light.ShadowMapQualityHigh
            shadowFactor: 50
            quadraticFade: 2
            ambientColor: "#202020"
            brightness: 200
```

```
        Behavior on brightness {
            NumberAnimation {
                duration: 1000
                easing.type: Easing.InOutQuad
            }
        }
    }

    //（1）材質定義區
    …

    //（2）功能節點區
    Node {                                          // 形狀建立器
        id: shapeCreater
      …
        function createShape() {…}                  // 函數：建立形狀
    }

    Node {                                          // 形狀操控器
        id: shapeOperator
      …
        function selectShape(object) {…}            // 函數：選擇形狀

        function moveShape(posX, posY) {…}          // 函數：移動形狀

        function rotateShape(posX, posY, clockwise) {…}
                                                    // 函數：轉動形狀
    }

  //（3）滑鼠回應區
    MouseArea {
      …
    }
  }

  //（4）主控台區
  Rectangle {
      anchors.fill: panelArea
      anchors.margins: -10
      color: "#c0c0c0"
      border.color: "#202020"
  }

  ColumnLayout {
      id: panelArea
     …
  }
}
```

從上面程式框架可見，本程式的主要功能其實就是由兩個功能 Node 實現的。

（1）形狀建立器：根據使用者選擇的形狀往場景中增加建立標準幾何體。

（2）形狀操控器：裡面定義了多個功能函數，供使用者選擇、移動及轉動物體。

有了這兩個節點，再結合主控台上控制項的設定和調整，使用者就可以在場景中的任意位置以任意尺寸和角度放置、設計出自己想要的組合體形態。

27.2 形狀的操控

我們先以標準立方體（Cube）為例，來實現對場景中物體的位置、尺寸、角度姿態的各種調整和控制。

27.2.1 面板設計

對物體形狀和尺寸的設定功能位於軟體主控台的上部兩個區域，如圖 27.10 所示。

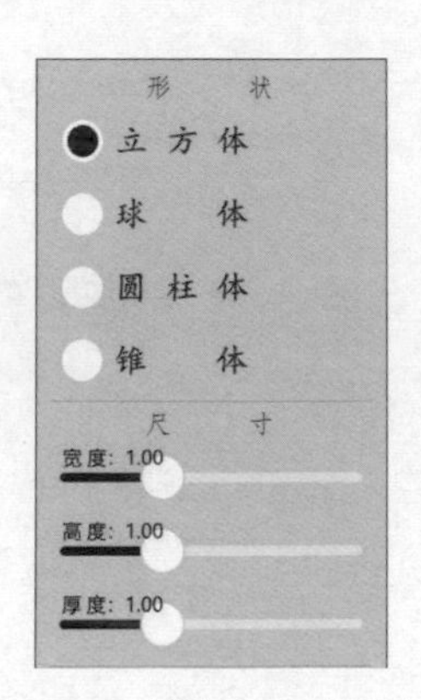

圖 27.10 形狀和尺寸設定區

面板上用到了選項按鈕（RadioButton）、滑桿（Slider）等控制項，放在一個垂直版面配置（ColumnLayout）中，寫在程式框架的「主控台區」，程式如下：

```
ColumnLayout {
    id: panelArea
    anchors.top: parent.top
    anchors.left: parent.left
    height: 650
    anchors.margins: 20

     /** 形狀設定區 */
    Text {
        Layout.alignment: Qt.AlignHCenter
        font.pointSize: 12
        font.family: "仿宋"
        text: "形        狀"
    }
    RadioButton {
```

```
    id: shapeRButton1
    checked: true                              //預設建立立方體
    font.bold: true
    font.pointSize: 16
    font.family: "楷體"
    text: qsTr("立 方 體")
}
RadioButton {
    id: shapeRButton2
    font.bold: true
    font.pointSize: 16
    font.family: "楷體"
    text: qsTr("球    體")
}
RadioButton {
    id: shapeRButton3
    font.bold: true
    font.pointSize: 16
    font.family: "楷體"
    text: qsTr("圓 柱 體")
}
RadioButton {
    id: shapeRButton4
    font.bold: true
    font.pointSize: 16
    font.family: "楷體"
    text: qsTr("錐    體")
}
Rectangle {                                   //面板不同功能設定區的分隔線
    Layout.fillWidth: true
    height: 1
    color: "#909090"
}

/** 尺寸設定區 */
Text {
    Layout.alignment: Qt.AlignHCenter
    font.pointSize: 12
    font.family: "仿宋"
    text: "尺      寸"
}
Slider {
    id: scalexSlider
    from: 0.3                                 //最小值
```

```
        to: 2.5                                         // 最大值
        value: 1.0                                      // 預設值
        Text {                                          // 使用者拖曳滑桿時即時顯示當前值
            anchors.left: parent.left
            anchors.leftMargin: 8
            text: "寬 度：" + scalexSlider.value.toFixed(2);
            z: 10                                       //(a)
        }
        onValueChanged: {
            shapeOperator.curObject.scale.x = value //(b)
        }
    }
    Slider {
        id: scaleySlider
        from: 0.3
        to: 2.5
        value: 1.0
        Text {
            anchors.left: parent.left
            anchors.leftMargin: 8
            text: "高 度：" + scaleySlider.value.toFixed(2);
            z: 10
        }
        onValueChanged: {
            shapeOperator.curObject.scale.y = value
        }
    }
    Slider {
        id: scalezSlider
        from: 0.3
        to: 2.5
        value: 1.0
        Text {
            anchors.left: parent.left
            anchors.leftMargin: 8
            text: "厚 度：" + scalezSlider.value.toFixed(2);
            z: 10
        }
        onValueChanged: {
            shapeOperator.curObject.scale.z = value
        }
    }
    Rectangle {                                         // 面板不同功能設定區的分隔線
        Layout.fillWidth: true
```

```
        height: 1
        color: "#909090"
    }
    /** 面板其他功能設定區程式 */
    ...
}
```

其中，

(a) z: 10：設定 z 方向座標為一個正值（10），可使滑桿的顯示文字浮於面板表面之上，這樣就不至於被滑桿控制項本身所遮擋，讓使用者在任何時刻皆能看到當前的設定值。

(b) shapeOperator.curObject.scale.x = value：我們在形狀操控器（id 為 shapeOperator）中定義了一個 curObject 屬性變數，它用來儲存（記錄）當前使用者正在操控的物體，在滑桿控制項的 onValueChanged（值改變）事件中，透過將滑桿當前的值賦給被操控物體的 scale 屬性對應的分量，即可動態調整物體在各個方向上的尺寸，如圖 27.11 所示。

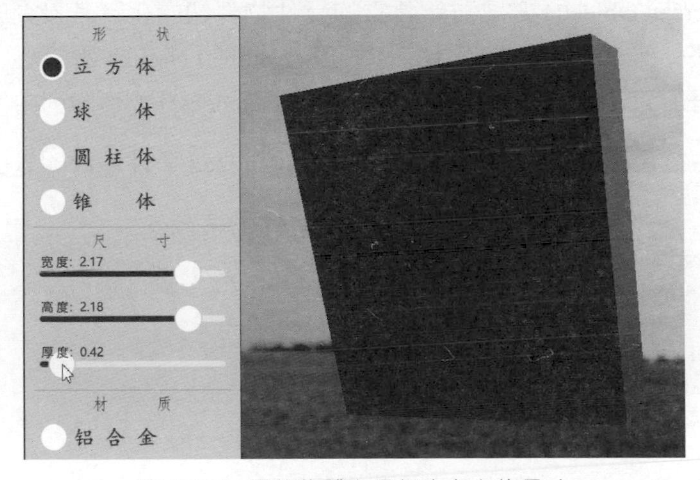

圖 27.11 調整物體在各個方向上的尺寸

27.2.2 建立物體

在形狀建立器（id 為 shapeCreater）中撰寫函數 createShape() 來建立場景中的物體，此處我們先只實現了建立立方體的功能，待後面開發好了其他幾何體的 .qml 元件檔案，再來實現根據使用者點選項建立多種不同形狀物體的功能。

在程式框架「功能節點區」的形狀建立器中撰寫函數 createShape()，程式如下：

```
Node {
    id: shapeCreater
    property var instances: []

    function createShape() {
        var shapeComponent = Qt.createComponent("MyCube.qml");
        let instance = shapeComponent.createObject(shapeCreater,
{"scale":Qt. vector3d(scalexSlider.value, scaleySlider.value,
scalezSlider.value)});
        instances.push(instance);
    }
}
```

說明：

（1）透過 Qt 的 createComponent() 函數可由外部開發好的 .qml 元件檔案建立所需的物件。

（2）透過 createObject() 方法對新建立的元件物件初始化，其接受的第 2 個參數即是外部 .qml 元件檔案中定義於模型外部的 Node 節點屬性。

（3）建立好的元件物件儲存在形狀建立器的 instances[] 物件陣列中。

然後在「主控台區」底部「增加」按鈕的 onClicked 事件中呼叫該函數即可實現建立功能，如下：

```
ColumnLayout {
    id: panelArea
    ...
    Button {
        id: addButton
        Layout.alignment: Qt.AlignHCenter
        font.bold: true
        font.pointSize: 12
        font.family: "宋體"
        text: "添　加"
        onClicked: {
            shapeCreater.createShape()
        }
    }
}
```

27.2.3 選擇物體

當使用者點選場景中的某物體時，系統會獲取該物體在各個方向上的尺寸數值及物體形狀的類型，並同步設定到介面左側的主控台上。

在程式框架「功能節點區」的形狀操控器中撰寫函數 selectShape() 實現該功能，程式如下：

```
Node {
    id: shapeOperator
    property var curObject                          // 當前選中的物體物件
    property var curPosX                            // 物體所在位置的 x 座標
    property var curPosY                            // 物體所在位置的 y 座標

    function selectShape(object) {
        if (curObject) {
            curObject.isPicked = false;    // 若之前已有物體被選，先取消選擇
        }
        curObject = object;                         // 新選中的物體賦給 curObject 屬性
       // 儲存物體的 x、y 座標
        curPosX = object.x;
        curPosY = object.y;
       // 在面板上同步設定物體尺寸
        scalexSlider.value = object.scale.x;      // 寬度
        scaleySlider.value = object.scale.y;      // 高度
        scalezSlider.value = object.scale.z;      // 厚度
       // 材質區恢復初始設定
        materialRButton1.checked = false;
        materialRButton2.checked = false;
       // 在面板上同步設定物體形狀類型
        if (object.objectName === "立方體") {
            shapeRButton1.checked = true;
        } else if (object.objectName === "球體") {
            shapeRButton2.checked = true;
        } else if (object.objectName === "圓柱體") {
            shapeRButton3.checked = true;
        } else if (object.objectName === "錐體") {
            shapeRButton4.checked = true;
        }
    }
    ...
}
```

說明：這裡在選中物體時還要將物體的 x、y 座標也分別儲存到形狀操控器的 curPosX、curPosY，因為轉動物體功能需要用到這兩個座標參數來實現控制。

27.2.4 移動物體

使用者選中物體用滑鼠拖曳，可將其移動到場景中的任意位置，這個功能在形狀操控器中撰寫 moveShape() 函數實現，程式如下：

```
Node {
    id: shapeOperator
    property var curObject
    property var curPosX
    property var curPosY
    …
    function moveShape(posX, posY) {
        var pos = view3D.mapTo3DScene(Qt.vector3d(posX, posY,
curObject.z + curObject.modelSize));
        pos.y = Math.max(curObject.modelSize / 2, pos.y);
        var point = {"x": pos.x, "y": pos.y};
        curObject.moves.push(point);
        if (curObject.moves.length > curObject.maxMoves) curObject.
moves. shift();
        curObject.x = pos.x;
        curObject.y = pos.y;
    }
    …
}
```

說明：透過修改當前物件（curObject）的 x、y 屬性，就可以將物體移到指定的位置。由於物體本身尺度有大小，為保證移動時的定位準確，我們採用定義在元件內部的唯讀 modelSize（模型尺寸）屬性作為參數，按一定的演算法在 y、z 座標上稍做變換或加上偏移量，就可以做到移動過程的平滑連續效果。

27.2.5 轉動物體

使用者在選中物體上連續點擊（或按兩下）滑鼠，可沿空間的任意方向轉動物體，這個功能在形狀操控器中用 rotateShape() 函數實現，程式如下：

```
Node {
    id: shapeOperator
    property var curObject
    property var curPosX
```

```
    property var curPosY
    …
    function rotateShape(posX, posY, clockwise) {
        var pos = view3D.mapTo3DScene(Qt.vector3d(posX, posY,
curObject.z + curObject.modelSize));
        var sx = pos.x - curPosX;
        var sy = pos.y - curPosY;
        var sr = Math.sqrt(Math.pow(sx,2) + Math.pow(sy,2));
        if (sr > 20) {
            if (Math.abs(sx) < 10) {                 //繞 x 軸
                if (sy > 0) {
                    curObject.angles_x -= 5          //順時鐘
                } else {
                    curObject.angles_x += 5          //逆時鐘
                }
            } else if (Math.abs(sy) < 10) {          //繞 y 軸
                if (sx > 0) {
                    curObject.angles_y += 5          //逆時鐘
                } else {
                    curObject.angles_y -= 5          //順時鐘
                }
            } else {                                 //斜向轉
                var c = sy/sx;
                var c0 = Math.sqrt(Math.pow(c,2) + 1)
                var dx = 5 * c / c0
                var dy = 5 / c0
                if (sx > 0 && sy > 0) {              //右上轉
                    curObject.angles_y += dy
                    curObject.angles_x -= dx
                } else if (sx < 0 && sy < 0) {       //左下轉
                    curObject.angles_y -= dy
                    curObject.angles_x += dx
                } else if (sx > 0 && sy < 0) {       //右下轉
                    curObject.angles_y += dy
                    curObject.angles_x -= dx
                } else if (sx < 0 && sy > 0) {       //左上轉
                    curObject.angles_y -= dy
                    curObject.angles_x += dx
                }
            }
        } else {                                     //平面內旋轉
            if (clockwise === 1){
                curObject.angles_z -= 5              //順時鐘
            } else if (clockwise === 0) {
                curObject.angles_z += 5              //逆時鐘
```

```
                    }
                }
            }
        }
```

程式在一開始先算出滑鼠點擊處的座標相對於物體本身所在位置座標的偏移 sx、sy，以及與物體中心的距離 sr，來作為判斷使用者操作意圖的依據，判斷規則如下：

（1）只有在點擊處未接近物體中心（sr > 20）的情況下，才對物體進行跨螢幕平面內外的轉動操作。

（2）若點擊處很接近 y 軸（| sx | < 10）而與 x 軸向的偏移（sy）較大，則將物體繞 x 軸轉動。

（3）若點擊處很接近 x 軸（| sy | < 10）而與 y 軸向的偏移（sx）較大，則將物體繞 y 軸轉動。

（4）若點擊處與兩座標軸皆有一定距離（| sx | > 10 且 | sy | > 10），則認為使用者是想斜向轉動物體，程式根據 sx 與 sy 的正負搭配確定轉動方向，並以一定的演算法來決定沿 x、y 軸分別要轉的角分量。

為幫助讀者更進一步地理解上述規則，下面對比幾種不同的典型轉動方式所呈現的效果，如圖 27.12 所示。

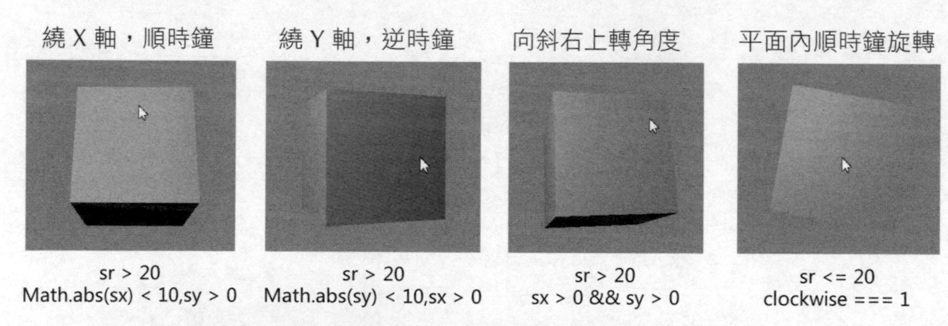

圖 27.12 幾種不同的典型轉動方式呈現的效果

27.2.6 物體對滑鼠事件的回應

當所有操控函數都撰寫完成後，還要在程式的「滑鼠回應區」（MouseArea 元素）內撰寫回應使用者不同類型動作的控制邏輯，才能最終完成系統形狀操控功能的開發。

「益智積木」軟體的操控系統用到了多種不同的滑鼠動作類型，程式如下：

```
MouseArea {
    anchors.fill: parent
    acceptedButtons: Qt.LeftButton| Qt.RightButton// 滑鼠左右鍵都能接受點擊
    onClicked: {                                    //(a) 點擊事件
        var result = view3D.pick(mouse.x, mouse.y);
        if (result.objectHit) {                     // 點擊處存在物體物件
            var selectedObject = result.objectHit;
            shapeOperator.selectShape(selectedObject);
             // 物體參數同步設定到面板
            if (!selectedObject.isPicked) {
                selectedObject.isPicked = true;
            } else {
                shapeOperator.rotateShape(mouseX, mouseY, -1)
            }
        }
    }
    onPressed: {                                    //(b) 按鍵事件
        var result = view3D.pick(mouse.x, mouse.y);
        if (result.objectHit) {
            var selectedObject = result.objectHit;
            shapeOperator.selectShape(selectedObject);
            if (!selectedObject.isPicked) {
                selectedObject.isPicked = true;
            }
        }
    }
    onPositionChanged: {                            //(c) 滑鼠指標位置改變事件
        shapeOperator.moveShape(mouseX, mouseY);
        shapeOperator.curPosX = shapeOperator.curObject.x;
        shapeOperator.curPosY = shapeOperator.curObject.y;
    }
    onDoubleClicked: {                              //(d) 按兩下事件
        if (mouse.button === Qt.RightButton) {
            shapeOperator.rotateShape(mouseX, mouseY, 1);
        } else if (mouse.button === Qt.LeftButton) {
            shapeOperator.rotateShape(mouseX, mouseY, 0);
        }
    }
}
```

說明：

(a) onClicked: { ... }：使用者點擊滑鼠可能出於兩種不同目的：一是選中某物

體；二是要將當前物體轉動角度，故需要進行判斷。如果該物體尚未被選中（!selectedObject.isPicked），則點擊選中物體（isPicked = true）；否則就是轉動操作，呼叫形狀操控器的 rotateShape() 函數。

(b) onPressed: { ... }：使用者在某物體上按下滑鼠鍵很可能接下來要拖曳移動該物體，如果該物體不是當前操作物體，需要先將其選中（呼叫形狀操控器的 selectShape() 函數），同時置為選中狀態（isPicked = true），為接下來的拖曳操作做準備。

(c) onPositionChanged: { ... }：當使用者以滑鼠拖曳物體時就會連續不斷地觸發該事件，在事件中呼叫形狀操控器的 moveShape() 函數實現物體位置的移動，注意移動後要將新的座標給予值給形狀操控器的 curPosX/curPosY 屬性變數。

(d) onDoubleClicked: { ... }：按兩下滑鼠是為了在螢幕平面內旋轉物體，我們在程式中設定按兩下右鍵（Qt.RightButton）為順時鐘旋轉，反之，則逆時鐘旋轉。呼叫形狀操控器的 rotateShape() 函數實現功能，注意除了滑鼠點擊處的位置座標外，還需要額外傳入一個 clockwise 參數指定旋轉方向，1 為順時鐘，0 為逆時鐘。

27.3 更換材質

在主控台上有一個材質設定區，選中物體後點擊其中的選項按鈕可為物體更換材質，如圖 27.13 所示。

圖 27.13 為物體更換材質

（1）首先在程式框架的「材質定義區」定義好可供選擇使用的材質元素，Qt Quick 3D 支援豐富的材質庫及十分靈活的材質訂製方式，這裡僅定義兩種材質（鋁合金和玻璃）作為演示，如下：

```
/** 材質定義 */
CustomMaterial {
    id: aluminum                          // 鋁合金
    shadingMode: CustomMaterial.Shaded
    fragmentShader: "material_metallic.frag"
}
PrincipledMaterial {
    id: glass                         // 玻璃
    baseColor: "#0000ff"              // 基色（藍）
    metalness: 1.00                   // 金屬度
    roughness: 0.00                   // 粗糙度
    opacity: 0.80                     // 透明度
}
```

（2）然後，只要在「主控台區」材質選項按鈕的 onCheckedChanged 事件中，將當前物體的 materials 屬性設為對應材質元素的 id，即可更換到指定的材質，如下：

```
ColumnLayout {
    id: panelArea
    …
    Text {
        Layout.alignment: Qt.AlignHCenter
        font.pointSize: 12
        font.family: "仿宋"
        text: "材    質"
    }
    ButtonGroup {
        buttons: materialColumn.children
    }
    ColumnLayout {
        id: materialColumn
        RadioButton {
            id: materialRButton1
            font.bold: true
            font.pointSize: 16
            font.family: "楷體"
            text: qsTr("鋁 合 金")
            onCheckedChanged: {
```

```
                if (materialRButton1.checked) {
                    shapeOperator.curObject.materials = aluminum
                }
            }
        }
        RadioButton {
            id: materialRButton2
            font.bold: true
            font.pointSize: 16
            font.family: "楷體"
            text: qsTr("玻    璃")
            onCheckedChanged: {
                if (materialRButton2.checked) {
                    shapeOperator.curObject.materials = glass
                }
            }
        }
    }
    Rectangle {
        Layout.fillWidth: true
        height: 1
        color: "#909090"
    }
    ...
}
```

27.4 增加文字

在 3D 場景中增加文字，有時能造成意想不到的奇妙效果，但文字屬於 2D 物件範圍，過去的 Qt3D 並不支持，自從 Qt 6 開始，Qt Quick 3D 同時也相容 2D 功能，這樣就實現了 2D 和 3D 物件的混合程式設計，使得在三維場景中繪製文字成為可能。圖 27.14 演示了「益智積木」軟體中文字的應用，包括兩種形式：一是給積木加上數字編號；二是為積木連結相關的文字內容。

當使用者選中物體後，在主控台上的「文字」設定區的「積木編號」欄填寫數字該數字作為這塊積木的編號顯示在其各個面上；當在「連結文字」欄填寫一些文字，文字內容將作為標題連結顯示在該積木的旁邊，隨著滑鼠操作積木塊，與之相連結的文字也會隨著一起在場景空間中移動。

圖 27.14「益智積木」軟體中文字的應用

（1）為了在面板上顯示文字輸入框，需要先訂製文字標籤元件。在專案中建立 "TextBox.qml" 檔案，撰寫文字標籤元件的定義程式，如下：

```
import QtQuick 2.0

FocusScope {                          //FocusScope 元素說明文字標籤獲取焦點
    property alias label: label.text       //引用該別名修改文字標籤提示文字
    property alias text: input.text        //獲取外部使用者輸入的文字內容
    Row {
        spacing: 5
        Text {                             //輸入提示文字
            id: label
            text: "標籤"
        }
        Rectangle{                         //矩形元素呈現輸入框可視外觀
            width: 120
            height: 20
            color: "white"                 //白底色
            border.color: "gray"           //灰色邊框
            TextInput {                    //核心功能元素
                id: input
                anchors.fill: parent       //充滿矩形
                anchors.margins: 4
                focus: true                //捕捉焦點
```

```
                text: "請 輸 入 內 容…"   // 初始文字
            }
        }
    }
}
```

（2）3D 元件綁定 2D 元素。

要使 3D 元件（立方體）顯示文字，必須將它與作為 2D 元素的文字綁定，綁定有兩種方式：一是將文字作為物體的表面材質（Texture），本程式用它來實現積木編號；另一種是直接將文字作為三維模型內部的子元素，用這種方式可實現物體與文字內容的連結。

修改立方體元件 "MyCube.qml" 的程式如下：

```
import QtQuick 2.0
import QtQuick3D 1.15

Node {
    id: cubeRoot
    property real scale_x: 1.0
    property real scale_y: 1.0
    property real scale_z: 1.0

    Model {
        id: cubeModel
        objectName: "立方體"
        source: "#Cube"
        pickable: true
        property bool isPicked: false
        property real angles_x: 15
        property real angles_y: -20
        property real angles_z: 0

        readonly property real modelSize: scale_y * 100
        property var moves: []
        readonly property int maxMoves: 10
        property var num: ""                  // 積木編號
        property var note: ""                 // 連結文字
        x: 0
        y: modelSize / 2
        z: 400

        scale: Qt.vector3d(scale_x, scale_y, scale_z)
```

```
        rotation: Quaternion.fromEulerAngles(angles_x, angles_y,
angles_z)

        materials: DefaultMaterial {
            diffuseColor: "#17a81a"
            specularAmount: 0.25
            specularRoughness: 0.2
            diffuseMap: numberTexture      // 文字設為表面材質
        }

        Node {                            // 文字（包裝於 Node）作為模型子元素
            y: 85
            Text {
                anchors.centerIn: parent
                color: "white"
                text: cubeModel.note          // 內容設為連結文字
            }
        }
    }

    Texture {                               // 定義表面材質
        id: numberTexture
        sourceItem: Rectangle {
            width: 256
            height: 256
            color: "#17a81a"
            Text {
                id: numText
                anchors.centerIn: parent
                color: "white"
                font.pointSize: 72
                text: cubeModel.num           // 文字設為積木編號
            }
        }
    }
}
```

（3）設計面板、實現功能。

最後，在程式框架「主控台區」撰寫程式設計文字設定區的版面配置，並實現增加文字功能，如下：

```
ColumnLayout {
    id: panelArea
    ...
```

```
    Text {
        Layout.alignment: Qt.AlignHCenter
        font.pointSize: 12
        font.family: "仿宋"
        text: "文        字"
    }
    ColumnLayout {
        id: textColumn
        TextBox {                                     //"積木編號"文字標籤
            id: tBx1
            x: 8
            y: 5
            focus: true                               //初始焦點之所在
            label: "積 木 編 號"                       //設定提示標籤文字為"積木編號"
            text: focus ? "" : ""   //獲得焦點則清空提示文字，由使用者輸入內容
            KeyNavigation.tab: tBx2 //按 Tab 鍵焦點轉移至"連結文字"文字標籤
            onTextChanged: {
                if (tBx1.text !== "") {
                    shapeOperator.curObject.num = tBx1.text
                }
            }
        }
        TextBox {                               //"連結文字"文字標籤
            id: tBx2
            x: 8
            y: 40
            label: "關 聯 文 字"
            text: focus ? "" : "請 輸 入 內 容 …"
            KeyNavigation.tab: tBx1  //按 Tab 鍵焦點又回到"積木編號"文字標籤
            onTextChanged: {
                if (tBx2.text !== "" && tBx2.text !== "請 輸 入 內 容 …") {
                    shapeOperator.curObject.note = tBx2.text
                }
            }
        }
    }
    Rectangle {
        Layout.fillWidth: true
        height: 1
        color: "#909090"
    }
    …
}
```

27.5 其他形狀物體元件的開發

在開發主程式功能時，可以先用一個立方體做試驗，待主程式開發完成、偵錯完善後，可往專案中建立更多 .qml 檔案來定義開發其他形狀的物體。下面我們依次羅列出「益智積木」軟體要用到的其他幾何體元件的原始程式碼。

1. 球體

球體用 "MySphere.qml" 檔案實現，程式如下：

```
import QtQuick 2.0
import QtQuick3D 1.15

Node {
    id: sphereRoot
    property real scale_x: 1.0
    property real scale_y: 1.0
    property real scale_z: 1.0

    Model {
        id: sphereModel
        objectName: "球體"
        source: "#Sphere"
        pickable: true
        property bool isPicked: false
        property real angles_x: 15
        property real angles_y: -20
        property real angles_z: 0

        readonly property real modelSize: scale_y * 100
        property var moves: []
        readonly property int maxMoves: 10
        property var num: ""
        property var note: ""
        x: 0
        y: modelSize / 2
        z: 400

        scale: Qt.vector3d(scale_x, scale_y, scale_z)
        rotation: Quaternion.fromEulerAngles(angles_x, angles_y,
angles_z)

        materials: DefaultMaterial {
```

```
                diffuseColor: "#17a81a"
                specularAmount: 0.25
                specularRoughness: 0.2
                diffuseMap: numberTexture
            }

            Node {
                y: 85
                Text {
                    anchors.centerIn: parent
                    color: "white"
                    text: sphereModel.note
                }
            }
        }

        Texture {
            id: numberTexture
            sourceItem: Rectangle {
                width: 512
                height: 512
                color: "#17a81a"
                Text {
                    id: numText
                    anchors.centerIn: parent
                    color: "white"
                    font.pointSize: 48
                    text: sphereModel.num
                }
            }
        }
    }
```

2. 圓柱體

圓柱體用 "MyCylinder.qml" 檔案實現，程式如下：

```
import QtQuick 2.0
import QtQuick3D 1.15

Node {
    id: cylinderRoot
    property real scale_x: 1.0
    property real scale_y: 1.0
    property real scale_z: 1.0
```

```
    Model {
        id: cylinderModel
        objectName: "圓柱體"
        source: "#Cylinder"
        pickable: true
        property bool isPicked: false
        property real angles_x: 15
        property real angles_y: -20
        property real angles_z: 0

        readonly property real modelSize: scale_y * 100
        property var moves: []
        readonly property int maxMoves: 10
        property var num: ""
        property var note: ""
        x: 0
        y: modelSize / 2
        z: 400

        scale: Qt.vector3d(scale_x, scale_y, scale_z)
        rotation: Quaternion.fromEulerAngles(angles_x, angles_y,
angles_z)

        materials: DefaultMaterial {
            diffuseColor: "#17a81a"
            specularAmount: 0.25
            specularRoughness: 0.2
        }

        Node {
            y: 85
            Text {
                anchors.centerIn: parent
                color: "white"
                text: cylinderModel.note
            }
        }
    }
}
```

3. 錐體

錐體用 "MyCone.qml" 檔案實現，程式如下：

```
import QtQuick 2.0
import QtQuick3D 1.15

Node {
    id: coneRoot
    property real scale_x: 1.0
    property real scale_y: 1.0
    property real scale_z: 1.0

    Model {
        id: coneModel
        objectName: "錐體"
        source: "#Cone"
        pickable: true
        property bool isPicked: false
        property real angles_x: 15
        property real angles_y: -20
        property real angles_z: 0

        readonly property real modelSize: scale_y * 100
        property var moves: []
        readonly property int maxMoves: 10
        property var num: ""
        property var note: ""
        x: 0
        y: modelSize / 2
        z: 400

        scale: Qt.vector3d(scale_x, scale_y, scale_z)
        rotation: Quaternion.fromEulerAngles(angles_x, angles_y,
angles_z)

        materials: DefaultMaterial {
            diffuseColor: "#17a81a"
            specularAmount: 0.25
            specularRoughness: 0.2
        }

        Node {
            y: 85
            Text {
                anchors.centerIn: parent
                color: "white"
                text: coneModel.note
```

```
                }
            }
        }
    }
```

由上面幾段程式可見，不同形狀物體的元件程式大致相同，僅模型物件的 source 屬性不同，只要做好了一個，其他標準幾何體的開發模式幾乎是完全一樣的。當然，讀者也可以用專業的協力廠商 3D 軟體製作出自己想要的任何三維物體模型，將其作為資源匯入專案中使用，不斷擴充和增強這個「益智積木」軟體的功能。

第 6 部分

Qt 6 跨平台開發基礎

Visual Studio 中的 Qt 6 開發

CHAPTER 28

當前 Qt 語言存在兩大主流的編譯環境，除了 Qt 原生 Qt Creator 附帶的 MinGW 外，還有 Visual Studio 的 MSVC，由於微軟 .NET 平台的流行及 VC++ 開發人員數量的龐大，使用 MSVC 的 Qt 開發也佔有很大比例。本章就來系統地介紹在 Visual Studio 環境中用 MSVC 開發 Qt 程式及建立和開啟各種類型 Qt 專案的方法。

28.1 MSVC 環境安裝和設定

MSVC 環境是由 VC 編譯器建構的 Qt 開發環境，它透過 .NET 元件和 VS 外掛程式實現功能。

28.1.1 安裝 Qt 及 MSVC 編譯器

1. 安裝 Qt 6.0

Qt 的安裝在本書開頭有詳細介紹，這裡不再贅述。我們安裝的是 Qt 6.0。

2. 安裝 MSVC

MSVC 是微軟的 VC 編譯器，Qt 內建了該編譯器元件，用來支援 VS 下 Qt 程式的編譯執行。

（1）在 Qt 的安裝路徑下找到 "MaintenanceTool.exe" 檔案，如圖 28.1 所示，按兩下啟動 Qt 元件維護精靈。

（2）在精靈的 "Setup - Qt" 頁點選 "Add or remove components"（增加或移除元件），如圖 28.2 所示，點擊 "Next" 按鈕。

（3）在 "Select Components" 頁選擇所要增加安裝的元件，這裡補充選取 "Qt 6.0.1" 樹狀列表下的 "MSVC 2019 64-bit" 元件（MSVC 編譯器），如圖 28.3 所示。

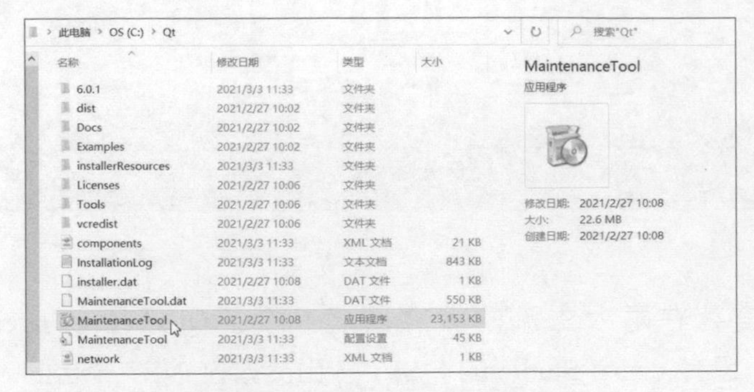

圖 28.1 啟動 Qt 元件維護精靈

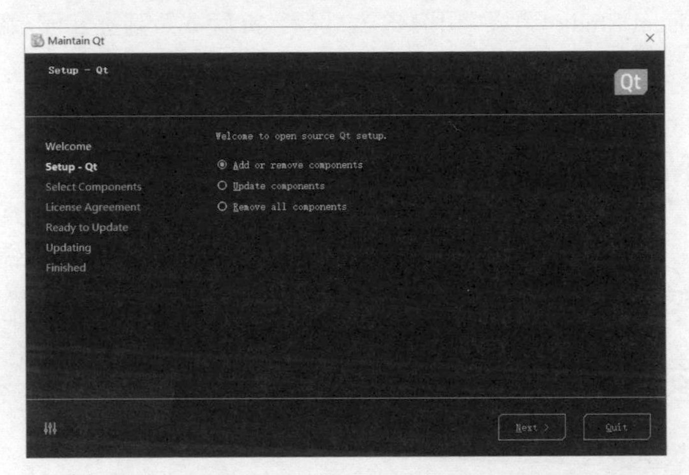

圖 28.2 "Setup - Qt" 頁選項

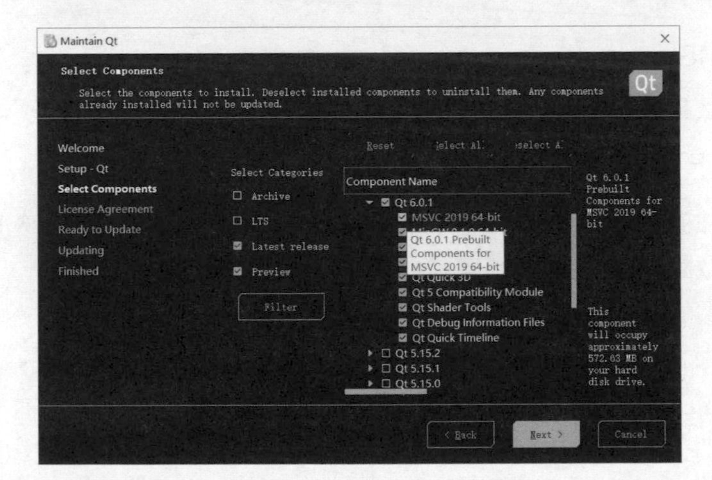

圖 28.3 增加安裝 "MSVC 2019 64-bit" 元件

(4) 點擊 "Next" 按鈕，啟動安裝過程，精靈連網下載該元件並執行安裝，如圖 28.4 (a) 所示。完成後在 Qt 安裝路徑的版本目錄下，可看到多了個 "msvc2019_64" 子目錄，如圖 28.4 (b) 所示，説明安裝成功。

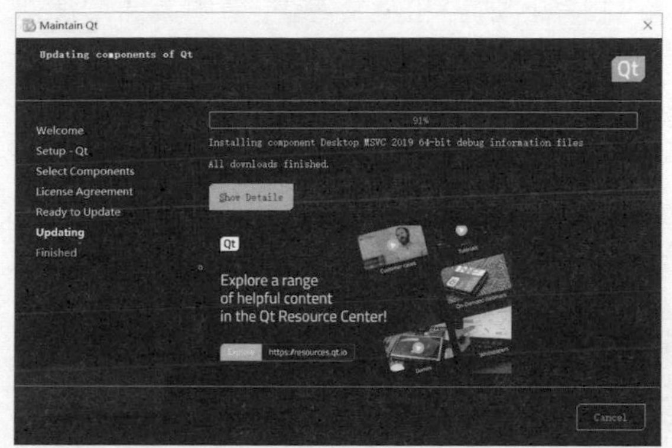

(a) 啟動安裝過程

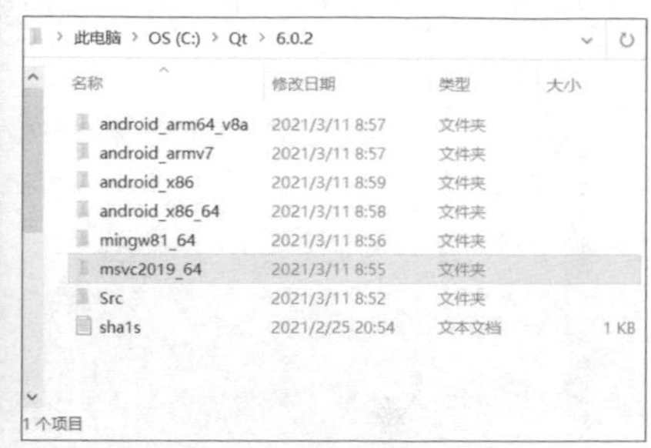

(b) 安裝成功

圖 28.4 安裝過程

28.1.2 安裝 VS 及相關外掛程式

1. 安裝 VS 2019

VS 2019 (Visual Studio 2019) 是微軟基於最新 .NET 4.7 平台推出的 Windows 下的整合式開發環境，也是當前最為流行的平台之一。我們在「乾淨」的 64 位元 Windows 10 作業系統上安裝 VS 2019 作為核心的 Qt 開發環境。

微軟 Visual Studio 系列產品自 VS 2017 起已不再提供能離線安裝的完全軟體套件，而是只提供安裝器 Visual Studio Installer，需要使用者連網選擇自己所需的 VS 元件線上安裝，故安裝前要確保網際網路連接暢通、關閉防毒軟體和防火牆。

(1) 從網上下載得到 VS 2019 的安裝器，為一檔案名稱形如 "vs_enterprise__xxxxxxxxx. xxxxxxxxxx.exe" 的可執行檔，按兩下啟動，出現對話方塊點擊「繼續」按鈕，開始下載提取和安裝必備的元件。

(2) 選擇元件。

稍候片刻，出現如圖 28.5 所示的介面，在「工作負載」頁羅列出了 VS 2019 可供選擇安裝的所有元件。這裡我們選 3 個最為常用的功能元件：ASP.NET 和 Web 開發、.NET 桌面開發、通用 Windows 平台開發。

（3）其他安裝設定。

在圖 28.5 中，點擊頂部的選項可切換安裝設定頁：在「單一元件」頁，可選擇單獨安裝各個版本的 .NET 框架和 SDK 套件；在「語言套件」頁，可以選不同語言套件（如中文、俄語、德語、日語、法語和英文等），這兩頁通常都保持預設設定。在「裝位置」頁，選擇 VS 2019 的安裝路徑，如圖 28.6 所示，可以使用預設，也可根據自己磁碟空間的實際情況另指定一個安裝目錄。

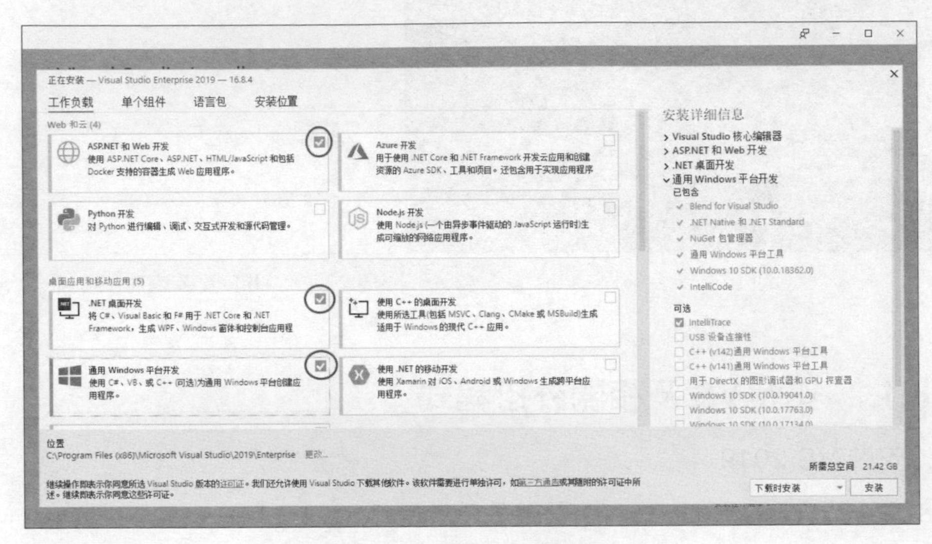

圖 28.5 選擇要安裝的元件

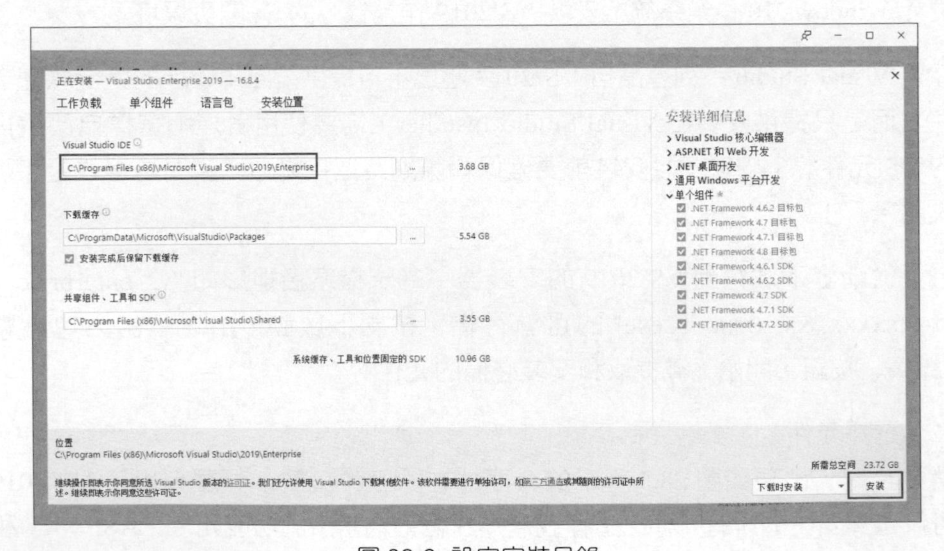

圖 28.6 設定安裝目錄

一切準備就緒後，點擊圖 28.6 介面右下角的「安裝」按鈕開始安裝過程。預設情況下，安裝器一邊下載和驗證元件，一邊執行安裝操作。安裝過程結束後，會彈出對話方塊提示「需要重新啟動」，點擊「重新啟動」按鈕重新開機電腦。重新啟動後，在 Windows 10 開始選單的 "V" 索引專案下可見 "Visual Studio 2019" 項，點擊可啟動 VS 2019。

2. 安裝 VSIX 外掛程式安裝器

VS 2019 的擴充功能外掛程式都要透過其外掛程式安裝器 VSIX 引入安裝，VSIX 是 VS 2019 本身的元件，如果在安裝 VS 2019 時未選擇安裝，則需要首先增加安裝它。

（1）啟動 VS 2019，在出現的起始介面上點擊右下角的「繼續但無需程式」，如圖 28.7 所示，可以在未建立和開啟任何 VS 專案的情況下，直接進入 VS 2019 的開發環境主介面。

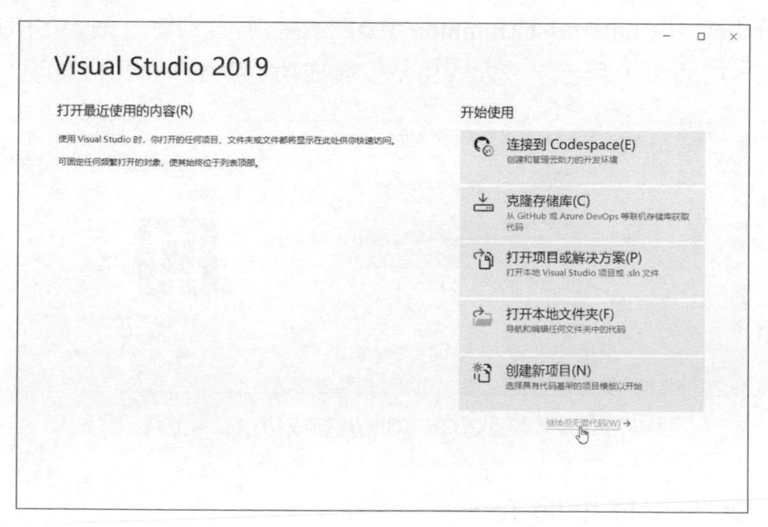

圖 28.7 直接進入 VS 2019 開發環境主介面的途徑

（2）在 VS 2019 開發環境下，選擇主選單「工具」→「獲取工具和功能」，出現 VS 2019 的元件維護介面，如圖 28.8 所示。在其上補充選取「其他工具集」中的「Visual Studio 擴充開發」，然後點擊右下角「修改」按鈕。

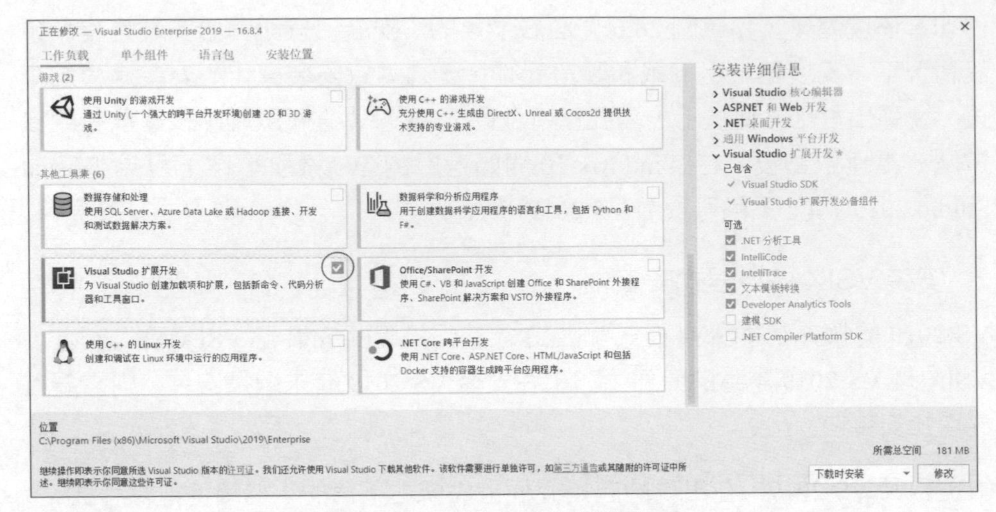

圖 28.8 VS 2019 元件維護介面

（3）按照介面提示操作，安裝完成後，在 "C:\Program Files (x86)\Microsoft Visual Studio\2019\Enterprise\Common7\IDE" 路徑下看到有一個 "VSIXInstaller.exe" 檔案，如圖 28.9 所示，表示 VSIX 安裝成功。退出 VS 2019 開發環境。

圖 28.9 VSIX 安裝成功

3. 安裝 Qt Visual Studio Tools

Qt Visual Studio Tools 是 VS 環境下專用於開發、管理 Qt 專案的核心外掛程式，安裝步驟如下。

（1）下載 Qt Visual Studio Tools。

該外掛程式對應適用於 VS 2019 的版本是 Qt VS Tools for Visual Studio 2019。在網上下載該外掛程式的擴充套件 "qt-vsaddin-msvc2019-2.7.1-rev.17.vsix" 檔案。

（2）安裝外掛程式。

以管理員身份開啟 Windows 命令列，先透過 cd 命令進入到 VSIX 所在路徑，然後用「VSIXInstaller.exe 擴充類別檔案名稱」執行安裝，輸入命令如下：

```
cd C:\Program Files (x86)\Microsoft Visual Studio\2019\Enterprise\
Common7\IDE

VSIXInstaller.exe C:\mysoft\qt-vsaddin-msvc2019-2.7.1-rev.17.vsix
```

系統彈出 "VSIX Installer" 精靈介面，如圖 28.10 所示，點擊 "Install" 按鈕啟動安裝。

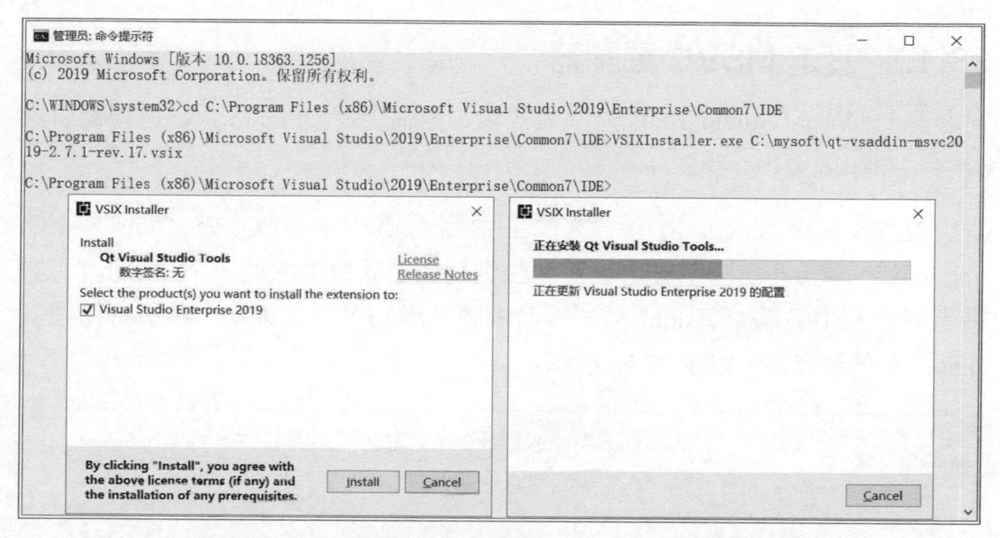

圖 28.10 命令列啟動 VSIX 安裝 Qt Visual Studio Tools

（3）查看外掛程式選單。

稍候片刻，待出現「安裝完成」，點擊 "Close" 按鈕關閉精靈。再次啟動 VS 2019，點擊起始介面右下角「繼續但無需程式」，進入 VS 2019 開發環境主介面，可以看到主選單「擴充」下多了個 "Qt VS Tools" 選單項，展開其下有一系列與操作 Qt 有關的子功能表，如圖 28.11 所示，表明 Qt Visual Studio Tools 外掛程式已經安裝成功。

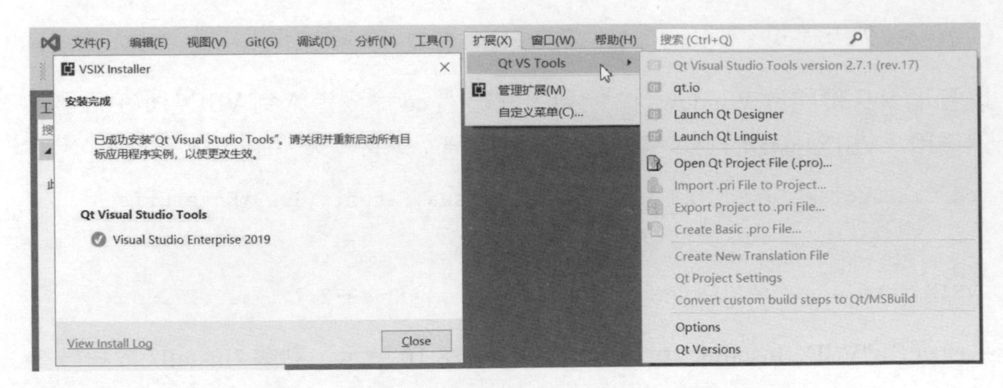

圖 28.11 Qt Visual Studio Tools 外掛程式安裝成功

28.1.3 設定 MSVC 編譯器

安裝完 Qt Visual Studio Tools 外掛程式後，還需要將 Qt 的 MSVC 編譯器引入（整合）進 VS 環境，步驟如下。

（1）在 VS 2019 開發環境下，選擇主選單「擴充」→ "Qt VS Tools" → "Qt Versions"，彈出「選項」設定視窗。左側列表展開選中 "Qt" → "Versions"，右邊區域表格中點擊 "Version" 列的「⊕」號，增加了一個專案，然後再點擊其 "Path" 列的儲存格，如圖 28.12 所示。

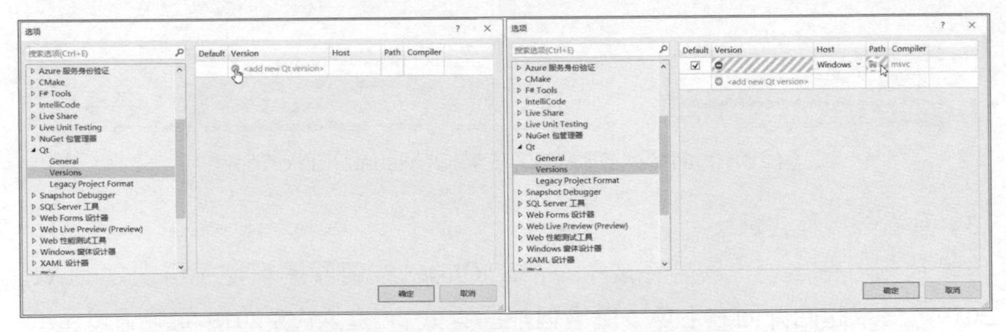

圖 28.12 增加一個新版本的 Qt 編譯器專案

（2）接著，系統會彈出對話方塊讓選擇編譯器路徑。我們定位到之前 Qt 安裝路徑版本目錄下，進入 "msvc2019_64" 的 "bin" 目錄，選中 "qmake" 點擊「開啟」按鈕，如圖 28.13（a）所示。此時「選項」視窗右區表格中，編譯器專案的 "Version" 列出現了 MSVC 編譯器的版本名稱，同時 "Path" 列自動填入其所在的路徑，如圖 28.13（b）所示。點擊「確定」按鈕完成設定。

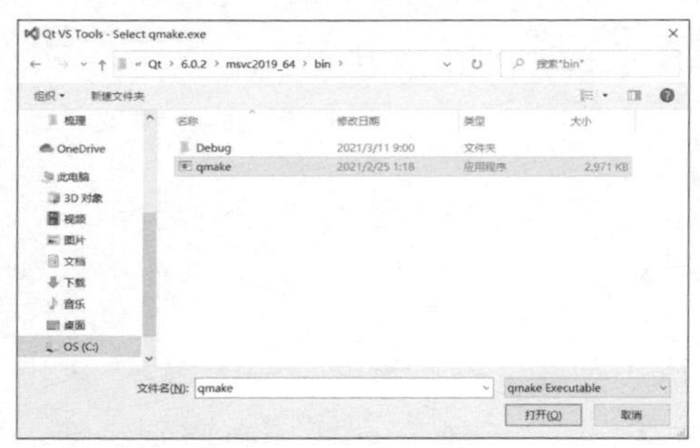

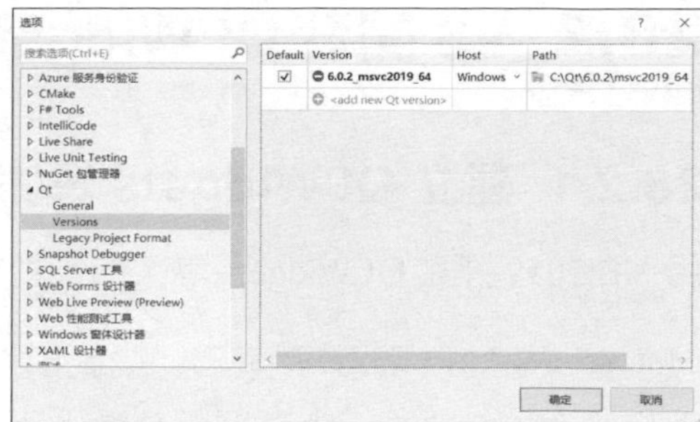

（a）選擇編譯器　　　　（b）設定完成

圖 28.13 設定編譯器路徑

28.1.4 安裝 C++ 桌面開發元件

Qt 底層是基於 C++ 的，要在 VS 中增加安裝支援 C++ 桌面開發的元件，才能夠使用 VS 環境建立 Qt 類型的專案。

在 VS 2019 開發環境下，選擇主選單「工具」→「獲取工具和功能」，開啟元件維護介面，補充選取「桌面應用和行動應用程式」中的「使用 C++ 的桌面開發」，如圖 28.14 所示，點擊右下角「修改」按鈕。

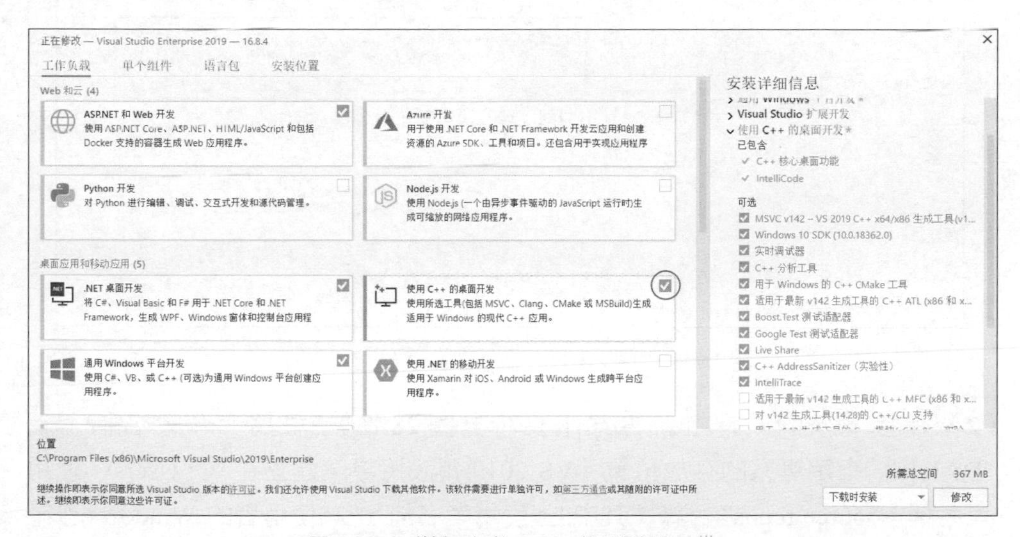

圖 28.14 增加安裝 C++ 桌面開發元件

至此，VS 2019 支援 Qt 6.0 開發的 MSVC 環境就安裝設定完成了。

28.2 VS 開發 Qt Widgets 程式

28.2.1 建立 Qt Widgets 專案

用 VS 2019 建立 Qt Widgets 專案的步驟如下。

（1）在 VS 2019 開發環境下，選擇主選單「檔案」→「新建」→「專案」，出現專案範本選擇頁，我們選擇查看「所有語言」「所有平台」「所有專案類型」的範本，翻動範本清單至底部，可看到一系列與 Qt 開發相關的範本（以綠色 Qt 圖示開頭），選擇其中的 "Qt Widgets Application" 選項，如圖 28.15 所示，點擊「下一步」按鈕。

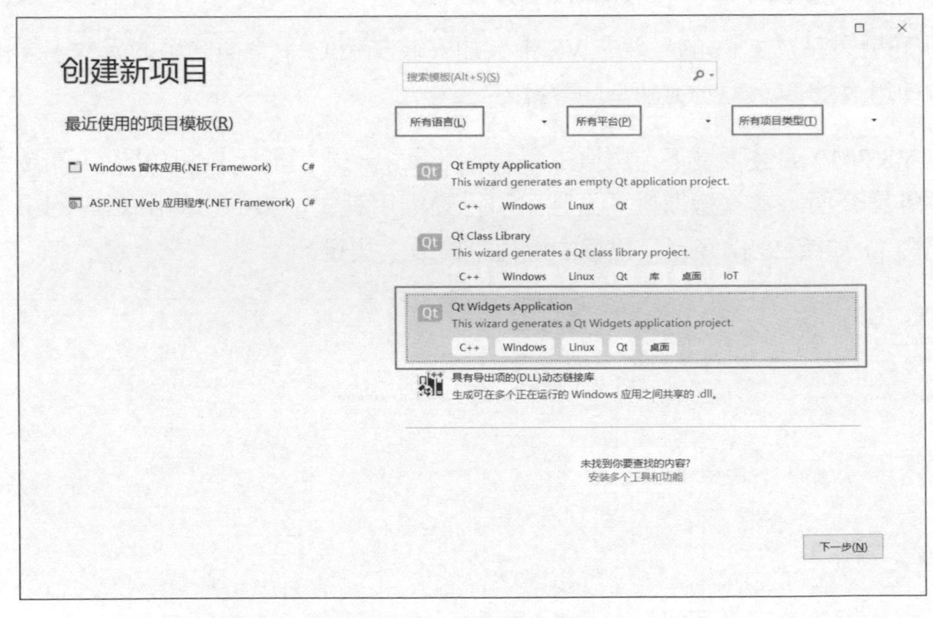

圖 28.15 選擇專案範本

（2）在接下來的「設定新專案」頁（見圖 28.16），填寫「專案名稱」為 "Dialog"，指定專案的存放位置。VS 2019 預設將專案建立在 "C:\Users\< 使用者名稱 >\source\repos" 目錄（其中 "< 使用者名稱 >" 為使用者的 Windows 作業系統登入名稱），預設「解決方案名稱」與專案名稱相同。點擊「建立」按鈕。

圖 28.16「設定新專案」頁

（3）系統彈出 "Qt Widgets Application Wizard"（Qt Widgets 精靈）視窗，如圖 28.17 所示，點擊 "Next" 按鈕。

（4）選擇專案所用的編譯器，系統預設選取的也就是我們剛剛設定的 MSVC 編譯器，如圖 28.18 所示，點擊 "Next" 按鈕。

圖 28.17 Qt Widgets 精靈視窗

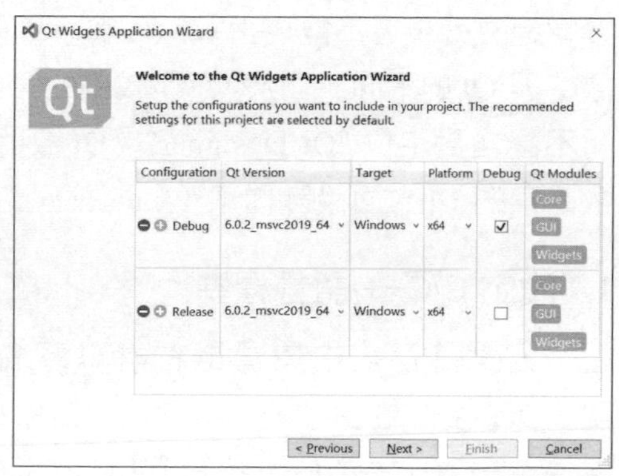

圖 28.18 選擇專案所用的編譯器

（5）在 "Base class"（基礎類別）欄選擇 "QDialog" 對話方塊類別作為基礎類別，"Class Name"（類別名稱）就是專案名稱 "Dialog"。專案中的 "Header (.h) file"（標頭檔）、"Source (.cpp) file"（原始檔案）、"User Interface (.ui) file"（介面檔案）、"Resource (.qrc) file"（資源檔）都取預設的檔案名稱，選取 "Lower case file names" 將所有程式檔案名稱設為小寫（dialog），如圖 28.19 所示。

點擊 "Finish" 按鈕，建立一個 Qt Widgets 專案。「方案總管」中可看到專案的樹狀視圖，如圖 28.20 所示。

圖 28.19 選擇基礎類別和命名程式檔案

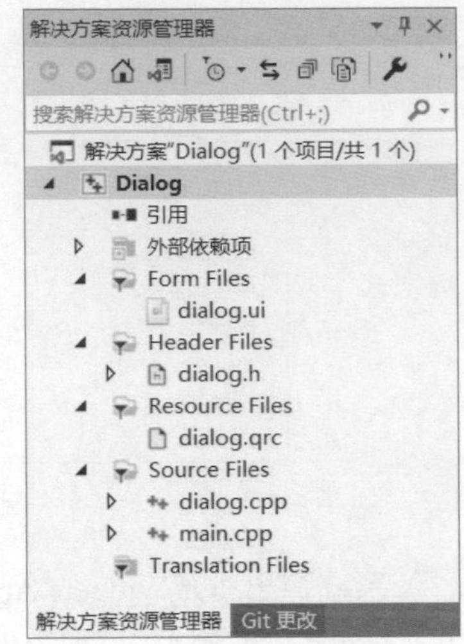

圖 28.20 專案的樹狀視圖

28.2.2 設定專案屬性

專案建立好後還不能馬上投入開發，這是由於 VS 環境預設採用的 C/C++ 語言標準與 Qt 的不同，對於 Qt 程式中的某些語言元素無法正確辨識；且 VS 環境尚不能自動定位 "Qt Designer"（Qt 設計師）檔案啟動器的路徑，無法正常開啟專案的 UI 介面設計檔案（*.ui）。

1. 設定 C/C++ 語言標準

在「方案總管」中按滑鼠右鍵專案名稱 "Dialog"，點擊「屬性」選項，出現「Dialog 屬性頁」對話方塊，如圖 28.21 所示，左側清單展開選中「設定屬性」→ "C/C++" →「所有選項」，在右邊清單區找到並設定「C 語言標準」為 "ISO C17 (2018) 標準 (/std:c17)"、「C++ 語言標準」為 "ISO C++17 標準 (/std:c++17)"，點擊右下角「應用」按鈕，然後點擊「確定」按鈕。

圖 28.21 設定專案語言標準

2. 設定預設 UI 檔案啟動器

（1）在「方案總管」中展開專案 "Dialog" 的 "Form Files" 目錄，其下的 "dialog.ui" 就是本專案的 UI 介面設計檔案，按滑鼠右鍵此檔案，選「開啟方式 ...」選項，彈出「開啟方式」對話方塊，點擊「增加」按鈕，如圖 28.22 所示。

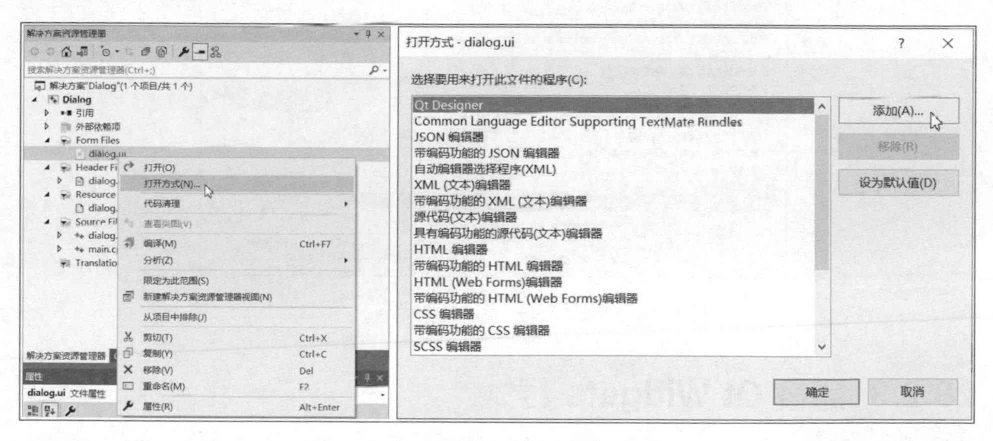

圖 28.22 設定 UI 檔案的開啟方式

（2）彈出「增加程式」對話方塊，點擊「程式」欄後的 "..." 按鈕，出現「瀏覽」視窗，定位到 Qt 安裝路徑版本目錄中 "msvc2019_64" 下的 "bin" 目錄，找到並選中其中的 "designer"，點擊「開啟」按鈕，回到「增加程式」對話方塊，點擊「確定」按鈕，如圖 28.23 所示。

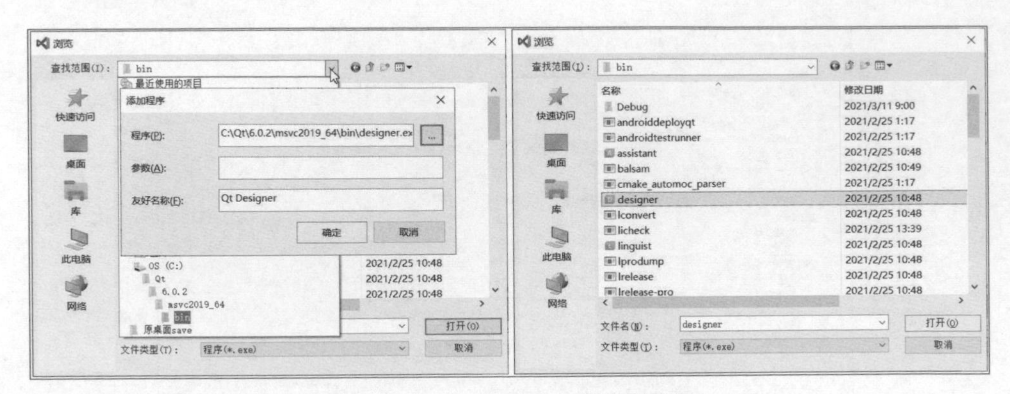

圖 28.23 找到 Qt 的 UI 檔案啟動器

（3）回到「開啟方式」對話方塊，點擊右側「設為預設值」按鈕，將 "Qt Designer" 設為預設值（即作為 Qt 介面 UI 檔案的預設啟動程式），點擊「確定」按鈕，如圖 28.24 所示。

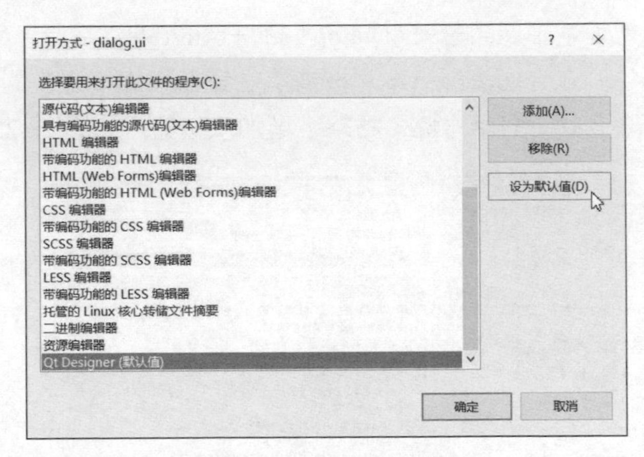

圖 28.24 設為預設值

28.2.3 開發 Qt Widgets 程式

我們以本書第 1 章「計算圓面積」程式為例，介紹 VS 2019 下的 Qt 程式開發。

1. 介面設計

在「方案總管」中展開專案的 "Form Files" 目錄，按兩下其中 "dialog.ui" 檔案，透過 Qt 設計師啟動 UI 設計器介面。

可以看到，這個介面與透過 Qt 本身的 Qt Creator 開啟的設計器介面幾乎一模一樣，其操作方法也與 Qt 原生開發環境的大致相同，在表單上拖曳設計出「計算圓面積」程式介面，效果如圖 28.25 所示，並設定各控制項的名稱和屬性（同第 1 章），具體過程略。

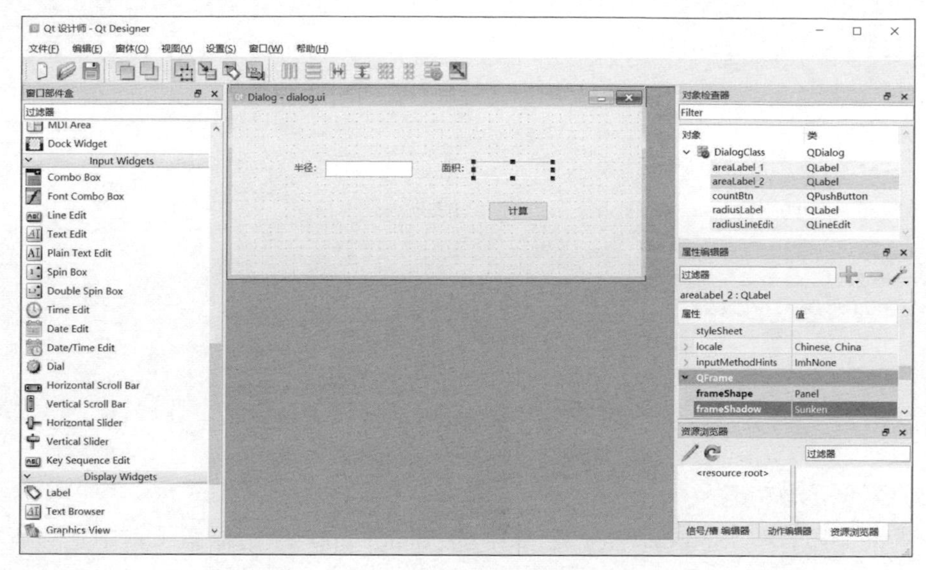

圖 28.25 介面設計效果

2. 程式撰寫

（1）宣告槽函數。

按兩下開啟專案 "Header Files" 目錄下的 "dialog.h" 標頭檔，其中宣告一個計算圓面積的槽函數 on_countBtn_clicked()，如圖 28.26 所示。

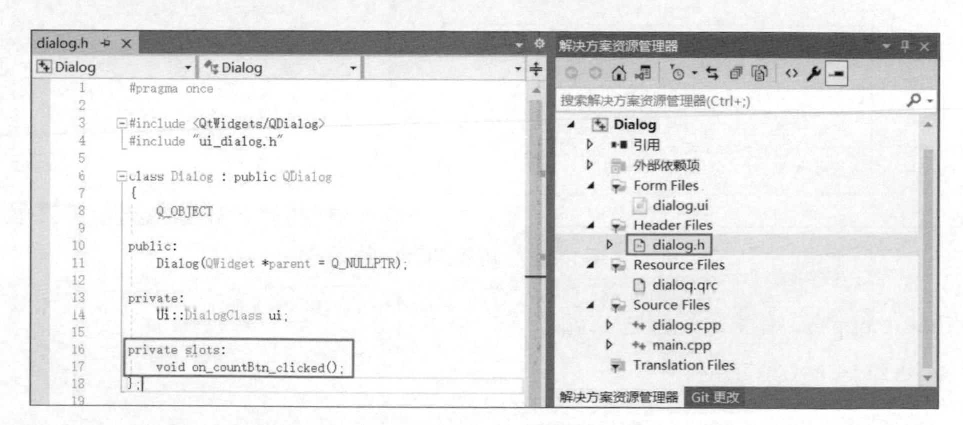

圖 28.26 宣告槽函數

"dialog.h" 標頭檔完整程式如下：

```
#pragma once

#include <QtWidgets/QDialog>
#include "ui_dialog.h"

class Dialog : public QDialog
{
    Q_OBJECT

public:
    Dialog(QWidget *parent = Q_NULLPTR);

private:
    Ui::DialogClass ui;

private slots:
    void on_countBtn_clicked();
};
```

（2）實現函數功能。

按兩下開啟專案 "Source Files" 目錄下的 "dialog.cpp" 原始檔案，其中定義實現標頭檔中所宣告的函數 on_countBtn_clicked() 功能，如圖 28.27 所示。

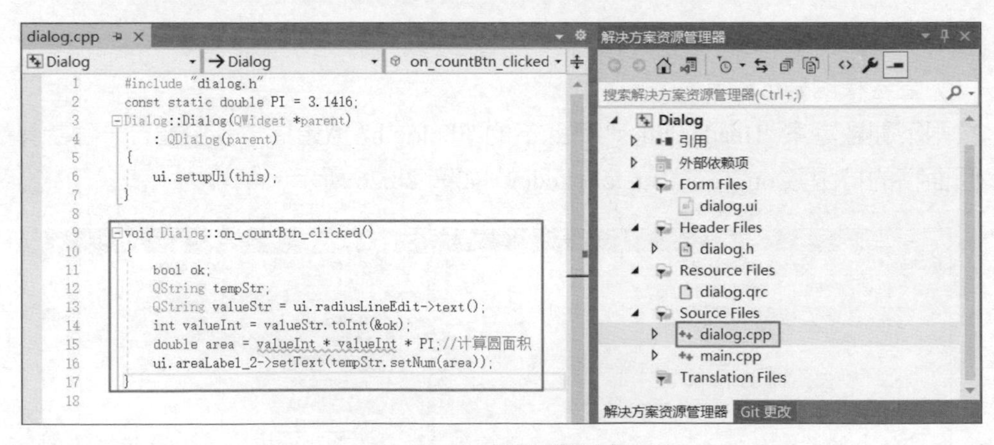

圖 28.27 實現函數功能

"dialog.cpp" 原始檔案完整程式如下：

```
#include "dialog.h"
const static double PI = 3.1416;
```

```
Dialog::Dialog(QWidget *parent)
    : QDialog(parent)
{
    ui.setupUi(this);
}

void Dialog::on_countBtn_clicked()
{
    bool ok;
    QString tempStr;
    QString valueStr = ui.radiusLineEdit->text();
    int valueInt = valueStr.toInt(&ok);
    double area = valueInt * valueInt * PI;                    // 計算圓面積
    ui.areaLabel_2->setText(tempStr.setNum(area));
}
```

3. 綁定訊號與槽

在 VS 環境下綁定訊號與槽的操作方式與 Qt 原生開發環境中的不一樣，現演示如下。

(1) 在 UI 設計器模式下，選中介面上需要綁定訊號的控制項（這裡是「計算」按鈕），點擊工具列上的「編輯訊號 / 槽」按鈕（），進入訊號 / 槽編輯模式，如圖 28.28 所示。

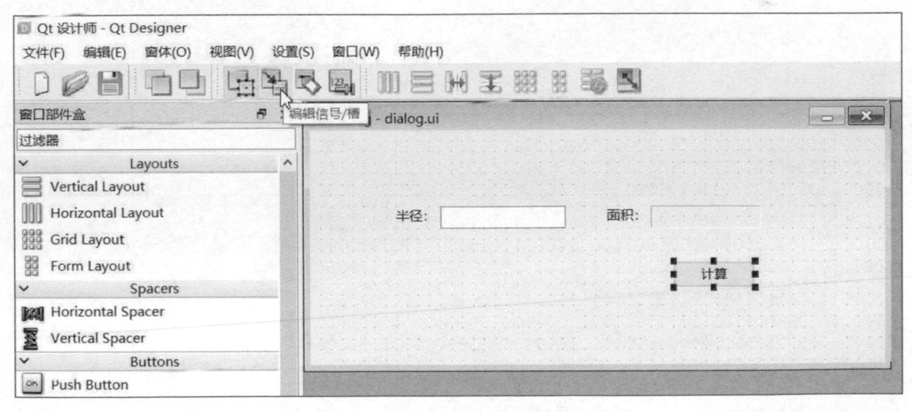

圖 28.28 進入訊號 / 槽編輯模式

(2) 在設計表單上用滑鼠向下拖曳控制項，控制項周圍出現紅色邊框，並在其下方顯示一個類似「接地線」的形狀，同時彈出「設定連接」對話方塊，如圖 28.29 所示。點擊右邊清單下的「編輯」按鈕，開啟訊號槽編輯對話方塊。

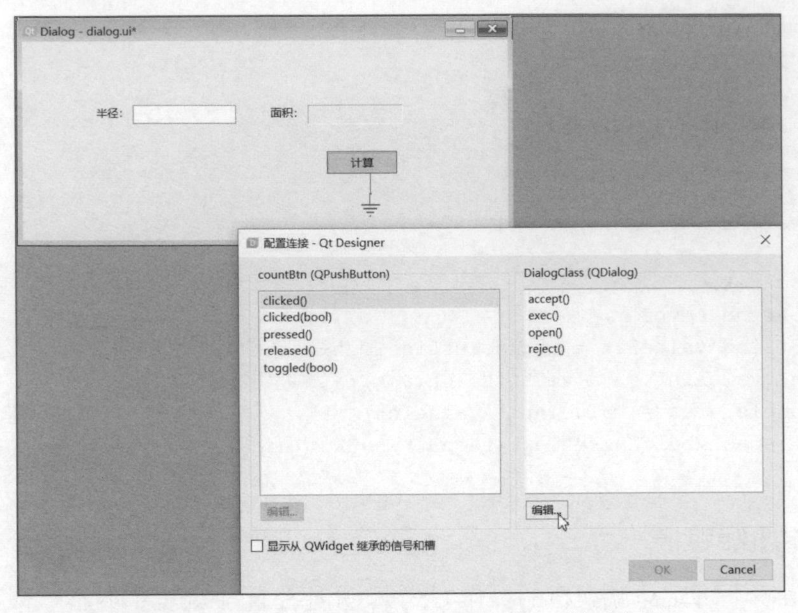

圖 28.29 拖曳控制項彈出「設定連接」對話方塊

（3）在訊號槽編輯對話方塊中，點擊槽列表下方的 按鈕，往清單中增加我們撰寫的槽函數 on_countBtn_clicked()，如圖 28.30 所示。

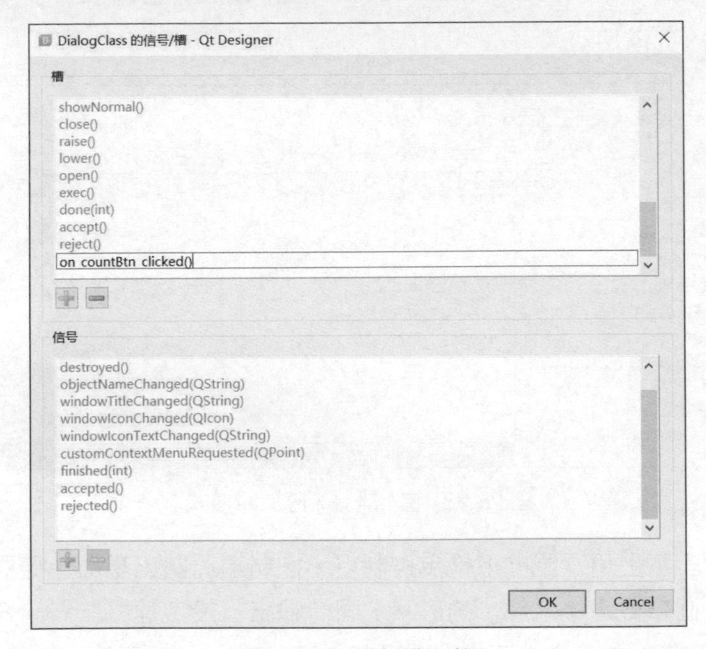

圖 28.30 增加槽函數

（4）點擊 "OK" 按鈕回到「設定連接」對話方塊，左邊清單選中 "clicked()"（按鈕點擊訊號），同時從右邊列表中選新增加的槽函數 on_countBtn_clicked()，點擊 "OK" 按鈕回到設計介面，可以看到表單上呈現出訊號與槽的綁定圖示，說明綁定成功，如圖 28.31 所示。這樣當程式執行時期按鈕就可以回應使用者操作了。

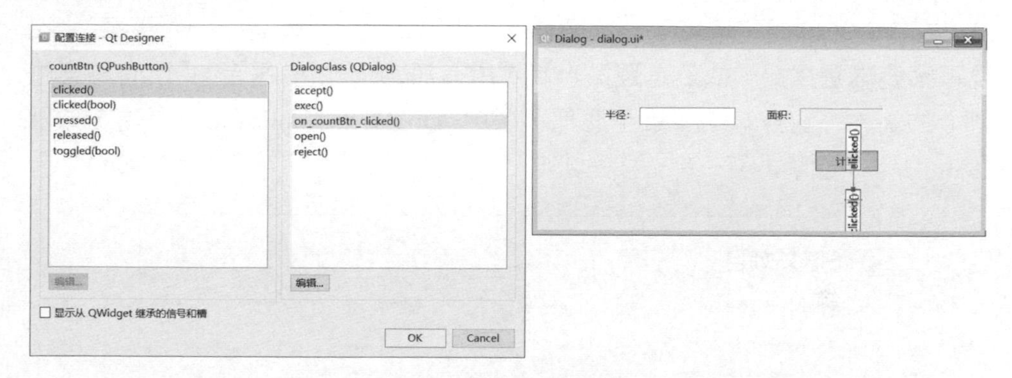

圖 28.31 綁定訊號與槽

4. 執行程式

在 VS 2019 環境下，點擊工具列上的 ▶ 本地 Windows 调试器 ▾ 按鈕，程式執行效果如圖 28.32 所示。

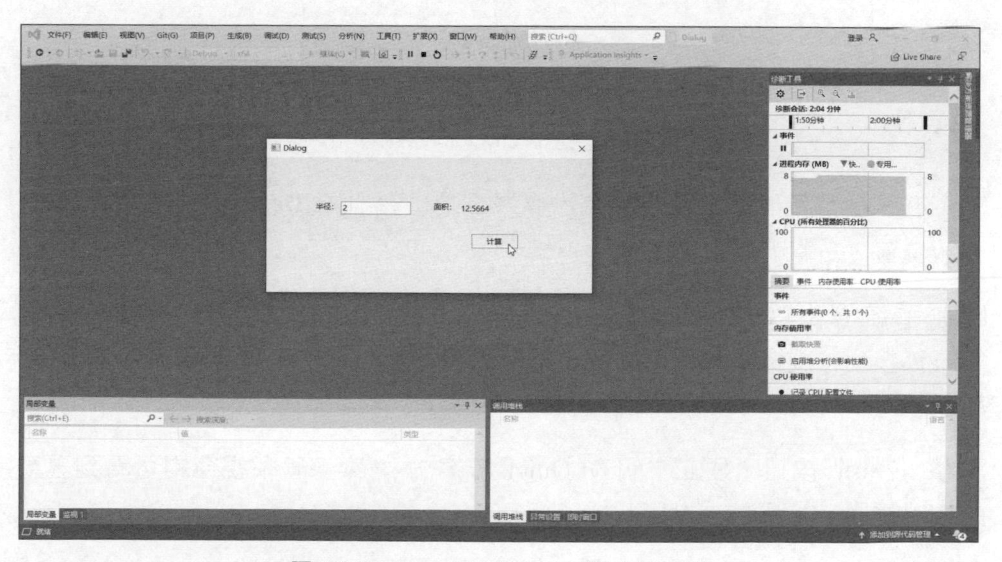

圖 28.32 VS 2019 執行 Qt 程式的效果

28.3 VS 開發 Qt Quick 程式

28.3.1 建立 Qt Quick 專案

用 VS 2019 建立 Qt Quick 專案的步驟如下。

（1）在 VS 2019 開發環境下，選擇主選單「檔案」→「新建」→「專案」，出現專案範本選擇頁，依然是選擇查看「所有語言」「所有平台」「所有專案類型」的範本，翻動範本清單至底部，選中 "Qt Quick Application" 選項，如圖 28.33 所示，點擊「下一步」按鈕。

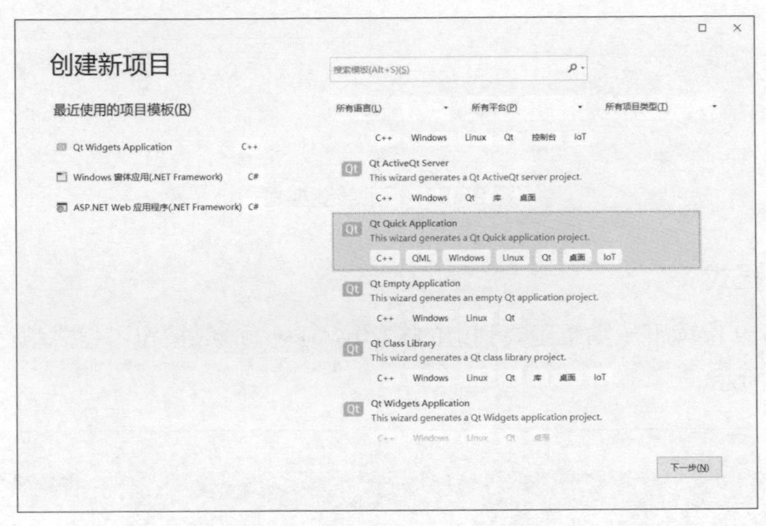

圖 28.33 選擇 Qt Quick 專案範本

（2）在「設定新專案」頁，填寫「專案名稱」為 "QmlDemo"，並指定專案的存放位置，點擊「建立」按鈕。

（3）系統彈出 "Qt Quick Application Wizard"（Qt Quick 精靈）視窗，點擊 "Next" 按鈕。選擇專案所用的編譯器為系統預設的 MSVC 編譯器，如圖 28.34 所示。

點擊 "Finish" 按鈕，建立一個 Qt Quick 專案。「方案總管」視窗中可看到專案的樹狀視圖，如圖 28.35 所示。

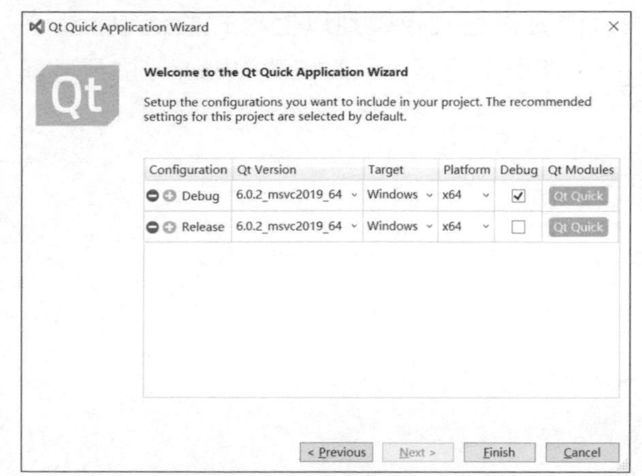

圖 28.34 選擇專案所用的編譯器

圖 28.35 專案的樹狀視圖

28.3.2 設定專案屬性

從專案樹狀視圖中可見，Qt Quick 專案沒有 UI 介面設計檔案（*.ui），故也無須設定 UI 檔案啟動器。但是，為使程式能夠順利執行，仍然要設定專案的 C/C++ 語言標準，設定方法同 Qt Widgets 專案，略。

28.3.3 開發 Qt Quick 程式

按兩下開啟專案 "Source Files" 目錄下的 "main.qml" 原始檔案，其中已經預設匯入了 Qt Quick 函數庫並定義了一個 Window 物件的程式框架，如圖 28.36 所示。

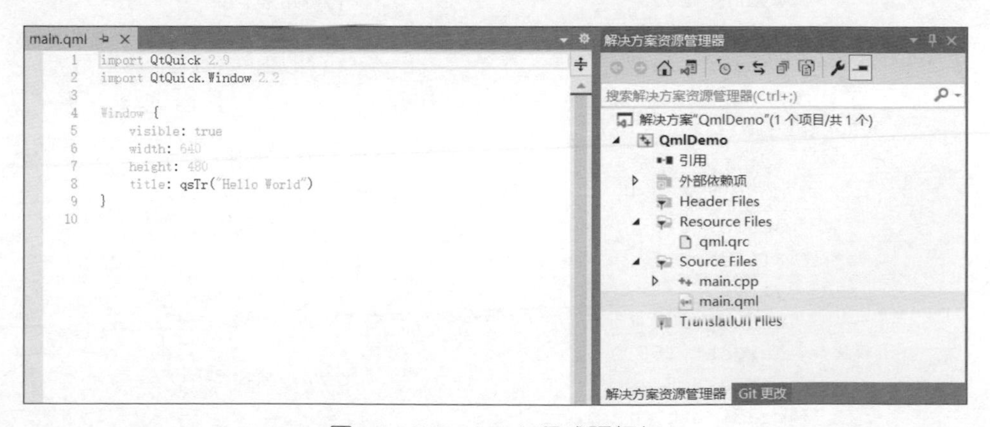

圖 28.36 Qt Quick 程式碼框架

我們將本書 QML 基礎的第一個入門實例程式複製到以上程式框架中，即在 Window 物件中定義兩個 Rectangle（矩形）元素，同時修改 Window 的尺寸與之相適應。

"main.qml" 原始檔案完整程式如下：

```
import QtQuick 2.9
import QtQuick.Window 2.2

Window {
    visible: true
    width: 300
    height: 240
    title: qsTr("Hello World")

    Rectangle {
        property alias mouseArea: mouseArea
        property alias topRect: topRect              // 定義屬性別名
        width: 360
        height: 360
        MouseArea {
            id: mouseArea
            anchors.fill: parent
        }
        /* 增加定義兩個 Rectangle 物件 */
        Rectangle {
            rotation: 45                             // 旋轉 45°
            x: 40                                    //x 方向的座標
            y: 60                                    //y 方向的座標
            width: 100                               // 矩形寬度
            height: 100                              // 矩形高度
            color: "red"                             // 以純色（紅色）填充
        }
        Rectangle {
            id: topRect                              //id 識別字
            opacity: 0.6                             // 設定透明度為 60%
            scale: 0.8                               // 縮小為原尺寸的 80%
            x: 135
            y: 60
            width: 100
            height: 100
            radius: 8                                // 繪製圓角矩形
            gradient: Gradient {
```

```
                GradientStop { position: 0.0; color: "aqua" }
                GradientStop { position: 1.0; color: "teal" }
            }
            border { width: 3; color: "blue" } // 為矩形增加一個 3 像素寬的
藍色邊框
        }
    }
}
```

執行程式，效果如圖 28.37 所示。

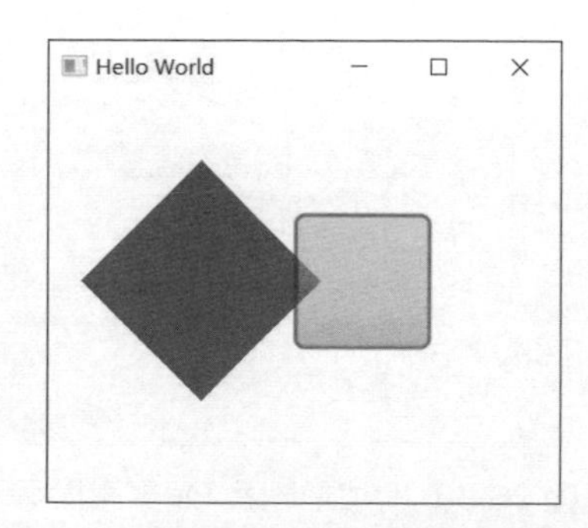

圖 28.37 Qt Quick 程式在 VS 中的執行效果

28.4 VS 開啟 Qt Creator 專案

VS 2019 不僅可用來開發 Qt 專案，它也能用來開啟由 Qt 原生的 Qt Creator 設計器所開發的專案，而且還可以相容開啟不同類型的 Qt 專案。

28.4.1 開啟 Qt Widgets 專案

我們以開啟第 1 章用 Qt Creator 開發的 "Dialog" 專案（圓面積計算程式）為例，來演示這個過程。

1. 透過專案檔案（.pro）開啟

Qt 專案預設都是以專案檔案啟動的，在 VS 環境下可透過 Qt Visual Studio Tools 外掛程式開啟 Qt 的專案檔案。

（1）在 VS 2019 開發環境下，選擇主選單「擴充」→ "Qt VS Tools" → "Open Qt Project File (.pro)..."，彈出 "Select a Qt Project to Add to the Solution" 對話

方塊，進入存放第 1 章實例來源程式的目錄，選中 "Dialog" 專案中的 "Dialog.pro" 專案檔案，點擊「開啟」按鈕，彈出 "Qt VS Tools" 訊息方塊提示需要手動進行 Qt 到 VC 專案檔案的轉換，點擊「確定」按鈕，如圖 28.38 所示。

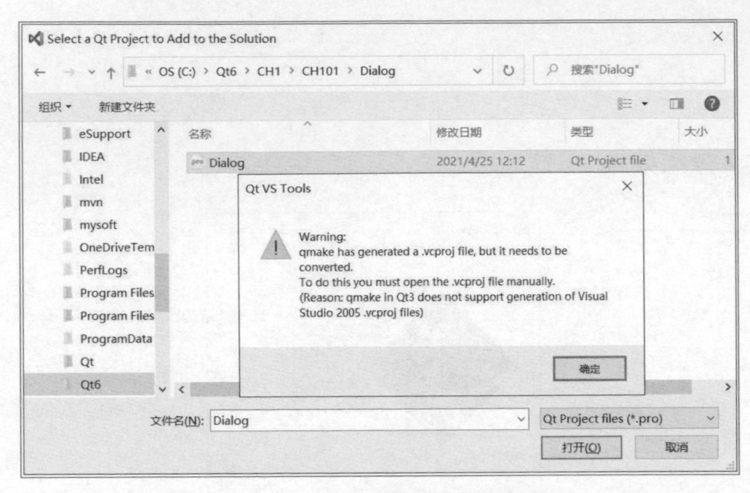

圖 28.38 開啟並轉換 Qt 專案檔案

（2）稍候片刻，在 "Dialog" 專案目錄下會生成一個 "Dialog.vcxproj" 檔案，如圖 28.39 所示，它就是轉換得到的 VC 專案檔案，在 VS 環境下就透過它來開啟 Qt 專案。

此电脑 › OS (C:) › Qt6 › CH1 › CH101 › Dialog

名称	修改日期	类型	大小
debug	2021/4/25 15:04	文件夹	
release	2021/4/25 15:04	文件夹	
.qmake.stash	2021/4/25 15:04	STASH 文件	2 KB
dialog	2021/4/25 13:44	C++ Source file	1 KB
dialog	2021/4/25 13:44	C++ Header file	1 KB
Dialog	2021/4/25 12:12	Qt Project file	1 KB
Dialog.pro.user	2021/4/25 13:46	Per-User Project ...	22 KB
dialog	2021/4/25 13:41	Qt UI file	2 KB
Dialog.vcxproj	2021/4/25 15:04	VC++ Project	14 KB
Dialog.vcxproj.filters	2021/4/25 15:04	VC++ Project Filt...	3 KB
main	2021/4/25 12:12	C++ Source file	1 KB

圖 28.39 轉換得到的 VC 專案檔案

（3）在 VS 2019 開發環境下，選擇主選單「檔案」→「開啟」→「專案 / 解決方案」，彈出「開啟專案 / 解決方案」對話方塊，進入到 "Dialog" 專案目錄下，選中 "Dialog.vcxproj" 專案檔案，點擊「開啟」按鈕，就可以開啟 Qt 專案進行編輯開發，如圖 28.40 所示。

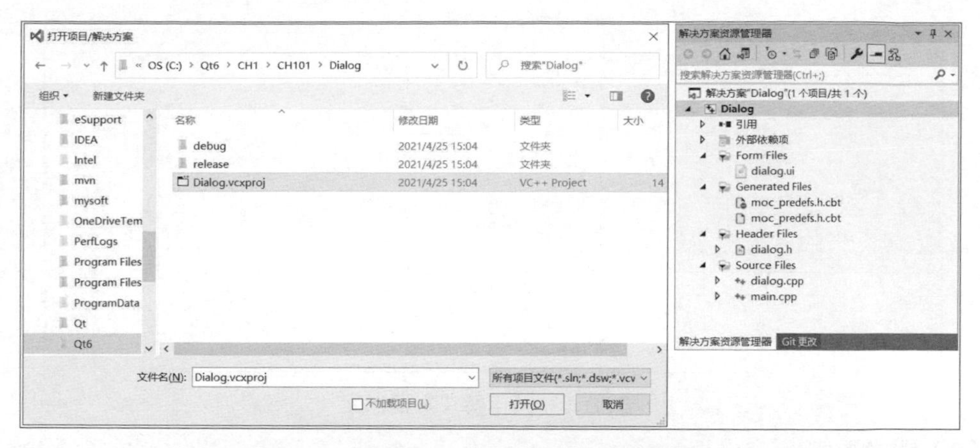

圖 28.40 透過 VC 專案檔案開啟 Qt 專案

(4) 在 VS 2019 環境下，點擊工具列上的 ▶ 本地 Windows 调试器 ▾ 按鈕，程式執行效果如圖 28.41 所示。

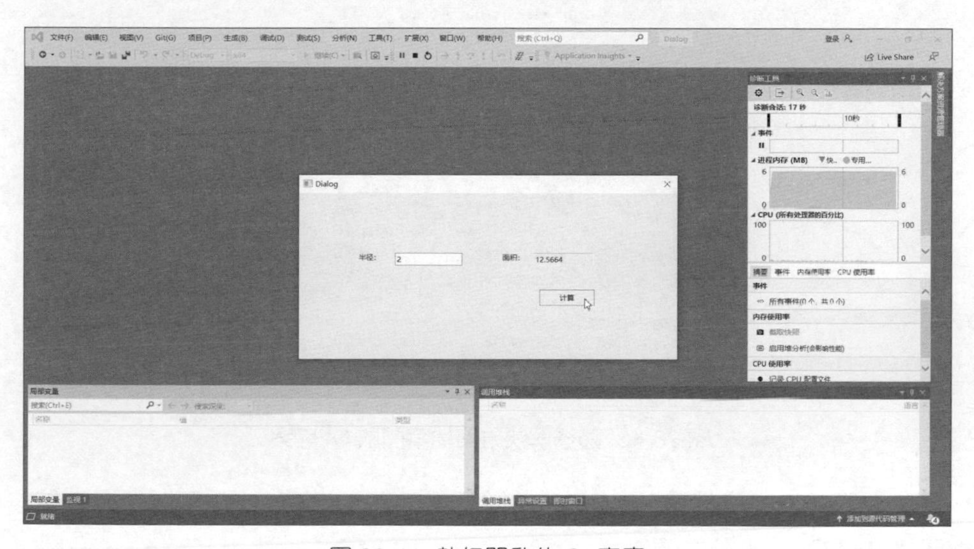

圖 28.41 執行開啟的 Qt 專案

2. 透過解決方案檔案（*.sln）開啟

(1) 儲存解決方案檔案。

在開啟 Qt 專案的 VS 環境下，選擇主選單「檔案」→「關閉解決方案」，系統彈出儲存提示對話方塊，點擊「儲存」按鈕，彈出「另存檔案為」對話方塊，點擊「儲存」按鈕，如圖 28.42 所示。

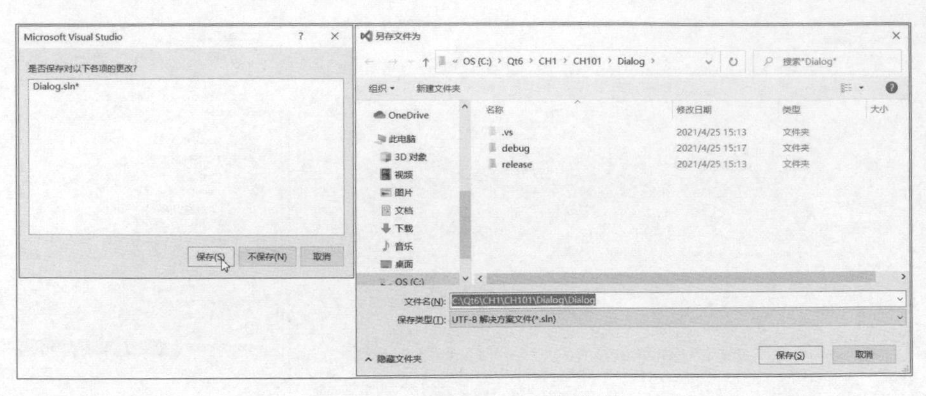

圖 28.42 儲存解決方案檔案

（2）開啟專案。

此時，在 "Dialog" 專案目錄下生成了一個 "Dialog.sln" 檔案，如圖 28.43 所示，這個就是解決方案檔案，按兩下即可在 VS 環境下開啟 Qt 專案。

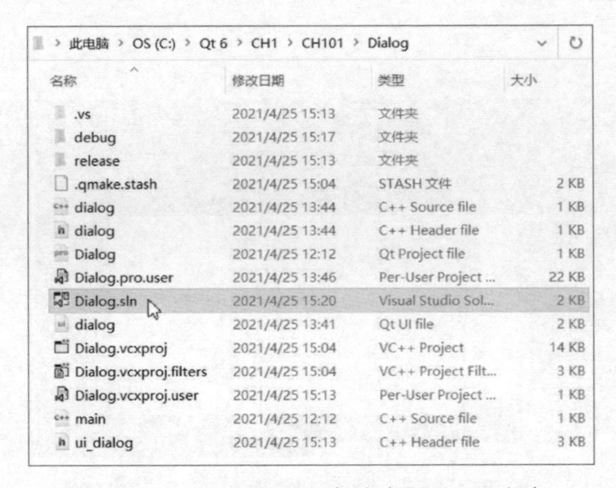

圖 28.43 透過解決方案檔案開啟 Qt 專案

一旦生成了解決方案檔案（*.sln），今後開啟這個 Qt 專案就都可以透過直接按兩下 *.sln 檔案，十分方便。

28.4.2 開啟 Qt Quick 專案

Qt Creator 開發的 Qt Quick 專案中也存在 .pro 專案檔案，可透過 Qt Visual Studio Tools 外掛程式開啟轉換成 VC 專案檔案；並且同樣可以透過 VS 環境生成並儲存解決方案檔案（*.sln），直接按兩下開啟。操作過程與上面開啟 Qt Widgets 專案的完全一樣，不再贅述。

Qt 6 中的 Android 開發

CHAPTER 29

隨著行動網際網路和智慧型手機的普及，Qt 也與時俱進，支援 Android 平台上的 APP 開發。在 Qt 6.0 中，Android 編譯器已成為其重要元件，使用者可根據需要選擇安裝；Qt Creator 已能自動連網下載安裝 Android NDK；與此同時，Qt Quick 中針對 Android 程式開發的 QML 和 C++ 函數庫也日臻完善……這些都為 Qt 語言跨平台優勢的發揮提供了強大支撐。本章將從基本的環境建構開始，一步步教大家如何用 Qt 做出一個可執行於手機上的 APP 應用。

29.1 Android 開發環境建構

Android 系統是基於 Java 語言的，其開發環境的執行當然離不開 JDK，另外，Android 開發本身要使用 Android SDK 和 Android NDK。Android SDK 可單獨安裝，也可透過 Android Studio 整合安裝；Android NDK 則可在 SDK 安裝好後獨立進行匹配安裝，也可透過 Qt Creator 自動設定安裝。考慮到初學者入門上手的方便，我們這裡採用 Android Studio 整合安裝再結合 Qt Creator 自動設定 NDK 的方式，這樣可以避免很多由於元件版本相容性產生的問題，相對容易。

29.1.1 安裝 JDK 8

由於管理 Android SDK 的 SDK manager 元件通常只能基於 Java 8 執行，雖然當前 JavaSE 早已推出了 JDK 16，但為了能與 Android 元件極佳地相容，只能安裝 JDK 8。

（1）下載 JDK。

請讀者自行上網下載 JDK 8 安裝套件。

（2）安裝 JDK。

按兩下安裝套件執行該檔案。一旦安裝開始，將看到安裝精靈，如圖 29.1 所示。點擊「下一步」按鈕。

精靈進入「訂製安裝」介面。在 Windows 中，JDK 安裝程式的預設路徑為 "C:\Program Files\Java\"。要更改安裝目錄的位置，可點擊「更改」按鈕。本書安裝到預設路徑，參見圖 29.2。點擊「下一步」按鈕。

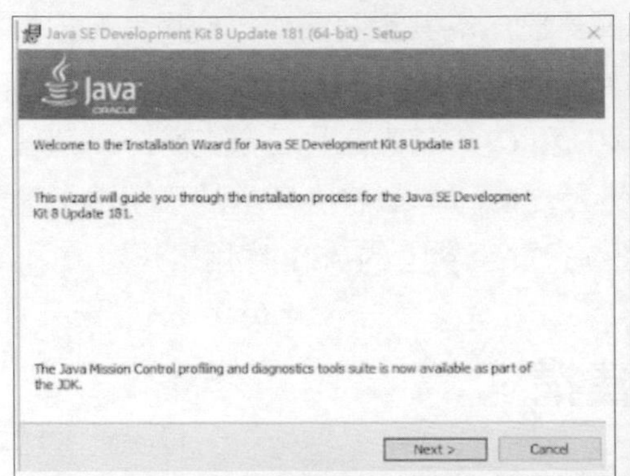

圖 29.1　Windows 中的 JDK 安裝精靈　　圖 29.2　選擇 JDK 的安裝目錄

接著，出現指定 JRE 安裝目的檔案夾對話方塊，如圖 29.3 所示。在 JDK 8 及更早的版本中，JDK 與 JRE 是分離的，可由使用者指定不同的安裝路徑。JRE 安裝的預設路徑與 JDK 一樣都是 "C:\Program Files\Java\"。可點擊「更改」按鈕更改安裝目錄的位置，這裡安裝到預設路徑。點擊「下一步」按鈕開始安裝過程。

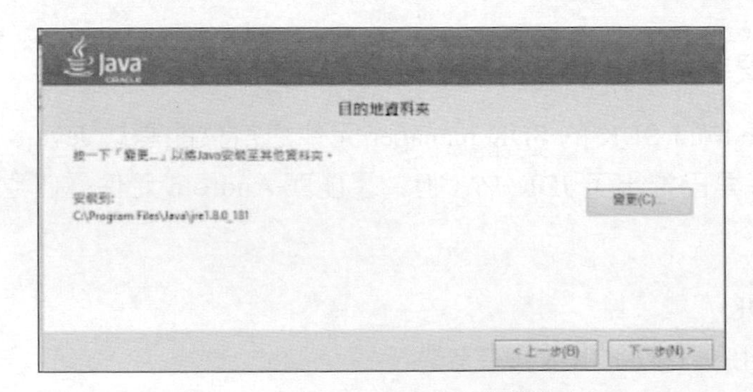

圖 29.3　指定 JRE 安裝目的檔案夾

安裝完畢顯示「完成」介面，點擊「關閉」按鈕，結束精靈。

（3）設定環境變數。

設定環境變數是為了讓環境中相關的軟體或元件（Android Studio、SDK manager、Qt Creator 等）能夠找到 JDK。

在桌面上按滑鼠右鍵「此電腦」圖示，從彈出的選單中選擇「屬性」，開啟「系統」視窗，點擊「高級系統設定」選項，系統顯示「系統內容」對話方塊，點擊「環境變數」按鈕，系統顯示當前環境變數的情況，如圖 29.4 所示。

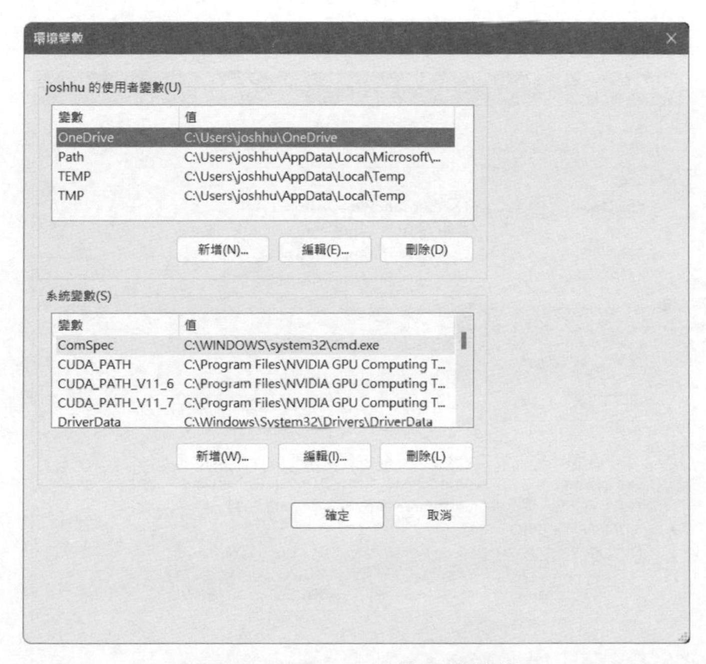

圖 29.4 Windows 的環境變數

在底部列出的「系統變數」清單中，如果 JAVA_HOME 項不存在，點擊「新建」按鈕建立它。系統顯示「新建系統變數」對話方塊，在「變數名稱」欄輸入 "JAVA_HOME"，在「變數值」欄輸入上面安裝 JDK 的位置 "C:\Program Files\Java\jdk1.8.0_291"，點擊「確定」按鈕，如圖 29.5 所示。

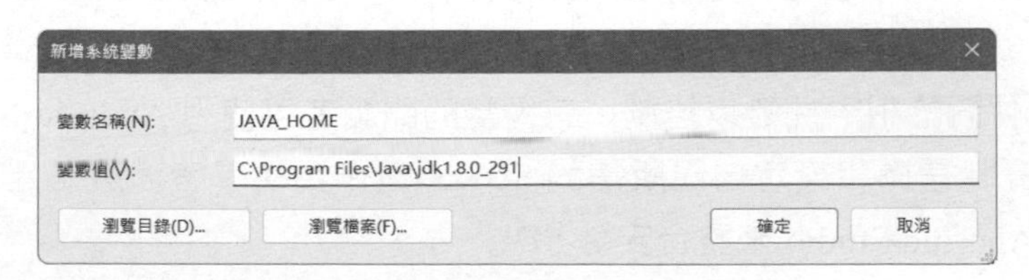

圖 29.5 新建 JAVA_HOME 環境變數

接下來增加系統 Path 環境變數，在「系統變數」清單中選中 "Path"，點擊「編輯」按鈕，出現「編輯環境變數」對話方塊，如圖 29.6 所示，列出來系統中已有的 Path 變數，在尾端增加並輸入以下內容：

```
%JAVA_HOME%\bin
```

連續三次點擊「確定」按鈕，Windows 接受這些修改並傳回到最初的「系統」視窗。這樣，系統就在原來的 Path 路徑上增加了一個指向新安裝 JDK 的查詢路徑。

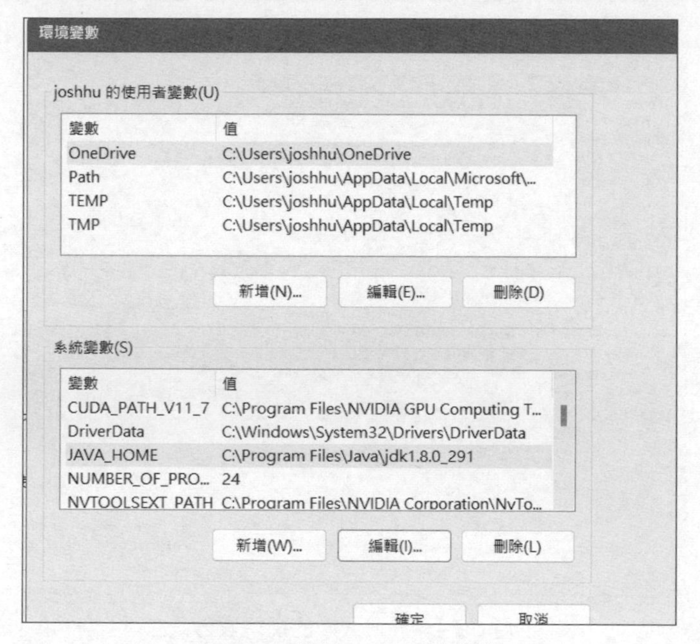

圖 29.6 增加 Path 環境變數

29.1.2 安裝 Android SDK

Android SDK 是 Android 程式開發的基礎 API，由於智慧型手機改朝換代極快，Android 作業系統也隨之不斷推陳出新，不同版本的 Android 都有對應的 SDK 版本，而每個版本 SDK 本身又是由一系列元件組成的，這就導致不同版本 SDK 元件間的相容性難以控制。有經驗的開發者可使用 Android SDK Tools 一類工具訂製選擇和設定自己所需的 SDK，但作為初學者，還是建議透過官方推薦的 Android Studio 來整合安裝 SDK。

1. 安裝 Android Studio 4.1

（1）下載 Android Studio。

去 Android 官網下載 Android Studio 的安裝套件，目前已更新到 Android Studio 4.1，點擊 "DOWNLOAD ANDROID STUDIO" 按鈕並接受許可條款，開始下載，如圖 29.7 所示。

圖 29.7 下載 Android Studio 4.1

（2）安裝 Android Studio。

因為在 Android Studio 的安裝過程中需要時刻從網路獲得所需的各種檔案，為了防止出現麻煩，建議在安裝前先關閉 Windows 防火牆和防毒軟體。按兩下執行下載得到的檔案，啟動安裝精靈，如圖 29.8 所示。

圖 29.8 啟動 Android Studio 安裝精靈　　圖 29.9 完成 Android Studio 的安裝

點擊 "Next" 按鈕向前推進介面，每一步都採用預設設定，直到安裝完成到達 "Completing Android Studio Setup" 介面，如圖 29.9 所示。"Start Android

Studio" 核取方塊能夠讓 Android Studio 在點擊 "Finish" 按鈕之後啟動。確保選中了該核取方塊，接著繼續點擊 "Finish" 按鈕，Android Studio 將啟動。此後，將需要透過桌面圖示或開始選單來啟動 Android Studio。

（3）第一次啟動。

當 Android Studio 第一次啟動時，它會檢查使用者的系統之前是否安裝過早期版本，並詢問使用者是否要匯入先前版本 Android Studio 的設定，如圖 29.10 所示。一般初學者建議使用初始設定，保留下面一個選項按鈕的選中狀態，點擊 "OK" 按鈕。

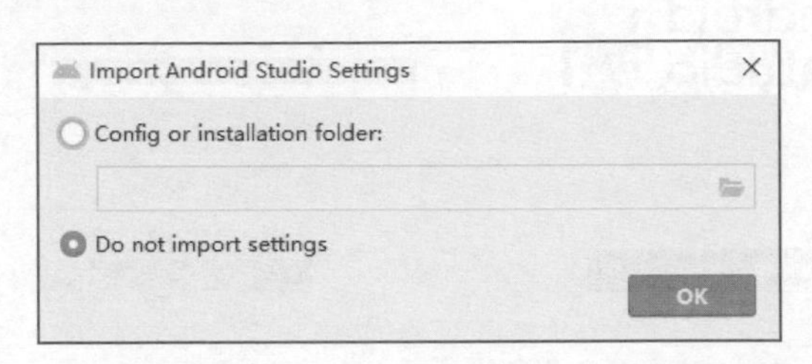

圖 29.10 Android Studio 的初始設定

接著出現啟動畫面，如圖 29.11 所示，在彈出的 "Data Sharing" 對話方塊中點擊 "Don’t send" 按鈕拒絕 Google 對個人隱私資訊的擷取，接下來彈出的 "Android Studio First Run" 提示框中點擊 "Cancel" 按鈕忽略系統對 Android SDK 的檢查。

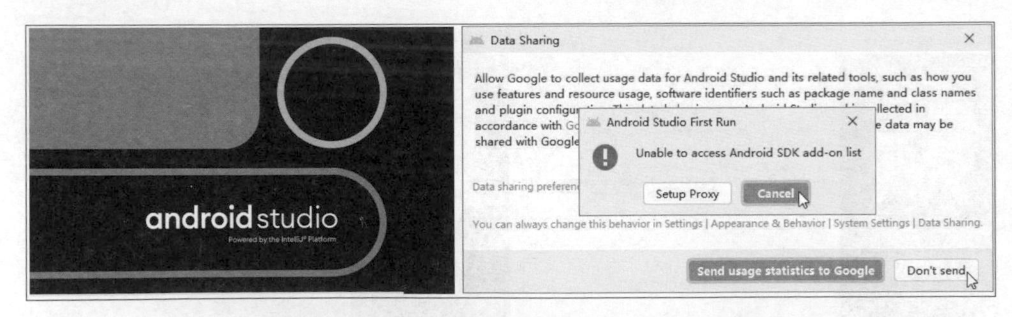

圖 29.11 不發送個人資訊及不進行 SDK 檢查

接著出現 Android Studio 安裝精靈的 "Welcome"（歡迎）介面，如圖 29.12 所示。安裝精靈將分析使用者的系統，查詢已有 JDK（例如之前安裝的 JDK 8）。點擊 "Next" 按鈕。

在接下來的介面，選擇安裝類型為 Standard（標準），點擊 "Next" 按鈕，採用預設的 UI 主題介面風格，如圖 29.13 所示。

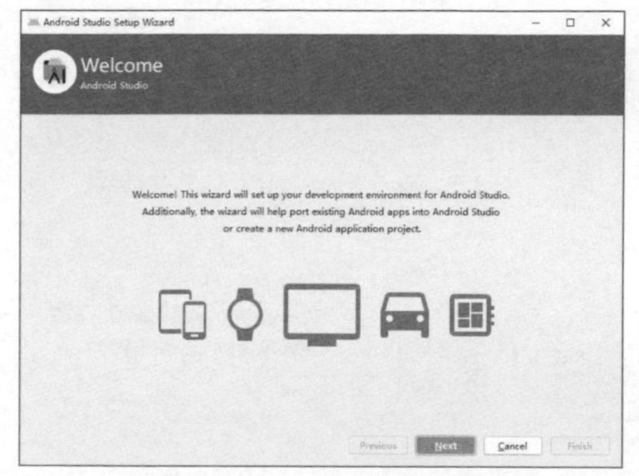

圖 29.12 安裝精靈歡迎介面

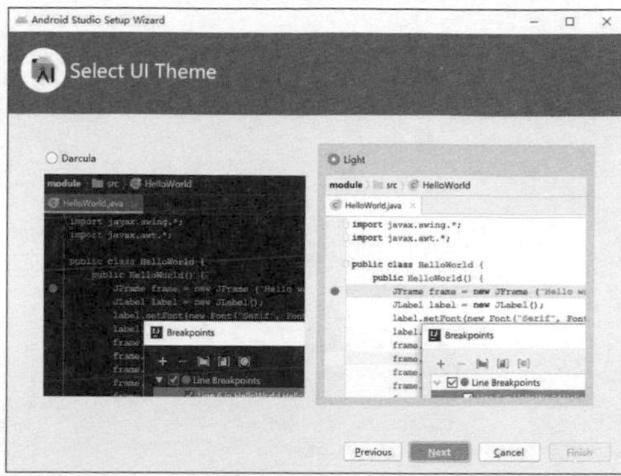

圖 29.13 採用預設的 UI 主題介面風格

在最終的確認介面上，整理顯示了開發環境將要下載安裝的全部 Android SDK 元件的詳細資訊，點擊 "Finish" 按鈕，安裝精靈會下載在 Android Studio 中開發應用需要的所有元件，如圖 29.14 所示。稍等一會兒，待完成後點擊 "Finish" 按鈕，關閉安裝精靈。

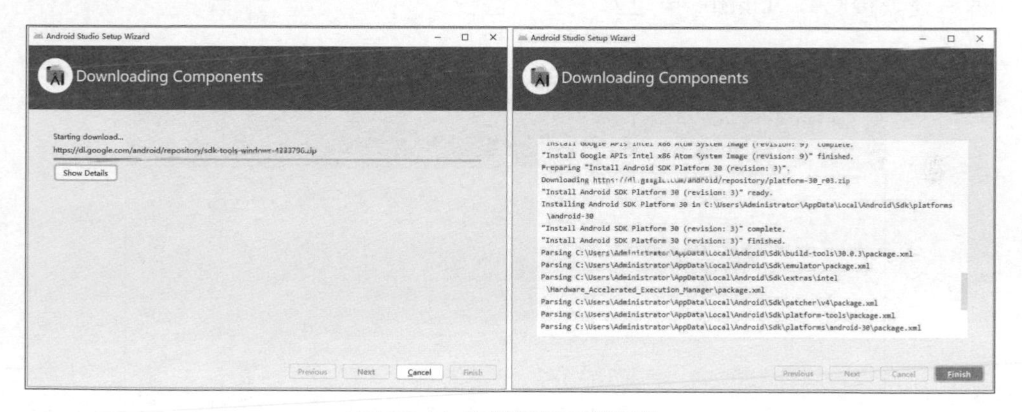

圖 29.14 安裝精靈下載元件

2. 建立測試 Android 專案

在安裝好的 Android Studio 環境中建立測試 Android 專案，步驟如下。

（1）啟動 Android Studio，出現如圖 29.15 所示視窗，點擊 "Create New Project" 選項來建立新的 Android 專案。

（2）在 "Select a Project Template" 頁選擇 "Empty Activity"（空 Activity 類型），如圖 29.16 所示，點擊 "Next" 按鈕進入下一步。

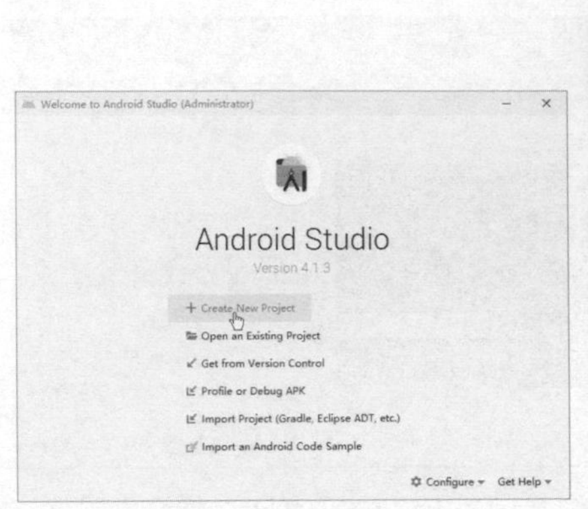

圖 29.15 建立一個新的 Android 專案

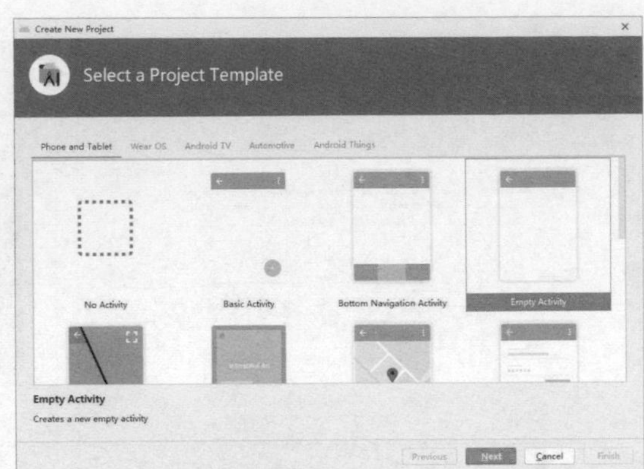

圖 29.16 選擇 Activity 類型

（3）在 "Configure Your Project" 頁填寫專案相關的資訊，這裡我們在 "Name" 欄輸入專案名為 "HelloWorld"，"Package name" 欄修改套件名為 "com.easybooks.helloworld"，"Language" 欄選擇程式語言為 "Java"，如圖 29.17 所示。完成後點擊 "Finish" 按鈕。

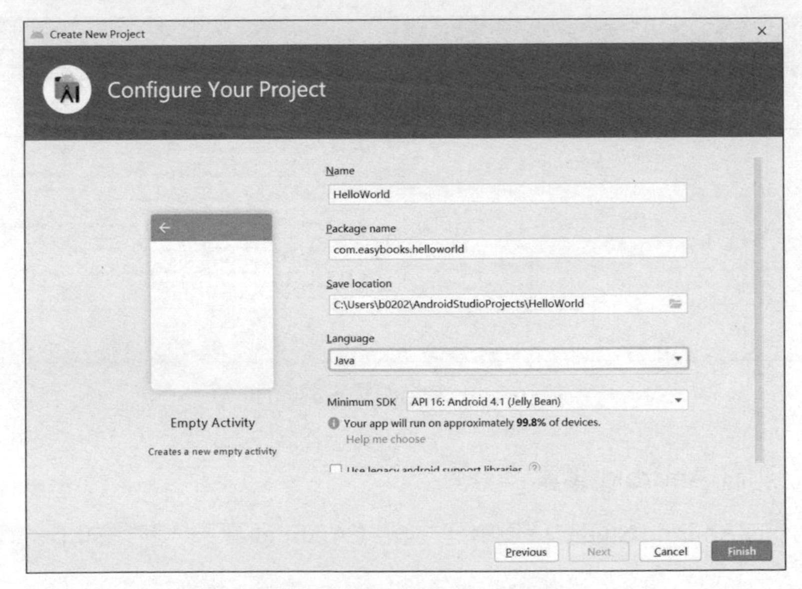

圖 29.17 填寫專案相關的資訊

稍等片刻，待 Android 專案建立完成，系統進入 Android Studio 整合式開發環境，我們將借助這個環境來安裝和設定 Android SDK。

3. 安裝 Android SDK

Android Studio 4.1 在安裝時精靈就會自動連網下載最新版的 SDK 元件，安裝於 "C:\Users\ < 使用者名稱 >\AppData\Local\Android\Sdk\platforms"（其中 "< 使用者名稱 >" 是使用者電腦 Windows 作業系統登入名稱）目錄下，如圖 29.18 所示。當前最新 Android SDK 的 API 版本為 30，SDK 安裝子目錄所帶的尾碼就是其 API 版本編號。

› 此电脑 › OS (C:) › 用户 › b0202 › AppData › Local › Android

名称	修改日期	类型
Sdk	2021/4/29 16:29	文件夹

« 用户 › b0202 › AppData › Local › Android › Sdk › platforms ›

名称	修改日期	类型
android-30	2021/4/29 16:27	文件夹

圖 29.18 Android Studio 已安裝好最新 SDK

但是，這個 SDK 是對應最新版 Android 11.0 作業系統的，而筆者所用手機的作業系統版本只有 Android 9.0，所以必須安裝 Android 9.0 系統的 SDK，下面演示整個安裝操作的過程，讀者請根據自己實際執行 APP 的手機作業系統版本安裝對應的 SDK 版本，操作步驟與此一樣。

（1）在 Android Studio 整合式開發環境下，選擇主選單 "Tools" → "SDK Manager"（或點擊工具列上對應的圖示按鈕），出現如圖 29.19 所示的視窗。

它實際上就是 Android Studio 內部整合的 SDK Manager（SDK 管理器），是 Android 平台專用於下載和管理各版本 SDK 的元件，其清單中顯示了當前所有可用的 SDK。可以看到，最新 Android 11.0 對應 API 版本 30 專案項前的核取方塊已打上勾，表示這個版本的 SDK 已經安裝。

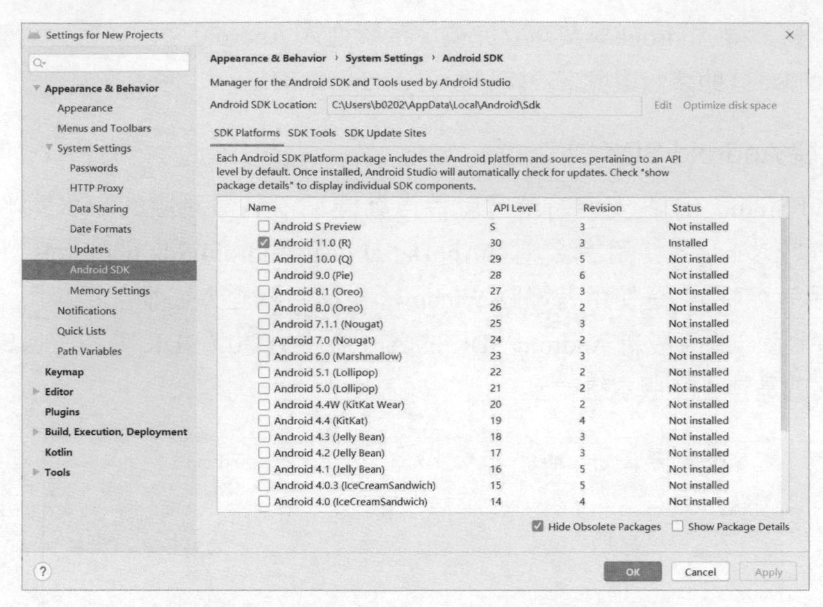

圖 29.19 Android Studio 整合的 SDK Manager

（2）筆者需要的是 Android 9.0 的 API 版本為 28 的 SDK，補充選取其專案前的核取方塊，點擊視窗底部的 "Apply" 按鈕，彈出對話方塊點擊 "OK" 按鈕，如圖 29.20 所示。

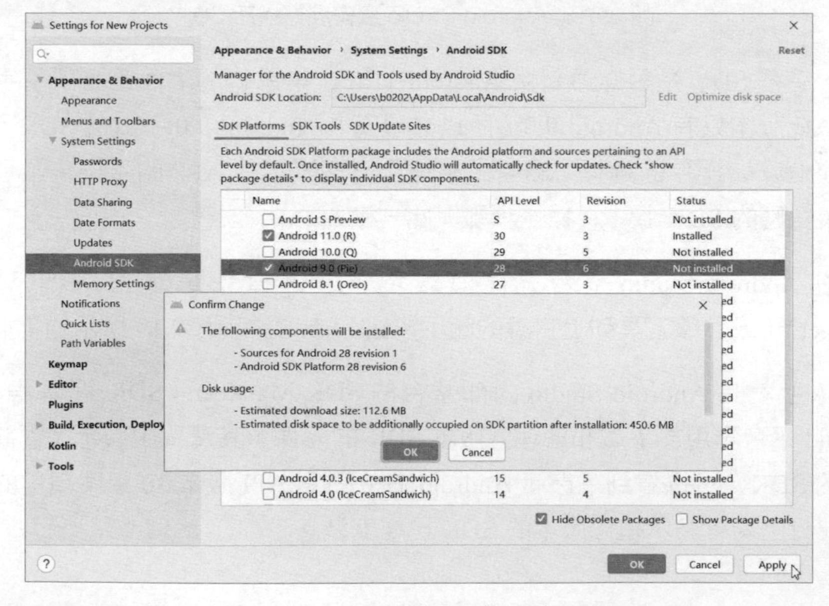

圖 29.20 補充安裝需要版本的 SDK

（3）在出現的 "License Agreement" 對話方塊中，點擊 "Accept" 按鈕接受授權合約條款，點擊 "Next" 按鈕開啟安裝處理程序，如圖 29.21 所示。完成後點擊 "Finish" 按鈕結束安裝。

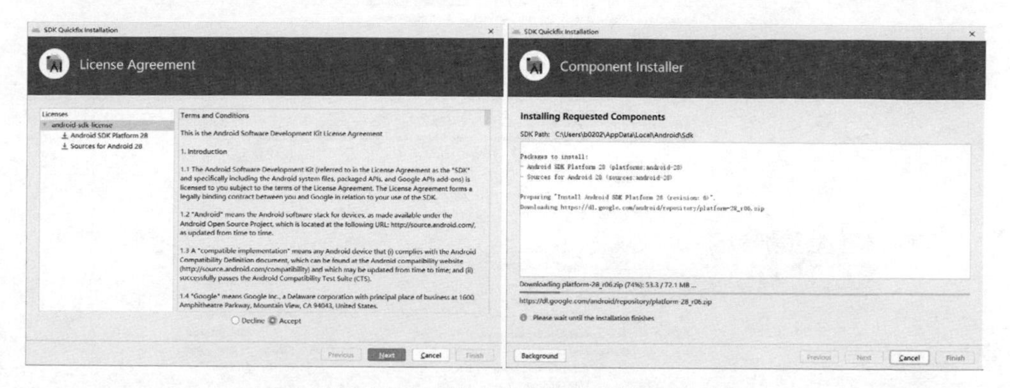

圖 29.21 接受授權合約並開啟安裝處理程序

（4）進入電腦的 "C:\Users\<使用者名稱>\AppData\Local\Android\Sdk\platforms" 目錄，可看到其中多了個 "android-28" 子目錄，這個就是所安裝的 Android SDK 對應的目錄，表明安裝成功了，如圖 29.22 所示。

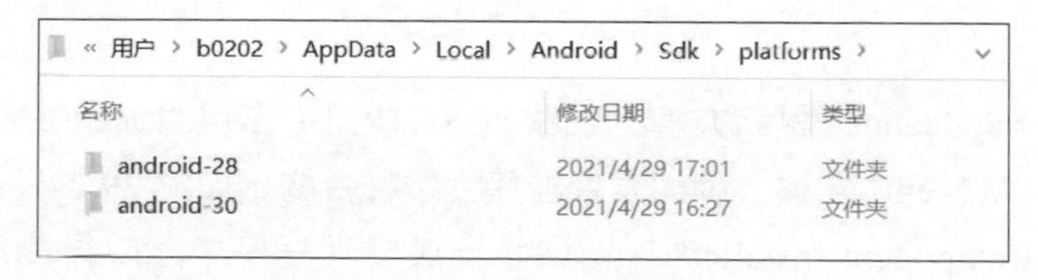

圖 29.22 安裝成功

29.1.3 安裝手機驅動

要想在智慧型手機上執行所開發的 APP，必須透過 Android Studio 環境增加安裝驅動程式。在此筆者以自己的手機（vivo Z3i，型號 V1813T/Android 9.0）為例，介紹在其上安裝驅動的具體操作，步驟如下。

（1）將手機用 USB 線連接到 Android 開發環境所在的電腦。

（2）下載安裝 Google 驅動程式。

選擇 Android Studio 主選單 "File" → "Settings"，開啟 "Settings" 視窗，如圖 29.23 所示。左側樹狀列表展開選中 "Appearance & Behavior" → "System

Settings" → "Android SDK"，切換至 "SDK Tools" 選項頁，選取清單中的 "Google USB Driver" 專案，然後點擊底部 "Apply" 按鈕。

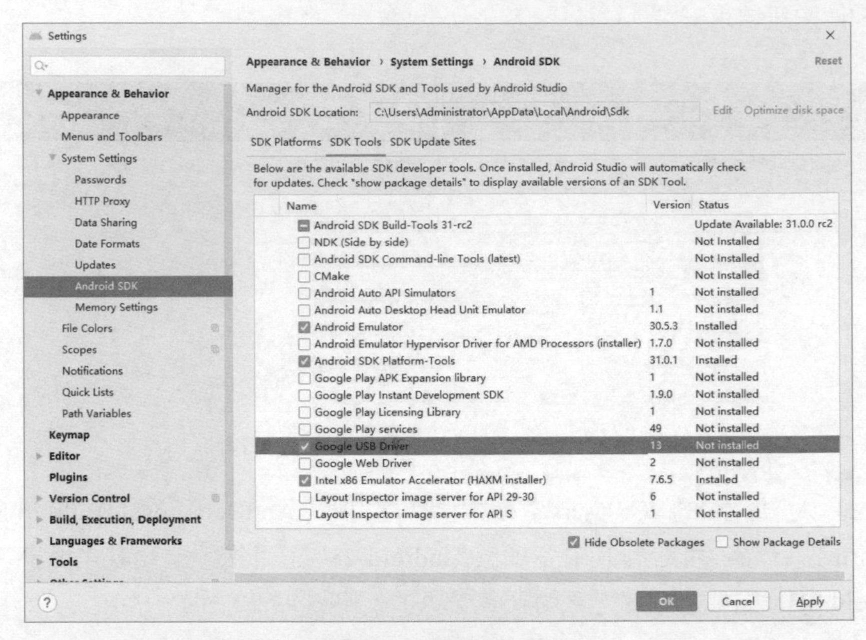

圖 29.23 選擇驅動程式

彈出 "Confirm Change" 對話方塊，點擊 "OK" 按鈕，出現 "License Agreement" 視窗，選中 "Accept" 選項，確認安裝並接受授權合約，如圖 29.24（a）所示。接著出現 "Component Installer" 視窗顯示安裝處理程序，完成後點擊 "Finish" 按鈕，如圖 29.24（b）所示。

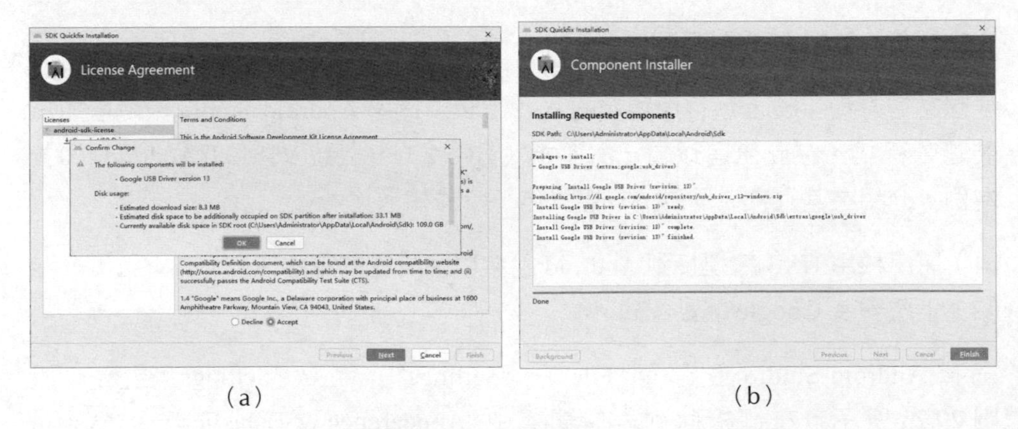

（a） （b）

圖 29.24 安裝驅動程式

（3）更新手機裝置驅動程式。

開啟 Windows 裝置管理員，展開裝置列表，找到手機對應的裝置項，按滑鼠右鍵，點擊「更新驅動程式」選項，在彈出的對話方塊中點擊「自動搜索驅動程式」選項，如圖 29.25 所示。稍等片刻，系統會自動找到剛剛下載安裝的 Google 驅動程式並將它作為手機的驅動。

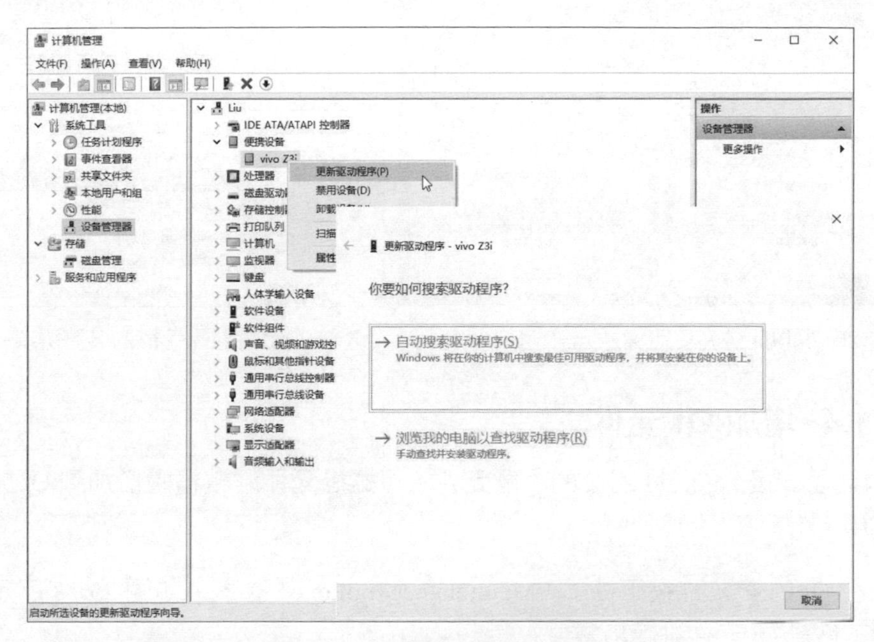

圖 29.25 更新手機裝置驅動程式

（4）開啟手機開發者許可權並允許 USB 偵錯。

這一步不同品牌和型號的手機的操作不盡相同，但大致都是先進入手機設定介面，找到並開啟「開發者選項」，並開啟「USB 偵錯」項即可，筆者手機上開啟許可權的抓圖如圖 29.26 所示，請讀者參考著在自己的手機上操作。

完成這一步後，在 Android Studio 工具列選擇 APP 執行裝置的下拉選單中就會多出一個對應該手機的裝置選項（筆者的是 "vivo V1813T"），如圖 29.27 所示，這表示手機驅動安裝成功。

說明：僅當手機初次連接時才需要按照上述步驟安裝驅動，只要手機曾經安裝過一次驅動，下次再連 Android 開發機器（即使機器上的 Android Studio 環境是新裝的）時就會直接提醒使用者開啟偵錯模式，並自動安裝 APP 執行。

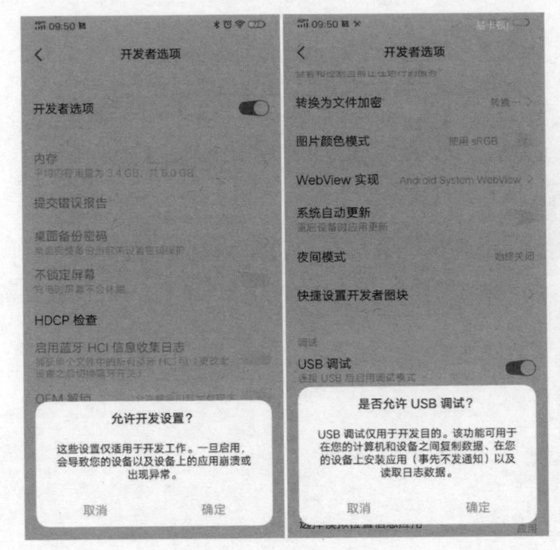

圖 29.26 開啟開發者許可權並允許 USB 偵錯

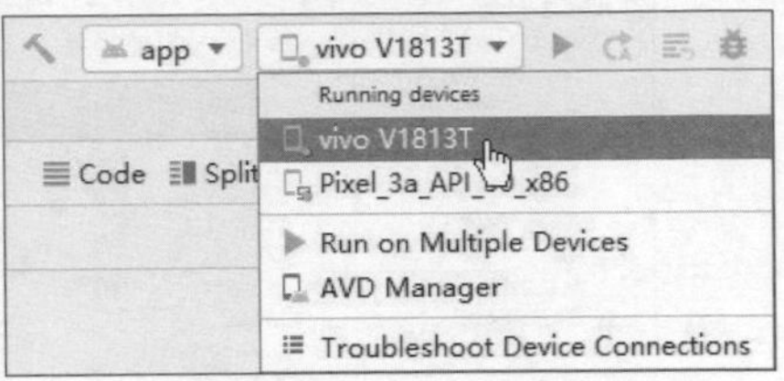

圖 29.27 對應手機的裝置選項

29.1.4 增加 Qt 元件

Qt 內建了支援 Android 開發的功能元件，可透過元件維護精靈增加到 Qt 開發環境中。

（1）在 Qt 的安裝路徑下找到 "MaintenanceTool.exe" 檔案，如圖 29.28 所示，按兩下啟動 Qt 元件維護精靈。

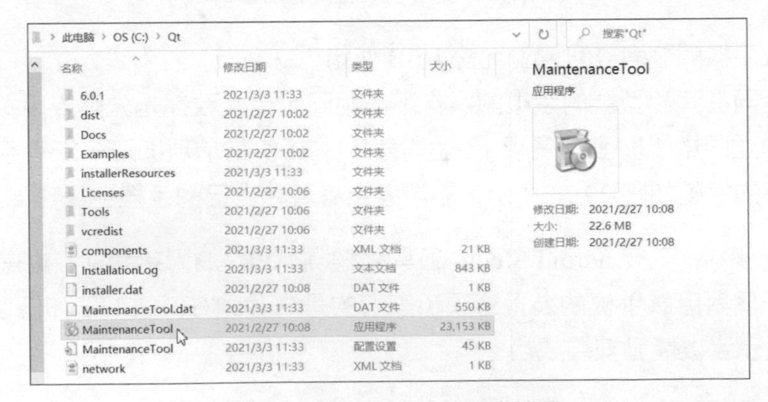

圖 29.28 啟動 Qt 元件維護精靈

（2）在精靈的 "Setup - Qt" 頁選擇 "Add or remove components"（增加或移除元件）選項，如圖 29.29 所示，點擊 "Next" 按鈕。

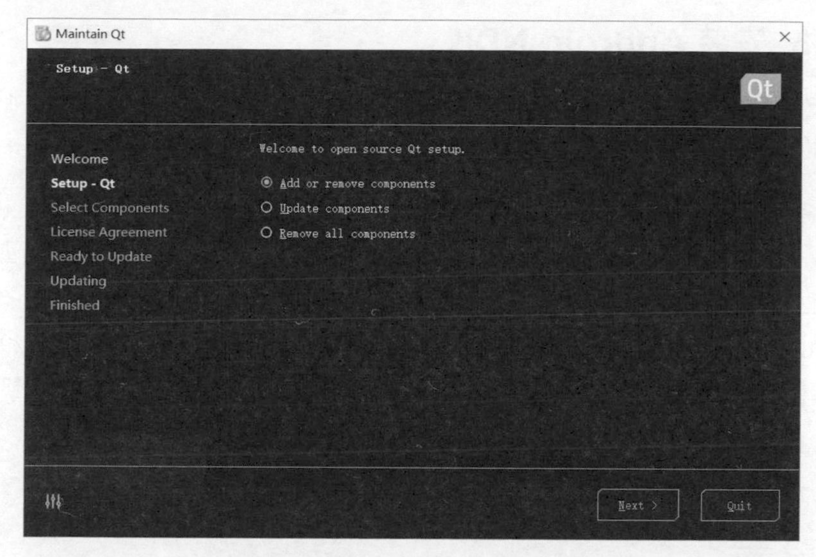

圖 29.29 "Setup - Qt" 頁選項

（3）在 "Select Components" 頁選擇所要增加安裝的元件，這裡補充選取 "Qt 6.0.1" 樹狀列表下的 "Android" 項，如圖 29.30 所示。

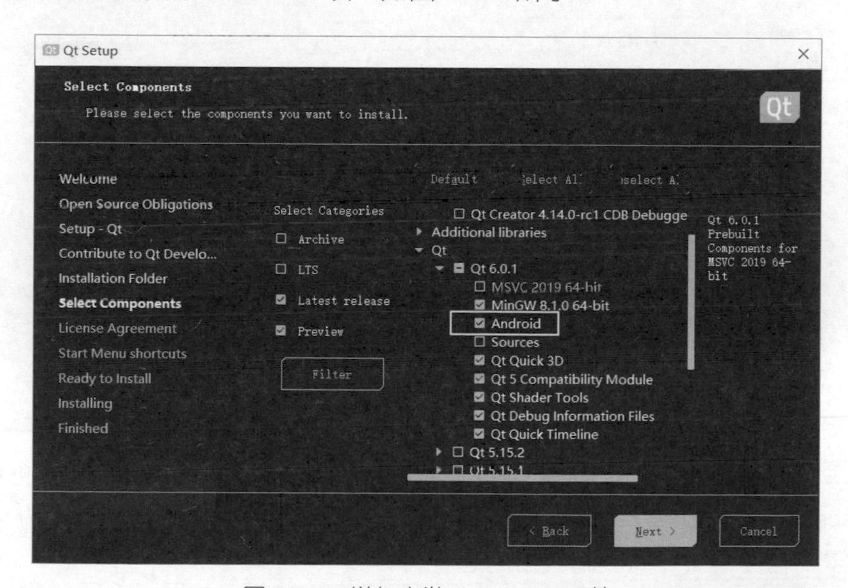

圖 29.30 增加安裝 "Android" 元件

（4）點擊 "Next" 按鈕，啟動安裝過程，精靈連網下載該元件並執行安裝，稍候片刻，待安裝完成。

29.1.5 安裝 Android NDK

在安裝好 Android SDK 並增加了 Qt 的 Android 元件後，就可以透過 Qt Creator 來自動安裝和設定 Android NDK。

（1）啟動 Qt Creator，選擇主選單「工具」→「選項」，開啟「選項」視窗，左側清單中選「裝置」，切換到 "Android" 選項頁，Qt Creator 能夠自動檢測並設定好之前安裝的 JDK 8 和 Android SDK 的路徑，但由於系統中尚未安裝 Android NDK，會彈出對話方塊提示使用者缺少必需的套件，如圖 29.31 所示。點擊 "Yes" 按鈕確認要安裝，在隨即彈出的另一個對話方塊中點擊 "OK" 按鈕。

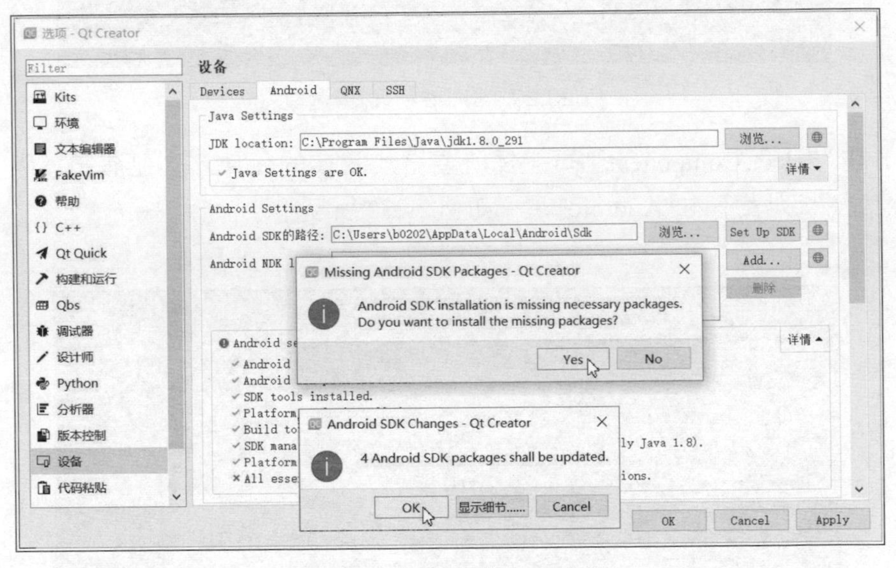

圖 29.31 確認安裝 NDK 套件

（2）接著，"Android" 選項頁上所有欄都變為灰色（不可操作）狀態，捲動滑鼠至該頁底部，可見 "SDK Manager" 欄區顯示一行文字 "Checking pending licenses..."，如圖 29.32 所示。這是系統在檢查使用者尚未接受的授權合約，此過程需要耗費一些時間，請讀者耐心等待。

（3）檢查過程結束後，彈出對話方塊提示使用者必須接受所有協定，點擊 "Yes" 按鈕後在 "SDK Manager" 欄區依次顯示需要使用者接受的協定內容，並逐一詢問使用者是否接受（當然一律點擊 "Yes" 按鈕全都接受），如圖 29.33 所示。使用者每接受一個協定，進度指示器就前進一段……直到達到 100%，隨即啟動安裝處理程序。

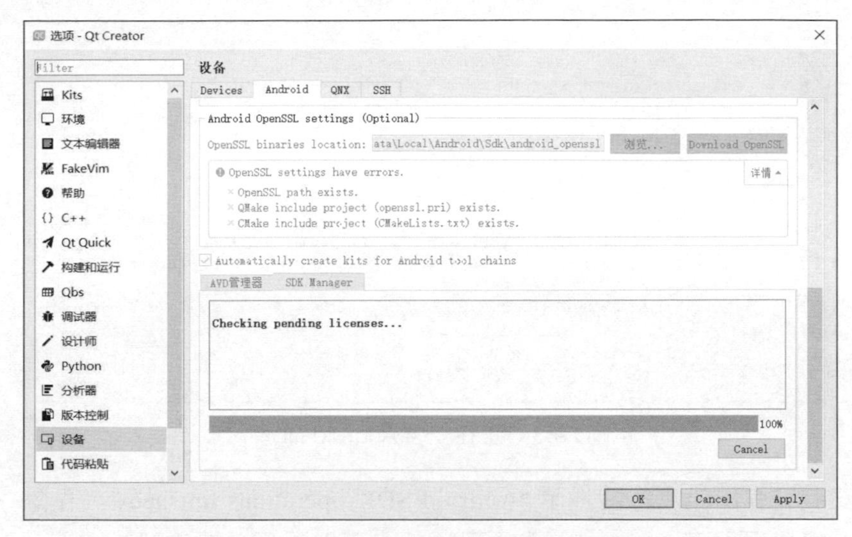

圖 29.32 檢查使用者尚未接受的授權合約

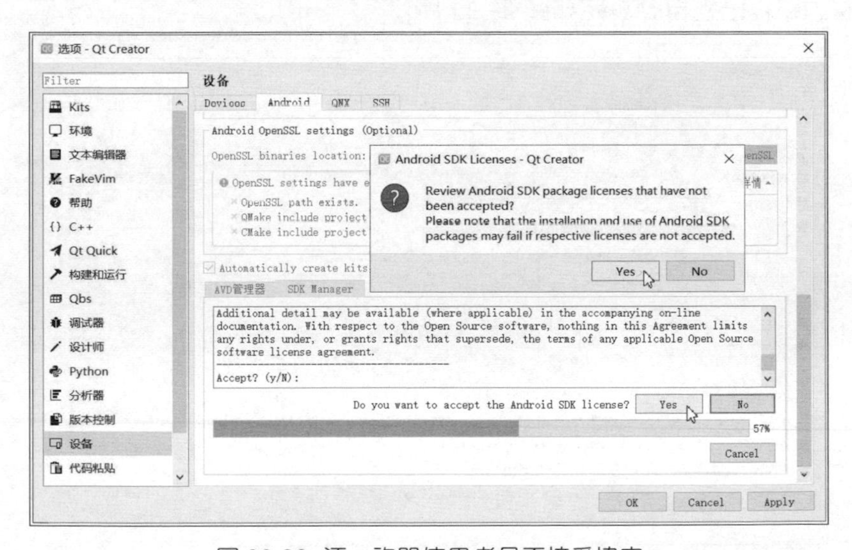

圖 29.33 逐一詢問使用者是否接受協定

（4）在 "SDK Manager" 欄區可看到當前正在安裝的元件，其中就包括與 SDK 相匹配的 Android NDK，如圖 29.34 所示。

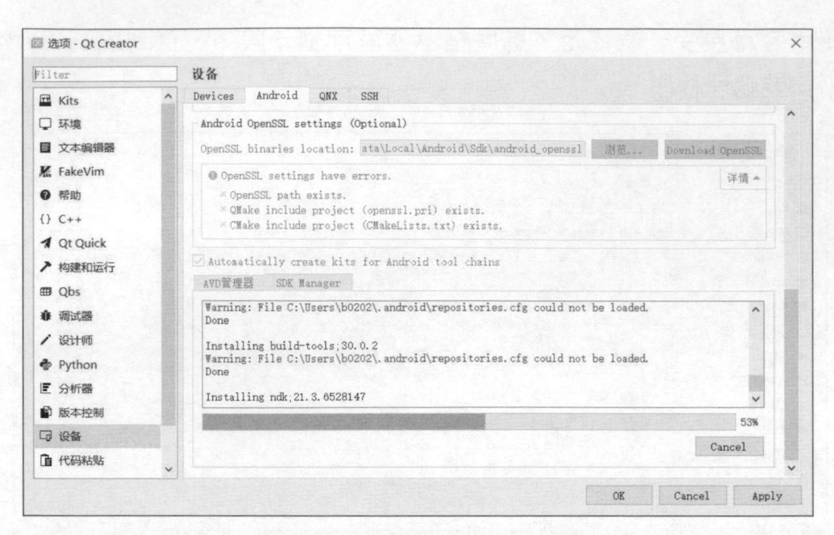

圖 29.34 正在安裝 Android NDK

（5）安裝完彈出訊息方塊提示 "Android SDK operations finished."，點擊 "OK" 按鈕，捲動滑鼠至 "Android" 選項頁頭部，可以看到，這時候 "Android NDK list" 欄的路徑已經自動設定如圖 29.35 所示。

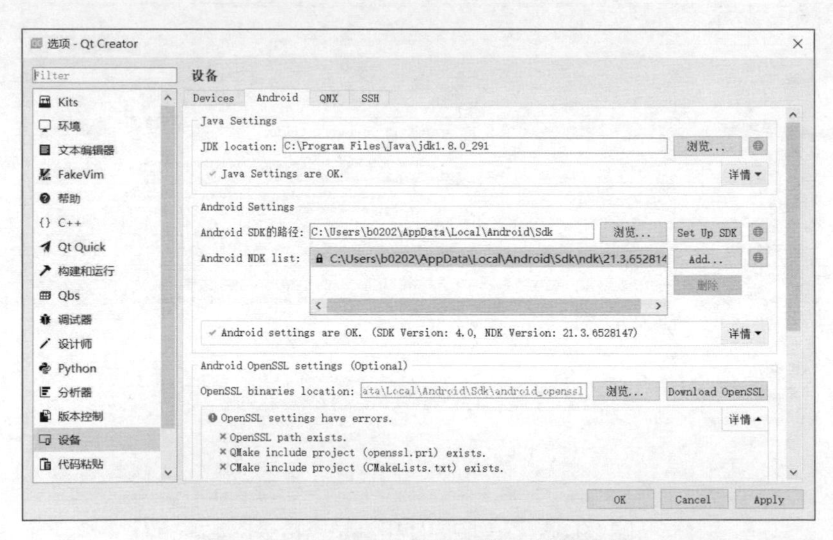

圖 29.35 Android NDK 路徑已經設定好

進入電腦的 "C:\Users\< 使用者名稱 >\AppData\Local\Android\Sdk" 目錄，可看到其中多了個 "ndk" 子目錄，這個就是 Android NDK 的安裝目錄，如圖 29.36 所示。

« OS (C:) › 用户 › b0202 › AppData › Local › Android › Sdk

名称	修改日期	类型
.downloadIntermediates	2021/4/29 17:00	文件夹
.temp	2021/4/29 17:01	文件夹
build-tools	2021/4/29 17:27	文件夹
cmdline-tools	2021/4/29 17:29	文件夹
emulator	2021/4/29 16:24	文件夹
extras	2021/4/29 17:27	文件夹
fonts	2021/4/29 16:42	文件夹
licenses	2021/4/29 17:27	文件夹
ndk	2021/4/29 17:29	文件夹
patcher	2021/4/29 16:24	文件夹
platforms	2021/4/29 17:01	文件夹
platform-tools	2021/4/29 16:24	文件夹
skins	2021/4/29 16:48	文件夹
sources	2021/4/29 17:01	文件夹
system-images	2021/4/29 16:54	文件夹
tools	2021/4/29 16:25	文件夹
.knownPackages	2021/4/29 17:30	KNOWNPACKAGES 文件

圖 29.36 Android NDK 的安裝目錄

29.2 Qt 開發 Android 程式

在 Qt 中，Qt Quick Controls 類型的專案為基於 Android 平台的 APP 開發給予了強大的支援。從 Qt 6.0 開始，Qt Creator 專為移動 APP 開發提供 3 種不同類型的 Qt Quick 應用程式範本：Scroll（捲動螢幕）、Stack（堆疊頁）、Swipe（觸控滑動螢幕）。當使用者建立新專案的時候，執行 Qt Creator，在歡迎介面左側點擊 "Projects" 按鈕，切換至專案管理介面，點擊其上 [+ New] 按鈕，或選擇主選單「檔案」→「新建檔案或專案 ...」項，出現「新建專案」視窗，在左側「選擇一個範本」下的「專案」列表中點選 "Application (Qt Quick)" 專案，如圖 29.37 所示，從中間列表中就可以看到這 3 個類型的應用程式範本（圖中框出的）。

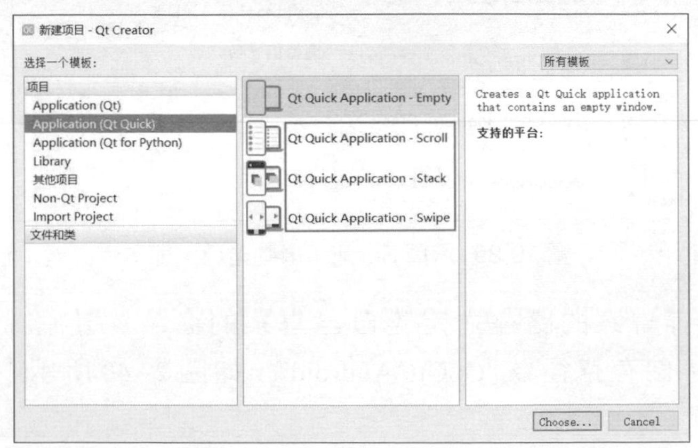

圖 29.37 Qt 用於開發 Android 的 3 種類型的應用程式範本

下面透過 3 個典型應用實例來演示這幾種不同類型 Android 程式的開發。

29.2.1 用 Scroll 範本開發捲動圖書選項清單

本節使用 Scroll（捲動螢幕）範本來實現一個附帶捲軸的選項清單功能。

【例】（難度中等）（CH2901）實現一個圖書選擇 APP，採用選項清單的形式，介面上部是所有書名的列表，使用者選中的項以淡灰色背景突出顯示，同時在下方圖片框中顯示對應該書的封面圖片，執行效果如圖 29.38 所示。

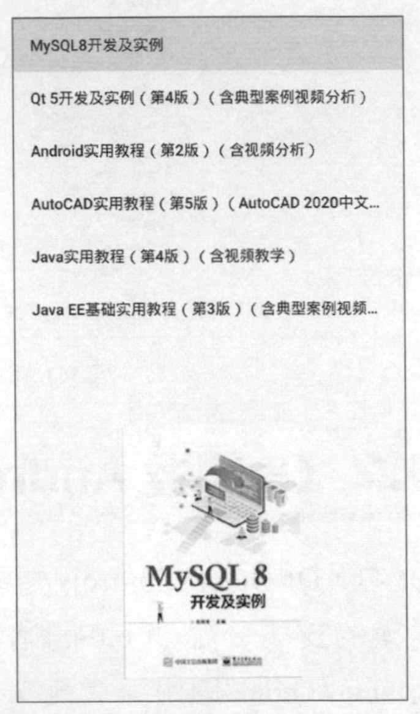

圖 29.38 圖書選項清單 APP 執行效果

實現步驟如下。

1. 建立專案

（1）用 Qt Creator 建立 Qt Quick Controls 專案，在「新建專案」視窗選擇程式範本為 "Qt Quick Application - Scroll"，如圖 29.39 所示。點擊 "Choose..." 按鈕，進入下一步。

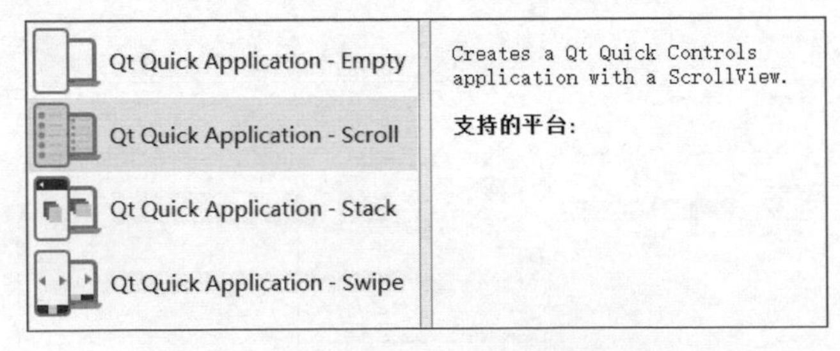

圖 29.39 選擇 Scroll（捲動螢幕）範本

（2）選擇儲存專案的路徑並定義自己專案的名字。這裡將專案命名為 "BookView"，儲存路徑為 "C:\Qt6\Android"，如圖 29.40 所示，點擊「下一步」按鈕。

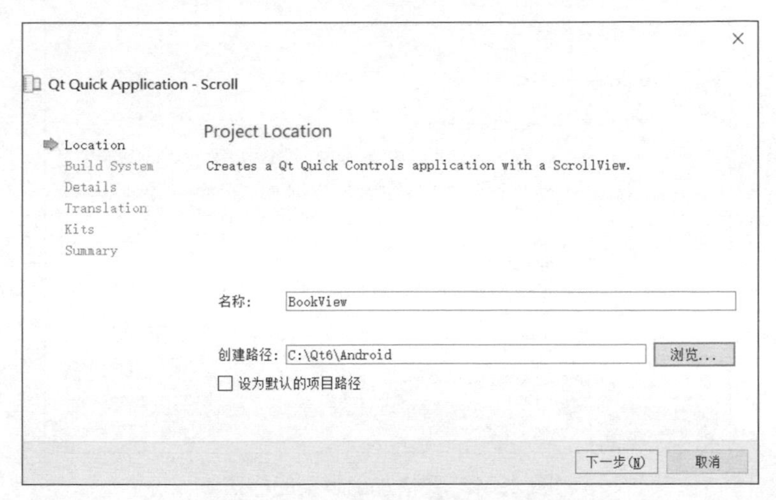

圖 29.40 專案命名和選擇儲存路徑

（3）接下來的 3 個介面都保留預設設定，連續 3 次點擊「下一步」按鈕，進入 "Kit Selection"（選擇建構套件）介面。在這個介面上指定 Android 程式的編譯器，選取 "Android Qt 6.0.2 Clang armeabi-v7a"，如圖 29.41 所示，點擊「下一步」按鈕。

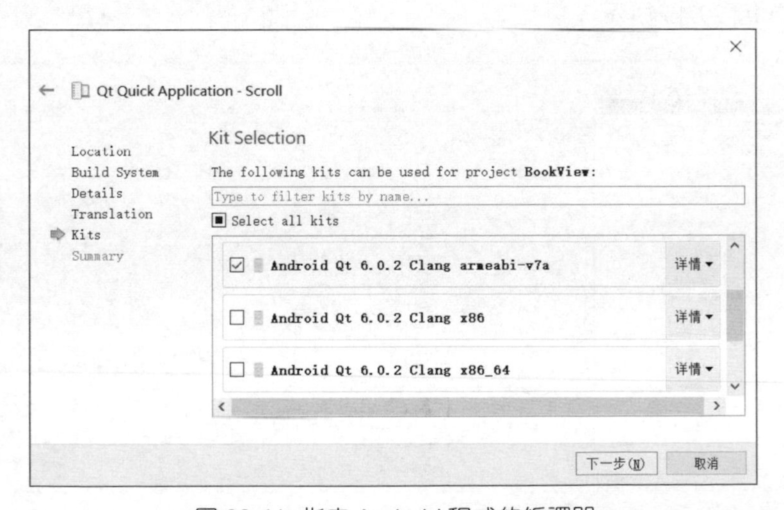

圖 29.41 指定 Android 程式的編譯器

（4）最後的 "Project Management" 介面自動整理出要增加到該專案的檔案，如圖 29.42 所示。點擊「完成」按鈕，完成 Qt Quick Controls 專案的建立。

圖 29.42 要增加到專案的檔案

（5）在開發專案目錄中建一個 "images" 資料夾，其中放入本例要用到的所有圖書的封面圖片。

（6）按滑鼠右鍵項目視圖 "Resources" → "qml.qrc" 下的 "/" 節點，選擇「增加現有檔案…」項，從彈出的對話方塊中選擇這些圖片並開啟，將它們載入到專案中，如圖 29.43 所示。

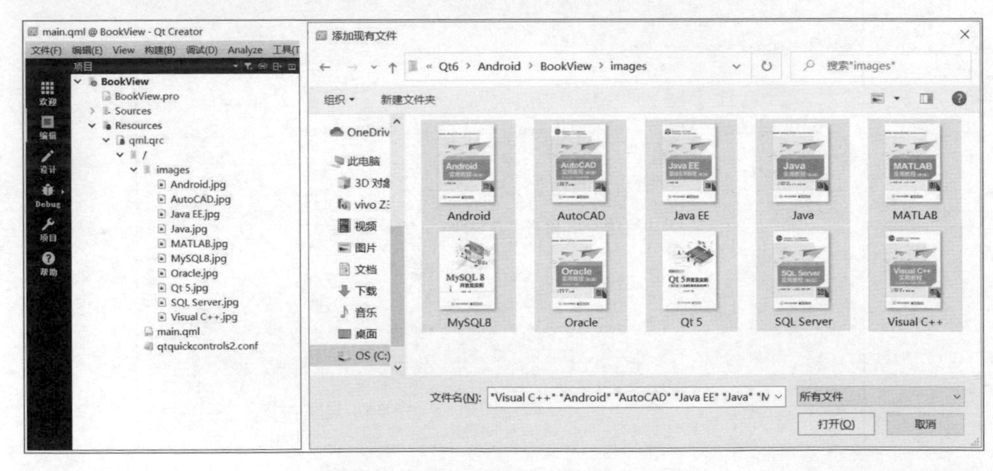

圖 29.43 載入圖書封面圖片資源

2. 撰寫程式

Scroll 範本的專案結構比較簡單，其 APP 只有一個頁面，透過主程式檔案 "main.qml" 實現。開啟 "main.qml"，撰寫程式如下：

```
import QtQuick 2.12
import QtQuick.Controls 2.5                    //匯入 Qt Quick Controls 函數庫

ApplicationWindow {                            //主應用視窗
    width: 640
    height: 480
    visible: true
    title: qsTr("選擇圖書")

    ScrollView {                               //(a)
        id: scrollView
        width: parent.width
        height: 250

        ListView {                             //串列控制項元素實現書名清單
            id: listView
            width: parent.width
            model: bookModel                   //透過模型載入串列元素
            delegate: ItemDelegate {           //(b)
                text: modelData                //(c)
                width: listView.width
                highlighted: ListView.isCurrentItem     //(d)
                onClicked: {                            //(e)
                    listView.currentIndex = index
                    switch(index) {
                        case 0: bookCover.source="images/MySQL8.jpg";
break;
                        case 1: bookCover.source="images/Qt 5.jpg";
break;
                        case 2: bookCover.source="images/Android.jpg";
break;
                        case 3: bookCover.source="images/AutoCAD.jpg";
break;
                        case 4: bookCover.source="images/Java.jpg";
break;
                        case 5: bookCover.source="images/Java EE.jpg";
break;
                        case 6: bookCover.source="images/MATLAB.jpg";
break;
                        case 7: bookCover.source="images/Oracle.jpg";
break;
                        case 8: bookCover.source="images/SQL Server.
jpg"; break;
                        case 9: bookCover.source="images/Visual C++.
jpg"; break;
```

```
                        default: break;
                    }
                }
            }
        }
    }

    Image {                                         //圖片框控制項
        id: bookCover
        width: 164
        height: 230
        source: "images/MySQL8.jpg"                 //初始載入的圖片
        anchors.top: scrollView.bottom              //位於列表下方
        anchors.topMargin: 120                      //距列表120像素
        anchors.horizontalCenter: scrollView.horizontalCenter
                                                    //與列表置中對齊
    }

    ListModel {                                     //串列模型
        id: bookModel
        ListElement {                               //串列元素，標題為書名
            title: "MySQL8開發及實例"
        }
        ListElement {
            title: "Qt 5開發及實例(第4版)(含典型案例視訊分析)"
        }
        ListElement {
            title: "Android實用教學(第2版)(含視訊分析)"
        }
        ListElement {
            title: "AutoCAD實用教學(第5版)(AutoCAD 2020中文版)(含視訊教
學)"
        }
        ListElement {
            title: "Java實用教學(第4版)(含視訊教學)"
        }
        ListElement {
            title: "Java EE基礎實用教學(第3版)(含典型案例視訊分析)"
        }
        ListElement {
            title: "MATLAB實用教學(第5版)(含視訊教學)"
        }
        ListElement {
            title: "Oracle實用教學(第5版)(Oracle 11g版)(含視訊教學)"
```

```
        }
        ListElement {
            title: "SQL Server 實用教學（第 6 版）（含視訊教學）"
        }
        ListElement {
            title: "Visual C++ 實用教學（Visual Studio 版）（第 6 版）（含視訊分析提高）"
        }
    }
}
```

其中，

(a) ScrollView {...}：捲動視圖元件，Qt 6 採用它來取代原 Qt 5 中 ScrollIndicator 的捲軸功能。預設是垂直捲軸，只有在使用者翻動清單選項的時候才會呈現。

(b) delegate: ItemDelegate {...}：ItemDelegate 是 Qt 5.7 引入的元件，也是 Qt Quick Controls 2 重要的標識性特色元件之一。它呈現了一個標準的視圖專案，該專案可以在多種視圖或控制項中作為委託來使用。舉例來說，本例中的 ItemDelegate 就是放在串列控制項 ListView 中作為委託使用的。

(c) text: modelData：指定 ItemDelegate 的 text 屬性為模型態資料，所引用的模型要在外部定義好，由 ListView 的 model 屬性來引用其 id，本例中串列模型 ListModel 的 id 為 bookModel。

(d) highlighted: ListView.isCurrentItem：該屬性設定 ItemDelegate 是否支援反白 / 突出顯示。委託元素可被突出顯示以引起使用者關注，這種顯示模式對鍵盤互動沒有影響，使用者可使用它來為列表中的當前選中項加反白背景。

(e) onClicked: {...}：在 ItemDelegate 的點擊事件中獲取 ListView 當前選中項的索引號，再由 switch 決定需要載入哪本書的封面圖片。

3. 執行 APP

用 USB 線將手機連接到電腦並開啟偵錯模式，點擊 Qt Creator 開發環境左下角的執行按鈕，系統彈出對話方塊讓使用者選擇 APP 的執行裝置，筆者選的是自己手機對應的裝置項 "V1813T"，點擊 "OK" 按鈕，如圖 29.44 所示。

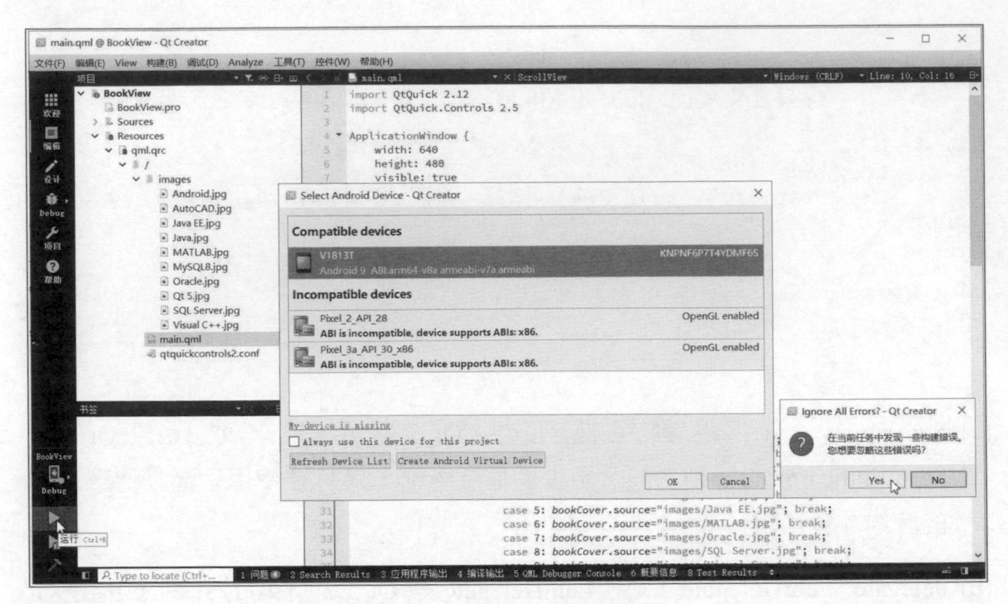

圖 29.44 選擇 APP 執行裝置

系統開始建構和部署應用程式，初次執行有時候會彈出一個訊息方塊提示存在一些建構錯誤，點擊 "Yes" 按鈕忽略，然後根據手機提示安裝並執行 APP，即可看到效果。

29.2.2 用 Stack 範本展示圖書詳細資訊

本節使用 Stack（堆疊頁）範本來展示多本圖書的詳細資訊。當 APP 需要切換展示多個不同方面的資訊，且資訊內容較多時，往往採用多頁面導覽方式，在 Qt 6 中，這類功能是透過 StackView（堆疊視圖）元件實現的，一般都要與 Drawer（隱藏面板）和 ToolBar（工具列）元件配合一起使用，其中 StackView 用來顯示內容，而 Drawer 和 ToolBar 用來導覽。

【例】（難度中等）（CH2902）製作一個新書推薦展示的 APP，初始顯示首頁，使用者點擊左上角彈出一個面板，其上是要推薦的書名列表，點選清單項切換至對應圖書的詳細資訊展示頁，執行效果如圖 29.45 所示。

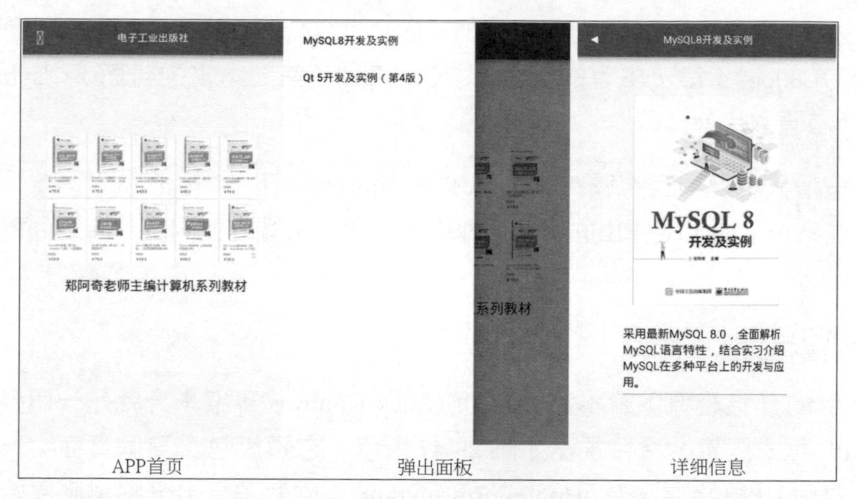

圖 29.45 新書展示 APP 執行效果

實現步驟如下。

1. 建立專案

(1) 用 Qt Creator 建立 Qt Quick Controls 專案，在「新建專案」視窗選擇程式範本為 "Qt Quick Application - Stack"，如圖 29.46 所示。點擊 "Choose..." 按鈕，進入下一步。

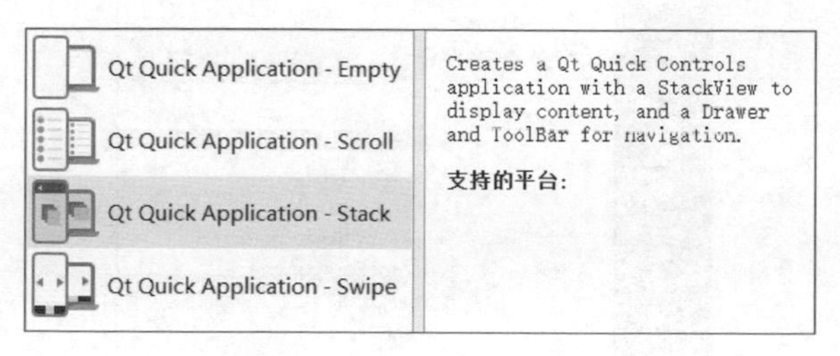

圖 2.46 選擇 Stack（堆疊頁）範本

(2) 將專案命名為 "NewBook"，儲存路徑為 "C:\Qt6\Android"，點擊「下一步」按鈕。

(3) 連續 3 次點擊「下一步」按鈕，進入 "Kit Selection"（選擇建構套件）介面，選取 "Android Qt 6.0.2 Clang armeabi-v7a" 作為 Android 程式的編譯器，點擊「下一步」按鈕。

(4) 最後在 "Project Management" 介面點擊「完成」按鈕，完成專案的建立。

（5）在開發專案目錄中建一個 "images" 資料夾，其中放入三張圖片："MySQL8.jpg"（第一本書的封面）、"Qt 5.jpg"（第二本書的封面）、"sybooks.jpg"（首頁圖片）。

（6）按滑鼠右鍵項目視圖 "Resources" → "qml.qrc" 下的 "/" 節點，選擇「增加現有檔案…」項，從彈出的對話方塊中選中這三張圖片並開啟，將它們載入到專案中。

2. 撰寫程式

透過 Stack（堆疊頁）範本建立的 Qt Quick Controls 專案本身就是一個多頁面的 APP 程式框架，項目視圖如圖 29.47 所示，它預設包含三個頁面：一個首頁，對應 UI 原始檔案為 "HomeForm. ui.qml"；兩個子頁，分別對應原始檔案 "Page1Form.ui.qml" 和 "Page2Form.ui.qml"。當然也有 "main.qml" 作為專案的主程式檔案。各個原始檔案中已經自動生成好了基本的程式框架，開發時由使用者根據應用需要在其中撰寫程式填充頁面內容即可。

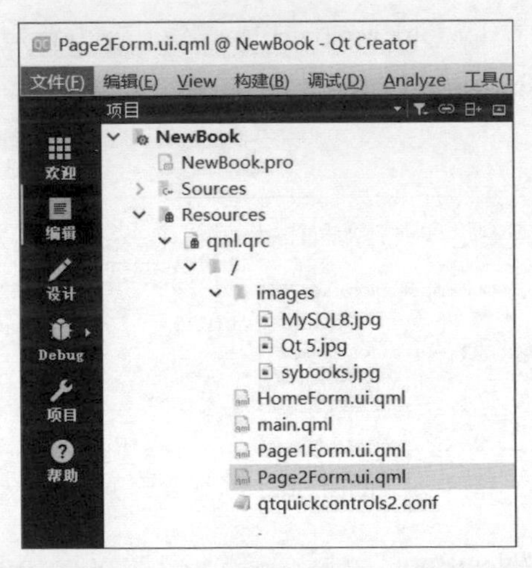

圖 29.47 Stack（堆疊頁）範本生成的項目視圖

（1）main.qml。

這是整個 APP 程式的功能框架，從中可看到 APP 的各個頁面是怎樣被組織起來並加以控制的機制，以及 StackView、Drawer 和 ToolBar 等元件如何配合發揮作用的方式。此檔案一般無須改動，這裡僅將程式標題及面板上的清單項替換成應用所需的文字內容，完整程式如下：

```
import QtQuick 2.12
import QtQuick.Controls 2.5                  //匯入 Qt Quick Controls 函數庫

ApplicationWindow {                          //主應用視窗
    id: window
    width: 640
    height: 480
    visible: true
    title: qsTr("展示新書")                    //程式標題

    header: ToolBar {
        contentHeight: toolButton.implicitHeight

        ToolButton {
            id: toolButton
            text: stackView.depth > 1 ? "\u25C0" : "\u2630"
            font.pixelSize: Qt.application.font.pixelSize * 1.6
            onClicked: {
                if (stackView.depth > 1) {
                    stackView.pop()
                } else {
                    drawer.open()
                }
            }
        }

        Label {
            text: stackView.currentItem.title
            anchors.centerIn: parent
        }
    }

    Drawer {
        id: drawer
        width: window.width * 0.66
        height: window.height

        Column {
            anchors.fill: parent

            ItemDelegate {                    //第一本書對應面板清單項
                text: qsTr("MySQL8 開發及實例")
                width: parent.width
                onClicked: {
```

```
                    stackView.push("Page1Form.ui.qml")
                    drawer.close()
                }
            }
            ItemDelegate {                  // 第二本書對應面板清單項
                text: qsTr("Qt 5 開發及實例（第 4 版）")
                width: parent.width
                onClicked: {
                    stackView.push("Page2Form.ui.qml")
                    drawer.close()
                }
            }
        }
    }

    StackView {
        id: stackView
        initialItem: "HomeForm.ui.qml"    // 堆疊視圖預設載入的是首頁
        anchors.fill: parent
    }
}
```

（2）HomeForm.ui.qml。

這是 APP 首頁的 UI 設計原始檔案，往其中增加一個 Image（圖片框）和一個 Label（文字標籤）元件，分別用於顯示圖書系列展示圖以及名稱，程式如下：

```
import QtQuick 2.12
import QtQuick.Controls 2.5                 // 匯入 Qt Quick Controls 函數庫

Page {
    width: 360                              // 修改頁面寬度以適應手機螢幕
    height: 400

    title: qsTr(" 電子工業出版社 ")            // 工具列標題

    Image {                                 // 圖片框
        id: bookHome
        width: 288
        height: 174
        source: "images/sybooks.jpg"        // 初始載入的圖片
        anchors.centerIn: parent
    }

    Label {                                 // 文字標籤
```

```
        text: qsTr("鄭阿奇老師主編電腦系列教材")
        anchors.top: bookHome.bottom      //錨定於圖片下方
        leftPadding: 60
        anchors.topMargin: 20
        font.pointSize: 18
    }
}
```

(3) Page1Form.ui.qml。

這是顯示第一本書(《MySQL 8 開發及實例》)詳細資訊的子頁面 UI 設計原始檔案,往其中增加一個 Image(圖片框)顯示書的封面大圖,用 TextArea(文字區)顯示圖書的詳細介紹文字,程式如下:

```
import QtQuick 2.12
import QtQuick.Controls 2.5              //匯入 Qt Quick Controls 函數庫

Page {
    width: 360                           //修改頁面寬度以適應手機螢幕
    height: 400

    title: qsTr("MySQL8 開發及實例")     //工具列標題

    Image {                              //圖片框
        id: book1
        width: 204
        height: 288
        source: "images/MySQL8.jpg"      //第一本書的封面
        anchors.centerIn: parent
    }

    TextArea {                           //文字區
        implicitWidth: 230
        implicitHeight: 110
        text: qsTr("採用最新 MySQL 8.0,全面解析\r\nMySQL 語言特性,結合實習介
紹\r\nMySQL 在多種平台上的開發與應\r\n用。")
        anchors.top: book1.bottom        //錨定於圖片下方
        anchors.topMargin: 20
        anchors.horizontalCenter: book1.horizontalCenter
                                         //文字區與圖片置中對齊
    }
}
```

（4）Page2Form.ui.qml。

這是顯示第二本書（《Qt 5 開發及實例（第 4 版）》）詳細資訊的子頁面 UI 設計原始檔案，與第一個子頁面的結構和實現方式完全一樣，程式如下：

```
import QtQuick 2.12
import QtQuick.Controls 2.5

Page {
    width: 360
    height: 400

    title: qsTr("Qt 5 開發及實例（第 4 版）")

    Image {
        id: book2
        width: 204
        height: 288
        source: "images/Qt 5.jpg"                    // 第二本書的封面
        anchors.centerIn: parent
    }

    TextArea {
        implicitWidth: 230
        implicitHeight: 90
        text: qsTr("採用主流 Qt 5.0，展現 Qt 5 神奇 \r\n 魅力，適合 Qt 5 學習開
發，提供 \r\n 大小實例完整程式。")
        anchors.top: book2.bottom
        anchors.topMargin: 20
        anchors.horizontalCenter: book2.horizontalCenter
    }
}
```

執行 APP，可看到如圖 29.45 所示的效果。

29.2.3 用 Swipe 範本滑動翻看藝術作品

本節使用 Swipe（觸控滑動螢幕）範本來實現滑動翻看藝術作品的功能。

【例】（難度中等）（CH2903）製作一個藝術品欣賞 APP，它有多個頁面，每一頁顯示一幅世界著名藝術品圖片，執行時期透過手指滑動螢幕來切換頁面，效果如圖 29.48 所示。

圖 29.48 藝術品欣賞 APP 執行效果

1. 建立專案

（1）用 Qt Creator 建立 Qt Quick Controls 專案，在「新建專案」視窗選擇程式範本為 "Qt Quick Application - Swipe"，如圖 29.49 所示。點擊 "Choose..." 按鈕，進入下一步。

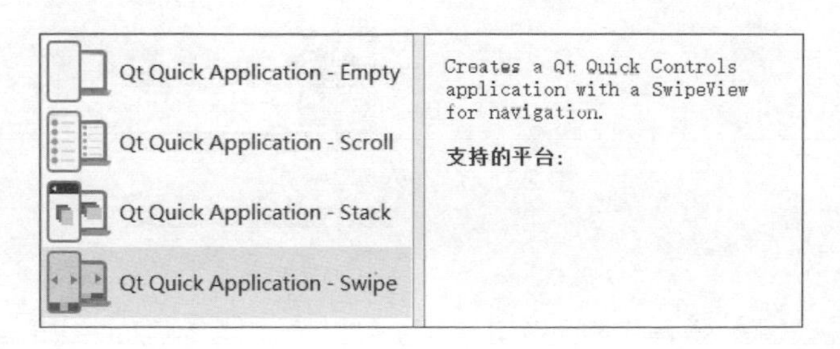

圖 29.49 選擇 Swipe（觸控滑動螢幕）範本

（2）將專案命名為 "ArtView"，儲存路徑為 "C:\Qt6\Android"，點擊「下一步」按鈕。

（3）連續 3 次點擊「下一步」按鈕，進入 "Kit Selection"（選擇建構套件）介面，選取 "Android Qt 6.0.2 Clang armeabi-v7a" 作為 Android 程式的編譯器，點擊「下一步」按鈕。

（4）最後在 "Project Management" 介面點擊「完成」按鈕，完成專案的建立。

（5）在開發專案目錄中建立一個 "images" 資料夾（進入專案所在的磁碟目錄直接建立），其中放入本 APP 要用到的三張圖片，檔案名稱分別為 "ls.jpg"（蒙娜麗莎）、"dw.jpg"（大衛）、"sm.jpg"（西斯廷聖母）。

（6）在 Qt Creator 中按滑鼠右鍵專案樹狀視圖 "Resources" → "qml.qrc" 下的 "/" 節點，選擇 "Add Existing Directory…" 項，從彈出對話方塊的目錄樹中選取 "images" 資料夾（其下的三張圖片也會自動選取上），點擊 "OK" 按鈕，將它們載入到專案中，如圖 29.50 所示。

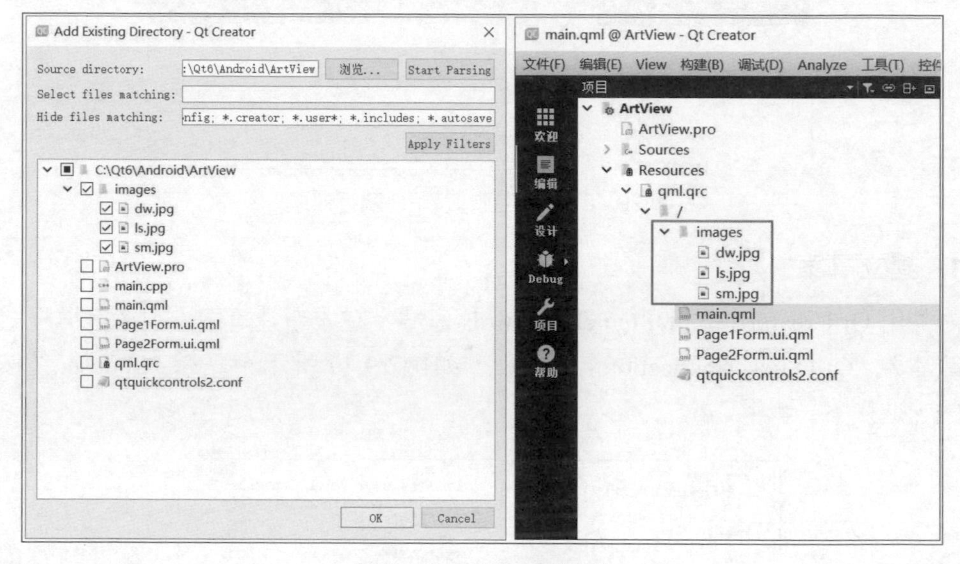

圖 29.50 匯入專案資源

2. 撰寫程式

用 Swipe（觸控滑動螢幕）範本建立的專案也是一個多頁面 APP 程式框架，與上節 Stack 範本專案的不同之處僅在於沒有首頁（HomeForm.ui.qml），開發時同樣也是由使用者在各個頁面的 UI 原始檔案中撰寫程式來填充內容的。

（1）main.qml。

這是 APP 程式整體功能框架，只須修改程式主資料表單尺寸使其適應手機螢幕，修改後的程式如下：

```
import QtQuick 2.12
import QtQuick.Controls 2.5
```

```
ApplicationWindow {
    width: 840
    height: 660
    visible: true
    title: qsTr("世界藝術珍品")

    SwipeView {                                    //滑動視圖元件
        id: swipeView
        anchors.fill: parent
        currentIndex: tabBar.currentIndex

        Page1Form {
        }

        Page2Form {
        }
    }

    footer: TabBar {
        id: tabBar
        currentIndex: swipeView.currentIndex

        TabButton {
            text: qsTr("Page 1")
        }
        TabButton {
            text: qsTr("Page 2")
        }
    }
}
```

(2) Page1Form.ui.qml。

這是 APP 第一個頁面的 UI 設計原始檔案，我們往其中增加 3 個子頁面，並定義一個頁面小數點指示器元素，程式如下：

```
import QtQuick 2.12
import QtQuick.Controls 2.5

Item {
    SwipeView {                                    //滑動視圖元件
        id: view
        currentIndex: pageIndicator.currentIndex
        anchors.fill: parent

        Page {
            title: qsTr("蒙娜麗莎")
```

```
            Image {
                source: "images/ls.jpg"
            }
        }
        Page {
            title: qsTr("大衛")
            Image {
                source: "images/dw.jpg"
            }
        }
        Page {
            title: qsTr("西斯廷聖母")
            Image {
                source: "images/sm.jpg"
            }
        }
    }

    PageIndicator {                                    //頁面小數點指示器元素
        id: pageIndicator
        interactive: true
        count: view.count
        currentIndex: view.currentIndex
        anchors.bottom: parent.bottom
        anchors.horizontalCenter: parent.horizontalCenter
    }

    Label {
        text: view.currentItem.title
        font.family: "微軟雅黑"
        font.bold: true
        font.pixelSize: 25
        anchors.top: parent.top
        anchors.topMargin: 10
        anchors.left: parent.left
        anchors.leftMargin: 20
    }
}
```

由於本程式旨在演示 SwipeView 的滑動功能，並不涉及標籤頁的切換，故只須開發一個 UI 頁面即可。

最後，執行 APP，看到如圖 29.48 所示的效果。

Qt 6 中的 Python 開發

CHAPTER 30

網際網路巨量資料時代，很多行業的應用都要對巨量資料進行分析並以視覺化的圖表加以展示。當下，在資料分析領域最流行的程式語言是 Python，它有著強大的可與專業軟體 MatLab 媲美的科學計算和視覺化繪圖展現資料的能力。但 Python 卻不擅長做介面，而 Qt 則能很輕鬆地製作出藝術級的圖形化使用者介面。為了能將兩者的優勢相結合，Qt 官方推出了 Qt for Python，基於 PySide 函數庫，封裝了 Qt 中豐富的 GUI 元件，使得 Python 開發者可以用 Qt Creator 來開發 Python 應用程式，透過 Qt Designer 設計器直接拖曳出美觀的 UI 介面，這也是未來 Qt 開發將要著重致力的方向之一。

30.1 Qt 的 Python 開發環境建構

傳統的 Python 程式是用 PyCharm 開發的，本章我們改用 Qt 開發，無須 PyCharm IDE，但基礎的 Python 語言環境仍必不可少，故首先要安裝 Python，然後是 PySide 等擴充函數庫，還要在 Qt Creator 中設定針對 Python 的編譯器。

30.1.1 安裝 Python

我們選擇最新版的 Python 3.9，安裝步驟如下。

（1）下載安裝套件。

在 Python 官方網站獲取安裝檔案，Windows 要求選擇 Windows 7 以上 64 位元作業系統版本，在下載清單中選擇 Windows 平台 64 位元安裝套件（"Python -XYZ. msi" 檔案，其中 XYZ 為版本編號），下載後得到的檔案名稱為 "python-3.9.4-amd64.exe"。

（2）安裝 Python。

按兩下安裝套件，進入 Python 安裝精靈，如圖 30.1 所示。

圖 30.1 Python 安裝精靈

選取底部的 2 個選項（其中 "Add Python 3.9 to PATH" 表示把 Python 安裝目錄加入 Windows 環境變數的使用者變數 Path 路徑中），然後點擊 "Install Now" 按鈕（其下方顯示的就是預設安裝目錄），開始安裝。

安裝成功後，在 Windows 開始選單中就會包含 Python 3.9 的程式組，如圖 30.2 所示。

圖 30.2 開始選單 Python 程式組

（3）設定環境變數。

安裝 Python 時程式自動增加的僅是使用者變數，為確保 Qt 的編譯器能夠正確定位 Python，還要手動設定系統變數。

在桌面上按滑鼠右鍵「此電腦」圖示，從彈出的選單中選擇「屬性」，開啟「系統」視窗，點擊「高級系統設定」選項，顯示「系統內容」對話方塊，點擊「環境變數」按鈕，彈出「環境變數」對話方塊，在其底部列出的「系統變數」清單裡選中 "Path"，點擊「編輯」按鈕，出現「編輯環境變數」對話方塊，其中列出了已有的 Path 系統變數，在尾端增加 Python 的安裝目錄，如圖 30.3 所示。

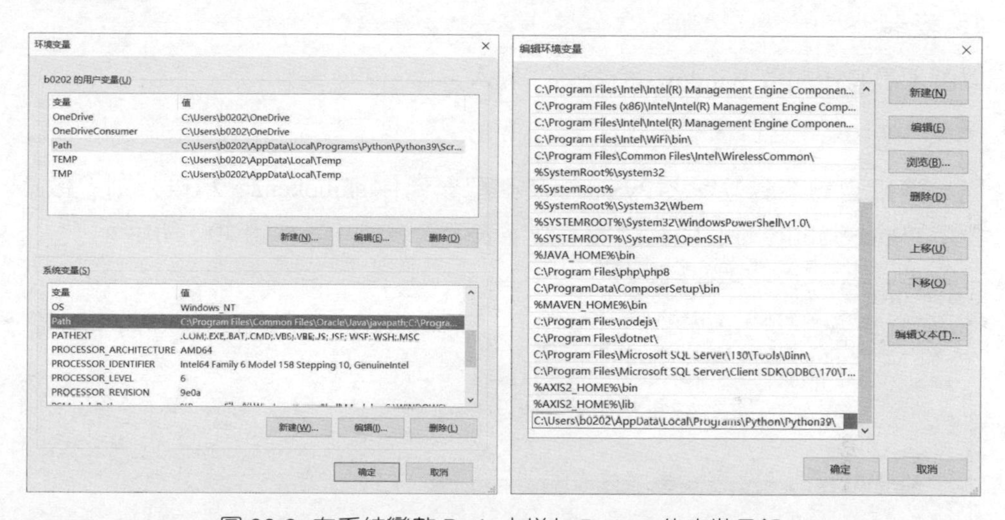

圖 30.3　在系統變數 Path 中增加 Python 的安裝目錄

連續三次點擊「確定」按鈕，Windows 接受這些修改並傳回到最初的「系統」視窗。這樣，系統中就記錄了一個指向新安裝 Python 的查詢路徑，供外部程式隨時使用 Python 語言環境及其配套工具。

（4）驗證安裝。

以管理員身份開啟 Windows 命令列，輸入：

```
python -V
```

顯示所安裝 Python 的版本，如圖 30.4 所示，表明 Python 安裝成功。

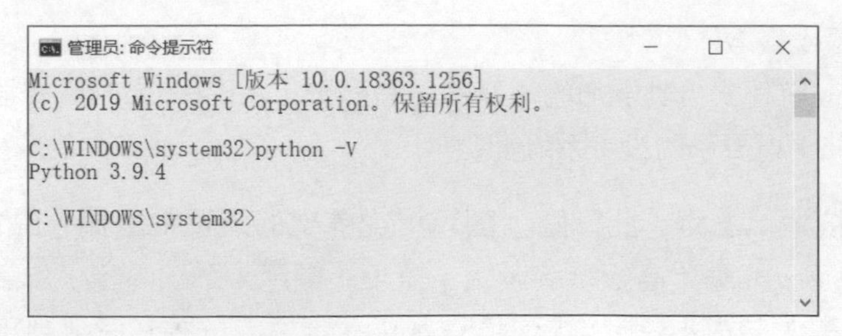

圖 30.4 Python 安裝成功

30.1.2 安裝 PySide2

1. 安裝

以管理員身份開啟 Windows 命令列，輸入：

```
pip install pyside2
```

開始連網自動下載並安裝 PySide2 及其配套元件 shiboken2，稍候片刻，螢幕顯示 "Successfully installed ..." 提示文字表示安裝成功，如圖 30.5 所示。

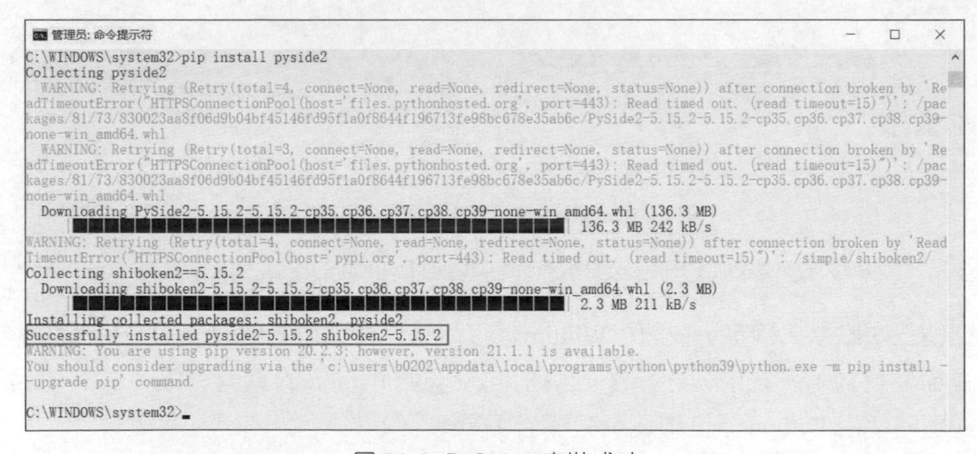

圖 30.5 PySide2 安裝成功

可在命令列輸入：

```
python -m pip list
```

查看系統中已安裝的所有 Python 相關元件的列表，從中找到安裝的 PySide2 和 shiboken2 項。

2. 試用

為驗證 PySide2 是否能正常使用，我們可以先不通過任何開發環境，直接用 Python 語言環境附帶的工具寫一個簡單的測試程式。

（1）點擊 Windows 開始選單 Python 3.9 程式組中的 "IDLE(Python 3.9 64-bit)"，開啟 Python 語言附帶的 IDLE 命令列，如圖 30.6 所示。

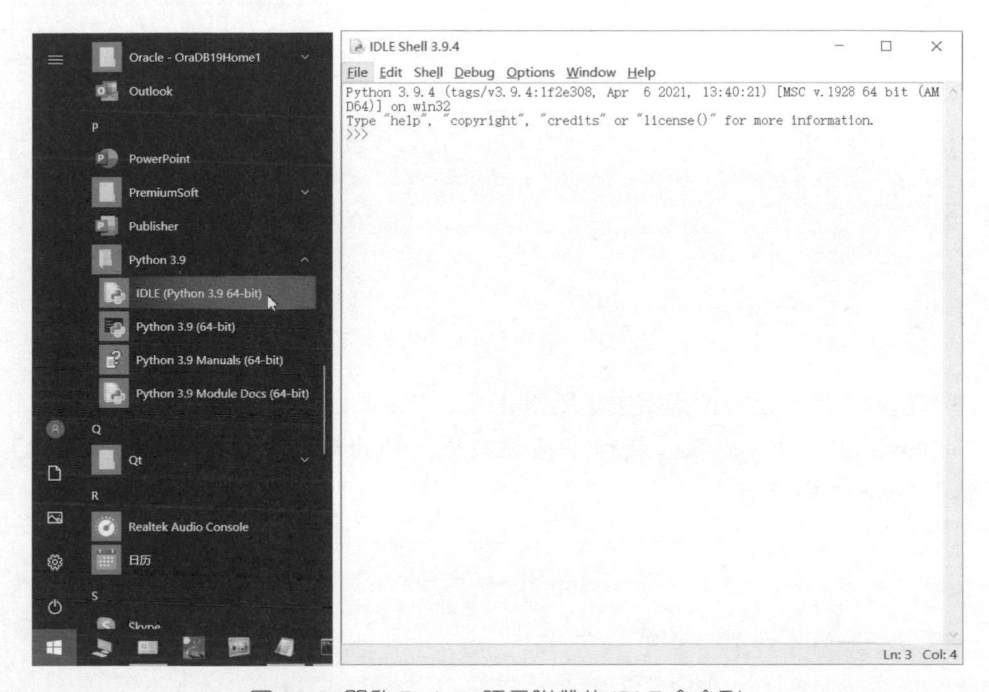

圖 30.6 開啟 Python 語言附帶的 IDLE 命令列

（2）在 IDLE 命令列視窗選擇主選單 "File" → "New File"，彈出一空白程式編輯器，在其中編輯輸入以下程式（見圖 30.7）：

```
import sys
import random
from PySide2 import QtCore, QtWidgets, QtGui
class MyWidget(QtWidgets.QWidget):
    def __init__(self):
        super().__init__()
        self.text = QtWidgets.QLabel("Hello World")
        self.text.setAlignment(QtCore.Qt.AlignCenter)
        self.layout = QtWidgets.QVBoxLayout()
        self.layout.addWidget(self.text)
```

```
        self.setLayout(self.layout)
if __name__ == "__main__":
    app = QtWidgets.QApplication([])
    widget = MyWidget()
    widget.resize(400, 300)
    widget.show()
    sys.exit(app.exec_())
```

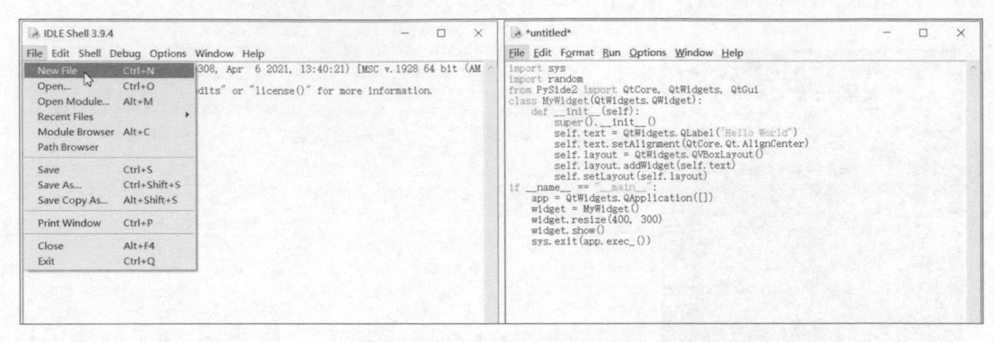

圖 30.7 編輯 Python 測試程式

（3）在程式編輯器視窗選擇主選單 "File" → "Save As..."，將程式檔案命名（如 "helloworld"）後，點擊「儲存」按鈕存檔（預設就儲存在 Python 的安裝目錄），如圖 30.8 所示。

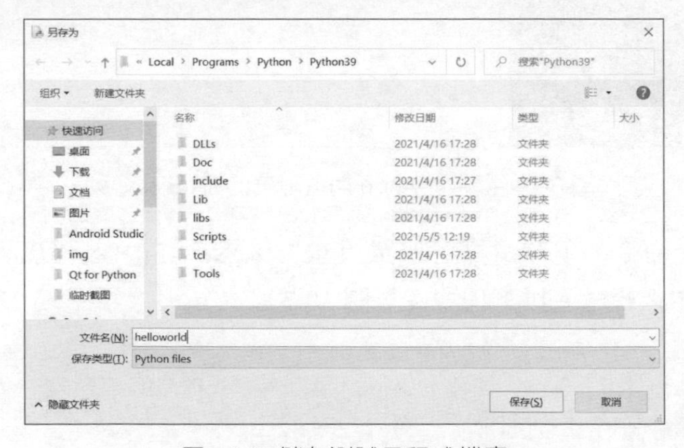

圖 30.8 儲存測試用程式檔案

（4）測試程式被儲存為 .py 尾碼的 Python 原始檔案後，在程式編輯器視窗選擇主選單 "Run" → "Run Module" 即可直接執行，顯示 "Hello World" 視窗，如圖 30.9 所示。這說明安裝的 PySide2 函數庫是可以正常執行的。

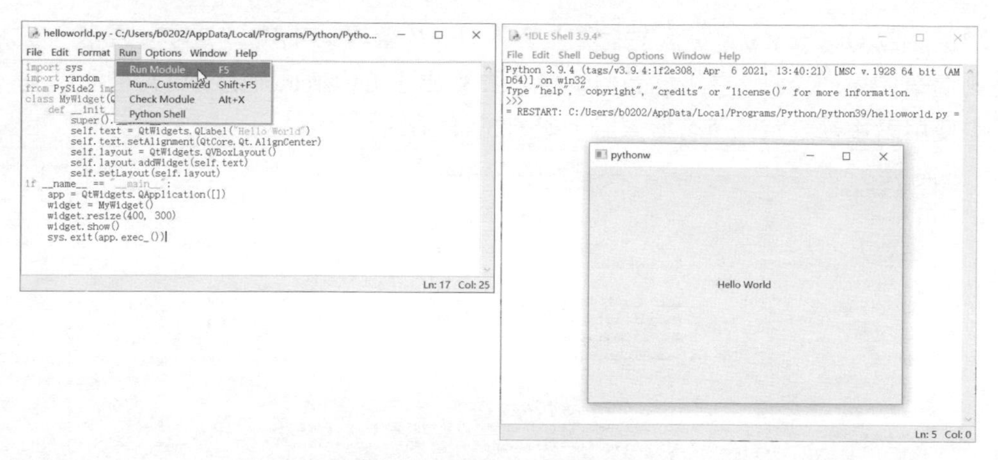

圖 30.9 執行測試 PySide2 函數庫可以正常執行

30.1.3 設定編譯器

Qt 官方針對 Python 語言推出的 C/C++ 編譯器是 Clang，需要單獨下載並在 Qt Creator 環境中設定才能使用，步驟如下。

（1）下載 Clang 套件。

在 Qt 官網下載 Clang 編譯器的套件，我們選擇 64 位元 Windows 平台匹配 MinGW 編譯器最新 120 版本的發佈套件，點擊 "libclang-release_120-based-windows-mingw_64.7z" 開始下載，如圖 30.10 所示。下載得到的壓縮檔檔案名為 "libclang-release_120-based-windows-mingw_64.7z"，解壓後將其中的 "libclang" 目錄存檔到本地電腦某個指定的路徑下。

Qt Downloads

Qt Home　Bug Tracker　Code Review　Planet Qt　Get Qt Extensions

Name	Last modified	Size	Metadata
Parent Directory		-	
qt/	28-Apr-2021 15:02	-	
md5sums.txt	28-Oct-2020 12:51	5.1K	Details
libclang-release_120-based-windows-vs2019_64.7z	03-May-2021 11:57	364M	Details
libclang-release_120-based-windows-mingw_64.7z	03-May-2021 11:56	426M	Details
libclang-release_120-based-windows-mingw_64-regular.7z	03-May-2021 11:57	628M	Details
libclang-release_120-based-md5.txt	03-May-2021 11:56	508	Details
libclang-release_120-based-mac.7z	03-May-2021 11:56	276M	Details
libclang-release_120-based-linux-Ubuntu18.04-gcc9.3-x86_64.7z	03-May-2021 11:55	373M	Details
libclang-release_120-based-linux-Rhel7.6-gcc5.3-x86_64.7z	03-May-2021 11:55	346M	Details

圖 30.10 下載 Clang 編譯器的套件

（2）啟動 Qt Creator，選擇主選單「工具」→「選項」，開啟「選項」視窗，左側清單中選 "Kits"，在「編譯器」選項頁列出了 Qt Creator 能夠自動檢測到或由使用者手動設定的所有編譯器，如圖 30.11 所示。

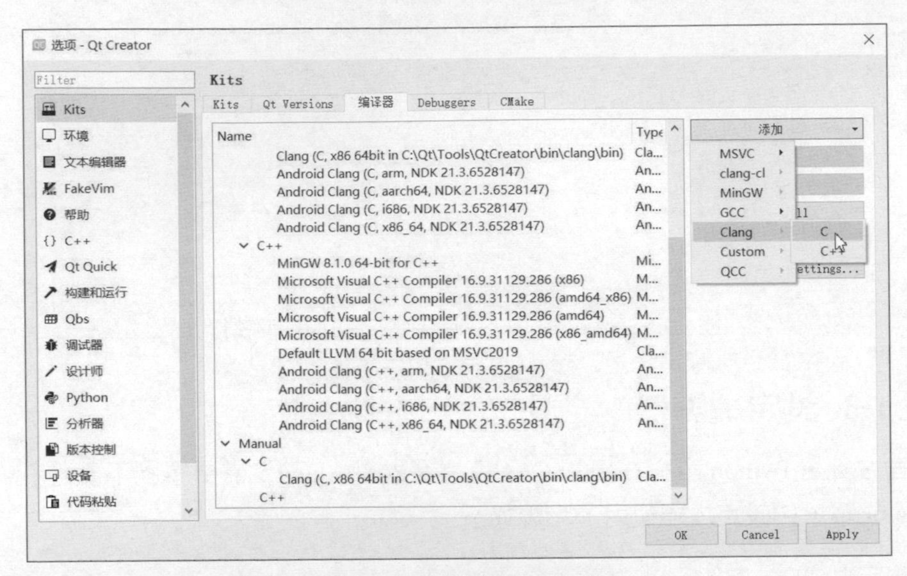

圖 30.11 所有編譯器列表

（3）增加 Clang 的 C 編譯器。

點擊「編譯器」選項頁右上方的「增加」按鈕，從下拉式功能表中選擇 "Clang" → "C"，彈出「選擇執行檔」對話方塊，定位到 "libclang\bin" 目錄下，找到並選中 "clang.exe"，點擊「開啟」按鈕，如圖 30.12 所示。

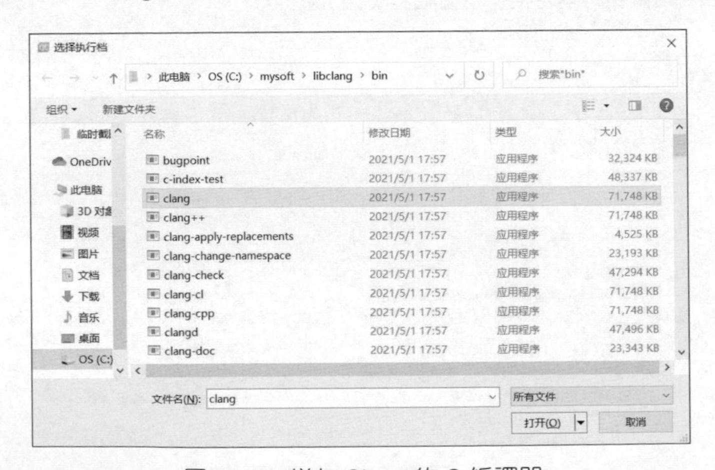

圖 30.12 增加 Clang 的 C 編譯器

列表選中剛增加的編譯器專案，在下方「名稱」欄給編譯器命名（這裡指定名稱為 "Clang_120_Windows_MinGW64"，讀者也可取其他名稱，只要在稍後設定時選擇一致即可），"Parent toolchain" 欄選 "MinGW 8.1.0 64-bit for C"，如圖 30.13 所示。

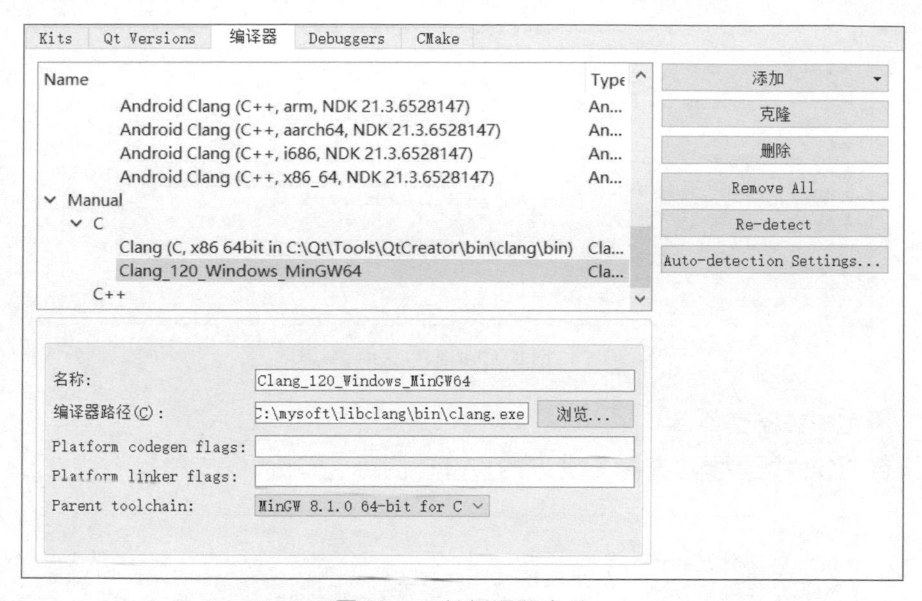

圖 30.13 給編譯器命名

（4）增加 Clang 的 C++ 編譯器。

增加 C++ 編譯器的方法與 C 編譯器的一樣，點擊「編譯器」選項頁右上方的「增加」按鈕，從下拉式功能表中選擇 "Clang" → "C++"，彈出「選擇執行檔」對話方塊，定位到 "libclang\bin" 目錄下，找到並選中 "clang++.exe"，點擊「開啟」按鈕。然後選中增加的編譯器專案，在下方「名稱」欄給編譯器命名 "Clang++_120_Windows_MinGW64"，"Parent toolchain" 欄選 "MinGW 8.1.0 64-bit for C++"，點擊介面右下角 "Apply" 按鈕，如圖 30.14 所示。

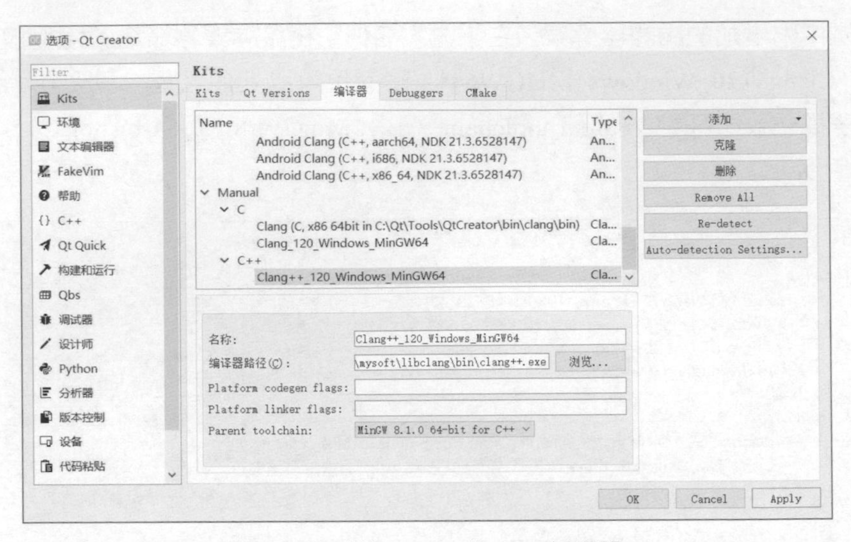

圖 30.14 增加 Clang 的 C++ 編譯器

（5）設定編譯器套件。

切換至 "Kits" 選項頁，點擊右上方的 "Add" 按鈕，如圖 30.15 所示。

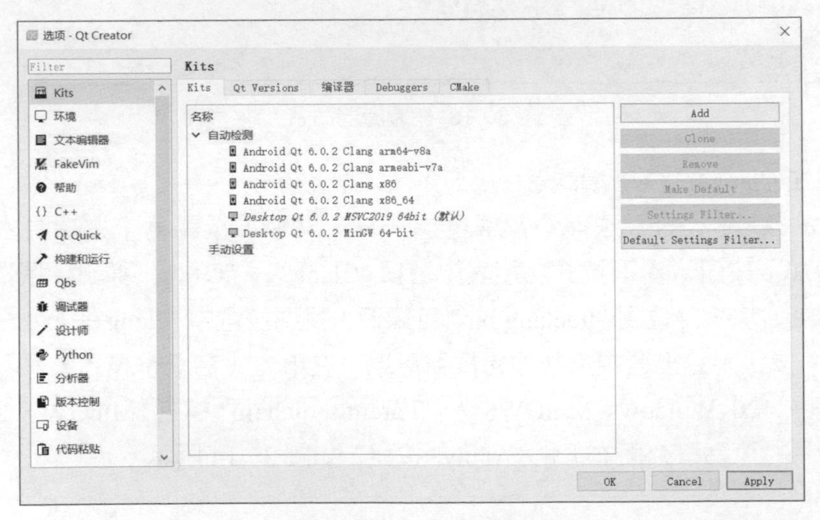

圖 30.15 "Kits" 選項頁

在下方出現一系列專欄，在「名稱」欄填寫套件名稱（這裡取名 "120_Windows_MinGW_Clang"，讀者也可取其他名稱）；在 "Compiler" 的 C 和 C++ 欄分別對應選剛剛增加的 Clang 的 C 和 C++ 編譯器（注意名稱要一致），如圖 30.16 所示。

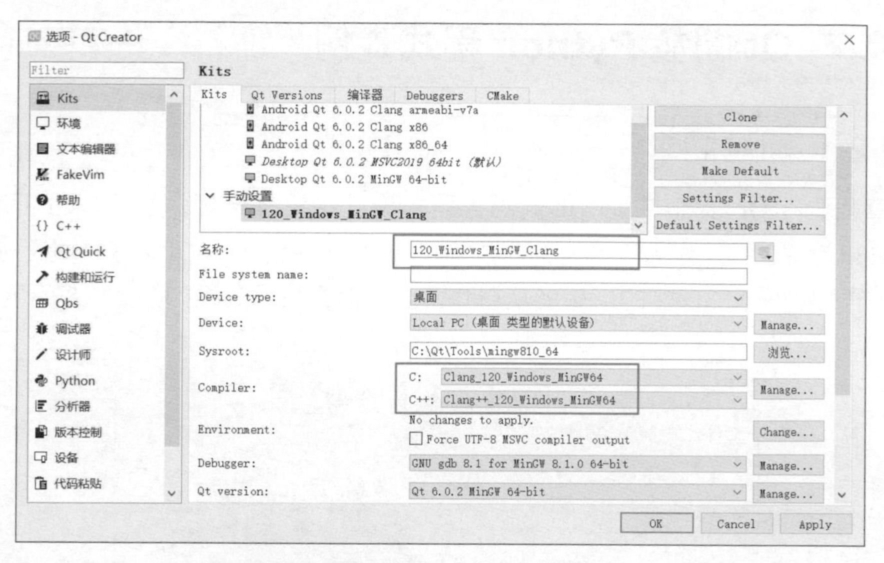

圖 30.16 選擇組成套件的編譯器

（6）選中「選項」視窗左側清單中的 "Python" 項，在 "Interpreters" 選項頁清單中選中原來預設的 "Python from Path"，點擊 "Delete" 按鈕將其刪除，然後點擊介面右下角的 "Apply" 和 "OK" 按鈕完成設定，如圖 30.17 所示。

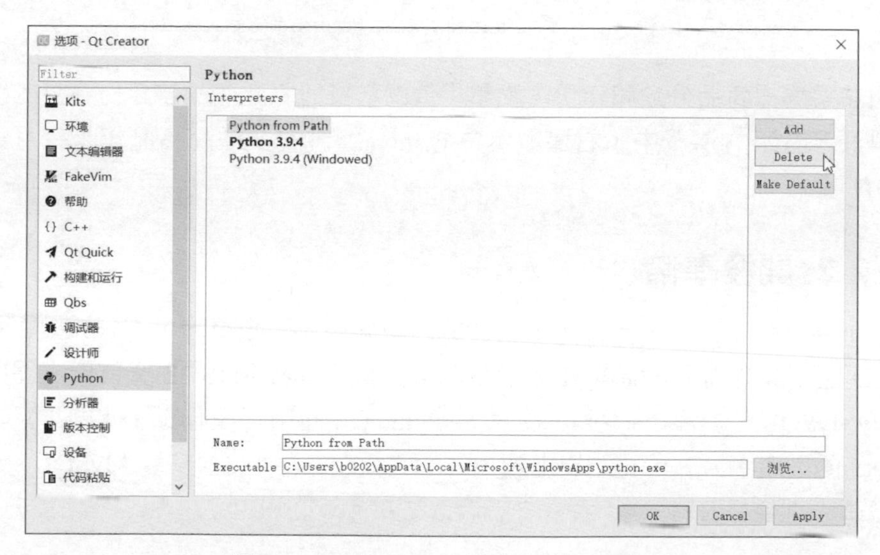

圖 30.17 刪除原來預設的 Python 路徑

經以上一系列設定之後，Qt Creator 環境就可以用來開發 Python 應用程式了。

30.2 Qt 開發 Python 程式實例

30.2.1 開發需求

本章我們在 Qt 環境中以 Python 語言程式設計，開發一個銷售資料分析系統（CH30）。它用 Qt 作為前端介面，以 Python 讀取後台 MySQL 的資料進行處理後，再以視覺化 3D 圖的形式展示在介面上。程式執行效果如圖 30.18 所示。

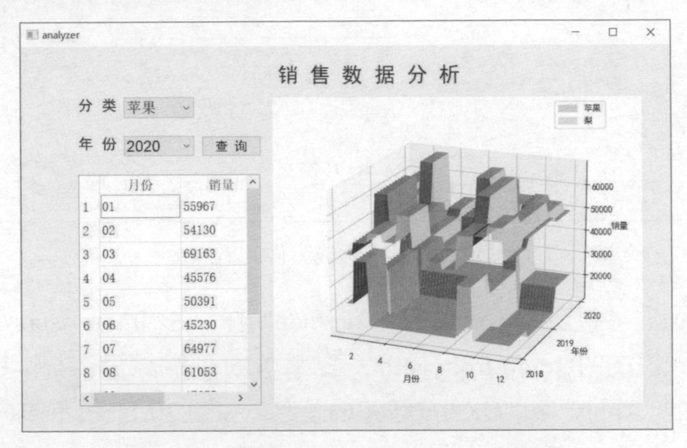

圖 30.18「銷售資料分析系統」執行效果

介面左邊選擇商品分類和年份，點擊「查詢」按鈕將此商品該年份各月的銷量資料顯示在下方清單中，右邊顯示由 Python 繪製的多種商品歷年來每月銷售量 3D 圖。

30.2.2 開發準備

Python 語言的功能很大一部分是基於協力廠商擴充函數庫的，本程式要實現繪製 3D 圖，需要用到 MatPlotLib 函數庫；要實現連接 MySQL 資料庫，需要用到 PyMySQL 函數庫；而要以 Qt 設計 Python 介面則需要借助 PySide2 配套的 PyQt5 函數庫。另外，要跑出上圖 30.18 程式的效果，需要安裝 MySQL、建立表並事先準備好資料。

1. 安裝擴充函數庫

（1）安裝 MatPlotLib。

以管理員身份開啟 Windows 命令列，輸入：

```
pip3 install matplotlib
```

與 MatPlotLib 庫存在相關依賴的包括 cycler、kiwisolver、numpy、pillow、pyparsing、python-dateutil、six 等許多元件，Python 附帶的 pip3 工具會自動檢測、逐一連網下載並安裝它們，如圖 30.19 所示。稍候片刻，螢幕顯示 "Successfully installed ..." 提示文字，安裝成功。

```
C:\WINDOWS\system32>pip3 install matplotlib
Collecting matplotlib
  Using cached matplotlib-3.4.1-cp39-cp39-win_amd64.whl (7.1 MB)
Collecting cycler>=0.10
  Using cached cycler-0.10.0-py2.py3-none-any.whl (6.5 kB)
Collecting pyparsing>=2.2.1
  Using cached pyparsing-2.4.7-py2.py3-none-any.whl (67 kB)
Collecting pillow>=6.2.0
  Using cached Pillow-8.2.0-cp39-cp39-win_amd64.whl (2.2 MB)
Collecting numpy>=1.16
  Using cached numpy-1.20.2-cp39-cp39-win_amd64.whl (13.7 MB)
Collecting python-dateutil>=2.7
  Using cached python_dateutil-2.8.1-py2.py3-none-any.whl (227 kB)
Collecting kiwisolver>=1.0.1
  Using cached kiwisolver-1.3.1-cp39-cp39-win_amd64.whl (51 kB)
Collecting six
  Downloading six-1.16.0-py2.py3-none-any.whl (11 kB)
Installing collected packages: six, cycler, pyparsing, pillow, numpy, python-dateutil, kiwisol
ver, matplotlib
Successfully installed cycler-0.10.0 kiwisolver-1.3.1 matplotlib-3.4.1 numpy-1.20.2 pillow-8.2
.0 pyparsing-2.4.7 python-dateutil-2.8.1 six-1.16.0
WARNING: You are using pip version 20.2.3; however, version 21.1.1 is available.
You should consider upgrading via the 'c:\users\b0202\appdata\local\programs\python\python39\p
ython.exe -m pip install --upgrade pip' command.
```

圖 30.19 pip3 連網自動檢測下載安裝 MatPlotLib 函數庫及其相關元件

（2）安裝 PyMySQL。

在 Windows 命令列下輸入：

```
pip3 install PyMySQL
```

新版 PyMySQL 1.0.2 解除了舊版本與許多協力廠商元件的依賴關係，整個驅動套件僅 43kB，且相容任何 Python 3 版本，安裝十分便捷，如圖 30.20 所示。

```
C:\Users\b0202>pip3 install PyMySQL
Collecting PyMySQL
  Downloading PyMySQL-1.0.2-py3-none-any.whl (43 kB)
     |████████████████████████████████| 43 kB 238 kB/s
Installing collected packages: PyMySQL
Successfully installed PyMySQL-1.0.2
WARNING: You are using pip version 20.2.3; however, version 21.0.1 is available.
You should consider upgrading via the 'c:\users\b0202\appdata\local\programs\python\pytho
n39\python.exe -m pip install --upgrade pip' command.
```

圖 30.20 安裝 PyMySQL 1.0.2

（3）安裝 PyQt5。

在 Windows 命令列下輸入：

```
pip3 install PyQt5
```

它包括 PyQt5、PyQt5-Qt5、PyQt5-sip 共 3 個相關的元件，安裝過程如圖 30.21 所示。

以上安裝的所有擴充函數庫元件皆可透過在命令列輸入以下命令查看：

```
python -m pip list
```

2. 安裝 MySQL

可以採用從 Oracle 官網下載執行可執行安裝檔案或設定壓縮檔兩種方式安裝 MySQL，我們安裝使用的是 MySQL 8.0，具體安裝設定過程略。

```
C:\WINDOWS\system32>pip3 install PyQt5
Collecting PyQt5
  Downloading PyQt5-5.15.4-cp36.cp37.cp38.cp39-none-win_amd64.whl (6.8 MB)
     |████████████████████████████████| 6.8 MB 21 kB/s
WARNING: Retrying (Retry(total=4, connect=None, read=None, redirect=None, status=None)) after connection broken by 'Read
TimeoutError("HTTPSConnectionPool(host='pypi.org', port=443): Read timed out. (read timeout=15)")': /simple/pyqt5-qt5/
Collecting PyQt5-Qt5>=5.15
  Downloading PyQt5_Qt5-5.15.2-py3-none-win_amd64.whl (50.1 MB)
     |████████████████████████████████| 50.1 MB 41 kB/s
WARNING: Retrying (Retry(total=4, connect=None, read=None, redirect=None, status=None)) after connection broken by 'Read
TimeoutError("HTTPSConnectionPool(host='pypi.org', port=443): Read timed out. (read timeout=15)")': /simple/pyqt5-sip/
Collecting PyQt5-sip<13,>=12.8
  Downloading PyQt5_sip-12.8.1-cp39-cp39-win_amd64.whl (63 kB)
     |████████████████████████████████| 63 kB 26 kB/s
Installing collected packages: PyQt5-Qt5, PyQt5-sip, PyQt5
Successfully installed PyQt5-5.15.4 PyQt5-Qt5-5.15.2 PyQt5-sip-12.8.1
WARNING: You are using pip version 20.2.3; however, version 21.1.1 is available.
You should consider upgrading via the 'c:\users\b0202\appdata\local\programs\python\python39\python.exe -m pip install -
-upgrade pip' command.
```

圖 30.21 安裝 PyQt5 相關的元件

3. 準備資料

（1）建立資料庫。

以管理員（root）使用者身份登入 MySQL，建立電商資料庫（netshop）。

（2）建立表。

在資料庫中建立銷售情況分析表（saleanalyze），執行敘述：

```
USE netshop;
CREATE TABLE saleanalyze
(
    TCode        char(3)      NOT NULL,          /* 商品分類編碼 */
    TName        varchar(8)   NOT NULL,          /* 商品分類名稱 */
    SYearMonth   char(6)      NOT NULL,          /* 商品銷售年月 */
```

```
    SNum      int,                          /* 商品銷售數量 */
    SPrice      decimal(10,2)               /* 商品總價 */
    PRIMARY  KEY(TCode, SYearMonth)
);
```

該表用於存放對商品銷售資料進行分析統計的資料記錄。

（3）輸入測試資料。

本章 Python 程式繪製銷售量 3D 圖所依賴的全部資料都從銷售情況分析表中獲得，為簡單起見，我們預先往該表中輸入兩類商品（蘋果、梨）近 3 年的月銷售資料，如圖 30.22（a）～（f）所示。

TCode	TName	SYearMonth	SNum
11A	苹果	201801	43246
11A	苹果	201802	48593
11A	苹果	201803	53226
11A	苹果	201804	50353
11A	苹果	201805	62085
11A	苹果	201806	49366
11A	苹果	201807	44795
11A	苹果	201808	42238
11A	苹果	201809	56806
11A	苹果	201810	57318
11A	苹果	201811	61720
11A	苹果	201812	48905

（a）

TCode	TName	SYearMonth	SNum
11A	苹果	201901	46011
11A	苹果	201902	63339
11A	苹果	201903	48661
11A	苹果	201904	53292
11A	苹果	201905	47700
11A	苹果	201906	42507
11A	苹果	201907	41107
11A	苹果	201908	58014
11A	苹果	201909	67480
11A	苹果	201910	49698
11A	苹果	201911	58247
11A	苹果	201912	52142

（b）

TCode	TName	SYearMonth	SNum
11A	苹果	202001	55967
11A	苹果	202002	54130
11A	苹果	202003	69163
11A	苹果	202004	45576
11A	苹果	202005	50391
11A	苹果	202006	45230
11A	苹果	202007	64977
11A	苹果	202008	61053
11A	苹果	202009	47675
11A	苹果	202010	55215
11A	苹果	202011	53049
11A	苹果	202012	49604

（c）

TCode	TName	SYearMonth	SNum
11B	梨	201801	22522
11B	梨	201802	40858
11B	梨	201803	14060
11B	梨	201804	14060
11B	梨	201805	14060
11B	梨	201806	14060
11B	梨	201807	14060
11B	梨	201808	14060
11B	梨	201809	36282
11B	梨	201810	14060
11B	梨	201811	14060
11B	梨	201812	14060

（d）

TCode	TName	SYearMonth	SNum
11B	梨	201901	16892
11B	梨	201902	30643
11B	梨	201903	10545
11B	梨	201904	10545
11B	梨	201905	10545
11B	梨	201906	10545
11B	梨	201907	10545
11B	梨	201908	10545
11B	梨	201909	27212
11B	梨	201910	10545
11B	梨	201911	10545
11B	梨	201912	10545

（e）

TCode	TName	SYearMonth	SNum
11B	梨	202001	33783
11B	梨	202002	61287
11B	梨	202003	21090
11B	梨	202004	21090
11B	梨	202005	21090
11B	梨	202006	21090
11B	梨	202007	21090
11B	梨	202008	21090
11B	梨	202009	54423
11B	梨	202010	21090
11B	梨	202011	21090
11B	梨	202012	21090

（f）

圖 30.22 準備銷售情況分析表資料（續）

30.2.3 建立 Qt for Python 專案

在 Qt 6.0 中，Qt for Python 類型的專案為在 Qt 環境中開發 Python 程式及 UI 設計提供了強大的支援，要充分利用 Qt 的圖形介面設計優勢，建立 Window（UI file）類型的專案的步驟如下。

（1）執行 Qt Creator，在歡迎介面左側點擊 "Projects" 按鈕，切換至專案管理介面，點擊其上 + New 按鈕，或選擇主選單「檔案」→「新建檔案或專案 ...」項建立一個新的專案，出現「新建專案」視窗，如圖 30.23 所示。

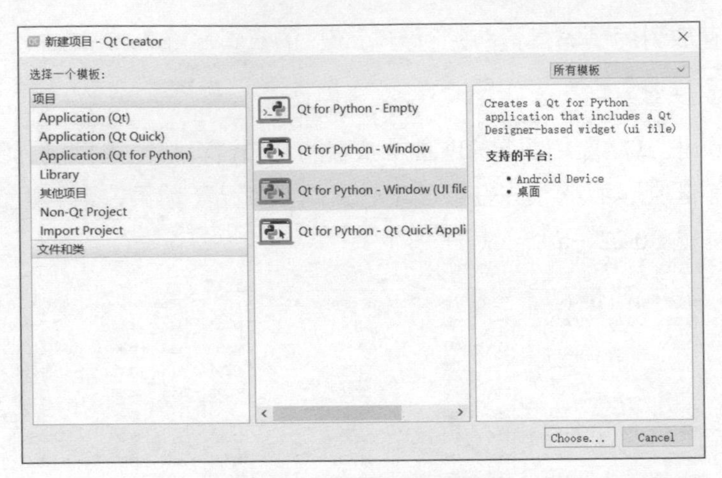

圖 30.23「新建專案」視窗

（2）在左側「選擇一個範本」下的「專案」列表中點選 "Application (Qt for Python)" 專案，中間列表中點選 "Qt for Python - Window (UI file)" 選項，點擊 "Choose..." 按鈕，進入下一步。

（3）選擇儲存專案的路徑並定義自己專案的名字。這裡將專案命名為 "saleanalyze"，儲存路徑為 "C:\Qt6\Python"，如圖 30.24 所示。點擊「下一步」按鈕。

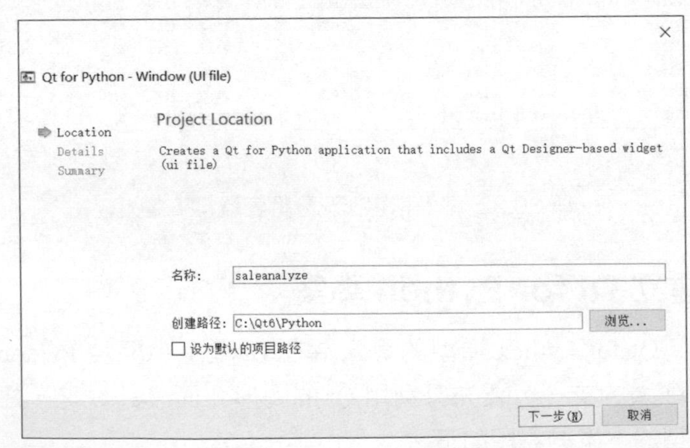

圖 30.24 專案命名和選擇儲存路徑

（4）接下來的介面要為程式定義一個類別名稱，在 "Class name"（類別名稱）欄填寫 "analyzer"（讀者也可命名為其他名稱）；在 "Base class"（基礎類別）欄選 "QWidget"，如圖 30.25 所示。點擊「下一步」按鈕。

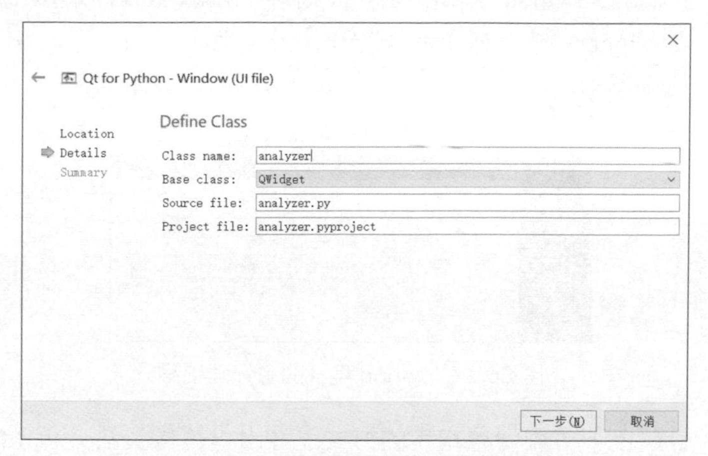

圖 30.25 定義類別名稱和選擇基礎類別

（5）最後的 "Project Management" 介面顯示了要增加到專案中的檔案，如圖 30.26 所示。可見，專案中會自動生成和載入一個 "form.ui" 檔案，它定義了應用程式的前端 GUI 介面，可透過 Qt Designer（設計師）進行拖曳控制項的視覺化設計；一個 "main.py" 檔案用於撰寫實現功能的 Python 來源程式；一個 "main.pyproject" 檔案是專案的專案檔案，透過它可在 Qt Creator 環境中開啟這個 Python 專案。點擊「完成」按鈕完成帶 UI 檔案設計器的 Qt for Python 專案的建立。

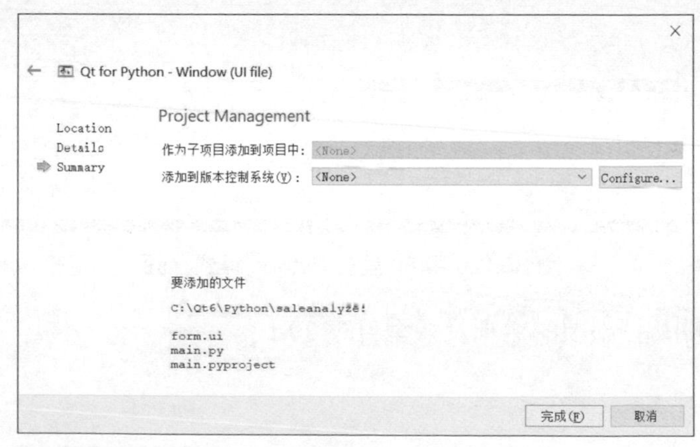

圖 30.26 要增加到專案的檔案

30.2.4 Qt 設計 Python 程式介面

專案建好後就自動進入 Qt 的開發環境，可看到左側專案樹狀視圖下的 "form.ui" 檔案，它就是該 Python 程式的主介面檔案，如圖 30.27 所示，按兩下它即可進入到 Qt Designer（設計師）的視覺化設計環境。

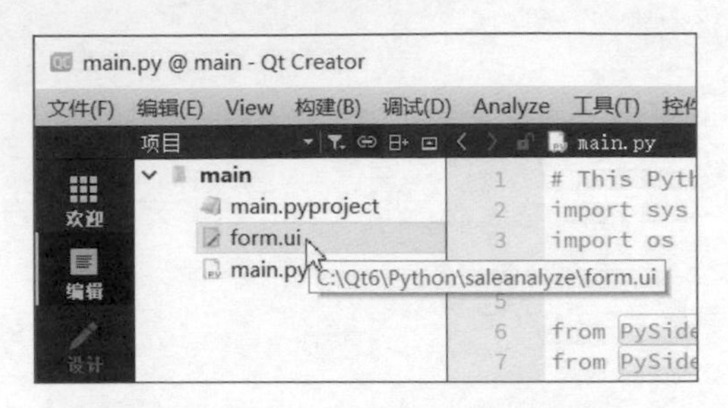

圖 30.27 Python 程式的主介面檔案

在視覺化設計環境下，用滑鼠拖曳的方式設計出「銷售資料分析系統」介面，如圖 30.28 所示。

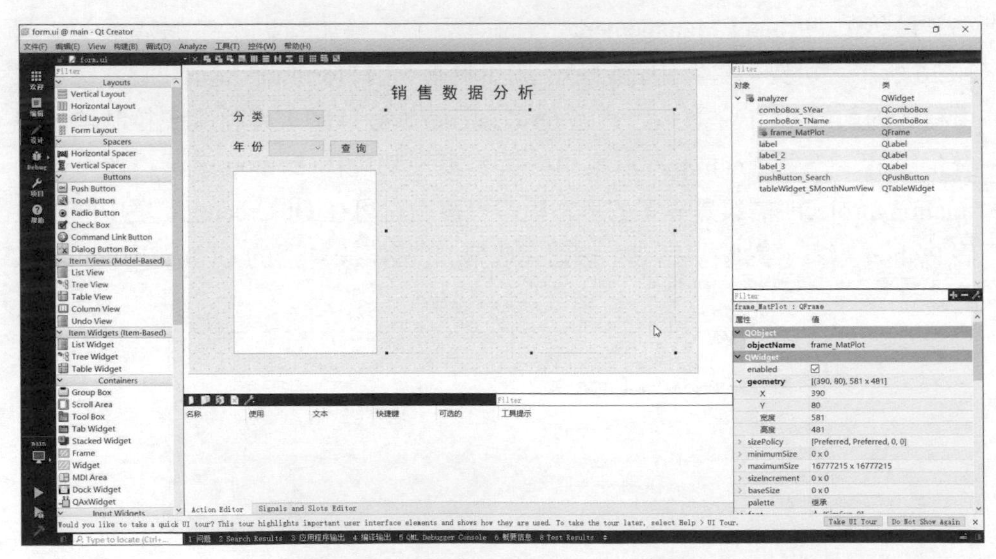

圖 30.28 用 Qt 設計 Python 程式介面

介面上幾個關鍵控制項的名稱及類型見表 30.1。

表 30.1 關鍵控制項的名稱及類型

控制項	名稱（objectName）	類　型
「分類」下拉選單	comboBox_TName	Combo Box
「年份」下拉選單	comboBox_SYear	Combo Box
「查詢」按鈕	pushButton_Search	Push Button
各月銷量資料列表	tableWidget_SMonthNumView	Table Widget
銷量 3D 圖顯示區	frame_MatPlot	Frame

30.2.5 Python 程式框架

本程式的全部 Python 程式都位於原始檔案 "main.py" 中，為方便讀者理解，接下來我們先舉出該檔案的程式框架並說明，下一節再分別詳細說明各程式區塊和函數的功能。

原始檔案 "main.py" 程式框架如下：

```
# This Python file uses the following encoding: utf-8
import sys
import os
…
#（1）匯入庫及公共敘述執行區
class analyzer(QWidget):
    def __init__(self):
        super(analyzer, self).__init__()
        self.load_ui()
        self.init_ui()

#（2）UI 元件載入及介面初始化區
    def load_ui(self):
        …
        self.ui.pushButton_Search.clicked.connect(self.searchByYear)

    def init_ui(self):
        …

#（3）事件程式區
    def searchByYear(self):
        …

#（4）功能函數區
    def drawMatPlot(self):
        …
```

```
#（5）主程式啟動區
if __name__ == "__main__":
    app = QApplication([])
    widget = analyzer()
    widget.ui.show()
    sys.exit(app.exec_())
```

說明：

（1）匯入庫及公共敘述執行區：通常將程式要使用到的所有函數庫在這裡宣告匯入，並且適用於整個程式的公共敘述（如全域變數屬性設定、資料庫連接建立等）也都寫在這裡。

（2）UI 元件載入及介面初始化區：包括兩個函數 load_ui() 和 init_ui()，其中 load_ui() 函數是開發專案建立好就附帶的，其作用是將 form.ui 介面載入 Python 程式；init_ui() 函數則是我們自訂的，主要完成對介面上控制項（如「分類」和「年份」下拉選單）資料內容的初始化。如果使用者要為介面上的某個控制項綁定事件回應，可在 load_ui() 函數中增加綁定敘述，一般寫法為「self.ui. 控制項名稱 . 事件名稱 .connect(self. 方法名稱)」，這裡的「方法名稱」即是事件發生時該控制項所要執行的功能函數的名稱。舉例來說，本程式中我們給介面上「查詢」按鈕綁定了事件，敘述為：

```
self.ui.pushButton_Search.clicked.connect(self.searchByYear)
```

（3）事件程式區：這個區域就是專門定義在 load_ui() 函數中綁定到控制項的功能函數程式，本程式中是實現查詢某類別商品某年份各月的銷量資料，由 searchByYear() 方法實現。

（4）功能函數區：由使用者根據實際應用的需要撰寫一個個自訂的函數來實現程式的各項功能。本程式要實現的主要功能是繪製銷售資料 3D 圖，定義了一個 drawMatPlot() 函數完成繪圖任務。

（5）主程式啟動區：這是程式的啟動程式，一般固定不做任何變動。在啟動程式的時候，透過主程式類別的建構函數（這裡是 analyzer()）傳回一個 Qt 元件（QWidget）的實例，然後透過其 .ui.show() 方法顯示 Python 程式的介面。

在程式中的任何地方存取介面上的控制項都要統一採用「self.ui. 控制項名稱」的形式，而使用者定義的任何功能函數，也都要以 "self" 作為必須的參數。

30.2.6 功能實現

1. 匯入庫、建立資料庫連接

在程式開頭的「#（1）匯入庫及公共敘述執行區」增加以下程式：

```
from PySide2.QtWidgets import QApplication, QWidget, QTableWidgetItem,
QHBoxLayout
from PySide2.QtCore import QFile
from PySide2.QtUiTools import QUiLoader
import pymysql                                    # 匯入 MySQL 驅動函數庫
# 3D 繪圖相關的函數庫
import numpy as npy                               # 數值計算函數庫
import matplotlib
from matplotlib.backends.backend_qt5agg import FigureCanvasQTAgg as
FigureCanvas
from mpl_toolkits.mplot3d import axes3d           # MatPlotLib 函數庫 3D 繪圖功能
import matplotlib.patches as mpatches             # "代理藝術家"(用於顯示圖例)
import pylab as plb
matplotlib.use("Qt5Agg")
# 建立資料庫連接
conn = pymysql.connect(host="DBHost", user="root", passwd="123456",
db= "netshop")
cur = conn.cursor()                               # 開啟游標
plb.rcParams['font.sans-serif'] = ['SimHei'] # 正常顯示中文
```

2. 介面初始化

介面初始化主要做兩件事：一是從 UI 檔案中載入控制項；二是向「分類」和「年份」清單中載入資料選項。分別用兩個函數實現，寫在「#（2）UI 元件載入及介面初始化區」，如下：

```
def load_ui(self):
    loader = QUiLoader()
    path = os.path.join(os.path.dirname(__file__), "form.ui")
    ui_file = QFile(path)
    ui_file.open(QFile.ReadOnly)
    loader.load(ui_file, self)
    ui_file.close()
    self.ui = loader.load(ui_file)                # 從 .ui 檔案載入 UI
    self.ui.pushButton_Search.clicked.connect(self.searchByYear)
```

```
def init_ui(self):
    cur.execute("SELECT DISTINCT(TName) FROM saleanalyze")
    row = cur.fetchall()                          # 搜索所有商品分類別名稱
    for i in range(cur.rowcount):
        self.ui.comboBox_TName.addItem(row[i][0])
    cur.execute("SELECT DISTINCT(LEFT(SYearMonth,4)) FROM saleanalyze")
    row = cur.fetchall()                          # 搜索年份值
    for i in range(cur.rowcount):
        self.ui.comboBox_SYear.addItem(row[i][0])
    self.drawMatPlot()                            # 繪圖
```

然後，在主程式類別的初始化函數 __init__() 中先後呼叫這兩個函數實現介面的載入和呈現。注意，載入函數 load_ui() 一定要在初始化函數 init_ui() 之前呼叫，即必須先載入 UI 然後才能載入資料內容。init_ui() 的最後呼叫功能函數 drawMatPlot() 繪製 3D 圖，其具體實現程式稍後舉出。

3. 查詢

之前已經在載入介面的 load_ui() 函數中給「查詢」按鈕綁定了事件，要實現查詢功能，還需要在「#（3）事件程式區」撰寫方法 searchByYear() 的實現程式，如下：

```
def searchByYear(self):
    self.ui.tableWidget_SMonthNumView.setColumnCount(2)
                                                  # 設定列數為 2(月份、銷量)
    self.ui.tableWidget_SMonthNumView.setHorizontalHeaderLabels(['月份
', '銷量'])
    cur.execute("SELECT RIGHT(SYearMonth,2), SNum FROM saleanalyze
WHERE TName='" + self.ui.comboBox_TName.currentText() + "' AND
LEFT(SYearMonth,4)='" + self.ui.comboBox_SYear.currentText() + "'")
    row = cur.fetchall()                          # 查詢對應年份的銷售資料
    if cur.rowcount != 0:
        # 必須明確設定行數，否則無法顯示資料！
        self.ui.tableWidget_SMonthNumView.setRowCount(cur.rowcount)
        for i in range(cur.rowcount):
            item = QTableWidgetItem(row[i][0])
            self.ui.tableWidget_SMonthNumView.setItem(i, 0, item)
            item = QTableWidgetItem(str(row[i][1]))
            self.ui.tableWidget_SMonthNumView.setItem(i, 1, item)
```

4. 繪製銷售 3D 圖

繪圖功能用 drawMatPlot() 函數實現，定義在「#（4）功能函數區」，程式為：

```
def drawMatPlot(self):
    self._fig = plb.figure()
    self._canvas = FigureCanvas(self._fig)          # 生成畫布
    self._ax = axes3d.Axes3D(self._fig)             # 獲取 3D 座標物件引用
    layout = QHBoxLayout(self.ui.frame_MatPlot)
    layout.setContentsMargins(0, 0, 0, 0)
    layout.addWidget(self._canvas)                  # 將畫布增加到版面配置
    x, y = npy.mgrid[1:12:100j, 2018:2020:25j]
    num_list = []                                   # 垂直座標 z 刻度顯示值
    cur.execute("SELECT TName,SYearMonth,SNum FROM saleanalyze WHERE 
TName='蘋果'")
    row = cur.fetchall()
    if cur.rowcount != 0:
        for i in range(cur.rowcount):
            num_list.append(row[i][2])
    z = npy.array(num_list)[npy.array((npy.round(y)-2018)*12 + npy.
round(x) - 1).astype('int')]
    self._ax.plot_surface(x, y, z, rstride=2, cstride=1, 
color='lightgreen')                                 # 繪製蘋果的銷售資料圖
    cur.execute("SELECT TName,SYearMonth,SNum FROM saleanalyze WHERE 
TName='梨'")
    row = cur.fetchall()
    num_list.clear()
    if cur.rowcount != 0:
        for i in range(cur.rowcount):
            num_list.append(row[i][2])
    z = npy.array(num_list)[npy.array((npy.round(y)-2018)*12 + npy.
round(x) - 1).astype('int')]
    self._ax.plot_surface(x, y, z, rstride=2, cstride=1, 
color='yellow')                                     # 繪製梨的銷售資料圖
    # 用 " 代理藝術家 " 增加圖例 ( 蘋果為淺綠色、梨為黃色 )
    patch1 = mpatches.Patch(color='lightgreen', label='蘋果')
    patch2 = mpatches.Patch(color='yellow', label='梨')
    self._ax.legend(handles=[patch1, patch2])       # 增加圖例
    self._ax.set_xlabel("月份")
    self._ax.set_ylabel("年份")
    self._ax.set_zlabel("銷量")
```

```
    self._ax.set_yticks([2018, 2019, 2020])
    self._canvas.draw()                              # 開始繪製
```

至此，這個用 Qt 和 Python 結合程式設計實現的「銷售資料分析系統」就開發
執行效果見前圖 30.18。

讀者還可以嘗試用 Qt 製作出更為豐富、美觀的介面效果，並整合 Python 更強大的科學運算能力。

Linux（Ubuntu）上的 Qt 6 開發

CHAPTER 31

由於開放原始碼軟體運動在全球的影響力，Linux 佔據了電腦作業系統應用領域的半壁江山，故 Linux 平台上的 Qt 開發者也不在少數。在 Linux 上可以開發的 Qt 應用程式類型與 Windows 的大致相同，也包括有 Qt Widgets、Qt Quick、Qt Quick Controls（for Android）和 Qt for Python 等，不同之處僅在於 Qt Creator 開發環境的安裝和設定上，讀者只要能在 Linux 上將開發環境安裝設定成功，就可以採用與前面幾章介紹的類同的方式開發桌面、QML、移動 APP、Python 等各種應用程式。

Linux 有多達數百種不同的發行版本，而近年來最流行的要屬 Ubuntu，它基於 GNOME 圖形介面系統，向上相容執行包括開放原始碼和商業的許多應用軟體，這一點使它贏得了越來越多 Linux 使用者的青睞，成為當下最為普及的 Linux 發行版本。本章就以 Ubuntu 為例，介紹 Linux 平台上的 Qt 開發，希望能為 Windows 平台的 Qt 使用者涉足開放原始碼 Linux 領域提供有益的助力。

筆者所用的是 Ubuntu 20.04（64 位元桌上出版），執行於 VMware Workstation 虛擬機器上。Ubuntu 的安裝套件（鏡像檔案）為 "ubuntu-20.04.2.0-desktop-amd64.iso"，虛擬機器安裝套件檔案為 "VMware- workstation-full-15.5.6-16341506.exe"，放在本書附帶資源中一併提供給讀者免費使用。

31.1 在 Linux 平台與安裝 Qt Creator

Ubuntu 上安裝 Qt Creator 與 Windows 上有顯著的不同，差異主要表現在：

（1）需要預先指定安裝套件的執行許可權。

（2）安裝完不能馬上啟動，還需要查看和補充安裝連結的元件。

（3）QMake 工具、C/C++ 編譯器等這些 Qt 開發必須的元件均未在 Linux 版的 Qt Creator 中內建整合，需要另外再逐一安裝和設定，否則無法使用 Qt Creator。

31.1.1 獲取安裝套件及授權

1. 獲取 Linux 版 Qt 安裝套件

Qt 每個版本都針對不同類型作業系統平台（Windows/Linux/Mac）發佈了對應的安裝套件，要在 Linux 系統上安裝 Qt，就必須使用匹配 Linux 平台的安裝套件。而 Qt 官方發佈的安裝套件又分兩種：一種是囊括了該版 Qt 完整軟體及全部元件的離線安裝套件；另一種是可以連網讓使用者選擇所需元件的線上安裝器。

考慮到最新 Qt 6 的離線安裝套件不容易獲得（需要登入 Qt 官網重新完善註冊資訊或付費購買），我們採用線上安裝器方式安裝。存取 Qt 官方的資源下載站，依次點擊其上 "official_releases/" → "online_installers/" 進入安裝器下載目錄，如圖 31.1 所示，點擊 "qt-unified-linux-x64-online.run" 下載 Linux 版本的 Qt 安裝器。

Qt Downloads

Qt Home　Bug Tracker　Code Review　Planet Qt　Get Qt Extensions

Name	Last modified	Size	Metadata
Parent Directory		-	
qt-unified-windows-x86-online.exe	13-Apr-2021 15:13	23M	Details
qt-unified-mac-x64-online.dmg	13-Apr-2021 15:13	13M	Details
qt-unified-linux-x64-online.run	13-Apr-2021 15:13	33M	Details

For Qt Downloads, please visit qt.io/download

QtÂ® and the Qt logo is a registered trade mark of The Qt Company Ltd and is used pursuant to a license from The Qt Company Ltd.
All other trademarks are property of their respective owners.

The Qt Company Ltd, Bertel Jungin aukio D3A, 02600 Espoo, Finland. Org. Nr. 2637805-2

List of official Qt-project mirrors

圖 31.1　下載 Linux 版本的 Qt 安裝器

下載得到的檔案為 "qt-unified-linux-x86_64-4.1.0-online.run"，在本地 Windows 磁碟上按滑鼠右鍵滑鼠複製該檔案，然後轉到虛擬機器視窗裡的 Ubuntu 系統，將其直接貼上進使用者主目錄（位於 Ubuntu 桌面左上角，筆者的是 "easybooks"）下的 "Downloads" 子目錄中，如圖 31.2 所示。

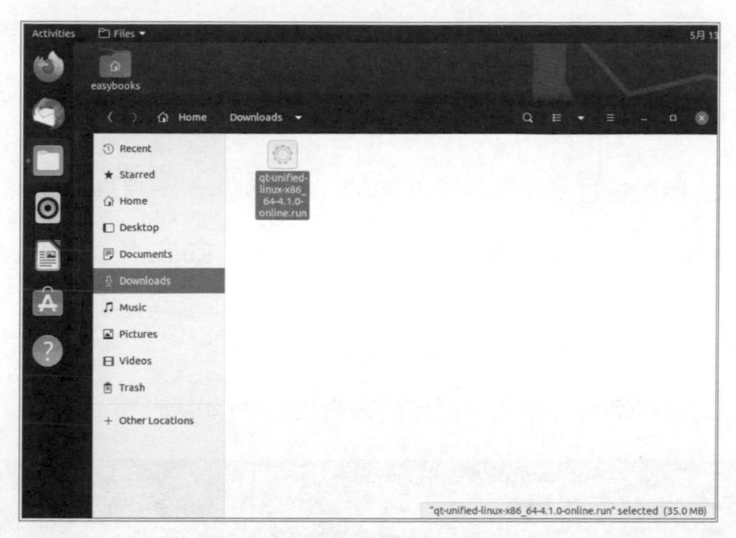

圖 31.2 將安裝套件檔案複製貼上進 Ubuntu 系統目錄

2. chmod 命令授權

為了系統安全性考慮，Linux 預設是不允許使用者隨意安裝軟體的，要想安裝新軟體必須先授權。Linux 中更改許可權用 chmod 命令，為 Qt 安裝套件檔案授權的操作如下。

（1）在 Qt 安裝套件檔案所在目錄（即 Ubuntu 使用者 "Downloads" 子目錄）的視窗中按滑鼠右鍵滑鼠，從彈出選單中點選 "Open in Terminal" 項開啟該目錄的命令列視窗，如圖 31.3 所示。

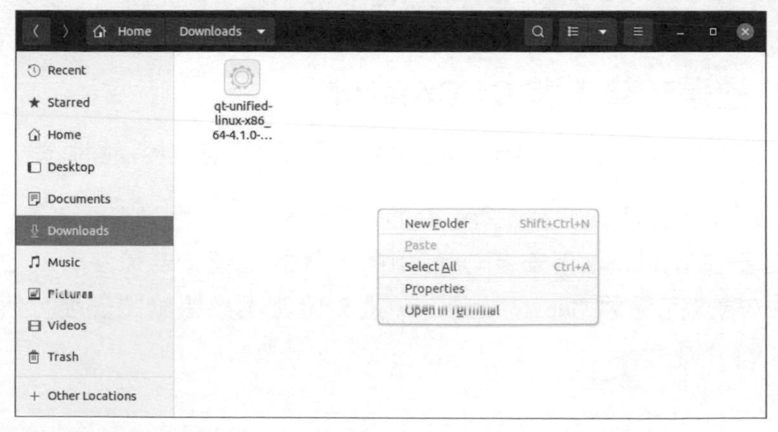

圖 31.3 點選 "Open in Terminal" 項開啟該目錄的命令列視窗

（2）在命令列視窗 "~/Downloads$" 提示符號後輸入「chmod +x 安裝套件檔案名稱」，如下：

```
chmod +x qt-unified-linux-x86_64-4.1.0-online.run
```

確認後，系統自動換行至提示符號 "~/Downloads$"，說明授權成功。

（3）繼續輸入「./ 安裝套件檔案名稱」，就可以在 Linux 下啟動 Qt 的安裝精靈，如下：

```
./qt-unified-linux-x86_64-4.1.0-online.run
```

以上整個過程命令列視窗輸入及顯示的內容如圖 31.4 所示。

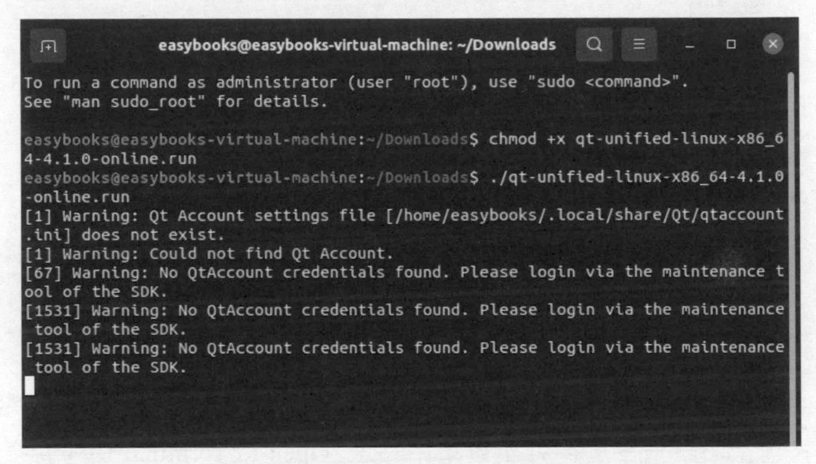

圖 31.4 授權並啟動執行 Qt 安裝套件

在啟動安裝精靈後，接下來的安裝步驟就與 Windows 下的大同小異了。

31.1.2 透過精靈安裝 Qt Creator

由於是線上安裝器方式，安裝全過程都要保證電腦始終處於連網狀態。

（1）精靈啟動後出現如圖 31.5 所示介面，要求輸入 Qt 帳號密碼登入，讀者可以使用自己在 Windows 下安裝 Qt 時用的一樣的帳號（若還沒有就去官網註冊一個），輸入完點擊 "Next" 按鈕。精靈開始確認該帳號的安裝，然後進入 "Setup - Qt" 介面。

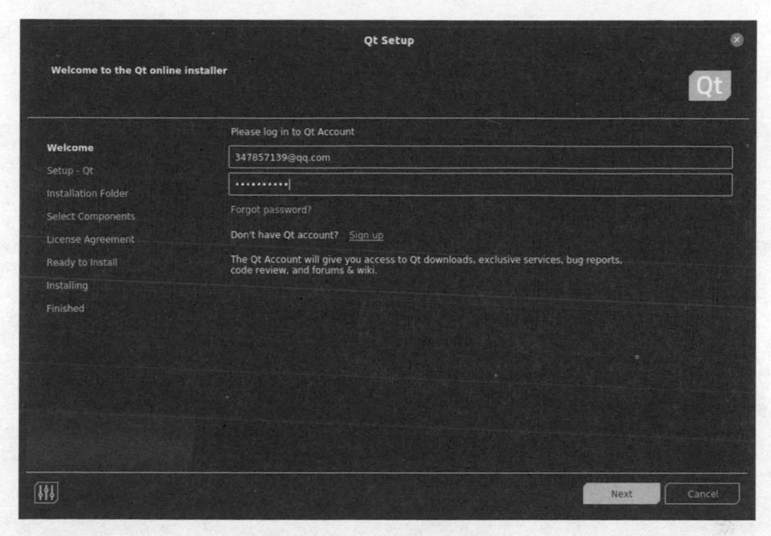

圖 31.5 輸入帳號密碼

（2）在 "Setup - Qt" 介面繼續點擊 "Next" 按鈕，安裝器自動獲取遠端 Qt 安裝所需的詮譯資訊，在接下來的 "Contribute to Qt Development" 介面點擊 "Next" 按鈕，進入如圖 31.6 所示的 "Installation Folder"（安裝資料夾）介面，精靈列出 Qt 的預設安裝路徑（為 Ubuntu 使用者主目錄下的 "Qt" 子目錄），使用者也可以根據自己需要改為其他目錄。然後選中 "Custom installation"（自訂安裝），點擊 "Next" 按鈕。

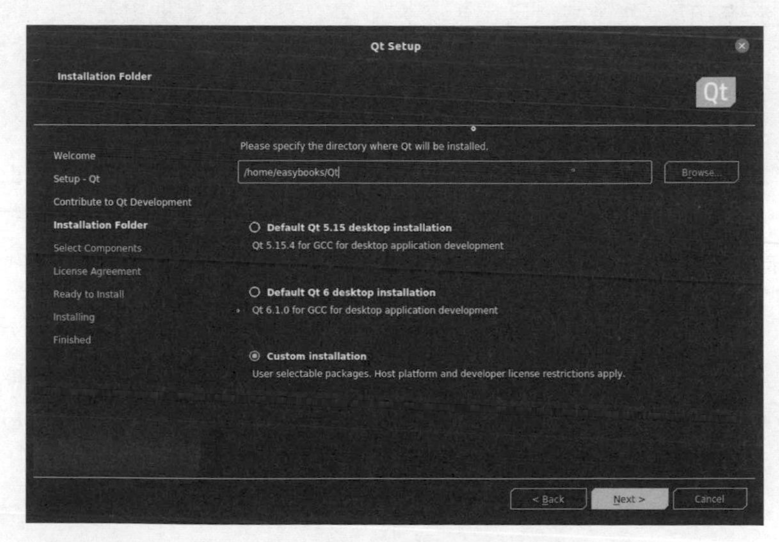

圖 31.6 選擇 Qt 安裝路徑及自訂安裝

(3) 進入 "Select Components"（選擇元件）介面，這個介面就是讓使用者自訂選擇需要下載安裝的 Qt 元件的，如圖 31.7 所示。

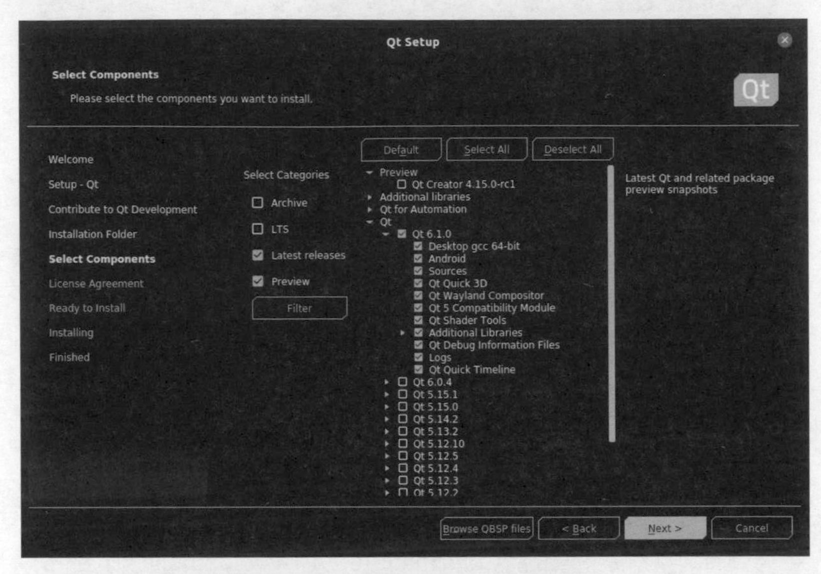

圖 31.7 "Select Components"（選擇元件）介面

我們要安裝的是 Qt 6，選取 Qt 節點下的 "Qt 6.1.0"，進一步展開可看到其下包含的所有元件，這裡選取全部元件。確定要安裝的選項後，點擊 "Next" 按鈕。

> **溫馨提示**：由於 Qt 發展很快，其版本始終處於持續不斷地更新中，到讀者安裝的時候肯定已經有了更新的版本，大家可視自身學習需要嘗試最新版或仍舊使用舊版。

(4) 在 "License Agreement"（授權合約）介面，選取 "I have read and agree to the terms contained in the license agreements." 核取方塊接受授權合約，如圖 31.8 所示。點擊 "Next" 按鈕。

(5) 進入 "Ready to Install"（準備安裝）介面，點擊 "Install" 按鈕開始安裝。安裝處理程序完成後，介面如圖 31.9 所示。注意：此時一定要先取消選取 "Launch Qt Creator" 核取方塊（即暫不啟動 Qt Creator）後才能點擊 "Finish" 按鈕。

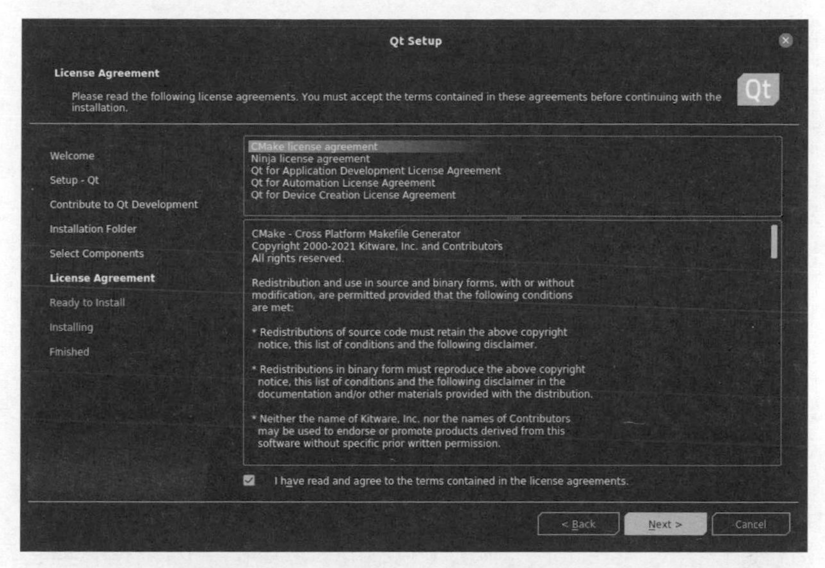

圖 31.8　接受 Qt 軟體授權合約

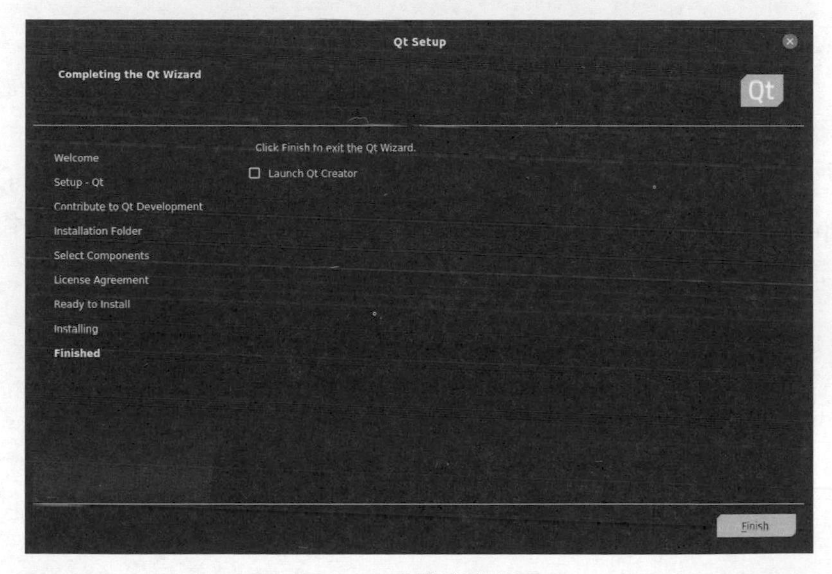

圖 31.9　安裝完成介面

（6）在確保已取消選取 "Launch Qt Creator" 核取方塊後，點擊 "Finish" 按鈕結束安裝，開啟 Ubuntu 使用者主目錄，可看到其下多了個 "Qt" 子目錄，如圖 31.10 所示，表示初步安裝已完成。

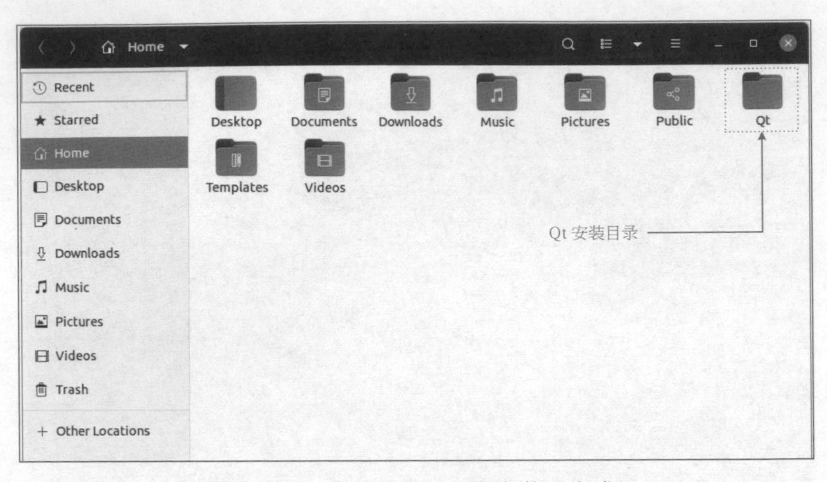

圖 31.10 Qt Creator 初步安裝已完成

但是，這個時候的 Qt Creator 是無法（也不能）啟動的，因為還有與它存在連結的依賴元件尚未安裝。

31.1.3 補充安裝依賴元件

想要查看究竟有哪些依賴元件需要補充安裝，按以下步驟操作。

（1）進入上圖 31.10 的 Qt 安裝目錄下的路徑 "Tools\QtCreator\lib\Qt\plugins\" 中的 "platforms" 子目錄，在其視窗中按滑鼠右鍵滑鼠，從彈出選單中點選 "Open in Terminal" 項開啟該目錄的命令列視窗，如圖 31.11 所示。

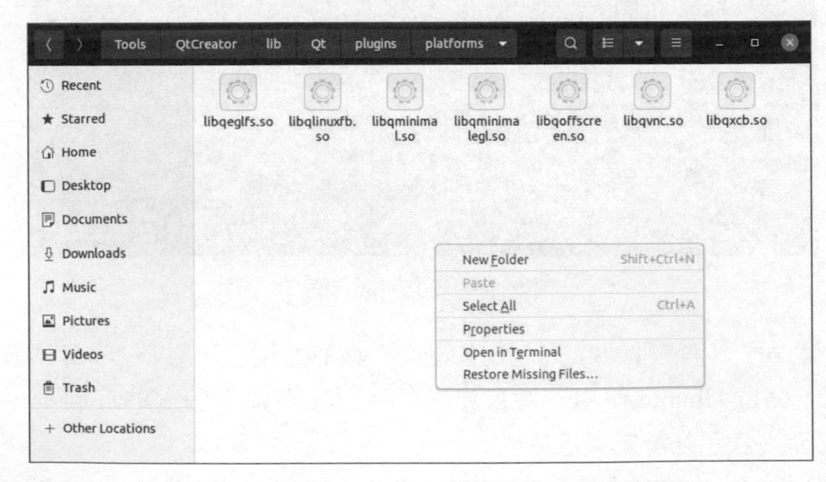

圖 31.11 開啟 Qt"platforms" 目錄的命令列視窗

（2）在命令列視窗提示符號後輸入：

```
ldd libqxcb.so
```

確認後，螢幕顯示出系統中所有與 Qt 平台連結依賴元件的安裝情況，如圖 31.12 所示。

```
easybooks@easybooks-virtual-machine: ~/Qt/Tools/QtCreator/lib/Qt/plugins/platforms
To run a command as administrator (user "root"), use "sudo <command>".
See "man sudo_root" for details.
easybooks@easybooks-virtual-machine:~/Qt/Tools/QtCreator/lib/Qt/plugins/platforms$ ldd libqxcb.so
        linux-vdso.so.1 (0x00007ffc52b04000)
        libQt5XcbQpa.so.5 => /home/easybooks/Qt/Tools/QtCreator/lib/Qt/plugins/platforms/./../../lib/libQt5XcbQpa.so.5 (0x00007fab32ea5000)
        libfontconfig.so.1 => /lib/x86_64-linux-gnu/libfontconfig.so.1 (0x00007fab32e4e000)
        libfreetype.so.6 => /lib/x86_64-linux-gnu/libfreetype.so.6 (0x00007fab32d8f000)
        libz.so.1 => /lib/x86_64-linux-gnu/libz.so.1 (0x00007fab32d73000)
        libQt5Gui.so.5 => /home/easybooks/Qt/Tools/QtCreator/lib/Qt/plugins/platforms/./../../lib/libQt5Gui.so.5 (0x00007fab32442000)
        libQt5DBus.so.5 => /home/easybooks/Qt/Tools/QtCreator/lib/Qt/plugins/platforms/./../../lib/libQt5DBus.so.5 (0x00007fab321b6000)
        libQt5Core.so.5 => /home/easybooks/Qt/Tools/QtCreator/lib/Qt/plugins/platforms/./../../lib/libQt5Core.so.5 (0x00007fab319be000)
        libGL.so.1 => /lib/x86_64-linux-gnu/libGL.so.1 (0x00007fab31936000)
        libpthread.so.0 => /lib/x86_64-linux-gnu/libpthread.so.0 (0x00007fab31913000)
        libX11-xcb.so.1 => /lib/x86_64-linux-gnu/libX11-xcb.so.1 (0x00007fab3190e000)
        libxcb-icccm.so.4 => /lib/x86_64-linux-gnu/libxcb-icccm.so.4 (0x00007fab31907000)
        libxcb-image.so.0 => /lib/x86_64-linux-gnu/libxcb-image.so.0 (0x00007fab31702000)
        libxcb-shm.so.0 => /lib/x86_64-linux-gnu/libxcb-shm.so.0 (0x00007fab316fb000)
        libxcb-util.so.1 => /lib/x86_64-linux-gnu/libxcb-util.so.1 (0x00007fab314f5000)
        libxcb-keysyms.so.1 => /lib/x86_64-linux-gnu/libxcb-keysyms.so.1 (0x00007fab314f0000)
        libxcb-randr.so.0 => /lib/x86_64-linux-gnu/libxcb-randr.so.0 (0x00007fab314dd000)
        libxcb-render-util.so.0 => /lib/x86_64-linux-gnu/libxcb-render-util.so.0 (0x00007fab314d6000)
        libxcb-render.so.0 => /lib/x86_64-linux-gnu/libxcb-render.so.0 (0x00007fab314c7000)
        libxcb-shape.so.0 => /lib/x86_64-linux-gnu/libxcb-shape.so.0 (0x00007fab314c0000)
        libxcb-sync.so.1 => /lib/x86_64-linux-gnu/libxcb-sync.so.1 (0x00007fab314b6000)
        libxcb-xfixes.so.0 => /lib/x86_64-linux-gnu/libxcb-xfixes.so.0 (0x00007fab314ac000)
        libxcb-xinerama.so.0 => not found
        libxcb-xkb.so.1 => /lib/x86_64-linux-gnu/libxcb-xkb.so.1 (0x00007fab3148e000)
        libxcb.so.1 => /lib/x86_64-linux-gnu/libxcb.so.1 (0x00007fab31464000)
        libXext.so.6 => /lib/x86_64-linux-gnu/libXext.so.6 (0x00007fab3144d000)
        libX11.so.6 => /lib/x86_64-linux-gnu/libX11.so.6 (0x00007fab31310000)
        libxkbcommon-x11.so.0 => /lib/x86_64-linux-gnu/libxkbcommon-x11.so.0 (0x00007fab31305000)
        libxkbcommon.so.0 => /lib/x86_64-linux-gnu/libxkbcommon.so.0 (0x00007fab312c3000)
        libdl.so.2 => /lib/x86_64-linux-gnu/libdl.so.2 (0x00007fab312bd000)
        libstdc++.so.6 => /lib/x86_64-linux-gnu/libstdc++.so.6 (0x00007fab310dc000)
        libm.so.6 => /lib/x86_64-linux-gnu/libm.so.6 (0x00007fab30f8b000)
        libgcc_s.so.1 => /lib/x86_64-linux-gnu/libgcc_s.so.1 (0x00007fab30f70000)
        libc.so.6 => /lib/x86_64-linux-gnu/libc.so.6 (0x00007fab30d7e000)
        libxcb-xinerama.so.0 => not found
        libgthread-2.0.so.0 => /lib/x86_64-linux-gnu/libgthread-2.0.so.0 (0x00007fab30d79000)
        libglib-2.0.so.0 => /lib/x86_64-linux-gnu/libglib-2.0.so.0 (0x00007fab30c50000)
        libexpat.so.1 => /lib/x86_64-linux-gnu/libexpat.so.1 (0x00007fab30c20000)
```

圖 31.12 查看與 Qt 平台連結依賴元件的安裝情況

可見，其中有兩個 "libxcb-xinerama.so.0" 專案項後顯示為 "not found"，這是因為系統中缺少 libxcb-xinerama0 元件，必須補充安裝它。

（3）安裝 libxcb-xinerama0 元件。

在命令列視窗提示符號後輸入：

```
sudo apt-get install libxcb-xinerama0
```

確認後系統要求輸入密碼，請讀者輸入自己安裝 Ubuntu 時所設定的使用者密碼，確認後系統開始連網自動獲取要安裝的元件套件，安裝過程中螢幕會輸出一些資訊，如圖 31.13 所示。

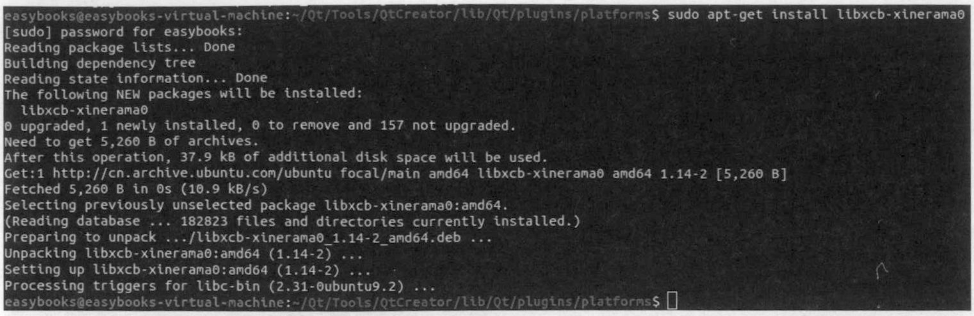

```
easybooks@easybooks-virtual-machine:~/Qt/Tools/QtCreator/lib/Qt/plugins/platforms$ sudo apt-get install libxcb-xinerama0
[sudo] password for easybooks:
Reading package lists... Done
Building dependency tree
Reading state information... Done
The following NEW packages will be installed:
  libxcb-xinerama0
0 upgraded, 1 newly installed, 0 to remove and 157 not upgraded.
Need to get 5,260 B of archives.
After this operation, 37.9 kB of additional disk space will be used.
Get:1 http://cn.archive.ubuntu.com/ubuntu focal/main amd64 libxcb-xinerama0 amd64 1.14-2 [5,260 B]
Fetched 5,260 B in 0s (10.9 kB/s)
Selecting previously unselected package libxcb-xinerama0:amd64.
(Reading database ... 182823 files and directories currently installed.)
Preparing to unpack .../libxcb-xinerama0_1.14-2_amd64.deb ...
Unpacking libxcb-xinerama0:amd64 (1.14-2) ...
Setting up libxcb-xinerama0:amd64 (1.14-2) ...
Processing triggers for libc-bin (2.31-0ubuntu9.2) ...
easybooks@easybooks-virtual-machine:~/Qt/Tools/QtCreator/lib/Qt/plugins/platforms$
```

圖 31.13 安裝 libxcb-xinerama0 元件

> **溫馨提示**：出於安全性考量，Linux 系統命令列在接受使用者輸入密碼時，不僅密碼的內容不會顯示在螢幕上，連游標的位置也不會移動，即無任何密碼字元（如 "*"）的輸出，這一點與 Windows 有顯著差異。初次接觸 Linux 的使用者往往會誤以為是輸不進去，而實際上系統在後台是正常接收了使用者輸入的。

稍候片刻，系統自動換行至提示符號說明安裝完成，讀者可透過再次輸入 "ldd libqxcb.so" 命令查看 Qt 平台連結依賴元件安裝情況，確認其中不再有任何顯示為 "not found" 的專案項。

至此，Linux 平台上的 Qt Creator 已安裝好，但此時仍然不要急於啟動它，待完成下文一系列相關軟體工具的安裝設定後，才能正常使用。

31.2 設定 QMake 工具

QMake 是 Qt 提供的編譯打包工具，它由 Trolltech 公司開發，用來簡化在不同平台間開發專案的建構過程。在 Linux 平台上進行 Qt 開發，需要將 QMake 與所使用 Qt 對應版本的 SDK 連結起來，我們透過 Ubuntu 的 qtchooser 工具來進行這種連結設定。

31.2.1 安裝 qtchooser

首先透過 Ubuntu 命令列來安裝 qtchooser 工具，步驟如下。

（1）點擊 Ubuntu 桌面左下角的 ▦ 按鈕（作用相當於 Windows 開始選單），此時桌面上出現很多應用圖示，如圖 31.14 所示，點選其中的 "Terminal"（ ）圖示，開啟 Ubuntu 系統根目錄的命令列視窗。

圖 31.14　透過 Ubuntu 桌面圖示開啟系統根目錄的命令列視窗

（2）在命令列視窗 "~$" 提示符號後輸入：

```
sudo apt install qtchooser
```

確認後系統要求輸入密碼，輸入安裝 Ubuntu 時設定的使用者密碼，確認後系統開始連網自動獲取要安裝的元件套件，安裝過程中螢幕會輸出一些資訊，如圖 31.15 所示。

```
easybooks@easybooks-virtual-machine:~$ sudo apt install qtchooser
[sudo] password for easybooks:
Reading package lists... Done
Building dependency tree
Reading state information... Done
The following NEW packages will be installed:
  qtchooser
0 upgraded, 1 newly installed, 0 to remove and 157 not upgraded.
Need to get 24.7 kB of archives.
After this operation, 131 kB of additional disk space will be used.
Get:1 http://cn.archive.ubuntu.com/ubuntu focal/universe amd64 qtchooser amd64 6
6-2build1 [24.7 kB]
Fetched 24.7 kB in 1s (33.0 kB/s)
Selecting previously unselected package qtchooser.
(Reading database ... 182828 files and directories currently installed.)
Preparing to unpack .../qtchooser_66-2build1_amd64.deb ...
Unpacking qtchooser (66-2build1) ...
Setting up qtchooser (66-2build1) ...
Processing triggers for man-db (2.9.1-1) ...
easybooks@easybooks-virtual-machine:~$
```

圖 31.15　安裝 qtchooser 工具

稍候片刻，系統自動換行至提示符號，安裝完成。

（3）此時，可透過輸入命令 "qtchooser -l" 查看系統中已有的 SDK（有對應 Qt 4 和 Qt 5 的），如圖 31.16 所示。

```
easybooks@easybooks-virtual-machine:~$ qtchooser -l
4
5
qt4-x86_64-linux-gnu
qt4
qt5-x86_64-linux-gnu
qt5
```

圖 31.16 查看系統中已有的 SDK

但是，沒有 Qt 6 的 SDK 項，所以需要額外安裝。

31.2.2 安裝 Qt 6 SDK

安裝 Qt 6 SDK 的步驟如下：

（1）進入 Qt 安裝目錄下的路徑 "6.1.0\gcc_64\" 中的 "bin" 目錄，在其視窗中按滑鼠右鍵滑鼠，從彈出選單中點選 "Open in Terminal" 項開啟該目錄的命令列視窗，如圖 31.17 所示。

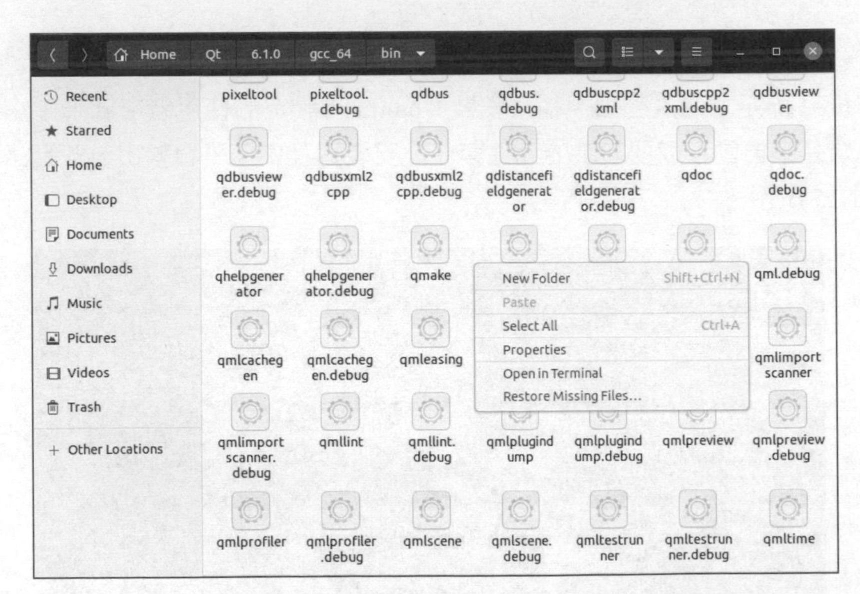

圖 31.17 開啟 Qt"bin" 目錄的命令列視窗

（2）在命令列視窗提示符號後輸入：

```
qtchooser -install qt6.1.0 ./qmake
```

注意：Qt 版本編號一定要與前面 31.1.2 節安裝的版本相一致。確認後稍候片刻，系統自動換行至提示符號説明安裝完成，如圖 31.18 所示。

```
easybooks@easybooks-virtual-machine:~/Qt/6.1.0/gcc_64/bin$ qtchooser -install qt6.1.0 ./qmake
easybooks@easybooks-virtual-machine:~/Qt/6.1.0/gcc_64/bin$
```

圖 31.18 安裝 Qt 6 SDK

（3）為了驗證 SDK 是否真正安裝成功，切換回 Ubuntu 系統根目錄的命令列視窗，輸入命令 "qtchooser -l" 查看系統中的 SDK，可以發現，與之前相比在最下面多了一個 "qt6.1.0" 項，説明 Qt 6 SDK 安裝成功，如圖 31.19 所示。

```
easybooks@easybooks-virtual-machine:~$ qtchooser -l
4
5
qt4-x86_64-linux-gnu
qt4
qt5-x86_64-linux-gnu
qt5
easybooks@easybooks-virtual-machine:~$ qtchooser -l
4
5
qt4-x86_64-linux-gnu
qt4
qt5-x86_64-linux-gnu
qt5
qt6.1.0
easybooks@easybooks-virtual-machine:~$
```

圖 31.19 Qt 6 SDK 安裝成功

31.2.3 連結 QMake 與 Qt 版本

在 Ubuntu 系統根目錄的命令列視窗輸入：

```
export QT_SELECT=qt6.1.0
qtchooser -l
```

然後接著繼續輸入：

```
qmake -v
```

確認後螢幕顯示當前 QMake 的版本及其所使用 Qt 的版本，如圖 31.20 所示，説明 QMake 與 Qt 已經正確連結。

```
easybooks@easybooks-virtual-machine:~$ export QT_SELECT=qt6.1.0
easybooks@easybooks-virtual-machine:~$ qtchooser -l
4
5
qt4-x86_64-linux-gnu
qt4
qt5-x86_64-linux-gnu
qt5
qt6.1.0
easybooks@easybooks-virtual-machine:~$ qmake -v
QMake version 3.1
Using Qt version 6.1.0 in /home/easybooks/Qt/6.1.0/gcc_64/lib
```

圖 31.20 QMake 與 Qt 正確連結

31.3 安裝 GCC 編譯器

Qt 是基於 C/C++ 的高階語言，其底層離不開 C/C++ 編譯器，Qt 的 C/C++ 編譯器又名 GCC，在 Linux 平台上需要單獨安裝。

在 Ubuntu 系統根目錄的命令列視窗 "~$" 提示符號後輸入：

```
sudo apt-get install build-essential
```

確認後系統要求輸入密碼，輸入安裝 Ubuntu 時設定的使用者密碼，確認後系統開始連網自動獲取要安裝的元件套件，如圖 31.21 所示，安裝過程中螢幕會輸出大量資訊，此時不要進行任何操作，耐心等待。

```
easybooks@easybooks-virtual-machine:~$ sudo apt-get install build-essential
[sudo] password for easybooks:
Reading package lists... Done
Building dependency tree
Reading state information... Done
The following additional packages will be installed:
  binutils binutils-common binutils-x86-64-linux-gnu dpkg-dev fakeroot g++ g++-9 gcc gcc-9 libalgorithm-diff-perl libalgorithm-dif
  libc-dev-bin libc6-dev libcrypt-dev libctf-nobfd0 libctf0 libfakeroot libgcc-9-dev libitm1 liblsan0 libquadmath0 libstdc++-9-dev
Suggested packages:
  binutils-doc debian-keyring g++-multilib g++-9-multilib gcc-9-doc gcc-multilib autoconf automake libtool flex bison gcc-doc gcc-
The following NEW packages will be installed:
  binutils binutils-common binutils-x86-64-linux-gnu build-essential dpkg-dev fakeroot g++ g++-9 gcc gcc-9 libalgorithm-diff-perl
  libbinutils libc-dev-bin libc6-dev libcrypt-dev libctf-nobfd0 libctf0 libfakeroot libgcc-9-dev libitm1 liblsan0 libquadmath0 lib
0 upgraded, 32 newly installed, 0 to remove and 157 not upgraded.
Need to get 31.4 MB of archives.
After this operation, 143 MB of additional disk space will be used.
Do you want to continue? [Y/n] y
Get:1 http://cn.archive.ubuntu.com/ubuntu focal-updates/main amd64 binutils-common amd64 2.34-6ubuntu1.1 [207 kB]
Get:2 http://cn.archive.ubuntu.com/ubuntu focal-updates/main amd64 libbinutils amd64 2.34-6ubuntu1.1 [475 kB]
Get:3 http://cn.archive.ubuntu.com/ubuntu focal-updates/main amd64 libctf-nobfd0 amd64 2.34-6ubuntu1.1 [47.1 kB]
Get:4 http://cn.archive.ubuntu.com/ubuntu focal-updates/main amd64 libctf0 amd64 2.34-6ubuntu1.1 [46.6 kB]
Get:5 http://cn.archive.ubuntu.com/ubuntu focal-updates/main amd64 binutils-x86-64-linux-gnu amd64 2.34-6ubuntu1.1 [1,613 kB]
Get:6 http://cn.archive.ubuntu.com/ubuntu focal-updates/main amd64 binutils amd64 2.34-6ubuntu1.1 [3,380 B]
Get:7 http://cn.archive.ubuntu.com/ubuntu focal-updates/main amd64 libc-dev-bin amd64 2.31-0ubuntu9.2 [71.8 kB]
Get:8 http://cn.archive.ubuntu.com/ubuntu focal-updates/main amd64 linux-libc-dev amd64 5.4.0-73.82 [1,130 kB]
Get:9 http://cn.archive.ubuntu.com/ubuntu focal/main amd64 libcrypt-dev amd64 1:4.4.10-10ubuntu4 [104 kB]
Get:10 http://cn.archive.ubuntu.com/ubuntu focal-updates/main amd64 libc6-dev amd64 2.31-0ubuntu9.2 [2,520 kB]
Get:11 http://cn.archive.ubuntu.com/ubuntu focal-updates/main amd64 libitm1 amd64 10.2.0-5ubuntu1~20.04 [26.4 kB]
Get:12 http://cn.archive.ubuntu.com/ubuntu focal-updates/main amd64 libatomic1 amd64 10.2.0-5ubuntu1~20.04 [9,300 B]
```

圖 31.21 安裝 GCC 編譯器

之後，系統自動換行至提示符號，表示安裝完成。

31.4 安裝其他必備元件

除了 QMake 和 GCC 編譯器之外，Linux 下的 Qt Creator 還有一些其他配套元件需要獨立安裝，其中必備的如下。

（1）安裝通用字型設定函數庫。

在 Ubuntu 系統根目錄命令列視窗 "~$" 提示符號後輸入：

```
sudo apt-get install libfontconfig1
```

確認後系統開始連網自動安裝，並顯示字型設定函數庫的最新版本，如圖 31.22 所示。

```
easybooks@easybooks-virtual-machine:~$ sudo apt-get install libfontconfig1
Reading package lists... Done
Building dependency tree
Reading state information... Done
libfontconfig1 is already the newest version (2.13.1-2ubuntu3).
libfontconfig1 set to manually installed.
0 upgraded, 0 newly installed, 0 to remove and 157 not upgraded.
easybooks@easybooks-virtual-machine:~$
```

圖 31.22 安裝通用字型設定函數庫

安裝完畢系統自動換行至提示符號。

（2）安裝 OpenGL 函數庫。

在 Ubuntu 系統根目錄命令列視窗 "~$" 提示符號後輸入：

```
sudo apt-get install mesa-common-dev
```

確認後系統要求輸入密碼，輸入安裝 Ubuntu 時設定的使用者密碼，確認後系統開始連網自動安裝，如圖 31.23 所示。

```
easybooks@easybooks-virtual-machine:~$ sudo apt-get install mesa-common-dev
Reading package lists... Done
Building dependency tree
Reading state information... Done
The following additional packages will be installed:
  libdrm-dev libgl-dev libglx-dev libpthread-stubs0-dev libx11-dev
  libxau-dev libxcb1-dev libxdmcp-dev x11proto-core-dev x11proto-dev
  xorg-sgml-doctools xtrans-dev
Suggested packages:
  libx11-doc libxcb-doc
The following NEW packages will be installed:
  libdrm-dev libgl-dev libglx-dev libpthread-stubs0-dev libx11-dev
  libxau-dev libxcb1-dev libxdmcp-dev mesa-common-dev x11proto-core-dev
  x11proto-dev xorg-sgml-doctools xtrans-dev
0 upgraded, 13 newly installed, 0 to remove and 157 not upgraded.
Need to get 2,833 kB of archives.
After this operation, 9,514 kB of additional disk space will be used.
Do you want to continue? [Y/n] y
```

圖 31.23 安裝 OpenGL 函數庫

安裝完畢系統自動換行至提示符號。

（3）安裝附加套件。

對於新版本的 Ubuntu 系統，還需要額外安裝一個附加套件，根目錄命令列視窗 "~$" 提示符號後輸入：

```
sudo apt-get install libglu1-mesa-dev -y
```

確認後系統開始連網自動安裝，如圖 31.24 所示。

```
easybooks@easybooks-virtual-machine:~$ sudo apt-get install libglu1-mesa-dev -y
Reading package lists... Done
Building dependency tree
Reading state information... Done
The following NEW packages will be installed:
  libglu1-mesa-dev
0 upgraded, 1 newly installed, 0 to remove and 157 not upgraded.
Need to get 207 kB of archives.
After this operation, 998 kB of additional disk space will be used.
Get:1 http://cn.archive.ubuntu.com/ubuntu focal/main amd64 libglu1-mesa-dev amd64 9.0.1-1build1 [207 kB]
Fetched 207 kB in 2s (131 kB/s)
Selecting previously unselected package libglu1-mesa-dev:amd64.
(Reading database ... 189056 files and directories currently installed.)
Preparing to unpack .../libglu1-mesa-dev_9.0.1-1build1_amd64.deb ...
Unpacking libglu1-mesa-dev:amd64 (9.0.1-1build1) ...
Setting up libglu1-mesa-dev:amd64 (9.0.1-1build1) ...
easybooks@easybooks-virtual-machine:~$
```

圖 31.24 安裝附加套件

安裝完畢系統自動換行至提示符號。

（4）更新 g++。

在 Ubuntu 系統根目錄命令列視窗 "~$" 提示符號後輸入：

```
sudo apt-get install g++
```

確認後系統開始連網自動檢查更新，由於之前剛剛安裝過 GCC 編譯器，g++ 已是最新版，螢幕輸出提示訊息和當前版本編號，如圖 31.25 所示。

```
easybooks@easybooks-virtual-machine:~$ sudo apt-get install g++
Reading package lists... Done
Building dependency tree
Reading state information... Done
g++ is already the newest version (4:9.3.0-1ubuntu2).
g++ set to manually installed.
0 upgraded, 0 newly installed, 0 to remove and 157 not upgraded.
easybooks@easybooks-virtual-machine:~$
```

圖 31.25 更新 g++

系統自動換行至提示符號。

只有依次經過了以上各個階段的安裝和設定，確認不再有元件缺少且全部設定正確，這個時候才能夠啟動 Qt Creator 進入正式的開發。

31.5 Ubuntu 上 Qt 開發入門

Ubuntu 上的 Qt 開發與 Windows 的差不多，只要前面各元件安裝和設定都沒問題，使用者就可以像在 Windows 平台上一樣來使用 Ubuntu 的 Qt 開發環境。

31.5.1 建立專案

點擊 Ubuntu 桌面左下角的 ▦ 按鈕，點選桌面上的 "Qt Creator"（ ）圖示，啟動 Qt Creator，初始介面如圖 31.26 所示。

圖 31.26 Ubuntu 上的 Qt Creator 初始介面

可以看到，這個介面與在 Windows 下的一模一樣。在其中建立 Qt 專案的步驟如下。

（1）點擊 Qt Creator 初始介面左側的 "Projects" 按鈕切換至專案管理介面，點擊其上 + New 按鈕，建立一個新的 Qt 專案，如圖 31.27 所示。

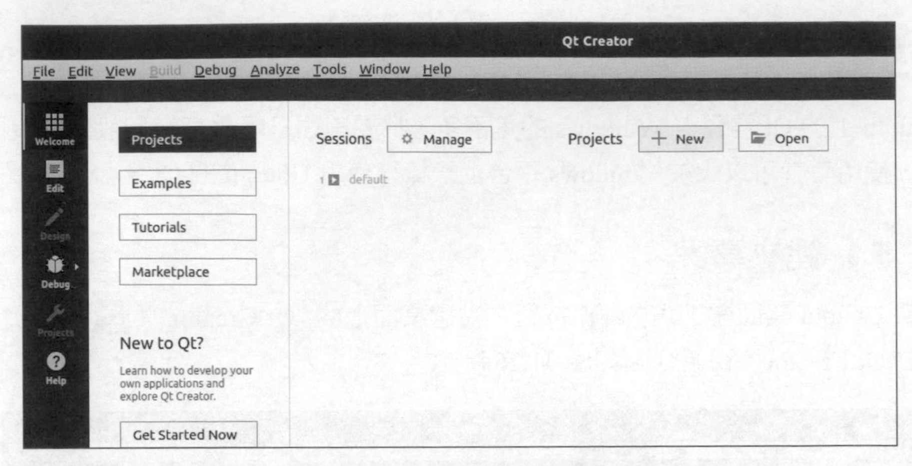

圖 31.27 建立一個新的 Qt 專案

（2）出現 "New Project - Qt Creator" 視窗，點擊選擇專案範本 "Application (Qt)" → "Qt Widgets Application" 選項，點擊右下角 "Choose..." 按鈕，進入下一步，如圖 31.28 所示。

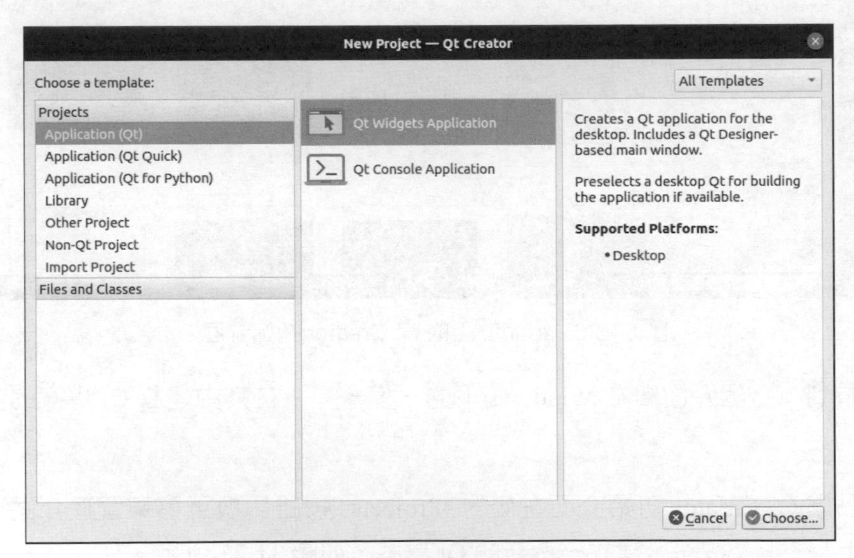

圖 31.28 選擇專案範本

（3）選擇儲存專案的路徑並定義專案的名字。這裡將專案命名為 "Dialog"，儲存路徑為 Ubuntu 使用者目錄下的 "Qt6" 子目錄，如圖 31.29 所示。點擊 "Next" 按鈕。

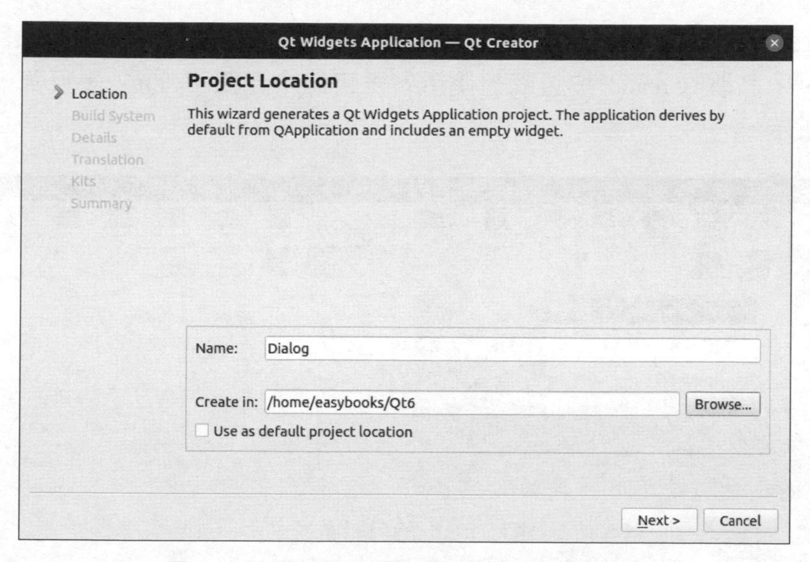

圖 31.29 選擇儲存專案的路徑並給專案命名

提示：

這裡的 "Qt6" 子目錄需要由使用者預先建立好，在 Ubuntu 系統中建立目錄的操作為：

① 桌面上滑鼠按兩下開啟 Ubuntu 使用者主目錄視窗，在其中按滑鼠右鍵滑鼠，從彈出選單中點選 "New Folder" 項，如圖 31.30 所示。

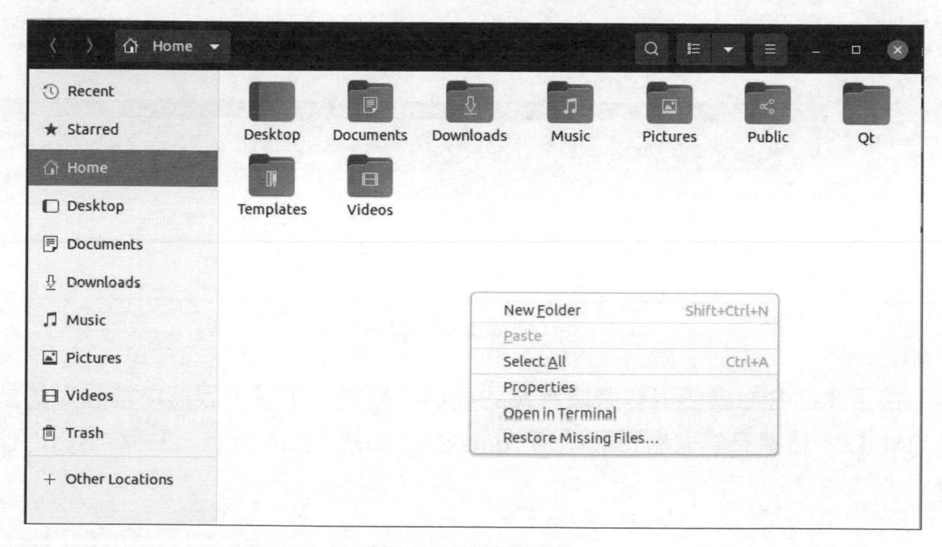

圖 31.30 建立目錄

② 系統彈出 "New Folder" 強制回應對話方塊，在 "Folder name" 欄輸入目錄名稱 "Qt6"，點擊 "Create" 按鈕就在使用者主目錄中建立了 "Qt6" 子目錄，如圖 31.31 所示。

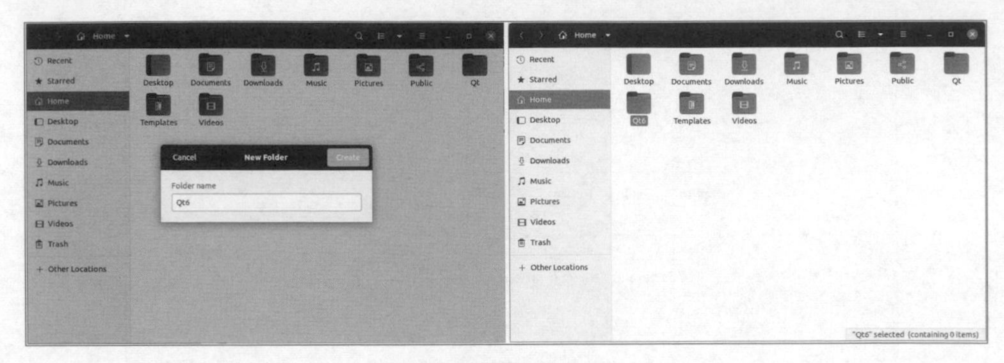

圖 31.31 給目錄命名

③ 然後，在圖 31.29 所示的介面上路徑欄後點擊 "Browse..." 按鈕，彈出 "Choose Directory" 對話方塊，在目錄清單中選中剛剛建立的目錄 "Qt6"，點擊 "Open" 按鈕即可將該目錄設為儲存專案的目錄，如圖 31.32 所示。

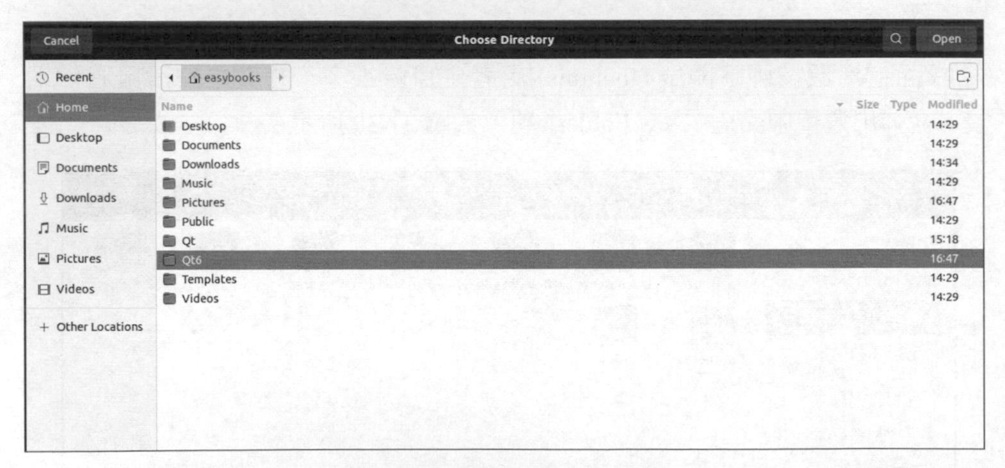

圖 31.32 選擇專案的儲存目錄

（4）接下來的介面讓使用者選擇專案的建構（編譯）工具，因為之前設定的就是 QMake，這裡只能保留預設選項 "qmake"，如圖 31.33 所示。點擊 "Next" 按鈕。

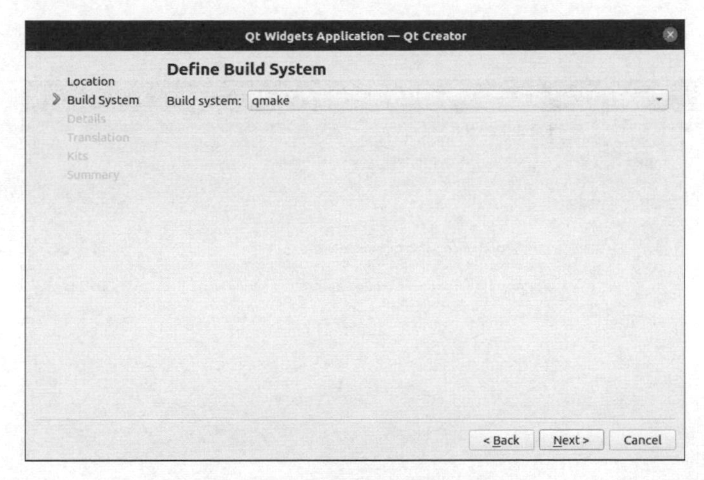

圖 31.33 選擇專案建構工具

（5）在 "Class Information"（類別資訊）介面的 "Base class"（基礎類別）欄選擇 "QDialog" 對話方塊類別作為基礎類別，"Class name"（類別名稱）就是專案名稱 "Dialog"。專案中的 "Header file"（標頭檔）、"Source file"（原始檔案）、"Form file"（介面檔案）都自動取預設的檔案名稱 dialog，預設選中 "Generate form"（建立介面）核取方塊，表示可依靠介面設計器來設計介面（否則就只能用程式撰寫介面），如圖 31.34 所示。點擊 "Next" 按鈕。

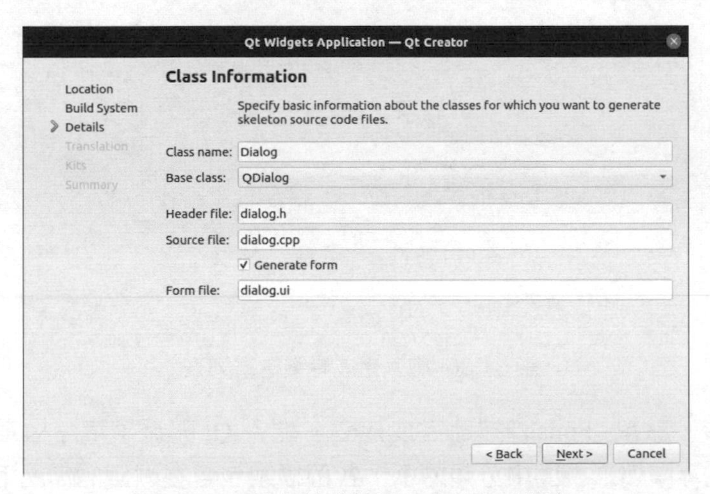

圖 31.34 選擇基礎類別和命名程式檔案

（6）再次點擊 "Next" 按鈕，進入 "Kit Selection"（選擇建構套件）介面，這裡只有一個選項 "Desktop Qt 6.1.0 GCC 64bit"，也就是 31.3 節所安裝的 GCC 編

譯器，如圖 31.35 所示，選取後點擊 "Next" 按鈕直接進入下一步。

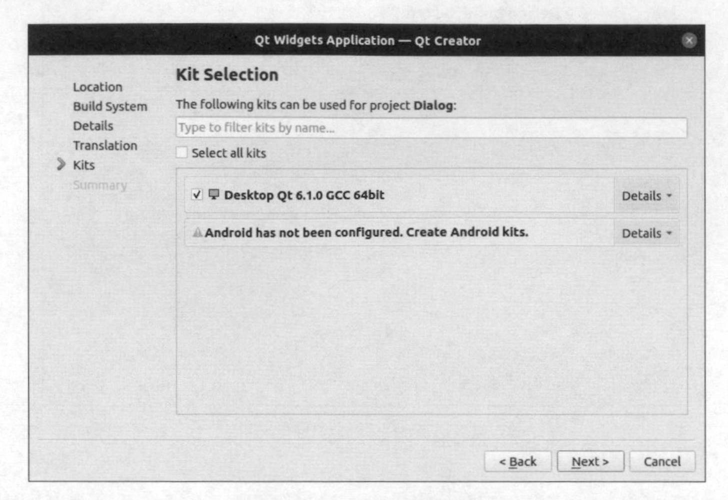

圖 31.35　選擇建構套件

（7）此時，對應的檔案已經自動載入到專案檔案列表中，如圖 31.36 所示。

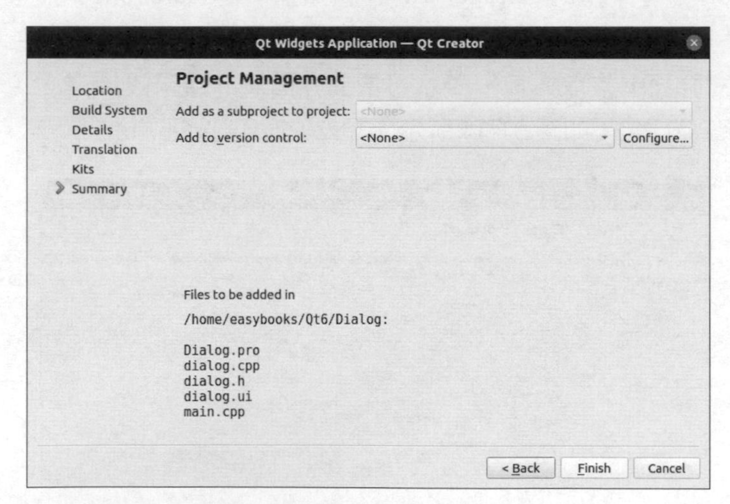

圖 31.36　載入生成專案檔案列表

確認無誤後，點擊 "Finish" 按鈕完成建立。進入 Qt 開發環境，檔案列表中的檔案自動在專案樹形視圖中分類顯示，各個檔案包含在對應的節點下，點擊節點前的 ▸ 圖示可以顯示該節點下的檔案；而點擊節點前的 ▾ 圖示則隱藏該節點下的檔案；按兩下檔案可在右邊主顯示區看到其原始程式碼內容並可編輯修改，如圖 31.37 所示。

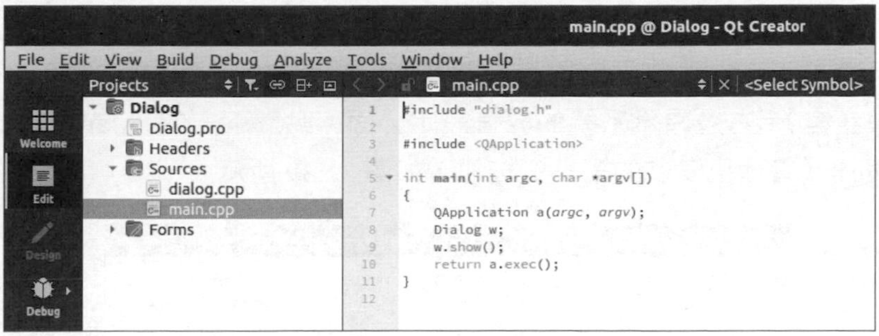

```
#include "dialog.h"

#include <QApplication>

int main(int argc, char *argv[])
{
    QApplication a(argc, argv);
    Dialog w;
    w.show();
    return a.exec();
}
```

圖 31.37 專案檔案的分類顯示和查看

展開專案樹形視圖中的 "Forms" 節點，按兩下其下 "dialog.ui" 檔案可進入 Qt 介面設計器，左邊是控制項容器欄，在其中用滑鼠選擇拖曳控制項到中央表單、調整大小和版面配置、右下方子視窗中設定控制項屬性，可對 Qt 程式的介面進行視覺化設計，操作方式與 Windows 下的 Qt 環境完全一樣，如圖 31.38 所示。

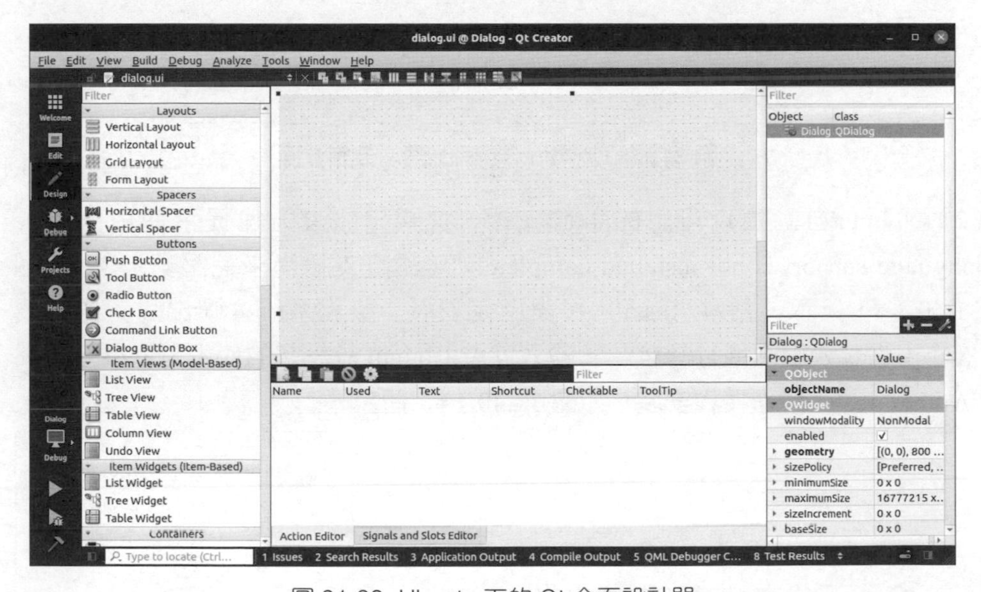

圖 31.38 Ubuntu 下的 Qt 介面設計器

31.5.2 Ubuntu 中文輸入

Ubuntu 作業系統預設並不支援中文，但 Qt 開發用中文設計介面是必不可少的，為此必須給 Ubuntu 系統安裝漢語語言並開啟中文輸入法，步驟如下。

(1) 點擊 Ubuntu 桌面左下角的 ▦ 按鈕，點選桌面上的 "Settings"（⚙）圖示，開啟 Ubuntu 系統的設定視窗，左側列表找到並選中 "Region & Language"（區域與語言），右邊顯示系統的語言設定介面，點擊下方的 "Manage Installed Languages"（管理已安裝的語言）按鈕，如圖 31.39 所示。

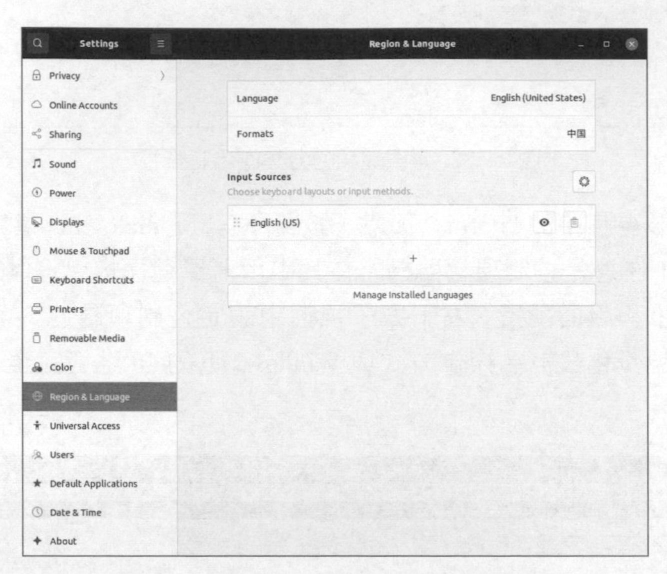

圖 31.39 Ubuntu 作業系統語言設定介面

(2) Ubuntu 自動檢查可用的語言支援，會彈出訊息方塊提示使用者 "The language support is not installed completely"（語言支援尚未完整安裝），如圖 31.40（a）所示，點擊 "Install" 按鈕確定安裝。接著系統會彈出對話方塊要求使用者輸入密碼進行認證，請輸入安裝 Ubuntu 時設定的使用者密碼，點擊 "Authenticate" 按鈕授權安裝，如圖 31.40（b）所示。

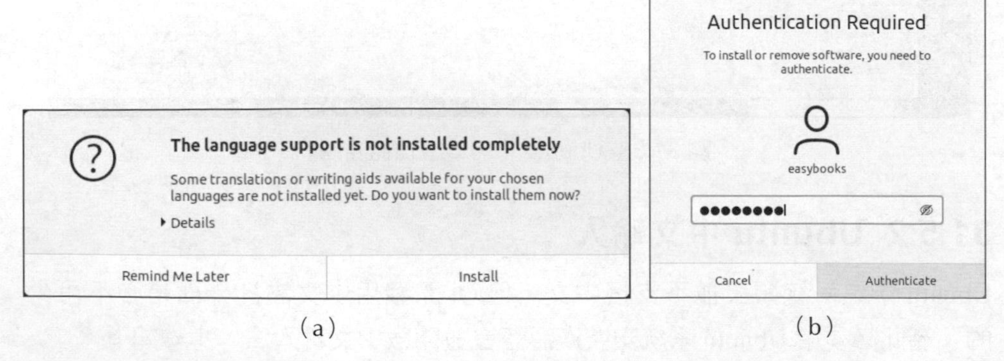

（a）　（b）

圖 31.40 確定和授權安裝

（3）接著，系統進入安裝過程，自動連網下載缺少的語言支援套件並逐一解壓安裝。期間，點開 "Applying changes" 進度窗下面的 "Details" 可查看下載及安裝的進度，如圖 31.41 所示。該過程需要持續一段時間，請讀者耐心等待。

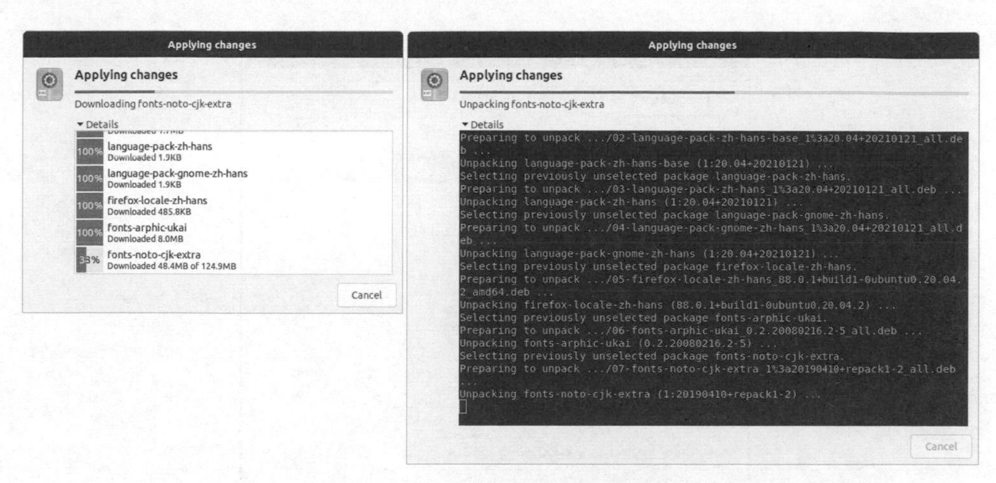

圖 31.41 查看下載及安裝的進度

（4）安裝完成回到 "Language Support"（語言支援）對話方塊，點擊其中的 "Install/Remove Languages..."（增加或刪除語言）按鈕，彈出 "Installed Languages"（已安裝的語言）對話方塊，找到並選取 "Chinese(simplified)"（簡體中文）專案項，點擊 "Apply" 按鈕增加簡體中文語言支援，如圖 31.42 所示。

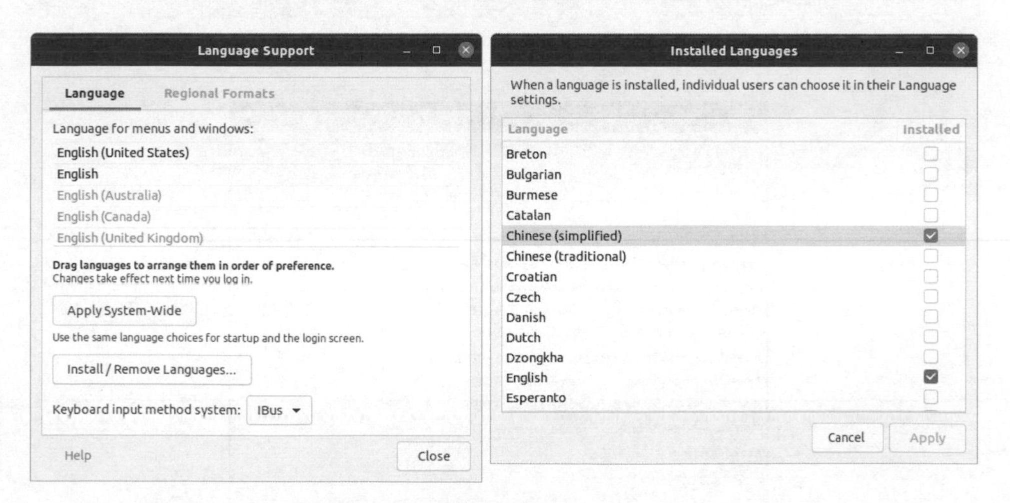

圖 31.42 增加簡體中文語言支援

（5）回到 "Language Support"（語言支援）對話方塊，在 "Language for menus and windows"（選單和視窗的語言）清單中可找到「漢語 (中國)」專案項，將其拖曳至列表最頂部，讓 Ubuntu 優先使用中文，如圖 31.43 所示。

圖 31.43　優先使用中文

（6）重新啟動 Ubuntu，系統會全面應用簡體中文來顯示介面，並提示使用者是否將標準資料夾更新到當前語言，由於資料夾名稱連結路徑，為避免對系統已有的環境設定造成影響，建議還是不要改名，點擊「保留舊的名稱」按鈕，如圖 31.44 所示。

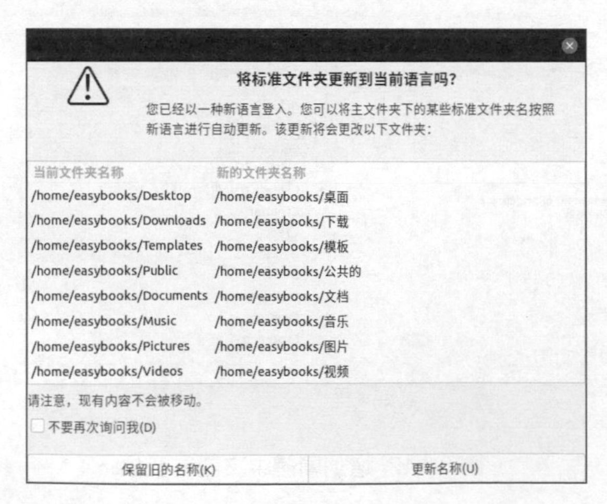

圖 31.44　不改名資料夾

（7）再次透過 Ubuntu 作業系統的按鈕和桌面圖示開啟系統設定視窗，可以發現，這時候設定視窗介面上的文字已經全部變為了中文。左側清單選「區域與語言」，右邊語言設定介面上點擊 + 按鈕，彈出「增加輸入來源」對話方塊，其中列出了系統中已安裝的幾種常用中文輸入法，選擇並點擊「增加」按鈕，將它們逐一增加到語言設定介面，如圖 31.45 所示。

圖 31.45 增加中文輸入法

31.5.3 開發 Qt 程式

我們還是以本書第 1 章「計算圓面積」程式為例，介紹 Linux（Ubuntu）上的 Qt 程式開發。

1. 介面設計

啟動 Ubuntu 上的 Qt Creator，在專案樹形視圖中展開 "Forms" 節點，按兩下其下 "dialog.ui" 檔案進入 Qt 介面設計器。

在表單上拖曳設計「計算圓面積」程式介面，如果需要輸入中文，可從螢幕頂部右上角的 Ubuntu 工作列中下拉式功能表選擇一個中文輸入法，然後就可在 Qt 介面設計器中輸入中文了，如圖 31.46 所示。

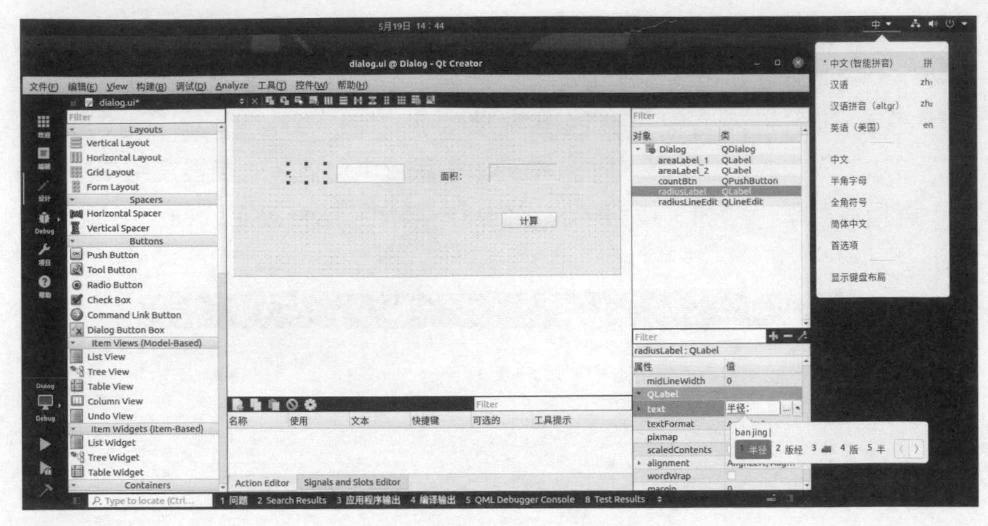

圖 31.46 介面設計中輸入中文

設定表單上各控制項的名稱和屬性（同第 1 章），略。

2. 程式撰寫

（1）綁定訊號與槽。

Linux（Ubuntu）上撰寫 Qt 程式時綁定訊號與槽的方式，與 Windows 開發環境中的完全一樣，以下操作。

在「計算」按鈕上按滑鼠右鍵，在彈出的快顯功能表中選擇「轉到槽 ...」選單項，在「轉到槽」對話方塊中選擇 "QAbstractButton" 的 "clicked()" 訊號，點擊 "OK" 按鈕，如圖 31.47 所示。

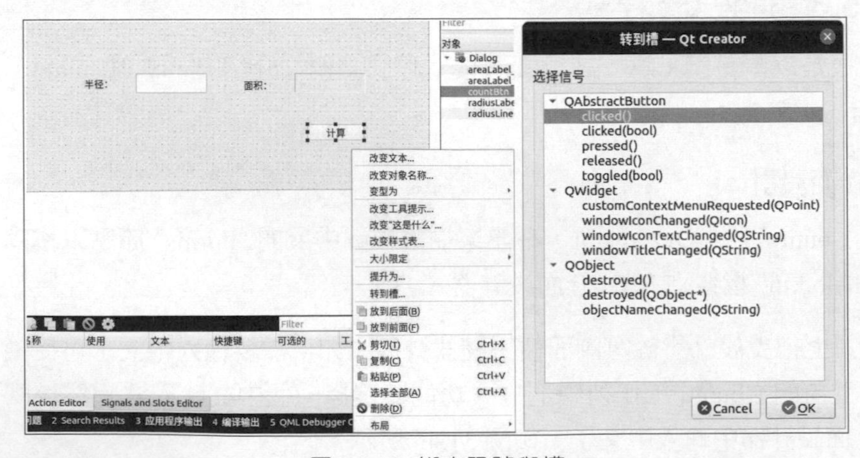

圖 31.47 綁定訊號與槽

（2）實現功能。

進入 "dialog.cpp" 檔案中按鈕點擊事件的槽函數 on_countBtn_clicked()，在此函數中增加以下程式：

```
void Dialog::on_countBtn_clicked()
{
    bool ok;
    QString tempStr;
    QString valueStr=ui->radiusLineEdit->text();
    int valueInt=valueStr.toInt(&ok);
    double area=valueInt*valueInt*PI;              //計算圓面積
    ui->areaLabel_2->setText(tempStr.setNum(area));
}
```

然後，在 "dialog.cpp" 檔案開始處定義全域變數 PI，增加以下敘述：

```
const static double PI=3.1416;
```

3. 執行程式

在 Ubuntu 的 Qt Creator 開發環境下，點擊介面左下方的 ▶ 按鈕，專案自動建構執行，程式執行效果如圖 31.48 所示。

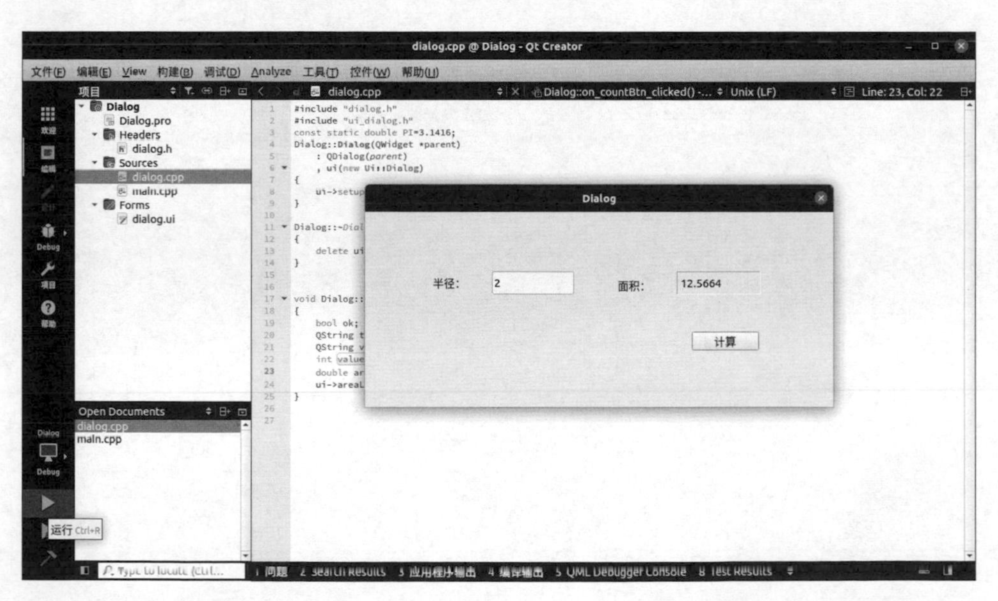

圖 31.48 Ubuntu 的 Qt Creator 執行 Qt 程式的效果

第 7 部分

附錄

APPENDIX A

C++ 相關知識

Qt 是基於 C++ 開發的。在這裡簡要地介紹 C++ 程式結構、C++ 前置處理命令、C++ 異常處理、C++ 物件導向程式設計中的一些基本概念。欲精通 Qt 或深入學習 C++ 的讀者，請參考 C++ 程式設計相關書籍。

A.1 C++ 程式結構

一個程式是由若干個程式原始檔案組成的。為了與其他語言相區別，每個 C++ 程式原始檔案通常以 ".cpp" 作為副檔名，該檔案由編譯前置處理命令、資料或資料結構定義及若干個函數組成。程式中，main() 表示主函數。無論該函數在整個程式中的哪個位置，每個程式執行時都必須從 main() 函數開始。因此，每個 C++ 程式或由多個原始檔案組成的 C++ 專案都必須包含一個且只有一個 main() 函數。

下面舉一個簡單的 C++ 程式例子 Ex_Simple 來說明。

```
01 /*[ 例 Ex_Simple] 一個簡單的 C++ 程式 */
02 #include <iostream.h>
03 int main()
04 {
05      double r,area;                      // 定義變數
06      cout<<" 輸入圓的半徑：";             // 顯示提示訊息
07      cin>>r;                             // 從鍵盤上輸入變數 r 的值
08      area = 3.14159*r*r;                 // 計算面積
09      cout<<" 圓的面積為："<<area<<"\n";   // 輸出面積
10      return 0;                           // 指定返回值
11 }
```

其中，

- 行號為 02 的程式是 C++ 檔案包含 #include 的編譯命令，稱為前置處理命令。

#include 後面的 "iostream.h" 是 C++ 編譯器附帶的檔案，稱為 C++ 函數庫檔案，它定義了標準輸入 / 輸出串流的相關資料及其操作。由於該程式中用到了輸入 / 輸出串流物件 cin 和 cout，所以需要利用 #include 將其合併到該程式中；又由於它們總是被放置在來源程式檔案的起始處，所以這些檔案被稱為標頭檔（Header File）。C++ 編譯器附帶了許多這樣的標頭檔，每個頭檔案都支持一組特定的「工具」，用於實現基本輸入 / 輸出、數值計算和字串處理等方面的操作。

由於 "iostream.h" 是 C++ 的標頭檔，所以這些檔案以 ".h" 為副檔名，以便與其他檔案類型相區別，但這是 C 語言的標頭檔格式。儘管 ANSI/ISO C++ 仍然支持這種標頭檔格式，但已不建議再採用，即包含標頭檔中不應再有 ".h" 這個副檔名，而應使用 C++ 的 "iostream"。例如：

```
#include <iostream>
```

- 上述程式 Ex_Simple 中的 "/*...*/" 之間的內容或從 "//" 開始一直到行尾的內容是用來註釋的，其目的只是為了提高程式的可讀性，對編譯和運行並不起作用。正是因為這一點，所以所註釋的內容既可以用中文字表示，也可以用英文說明，只要便於理解即可。

需要說明的是，C++ 中的 "/*...*/" 用於實現多行的註釋，它將由 "/*" 開頭到 "*/" 結尾之間所有內容均視為註釋，稱為塊註釋。塊註釋（"/*...*/"）的註釋方式可以出現在程式中的任何位置，包括在敘述或運算式之間。而 "//" 只能實現單行的註釋，它將從 "//" 開始到行尾的內容作為註釋，稱為行註釋。

A.2 C++ 前置處理命令

C++ 前置處理命令有三種：巨集定義命令、檔案包含命令和條件編譯命令。這些命令在程式中都是以 "#" 來引導的，每條前置處理命令必須單獨佔用一行，但在行尾不允許有分號 ";"。

1. 巨集定義命令

用 #define 可以定義一個符號常數，例如：

```
#define   PI  3.14159
```

這裡的 #define 就是巨集定義命令，它的作用是將 3.14159 用 PI 代替，PI 稱為巨集名。需要注意以下幾點。

（1）#define、PI 和 3.14159 之間一定要有空格，且通常將巨集名定義為大寫，以便與普通識別字相區別。

（2）巨集被定義後，通常不允許再重新定義，而只有當使用以下命令後才可以重新定義。

```
#undef     巨集名稱
```

（3）一個定義過的巨集名稱可以用於定義其他新的巨集。

（4）巨集還可以帶有參數，例如：

```
#define MAX(a,b)   ((a)>(b)?(a):(b))
```

其中，（a,b）是巨集 MAX 的參數表，如果在程式中出現下列敘述：

```
x = MAX(3, 9);
```

則前置處理後變為：

```
x = (3>9?3:9);              // 結果為 9
```

很顯然，帶有參數的巨集相當於一個函數的功能，但比函數簡捷。

2. 檔案包含命令

所謂「檔案包含」是指將另一個原始檔案的內容合併到來源程式中。C++ 語言提供了 #include 命令用於實現檔案包含的操作，它有以下兩種格式：

```
#include  <檔案名稱>
#include  "檔案名稱"
```

檔案名稱通常以 ".h" 為副檔名，因此將其稱為「標頭檔」，如前面程式例子中的 "iostream.h" 是標頭檔的檔案名稱。在「檔案包含」的兩種格式中，第一種格式是將檔案名稱用尖括弧 "< >" 括起來的，用來包含那些由系統提供的並放在指定子目錄中的標頭檔；第二種格式是將檔案名稱用雙引號括起來，用於包含那些由使用者定義的放在目前的目錄或其他目錄下的標頭檔或其他原始檔案。

3. 條件編譯命令

一般情況下，來源程式中所有的敘述都參加編譯。但有時也希望根據一定的條件去編譯原始檔案的不同部分，即「條件編譯」。條件編譯使得同一來源程式在不同的編譯條件下得到不同的目標程式。C++ 提供的條件編譯命令有下列幾種常用的形式。

格式 1：

```
#ifdef < 識別字 >
  < 程式段 1>
[
#else
  < 程式段 2>
]
#endif
```

其中，#ifdef、#else 和 #endif 都是關鍵字，< 程式段 > 是由若干條前置處理命令或敘述組成的。這種形式的含義是，如果識別字已被 #define 命令定義過，則編譯 < 程式段 1>，否則編譯 < 程式段 2>。

格式 2：

```
#ifndef < 識別字 >
  < 程式段 1>
[
#else
  < 程式段 2>
]
#endif
```

這與前一種格式的區別僅是，如果識別字沒有被 #define 命令定義過，則編譯 < 程式段 1>，否則編譯 < 程式段 2>。

格式 3：

```
#if < 運算式 1>
  < 程式段 1>
[
#elif < 運算式 2>
  < 程式段 2>
  …
]
```

```
[
#else
  < 程式段 n>
]
#endif
```

其中，#if、#elif、#else 和 #endif 是關鍵字。它們的含義是，如果 < 運算式 1> 為「真」則編譯 < 程式段 1>；否則如果 < 運算式 2> 為「真」則編譯 < 程式段 2>；…；如果各運算式均不為「真」，則編譯 < 程式段 n>。

A.3 C++ 異常處理

程式中的錯誤通常包括語法錯誤、邏輯錯誤和執行時期異常（Exception）。其中，語法錯誤通常是指函數、類型、敘述、運算式、運算子或識別字等的使用不符合 C++ 的語法，這種錯誤在程式編譯或連結時就會由編譯器指出；邏輯錯誤是指程式能夠順利運行，但是沒有實現或達到預期的功能或結果，這類錯誤通常需要透過偵錯或測試才能夠發現；執行時期異常是指在程式運行過程中，由於意外事件的發生而導致程式異常中止，如記憶體空間不足、打開的檔案不存在、零除數或下標越界等。

異常或錯誤的處理方法有很多，如判斷函數返回值，使用全域的標識變數，以及直接使用 C++ 中的 exit() 或 abort() 函數來中斷程式的執行。

程式執行時期異常的產生雖然無法避免，但是可以預料。為了保證程式的穩固性，必須在程式中對執行時期異常進行預見性處理，這種處理稱為異常處理。

C++ 提供了專門用於異常處理的一種結構化形式的描述機制 try/throw/catch。該異常處理機制能夠將程式的正常處理和異常處理邏輯分開表示，使得程式的處理結構清晰，透過異常集中處理的方式解決異常問題。

1. try 敘述區塊

try 敘述區塊的作用是啟動異常處理機制，偵測 try 敘述區塊中的程式敘述執行時可能產生的異常。如果有異常產生，則拋出例外。try 的格式如下：

注意：try 總是與 catch 一同出現，在一個 try 敘述區塊之後，至少應該有一個 catch 敘述區塊。

2. throw 敘述

Throw 敘述用來強行拋出例外，其格式如下：

```
throw [異常類型表達式]
```

其中，異常類型運算式可以是類別物件、常數或變數運算式等。

3. catch 敘述區塊

catch 敘述區塊首先捕捉 try 敘述區塊產生的或由 throw 拋出的例外，然後進行處理，其格式如下：

```
catch ( 形參類型 [形參名稱] )
{        // 敘述區塊
    //異常處理敘述...
}
```

其中，catch 敘述區塊中的形式參數類型可以是 C++ 基本類型（如 int、long、char 等）、構造類型，還可以是一個已定義的類別的類型，包括類別的指標或參考類型等。如果在 catch 中指定了形式參數名稱，則可像一個函數的參數傳遞那樣將異常值傳入，並可在 catch 敘述區塊中使用該形式參數名稱。例如：

```
try
{
  throw "除數不能為 0 ！";
}
catch(const char * s)              // 指定異常形式參數名稱
{
  cout<<s<<endl;                   // 使用異常形式參數名稱
}
```

注意：

(1) 當 catch 敘述區塊中的整個形式參數為 "…" 時，則表示 catch 敘述區塊能夠捕捉任何類型的異常。

(2) catch 敘述區塊前面必須是 try 敘述區塊或另一個 catch 敘述區塊。正因如此，在書寫程式時應使用以下格式：

```
try
{
   …
} catch(…)
{
   …
} catch(…)
{
   …
}
```

4. 三者的關係和注意點

throw 和 catch 的關係就如同函數呼叫關係，catch 指定形式參數，而 throw 舉出實際參數。編譯器將按照 catch 出現的順序及 catch 指定的參數類型確定 throw 拋出的例外應該由哪個 catch 來處理。

throw 不一定出現在 try 敘述區塊中，實際上，它可以出現在任何需要的地方，即使在 catch 的敘述區塊中，仍然可以繼續使用 throw，只要最終有 catch 可以捕捉它即可。

例如：

```
class Overflow
{
  //…
public:
  Overflow(char,double,double);
};
void f(double x)
{
  //…
  throw Overflow('+',x,3.45e107); // 在函數本體中使用 throw，用來拋出一個物件
}
try
{
```

```
  //…
  f(1.2);
  //…
} catch(Overflow& oo)
{
  //處理 Overflow 類型的異常
}
```

當 throw 出現在 catch 敘述區塊中時，透過 throw 既可以重新拋出一個新類型的例外，也可以重新拋出當前這個例外，在這種情況下，throw 不應帶任何實際參數。例如：

```
try
{
  …
} catch(int)
{
    throw "hello exception";  //拋出一個新的例外，異常類型為 const char *
} catch(float)
{
    throw;                    //重新拋出當前的 float 類型例外
}
```

A.4 C++ 物件導向程式設計

物件導向程式設計（Object Oriented Programming，OOP）是一種電腦程式設計架構。OOP 的一條基本原則是，程式由單一能夠造成副程式作用的單元或物件組合而成。OOP 達到了軟體工程的三個主要目標，即重用性、靈活性和擴充性。為了實現整體運算，每個物件都能夠接收資訊、處理資料和向其他物件發送資訊。

1. 基本概念

物件導向程式設計中的概念主要包括類別、物件、封裝、繼承、動態繫結、多形、虛擬函數和訊息傳遞等。

（1）類別。

類別是具有相同類型的物件的抽象，一個物件所包含的所有資料和程式都可以透過類別來構造。

在 C++ 中，宣告一個類別的通常格式如下：

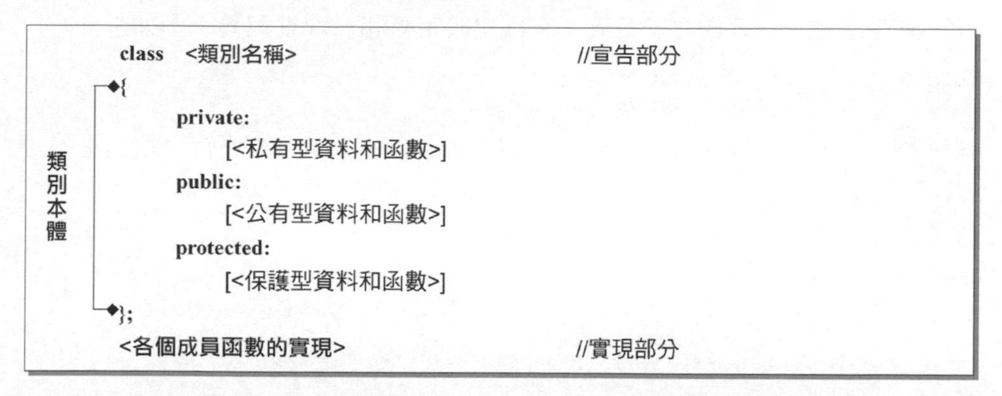

```
class   <類別名稱>                         //宣告部分
{
    private:
        [<私有型資料和函數>]
    public:
        [<公有型資料和函數>]
    protected:
        [<保護型資料和函數>]
};
<各個成員函數的實現>                        //實現部分
```


其中，class 是類別宣告的關鍵字，class 的後面是要宣告的類別名稱。類別中的資料和函數都是類別的成員，分別稱為資料成員和成員函數。

類別中的關鍵字 public、private 和 protected 宣告了類別中的成員與類別外物件之間的關係，稱為存取權限。其中，對 private 成員來說，它們是私有的，不能在類別外存取，資料成員只能由類別中的函數所使用，成員函數只允許在類別中呼叫；對 public 成員來說，它們是公有的，可以在類別外存取；而對 protected 成員來說，它們是受保護的，具有半公開性質，可在類別中或其子別類中存取。

需要說明的是，若一個成員函數的宣告和定義同時在類別體中完成，則該成員函數的實現將不需要單獨出現。如果所有的成員函數都在類別體中定義，則實現部分可以省略。

而當類別的成員函數的定義是在類別體外部完成時，必須使用作用域運算子 "::" 來告知編譯系統該函數所屬的類別。此時，成員函數的定義格式如下：

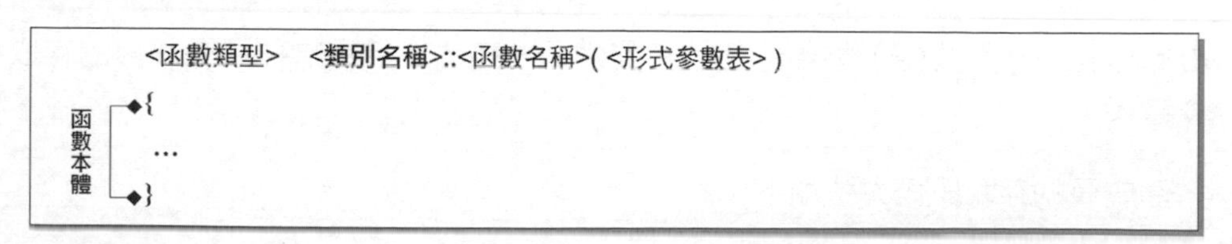

```
<函數類型>   <類別名稱>::<函數名稱>( <形式參數表> )
{
    ...
}
```


（2）物件。

物件是運行期的基本實體，它是一個封裝了資料和操作這些資料的程式的邏輯實體。

身為複雜的資料構造類型，宣告類別後，就可以定義該類別的物件。類別物件有三種定義方式：宣告之後定義、宣告之時定義和一次性定義。例如：

```
class  A{ … };
A a;                        // 宣告之後定義
class  B
{
  …
} b, c;                     // 宣告之時定義
class
{
  …
} d, e;                     // 一次性定義
```

但是，由於「類別」比任何資料型態都要複雜得多，為了提高程式的可讀性，真正將「類別」當成一個密閉、「封裝」的盒子（介面），在程式中應儘量使用物件的「宣告之後定義」方式，即按下列格式進行：

<類別名稱>　<物件名稱表>;

其中，類別名稱是已宣告過的類別的識別字，物件名稱可以有一個或多個，有多個物件時要使用逗點將各物件隔開。被定義的物件既可以是一個普通物件，也可以是一個陣列物件或指標物件。

例如：

```
CStuscore  one, *Stu, Stus[2];
```

這時，one 是類別 CStuscore 的普通物件，Stu 和 Stus 分別是該類別的指標物件和物件陣列。若物件是一個指標，則還可像指標變數那樣進行初始化，例如：

```
CStuscore  *two = &one;
```

由此可見，在程式中，物件的使用和變數是一樣的，只是物件還有成員的存取等操作。

物件成員的存取操作方法如下。

一個物件的成員就是該物件的類別所定義的資料成員和成員函數。存取物件的成員變數和成員函數與存取一般變數和函數的方法是一樣的，只不過需要在成員前面加上物件名稱和成員運算子 "."，其表示法如下：

```
<物件名稱>.<成員變數>;
<物件名稱>.<成員函數>(<參數表>)
```

例如：

```
cout<<one.getName()<<endl;     //呼叫物件 one 中的成員函數 getName
cout<< Stus[0].getNo()<<endl; //呼叫物件陣列元素 Stus[0] 中的成員函數 getNo
```

需要說明的是，一個類別物件只能存取該類別的公有型成員，不能存取私有型成員。舉例來說，getName 和 getNo 等公有成員可以由物件透過上述方式存取，但 strName、strStuNo、fScore 等私有成員則不能被物件存取。

若物件是一個指標，則物件的成員存取形式如下：

```
<物件名稱>->< 成員變數>
<物件名稱>->< 成員函數>(<參數表>)
```

"->" 是另一個表示成員的運算子，它與 "." 運算子的區別是，"->" 用來表示指向物件的指標的成員，而 "." 用來表示一般物件的成員。

需要說明的是，下面的兩種表示是等值的（對於成員函數也適用）：

```
<物件指標名稱>->< 成員變數>
(*<物件指標名稱>).<成員變數>
```

例如：

```
CStuscore  *two = &one;
cout<<(*two).getName()<<endl;          //A
cout<<two->getName()<<endl;            //與 A 等值
```

需要說明的是，類別外通常是指在子類別中或其物件等的一些場合。對存取權限 public、private 和 protected 來說，只有在子類別中或用物件來存取成員時，它們才會起作用。在利用類別外物件存取成員時，只能存取 public 成員，而對 private 和 protected 均不能存取。對類別中的成員存取或透過該類別物件來存取成員均不受存取權限的限制。

（3）封裝。

封裝是將資料和程式綁定在一起，以避免外界的干擾和不確定性。物件的某些資料和程式可以是私有的，不能被外界存取，以此實現對資料和程式不同等級的存取權限。

（4）繼承。

繼承是使某個類型的物件獲得另一個類型的物件的特徵。透過繼承可以實現程式的重用，即從已存在的類別衍生出的新類別將自動具有原來那個類別的特性，同時，它還可以擁有自己的新特性。

在 C++ 中，類別的繼承具有下列特性。

- 單向性。

類別的繼承是有方向的。舉例來說，若 A 類別是子類別 B 的父類別，則只有子類別 B 繼承了父類別 A 中的屬性和方法，在 B 類別中可以存取 A 類別的屬性和方法，但在父類別 A 中卻不能存取子類別 B 的任何屬性和方法。而且，類別的繼承還是單向的。舉例來說，若 A 類別繼承了 B 類別，則 B 類別不能再繼承 A 類別。同樣，若 A 類別是 B 類別的基礎類別，則 B 類別是 C 類別的基礎類別，此時 C 類別不能是 A 類別的基礎類別。

- 傳遞性。

若 A 類別是 B 類別的基礎類別，B 類別是 C 類別的基礎類別，則基礎類別 A 中的屬性和方法傳遞給了子類別 B 之後，透過子類別 B 也傳遞給子類別 C，這是類別繼承的傳遞性。正因為繼承的傳遞性，才使子類別自動獲得基礎類別的屬性和方法。

- 再使用性。

自然界中存活的同物種具有遺傳關係的層次通常是有限的，而 C++ 中的類別卻不同，類別的程式可一直保留。因此，當基礎類別的程式構造完之後，其下一代的衍生類別的程式通常將新增一些屬性和方法，它們一代代地衍生下去，整個類別的程式越來越完善。若將若干代的類別程式保存在一個頭檔案中，而在新的程式檔案中包含這個頭檔案，之後定義一個衍生類別，則這樣的衍生類別就具有前面所有代基礎類別的屬性和方法，而不必從頭開始重新定義和設計，從而節省了大量的程式。由此可見，類別的繼承機制也表現了程式重用或軟體重用的思想。

在 C++ 中，一個衍生類別的定義格式如下：

```
class <衍生類別名稱> : [< 繼承方式 1>] <基礎類別名稱 1>, [<繼承方法 2>] <基礎類別名稱 2>, ...
{                                      基礎類別列表
    [<衍生類別的成員>]
};
```

類別的繼承使得基礎類別可以向衍生類別傳遞基礎類別的屬性和方法，但在衍生類別中存取基礎類別的屬性和方法不僅取決於基礎類別成員的存取屬性，而且還取決於其繼承方式。

繼承方式能夠有條件地改變在衍生類別中的基礎類別成員的存取屬性，從而使衍生類別物件對衍生類別中的自身成員和基礎類別成員的存取均取決於成員的存取屬性。C++ 的繼承方式有三種：public（公有）、private（私有）、protected（保護）。

一個衍生類別中的資料成員通常有三類：基礎類別的資料成員、衍生類別自身的資料成員、衍生類別中其他類別的物件。由於基礎類別在衍生類別中通常是隱藏的，也就是說，在衍生類別中無法存取它，所以必須透過呼叫基礎類別建構函數設定基礎類別的資料成員的初值。需要說明的是，通常將衍生類別中的基礎類別稱為「基礎類別拷貝」，或稱為「基礎類別子物件」（base class subobject）。

C++ 規定，衍生類別中物件成員初值的設定應在初始化列表中進行，因此一個衍生類別的建構函數的定義可有下列格式：

```
<衍生類別名稱>(形參表)
    :基礎類別 1(參數表), 基礎類別 2(參數表), ... , 基礎類別 n(參數表),
     物件成員 1(參數表), 物件成員 2(參數表), ... , 物件成員 n(參數表)
{ }                        成員初始化列表
```

（5）多形。

多形是指不同事物具有不同表現形式的能力。多形機制使具有不同內部結構的物件可以共用相同的外部介面，透過這種方式降低程式的複雜度。

多形是物件導向程式設計的重要特性之一，它與封裝和繼承組成了物件導向程式設計的三大特性。在 C++ 中，多形具體表現在執行時期和編譯時兩個方面：程式執行時期的多形是透過繼承和虛擬函數表現的，它在程式執行之前，根據函數和參數無法確定應該呼叫哪一個函數，必須在程式執行過程中，根據具體的執行情況動態地確定；而在程式編譯時的多形表現在函數的多載和運算子的多載上。

與這兩種多形方式相對應的是兩種編譯方式：靜態聯結編譯和動態聯結編譯。所謂聯結編譯（binding），又稱為綁定，就是將一個識別字和一個記憶體位址聯繫在一起的過程，或是一個來源程式經過編譯、連接，最後生成可執行程式的過程。

靜態聯結編譯是指這種聯結編譯在編譯階段完成，由於聯結編譯過程是在程式運行前完成的，所以又稱為早期聯結編譯。動態聯結編譯是指這種聯結編譯要在程式執行時期動態進行，因此又稱為晚期聯結編譯。

在 C++ 中，函數多載是靜態聯結編譯的具體實現方式。呼叫多載函數時，編譯根據呼叫時參數類型與個數在編譯時實現靜態聯結編譯，將呼叫位址與函數名稱進行綁定。

事實上，在靜態聯結編譯的方式下，同一個成員函數在基礎類別和衍生類別中的不同版本是不會在執行時期根據程式碼的指定進行自動綁定的。必須透過類別的虛擬函數機制，才能夠實現基礎類別和衍生類別中的成員函數不同版本的動態聯結編譯。

（6）虛擬函數。

虛擬函數是利用關鍵字 virtual 修飾基礎類別中的 public 或 protected 的成員函數。當在衍生類別中進行重新定義後，就可在此類層次中具有該成員函數的不同版本。在程式執行過程中，依據基礎類別物件指標所指向的衍生類別物件，或透過基礎類別引用物件所引用的衍生類別物件，才能夠確定哪一個版本被啟動，從而實現動態聯結編譯。

在基礎類別中，虛擬函數定義的一般格式如下：

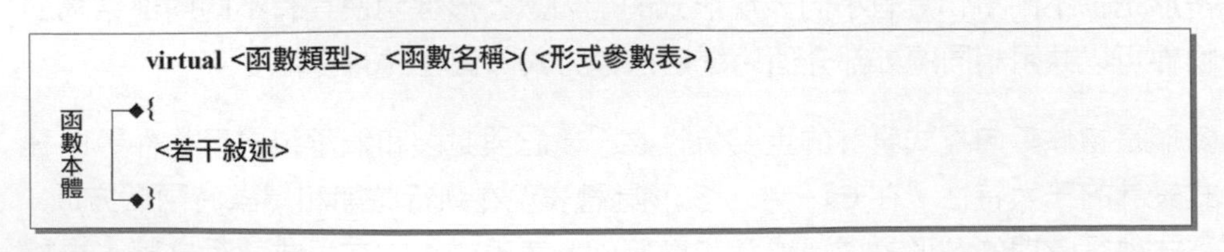

（7）訊息傳遞。

物件之間需要相互溝通，溝通的途徑就是物件之間收發資訊。訊息內容包括接收訊息的物件的標識、需要呼叫的函數的標識，以及必要的資訊。訊息傳遞的概念使得對現實世界的描述更容易。

（8）this 指標。

this 指標是類別中的特殊指標。當類別實例化（用類別定義物件）時，this 指標指向物件自己；而在類別的宣告時，指向類別本身。this 指標就如同你自己一樣，當你在房子（類別的宣告）裡面時，你只知道「房子」這個概念（類別名稱），而不知道房子是什麼樣子，但你可以看到裡面的一切（可以透過 this 指標引用所有成員）；而當你走到房子（類別的實例）外時，你看到的是一棟具體的房子（this 指標指向類別的實例）。

2. 類別的建構函數

在 C++ 中對一個空類別，編譯器預設四個成員函數：建構函數、解構函數、拷貝建構函數和給予值函數。舉例來說，空類別：

```
class Empty
{
public:
};
```

事實上，一個類別總有兩種特殊的成員函數：建構函數和解構函數。建構函數的功能是，在創建物件時為資料成員賦初值，即初始化物件。解構函數的功能是釋放一個物件，在刪除物件前，利用它進行一些記憶體釋放等清理工作，它與建構函數的功能正好相反。

類別的建構函數和解構函數的典型應用是，在建構函數中利用 new 為指標成員開闢獨立的動態記憶體空間，而在解構函數中利用 delete 釋放它們。

C++ 還經常使用下列形式的初始化將另一個物件作為物件的初值：

<類別名稱> <物件名稱 1>(<物件名稱 2>)

例如：

```
CName o2("DING");                //A：透過建構函數設定初值
CName o3(o2);                    //B：透過指定物件設定初值
```

B 敘述是將 o2 作為 o3 的初值，同 o2 一樣，o3 這種初始化形式要呼叫對應的建構函數，但此時找不到相匹配的建構函數，因為 CName 類別沒有任何建構函數的形式參數是 CName 類別物件。事實上，CName 還隱含一個特殊的預設建構函數，其原型為 CName（const CName &），這種特殊的預設建構函數稱為預設拷貝建構函數。

這種僅複製記憶體空間的內容的方式稱為淺拷貝。對於資料成員有指標類型的類別，由於無法解決預設拷貝建構函數，所以必須自己定義一個拷貝建構函數，在進行數值複製之前，為指標類型的資料成員另辟一個獨立的記憶體空間。由於這種複製還需另辟記憶體空間，所以稱其為深拷貝。

拷貝建構函數是一種比較特殊的建構函數，除遵循建構函數的宣告和實現規則外，還應按下列格式進行定義：

```
<類別名稱>(參數表)
{ }
```

可見，拷貝建構函數的格式就是帶有參數的建構函數。

由於複製操作實質上是類別物件空間的引用，所以 C++ 規定，拷貝建構函數的參數個數可以是一個或多個，但左起的第一個參數必須是類別的引用物件，它可以是「類別名稱 & 物件」或「const 類別名稱 & 物件」形式，其中，「類別名稱」是拷貝建構函數所在類別的類別名稱。也就是說，對於 CName 的拷貝建構函數，可有下列合法的函數原型：

```
CName( CName &x );                  //x 為合法的物件識別碼
CName( const CName &x );
CName( CName &x, …);                //"…" 表示還有其他參數
CName( const CName &x, …);
```

需要說明的是，一旦在類別中定義了拷貝建構函數，隱式的預設拷貝建構函數和隱式的預設建構函數就不再有效了。

3. 範本類別

可以使用範本類別創建對一個類型操作的類別家族：

```
template <class T, int i> class TempClass
{
```

```
public:
  TempClass( void );
  ~TempClass( void );
  int MemberSet( T a, int b );
private:
  T Tarray;
  int arraysize;
};
```

在這個例子中，範本類別使用了兩個參數，即一個類型 T 和一個整數 i。T 參數可以傳遞一個類型，包括結構和類別；i 參數必須傳輸第一個整數，因為 i 在被編譯時是一個常數，使用者可以使用一個標準陣列宣告來定義一個長度為 i 的成員。

4. 繼承

類別的繼承特性是 C++ 物件導向程式設計的非常關鍵的機制。繼承特性可以使一個新類別獲得其父類別的操作和資料結構，程式設計師只需在新類別中增加原有類別中沒有的成分。常用的三種繼承方式是公有繼承（public）方式、私有繼承（private）方式和保護繼承（protected）方式。

（1）公有繼承（public）方式。

基礎類別成員對其物件的可見性與一般類別及其物件的可見性相同，公有成員可見，其他成員不可見。這裡，保護成員與私有成員相同。

基礎類別成員對衍生類別的可見性，對衍生類別來講，基礎類別的公有成員和保護成員可見，它們作為衍生類別的成員時，均保持原有的狀態；基礎類別的私有成員不可見，它們仍然是私有的，衍生類別不可存取基礎類別中的私有成員。

基礎類別成員對衍生類別物件的可見性，對衍生類別物件來講，基礎類別的公有成員是可見的，其他成員是不可見的。

因此，在公有繼承時，衍生類別的物件可以存取基礎類別中的公有成員，衍生類別的成員函數可以存取基礎類別中的公有成員和保護成員。

（2）私有繼承（private）方式。

基礎類別成員對其物件的可見性與一般類別及其物件的可見性相同，公有成員可見，其他成員不可見。這裡，私有成員與保護成員相同。

基礎類別成員對衍生類別的可見性，對衍生類別來講，基礎類別的公有成員和保護成員可見；它們都作為衍生類別的私有成員，並且不能被這個衍生類別的子類別所存取；基礎類別的私有成員不可見；它們仍然是私有的，衍生類別不可存取基礎類別中的私有成員。

基礎類別成員對衍生類別物件的可見性，對衍生類別物件來講，基礎類別的所有成員都是不可見的。

因此，在私有繼承時，基礎類別的成員只能由直接衍生類別存取，而無法再向下繼承。

（3）保護繼承（protected）方式。

這種繼承方式與私有繼承方式的情況相和。二者的差別僅在於對衍生類別的成員而言。

基礎類別成員對其物件的可見性與一般類別及其物件的可見性相同，公有成員可見，其他成員不可見。

基礎類別成員對衍生類別的可見性，對衍生類別來講，基礎類別的公有成員和保護成員可見，它們都作為衍生類別的保護成員，並且不能被這個衍生類別的子類別所存取；基礎類別的私有成員不可見，它們仍然是私有的，衍生類別不可存取基礎類別中的私有成員。

基礎類別成員對衍生類別物件的可見性，對衍生類別物件來講，基礎類別的所有成員都是不可見的。

因此，在保護繼承時，基礎類別的成員只能由直接衍生類別存取，而無法再向下繼承。

（4）多重繼承及虛擬繼承。

C++ 支援多重繼承，從而大大增強了物件導向程式設計的能力。多重繼承是一個類別從多個基礎類別衍生而來的能力。衍生類別實際上獲取了所有基礎類別的特性。當一個類別是兩個或多個基礎類別的衍生類別時，必須在衍生類別名稱和冒號之後列出所有基礎類別的類別名稱，基礎類別間用逗點隔開。衍生類別的建構函數必須啟動所有基礎類別的建構函數，並將對應的參數傳遞給它們。衍生類別可以是另一個類別的基礎類別，相當於形成了一個繼承鏈。當衍生類別的建構函數被啟動時，它的所有基礎類別的建構函數也都將被啟動。在物件導向的程式設計中，繼承和多重繼承通常指公共繼承。在無繼承的類別中，protected 和 private 控制符是沒有區別的。在繼承中，基礎類別的 private 對所有的外界都遮罩（包括自己的衍生類別），基礎類別的 protected 控制符對應用程式是遮罩的，但對其衍生類別是可存取的。

虛擬繼承是多重繼承中特有的概念。虛擬基礎類別是為了解決多重繼承而出現的，如圖 A.1 所示。

圖 A.1 虛擬繼承 1

類別 D 繼承自類別 B 和類別 C，而類別 B 和類別 C 都繼承自類別 A，因此等於如圖 A.2 所示。

在類別 D 中會兩次出現 A。為了節省記憶體空間，可以將 B、C 對 A 的繼承定義為虛擬繼承，而 A 就成了虛擬基礎類別。最後形成如圖 A.3 所示的情況。

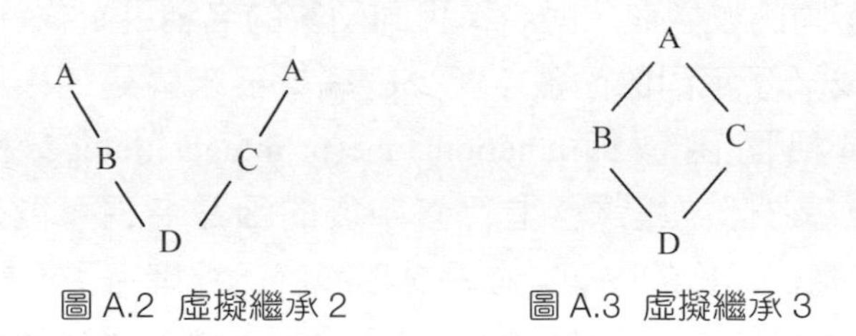

圖 A.2 虛擬繼承 2　　圖 A.3 虛擬繼承 3

以上內容可以用以下程式表示：

```
class A;
class B:public virtual A;          // 虛擬繼承
class C:public virtual A;          // 虛擬繼承
class D:public B, public C;
```

5. 多形

通俗地講，如開門、開窗戶、開電視，這裡的「開」就是多形。

多形性可以簡單地概括為「一個介面，多種方法」，在程式運行的過程中才可以決定呼叫的函數。多形性是物件導向程式設計領域的核心概念。

多形（Polymorphism），顧名思義就是「多種狀態」。多形性是允許將父物件設定為和它的或更多的子物件相等的技術，給予值之後，父物件就可以根據當前給予值給它子物件的特性以不同的方式運作。簡單地講，即允許將子類別類型的指標給予值給父類別類型的指標。多形性在 C++ 中是透過虛擬函數（Virtual Function）實現的。

虛擬函數是允許被其子類別重新定義的成員函數。子類別重新定義父類別虛擬函數的做法稱為「覆蓋」（override）或「重寫」。

覆蓋（override）和多載（overload）是初學者經常混淆的兩個概念。覆蓋是指子類別重新定義父類別的虛擬函數的做法。重寫的函數必須有一致的參數表和返回值（C++ 標準允許返回值不同的情況，但是很少有編譯器支持這個特性）。而多載，是指撰寫一個與已有函數名稱相同但參數表不同的函數，即指允許存在多個名稱相同函數，而這些函數的參數表不同（參數個數不同、參數類型不同，或兩者都不同）。舉例來說，一個函數既可以接收整數數作為參數，也可以接收浮點數作為參數。

其實，多載的概念並不屬於「物件導向程式設計」。它的實現是，編譯器首先根據函數不同的參數表，對名稱相同函數的名稱進行修飾，然後這些名稱相同函數就成為了不同的函數（至少對編譯器來講是這樣的）。舉例來說，有兩個名稱相同函數即 function func(p: integer):integer 和 function func(p: string):integer，它們被編譯器進行修飾後的函數名稱可能是 int_func 和 str_func。對於這兩個函數的呼叫，在編譯期間就已經確定了，是靜態的（記住，是靜態！）。也就是說，它們的位址在編譯期就綁定了（早綁定），因此，多載和多形無關。真正與多形相關的是「覆蓋」。當子類別重新定義了父類別的虛擬函數後，父類別指標根據賦給它的不同的子類別指標，動態地（記住，是動態！）呼叫屬於子類別的該函數，這樣的函數呼叫在編譯期間是無法確定的（所呼叫子類別的虛擬函數的位址無法舉出）。因此，這樣的函數位址是在運行期綁定的（晚綁定）。結論就是，多載只是一種語言特性，與多形無關，與物件導向也無關。

引用一句 Bruce Eckel 的話：「如果它不是晚綁定，它就不是多形。」

封裝可以隱藏功能實現細節，使得程式模組化；繼承可以擴充已存在的程式模組（類別）。它們的目的都是為了重用程式。而多形則是為了實現另一個目的——重用介面。現實往往是，要想有效地重用程式很難，真正最具有價值的重用是介面重用，因為「介面是公司最有價值的資源。設計介面比用一堆類別來實現這個介面更費時間。而且，介面需要耗費更昂貴的人力和時間」。其實，繼承為重用程式而存在的理由已經越來越勉強，因為「組合」可以極佳地取代繼承的擴充現有程式的功能，而且「組合」的表現更好（至少可以防止「類別爆炸」）。因此，繼承的存在很大程度上是作為「多形」的基礎而非擴充現有程式的方式。

每個虛擬函數都在虛擬函數表（vtable）中佔有一個記錄，保存著一行跳躍到它的入口位址的指令（實際上是保存了它的入口位址）。當一個包含虛擬函數的物件（注意，不是物件的指標）被創建的時候，它在頭部附加一個指標，指向 vtable 中對應的位置。呼叫虛擬函數的時候，無論是用什麼指標呼叫的，它首先根據 vtable 找到入口位址再執行，從而實現了「動態聯結編譯」。而普通函數只是簡單地跳躍到一個固定位址。

舉例來說，實現一個 Vehicle 類別，使其成為抽象資料型態。類別 Car 和類別 Bus 都是從類別 Vehicle 衍生的：

```
class Vehicle
{
public:
  virtual void Move() = 0;
  virtual void Haul() = 0;
};
class Car : public Vehicle
{
public:
  virtual void Move();
  virtual void Haul();
};
class Bus : public Vehicle
{
public:
  virtual void Move();
  virtual void Haul();
};
```

APPENDIX B

Qt 6 簡單偵錯

在軟體開發過程中，大部分的工作通常表現在程式的偵錯上。偵錯一般按以下步驟進行：修正語法錯誤→設定中斷點→啟用偵錯器→程式偵錯運行→查看和修改變數的值。

B.1 修正語法錯誤

偵錯的最初任務主要是修正一些語法錯誤，這些錯誤包括以下內容。

（1）未定義或不合法的識別字，如函數名稱、變數名稱和類別名稱等。
（2）資料型態或參數類型及個數不匹配。

上述語法錯誤中的大多數，在編輯程式碼時，將在當前視窗中的當前程式行下顯示各種不同顏色的波浪線，當用滑鼠移至其敘述上方時，還會提示使用者錯誤產生的原因，從而讓使用者能夠在編碼時可即時地對語法錯誤進行修正。一旦改正，當前程式行下顯示各種不同顏色的波浪線將消失。

還有一些較為隱蔽的語法錯誤，將在編譯器或建構專案時被編譯器發現，並在如圖 B.1 所示的「問題」視窗中指出。

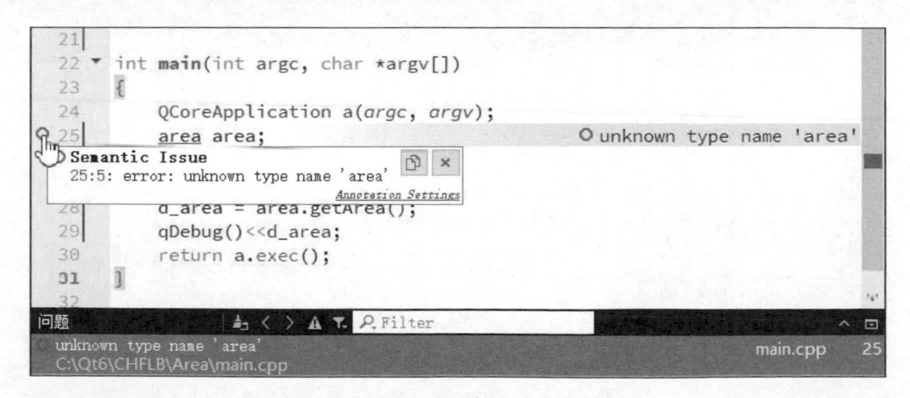

圖 B.1「問題」視窗顯示語法錯誤

為了能夠讓使用者快速定位錯誤產生的原始程式碼位置，在圖 B.1 中利用滑鼠按兩下某個錯誤項目，游標將定位移到該錯誤處對應的程式行前。

修正語法錯誤後，程式就可以正常地啟動運行了。但並不是說，此時就完全沒有錯誤了，它可能還有「異常」、「斷言」和演算法邏輯錯誤等其他類型的錯誤，而這些錯誤在編譯時是不會顯示出來的，只有當程式運行後才會出現。

B.2 設定中斷點

一旦在程式運行過程中發生錯誤，就需要設定中斷點分步進行查詢和分析。所謂中斷點，實際上就是告訴偵錯器在何處暫時中斷程式的運行，以便查看程式的狀態及瀏覽和修改變數的值等。

當在文件視窗中打開放原始碼程式檔案時，可用下面的三種方式來設定位置中斷點。

（1）按快速鍵 F9。

（2）在需要設定（或清除）中斷點的程式行最前方的位置，即當滑鼠由箭頭符號變為小手符號時，點擊滑鼠。

利用上述方式可以將位置中斷點設定在程式原始程式碼中指定的一行上，或在某個函數的開始處或指定的記憶體位址上。一旦中斷點設定成功，則中斷點所在程式行的最前面的視窗頁邊距上出現一個深紅色實心圓，如圖 B.2 所示。

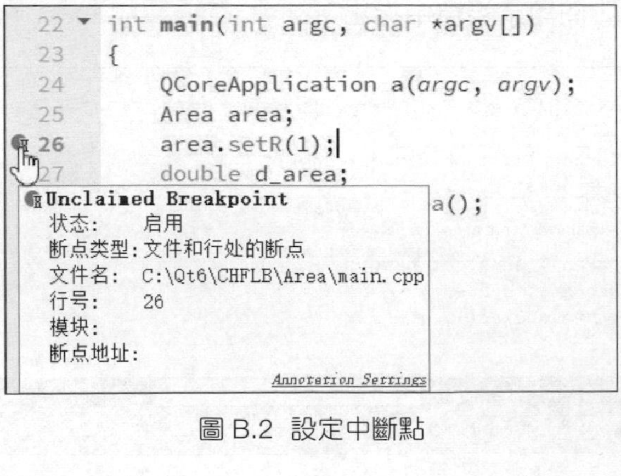

```
22 ▾ int main(int argc, char *argv[])
23   {
24       QCoreApplication a(argc, argv);
25       Area area;
26       area.setR(1);
27       double d_area;
                                  a();
Unclaimed Breakpoint
  状态:     启用
  断点类型: 文件和行处的断点
  文件名:   C:\Qt6\CHFLB\Area\main.cpp
  行号:     26
  模块:
  断点地址:
                         Annotation Settings
```

圖 B.2 設定中斷點

需要說明的是，若在中斷點所在的程式行中再使用上述的捷徑操作，則對應的位置中斷點被清除。若此時使用快顯功能表方式操作，選單項中還包含「禁用中斷點」命令，選擇此命令後，該中斷點被禁用，對應的中斷點標識由原來的深紅色實心圓變為空心圓。

B.3 程式偵錯運行

(1) 點擊選單「偵錯」→「開始偵錯」→ "Start debugging of startup project" 項，或按快速鍵 F5，啟動偵錯器。

(2) 程式運行後，流程進行到程式行 "area.setR(1);" 處就停頓下來，這就是中斷點的作用。這時可以看到原始程式視窗頁邊距上出現一個黃色小箭頭（覆於中斷點實心圓之上），它指向即將執行的程式，如圖 B.3 所示。

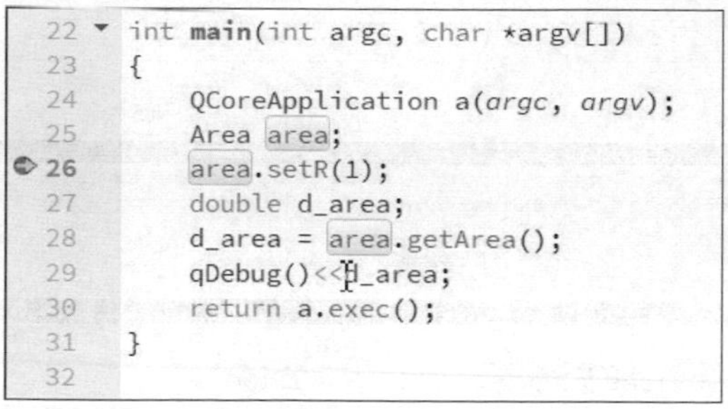

```
22 ▾ int main(int argc, char *argv[])
23   {
24       QCoreApplication a(argc, argv);
25       Area area;
26       area.setR(1);
27       double d_area;
28       d_area = area.getArea();
29       qDebug()<<d_area;
30       return a.exec();
31   }
32
```

圖 B.3 程式運行到中斷點處

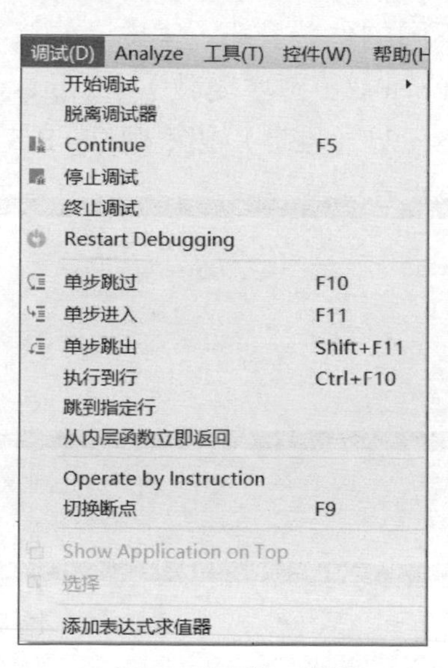

圖 B.4「偵錯」選單

(3)「偵錯」選單下的命令變為可用狀態，如圖 B.4 所示。其中，四條命令「單步跳過」、「單步進入」、「單步跳出」和「執行到行」是用來控製程式運行的，其含義分別如下。

- 單步跳過（快速鍵 F10）的功能是，運行當前箭頭指向的程式（只運行一條程式）。

- 單步進入（快速鍵 F11）的功能是，如果當前箭頭所指的程式是一個函數的呼叫，則選擇「單步進入」命令進入該函數進行單步執行。
- 單步跳出（Shift+F11 複合鍵）的功能是，如果當前箭頭所指向的程式是在某一函數內，則利用它使程式運行至函數返回處。
- 執行到行（Ctrl+F10 複合鍵）的功能是，使程式運行至游標所指的程式行處。

選擇「偵錯」選單中的「停止偵錯」命令或直接按 Shift+F5 複合鍵或點擊「編譯微型條」中的按鈕，停止偵錯。

B.4 查看和修改變數的值

為了更進一步地進行程式偵錯，偵錯器還提供了一系列視窗，用於顯示各種不同的偵錯資訊，當啟動偵錯器後，Qt Creator 的偵錯環境就會自動顯示出 "Locals"（區域變數）、"Expressions"（運算式）、"Breakpoints"（中斷點）和 "Stack"（堆疊）視窗，如圖 B.5 所示。

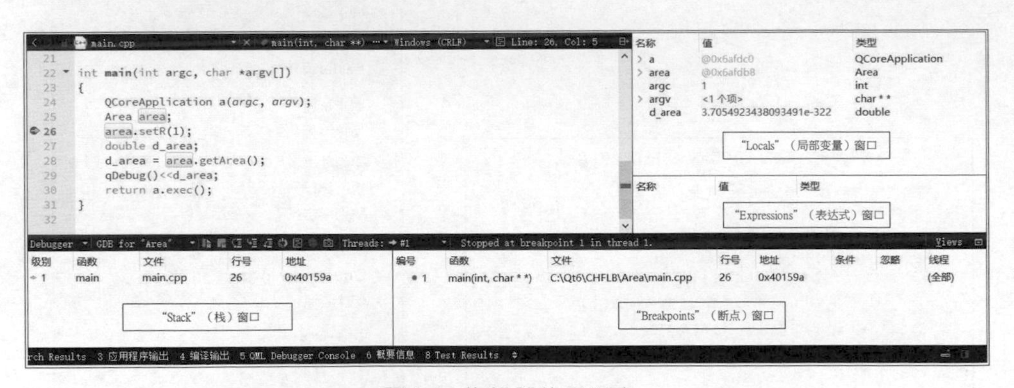

圖 B.5 偵錯器的各視窗

除上述視窗外，偵錯器還提供了 "Modules"（模組）、"Registers"（暫存器）、"Debugger Log"（偵錯器記錄檔）和 "Source Files"（原始檔案）等視窗，透過在如圖 B.6 所示的 "View" →「視圖」二級選單中進行選擇就可打開這些視窗。但通常使用得最多的還是 "Locals"（區域變數）、"Expressions"（運算式）、"Breakpoints"（中斷點）、"Threads"（執行緒）和 "Stack"（堆疊）這幾個視窗。

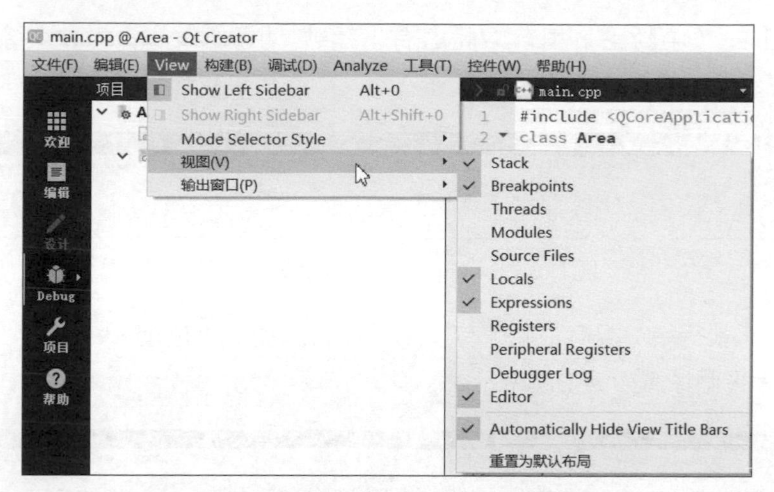

圖 B.6「視圖」二級選單下偵錯器提供的視窗

下面的步驟是使用這三個視窗查看或修改 m_r 的值。

（1）啟動偵錯器程式運行後，流程在程式行 "area.setR(1);" 處停頓下來。

（2）此時可在 "Locals"（區域變數）視窗看到「名稱」、「值」和「類型」三個域，如圖 B.7 所示，用來顯示當前敘述和上一行敘述使用的變數及當前函數使用的區域變數，它還顯示使用「單步跳過」或「單步跳出」命令後函數的返回值。

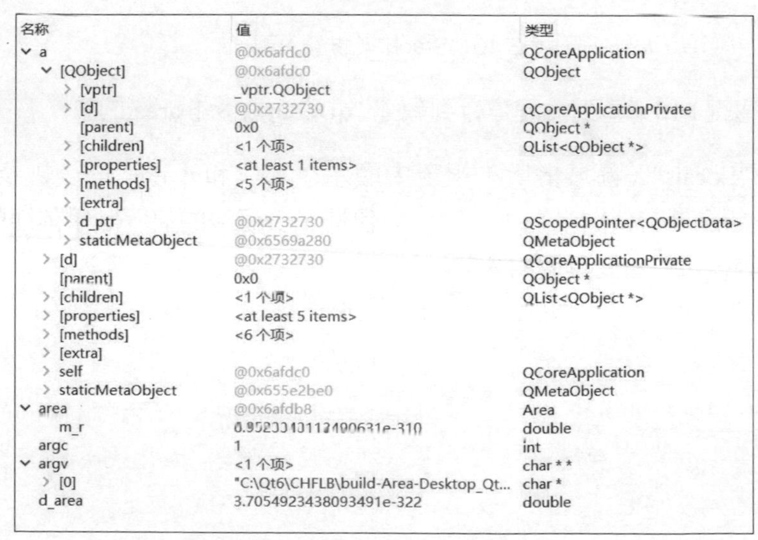

圖 B.7 "Locals"（區域變數）視窗

"Breakpoints"（中斷點）視窗：此處有「編號」「函數」「檔案」「行號」「位址」等幾個域，如圖 B.8 所示。

Threads: ➜ #1
Stopped at breakpoint 1 in thread 1.
Views
编号 函数 文件 行号 地址 条件 忽略 线程
● 1 main(int, char * *) C:\Qt6\CHFLB\Area\main.cpp 26 0x40159a (全部)

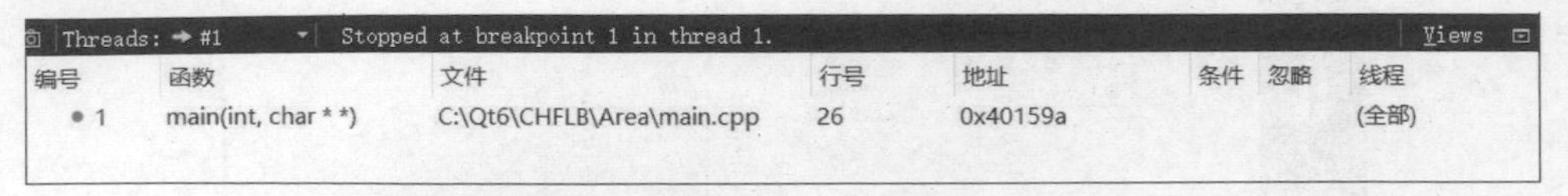

圖 B.8 "Breakpoints"（中斷點）視窗

"Threads"（執行緒）視窗：此處有「ID（執行緒號）」「位址」「函數」「檔案」「行號」等幾個域，如圖 B.9 所示。

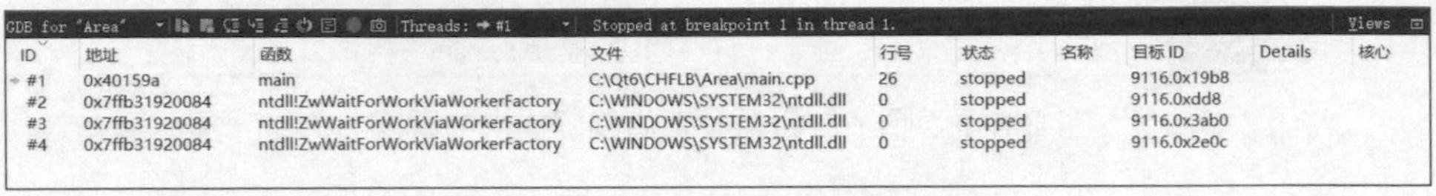

GDB for "Area"
Threads: ➜ #1
Stopped at breakpoint 1 in thread 1.
Views
ID 地址 函数 文件 行号 状态 名称 目标 ID Details 核心
#1 0x40159a main C:\Qt6\CHFLB\Area\main.cpp 26 stopped 9116.0x19b8
#2 0x7ffb31920084 ntdll!ZwWaitForWorkViaWorkerFactory C:\WINDOWS\SYSTEM32\ntdll.dll 0 stopped 9116.0xdd8
#3 0x7ffb31920084 ntdll!ZwWaitForWorkViaWorkerFactory C:\WINDOWS\SYSTEM32\ntdll.dll 0 stopped 9116.0x3ab0
#4 0x7ffb31920084 ntdll!ZwWaitForWorkViaWorkerFactory C:\WINDOWS\SYSTEM32\ntdll.dll 0 stopped 9116.0x2e0c

圖 B.9 "Threads"（執行緒）視窗

"Stack"（堆疊）視窗：此處有「等級」「函數」「檔案」「行號」「位址」這幾個域，如圖 B.10 所示。

Debugger
GDB for "Area"
级别 函数 文件 行号 地址
1 main main.cpp 26 0x40159a

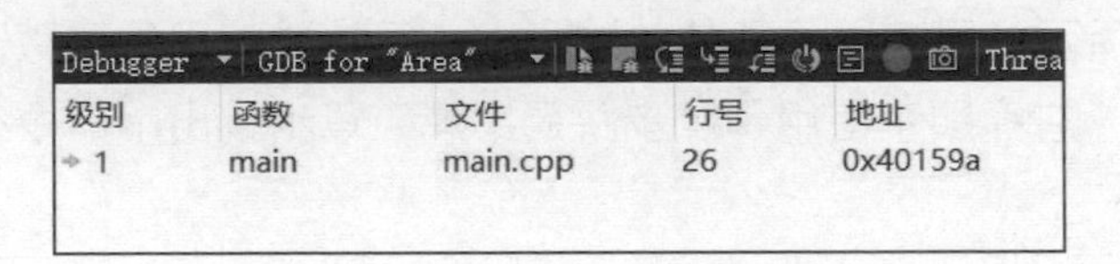

圖 B.10 "Stack"（堆疊）視窗

持續按快速鍵 F10，直到流程運行到敘述 "qDebug()<<d_area;" 處。

此時，在 "Locals"（區域變數）視窗中顯示了 m_r 和 d_area 的變數及其值，如圖 B.11 所示。若值顯示為 "{…}"，則包括了多個域的值，點擊前面的 " 十 " 字框，展開後可以看到具體的內容。

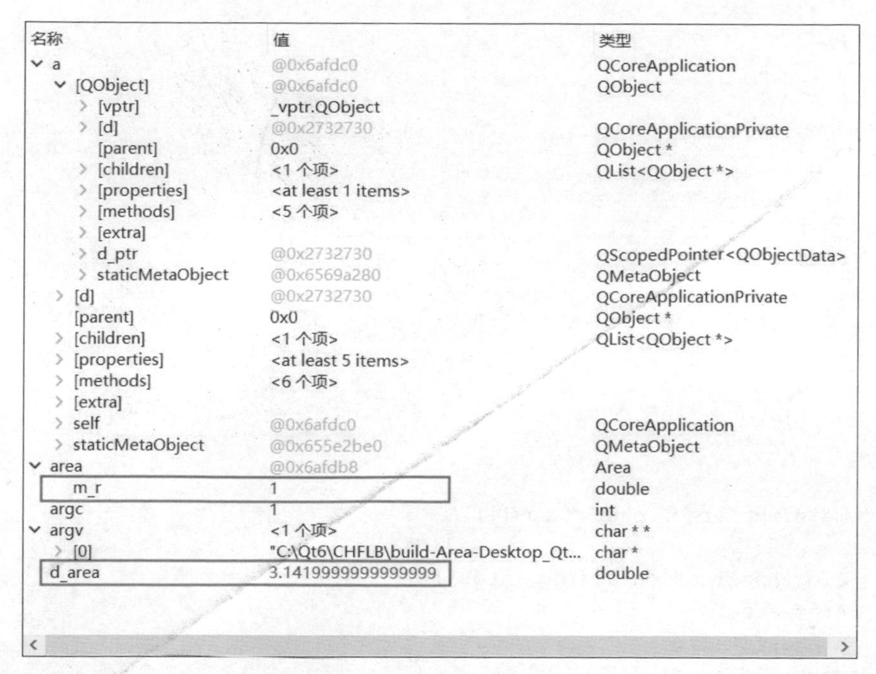

圖 B.11 變數值查看

B.5 qDebug() 的用法

Qt 程式有些地方難免會出現宣告指標後沒有具體實現的情況，這種情況 Qt 在編譯階段是不會出現錯誤的，但是運行的時候會出現「段錯誤」，不會顯示其他內容。而段錯誤就是指標存取了沒有分配位址的空間，或是指標為 NULL。在主程式中加入 "qDebug()<<…；" 逐步追蹤實現函數，就可知道是哪個地方出現問題了。

例如此節中的例子，在最前面增加標頭檔 #include <QtDebug>，而在需要輸出資訊的地方使用 "qDebug()<<…"：

```
#include <QCoreApplication>
#include <QtDebug>
class Area
{
public:
    Area(){}
    void setR(double r)
```

```
    {
        m_r = r;
    }
    double getR()
    {
        return m_r;
    }
    double getArea()
    {
        return getR()*getR()*3.142;
    }
private:
    double m_r;
};

int main(int argc, char *argv[])
{
    QCoreApplication a(argc, argv);
    Area area;
    area.setR(1);
    double d_area;
    d_area = area.getArea();
    qDebug()<<d_area;
    return a.exec();
}
```